The Firefighter's Handbook of Hazardous Materials

FIFTH EDITION

Charles J. Baker

Previous Editions

First   1972
Second 1973
Third   1978
Fourth 1984

Library of Congress Catalog Card Number: 90-62551

Copyright © 1990 by Charles J. Baker
All Rights Reserved

Printed in the United States of America

ISBN 0-9627052-0-9

Publisher: Maltese Enterprises Inc.
             8309 West Morris Street
             Indianapolis, IN 46231

Telephone: 317/243-2211
FAX No: 317/241-9755

Cover Photo: Linda D. Baker

Forward

The Firefighter's Handbook of Hazardous Materials is designed to be carried on the fire apparatus or in the coat pocket; to be used in an instant to determine the relative toxicity, flammability, thermal stability, permissible extinguishing agents and other pertinent data of a given substance.

The Handbook was created by a veteran firefighter of a rather large midwestern fire department. It is not a panacea nor a complete listing of dangerous materials by any means; however, it should suffice in well over ninety percent of foreseeable incidents.

Periodic updates of the work are planned, in order to keep abreast of the ever-increasing number of new and hazardous compounds being introduced almost daily.

Study it closely, making sure you understand the section entitled EXPLANATION OF TERMINOLOGY and the coded symbols thoroughly before attempting to put it to use.

I hope you never have to!

CJB

Every effort has been made to produce an accurate, up-to-date, informative work, but the possibility of error or misinterpretation still exists.

Therefore, the author, publisher and their associates shall not be held liable for any adverse effects resulting directly or indirectly from the use of this data.

DEDICATED TO THAT GREAT, UNSUNG HERO OF MY TIME. . .
THE FIREFIGHTER!

To "Red":

My wife and helpmate, without whose assistance and support this work would not have been completed; my grateful and heartfelt appreciation.

                                                    Charles

To Kent:

Our longtime friend, whose constant dedication to this project (and occasional torture), has enabled us to produce our best book ever. Thanks for your unselfish time and talent!

                                        Charlie & Linda

HOW TO USE THE BOOK
Explanation of Terminology

COLUMN 1 - CHEMICAL

Listings are in alphabetical order. Disregard numerical prefixes, letter prefixes and lower case prefixes in searching for a material.

COLUMN 2 - CAS NO.

The Chemical Abstract Services number is listed when known.

COLUMN 3 - TOXICITY—LUNGS

Those materials known to be hazardous to human life by inhalation are listed. The following scale is utilized:
    1—Not considered toxic.
    2—Low. Judged harmful only after massive exposure.
    3—Moderate. May cause illness or injury but not considered fatal except for unusual circumstances.
    4—High. May cause death or permanent injury.

COLUMN 4 - TOXICITY—SKIN

Those materials known to be hazardous to human life by destruction of skin tissue or absorption through the skin into the system are listed. The following scale is utilized:
    1—Not considered toxic.
    2—Low. Judged harmful only after massive exposure.
    3—Moderate. May cause illness or injury but not considered fatal except for unusual circumstances.
    4—High. May cause death or permanent injury.

COLUMN 5 - VAPOR DENSITY

Basically, this section shows the relative weight of the chemical-released vapors as compared with an equal amount of air, (air being 1.0). A vapor density of 1.5 means the vapors of the product are 1 1/2 times that of air (heavier than air), while a vapor density of .95 means the vapor weight is 95% that of an equal volume of air, i.e. lighter than air.

Of particular importance are those flammable gases with a vapor density greater than one. If escaping, they will drift with the air currents along the ground, settling into low areas or finding an ignition source and flashing back.

Fires involving gases should be extinguished by shutting off the flow of fuel, especially those with a vapor density greater than one. If unable to do so, the firefighter should then hold the fire in check (with hose streams unless prohibited) and protect the exposures, allowing the fire to burn itself out.

COLUMN 6 - SPECIFIC GRAVITY

Where liquids are concerned, their specific gravity will be shown. Specific gravity is the relative weight of the liquid as compared with an equal amount of water (water being 1.0).

A specific gravity reading of 2.5 means the liquid in question is 2 1/2 times heavier than water, while a reading .75 shows the liquid weight to be 75% that of an equal amount of water, i.e. lighter than water. This reading tells the firefighter whether the liquid will float on a pool of water (if not water soluble) or not, in which case the manner of extinguishment may present itself.

Where the chemical is usually in a state other than liquid, the following codes will be used:

| GAS | Gas | CRY | Crystals | PDR | Powder |
| SOL | Solid | LIQ | Liquid | VAR | Various |

The firefighter must keep in mind that most chemicals can exist in more than one state and can be compounded with various other chemicals, thus altering their characteristics considerably.

COLUMN 7 - WATER SOLUBILITY

A substance miscible in water will be coded Y for Yes; N for No (unmiscible). An S signifies it to be somewhat water soluble. Generally speaking, those flammable liquids coded Y and most of those coded S cannot be effectively extinguished with ordinary foam, and a special "alcohol type" (polar solvent) foam must be used.

Knowledge of a chemical's water solubility (and specific gravity) may be of some importance in the event of a large outdoor spill. The fire officer must be prepared to take whatever action is necessary to prevent the discharge of any hazardous materials into a stream, sewer, or body of water.

Spills and leaks can oftentimes be contained by damming, diking, or physically halting the material until it can be picked up mechanically. When the downstream flow has been stopped, it may be wise to cover (as with foam) or neutralize the product until recovery can be made. If unable to prevent discharge into a stream, sewer, or other body of water, downstream health and sanitation authorities must be promptly alerted and given as much information as practicable.

COLUMN 8 - D.O.T.

This section shows the United States Department of Transportation 4-digit identification number (where known). These are also listed numerically elsewhere in the book along with their appropriate chemical name.

Additionally, the following abbreviations are also used:

CG	Compressed Gases	CL	Combustible Liquids
CO	Corrosives	EX	Explosives
FG	Flammable Gases	FL	Flammable Liquids
FS	Flammable Solids	IR	Irritating Materials
OM	Other Regulated Materials	OP	Organic Peroxides
OX	Oxidizing Substances	PA	Poison Gases (Class A)
PB	Poisons (Class B)	RA	Radioactive Materials
*	Various Classifications		

COLUMN 9 - FLASH POINT

The lowest temperature known where a flammable liquid or solid will give off vapors sufficient enough to ignite and multiply, when all other conditions are favorable, is called the Flash Point.

The flash point is the best single clue as to the relative flammability of a fuel. The lower the figure, then the more hazardous is the substance. Where differing figures are given by the source material (such as Closed Cup and Open Cup readings), then the Handbook will list the lower (Closed Cup) of the two.

All temperature readings in the book are in degrees, Fahrenheit.

COLUMN 10 - FLAMMABILITY LIMITS

This section shows the flammability limits, with the range being the difference between the two figures. Where known, the Handbook lists the flammable (or explosive) limits of flammable liquids, solids and gases in percentages of fuel vapor to air.

Below the lower limit (shown on the left) the mixture is generally considered as being too lean to burn and/or explode.

Above the upper limit (on the right) the fuel/air mixture is considered too rich to burn and/or explode. Caution should be exercised with this factor, as eventually the mixture will probably be diluted (unless contained) to a dangerous level.

Roughly speaking, the lower the percentages and the wider the difference (i.e. Flammability Range) between the two limits, then the greater the hazard.

COLUMN 11 - IGNITION TEMPERATURE

The Autogenous Ignition Temperature is listed if available, and is the lowest temperature known where the vapor of a liquid, solid, or gas will self-ignite without regard to an outside source (fire, sparks, etc.) of ignition. The ignition temperature is the least important of the fire hazard values given. It also refers to the amount of heat required to cause ignition of a substance when all other factors are favorable.

COLUMN 12 - DISASTER-ATMOSPHERE

Since many materials present toxic hazards only after releasing products of their combustion to the immediate atmosphere, an attempt has been made to provide some warning to firefighters in this aspect, using the following scale:

1—Not considered toxic.
2—Low. Judged harmful only after massive exposure.
3—Moderate. May cause illness or injury but not considered fatal except for unusual circumstances.
4—High. May cause death or permanent injury.

It should be remembered that many factors influence this point, such as degree and area of confinement, air and wind currents, type and scope of involvement, etc., and is a relative value only.

COLUMN 13 - DISASTER - FIRE

Given in this space is an approximate rating of the danger from fire of a material, using the following scale:

0—No hazard
1—Slight
2—Moderate
3—High
4—Can readily detonate when exposed to fire or shock.

Firefighters must remember that these ratings will increase when the substance in question is in an oxygen–charged atmosphere or allowed to come in contact with oxidizing materials.

COLUMN 14 - EXTINGUISHING INFORMATION

ALFO   "Alcohol Type" or Polar Solvent Foam

FOAM   Ordinary Foam

FOG   Water Spray

CO2   Carbon Dioxide

DC   Dry Chemical

FLOOD   Apply large amount of water (as from an open-end hose) to the burning material, particularly in the early stages, disturbing the material as little as possible.

BLANKET   In an instance involving non-water soluble fuels with a specific gravity above one, firefighters may be able to extinguish the blaze by blanketing it with water (provided the fuel is contained), thereby forcing the heavier-than-water liquid beneath the blanket.

NO WATER   DO NOT use water in fighting fire; violent reaction may occur. However, as the situation permits, water streams may be used to protect exposures, provided spray and runoff will not reach the substance involved.

The extinguishing or fire control agents listed are for those materials where experience has justified their use. In many cases, water fog will control fire but its use is not specified. As a rule of thumb, the fire officer may direct fog streams on most fires unless indicated otherwise, remembering to test the fire for reactivity to water from a distance before attempting to effect control and extinguishment. *If reaction occurs from the use of water streams, discontinue application until expert advice can be obtained.*

In many instances, e.g. flammable liquid tank fires, water will not stop the blaze, but in the absence of proven extinguishing agents it must be used to control over-pressurization and rupture of the vessel itself. On horizontal tank fires, it is imperative to attack the fire from the sides and not the tank ends. Pay close attention to the sounds emanating from the vessel. Observe standard operating procedures with these vessels.

Straight streams should not be used on dusts and powdery material because of the subsequent possibility of creating a dust explosion.

Occasionally and under favorable conditions, firefighters may be able to sufficiently dilute a contained water soluble fuel to below its point of combustion. Before attempting the maneuver, keep in mind these important points:
- Amount of water needed.
- Size of container and danger of overflow.
- Reaction, if any, of hot fuel to water (frothing, foaming, steam explosion).
- Resultant by-products liberated.
- Hazards to personnel involved.

Of course, smoking, flares, and spark producing devices must be prohibited in the vicinity of flammable liquid or gas leaks and spills.

COLUMN 15 - BOILING POINT

Boiling points have been included where known and are listed in degrees, Fahrenheit.

COLUMN 16 - FIRST AID

F1—Standard First Aid Procedures

Remove victim to fresh air. Identify product. Notify medical authorities. If not breathing, give artificial respiration. If contaminated, flush skin and eyes with running water for at least 15 minutes. Remove and isolate clothing and shoes. Keep victim quiet; maintain body temperature.

F2—Flammable or Oxidizing Substances

Use caution in patient handling. Keep all sources of flame or electricity (including static) away. Do not allow flammables to come in contact with oxidizers (including oxygen or chlorine products). Check data for other hazard considerations. If located, refer also to appropriate section(s).
Then follow procedures in F1.

F3—Moderately or Highly Toxic Materials
Before rendering first aid, it may be necessary to protect the rescuer with latex gloves and gauze mask (as a minimum) or decon suit and self-contained breathing apparatus, depending upon toxicity considerations. Check data for flammability (or other) considerations. If located, refer also to appropriate section(s).
Then follow procedures in F1.

F4—Radioactive Materials
Treat as a poison (including smoke and vapor clouds). Decontamination procedures must be strictly enforced. Notify appropriate radiation authorities for assistance. Establish time parameters for rescue personnel. Check data for other hazard considerations. If located, refer also to appropriate section(s).
See also F-3. Then follow procedures in F1.

F5—Water-Reactive Materials
With highly water-reactive materials, do not use water until the material has been absorbed by towels or other non-reactive media. Protect rescuer's hands, eyes and mucous membrane areas. Check data for other hazard considerations. If located, refer also to appropriate section(s).
Then follow procedures in F1.

F6—Explosive Substances
Use care especially regarding fire, sparks, impact or friction. Post-explosion: remove victim to safe location well away from site (See Table E). Avoid any unexploded debris on the ground. Check data for other hazard considerations. If located, refer also to appropriate section(s).
Then follow procedures in F1.

F7—Cryogenic Materials
Extremely cold substances; guard against frostbite. Do not walk in vapor area; treat victim for frostbite. Check data for other hazard considerations. If located, refer also to appropriate section(s).
Then follow procedures in F1.

COLUMN 17 - REACTIVITY

R1—Material can react with oxidizing substances. Maintain separation from same.

R2—Material reacts vigorously (or violently) with oxidizing substances. If unable to segregate, evacuate area.

R3—Material reacts vigorously with reducing substances. Maintain separation.

R4—Reacts vigorously with hydrocarbons and other fuels. Maintain separation.

R5—Reacts with water or moisture, releasing heat which may ignite nearby combustibles.

R6—Reacts with water or moisture, releasing toxic fumes.

R7—Reacts with water or moisture, releasing toxic and flammable fumes.

R8—Reacts with water or moisture, releasing toxic and corrosive fumes.

R9—Reacts with water or moisture, releasing flammable fumes.

R10—Material reacts violently with water or moisture. Can deflagrate, detonate or burn rapidly.

R11—Reacts with acids releasing toxic fumes.

R12—Reacts with many acids, releasing toxic and corrosive fumes.

R13—Reacts with bases (e.g. hydroxides), releasing toxic fumes.

R14—Material can react violently with most acids.

R15—Reacts when heated releasing flammable gas or vapors.

R16—Material reacts vigorously when heated and can burn rapidly.

R17—Reacts explosively when shocked or heated. Can deflagrate or detonate.

R18—Material can attack glass.

R19—Material can attack rubber.

R20—Reacts when heated releasing toxic fumes.

R21—Material is highly reactive and can react vigorously with many other substances.

R22—Inhibited: If inhibitor lost by fire, age or damage, a violent reaction (polymerization) can occur.

R23—Material can react vigorously with organic materials (wood, paper, cardboard, etc.). Maintain separation.

R24—Reacts with acids releasing flammable vapors.

COLUMN 18 - EVACUATION

Recommended distances for large volume problems. Distances may be increased or decreased as good judgement or size of hazard allows.

E1—500 Feet (200 Paces) in all directions. Also, throughout plus half this distance on all sides of any area endangered by smoke and/or vapor cloud. Monitor wind and prepare to adjust accordingly.
HOT ZONE: 100 feet (40 Paces) in all directions. Establish checkpoint upwind.

E2—1000 Feet (400 Paces) in all directions. Also throughout plus half this distance on all sides of any area endangered by smoke and/or vapor cloud. Monitor wind and prepare to adjust accordingly.
HOT ZONE: 200 Feet (80 Paces) in all directions. Establish check point upwind.

E3—1500 Feet (600 Paces) in all directions. Also, throughout plus half this distance on all sides of any area endangered by smoke and/or vapor cloud. Monitor wind and prepare to adjust accordingly.
HOT ZONE: 300 Feet (120 Paces) in all directions. Establish check point upwind.

E4—2500 Feet (1000 Paces) in all directions. Also, throughout plus half this distance on all sides of any area endangered by smoke and/or vapor cloud. Monitor wind and prepare to adjust accordingly.
HOT ZONE: 500 Feet (200 Paces) in all directions. Establish check point upwind.

E5—5000 Feet (2000 Paces) in all directions. Also, throughout plus half this distance on all sides of area endangered by smoke and/or vapor cloud. Monitor wind and prepare to adjust accordingly.
HOT ZONE: 1000 Feet (400 Paces) in all directions. Establish check point upwind.

COLUMN 19 - SUITS

Recommendations for minimum level protection for hot zone personnel. All personal protective equipment (including self-contained breathing apparatus) should meet N.F.P.A. standards. Protection may be increased if good judgement dictates.

S1—Standard fire fighters equipment including helmet, hood, coat, trousers, gloves and boots. Self-contained breathing apparatus should be available.

S2—Self-contained breathing apparatus plus S-1 gear.

S3—Self-contained breathing apparatus plus EPA Level B suits.

S4—Self-contained breathing apparatus plus EPA Level A suits (gas–tight; fully encapsulated).

COLUMN 20 - HEALTH

H1—A simple asphyxiant. Prevents life-sustaining oxygen from being breathed.

H2—Very irritating to skin, eyes and mucous membrane.

H3—Can damage the eyes.

H4—Effects of exposure may be delayed. Observe for approximately 72 hours.

H5—Can be toxic through skin absorption.

H6—Highly toxic in small quantities or brief exposure.

H7—A tear gas.

H8—A military poison (e.g. Vesicant (Blistering agent); nerve gas; vomiting gas; etc.

H9—Ingestive poison. No eating, drinking, smoking or chewing permitted in hot or warm zones.

H10—Material narcotic on exposure.

H11—Narcotic in high concentrations.

H12—Organophosphate or carbamate poison.

H13—Anesthetic material.

H14—Highly toxic in eyes, nose or wounds.

H15—Cryogenic (liquefied) gas; extremely cold. Guard against frostbite.

H16—Very corrosive to skin tissue.

H17—Radioactive material. Obtain monitoring and technical assistance.

COLUMN 21 - REMARKS

K1—When heated, the material releases toxic fumes.

K2—When heated to decomposition, the material releases toxic fumes.

K3—When heated to decomposition, the material releases toxic fumes and explodes.

K4—When heated to decomposition, the material releases carbon monoxide.

K5—When heated to decomposition, the material releases fumes of cyanides.

K6—When heated to decomposition, the material releases flammable vapors.

K7—When heated to decomposition, the material releases phosgene gas.

K8—When heated to decomposition, the material releases fumes of arsenic.

K9—Inhibited material. May undergo violent polymeric decomposition under high heat conditions.

K10—Material can form peroxides under poor storage conditions. These may be explosive.

K11—Pyroforic material. Can ignite upon exposure to air.

K12—A pesticide or agricultural product.
For further information, call the National Pesticide Telecommunications Network
1-800-858-7378.

K13—Normally stored under water. May ignite or decompose if condition is altered.

K14—Normally stored under inert gas. May ignite or decompose if agent is lost.

K15—Normally stored under a liquid hydrocarbon. May ignite or decompose if hydrocarbon is lost.

K16—Material fumes upon exposure to air. Fumes will be toxic or corrosive.

K17—Material decomposes into its component parts when heated.

K18—Material decomposes in hot water.

K19—Do not get water in container.

K20—Material is sensitive to friction and/or heat.

K21—Material can heat spontaneously and may eventually self-ignite, especially under poor storage conditions.

K22—Material can become shock or heat-sensitive under poor storage conditions.

K23—When heated, material releases phosphine gas.

K24—Listed on the EPA Extremely Hazardous Substances List.

OTHER ABBREVIATIONS	
FS	Flammable Solid
EX	Explosive
NCF	Not considered flammable
RW	Reacts with..
RVW	Reacts vigorously with..
RXW	Reacts explosively with..
SADT	Self-accelerating Decomposition Temperature
TLV	Threshhold Limit Value
WH	When heated..
WHTD	When heated to decomposition..
>	Greater than..
<	Less than..
→	Releases..

ULC RATING

Underwriter's Laboratories Classification
(Book shows the higher ULC Rating)

Ether Class	ULC 100
Gasoline Class	ULC 90-100
Ethyl Alcohol Class	ULC 60-70
Kerosene Class	ULC 30-40
Paraffin Oil Class	ULC 10-20

PROCEDURES

- Establish Incident Command System.
- Identify material(s) involved. Check data for health, fire, reactivity characteristics.
- Insure that all personnel have protective equipment against hazard.
- Instigate local emergency response plan.
- Stay upwind.
- If evacuation is necessary, follow Column E. Set up zones and checkpoints.
- Seek technical advice if unable to contend with hazard.
- Document all personnel, phases and procedures.
- Protect against contamination of personnel, tools and equipment.

REMINDERS

- Verify data.
- If conditions permit, dike or dam spilled material.
- Do not walk or drive through spills, leaks, mists or vapor clouds.
- Stay away from ends of tanks, cylinders or vessels exposed to high heat.
- Do not put water into tanks or vessels unless instructed to do so.
- Do not flush products into lakes, streams or ponds.
- If product flows into streams, notify health, water and sanitation districts downstream and provide details.
- Cease water stream application if material reacts strongly.
- Do not attempt to clean up material unless trained and authorized to do so.

Chemical Name	CAS	Tox L	Tox S	Vap Den.	Spec Grav.	Wat Sol.	DOT Number	DOT Cl	Flash Point	Flamma. Limit	Ign. Temp.	Disa. Atm	Disa. Fire	Extinguishing Information	Boil Point	F	R	E	S	H	Remarks
A-200 Pyrinate (Trade name)		3		>1.	Liq	N							2			3	1	1	3	3	Combustible
A-Blasting Powder (Common Name)				>1.	Pdr			EX				3	4			6	17	4	2		Explosive
A.G.E. (Allyl Glycidyl Ether)	106-92-3	3	3	3.9	.97		2219	CL	135			2	2	Fog, Foam, DC, CO2		3	12,1	1	3	9, 2	K19. TLV 5 ppm
Abate	3383-96-8	2	3	16.	Var							3	1	Fog, Alfo, DC, CO2		1		1	2	12, 9	K12, K2
Abathion (Trade Name)	3383-96-8	2	3	16.	Var							3	1	Fog, Alfo, DC, CO2		1		1	2	12, 9	K12, K2
Abietic Acid	514-10-3	2	2	10.	Pdr	N						2	2	Fog, Foam, DC, CO2		1		1	2		Melts @ 342°. Can burn.
Abietinic Acid	514-10-3	2	2	10.	Pdr	N						2	2	Fog, Foam, DC, CO2		1		1	2		Melts @ 342°. Can burn.
Abrins	1393-62-0	3	3	>1.	Pdr							3	0			3		1	2	4, 9	K2. NCF.
Accelerene (Trade Name)		3			Sol								4	Fog, Flood		2	3, 10	2	2	1	Oxidizer
Accumulators (Pressurized)				>1.	Sol	N	1956					2	2	Fog, Foam, DC, CO2		1		1	2		Compressed Gas Containers
Acetal	105-57-7	2		4.1	.83	S	1088	FL	-5	1.6-10.4	446	3	3	Fog, Alfo, DC, CO2	217	2	2	2	2	10	K10. K2. Volatile.
Acetaldehyde	75-07-0	3	3	1.5	.78	Y	1089	FL	-36	4.1-57.0	347	3	3	Fog, Alfo, DC, CO2	69	2	11	2	3	10, 2, 3	K2. Fruity Odor, TLV 100 ppm
m-Acetaldehyde	9002-91-9	2	3	6.1	Cry	N	1332	FS	97			3	3	Fog, Alfo, DC, CO2		2	12	2	2	2	K2. Sublimes @ 122°.
p-Acetaldehyde	123-63-7	3	1	4.5	.99	S	1264	FL	63	1.3-	460	2	2	Fog, Alfo, DC, CO2		2	12, 2	2	2	2	Melts @ 54°. RVW Nitric Acid
Acetaldehyde Ammonia	75-39-8	2	2	2.1	Sol	Y	1841	OM		16.0-25.0		2	3	Fog, Alfo, DC, CO2	230	1	3	2	2	2	K17, K2
Acetaldehyde Cyanohydrin	78-97-7	3	4	2.5	.98	Y			170			4	4	Fog, Foam, DC, CO2	320	3	2	2	4	5	K2, K5, K24. Reacts w/Alkalies → HCN Acid
Acetaldol Oxime	107-29-9			2.0	Cry		2332	FL	70			4	2	Fog, Alfo, DC, CO2	238	2	1	2	2		K2. Melts @ 116°
Acetaldol	107-89-1	3		3.0	1.1	Y	2839	PB	150		482	3	2	Fog, Alfo, DC, CO2	174	3	12	2	3	2	K1
Acetaldoxime	107-29-9			2.0	Cry	Y	2332	FL	70			4	2	Fog, Alfo, DC, CO2	238	2	1	2	2		K2. Melts @ 116°
Acetamide	60-35-5			2.1	Cry								2	Foam, DC, CO2		1		1	2		K1, K18
Acetamidine Hydrochloride		3	3	3.3	Cry	Y						4		DC, CO2		3		1	2		K1
Acetaniilde	103-84-4	2	1	4.6	Cry	N			345		1004		2	Fog, Foam, DC, CO2	581	1	1	1	2	2, 9	K1
Acetic Acid (Glacial) (Over 80% Acid)	64-19-7	3	4	2.1	1.1	Y	2789	CO	103	5.4-16.0	867	3	2	Fog, Alfo, DC, CO2	245	3	11, 12	2	4	3	K2. Pungent Odor. TLV 10 ppm
Acetic Acid - Isopropyl Ester	108-21-4	2	1	3.5	.87	S	1220	FL	35	1.8-7.8	860	3	2	Alfo, DC, CO2	194	2	12, 2	2	2	11	Aromatic. TLV 250 ppm
Acetic Acid Amide	60-35-5			2.1	Cry								2	Foam, DC, CO2		1		1	2		K1, K18
Acetic Acid Anhydride	108-24-7	3	4	3.5	1.1	Y	1715	CO	120	2.7-10.3	600	4	2	No Water, CO2, DC	284	3	13, 3, 11	2	4	3	K2. Strong Odor, TLV 5 ppm
Acetic Acid Chloride	75-36-5	4	4	2.7	1.1		1717	FL	40	5.0-	734	4	2	No Water, Foam, DC, CO2	124	5	13, 8	3	4	3	K16, K7
Acetic Acid Dimethylamide		3	4	3.0	.95				171	2.0-11.5		2	2	CO2, DC		3	1	2	2	3	
Acetic Acid Methyl Ester	79-20-9	3	3	2.6	.92	Y	1231	FL	14	3.1-16.0	850	3	3	Fog, Alfo, DC, CO2	136	2	3	3	3	3	ULC 90. Volatile
Acetic Acid Secondary Butyl Ester		3	3	4.0	.86	S		FL	88	1.7-		2	1	Alfo, DC, CO2		2	12	2	2	2	
Acetic Acid Solution		3	4	2.1	1.1	Y	1842	CO				3	3	Fog, Alfo, DC, CO2		1	11, 12	1	4	3	K19. Strong Odor.
Acetic Acid Solution (10-80% Acid)		3	4	2.1	1.1	Y	2790	CO				3	1	Fog, Alfo, DC, CO2		1	11, 12	1	2	4	K2. Strong Odor
Acetic Acid Vinyl Ester	108-05-4	3	2	3.0	.93	S	1301	FL	18	2.6-13.4	756	3	3	Fog, Alfo, DC, CO2	163	2	14, 11	2	3	3	Inhibited
Acetic Acid, Isopentyl Ester	123-92-2	2	2	4.5	.88	S		FL	77	1.0-7.5	680	2	3	Fog, Foam, DC, CO2	288	2	3	2	2	3	Banana Odor, ULC: 60, TLV 100 ppm
Acetic Acid-2,4-Hexadien-1-ol Ester	1516-17-2			4.9	Var											1	1	1	2	2	K1
Acetic Acid-2-Methyl-2-Propene-1,1-Diol Diester	10476-95-6	3	3	6.0	Var									Foam, DC, CO2		1	1	2	3	2	
Acetic Acid-3-Allyloxyallyl Ester	64046-61-3			5.5	Var											1	1	1	3	2	K1
Acetic Acid-n-Propyl Ester	109-60-4	2	1	3.5	.89	S	1276	FL	55	1.7-8.0	842	3	3	Alfo, DC, CO2	215	2	2	2	2	11	K2. Pleasant Odor, TLV200 ppm
Acetic Aldehyde	75-07-0	3	3	1.5	.78	Y	1089	FL	-36	4.1-57.0	347	3	3	Fog, Alfo, DC, CO2	69	2	11	2	3	10, 2, 3	K2. Fruity Odor, TLV 100 ppm

(16)

Chemical Name	CAS	Tox L	Tox S	Vap Den	Spec Grav.	Wat Sol.	DOT Number	Cl	Flash Point	Flamma. Limit	Ign. Temp.	Disa. Atm	Disa. Fire	Extinguishing Information	Boil Point	F	R	E	S	H	Remarks
Acetic Anhydride	108-24-7	3	4	3.5	1.1	Y	1715	CO	120	2.7-10.3	600	4	2	No Water, CO2, DC	284	3	13, 3, 11	2	4	3	K2, Strong Odor, TLV 5 ppm
Acetic Chloride	75-36-5	4	3	2.7	1.1		1717	FL	40	5.0-	734	4	3	No Water, CO2, CO2	124	5	13, 8	3	4	3	K16, K7
Acetic Ester	141-78-6	3	3	3.0	.90	S	1173	FL	24	2.0-11.5	800	2	3	Fog, Alfo, DC, CO2	171	2	3	2	3	11	Fragrant Odor, ULC 90
Acetic Ether	141-78-6	3	3	3.0	.90	S	1173	FL	24	2.0-11.5	800	2	3	Fog, Alfo, DC, CO2	171	2	3	2	3	11	Fragrant Odor, ULC 90
Acetic Oxide	108-24-7	3	4	3.5	1.1	Y	1715	CO	120	2.7-10.3	600	4	2	No Water, CO2, DC	284	3	13, 3, 11	2	4	3	K2, Strong Odor, TLV 5 ppm
Acetimidic Acid	60-35-5			2.1	Cry									Foam, DC, CO2		1		1	2		K1, K18
Acetin	106-61-6	3		4.6	1.2	Y						2	1	Foam, DC, CO2		3		1	3	3	
Acetoacet-p-Chloranilide	101-92-8	2	1	7.3	Cry	N			320			4	1	Fog, Alfo, DC, CO2		1	3	1	2	2	K2. Melts @ 185°.
Acetoacetamido Benzene	102-01-2	2		6.2	Sol	S			365			4	1	Fog, Alfo, DC, CO2		1	1	1	2	2	K2. Melts @ 185°.
Acetoacetanilide	102-01-2	2		6.2	Sol	S			365			4	1	Fog, Alfo, DC, CO2		1	1	1	2	2	K2. Melts @ 185°.
Acetoacetic Acid Anilide	102-01-2	2		6.2	Sol	S			365			4	1	Fog, Alfo, DC, CO2		1	1	1	2	2	K2. Melts @ 185°.
Acetoacetic Acid-Ethyl Ester			3	4.5	1.0	S			135	1.4-9.5	563	3	1	Fog, Alfo, DC, CO2	356	3	12	1	3	2	K2
Acetoacetic Anilide	102-01-2	2		6.2	Sol	S			365			4	1	Fog, Alfo, DC, CO2		1	1	1	2	2	K2. Melts @ 185°.
Acetoacetic Ester	141-97-9	3		4.5	1.0	S			135	1.4-9.5	563	3	1	Fog, Alfo, DC, CO2	356	3	12	1	3	2	K2, Fruity Odor
Acetoacetic Methyl Ester	105-45-3	3		4.0	1.1	S			170		536	3	2	Fog, Alfo, DC, CO2	338	3	1	1	2	2	K2
Acetoacetone	123-54-6	3		3.4	.98	Y	2310	FL	93		644	2	2	Fog, Alfo, DC, CO2	282	3	1	2	3	3	
2-Acetoacetoxyethyl Acrylate	21282-96-2			7.0	Sol									DC, CO2		3	1	1	2		K2
Acetoacetylaniline	102-01-2	2		6.2	Sol	S			365			4	1	Fog, Alfo, DC, CO2		1	1	1	2	2	K2. Melts @ 185°.
Acetone	67-64-1	3	2	2.0	.80	Y	1090	FL	-4	2.6-12.8	869	3	3	Fog, Alfo, DC, CO2	133	2	3, 11	2	2	11	Mint Odor, TLV 750 ppm
Acetone Chloroform	57-15-8	3	2	6.1	Cry	Y			365			4	1	Fog, Alfo, DC, CO2	333	3	12	1	2	10, 9	K7, Camphor Odor
Acetone Cyanhydrin	75-86-5	4	4	2.9	.93	Y	1541	PB	165	2.2-12.0	1270	4	1	Fog, Alfo, DC, CO2	248	3	1	2	4		K1, K7, K22, K24.
Acetone Cyanohydrin	75-86-5	4	4	2.9	.93	Y	1541	PB	165	2.2-12.0	1270	4	1	Fog, Alfo, DC, CO2	248	3	1	2	4		K1, K7, K22, K24.
Acetone Dichloride			3	3.9	1.1	N						4		DC, CO2		3	3	1	3		K7
Acetone Oil (3 Grades)				>1.	.80	Y	1091	FL	<100			3	3	Fog, Alfo, DC, CO2	>167	2	1	2	2	2	K2
Acetone Peroxide				>1.	Liq			OP						Flood, Fog		2	3, 4	1	2		Trimeric Form - See R17, Organic Peroxide
Acetone Thiosemicarbazide	103-89-9			5.4	Cry	N						3	2	Fog, Foam, DC, CO2		1	1	1	2		
Acetonitrile	75-05-8	3	3	1.4	.79	Y	1648	FL	42	3.0-16.0	975	4	3	Fog, Alfo, DC, CO2	178	2	7, 3	2	2	3	K5, TLV 40 ppm
Acetonitrilethiol	54524-31-1			1.4	Liq							2	2	Foam, DC, CO2		2	22	2	2		K5, K9.
Acetonyl Acetone	110-13-4	2	2	3.9	.97	Y			174		920	2	2	Fog, Alfo, DC, CO2	378	1	12	1	2	3	
Acetonyl Chloride	78-95-5	3	2	3.2	1.2	Y	1695	CO				4	1	Fog, Foam, DC, CO2	246	3		1	3	7	K7
3-(α-Acetonylbenzyl)-4-Hydroxycoumarin	81-81-2	3	3	10.	Cry	N						2	0	Fog, Foam, DC, CO2		3	1	1	3	9	Melts @ 322°. NCF.
3-(α-Acetonylfurfuryl)-4-Hydroxycoumarin	117-52-2	3		10.	Pdr	N						2	0	Fog, Foam, DC, CO2		3	1	1	3	9	K2. NCF.
p-Acetophenetide	62-44-2	2		>1.	Pdr							3	0	Fog, Foam, DC, CO2		1	1	1	2	2	K1. NCF.
p-Acetophenetidide	62-44-2	2		>1.	Pdr							3	0	Fog, Foam, DC, CO2		1	1	1	2	2	K1. NCF.
Acetophenetidin	62-44-2	2		>1.	Pdr							3	0	Fog, Foam, DC, CO2		1	1	1	2	2	K1. NCF.
p-Acetophenetidide	62-44-2	2		>1.	Pdr							3	0	Fog, Foam, DC, CO2		1	1	1	2	2	K1. NCF.
Acetophenetidine	62-44-2	2		>1.	Pdr							3	0	Fog, Foam, DC, CO2		1	1	1	2	2	K1. NCF.
Acetophenetin	62-44-2	2		>1.	Pdr							3	0	Fog, Foam, DC, CO2		1	1	1	2	2	K1. NCF.
Acetophenone	98-86-2	2		4.1	Sol	N	9207		170		1058	3	2	Fog, Foam, DC, CO2	396	1	12	1	2	11	K1, Melts @ 68°.
Acetopropyl Alcohol	1071-73-4	3		3.6	Liq							3	0	Fog, Alfo, DC, CO2		1	1	1	2	2	K1
2-Acetothienone	88-15-3	3		2.6	Sol	Y						4	1	Fog, Alfo, DC, CO2		3	1	1	2		K2, Foul Odor, Burnable

(17)

Chemical Name	CAS	Tox L	Tox S	Vap Den.	Spec Grav.	Wat Sol.	DOT Number	DOT Cl	Flash Point	Flamma. Limit	Ign. Temp.	Disa. Atm	Disa. Fire	Extinguishing Information	Boil Point	F	R	E	S	H	Remarks
2-Acetothiophene	88-15-3	3		2.6	Sol	Y						4	1	Fog, Alfo, DC, CO2		3	1	1	2		K2, Foul Odor, Burnable
o-Acetotoluidide	103-89-9	2		5.4	Cry	N			334			3	2	Fog, Foam, DC, CO2		1	1	1	2		
m-Acetotoluidide	103-89-9	2		5.4	Cry	N			334			3	2	Fog, Foam, DC, CO2		1	1	1	2		
p-Acetotoluidide	103-89-9	2		5.4	Cry	N			334			3	2	Fog, Foam, DC, CO2		1	1	1	2		
Acetoxy Mercuri Benzo Thiophene		3		>1.	Var							4		CO2, DC		3		1	2		K2
1-Acetoxy-1,3-Butadiene	1515-76-0	3		>1.	Var							3		DC, CO2		3	1	1	3	2	K2
α-Acetoxyacrylonitrile	3061-65-2	3		3.9	Var							3		DC, CO2		2	1	1	3		K2
2-Acetoxyacrylonitrile	3061-65-2	3		3.9	Var							3		DC, CO2		2	1	1	3		K2
1-Acetoxydimercurio-1-perchloratodimercuriopropen-2-one	7399-71-0	3		>1.	Sol							3	4			6	17	5	2		K3, Explosive
1-Acetoxymercurio-1-Perchloratomercuriopropen-2-one	7399-68-5	3		>1.	Sol							3	4			6	17	5	2		K3, Explosive
Acetoxyphenylmercury	62-38-4	3		11.	Cry	S	1674	PB				3	3	Foam, DC, CO2		3		1	2	2, 9	K2, K24, Melts @ 300°.
2-Acetoxypropane	108-21-4	2	1	3.5	.87	S	1220	FL	35	1.8-7.8	860	2	3	Alfo, DC, CO2	194	3	12, 2	2	2	11	Aromatic, TLV 250 ppm
Acetoxytriphenylstannane	900-95-8			>1.	Sol	N						1		DC, CO2		1	1	1	2		Melts @ 248°.
Acetozone	644-31-5	3	3	6.3	Cry		2081	OP				2	4	CO2, DC, No Water	266	2	16, 2, 5	3	3	3	Oxidizer. Organic Peroxide
Acetphenarsine		3		9.5	Cry							4		DC, CO2		3	1	1	3		K2
Acetyl Acetic Acid	97-44-9	3	3	3.5	Liq	Y						3		Fog, Alfo, DC, CO2		3	1	1	3		K2
Acetyl Acetone Peroxide				>1.	Liq		2080	OP					4	Fog, Flood		2	4	3	3		Organic peroxide.
Acetyl Acetone Peroxide (not more than 32% as a Paste)				>1.	Liq		3061	OP					4	Fog, Flood		2	2	3	2		Organic peroxide.
Acetyl Anhydride	108-24-7	3		3.5	1.1	Y	1715	CO	120	2.7-10.3	600	4	2	No Water, CO2, DC	284	3	13, 3, 11	2	4	3	K2, Strong Odor, TLV 5 ppm
Acetyl Azide				3.0	Var								4			6	17	5	2		Explosive
Acetyl Benzene	98-86-2	2	2	4.1	Sol	N	9207		170		1058	3	2	Fog, Foam, DC, CO2	396	3	12	1	4	11	K1, Melts @ 68°.
Acetyl Benzoyl Aconine	302-27-2			22.	Cry							4	0	Foam, DC, CO2		1	1	1	5		K2
Acetyl Benzoyl Peroxide (Solid)	644-31-5	3	3	6.3	Cry		2081	OP				2	4	CO2, DC, No Water	266	2	16, 2, 5	3	3	2	Oxidizer. Organic Peroxide
Acetyl Benzoyl Peroxide (Solution)		3	3	>1.	Liq		2081	OP				2		Fog, Foam		2	23, 4	3	3	2	Organic Peroxide
Acetyl Benzyl Peroxide		3	3	>1.	Cry							3		DC, CO2		2	15, 2, 5, 4	2	3	3	Organic Peroxide
Acetyl Bromide	506-96-7	4	4	4.2	1.5	Y	1716	CO				4	3	No Water, DC, CO2	170	5	13, 8	3	4	3	K2, K16. Yellow Fumes.
Acetyl Chloride	75-36-5	4	4	2.7	1.1	Y	1717	CO	40	5.0-	734	4	3	No Water, DC, CO2	124	5	13, 8	3	4	3	K16, K7
Acetyl Cyclohexane Sulfonyl Peroxide				>1.	Sol	N	2083	OP				3		Flood, Foam, DC, CO2		2	16, 2	3	2	2	Keep cool. Organic peroxide.
Acetyl Cyclohexane Sulfonyl Peroxide				>1.	Sol	N	2082	OP				3		Flood, Foam, CO2, DC		2	16, 2	3	2	2	Keep cool. Organic peroxide.
Acetyl Cyclohexanesulfonyl Peroxide (>82% <12% Water)				>1.	Sol								4			6	17	5	2		
Acetyl Ether	108-24-7	3		3.5	1.1	Y	1715	CO	120	2.7-10.3	600	4	2	No Water, CO2, DC	284	3	13, 3, 11	2	4	3	K2, Strong Odor, TLV 5 ppm
Acetyl Ethyl Tetramethyl Tetralin	88-29-9			>1.	Cry							4	0	Foam, DC, CO2		3	1	1	2	2, 5	K2
Acetyl Fluoride	557-99-3	4		2.2	Liq							4	1	Fog, CO2, DC	69	1		1	4		K2. NCF.
Acetyl Glycolic Acid Ethyl Ester		3		5.0	1.1				349			3		Foam, CO2, DC		1		1	3		K2
Acetyl Hydroperoxide	79-21-0	3	3	>1.	1.2	Y	2131	OP	105			2	4	Fog, Flood	221	6	9, 23, 4, 17	4	4	9	High Oxidizer. Explodes @ 230°.
Acetyl Hypobromite	4254-22-2			4.9	Sol								4			6	17, 9	5	2		K3, Explosive
Acetyl Iodide	507-02-8	4	4	5.8	2.1		1898	CO				4	0	No Water	226	3	16, 8	2	4		K2, K16. Brown liquid. NCF.

(18)

Chemical Name	CAS	Tox L	Tox S	Vap Den.	Spec Grav.	Wat Sol.	DOT Number	Cl	Flash Point	Flamma. Limit	Ign. Temp.	Disa Atm	Disa Fire	Extinguishing Information	Boil Point	F	R	E	S	H	Remarks
Acetyl Ketene	674-82-8	3	3	2.9	1.1	Y	2521	FL	93				3	Fog, Alfo, DC, CO2	229	2	12, 14	2	3	2	K9. Pungent Odor.
Acetyl Methyl Carbinol				3.0	1.0	Y	2621	FL					3	Alfo, DC, CO2		2	3	2	2		
Acetyl Nitrate	591-09-3	3	4	3.6	1.2								4		72	6	9, 17	5	4	3	K3, K16. Explodes @ 140°.
Acetyl Nitrite				3.1	Liq								4			2	9	3	4		K2. Unstable. Decomposes by light.
Acetyl Oxid	108-24-7	3	4	3.5	1.1	Y	1715	CO	120	2.7-10.3	600		2	No Water, CO2, DC	284	3	13, 3, 11	2	4	3	K2, Strong Odor, TLV 5 ppm
Acetyl Oxide	108-24-7	3	4	3.5	1.1	Y	1715	CO	120	2.7-10.3	600		2	No Water, CO2, DC	284	3	13, 3, 11	2	4	3	K2, Strong Odor, TLV 5 ppm
Acetyl Peroxide	110-22-5	3	3	4.0	Sol		2084	OP					4	Fog, Flood, DC, CO2		2	16, 9, 5, 3	3	3	3	Refrigerate <80° Organic Peroxide.
Acetyl Peroxide 25% Solution					1.2		2084	OP	113				3	Fog, Flood, DC, CO2		2	23, 4	3	3	2	K3, K9. Organic Peroxide.
Acetyl Phenol	122-79-2	2	2	4.7	1.1	S			176				3	Fog, Alfo, DC, CO2		1	12	1	2	2	K2
Acetyl-1,1-Dichloroethyl Peroxide	59183-18-5				Liq								4			6	17, 9	5	2		K3, K20. Explosive.
Acetylacetanilide	102-01-2	2	2	6.2	Sol	S			365				4	Fog, Alfo, DC, CO2		1	1	1	2	2	K2. Melts @ 185°.
Acetylacetone	123-54-6	3	2	3.4	.98	Y	2310	FL	93		644		2	Fog, Alfo, DC, CO2	282	2	3	2	3	3	
Acetyldimethylarsine	21380-82-5	3	3	5.2	Var								3	DC, CO2		3	1	4	2		K2. May be pyrotoric.
Acetylene	74-86-2	2	2	.91	Gas	Y	1001	FG		2.5-100.0	581		3	Stop Gas, Fog, Fog, DC	-118	3	3	4	2	11	K9, K2. Garlic odor.
Acetylene (Dissolved)	74-86-2	2	2	.91	Gas	Y	1001	FG		2.5-100.0	581		3	Stop Gas, Fog, Fog, DC	-118	2	3	4	2	11	K9, K2. Garlic odor.
Acetylene Chloride				2.0	Gas								4		-24	2	3, 9	4	2		K7, K11. Pyrotoric
trans-Acetylene Dichloride	156-60-5	2	2	3.3	1.3	N	1150	FL	36	9.7-12.8	860		3	Fog, Foam, DC, CO2	118	2	3	2	2		K2
Acetylene Dichloride	540-59-0	3	2	3.3	1.3	N	1150	FL	36	5.6-12.8	860		3	Fog, Foam, DC, CO2	119	2	3	3	2		K2.
Acetylene Tetrabromide	79-27-6	4	4	12.	3.0	N	2504	PB			635		1	Fog, Foam, DC, CO2	304	3	4	1	4	10	K1. TLV 1ppm
Acetylene Tetrachloride	79-34-5	4	4	5.8	1.6	S	1702	PB					0	DC, CO2	295	3	1	1	4	3	K2. Chloroform Odor. NCF.
Acetylides				Var	Var								4			6	17	5	2		Explode by shock and heat.
Acetylides (carbides)				>1.	Var								4			6	17, 9	4	2		Explodes.
N-Acetylmorpholine	1696-20-4	2	2	4.5	Liq	Y			235					Fog, Alfo, DC, CO2		1	3	1	2	2	K1
4-Acetylmorpholine	1696-20-4	2	2	4.5	Liq	Y			235					Fog, Alfo, DC, CO2		1	3	1	2	2	K1
2-Acetylthiophene	88-15-3	3	3	2.6	Sol	Y							4	Fog, Alfo, DC, CO2		3	1	1	2		K2, Foul Odor, Burnable
Acid (Liquid, N.O.S.) (General)		3	3	>1.	Liq	Y	1760	CO					3	Foam		3	16	3	3	16	K19. Organic acids can burn. See specific type.
Acid Butyl Phosphate	12788-93-1	3	4	5.3	1.1	N	1718	CO	230				4	Fog, Foam, DC, CO2		2	4	2	4	16	K2, K19. Clear liquid.
Acid Ethyl Sulfate	540-82-9	4	4	4.3	1.3	Y	2571	CO					4	Foam, DC, CO2		3	5	2	4	16	K2. Oily liquid.
Acid Mixture (Hydrofluoric & Sulfuric)		4	4	>1.	Liq	Y	1786	CO					4	Alfo, DC, CO2		3	5, 10	2	4	16	Oxidizer.
Acid Mixture (Nitrating)		3	4	>1.	Liq	Y	1796	CO					4	Alfo, DC, CO2		3	5, 13, 10, 23	2	4	16	Oxidizer. NCF.
Acid Mixture (Spent: Nitrating)		3	3	>1.	Liq	Y	1826	CO					4	Fog, Alfo, DC, CO2		3	5, 4	1	3	3	Oxidizer.
Acid Sludge		3	3	>1.	Liq	Y	1906	CO					4	Fog, Alfo, DC, CO2		3	5, 4	1	3	2	
Aconite	8063-12-5	4	4	>1.	Sol								4	Fog, Foam, DC, CO2		3	1	1	4	5, 9	K2. Burnable.
Aconitine	302-27-2	4	4	22.	Cry								4	Fog, Foam, DC, CO2		3		1	4	5	K2.
Aconitine Hydrochloride	6055-69-2	4	4	22.	Cry								4	Fog, Foam, DC, CO2		3	1	1	4	5	K2.
Aconitum (Also compounds)	8063-12-5	4	4	>1.	Sol								4	Fog, Foam, DC, CO2		3		1	4	5, 9	K2. Burnable.
Acridine	260-94-6	3	3	6.2	Sol		2713	FS					3	Fog, Alfo		2	2	2	2	2	K2.

(19)

5747248

Chemical Name	CAS	Tox L	Tox S	Vap Den	Spec Grav	Wat Sol	DOT Number	DOT Cl	Flash Point	Flamma. Limit	Ign. Temp.	Disa. Atm	Disa. Fire	Extinguishing Information	Boil Point	F	R	E	S	H	Remarks
Acroleic Acid	79-10-7	3	4	2.5	1.1	Y	2218	CO	130	2.4-8.0	820	4	1	Fog, Alfo, DC, CO2	286	3	2	1	4	16	K2. Can polymerize. TLV 10 ppm
Acrolein (Inhibited)	107-02-8	4	3	1.9	.84	Y	1092	FL	-15	2.8-31.0	428	4	3	Fog, Alfo, DC, CO2	125	2	3,	3	4	3, 4, 5	K2. Foul odor. TLV <1ppm
Acrolein Dimer (Stabilized)	100-73-2	3	3	3.9	1.1	Y	2607	CL	118			2	2	Alfo, DC	304	3	12	1	3	3	K2.
Acrylaldehyde	107-02-8	4	3	1.9	.84	Y	1092	FL	-15	2.8-31.0	428	4	3	Fog, Alfo, DC, CO2	125	2	3	3	4	3, 4, 5	K2. Foul odor. TLV <1ppm
Acrylamide	79-06-1	4	4	2.4	Sol		2074	PB				3	2	Fog, Foam, DC, CO2		3	2	1	4	2, 5	K2. TLV<1ppm.
Acrylamide Solution (in Flammable Liquid)				>1.	Liq	Y		FL	<100			3	3	Fog, Alfo, DC, CO2		3	3	2	4	2, 5	K2.
Acrylic Acid	79-10-7	3	4	2.5	1.1	Y	2218	CO	130	2.4-8.0	820	4	1	Fog, Alfo, DC, CO2	286	3	3	1	4	16	K2. Can polymerize. TLV 10 ppm
Acrylic Acid Chloride	814-68-6	4		3.2	Liq									Foam, DC, CO2		3	1	1	4		
Acrylic Acid Ethyl Ester (Inhibited)	140-88-5			3.5	.94	S	1917	FL	60	1.8-		4		Fog, Alfo, DC, CO2	212	3	3, 14	2	3	2	Acrid odor.
Acrylic Acid Ethylhexyl Ester mixed w/Hydroxyethyl Ester (50:50) Hydroxyethyl Acrylate		4		>1.	Liq							4		Foam, DC, CO2		3		1	4		K2
Acrylic Acid Methyl Ester	141-32-2	3	3	2.9	.95	S	2348	FL	27	2.8-25.0	875	4	3	Fog, Foam, DC, CO2	156	2	3	1	3	2	K2
Acrylic Acid, Butyl Ester		3	3	4.4	.89	N			118	1.5-9.9	559	2	2	Fog, Alfo, DC, CO2		3	1	1	3	2	K9. TLV 10 ppm.
Acrylic Acid, Glacial	79-10-7	3	3	2.5	1.1	Y	2218	CO	130	2.4-8.0	820	4	1	Fog, Alfo, DC, CO2	286	3	3	2	4	16	K2. Can polymerize. TLV 10 ppm
Acrylic Acid, Inhibited	79-10-7	3	4	2.5	1.1	Y	2218	CO	130	2.4-8.0	820	4	1	Fog, Alfo, DC, CO2	286	3	2	2	4	16	K2. Can polymerize. TLV 10 ppm
Acrylic Acid-2-(5'-Ethyl-2-Pyridyl)Ethyl Ester	122-93-0	3		7.2	1.1			CL				2		Fog, Foam, DC, CO2		3		1	3	2	K2. Combustible.
Acrylic Acid-2-Ethoxyethanol Diester	4074-88-8	4		7.5	Liq							4		Foam, DC, CO2		3	12,	1	4	16	K2
Acrylic Acid-2-Ethoxyethyl Ester	106-74-1	3		5.0	Liq											3		1	4	16	K2.
Acrylic Acid-2-Ethylhexyl Ester	103-11-7	3	3	6.4	.89			CL	180			3		Fog, Alfo, DC, CO2	266	3	3	1	3	3	K2.
Acrylic Acid-2-Hydroxyethyl Ester	818-61-1	3		4.1	Liq							4		Foam, DC, CO2		3		1	3	3	K2.
Acrylic Acid-β-Chloroethyl Ester	2206-89-5	3	4	4.7	Liq							4		Foam, DC, CO2		3		1	4	16	K2.
Acrylic Aldehyde	107-02-8	4	3	1.9	.84	Y	1092	FL	-15	2.8-31.0	428	4	3	Fog, Alfo, DC, CO2	125	2	3	3	4	3, 4, 5	K2. Foul Odor. TLV <1ppm
Acrylic Amide	79-06-1	4	4	2.4	Sol		2074	PB				3	2	Fog, Foam, DC, CO2		3	2	1	4	2, 5	K2. TLV<1ppm.
Acrylonitrile (Inhibited)	107-13-1	4	4	1.8	.81	Y	1093	FL	30	3.0-17.0	898	3	3	Fog, Alfo, DC, CO2	171	2	3, 14	3	4	5	K5. TLV 2 ppm
Acryloyl Chloride	814-68-6	4		3.2	Liq							4		Foam, DC, CO2		3	1	1	4		
Acrylyl Chloride	814-68-6	4		3.2	Liq							4		Foam, DC, CO2		3	1	1	4		
Actidione		3	3	9.7	Cry	S						4	1	Fog, Alfo, DC, CO2		3		1	2		K2
Actinium		4		7.8	Pdr			RA				4				4		2	4	17	Half-life 22 Years: Beta. Radioactive element.
Activated Carbon		1	2	.4	Sol		1362	FS				1		Fog, Flood		1		1	2		K21. Keep dry.
Adamsite	578-94-9	4		9.6	Cry	N	1698	PB				4		Foam, DC, CO2		3	1	3	2	3, 8	K2 (DM Poison)
Adhesive				>1.	Liq	N	1133	CL	>100					Fog, Foam, DC, CO2		3	3	1	2		
Adhesives (Containing Flammable Liquids)				>1.	Liq	N	1133	FL	<100			3	3	Fog, Foam, DC, CO2		2	3	2	3		
Adipic Acid	124-04-9			5.0	Sol	S	9077	OM	385		788			Fog, Alfo, DC, CO2	509	3	12,	1	2	3	
Adipic Acid Di(2-Ethyl Butyl) Ester	10022-60-3	3	10.	Liq								4		Fog, Foam, DC, CO2		3		1	3	3	
Adipic Acid Di-2-Propynyl Ester	6900-06-7	3		>1.	Var									DC, CO2		3		1	3	9, 2	
Adipic Acid Dinitrile	111-69-3	4	4	3.7	.97	N	2205	PB	199			4	2	Fog, Foam, DC, CO2	563	3	12	1	4		K5, TLV <10 ppm
Adipic Acid Nitrile	111-69-3	3	3	3.7	.97	N	2205	PB	199			4	2	Fog, Foam, DC, CO2	563	3	12	1	4		K5, TLV <10 ppm
Adipic Ketone	120-92-3	3	3	2.3	.95	S	2245	FL	79			2	3	Fog, Alfo, DC, CO2	267	3	1	2	3	11	Peppermint Odor.
Adipodinitrile	111-69-3	4	4	3.7	.97	N	2205	PB	199			4	2	Fog, Foam, DC, CO2	563	3	12	1	4		K5, TLV <10 ppm
Adiponitrile	111-69-3	3	3	3.7	.97	N	2205	PB	199			4	2	Fog, Foam, DC, CO2	563	3	12	1	4		K5, TLV <10 ppm
Adipoyl Chloride		2	2	>1.	Liq				162			4	2	Fog, Alfo, DC, CO2		1	12	1	2		

Chemical Name	CAS	Tox L	Tox S	Vap Den.	Spec Grav.	Wat Sol.	DOT Number	DOT Cl	Flash Point	Flamma. Limit	Ign. Temp.	Disa Atm	Disa Fire	Extinguishing Information	Boil Point	F	R	E	S	H	Remarks
Adipyl Chloride		2	4	>1.	Liq		2205	PB	162			4	2	Fog, Alto, DC, CO2	563	1	12	1	2		
Adipyldinitrile	111-69-3	4	4	3.7	.97	N	1950	CG	199			4	2	Fog, Alto, DC, CO2		3	12	1	4		K5, TLV <10 ppm
Aerosols				>1.	Gas								4	Fog, Alto, DC, CO2		1		1	2	1	See Specific Type.
Agglutinin		3	3	>1.	Pdr								4	Foam, CO2		3		1	3	8	
Agronaa (Trade name)		3	3	>1.	Sol	Y								Fog, Foam, DC, CO2		3		1	3		Keep dark. NCF.
Air, Compressed		1	1	1.0	Gas		1002	CG				0	0	Fog, Foam, DC, CO2		1		1	1		NCF.
Air, Refrigerated Liquid (Cryogenic Liquid)		1	1	1.0	Liq		1003	OX				0	0	Fog, Foam, DC, CO2		2	4, 10	2	2	15	Oxidizer.
Aircraft Evacuation Slide					Sol		2990							DC, CO2		1		1	2	1	NCF.
Aircraft Survival Kit					Sol		2990							DC, CO2		1		1	2	1	NCF.
Ala Chlor (Common name)	15972-60-8			9.4	Cry								4	DC, CO2		3		1	4		K12.
Alcohol (Denatured) (Non-toxic n.o.s.) (n.o.s.)		2	2	1.6	.79	Y	1987	FL	60	6.7-36.0	750		3	Fog, Alto, DC, CO2	175	2	3	2	2		ULC: 70
Alcohol (Denatured) (Toxic n.o.s.) (Poisonous n.o.s.)		3	2	1.1	.79	Y	1986	FL	52	6.7-36.0	725		3	Fog, Alto, DC, CO2	175	2	3	2	2	9	ULC: 70
Alcohol (Ethyl) (Grain) (Beverage)		2	2	1.6	.79	Y	1170	FL	55	3.3-19.0	685		3	Fog, Alto, DC, CO2	173	2	3	2	2		ULC: 70
Alcoholic Beverage		1	1	>1.	Liq	Y	3065	CL	>100				3	Fog, Alto, DC, CO2		2		1	2		
Alcoholic Beverage		1	1	>1.	Liq	Y	1170	FL	<100				3	Fog, Alto, DC, CO2		2		1	2		
Aldehyde (Poisonous, n.o.s.) (Toxic, n.o.s.)		4	4	>1.	Liq	Y	1988	FL				4	3	Fog, Alto, DC, CO2		3	12	2	4	13	K2. Flammable.
Aldehyde Ammonia		2	2	2.1	Sol	Y	1841	OM		16.0-25.0		3	2	Fog, Alto, DC, CO2	230	1	3	2	2	2	K17
Aldehyde Ammonia	75-39-8	2	2	2.1	Sol	Y	1841	OM		16.0-25.0		3	2	Fog, Alto, DC, CO2	230	1	3	2	2	2	K17, K2
Aldehyde, n.o.s.		3	3	>1.	Liq	Y	1989	FL	<100			3	3	Fog, Alto		3	12	2	3	13	K2
Aldehydes (General)				>1.	Var							3	3	Fog, ALto		3	12	2	3	13	See specific type. May be flammable.
Aldicarb (Common name)	116-06-3	3	4	>1.	Sol	S	2757	PB				4	0	DC, CO2		3		2	4		K12, K2. NCF.
Aldol	107-89-1	3	3	3.0	1.1	Y	2839	PB	150		482	4	2	Fog, Alto, DC, CO2	174	3	12	1	3	2	K1
Aldol Ether				3.5	.94				140				2	Foam, DC, CO2		1		1	2		
Aldoxime	107-29-9			2.0	Cry	Y	2332	FL	70			4	2	Fog, Alto, DC, CO2	238	2	1	1	2		K2, Melts @ 116°
Aldrin (and its mixtures)	309-00-2	3	4	>1.	Cry	N	2761	PB				3	1	Foam, DC, CO2		3		1	4		K2. TLV <1 ppm
Alkali Metal (Liquid Alloy)		3	3	>1.	Liq		1421	FS				3	3	Soda Ash		2	7, 3	2	3	3	K11. No water, CO2 or Halon. Flammable Solid
Alkali Metal Alloy (Liquid, n.o.s.)				3	Liq		1421	FS				4	3	Soda Ash, No Water		2	7	2	3	3	K11, K2. Pyroforic. No Water, CO2 or Halon.
Alkali Metal Amalgam, n.o.s.		3	3	>1.	Var		1390	FS				3	3	Soda Ash, No Water		2	16, 13	2	3	3	K2.
Alkali Metal Amide		3	3	>1.	Var		1390	FS				3	3	Soda Ash		2	16, 13	2	3	3	K2.
Alkali Metal Dispersion, n.o.s.		3	3	>1.	Var		1391	FS				4	3	Soda Ash, No Water		2	7	2	3	3	K11, K2.
Alkalies (General)		3	3		Liq	Y	1760	CO					0	Foam, DC, CO2		3	15	2	3	3	NCF.
Alkaline Boiler Treatment Compound		3	3	>1.	Liq		1760	CO				0	0	Fog, Foam, DC, CO2		3		1	3	2	NCF.
Alkaline Corrosive Liquid, n.o.s.		3	3	>1.	Liq		1719	CO				0	0	Fog, Foam, DC, CO2		3		1	3	, 2	NCF.
Alkaline Earth Metal Alloy				>1.	Sol		1393	FS				3	3	No Water, Soda Ash		2		2	3	3	K2. Flammable.
Alkaline Earth Metal Amalgam, n.o.s.		3	3	>1.	Var		1392	FS				4	3	Soda Ash, No Water		2		2	3	3	K2.
Alkaline Earth Metal Dispersion, n.o.s.		3	3	>1.	Var		1392	FS				4	3	Soda Ash, No Water		2		2	3	3	K2.
Alkaloid Salt, n.o.s.		4		>1.	Liq		1544	PB				4	1	CO2, DC		3		1	4	9, 2	K2.
Alkaloids, n.o.s.		4		>1.	Var		1544	PB				4	1	CO2, DC		3		1	4	2, 9	K2.
Alkyl Dimethylbenzyl Ammonium Chloride	8001-54-5	3	3	>1.	.99								3	Fog, Foam, DC, CO2		3		1	3	3	K2. Mobile liquid.
Alkyl Phenol, n.o.s.		4	4	>1.	Liq		2430	PB				4	0	Fog, Alto, DC, CO2		3		1	4	3	K2. NCF.

(21)

Chemical Name	CAS	Tox L	Tox S	Vap Den	Spec Grav	Wat Sol	DOT Number	DOT Cl	Flash Point	Flamma. Limit	Ign. Temp.	Disa Atm Fire	Extinguishing Information	Boil Point	F	R	E	S	H	Remarks
Alkyl Pyridines																				
Alkyl Sulfonic Acid, Liquid (D.O.T 2584 & 2586)			4	>1.	Var	Y	2586	CO				4	0	Fog, Alfo, DC, CO2		3		1	4	3	K2, K19, NCF.
Alkyl Sulfonic Acid, Liquid (D.O.T 2584 & 2586)			4	>1.	1.4	Y	2584	CO				4	0	Fog, Alfo, DC, CO2		3		1	4	3	K2, K19
Alkyl Sulfonic Acid, Solid			3	>1.	Sol	S	2583	CO				4	0	Fog, Alfo, DC, CO2		3		1	3	3	K2, K19, NCF.
Alkyl Sulfonic Acid, Solid			3	>1.	Sol	S	2585	CO				4	0	Fog, Alfo, DC, CO2		3		1	3	3	K2, K19, NCF.
Alkylamine, n.o.s. (Also: Alkylamines or Polyalkylamines, n.o.s.)			4	>1.	Liq	S	2734	FC	>73			3	3	Fog, Alfo, DC, CO2		3		2	4	3	K2, K19
Alkylamine, n.o.s. (Also: Alkylamines or Polyalkylamines, n.o.s.)			4	>1.	Liq	S	2733	FC	<73			3	3	Fog, Alfo, DC, CO2	>95	3		3	4	3	K2, K19
Alkylamine, n.o.s. (corrosive)			3	>1.	Liq	Y	2735	CO	>73			3	3	Fog, Alfo, DC, CO2	392	3		2	3	3	
Alkylamines or Polyalkylamines, n.o.s. (corrosive)			3	>1.	Liq	Y	2735	CO	>73			3	3	Fog, Alfo, DC, CO2	392	3		2	3	3	
Allene			4	4	1.8	Gas		2200	FG		2.1-		3	4	Stop Gas, Fog, DC, CO2		2	14	4	4	4	K2
Allethrin	584-79-2	2	2	10.	Liq	N	2902	OM					1	Fog, Foam, DC, CO2		1		1	2	3	Insecticide. Can Burn.
Allicin		3		5.7	1.1								1	Fog, Foam, DC, CO2		3		1	3	3	K2. Garlic Odor.
Allodan					Sol								3	Foam, DC, CO2		3		1	2	3	K2.
Alloxan	50-71-5	3		>1.	1.7	Y							3	4			3		4	3	3	K2.
Allyl Acetate	591-87-7	3	3	3.4	.93	N	2333	FL	72		705	3	3	Fog, DC, CO2	219	6	17	2	3	3	K2. Explodes @ 338°.
Allyl Acrylate	999-55-3	3		3.9	Liq							3	3	DC, CO2		2	1	2	3	9	
Allyl Alcohol	107-18-6	4	4	2.0	.85	Y	1098	FL	70	2.5-18.0	713	3	3	Fog, Alfo, DC, CO2	206	2	2, 14	2	4	4, 3	Mustard odor. TLV 2 ppm
Allyl Aldehyde	107-02-8	4	4	1.9	.84	Y	1092	FL	-15	2.8-31.0	428	4	3	Fog, Alfo, DC, CO2	125	2	3	3	4	3, 4, 5	Foul odor. TLV <1ppm
Allyl Amine (Also: Allyl Amine, Anhydrous)	107-11-9	4	4	2.0	.76	Y	2334	FL	-20	2.2-22.0	705	4	3	Fog, Alfo, DC, CO2	128	2	2	2	4	3	K2. Sharp odor.
Allyl Amine Anhydrous	107-11-9	4	4	2.0	.76	Y	2334	FL	-20	2.2-22.0	705	4	3	Fog, Alfo, DC, CO2	128	2	2	2	4	3	K2. Sharp odor.
Allyl Bromide	106-95-6	3	3	4.2	1.4	N	1099	FL	30	4.4-7.3	563	4	3	Fog, Alfo, DC, CO2	160	2	2	1	3	3	K2.
Allyl Butanoate	2051-78-7	3		4.5	Liq								3	Fog, DC, CO2		3		1	3	2	K2.
Allyl Butyrate	2051-78-7	3		4.5	Liq								3	Fog, DC, CO2		3		1	3	2	K2.
Allyl Caproate	123-68-2	3		5.5	.89	N			150				2	Fog, Alfo, DC, CO2	367	3	1	2	3	2	K2.
Allyl Chlorcarbonate	2937-50-0	3	3	4.2	1.1	N	1722	FL	88			4	3	Fog, Foam, DC, CO2	223	2	2	2	3	3	K7
Allyl Chloroformate	2937-50-0	3	3	4.2	1.1	N	1722	FL	88			4	3	Fog, Foam, DC, CO2	223	2	2	2	3	3	K7
Allyl Chloride	107-05-1	3	3	2.6	.94	N	1100	FL	-25	2.9-11.1	905	4	3	Fog, Alfo, DC, CO2	113	2	14	3	3	3	K2. TLV 2 ppm
Allyl Chlorocarbonate	2937-50-0	3	3	4.2	1.1	N	1722	FL	88			4	3	Fog, Foam, DC, CO2	223	2	2	2	3	3	K7
Allyl Chloroformate	2937-50-0	3	3	4.2	1.1	N	1722	FL	88			4	3	Fog, Foam, DC, CO2	223	2	2	2	3	3	K7
Allyl Cyanide	109-75-1	3	3	2.3	.83	S						4	2	Fog, Alfo, DC, CO2	241	3	11	1	4	9, 2	K2. Onion odor...
Allyl Cyclohexaneacetate	4728-82-9	3		6.4	Liq								3	Foam, DC, CO2		3		1	3	3	K2.
Allyl Dimethyl Arsine		4		5.1	Liq							4	3	DC, CO2		2		2	4		K11, K2. Pyroforic.
Allyl Ether	557-40-4	3	3	3.4	.81	S	2335	FL	20			3	3	Fog, Alfo, DC, CO2	203	2	2	2	3	10	K10. Radish odor.
Allyl Ethyl Ether	557-40-4	3	3	3.4	.81	S	2335	FL	20			3	3	Fog, Alfo, DC, CO2	203	2	1	2	3	10	K10. Radish odor.
Allyl Fluoride	406-23-5	3		2.1	Gas							4		Stop Gas		3	8	2	4	3	K2.
Allyl Fluoroacetate		3		4.1	Liq							3		Foam, DC, CO2		2		1	3		K2.
Allyl Formate	1838-59-1	2	3	3.0	.95	S	2336	FL	-50			3	3	Fog, Foam, DC, CO2	181	2	2	3	4	9	K2.
Allyl Glycidyl Ether	106-92-3	3	3	3.9	.97		2219	CL	135			2	2	Fog, Foam, DC, CO2		3	12, 1	1	3	9, 2	K19. TLV 5 ppm
Allyl Glycidyl Ether (A.G.E.)	106-92-3	3	3	3.9	.97		2219	CL	135			2	2	Fog, Foam, DC, CO2		3	12, 1	1	3	9, 2	K19. TLV 5 ppm

(22)

Chemical Name	CAS	Tox L S	Vap Den	Spec Grav	Wat Sol	DOT Number	Cl	Flash Point	Flamma. Limit	Ign. Temp.	Disa. Atm Fire	Extinguishing Information	Boil Point	F	R	E	S	H	Remarks
Allyl Heptanoate	142-19-8	3	6.0	Liq								Foam, DC, CO2		3		1	3		
Allyl Heptylate	142-19-8	3	6.0	Liq								Foam, DC, CO2		3		1	3		
Allyl Hexanoate	123-68-2	3	5.5	.89	N			150			2	Fog, Alfo, DC, CO2	367	3	1	1	3	2	
Allyl Hydroperoxide		4	2.6	Liq							4			6	17	2	4		Unstable to Heat/Light.
Allyl Iodide	57-06-7	4	5.8	1.8		1723	CL				4 2	Fog, Foam, DC, CO2	218	3	2	1	4	3	K2. Pungent odor. Combustible.
Allyl Isothiocyanate (Inhibited)	57-06-7	3	3.4	1.0	S	1545	PB	115			4 2	Fog, Foam, DC, CO2	303	3	11	1	3		K2
Allyl Isothiocyanate (stabilized)	57-06-7	3	3.4	1.0	S	1545	PB	115			4 2	Fog, Foam, DC, CO2	303	3	11	1	3		K2
Allyl Mercaptan		4	2.5	.92	N		FL	14			3 3	Fog, Foam, DC, CO2	154	2	2	2	4	3	K2. Strong Garlic odor.
Allyl Methacrylate	96-05-9	3	4.4	Liq							3	Fog, Foam, DC, CO2		3		1	3		K2.
Allyl Mustard Oil	57-06-7	3	3.4	1.0	S	1545	PB	115			4 2	Fog, Foam, DC, CO2	303	3	11	1	3		K2
Allyl Phenoxyacetate	7493-74-5		3	>1.	Var						2 2	Fog, Foam, DC, CO2		3	2	2	3		
Allyl Propenyl	592-45-0	2	2.8	.70	N	2458	FL	-6	2.0-6.1		2 3	Fog, Foam, DC, CO2		3	2	2	3		K2. Pungent odor. TLV 2 ppm. Combustible.
Allyl Propyl Disulfide	2179-59-1	4	5.1	Liq							4 2	Fog, Foam, DC, CO2		3	1	1	4		K2.
Allyl Succinic Anhydride	7539-12-0	4	4.9	Var							3	Fog, Foam, DC, CO2		3		1	4	3	K2.
Allyl Sulfide	592-88-1	3	3.9	.89	N						4 2	Fog, Foam, DC, CO2	282	3	1	1	3		K2. Garlic odor. Combustible.
Allyl Thiocarbamide	109-57-9	3	4.0	Sol	Y						4	DC, CO2		3		1	3		K2.
1-Allyl Thiourea	109-57-9	3	4.0	Sol	Y						4	DC, CO2		3		1	3		K2.
Allyl Trichloride	96-18-4	3	5.1	1.4	N			180	3.2-12.6	579	4 2	Fog, Foam, DC, No Water	288	3	1	1	4	2	K2. TLV 10 ppm (skin)
Allyl Trichlorosilane	107-37-9		3	6.0	1.2		1724	FC	95			4 3	Fog, Foam, DC, CO2	243	5	10	2	3	3	K2. Pungent odor.
Allyl Vinyl Ether	3917-15-5	3	5.0	.80	S			FL	<68		2 3	Fog, Alfo, DC, CO2	153	2	2	2	3		K11. Pyrotoric.
1-Allyl-1-(3,7-Dimethyloctyl)-Piperidinium Bromide	56717-11-4			12.	Sol						3	Foam, DC, CO2		3		2	2		K2.
1-Allyl-2-Thiourea	109-57-9	3	4.0	Sol	Y						4	DC, CO2		3		1	3		K2.
N-Allyl-3-Hydroxymorphinan	152-02-3	4	9.9	Sol							4	Foam, DC, CO2		3		1	3		K2
Allylchlorohydrin Ether	4638-03-3	3	5.3	Liq							4	Foam, DC, CO2		3		1	3	3	K2
Allylene	74-99-7	2 1	1.4	Gas			FG		1.7-		3 2	Fog, DC, Stop Gas	-9	2	2	4	2	1	TLV 1000 ppm. Stop Gas!
Allylidene Diacetate		3	5.4	1.1	N			180			4 2	Fog, Foam, DC, CO2	225	3	1	1	3		K2.
Allyllithium	3052-45-7			1.7	Liq						4	DC, CO2		3	2	2	2		K11. Pyrotoric.
Allynitrile	109-75-1	3 4	2.3	.83	S						4 2	Fog, Alfo, DC, CO2	241	3	11	1	4	9, 2	K2. Onion odor.
Almylamine (Mixed isomers)		3 3	3.4	.76	N	1106	FL	30	1.4-22.0		3 3	Fog, Alfo, DC, CO2	210	3	1	1	2	2	K2.
Alperox C. (Trade name)		3	13.	.76	N	2124	OP				4	Fog		2	3	2	3		Organic Peroxide.
Aluminum (Powder) (Pyrotoric)	7429-90-5	1	1.0	Pdr		1383	FS				2	Soda Ash, No Water		5	21	2	2	2	K11, K19. Pyrotoric. Dust cloud can explode.
Aluminum 1-Phenol-4-Sulfonate		3 3	19.	Pdr	Y						4 1	Fog, Foam, DC, CO2		3		1	3		K2.
Aluminum Akyl			>1.	Liq		2003	FL				3	Soda Ash, No Water		2	2, 9	2	2	2	K19. Pyrotoric.
Aluminum Akyl Chloride			>1.	Liq		2221	FL				4	Soda Ash, No Water		2	2, 9	2	2	2	K19. Pyrotoric.
Aluminum Alkyl			>1.	Sol		3051	FS				3	Soda Ash, No Water		2	2, 9	2	2	2	K19, K11. Pyrotoric.
Aluminum Alkyl Halide			>1.	Liq		2221	FL				3	Soda Ash, No Water		2	2, 9	2	2	2	K19, K11. Pyrotoric.
Aluminum Alkyl Halide		3	>1.	Liq		2220	FL				3	Soda Ash, No Water		2	2, 9	2	2	2	K19. Pyrotoric.
Aluminum Alkyl Halide Solution			>1.	Sol		3076	FS				3	Soda Ash, No Water		2	2, 9	2	3		K19. Pyrotoric.
Aluminum Azide	39108-14-0		5.4	Sol			EX				4 4	Soda Ash, No Water		6	17	4	2	2	K22. Shock Sensitive Explosive.

(23)

Chemical Name	CAS	Tox L S	Vap Den.	Spec Grav.	Wat Sol.	DOT Number	Flash Point Cl	Flamma. Limit	Ign. Temp.	Disa Atm	Disa Fire	Extinguishing Information	Boil Point	F	R	E	S	H	Remarks
Aluminum Borohydride			2.4	Liq	N	2870	FL	5.0-90.0		3	3	CO2, DC, No Water	112	2	2, 14, 9	2	3		Pyrotoric.
Aluminum Borohydride in devices			2.4	Liq	N	2870				3	3	DC, CO2, No Water		2	2	2	2		K11. Pyrotoric.
Aluminum Bromide (anhydrous)	7727-15-3	3 4	9.2	Sol		1725	CO			4	0	CO2, DC, No Water	505	3	10	2	1	4	K19. Avoid Na or K. NCF.
Aluminum Bromide Solution		3 3	>1.	Liq	Y	2580	CO			4	0	Fog, Foam, DC, CO2		3		2	3		K2. NCF.
Aluminum Carbide			>1.	Pdr		1394	FS				4	Soda Ash, No Water		5	10	2	2		Pyrotoric.
Aluminum Chlorate			9.5	Cry			OX			3	4			2	17, 3, 4	2	3		High oxidizer.
Aluminum Chloride (anhydrous)	7446-70-0	3	4.6	Cry	Y	1726	CO			4	1	DC, CO2, No Water		3	5, 8	2	3		NCF.
Aluminum Chloride Solution		3	>1.	Liq	Y	2581	CO			0	0	DC, CO2		3		1	3		NCF.
Aluminum Diboride		4 4	1.6	Cry						3		DC, CO2, No Water		3	10	1	4		K2.
Aluminum Diethyl Monochloride		4	4.1	Liq	N	1101	FL			4	3	No Water, No Halon		5	10	2	3		K2, K11. Pyrotoric.
Aluminum Ethoxide		4 4	5.6	Liq								Soda Ash, No Water	392	5	10	2	4		
Aluminum Ethylate		4 4	5.6	Liq								Soda Ash, No Water	392	5	10	2	4		
Aluminum Ferrosilicon (powder)		3 3	>1.	Pdr		1395	FS				2	Soda Ash, No Water		3	7	2	3		
Aluminum Fluoride	7784-18-1		2.9	Sol						3	0	DC, CO2		3		1	3	3	K2. RVW-Na & K. NCF.
Aluminum Hydride	7784-21-6		1.1	Pdr		2463	FS				3	Soda Ash, No Water		5	9, 1	2	2		Pyrotoric.
Aluminum Hydride-Diethyl Ether	26351-01-9		3.6	Liq							3	Soda Ash, No Water		5	10	3	2		K19. May be pyrotoric.
Aluminum Hydride-Trimethyl Amine	17013-07-9		3.1	Liq							4	Soda Ash, No Water		5	10	3	2		K19. Unstable. May be pyrotoric.
Aluminum Hydrogen Fluoride, Solution		3 3	2.0	Liq	Y	2817	CO			4	0	Fog, Foam, DC, CO2		3		2	2	2	K2. Can damage glass. NCF.
Aluminum Liquid (Paint)			>1.	Liq	N	1419	FL	<100		4	3	Fog, Foam, DC, CO2		3	2	2	3		
Aluminum Magnesium Phosphide		2 3	6.7	Sol		1419	FS			4	2	Soda Ash, No Water		5	9	2	3		K2
Aluminum Methyl	13473-90-0	3 3	2.5	Liq		1103	FL			3	4	DC, No Water	266	3	10, 2	2	3		K19, K2.
Aluminum Nitrate		3	13.	Cry	Y	1438	OX			3	4	Fog, Flood		2	4	2	2	2	No water or halons. Pyrotoric.
Aluminum Phenoxide		3	10.	Pdr						4		Fog, Foam, DC, CO2		3		1	3	3	K2. Oxidizer.
Aluminum Phosphate Solution	7784-30-7		4.3	Liq	N	1760	CO			3	0	Fog, Foam, DC, CO2		3		1	4	3	K2. Phenol odor.
Aluminum Phosphide	20859-73-8	4	2.0	Cry		1397	FS	212		4	2	No Water	189	5	7, 11	2	4		K2. NCF.
Aluminum Picrate		4	>1.	Sol						4	4			6	17, 3	4	4	3	K23. TLV <1 ppm.
Aluminum Powder (coated)		1	>1.	Pdr		1309	FS			3	2	DC, CO2		2		2	2		K3. Explodes by shock and heat.
Aluminum Powder (uncoated)		1	>1.	Pdr		1396	FS			3	2	DC, CO2, No Water		5	9	2	3		K2.
Aluminum Resinate		2		Sol		2715	FS			3	1	Fog, Foam, DC, CO2		2	7	1	2		K2. May be pyrotoric.
Aluminum Silicon Powder			1.0	Pdr		1398	FS				3	Soda Ash, DC, No Water		5	9, 1	2	2		
Aluminum Sodium Oxide	11138-49-1	3 3	2.9	Sol		2812	CO			3	0	Fog, Foam, DC, CO2		3		1	3	2	K2. NCF.
Aluminum Sodium Oxide		3 3	2.9	Liq		1819	CO			3	0	DC, CO2, No Water		3		1	3	2	K2. NCF.
Aluminum Sulfate Solid	10043-01-3	2	12.	Pdr	Y	9078	OM			3	0	Foam, DC, CO2		3		1	2	2	K2. NCF.
Aluminum Sulfate Solution		3 3	12.	Liq		1760	CO			3	0	Fog, Alfo, DC, CO2		3		2	3	2	K2. NCF.
Aluminum Sulfide		3 3	5.2	Cry						4	1	Fog, Foam, DC, CO2		5	6	3	2	2	K2.
Aluminum Sulfocarbolate		3 3	19.	Pdr	Y					4	4	Soda Ash, No Water		2		1	3		K2.
Aluminum Tetrahydro Borate	16962-07-5	2.5	Sol							4		DC, CO2		2	10	2	2	2	K2. Pyrotoric.
Aluminum Tetrahydroborate			2.4	Liq		2870			5.0-90.0	3		DC, CO2, No Water	112	2	2, 14	2	3		K11. Pyrotoric.
Aluminum Thallium Sulfate		3	22.	Cry						4	0	DC, CO2		3		1	1		K2. Melts @ 196°.
Aluminum Tribromide	7727-15-3	3 4	9.2	Sol		1725	CO			4	0	CO2, DC, No Water	505	3	10	2	1	4	K19. Avoid Na or K. NCF.
Aluminum Tributyl			>1.	Liq		2003	FL			3	3	Soda Ash, No Water		5	10	2	3		K2. Pyrotoric.
Aluminum Tributyl			1.0	.82		2003	FS					Soda Ash, No Water		5	10, 2	2	3		Pyrotoric.
Aluminum Trichloride	7446-70-0	3	4.6	Cry	Y	1726	CO			4	1	DC, CO2, No Water		5	5, 8	2	3		NCF.

Chemical Name	CAS	Tox L	Tox S	Vap Den	Spec Grav	Wat Sol	UN Number	CL	Flash Point	Flamm. Limit	Ign. Temp	Dis. Atm	Fire	Extinguishing Information	Boil Point	F	H	E	S	H	Remarks
Aluminum Triethyl	97-93-8	4	4	3.9	.84	N	1103	FL	-63		-63	4	4	DC, Soda Ash, CO2	381	2	10	3	4	3	No water or halons. Pyroforic.
Aluminum Trifluoride	7784-18-1	3	3	2.9	Sol							3	0	DC, CO2		3		1	3	3	K2. RVW-Na & K. NCF.
Aluminum Trihydride	7784-21-6			1.1	Pdr		2463	FS					3	Soda Ash, No Water		3	9, 1	2	2		K12
Aluminum Trimethyl	75-24-1	3	3	2.5	.75	N	1103	FL				3	4	No Water	259	5	10	3	3		No water or halons. RXW water. Pyroforic.
Aluminum Tripropyl		4	4	5.4	.82	N		FL					3	Soda Ash, No Water		5	10	3	4		No water or halons. Pyroforic.
Amatol		3		>1.	Sol			EX				4	4			6	17, 2	5	3		High explosives. 20% TNT.
Ambush (Trade name)	52645-53-1	3		14.	Cry	N						4	0	CO2, DC	428	3		1	3		K12, K2. NCF.
Americium		3		8.3	Sol			RA				4	0			4		1	4	17	Am 241. Half-life: 458 Yrs:alpha. NCF.
Amethopterine	59-05-5	4	4	>1.	Pdr	N						3		Foam, DC, CO2		3		1	3	9	K2.
Ametycin	50-07-7	3		12.	Sol							4		CO2, DC		3		1	3	9	K2.
Amidithion	919-76-6			9.5												3		1	3	9	K12
Amido Sulfuryl Azide				4.3	Sol			EX				4	4			6	17	5	4		K20. Explosive.
Amidoethane	75-04-7	3		1.6	.71	Y	1036	FG	<0	3.5-14.0	725	3	4	Fog, Alfo, DC, CO2	62	3	2	5	2	2	Ammonia odor. TLV 10 ppm.
p-Amino Benzene Diazoniumperchlorate				7.7	Sol			EX				3	4			6	17	5	4		K3. Explosive.
2-Amino Ethyl Ethanol Amine	10308-82-4		3	3.6	1.0	S	1760	CO	216		695	3	1	Fog, Alfo, DC, CO2	469	2	1	1	3	3	K2.
Amino Guanidinium Nitrate	98-50-0			4.8	Sol							3	4			2	1	2	3		Unstable. High Oxidizer.
Amino Phenyl Arsine Acid (Also: p-)	6630-99-5	3		7.5	Pdr							4	1	Fog, Alfo, DC, CO2		3	15, 11	1	3		K2.
5-Amino-1,2,3,4-Thiatriazole				3.6	Var							4	4			6	16	3	2		Explodes weakly @ 266°. Can explode.
5-Amino-1-bis(dimethylamide)phosphoryl-3-Phenyl-1,2,4-Triazole	96-20-8	3		3	10.	Sol							4	Foam, DC, CO2		3		1	2	9	K2.
2-Amino-1-Butanol (Also: 2-Aminobutan-1-ol)	96-20-8	3		3.1	.94	Y			165			3	2	Fog, Alfo, DC, CO2	352	3	2	1	3	9	K2
3-Amino-1-Phenyl-2-Pyrazoline	3314-35-0	3		5.6	Liq							3	2	DC, CO2		3		1	3	9	K2.
1-Amino-1-Phenylethane	98-84-0	3		4.2	.95	S			175			3	2	Fog, Alfo, DC, CO2		3	1	1	2	2	K2. Amine odor.
2-Amino-2-Methyl-1-Propanol	124-68-5	2		3.0	Cry	Y			153			3	2	Fog, Alfo, DC, CO2	329	1	1	1	3		K2. Melts @ 86°
1-Amino-2-Methyl-2-Propanol	2854-16-2	3	3	3.1	Liq	Y						3	2	Fog, Alfo, DC, CO2	330	3	1	1	2		K2. Probably combustible.
1-Amino-2-Methylpropane	78-81-9	3	4	2.5	.73	Y	1214	FL	15		705	3	3	Fog, Alfo, DC, CO2	150	2	2	3	4		K2.
1-Amino-2-Propanol	78-96-6	3	3	2.6	1.0	Y			171		705	3	2	Fog, Alfo, DC, CO2	320	3	1	1	3		K2.
1-Amino-3-Dimethylaminopropane	109-55-7	3	2	3.5	.81	Y			100			4	1	Fog, Alfo, DC, CO2	253	2	1	5	3	2	K2.
1-Amino-3-Nitro-Guanidine	18264-75-0			4.2	Liq							3	4			6	17	2	3		K2. Explodes @ 374°
2-Amino-4-Methylpentane	108-09-8	2	3	3.5	.75	N	2379	FL	55			3	3	Fog, Foam, DC, CO2	223	3	2	2	3		K2.
1-Amino-4-Nitrobenzene	100-01-6	3		4.7	1.4	Y	1661	PB	390			3	1	Fog, Foam, DC, CO2	637	3		1	4		K2. TLV 1 ppm.
2-Amino-5-Diethylaminopentane			3	>1.	Liq		2946	PB				3	1	Fog, Foam, DC, CO2		3		1	3	2, 9	K2.
m-Aminobenzal Fluoride	98-16-8	4	4	5.6	1.3		2948	PB				4		Foam, DC, CO2	372	3		1	3	9	K2, K13. Aniline Odor.
Aminobenzene	62-53-3	3	4	3.2	1.2	S	1547	PB	158	1.3-	1139	4	2	Fog, Alfo, DC, CO2	363	3	2, 14	1	4	9	TLV 2 ppm.
2-Aminobenzenethiol	137-07-5			4.3	1.2				175			4	2	Fog, Foam, DC, CO2	441	3	1	1	1		K2.
4-Aminobiphenyl	92-67-1	3		5.8	Cry	N						842	4	1	Fog, Foam, DC, CO2	576	3	1	1	2	9	K2. Melts @ 127°
p-Aminobiphenyl	92-67-1	3		5.8	Cry	N						842	4	1	Fog, Foam, DC, CO2	576	3	1	1	2	9	K2. Melts @ 127°
Aminobis(propylamine)	56-18-8	3	3	4.6	.93	Y	2269	CO				4	4	Fog, Foam, DC, CO2		6	17	5	3	3, 9	K3. Explosive
2-Aminobutan-1-ol	96-20-8	3		3.1	.94	Y	1125	FL	175			3	2	Fog, Alfo, DC, CO2	352	3	2	1	3	9	K2
2-Aminobutane	13952-84-6	3	3	2.5	.72	Y	1125	FL	15			3	3	Fog, Alfo, DC, CO2	145	2	2	2	3		K2.
1-Aminobutane	109-73-9	3	4	2.5	.75	Y	1125	FL	10	1.7-9.8	594	3	3	Fog, Alfo, DC, CO2	171	2	2	2	4	9	TLV 5 ppm. Ammonia odor.

(25)

Chemical Name	CAS	Tox L	Tox S	Vap Den.	Spec Grav.	Wat Sol.	DOT Number	DOT Cl	Flash Point	Flamma. Limit	Ign. Temp.	Disa. Atm	Disa. Fire	Extinguishing Information	Boil Point	F	R	E	S	H	Remarks
(4-Aminobutyl)diethoxymethyl silane	3037-72-7	3		7.2	Var							4		DC, CO2		3		1	3	2	K2.
4-Aminobutyl)triethoxysilane	3069-30-5	3		8.2	Var							4		DC, CO2		3		1	3	2	K2.
Aminochlorophenol		4		>1.	Cry		2673	PB				4		Fog, Alfo, DC, CO2		3		1	3	9	K2.
Aminocyclohexane	108-91-8	3	4	3.4	.87	Y	2357	FL	70		560	4	3	Fog, Alfo, DC, CO2	274	2	3	2	4	3	Fishy Odor. TLV 10 ppm (Skin)
1-Aminodecane	2016-57-1			5.5	.79	S			210			3	1	Fog, Alfo, DC, CO2	429	3	1	1	3	2	Melts @ 63°
p-Aminodimethyl Aniline	105-10-2	4	4	4.7	Cry	Y						3		Fog, Alfo, DC, CO2	504	3		2	4		K2
Aminodimethyl Benzene	1300-73-8	4	4	4.2	.98	Y	1711	PB	206			3	1	Fog, Foam, DC, CO2	435	3	2	2	3	5, 9	K2. TLV 2 ppm (skin)
p-Aminodiphenyl	92-67-1	3		5.8	Cry	N					842	3		Fog, Alfo, DC, CO2	576	3	1	1	2	9	K2. Melts @ 127°
Aminoethane (1-)	75-04-7	3		1.6	.71	Y	1036	FG	<0	3.5-14.0	725	3	4	Fog, Alfo, DC, CO2	62	2	1	4	4	2	Ammonia odor. TLV 10 ppm.
2-Aminoethanol	141-43-5	4	2	2.1	1.0	Y	2491	CO	185		770	3	2	Fog, Alfo, DC, CO2	339	2	1	4	4		Ammonia odor. TLV 3 ppm.
1-Aminoethanol	75-39-8	2		2.1	Sol	Y	1841	OM		16.0-25.0		3	2	Fog, Alfo, DC, CO2	230	1	3	2	4	2	K17, K2
2(2-Aminoethoxy)Ethanol	929-06-6			3.7	Liq	Y	1760	CO				4	1	Fog, Alfo, DC, CO2		3	14	1	3	3	K2. Fishy odor.
2-Aminoethoxyethanol				3.7	Liq	Y	1760	CO				3		Fog, Alfo, DC, CO2		3	1	1	3	3	K2. Fishy odor.
Aminoethoxyethanol	929-06-6			3.7	Liq	Y	3055	CO				4		Fog, Alfo, DC, CO2		3		1	3	3	K2. Fishy odor.
β-Aminoethyl Alcohol	141-43-5	4		2.1	1.0	Y	2491	CO	185		770	3	2	Fog, Alfo, DC, CO2	339	3	14	1	4	3	Ammonia odor. TLV 3 ppm.
N-Aminoethyl Morpholine	2038-03-1			4.5	.99	Y			347			3	1	Alfo, DC	399	3	1	1	3	2	K2.
N-Aminoethyl Piperazine	140-31-8	3		4.4	.99	Y	2815	CO	200			3	2	Fog, Alfo, DC, CO2	428	3	1	1	3		K2.
Aminoethyl Piperazine	140-31-8	3		4.4	.99	Y	2815	CO	200			3	2	Fog, Alfo, DC, CO2	428	3	1	1	3		K2.
1-(2-Aminoethyl)-Piperazine		3		4.4	.99	Y	2815	CO	200			3	2	Fog, Alfo, DC, CO2	428	3	1	1	3		K2.
2-Aminoethylammonium Perchlorate	25682-07-9			5.6	Var							4				6	17	5	2		K3.
o-Aminoethylbenzene	578-54-1	3		4.2	.98	N	2273	PB	185			3	2	Fog, Foam, DC, CO2	419	3	1	1	3	9	K2.
N-Aminoethylethanolamine	111-41-1			3.6	1.0	Y	1760	CO	216		695	3	1	Fog, Alfo, DC, CO2	469	3	1	1	3	3	K2.
1-Aminoheptane		2		4.0	.73	S			130			2	2	Fog, Alfo, DC, CO2	311	1	1	1	2		K2.
7-Aminoheptanoic Acid, Isopropyl Ester	7790-12-7			6.5	Liq							3		Foam, DC, CO2		3		2	3	2	
2-Aminoisobutane		3		2.5	.70	Y				1.7-8.9	716	3	3	Fog, Alfo, DC, CO2		3		1	3		K2.
α-Aminoisopropyl Alcohol	78-96-6	3		2.6	1.0	Y			171		705	3	2	Fog, Alfo, DC, CO2	320	3	1	1	3		K2.
Aminomethane (Anhydrous)	74-89-5	3	4	1.1	Gas	Y	1061	FG	14	4.9-21.0	806	3	4	Alfo, CO2, DC, Stop Gas	21	2	2	4	4	2	K16, K2. Ammonia odor.
5-Aminomethyl-3-Isoxyzole	2763-96-4			4.0	Liq							3		Foam, DC, CO2		3		1	3		K2.
2-Aminomethyltetrahydropyran	6628-83-7			3.9	Liq							3		DC, CO2		3		1	2		K2.
2-Aminomethyl-2,3-Dihydro-4H-Pyran	4781-76-4	4	3	4.0	Liq							3		Foam, DC, CO2		3		1	4	2	K2.
1-Aminooctane	111-86-4			4.5	.78	S			140			2		Fog, Alfo, DC, CO2	338	3		1	3		Amine odor.
2-Aminopentane		3	3	3.0	.70	Y	1106	FL	20			3	3	Fog, Alfo, DC, CO2	198	2	1	2	3		K2.
1-Aminopentane		3	3	3.0	.76	Y	1106	FL	30	1.4-22.0		3	3	Fog, Alfo, DC, CO2	210	2	1	2	3		K2.
4-Aminophenetole	156-43-4	4	3	4.7	1.1	N	2311	PB	241			3	1	Fog, Foam, DC, CO2	378	3	1	1	4	5	K2.
2-Aminophenetole	94-70-2	3	3	4.7	1.1	N	2311	PB	239			3	1	Fog, Foam, DC, CO2	442	3	1	1	3		K2.
Aminophenol (Aminophenols, m-, o-, p-)	591-27-5	3	3	3.7	Cry	S	2512	PB				4	0	DC, CO2		3	1	1	3	2	K2. NCF.
2-Aminophenyl Mercaptan	137-07-5			4.3	1.2				175			4	2	Fog, Foam, DC, CO2	441	1	1	1	2		K2.
1-Aminopropan-2-ol	78-96-6	3	3	2.6	1.0	Y			171		705	3	3	Fog, Alfo, DC, CO2	320	3	1	1	3		K2.
1-Aminopropane	107-10-8	3	3	2.0	.72	Y	1277	FL	-35	2.0-10.4	604	4	3	Fog, Alfo, DC, CO2	118	2	2	3	3	2	K2. Ammonia odor.
2-Aminopropane-	75-31-0	2	3	2.0	.69	Y	1221	FL	-35		756	3	4	Fog, Alfo, DC, CO2	89	2	2	3	3	11	Ammonia odor. TLV 5 ppm.
3-Aminopropanol	156-87-6	2		2.6	.98	Y			175			3		Fog, Alfo, DC, CO2	363	3	1	1	3	2	K2. Fishy odor.
3-Aminopropionitrile	151-18-8	3	3	2.4	Liq							4		DC, CO2	365	3	16	1	3		K2. Amine odor.

Chemical Name	CAS	Tox L	Tox S	Vap Den.	Spec Grav.	Wat Sol.	DOT Number	DOT Cl	Flash Point	Fiamma. Limit	Ign. Temp.	Disa. Atm	Disa. Fire	Extinguishing Information	Boil Point	F	R	E	S	H	Remarks
β-Aminopropionitrile	151-18-8	3		2.4	.99		1760	CO				3	1	DC, CO2	365	3	16	1	3		Amine odor. K2.
N-Aminopropyl Morpholine	123-00-2			5.0	.99	Y	1760	CO	220			3	1	Alfo, DC	438	3	1	1	3	3	K2.
N-(3-Aminopropyl)Cyclohexylamine		3		5.4	.90	Y			175			3		Foam, DC, CO2		3	1	1	3	2	K2.
(3-Aminopropyl)Diethoxymethyl Silane	3179-76-8			6.7	Var							3		Fog, Alfo, DC, CO2		3		1	3	3	K2. Fishy odor.
bis-(Aminopropyl)Piperazine					Liq							4	1	Fog, Alfo, DC, CO2		3		1	3	3	K2. Fishy odor.
Aminopropyldiethanolamine	4985-85-7	3		>1.	Liq		1760	CO				3	1	Fog, Alfo, DC, CO2		3		1	3	3	K2.
Aminopropylmorpholine (Also: 4-)	123-00-2	3		5.0	.99	Y	1760	CO	220			3	1	Alfo, DC	438	3	1	1	3	3	K2. Fishy odor.
Aminopropylpiperazine					Liq	Y	1760	CO				4	1	Fog, Alfo, DC, CO2		3		1	3	3	K2.
Aminopteridine	54-62-6			15.	Sol							4		Foam, DC, CO2		3		1	4	5, 9	K2.
Aminopterin	54-62-6	4		15.	Sol							4		Foam, DC, CO2		3		1	4	5, 9	K2.
Aminopyridine	504-29-0	4		3.2	Cry	Y	2671	PB				4		DC, CO2	411	3		1	4		K2. TLV <1 ppm
2-Aminopyridine (Also: a- 3- 4- o-)	504-29-0	4		3.2	Cry	Y	2671	PB				4		DC, CO2	411	3		1	4		K2. TLV <1 ppm
3-Aminopyridine Hydrochloride (Also: 4-)	73074-20-1			4.6	Var							4		Foam, DC, CO2		3		1	3		K2.
2-Aminothiazole	96-50-4	3	2	3.4	Cry	S					212	4				3		1	3		K2.
Aminothiazole	96-50-4	3	2	3.4	Cry	S					212	4				3		1	3		K2.
2-Aminothiophenol	137-07-05			4.3	1.2				175			4	2	Fog, Foam, DC, CO2	441	1	1	1	2		K2.
o-Aminothiophenol	137-07-5			4.3	1.2				175			4	2	Fog, Foam, DC, CO2	441	1	1	1	2		K2.
m-Aminotoluene (3-)	108-44-1	3	3	3.7	.98	Y	1708	PB	>180			4	2	Fog, Foam, DC, CO2	365	3	2	1	3	2	K2. TLV 2 ppm
p-Aminotoluene (4-)	106-49-0			3.9	.98	Y	1708	PB	188		900	4	2	Fog, Alfo, DC, CO2	393	3	2	1	3	9, 2	K2. Melts @ 112° TLV 2 ppm (skin)
o-Aminotoluene(2)	95-53-4			3.7	1.0	S	1708	PB	185		900	4	2	Fog, Alfo, DC, CO2	392	3	1	1	3	9, 2	K2. RVW-RFNA. TLV 2 ppm (skin)
Amiton Oxalate	3734-97-2	3		13.	Cry							4		Fog, Foam, DC, CO2		3		1	3	12	K12. K2. Combustible
Amine Pentahydroxo Platinum				10.	Sol							3	4			6	17	4	2		Unstable. Explodes @ 483°
Amine-1,2-Diamineothanediperoxochromium (IV)	17168-82-0			6.7	Var							3	4			6	17	4	2		Unstable. Explodes @ 239° Keep dark.
Ammonal				>1.	Sol	Y						3	4			2	17, 3	2	2		K2. High oxidizer.
Ammonia (Anhydrous) (Liquefied)	7664-41-7	4	4	.58	Var	Y	1005	CG		16.0-25.0	1204	4	2	Fog, DC, CO2, Stop Gas	-28	3	21	3	4	3	No water on liquid NH3. TLV 25 ppm
Ammonia (Solution, >44%)		4	4	.6	Liq	Y	2073	CG				3	1	Fog, Alfo, DC, CO2		3		2	4	3	No water on liquid NH3.
Ammonia (Aqueous Solution, 12-44%)	1336-21-6	3	4	>1.	Liq	Y	2672	CO				3	0	Fog, Alfo, DC, CO2		3		2	4		K1. Pungent odor. NCF.
Ammonia Aqua	1336-21-6	3	4	>1.	Liq	Y	2672	CO				3	0	Fog, Alfo, DC, CO2		3		2	4		K1. Pungent odor. NCF.
2-Ammoniothiazole Nitrate	57530-25-3			5.7	Var							3	4			6	17	5	2		K2. Explodes @ 287°
Ammonium Sulfhydrate		4		1.8	Cry	Y						4	2	Fog, Alfo, DC, CO2		6	17	1	4	5	K2. Burnable.
Ammonium Acetate	631-61-8	3		2.2	Var							3	3	DC, CO2		3	16, 17	3	2		Highly reactive.
Ammonium (aminylenium bis [trihydroborate])				2.6	Cry							3	3	Fog, Alfo, DC, CO2		3		3	3		K2. NCF.
Ammonium aci-Nitromethane				2.8	Liq							4				3	17	5	2		K2. Explosive.
Ammonium Arsenate	7784-44-3	3		6.1	Pdr	Y	1546	PB				4	1	Fog, Alfo, DC, CO2		6	17	5	4		K2.
Ammonium Azide				2.1	Sol							4				3		1	3		Unstable. Can explode.
Ammonium Benzamidooxyacetate	5251-79-6	3		7.4	Sol	Y	9080	OM				3	0	DC, CO2		3		1	2		K2. NCF.
Ammonium Benzoate	1066-33-7	2	2	2.7	Cry	Y	9081	OM				3	0	Fog, Foam, DC, CO2		1		1	2	5	K2. Ammonia odor. NCF.
Ammonium Bicarbonate	7789-09-5	4	4	8.7	Sol	Y	1439	OX				4	3	Fog, Flood		2	3, 4	2	4		K20. Decomposes @ 400° Oxidizer.

(27)

Chemical Name	CAS	Tox L	Tox S	Vap Den.	Spec Grav.	Wat Sol	DOT Number	DOT Cl	Flash Point	Flamma Limit	Ign. Temp.	Disa. Atm	Disa. Fire	Extinguishing Information	Boil Point	F	R	E	S	H	Remarks
Ammonium Bifluoride, Solid	1341-49-7	3	3	2.0	Sol	Y	1727	CO				4	0	Fog, Foam, DC, CO2		3		1	3	2	K2. Melts @ 256° Can damage glass. NCF.
Ammonium Bifluoride, Solution		3	3	2.0	Liq	Y	2817	CO				4	0	Fog, Foam, DC, CO2		3		1	3	2	K2. Can damage glass. NCF.
Ammonium Bisulfate				4.0	Cry	Y	2506	CO				4	0	Fog, Alfo, DC, CO2		3		1	3		K2. NCF.
Ammonium Bisulfite, Solid			3	3.4	Sol	Y	2693	CO				4	0	Fog, Foam, DC, CO2		3		1	3		K2. NCF.
Ammonium Bisulfite, Solution			3	3.4	Liq	Y	2693	CO				4	0	Fog, Foam, DC, CO2		3		1	3		K2. NCF.
Ammonium Bromate				5.0	Cry	Y		OX				4	0	Fog, Flood		6	17, 3, 4	5	3	2	K2. Unstable. Oxidizer.
Ammonium Bromo Selenate		3		20.	Cry							3		DC, CO2		3		1	3		K2.
Ammonium Cadmium Chloride		3		14.	Cry							3		DC, CO2		3		1	3		K2.
Ammonium Calcium Arsenate		3		11.	Cry	S						3		DC, CO2		3		1	3		K2.
Ammonium Carbamate	1111-78-0		2	2.7	Pdr		9083					3	0	Fog, Foam, DC, CO2		1		1	2		K2. NCF.
Ammonium Carbazotate	131-74-8		3	8.5	Cry	S	0004	EX				4	4	Fog, Flood		6	17, 4, 3	5	3		K2. Explodes @ 793° Keep wet.
Ammonium Carbonate	506-87-6	2	2	3.4	Cry	Y	9084	OM				3	0	Fog, Foam, DC, CO2		1		1	2		K2. Ammonia odor. NCF.
Ammonium Chlorate	10192-29-7			3.5	Cry	Y		OX				4	4			6		5	3		K20, K22. Can explode @ 212° High oxidizer.
Ammonium Chloride	12125-02-9	2	2	1.8	Sol	Y	9085					4	0	Fog, Alfo, DC, CO2		1		1	2	2	K2. NCF.
Ammonium Chloropalladate	19168-23-1	3		12.	Cry							4	0	Fog, Foam, DC, CO2		3		1	3		K2. NCF.
Ammonium Chloroplatinate		4		15.	Cry							4	4	Fog, Alfo, DC, CO2		6	17	2	4		K20 K2.
Ammonium Chromate		3		5.2	Sol	Y	9086	OM				4	4	Fog, Flood		6	17, 3	2	3		K2. High Oxidizer. NCF.
Ammonium Chromic Sulfate		3	3	>1.	Cry							3	0	Fog, Foam, DC, CO2		3		1	2		K2. NCF.
Ammonium Citrate		2	2	>1.	Cry	Y	9087	OM				4	0	Fog, Alfo, DC, CO2		1		1	2	2	K2. NCF.
Ammonium Cyanate				2.1	Cry							4	0	Fog, Foam, DC, CO2		1		1	2		K2. Decomposes @ 140° NCF.
Ammonium Cyanide		3		1.6	Cry	Y		PB				4	3	Fog, Foam, DC, CO2		3		1	3		K5. Sublimes @ 104° NCF.
Ammonium Dichromate	7789-09-5	4	4	8.7	Sol	Y	1439	OX				4	3	Fog, Flood		2	3, 4	2	4		K20. Decomposes @ 400° Oxidizer.
Ammonium Dicyanoguanidine		3		4.3	Cry							4	1	Fog, Foam, DC, CO2		3		1	2		K5.
Ammonium Difluoride mixed w/Hydrochloric Acid		3	3	>1.	Liq	Y	1760	CO				4	0	Fog, Foam, DC, CO2		3	6	2	3	3, 16	K2, K16.
Ammonium Dihydrogen Arsenate			3	5.5	Cry							4	0	Fog, Foam, DC, CO2		3		1	2		K2. NCF.
Ammonium Dinitro-o-Cresol			3	7.4	Cry							4	3	Fog, Alfo, DC, CO2		3		1	3		K2.
Ammonium Dinitro-o-Cresolate		3		>1.	Cry		1843	PB				4		Fog, Flood, DC, CO2		2	4	1	2		K20. High Oxidizer.
Ammonium Fluoborate	13826-83-0		3	3.7	Sol	Y	9088	OM				4	1	Fog, Alfo, DC, CO2		3		1	3	2	K2. NCF.
Ammonium Fluoride	12125-01-8	4	4	1.3	Cry	Y	2505	PB				4	0	Fog, Alfo, DC, CO2		3		1	4		K2. NCF.
Ammonium Fluoroborate	13826-83-0		3	3.7	Sol	Y	9088	OM				4	1	Fog, Alfo, DC, CO2		3		1	3	2	K2. NCF.
Ammonium Fluorosilicate		4		6.1	Sol	Y	2854	PB				4	1	Fog, Alfo, DC, CO2		3		1	4		NCF.
Ammonium Hexacyanoferrate (II)	14481-29-9	3		9.9	Sol							4	1	Fog, Foam, DC, CO2		3		1	2		K2.
Ammonium Hexanitro Cobaltate				13.	Sol			EX				4	4			6	17	5	4		K2. Explodes @ 446°
Ammonium Hydrate	1336-21-6	3	4	>1.	Liq	Y	2672	CO				3	0	Fog, Alfo, DC, CO2		3		2	2		K1. Pungent odor. NCF.
Ammonium Hydrogen Fluoride, Solid	1341-49-7	3	3	2.0	Sol	Y	1727	CO				4	0	Fog, Foam, DC, CO2		3		1	3	2	K2. Melts @ 256° Can damage glass. NCF.
Ammonium Hydrogen Sulfate			3	4.0	Cry	Y	2506	CO				4	0	Fog, Alfo, DC, CO2		3		1	3		K2. NCF.
Ammonium Hydrogen Sulfide		4		1.8	Cry	Y						4	3	Fog, Alfo, DC, CO2		3		1	4	5	K2. May be pyroforic.
Ammonium Hydrosulfide		4		1.8	Cry	Y						4	3	Fog, Alfo, DC, CO2		3		1	4	5	K2. May be pyroforic.
Ammonium Hydrosulfide Solution			3	1.8	Liq	Y	2683	OM				4		Fog, Alfo, DC, CO2		3		1	3		K2.

(28)

Chemical Name	CAS	Tox L	Tox S	Vap Den.	Spec Grav.	Wat Sol.	DOT Number	Cl	Flash Point	Flamma. Limit	Ign. Temp.	Disa. Atm	Disa. Fire	Extinguishing Information	Boil Point	F	R	E	S	H	Remarks
Ammonium Hydroxide	1336-21-6	3	4	>1.	Liq	Y	2672	CO				3	0	Fog, Alfo, DC, CO2		3		2	4		K1. Pungent odor. NCF.
Ammonium Hypophosphite				2.9	Cry	Y						4	3	DC, CO2		3	7	2	1		K23. FIRE: See Phosphine.
Ammonium Iodate				6.7	Cry	S						4	3	Fog, Flood		3	4	1	2		K2. Unstable oxidizer.
Ammonium Iodide		3		5.0	Cry							3	0	DC, CO2		3		1	3		K2. NCF.
Ammonium Magnesium Chromate		3		14.	Cry	Y						4	4			6	17,3	4	3		K2.
Ammonium Mercaptoacetate	5421-46-5	3	2	3.8	Liq							4	4	Fog, Foam, DC, CO2		3	15, 11	1	3		K2. Skunk odor. Evolves H25.
Ammonium Meta Vanadate	7803-55-6	3		4.0	Cry	S	2859	PB				3	0	Fog, Foam, DC, CO2		3		1	3		K2. NCF.
Ammonium Nitrate		2	2	2.2	Cry	Y		OX				4	4	Fog, Flood		6	17	5	2		Explodes@140° May expl. w/heated or contaminated
Ammonium Nitrate (hot concentrated solution)		2			Liq	Y	2426	OX				4		Fog, Flood		2	4, 3, 21, 23	3	4		K2. High oxidizer.
Ammonium Nitrate (with <.2% combustible material)		2	2	2.8	Sol		1942	OX				4	4	Fog, Flood		2	4, 3, 21	3	2		K2. May explode when heated or contaminated.
Ammonium Nitrate (with organic coating)	6484-52-2	2	2	2.8	Cry	Y	1942	OX				4	4	Flood., Fog		2	4, 3, 21	3	2		K2. May explode when contaminated or heated.
Ammonium Nitrate - Sulfate Mixture		2	2	>1.	Sol	Y	2069	OX				4		Fog, Flood		2	4, 3	2	2		K2. Oxidizer.
Ammonium Nitrate Fertilizer		2	2	2.8	Sol	Y	2067	OX				4		Fog, Flood		2	4, 3	3	2		K2. Oxidizer.
Ammonium Nitrate Fertilizer (w/<45% Ammonium Nitrate)		2	2	2.8	Sol	Y	2071	OX				4		Fog, Flood		2	4, 3	3	2		K2. Oxidizer.
Ammonium Nitrate Fertilizer (with Calcium Carbonate)		2	2	2.8	Sol	Y	2068	OX				4		Fog, Flood		2	4, 3	2	2		K2. Oxidizer.
Ammonium Nitrate Fertilizer (w/Ammonium Sulfate)		2	2	>1.	Sol	Y	2069	OX				4		Fog, Flood		2	4, 3	3	2		K2. Oxidizer.
Ammonium Nitrate Fertilizer (w/Phosphate or Potash)		2	2	>1.	Sol	Y	2070	OX				4		Fog, Flood		2	4, 3	3	2		K2. Oxidizer.
Ammonium Nitrate Fertilizer (which is more likely to explode than UN 0222)		2	2	2.8	Sol	Y	0223	EX				4	4			6	17, 3, 4, 21	5	2		K3. Explosive.
Ammonium Nitrate Fertilizer (with <.4% combustible material)		2	2	2.8	Sol	Y	2071	OX				4		Fog, Flood		2	4, 3	3	2		K2. Oxidizer.
Ammonium Nitrate Fertilizer (with <2% combustible material)		2	2	2.8	Sol	Y	0222	EX				4	4			6	17, 3, 4, 21	5	2		K3. Explosive.
Ammonium Nitrate Fertilizer, n.o.s.		2	2	2.8	Sol	Y	2072	OX				4		Fog, Flood		2	4, 3	3	2		K2. Oxidizer.
Ammonium Nitrate Solution (>15% Water)		2	2	2.8	Liq	Y	2426	OX				4	4	Fog, Flood		2	4, 3	3	2		K13. Keep wet. Oxidizer.
Ammonium Nitrate-Fuel Oil Mixture		2	2	>1.	Sol	S		EX				4	4			6	17, 3, 4, 21	5	2		K3. Explosive.
Ammonium Orthophosphite	51503-61-8	3		3.5	Var							3	0	Foam, DC, CO2		3		1	3		K2.
Ammonium Oxalate		3		5.0	Sol	S	2449	PB				3	0	Fog, Foam, DC, CO2		3		1	3		K2. NCF
Ammonium Pentaperoxydichromate				11.	Sol							3	4			6	17	4	2	2	K20, K2. Unstable. Explodes @ 122°
Ammonium Perchlorate	7790-98-9	2	3	4.1	Cry	Y	1442	OX				4	4	Fog, Flood		2	3, 4, 23, 21	3	2		K20, K2. Rocket propellant. Do not contaminate. May explode @ 716°
Ammonium Perchlorate (Average particle size of less than 45 microns)				>1.	Pdr		0402	EX					4			6	17	5	2		Explosive.
Ammonium Perchloryl Amide				4.1	Sol							4	4			6	17	5	2		K2. Explodes @ 176°

(29)

Chemical Name	CAS	Tox L	Tox S	Vap Den.	Spec Grav.	Wat Sol.	DOT Number	DOT Cl	Flash Point	Flamma. Limit	Ign. Temp.	Disa. Atm	Disa. Fire	Extinguishing Information	Boil Point	F	R	E	S	H	Remarks
Ammonium Perchromate		3			Cry			OX				3	4			6	17, 3	5	3		Explodes @ 122°
Ammonium Perfluorooctanoate	3825-26-1	3		15.	Sol							3	4	DC, CO2		3		1	3	2	K2.
Ammonium Permanganate	13446-10-1			4.7	Sol	Y	9190	OX				3	4	Fog, Flood		6	17, 3	4	2		K20. K2. High oxidizer.
Ammonium Peroxo Disulfate				8.0	Cry							4				6	17	4	2		K20. Unstable. Reacts w/many metals. High oxidizer.
Ammonium Peroxyborate				3.0	Cry			OX								3		2	2		Oxidizer.
Ammonium Peroxychromate		3		8.1	Cry			OX					3	Fog, Flood		6	3, 4	5	3		High oxidizer. Explodes @ 122°
Ammonium Peroxydisulfate		2	2	7.9	Cry	Y	1444	OX				3	3	Fog, Flood		3	17, 3	4	2		K2. High oxidizer.
Ammonium Persulfate		2	2	7.9	Cry	Y	1444					3	3	Fog, Flood		2	3	4	2		K2. High oxidizer.
Ammonium Phosphide		4		3.0	Gas							4		Stop gas		3		2	4		K2.
Ammonium Phosphite	51503-61-8	3		3.5	Var							3		Foam, DC, CO2		3	15	1	3		K2.
Ammonium Picrate (dry or <10% water)	131-74-8			8.5	Cry	S	0004	EX				4	3	Fog, Flood		3	17, 4, 3	5	3		K2. Explodes @ 793°. Keep wet.
Ammonium Picrate (wet >10% water)				8.5	Cry	S	1310	FS				4	3	Fog, Flood		2	3	3	3		Explosive if dry - keep wet.
Ammonium Picronitrate	131-74-8			8.5	Cry	S	0004	EX				4	3	Fog, Flood		6	17, 4, 3	5	3		K2. Explodes @ 793°. Keep wet.
Ammonium Polysulfide Solution		3		2.3	Liq	Y	2818	CO				4	3	Fog, Alfo, DC, CO2		3		1	4		K2. NCF.
Ammonium Polyvanadate		4		4.0	Sol		2861	PB				4	0	Fog, Foam, DC, CO2		3		1	3		K2.
2,4-DAmmonium Salt		3		8.3	Cry							4		Foam, DC, CO2		3		1	3		K2.
Ammonium Selenide		3		4.0	Sol	S						4		Fog, Alfo, DC, CO2		3	7, 11	1	2		K2. NCF.
Ammonium Silicofluoride (solid)	1309-32-6	3		6.1	Sol	Y	2854	PB				4	0	Fog, Alfo, DC, CO2		3		1	3		K2. NCF.
Ammonium Sulfamate		2	2	3.9	Cry	Y	9089	OM				0	0	Fog, Alfo, DC, CO2		1		1	2		NCF.
Ammonium Sulfide (Ammonium Monosulfide)	12124-99-1	4		1.8	Cry	Y						4	3	Fog, Foam, DC, CO2		2		1	4	5	K2. Pyroforic.
Ammonium Sulfite		3	2	2.3	Liq	Y	2683	FL				4	3	Fog, Alfo, DC, CO2		2	11	2	4	16	
Ammonium Tartrate		3		4.6	Cry	Y	9090	OM				4	0	Fog, Alfo, DC, CO2		3		1	3		NCF.
Ammonium Tetrachlorozincate		3	2	>1.	Sol	Y	9091	OM				4	0	DC, CO2		3		1	3		NCF.
Ammonium Tetraperoxo Chromate				8.4	Sol	Y						4				3		1	3	2	K2. NCF.
Ammonium Tetraperoxy Chromate				8.1	Cry			OX				3	0	Fog, Alfo, DC, CO2		6	17	2	3		K3. Can explode @ 122°
Ammonium Thiocyanate				8.1	Cry			OX				3	0	Fog, Alfo, DC, CO2		6	17	2	3		K3. Can explode @ 122°
Ammonium Thioglycolate	5421-46-5	3	2	2.6	Sol	Y	9092	OM				4	0	Fog, Foam, DC, CO2		3		1	3		K2. NCF.
Ammonium Thiosulfate		3	2	3.8	Liq							4	0	Fog, Alfo, DC, CO2		3	15, 11	1	3		K2. Skunk odor. Evolves H2S.
Ammonium Trichloroacetate		3	2	2.6	Sol	Y	9093	OM				4	0	CO2, DC, No water		5	10	1	3		K2. NCF.
Ammonium Vanadate	7803-55-6	3		6.2	Cry							3	0	Fog, Foam, DC, CO2		3		1	3	2	K2.
Ammonium Vanadate	7803-55-6	3		4.0	Cry	S	2859	PB				3	0	Fog, Foam, DC, CO2		3		1	3		K2. NCF.
Ammonium-3,5-Dinitro-1,2,4-Triazolide	76556-13-3			6.2	Cry	S	2859	PB				3	4	Fog, Foam, DC, CO2		6	17	5	2		K2. NCF.
Ammonium-3-Methyl-2,4,6-Trinitrophenoxide	58696-86-9			6.2	Var			EX				3	4			6	16	2	2		K2. Explosive.
Ammonium-m-Periodate				9.1	Var							3	4			6	17	5	5		K22, K2.
Ammonium-m-Vanadate	7803-55-6	3		7.3	Cry							3	0	Fog, Foam, DC, CO2		3		2	3		K20, K2. Explosive
Ammunition (Toxic: Non-explosive)		4	4	4.0	Cry	S	2859	PB					0	Fog, Foam, DC, CO2		3	17	2	4		K2. NCF.
Ammunition (Non-explosive: Tear-Producing)		2	1	>1.	Sol	N	2016	PB				3		Fog, Foam, DC, CO2		3	17	2	2	2	
Ammunition (Other than above)		1	1	>1.	Sol	N	2017	PC					4			3		4	2		Can explode by heat.
Ammunition (Small-arms)		1	1	>1.	Sol	N		EX				4		Fog		6	17	4	2		Can explode by heat.
Amoxybenzene					Sol				185			3		Fog, Foam, DC, CO2		2	16	1	3		
AMP				5.7	.92	N			153			3	2	Fog, Alfo, DC, CO2	421	1	1	1	2		K2.
sec-Amyl Acetate	626-38-0	2		3.0	.93	N			73	1.1-7.5	680	3	2	Fog, Alfo, DC, CO2	329	1	1	1	2		K2.
		2		4.5	.86	S	1104	FL				2	3	Fog, Alfo, DC, CO2	249	2	1	2	2		Fruity odor. TLV 125 ppm.

Chemical Name	CAS	Tox L	Tox S	Vap Den.	Spec Grav.	Wat Sol.	DOT Number	Cl	Flash Point	Flamma. Limit	Ign. Temp.	Disa. Atm	Disa. Fire	Extinguishing Information	Boil Point	F	R	E	S	H	Remarks
Amyl Acetate	628-63-7	3	2	4.5	.88	S	1104	FL	60	1.1-7.5	680	2	3	Fog, Alfo, DC, CO2	300	2	1	2	3	2	K2. Banana odor. ULC: 60 TLV 100 ppm.
Amyl Acetate (iso-)		3	3	4.5	.88	S		FL	77	1.0-7.5	680	2	3	Fog, Alfo, DC, CO2	290	2	3	2	3		Banana odor.
Amyl Acetic Ester	628-63-7	3	3	4.5	.88	S	1104	FL	60	1.1-7.5	680	2	3	Fog, Alfo, DC, CO2	300	2	1	2	3		K2. Banana odor. ULC: 60 TLV 100 ppm.
Amyl Acid Phosphate	12789-46-7		3	5.9	>1.	N	2819	CO				3	1	Foam, DC, CO2		3		1	3	2	
tert-Amyl Alcohol	75-85-4	3	3	3.0	.81	S	1105	FL	67	1.2-9.0	819	2	3	Fog, Alfo, DC, CO2	215	2	1	2	3	11	K2.
sec-Amyl Alcohol	71-41-0	3	3	3.0	.82	S	1105	FL	91	1.2-10.0	572	2	3	Fog, Alfo, DC, CO2	280	2	2	2	3	3	ULC: 45
Amyl Alcohol (Also: sec-Amyl Alcohol & other Amyl Alcohols)	71-41-0	3	3	3.0	.82	S	1105	FL	91	1.2-10.0	572	2	3	Fog, Alfo, DC, CO2	280	2	2	2	3	3	ULC: 45
tert-N-Amyl Alcohol-Refined	75-85-4	3	3	3.0	.81	S	1105	FL	67	1.2-9.0	819	2	3	Fog, Alfo, DC, CO2	215	2	1	2	3	11	
Amyl Aldehyde	110-62-3	3	3	3.0	.81	N	2058	FL	54			2	3	Fog, Foam, DC, CO2	216	2	1	2	3	2	
Amyl Benzene (Also: sec- and tert-)		3	3	5.1	.86	N			150			3	2	Fog, Alfo, DC, CO2	365	3	1	1	3		
Amyl Benzylcyclohexylamine		2	1	8.9	Liq	S						3	1	Fog, Alfo, DC, CO2		2	1	1	2		Combustible.
Amyl Biphenyl	63-99-0	2		7.7	.96	N			300			3	1	Fog, Foam, DC, CO2		1	1	1	2		K2.
c-Amyl Bromide		2		5.2	1.2	N	2343	FL	90			4	3	Fog, Foam, DC, CO2	128	2	2	2	2	11	
Amyl Bromide		2		5.2	1.2	N	2343	FL	90			4	3	Fog, Alfo, DC, CO2	128	2	1	1	2	11	K2.
Amyl Butyrate	540-18-1	2		5.5	.87	S	2620	FL	135			2	2	Fog, Alfo, DC, CO2	365	3	2	1	3		K2.
Amyl Carbinol	111-27-3		3	3.5	.82	N	2282	FL	145			2	2	Fog, Alfo, DC, CO2	311	3	1	1	3	3	
tert-Amyl Chloride		3		3.7	1.4	N	1107	FL	<100	1.5-7.4	653	4	3	Fog, Foam, DC, CO2	187	2	2	2	2	11	K2.
Amyl Chloride (n)	543-59-9	2		3.7	.88	N	1107	FL	38	1.4-8.6	500	4	3	Fog, Foam, DC, CO2	223	2	2	2	2	11	K2. Sweet odor.
Amyl Ether	693-65-2	3		5.5	.78	N			135		338	2	2	Fog, Alfo, DC, CO2	374	3	1	1	3	11	K10.
Amyl Ethyl Ketone	541-85-5	3		4.5	.82	Y	2271	FL	138			2	2	Fog, Alfo, DC, CO2	315	3	1	1	3	11	Fruity odor.
Amyl Formate (also: n-)	538-49-3	3		4.0	.89	N	1109	FL	79			2	2	Foam, DC, CO2	267	2	2	2	2	3	
Amyl Hydrate		3	3	3.0	.82	S	1105	FL	91	1.2-10.0	572	2	3	Fog, Alfo, DC, CO2	280	2	1	2	3	11	ULC: 45
tert-Amyl Hydroperoxide (<88%)	109-66-0		3	2.5	.63	Y	1265	FL	<40	1.4-8.0	588	4	2	Fog, Foam, DC, CO2	97	3	2	3	3	2, 3	Blister agent. TLV 600 ppm.
Amyl Lactate			3	>1.	Liq	N	3067		175			2	2	Fog, Foam, DC, CO2	237	1	1	1	2		
Amyl Mercaptan (Also: mixed-)	110-66-7	3	2	3.6	.86	N	1111	FL	65			3	3	Fog, Foam, DC, CO2	260	2	2	1	2		K2. Reacts vigorously w/nitric acid.
Amyl Methyl Alcohol	105-30-6		3	3.5	.80	Y	2053	CL	114			2	2	Fog, Alfo, DC, CO2		3	1	1	3	13, 2	
Amyl Methyl Carbinol	543-49-7		3	4.0	.83	N			160			2	2	Fog, Alfo, DC, CO2		3	2	1	3	3	
Amyl Methyl Ketone (n-)	110-43-0	2	2	3.9	.82	N	1110	CL	102	1.1-7.9	740	2	2	Fog, Alfo, DC, CO2	304	2	1	1	2	2	Fruity odor. TLV 50 ppm.
Amyl Nitrate (Also: Mixed Isomers)	1002-16-0	3		4.6	.99	S	1112	CL	118			4	4	Fog, Alfo, DC, CO2	293	3	2	1	3	3	K2. Oxidizer. Ether odor.
Amyl Nitrite	463-04-7	3		4.0	.85	N	1113	FL	50		408	2	4	Fog, Alfo, DC, CO2	205	2	3	1	3	3	K2. Fruity odor. Oxidizer.
Amyl Oleate			3	12.	.86	N			366			2	1	Fog, Foam, DC, CO2		3		1	3	3	K2.
Amyl Oxide			3	5.5	.78	N			135		338	3	2	Fog, Foam, DC, CO2		3	1	1	3	3	K2.
o-Amyl Phenol ALSO: (o-sec-) (o-tert-) (p-sec-) (p-tert-)			3	5.6	Var	N			>200			3	1	Fog, Foam, DC, CO2	455	3	1	1	3	3	K2.
Amyl Phenyl Ether				5.7	.92	N			185			3	1	Fog, Foam, DC, CO2	421	1	1	1	2		K2.
Amyl Phthalate	131-11-3	1		6.7	1.2	N			295	.9	915	3	1	Foam, DC, CO2	540	3		1	2		An inhibitor.
Amyl Propionate		3		5.0	.88	N			106		712	3	2	Fog, Foam, DC, CO2	275	3	1	1	3		K2.
Amyl Silicate			3	13.	Liq	N						3	1	Fog, Foam, DC, CO2		3		1	3	.	K2.
Amyl Stearate			3	12.	.86	N			365			2	1	Fog, Foam, DC, CO2	680	3	1	1	3	3	

(31)

Chemical Name	CAS	Tox L	Tox S	Vap Den.	Spec Grav.	Wat Sol.	DOT Number	Cl	Flash Point	Flamma. Limit	Ign. Temp.	Disa. Atm	Disa. Fire	Extinguishing Information	Boil Point	F	R	E	S	H	Remarks
Amyl Sulfide (ALSO: Mixed-)		3		5.6	.85	N			185			4	2	Fog, Foam, DC, CO2	338	3	1	1	3	2	K2. Foul odor.
Amyl Toluene		3		5.6	.87	N			180				3	Fog, Foam, DC, CO2	400	3		1	3		K2.
Amyl Tolyl Ether				6.1	.91				195				3	Fog, Foam, DC, CO2		1		1	2		K2.
Amyl Trichlorosilane	107-72-2	2	3	7.0	1.1		1728	CO	145			3	2	DC, CO2, No Water	334	5	10	2	3	2	K2.
Amyl Xylyl Ether				6.6	.91	N			205				3	Fog, Foam, DC, CO2	480	3		1	3		K2.
p-tert-Amyl-o-Cresol		4		6.1	.97				240				3	Fog, Alfo, DC, CO2		3	2	1	4		K2.
sec-Amylamine		3		3.0	.74	Y		FL	20				3	Fog, Alfo, DC, CO2	198	2	1	2	3		K2.
Amylamine Laurate				>1.	.88				150				2	Fog, Foam, DC, CO2		1	1	1	2		
Amylamine Stearate				>1.	.88				160				2	Fog, Foam, DC, CO2		1	1	1	2		
p-tert-Amylaniline		3		>1.	.90	Y			215				3	Fog, Alfo, DC, CO2	498	3	1	1	3		K2.
α-n-Amylene	513-35-9	3		2.4	.64	N	1108	FL	0	1.5-8.7	527	3	3	Fog, Foam, DC, CO2	86	2	2	3	3	11	K2. Foul odor.
Amylene	513-35-9	3		2.4	.64	N	1108	FL	0	1.5-8.7	527	3	3	Fog, Foam, DC, CO2	86	2	2	3	3	11	K2. Foul odor.
Amylene Chloride	628-76-2	2		4.9	1.1	N	1152	FL	>80			4	2	Fog, Alfo, DC, CO2	352	2	2	3	2	11	K2.
β-Amylene-cis		2		2.4	.66	N		FL	<-4			3	3	Fog, Alfo, DC, CO2	97	2	2	3	2	11	K2.
β-Amylene-trans		2		2.4	.66	N		FL	<-4			3	3	Fog, Alfo, DC, CO2	97	2	2	3	2	11	K2.
Amylenes-mixed		3		2.4	.66			FL	0			3	3	Fog, Foam, DC, CO2		2	2	3	2	3	K2.
tert-Amylperoxy-2-Ethylhexanoate				>1.	Liq	N	2898	OP					3	Fog, Flood		2	16	3	2		SADT:77° Refrigerate. Organic peroxide.
tert-Amylperoxy-neodecanoate				>1.	Liq		2891	OP					3	Fog, Flood		2	16	3	2		SADT: 50° Refrigerate. Organic peroxide.
tert-Amylperoxybenzoate				>1.	Liq		3044	OP					3	Fog, Flood		2	3,4	3	3		Organic peroxide.
tert-Amylperoxypivalate				>1.	Liq		2957	OP					3	Fog, Flood		2	16	3	3		SADT: 59° Refrigerate. Organic Peroxide.
Anabasine	494-52-0	3				Y							4	Foam, DC, CO2		3		1	3		K2.
Anabasine Sulfate	494-52-0	3				Y							4	Foam, DC, CO2		3		1	3		K2.
Anacardic Acid		3		12.	Var								3	Fog, Foam, DC, CO2		3		1	3		K2.
Ancrack (Trade name)		4		>1.	Liq								1	Foam, DC, CO2		3		1	4	5	K12.
Anesthesia Ether	60-29-7	2	3	2.5	.71	S	1155	FL	-49	1.9-36.0	320		2	Fog, Alfo, DC, CO2	94	3	3, 21	3	2	13	K10. Sweet odor. ULC: 100
Anhydrous Ammonia	7664-41-7	4	4	.58	Var	Y	1005	CG		16.0-25.0	1204		2	Fog, DC, CO2, Stop Gas	-28	3	21	3	4		No water on liquid NH3. TLV 25 ppm
Anhydrous Hydrazine (>64%)	302-01-2	4	4	1.1	1.0	Y	2029	FL	100	4.7-100.0	518	4	3	Flood, Alfo, DC, CO2	235	3	2, 21	4	4	3	K16.TLV 1 ppm (skin) Flammable, Corrosive & Poison. Pyroforic.
Aniline	62-53-3	4		3.2	1.0	S	1547	PB	158	1.3-	1139	4	2	Fog, Foam, DC, CO2	363	3	2, 14	1	4	9	TLV 2 ppm.
Aniline Chloride		4		4.5	Cry	Y	1548	PB	380			4	1	Fog, Foam, DC, CO2	473	3	2, 11	1	4		K2. Melts @ 389°
Aniline Hydrochloride (Anhydrous)		4		4.5	Cry	Y	1548	PB	380			4	1	Fog, Alfo, DC, CO2	473	4	2, 11	1	4		K2. Melts @ 389°
Aniline Mustard	553-27-5	3		7.6	Sol	N						4		DC, CO2	327	3		1	4		K2. Melts @ 113°
Aniline Oil	62-53-3	4		3.2	1.0	S	1547	PB	158	1.3-	1139	4	2	Fog, Alfo, DC, CO2	363	3	2, 14	1	4	9	TLV 2 ppm.
Aniline Sodium Sulfonate	121-47-1	4		6.7	Sol	Y						4		Foam, Fog, DC, CO2		3		1	4		K2.
2-Anilino Ethanol	122-98-5	3		4.7	1.1	N			305			4	1	Fog, Alfo, CO2, DC	547	3	1	1	3		K2.
Anilinobenzene	122-39-4	3		5.8	Cry	N			307		1173	4		Fog, Foam, CO2, DC	575	3	1	1	3	3	K2, K12. Floral odor. Melts @ 127°
β-Anilinoethanol Ethoxyaniline	122-98-5	3		4.7	1.1	N			305			4	1	Fog, Alfo, CO2, DC	547	3	1	1	3		K2.
Anilite				>1.	Liq			EX				4				6	17	4	2		Liquid Mixture.
4-Anisidine	104-94-9	3		4.2	1.1	N	2431	PB	244			4	1	Fog, Alfo, DC, CO2	435	3		1	3		K2.
p-Anisidine	104-94-9	3		4.2	1.1	N	2431	PB	244			4	1	Fog, Alfo, DC, CO2	435	3		1	3		K2.

Chemical Name	CAS	Tox L	Tox S	Vap. Den.	Spec Grav.	Wat Sol.	DOT Number	Cl	Flash Point	Flamma. Limit	Ign. Temp.	Disa. Atm	Disa. Fire	Extinguishing Information	Boil Point	F	R	E	S	H	Remarks
2-Anisidine	90-04-0	3	3	4.2	1.1	N	2431	PB	244			4	1	Fog, Alfo, DC, CO2	435	3		1	3		K2.
o-Anisidine	90-04-0	3	3	4.2	1.1	N	2431	PB	244			4	1	Fog, Alfo, DC, CO2	435	3		1	3		K2.
Anisole	100-66-3	3	2	3.7	1.	N	2222	FL	125			2	2	Fog, Foam, DC, CO2	309	3	1	1	3		
Anisoyl Chloride	100-07-2	3	4	5.9		N	1729	CO			887	4	4	Fog, Foam, DC, CO2	503	3	16, 6	3	4		K22. Melts @ 72° When heated, can explode.
p-Anisyl Chloride	100-07-2	4	3	5.9		Cry	1729	CO				4	4	Fog, Foam, DC, CO2	55.3	3	16, 6	3	4		K22. Melts @ 72° When heated, can explode.
Anol	108-93-0	3	3	3.5		Cry			154		572	2	2	Fog, Alfo, DC, CO2	322	3	1	1	3	11	Camphor odor. TLV 50 ppm. Melts @ 75°
Antak (Trade name)			3	>1.		Liq								Foam, DC, CO2				1	3		K12.
Anthion	7727-21-1	3	3	9.3		Cry	1492	OX				4	3	Fog, Flood		3	3	1	3	2	Decomposes @ 212° Liberates oxygen.
Anthracene	120-12-7	2	2	6.2		Cry			250	6-	1004	3	1	Fog, Foam, DC, CO2	644	1	1	1	2		Melts @ 423°
Anthracene Oil		2	2	6.2	1.3	N			250	6-	1004	3	1	Fog, Foam, DC, CO2	644	1	1	1	2		Melts @ 423°
Anthralin		3	3	7.8		Cry						3	1	Fog, Foam, DC, CO2		3		1	3		K2.
Anti-freeze (Alcohol type)		2	2	>1.		Liq	1142	FL		1.8-		2	3	Fog, Alfo, DC, CO2		2	1	1	2		
Anti-knock Compound	103-84-4	4	3	8.	1.7	N	1649	PB	200			4	1	Fog, Foam, DC, CO2	388	3	2, 16	1	2	4, 5	K22. Unstable >230°
Antifebrin		2	1	4.6		Cry			345		1004	4	1	Fog, Foam, DC, CO2	581	1	1	1	2	2, 9	K1
Antimonous Chloride	10025-91-9	3	3	7.8		Sol	1733	CO				4	0	DC, CO2, No Water	428	3	6, 23	1	3	16	K2. NCF. RYW-Aluminum-Potassium-Sodium. Melts @ 163°
Antimony (Powder)	7440-36-0	4	2	4.2		Pdr	2871	PB				4	2	Fog, Foam, DC, CO2		3	14, 11	1	4		K2.
Antimony Chloride	10025-91-9	3	3	7.8		Sol	1733	CO				4	0	DC, CO2, No Water	428	3	6, 23	1	3	16	K2. NCF. RYW-Aluminum-Potassium-Sodium. Melts @ 163°
Antimony Chloride Solution		3	3	7.8		Liq	1733	CO				4	0	DC, CO2, No Water		3	6	1	3		K2. NCF.
Antimony Compound, n.o.s.		3	3	>1.		Liq	1549	CO				4	0	Fog, Foam, DC, CO2		3	6, 11	1	3		K2. NCF.
Antimony Ethoxide		4	4	8.9	1.5							4	0	DC, CO2, No Water		5	10, 11	1	4		
Antimony Fluoride	7783-56-4	4	3	6.3		Cry						4	0	Fog, Alfo, DC, CO2		3	6	1	4		K2. NCF.
Antimony Hydride	7803-52-3	4	4	4.3		Gas	2676	PA				4	4	Stop Gas, Fog, Foam	-1	3	3	4	4	6	Flammable & toxic gas. TLV <1 ppm.
Antimony Lactate	58164-88-8	3	3	10.		Sol	1550	PB				4	0	Foam, DC, CO2		3		1	3		K2.
Antimony Pentachloride, Liquid	7647-18-9	3	3	10.	2.3	N	1730	CO				4	0	Fog, Foam, DC, CO2	284	3	6	1	3		K2. Foul odor. NCF.
Antimony Pentachloride, Solution		3	3	10.	2.3	N	1731	CO				4	0	Fog, Foam, DC, CO2	284	3	6	1	3		K2. Foul odor. NCF.
Antimony Pentafluoride		3	3	7.6	3.0	Y	1732	CP				4	0	Fog, Alfo, DC, CO2	301	3	6, 16	1	3		Melts @ 45° NCF.
Antimony Pentaoxide	1314-60-9	3	3	11.		Pdr						4	0	Fog, Foam, DC, CO2		3	3	1	3		K2. An oxidizer. NCF.
Antimony Pentasulfide	1315-04-4	3	3	14.		Pdr		FS				4	2	DC, CO2, No Water		3	1, 7, 11	1	3		K2. Flammable Solid.
Antimony Pentoxide	1314-60-9	3	3	11.		Pdr						4	0	Fog, Foam, DC, CO2		3	3	1	3		K2. An oxidizer. NCF.
Antimony Perchloride	7647-18-9	3	3	10.	2.3	N	1730	CO				4	0	Fog, Foam, DC, CO2	284	3	6	1	3		K2. Foul odor. NCF.
Antimony Potassium Tartrate	28300-74-5	3	3	12.		Cry	1551	PB				4	0	Fog, Foam, DC, CO2		3		1	3		K2. NCF.
Antimony Powder	7440-36-0	4	2	4.2		Pdr	2871	PB				4	2	Fog, Foam, DC, CO2		3	14, 11	1	4		K2.
Antimony Sulfide	1315-04-4	3		14.		Pdr		FS				4	2	DC, CO2, No Water		2	1, 7, 11	1	4		K2. Flammable Solid.
Antimony Tribromide		3	3	12.		Var	1549	CO				4	0	DC, CO2, No Water	536	3	6	1	3		K2. Melts @ 206° NCF.
Antimony Tribromide Solution		3	3	12.		Var	1549	CO				4	0	DC, CO2, No Water	536	3	6	1-	3		K2. Melts @ 206° NCF.
Antimony Trichloride	10025-91-9	3	3	7.8		Sol	1733	CO				4	0	DC, CO2, No Water	428	3	6, 23	1	3	16	K2. NCF. RYW-Aluminum-Potassium-Sodium. Melts @ 163°

Chemical Name	CAS	Tox L S	Vap Den	Spec Grav	Wat Sol	DOT Number	Cl	Flash Point	Flamma. Limit	Ign. Temp.	Disa Atm Fire	Extinguishing Information	Boil Point	F	R	E	S	H	Remarks
Antimony Trichloride Solution	10025-91-9	3 3	7.8	Liq	Y	1733	CO				4 0	DC, CO2, No Water	428	3	6, 23	1	3	16	K2. NCF. RVW-Aluminum-Potassium-Sodium. Melts @ 163°.
Antimony Triethyl		4 4	7.2	1.3	N						4 3	No Water		5	10, 14	2	4		K2, K11. No water or halons. Pyroforic.
Antimony Trifluoride		3 3	6.2	Cry	Y	1549	CO				4 0	Fog, Alto, DC, CO2		3		1	3		K2. NCF.
Antimony Trifluoride Solution		3 3	6.2	Liq	Y	1549	CO				4 0	Fog, Alto, DC, CO2		3		1	3		K2. NCF.
Antimony Trihydride	7803-52-3	4	4.3	Gas	S	2676	PA				4 4	Stop Gas, Fog, Foam	-1	3	3	4	4	6	Flammable & toxic gas. TLV <1 ppm.
Antimony Trimethyl		4 4	5.8	Liq	N						4 3	No Water		5	10, 14	2	4		K2, K11. No water or halons. Pyroforic.
Antimony Trioxide			10.	Pdr	N	9201	OM				4 0	Fog, Foam, DC, CO2		1		1	2		K2. NCF.
Antimony Tripropyl			8.6	Liq							4 3	No Water, No Halon		2	10	2	2		K2, K11. Pyroforic.
Antimony Trisulfide	1345-04-6	4	12.	Cry	N						4 2	Soda Ash, No Water		2	2, 7, 11	2	4		K2. Flammable solid.
Antimony Tritelluride		4	12.	Cry	N						4 2	Soda Ash, No Water		2	2, 7, 11	2	4		K2. Flammable solid.
ANTU	86-88-4	4	7.1	Sol		1651	PB				4 1	Fog, Foam, DC, CO2		3		1	2		K12. TLV <1 ppm.
Apache Coal Powders			>1.	Sol			EX				4			6	17	5	4	2	An explosive.
Aphrodine (Aphrosol)	146-48-5		12.	Sol	S						4 0	Foam, CO2, DC		3		1	4	9	K2. NCF.
Apocodeine		3	10.	Sol							4 0	Fog, Foam, DC, CO2		3		1	3		K2. NCF.
Apocodeine Hydrochloride		3	10.	Sol							4 0	Fog, Foam, DC, CO2		3		1	3		K2. NCF.
Aqua Ammonia	1336-21-6	3	>1.	Liq	Y	2672	CO				3 0	Fog, Alto, DC, CO2		3		2	4		K1. Pungent odor. NCF.
Aqua Ammonium	1336-21-6	3	>1.	Liq	Y	2672	CO				3 0	Fog, Alto, DC, CO2		3		2	4		K1. Pungent odor. NCF.
Aqua Fortis	7697-37-2	4	2.2	1.5	Y	2031	CO				4 1	Fog, Alto	187	3	21, 3, 4, 5, 6	3	4	3	K2, K16, K19. TLV 2 ppm. NCF but High Oxidizer.
Aqua Regia	8007-56-5	4	3.5	Liq	Y	1798	CO				4	Fog, Alto		3	13, 3, 4, 5, 6	3	4	3	K2, K16, K19. NCF but High Oxidizer.
Aqua-1,2-Diaminoethanediperoxochromium (IV)	17168-82-0		6.8	Sol							4 4			6	17	5	2		Unstable. Explodes @ 239°. Keep dark.
Aquacide (Trade name)	85-00-7	3	12.	Cry	Y	2781	OM				4 0	Foam, DC, CO2		3		2	3	9	K12. Melts @ 635°. NCF.
Aqueous Ammonia	1336-21-6	3 3	>1.	Liq	Y	2672	CO				3 0	Fog, Alto, DC, CO2		3		2	4		K1. Pungent odor. NCF.
Arecoline	63-75-2	3 3	5.3	Liq	Y						4 2	Fog, Alto, DC, CO2		3	1	1	3		K2. Combustible.
Arecoline Base	63-75-2	3 3	5.3	Liq	Y						4 2	Fog, Alto, DC, CO2		3	1	1	3		K2. Combustible.
Argon	7440-37-1	1 1	1.4	Gas	S	1006	CG				1 0	Fog, Foam, DC, CO2	-302	1		1	2	1	Inert Gas. NCF.
Argon (Cryogenic, refrigerated or pressurized liquid)		1 3	1.4	Var	S	1951	CG				1 0	Fog, Foam, DC, CO2	-302	7		1	2	15, 1	Inert. NCF.
Arnica		4	>1.	Sol							1			3	1	1	4	9	Burnable.
Arochlor (Tradename)	1336-36-3	3 3	>1.	Var	N	2315	OM				1 1	Fog, Alto, DC, CO2		3	1	1	3		K2. Some are NCF.
Aromatic Spirits of Ammonia		3	<1.	Liq	Y			383			3 2	Fog, Alto, DC, CO2		2	2	1	3		10% Ammonia in alcohol. Combustible.
Arsanilic Acid (ALSO: p- and 4-)	98-50-0	3	7.5	Pdr							4 1	Fog, Alto, DC, CO2		3	15, 11	1	3		K2.
Arsanilic Acid, Monosodium Salt	127-85-5	4	11.	Pdr	Y	2473	PB				4 1	Foam, DC, CO2		3		1	3	3, 9	K2.
Arsanilic Acid	98-50-0	3	7.5	Pdr							4 1	Fog, Alto, DC, CO2		3	15, 11	1	3		K2.
Arsenic (ALSO: White, Solid)	7440-38-2	4	2.6	Sol	N	1561	PB				4 2	Fog, CO2, DC, No Halon		3	2, 11	1	4	9	K2. RLV <1 ppm.

(34)

Chemical Name	CAS	Tox L	Tox S	Vap. Den.	Spec Grav	Wat Sol	DOT Number	DOT Cl	Flash Point	Flamma. Limit	Ign. Temp.	Disa. Atm Fire	Extinguishing Information	Boil Point	F	R	E	S	H	Remarks
Arsenic Acid (Liquid)		4		5.2	Liq	Y	1553	PB				4	0	Fog, CO2, DC, No Halon		3	6, 11	1	4	5	K2, K19. TLV <1 ppm. NCF.
Arsenic Acid (Solid)		4		5.2	Sol	Y	1554	PB				4	0	Fog, CO2, DC, No Halon		3	6, 11	1	4	9	K2. TLV <1 ppm. NCF.
Arsenic Acid Anhydride	1303-28-2	4		8.0	Sol	S	1559	PB				4	1	Fog, Foam, DC, CO2		3	6	1	4	9	K2.
Arsenic Anhydride	1303-28-2	4		8.0	Sol	S	1559	PB				4	1	Fog, Foam, DC, CO2		3	6	1	4	9	K2.
Arsenic Bisulfide		4		7.0	Cry	N	1557	PB				4	2	Fog, Foam, DC, CO2		3	6, 11	1	4	9	K2.
Arsenic Bromide	7784-33-0	4		11.	Cry		1555	PB				4	1	Fog, Foam, DC, CO2		3	11	1	4	9	K2. Melts @ 91°.
Arsenic Chloride	7784-34-1	4		6.3	Liq		1560	PB				4	0	Fog, Foam, DC, CO2		3	6, 11	1	4	9	K2. TLV <1 ppm. NCF.
Arsenic Compound, Liquid		4		>1.	Liq		1556					4		Fog, Alfo, DC, CO2		3	11	1	4	9	K2. TLV <1 ppm.
Arsenic Compound, Solid		4		>1.	Sol		1557					4		Fog, Alfo, DC, CO2		3	11	2	4	9	K2. TLV <1 ppm.
Arsenic Diethyl		4		9.2	1.1							4	3	DC, CO2	367	3	20, 2, 11	2	4	9	K2, K11. Pyroforic.
Arsenic Dimethyl		4		9.2	1.1							4	3	DC, CO2	367	3	20, 2, 11	1	4	9	K2, K11. Pyroforic.
Arsenic Disulfide	7784-35-2	4		7.0	Cry	N	1557	PB				4	2	Fog, Foam, DC, CO2		3	6, 11	1	4	9	K2.
Arsenic Fluoride	7784-42-1	4		4.6	3.0	N	1559	PB				4	1	Fog, Foam, DC, CO2	124	3	20	1	4	9	K2.
Arsenic Hydride	7784-42-1	4		2.7	Gas	Y	2188	PA				4	4	Fog, Foam, Stop Gas		3	17	4	4	6	K2, K24. TLV <1 ppm. Garlic odor. Flammable gas.
Arsenic Iodide	7784-45-4	4		16.	Cry	S	1557	PB				4	1	Fog, Foam, DC, CO2	757	3	11	1	4	9	K2. Melts @287°. RVW-Sodium or Potassium.
Arsenic Iodide		4	3	7.0	Cry	N	1557	PB				4	2	Fog, Foam, DC, CO2		3	6, 11	1	4	9	K2.
Arsenic Metal		3		10.	Sol	N	1558	PB				4	0	Fog, Foam, DC, CO2		3	11	1	3	9	K2. NCF.
Arsenic Oxide	1327-53-3	4		13.	Cry	S	1561	PB				4	3	Fog, Foam, DC, CO2		3	11	1	4	9	K2. Melts @ 588°.
Arsenic Oxide	1303-28-2	4		8.0	Sol	S	1559	PB				4	1	Fog, Foam, DC, CO2		3	6	1	4	9	K2.
Arsenic Pentaoxide	1303-28-2	4		8.0	Sol	S	1559	PB				4	1	Fog, Foam, DC, CO2		3	6	1	4	9	K2.
Arsenic Pentoxide		4		3.7	Pdr							4	1	Fog, Foam, DC, CO2		3	6, 2	1	4	9	K2.
Arsenic Phosphide		4										4		Foam, DC, CO2		3		1	4	9	K23.
Arsenic Sulfide	1303-33-9	4		8.6	Cry	N	1557	PB				4	2	Fog, Foam, DC, CO2	1305	3	6, 11	1	4	9	K2.
Arsenic Sulfide		4		7.0	Cry	N	1557	PB				4	0	Fog, Foam, DC, CO2		3	6, 11	1	4	9	K2.
Arsenic Trichloride	7784-34-1	4		6.3	Liq		1560	PB				4	1	Fog, Foam, DC, CO2		3	6, 11	1	4	9	K2. TLV <1 ppm. NCF.
Arsenic Trifluoride	7784-35-2	4		4.6	3.0	N	1559	PB				4	1	Fog, Foam, DC, CO2	124	3	20	1	4	9	K2.
Arsenic Trihydride	7784-42-1	4		2.7	Gas	Y	2188	PA				4	4	Fog, Foam, Stop Gas		3	17	4	4	6	K2, K24. TLV <1 ppm. Garlic odor. Flammable gas.
Arsenic Triiodide	7784-45-4	4		16.	Cry	S	1557	PB				4	1	Fog, Foam, DC, CO2	757	3	11	1	4	9	K2. Melts @287°. RVW-Sodium or Potassium.
Arsenic Trioxide	1327-53-3	4		13.	Cry	S	1561	PB				4	3	Fog, Foam, DC, CO2		3	11	1	4	9	K2. Melts @ 588°.
Arsenic Trisilyl		4		4.3	Liq							4		DC, CO2		3	3	2	4	.9	K2, K11. Pyroforic.
Arsenic Trisulfide	1303-33-9	4		8.6	Cry	N	1557	PB				4	1	Fog, Foam, DC, CO2	1305	3	6, 11	1	4	9	K2.
Arsenical Dust	8028-73-7	4		>1.	Pdr		1562	PB				4	1	Fog, Foam, DC, CO2		3	11	1	4	9	K2.
Arsenical Flue Dust	8028-73-7	4		>1.	Pdr		1562	PB				4	1	Fog, Foam, DC, CO2		3	11	1	4	9	K2.
Arsenical Pesticide (Flammable Liquid)		3	3	>1.	Liq	N	2760	FL	<100			4	3	Fog, Alfo, DC, CO2		3	1, 11, 15	1	4	9	K2.
Arsenical Pesticide (Liquid, n.o.s.)		3	3	>1.	Liq	N	2994					4	1	Fog, Alfo, DC, CO2		3	1	1	4	9	K2.
Arsenical Pesticide, Flammable Liquid, n.o.s.		3	3	>1.	Liq	N	2993		>73			4	2	Fog, Foam, DC, CO2		3	1	1	4	9	K2. Flashpoint 73-142°.

Chemical Name	CAS	Tox L	Tox S	Vap Den.	Spec Grav.	Wat Sol.	DOT Number	DOT Cl	Flash Point	Flamma. Limit	Ign. Temp.	Disa. Atm	Disa. Fire	Extinguishing Information	Boil Point	F	R	E	S	H	Remarks
Arsenical Pesticide, n.o.s.		3	4		Var	S	2759	PB				4	4	Fog, Foam, DC, CO2		3		1	4	9	K2.
Arsenious Chloride	7784-34-1	4		6.3	Liq		1560	PB				4	0	Fog, Foam, DC, CO2		3	6, 11	1	4	9	K2. TLV <1 ppm. NCF.
Arseniuretted Hydrogen	7784-42-1	4		2.7	Gas	Y	2188	PA				4	4	Fog, Foam, Stop Gas		3	17	4	4	6	K2,K24. TLV <1 ppm. Garlic odor. Flammable gas.
Arsenous Chloride	7784-34-1	4		6.3	Liq		1560	PB				4	0	Fog, Foam, DC, CO2		3	6, 11	1	4	9	K2. TLV <1 ppm. NCF.
Arsenous Tribromide	7784-33-0	4		11.	Cry		1555	PB				4	1	Fog, Foam, DC, CO2		3	11	1	4	9	K2. Melts @ 91°.
Arsenous Trichloride	7784-34-1	4		6.3	Liq		1560	PB				4	0	Fog, Foam, DC, CO2		3	6, 11	1	4	9	K2. TLV <1 ppm. NCF.
Arsine	7784-42-1	4		2.7	Gas	Y	2188	PA				4	4	Fog, Foam, Stop Gas		3	17	4	4	6	K2, K24. TLV <1 ppm. Garlic odor. Flammable gas.
Arsine Boron Tribromide		4			Sol							4	3	DC, CO2		2		2	4		K2, K11. Pyrotoric.
Artificial Almond Oil		2	2	3.7	Liq	N	1989	CL	145		377	3	2	Fog, Foam, DC, CO2	355	1	2	1	2	3	Strong reducer.
Aryl Sulfonic Acid (Liquid)	25231-46-3	3	3	>1.	Liq	Y	2586	CO	363			4	1	Fog, Foam, Alfo, DC, CO2		3	1	1	4	3	K2.
Aryl Sulfonic Acid (Liquid)	25231-46-3	3	3	>1.	Liq	Y	2584	CO	363			4	1	Fog, Foam, Alfo, DC, CO2		3	1	1	4	3	K2.
Aryl Sulfonic Acid (Solid)	25231-46-3	3	3	>1.	Sol	Y	2585	CO	363			4	1	Fog, Foam, Alfo, DC, CO2		3	1	1	4	3	K2. Melts @ 220°.
Aryl Sulfonic Acid (Solid)	25231-46-3	3	3	>1.	Sol	Y	2583	CO	363			4	1	Fog, Foam, Alfo, DC, CO2		3	1	1	4	3	K2. Melts @ 220°.
Asana (Trade name)		3	3	>1.	.96	Y	1993						1	Fog, Foam, DC, CO2	305	3	1	1	4	3	K12.
Asana 19 EC		3	3	>1.	.96	Y	1993						1	Fog, Foam, DC, CO2	305	3	1	1	4	3	K12.
Asbestos (Blue)		2	1	>1.	Pdr	N	2212					2	0	Fog, Foam, DC, CO2		1	1	1	2	2	NCF.
Asbestos (White)		2	1	>1.	Pdr	N	2590					2	0	Fog, Foam, DC, CO2		1	1	1	2	2	NCF.
Asbestos Dust		3	1	>1.	Pdr	N						2	0	Fog, Foam, DC, CO2		1	1	1	2	2	NCF.
Asbestos Particles		3	1	>1.	Pdr	N						2	0	Fog, Foam, DC, CO2		1	1	1	2	2	NCF.
Ascaridole	512-85-6			5.8	1.0								4	Fog, Flood	104	2	3, 15, 20	3	2	9	Organic Peroxide. Explodes @ 266°
Ascarisin	512-85-6			5.8	1.0								4	Fog, Flood	104	2	3, 15, 20	3	2	9	Organic Peroxide. Explodes @ 266°
Asphalt (Bitumen)	8052-42-4	1	1	>1.	1.1	N		OM	400		905	2	1	Fog, Foam, DC, CO2	>700	1	1	1	2		
Asphalt (Cutback)		1	1	>1.	Liq	N	1999	FL	<50			2	3	Fog, Foam, DC, CO2		2	1	2	2		
Asphalt (Typical)	8052-42-4	1	1	>1.	1.1	N		OM	400		905	2	1	Fog, Foam, DC, CO2	>700	1	1	1	2		
Asphalt Liquid (Rapid Curing)		1	1	>1.	Liq	N		CL	80			2	3	Fog, Foam, DC, CO2		1	1	2	2		Grades RC.
Asphalt Liquid (Medium Curing)		1	1	>1.	Liq	N		CL	100-150			2	2	Fog, Foam, DC, CO2		1	1	2	2		Grades MC.
Asphalt Liquid (Slow Curing)		1	1	>1.	Liq	N		CL	150-225			2	2	Fog, Foam, DC, CO2		1	1	1	2		Grades SC.
Assert (Trade name)			3	>1.	Pdr	S			180				2	Fog, Foam, DC, CO2		3	1	1	4		K12. Melts @ 235°.
Astatine 210		4		7.2	Gas							4	0	Fog, Foam, DC, CO2		4	1	2	4	17	K2. Half-life: 8 Hrs. NCF.
Aterbutox 20/20 (Trade name)		2	2	7.5	Cry	Y							1	Fog, Foam, DC, CO2		4	1	1	2		K12. Melts @ 343°.
Atratol 80W (Trade name)		2	3	>1.	Cry	S							1	Fog, Foam, DC, CO2		3	1	1	2		K12.
Atrazine (Trade name)		2	2	10.	Cry	S						4	0	Fog, Foam, DC, CO2		1	1	1	2		K12. Melts @ 343°.
Atropine	51-55-8	2		10.	Sol	S						4	0	Fog, Foam, DC, CO2		1	1	1	2		K2. NCF.
Atropine Methyl Bromide	51-55-8	2		10.	Sol	S						4	0	Fog, Foam, DC, CO2		1	1	1	2		K2. NCF.
Atropine Methyl Nitrate	51-55-8	2		10.	Sol	S						4	0	Fog, Foam, DC, CO2		1	1	1	2		K2. NCF.
Atropine Sulfate	51-55-8	2		10.	Sol	S						4	0	Fog, Foam, DC, CO2		1	1	1	2		K2. NCF.
Auminum Phosphide Pesticide		4		2.0	Sol		3048	PB				4	1	DC, CO2		3	1	1	4		K23. TLV <1 ppm.
Auramine Yellow (Trade name)	2465-27-2		4	11.	Pdr							4		Foam, DC, CO2		3	1	1	2	9	K2.
Auri Cyanide		4		7.7	Sol	Y						4	1	Fog, Foam		3	7, 11	1	4		K5.

(36)

Chemical Name	CAS	Tox L	Tox S	Vap Den	Spec Grav.	Wat Sol.	DOT Number	Cl	Flash Point	Flamma. Limit	Ign. Temp.	Disa. Atm	Disa. Fire	Extinguishing Information	Boil Point	F	R	E	S	H	Remarks
Aurous Cyanide		4			Sol	Y						4	1	Fog, Foam		3	7, 11	1	4		K5.
Austen Red Diamonds					Sol			EX					4				6	17	5	2		K3.
Avenge (Trade name)	43222-48-6		3		Pdr	Y			>180			4	2	Fog, Alfo, DC, CO2		3	1	1	4		K2, K12. TLV <1 ppm.
Avitrol (Trade name)		4		3.2	Cry	Y	2671	PB					4	DC, CO2	411	3		1	4		K2, K12.
Azides (General)				>1.	Var			EX				4				6	17	5	2		FS Wet: EX Dry. See specific type.
Azido-Compounds				>1.	Var			EX				4				6	17	5	2		FS Wet: EX Dry. See specific type.
Azimethylene	334-88-3	4		1.5	Gas					.9-98.0		4	4		-9	6	17	5	4		TLV <1 ppm. Explodes @ 212°.
Azinos (Trade name)	2642-71-9	4	4	12.	Cry	N	2783	PB				3	1	Foam, DC, CO2		3	1	1	4	12	K2, K12,K24. Melts @ 127°.
Azinphos Methyl (Guthion)	86-50-0	4		11.	Cry	S	2783	PB	302			3	1	Foam, DC, CO2		3	1	1	4	12	K2. Melts @ 165°.
Azinphos-Ethyl (Common name)	2642-71-9	4	4	12.	Cry	N	2783	PB				3	1	Foam, DC, CO2		3	1	1	4	12	K2, K12,K24. Melts @ 127°.
Aziridine	151-56-4	4		1.5	.83	Y	1185	FL	12	3.6-46.0	608	4	3	Fog, Alfo, DC, CO2	131	2	21, 14	3	4	,3	K9. Ammonia odor. TLV <1 ppm.
1-Aziridine Ethanol	1072-52-2		3	3.0	Liq							4	4			3	1	1	4		K2.
Azo Ethane	821-14-7	3		3.0	Liq							4	4			6	17	4	3		K3.
Azo Methane	503-28-6			2.0	Liq							4	4			6	17	4	3		K3.
2-2-Azo-Bis-Isobutyronitrile	78-67-1		3	5.6	Pdr	N	2952	FS			147	3	3	Fog, Foam, DC, CO2		2	2, 16	2	4		K5. SADT: 113°. Refrigerate.
Azo-Bis-Isobutyronitrile	78-67-1		3	5.6	Pdr	N	2952	FS			147	3	3	Fog, Foam, DC, CO2		2	2, 16	2	4		K5. SADT: 113°. Refrigerate.
Azobenzene	103-33-3		3	6.3	Cry	N						4	2	Fog, Foam, DC, CO2	567	3	1	1	3		K2. Melts @ 154°. Combustible.
Azobenzide	103-33-3		3	6.3	Cry	N						4	2	Fog, Foam, DC, CO2	567	3	1	1	3		K2. Melts @ 154°. Combustible.
Azobenzol	103-33-3		3	6.3	Cry	N						4	2	Fog, Foam, DC, CO2	567	3	1	1	3		K2. Melts @ 154°. Combustible.
Azocarbonitrile				2.8	Liq							3	4			6	17	5	2		K3. Explosive.
Azochloramide	1557-57-9			6.3	Cry							3	4			6	17	5	2		K3. RW Metals. Explodes @ 311°.
Azodi(1-1-Hexahydrobenzonitrile)				>1.	Var			FS				4	3	Fog, Flood		2	16	2	2		K2, K5. Flammable.
2-2-Azodi(2-4-Dimethyl-4-Methoxyvaleronitrile)				>1.	Var			FS				4	3	Fog, Flood		2	16	2	2		K5. SADT: 41°. Refrigerate. Flammable.
2-2-Azodi(2-4-Dimethylvaleronitrile)				>1.	Var			FS				4	3	Fog, Flood		2	16	2	2		K5. SADT: 59°. Refrigerate. Flammable.
Azodi(2-Methylbutyronitrile)				>1.	Liq	N	3030	FL				3	3	Fog, Foam, DC, CO2		2	16	2	2		K5. Keep cool. Flammable.
Azodi-Isobutyronitrile	78-67-1		3	5.6	Pdr	N	2952	FS			147	4	3	Fog, Foam, DC, CO2		2	2, 16	2	4	3	K5. SADT: 113°. Refrigerate.
Azodrin (Trade name)	6923-22-4	4	4	7.8	Sol	Y	2783	PB	>200			4	2	Fog, Alfo, DC, CO2	257	3	1	2	4	12, 5, 9	K2, K12, K24. Keep cool.
Azodrin (Trade name)	6923-22-4	4	4	7.3	Sol	Y	2783	PB	>200			4	2	Fog, Alfo, DC, CO2	257	3	16	1	2	12, 9	K2, K12.
Azoformaldoxime				4.0	Liq							4	4			6	17	4	2		K3. Explodes @ 284°.
Azoimide	7782-79-8	4		1.5	1.1	Y							4		99	6	17	5	4	3	Foul odor. Can explode.
Azole	109-97-7		3	2.3	.97	N			102			4	2	Fog, Foam, DC, CO2	268	3	1	1	3		K2. Chloroform odor.
Azomide	7782-79-8	4		1.5	1.1	Y							4		99	6	17	5	4	3	Foul odor. Can explode.
Azotetrazole (Dry)				>1.	Liq	Y						3				2	16	5	2		K3
Azotic Acid	7697-37-2	4		2.2	1.5	Y	2031	CO				4	1	Fog, Alfo	187	3	21, 3, 4, 5, 6	3	4	3	K2, K16, K19. TLV 2 ppm. NCF but High Oxidizer.
Azoxybenzene	495-48-7	4		6.8	Cry	N						3	1	Fog, Foam, DC, CO2		3	1	1	3	2	K2, K12. Melts @ 97°.
Azoxybenzide	495-48-7	4		6.8	Cry	N						3	1	Fog, Foam, DC, CO2		3	1	1	3	2	K2, K12. Melts @ 97°.
Azoxydibenzide	495-48-7	4		6.8	Cry	N						3	1	Fog, Foam, DC, CO2		3	1	1	3	2	K2, K12. Melts @ 97°.
1-Aziridinyl Phosphine Oxide (Tris)	545-55-1	3	4	6.0	Cry	Y	2501	CO				4	1	Fog, Alfo, DC, CO2	194	3	1	1	4	9, 2	K2. Amine odor. Melts @ 106°.
B-Blasting Powder				>1.	Pdr			EX				4				6	17	5	2		

(37)

Chemical Name	CAS	Tox L S	Vap Den.	Spec Grav	Wat Sol	DOT Number	DOT Cl	Flash Point	Flamma. Limit	Ign. Temp.	Disa Atm	Disa Fire	Extinguishing Information	Boil Point	F	R	E	S	H	Remarks
Bagasse Dust		3	>1.	Pdr								2	Fog, Flood		3	1	1	2		
Bags (Empty: Having contained Sodium Nitrate)		2 1	>1.	Sol		1359	FS				4	2	Fog, Flood		1	3	1	2		K2.
Bal (British Anti-Lewisite)	59-52-9																			
Banana Oil (Iso-amyl Acetate)		3	4.3	1.2	S		FL	77	1.0-7.5	680	4	1	Fog, Foam, DC, CO2	284	3		1	3	3	K2. Pungent odor.
Bancol (Trade name)		3	4.5	.88	S						2	3	Fog, Alfo, DC, CO2	290	2	3	2	3		Banana odor.
Banomite		3	>1.	Pdr	N						4		Fog, Foam, DC, CO2		3		1	3		K12. Melts @ 180°
Banvel (Trade name)	64491-74-3		4	11.	Cry						4		Fog, Foam, DC, CO2		3		1	4		K12. Melts @ 208°
Banvel (Trade name)	1918-00-9	3	20.	Sol		2769	PB				4		Foam, DC, CO2		3		2	2	12	K2, K12.
Barban (Trade name)	101-27-9	3	7.6	Cry	Y						3		Fog, Foam, DC, CO2		3	3	1	3		K2, K12. Melts @ 237°
Barbituric Acid		3	9.0	Sol	N						0		Fog, Foam, DC, CO2		1		1	3		K12. NCF.
Barium	7440-39-3	2 2	4.4	Pdr	S						1		Fog, Alfo, DC, CO2		1		1	2		Burnable.
Barium Acetylide	12070-27-8	3	4.7	Pdr		1400	FS				3		Soda Ash, No Water		2	10, 14	2	3	9	Pyrotoric.
Barium Alloy			5.6	Sol							2		Soda Ash, No Water		5	10	1	2	9	
Barium Alloy (Pyrotoric)			4.7	Pdr		1399	FS				2		Soda Ash, No Water		2	10, 14	2	2	9	Pyrotoric.
Barium Azide (Dry or <50% Liquid)		3	4.7	Pdr		1854	FS				3		Soda Ash, No Water		2	10, 14	2	2	9	Pyrotoric. RVW-Sulfur. Explodes @ 572°
Barium Azide (With not less than 50% Liquid)	18810-58-7	3	7.6	Sol		0224	EX				3	4	Keep Wet		6	17	4	3		K13. Explosive.
			7.6	Sol	Y	1571	FS				3	4			2	16	2	3		K13. Explodes when dry & heated.
Barium Bichromate		3	12.	Cry	S								Fog, Flood		2	3, 4	2	3		High oxidizer.
Barium Binoxide	1304-29-6		5.8	Pdr	N	1449	OX				3		Fog, Flood		2	3, 4	2	3		High oxidizer.
Barium Bromate	13967-90-3	4	14.	Pdr	S	2719	OX				4	4			6	17, 3, 4	4	4		High oxidizer. RVW-Sulfur. Explodes @ 572°.
Barium Carbide			5.5	Cry							3	2	DC, CO2, No Water		3	9	2	3		Keep dry.
Barium Chlorate	13477-00-4	3	11.	Cry	Y	1445	OX				4		Flood		2	4,3	2	3		High oxidizer.
Barium Chlorite	14674-74-9		6.0	Cry							4	4			6	17	4	3		Explodes @ 374°.
Barium Compounds, n.o.s. (Other than those listed)		3 3	>1.	Var		1564	PB				3		Fog, Foam, DC, CO2		3	11	1	4		
Barium Cyanide	542-62-1	3	6.5	Pdr	Y	1565	PB				4	0	Keep Wet		3	11	1	4	9	K5. NCF.
Barium Diazide		3	7.7	Sol											3	14	2	3		K13. RVW Lead. Impact sensitive when dry.
Barium Dichromate		3	12.	Cry	S								Fog, Flood		2	3, 4	2	3		High oxidizer.
Barium Dicyanide	542-62-1	3	6.5	Pdr	Y	1565	PB				4	0	Fog, Foam, DC, CO2		3	11	1	4	9	K5. NCF.
Barium Dinitrate	10022-31-8	3	9.0	Cry	Y	1446	OX				4		Flood, Fog		2	3, 4	2	3		K2. Oxidizer. Burns w/green flame.
Barium Dioxide	1304-29-6	3	5.8	Pdr	N	1449	OX				3		Fog, Flood		2	3, 4	2	3		High oxidizer.
Barium Hydride			4.8	Cry			FS					3	DC, Graphite, No Water		5	10, 14	2	3		Flammable solid.
Barium Hypochlorite		3	9.5	Cry		2741	OX				4		Soda Ash, No Water		5	10, 3, 4	2	4		High oxidizer.
Barium Iodate		3	17.	Cry			OX				4		Fog, Flood		3	3, 4	2	3		High oxidizer.
Barium Metal		3	4.7	Pdr		1400	FS				4	3	Soda Ash, No Water		5	10	2	3		Burns w/green flame. Pyrotoric.
Barium Monosulfide	21109-95-5	3	5.8	Cry	Y						4	2	Keep Dry, DC, CO2		2	21, 10, 11	2	3		May be pyrotoric.
Barium Nitrate	10022-31-8	3	9.0	Cry	Y	1446	OX				4		Flood, Fog		2	3, 4	2	3		K2. Oxidizer. Burns w/green flame.
Barium Nitride	12047-79-9	3	15.	Cry							4	2	DC, CO2, Keep Dry		5	10, 15	2	3		
Barium Oxide	1304-28-5	3	5.3	Pdr		1884	OM				4	1	Fog, Foam, DC, CO2		3	5	2	3		RW-water → Ammonia. Pyrotoric.

(38)

Chemical Name	CAS	Tox L S	Vap Den.	Spec Grav.	Wat Sol.	DOT Number	Cl	Flash Point	Flamma. Limit	Ign. Temp.	Disa. Atm Fire	Extinguishing Information	Boil Point	F	R	E	S	H	Remarks
Barium Perchlorate	13465-95-7	3	13.	Cry		1447	OX				3 3	Fog, Flood, DC, CO2		2	4	2	3		K2. Oxidizer.
Barium Permanganate	7787-36-2		13.	Cry	Y	1448	OX				2 3	Fog, Flood, DC, CO2		2	4	2	3		K2. Oxidizer.
Barium Peroxide	1304-29-6		5.8	Pdr	N	1449	OX				3	Fog, Flood		2	3, 4	1	3		High oxidizer.
Barium Selenate		4	9.6	Cry		2630	PB				4	Foam, DC, CO2		3		2	4		K2.
Barium Selenite		4	9.6	Cry		2630	PB				4	Foam, DC, CO2		3		2	4		K2.
Barium Styphnate			>1.	Sol			EX				4			6	17	5	2		Explosive.
Barium Sulfide	21109-95-5	3	5.8	Cry	Y						4 2	Keep Dry, DC, CO2		2	21, 10, 11	2	3		May be pyroforic.
Barium Superoxide	1304-29-6		5.8	Pdr	N	1449	OX				3	Fog, Flood		2	3, 4	2	3		High oxidizer.
Baron Azide Diiodide	68533-38-0		10.	Sol							3	No Water		3	10	2	2		Explodes w/water.
Basagran (Trade name)	25057-89-0		8.4	Sol							4	Foam, DC, CO2		3		1	3		K12. Melts @ 280°.
Basalin (Trade name)	33245-39-5	3	12.	Sol	S						4	Fog, Foam, DC, CO2		3		1	3		K2, K12. Melts @108°.
Bash (Trade name)	52-85-7	3	11.	Pdr	S						3	Fog, Foam, DC, CO2		3		1	3	9, 12	K2, K12. Melts @ 131°.
Battery (Containing Alkali)			>1.	Var		2800	CO					Fog, Foam, DC, CO2		3		1	3		Check leakage.
Battery (Containing Alkali)			>1.	Var		2797	CO					Fog, Foam, DC, CO2		3		1	3		Check leakage.
Battery (Containing Alkali)			>1.	Var		2795	CO					Fog, Foam, DC, CO2		3		1	3		Check leakage.
Battery (Containing Alkali)			>1.	Var		3028	CO					Fog, Foam, DC, CO2		3		1	3		Check leakage.
Battery (Containing Alkali)			>1.	Var		1813	CO					Fog, Foam, DC, CO2		3		1	3		Check leakage.
Battery Acid (Sulfuric acid)			<2.									Fog, Foam		3	4, 3	2	4		K2. Oxidizer.
Battery Fluid (Acid)		4	>1.	Liq	Y	2796	CO				4 2	Fog, Foam		3	4, 3	1	3		K2. Oxidizer. NCF.
Battery Fluid (Alkali)		4	>1.	Liq	Y	2797	CO				4 2	Fog, Foam		3	11	1	4		NCF.
Battery, Electric Storage, w/Acid			>1.	Var		2794	CO				0	Fog, Foam		3	11	1	3		Check leakage.
Baycor (Trade name)		3	>1.	Cry								Fog, Foam, DC, CO2		3		1	3		K12.
Baygon (Trade name)	114-26-1	3	7.2	Pdr	N						4 1	Fog, Foam, DC, CO2		3	13	1	3	12	K2, K12. Melts @ 195°.
Bayleton (Trade name)		3	>1.	Pdr	S				104		3 2	Fog, Foam, DC, CO2		3		1	3		K2, K12. Melts @ 180°.
Baytan (Trade name)	123-88-6	3	10.	Pdr							4	Fog, Foam, DC, CO2		3		1	3	9	K2, K12.
Baytex (Trade name)		4	>1.	1.3	N						4	Fog, Foam, DC, CO2		3		1	3		K2, K12. NCF.
Baythroid (Trade name)		3	>1.	Liq					105		4 0	Fog, Foam, DC, CO2		3		1	3	9	K12.
BBC	5798-79-8	3	6.8	1.5		1694	PB				4 0	Fog, Foam, DC, CO2	467	3		1	3	3	K2. Sour fruit odor. Melts @ 84°. NCF.
BBN	5798-79-8	3	6.8	1.5		1694	PB				4 0	Fog, Foam, DC, CO2	467	3		1	3	3	K2. Sour fruit odor. Melts @ 84°. NCF.
Belladonna		4	>1.	Sol							4 0	Fog, Foam, DC, CO2		3		1	4	9	K2. NCF.
Bendiocarb (Common name)	22781-23-3	3	7.8	Sol	S						3	Foam, DC, CO2		3		1	3	5, 12	K12. Melts @ 262°.
Benefin (Trade name)		3	>1.	Sol					78		2	Fog, Foam, DC, CO2		3	20	1	3		K12.
Benfluralin (Trade name)		3	>1.	Sol					78		2	Fog, Foam, DC, CO2		3	20	1	3		K12.
Benzahex	58-89-9	3	10.	Pdr	N	2761	OM				4	Fog, Foam, DC, CO2		3		1	3	9	K7, K12. NCF.
Benzal Alcohol	100-51-6	3	3.7	1.1	S			CL	200		817	3 1	Fog, Alfo, DC, CO2	403	3	1	2	3	3	Aromatic odor. RVW Sulfuric Acid.
Benzal Chloride	98-87-3	3	5.5	1.3	N	1886	PB				4 1	Fog, Foam, DC, CO2		3		1	3	3	K7. Can burn.
Benzaldehyde	100-52-7	2	3.7	1.1	N	1989	CL	145		377	3 2	Fog, Foam, DC, CO2	323	3		1	3	9	RVW-Oxidizers.
Benzaldehyde Cyanhydrin	532-28-5	4	4.6	1.1	N						4 1	Fog, Foam, DC, CO2	338	3		1	3	3	K2. Aromatic odor. NCF.
Benzalkonium Chloride	8001-54-5	3	>1.	Pdr							4	Fog, Foam, DC, CO2		3		1	3	3	K2.
Benzalkonium Chloride		3	>1.	.99							3	Fog, Foam, DC, CO2		3		1	3	3	K2. Mobile liquid.

Chemical Name	CAS	Tox L	Tox S	Vap Den.	Spec Grav.	Wat Sol.	DOT Number	DOT Cl	Flash Point	Flamma. Limit	Ign. Temp.	Disa. Atm	Disa. Fire	Extinguishing Information	Boil Point	F	R	E	S	H	Remarks
Benzalmalononitrile		3		5.5	Cry				<212				4		392	3		1	3		K5.
Benzedrine	300-62-9	2	2	4.6	.93	S						3	1	Fog, Alfo, DC, CO2		3	1	1	2		K2.
Benzenamine Hydrochloride	142-04-1		3	4.5	Cry		1548	PB	380				1	Fog, Foam, DC, CO2	473	3	11, 2	1	3		K2. Melts @ 388°.
1-3-Benzendiol			3	3.8	Cry	Y			261	1.4-	1126	3	1	Fog, Alfo, DC, CO2	475	3	2	1	3	3	
Benzene	71-43-2	3	2	2.8	.88	N	1114	FL	12	1.3-7.9	928	2	3	Fog, Foam, DC, CO2	176	2	2, 21	2	3	11	ULC: 100 TLV 1 ppm
Benzene 1-4-Diphenyl			2	7.9	Sol				405			2	1	Fog, Foam, DC, CO2		1	1	1	1		K16.
Benzene Carbonyl Chloride	98-88-4	3	4	4.9	1.2		1736	CO	162			4	2	DC, CO2, No Water	387	3	6, 2	1	4	3	K2. ULC: 50. Blanket. TLV 75 ppm.
Benzene Chloride	108-90-7	3	2	3.9	1.1	N	1134	FL	85	1.3-9.6	1099		3	Fog, Foam, DC, CO2	268	4	2	2	3	10	
Benzene Diazoniuim Nitrate	619-96-7			5.8	Sol			EX				4	4			6	17	5	2		K20. Explodes @ 194°.
Benzene Diazonium Chloride	100-34-5			4.9	Sol			EX				4	4			6	17	5	2		Explosive when dry.
Benzene Diazonium Chromate				11.	Cry			EX				4	4			6	17	5	2		
Benzene Diazonium Hydrogen Sulfate	36211-73-1			7.1	Cry							4	4			6	17	5	2		K2. Explodes @ 212°.
Benzene Diazonium-2-Carboxylate	17333-86-7			5.2	Liq							4	4			6	17	5	2		Explosive.
Benzene Dicarboxylic Acid	88-99-3	2	2	5.7	Cry	Y			334			2	1	Fog, DC, CO2	311	1	1	2	2		Dust can explode if heated.
Benzene Hexachloride (ALSO: α: β-γ)	608-73-1	3	3	10.	Pdr							4	1	Fog, Foam, DC, CO2		3	1	1	3	9	K7, K12. Melts @ 235°. NCF.
Benzene Isopropyl	98-82-8	3	3	4.1	.86	N	1918	FL	96	.9-6.5	795	3	2	Fog, Foam, DC, CO2	306	2	1	2	3	11	TLV 50 ppm. Sharp odor.
Benzene Methanol	100-51-6	3		3.7	1.1	S		CL	200		817	3	1	Fog, Alfo, DC, CO2	403	3		2	3		Aromatic odor. RVW Sulfuric Acid.
Benzene Phosphorus Dichloride	644-97-3	3	4	6.2	1.3		2798	CO				4	2	Foam, DC, CO2, No Water	435	3	8	1	4	3, 12	K2, K16.
Benzene Phosphorus Thiodichloride	14684-25-4	3	4	6.2	1.4		2799	CO				4	2	Foam, DC, CO2, No Water	401	3	7	1	4	12	K2, K16.
Benzene Sulfinyl Chloride	4972-29-6			5.6	Var							4	4			6	17	2	2		K22.
Benzene Sulfohydrazide			3	>1.	Cry		2970					4	4			3		1	2		K2.
Benzene Sulfonic Acid	98-11-3		3	6.4	Sol	Y						4	1	Fog, Foam, DC, CO2		3		1	3	2	K2.
Benzene Sulfonyl Azide				6.4	Sol							4	4			6	17	1	2		K2.
Benzene Sulfonyl Chloride	98-09-9	3	3	6.0	Cry							4	2	DC, CO2, No Water		3	6	1	3		K22.
Benzene Sulfonyl Fluoride	368-43-4	3	2	5.5	1.3				196			4	2	Fog, Foam, DC, CO2	408	3	2	1	3		K2.
Benzene Tetrahydride	110-83-8	3		2.8	.81	N	2256	FL	10	1.2-5.0	471	2	3	Fog, Foam, DC, CO2	181	2	1	4	3		TLV 300 ppm. Sweet odor.
Benzene Triozonide				7.8	Sol							3	4			6	17	4	2		K20. Unstable explosive.
Benzene-1,3-Bis(Sulfonyl Azide)	4547-69-7			10.	Sol							4	4			6	5	4	2		Explosive.
Benzene-1,3-Disulfohydrazide			3	>1.	Cry		2971					4	4			3		2	3		K2.
1-4-Benzene-diol	120-80-9		3	3.8	Sol	N	2662	PB	329		960	4	1	Fog, Foam, DC, CO2	475	3	1	1	3		K2. Keep dark.
1-2-Benzene-diol			3	3.8	Cry	Y			261	1.4-	1126	3	1	Fog, Alfo, DC, CO2		3	2	1	3	3	TLV 5 ppm.
Benzene-n-Cyclopentadienyl Iron Perchlorate				10.	Sol							4	4			6	17	5	2		K2, K20. Explosive.
Benzeneacetaldehyde	122-78-1		2	4.2	1.0	N			160			4		Fog, Foam, DC, CO2	383	1	1	1	2		Lilac odor.
Benzenearsonic Acid	98-05-5	4		7.0	Cry	Y						4		Fog, Foam, DC, CO2		3		1	4		K2. Melts @ 320°.
Benzenecarbanal	100-52-7	2	2	3.7	1.1	N	1989	CL	145		377	3	2	Fog, Foam, DC, CO2	323	3	2	1	3	9	RVW-Oxidizers.
Benzenecarbinol	100-51-6	3	3	3.7	1.1	S		CL	200		817	3	1	Fog, Alfo, DC, CO2	403	3	1	2	3	3	Aromatic odor. RVW Sulfuric Acid.
Benzenecarbonal	100-52-7	2	2	3.7	1.1	N	1989	CL	145		377	3	2	Fog, Foam, DC, CO2	323	3		1	3	9	RVW-Oxidizers.
Benzenediazonium Salts				>1	Sol							4	4			6	17	5	2		Explodes.
Benzenediazonium Tribromide	19521-84-7			12.	Sol							4	4			6	17	5	2		K2. K20. Explosive.
Benzenediazonium-2-Sulfonate	612-31-7			6.4	Var							4	4			6	17	5	2		Explodes.
Benzenediazonium-4-Oxide	6925-01-5			4.2	Liq							4	4			6	17	5	2		K2. Explodes @ 167°.

(40)

Chemical Name	CAS	Tox L	Tox S	Vap Den.	Spec Grav.	Wat Sol.	DOT Number	DOT Cl	Flash Point	Flamma. Limit	Ign. Temp.	Disa. Atm	Disa. Fire	Extinguishing Information	Boil Point	F	R	E	S	H	Remarks
Benzenediazonium-4-Sulfonate	305-80-6			6.4	Var	Y								Fog, Alfo, DC, CO2	475	6	17	5	2		K2. RW-metals. Refrigerate. Explosive.
1-3-Benzenediol			3	3.8	Cry				261	1.4-	1126	3	1	Fog, Foam, DC, CO2		3	2	1	3	3	
m-Benzenedisulfonic Acid (MBDSA)			3	8.2	Pdr								4			3	8	1	4	3	K2.
Benzenenitrile	100-47-0	3	3	3.5	1.0	S	2224	CL	161				2	Fog, Foam, DC, CO2		2	1,7	2	3		K5. Almond odor.
Benzeneselenonic Acid	39254-48-3			7.2	Sol								4			6	17	3	2		Explodes @ 356°. Weak explosive.
Benzenesulfinyl Azide	21230-20-6			5.8	Var								4			6	17	2	2		Can explode @ Room temperature.
Benzenethiol	108-98-5	4	4	3.8	1.1		2337	PB					4	Fog, Foam, DC, CO2		3		1	4	3	K2. Foul odor.
Benzidine	92-87-5	4	4	6.3	Pdr	S	1885	PB					1	Fog, Foam, DC, CO2		3	2	1	4		K2. Melts @ 261°. Can burn.
Benzidine Base	92-87-5	4	4	6.3	Pdr	S	1885	PB					1	Fog, Foam, DC, CO2		3	2	1	4		K2. Melts @ 261°. Can burn.
Benzimazolium-1-Nitroimidate	52096-22-7			6.2	Sol								4			6	17	2	2		Explodes @ melting point: 336°.
Benzin	8030-30-6	2	2	>1.	.89	N	2553	FL	>0	1.-6.0	530	3	3	Fog, Foam, DC, CO2	100	3	1	1	2		TLV 300 ppm.
Benzine	64475-85-0	2	2	2.5	.64	N	1115	FL	<0	1.1-5.9	550	2	3	Fog, Foam, DC, CO2	100	3	1	1	2		ULC: 100 TLV 300 ppm.
Benzinoform	56-23-5	2	2	5.3	1.6	N	1846	OM				4	0	Fog, Foam, DC, CO2	170	1	21	1	3	10	K7. TLV 5 ppm. Ether odor. NCF.
Benzo-1,2,3-Thiadiazole-1,1-Dioxide	37150-27-9			5.9	Sol								4			6	17	3	2		K2, K20. Explodes @ 140°.
1,3-Benzodithiolium Perchlorate	32283-21-9			8.8	Sol								4			6	17	3	2		K7, K20. NCF.
Benzoepin	115-29-7	4	4	14.	Cry								0			3		1	4		K2, K12. NCF.
Benzoic Acid	65-85-0			4.2	Pdr	N	9094	OM	250			3	1	Fog, Foam, DC, CO2	480	3	1	1	3	2	Melts @ 251°.
Benzoic Acid Nitrile	100-47-0	3	3	3.5	1.0	S	2224	CL	161				2	Fog, Foam, DC, CO2		2	1,7	2	3		K5. Almond odor.
Benzoic Acid Peroxide				8.3	Liq	N		OP			176		3	Fog, Flood		2	4,3	3	3		K20. Organic peroxide.
Benzoic Aldehyde	100-52-7	2	2	3.7	1.1	N	1989	CL	145		377	3	2	Fog, Foam, DC, CO2	323	3	1	1	2	9	RVW-Oxidizers.
Benzoic Derivative Pesticide (Flammable Liquid n.o.s.)		3	3	>1.	Liq		3003	FL	<100			4	3	Fog, Foam, DC, CO2		3		2	3		K2.
Benzoic Derivative Pesticide, Flammable Liquid, n.o.s.				>1.	Liq		2770	FL	<100			4	3	Fog, Foam, DC, CO2		3	1	2	3		
Benzoic Derivative Pesticide, Liquid, n.o.s.		3	3	>1.	Liq		3004	PB				4	1	Fog, Foam, DC, CO2		3		1	3		K2.
Benzoic Derivative Pesticide, Solid, n.o.s.		3	3	>1.	Liq		2769	PB				4	2	Fog, Foam, DC, CO2		3		1	3		K2.
Benzol (Benzene)	71-43-2	3	3	2.8	.88	N	1114	FL	12	1.3-7.9	928	3	3	Fog, Foam, DC, CO2	176	3	2,21	2	3		ULC: 100 TLV 1 ppm
Benzol Diluent		2	2	>1.	<1.			FL	-25	1.0-7.0	450	3	3	Fog, Foam, DC, CO2	>140	3	2	2	2		
Benzonitrile	100-47-0	3	3	3.5	1.0	S	2224	CL	161				2	Fog, Foam, DC, CO2		2	1,7	2	3		K5. Almond odor.
1,4-Benzoquinone	106-51-4	4	4	3.7	Cry	N	2587	PB	>100		1040	3	2	DC, CO2		3	6	1	4		TLV <1 ppm. Melts @ 240°.
p-Benzoquinone	106-51-4	4	4	3.7	Cry	N	2587	PB	>100		1040	3	2	DC, CO2		3	6	1	4		TLV <1 ppm. Melts @ 240°.
Benzoquinone	106-51-4	4	4	3.7	Cry	N	2587	PB	>100		1040	3	2	DC, CO2		3	6	1	4		TLV <1 ppm. Melts @ 240°.
p-Benzoquinone Diimine				3.7	Liq								4			1	14	1	2		Can explode w/concentrated acids.
1,4-Benzoquinone Diimine	4377-73-5				Liq							4				1	14	1	2		Can explode w/concentrated acids.
p-Benzoquinone Monoimine	98-07-7	4	4	6.8	1.4	N	2226	CO	260		412	4	1	Foam, DC, CO2		6	17	3	2	3	K2, K16. Piercing odor.
Benzotrifluoride	98-08-8	4	4	5.0	1.2	N	2338	FL	54			4	3	Fog, Foam, DC, CO2	216	3	2	1	4		K2. Blanket. Aromatic odor.
S-[(3-Benzoxazolinyl-6-chloro-2-oxo)Methyl]O,O-Diethyl-Phosphorodithioate	2310-17-0	3	3	13	Pdr	N						4	0	Fog, Foam, DC, CO2		3		2	1	12	K2, K12. Melts @ 113°. NCF.

(41)

Chemical Name	CAS	Tox L	Tox S	Vap Den	Spec Grav	Wat Sol	DOT Number	DOT Cl	Flash Point	Flamma. Limit	Ign. Temp.	Disa. Atm	Disa. Fire	Extinguishing Information	Boil Point	F	R	E	S	H	Remarks
Benzoyl Alcohol	100-51-6	3	3	3.7	1.1	S		CL	200		817	3	1	Fog, Alfo, DC, CO2	403	3	1	2	3	3	Aromatic odor. RVW Sulfuric Acid.
Benzoyl Azide	582-61-6			5.1	Var								4			6	17	3	2		May explode >248°.
Benzoyl Chloride	98-88-4	3	4	4.9	1.2	N	1736	CO	162			4	2	DC, CO2, No Water	387	3	6, 2	1	4	3	K16.
Benzoyl Hydroperoxide	93-59-4	3	3	4.8	Cry	N						2	4			6	17, 3, 4, 23	4	3		K20. Keep wet. Explodes @ 176°
Benzoyl Nitrate	6786-32-9			5.8	Sol							4	4			6	10, 17	4	2		K20. Very unstable.
Benzoyl Peroxide (Technical)	94-36-0	3	2	8.3	Pdr	N	2085	OP			176	3	4	Fog, Flood		2	16, 3, 4	3	3		K20. SADT: 160°. Explodes @ 217°.
Benzoyl Peroxide (with Water or Inert Solid)		3	2	8.3	Liq	N	3074	OP			176	3	3	Fog, Flood		2	4, 3	3	3		K20. Organic Peroxide.
Benzoyl Peroxide (with Water or Inert Solid)		3	2	8.3	Liq	N	2090	OP			176	3	3	Fog, Flood		2	4, 3	3	3		K20. Organic Peroxide.
Benzoyl Peroxide (with Water or Inert Solid)		3	2	8.3	Liq	N	2089	OP			176	3	3	Fog, Flood		2	4, 3	3	3		K20. Organic Peroxide.
Benzoyl Peroxide (with Water or Inert Solid)		3	2	8.3	Liq	N	2088	OP			176	3	3	Fog, Flood		2	4, 3	3	3		K20. Organic Peroxide.
Benzoyl Peroxide (with Water or Inert Solid)		3	2	8.3	Liq	N	2087	OP			176	3	3	Fog, Flood		2	4, 3	3	3		K20. Organic Peroxide.
Benzoyl Peroxide (with Water or Inert Solid)		3	2	8.3	Liq	N	2086	OP			176	3	3	Fog, Flood		2	4, 3	3	3		K20. Organic Peroxide.
1,1-Benzoyl Phenyl Diazomethane				7.8	Sol							3	4			6	17	5	2		K3. Explodes @ 104°.
Benzphos	2310-17-0	3	3	13	Pdr	N						4	0	Fog, Foam, DC, CO2		3	1	1	3	12	K2, K12. Melts @ 113°. NCF.
Benzvalene	6598-58-3			2.7	Liq							2				6	17	4	2		K20. Store in ether.
Benzyl Acetate	140-11-4	3	3	5.1	1.1	S		CL	195		860	2	1	Fog, Alfo, DC, CO2	417	3	1	3	3		
Benzyl Alcohol	100-51-6	3	3	3.7	1.1	S		CL	200		817	3	1	Fog, Alfo, DC, CO2	403	3	1	3	3	3	Aromatic odor. RVW Sulfuric Acid.
Benzyl Ammonium Tetrachloroiodate	64059-29-6			13.	Sol							4				3	6	1	3		K2.
Benzyl Azide	622-79-7			4.6	Sol							4	4			3	17	5	2		K3.
Benzyl Bromide	100-39-0	4	4	5.8	1.4	N	1737	CO				4	0	Fog, Foam, DC, CO2	388	3	6	2	4	3	K2. Blanket. Pleasant odor. NCF.
Benzyl Carbinol	60-12-8			4.2	1.0	N			205			3	1	Fog, Foam, DC, CO2	430	3	1	1	3		Rose odor.
Benzyl Chloride	100-44-7	3	3	4.4	1.1	N	1738	CO	153	1.1-	1085	4	2	Fog, Foam, DC, CO2	354	3	2, 6	2	3	3	K2. RVW some metals. TLV 10 ppm.
Benzyl Chlorocarbonate		3	3	5.9	Liq	N	1739	CO				4	1	DC, Sand, No Water	452	5	8, 16	2	3	3	K7.
Benzyl Chloroformate		3	3	5.9	Liq	N	1739	CO				4	1	DC, Sand, No Water	452	5	8, 16	2	3	3	K7.
Benzyl Cyanide	140-29-4	4	4	4.0	1.0	N	2470	PB	235			4	1	Fog, Alfo, DC, CO2	452	3	1	2	4	2	K2. Aromatic odor.
Benzyl Dichloride	98-87-3	3	3	5.5	1.3	N	1886	PB				4	1	Fog, Foam, DC, CO2	417	3	1	1	3	3	K7.
N-Benzyl Diethylamine		3		5.6	.89				170			3	2	Fog, Foam, DC, CO2	405	3	1	1	3		
Benzyl Diethylamine		3		5.6	.89				170			3	2	Fog, Foam, DC, CO2	405	3	1	1	3		
Benzyl Dimethylamine	103-83-3	3	3	4.7	.89	Y	2619	CO				3	2	Fog, Alfo, DC, CO2		3	2	2	3	9	K2. Combustible.
Benzyl Ether	103-50-4			6.8	1.0	N								Fog, Foam, DC, CO2	568	1	1	1	2	11, 2	K10. Melts @ 41°
Benzyl Iodide		3		7.5	Cry	N	2653	PB				3	0	Fog, Foam, DC, CO2		3	1	1	3		K2. NCF.
Benzyl Isoamyl Ether	122-73-6			6.2	.97	N			275				1	Fog, Foam, DC, CO2	455	1	1	1	2	2	
Benzyl Isopentyl Ether	122-73-6			6.2	.97	N			275				1	Fog, Foam, DC, CO2	455	1	1	1	2	2	
Benzyl Isothiocyanate	622-78-6	3		5.2	Sol							4	2	Fog, Foam, DC, CO2	446	3	1	1	3	3	K2. Melts @ 106°.
Benzyl Mercaptan	100-53-8	2		4.3	1.1	N			158			4	1	Fog, Foam, DC, CO2	383	3	2	1	3	3	K2. Strong odor.
Benzyl Mustard Oil	622-78-6	3	3	5.2	Sol							4	2	Fog, Foam, DC, CO2	446	3	1	1	3	3	K2. Melts @ 106°.
Benzyl Nicotinium Chloride				10.	Cry							4	0	Fog, Foam, DC, CO2		3	1	1	4		K2. NCF.
Benzyl Nitrate	15285-42-4	4		5.3	Sol							4				6	17	3	2		K2. RVW Sulfuric Acid. Explodes >356°.

(42)

Chemical Name	CAS	Tox L S	Vap Den	Spec Grav.	Wat Sol.	DOT Number	Cl	Flash Point	Flamma. Limit	Ign. Temp.	Disa. Atm Fire	Extinguishing Information	Boil Point	F	R	E	S	H	Remarks
Benzyl Nitrile	140-29-4	4	4.0	1.0	N	2470	PB	235			4 1	Fog, Alfo, DC, CO2	452	3	1	2	4	2	K2. Aromatic odor.
4-Benzyl Pyridine	2116-65-6		5.8	1.1							4 2	Fog, Foam, DC, CO2		1	2	2	2		K2.
Benzyl Silane	766-06-3		4.2	Liq							3			2	2	2	2		K11. Pyrotoric.
Benzyl Sodium	1121-53-5		4.0	Liq							3			2	2	2	2		K11. Pyrotoric.
Benzyl Thiol	100-53-8	2 3	4.3	1.1				158			4 4	Fog, Foam, DC, CO2	383	3	2	1	3	3	K2. Strong odor.
Benzyl Trichloride	98-07-7	4	6.8	1.4	N	2226	CO	260		412	4 1	Foam, DC, CO2		3	1	1	4	3	K2. K16. Piercing odor.
Benzyl Trimethyl Ammoniumhydroxide	100-85-6		5.2	Sol							3	Fog, Alfo, DC, CO2		3		1	3		NCF.
4-(Benzyl(ethyl)amino)-3-Ethoxy-Benzenediazonium Zinc Chloride						3037					4 3	DC, CO2		2	4, 16	2	2		Keep cool.
4-(Benzyl(methyl)amino)-3-Ethoxy-Benzenediazonium Zinc Chloride			>1.	Liq		3038					4	DC, CO2		2	4, 16	2	2		Keep cool.
2-Benzyl-4-Chlorphenol	1322-48-1	3	7.5	Sol	N						4 2	Fog, Foam, DC, CO2	347	3	1	1	3		Melts @ 120°.
Benzylamine	103-05-9	3 3	5.7	Liq							4 2	Fog, Foam, DC, CO2		3		1	3	2	Alkaline Liquid.
Benzylbenzene		3 3	3.7	.98	Y			266			3 1	Fog, Alfo, DC, CO2	365	1	1	1	2	2, 10	Melts @ 79°.
Benzylchlorophenol	1322-48-1	3	5.8	Sol	N					905	3 1	Fog, Foam, DC, CO2	508	1	1	1	3		Melts @ 120°.
2-Benzyldioxolan	101-49-5		5.7	Liq							4 2	Fog, Foam, DC, CO2	347	3	1	1	3		
Benzylidenemethyl Phosphorodithioate	2782-70-9	3 3	14.	Sol							2	Fog, Foam, DC, CO2		3		1	3	12	K2, K12.
Benzylidine Chloride	98-87-3	3 3	5.5	1.3	N	1886	PB				4 1	Fog, Foam, DC, CO2	417	3	1	1	3	3	K7.
Berberine and Compounds		3 3	11.	Cry							4 1	Fog, Foam, DC, CO2		3	1	1	3	9	
Berkelium		4 4	8.6	Sol							4			3		2	4	17	Half-life: 314 Days: Beta
Beryllium	7440-41-7	4 2	.31	Pdr	N	1567	PB				4	G-1 Pdr, No Water		3	14	1	4	14	K2. No water or halons. Flammable solid.
Beryllium Carbide		4	1.0	Cry							4 3	G-1 Pdr, No Water		3	7	1	4		K2.
Beryllium Chloride	7787-47-5	4	2.8	Cry	Y	1566	PB				4 0	Fog, Foam, DC, CO2		3		1	4		K2. NCF.
Beryllium Compounds		4 4	Var	Var		1566	PB				4 3	Fog, Foam, DC, CO2		3		1	4		K2.
Beryllium Ethyl	542-63-2	4 4	2.3	Liq							4 3	G-1 Pdr, No Water	230	3	10, 2	2	4		K2, K11. Pyrotoric.
Beryllium Fluoride	7787-49-7	4	1.6	Cry	Y	1566	PB				4 0	Fog, Foam, DC, CO2		3		1	4		K2. NCF.
Beryllium Hydride	7787-52-2	4	.38	Gas							4 3	G-1 Pdr, No Water		3	10, 11, 15	1	4		K2.
Beryllium Nitrate	13597-99-4	3	6.4	Cry	Y	2464	OX				4 0	Fog, Foam, Flood		3	4, 16	1	3		K2. Melts @ 140°. Oxidizer.
Beryllium Perchlorate	13597-95-0		7.3	Cry	M	1327	OX				4	Fog, Foam, Flood		2	4	1	2		K2. High oxidizer.
Beryllium Sulfate	13510-49-1	4	3.7	Cry							4	CO2, DC		3		1	4		K2.
Beryllium Tetrahydroborate			1.4	Liq							4 3	No Water		5	10	2	4		K2, K11. Pyrotoric.
Beryllium Tetrahydroboratetrimethylamine			3.4	Liq		2419	FG				4 3	Fog, DC, CO2, Stop Gas		5	10	2	4		K2, K11. Pyrotoric.
BFE (Bromotrifluoroethylene)	598-73-2	4	5.6	Gas							4 0		27	3	2	1	1		K2.
BHC (Benzene Hexachloride)	58-89-9	3 3	10.	Pdr	N	2761	OM				4 0	Fog, Foam, DC, CO2		3		1	3	9	K7, K12. NCF.
BHUSA			>1.	Sol							4	DC, CO2		2	1	1	2		Flammable.
1,1'-B(ethylene oxide)	1464-53-5	4 4	3.0	Liq							2	Fog, Foam, DC, CO2	288	3		1	4	3	Melts @ 66°.
1,1'-Biaziridinyl	4388-03-8		2.9	Liq							4 4			1	16	2	2		K12. NCF.
Bicep (Trade name)		3	>1.	Liq							3			3		1	3	3	K2.
Bicyclo(2.1.0)Pent-2-Ene	5164-35-2		2.3	Liq							4	Fog, Foam, DC, CO2	193	6	17	2	2		K22. Unstable.
Bicyclo(2.2.1)-Hepta-2,5-Diene	121-46-0	2	3.2	.9	N		FL	-6			2 3	Fog, Foam, DC, CO2	193	2	2	2	2		

(43)

Chemical Name	CAS	Tox L S	Vap Den.	Spec Grav.	Wat Sol.	DOT Number	DOT Cl	Flash Point	Flamma. Limit	Ign. Temp.	Disa. Atm	Disa. Fire	Extinguishing Information	Boil Point	F	R	E	S	H	Remarks
Bicyclo(2.2.1)Hept-5-Ene-2-Methylol	95-39-6	3	6.2	Liq									Fog, Foam, DC, CO2		3		1	3		
Bicycloheptadiene Dibromide		4	12.	Cry							4				3		1	4		
Bicyclohexyl		3	5.7	.88	S	2565	CO	165		471	2	2	Fog, Alfo, DC, CO2	462	1		2	2		K2.
Bicyclononadiene Diepoxide	2886-89-7	3	5.3	Liq							2				3		1	3		Pleasant odor.
Bicyclopentadiene	77-73-6	3	4.6	Cry	N	2048	FL	90		937	2	3	Fog, Foam, DC, CO2	342	3	1	1	3	3	Melts @ 91°. TLV 5 ppm.
Bidrin (Trade name)	141-66-2	4	8.2	1.2	Y	2783		>200			4		Fog, Alfo, DC, CO2	752	3	1	1	4	3, 5, 12	K12, K2, K24.
Bifenox (Common name)		3	>1.	Sol	N						3		Foam, DC, CO2		3		1	2	9	K2, K12.
Bifluoride, n.o.s.		4	>1.	Liq							4	0	Fog, Foam, DC, CO2		3		1	4		K2. NCF.
Biformyl (Biformal)	107-22-2	3	2.0	Sol		1740	CO				2	2	DC, CO2, No Water		2	22, 2	2	3	3	K22. Melts@ 59°. Reducer. Green vapors; violet flame. May be pyroforic.
Big Reds							EX				4				6	17	4	2		
Bimethyl	74-84-0	1	>1.	Gas	N	1035	FG		3.0-12.5	959	2	0	DC, CO2, Stop Gas	-127	2	2	4	2	1	Odorless gas. RVW chlorine.
Binapacryl (Common name)	485-31-4	3	11.	Sol	N						2		Fog, Foam, DC, CO2		3		3	3		K2. K12. Melts @ 151°. NCF.
Biocide	107-02-8	4	1.9	.84	Y	1092	FL	-15	2.8-31.0	428	4	3	Fog, Alfo, DC, CO2	125	2	3	3	4	3, 4, 5	K2. Foul Odor. TLV <1ppm
Bioxirane	1464-53-5	4	3.0	1.1					.6-5.8		2		Fog, Foam, DC, CO2	288	3		1	4	3	Melts @ 66°.
Biphenyl (1-1'-)	92-52-4	4	5.3	Sol	N			235		1004	2	1	Fog, Foam, DC, CO2	489	3	1	1	3		TLV <1 ppm. Pleasant odor. Melts @ 158°.
2,2-Biphenyl Dicarbonyl Peroxide			7.0	Sol							2	4			6	17	4	2		Explodes @ 158°.
p-Biphenylamine	92-67-1	3	5.8	Cry	N					842	4	1	Fog, Foam, DC, CO2	576	3	1	1	2	9	K2. Melts @ 127°.
4-Biphenylamine	92-67-1	3	5.8	Cry	N					842	4	1	Fog, Foam, DC, CO2	576	3	1	1	2	9	K2. Melts @ 127°.
4,4'-Biphenyldiol	92-88-6	3	6.5	Liq							4	2			3		1	3		
Bipyridilium Pesticide (Flammable liquid)		4	>1.	Liq		3015		<100			3				3	1	2	4		
Bipyridilium Pesticide (Dry)		4	>1.	Var		2781					0		Fog, Alfo, DC, CO2		3		1	4		
Bipyridilium Pesticide (Flammable liquid)		4	>1.	Liq		2782		<100			3		Fog, Alfo, DC, CO2		3	1	2	4		
Bipyridilium Pesticide (Liquid)		4	>1.	Var		3016					0		Fog, Alfo, DC, CO2		3		1	4		
Bis Benzene Diazo Oxide			7.9	Sol							2	4			6	17	5	2		K22. Unstable. Explosive.
Bis Hydroxyl Amine Zinc(II)Chloride			7.1	Sol							4	4			6	17	5	2		K3. Explodes @ 338°.
Bis Hydroxymethyl Peroxide			3.3	Liq							2	4			6	17	5	2		K20. Organic peroxide.
Bis(-Dimethyldithiocarbamato)Zinc	137-30-4	3	10.	Pdr							4	1	Fog, Foam, DC, CO2		3	1	1	3	3, 9	K2. Melts @ 478°. NCF.
3,4-Bis(1,2,3,4-Thiatriazol-5-Yl Thio Maleimide	1656-16-2		10.	Sol							3	4			6	17	5	2		K3. Explodes.
Bis(1,2,3,4-Thiatriazol-5-Yl Thio-Methane			8.7	Sol							3	4			6	17	5	2		K3. Explosive.
Bis(1,2-Diaminoethane)Dinitro Cobalt (III) Perchlorate	14781-32-9		13.	Sol							3	4			6	17	5	2		K3. Explosive.
Bis(1,2-Diaminoethane)Hydroxooxorhenium (V) Perchlorate	19267-68-6		18.	Sol							3	4			6	17	5	2		K3. Explosive.
Bis(1,2-Dichloroethyl)Sulfone	19721-74-5		9.1	Liq							4	4	Fog, Foam, DC, CO2		3		1	3		K2.
Bis(1-Chloroethyl) Thallium Chloride) Oxide			>1.	Sol							3	4	Fog, Foam, DC, CO2		3	17	5	2		K3. Explosive.
Bis(1-Hydroperoxy Cyclohexyl) Peroxide			8.9	Var							2	4			6	17	5	2		RW fire & explodes. Organic peroxide.
Bis(2,3-Epoxy-2-Methylpropyl)Ether	7487-28-7	3	5.5	Liq							2		Fog, Foam, DC, CO2		3		1	3		K10.
2,3-Bis(2,3-Epoxypropoxy)-1,4-Dioxane	10043-09-1	3	8.1	Liq							2		Fog, Foam, DC, CO2		3		1	3		
Bis(2,4-Dichloro Benzoyl)Peroxide		3	13.	Var							3	3	Fog, Flood		2	4	2	3		K9, K20, K22. Organic Peroxide.
Bis(2,4-Pentanedionato)Chromium			8.7	Var							2	3			2	2	2	2		Pyroforic.

(44)

Chemical Name	CAS	Tox L S	Vap Den.	Spec Grav.	Wat Sol.	DOT Number	Cl	Flash Point	Flamma. Limit	Ign. Temp.	Disa. Atm Fire	Extinguishing Information	Boil Point	F	R	E	S	H	Remarks
Bis(2,5-Endomethylenecyclohexylmethyl) Amine	10171-76-3	3	8.1	Pdr							3	Fog, Foam, DC, CO2		3		1	3		
Bis(2,6-[2,3-Epoxypropyl) Phenyl Glycidyl Ether	13561-08-5	3	9.1	Liq							2	Fog, Foam, DC, CO2		3		1	3		
Bis(2-Aminoethyl)Amine Cobalt (III) Azide	26493-63-0		10.	Sol							4			6	17	5	2		K3, K20. Explosive.
Bis(2-Aminoethyl)Aminediperoxochromium (IV)	59419-71-5		7.6	Sol							4			6	17	5	2		K3. Explodes @ 230°.
Bis(2-Azidoethoxymethyl)Nitramine	88487-87-6		9.1	Sol							3 4			6	17	5	2		Explosive.
Bis(2-Chloroethyl)Ethylamine	538-07-8	4 4	5.9	Liq							4	Fog, Foam, DC, CO2		3		2	4		K2.
Bis(2-Chloroethyl) Phosphite	1070-42-4		7.2	Var							3	Fog, Foam, DC, CO2		3		1	3		K2.
Bis(2-Chloroethyl)Amine Hydrochloride	821-48-7	3	6.2	Liq							3			3		1	3		
Bis(2-Chloroethyl)Formal	111-91-1	3	5.9	1.2	S			230			4 1	Fog, Alfo, DC, CO2	425	3	1	1	3	2	K2.
Bis(2-Chloroethyl)Sulfide	505-60-2	4 4	5.4	1.3				221			4 1	Fog, Foam, DC, CO2	442	3	8, 2	4	4	3, 6, 8	K2. Vesicant.
Bis(2-Chloroethyl)Sulfone	471-03-4	3	6.7	Liq							4	Fog, Foam, DC, CO2		3		1	3		K2.
Bis(2-Chlorovinyl)Chloroarsine	40334-69-8	4	8.1	Sol							4	Fog, Foam, DC, CO2		3		1	4		K2.
Bis(2-Cyclopentenyl) Ether	15131-55-2		5.6	Liq							2	Fog, Foam, DC, CO2		3		1	3		K10.
Bis(2-Dimethylaminoethyl) Ether	3033-62-3		5.6	Liq							3	Fog, Foam, DC, CO2		3		1	3		K10.
Bis(2-Dimethylaminoethoxy) Ethane.	3065-46-1		7.1	Liq							3	Fog, Foam, DC, CO2		3		1	3	3	
Bis(2-Ethylhexyl)Amine	1120-48-5	3	8.3	.81	S			270			3 1	Fog, Alfo, DC, CO2	537	3	1	1	3		Slight ammonia odor.
Bis(2-Ethylhexyl) Phosphate	298-07-7		11.	.97				385			4 1	Fog, Foam, DC, CO2		3	17	1	3	2	K2.
Bis(2-Fluoro-2,2-Dinitroethoxy) Dimethylsilane			12.	Sol							4			6		5	2		K3. Explosive.
Bis(2-Fluoro-2,2-Dinitroethyl)Amine	18139-03-2		10.	Sol							4			6	17	5	2		K3. Explosive.
Bis(2-Hydroxyethyl)-2-(2-Chloroethylthio)Ethylsulfonium) Chloride	64036-91-5	3	10.	Sol							4	Fog, Foam, DC, CO2		3		1	3		K2.
Bis(2-Methoxy Ethyl) Ether	111-96-6		4.7	.95	Y			158			3 2	Fog, Foam, DC, CO2	324	1	1	2	2	13	K10. May be inhibited.
Bis(2-Methyl Pyridine) Sodium			7.3	Sol							3 3	DC, CO2		2	2	2	3		K11. Pyroforic.
Bis(3,4-Epoxybutyl)Ether	10580-77-5		5.5	Liq							2	Fog, Foam, DC, CO2		3		1	3		K10.
N-N-Bis(3-Amino Propyl)Methyl Amine		3 3	4.6	.93	Y	1760	CO	220			3 1	Fog, Foam, DC, CO2	464	3	1	1	3	3	
Bis(3-Aminopropyl)Amine			8.2	Pdr	S	2135	OP	175			3 3	Fog, Foam, DC, CO2		3	1	1	3		
Bis(3-Carboxypropionyl)Peroxide	123-23-9										2 3	Fog, Flood		2	16, 3, 4	2	2		Organic Peroxide. Used in Explosives.
1,1-Bis(4-Chlorophenyl)-2,2-Dichloroethane	72-54-8	3 3	11.	Cry	N	2761	OM				4 1	Fog, Foam, DC, CO2		3		1	3		K12. Melts @ 230°. Can burn.
1,3-Bis(5-Amino-1,3,4-Triazol-2-YL)Triazene	3751-44-8		7.3	Sol							4			6	17	5	2		K3. Explodes @ 369°.
1,6-Bis(5-Tetrazolyl)Hexaza-1,5-Diene	68594-19-4		7.8	Sol							4			6	17	5	2		K3. Explodes @ 194°.
Bis(Acrylonitrile)Nickel (o)	12266-58-9		5.7	Liq							4 3	DC, CO2		2		2	2		K2, K11. May Be toxic. Pyroforic.
1,3-Bis(Aminomethyl)Cyclohexane	2579-20-6	3	>1.	Liq							3	Fog, Foam, DC, CO2		3		1	3		K2.
1,4-Bis(Aminomethyl)Cyclohexane	2549-93-1	3	5.0	Liq							3	Fog, Foam, DC, CO2		3		1	3		K2.
Bis(Aminopropyl)Amine		3 3	4.6	.93	Y	1760	CO	175			3 2	Fog, Foam, DC, CO2		3	1	1	3	3	
1,4-Bis(Aminopropyl)Piperazine	7209-38-3	3	7.0	Liq							3 3	Fog, Foam, DC, CO2		3		1	3	3	
1,2-Bis(Azidocarbonyl)Cyclopropane	68979-48-6		6.3	Liq							4			3		5	2		K3, K20. Unstable. Explosive.
3,3-Bis(Azidomethyl)Oxetane	17607-20-4		5.9	Var							4			6	17	5	2		K3, K20. Explosive.
Bis(Azidothiocarbonyl)Disulfide			8.3	Var							4			6	17	5	2		K20, K22. Explosive.
1,1-Bis(Benzoylperoxy)Cyclohexane			12.	Sol							2 4			6	17	5	2		K3. Explosive.
N,N-Bis(Chloromercuri) Hydrazine			>1.	Sol							4			6	17	5	2		K3. Explosive.

Chemical Name	CAS	Tox L	Tox S	Vap Den.	Spec Grav.	Wat Sol.	DOT Number	DOT Cl	Flash Point	Flamma. Limit	Ign. Temp.	Disa. Atm	Disa. Fire	Extinguishing Information	Boil Point	F	R	E	S	H	Remarks
N,N-Bis(Chloromercury))Hydrazine		4	4	>1.	Sol							4	4	Fog, Alfo, DC, CO2		6	17	5	2		K3. Explosive.
Bis(Chloromethyl) Ether	542-88-1	4	4	4.0	1.3		2249	PB	<19			4	3	Fog, Alfo, DC, CO2	221	3	2	2	4		K2. TLV <1 ppm.
Bis(Chloromethyl)Ketone	534-07-6	4		4.4	Cry		2649	PB				4		Fog, Foam, DC, CO2	343	3		1	4		K2. Melts @113°.
3,3-Bis(Chloromethyl)Oxetane	78-71-7	4		5.4	Var							4		Fog, Foam, DC, CO2		3		1	4		K2.
Bis(Cyclopentadienyl)Bis(Pentafluorophenyl) Zirconium				19.	Sol							3	4			6	,17	5	2		K3. Explodes @ 426°.
1,3-Bis(Di-n-Cyclopentadienyl Iron)-2-Propen-1-One				11.	Sol								4			6	17, 3	2			Explosive.
Bis(Dialkylphosphinothioyl)Disulfide	37333-40-7			27.	Sol							4	4	Fog, Foam, DC, CO2		3		1	3	9	K2.
Bis(Dibutylborino)Acetylene				16.	Var							2	3	Fog, Foam, DC, CO2		2	2	2	2		K11. Pyroforic.
Bis(Diethylthio)Chloro Methyl Phosphonate	30957-47-2			7.6	Pdr							4	4	Fog, Foam, DC, CO2		3		1	3	12	K2. Explosive.
1,1-Bis(Difluoroamino)-2,2-Difluoro-2-Nitroethyl Methyl Ether				8.5	Sol							4	4	Fog, Foam, DC, CO2		6	17	5	2		K3. Explosive.
1,2-Bis(Difluoroamino)-N-Nitroethylamine	18273-30-8			6.7	Liq							3	4			6	17	5	2		K3. Explodes >167°.
1,2-Bis(Difluoroamino)Ethanol	13084-47-4			5.2	Liq							3	4			6	17	5	2		K3. Explodes.
1,2-Bis(Difluoroamino)Ethyl Vinyl Ether	13084-45-2			6.1	Liq							3	4			6	17	3	2		Impact-sensitive. Explosive.
Bis(Difluorobory)Methane	55124-14-6			3.9	Liq							3	3	DC, CO2, No Water		5	10	3	2		K11. Can explode. Pyroforic.
Bis(Dimethyl Thallium) Acetylide				17.	Sol							2	4			6	17	5	2		K20. Explosive.
Bis(Dimethylamido) Fluoro Phosphate	115-26-4			5.4	1.1	Y						4	0	Fog, Foam, DC, CO2	153	3		1	3	12	K2. Fishy odor. NCF.
Bis(Dimethylamino)Benzene	100-22-1	3		5.7	Sol	S						3	0	Fog, Foam, DC, CO2	500	3		2	3	9	Melts @ 124°. NCF.
Bis(Dimethylamino)Ethane	115-26-4			>1.	Liq	Y	2372	FL				3	3	Fog, Alfo, DC, CO2		2	1	2	2		Flammable.
Bis(Dimethylamino)Fluorophosphine Oxide	21476-57-3	3		7.5	Var	Y						4	0	Fog, Foam, DC, CO2	153	3		1	3	12	K2. Fishy odor. NCF.
Bis(Dimethylamino)Isopropylmethacrylate				5.5	Liq							3	3	Fog, Foam, DC, CO2		3		1	3		
Bis(Dimethylaminoborane) Aluminum Tetrahydroborate	39047-21-7											3	3	DC, CO2, No Water		5	10	3	2		K11. Pyroforic.
Bis(Dimethylarsinyldiazomethyl)Mercury	63382-64-9			20.	Sol							4	4	Fog, Foam, DC, CO2		6	17	5	2		K3. Explosive.
Bis(Dimethylthiocarbamyl)Disulfide	137-26-8	2	2	5.4	Cry	N	2771	OM				4	0			1		1	2		K2. NCF.
Bis(Ethoxycarbonyldiazomethyl) Mercury	20539-85-9			15.	Sol							3	4	Fog, Foam, DC, CO2		6	17	5	2		Melts @219°. (Decomposes). Explosive.
1,3-Bis(Ethylamino)Butane		2	2	4.4	.81	Y			115			3	2	Fog, Alfo, DC, CO2	354	1	1	1	2		K2.
2,2-Bis(Fluorooxy)Hexafluoropropane	16329-93-4			7.7	Var							3	4			6	17	5	2		Unstable. Explodes.
1,1-Bis(Fluorooxy)Hexafluoropropane	72985-54-7			7.7	Var							3	4			6	17	5	2		Explodes.
1,1-Bis(Fluorooxy)Tetrafluoroethane	16329-92-3			5.9	Var							3	4			6	17	5	2		Explodes @ room temperature.
2,2-Bis(Hydroperoxy)Propane	2614-76-8			3.8	Liq							2	4			6	17	3	2		WH explodes. Organic peroxide.
1,2-Bis(Hydroxomercurio)-1,1,2,2-Bis-(Oxydimercurio) Ethane	67536-44-1			>10	Sol							4	4			6	17	5	2		K3. Explodes @ 446°.
3,3-Bis(Hydroxymethyl)Heptane	115-84-4			5.6	Liq							2	2	Fog, Foam, DC, CO2		3		1	3	3	
Bis(n-Cyclopentadienene)Uranium(o)				5.4	Liq							2	3			2	2	2	2		K11. Pyroforic.
Bis(p-Chlorobenzoyl) Peroxide	94-17-7			15.	Sol																K11. Pyroforic.
2-2-Bis(p-Chlorophenyl)1-1-Dichloroethane	72-54-8	3	3	11.	Pdr	N	2113	OP				3	4	Fog, Foam, DC, CO2		6	16,4, 22	3	2		Inhibited. RVW contaminants. May explode >100°.
1-1-Bis(p-Chlorophenyl)2-2-2-Trichloroethanol	115-32-2	3	3	>1.	Cry Pdr	N	2761 2761	OM OM				4 3	1 0	Fog, Foam, DC, CO2 Fog, Foam, DC, CO2		3 3		1 1	3 3		K12. Melts @ 230°. Can burn. NCF.

(46)

Chemical Name	CAS	Tox L S	Vap Den.	Spec Grav.	Wat Sol.	DOT Number	Cl	Flash Point	Flamma. Limit	Ign. Temp.	Disa. Atm	Fire	Extinguishing Information	Boil Point	F	R	E	S	H	Remarks
O-O-Bis(p-Chlorophenyl)Acetimidoylphosphoramidothioate	4104-14-7		13.	Pdr	N						4	0	Fog, Foam, DC, CO2		3			1	12	K2, K12. Melts @ 219°. NCF.
Bis(Pentafluoro Phenyl)Aluminum Bromide			15.	Sol							4	3			5	10	2	2		K11. Pyroforic.
1,3-Bis(Phenyl)Triazeno)Benzene			11.	Sol							3	4			6	17	5	2		Explodes in fire.
Bis(Salicylaldehyde)Ethylenediimine Cobalt (II)	14167-18-1	4	11.	Sol							3		Fog, Foam, DC, CO2		3		1	4		
2-2-Bis(tert-Butyperoxy)Butane			7.6	.87				84			3	3	Fog, Foam, DC, CO2		2	4	2	2		K22.
Bis(Tributyl tin) Oxide	56-35-9	3	20.	Sol							2	2	Fog, Foam, DC, CO2		3		1	3	3	
Bis(Trichloroacetyl) Peroxide	2629-78-9		11.	Sol							3	4			6	17	5	2		K20. Explosive.
Bis(Triethyl Tin) Acetylene			15.	Var							3	2			6	17	5	2		Explosive.
Bis(Trifluoroacetoxy) Dibutyltin	52112-09-1	3	16.	Sol							3		Fog, Foam, DC, CO2		3		1	3	9	
Bis(Trifluoroacetyl) Peroxide	383-73-3	4	7.9	Var							4	4			6	17	5	4		Unstable.
Bis(Trifluoromethyl) Cyanophosphine	431-97-0		6.8	Var							3	4			3	2	1	3		K11. Pyroforic.
Bis(Trifluoromethyl) Nitroxide	2154-71-4		5.9	Var							4	4			6	17	5	2		Explodes @ room temperature.
Bis(trifluoromethyl) Phosphorus (III) Azide			7.4	Var							4	4			6	17	5	2		Extremely unstable. Explodes.
N.N'-Bis(Trimethylsilyl)Aminoborane	73452-31-0		6.0	Liq							4	3			2	2	5	2		K11. Pyroforic.
Bis(Trimethylsilyl)Chromate	1746-09-4		9.2	Var							2	4			6	17	5	2		Explodes >167°.
1,2-Bis(Trimethylsilyl)Hydrazine	692-56-8		6.2	Liq							3				1	2	1	2		Hypergolic w/high oxidizers.
Bis(Trimethylsilyl)Peroxomonosulfate	23115-33-5		9.0	Var									Fog, Flood		2	16	2	2		WHTD → Sulfur Trioxide. Organic peroxide.
cis-Bis(Trimethylsilylamino)Tellurium Tetrafluoride	86045-52-5		13.	Var							4	4			6	17	6	2		K3, K22. Explodes @ 212°.
Bis(Trinitrophenyl)Sulfide	28930-30-5		15.	Cry							4	4			6	17	5	3		Military explosive.
Bis(Triphenyl Silyl)Chromate	1624-02-8	3	22.	Var	S						3	2	Fog, Flood, DC, CO2		3	1	1	3		
Bis(α-Methyl Benzyl)Amine	10024-74-5	2	4.2	.95				175			4	2	Fog, Alfo, DC, CO2	371	3		3	4	3, 6, 8	Amine odor.
Bis(β-Chloroethyl)Methylamine	51-75-2	4	5.9	1.1		2490	PB				3		DC, CO2		3		3	4	3, 6, 8	Melts @ 33°.
Bis(β-Chloroisopropyl) Ether	108-60-1	3	6.0	1.1	N			185			4	2	Fog, Foam, DC, CO2	369	3	1	1	3	2	K2. Blanket.
Bis(β-Cyanoethyl)Amine	111-94-4		3.3	1.0							3	3		343	3		1	3		K2, K22.
Bis(β-Methylpropyl)Amine	110-96-3	3	4.5	.75				70			3	3	Fog, Alfo, DC, CO2	282	3	2	2	3	9	Amine odor.
Bis(Trifluoromethyl)Chloro Phosphine	650-52-2		7.1	Var							4	3			3	2	2	3		K11. Pyroforic.
Bis-1,2-Diamino Ethane Dichloro Cobal (III) Chlorate ALSO: -Perchlorate	26388-78-3		11.	Sol						608	3	4			6	17	5	2		K3. Explodes @ 608°.
cis-Bis-1,2-Diamino Ethane Dinitro Cobalt III Iodate			15.	Sol							3				6		5	2		K3. Explodes.
Bis-2,4,5-Trichloro Benzene Diazo Oxide			7.9	Var							4	3			6	17	5	2		K3. RVW Benzene. Pyroforic.
Bis-2-Chloroethyl Ether	111-44-4	4	4.9	1.2	N	1916	PB	131		696	4	2	Fog, Foam, DC, CO2	353	6	8, 2, 12	2	4	3	K2. Blanket. TLV 5 ppm.
Bis-5-Chloro Toluene Diazonium Zinc Tetrachloride			17.	Sol							4	4			6	17	5	3		Explosive.
Bis-Dimethyl Arsinyl Oxide	503-80-0		7.9	Var							3	3			2	2	2	2		K11. Pyroforic.
Bis-Dimethyl Arsinyl Sulfide	591-10-6		8.5	Var							3	3			2	2	2	2		K11. Pyroforic.
Bis-Ethyl Xanthogen Disulfide	502-55-6	3	8.5	Var							4		Fog, Foam, DC, CO2		3		1	3		K2.
Bis-Hydrazine Tin(II) Chloride			8.9	Var							3	4			6	17	5	2		WH-explodes.
Bis-o-Azido Benzoyl Peroxide			11.	Sol							3	4			1	21	5	2		Can react explosively w/metals.
Bis-p-Nitrobenzene Diazo Sulfide			11.	Sol							4	4			6	17	5	2		Extremely sensitive. Explosive.

(47)

Chemical Name	CAS	Tox L	Tox S	Vap Den.	Spec Grav.	Wat Sol.	DOT Number	DOT Cl	Flash Point	Flamma. Limit	Ign. Temp.	Disa. Atm	Disa. Fire	Extinguishing Information	Boil Point	F	R	E	S	H	Remarks
Bis-Pentafluorosulfur Oxide	42310-84-9	3		9.4	Var							4				3		1	3		K2.
Bis-phenol A	80-05-7	3	3	8.0	Sol	N						2		Fog, Foam, DC, CO2	353	3	8, 2, 12	1	2	2	Phenol odor.
Bis-β-Chloroethyl Ether	111-44-4	4	3	4.9	1.2	N	1916	PB	131		696	4	2	Fog, Foam, DC, CO2		3	17	2	4	3	K2. Blanket. TLV 5 ppm.
Biscyclopentadiene	77-73-6	3	3	4.6	Cry	N	2048	FL	90		937	2	2	Fog, Foam, DC, CO2	342	3	2	1	3	3	Melts @ 91°. TLV 5 ppm.
Bisdiethylene Triamine Cobalt (III) Perchlorate	34491-12-8			19.	Sol							3	4			6	17	5	2		K3. Explodes @ 617°.
Bisdimethyl Stibinyl Oxide				11.	Pdr							2	3			2	2	2	2		K11. May be toxic. Pyroforic.
Bismuth Ethyl Chloride				9.4	Pdr							4	3			2	2	2	2		K2. K11. Pyroforic.
Bismuth Nitride	12232-97-2			7.8	Var							3	4	Unstable w/water and acids. Explodes.		5	10	4	2		
Bismuth Pentafluoride	32707-10-1	4	4	10.	Cry							4		No Water		5	10	4	4		RVW water & acids.
Bismuth Perchlorate				10.	Sol							3	4			6	17	5	2		K3. Explosive.
Bismuth Plutonide				15.	Sol							3	3			2	2	2	2		K11. Pyroforic.
Bismuth Telluride	1304-82-1			28.	Cry							3		No Water		5	6, 2	1	2		K2.
Bismuth Triethyl	617-77-6			10.	1.8							3	4			6	17	5	2		Explodes @ 302°. Pyroforic.
Bismuth Triselenide		3		23.	Cry							4	1	DC, CO2, No Water		5	9, 2	2	2		
Bismuth Tritelluride		3		27.	Cry							4	1	DC, CO2, No Water		5	9, 2	2	3		
Bistoluene Diazo Oxide				8.9	Var							3	4			6	17	5	2		
Bistrimethyl Silyl Oxide				5.7	Liq				30			2	3	Fog, Foam, DC, CO2		3	2	1	3		
Bisulfite (Aqueous solution, n.o.s.)		3	3	>1.	Liq		2693	CO				4				3	6	1	2		K2.
Bithionol	97-18-7			12.	Pdr	N						4	1	Fog, Foam, DC, CO2		3	17	1	3	9	K2. K24. Faint phenol odor.
Black Powder (ALSO: Blasting Caps containing Black Powder				>1.	Sol		0027	EX				4	4	Flood		6		5	2		K3. Explosive.
Bladafum		4	4	11.	1.2	N						4	1	Fog, Foam, DC, CO2		3		1	4	12	K2. Corrosive to metal. Can burn.
Bladafume		4	4	11.	1.2	N						4	1	Fog, Foam, DC, CO2		3		1	4	12	K2. Corrosive to metal. Can burn.
Bladafume (Trade name)	3689-24-5	4	4	11.	Liq	N	1704	PB				4	1	Foam, DC, CO2		3		1	4	9, 12	K2. K12.
Bladan (Trade name)	757-58-4	4	4	17.	1.3		1611	PB				3	1	Foam, DC, CO2		3		1	4	9	K2. K12.
Bladex	21725-46-2	3	3	>1.	Pdr							4	0	Fog, Foam, DC, CO2		3	17	1	3		K2. K12. NCF.
Blast Furnace Gas		3	1	.96	Gas	Y		FG		12.5-74.2	1204	3	4	Fog, DC, CO2, Stop Gas		2	1	3	3	1	About 26% CO.
Blasticidin (s)	2079-00-7			14.	Var							3		Fog, Foam, DC, CO2		3		1	3		
Blasting Agent				7.0	Sol	N		BA				4	4			6	17	5	2		K3. Explosive.
Blasting Caps				>1.	Var		0028	EX				4	4			6	17	5	2		K3. Explosive.
Blasting Gelatin				7.0	Sol	N		BA				4	4			6	17	5	2		K3. Explosive.
Blasting Oil				>1.	Liq	Y		BA				4	4			6	17	5	2		K3. Explosive.
Blasting Powder				>1.	Var		0028	EX				4	4			6	17	5	2		K3. Explosive.
Blau Gas		2		<1.	Gas			FG				4	4	Stop Gas		2	2	3	2	1	About 44% Methane. Flammable gas.
Bleaching Powder (>39% Cl)		3	3	>1.	Pdr		1748	OX				4	3	Fog, Flood		3	5, 6	1	3		Explodes w/fast heat.
Blue Asbestos		2	1	>1.	Pdr	N	2212	OM				2	0			1		1	2	2	NCF.
Boiler Compound - Liquid		3	3	>1.	Liq	Y	1760	CO				3	4	Fog, Foam, DC, CO2		3	5	1	3		NCF.
Bolero 8 EC (Trade name)		2	3	>1.	Liq	S			109			1		Foam, DC, CO2		1	1	1	2		K2. K12.
Bolstar (Trade name)	35400-43-2	3		11.	1.2	S						4		Foam, DC, CO2	257	3		1	3	9, 12	K2. K12. Sulfur odor.

(48)

Chemical Name	CAS	Tox L	Tox S	Vap Den.	Spec Grav.	Wat Sol.	DOT Number	Cl	Flash Point	Flamma. Limit	Ign. Temp.	Disa. Atm	Disa. Fire	Extinguishing Information	Boil Point	F	R	E	S	H	Remarks
Bomb (Smoke: non-explosive w/corrosive liquid; no initiator)		3		>1.	Sol		2028	CO				4	0	Fog, Foam, DC, CO2		3		1	3		K2. NCF.
Bomb (Military, high explosive)				>1.	Sol			EX					4			6	17	5	3		K3. High explosive.
Bomyl (Common name)		3	3	>1.	Liq	N						4		Fog, Foam, DC, CO2	311	3		1	3	5, 12	K2. K12.
Booster Explosives				>1.	Sol			EX					4			6	17	5	2		K3. High explosive.
Borane-Ammonia (Complex)	17596-45-1			1.1	Gas							3	4	Stop Gas		6	15	3	2		May explode w/fast heat.
Borane-Hydrazine (Complex)	14391-40-9			1.6	Sol							3	4	Stop Gas		6	17	5	2		Shock sensitive.
Borane-Phosphorus Trifluoride (Complex)	14391-39-6			3.6	Liq							3	3			2	17	3	2		Unstable. Pyroforic.
Borane-Tetrahydrofuran (Complex)	14044-65-6			3.0	Liq							2	4			2	17	3	2		Unstable.
Boranes (General)		4	4	Var	Var								3			3		2	4	3	MAY REACT WITH WATER! May RVW chlorine. May be pyroforic.
Borate and Chlorate Mixture				>1.	Cry		1458	OX				4		Fog, Flood		2	5, 4	2	2		High oxidizer.
Borazine	6569-51-3	3	4	2.8	.82							4	3	DC, CO2, No Water	127	2	7	2	4	3	Keep dark. Flammable.
Borazole	6569-51-3	3	4	2.8	.82							4	3	DC, CO2, No Water	127	2	7	2	4	3	Keep dark. Flammable.
Boreaux Arsenite (liquid or solid)		4		>1.	Var		2759	PB				4	0			2		1	4		K2. NCF.
Boric Acid, Ethyl Ester	34099-73-5			5.0	.86		1176	FL	52			3	2	DC, CO2, No Water	248	5	9, 2	2	2	3	
Boric Anhydride	1303-86-2			2.4	Cry							0				1		1	2	3	K12. NCF.
Borine Carbonyl		4		1.4	Gas							4	4	Stop Gas, No Water		1	7	3	4	2	K2. Unstable gas.
Borneo, Camphor	507-70-0	2	2	5.3	Cry	N						2	2	Fog, Foam, DC, CO2	413	1	1	1	2	2	Pepper odor.
d-Borneol	507-70-0	2	2	5.3	Cry	N						2	2	Fog, Foam, DC, CO2	413	1	1	1	2	2	Pepper odor.
Borneol	507-70-0	2	2	5.3	Cry	N						2	2	Fog, Foam, DC, CO2	413	1	1	1	2	2	Pepper odor.
Borobutane		4		1.8	Gas				FG			4	4	Stop Gas, No Water	64	5	2, 7, 15	3	4		K12.
Boroethane	19287-45-7	4		.96	Gas		1911	PA		.9-98.0	100	4	4	No Water	197	3	9	4	4	2	K11. Foul odor. TLV <1 ppm.
Boron Bromide	10294-33-4		4	8.6	2.7		2692	CO				3	4	No Water	356	5	10, 8, 16	2	4		K3, K16. TLV 1 ppm.
Boron Bromide Diiodide	14355-21-6			12.	Liq							4	4	No Water		5	10	3	4		
Boron Chloride	10294-34-5	4	4	4.0	1.4		1741	PA-				4	4	No Water	55	5	10, 4	3	4	2	K16. Pungent odor.
Boron Chloride Pentahydride		4		2.1	Var							4	4	No Water		3	8, 1	2	4		K2. Unstable gas.
Boron Compounds		4		Var	Var							4	4			3		2	4	9	May RW water.
Boron Ethyl		4		3.4	.70							4	3	No Halon		2	8, 1	2	3		K2, K11, K16. Pyroforic.
Boron Fluoride	7637-07-2	4	4	2.3	Gas		1008	CG				4	0	No Halon		3	8	4	4	2	K2, K16. Pungent odor. TLV 1ppm. NCF.
Boron Fluoride Etherate	109-63-7	3	4	5.0	1.1		2604		72			4	3	DC, CO2, No Water	259	3	8, 2, 9	2	4		
Boron Hydride	19287-45-7	4	4	.96	Gas		1911	PA		.9-98.0	100	4	4	Stop Gas, No Water, No Halon	197	3	9	4	4	2	K11. Foul odor. TLV <1 ppm.
Boron Methyl		4		1.9	Gas			FG				4		DC, CO2, Stop Gas		2	2	2	4		K11. Pyroforic.
Boron Oxide	1303-86-2			2.4	Pdr							0				1		1	3	2	K12. NCF.
Boron Phosphide		3		1.5	Pdr						392	3	1			1	2	1	2		Melts @ 392°.
Boron Tioxide	1303-86-2			2.4	Cry							0				1		1	2		K12. NCF.
Boron Tri-n-Butyl		3	3	6.3	.75	N			-32				4	No Water, No Halon		2	10	4	2		K11. Pyroforic.
Boron Triazide	21844-15-1			4.8	Sol							3	4	No Water		5	10	4	4		RXW Ether or water.
Boron Tribromide	10294-33-4	4	4	8.6	2.7		2692	CO				4	4	No Water	197	5	10, 8, 16	3	4	2	K3, K16. TLV 1 ppm.
Boron Trichloride	10294-34-5	4	4	4.0	1.4		1741					4	4	No Water	55	5	10, 4	3	4	2	K16. Pungent odor.

(49)

Chemical Name	CAS	Tox L	Tox S	Vap Den.	Spec Grav.	Wat Sol.	DOT Number	DOT Cl	Flash Point	Flamma. Limit	Ign. Temp.	Disa. Atm	Disa. Fire	Extinguishing Information	Boil Point	F	R	E	S	H	Remarks
Boron Triethyl		3	3	3.4	.70							4	3	No Halon		2	8, 1	2	3		K2, K11, K16. Pyrotoric.
Boron Trifluoride	7637-07-2	4	4	2.3	Gas		1008	OG				4	0	No Water		3	8	4	4	2	K2, K16. Pungent odor. TLV 1ppm. NCF.
Boron Trifluoride Diethyl Etherate	109-63-3	3	3	5.0	1.1		2604	CO	72			4	3	DC, CO2, No Water	259	3	8, 2, 9	2	4		
Boron Trifluoride Dihydrate		3	3	>1.	Var		2851	CO				4	1	DC, CO2		3	8	1	3		
Boron Trifluoride Etherate	109-63-3	3	4	5.0	1.1		2604	CO	72			4	3	DC, CO2, No Water	259	3	8, 2, 9	2	4		
Boron Trifluoride Propionic Acid Complex		3	3	>1.	Liq		1743	CO				4	1	Alfo, DC, CO2		3		2	4		K2. Can burn.
Boron Trifluoride-Acetic Acid Complex	753-53-7	3	4	>1.	Liq	Y	1742	CO				4	1	Alfo, DC, No Water		3	8	2	4	16	K2. Can burn.
Boron Trifluoride-dimethyl Ether	353-42-4	3	3	4.0	Liq	Y	2965					3	3	No Water		3	2, 8	1	3		Flammable.
Boron Triiodide	13517-10-7	3		13.	Sol							3	3	No Water	410	5	10	1	4		Melts @ 109°. RVW-Ethers.
Boron Trimethyl		4		1.9	Gas			FG				3	4	DC, CO2, Stop Gas		2	2	4	4		K11. Pyrotoric.
Boron Trisulfide	12007-33-9			4.1	Liq							3		No Water		5	10	1	1		
Bottle Gas (Butane)	106-97-8	2	2	2.0	Gas	N	1011	FG		1.6-8.5	550	2	4	Stop Gas, Fog, DC, CO2	31	2	2	4	2	1	
Bottle Gas (Propane)	74-98-6	2	2	1.6	Gas	N	1978	FG		2.1-9.5	842	2	4	Stop Gas, Fog, DC, CO2	-44	2	2	4	2	1	
Box Toe Gum	9004-70-0	2	2	17.	Sol		2060	FS	55			3	3	Fog, Flood		2	2	2	2		K2.
BPMC (Common name)		3		>1.	Liq							4	2	Fog, Foam, DC, CO2		2	2	1	1		K2, K12: Carbamate
Brake Fluid: Hydraulic				>1.	.90	N	1118	FL				4	2	Fog, Foam, DC, CO2		2	2	1	2		Flammable or combustible.
Brandy				>1.	Liq	Y			>100			4	2	Fog, Alfo, DC, CO2		2	1	1	2		
Brimstone (Sulfur)	7704-34-9	2	2	8.8	Pdr	N	1350	FS	405		450	2	2	Fog	284	2	1, 21	1	2	2	K2.
British Anti-Lewisite (BAL)	59-52-9	3		4.3	1.2	S						4	1	Fog, Foam, DC, CO2		3		1	3	3	K2. Pungent odor.
Bromadialone	28772-56-7			18.	Sol							3	0			1		1	2	9	K24. NCF.
Bromamide	14519-10-9			3.3	Var							3	4			2	17, 16	5	2		Unstable. R16 @ -94°.
Bromate (n.o.s.)				Var	Var		1450	OX				4				2	3	2	2		K2. See specific type.
Bromates (General)				Var	Var		1450	OX				4				2	3	2	2		K2. See specific type.
Bromic Acid, Potassium Salt	7758-01-2	2	2	5.2	Pdr	S	1484	OX				4	3	Fog, Flood		2	4	2	2	2	K2. RVW Aluminum. High oxidizer.
Bromic Ether	74-96-4	3		3.7	1.5	N	1891	PB	<4	6.7-11.3	952	4	3	Fog, Foam, DC, CO2	100	3	8, 2	2	3	13	K2. Volatile. TLV 200 ppm.
Bromides (General)		3		Var	Var							4				1		1	2		Organic bromides toxic. See specific type.
Bromine	7726-95-6	3	4	5.5	2.9		1744	CO				4	0	DC, CO2	138	6	4, 3, 8, 20, 21	4	4	16	High oxidizer. TLV <1 ppm. NCF.
Bromine Azide (Bromoazide)			3	4.2	Cry							4	4			6	17	5	2	6, 3	K20. Melts @ 113°. High Oxidizer. Explodes.
Bromine Chloride	506-68-3	4	4	4.0	Liq		2901	PB				4	0	No Water		5	8, 3, 4	4	4	4	K2. High oxidizer.
Bromine Cyanide	21255-83-4	3	3	3.6	Sol	N	1889	PB				4	3	Fog, Foam, DC, CO2	143	3	3, 4, 8	2	3		K2. Melts @ 126°. NCF.
Bromine Dioxide		3	3	3.9	Cry							4	0	No Water		5	10, 23	2	3		Keep cool. Unstable. Oxidizer.
Bromine Fluoride	138863-59-7	3	3	3.5	Liq							4	3	No Water		5	10, 23	2	3		RVW hydrogen.
Bromine Pentafluoride	7789-30-2	4	4	6.1	2.5		1745	OX				4		No Water	105	5	8, 4, 21, 23	2	4	3	K16. TLV <1 ppm. High oxidizer.
Bromine Perchlorate				6.3	Var							4	4			6	17	5	2		K3. Explosive.
Bromine Solution		3	4	>1.	Liq		1744	CO				4	0	Fog, Foam, DC, CO2		3	4	2	4	4	K2. Oxidizer. NCF.
Bromine Trifluoride	7787-71-5	4	4	4.7	2.8		1746	OX				4	3	No Water	261	5	10, 8, 21, 23	2	4	3	K16. Melts @ 48°. High oxidizer.

(50)

Chemical Name	CAS	Tox L	Tox S	Vap Den.	Spec Grav.	Wat Sol.	DOT Number	Cl	Flash Point	Flamma. Limit	Ign. Temp.	Disa. Atm	Disa. Fire	Extinguishing Information	Boil Point	F	R	E	S	H	Remarks
Bromine Trioxide				4.5	Sol								4	Fog, Flood		6	21	2	2		Must be inhibited w/ozone. Unstable.
Bromine(1)Trifluoromethanesulfonate	70142-16-4			8.0	Var							4	3			2	4,3	2	2		K2. High oxidizer.
2-Bromo Methyl Furan	4437-18-7			9.5	Sol							3	4			6	17	5	2		K3. Explosive.
Bromo Methylethyl Ketone				4.6	1.4	N						3	3	Fog, Foam, DC, CO2	293	3	1	1	3		K2.
Bromo Silane	13465-73-1			3.9	Liq							3	3	CO2		2	2	2	2		K11. Pyroforic.
N-Bromo Tetramethyl Guanidine	6926-40-5			6.8	Var							4	4			6	17	5	2		K3. Explodes >122°
4-Bromo-1,2-Dinitrobenzene				>1.	Var							4	4			6	17	5	2		K3. Unstable >138°
4-Bromo-1-Butene	5162-44-7			4.7	Liq			FL	<34			3	3	Fog, Foam, DC, CO2		1	1	1	2		K2.
3-Bromo-1-Chloro-5,5-Dimethylhydantoin	126-06-7		3	8.5	Var							4	4	Fog, Foam, DC, CO2		3	16, 2	3	4	3	Sharp odor. May explode by shock.
3-Bromo-1-Propyne	106-96-7	4	3	6.9	1.6		2345	FL	50	3.0-	615	4	4	Fog, Foam, DC, CO2	190	3	16, 2	3	4	3	Sharp odor. May explode by shock.
3-Bromo-2,7-Dinitro-5-Benzo(b)-Thiophene Diazonium-4-Olate				12.	Sol							4	4			6	17	5	2		K3. Explosive.
1-Bromo-2-Butene			3							4.6-12.0		4	3	Fog, Alfo, DC, CO2		2	2	2	3		K2.
2-Bromo-2-Chloro-1,1-Difluoroethylene	758-24-7		3	6.2	Var							4	4	Fog, Foam, DC, CO2		1	1	1	3		K3.
1-Bromo-2-Chloroethane			3	4.9	1.7	N						4	0	Fog, Foam, DC, CO2		3	1	1	3		Volatile. Chloroform odor. NCF.
o-(4-Bromo-2-Chlorophenyl)-o-Ethyl-S-Propyl Phosphorothioate	41198-08-7	3	3	13.	Liq	S						4	0			3	1	1	3	12	K12. NCF.
2-Bromo-2-Methyl Propane	78-77-3			4.8	Liq		2342	FL	0			4	3	Fog, Foam, DC, CO2		2	2	2	2		K2.
1-Bromo-2-Methyl Propane			2	4.8	1.3		2342	FL	72			4	3	Fog, Foam, DC, CO2		1	2	2	2		K2.
2-Bromo-2-Nitro-1,3-Propanediol	52-51-7			7.0	Liq							4	0	Fog, Foam, DC, CO2		3		1	3	2	Antiseptic.
Bromo-2-Propanone	598-31-2	4	4	4.7	1.6	S						4	1	Fog, Alfo, DC, CO2		3		5	4	6, 3, 7	K3.
2-Bromo-3,5-Dimethoxyaniline	70277-99-5			8.1	Var							4	4	Fog, Alfo, DC, CO2		6	17	5	2		K2. NCF.
1-Bromo-3-Chloropropane	109-70-6		3	5.5	1.6		2688	PB				4	0	Fog, Foam, DC, CO2		3		1	3	2	K2.
2-Bromo-3-Methyl Butane	107-82-4		3	5.3	1.2	S	2341	FL	21			4	3	Fog, Alfo, DC, CO2	248	2	2	2	2		K2.
6-Bromo-5-Chloro-2-Benzoxazolinone	5579-85-1		3	8.7	Var							4	4	Fog, Foam, DC, CO2		1		1	2		K2.
p-Bromo-N,N-Dimethyl Aniline	586-77-6			7.0	Var							4	4	Fog, Foam, DC, CO2		6	17	5	2		K3.
α-Bromo-Phenyl Acetonitrile	5798-79-8		3	6.8	1.5		1694	PB				4	0	Fog, Foam, DC, CO2	467	3		1	3	3	K2. Sour fruit odor. Melts @ 84°. NCF.
Bromoacetic Acid (α-) (Solid or Solution)	79-08-3		4	5.5	Var	Y	1938	CO				4	0	Fog, Alfo, DC, CO2	406	3		3	4	2	K2. NCF.
	598-31-2		4	4.7	1.6	S	1569	PB				4	1	Fog, Alfo, DC, CO2		3		3	4	6, 3, 7	K2.
1-Bromoacetoxy-2-Propanol	4189-47-3		4	6.9	Var							3				3		1	3		K2. NCF.
Bromoacetyl Bromide			4	>1.	Liq	Y	2513	CO				4	4	DC, CO2		2	2	2	4		K2. Pyroforic.
Bromoacetylene	14519-10-9			4.7	Gas							3	4	Stop Gas	28	6	17, 16	5	2		Unstable. R16 @ -94°
Bromoamine				3.3	Var							3	2			1	1	1	2	2	Blanket.
Bromobenzene	108-86-1	2	2	5.4	1.5	N	2514	CL	124		1049	4	0	Fog, Foam, DC, CO2	313	1	1	1	4	3	Blanket. Sour fruit odor. NCF.
4-Bromobenzeneacetonitrile	16532-79-9	4	3	6.8	1.5		1694	PB				4	0	Fog, Foam, DC, CO2		6	17	5	2		K2. Explodes @ 115°.
p-Bromobenzoyl Azide	14917-59-0			8.0	Sol							4	4			3		1	4	3	Blanket. Sour fruit odor. NCF.
4-Bromobenzyl Cyanide	16532-79-9	4	3	6.8	1.5		1694	PB				4	0	Fog, Foam, DC, CO2		3		1	3	3	Blanket. Sour fruit odor. NCF.
p-Bromobenzyl Cyanide	16532-79-9	4	3	6.8	1.5		1694	PB				4	0	Fog, Foam, DC, CO2		3		1	4	3	Blanket. Sour fruit odor. NCF.
o-Bromobenzyl Cyanide	5798-79-8		3	6.8	1.5		1694	PB				4	0	Fog, Foam, DC, CO2	467	3		1	3	3	K2. Sour fruit odor. Melts @ 84°. NCF.
Bromobenzyl Cyanide	5798-79-8	3	3	6.8	1.5		1694	PB				4	0	Fog, Foam, DC, CO2	467	3		1	3	3	K2. Sour fruit odor. Melts @ 84°. NCF.

(51)

Chemical Name	CAS	Tox L	Tox S	Vap Den.	Spec Grav.	Wat Sol.	DOT Number	DOT Cl	Flash Point	Flamma. Limit	Ign. Temp.	Disa. Atm	Disa. Fire	Extinguishing Information	Boil Point	F	R	E	S	H	Remarks
α-Bromobenzyl Cyanide	5798-79-8	3	3	6.8	1.5		1694	PB				4	0	Fog, Foam, DC, CO2	467	3		1	3	3	K2. Sour fruit odor. Melts @ 84°. NCF.
Bromobenzyl Nitrile	5798-79-8	3	3	6.8	1.5		1694	PB				4	0	Fog, Foam, DC, CO2	467	3		1	3	3	K2. Sour fruit odor. Melts @ 84°. NCF.
2-Bromobutane	78-76-2	2		4.7	1.2	N	2339	FL	70		500	4	3	Fog, Foam, DC, CO2	197	2	1	2	2	11	Blanket.
1-Bromobutane	109-65-9	2		4.7	1.3	N	1126	FL	65	2.6-6.6	509	3	3	Fog, Foam, DC, CO2	215	2	1	2	2		Blanket.
Bromobutane	109-65-9	2		4.7	1.3	N	1126	FL	65	2.6-6.6	509	3	3	Fog, Foam, DC, CO2	215	2	1	2	2		Blanket.
Bromochloroacetylene	25604-70-0			4.8	Var							4	4			6	17	5	2		K3. Unstable. Explosive.
Bromochlorodifluoromethane	353-59-3	2		5.0	Gas		1974	CG				3	0	Fog, Foam, DC, CO2		3	1	1	3	1	Halon 1211. NCF.
Bromochloromethane	74-97-5	3	3	4.4	1.9	N	1887	OM				4	0		154	1		1	3	3, 11	Sweet odor. Halon 1011. TLV 200 ppm. NCF.
Bromocyanogen (Bromocyan)	506-68-3	4		3.6	Sol		1889	PB				4	0	Fog, Foam, DC, CO2	143	3		2	4	3	K2. Melts @ 126°. NCF.
Bromocyclohexane	23834-96-0			5.6	1.3				145			3	2	Fog, Foam, DC, CO2		1	1	1	2	11	Sharp odor.
4-Bromodimethylaniline	586-77-6			7.0	Var							4	4	CO2		2	2	2	2		K11. Pyroforic.
Bromodiphenylmethane	776-74-9	3		8.6	Sol		1770	CO				3		Fog, Foam, DC, CO2	379	3	17	5	5	3	K3.
Bromoethane	74-96-4	3	3	3.7	1.5	N	1891	FL	<-4	6.7-11.3	952	3	3	Fog, Foam, DC, CO2	100	3	8, 2	2	3	3	Melts @ 113°.
Bromoethene	593-60-2	3	3	1.5	Gas		1085	FG				4	4	Fog, DC, Stop Gas	60	3	2, 22	2	3	13	K9. Volatile. TLV 200 ppm.
Bromoethyl Chlorosulfonate		4		7.7	Liq							4	4	Fog, Foam, DC, CO2	212	3		1	4	3	K9. TLV 5 ppm.
Bromoethyl Ethyl Ether (2-)				5.3	Liq		2340	FL	5			3	3	Fog, Foam, DC, CO2		2	2	2	3		K2.
Bromoethylene	593-60-2	3	3	1.5	Gas		1085	FG				4	4	Fog, DC, Stop Gas	60	3	2, 22	2	4	3	K9. TLV 5 ppm.
Bromoethyne	75-25-2	4		4.7	Gas							4	4	Stop Gas	28	3	2	2	4		K2. K11. Pyroforic.
Bromoform	75-25-2	3	3	8.7	2.9	S	2515	PB				4	0	Fog, Foam, DC, CO2	301	3	13	1	3	3	Melts @ 43°. NCF. TLV 1 ppm (skin)
Bromofos	2104-96-3	3		12.	Cry								1			3		2	3	12	K2. Unstable >158°.
Bromofosmethyl	2104-96-3	3		12.	Cry							4	3	Fog, Alfo, DC, CO2	248	3		2	2	12	K2, K12. Melts @ 127°.
Bromol	118-79-6	4		11.	Cry							4	1	Fog, Alfo, DC, CO2		3		1	4	5, 3	K2, K12. Melts @ 127°.
Bromomethane	74-83-9	4	4	3.3	1.7	N	1062	PB		10.0-15.0	998	4	1	Fog, Foam, DC, CO2	471	3	19	2	4	4	K2. Melts @ 201°.
2-Bromomethyl-5-Methylfuran	57846-03-4			6.1	Var							3	4			6	17	5	2		Volatile; Chlorotorm odor. TLV 5 ppm (skin).
Bromomethylbutane	107-82-4	3		5.3	1.2	S	2341	FL	21			4	3	Fog, Alfo, DC, CO2	248	2	2	2	2		K2. Unstable >158°.
Bromomethylpropane				4.0	Liq		2342	FL	0			3	3	CO2		2		2	2		K2.
1-Bromopentaborane (9)	23753-67-5			5.0	Var							3	3	CO2		2		2	2		Pyroforic.
2-Bromopentane	107-81-3	2		5.2	1.2	N	2343	FL	90			3	3	Fog, Foam, DC, CO2	248	1	2	2	2	11	Blanket. Strong odor.
Bromopentane	107-81-3	2		5.2	1.2	N	2343	FL	90			4	0	Fog, Foam, DC, CO2	248	1	2	2	2	11	Blanket. Strong odor.
2-(4-Bromophenyl)Acetonitrile	16532-79-9	4	3	6.8	1.5		1694	PB				4	0	Fog, Foam, DC, CO2		3		1	4	3	Blanket. Sour fruit odor. NCF.
4-Bromophenylacetonitrile	16532-79-9	4	3	6.8	1.5		1694	PB				4	0	Fog, Foam, DC, CO2		3		1	4	3	Blanket. Sour fruit odor. NCF.
Bromophos	2104-96-3	3		12.	Cry	N						4	1	Fog, Foam, DC, CO2	252	3		1	3	12	K2, K12. Melts @ 127°.
Bromophos-Ethyl (Common name)	4824-78-6	4	4	>1.	2.4								4	Foam, DC, CO2	147	3	7	1	4	12, 9	K2, K12.
Bromophosgene		4	4	10.	Cry	S		PB				4	3	No Water		5		2	4	8	
Bromopicrin	464-10-8	4		10.	Cry	S						4	4		261	6	17	5	2		Explodes w/fast heat.
2-Bromopropane	75-26-3	3		4.3	1.4	N	2344	FL	<60			4	3	Fog, Foam, DC, CO2		2	2	2	2		K2.
1-Bromopropane	106-94-5	2		4.3	1.4	N	2344	FL	<72	4.6-	914	4	3	Fog, Foam, DC, CO2	160	2		2	2		K2.

(52)

Chemical Name	CAS	Tox L S	Vap Den	Spec Grav	Wat Sol	DOT Number	Cl	Flash Point	Flamma. Limit	Ign. Temp.	Disa. Atm Fire	Extinguishing Information	Boil Point	F	R	E	S	H	Remarks
Bromopropane	106-94-5	2 2	4.3	1.4		2344	FL	<72	4.6-	914	4 3	Fog, Foam, DC, CO2	160	2	2	2	2	3	K2.
3-Bromopropene	106-95-6	3 3	4.2	1.4	N	1099	FL	30	4.4-7.3	563	4 3	Fog, Alfo, DC, CO2	160	2		3	3	3	K2
3-Bromopropylene	106-95-6	3 3	4.2	1.4	N	1099	FL	30	4.4-7.3	563	4 3	Fog, Alfo, DC, CO2	160	2	16, 2	3	3	3	K2
Bromopropyne (3-)	106-96-7	4	6.9	1.6		2345	FL	50	3.0-	615	4 4	Fog, Foam, DC, CO2	190	3		3	4	3	Sharp odor. May explode by shock.
N-Bromosuccinimide	128-08-5	4	6.1	Pdr							4 0	Fog, Foam, DC, CO2		3		1	4	3	Melts @ 343°. Bromine odor. NCF.
p-Bromotoluene		2 2	5.9	1.4	N			185			4 2	Fog, Foam, DC, CO2	363	1	1	1	2		Blanket.
o-Bromotoluene		2 2	5.9	1.4	N			174			4 1	Fog, Alfo, DC, CO2	359	1	1	1	2		Blanket.
α-Bromotoluene	100-39-0	4 4	5.8	1.4	N	1737	CO				4 0	Fog, Foam, DC, CO2	388	3	6	2	4	3	K2. Blanket. Pleasant odor. NCF.
Bromotriethylstannane	2767-54-6	3	10.	1.6							3	DC, CO2	435	3		1	3		K2, K11. Pyroforic.
Bromotrifluoroethylene	598-73-2	4	5.6	Gas		2419	FG				4 4	Fog, DC, CO2, Stop Gas	27	3	2	3	4		Halon 1301. RW aluminum. TLV 1000 ppm. NCF.
Bromotrifluoromethane	75-63-8	2 1	5.1	Gas		1009	CG				3 0	Fog, Foam, DC, CO2		1		1	2		
Bromotripropylstannane	2767-61-5	3	11.	Liq							3	DC, CO2		3		1	3		
Bromoxynil (Common name)		3	>1.	Sol	N						3 0	Fog, Alfo, DC, CO2		3		1	1		K12. Melts @ 381°. NCF.
Bromyl Fluoride	22585-64-4		4.6	Liq							4	No Water		5	10	1	2		RVW water.
Bronco (Trade name)		3 3	>1.	Liq	S						3	Fog, Foam, DC, CO2		3		1	3		K12. NCF.
Bronopol (Common name)		3 3	>1.	Sol	S						4 0	Fog, Foam, DC, CO2		1		1	1		Melts @ 266°.
Bronze Liquid Paint			>1.	Liq				<100			3	Fog, Foam, DC, CO2		1	1	2	2		
Brucine	357-57-3	4	13.	Cry	S	1570	PB				4 1	Fog, Alfo, DC, CO2		3	1	1	4		Melts @ 352°.
Brucine Compounds	357-57-3	4	13.	Cry	S	1570	PB				4 1	Fog, Alfo, DC, CO2		3		1	4		Melts @ 352°.
Bufencarb (Common name)	8065-36-9		>1.	Sol	N						3	Fog, Foam, DC, CO2		3	2	2	3		K12. Melts @ 79°.
Bunker Oil		1 2	>2.	<1.	N	1993	CO	>150		765	3 2	Fog, Foam, DC, CO2		2	17	2	2	9	K2. Heavy fuel oil #6.
Burnt Lime	1305-78-8	3	2.0	Cry	S	1910	CO				2 1	Flood		3	5, 23	1	3	2	
Butachlor (Common name)		3 3	>1.	1.1	S						0	Fog, Foam, DC, CO2			3	1	3		K12. NCF.
Butadiene (Inhibited)	106-99-0	3 3	1.9	Gas	N	1010	FG		2.0-12.0	788	3 4	Fog, DC, CO2, Stop Gas	24	2	22	4	3	3	K10. Aromatic.
Butadiene Diepoxide (1,3-)	1464-53-5	4 4	3.0	1.1				288			2	Fog, Foam, DC, CO2	288	3		1	4	3	Melts @ 66°.
Butadiene Dioxide		4 4	3.0	1.1								Stop Gas		3		2	4		
Butadiene Monoxide	930-22-3	3 2	2.4	.87			FL	<-58		806	2 3	Fog, Alfo, DC, CO2	151	2	2	2	3	2	
Butadiene Peroxide			3.0	Var							4			6	17	5	2		From Butadiene (K22). Explosive.
Butadiene-1-3	106-99-0	3	1.9	Gas	N	1010	FG		2.0-12.0	788	3 3	Fog, DC, CO2, Stop Gas	24	2	22	4	3	3	K10. Aromatic.
Butadiine	460-12-8	2	1.7	Gas							2 4	Stop Gas	50	2	22	4	4	1	K22 >32°. Explosive.
Butadyne (1,3-)	460-12-8	2	1.7	Gas							2 4	Stop Gas	50	2	22	4	4	1	K22 >32°. Explosive.
Butaldehyde	123-72-8	3 3	2.5	.80	N	1129	FL	-8	1.9-12.5	425	3 3	Fog, Foam, DC, CO2	169	2	2, 14	2	3	2	
Butanal	123-72-8	3 3	2.5	.80	N	1129	FL	-8	1.9-12.5	425	3 3	Fog, Foam, DC, CO2	169	2	2, 14	2	3	2	
Butanaloxime	110-69-0		3.0	.92	S	2840	CO	136			3 2	Fog, Alfo, DC, CO2	306	1		2	2		
n-Butane	106-97-8	2 2	2.0	Gas	N	1011	FG		1.6-8.5	550	4 2	Stop Gas, Fog, DC, CO2	31	2	2	3	2	1	

(53)

Chemical Name	CAS	Tox L S	Vap Den.	Spec Grav.	Wat Sol.	DOT Number	Cl	Flash Point	Flamma. Limit	Ign. Temp.	Disa. Atm Fire	Extinguishing Information	Boil Point	F	R	E	S	H	Remarks
Butane	106-97-8	2 2	2.0	Gas	N	1011	FG		1.6-8.5	550	2 4	Stop Gas, Fog, DC, CO2	31	2	2	4	2	1	
Butane Diepoxide	1464-53-5	4 4	3.0	1.1	Y						2	Fog, Foam, DC, CO2	288	3		4	4	3	Melts @ 66°.
Butane Mixture	106-97-8	2 2	2.0	Gas	N	1011	FG		1.6-8.5	550	2 4	Stop Gas, Fog, DC, CO2	31	2	2	4	2	1	
1-3-Butanediamine	590-88-5	3	3.0	.86	Y			125			3 2	Fog, Alfo, DC, CO2	289	3	1	2	3	3	
Butanedinitrile	110-61-2	3	2.1	Sol	S	2215	OM	270			4 1	Fog, Alfo, DC, CO2	513	3	1, 12, 16	1	3	9	K2. Melts @ 136°.
cis-Butanedioic Acid	110-16-7	3	4.0	Cry	Y						2 1	Fog, Foam, DC, CO2	275	1	1	1	2	9, 2	Melts @ 266°.
Butanedioic Acid	110-15-6	2 2	4.1	Cry	Y						2 1	Fog, Alfo, DC, CO2	455	1	1	1	2	3	Melts @ 365°.
Butanedioic Anhydride	108-30-5	2 2	3.5	Cry	N						2 1	Fog, Alfo, DC, CO2	502	1	1	1	2	3	Melts @ 248°.
1,4-Butanediol	110-63-4	2 2	3.1	1.0	Y			250				Fog, Alfo, DC, CO2	442	1	1	1	2	3	Melts @ 64°.
2,3-Butanediol	513-85-9	2 2	3.1	1.0	Y			185		756		Alfo, DC, CO2	363	1	1	1	2	2	
1,2-Butanediol	584-03-2	2 2	3.1	1.0	Y			104		741	2 1	Fog, Alfo, DC, CO2	381	1	1	1	2	2	
1-3-Butanediol	107-88-0	2 2	3.2	1.0	Y			250		741	2 1	Fog, Alfo, DC, CO2	399	1	1	1	2	2	
Butanediol	107-88-0	2 2	3.2	1.0	Y			250		741		Fog, Alfo, DC, CO2	399	1	1	1	2	2	
2-3-Butanedione	431-03-8	2 2	3.0	.99	Y	2346	FL	80			2 3	Fog, Alfo, DC, CO2	190	2	2	2	2	2	Strong odor.
2,3-Butanedione	431-03-8	2 2	3.0	.99	Y	2346	FL	80			2 3	Fog, Alfo, DC, CO2	190	2	2	2	2	2	Strong odor.
Butanenitrile	109-74-0	3 3	2.4	.80	S	2411	FL	76	1.6-	935	4 3	Alfo, DC, CO2	243	3	2	2	3	9	K5.
tert-Butanethiol	75-66-1	3	3.0	.80	N	2347	FL	-15			4 3	Fog, Alfo, DC, CO2	147	2	2, 11	2	3	2	Skunk odor.
2-Butanethiol		3	3.0	.83	N			-10			4 3	Fog, Alfo, DC, CO2	185	3	2	2	3		Skunk odor.
1-Butanethiol	109-79-5	3	3.1	.84	S	2347	FL	35			4 3	Fog, Alfo, DC, CO2	208	3	2, 14	2	3	2	Skunk odor.
Butanethiol	109-79-5	3	3.1	.84	S	2347	FL	35			4 3	Fog, Alfo, DC, CO2	208	3	2, 14	2	3	2	Skunk odor.
1,2,4-Butanetriol Trinitrate				>1.	Var						4			6	17	5	2	3	
Butanoic Acid	107-92-6	2 2	3.0	.96	Y	2820	CO	161	2.0-10.0	830	2 2	Fog, Alfo, DC, CO2	326	3	2	1	3	3	
Butanoic Anhydride	106-31-0	3 3	5.4	.98	S	2739	CO	180	9-5.8	535	3 3	Alfo, DC, CO2	388	3	5, 1	1	3	3	Avoid water.
n-Butanol	71-36-3	3 3	2.6	.81	Y	1120	FL	95	1.4-11.2	650	2 3	Fog, Alfo, DC, CO2	244	3	1	2	3	3	ULC: 40 TLV 50 ppm (skin).
Butanol	71-36-3	3 3	2.6	.81	Y	1120	FL	95	1.4-11.2	650	2 3	Fog, Alfo, DC, CO2	244	3	1	2	3	3	ULC: 40 TLV 50 ppm (skin).
2-Butanol (sec-)	78-92-2	3 3	2.6	.81	Y	1120	FL	75	1.7-9.8	761	3 3	Fog, Alfo, DC, CO2	201	3	1	2	3	2	K10. Strong odor. TLV 100 ppm.
2-Butanol Acetate	105-46-4	3	4.0	.86	S	1123	FL	88	1.7-9.8		2 3	Fog, Alfo, DC, CO2	234	2	1	2	2	2	Mild odor. TLV 200 ppm.
Butanol-1	71-36-3	3 3	2.6	.81	Y	1120	FL	95	1.4-11.2	650	2 3	Fog, Alfo, DC, CO2	244	3	1	2	3	3	ULC: 40 TLV 50 ppm (skin).
Butanol-2	78-92-2	3 3	2.6	.81	Y	1120	FL	75	1.7-9.8	761	3 3	Fog, Alfo, DC, CO2	201	3	1	2	3	2	K10. Strong odor. TLV 100 ppm.
3-Butanolal	107-89-1	3 3	3.0	1.1	Y	2839	PB	150		482	4 3	Fog, Alfo, DC, CO2	174	3	12	2	3	2	K1
Butanolal (3-)	107-89-1	3 3	3.0	1.1	Y	2839	PB	150		482	4 3	Fog, Alfo, DC, CO2	174	3	12	2	3	2	K1
2-Butanone	78-93-3	2 2	2.5	.87	S	2614	FL	81	1.4-11.4	759	2 3	Fog, Alfo, CO2, DC	176	3	2	2	2	2	ULC: 90 Acetone odor. TLV 200 ppm.
Butanone	78-93-3	2 2	2.4	.81	Y	1193	FL	16	1.4-11.4	759	2 3	Fog, Alfo, DC, CO2	176	3	2	2	2	2	ULC: 90 Acetone odor. TLV 200 ppm.
2-Butanone Oxime Hydrochloride	4154-69-2		4.3	Liq							3 3	Fog, Foam, DC, CO2		1	16	2	2	2	Decomposes >122°.
Butanoyl Chloride		3 3	3.7	1.0				70			4 3	No Water	214	5	8, 2	2	3	3	K2. Sharp odor.
2-Buten-1-ol	6117-91-5	2 3	2.5	.87	S	2353	FL	81	4.2-35.3	660	2 3	Fog, Alfo, CO2, DC	244	3	1	2	3	2	
2-Buten-1-Ynyl Triethyl Lead			11.	Var							4 4			6	17	5	2		
3-Buten-2-one	78-94-4	4 3	2.4	.84	Y	1251	FL	20	2.1-15.6	915	2 3	Fog, Alfo, CO2, DC	178	3	2	2	4	3	K9. Strong odor.

(54)

Chemical Name	CAS	Tox L	Tox S	Vap Den.	Spec Grav.	Wat Sol.	DOT Number	DOT Cl	Flash Point	Flamma. Limit	Ign. Temp.	Disa. Atm	Disa. Fire	Extinguishing Information	Boil Point	F	R	E	S	H	Remarks
1-Buten-3-one	79-84-4			2.4		Liq			19			2	3	Fog, Foam	52	2	2	2	2		K10, K22.
Buten-3-Yne	689-97-4			1.8	.68	Liq			<-5	2.0-100.0		2	4	Stop Gas, Fog, Foam		2	2,16	4	2		K11. Pyroforic.
3-Buten-Ynyl Diethyl Aluminum				4.8		Liq						2	3			2	2	2	2		K11. Pyroforic.
3-Buten-Ynyl Diisobutyl Aluminum				6.6		Liq						2	3			2	2	2	2		K11. Pyroforic.
trans-2-Butenal	123-73-9	3	4	2.4	.85	S	1143	FL	55	2.1-15.5	450	3	3	Fog, Alfo, DC, CO2	219	3	1	2	4	3	Pungent odor. K9. TLV 2 ppm.
2-Butenal	123-73-9	3	4	2.4	.85	S	1143	FL	55	2.1-15.5	450	3	3	Fog, Alfo, DC, CO2	219	3	1	2	4	3	Pungent odor. K9. TLV 2 ppm.
trans-2-Butene		2	1	1.9		Gas	1012	FG		1.8-9.7	615	2	2	Stop Gas, Fog, Foam, DC	-34	2		4	1	1	Aromatic odor.
cis-2-Butene		2	1	1.9		Gas		FG		1.7-9.0	617	2	2	Stop Gas, DC, CO2	38	2		4	1	1	Aromatic odor.
1-Butene	25167-67-3	2	1	1.9		Gas	1012	FG		1.6-10.0	723	2	4	Fog, Foam, DC, CO2	21	2	1	4	1	1	STOP GAS! Aromatic odor.
Butene	25167-67-3	2	1	1.9		Gas	1012	FG		1.6-10.0	723	2	4	Fog, Foam, DC, CO2	21	2	1	4	1	1	STOP GAS! Aromatic odor.
2-Butene Nitrile	627-26-9			2.3	.83	Liq			61			3	3	DC, CO2		2	2	2	2		K5.
3-Butene Nitrile	109-75-1	3	4	2.3	.83	S				1.5-18.3		2	3	Fog, Alfo, DC, CO2	241	3	11	1	4	9, 2	K2. Onion Odor.
1-Butene Oxide	106-88-7	2	3	2.5	.83	Y	3022	FL	5	2.1-15.6	915	2	3	Fog, Alfo, DC, CO2	145	3	2	2	3	3	K10. May be inhibited.
3-Butene-2-one	78-94-4	4	3	2.4	.84	Y	1251	FL	20	1.7-9.0	617	3	3	Fog, Alfo, CO2, DC	178	3	2	2	4	3	K9. Strong odor.
2-Butene-cis		2	1	1.9		Gas		FG				2	2	Stop Gas, DC, CO2	38	2		4	2	1	Aromatic odor.
2-Butene-trans		2	1	1.9		Gas	1012	FG		1.8-9.7	615	2	2	Stop Gas, Fog, Foam, DC	-34	2		4	1	1	Aromatic odor.
cis-Butenedioic Anhydride	108-31-6	3	3	3.4	Cry	S	2215	OM	215	1.4-7.1	890	2	3	Fog, Alfo, CO2, DC	396	3	2	2	3	9	K12. Melts @ 127°. TLV <1 ppm.
α-Butenoic Acid (2-)	3724-65-0			3.0	Cry	Y	2823	CO	190		745	2	2	Fog, Foam, DC, CO2	365	3	1	1	2	3	Melts @ 162°.
Butonate (Tradename)	126-22-7			3.	Sol							4	0				1		1	2	K12. NCF.
Butophen	6365-83-9			9.0	Liq								4				3		1	3	
Butox (Trade name)	52918-63-5	3	3	17.	Pdr	N						3	3				3		1	3	9	K2.
2-β-Butoxy Ethoxy Ethyl Chloride		2		6.1	1.0				190			4	2	DC, CO2	392	3	1	1	2		K12.
1-(Butoxy ethoxy)-2-Propanol	124-16-3			6.2	.93	Y			250		509	3	1	Fog, Alfo, DC, CO2	445	3		1	3	2	
2-(2-Butoxy Ethoxy)Ethyl Thiocyanate	112-56-1			7.1	.9							4		Fog, Foam, DC, CO2		3		1	4	9	K12.
2-Butoxy Ethyl Acetate	112-07-2			5.5	.94	N			190			2	1	Fog, Alfo, DC, CO2	378	3	1	1	3		Fruity odor.
Butoxy Phenyl	1126-79-0			5.2	Pdr	N			180			2	2	Fog, Foam, DC, CO2	410	3		1	3		
3-Butoxy-1-Propanol	10215-33-5	3		4.6	Liq							2	2	Fog, Foam, DC, CO2		3		1	3		
2-Butoxy-2-Ethoxyethane	4413-13-2	3		5.1	Var							2	2	Fog, Alfo, DC, CO2		3		1	3		
1-Butoxy-2-Propanol	5131-66-8	3		4.6	Liq							2	2	Fog, Foam, DC, CO2		3		1	3	2	
β-Butoxy-β-Thiocyanodiethyl Ether		3	3	>1.	.93	N			125			4	2	Fog, Foam, DC, CO2	410	1		2	1		
1-Butoxybutane		2	2	5.6	.93	N			180			3	3	Fog, Foam, DC, CO2	286	2		2	2	2	K10.
tert-Butoxycarbonyl Azide	142-96-1	2	2	4.5	.77	N	1149	FL	77	1.5-7.6	382	4		Fog, Foam, DC, CO2		6	17	5	2		
2-Butoxyethanol	111-76-2	3		4.1	.90	Y	2369	FL	142	1.1-10.6	472	2	2	Fog, Alfo, DC, CO2	334	3	1	2	3	2	Pleasant odor. TLV 25 ppm (skin).
Butoxyethanol	111-76-2	3		4.1	.90	Y	2369	FL	142	1.1-10.6	472	2	2	Fog, Alfo, DC, CO2	334	3	1	2	3	2	Pleasant odor. TLV 25 ppm (skin).
2-Butoxyethoxy Acrylate	7251-90-3			6.6	Var							2	2	Fog, Foam, DC, CO2		3		1	3	2	
3-(2-Butoxyethoxy)Propanol	10043-18-2	3		6.2	Liq							2	2	Fog, Alfo, DC, CO2		3		1	3	3	
Butoxyl	4435-53-4	2		5.0	.96	S	2708	FL	170			2	2	Fog, Alfo, DC, CO2	275	1	1	1	2		Acrid odor.
3-Butoxypropanoic Acid	7420-06-6			5.1	Liq							2	2	Fog, Foam, DC, CO2		3		1	3	3	
Butoxypropanol (Mixed isomers)	63716-40-5	3		4.6	Liq							2	2	Fog, Foam, DC, CO2		3		1	3	3	

(55)

Chemical Name	CAS	Tox L	Tox S	Vap Den.	Spec Grav.	Wat Sol.	DOT Number	DOT Cl	Flash Point	Flamma. Limit	Ign. Temp.	Disa. Atm	Disa. Fire	Extinguishing Information	Boil Point	F	R	E	S	H	Remarks
Butrizol	16227-10-4	3	3	4.4	Liq	Y	1733	CO				4	0	Fog, Foam, DC, CO2		3		1	3	9	K12.
Butter of Antimony				7.8	Liq							4	3	DC, CO2, No Water		3	6	1	4		K2. NCF.
tert-Butyl Acetate	105-46-4	3	2	4.0	.86	S	1123	FL	88	1.7-9.8		2	3	Fog, Alfo, DC, CO2	234	3	1	2	2		Mild odor. TLV 200 ppm.
Butyl Acetate (1-)	123-86-4	3	2	4.0	.88	S	1123	FL	72	1.7-7.6	797	2	3	Fog, Alfo, DC, CO2	260	2	1	2	2	3	ULC: 60 TLV 150 ppm.
sec-Butyl Acetate (ALSO: tert-)	105-46-4	3	2	4.0	.86	S	1123	FL	88	1.7-9.8		2	3	Fog, Alfo, DC, CO2	234	3	1	2	2		Mild odor. TLV 200 ppm.
Butyl Acetoacetate	591-60-6	2	2	5.6	.96	S			185			2	2	Fog, Alfo, DC, CO2	417	1		1	2		
n-Butyl Acrylate	141-32-2	3	3	4.4	.89	N	2348	FL	118	1.5-9.9	559	2	2	Fog, Foam, DC, CO2	156	3	1	2	3	2	K9. TLV 10 ppm.
Butyl Acrylate	141-32-2	3	3	4.4	.89	N	2348	FL	118	1.5-9.9	559	2	2	Fog, Foam, DC, CO2	156	3	1	2	3	2	K9. TLV 10 ppm.
tert-Butyl Alcohol	75-65-0	3	3	2.5	.79	Y	1120	FL	52	2.4-8.0	892	2	3	Fog, Alfo, DC, CO2	181	3	1	2	3	2	Melts @ 78°. Camphor odor. TLV 100 ppm.
sec-Butyl Alcohol	78-92-2	3	3	2.6	.81	Y	1120	FL	75	1.7-9.8	761	2	3	Fog, Alfo, DC, CO2	201	3	1	2	3	2	K10. Strong odor. TLV 100 ppm.
n-Butyl Alcohol	71-36-3	3	3	2.6	.81	Y	1120	FL	95	1.4-11.2	650	2	3	Fog, Alfo, DC, CO2	244	3	1	2	3	3	ULC: 40 TLV 50 ppm (skin).
Butyl Alcohol	71-36-3	3	3	2.6	.81	Y	1120	FL	95	1.4-11.2	650	2	3	Fog, Alfo, DC, CO2	244	3	1	2	3	3	ULC: 40 TLV 50 ppm (skin).
Butyl Aldehyde		3	3	2.5	.80	N	2045	FL	-8	2.5-12.5	425	3	3	Fog, Foam, DC, CO2	169	2	2, 14	1	3	3	
N-Butyl Aniline	1126-78-9	4	3	5.1	.93	S	2738	PB	225			4	1	Fog, Alfo, DC, CO2	465	3	1	1	4	3	K2.
tert-Butyl Azido Formate	1070-19-5			5.0	Var						289	3	4			6	17	5	2		Can explode >212°. Unstable.
tert-Butyl Benzene	98-06-6	2		4.6	.87	N	2709	CL	140	.7-5.7	842	2	2	Fog, Foam, DC, CO2	336	2	1	1	2		
sec-Butyl Benzene	135-98-8			4.6	.86	N	2709	CL	126	.8-6.9	784	2	2	Fog, Foam, DC, CO2	344	2	1	1	2		
n-Butyl Benzene	104-51-8			4.6	.86	N	2709	CL	160	.8-5.8	770	2	2	Fog, Foam, DC, CO2	356	2	1	1	2		
Butyl Benzene	104-51-8			4.6	.86	N	2709	CL	160	.8-5.8	770	2	2	Fog, Foam, DC, CO2	356	2	1	1	2		
n-Butyl Benzoate	136-60-7			6.2	1.0	N			225			2	1	Fog, Foam, DC, CO2	482	3	1	2	3	2	
Butyl Benzoate	136-60-7			6.2	1.0	N			225			2	1	Fog, Foam, DC, CO2	482	3	1	2	3	2	
tert-Butyl Bromide	507-19-7			4.8	1.2	N	2342	FL				3	3	Fog, Foam, DC, CO2	163	2	1	2	2		Blanket.
sec-Butyl Bromide	78-76-2	2		4.7	1.2	N	2339	FL	70		500	4	3	Fog, Alfo, DC, CO2	197	2	1	2	2	11	Blanket.
1-Butyl Bromide	109-65-9	2		4.7	1.3	N	1126	FL	65	2.6-6.6	509	3	3	Fog, Foam, DC, CO2	215	2	1	2	2		Blanket.
normal-Butyl Bromide	109-65-9	2		4.7	1.3	N	1126	FL	65	2.6-6.6	509	3	3	Fog, Foam, DC, CO2	215	2	1	2	2		Blanket.
Butyl Bromide	109-65-9	2		4.7	1.3	N	1126	FL	65	2.6-6.6	509	3	3	Fog, Foam, DC, CO2	215	2	1	2	2		Blanket.
1-Butyl Bromide	78-77-3	2		4.8	1.3	N	2342	FL	72			4	3	Fog, Foam, DC, CO2			1	2	2	3	K2.
n-Butyl Butyrate	109-21-7	3	3	5.0	.87	S			128			2	2	Fog, Alfo, DC, CO2	305	3	1	1	3	11	
Butyl Butyrate	109-21-7	3	3	5.0	.87	S			128			2	2	Fog, Alfo, DC, CO2	305	3	1	1	3	11	
sec-Butyl Carbinol	6032-29-7			3.0	.82	S	1105	CL	105	1.2-9.0	650	2	3	Fog, Alfo, DC, CO2	215		1	2	2	10, 3	ULC: 45
tert-Butyl Carbinol		3	3	3.0	.81	N	1105	FL	67	1.2-9.0	819	4	3	Fog, Alfo, DC, CO2	215	2	1	2	3	11	
n-Butyl Carbinol	71-41-0	3	3	3.0	.82	S	1105	FL	91	1.2-10.0	572	2	3	Fog, Alfo, DC, CO2	280	2	2	2	3	3	ULC: 45
Butyl Carbinol	71-41-0	3	3	3.0	.82	S	1105	FL	91	1.2-10.0	572	2	3	Fog, Alfo, DC, CO2	280	2	2	2	3	3	ULC: 45
Butyl Carbitol	112-34-5	2	2	5.6	.96	Y			172	8-24.6	400	3	2	Fog, Alfo, DC, CO2	447	1	1	1	2	3	
4-tert-Butyl Catechol		3		>1.	1.0	N			266			3	1	Fog, Foam, DC, CO2	545	3		2	3		
Butyl Cellosolve	111-76-2	3	3	4.1	.90	Y	2369	FL	142	1.1-10.6	472	2	2	Fog, Foam, DC, CO2	334	3	1	2	3	2	Pleasant odor. TLV 25 ppm (skin).
Butyl Cellosolve Acetate	112-07-2			5.5	.94	N			190								3	1	3			
tert-Butyl Chloride	507-20-0	2	2	3.2	.87	N	1127	FL	<32			2	3	Fog, Alfo, DC, CO2	124	2	2	2	2		K2.
sec-Butyl Chloride	78-86-4			3.2	.87	N	1127	FL	14			4	3	Fog, Alfo, DC, CO2	155	2	1	2	2		K2.
n-Butyl Chloride	109-69-3	2	2	3.2	.88	N	1127	FL	15	1.8-10.1	464	4	3	Fog, Foam, DC, CO2	170	2	2	2	2	2	K7.
Butyl Chloride	109-69-3	2	2	3.2	.88	N	1127	FL	15	1.8-10.1	464	4	3	Fog, Foam, DC, CO2	170	2	2	2	2	2	K7.

(56)

Chemical Name	CAS	Tox L S	Vap Den.	Spec Grav.	Wat Sol.	DOT Number	Cl	Flash Point	Flamma. Limit	Ign. Temp.	Disa. Atm Fire	Extinguishing Information	Boil Point	F	R	E	S	H	Remarks
tert-Butyl Chloroperoxyformate	56139-33-4			Var							4 4			6	17, 16	5	2		K22. Unstable. Explosive.
tert-Butyl Chromate	1189-85-1	3 3	8.0	Liq							2	Fog, Flood, DC, CO2		3	4, 3, 5, 23	2	3		High oxidizer.
tert-Butyl Cumene Peroxide			>1.	Liq	N	2091	OP				3	Fog, Flood		2	4, 23	2	2		Organic peroxide.
tert-Butyl Cumyl Peroxide			>1.	Liq	N	2091	OP				3	Fog, Flood		2	4, 23	2	2		Organic peroxide.
N-Butyl Cyclohexyl Amine	10108-56-2		5.3	.8	S			200			3 1	Fog, Alfo, DC, CO2	409	2	1	1	3		Amine odor.
Butyl Diamylamine			7.3	.78				200			3	Fog, Foam, DC, CO2	444	1	1	1	1		
Butyl Dichloroarsine		4 3	7.0	Liq							4	No Water	378	3	6	3	4	8	K2. Decomposed/water.
Butyl Ethanoate	123-86-4	2 2	4.0	.88	S	1123	FL	72	1.7-7.6	797	2 3	Fog, Alfo, DC, CO2	260	3	1	2	2	3	ULC- 60 TLV 150 ppm.
n-Butyl ether	142-96-1	2 2	4.5	.77	N	1149	FL	77	1.5-7.6	382	2 3	Fog, Foam, DC, CO2	286	2	2	2	2	2	K10.
Butyl ether	142-96-1	2 2	4.5	.77	N	1149	FL	77	1.5-7.6	382	2 3	Fog, Foam, DC, CO2	286	2	2	2	2	2	K10.
Butyl Ethyl Acetic Acid	149-57-5		5.0	.90	N			260	.8-6.0	700	3	Fog, Foam, DC, CO2	325	3	1	2	2	3	
Butyl Ethyl Aetaldehyde	123-05-7	2 2	4.4	.82	N	1191	CL	112	.85-7.2	375	2 3	Fog, Foam, DC, CO2	198	2	1	2	2	3	
Butyl Ethyl Ether	628-81-9	2 2	3.5	.75	N	1179	FL	40			2 3	Fog, Alfo, DC, CO2	298	2	1	1	3	2	K10
Butyl Ethyl Ketone	106-35-4	3 2	3.9	.83	N			115			2 3	Fog, Foam, DC, CO2	148	2	2	2	2	2	TLV 50 ppm.
Butyl Ethylene	592-41-6	2 3	3.0	.67	Y	2370	FL	-15	1.2-6.9	487	2 3	Fog, Foam, DC, CO2		2	1	1	3	2	Note Boiling Point.
Butyl Formal			1.0	.85	Y			<150			4 3	Fog, Alfo, DC, CO2		3	1	1	2	2	K2. May contain alcohol.
n-Butyl Formate	592-84-7	2 2	3.5	.91	Y	1128	FL	64	1.7-8.2	612	2 3	Fog, Alfo, DC, CO2	225	3	1	2	2	11	
Butyl Formate	592-84-7	2 2	3.5	.91	Y	1128	FL	64	1.7-8.2	612	2 3	Fog, Alfo, DC, CO2	225	3	1	2	2	11	
n-Butyl Glycidyl Ether	2426-08-6	2 2	4.5	Liq	S			130			2 3	Fog, Alfo, DC, CO2	327	3	1, 13	1	3	3	K10. TLV 25 ppm.
Butyl Glycidyl Ether	2426-08-6	2 2	4.5	Liq	S			130			2 3	Fog, Alfo, DC, CO2	327	3	1, 13	1	3	3	K10. TLV 25 ppm.
Butyl Glycolate			4.5	1.0				142			3	DC, CO2	356	1	1	1	1	1	
Butyl Hydride	106-97-8	2 2	2.0	Gas	N	1011	FG		1.6-8.5	550	2 4	Stop Gas, Fog, DC, CO2	31	2	2	4	2	1	
tert-Butyl Hydroperoxide	75-91-2	3		.86	S	3075	OP	>80			2 4	Fog, Alfo, DC, CO2		2	3, 4, 14	3	4	2, 3	K9. Organic peroxide. Burns violently. SADT: 167°.
tert-Butyl Hydroperoxide	75-91-2	3	2.1	.86	S	2092	OP	>80			2 4	Fog, Alfo, DC, CO2		2	3, 4, 14	3	4	2, 3	K9. Organic peroxide.
tert-Butyl Hydroperoxide	75-91-2	3	2.1	.86	S	2094	OP	>80			2 4	Fog, Alfo, DC, CO2		2	3, 4, 14	3	4	2, 3	K9. Organic peroxide.
tert-Butyl Hydroperoxide	75-91-2	3	2.1	.86	S	2093	OP	>80			2 4	Fog, Alfo, DC, CO2		2	3, 4, 14	3	4	2, 3	K9. Organic peroxide.
tert-Butyl Hypochlorite	507-40-4		3.7	Liq		2690	PB				3 4	Fog, Alfo, DC, CO2		3	19	3	3	9	K22. RVW-UV light.
Butyl Imidazole		4	>1.	Sol							3			3	1	1	3		K2.
n-Butyl iodide	542-69-8	3 3	6.4	Liq							3	DC, CO2		3	1	2	3		
tert-Butyl Isocyanate	111-36-4	3 3	3.0	.9	S	2484	FL	<80			4 3	Fog, Alfo, DC, CO2	115	3	1	2	3	3	
N-Butyl Isocyanate	111-36-4	3 3	3.0	.9	S	2484	FL	<80			4 3	Fog, Alfo, DC, CO2	115	3	1	2	3	3	
Butyl Isocyanate	111-36-4	3 3	3.0	.9	S	2484	FL	<80			4 3	Fog, Alfo, DC, CO2	115	3	1	2	3	3	
tert-Butyl Isocyanide	7188-38-7	3	2.9	Liq							4			3	1	1	3		
tert-Butyl Isopropyl Benzene Hydroperoxide	30026-92-7		7.3	Cry	N	2091	OP	127			2 4	Fog, Flood	302	3	3, 2, 4	3	3	3	Organic peroxide.
n-Butyl Isovalerate			5.4	.87							3	Fog, Alfo, DC, CO2		3	1	1	2		
n-Butyl Lactate	138-22-7	3	5.0	.97	S			160		720	3 2	Fog, Alfo, DC, CO2	320	3	1	2	2		TLV 5 ppm.
Butyl Lactate	138-22-7	3	5.0	.97	S			160		720	3 2	Fog, Alfo, DC, CO2	320	3	1	2	2		TLV 5 ppm.
n-Butyl Magnesium Chloride			4.0	.88							4			3	2	2	2		Flammable.
tert-Butyl Mercaptan	75-66-1	3	3.0	.80	N	2347	FL	-15			4 3	Fog, Alfo, DC, CO2	147	2	2, 11	2	2	2	Skunk odor.
sec-Butyl Mercaptan		3	3.0	.83	N	2347	FL	-10			4 3	Fog, Alfo, DC, CO2	185	2	2, 11	2	3		Skunk odor.
Butyl Mercaptan	109-79-5	3	3.1	.84	S	2347	FL	35			4 3	Fog, Alfo, DC, CO2	208	3	2, 14	2	3	2	Skunk odor.

(57)

Chemical Name	CAS	Tox L	Tox S	Vap Den	Spec Grav	Wat Sol	DOT Number	DOT Cl	Flash Point	Flamma Limit	Ign. Temp.	Disa Atm	Disa Fire	Extinguishing Information	Boil Point	F	R	E	S	H	Remarks
Butyl Methacrylate, Monomer	97-88-1	2	2	4.8	.90		2227	CL	126	2.0-8.0	562	3	2	Fog, Foam, DC, CO2	325	3	22, 1	2	3		K9. May be classed Flam Liquid
Butyl Methanoate	592-84-7	2	2	3.5	.91	Y	1128	FL	64	1.7-8.2	612		3	Fog, Alfo, DC, CO2	225	1	1	2	2	11	
Butyl Methyl Ether				>1.			2350	FL					3	Fog, Alfo, DC, CO2		3	1	2	2		Flammable.
n-Butyl Methyl Ketone	591-78-6	3	3	3.4	.83	S		FL	77	1.2-8.0	795		3	Fog, Alfo, DC, CO2		3	1	2	3	11	
Butyl Methyl Ketone	591-78-6	3	3	3.4	.83	S		FL	77	1.2-8.0	795		3	Fog, Alfo, DC, CO2		3	1	2	3	11	
Butyl Monoethanolamine		2		4.0	.89	Y			170				2	Fog, Alfo, DC, CO2	378	1	1	1	2		
tert-Butyl Monoperoxymaleate				>1.		Sol	2101						3	Fog, Flood		2	3, 4	2	2		Organic Peroxide.
tert-Butyl Monoperoxymaleate				>1.		Sol	2100						3	Fog, Flood		2	3, 4	2	2		Organic Peroxide.
tert-Butyl Monoperoxymaleate (Technical)				>1.		Liq	2100	OP					3	Fog, Flood		2	3, 4	2	2		Organic Peroxide.
tert-Butyl Monoperoxymaleate (Technical)				>1.		Sol	2099	OP					4	Fog, Flood		2	3, 4	3	2		Organic Peroxide.
tert-Butyl Monoperoxyphthalate				>1.		Sol	2105	OP					3	Fog, Flood		2	3, 4	2	2		Organic peroxide.
sec-Butyl Nitrate																					
Butyl Nitrate	928-45-0	3		4.0	1.1	N			97			4	4	Fog, Foam, DC, CO2	277	6	16, 2, 14	4	2	9	K3. Ether odor.
tert-Butyl Nitrite	540-80-7	3		3.6	.89	S	2351	FL				4	3	Fog, Flood	145	2	1	2	3		Oxidizer and flammable.
sec-Butyl Nitrite	924-43-6	3		3.5	.90		2351	FL				4	3	Fog, Flood	154	2	1	2	2		Oxidizer and flammable.
n-Butyl Nitrite	544-16-1	3		3.5	.91	N	2351	FL	10			4	3	Fog, Foam, DC, CO2	167	2	1	2	3		K2.
Butyl Nitrite	544-16-1	3	2	3.5	.91	N	2351	FL	10			4	3	Fog, Foam, DC, CO2	167	2	1	2	3		K2.
tert-Butyl Peracetate	107-71-1	3		4.6	.92	N	2095		<80			2	4	Fog, Flood	176	3	17, 3, 16	3	2		Organic peroxide.
tert-Butyl Perbenzoate		2		6.7	1.	N	2890	OP	190				3	Fog, Flood	234	2	4, 4	2	2		Organic peroxide.
tert-Butyl Perbenzoate		2		6.7	1.	N	2098	OP	190				3	Fog, Flood	234	2	3, 4	2	2		Organic peroxide.
tert-Butyl Perbenzoate		2		6.7	1.	N	2097	OP	190				3	Fog, Flood	234	2	3, 4	2	2		Organic peroxide.
tert-Butyl Peroxide	110-05-4	3		5.0	.79	S	2102	OP	65			2	3	Foam, DC, CO2		2	23, 4	3	3	2	May RVW water. SADT: 200°. Organic peroxide.
tert-Butyl Peroxy-02-Ethylhexanoate (>50% w/Phlegmatizer)				>1.	.90	N	2888	OP	190				3	Keep Cool, CO2		2	16, 3	3	2		Organic peroxide. SADT 104°.
tert-Butyl Peroxy-2-Ethylhexanoate				>1.	Liq	N	2143	OP					4	Keep Cool, CO2		2	16, 3	3	2		Organic peroxide. SADT 77°.
tert-Butyl Peroxy-2-Ethylhexanoate with 2-2-Di-(t-Butylperoxy)-Butane				>1.	Liq	N	2887	OP					3	Fog, Flood		2	3	2	3		Organic peroxide.
tert-Butyl Peroxy-2-Ethylhexanoate with 2-2-Di-(t-Butylperoxy)-Butane				>1.	Liq	N	2886	OP					3	Keep Cool, CO2		2	16, 3	3	2		Organic peroxide. SADT: 104°.
tert-Butyl Peroxy-3,5,5-Trimethylhexanoate				>1.	Liq	N	2104	OP					3	Fog, Flood		2	3	2	2		Organic peroxide.
tert-Butyl Peroxy-3-Phenylphthalide				>1.	Liq	N	2596	OP					3	Fog, Flood		2	3	2	2		Organic peroxide.
tert-Butyl Peroxyacetate (<52%)		2		4.6	.92	N	2096	OP	<80			2	4	Fog, Flood		2	16, 3	3	3		Organic peroxide.
tert-Butyl Peroxyacetate (<76%)	107-71-1	2		4.6	.92	N	2095	OP	<80			2	4	Fog, Flood		2	17, 3, 16	3	3		Organic peroxide.
tert-Butyl Peroxybenzoate		2		6.7	1.	N	2890	OP	190				3	Fog, Flood	234	3	4, 4	2	2		Organic peroxide.
tert-Butyl Peroxycrotonate				>1.	Liq	N	2183	OP					3	Fog, Flood		2	23, 4	2	2		Organic peroxide. SADT 23°.
sec-Butyl Peroxydicarbonate (<27%)	19910-65-7			>1.	Liq	N	2151	OP				2		Keep Cool, CO2		2	16, 3	3	3		Organic peroxide. SADT: 40°.
sec-Butyl Peroxydicarbonate (Technical)				>1.	Liq	N	2170							Keep Cool, CO2		2	16, 3	3	2		Organic peroxide. SADT: 14°.
tert-Butyl Peroxydicarbonate (>27%, <52%)	19910-65-7			>1.	Liq	N	2150	OP				2		Keep Cool, CO2		2	16, 3	3	3		Organic peroxide. SADT: 23°.
tert-Butyl Peroxydiethylacetate (Technical)				>1.	Liq	N	2144	OP					3	Keep Cool		2	16, 3	3	2		Organic peroxide. SADT: 77°.

Chemical Name	CAS	Tox L S	Vap Den.	Spec Grav.	Wat Sol	DOT Number	Cl	Flash Point	Flamma. Limit	Ign. Temp.	Disa. Atm Fire	Extinguishing Information	Boil Point	F	R	E	S	H	Remarks
tert-Butyl Peroxydiethylacetate with tert-Butyl Peroxybenzoate				Liq	N	2551	OP				3	Fog, Flood		2	3	2	2		Organic peroxide.
tert-Butyl Peroxyisobutyrate			>1.	Liq	N	2142	OP				3 4	Keep Cool, CO2		2	16, 3	3	2		Organic peroxide. SADT 68°.
tert-Butyl Peroxyisobutyrate (<52%)			5.5	.90	N	2562	OP	<80			3 4	Keep Cool, CO2		2	16, 3	2	2		Organic peroxide. SADT: 68°.
tert-Butyl Peroxyisononanoate			>1.	Liq	N	2104	OP				3	Fog, Flood		2	3	2	2		Organic peroxide.
tert-Butyl Peroxyisopropyl Carbonate (technical)			>1.	Sol	N	2103	OP	112			3	Fog, Flood		2	3, 16	2	2		Organic peroxide.
tert-Butyl Peroxymaleate				Liq	N	2100	OP				3	Fog, Flood		2	3	3	2		Organic peroxide.
tert-Butyl Peroxymaleate				Sol	N	2099	OP				3	Keep Cool, CO2		2	3	2	2		Organic peroxide.
tert-Butyl Peroxymaleate				Sol	N	2101	OP				3	Keep Cool, CO2		2	3	2	2		Organic peroxide.
tert-Butyl Peroxymaleic Acid				Sol		2177	OP				3 4	Keep Cool, CO2		2	16, 3	3	2		Organic peroxide. SADT: 50°.
tert-Butyl Peroxyneodecanoate (<77%)			>1.	Liq	N	2594	OP				3 4	Keep Cool, CO2		2	16, 3	3	2		Organic peroxide. SADT: 41°.
tert-Butyl Peroxyneodecanoate (Technical)			>1.	Sol	N	2105	OP				3	Fog, Flood		2	3	2	2		Organic peroxide.
tert-Butyl Peroxyphthalate	927-07-1		6.0	.85	N	3047	OP	155			4	Keep Cool, CO2		2	16, 3	3	2		Organic peroxide. SADT: 50°.
tert-Butyl Peroxypivalate	927-07-1		6.0	.85	N	2110	OP	155			4	Keep Cool, CO2		2	16, 3	3	2		Organic peroxide. SADT: 50°.
tert-Butyl Peroxypivalate			>1.	Sol		3062	OP				3	Fog, Flood		2	3	2	2		Organic peroxide.
tert-Butyl Peroxystearyl Carbonate																			
p-tert-Butyl Phenol	98-54-4	3	5.1	Cry	N						2 1	Fog, Foam, DC, CO2	460	3	1	1	3	3	
4-tert-Butyl Phenol	98-54-4	3	5.1	Cry	N						2 1	Fog, Foam, DC, CO2	460	3	1	1	3	3	
2-n-Butyl Phenol	3180-09-4	3	5.2	Liq	N	2228	PB				2 1	Fog, Foam, DC, CO2		3	1	1	3		
o-Butyl Phenol	3180-09-4	3	5.2	Liq	N	2228	PB				2 1	Fog, Foam, DC, CO2		3	1	1	3		
Butyl Phenol (Liquid)	3180-09-4	3	5.2	Liq	N	2228	PB				2 1	Fog, Foam, DC, CO2		3	1	1	3		
Butyl Phenyl Ether	1126-79-0	3	5.2	Pdr	N			180			2 2	Fog, Alfo, DC, CO2	410	3	1	1	3		
Butyl Phosphate		3	9.2	.98	Y			295			4 1	Fog, Alfo, DC, CO2	559	3		1	3		K2.
n-Butyl Phosphoric Acid	12788-93-1	3	5.3	1.1	N	1718	CO	230			4 1	Fog, Foam, DC, CO2		3	1	2	4	16	K2, K19. Clear liquid.
Butyl Phosphoric Acid	12788-93-1	3	4 5.3	1.1	N	1718	CO	230			4 1	Fog, Foam, DC, CO2		3	1	2	4	16	K2, K19. Clear liquid.
Butyl Phosphorotrithioate	78-48-8	2	11.	1.1	N			>200			3 1	Fog, Foam, DC, CO2	302	3	1	1	3	12	K12.
Butyl Phthalate			>1.	Liq		9095					3	Fog, Foam, DC, CO2		1		1	2		
Butyl Propanoate	590-01-2	3	4.5	.88	N	1914	FL	90		800	3 2	Fog, Foam, DC, CO2	293	3	1	2	3	2	Apple odor.
n-Butyl Propionate	590-01-2	3	4.5	.88	N	1914	FL	90		800	3 2	Fog, Foam, DC, CO2	293	3	1	2	3	2	Apple odor.
Butyl Propionate	590-01-2	3	4.5	.88	N	1914	FL	90		800	3 2	Fog, Foam, DC, CO2	293	3	1	2	3	2	Apple odor.
Butyl Tartrate		2	9.0	1.1				195		544	3	Fog, Alfo, DC, CO2	399	1		1	2		Melts @ 70°.
Butyl Titanate	5593-70-4	2	11.	1.				170			3	Fog, Foam, DC, CO2	593	1	1, 5	1	2		Wine odor.
n-Butyl Toluene	98-51-1	3	3	.86	N	2667	FL	155			2 2	Fog, Foam, DC, CO2	380	3	1	1	3	2	TLV 10 ppm. Gasoline odor.
Butyl Trichlorosilane	7521-80-4	3	6.4	1.2	N	1747	CO	130			4 2	Blanket, Foam, DC, CO2	300	3	8, 5	1	3		K2.
N-Butyl Urethane	591-62-8		5.0	.9	N			197			3	Fog, Foam, DC, CO2	396	1	1	1	2		
Butyl Vinyl Ether	111-34-2	2	3.4	.77	S	2352	FL	-9			2 3	Fog, Alfo, DC, CO2	201	2	2	2	2	2, 11	K9, K10.
tert-Butyl-2,4,6-Trinitro-m-Xylene			7.5	Var		2956	FS				4 3	Fog, Alfo		2	2, 16	1	4		
Butyl-2-Butoxycyclopropane-1-Carboxylate	63937-32-6	4		Sol	N						2	Fog, Alfo, DC, CO2		3			1		
4-tert-Butyl-2-Chlorophenyl Methyl Methyl Phosphoramidate	299-86-5	3	10.	Sol							4 0	Fog, Foam, DC, CO2		3	1	1	3		K2. NCF.
Butyl-1,2-Propenoate	141-32-2	3	4.4	.89	N	2348	FL	118	1.5-9.9	559	2 2	Fog, Foam, DC, CO2	156	2	3	1	2	2	K9. TLV 10 ppm.
n-Butyl-4,4-Di(tert-Butyl Peroxy)Valerate		3	>1.	Liq		2141	OP				3 3	Fog, Flood		2	4, 23	2	2		Organic peroxide.

(59)

Chemical Name	CAS	Tox L	Tox S	Vap Den.	Spec Grav.	Wat Sol	DOT Number	DOT Cl	Flash Point	Flamma. Limit	Ign. Temp.	Disa Atm Fire	Extinguishing Information	Boil Point	F	R	E	S	H	Remarks
n-Butyl-4,4-DI(tert-Butyl Peroxy)Valerate				>1.	Liq		2140	OP				3	Fog, Flood		2	4, 23	2	2		Organic peroxide.
2-sec-Butyl-4-6-Dinitrophenol	88-85-7	4	4	7.7	Cry							4	0		3	1	4	4	3	K12, K24.
2-tert-Butyl-5-Methyl-4,6-Dinitrophenyl Acetate	2487-01-6		3	10.	Var							3	Fog, Foam, DC, CO2		3	1	1	3		
tert-Butyl-m-Cresol			3	5.6	.92	N			116			2	2	Fog, Foam, DC, CO2	451	3	1	1	3		
N-Butyl-N-2-Azidoethylnitramine	84928-98-3		3	6.5	Sol							3	4		6	17	5	2		Explosive.
n-Butyl-n-Butanoate	109-21-1	3	3	5.0	.87	S			128			2	2	Fog, Alfo, DC, CO2	305	3	1	1	3	11	K3.
N-Butyl-N-Nitroso Ethyl Carbamate	6558-78-7	3		6.1	Sol							3		Fog, Flood, DC, CO2		2	2	2	3		K11. Pyrotoric.
N-tert-Butyl-N-Trimethylsilylaminoborane	73452-32-1			5.4	Liq							3	3	DC, CO2		2	1	2	2		
N-n-Butyl-p-Aminophenol	2409-55-4			5.7	Cry			FL	61			3	3	Fog, Alfo, DC, CO2	471	2	1	1	3	3	
2-tert-Butyl-p-Cresol			3	5.7	.92				116			2	2			3	1	1	3		
n-Butyl-p-Nitroperoxy Benzoate				8.4	Sol							4	4			6	17	5	2		K3. Explodes.
n-Butyl-α-Methylbenzylamine	5412-64-6		3	6.2	Liq							3		Fog, Foam, DC, CO2		3	1	1	3	9, 2	
Butylacetic Acid	142-62-1		3	4.0	.93	N	2829	CO	215		716	2	1	Fog, Alfo, DC, CO2	400	3	1	1	3	3	Limburg cheese odor.
n-Butylacid Phosphate	12788-93-1	3	4	5.3	1.1	N	1718	CO	230			4	1	Fog, Alfo, DC, CO2		3	2	4	4	16	K2, K19. Clear liquid.
Butylacid Phosphate	12788-93-1	3	3	5.3	1.1	N	1718	CO	230			4	1	Fog, Foam, DC, CO2		3	2	2	3	16	K2, K19. Clear liquid.
N-tert-Butylacrylamide			3	4.4	Sol							3	2	Fog, Alfo, DC, CO2		3	1	1	3		Polymerizes @ 262°.
Butylacrylate, Inhibited	141-32-2	3	3	4.4	.89	N	2348	FL	118	1.5-9.9	559	3	2	Fog, Foam, DC, CO2	156	3	1	2	3	2	K9. TLV 10 ppm.
n-Butylamido Sulfuryl Azide	13449-22-4			6.2	Var							4	4			6	17	5	2		K3.
tert-Butylamine	.75-64-9	3	3	2.5	.70	Y	1125	FL	15		716	3	3	Fog, Alfo, DC, CO2	113	2	2	3	3	9	Note Boiling Point.
sec-Butylamine	13952-84-6	3	3	2.5	.72	Y	1125	FL				3	3	Fog, Alfo, DC, CO2	145	2	2	1	3	9	K2.
n-Butylamine	109-73-9	3	4	2.5	.75	Y	1125	FL	10	1.7-8.9	594	4	1	Fog, Alfo, DC, CO2	171	2	2	2	4	9	TLV 5 ppm. Ammonia odor.
n-Butylamine	109-73-9	3		2.5	.75	Y	1125	FL	10	1.7-9.8	594	4	1	Fog, Alfo, DC, CO2	171	2	2	2	4	9	TLV 5 ppm. Ammonia odor.
Butylamine Oleate			3	12.	Liq				150			3		Fog, Alfo, DC, CO2		3	1	1	3		
2-n-Butylaminoethanol	111-75-1		3	4.0	.89	Y			170					Fog, Alfo, DC, CO2	378	1	1	1	2	3	
2-Butylaminoethanol	111-75-1		3	4.0	.89	Y			170			3	2	Fog, Alfo, DC, CO2	378	1	1	1	2	3	
tert-Butylaminoethyl Methacrylate		2	2	5.5	.91	Y			205			3	2	Fog, Foam, DC, CO2	200	1	1	1	1	3	
N-n-Butylaniline	1126-78-9	4	3	5.1	.93	S	2738	PB	225			4	1	Fog, Alfo, DC, CO2	465	3	1	1	3	3	K2.
N-Butylbenzenamine	1126-78-9	4	3	5.1	.93	S	2738	PB	225			3	2	Fog, Alfo, DC, CO2	465	3	1	1	4	3	K2.
N-Butylbenzenamine	1126-78-9	4	3	5.1	.93	S	2738	PB	225			4	1	Fog, Alfo, DC, CO2	465	3	1	1	4	3	K2.
Butylcarbamic Acid, Ethyl Ester	591-62-8		3	5.0	.9	N			197			3	2	Fog, Foam, DC, CO2	396	3	1	1	2		
Butylchloroformate		4		>1.	Liq		2743	PB				4		Fog, Foam, DC, CO2		3	1	1	4	3	K2.
tert-Butylcyclohexylchloroformate		4		>1.	Liq		2747	PB				4		Fog, Alfo, DC, CO2		3	1	1	4	3	K2.
Butyldichloroborane	14090-22-3			4.8	Liq							3		CO2, No Water		5	10	2	2	3	K11. Pyrotoric.
tert-Butyldifluorophosphine	29149-32-4			4.4	Liq							4		CO2		2	2	2	2		K11. Pyrotoric.
γ-Butylene	115-11-7	2	1	1.9	Gas	N	1055	FG	<14	1.8-9.6	869	2	4	Stop Gas, DC, CO2	20	2	2	4	2	1	
β-Butylene		2	1	1.9	Gas	N	1012	FG		1.8-9.7	615	2	4	Stop Gas, DC, CO2	-34	2	1	4	1	1	
α-Butylene	25167-67-3	2	1	1.9	Gas	N	1012	FG	21	1.6-10.0	723	2	4	Fog, Foam, DC, CO2	21	2	1	4	1	1	Aromatic odor.
Butylene	25167-67-3	2	1	1.9	Gas	N	1012	FG	21	1.6-10.0	723	2	4	Fog, Foam, DC, CO2	21	2	1	4	1	1	STOP GAS! Aromatic odor.
Butylene Chloride				3.1	.93	N				2.3-9.3		4	3	Fog, Foam, DC, CO2		2	1	1	1	1	STOP GAS! Aromatic odor.
2-Butylene Dichloride	110-57-6	4		4.4	1.2								3		162	3	1	2	2	1	K7.
2-3-Butylene Glycol	513-85-9	2	2	3.1	1.0	Y			185		756	2	2	Alfo, DC, CO2	313	3	1	1	2	4	Melts @ 34°.
1-3-Butylene Glycol	107-88-0	2	2	3.2	1.0	Y			250		741	2	1	Fog, Alfo, DC, CO2	363	1	1	1	2		
β-Butylene Glycol	107-88-0	2	2	3.2	1.0	Y			250		741	2	1	Fog, Alfo, DC, CO2	399	1	1	1	2		
β-Butylene Glycol															399						

(60)

Chemical Name	CAS	Tox L	Tox S	Vap Den.	Spec Grav.	Wat Sol	DOT Number	DOT Cl	Flash Point	Flamma. Limit	Ign. Temp.	Disa Atm	Disa Fire	Extinguishing Information	Boil Point	F	R	E	S	H	Remarks
1-2-Butylene Glycol	584-03-2	2	2	3.1	1.0	S			104			2	2	Fog, Alco, DC, CO2	381	1	1	2	2		
α-Butylene Glycol	584-03-2	2	2	3.1	1.0	S			104			2	2	Fog, Alco, DC, CO2	381	1	1	2	2		
1,3-Butylene Glycol Diacrylate	19485-03-1		3	6.9	Liq							2		Fog, Foam, DC, CO2		3		2	3		
1,2-Butylene Oxide, Stabilized	106-88-7	2	3	2.5	.83	Y	3022	FL	5	1.5-18.3		2	3	Fog, Alco, DC, CO2	145	2	2	2	3	3	K10. May be inhibited
Butylene Oxide, Stabilized	106-88-7		3	2.5	.83	Y	3022	FL	5	1.5-18.3		2	3	Fog, Alco, DC, CO2	145	2	2	2	3	3	K10. May be inhibited.
N-Butylene Pyrrolidine			3	4.3	.84				93			4	3	Fog, Foam, DC, CO2		3	1	2	3		K2.
N-Butylethanolamine			2	4.0	.89	Y			170			3	2	Fog, Alco, DC, CO2	377	1	1	1	2		
Butylethanolamine			2	4.0	.89	Y			170			3	2	Fog, Alco, DC, CO2	377	1	1	1	2		
tert-Butylisonitrile	7188-38-7		3	2.9	Liq							4				3		2	3		K11. Pyrotoric.
tert-Butyllithium	109-72-8		3	2.2	Liq	N	2445	FL				3		Lith-x, CO2, No Water		5	2	2	3		K11. Pyrotoric.
Butyllithium	109-72-8		3	2.2	Liq	N	2445	FL				3		Lith-x, CO2, No Water		5	2	2	3		
p-sec-Butylphenol	99-71-8		3	5.2	Sol				240			3	1	Fog, Foam, DC, CO2	275	3	1	1	3		TLV 5ppm (skin)
o-sec-Butylphenol	89-72-5		3	5.2	.98				225			2	1	Fog, Foam, DC, CO2	439	3	1	1	3	3	
4-n-Butylphenol	1638-22-8		3	5.2	Sol	N	2229	PB				2	1	Fog, Foam, DC, CO2		3		1	3		
Butylphenol (Solid)			3	5.2	Sol	N		PB				2	1	Fog, Foam, DC, CO2		3		1	3		
4-tert-Butylpyrocatechol	98-29-3		3	5.8	1.1				225			2	1	Fog, Foam, DC, CO2	545	3	1	1	3	3	
n-Butylpyrrolidine	767-10-2		3	4.4	Liq				265			3	1	Fog, Foam, DC, CO2		3		1	3		K9.
tert-Butylstyrene	13071-79-9		2	>1.	.90	N			177	1.0-2.7		4	2	Fog, Foam, DC, CO2	426	1	16	1	2		K2. K12. Melts @ 84°. NCF.
S-((tert-Butylthio)Methyl)-O-O-Diethylphosphorodithioate													0								12	
p-tert-Butyltoluene	98-51-1	3	3	5.1	.86	N	2667	FL	155			2	2	Fog, Foam, DC, CO2	380	3	1	1	3	2	TLV 10 ppm. Gasoline odor.
Butylurethane	591-62-8			5.0	.9	N			197			3		Fog, Foam, DC, CO2	396	1	1	1	2		
2-Butyne	503-17-3			1.9	.69	N	1144	FL	<-4	1.4-		3	2	Fog, Foam, DC, CO2	81	2	2	3	3	1	Note Boiling Point.
1-Butyne	107-00-6			1.8	Gas		2452	FG	<-30			2	4	Stop Gas, Fog, DC, CO2	47	2	2	4	3		Probably H1. Flammable.
2-Butyne 1-4-Diol	110-65-6	2	3	3.0	Cry	Y	2716	FS				2	4	Fog, Alco	381	2	16,14	3	3	9	Moderately explosive
2-Butyne-1-Thiol				3.0	Liq								4			6	17	4	2		Store @ -20°, under Nitrogen.
Butynediol	110-65-6	2	3	3.0	Cry	Y	2716	FS				2	4	Fog, Alco	381	2	16,14	3	3	9	Moderately explosive
Butyraldehyde	123-72-8	3	3	2.5	.80	N	1129	FL	-8	1.9-12.5	425	2	3	Fog, Foam, DC, CO2	169	2	2,14	2	3	2	
m-Butyraldehyde Oxime	110-69-0	2	2	3.0	.92	S	2840	FL	136			2		Fog, Alco, DC, CO2	306	1	1	2	3		
Butyraldol				3.0		S			165				3	Fog, Alco, DC, CO2	280	1		3	3		
N-Butyraldoxime	110-69-0	2	2	3.0	.92	S	2840	FL	136			2		Fog, Alco, DC, CO2	306	1	1	2	3		
Butyraldoxime	110-69-0	2	2	3.0	.92	S	2840	FL	136			2		Fog, Alco, DC, CO2	306	1	1	2	3		
n-Butyric Acid	107-92-6	2	3	3.0	.96	Y	2820	CO	161	2.0-10.0	830	2	2	Fog, Alco, DC, CO2	326	3	1	2	3	3	
Butyric Acid	107-92-6	2	3	3.0	.96	Y	2820	CO	161	2.0-10.0	830	2	2	Fog, Alco, DC, CO2	326	3	1	2	3	3	
Butyric Acid - Ethyl Ester	105-54-4		2	4.0	.88	N	1180	FL	75		865	2	2	Fog, Alco, DC, CO2	248	2	2	2	2	11, 1	Pineapple odor.
Butyric Aldehyde	123-72-8	3	3	2.5	.80	N	1129	FL	-8	1.9-12.5	425	2	3	Fog, Foam, DC, CO2	169	2	2,14	2	3	2	
Butyric Anhydride	106-31-0	2	3	5.4	.98		2739	CO	180	9.5-8	535	3	3	Alco, DC, CO2	388	3	5,1	1	3		Avoid water.
Butyric Ester	105-54-4	2	2	4.0	.88	N	1180	FL	75		865	2	2	Fog, Alco, DC, CO2	248	2	2	2	2	11, 1	Pineapple odor.
Butyric Ether	105-54-4	2	2	4.0	.88	N	1180	FL	75		865	2	2	Fog, Alco, DC, CO2	248	2	2	2	2	11, 1	Pineapple odor.
β-Butyrolactone	96-48-0			3.0	1.1	Y			209			2	1	Fog, Alco, DC, CO2	399	1	1	1	3		
Butyrolactone				3.0	1.1	Y			209			2	1	Fog, Alco, DC, CO2	399	1	1	1	3		
Butyrone	123-19-3	3	3	3.9	.82	N	2710	CL	120			2	2	Fog, Alco, DC, CO2	291	3	1	1	3		TLV 50 ppm.
n-Butyronitrile	109-74-0	3	3	2.4	.80	S	2411	FL	76	1.6-	935	4	3	Alco, DC, CO2	243	3	2	2	3	9	K5.

(61)

Chemical Name	CAS	Tox L	Tox S	Vap Den.	Spec Grav.	Wat Sol.	DOT Number	DOT Cl	Flash Point	Flamma. Limit	Ign. Temp.	Disa. Atm	Disa. Fire	Extinguishing Information	Boil Point	F	R	E	S	H	Remarks
Butyronitrile	109-74-0	3	3	2.4	.80	S	2411	FL	76	1.6-	935	4	3	Alfo, DC, CO2	243	3	2	2	3	9	K5.
Butyroyl Chloride		3	3	3.7	1.0		2353	CO	70			4	3	DC, CO2, No Water	214	5	8, 2	2	3	3	K2. Sharp odor.
Butyryl Chloride		3	3	3.7	1.0		2353	CO	70			4	3	DC, CO2, No Water	214	5	8, 2	2	3	3	K2. Sharp odor.
Butyryl Nitrate				4.7	Var							3	3			3		5	3	3	K3. Explodes.
Bux-Ten	8065-36-9			>1.	Sol	N						3	4	Fog, Foam, DC, CO2		6	17	1	3	9	K12. Melts @ 79°.
C-Stuff		4	4	1.1	1.0	Y		CO	126	4.7-100.	518	4	3	Flood, Alfo, DC, CO2		3	2, 4, 23	3	4	16	
Cacodyl	144-21-8	4		7.2	1.2	S						4	3	DC, CO2	329	2	2	2	4		K2, K11. Pyroforic.
Cacodyl Chloride		4		4.8	>1.	N						4	3	Fog, Foam, DC, CO2							Flammable.
Cacodyl Dioxide				>1.	Liq							4	3								Pyroforic.
Cacodyl Hydride	593-57-7	4		3.6	1.2							4	3	Fog, Foam, DC, CO2	97	2	2	2	4		K2, K11, K21. Pyroforic.
Cacodyl Oxide		4		7.8	1.5	S						4	3	Fog, Alfo, DC, CO2							
Cacodyl Sulfide		3	3	8.3	Liq	S						3	3	CO2		2		2	3		
Cacodylic Acid	75-60-5	3	3	4.8	Cry	Y	1572	PB				4		Fog, Alfo	97	3		1	3	9	K2, K11, K21. Pyroforic.
Cadaverine	462-94-2			3.5	.87	Y						4	1	Foam, DC, CO2	352	3		1	2		K12. Can RW some metals.
Cadminate (Trade name)		3		>1.	Pdr							4	3	DC, CO2		3		1	3		K2. Melts @ 48°.
Cadmium	7440-43-9	3		3.9	Pdr							4	3			2	1, 16	2	3		K12.
Cadmium Acetate	543-90-8	3		4.0	Cry	Y	2570	PB				4	0	Fog, Alfo, DC, CO2		3		1	3	9	RVW some metals. Pyroforic.
Cadmium Amide	22750-53-4			5.0	Var		2570	PB				4	4			3	10	4	3		K2. NCF.
Cadmium Arsenide	14215-29-3	4		17.	Sol		2570	PB				4	4	CO2, DC		6	6, 11	1	4		K3.
Cadmium Azide	142215-29-3			6.8	Sol		2570	PB				4	2			6	17	5	2		K2.
Cadmium Bromate		4		>1.	Pdr		2570	PB				4	4	Fog, Flood		3	23	2	4	2	K20.
Cadmium Bromide	7789-42-6	3		8.0	Cry	Y	2570	PB				4	0	Fog, Alfo, DC, CO2		3		1	3	9	K2. NCF.
Cadmium Chlorate		3		11.	Sol	Y						4	4			6	17, 3, 23	5	3		High oxidizer.
Cadmium Chloride	10108-64-2	4		6.3	Cry	Y	2570	PB				4	0			3		1	4		K2. NCF.
Cadmium Compounds (General)		4	4	Var	Var		2570	PB				4	4			3		1	4	9	K2.
Cadmium Diamide	22750-53-4	3		5.0	Var		2570	PB				4	4			6	10	4	3		K3.
Cadmium Diazide	14215-29-3			6.8	Sol		2570	PB				4	4			6	17	5	2		K20.
Cadmium Dichloride	10108-64-2	4		6.3	Cry	Y	2570	PB				4	0			3		1	4		K2. NCF.
Cadmium Dinitrate	10325-94-7	3		8.3	Sol							4	3	Fog, Flood		2	23, 3	2	3	9	Oxidizer.
Cadmium Nitrate	10325-94-7	3		8.3	Sol							4	3	Fog, Flood		2	23, 3	2	3	9	Oxidizer.
Cadmium Nitride	12380-95-9			12.	Var							4	4	No Water		6	10, 13, 14, 17	5	2		K3. RXW water, acids, bases. Explodes.
Caesium (Metal)	7440-46-2			4.5	Cry		1407	FS					3	Soda Ash, No Water		2	9, 2, 14	2	2		K11. Pyroforic.
Caesium Hydroxide	21351-79-1		3	5.2	Cry	Y	2682	CO					0	Fog, Foam, DC, CO2		3		1	3	3	Very strong base. NCF.
Caesium Hydroxide Solution			3	5.2	Liq	Y	2681	CO					0	Fog, Foam, DC, CO2		3		1	3	3	Very strong base. NCF.
Caesium Nitrate	7789-18-6			6.7	Pdr	Y	1451	OX			4			Fog, Flood		2	23, 4	2	2		Oxidizer.
Calcium (Metal and Alloys: Pyroforic)		2	2	1.4	Var		1855	FS					3	Soda Ash, No Water		2	2, 9	2	2	3	K11. RW Halogens. Pyroforic.
Calcium (Metal and Alloys)	7440-70-2	2	2	1.4	Var		1401	FS					3	Soda Ash, No Water		2	2, 9	2	2	3	Flammable.
Calcium 45		4	4	1.4	Var			RA				4	3	No Water		4		2	4	17	Half-Life: 164 Days:Beta
Calcium Acetylide	75-20-7	2	2	2.2	Cry	Y	1402	FS				4	3	Soda Ash, DC, No Water		2	24	2	4		RW Water → Acetylene. Garlic odor. Flammable.
Calcium Arsenate			4		14.	Pdr	S	1573	PB				4	0	Fog, Foam, DC, CO2		3	7	1	4	9	K2, K12. NCF.
Calcium Arsenide			4		9.3	Cry							4	4	Soda Ash, No Water		3		1	4		K2.

(62)

Chemical Name	CAS	Tox L	Tox S	Vap Den.	Spec Grav	Wat Sol	DOT Number	Cl	Flash Point	Flamma. Limit	Ign. Temp.	Disa. Atm Fire	Extinguishing Information	Boil Point	F	R	E	S	H	Remarks
Calcium Arsenite (ALSO: Mixtures)	27152-57-4	4		9.3	Pdr	N	1574	PB				4	0	Fog, Foam, DC, CO2		3		1	4	9	K2, K12. NCF.
Calcium Bisulfite Solution	13780-03-5	3	3	7.0	1.1	Y	2693	CO				4		Fog, Foam, DC, CO2		3		1	3	9, 2	K2. Sulfur odor. NCF.
Calcium Carbide	75-20-7			2.2	2.2	Cry	1402	FS					3	Soda Ash, DC, No Water		2	24	2	2		RW Water → Acetylene. Garlic odor. Flammable.
Calcium Carbimide	156-62-7	3		2.8	Cry		1403	FS				4	2	Soda Ash, No Water		5	9, 2	2	3		K2. Flammable.
Calcium Chlorate	10137-74-3			8.4	Cry	Y	1452					3		Fog, Flood		2	23, 4	2	2	2	Oxidizer.
Calcium Chlorate Solution	14674-72-7	2	2	8.4	Liq	Y	1453	OX				3		Fog, Flood		2	23, 4	2	2	2	K2. Oxidizer.
Calcium Chlorite	13765-19-0			3.7	Cry	Y	1453					3		Fog, Flood		2	4	2	2		Oxidizer. NCF.
Calcium Chromate				5.4	Pdr	S	9096	OM				4	1	Fog, Flood		4		1	2		K2. Flammable.
Calcium Cyanamide (>.1% Calcium Carbide)	156-62-7	3		2.8	Cry		1403	FS				4	2	Foam, DC, CO2		5	9, 2	2	3		K2. Flammable.
Calcium Cyanide (ALSO: Mixture)	592-01-8	4	4	3.2	Pdr	Y	1575	PB				4		Fog, Alfo, DC, CO2		3	6	1	4	5, 9	K2, K12.
Calcium Dithionite				7.0	Cry	Y	1923	FS				4	2	Fog, Alfo, DC, CO2		2	2	2	2		K2. Flammable.
Calcium Dodecyl-Benzene Sulfonate				7.0	Cry	Y	9097	OM				4	0	Fog, Alfo, DC, CO2		1		1	1		NCF.
Calcium Hydrate	1305-62-0	2		>1.	Cry	S						2	1	Fog, Foam, DC, CO2		2		1	2	2	NCF.
Calcium Hydride				2.5	Pdr		1404	FS				4	0	Soda Ash, No Water		5	9	1	1	2	Flammable.
Calcium Hydrogen Sulfite Solution				1.4	1.1	Y	2693	CO				4		Fog, Flood		3		1	4		Sulfur odor. NCF.
Calcium Hydrosulfite				7.0	Cry	Y	1923	FS				4	2	Fog, Flood		2	2	2	2		K2. Flammable.
Calcium Hydroxide	1305-62-0	2		2.5	Cry	S						2	1	Fog, Foam, DC, CO2		1		1	2	2	NCF.
Calcium Hypochlorite (Dry, includes mixtures >39% Cl and 8.8% O2)	7778-54-3	2		6.9	Pdr		1748	OX				4	4	Flood		6	16, 11, 23	3	2	2	Explodes w/fast heat.
Calcium Hypochlorite (Hydrated, includes mixtures from 5.5 to 10% water)			3	6.9	Liq	Y	2880	OX				4		Flood		2	3, 11	1	3		Oxidizer. Bleach odor. (All 3)
Calcium Hypochlorite Mixture (Dry, from 10 to 39% Chlorine)				6.9	Pdr		2208	OX				4		Fog, Flood, DC, CO2		2	23, 11, 5	2	2		Oxidizer.
Calcium Manganese Silicon				>1.	Sol		2844	FS					3	Soda Ash, No Water		5	9, 10	2	2		Flammable.
Calcium Nitrate	10124-37-5			8.1	Cry	Y	1454	OX				3		Fog, Flood		2	23, 5, 16	3	2	2	High oxidizer.
Calcium Nitride				5.1	Cry	Y						3				3	7	1	3		RW water → Ammonia.
Calcium Oxide	1305-78-8	3		2.0	Cry	Y	1910	CO				2	1	Flood		3	5, 23	2	2		
Calcium Perchlorate	10118-76-0			8.2	Cry	Y	1455	OX				4		Fog, Flood		3	23	2	2		K2. Oxidizer.
Calcium Permanganate	10137-74-3			13.	Cry	S	1456	OX						Fog, Flood		1	23	2	2		Oxidizer.
Calcium Peroxide	1305-79-9	2	2	2.5	Cry	N	1457	OX						Fog, Flood		1	23	2	2		K2. Oxidizer.
Calcium Peroxodisulphate	13235-16-0			8.1	Sol							3	4			6	17	5	2		K3. Explosive.
Calcium Phosphide	1305-99-3			2.3	Cry		1360	FS				4	3	Soda Ash, No Water		5	24, 11	2	3		K2. K23 + water. Flammable.
Calcium Resinate	9007-13-0			>1.	Pdr	N	1313	FS				2	3	Fog, Foam, DC, CO2		2	15, 1	2	2		K21. Flammable.
Calcium Resinate, Fused				>1.	Sol	N	1314	FS				2	2	Fog, Foam, DC, CO2		2	15, 16, 1	2	2		K21. Flammable.
Calcium Selenate		4		6.3	Cry	Y	2630	PB				4	0	Fog, Foam, DC, CO2		3		1	4		K12. NCF.
Calcium Silicide	12013-55-7			3.0	Sol	N	1405	FS				2	3	Soda Ash, No Water		2	2, 24	2	2		May be pyroforic. Flammable.
Calcium Silicon				3.3	Sol	N	1406	FS				2	3	Soda Ash, No Water		2	2, 24	2	2		May be pyroforic. Flammable.
Calcium Sulfide	20548-54-3	3	2	2.5	Cry	S						3				3	2	1	3		K2. RW moisture.
Calcium Superoxide	1305-79-9	2	2	2.5	Cry	N	1457	OX						Fog, Flood		1	23	2	2		Oxidizer.
Californium 252		4			Var							4	0			4		2	4	17	Half-life 2.6 Yrs.alpha. NCF.
Calo-Clor (Trade name)		4		>1.	Pdr	S								Fog, Foam, DC, CO2		3		1	4	9	K12.
Calo-Gran (Trade name)		4		>1.	Pdr	S								Fog, Foam, DC, CO2		3		1	4	3, 9	K12.

Chemical Name	CAS	Tox L	Tox S	Vap Den.	Spec Grav.	Wat Sol.	DOT Number	DOT Cl	Flash Point	Flamma. Limit	Ign. Temp.	Disa. Atm	Disa. Fire	Extinguishing Information	Boil Point	F	R	E	S	H	Remarks
Calomel			3	>1.	Pdr		1910	CO						Fog, Foam, DC, CO2		3		1	3	9	K12.
Calx	1305-78-8		3	>1.	Cry									Flood		3		1	3		
α-Camphanol	507-70-0	2	2	5.3	Cry	N	1312	FS	150			2	1	Fog, Foam, DC, CO2	413	1	5, 23	1	2	2	Pepper odor.
2-Camphanone	76-22-2	2		5.2	Sol	N	2717	FS	150	.6-3.5	871	3	2	Fog, Foam, DC, CO2	399	1	15, 1	1	2	2	Melts @ 356°. TLV 2 ppm (Vapors)
Camphene	79-92-5			4.7	Cry	N	9011	OM						Fog, Foam, DC, CO2	318	1	15, 1	1	2	2	Melts @ 122°.
2-Camphonone	76-22-2	2		5.2	Sol	N	2717	FS	150	.6-3.5	871	3	2	Fog, Foam, DC, CO2	399	1	15, 1	1	2	2	Melts @ 356°. TLV 2 ppm (Vapors)
Camphor (Synthetic)	76-22-2	2		5.2	Sol	N	2717	FS	150	.6-3.5	871	3	2	Fog, Foam, DC, CO2	399	1	15, 1	1	2	2	Melts @ 356°. TLV 2 ppm (Vapors)
Camphor Oil (Light)	8008-51-3	2		>1.	.88	N	1130	FL	117			2	2	Fog, Foam, DC, CO2	347	1	1, 15	1	2	2	
Cannabis	8063-14-7	2		>1.	Sol							3	1	Fog, Foam, DC, CO2		1	1	1	2	10	
Cannabis Resin	8063-14-7	2		>1.	Sol							3	1	Fog, Foam, DC, CO2		1	1	1	2	10	
Cantharides		3	3	>1.	Pdr									Fog, Foam, DC, CO2		1		1	1	3	
Caproaldehyde	66-25-1	2		3.5	.82	N	1207	FL	90			2	3	Fog, Foam, DC, CO2	268	3	2	2	2	2	
Caproic Acid	142-62-1	2	3	4.0	.93	N	2829	CO	>200		716	2	1	Fog, Foam, DC, CO2	400	3	1	1	3	3	Limburg cheese odor.
n-Caproic Acid (Hexanoic Acid)	142-62-1	2		4.0	.93	N	2829	CO	215		716	2	1	Fog, Foam, DC, CO2	400	3	1	1	3	3	Limburg cheese odor.
Caproic Aldehyde	66-25-1	2		3.5	.82	N	1207	FL	90			2	3	Fog, Foam, DC, CO2	268	3	2	2	2	2	
Caproinic Acid	142-62-1			4.0	.93	N	2829	CO	215		716	2	1	Fog, Foam, DC, CO2	400	3	1	1	3	3	Limburg cheese odor.
Capryl Alcohol (Common name)		2	2	4.5	.82	N			140			2	2	Fog, Foam, DC, CO2	381	1	1	1	2	3	Aromatic odor.
Caprylaldehyde	124-13-0	2	2	4.4	.82	S	1191	FL	125			2	2	Fog, Foam, DC, CO2	335	2	2	2	2		Fruity odor.
1-Caprylene		2	1	3.9	.72	N			70		446	2	3	Fog, Foam, DC, CO2	250	2	2	2	2		
Caprylic Aldehyde	124-13-0	2	2	4.4	.82	S	1191	FL	125			2	2	Fog, Foam, DC, CO2	335	1	1	1	3		Fruity odor.
Caprylyl Chloride		3	3	5.6	.97				180			4	2	Alfo, DC, CO2	384	3		1	3	2	Pungent door. Decomposes in water.
Caprylyl Peroxide	7530-07-6			5.0	Liq		2129	OP	175			3		Fog, Flood		2	11, 3, 23	2	2		May be inhibited. Organic peroxide.
Caprylyl Peroxide Solution	7530-07-6			5.0	Liq		2129	OP	175			3		Fog, Flood		2	11, 3, 23	2	2		May be inhibited. Organic peroxide.
Captafol (Common name)		3		>1.	Sol	N						4	0	Fog, Foam, DC, CO2		3		1	3		K12. Melts @ 318°.
Captan	133-06-2	3	2	>1.	Cry	N	9099	OM				4	0	Fog, Foam, DC, CO2		3		1	3		K12. NCF.
Carabon Tetrabromide	558-13-4	3		11.	Sol	N	2516	PB						Fog, Foam, DC, CO2	373	3		1	3	11	TLV <1 ppm. NCF.
Carbamate (Common name)	14484-64-1	2		>1.	Var	S						4		Foam, DC, CO2		3	15	1	3		K2, K12. May be H12: Highly toxic.
Carbamate Pesticide (Flammable liquid)		3	3	>1.	Liq		2991	FL				4	3	Foam, DC, CO2		3	1	2	3	12	K12.
α-Carbamate Pesticide (Liquid) (Toxic) n.o.s.		3	3	>1.	Liq		2992	PB				4	1	Foam, DC, CO2		3	1	1	3	12	K12. Flammable.
Carbamate Pesticide (Solid) n.o.s.		3	3	>1.	Sol		2757	PB				4	1	Foam, DC, CO2		3	1	1	3	12	K12.
Carbamate Pesticide, (Liquid), n.o.s.		3	3	>1.	Liq		2758	FL				4	1	Foam, DC, CO2		3	1	2	3	12	K12. Flammable.
Carbamonitrile	420-04-2	4	3	1.4	Cry	Y			285			4	1	Fog, Alfo, DC, CO2	500	3	14, 10, 16	2	4	3	Melts @ 113°. R10>104°.
2-Carbamoyl-2-Nitroacetonitrile	475-08-1			>1.	Sol							4	4			6	17	5	5		K3. Explosive.
Carbamult (Trade name)	2631-37-0	3		7.2	Cry	S						3	0	Fog, Foam, DC, CO2		3		1	3	12	K12. Melts @ 188°. NCF.
Carbanolate	116-06-3	3	4	>1.	Sol	N	2757	PB				4	0	DC, CO2		3		2	4		K12. K2. NCF.
Carbaryl (Common name)	63-25-2	3	3	6.9	Cry	N	2757	OM				4	0	Fog, Foam, DC, CO2		3	1	1	3	3	K12. Melts @ 288°. NCF.
Carbazide				>1.	Sol							4				6	17	5	2		K3.

(64)

Chemical Name	CAS	Tox L S	Vap Den	Spec Grav.	Wat Sol	DOT Number	Cl	Flash Point	Flamma. Limit	Ign. Temp.	Disa. Atm Fire	Extinguishing Information	Boil Point	F	R	E	S	H	Remarks
Carbazotic Acid	88-89-1	3 3	7.9	Cry	Y		EX	302			4 4	Keep Wet		6	17	5	3		K3. Explodes @ 572°.
Carbethoxy Malathion	121-75-5	3	11.	1.2	S	2783	PB				4	Fog, Alfo, DC, CO2	313	3	17	2	3	12	K2, K12. Melts @ 37°.
Carbides			Var	Var							4			6		5	2		Explode by shock and heat.
Carbimide	420-04-2	4 3	1.4	Cry	Y			285			4 1	Fog, Alfo, DC, CO2	500	3	14, 10, 16	2	4	3	Melts @ 113°. R10>104°.
Carbitol	111-90-0	2 2	4.6	.99	Y			201	1.2-23.5	400	2 2	Fog, Alfo, DC, CO2	395	1	1	1	2	2	Pleasant odor.
Carbitol Cellosolve	111-90-0	2 2	4.6	.99	Y			201	1.2-23.5	400	2 2	Fog, Alfo, DC, CO2	395	1	1	1	2	2	Pleasant odor.
Carbodiimide	420-04-2	4 3	1.4	Cry	Y			285			4 1	Fog, Alfo, DC, CO2	500	3	14, 10, 16	2	4	3	Melts @ 113°. R10>104°.
Carbofuran (Common name)	1563-66-2	3 3	7.7	Cry	S	2757	PB				4 0	Fog, Foam, DC, CO2		3		1	3	12	K2, K12, K24. NCF.
Carbohydrazide	497-18-7		3.1	Var							4 4			6	17	5	2		RXW-Nitrous Acid.
Carbolic Acid	108-95-2	3 3	3.2	Sol	Y	1671	PB	174	1.7-8.6	1319	3 2	Fog, Alfo, DC, CO2	358	3	1	1	3	5	K1, K24. Melts @ 108°. TLV 5 ppm.
Carbolineum	120-12-7	2 2	6.2	Cry	N			250	.6-	1004	3 1	Fog, Foam, DC, CO2	644	1	1	1	2	3	Melts @ 423°.
Carbomethane	463-51-4	4 3	1.4	Gas							2 4	Stop Gas		3	1	4	4	3	K9. Decomposes in water. TLV <1 ppm.
Carbomethene	463-51-4	4	1.4	Gas							2 4	Stop Gas				4	4		K9. Decomposes in water. TLV <1 ppm.
2-Carbomethoxy-1-Methyl Vinyl Dimethyl Phosphate	7786-34-7	4 4	7.7	1.3	S						4 1	Fog, Foam, DC, CO2		3	1	1	4	12	K2, K12, K24. NCF.
N-Carbomethoxymethyliminophosphoryl Chloride			10.	Sol							4 4					5	2		Spontaneous decomposition.
Carbon (Activated)		2	1	.4		1362	FS					Fog, Foam, DC, CO2		1	1	1	2	1	K21. Flammable.
Carbon (Animal or Vegetable origin)				>1.	Pdr Sol		1361	FS				Fog, Foam, DC, CO2		1	1	1	2	1	Flammable.
Carbon Bisulfide	75-15-0	3 3	2.6	1.3	N	1131	FL	-22	1.3-50.0	194	4 3	Blanket, DC, CO2	115	2	2, 21	3	3	10	ULC: 110+. TLV 10 ppm. Rotten cabbage odor.
Carbon Chloride	56-23-5	2 2	5.3	1.6	N	1846	OM				4 0	Fog, Foam, DC, CO2	170	1	21	1	3	10	K7. TLV 5 ppm. Ether odor. NCF.
Carbon Dichloride	127-18-4	3 2	5.8	1.6	N	1897	PB				3 0	Fog, Foam, DC, CO2	250	3	1	1	3	2	TLV 50 ppm (skin). Chloroform odor. NCF.
Carbon Dioxide (CO2 Gas)	124-38-9	1 1	1.5	Gas	Y	1013	CG				1 0	Foam, DC, CO2		7	1	1	2	1	Can RVW active metals. NCF.
Carbon Dioxide (CO2 Solid)		1 3	1.5	Sol		1845	OM				1 0			7	1	1	2	1, 15	NCF.
Carbon Dioxide (CO2, Liquefied)		1	1.5	Gas		2187	CG				1 0			7	1	1	2	1	NCF.
Carbon Dioxide (CO2, Refrigerated)		1	1.5	Liq	Y	2187	CG				1 0			7	1	1	2	1, 15	NCF.
Carbon Dioxide-Ethylene Oxide Mixture (>6% Ethylene Oxide)		4 2	1.5	Gas	Y	1041	PA				4 4	Stop Gas, Fog, DC, CO2		3	1	4	4	6	Flammable.
Carbon Dioxide-Ethylene Oxide Mixture (<6% Ethylene Oxide)		4 2	1.5	Gas	Y	1952	PA				2 2	Stop Gas, Fog, DC, CO2		3	1	4	4	4	
Carbon Dioxide-Nitrous Oxide Mixture	53569-62-3	2	1.5	Gas	S	1015	CG				0	Stop Gas		1		2	2	13	NCF.
Carbon Dioxide-Oxygen Mixture	8063-77-2		>1.	Gas	Y	1014	CG					Stop Gas		1		2	2	1	
Carbon Disulfide	75-15-0	3 3	2.6	1.3	N	1131	FL	-22	1.3-50.0	194	4 3	Blanket, DC, CO2	115	2	2, 21	3	3	10	ULC: 110+. TLV 10 ppm. Rotten cabbage odor.
Carbon Hexachloride	67-72-1	3 2	8.2	Cry	N	9037	OM				4 0			3		1	3		K12. TLV 1 ppm. Camphor odor. NCF.

(65)

Chemical Name	CAS	Tox L	Tox S	Vap Den	Spec Grav	Wat Sol	DOT Number	DOT Cl	Flash Point	Flamma. Limit	Ign. Temp.	Dlsa Atm	Dlsa Fire	Extinguishing Information	Boil Point	F	R	E	S	H	Remarks
Carbon Monoxide	630-08-0	3		.96	Gas	S	1016	PA		12.5-74.2	1128	2	4	Stop Gas, Fog, DC, CO2	-313	3	1	4	3		TLV 35 ppm. RVW active metals.
Carbon Monoxide (Cryogenic liquid)		4	3	.96	Liq	S	9202	PA		12.5-74.2	1128		4	Stop Gas, Fog, DC, CO2	-313	7	2	4	3	15	TLV 35 ppm. RVW active metals.
Carbon Monoxide-Hydrogen Mixture		4		>1.	Gas	Y	2600	PB		6.0-32.0			4			3		4	4		Toxic flammable gas.
Carbon Nitride	460-19-5	4	3	1.8	Gas	Y	1026	PA		6.0-32.0			4	Stop Gas, Fog, DC, CO2	-6	3	2, 6, 11	4	4	3	K5. TLV 10 ppm.
Carbon Oxychloride	75-44-5	4	4	3.4	Gas	S	1076	PA				4	0	Stop Gas, Fog, DC, CO2	47	3	8	3	4	6, 4, 8	TLV <1 ppm. New hay odor. NCF.
Carbon Oxycyanide		4	4	2.7	1.1	Y						4		No Water		3	10	2	4		Water reactive poison.
Carbon Oxysulfide	463-58-1	4	2	2.1	Gas	Y	2204	PA		12.0-29.0		4	4	Stop Gas, Fog, DC, CO2	-58	3	20, 2	4	4	11	Poison Flammable Gas.
Carbon Remover, Liquid				>1.	Liq	N	1132	FL	<80				4			2	1	2	2		Pungent odor.
Carbon Suboxide		4		2.3	1.1					6.0-30.0			4	Fog, Foam, DC, CO2	45	3	15	3	4	3	
Carbon TET	56-23-5	2	2	5.3	1.6	N	1846	OM				4	0	Fog, Foam, DC, CO2	170	1	21	1	3	10	K7. TLV 5 ppm. Ether odor. NCF.
Carbon Tetrachloride	56-23-5	2	2	5.3	1.6	N	1846	OM				4	0	Fog, Foam, DC, CO2	170	1	21	1	3	10	K7. TLV 5 ppm. Ether odor. NCF.
Carbon Tetrafluoride	75-73-0	2	1	3.0	Gas	S	1982	CG				3	0	Fog, Foam, DC, CO2		1		1	2		RVW Aluminum. NCF.
Carbon Trichloride	67-72-1	3		8.2	Cry	N	9037	OM				4	0			3		1	3		K12. TLV 1 ppm. Camphor odor. NCF.
Carbon Trifluoride	75-46-7	2	1	2.4	Gas		1984	CG				3	0	Fog, Foam, DC, CO2	-115	1		1	2	11	NCF.
Carbonic Acid		1	1	1.5	Gas							1	0	Fog, Alfo, DC, CO2		1		1	2		NCF.
Carbonic Acid-2-sec-Butyl-4,6-Dinitrophenol Isopropyl Ester	973-21-7			11.	Sol	N						3		Fog, Foam, DC, CO2		3		1	3		K12.
Carbonyl Anhydride		1	1	1.5	Gas	Y						1	0	Fog, Alfo. DC, CO2		1		1	2	1	NCF.
Carbonites (General)				>1.	Sol			EX					4			6	17	5	2		K3. High explosive.
Carbonochloridic Acid Phenyl Ester	1885-14-9	4	3	5.5	Liq		2746	PB				3		Fog, Foam, DC, CO2		3		1	4	3	K2.
Carbonyl Azide	14435-92-8			3.9	Var							3	4			6	17	5	2		RXW light or ice water. Explosive.
Carbonyl Bromide		4	4	>1.	2.4			PB				4	3	No Water	147	5	7	2	4	8	
Carbonyl Chloride	75-44-5	4	4	3.4	Gas	S	1076	PA				4	0	Stop Gas, Fog, DC, CO2	47	3	8	3	4	6, 4, 8	TLV <1 ppm. New hay odor. NCF.
Carbonyl Cyanid		4	4	2.7	1.1							4		No Water		3	10	2	4		Water reactive poison.
Carbonyl Cyanide		4	4	2.7	1.1							4		No Water		3	10	2	4		Water reactive poison.
Carbonyl Diazide	14435-92-8			3.9	Var							3	4			6	17	5	2		RXW light or ice water. Explosive.
Carbonyl Difluoride	353-50-4	4	4	2.3	Gas		2417	PA				4	0	No Water	-117	3	8	2	4		K6. TLV 2 ppm. Pungent odor. NCF.
Carbonyl Fluoride	353-50-4	4	4	2.3	Gas		2417	PA				4	0	No Water	-117	3	8	2	4		K6. TLV 2 ppm. Pungent odor. NCF.
Carbonyl Lithium				1.2	Var							4		No Water		5	10	2	2		RXW water.
Carbonyl Potassium				2.3	Var							4	4	No Water		5	10, 16	2	2		RXW heat or water. RW oxygen.
Carbonyl Sodium				1.8	Var							4	4	No Water		5	16, 7	2	2		K1, K6. Explodes @ 194°.
Carbonyl Sulfide	463-58-1	4	2	2.1	Gas	Y	2204	PA		12.0-29.0		4	4	Stop Gas, Fog, DC, CO2	-58	3	20, 2	4	4	11	Poison Flammable Gas.

(66)

Chemical Name	CAS	Tox L	Tox S	Vap Den.	Spec Grav.	Wat Sol.	DOT Number	DOT Cl	Flash Point	Flamma. Limit	Ign. Temp.	Disa. Atm	Disa. Fire	Extinguishing Information	Boil Point	F	R	E	S	H	Remarks
Carbonyls (General)		4		Var	Var							4	3			3	7, 2, 15	2	4		K1, K6. See specific type.
Carbophenothion (Common name)	786-19-6	4	4	12.	1.3	N		PB				4	0	Fog, Foam, DC, CO2	180	3		1	4	12	K2, K12. NCF.
Carbopropoxide - Stabilized		4		>1.	Liq							3	3			3	22	2	4		K9.
Carbopropoxide - Unstabilized		4		>1.	Sol							3	3			3	16	2	4		K22.
Carboxide		4	2	>1.	Gas	Y	1041	PA				2	4	Stop Gas, Fog, DC, CO2		3	1	4	4	6	Flammable.
Carboxin (Common name)	5234-68-4			8.2	Cry				397			4	1	Fog, Foam, DC, CO2		3		1	3	9	K2, K12.
Carboxine	5234-68-4	3		8.2	Cry				397			4	1	Fog, Foam, DC, CO2		3		1	3	9	K2, K12.
Carboxybenzenesulfonyl Azide	56743-33-0			7.9	Sol							4	4			6	17	5	2		K3. Explodes @ 248°.
Caro's Acid (Common name)		3	3	6.7	Cry							3		Fog, Flood		2	23, 4	3	3	2	K2. High oxidizer.
Cartap (Common name)		3	3	>1.	Cry	S						3	0	Fog, Foam, DC, CO2		3		1	3		K12. NCF.
Carvacrol	499-75-2	3	3	5.2	Var							2				3		1	3	2, 9	
Carzol (Trade name)	23422-53-9	3	3	9.0	Cry	Y						3	3	Foam, DC, CO2		3		1	3	9, 12	K2, K12, K24. Melts @ 392°.
Casinghead Gasoline		3		>1.	Liq	N	1257	FL	<0			2	3	Fog, Foam, DC, CO2		2	2	2	2		
Castor Beans, Meal, Pomace or Flake		1	1	>1.	Sol		2969	OM				3	1	Fog, Foam, DC, CO2		1		1	2	9	
Catechin	154-23-4	2	2	3.8	Cry	Y			261			2	1	Fog, Alfo, DC, CO2		1		1	2		
d-Catechol	154-23-4	2	2	3.8	Cry	Y			261			2	1	Fog, Alfo, DC, CO2		1		1	2		
Catechol	154-23-4	2	2	3.8	Cry	Y			261			2	1	Fog, Alfo, DC, CO2		1		1	2		
Caustic Alkali Liquids, n.o.s.		3	4	>1.	Liq	Y	1719	CO				4	0	DC, CO2		3		1	4	3	May RW water. NCF.
Caustic Potash (Dry, solid)		3	4	1.9	Sol	Y	1813	CO				3	0	DC, CO2, No Water		3	5	1	4	16, 9	May RW water.
Caustic Potash Solution	1310-58-3	3	4	1.9	2.0	Y	1814	CO				3	0	Fog, Foam, DC, CO2		3	21	1	4	3, 9, 16	K2. NCF.
Caustic Soda (Dry, Solid)	1310-73-2	3	4	1.4	Sol	Y	1823	CO				3	0	DC, CO2		3	21	1	4	3	K2. May RW water. NCF.
Caustic Soda Solution		3	4	1.4	Liq	Y	1824	CO				3	0	Fog, Foam, DC, CO2		3	1	1	4	3	K2. Strong base. NCF.
Celanese Solvent (601) (203) (301) (901)				1.0	.81	S			<115 >10				3	Fog, Foam, DC, CO2		2		1	2		Flash Point: <115 >10
Celloidin	9004-70-0	2	2	17.	Sol		2060	FS	55			3	3	Fog, Flood		2	2	2	2		K2.
Cellosolve	110-80-5	2	3	3.1	.94	Y	1171	CL	110	1.7-15.6	455	2	2	Fog, Alfo, DC, CO2	275	3	1	2	3	2	
Cellosolve Acetate	111-15-9	2	2	4.7	.98	S	1172	CL	117	1.7-	715	2	2	Fog, Alfo, DC, CO2	313	3	1	1	3	2	Pleasant odor.
Cellosolve Solvent	110-80-5	2	3	3.1	.94	Y	1171	CL	110	1.7-15.6	455	2	2	Fog, Alfo, DC, CO2	275	3	1	2	3	2	
Celluloid (except Scrap)	9004-70-0	2	2	17.	Sol		2060	FS	55			3	3	Fog, Flood		2	2	2	2		K2.
Celluloid Scrap		2	2	>1.	Sol		2002	FS				4	3	Fog, Flood		2	2	2	2		Keep wet. Flammable. If dry, R17.
Cellulose Dinitrate					Var	Y		FL	55-		320	3	4	Fog, Flood		1	2	2	4		If dry, see R17. In alcohol.
Cellulose Hexanitrate				>1.	Var	Y		FL	55-		320	3	4	Fog, Flood		1	2	2	4		If dry, see R17. In alcohol.
Cellulose Nitrate	9004-70-0	2	2	17.	Sol		2060	FS	55			3	3	Fog, Flood		2	2	2	2		K2.
Cellulose Pentanitrate	9004-70-0	2	2	17.	Sol		2060	FS	55			3	3	Fog, Flood		2	2	2	2		K2.
Cellulose Tetranitrate	9004-70-0	2	2	17.	Sol		2060	FS	55			3	3	Fog, Flood		2	2	2	2		K2.
Cellulose Trinitrate	9004-70-0	2	2	17.	Sol		2060	FS	55			3	3	Fog, Flood		2	2	2	2		K2.
Celphide (ALSO: Celphine) Tradenames		4		>1.	Sol							4	3	No Water		3	7	2	4		K2.
Celphos (Common name)		4		>1.	Sol							4	3	No Water		3	7	2	4		K12, K23. TLV <1 ppm.
Cement (Adhesive)(Liquid)(Rubber)(Pyroxylin)(Containing Flammable Liquid)				>1.	Liq		1133	FL				3	3	Fog, Foam, DC, CO2		1	2	2	2		K12, K23. TLV <1 ppm.
Cepacol Chloride	123-03-5	3		12.	Var							4	O	Fog, Foam, DC, CO2		3		1	3	9, 2	K2. NCF.

(67)

Chemical Name	CAS	Tox L	Tox S	Vap Den.	Spec Grav.	Wat Sol.	DOT Number	DOT Cl	Flash Point	Flamma. Limit	Ign. Temp.	Disa. Atm	Disa. Fire	Extinguishing Information	Boil Point	F	R	E	S	H	Remarks
Cerium (Crude)(Powder)	7440-45-1	1	1	>1.	Pdr		1333	FS					3	Sand, DC, No Halon		1	1	1	2		A reducer. Pyroforic @ 301°.
Cerium (III) Tetrahydroaluminate				8.3	Var								3			2	2	2	4		K11. Unstable. Pyroforic.
Cerium 141		4	4	4.8	Var			RA				4	3	Sand, DC, No Halon		4	1	2	4	17	A reducer. Half-life: 33 days:Beta, Gamma. Pyroforic.
Cerium Azide				9.3	Sol								4			6	17	5	2		K3. Explosive.
Cerium Nitride	25764-08-3			5.4	Var							3		No Water		5	9, 24	1	2		Decomposes water.
Cerium Trihydride	13864-02-3			5.0	Var								3	No Water		5	9	1	2		May ignite in moist air.
Cesium	7440-46-2			4.5	Var		1407	FS					3	Soda Ash, No Water		5	9, 2, 14	2	2		K11. Pyroforic.
Cesium 137		4	4		Var			RA				4	3	Soda Ash, No Water		4	2, 9, 14	2	4	17	Half-life: 33 yrs:Beta. Pyroforic.
Cesium Amide	22205-57-8			5.2	Var								4	No Water		5	10	2	2		K2. May be pyroforic.
Cesium Fluoride	13400-13-0	4		5.3	Cry	Y							3			3		1	4		
Cesium Graphite	12079-66-2			8.0	Var								3	No Water		5		2	2		K11. Pyroforic.
Cesium Hydroxide	21351-79-1	3		5.2	Cry	Y	2682	CO				0	0	Fog, Foam, DC, CO2		3	10	1	3	3	Very strong base. NCF.
Cesium Hydroxide Solution		3		5.2	Liq	Y	2681	CO				0	0	Fog, Foam, DC, CO2		3		1	3		Strongly basic. NCF.
Cesium Lithium Tridecahydrononaborate	12430-27-2			8.7	Var								3			2	2	2	2		K11. Pyroforic.
Cesium Metal (Powdered)	7440-46-2			4.5	Cry		1407	FS					4	Soda Ash, No Water		2	9, 2, 14	2	2		K11. Pyroforic.
Cesium Nitrate	7789-18-6			6.7	Pdr	Y	1451	OX						Fog, Flood		2	23, 4	2	2		Oxidizer.
Cesium Oxide	20281-00-9			10.	Var								4	No Water, No Halon, No CO2		5	5	2	2		RW Ethanol; halogens; CO; CO2,
Cesium Ozonide	12053-67-7			6.3	Var									No Water		5	10	2	2		
Cesium Pentacarbonylvanadate (3-)	78937-12-9			20.	Var							3	3	No Water		5	10	1	3		K11. Pyroforic.
Cesium Peroxide				>1.	Cry									No Water		5	10, 23	2	2		Oxidizer.
Cesium Tetroxide				>1.	Cry									No Water		5	10, 23	2	2		Oxidizer.
Cetane				>1.	.77	N			200		401		2	Fog, Foam, DC, CO2	547	3		2	2		
CG (Phosgene)	75-44-5	4	4	3.4	Gas	S	1076	PA				4	0		47	3	8	3	4	6, 4, 8	TLV <1 ppm. New hay odor. NCF.
Charcoal	64365-11-3	1	1	>1.	Sol		1362	FS				2	1	Fog, Flood		1		1			K21. Large fire, S2.
Charcoal	16291-96-6	1	1	>1.	Sol		1361	FS				2	1	Fog, Flood		1		1			K21. Large fire, S2.
Chemical Ammunition (Non-explosive, with Irritant)		2	2	N	Sol	N	2017	IR						Fog, Foam, DC, CO2		1		1		2	
Chemical Ammunition (Non-explosive, with poisonous material)		4	4	>1.	Sol	N	2016	PA					4	Fog, Foam, DC, CO2		3	20	3	4	8	K19.
Chemical Kit	8006-99-3			3	Sol	S	1760	CO					0	Fog, Foam, DC, CO2		3		1	3	3	NCF.
Chenopodium Oil				3	Liq								2	Fog, Foam, DC, CO2		3			3	2, 9	
Chinoleine	91-22-5			4.5	1.1	S	2656	PB			896	4	1	Fog, Foam, DC, CO2	460	3	1	1	3	3	RXW some oxidizers. Can burn.
Chinoline	91-22-5			4.5	1.1	S	2656	PB			896	4	1	Fog, Foam, DC, CO2	460	3	1	1	3	3	RXW some oxidizers. Can burn.
Chinone	106-51-4	4	4	3.7	Cry	Y	2587	PB	>100		1040	3	2	DC, CO2	208	3	6	1	4	3	TLV <1 ppm. Melts @ 240°.
2-Chlor-2',6'-Diethyl-N-(Methoxymethyl)Acetanilide	15972-60-8			3	Liq	N							4	DC, CO2		3		1	4		K12.
Chloracetonitrile	107-14-2	3	3	2.6	Cry		2668	PB					3	Foam, Foam, DC, CO2		3	7	2	4	2	K2. Flammable.
Chloracetophenone	532-27-4	3	3	5.2	1.2	S	1697	IR	244			4	1	Fog, Foam, DC, CO2	477	3	1	1	3	7	TLV <1 ppm. CN Tear gas.
Chloracetyl Chloride	79-04-9	3	4	3.9	1.5		1752	CO				4	0	DC, CO2	221	3	1	1	4	7	TLV <1 ppm. NCF.
Chloral (Anhydrous; Inhibited)	75-87-6	3	3	5.1	1.5	Y	2075	PB	167			4	0	DC, Alfo, DC, CO2	208	3	1		4	9	K9. Sharp odor.
Chloral Hydrate	302-17-0	3	3	5.7	Cry	Y						3	1	Alfo, DC, CO2	208	3		2	3	13	Sharp odor. Melts @ 126°.
2-Chlorallyl Diethyldithiocarbamate	95-06-7	3	3	7.8	Liq								4	Fog, Foam, DC, CO2	264	3	1	1	3	12	K12.

(68)

Chemical Name	CAS	Tox L	Tox S	Vap Den	Spec Grav.	Wat Sol.	DOT Number	DOT	Flash Point	Flamma. Limit	Ign. Temp.	Disa. Atm	Disa. Fire	Extinguishing Information	Boil Point	F	R	E	S	H	Remarks
Chlorate (ALSO: Chlorates) (Inorganic, n.o.s.)			3	>1.	Var		1461	OX				4	3	Fog, Flood		2	23, 4	1	3		Oxidizer.
Chlorate and Borate Mixture				>1.	Sol	S	1458	OX				4		Fog, Flood		2	4, 23	1	2		Oxidizer.
Chlorate and Magnesium Chloride Mixture				>1.	Sol	Y	1459	OX				4		Fog, Flood		2	4, 23	1	2		Oxidizer.
Chlorate of Potash	3811-04-9	2	2	4.2	Pdr		1485	OX				4	2	Fog, Flood		2	4, 21, 23	2	2		K2. High oxidizer.
Chlorate of Soda	7775-09-9		2	3.6	Cry	Y	1495	OX				3		Fog, Flood		2	4, 23, 2	2	2		K12. High oxidizer. Flammable.
Chlordan	57-74-9	3	3	14.	1.6	N	2762	FL				4	2	Fog, Foam, DC, CO2	347	3	1	2	3		K12. Chlorine odor. Flammable.
Chlordane (Flammable liquid)	57-74-9	3	3	12.	1.6	N	2762	FL				4	2	Fog, Foam, DC, CO2	347	3	1	2	3		K12. Chlorine odor. Flammable.
Chlordimeform (Common name)		3	3	>1.	Cry							4				3		1	3	3	K12. Melts @ 90°.
β-Chlorethyl Methacrylate	1888-94-4	4		5.2	Var							4				3			1	3	K2.
Chlorethyl Methacrylate	1888-94-4	4		5.2	Var							4				3			1	3	K2.
Chlorex	111-44-4	4	3	4.9	1.2	N	1916	PB	131		696	4	2	Fog, Foam, DC, CO2	353	3	8, 2, 12	2	4	3	K2. Blanket. TLV 5 ppm.
Chlorfenvintos (Common name)	470-90-6	4	4	12.	Liq	S						4	0	Fog, Foam, DC, CO2	333	3	1	1	4	12	K12. NCF.
Chlorfenvinphos	470-90-6	4	4	12.	Liq							4	0	Fog, Foam, DC, CO2	333	3	1	1	4	12	K12. NCF.
Chlorhydrin (â)	96-24-2	3		3.9	1.3	S	2689	PB				3	1	Fog, Foam, DC, CO2	415	3	1		3	2	K2. Can burn.
Chloric Acid	7790-93-4	4	3	3.0	1.3	Y	2626	OX				4	3	Flood	104	3	23, 4, 5	2	4		Decomposes @ 104°. High oxidizer.
Chloric Acid Solution		3		3.0	Liq	Y	2626	OX				4		Fog, Flood		3	23, 4, 5	2	3		Oxidizer.
Chloric Ether		4		>1.	Liq							4	2	Fog, Alfo, DC, CO2		3	2		2	4	K7. Flammable.
Chloride of Lime (>39% Cl)	7778-54-3	2	2	6.9	Pdr		1748	OX				4	4	Flood		6	16, 11, 23	3	2		Explodes w/fast heat.
Chloride of Phosphorus	7719-12-2	4	4	4.7	1.6		1809	CO				4	0	DC, CO2, No Water	169	5	10, 1, 5, 8	4	4	3, 4	K16. TLV <1 ppm. NCF.
Chloride of Sulfur	10545-99-0	4	4	3.6	1.7		1828	CO	245		453	4	1	No Water	138	5	10, 2, 23	2	4	3	K16. TLV 1 ppm. RVW active metals. Pungent odor.
Chloriertes Camphen				>1.	Liq							3		DC, CO2		3		1	3		
Chlorinated Acetone	78-95-5	3	3	3.2	1.2	Y	1695	CO	250	.6-		4	1	Fog, Foam, DC, CO2	246	3	1	1	2	7	K7
Chlorinated Anthracene Oil	120-12-7	2	2	6.2	Cry	N					1004	3		Fog, Alfo, DC, CO2	644	1	1	1	3		Melts @ 423°
Chlorinated Biphenyls	1336-36-3	3	3	>1.	Var	N	2315	OM	383			4	1	Fog, Alfo, DC, CO2	>149	3		1	3	5	K2. Some are NCF.
Chlorinated Camphene	8001-35-2	3	3	14.	Sol	N	2761	OM			1148	4	1	Fog, Foam, DC, CO2	446	3		1	4	9	K2. Pine odor.
Chlorinated Diphenyl Oxide	55720-99-5	3	3	>1.	Var							4	1	Fog, Alfo, DC, CO2		3	1	1	3		K2. Some are NCF.
Chlorinated Diphenyls (General)	1336-36-3	3	3	3.4	1.2	S	2315	OM	383		856	4	3	Fog, Alfo, DC, CO2	135	3	2	2	3	3	K7. Ether odor. TLV 100 ppm.
Chlorinated Hydrochloric Ether	75-34-3	3	2	3.4	1.2		2362	FL	22	5.6-11.4		4	3	Fog, Alfo, DC, CO2	135	3	2	2	3	3	K7. Ether odor. TLV 100 ppm.
Chlorinated Lime (>39% Cl)	7778-54-3	2	2	6.9	Pdr		1748	OX				4	4	Flood		6	16, 11, 23	3	2		Explodes w/fast heat.
Chlorinated Naphthalenes (General)		4	4	>1.	Var							4				3		1	3	3	K2. See specific type.
Chlorine	7782-50-5	4	4	2.5	Gas		1017	PA				4	1		-29	3	23, 6, 19, 21	4	4		No water on liquid! TLV 1 ppm. RVW ammonia. NCF but an oxidizer.
Chlorine Azide	13973-88-1	4		2.7	Gas							4				6	8	4	4		K3. Unstable. Explosive Gas. When heated, may explode.
Chlorine Cyanide	506-77-4	4	3	2.0	1.2	Y	1589	PA				4	3	DC, CO2, No Water	55	3	8	4	4	3	K2, K12. TLV <1 ppm. Flammable.

(69)

Chemical Name	CAS	Tox L	Tox S	Vap Den.	Spec Grav.	Wat Sol	DOT Number	DOT Cl	Flash Point	Flamma. Limit	Ign. Temp.	Disa. Atm	Disa. Fire	Extinguishing Information	Boil Point	F	R	E	S	H	Remarks
Chlorine Dioxide	10049-04-4	4	3	2.3	Gas							4	4		50	6	17, 8, 23	4	4	3	TLV <1 ppm. May explode @ 212°.
Chlorine Dioxide Hydrate (Frozen)							9191	OX				4	3	Flood		3	23, 4	2	3		Use water only. Oxidizer.
Chlorine Dioxygen Trifluoride	12133-60-7	3	3	2.3	Sol							4	4			3	23	2	4		Unstable. High oxidizer.
Chlorine Fluoride	7790-89-8	4		1.9	Var							4	4	DC, CO2, No Water		5	10	2	4		RXW aluminum. High oxidizer.
Chlorine Heptoxide		4	4	6.3	1.9			OX				4	4	Flood	180	6	17	5	4	3	RXW Iodine. When heated, may explode.
Chlorine Monoxide		4	4	3.0	Gas	Y				23.5-100.0		4	4		36	6	17	5	4		Explodes @ 39°.
Chlorine Nitrate	14545-72-3			3.4	Var							4	4	Fog, Flood		2	23	2	2		RXW metals & organics.
Chlorine Pentafluoride	13637-63-3	4	4	>1.	Liq		2548	PA				4	4	DC, CO2, No Water		5	10	3	2	3	RXW metals. Oxidizer.
Chlorine Perchlorate	27218-16-2	4		4.7	Sol							3	4			6	17	5	2		K3. Explosive.
Chlorine Peroxide	10049-04-4	4	3	2.3	Gas							4	4		50	6	17, 8, 23	4	4	3	TLV <1 ppm. May explode @ 212°.
Chlorine Tetroxyfluoride	10049-03-3	4		4.0	Gas							4	4		3	6	17, 2	4	4	3	Unstable. High oxidizer.
Chlorine Trifluoride (CTF)	7790-91-2	4	4	3.1	Gas		1749	OX				4	4	Soda Ash, No Water	11	5	10, 4, 21, 23	3	4	6	TLV <1 ppm. Sweet odor. Rocket propellant. Pyroforic.
Chlorine(1)Trifluoromethanesulfonate	65597-24-2			6.4	Var							4	4			6	17	5	2		RXW organic materials.
Chlorite (Inorganic)		4	4	>1.	Var		1462	OX				4	4	Soda Ash, No Water		5	10, 4, 23	2	4		Oxidizer.
pi-Chloro Allyl Alcohol	5976-47-6	3	4	3.2	Liq							3	3	Fog, Foam, DC, CO2		3	2	1	4	3	
β-Chloro Allyl Alcohol (Also: pi-)	5976-47-6	3	4	3.2	Liq							3	3	Fog, Foam, DC, CO2		3	2	1	4	3	
m-Chloro Carbanilic Acid-4-Chloro-2-Butynyl Ester	101-27-9	3	2	9.0	Sol	N						0	3	Fog, Foam, DC, CO2		1		1	3		K12. NCF.
Chloro Diisobutyl Aluminum	1779-25-5	2		6.2	.91							3	3	DC, CO2		2	2	2	2		Pyroforic.
2-Chloro-1,1,1,4,4,4,-Hexafluorobutene-2	400-44-2	3		6.9	Var							4	4	DC, CO2		3		1	3		K2.
2-Chloro-1,1,2-Trifluoroethyl Methyl Ether	425-87-6	3		5.2	Liq							4	4	Fog, Foam, DC, CO2		3	2	1	3	2	K2. K10.
2-Chloro-1,1-Bis(Fluorooxy)Tri-Fluoroethane	72985-56-9			8.0	Sol							4	4			6	17	5	2		K3. Unstable. Explosive.
1-Chloro-1,1-Difluoroethane	75-68-3	2	2	3.5	Gas	N	2517	FG		6.2-17.9		4	4	Stop Gas, Fog, Foam, CO2, DC	4	2	2	4	2		K2.
5-Chloro-1,2,3-Thiadiazole	4113-57-9			4.2	Sol							4	4			6	17	5	2		K3. Explosive.
1-Chloro-1-3-Butadiene	627-22-5	3	2	3.0	.96	S	1991	FL	-4	4.0-20.0		4	3	Fog, Alfo, DC, CO2	138	2	2	2	2		K2, K9. TLV 10 ppm. Ether odor.
2-Chloro-1-3-Butadiene	627-22-5	3	2	3.0	.96	S	1991	FL	-4	4.0-20.0		4	3	Fog, Alfo, DC, CO2	138	2	2	2	2		K2, K9. TLV 10 ppm. Ether odor.
3-Chloro-1-Butene	563-52-0	3		3.1	.90	N		FL	-17			4	3	Fog, Alfo, DC, CO2	147	2	1	2	2	2	Volatile.
2-Chloro-1-Ethanal	107-20-0	3	4	2.7	1.2	Y	2232	PB	190			4	2	Fog, Foam, DC, CO2	185	3	1, 11	1	4		TLV 1 ppm. Sharp odor. Slight water reactivity.
3-Chloro-1-Iodopropyne	109-71-7			7.0	Var							3	4			6	17	5	2		RXW Air >117°.
4-Chloro-1-Methylbenzene	106-43-4	2		4.4	1.1	N		CL	126			3	2	Fog, Alfo, DC, CO2	324	1	1	1	2	9	K2.
3-Chloro-1-Methylbenzene		3		4.4	1.1	N			126			3	2	Fog, Alfo, DC, CO2	324	3	1	1	2	11	K2.
2-Chloro-1-Methylbenzene	95-49-8	3	3	4.4	1.1	S	2238	CL	126			4	2	Fog, Alfo, DC, CO2	318	3	1	1	2		K2. TLV 50 ppm.
1-Chloro-1-Nitroethane	598-92-5	3	3	3.7	1.3	S			133			4	3	Fog, Alfo, DC, CO2	344	3	16, 2	2	4	2	TLV 2 ppm.
1-Chloro-1-Nitropropane	600-25-9	4	2	4.2	1.2	S			144			4	3	Fog, Alfo, DC, CO2	285	3	16	1	2		K22.
2-Chloro-1-Nitroso-2-Phenyl Propane	6866-10-0			6.4	Var							4	3	DC, CO2		1					

(70)

Chemical Name	CAS	Tox L	Tox S	Vap Den.	Spec Grav.	Wat Sol.	DOT Number	DOT Cl	Flash Point	Flamma. Limit	Ign. Temp.	Disa. Atm	Disa. Fire	Extinguishing Information	Boil Point	F	R	E	S	H	Remarks
2-Chloro-1-Propanol	78-89-7	3	3	3.3	1.1	Y	2611	PB	125	4.5-16.0		3	2	Fog, Alfo, DC, CO2	261	3	1	2	3	2	K2.
2-Chloro-1-Propene	590-21-6	2	2	2.6	.92	N		FL	<21			3	3	Fog, Foam, DC, CO2	73	3	2	3	2		NOTE: Boiling point.
4'-Chloro-2,2-Dimethylvaleranilide	7287-36-7		3	8.4	Sol							4		CO2, DC		3		1	3		K12.
1-Chloro-2,3-Propylene Dinitrate	2612-33-1			7.0	Liq							4	4			6	17	5	2		K3. Explosive.
4-Chloro-2,5-Dinitrobenzene Diazonium-6-Oxide				8.5	Sol							4	4			6	17	5	2		Shock-sensitive explosive.
1-Chloro-2-(β-Chloroethoxy) Ethane	111-44-4	4	3	4.9	1.2	N	1916	PB	131		696	4	2	Fog, Foam, DC, CO2	353	3	8, 2, 12	2	4	3	K2. Blanket. TLV 5 ppm.
1-Chloro-2-3-Epoxypropane	106-89-8	3	3	3.3	1.2	Y	2023	FL	88	3.8-21.0	772	4	2	Fog, Alfo, DC, CO2	239	3	2	2	3	4	TLV 2 ppm (skin). Exothermic. RVW acids & bases. Chloroform odor.
1-Chloro-2-4-Dinitrobenzene	97-00-7	3	4	7.0	Cry	N	1577	PB	382	2.0-22.0		4	3	Fog, Foam, DC, CO2	599	3	16	3	4		Melts @ 109°. Unstable >300°.
1-Chloro-2-Bromoethane	107-04-0	3		4.9	1.7							3	0	DC, CO2	223	3		1	3	2	Volatile. Chloroform odor. NCF.
1-Chloro-2-Butanone	616-27-3			3.7	Sol							4	4			3		5	2		K3. Unstable explosive.
1-Chloro-2-Butene	4461-41-0	3	3	3.1	.93	N		FL	-13	2.3-9.3		4	3	Fog, Alfo, DC, CO2	143	2	1	2	2		Volatile.
4-Chloro-2-Cyclopentyl Phenol				6.9	Liq							3	3	DC, CO2		3		2	3	3	K2.
2-Chloro-2-Diethylcarbamyl-1-Methyl Vinyl-Dimethyl Phosphate	13347-42-7	4	4	10.	Liq	Y		PB				4		DC, CO2		3		1	4	12	K2, K12.
3-Chloro-2-Fluoropropene	6186-91-0	2	3	3.3	Liq							4		Fog, Foam, DC, CO2		3		1	3		K2.
3-Chloro-2-Hydroxypropyl Perchlorate				6.7	Var							4	3			6	17	5	2		K20.
1-Chloro-2-Methyl Benzene	513-36-0	3		3.2	.90					2.0-8.8		4	2	Fog, Alfo, DC, CO2	156	2	2	2	3		K2.
1-Chloro-2-Methylbenzene	95-49-8	3		4.4	1.1	S	2238	CL	126			3	3	Fog, Alfo, DC, CO2	318	3	1	1	2		K2. TLV 50 ppm.
2-Chloro-2-Methylbutane	594-36-5	3	3	3.7	.87				16	1.5-7.4		4	2	Fog, Foam, DC, CO2	185	2	2	2	2	3	Melts @ 244°.
4-Chloro-2-Methylpenoxy Acetic Acid	92-65-2	3		>1.	Cry							3		Fog, Foam, DC, CO2		3		2	3		K12.
4-Chloro-2-Methylphenoxy-α-propionic Acid	507-20-0	2	2	3.2	.87	N	1127	FL	<32			4	3	Fog, Alfo, DC, CO2	124	2	2	2	3		K2.
2-Chloro-2-Methylpropane	563-47-3	2	2	3.1	.93		2554	FL	-10	2.3-9.3		4	3	Fog, Alfo, DC, CO2	162	2	2	2	4	2	Volatile. Foul odor.
2-Chloro-2-Nitropropane	594-71-8	3	3	4.2	1.2	S			135			4	3	Fog, Alfo, DC, CO2	273	3	16	2	3		Explodes w/fast heat.
1-Chloro-2-Propanol	127-00-4	3	3	3.3	1.1	Y	2611	PB	125			4	1	Fog, Foam, DC, CO2	261	3	1	1	3	2	K7
2-Chloro-2-Propanone	78-95-5	3	3	3.2	1.2	Y	1695	CO				3	3	Fog, Foam, DC, CO2	246	3		1	3	7	RVW ammonia.
3-Chloro-2-Propyne				2.6	Liq							4	3			2		1	1		K12.
o-Chloro-2-α-Trifluoro Toluene	98-56-6	2		6.2	1.4		2234	FL	138			3	3	Fog, Foam, DC, CO2	306	1	1	1	2		K12.
2-Chloro-3(4-Chlorophenyl)Methylpropionate	14437-17-3			1	Sol							3		Fog, Foam, DC, CO2		1		1	2		RXW water or methanol.
1-Chloro-3,3-Difluoro-2-Methoxycyclopropene	59034-34-3			4.9	Var							3		DC, CO2, No Water		5	10	2	2		
6-Chloro-3,4-Xylyl Methyl Carbamate				>1.	Sol									DC, CO2		3		1	3		K12. Melts @ 120°.
4-Chloro-3-Hydroxytoluene	59-50-7	3	3	4.9	Cry	S	2669	PB				4		DC, CO2	455	3		2	3	1	Melts @ 151°. Phenolic odor.
1-Chloro-3-Methyl Propane	513-36-0	3		3.2	.90				21	2.0-8.8		4	3	Fog, Foam, DC, CO2	156	2	2	2	3		K2.
1-Chloro-3-Methylbutane	107-84-6	2	2	3.7	.87	N			16	1.5-7.4		3	3	Fog, Foam, DC, CO2	210	2	2	2	2		K2.
N-Chloro-3-Morpholine				4.7	Var							4				6	17	5	2		K2.
4-Chloro-3-Nitrobenzoic Acid		3		>1.	Pdr							4		DC, CO2		3		2	2	9	K2. Melts @ 338°.
4-Chloro-3-Nitrobenzotrifluoride	35295-56-5	4		7.0	1.5	Sol			275			4	4	Fog, Foam, DC, CO2	432	3	16, 1	2	4		K2.
3-Chloro-3-Trichloromethyldiazirine	72040-09-6			6.8	Sol							4	4			6	17	5	2		K3. Explosive.
N-Chloro-4,5-Dimethyltriazole	3531-19-9			4.6	Sol							4	4			6	17	5	2		Unstable @ room temp.
2-Chloro-4,6-Dinitroaniline				7.6	Sol							4	4			6	17	5	2		K3. Explosive.

Chemical Name	CAS	Tox L S	Vap Den.	Spec Grav.	Wat Sol.	DOT Sol. Number Cl	Flash Point	Flamma. Limit	Ign. Temp.	Disa. Atm Fire	Extinguishing Information	Boil Point	F	R	E	S	H	Remarks
2-Chloro-4-(Hydroxymercuri) Phenol	538-04-5	4 3	12.	Sol	N	PB				4	Fog, Foam, DC, CO2		3		1	3	3	K2.
3-Chloro-4-Diethylaminobenzenediazonium Zinc Chloride		3	>1.	Liq		3033				4 2	Fog, Alfo, DC, CO2		3	1	1	3		K2. Combustible.
1-Chloro-4-Ethyl Benzene		2 2	4.8	1.1	N		147			2 2	Fog, Foam, DC, CO2	364	3	2	1	2	2	
6-Chloro-4-isopropyl-1-Methyl-3-Phenol	59483-61-3	3	6.4	Cry	N					4	Fog, Foam, DC, CO2		3		1	3		K2.
N-Chloro-4-Nitroaniline	23784-96-5		6.0	Var						4			6	17	5	2		Can explode @ room temp.
2-Chloro-5-Chloromethylthiophene			5.8	Sol						4			6	17	5	2		K22. Can explode.
2-Chloro-5-Ethyl-4-Propyl-2-Thiono-1,3,2-Dioxaphosphorinane	10140-94-0	3	8.5	Sol						4	CO2, DC		3		1	3	2	K2.
2-Chloro-5-Nitrobenzenesulfonic Acid	96-73-1		8.3	Var						4			6	17	5	2		Can explode @ 302°.
2-Chloro-5-Nitrobenzotrifluoride		4	7.0	1.5						4 3	Fog, Foam, DC, CO2	432	3	16, 1	2	4	9	K2.
2-Chloro-5-Nitrobenzyl Alcohol			6.6	Sol	N					4 3	DC, CO2		1	20	1	2		R16 >412° Melts @ 174°.
N-Chloro-5-Phenyltetrazole			5.9	Var						3			6	16	5	2		K3.
2-Chloro-6(Trichloromethyl) Pyridine	1929-82-4		5.4	Sol						4 0	Fog, Foam, DC, CO2		3		1	3	9, 2	K2. NCF.
3-Chloro-6-Cyano-2-Norbornanone-o-(Methylcarbamoyl)Oxime	15271-41-7	4	8.5	Sol						4	DC, CO2		3		1	4	12	K12.
4-2-Chloro-6-Nitrotoluene		3	5.9	Sol	N	2433	PB			4 2	Fog, Foam, DC, CO2		3	1	2	3		Melts @ 97°.
2-Chloro-6-Nitrotoluene		3	5.9	Sol	N	2433	PB			4 2	Fog, Foam, DC, CO2		3	1	2	3		Melts @ 97°.
3-Chloro-7-Hydroxy-4-Methyl-Coumarin-O-O-Diethyl Phosphorothioate	56-72-4	4 4	12.	Sol	N	2783	PB			4 1	Fog, Foam, DC, CO2		3		1	4	12	K12.
Chloro-Ethyl Benzene	1331-31-3	2 2	4.8	1.1	N		147			2 2	Fog, Foam, DC, CO2	364	1	2	1	2	2	
3-Chloro-Lactonitrile	33965-80-9		3.7	Liq						4 3	DC, CO2	455	3	16	2	3		K2.
p-Chloro-m-Cresol	59-50-7	3 3	4.9	Cry	S	2669	PB			4	Fog, Alfo, DC, CO2		3		1	3		Melts @ 151°. Phenolic odor.
p-Chloro-m-Xylenol		3	5.4	Cry	S					4			3		1	3	5, 2	Phenolic odor.
2-Chloro-N,N,N'-Trifluoropropionamidine	25238-02-2		5.6	Sol						4			6	17	5	2		K3. Explosive.
2-Chloro-N,N-Diallylacetamide	93-71-0	3 3	6.0	1.1	S					4	DC, CO2	165	3		1	3		K2. K12.
2-Chloro-N-isopropylacetamide	1918-16-7		7.4	Sol		2233	PB			4	DC, CO2		3		1	3		K12. Melts @ 152°.
p-Chloro-o-Anisidine	5345-54-0	3 3	5.5	Sol						4	Fog, Alfo, DC, CO2	295	3		1	3	2	K2.
Chloro-o-Phenylphenol		3	>1.	1.2			273			4	DC, CO2		3	1	1	3		K12.
4-Chloro-o-Toluidine Hydrochloride	10140-97-3	3 3	6.4	Var		1579	PB			3	Fog, Foam, DC, CO2		3		1	3		K2.
α-Chloro-p-Nitrostyrene			7.0	1.5	N					4			3		1	3		K2.
2-Chloro-α-α-α-Trifluoro-5-Nitrotoluene		4					275			4 3	Fog, Foam, DC, CO2	432	3	16, 1	2	4	9	
o-Chloro-α-α-α-Trifluorotoluene	98-56-6	2	6.2	1.4		2234	FL	138		3 2	Fog, Foam, DC, CO2	306	1	1	1	2		
Chloroacetaldehyde (2-)	107-20-0	3	2.7	1.2	Y	2232	PB	190		4 2	Fog, Foam, DC, CO2	185	3	1, 11	1	4		TLV 1 ppm. Sharp odor. Slight water reactivity.
Chloroacetamide Oxime	3272-96-6		3.8	Var						4 4			6	17	5	2		K3. Explosive.
Chloroacetic Acid (Liquid)	79-11-8	4 4	3.3	1.6	Y	1750	CO	259		>932	4 1	Fog, Alfo, DC, CO2	372	3		2	4	3	K2.
Chloroacetic Acid (Solid)		3 3	3.3	Cry	Y	1751	CO			4 1	Fog, Alfo, DC, CO2	372	3		1	4	3	If liquefied, see next above. NCF.
Chloroacetic Anhydride			>1.	Cry	Y					4	Fog, Foam, DC, CO2	397	3		1	3		Melts @ 124°.
Chloroacetone (Stabilized)	78-95-5	3 3	3.2	1.2		1695	CO			4 1	Foam, DC, CO2	246	3	7	1	3	7	K7
2-Chloroacetonitrile	107-14-2	3 4	2.6	Cry		2668	PB			4 3	Foam, DC, CO2		3	7	2	4	2	K2. Flammable.
α-Chloroacetonitrile	107-14-2	3 4	2.6	Cry		2668	PB			4 3	Foam, DC, CO2		3	7	2	4	2	K2. Flammable.
Chloroacetonitrile	107-14-2	3 4	2.6	Cry		2668	PB			4 3	Foam, DC, CO2		3	7	2	4	2	K2. Flammable.
4-Chloroacetophenone	99-91-2	3	5.2	Cry	Y					4 1	Fog, Foam, DC, CO2	459	3		1	3	7	Fragrant odor. Melts @ 133°.

Chemical Name	CAS	Tox L S	Vap Den.	Spec Grav.	Wat Sol	DOT Number	DOT Cl	Flash Point	Flamma. Limit	Ign. Temp.	Disa. Atm Fire	Extinguishing Information	Boil Point	F	R	E	S	H	Remarks
p-Chloroacetophenone	99-91-2	3	5.2	Cry							4 1	Fog, Foam, DC, CO2	459	3	1	1	3	7	Fragrant odor. Melts @ 133°.
2-Chloroacetophenone	532-27-4	3 3	5.2	1.2	N	1697	IR	244			4 1	Fog, Foam, DC, CO2	477	3	1	1	3	7	TLV <1 ppm. CN Tear gas.
Omega-Chloroacetophenone	532-27-4	3 3	5.2	1.2	N	1697	IR	244			4 1	Fog, Foam, DC, CO2	477	3	1	1	3	7	TLV <1 ppm. CN Tear gas.
1-Chloroacetophenone	532-27-4	3 3	5.2	1.2	N	1697	IR	244			4 1	Fog, Foam, DC, CO2	477	3	1	1	3	7	TLV <1 ppm. CN Tear gas.
α-Chloroacetophenone	532-27-4	3 3	5.2	1.2	N	1697	IR	244			4 1	Fog, Foam, DC, CO2	477	3	1	1	3	7	TLV <1 ppm. CN Tear gas.
Chloroacetophenone	532-27-4	3 3	5.2	1.2	N	1697	IR	244			4 1	Fog, Foam, DC, CO2	477	3	1	1	4	7	TLV <1 ppm (skin). NCF.
Chloroacetyl Chloride	79-04-9	3 4	3.9	1.5		1752	CO				4 0	DC, CO2	221	3		2	3		Unstable - can explode. Pyrotoric.
Chloroacetylene	593-63-5	3	2.1	Liq							3			3	2	2			Eyes.
Chloroacrolein		3 4	3.1	1.2			PB				4			3					
α-Chloroacrylonitrile	920-37-6	3 3	3.1	Liq				46			3 3	Fog, Foam, DC, CO2		3	2	2	3	2	K2.
2-Chloroacrylonitrile	920-37-6	3 3	3.1	Liq				46			3 3	Fog, Foam, DC, CO2		3	2	2	3	2	K2.
Chloroacrylonitrile	920-37-6	3 3	3.1	Liq				46			3 3	Fog, Foam, DC, CO2		3	2	1	4	3	K2.
γ-Chloroallyl Chloride	542-75-6	2 4	3.8	1.2				95			3 3	Fog, Foam, DC, CO2	217	2	2	1	3	3	K12.
α-Chloroallyl Chloride	542-75-6	2 4	3.8	1.2				95			3 3	Fog, Foam, DC, CO2	217	2	2	1	3	3	K12.
p-Chloroaniline	106-47-8	3 4		Cry	N		PB				3	Fog, Foam, DC, CO2	450	3		1	3	2	K2.
4-Chloroaniline	106-47-8	3 4		Cry	N		PB				3	Fog, Foam, DC, CO2	450	3		1	3	2	K2.
m-Chloroaniline	108-42-9	3 4	4.4	Sol	S	2018	PB				4	Fog, Foam, DC, CO2	446	3		1	3	2	K2.
3-Chloroaniline	108-42-9	3 4	4.4	Sol	S	2018	PB				4	Fog, Foam, DC, CO2	446	3		1	3	2	K2.
o-Chloroaniline	95-51-2	3 4	4.4	1.2	N	2019	PB				4	Fog, Foam, DC, CO2	406	3		1	3	2	K2.
2-Chloroaniline	95-51-2	3 4	4.4	1.2	N	2019	PB				4	Fog, Foam, DC, CO2	406	3		1	3	2	K2.
Chloroaniline (Liquid)	95-51-2	3	4.4	1.2	N	2019	PB				4	Fog, Foam, DC, CO2	406	3		1	3	2	K2.
Chloroaniline (Solid)	108-42-9	3	4.4	Sol	S	2018	PB				4	Fog, Foam, DC, CO2	446	3		1	3	2	K2.
3-Chloroanisidine	5345-54-0	3 5	5.5	Sol		2233	PB				4	Fog, Alfo, DC, CO2		3		1	3	2	K2.
Chloroanisidine	5345-54-0	3 5	5.5	Sol		2233	PB				4	Fog, Alfo, DC, CO2		3		1	3	2	K2.
Chloroazide	13973-88-1	4	2.7	Gas							4 4			6	8	4	4		K3. Unstable. Explosive Gas. When heated, may explode.
Chloroazodin			6.3	Cry							3 4			6	17	5	2		K3. RW metals. Explodes @ 311°.
2-Chlorobenzaldehyde	89-98-5	2 2	4.9	Sol	N			190			4 2	Fog, Foam, DC, CO2	417	1	1	1	2	2	Melts @ 114°.
o-Chlorobenzaldehyde	89-98-5	2 2	4.9	Sol	N			190			4 2	Fog, Foam, DC, CO2	417	1	1	1	2	2	Melts @ 114°.
o-Chlorobenzalmalonontrile	2698-41-1	3 3	6.5	Sol			PB				4 0	Fog, Foam, DC, CO2	595	3		1	3	3	K2. TLV <1 ppm. Melts @ 203°. NCF.
Chlorobenzene	108-90-7	3 2	3.9	1.1	N	1134	FL	85	1.3-9.6	1099	3	Fog, Foam, DC, CO2	268	4	2	2	3	10	K2. ULC: 50. Blanket. TLV 75 ppm.
Chlorobenzol	108-90-7	3 2	3.9	1.1	N	1134	FL	85	1.3-9.6	1099	3	Fog, Foam, DC, CO2	268	4	2	2	3	10	K2. ULC: 50. Blanket. TLV 75 ppm.
p-Chlorobenzonitrile	623-03-0	3 2	4.7	Cry							4	Fog, Foam, DC, CO2		1	1	1	3	2	K2.
o-Chlorobenzonitrile	873-32-5	3 2	4.7	Cry							4	Fog, Foam, DC, CO2		1	1	1	3	2	K2.
m-Chlorobenzotrifluoride	98-56-6	2 2	6.2	1.4		2234	FL	116			3 2	Fog, Foam, DC, CO2	306	1	6, 11	1	2	2	
p-Chlorobenzotrifluoride	98-56-6	2 2	6.2	1.4		2234	FL	138			3 2	Fog, Foam, DC, CO2	306	1	1	1	2	2	
Chlorobenzotrifluoride	98-56-6	2	6.2	1.4		2234	FL	138			3 2	Fog, Foam, DC, CO2	306	1	1	1	2	2	
p-Chlorobenzoyl Peroxide	94-17-7		>1.	Liq		2115	OP				3 4	Fog, Foam, DC, CO2		6	16, 4, 22	3	2		Inhibited. RVW contaminants. May explode >100°.

(73)

Chemical Name	CAS	Tox L	Tox S	Vap Den	Spec Grav	Wat Sol	DOT Number	DOT Cl	Flash Point	Flamma. Limit	Ign. Temp.	Disa. Atm Fire	Extinguishing Information	Boil Point	F	R	E	S	H	Remarks
p-Chlorobenzoyl Peroxide	94-17-7			>1.	Liq		2114	OP				3	4	Fog, Foam, DC, CO2		6	16, 4, 22	3	2		Inhibited. RVW contaminants. May explode >100°.
p-Chlorobenzoyl Peroxide	94-17-7			11.	Pdr		2113	OP				3	4	Fog, Foam, DC, CO2		6	16, 4, 22	3	2		Inhibited. RVW contaminants. May explode >100°.
o-Chlorobenzyl Chloride	104-83-6		3	5.5	1.3	N	2235	PB					4	Fog, Foam, DC, CO2	421	3		1	3	3	K2.
p-Chlorobenzyl Chloride	104-83-6		3	5.5	1.3	N	2235	PB					4	Fog, Foam, DC, CO2	421	3		1	3	3	K2.
o-Chlorobenzylidene Malonitrile	2698-41-1	3	3	6.5	Sol			PB					0	Fog, Foam, DC, CO2	595	3		1	3	3	K2. TLV <1 ppm. Melts @ 203°. NCF.
Chlorobiphenyl	1336-36-3	3	3	>1.	Var	N	2315	OM	383			4	1	Fog, Alfo, DC, CO2		3	1	1	1	3	K2. Some are NCF.
sym-Chlorobromoethane	107-04-0	3		4.9	1.7							3	0	DC, CO2	223	3		1	3	2	Volatile. Chloroform odor. NCF.
Chlorobromoethane	107-04-0	3		4.9	1.7							3	0	DC, CO2	223	3		1	3	2	Volatile. Chloroform odor. NCF.
Chlorobromomethane	74-97-5	3	3	4.4	1.9	N	1887	OM				4	0	Fog, Foam, DC, CO2	154	3		1	3	3, 11	Sweet odor. Halon 1011. TLV 200 ppm. NCF.
Chlorobromophosgene		4	4	4.9	1.8							4									
Chlorobromopropane (ALSO: omega-)	109-70-6	3	3	5.5	1.6		2688	PB				4	0	Fog, Foam, DC, CO2		3		1	3	2	K2. NCF.
Chlorobutadiene	126-99-8	3	2	3.1	.96	S	1991	FL	-4	4.0-20.0		3	3	Fog, Foam, DC, CO2	138	2	2	2	2	9	K2, K10. RVW Fluorine. TLV 10 ppm. Ether odor.
1-Chlorobutadiene	627-22-5	3	2	3.0	.96	S	1991	FL	-4	4.0-20.0		4	3	Fog, Alfo, DC, CO2	138	2	2	2	2	2	K2, K9. TLV 10 ppm. Ether odor.
2-Chlorobutane	78-86-4	2	2	3.2	.87	N	1127	FL	14			4	3	Fog, Alfo, DC, CO2	155	2	2	2	2	2	K2.
1-Chlorobutane	109-69-3	2	2	3.2	.88	N	1127	FL	15	1.8-10.1	464	4	1	Fog, Alfo, DC, CO2	170	2	2	2	2	2	K2.
Chlorobutanol	57-15-8	3		6.1	Cry							4	3	Fog, Alfo, DC, CO2	333	3	12	1	2	2	K7, Camphor Odor
2-Chlorobutene-2	4461-41-0	3	3	3.1	.93	N			-13	2.3-9.3		4	3	Fog, Alfo, DC, CO2	143	3	1	2	2	10, 9	Volatile.
Chlorocresol	59-50-7	3		4.9	Cry	S	2669	PB				4	3		455	3		1	3		Melts @ 151°. Phenolic odor.
Chlorocyanoacetylene	2003-31-8			3.0	Liq							4	3			3	2	2	2		K22 Pyroforic.
Chlorocyanohydrin	545-06-2	3	3	6.0	Cry							4		No Water	428	5	6, 11	1	3	2	K2. Melts @ 142°
3-Chlorocyclopentene	96-40-2			3.7	Liq							3		Fog, Foam, DC, CO2		2	1	2	2		
α-Chlorodiallyl Acetamide	93-71-0			3.6	Liq	S			61			4				2	16	2	1		K22. Unstable.
Chlorodiborane	17927-57-0			6.0	1.1							4	3	DC, CO2	165	3		1	3		K2, K12.
Chlorodiethylaluminum	96-10-6	3	3	2.2	Liq		1101	FL				3	3	DC, Sand, No Water, No Halon	12	3	10, 2, 7	3	4	16	Pyroforic.
Chlorodiethylborane	5314-83-0			4.1	Liq	N						3	3	DC, CO2	406	5	2	3	4		K2. Pyroforic.
Chlorodifluoroacetyl Hypochlorite	68674-44-2			3.6	Liq								3			2	2	2	2		Pyroforic.
				5.8	Var								4	DC, CO2		6	17	4	2		Unstable above 72°. Can explode.
Chlorodifluorobromomethane	353-59-3	2		5.0	Gas		1974	CG				3	0	Fog, Foam, DC, CO2		1		1	2	1	Halon 1211. NCF.
Chlorodifluoroethane	75-68-3	2	2	3.5	Gas	N	2517	FG		6.2-17.9		4	4	Stop Gas, Fog, Foam, CO2, DC	4	2	2	4	2	1	K2.
Chlorodifluoromethane (Freon 22)	75-45-6	2	2	3.9	Gas	S	1018	CG				3	0	Fog, Foam, DC, CO2	-41	1		1	1	1	K2. Refrigerant. NCF. TLV 1000 ppm.
Chlorodifluoromethane and Chloropentafluoroethane Mixture				4.0	Gas	N	1973	CG				3	0	Fog, Foam, DC, CO2		1		1	2	1	Refrigerant. NCF.
Chlorodifluoromethane and Chloropentafluoroethane Mixture		2	2	4.0	Gas	N	1078	CG				3	0	Fog, Foam, DC, CO2		1		1	2	1	Refrigerant. NCF.
β-Chlorodimethylamino Diborane				3.7	Liq							4	3	DC, CO2		2	2	2	2		Pyroforic.

(74)

Chemical Name	CAS	Tox L	Tox S	Vap Den.	Spec Grav.	Wat Sol.	DOT Number	DOT Cl	Flash Point	Flamma. Limit	Ign. Temp.	Disa. Atm	Disa. Fire	Extinguishing Information	Boil Point	F	R	E	S	H	Remarks
Chlorodimethylphosphine	811-62-1			3.4	Liq									DC, CO2		2		2	2		Pyroforic.
Chlorodinitrobenzene	25567-67-3	3	4	7.0	Cry	N	1577	PB	382			4	4	Fog, Foam, DC, CO2	599	3	16	3	4		Unstable >300°.
2-1-4-Chlorodinitrobenzene	97-00-7	3	4	7.0	Cry	N	1577	PB	382			4	4	Fog, Foam, DC, CO2	599	3	16	3	4		Melts @ 109°. Unstable >300°.
Chlorodinitrobenzol	25567-67-3	3	4	7.0	Cry	N	1577	PB	382			4	4	Fog, Foam, DC, CO2	599	3	16	3	4		Unstable >300°.
Chlorodiphenyl	11097-21-9	3	3	>1.	1.4	N			383			4	1	Fog, Foam, DC, CO2	644	3	1	1	3	5, 2	K2.
Chlorodiphenyl Arsine	712-48-1	4		9.1	1.4	N	1699	PB				4		Fog, Foam	631			2	4	8, 3	Sneezing Gas. Decon w/caustic soda.
Chlorodipropylborane	22086-53-9			4.6	Liq							3	3	CO2, DC		2	2	2	2		Pyroforic.
Chloroethane	75-00-3	2	3	2.2	.92	N	1037	FL	-58	3.8-15.4	996	4	3	Fog, Foam, DC, CO2	54	3	2, 8		4		TLV 1000 ppm. RW active metals. Ether odor. Note: Boil pt.
2-Chloroethane Sulfochloride	1622-32-8	4		5.7	Liq							3		CO2, DC		3		1	4		K2.
Chloroethanoic Acid	79-11-8	4	4	3.3	1.6	Y	1750	CO	259		>932	4	1	Fog, Alfo, DC, CO2	372	3	8, 2	2	4	4	TLV 1ppm (skin). Ether odor.
2-Chloroethanol	107-07-3	3	4	2.8	1.2	Y	1135	PB	140	4.9-15.9	797	4	2	Fog, Alfo, DC, CO2	264	3	2	2	4	4	TLV 5 ppm.
2-Chloroethene	75-01-4	3		2.1	Gas	N	1086	FG	18	3.6-33.0	882	4	4	Stop Gas, Fog, DC, CO2	7	2	2	4	3	3, 13	K9, K10. TLV 5 ppm.
2-Chloroethyl Acetate		2	3	4.2	1.2	N	1181	PB	151			4		Fog, Foam, DC, CO2	291	3	2, 8	2	3	3	K2. Fruity odor.
Chloroethyl Acetate	105-39-5	2	3	4.3	1.2	N	1181	PB	100			4	2	Fog, Foam, DC, CO2	293	3	2, 8	2	3	3	K2. Fruity odor.
β-Chloroethyl Acrylate	2206-89-5			4.7	Liq							4		Foam, DC, CO2		3		1	4	16	K2
2-Chloroethyl Acrylate				4.7	Liq							4		Foam, DC, CO2		3		1	4	16	K2
β-Chloroethyl Alcohol	107-07-3	3	4	2.8	1.2	Y	1135	PB	140	4.9-15.9	797	4	2	Fog, Alfo, DC, CO2	264	3	8, 2	2	4	4	TLV 1ppm (skin). Ether odor.
2-Chloroethyl Alcohol	107-07-3	3	4	2.8	1.2	Y	1135	PB	140	4.9-15.9	797	4	2	Fog, Alfo, DC, CO2	264	3	8, 2	2	4	4	TLV 1ppm (skin). Ether odor.
β-Chloroethyl Chlorosulfonate				6.2	Liq							4		Fog, Foam, DC, CO2		3		1	4		K2.
2,2'-Chloroethyl Ether	693-07-2	4		4.9	1.2	N					696	4	2	Fog, Foam, DC, CO2	352	3	1	1	4	5	K2.
2-Chloroethyl Ethyl Sulfide	693-07-2			4.8	1.1							4		Fog, Foam, DC, CO2		3		1	3		K2.
Chloroethyl Ethyl Sulfide				4.8	1.1							4		Fog, Foam, DC, CO2		3		1	3		K2.
2-Chloroethyl Fluoroacetate	1537-62-8	3		4.9	Var							4		CO2, DC		3		1	4		K2. Melts @ 378°.
Chloroethyl Mercury	107-27-7	4		9.3	Sol							4		CO2, DC		3		1	4		K2.
2-Chloroethyl Methacrylate	1888-94-4			5.2	Var							4	3	Fog, Alfo, DC, CO2	228	3	1	2	3	3	K7, K10.
2-Chloroethyl Vinyl Ether	110-75-8	3	3	3.7	1.1	S		FL	80			4		CO2, DC		3		1	3		K2.
N-(2-Chloroethyl)Diethylamine	100-35-6	3		4.7	Liq							3		CO2, DC		3		1	3		K2.
4-(2-Chloroethyl)Morpholine	3240-94-6	4		5.2	Var							4		CO2, DC		3		1	4		K2.
2-Chloroethyl-2-Hydroxyethyl Sulfide	693-30-1			4.9	Var							4		CO2, DC		3		1	4		K2.
2-Chloroethyl-N-Nitrosourethane	6296-45-3	4		6.3	Var							4		CO2, DC		3		1	4		K2.
2-Chloroethyl-γ-Fluorobutyrate		3		5.9	Var							4		CO2, DC		3		1	4		K2.
2-Chloroethylamine	689-98-5			2.8	Liq							4	4			6	22	3	2		K9. Unstable.
2-Chloroethylchloroformate	027-11-2	4	3	4.9	1.4	N						4	1	Fog, Foam, DC, CO2	313	3	3, 9	1	4	3	K2, K24.
β-Chloroethylchloroformate	027-11-2	4	3	4.9	1.4	N						4	1	Fog, Foam, DC, CO2	313	3	3, 9	1	4	3	K2, K24.
2-Chloroethylchloroformate	027-11-2	4	3	4.9	1.4	N						4	1	Fog, Foam, DC, CO2	313	3		1	4	3	K2, K24.
Chloroethylene	75-01-4	3		2.1	Gas	N	1086	FG	18	3.6-33.0	882	4	4	Stop Gas, Fog, DC, CO2	7	2	2	4	3	3, 13	K9, K10. TLV 5 ppm.
Chloroethyne				2.0	Gas							4	4			-24	1	3, 9	4	2		K7. Pyroforic.
Chloroethyne				2.0	Gas							4	4			-24	2	3, 9	4	2		K7, K11. Pyroforic.
Chlorofenvinfos	470-90-6	4	4	12.	Liq	S						4	0	Fog, Foam, DC, CO2	333	3		1	4	12	K12. NCF.
Chlorofenvinphos	470-90-6	4	4	12.	Liq	S						4	0	Fog, Foam, DC, CO2	333	3		1	4	12	K12. NCF.

(75)

Chemical Name	CAS	Tox L	Tox S	Vap Den	Spec Grav.	Wat Sol.	DOT Number	DOT Cl	Flash Point	Flamma. Limit	Ign. Temp.	Disa. Atm	Disa. Fire	Extinguishing Information	Boil Point	F	R	E	S	H	Remarks
Chlorofluoromethane	593-70-4	3		2.4	Gas							4	0	Fog, Foam, DC, CO2		3		1	2		K2. NCF.
Chloroform	67-66-3	3	2	4.1	1.5	S	1888	OM				4	1	Fog, Foam, DC, CO2	142	3		1	3	13	RVW active metals. Ether odor. TLV<50 ppm. NCF.
Chloroformamidinium Nitrate	75524-40-2			4.9	Sol							4	4			6	17	5	2		K3. Explosive. RVW ammonia or amines.
Chloroformate, n.o.s.		4	4	>1.	Liq		2742	PB				4	1	Fog, Alfo, DC, CO2	261	3		1	4	3	
Chloroformoxime		4	4	2.7	Sol	Y			95			4		CO2		3		1	4		Unstable >70°. Keep cool.
1-Chlorohexane				4.2	.88	N						4	3	Fog, Foam, DC, CO2	270	3	1	1	2	2	K2.
Chlorohexyl Isocyanate		3		5.6	Var							4	0	DC, CO2		3		1	3		K2.
Chlorohydric Acid	7647-01-0	3		1.3	1.2	Y	1050	PA				4	0	Fog, Foam	-121	3	21, 6, 14	2	4	3, 16	K16, K24. TLV 5 ppm. RVW aluminum. NCF.
Chlorohydrin (α-)	96-24-2	3		3.9	1.3	S	2689	PB				3	1	Fog, Foam, DC, CO2	415	3	1	1	3	2	K2. Can burn.
Chlorohydroquinone	615-67-8		3	5.0	Var							3		DC, CO2		3		1	3		K2.
Chloroiodoacetylene	25660-71-1			6.5	Sol							3	4			3		5	3		K3. Explosive.
Chloroisopropyl Alcohol	78-89-7	3	3	3.3	1.1	Y	2611	PB	125			3	2	Fog, Alfo, DC, CO2	261	3	1	2	3	2	K2.
Chloromephos (Common name)	24934-91-6	4	3	8.2	1.3	S						4	1	Fog, Foam, DC, CO2	178	3	1	2	4	12	K2, K12.
o-Chloromercuriphenol	90-03-9	2	3	11.	Cry	N						3		DC, CO2		1		1	2	2	Antiseptic.
Chloromercuriphenol	90-03-9	2	2	11.	Cry	N						3		DC, CO2		1		1	2	2	Antiseptic.
Chloromethane	74-87-3	3		1.8	Gas	S	1063	FG	<32	8.1-17.4	1170	4	4	Stop Gas, Fog, DC, CO2	11	2	2	4	3	4	Ether odor. RVW active metals. TLV 50 ppm
Chloromethoxy Ethane	3188-13-4	4		>1.	Liq		2354	FL	-2			4	3	Fog, Alfo, DC, CO2		2	2	2	3		K2.
Chloromethyl Bismuthine	65313-33-9			9.6	Var							3	3	DC, CO2		2	2	1	2		K2. Pyroforic.
Chloromethyl Chloroformate	22128-62-7	4	4	4.4	1.5		2745	PB				4	1	Fog, Foam, DC, CO2	225	3		1	4	2	K2.
Chloromethyl Chlorosulfonate		4		4.4	1.6		2745	PB				4	1	Fog, Foam, DC, CO2	122	3		2	3		K2.
Chloromethyl Ethyl Ether	3188-13-4	4		>1.	Liq		2354	FL	-2			4	3	Fog, Alfo, DC, CO2		2	2	2	3		K2.
Chloromethyl Methyl Ether	107-30-2	4		3.8	Liq		1239	FL	73			4	3	DC, CO2, No Water	138	3	2	2	4		K2. No Water Flammable.
α-Chloromethyl Naphthalene	86-52-2		3	6.2	1.2	N			270		1036	3	1	Fog, Foam, DC, CO2	498	3	1	1	3		K2.
1-Chloromethyl Naphthalene	86-52-2		3	6.2	1.2	N			270		1036	3	1	Fog, Foam, DC, CO2	498	3	1	1	3		K2.
Chloromethyl Oxirane	106-89-8	3	3	3.3	1.2	Y	2023	FL	88	3.8-21.0	772	4	2	Fog, Alfo, DC, CO2	239	3	2	2	3	4	TLV 2 ppm (skin). Exothermic. RW acids & bases. Chloroform odor.
S-(Chloromethyl)-O-O-Diethyl Phosphorodithioate	24934-91-6	4	4	8.2	1.3							4	1	Fog, Alfo, DC, CO2	178	3	1	2	4	12	K2, K12.
(Chloromethyl)Trichlorosilane	1558-25-4	3	3	6.4	Var	S						3		DC, CO2		3		1	3		K2.
3-Chloromethylfuran	615-88-9			4.1	Liq								4			6	17	5	2		K22. Unstable.
Chloromethylmethyldiethoxy Silane	2212-10-4	3		6.4	Var		2236	PB				4		DC, CO2		3		1	3	3	K2.
Chloromethylphenyliisocyanate		4	4	>1.	Liq							4	4	Fog, Alfo, DC, CO2		3		1	4		K2.
Chloromethylsilicane		4	4	.94	Gas							4	4	Stop Gas, Fog, DC, CO2	45	3	2	3	4		Can explode. Pyroforic.
2-Chloromethylthiophene	617-88-9			4.6	Cry							4	4			6	17, 2	5	2		K3, K22.
1-Chloronaphthalene	90-13-1	2	2	5.6	1.2	N			121		1036	3	1	Fog, Foam, DC, CO2	498	3					
α-Chloronaphthalene	90-13-1	2	2	5.6	1.2	N			121		1036	3	1	Fog, Foam, DC, CO2	498	3	2	2	3	4	
Chlorophthalene	90-13-1	2	2	5.6	1.2	N			121		1036	3	1	Fog, Foam, DC, CO2	498	3					
Chloronitroaniline Compounds		3		>1.	Sol		2237	PB				3	1	CO2, DC		3	1	1	2		K2.
Chloronitrobenzene Compounds		4		5.4	Var	N	1578	PB	>100		460	4	1	Fog, Foam, DC, CO2		3	1	1	4		K2.

Chemical Name	CAS	Tox L S	Vap Den	Spec Grav	Wat Sol	DOT Number	DOT Cl	Flash Point	Flamma. Limit	Ign. Temp	Disa. Atm Fire	Extinguishing Information	Boil Point	F	R	E	S	H	Remarks
Chloronitroethane-1-1	598-92-5	3 3	3.7	1.3	S			133			4 3	Fog, Alfo, DC, CO2	344	3	16, 2	2	3		
Chloronitrotoluene		3 3	5.9			2433	PB				4 2	Fog, Foam, DC, CO2		3	1	2	3		Melts @ 97°.
Chloronium Perchlorate			4.8	Var							3 4	DC, CO2		6	16	2	2		K21 >explodes.
Chloropentafluoroacetone Hydrate	6984-99-2		3	Sol							3	DC, CO2		3		1	3		K2.
1-Chloropentafluoroethane	76-15-3	2 2	5.3	Gas	N	1020	CG		1.4-8.6		4 0	Fog, Foam, DC, CO2	-38	1		1	1	1	TLV 1000 ppm. NCF.
1-Chloropentane	543-59-9	2	3.7	.88	N	1107	FL	38		500	4 3	Fog, Foam, DC, CO2	223	2	2	2	2		K2. Sweet odor.
3-Chloroperoxybenzoic Acid	937-14-4		6.0	Sol	N	2755	OP				3 3	Fog, Flood		2	16, 4	2	2	11	Melts @ 201°. Organic peroxide.
3-Chloroperoxybenzoic Acid (<57% w/Water & 3-Chlorobenzoic Acid)			>1.	Sol	Y	3081	OP				3 3	Fog, Flood							Organic peroxide.
Chlorophacinone	3691-35-8	4	13.	Cry	N						3	DC, CO2		3		1	4	2	K12. Melts @ 282°.
Chlorophenamidine	6164-98-3	4	6.9	Cry	S						3	DC, CO2		3		1	3	2	K12. Melts @ 90°.
Chlorophenamidine Hydrochloride	19750-95-9	3	8.1	Cry	Y						3	DC, CO2		3		1	3	2	K12.
Chlorophenate (Solid)		4 4	>1.	Sol		2905	CO				4	DC, CO2		3		1	4	16	
Chlorophenate (Liquid)		4 4	>1.	Liq		2904	CO				4	Fog, Alfo, DC, CO2		3		1	4	5	
4-Chlorophenol	106-48-9	3 3	4.4	Cry	Y	2020	PB	250			3 1	Fog, Alfo, DC, CO2	423	3	1	2	4	5	Melts @ 109°. Bad odor.
p-Chlorophenol	106-48-9	3 3	4.4	Cry	Y	2020	PB	250			3 1	Fog, Alfo, DC, CO2	423	3	1	2	4	5	Melts @ 109°. Bad odor.
2-Chlorophenol	95-57-8	3	4.4	1.3	Y	2021	PB	147			3 2	Fog, Alfo, DC, CO2	345	3	1	1	4	5	K2.
o-Chlorophenol	95-57-8	3	4.4	1.3	Y	2021	PB	147			3 2	Fog, Alfo, DC, CO2	345	3	1	1	4	5	K2.
3-Chlorophenol	108-43-0	4 4	4.4	Cry	S	2020	PB	>112			3 2	Fog, Alfo, DC, CO2	417	3	1	1	4	5	Phenol odor. Melts @ 92°.
m-Chlorophenol	108-43-0	4 4	4.4	Cry	S	2020	PB	>112			3 2	Fog, Alfo, DC, CO2	417	3	1	1	4	5	Phenol odor. Melts @ 92°.
Chlorophenothane	50-29-3	3 2	12.	Pdr	N	2761	OM				3 0	Fog, Foam, DC, CO2		1		1	2	2	K12. RW alkalines. Melts @ 228°. NCF.
2-(4-Chlorophenoxy) Ethanol	1892-43-9		6.0	Liq							4	DC, CO2		3		1	3	3	
2-(p-Chlorophenoxy) Ethanol	1892-43-9		6.0	Liq							4	DC, CO2		3		1	3	3	
p-Chlorophenyl Isocyanate	104-12-1	3	5.3	Sol	N			230			3 1	Fog, Foam, DC, CO2	399	3	1	1	3	3	K2. Melts @ 88°.
m-Chlorophenyl Isocyanate	2909-38-8	3	5.3	Liq	N			215			3	DC, CO2	214	3		1	3	3	K2.
2-Chlorophenyl Thiourea	5344-82-1		6.5	Var							4	DC, CO2		1		1	2	9	K24.
1-(4-Chlorophenyl)-3-(2,6-Difluorobenzoyl)Urea	35367-38-5	3	11.	Var							4	DC, CO2		3		1	1	5	K12.
S-((p-(Chlorophenylthio)Methyl)-O-O-Diethyl Phosphorodithioate	786-19-6	4	12.	1.3	N		PB				4 0	DC, CO2	180	3		1	4	12	K2, K12. NCF.
Chlorophenyltrichlorosilane	26571-79-9	4	8.5	1.4	S	1753	CO	255			3 1	Alfo, DC, CO2	446	3	8, 5	1	4	3	May RVW water.
Chloropicrin	76-06-2	4	6.7	1.7	S	1580	PB				4 0	Fog, Foam, DC, CO2	234	3		2	4	3	K12. TLV <1 ppm. Vomiting gas. NCF.
Chloropicrin and Methyl Bromide Mixture		4	>1.	Liq	S	1581	PA				4	Stop Gas, Fog, DC, CO2		3		2	4		K2, K12. NCF.
Chloropicrin and Methyl Chloride Mixture		4	>1.	Gas	S	1582	PA				4 3	Stop Gas, Fog, DC, CO2		3		2	4		K2, K12. Flammable.
Chloropicrin Mixture Gas Mixture		4	>1.	Gas	S	1955	PA				4 0	Fog, Foam, DC, CO2		3		2	4	3	K2. NCF.
Chloropicrin Mixture, Flammable		4	>1.	Liq	S	2929	FL				4 3	Fog, Alfo, DC, CO2		3	2	2	4	3	K2. Flammable.
Chloropicrin Mixture, n.o.s.		4	>1.	Liq	N	1583	PB				4 0	Fog, Foam, DC, CO2		3		2	4	3	K2. NCF.
Chloroplatinic Acid, Solid	16941-12-1		18.	Cry	Y	2507	CO				3	Fog, Foam, DC, CO2		3		1	3	3	Melts @ 140°.
Chloroprene (Inhibited)	627-22-5	3 2	3.0	.96	S	1991	FL	-4	4.0-20.0		4 3	Fog, Foam, DC, CO2	138	2	2	2	2	3	K2, K9. TLV 10 ppm. Ether odor.
2-Chloropropane	75-29-6	2	2.7	.86	N	2356	FL	-26	2.8-10.7	1100	3 3	Fog, Foam, DC, CO2	95	2	2	2	2	13	NOTE: Boiling point.

(77)

Chemical Name	CAS	Tox L	Tox S	Vap Den	Spec Grav	Wat Sol	DOT Number	DOT Cl	Flash Point	Flamma. Limit	Ign. Temp.	Disa. Atm Fire	Extinguishing Information	Boil Point	F	R	E	S	H	Remarks
1-Chloropropane	540-54-5	2	3	2.7	.89	N	1278	FL	<0	2.6-11.1	968	3 3	Fog, Foam, DC, CO2	117	2	2	2	3	11, 3	Chloroform odor.
1-Chloropropane	540-54-5	2	3	2.7	.89	N	1278	FL	<0	2.6-11.1	968	3 3	Fog, Foam, DC, CO2	117	2	2	2	3	11, 3	Chloroform odor.
Chloropropane Diol-1,3	1331-07-3	2	2	3.9	Liq										3		1	3	2	K2.
3-Chloropropanenitrile	542-76-7	3		3.1	1.1	Y	2511	CO	168			4 2	Fog, Alfo, DC, CO2	349	3	1	2	3	2	K2.
3-Chloropropanol (-1)	78-89-7	3		3.3	1.1	Y	2611	PB	125			3 2	Fog, Alfo, DC, CO2	261	3	1	1	3	2	K2. Combustible.
3-Chloropropanonitrile	542-76-7	3		3.1	1.1	Y	2511	CO	168			4 2	Fog, Alfo, DC, CO2	349	3	1	2	3	2	K2.
a-Chloropropene	107-05-1	3		2.6	.94	N	1100	FL	-25	2.9-11.1	905	4 3	Fog, Alfo, DC, CO2	113	3	14	3	3	3	K2.
Chloropropene	557-98-2	3		2.6	.92		2456	FL	<-4	4.5-16.0		3 3	Fog, Alfo, DC, CO2	73	2	2	3	2		NOTE: Boiling point.
3-Chloropropene (-1)	107-05-1	3		2.6	.94	N	1100	FL	-25	2.9-11.1	905	4 3	Fog, Alfo, DC, CO2	113	3	14	3	3	3	K2. TLV 2 ppm
2-Chloropropene (-1)	557-98-2	3		2.6	.92		2456	FL	<-4	4.5-16.0		3 3	Fog, Alfo, DC, CO2	73	2	2	3	2		NOTE: Boiling point.
β-Chloropropionic Acid	107-94-8		3	3.8	Cry	Y	2511	CO	225			3 1	Fog, Alfo, DC, CO2	392	3	1	1	3	2	Melts @ 106°. Can burn.
α-Chloropropionic Acid	107-94-8		3	3.8	Cry	Y	2511	CO	225			3 1	Fog, Alfo, DC, CO2	392	3	1	1	3	2	Melts @ 106°. Can burn.
Chloropropionic Acid	598-78-7		3	3.8	1.3	Y	2511	CO	225		932	3 1	Fog, Alfo, DC, CO2	361	3	1	1	3	2	K2.
Chloropropionic Acid	598-78-7		3	3.8	1.3	Y	2511	CO	225		932	3 1	Fog, Alfo, DC, CO2	361	3	1	1	3	2	K2.
2-Chloropropionic Acid Methyl Ester	17639-93-9			4.3	Liq		2933	FL				3	DC, CO2		2	2	2	2	3	May RW water.
β-Chloropropionitrile	542-76-7	3		3.1	1.1	Y	2511	CO	168			4 2	Fog, Alfo, DC, CO2	349	3	1	2	3	2	K2.
3-Chloropropionitrile	542-76-7	3		3.1	1.1	Y	2511	CO	168			4 2	Fog, Alfo, DC, CO2	349	3	1	2	3	2	K2.
2-Chloropropyl Alcohol	78-89-7	3		3.3	1.1	Y	2611	PB	125			3 2	Fog, Alfo, DC, CO2	261	3	1	1	3	2	NOTE: Boiling point.
β-Chloropropyl Alcohol	78-89-7	3		3.3	1.1	Y	2611	PB	125			3 2	Fog, Alfo, DC, CO2	261	3	1	1	3	2	NOTE: Boiling point.
3-Chloropropyl Mercaptan	590-21-6	2	2	>1.	1.1				110							1	2	3	2	
3-Chloropropyl-n-Octylsulfoxide				8.4	Sol							3	DC, CO2		3	1	1	3		K2, K12.
β-Chloropropylene	3569-57-1	3		2.6	.92		2456	FL	<-4	4.5-16.0		4 3	Fog, Alfo, DC, CO2	73	2	2	3	2		K2.
2-Chloropropylene	557-98-2	3		2.6	.92		2456	FL	<-4	4.5-16.0		3 3	Fog, Alfo, DC, CO2	73	2	2	3	2		K2.
1-Chloropropylene	590-21-6	2	2	2.6	.98	N			<21	4.5-16.0		3 3	Fog, Foam, DC, CO2	73	3	2	3	2		K2.
γ-Chloropropylene Oxide	106-89-8	3		3.3	1.2	Y	2023	FL	88	3.8-21.0	772	4 2	Fog, Alfo, DC, CO2	239	3	2	2	3	4	TLV 2 ppm (skin). Exothermic. RW acids & bases. Chloroform odor.
2-Chloropropylene Oxide	106-89-8	3		3.3	1.2	Y	2023	FL	88	3.8-21.0	772	4 2	Fog, Alfo, DC, CO2	239	3	2	2	3	4	TLV 2 ppm (skin). Exothermic. RW acids & bases. Chloroform odor.
3-Chloropropylene1-2-Oxide	106-89-8	3		3.3	1.2	Y	2023	FL	88	3.8-21.0	772	4 2	Fog, Alfo, DC, CO2	239	3	2	2	3	4	TLV 2 ppm (skin). Exothermic. RW acids & bases. Chloroform odor.
γ-Chloropropyltrichlorosilane		4	4	7.3	1.3							4	DC, CO2		3	2	1	4		K2.
3-Chloropropyne (-1-)	624-65-7	3	3	2.6	1.0	N		FL	<-60			4 3	Fog, Foam, DC, CO2	135	3	2	2	3		Pressure-sensitive.
α-Chloropyridine	109-09-1	3	3	3.9	1.2	S	2822	PB				4 1	Fog, Alfo, DC, CO2	338	3	1	1	3		K7.
o-Chloropyridine	109-09-1	3	3	3.9	1.2	S	2822	PB				4 1	Fog, Alfo, DC, CO2	338	3	1	1	3		K7.
2-Chloropyridine	109-09-1	3	3	3.9	1.2	S	2822	PB				4 1	Fog, Alfo, DC, CO2	338	3	1	1	3		K7.
Chloropyridine	109-09-1	3	3	3.9	1.2	S	2822	PB				4 1	Fog, Alfo, DC, CO2	338	3	1	1	3		K7.
2-Chloropyridine-N-Oxide	2402-95-1			4.5	Var							4 4			6	17	5	2		Decomposes violently >194°.
Chlorosilane, n.o.s. (Corrosive)		4	4	>1.	Liq		2987	CO				4 4	DC, CO2, No Water		5	8	2	4	16	K2.
Chlorosilane, n.o.s. (Flammable: Corrosive)		4	4	>1.	Liq		2986					4 3	DC, CO2, No Water		5	7,2	2	4	3	K2. Flammable.
Chlorosilane, n.o.s. (Flammable: Corrosive)		4	4	>1.	Liq		2985					4 3	DC, CO2, No Water		5	7,2	3	4	3	K2. Flammable

(78)

Chemical Name	CAS	Tox L	Tox S	Vap Den.	Spec Grav.	Wat Sol.	DOT Number	DOT	Flash Point	Flamma. Limit	Ign. Temp.	Disa. Atm Fire	Extinguishing Information	Boil Point	F	R	E	S	H	Remarks
Chlorosilane, n.o.s. (Emits Flammable Gas when wet: Corrosive)			4	4	Sol		2988	FL				4	Soda Ash, DC, No Water		5	7	3	4	16	K2.
Chlorosilanes (General)		4	4	>1.	Var							4	Soda Ash, No Water		5	8	3	4	3	RW moisture → Hydrochloric Acid. May be pyrotoric.
Chlorosulfonic Acid and Sulfur Trioxide Mixture		4	4	>1.	1.8		1754	CO				4	Soda Ash, No Water		5	10, 14, 21, 23	2	4	16	K2, K16.
Chlorosulfuric Acid	7790-94-5	4	4	4.0	1.8		1754	CO				4	DC, No Water	304	5	10, 14, 21, 23	2	4	16	K2, K16. NCF.
Chlorotetrafluoroethane	63938-10-3	2	2	4.7	Gas		1021	CG				0	Fog, Foam, DC, CO2		1		1	2	1	K2. NCF.
N-Chlorotetramethylguanidine	6926-39-2			5.2	Sol							4			6	17	5	2	1	K3. Explosive.
Chlorothalonil (Common name)	1897-45-6	3		9.3	Sol	N						4	DC, CO2	318	3		1	3	2	K2, K12. Melts @ 482°.
Chlorothioformic Acid Ethyl Ester	2812-73-9	3	3	4.4	Liq		2826	CO				4	DC, CO2		3		1	2	2	K2.
Chlorothymol		3		6.4	Cry	N						4	Fog, Alfo, DC, CO2		3		1	3		K2.
2-Chlorotoluene	95-49-8	3		4.4	1.1		2238	CL	126			2	Fog, Alfo, DC, CO2	318	3	1	1	2	2	K2. TLV 50 ppm.
o-Chlorotoluene	95-49-8	3		4.4	1.1	S	2238	CL	126			2	Fog, Alfo, DC, CO2	318	3	1	1	2	2	K2. TLV 50 ppm.
α-Chlorotoluene	100-44-7	3	3	4.4	1.1		1738	CO	153	1.1-	1085	2	Fog, Foam, DC, CO2	354	3	2, 6	2	3	3	K2. RVW some metals. TLV 10 ppm.
Chlorotoluidine (Liquid or Solid)		3		5.0	Var		2239	PB				0	Fog, Foam, DC, CO2		3		1	3	2	K2. NCF.
Chlorotoluol	100-44-7	3	3	4.4	1.1	N	1738	CO	153	1.1-	1085	2	Fog, Foam, DC, CO2	354	3	2, 6	2	3	3	K2. RVW some metals. TLV 10 ppm.
Chlorotributylstannane	1461-22-9			11.	Var							3	DC, CO2		3		1	3	2	K2.
Chlorotrifluoroethane		1		>1.	Gas		1983	CG				0	Fog, Foam, DC, CO2		1		1	2	1	K2. NCF.
Chlorotrifluoroethylene	79-38-9	3		4.0	Gas		1082	FG		8.4-16.0		4	Stop Gas, Fog, DC, CO2	-18	2	2	4	3		K9. RVW oxygen. Ether odor.
Chlorotrifluoromethane	75-72-9	2	2	3.6	Gas		1022	CG				4	Fog, Foam, DC, CO2	-112	1		1	2	1	Ether odor. RVW aluminum. NCF.
Chlorotrifluoromethane and Trifluoromethane Mixture		2	2	>1.	Gas		2599					4	Fog, Foam, DC, CO2		1		1	2	11	K2. NCF.
Chlorotrifluoromethane and Trifluoromethane Mixture		2	2	>1.	Gas		1078					4	Fog, Foam, DC, CO2		1		1	2	11	K2. NCF.
p-Chlorotrifluoromethylbenzene	98-56-6	2		6.2	1.4		2234	FL	138			3	Fog, Foam, DC, CO2	306	3	1	1	2	11	K2. NCF.
o-Chlorotrifluoromethylbenzene	98-56-6	2		6.2	1.4		2234	FL	138			2	Fog, Foam, DC, CO2	306	3	1	1	2		
m-Chlorotrifluoromethylbenzene	98-56-6	2		6.2	1.4		2234	FL	138			2	Fog, Foam, DC, CO2	306	3	1	1	2		
Chlorotrifluoromethylbenzene	98-56-6	2		6.2	1.4		2234	FL	138			2	Fog, Foam, DC, CO2	306	3	1	1	2		
Chlorotrimethylsilane				3.8	Liq				-4			3	CO2, DC, No Water		5	10	2	2		
Chlorotrinitromethane	1943-16-4	2		6.5	Liq							4	DC, CO2		2	16	2	2		K2.
2-Chlorovinyl Diethyl Phosphate	311-47-7	3	3	7.5	Pdr							4	DC, CO2		3		1	2		K2.
(2-Chlorovinyl)Diethoxyarsine	64049-11-2	3	3	7.9	Var			PB				3	DC, CO2		3		1	2		K2.
Chlorovinylarsine Dichloride	541-25-3	4	4	7.1	1.9			PB				0	Fog, Alfo, DC, CO2	374	3		3	4	8, 5, 6	Geranium odor. NCF.
2-Chlorovinyldichloroarsine	541-25-3	4	4	7.1	1.9			PB				0		374	3		3	4	8, 5, 6	Geranium odor. NCF.
β-Chlorovinyldichloroarsine	541-25-3	4	4	7.1	1.9			PB				0		374	3		1	4	8, 5, 6	Geranium odor. NCF.
β-Chlorovinylmethylchloroarsine		4	4	6.4	Liq							4		234	3		2	4	5	K2. May RW water.
Chlorozodin				6.3	Cry							3			6	17	4	2		K3. RW metals. Explodes @ 311°.

Chemical Name	CAS	Tox L S	Vap Den.	Spec Grav.	Wat Sol	DOT Number	DOT Cl	Flash Point	Flamma. Limit	Ign. Temp.	Disa. Atm Fire	Extinguishing Information	Boil Point	F	R	E	S	H	Remarks
Chlorpicrin	76-06-2	4 4	6.7	1.7	S	1580	PB				4 0	Fog, Foam, DC, CO2	234	3		2	4	3	K12. TLV <1 ppm. Vomiting gas. NCF.
Chlorpyrifos (ALSO: -Methyl)	5598-13-0	3	11.	Cry	S	2783	OM				4 0	Fog, Foam, DC, CO2		3		1	3	12, 5	K2, K12. Melts @ 108°. NCF.
Chlorpyrifos-methyl (Common name)	5598-13-0	3	11.	Cry	S	2783	OM				4 0	Fog, Foam, DC, CO2		3		1	3	12, 5	K2, K12. Melts @ 108°. NCF.
Chlorsulfonic Acid	7790-94-5	4 4	4.0	1.8		1754	CO				4 0	DC, No Water	304	5	10, 14, 21, 23	2	4	16	K2, K16. NCF.
Chlorthion		4 4	10.	Liq			PB				4 0	Fog, Foam, DC, CO2		3		1	4	5, 12	K12. NCF.
Chlorthiophos (Common name)		4 4	>1.	Sol							4 0	Fog, Foam, DC, CO2		3		1	4	12	K2, K12.
Chloryl Hypofluorite			3.6	Var							3 4			6	17	5	2		K3. Explosive.
Chloryl Perchlorate	12442-63-6		5.8	Var							3 4			5	10, 16, 23	3	2		K3. High oxidizer.
Chromic Acetate	1066-30-4		8.0	Pdr	Y	9101	OM				2 0	Fog, Foam, DC, CO2		1		1	2	9	NCF.
Chromic Acid - Solution	1308-14-1	3 4	3.4	Liq	Y	1755	CO				3 0	Fog, Foam, Flood		3	4, 23	1	4	2	Oxidizer.
Chromic Acid, Solid	1333-82-0	3 3	3.4	Cry	Y	1463	OX				3 0	Fog, Foam, Flood		3	4, 3, 21	1	3	3	Melts @ 384°. High oxidizer.
Chromic Ammonium Sulfate		3 3	>1.	Sol	Y						3 0	Fog, Foam, DC, CO2		1		1	3		K2. NCF.
Chromic Anhydride	1333-82-0	3 3	3.4	Cry	Y	1463	OX				3 0	Fog, Foam, Flood		3	4, 3, 21	1	4	3	Melts @ 384°. High oxidizer.
Chromic Chloride	10025-73-7	3 3	5.5	Sol							4 0	Foam, DC, CO2		3		1	3		NCF.
Chromic Fluoride Solution		3 3	3.8	Liq		1757	CO				4 0	Foam, DC, CO2		3		1	2	2	NCF.
Chromic Fluoride, Solid	13548-38-4	2 2	3.4	Sol	N	1756	CO				4 0	Fog, Foam, Flood		3		1	2	2	NCF.
Chromic Nitrate	10101-53-8	3	>1.	Sol	Y	2720	OX				4 0	Fog, Foam, Flood		6	17, 23	2	4		K2.
Chromic Sulfate	1333-82-0	3	3.4	Cry	Y	1463	OX				3 0	Fog, Foam, Flood		1		1	3		NCF.
Chromium (VI)Oxide		4	>1.	Var							4 4			3	4, 3, 21	1	4	3	Melts @ 384°. High oxidizer.
Chromium 51	13007-92-6	3	7.6	Cry	N		RA				4 4			6	17	2	4	17	K2. Half-life 26 Days; Gamma.
Chromium Carbonyl														6		5	2		K3. Evolves Carbon Monoxide. Explodes @ 400°.
Chromium Chloride (Anhydrous)	10025-73-7	3 3	5.5	Sol	Y						3 0	Foam, DC, CO2		3		1	3		NCF.
Chromium Hexacarbonyl	13007-92-6	3	7.6	Cry	N						4 4			6	17	5	2		K3. Evolves Carbon Monoxide. Explodes @ 400°.
Chromium Nitrate	13548-38-4	3 3		Cry	Y	2720	OX				4 4	Fog, Foam, Flood		6	17, 23	2	4		K2.
Chromium Oxychloride	14977-61-8	3 3	5.3	1.9		1758	CO				3 0	DC, CO2, No Water	241	3	23, 4	1	3	3	K16. NCF.
Chromium Picrate		3 3	25.	Sol							4 4	Fog, Foam, Flood		6	17, 3	5	2		K3. Explodes.
Chromium Trichloride	10025-73-7	3 3	5.5	Sol	Y	1463	OX				3 0	Foam, DC, CO2		3		1	3		NCF.
Chromium Trioxide (Anhydrous)	1333-82-0	3 3	3.4	Cry		2240	CO				3 0	Fog, Foam, Flood		3	4, 3, 21	1	4	3	Melts @ 384°. High oxidizer.
Chromosulfuric Acid		4 4	>1.	Liq							3 0	No Water		5	23	2	4		K2. Oxidizer.
Chromous Chloride		3	4.2	Sol	Y	9102					4 0			3	1	1	3		NCF.
Chromyl Azide Chloride	14259-67-7		4.2	Sol							3 4			6	17	5	2		K3. Explosive.
Chromyl Chloride	7791-14-2	3	5.6	1.9							3	DC, CO2, No Water		5	10, 4, 23	2	3		K16. High oxidizer.
Chromyl Nitrate	16017-38-2		7.3	Sol							3	Fog, Flood		2	23	2	2		High oxidizer.
Chromyl Perchlorate			9.9	Sol	N	1867	FS				3 4			6	17, 23	5	2		High oxidizer. Explodes >176°.
Cigarette (Self-lighting)			>1.	Sol	N	1057	FG				2	Fog, Foam, DC, CO2		1		1	2		Flammable.
Cigarette Lighter (w/flammable gas)			>1.	Sol	N	1226	FL				3	Fog, Foam, DC, CO2		1		1	2		Contains flammable gas.
Cigarette Lighter (w/flammable liquid)			>1.	Sol							2	Fog, Foam, DC, CO2		1		1	2		Contains flammable liquid.
Cinene	138-86-3	1 2	4.6	.87	N	2052	FL	113	.7-6.1	458	2 2	Fog, Foam, DC, CO2	339	1	1	1	2		Lemon odor.
Cinnamene	100-42-5	3 3	3.6	.91	N	2055	FL	88	1.1-7.0	914	3 3	Fog, Foam, DC, CO2	295	3	2, 22	3	3	3	K9, K22. ULC: 50 TLV 50 ppm.

(80)

Chemical Name	CAS	Tox L S	Vap Den	Spec Grav.	Wat Sol.	DOT Number	Cl	Flash Point	Flamma. Limit	Ign. Temp.	Disa. Atm Fire	Extinguishing Information	Boil Point	F	R	E	S	H	Remarks
Citral	5392-40-5	1 1	>1.	.90	N			195			3 2	Fog, Alfo, DC, CO2	197		1	1	2		Lemon odor.
Citram (Trade name)	3734-97-2	3	13.	Cry							4	Fog, Foam, DC, CO2		3		1	3	12	K12, K2. Combustible.
Citronellel		1 1	1	.90	N			165			3 2	Fog, Alfo, DC, CO2	117	1	1	1	2		
Citronellol	106-22-9	3	5.5	.85	N			205			2 1	Fog, Foam, DC, CO2	227	3	1	1	3		
CK (Cyanogen Chloride)	506-77-4	4 3	2.0	1.2	Y	1589	PA				4 3	DC, CO2, No Water	55	3	8	4	4	3	K2, K12. TLV <1 ppm. Flammable.
Cleaning Compound		2 2	>1.	Liq	N	1142	FL	<80			3	Fog, Foam, DC, CO2		1	2	2	2		Flammable.
Cleaning Compound (Corrosive liquid)		3	>1.	Liq	Y	1760	CO				0	Fog, Foam, DC, CO2		3		1	3		May RW water. NCF.
Cleaning Fluid		2 2	>1.	Liq	N	1142	FL	<80			3 2	Fog, Foam, DC, CO2		1	2	1	2		Flammable.
Cleaning Solvents (140° Class)		1 1	>1.	.80	N	1142	FL	138	8-		2 2	Fog, Foam, DC, CO2		1	1	1	2		
Clopyralid (Common name)		1	>1.					>100	1.0-6.0	453		Fog, Foam, DC, CO2	357	3	2	2	4	3	K12. Melts @ 304°.
Coal (Ground Bituminous, Sea Coal, etc.)		1		Sol	N			90		444	2 1	Fog, Foam, DC, CO2		1	1	1	2		K21.
Coal Facings				Sol	N	1361	FS				2 1	Fog, Foam, DC, CO2		1	1	1	2		K21.
Coal Gas		3	1.0	Gas	N	1361	FS		5.3-32.0	1200	2 4	Fog, DC, CO2, Stop Gas		3	2	4	3		Mixture of gases.
Coal Gas		3	>1.	Gas		1023	FG		5.3-32.0	1200	2 4	Stop Gas, Fog, DC, CO2		2	1	4	2		
Coal Naphtha	71-43-2	3 3	2.8	.88	N	1114	FL	12	1.3-7.9	928	3 3	Fog, Foam, DC, CO2	176	2	2, 21	2	3	11	ULC: 100 TLV 1 ppm
Coal Oil	8008-20-6	2 1	4.5	<1.	N	1223	CL	120	.7-5.0	410	2 2	Fog, Foam, DC, CO2		1	17	1	2		ULC: 40
Coal Specials			>1.	Sol			EX				3 4			6	17	5	3		K3. High explosives.
Coal Tar		3 2		.89	N	2553	FL	>0	1. -6.0	530	4 3	Fog, Foam, DC, CO2	100	2	1	2	2	2	K2. Combustible.
Coal Tar	8030-30-6	2 2	>1.		N	1136	FL	60	1.3-8.0		3 3	Fog, Foam, DC, CO2		2	2	2	2		TLV 300 ppm.
Coal Tar Creosote	8001-58-9	3 3	>1.	<1.	N	1137	CL				3 3	Fog, Foam, DC, CO2		2	1	2	2		Combustible.
Coal Tar Distillate		3 3	>1.	<1.	N	1136	FL				3 3	Fog, Foam, DC, CO2		2	2	2	2		Flammable.
Coal Tar Light Oil		2 2	>1.	<1.							3 3	Fog, Foam, DC, CO2		2	2	2	2		
Coal Tar Naphtha	8030-30-6	2 2	>1.	.89	N	2553	FL	>0	1. -6.0	530	3 3	Fog, Foam, DC, CO2	100	2	1	2	2		TLV 300 ppm.
Coal Tar Oil		2 2	>1.	<1.	N	1137	CL	>100	1.3-8.0		3 3	Fog, Foam, DC, CO2		2	2	2	2		
Coal Tar Oil	8001-58-9	2 2	>1.	<1.	N	1136	FL	60	1.3-8.0		3 4	Fog, Foam, DC, CO2		2	2	5	2		
Coalites			>1.	Sol			EX				3 4			6	17	2	3		K3. High explosives.
Coating Solution		2 2	>1.	Liq		1139	FL	<100			3 3	Fog, Foam, DC, CO2		1	2	5	2		
Cobalt (II) Azide			5.0	Var							3 4			6	17	2	3		K3. Explodes @ 392°.
Cobalt (II) Chloride	7646-79-9	3	4.5	Pdr							3 0	Fog, Foam, DC, CO2		1		1	3		Melts @ 1335°. RW active metals. NCF.
Cobalt (II) Nitrate	10141-05-6	2	6.4	Cry	S		OX				3 3	Fog, Flood		1	4, 23	2	2		Melts @ 131°. Oxidizer.
Cobalt (III) Amide			3.7	Pdr							3 4			6	17	5	2		Can explode @ room temperature. Pyroforic.
Cobalt (Powder)	7440-48-4	3	2.0	Pdr							3	No Water		5	10	2	2		K11. Pyroforic.
Cobalt 58		4 4	2.0	Var			RA				4			4	17	1	4	17	K2. Radioactive isotopes. Half-life:72 Days;gamma
Cobalt 60		4 4	2.0	Var			RA				4			4	17	1	4	17	K2. Radioactive isotopes. Half-life:5.3 yrs; beta, gamma
Cobalt Arsenic Sulfide		3	5.7	Pdr							4 2	No Water		5	10, 8, 11, 24	2	3		

Chemical Name	CAS	Tox L	Tox S	Vap Den.	Spec Grav.	Wat Sol	DOT Number	DOT Cl	Flash Point	Flamma. Limit	Ign. Temp.	Disa. Atm	Disa. Fire	Extinguishing Information	Boil Point	F	R	E	S	H	Remarks
Cobalt Carbonyl	10210-68-1	4		12.	Cry	N						2	2	DC, CO2		2	2	1	4		K11. Pyroforic.
Cobalt Difluoride	10026-17-2	4		>1.	Pdr	Y						2	0	Fog, Foam, DC, CO2		3		2	4		NCF.
Cobalt Dinitrate	10141-05-6	2		6.4	Cry	S		OX					3	Fog, Flood		1	4, 23	2	2		Melts @ 131°. Oxidizer.
Cobalt Hydrocarbonyl	16842-03-8	3		6.0	Var											3		1	3		
Cobalt Naphtha	61789-51-3			>1.	Pdr	N	2001	FS	120		529	2	2	Foam, DC, CO2		2	1	1	2		
Cobalt Naphthenate, Powder	61789-51-3			>1.	Pdr	N	2001	FS	120		529	2	2	Foam, DC, CO2		2	1	1	2		K2, K11. Pyroforic.
Cobalt Nitride	12139-70-7			2.5	Pdr							3	3	DC, CO2		2		2	2		K11. Pyroforic.
Cobalt Resinate		2	2	>1.	Pdr	N	1318	FS				2	3	DC, CO2		2	2, 16	2	2		K11. Pyroforic.
Cobalt Resinate-Precipitated		2	2	>1.	Pdr	N	1318	FS				2	3	DC, CO2		2	2, 16	2	2		K11. Pyroforic.
Cobalt Tetracarbonyl	10210-68-1	4		12.	Cry	N						2	2	DC, CO2		2	2	1	4		K11. Pyroforic.
Cobalt Trifluoride	10026-18-3			7.9	Var							3	0	No Water		5	10, 8, 11, 24	1	2		An oxidizer. NCF.
Cobaltite		3		5.7	Pdr							4	2	No Water		5		2	3		
Cobaltous Bromide	7789-43-7	2		7.5	Sol	Y	9103						0	Fog, Foam, DC, CO2		1		1	2		NCF.
Cobaltous Chlorate				11.	Cry								4	Fog, Flood		1	4	1	4		Oxidizer.
Cobaltous Cyanide	10026-17-2	4		5.1	Pdr	N		PB					4	DC, CO2		3		1	4		
Cobaltous Fluoride		4		>1.	Pdr	Y							0	Fog, Foam, DC, CO2		3		1	4		NCF.
Cobaltous Formate	544-18-3	2		6.4	Sol	N	9104						0	Fog, Foam, DC, CO2		1		1	2		NCF.
Cobaltous Naphthenate				>1.	Pdr	N	2001	FS	121		529	2	2	Foam, DC, CO2		2	1	1	2		
Cobaltous Nitrate	10141-05-6	2		6.4	Cry	S		OX					3	Fog, Flood		1	4, 23	2	2		Melts @ 131°. Oxidizer.
Cobaltous Perchlorate				>1.	Sol	Y								Fog, Flood		2	3	2	2		Oxidizer.
Cobaltous Resinate		2	2	>1.	Pdr	N	1318	FS				2	3	DC, CO2		2	2, 16	2	2		K11. Pyroforic.
Cobaltous Sulfamate				>1.	Sol	Y							0	Fog, Foam, DC, CO2		1		1	2		NCF.
Cobex (Trade name)	29091-05-2	3		11.	Pdr	N								DC, CO2		3		1	3	2	K12.
Cobexo (Trade name)	29091-05-2	3		11.	Pdr	N								DC, CO2		3		1	2	2	K12.
Cocaine	50-36-2	3		10.	Cry	S							0	Fog, Foam, DC, CO2	369	1		1	2	10	Melts @ 208°. Volatile >194°.
Cocculus Solid												4									NCF.
Codeine	124-87-8	3		20.	Sol	N	1584	PB				2	0	Fog, Foam, DC, CO2		3		1	3	9	
Colchicine	76-57-3			10.	Pdr	S						3	2	Fog, Alfo, DC, CO2		1	1	1	2	10	
Colliers	64-86-8	3		14.	Cry	Y						3	4	Fog, Alfo, DC, CO2		3		1	3	9, 2	Melts @ 288°
Collodion					Sol			EX					4			6	17	5	2		High explosives.
Collodion Cotton		2	2	>1.	Liq	N	2059	FL	<0			3	3	Fog, Alfo, DC, CO2		2	2, 16	2	2		Ignites @ 320°.
Collodion Wool		2	2	>1.	Sol	N	1325	FS				4	3	Fog, Flood		2	2, 16	2	2		Ignites @ 320°.
Cologne Spirits	64-17-5	2	2	1.6	Liq	Y	1170	FL	55	3.3-19.0	685	4	3	Fog, Flood	173	2	2, 16	2	2		
Colonial Spirits	67-56-1	2	2	1.1	Liq	Y	1230	FL	52	6.0-36.0	725	1	3	Fog, Alfo, DC, CO2	147	2	2, 21	2	2	10	UCL:70 TLV 200 ppm.
Columbian Spirits	67-56-1	2	2	1.1	Liq	Y	1230	FL	52	6.0-36.0	725	2	3	Fog, Alfo, DC, CO2	147	2	2	2	2	10	ULC: 70 TLV 200 ppm.
Combination Fuzes					Sol			EX					4			6	17	3	2		Class C Explosives.
Combination Primers					Sol			EX					4			6		3	2		Class C Explosives.
Combustible Liquid, n.o.s.				>1.	Liq		1993	FL	157				2	Fog, Foam, DC, CO2		1	1	1	2		Flash Point from 100-200°
Command (Trade name)		2		>1.	Sol	S							2	Fog, Alfo, DC, CO2		3	1	1	3	2	K12.
Compound, Cleaning, Liquid			3	>1.	Liq		1993	CL					1	DC, CO2		1		1	2		
Compound, Cleaning, Liquid				>1.	Liq		1760	CO					1	DC, CO2		1		1	3		Combustible.
Compound, Cleaning, Liquid				>1.	Liq		1993	FL					3	Fog, Alfo, DC, CO2		1	2	2	2		Flammable.

(82)

Chemical Name	CAS	Tox L	Tox S	Vap Den.	Spec Grav.	Wat Sol	DOT Number	DOT Cl	Flash Point	Flamma. Limit	Ign. Temp.	Disa. Atm Fire	Extinguishing Information	Boil Point	F	R	E	S	H	Remarks
Compound, Polishing (Liquid, etc.) Combustible or Flammable				>1.	Liq		1142	FL				3	Fog, Alfo, DC, CO2		1	2	2	2		Flammable.
Compound, Tree or Weed Killing (Combustible or Flammable Liquid)				>1.	Liq		1993	FL				3	Fog, Foam, DC, CO2		1	2	2	2		Probably toxic. Flammable.
Compound, Tree or Weed Killing (Corrosive Liquid)			4	>1.	Liq	Y	1760	CO				1	Fog, Alfo, DC, CO2		3		1	3		
Compressed Gas (Flammable, n.o.s.)				Var	Gas		1954	FG				4	Stop Gas, Fog, DC, CO2		2	2	3	2	6	Flammable.
Compressed Gas (Flammable, Poisonous, n.o.s.)		4		Var	Gas		1953	FG				4	Stop Gas, Fog, DC, CO2		3	2	4	4	6	Flammable.
Compressed Gas (Poisonous, n.o.s.)		4		Var	Gas		1955	PA				1	Fog, Foam		3		2	4	6	
Compressed Gas, n.o.s.				Var	Gas		1956	OG				0	Fog, Foam		1		1	2		NCF.
Conquest (Trade name)		3		>1.	Liq	S						4	Fog, Foam, DC, CO2		3		1	3	3	K12. NCF.
Contraven (Trade name)	13071-79-9	4		10.	Liq	S						0	Fog, Foam, DC, CO2		3		1	4	12	K2, K12. Melts @ 84°. NCF.
Copper 1,3,5-Octatrien-7-Ynide				5.8	Var							4	Fog, Foam, DC, CO2		6	17	5	2	9	Explodes.
Copper Acetoarsenite				35.	Pdr	N	1585	PB				2	Fog, Foam, DC, CO2		4		5	2	9	K2, K12. NCF.
Copper Acetylide	12540-13-5			3.1	Pdr			EX				4			6	17	5	2	9	Explodes >212°.
Copper Arsenite				6.5	Pdr	N	1586	PB				4	Fog, Foam, DC, CO2		6		1	2	9	K2, K12.
Copper Azide	14215-30-6			5.2	Var							3			6	17	5	2		K20. Explosive.
Copper Chloroacetylide				8.6	Var							3			6	17	5	2		K3. Explosive.
Copper Chlorate				12.	Cry	Y	2721	OX				4	Fog, Flood		6	23	1	3		K3. Oxidizer.
Copper Chloride	1344-67-8	3		4.6	Pdr	Y	2802	OM				0	Fog, Foam, DC, CO2		2					Melts @ 928°. RVW alkali metals. NCF.
Copper Cyanide	544-92-3	4		4.0	Pdr	N	1587	PB				4	Fog, Foam, DC, CO2		3		1	2	3	K2. RVW magnesium.
Copper Fulminate				>1.	Sol							4			6	17	5	2		Explosive.
Copper Hydride	1357-00-5			4.5	Cry							3	CO2		2	2	2	2		RW halogens. Pyroforic.
Copper Napthenate	1338-02-9	3		7.7	Sol			FS	100			3	Fog, Foam, DC, CO2		2	1	1	2	9	
Copper Nitrate	3251-23-8			8.3	Cry	Y	1479	OX				4	Fog, Flood		2	23	1	2	2	Oxidizer.
Copper Nitride				4.3	Pdr							4			6	17, 3	5	2		Explodes.
Copper Orthoarsenite	10290-12-7			6.5	Pdr	N	1586	PB				4	Fog, Foam, DC, CO2		1	17	1	2	9	K2, K12.
Copper Oxalate	53421-36-6			>1	Pdr							4			6		3	2		Can explode weakly when heated.
Copper Oxychloride		3		>1.	Pdr	N							Fog, Foam, DC, CO2		3		1	3		K12.
Copper Phosphide		3		8.7	Sol	N						4	DC, CO2, No Water		5	7, 15	1	3		K23.
Copper Phosphinate	34461-68-2	2		6.7	Var	N						3	Fog, Foam, DC, CO2		6	17	5	2		K3. Explodes @ 194°.
Copper Picrate		2		18.	Sol	N						4	Fog, Foam, DC, CO2		6	17	5	2		K3. Explodes.
Copper Propargylate				18.	Sol	N						4	Fog, Foam, DC, CO2		6	17	5	2		K3. Explodes.
Copper Selenate		3		10.	Cry	Y	2630	PB				0	Fog, Foam, DC, CO2		3		1	3		NCF.
Copper Selenite		3		10.	Cry	Y	2630	PB				0	Fog, Foam, DC, CO2		3		1	3		NCF.
Copper Tetrahydroaluminate	62126-20-9			3.3	Liq							3			2	2	2	2		Unstable material. Pyroforic.
Copper Tetrazol		2	2	>1.	Sol	N						4			6	17	5	2		K3. Explodes.
Copper Trichlorophenolate	25267-55-4	3		16.	Var							4	DC, CO2		3		1	2		K20. Explosive.
Copper-1,3-Di(5-Tetrazolyl) Triazenide	32061-49-7			14.	Sol							3			6	17	5	2		K2, K12.
Copper-Based Pesticide (Flammable liquid, Poison, n.o.s.)		4	4	>1.	Liq		2776		<100			4	Fog, Alfo, DC, CO2		3	2	2	4		

(83)

Chemical Name	CAS	Tox L	Tox S	Vap Den.	Spec Grav.	Wat Sol.	DOT Number	DOT Cl	Flash Point	Flamma. Limit	Ign. Temp.	Disa. Atm	Disa. Fire	Extinguishing Information	Boil Point	F	R	E	S	H	Remarks
Copper-based Pesticide (Poison, Flammable liquid, n.o.s.)		4	4	>1.	Liq		2776	PB	<100			4	3	Fog, Foam, DC, CO2		3	2	2	4		K2, K12.
Copper-Based Pesticide, Liquid, n.o.s.		4	4	>1.	Liq		3010	PB				4	1	Fog, Alfo, DC, CO2		3		2	4		K2, K12.
Copper-based Pesticide, Solid, n.o.s.		4	2	>1.	Sol		2775	PB				4	1	Fog, Foam, DC, CO2		3		1	4		K2, K12. NCF.
Copra (Oil)	8001-31-8			>1.	Sol	N	1363	OM	420			2		Fog, Foam		1		1	2		K21 if damp. Melts @ 72°.
Cordeau Detonant Fuse		2	2	>1.	Sol	N						3	4			6	17	3	2		Class C explosive.
Cordite		2	2	>1.	Sol	N		EX				3	4			6	17	5	2		Explodes.
Coroxon (Tradename)		4	4	10.	Pdr			PB				3	1	Fog, Foam, DC, CO2		3		1	4	12	K12.
Corrosive Liquid (Poisonous, n.o.s.)		4	4	>1.	Liq		2922	PB				3	1	Alfo, Foam, DC, CO2		3		2	4	16	May RW water. Flammable.
Corrosive Liquid (Flammable, n.o.s.)		3	2	>1.	Liq		2920	FL					3	DC, CO2		5	1	1	4	16	May RW water.
Corrosive Liquid, n.o.s.		4	4	>1.	Liq		1760	CO					1	Alfo, DC, CO2		3		1	4		
Corrosive Solid (Poisonous, n.o.s.)		4	4	>1.	Sol		2923	PB					1	Alfo, DC, CO2		3	8	1	4		Flammable.
Corrosive Solid (Flammable, n.o.s.)		4	4	>1.	Sol		2991	FS					2	Alfo, DC, CO2		2	1,7	2	4		Flammable.
Corrosive Solid (Oxidizing, n.o.s.)		4		>1.	Sol		3084	CO						Alfo, Flood		2	23, 4	1	4		Oxidizer.
Corrosive Solid, n.o.s.		4	4	>1.	Sol		1759	CO					1	Fog, Foam, DC, CO2		3	8	1	4		An oxidizer.
Corrosive Sublimate	7487-94-7	3	3	9.5	Pdr	Y	1624	PB				4	0	DC, CO2	576	3		1	3	2	Melts @ 529°. NCF.
Corynine	146-48-5	4		12.	Sol	S						4	0	Foam, CO2, DC		3		1	4	9	K2. NCF.
Cosmetics (Corrosive Liquid, n.o.s.)		4		>1.	Liq		1760						1	Alfo, DC, CO2		3		1	4	3	
Cosmetics (Corrosive Solid, n.o.s.)		4		>1.	Sol		1759							Alfo, DC, CO2		3		1	3		
Cosmetics (Flammable Liquid, n.o.s.)				>1.	Liq		1993	FL					3	Fog, Foam, DC, CO2		2	2	2	2		Flammable.
Cosmetics (Flammable Solid, n.o.s.)				>1.	Sol		1325	FS					1	Alfo, Foam, DC, CO2		3	2	2	2		Flammable.
Cosmetics (Oxidizer, n.o.s.)				>1.	Var		1479	OX					2	Fog, Flood		2	4	2	2		Oxidizer.
Cotton (Wet)				>1.	Sol		1365						1	Fog, Foam, DC, CO2		1		1	2		K21.
Cotton Waste (Oily)				1.0	Sol		1364						1	Fog, Foam, DC, CO2		1	1	1	2		K21.
Coumadin	81-81-2	3	2	10.	Cry	N						2	0	Fog, Foam, DC, CO2		3		1	2	9	Melts @ 322°. NCF.
Coumadin Sodium	129-06-6			11.	Cry							2	0	Fog, Foam, DC, CO2		3		1	3	9	NCF.
Coumarin	91-64-5			5.1	Cry	S						2	1	Fog, Foam, DC, CO2	556	3		1	3	9	Vanilla odor. Melts @ 156°.
Coumarin Derivative Pesticide (Flammable Liquid, n.o.s.)		3	3	>1.	Liq		3024	FL				3	3	Fog, Alfo, DC, CO2		3	1	2	3		Flammable.
Coumarin Derivative Pesticide (Liquid, n.o.s.)		3	3	>1.	Liq		3026	PB				3	1	Fog, Foam, DC, CO2		3		1	3		
Coumarin Derivative Pesticide (Solid, n.o.s.)		3	3	>1.	Sol		3027	PB				3	1	Fog, Foam, DC, CO2		3		1	3		
Coumarin Derivative Pesticide, (Flammable Liquid, n.o.s.)		3	3	>1.	Liq		3025	FL				3	3	Fog, Foam, DC, CO2		3	1	2	3		Flammable.
Coumphos	56-72-4	4	4	12.	Sol	N	2783	PB				4	1	Fog, Foam, DC, CO2		3		1	4	12	K12.
Counter (Trade name)	13071-79-9	4	4	10.	Liq	S						2	0	Fog, Foam, DC, CO2		3		1	4	12	K2, K12. Melts @ 84°. NCF.
Cov-R-Tox (Trade name)	81-81-2	3	2	10.	Cry	N						2	0	Fog, Alfo, DC, CO2		3		1	3	9	Melts @ 322° NCF.
Crag 1	136-78-7	3	3	10.	Sol	S						4	0	Fog, Foam, DC, CO2		3		1	3	2	K12. NCF. Melts @ 338°.
Crag Herbicide (-1)	136-78-7	3	3	10.	Sol	S						4	0	Fog, Foam, DC, CO2		3		1	3	2	K12. NCF. Melts @ 338°.
Creosote		3	3	>1.	Liq	N	1993	CL	165		637	3	2	Fog, Foam, DC, CO2	382	3	1	1	3		K2. Coal-tar odor.
Creosote Oil		3	3	>1.	Liq	N	1993	CL	165		637	3	2	Fog, Foam, DC, CO2	382	3	1	1	3		K2. Coal-tar odor.
Creosote Salts				>1.	Sol		1334	FS				3	2	Fog, Foam, DC, CO2		2	1	1	2	2	Flammable.
Creosote, coal tar		3	3	>1.	Liq	N	1993	CL	165		637	3	2	Fog, Alfo, DC, CO2	382	3	1	1	3		Coal-tar odor.
2-Cresol	95-48-7	3	3	3.7	Sol	N	2076	PB	178	1.4-	1110	3	2	Fog, Foam, DC, CO2	376	3	2	1	3	5	TLV 5ppm.
o-Cresol	95-48-7	3	3	3.7	Sol	N	2076	PB	178	1.4-	1110	3	2	Fog, Foam, DC, CO2	376	3	2	1	3	5	TLV 5ppm.

(84)

Chemical Name	CAS	Tox L	Tox S	Vap Den.	Spec Grav.	Wat Sol	DOT Number	DOT Cl	Flash Point	Flamma. Limit	Ign. Temp.	Disa. Atm Fire	Extinguishing Information	Boil Point	F	R	E	S	H	Remarks
Cresol	95-48-7	3	3	3.7	1.0	N	2076	PB	178	1.4-	1110	3 2	Fog, Foam, DC, CO2	376	3	2	1	3	5	TLV 5ppm.
3-Cresol	108-39-4	3	3	3.7	1.0	N	2076	PB	187	1.1-	1038	4 2	Fog, Foam, DC, CO2	397	3	2	1	3	5	Phenolic odor. TLV 5 ppm.
p-Cresol	108-39-4	3	3	3.7	1.0	N	2076	PB	187	1.1-	1038	4 2	Fog, Foam, DC, CO2	397	3	2	1	3	5	Phenolic odor. TLV 5 ppm.
m-Cresol	108-39-4	3	3	3.7	1.0	N	2076	PB	187	1.1-	1038	4 2	Fog, Foam, DC, CO2	397	3	2	1	3	5	Phenolic odor. TLV 5 ppm.
Cresol	108-39-4	3	3	3.7	1.0	N	2076	PB	187	1.1-	1038	4 2	Fog, Foam, DC, CO2	397	3	2	1	3	5	Phenolic odor. TLV 5 ppm.
Cresol	1319-77-3	3	3	3.7	1.0	N	2022	CO	178	1.3-	1110	4 2	Fog, Foam, DC, CO2	376	3	2	1	3	5	Phenolic odor. TLV 5 ppm.
Cresolite				8.4	Cry			EX				4			6	17	5	2		K3. Explodes @ 300°.
p-Cresyl Acetate		2	2	>1.	1.1	S			195			2	Fog, Foam, DC, CO2		3	1	1	2	5	
Cresylic Acid	1319-77-3	3	3	3.7	1.0	N	2022	CO	178	1.3-	1110	4 2	Fog, Foam, Alfo, DC, CO2	376	3	2	1	3	5	Phenolic odor. TLV 5 ppm.
Croton Oil	8001-28-3	2	2	>1.	.94							3 1	Fog, Foam, Alfo, DC, CO2		1		1	1	9	Foul odor.
Crotonaldehyde (Inhibited)	4170-30-3	4	3	2.4	.85	S	1143	FL	55	2.1-15.5	450	2 3	Fog, Foam, Alfo, DC, CO2	219	3	1	2	4	3	K9. Pungent odor. TLV 2 ppm.
α-Crotonic Acid	3724-65-0	3	3	3.0	Cry	Y	2823	CO	190		745	2 2	Fog, Foam, Alfo, DC, CO2	365	3	1	1	3	3	Melts @ 162°.
Crotonic Acid	3724-65-0	3	3	3.0	Cry	Y	2823	CO	190		745	2 2	Fog, Foam, Alfo, DC, CO2	365	3	1	1	3	3	Melts @ 162°.
α-Crotonic Acid Ethyl Ester	623-70-1	3	2	3.9	Sol		1862	FL	36			2 3	Fog, Foam, DC, CO2	408	2	2	2	3	3	
Crotonic Aldehyde	4170-30-3	4	4	2.4	.85	S	1143	FL	55	2.1-15.5	450	2 3	Fog, Foam, Alfo, DC, CO2	219	3	1	2	4	3	Melts @ 113°. Strong odor.
Crotonyl Alcohol	6117-91-5	2	3	2.5	.87	S	2614	FL	81	4.2-35.3	660	2 3	Fog, Foam, Alfo, DC, CO2, DC	244	3	1	2	3	3	K9. Pungent odor. TLV 2 ppm.
Crotonyl Fluoride	691-48-5	3		>1.	Fluoride							3	DC, CO2		3		1	3	2	
Crotonylene	503-17-3			1.9	.69	N	1144	FL	<4	1.4-		3	Fog, Foam, DC, CO2	81	2		3	2	1	Note Boiling Point.
Crotoxyphos	7700-17-6	3		11.	1.2	N						4 0	Fog, Foam, Alfo, DC, CO2	275	3		2	3	12	K12. NCF.
Crotyl Alcohol	6117-91-5	2	3	2.5	.87	S	2614	FL	81	4.2-35.3	660	2 3	Fog, Foam, Alfo, DC, CO2	244	3	1	2	3	3	K2.
1-Crotyl Bromide		3		4.7	Liq					4.6-12.0		4 3	Fog, Foam, Alfo, DC, CO2		2	2	2	3	3	K2.
1-Crotyl Chloride		3		3.1	Liq					4.2-19.0		4 3	Fog, Foam, Alfo, DC, CO2		2	2	2	3	3	
Crude Oil	8002-05-9	2	2	>1.	>.8	N	1270	FL	<90			2 3	Fog, Foam, DC, CO2		3	1	2	2	2	Flammable.
Crude Shale Oils	68308-34-9	2	2	>1.	.86	N	1288	FL				4 0	Fog, Foam, Alfo, DC, CO2		1	2	2	2	3	K2. NCF.
Cryptohalite	1309-32-6	3		6.1	Sol	Y	2854	PB				3	Fog, Foam, Alfo, DC, CO2		3		1	1	2	K12. Melts @ 365°. Toxic to fish.
Cube (Common name)	83-79-4	3		>1.	13.	Sol	N					2 0	Foam, DC, CO2				1	2	9	K12. Melts @ 365°. Toxic to fish. NCF.
Cumaldehyde	122-03-2		3	5.2	.99	N						2 1	Fog, Foam, DC, CO2		3		1	1	2	
Cumene	98-82-8	3	3	4.1	.86	N	1918	FL	96	.9-6.5	795	3 2	Fog, Foam, DC, CO2	306	3	1	2	3	11	TLV 50 ppm. Sharp odor.
Cumene Hydroperoxide (Technical Pure)	80-15-9	3	3	5.2	1.1	S	2116	OP	175			2 4	Fog, Foam, DC, CO2	307	6	16, 4, 23	3	3	2	Can explode @ 300°.
Cumene Peroxide	80-43-3		3	9.3	Pdr		2121	OP				2 3	Fog, Flood		2	23	2	2		K9. Organic peroxide.
m-Cumenol Methylcarbamate	64-00-6		3	6.7	Pdr							3 0	Fog, Foam, DC, CO2		3		1	3	12	K12. NCF.
Cumin Oil	8014-13-9		3	>1.	Liq							3	DC, CO2		3		1	2	2	Fragrant odor.
Cumol	98-82-8	3	3	4.1	.86	N	1918	FL	96	.9-6.5	795	3 2	Fog, Foam, DC, CO2	306	3	1	2	3	11	TLV 50 ppm. Sharp odor.
Cumyl Hydroperoxide	80-15-9	3	3	5.2	1.1	S	2116	OP	175			2 4	Fog, Foam, DC, CO2	307	6	16, 4, 23	3	3	2	Can explode @ 300°.
Cumyl Peroxide	80-43-3		3	9.3	Pdr		2121	OP				2 3	Fog, Flood		2	23	2	2		K9. Organic peroxide.
Cumyl Peroxy-Neodecanoate			3	>1.	Liq		2963	OP				3	Keep Cool, CO2		2	16	3	3	2	SADT: 32°. Organic peroxide.
Cumyl Peroxypivalate			3	>1.	Liq		2964	OP				3	Keep Cool, CO2		2	16	3	3	2	SADT: 41°. Organic peroxide.
Cupric Acetate	142-71-2	2		6.9	Pdr	N	9106					2 1	Fog, Foam, DC, CO2		1		1	1	2	K12. Melts @ 239°.
Cupric Acetate-m-Arsenate			3	>1.	Pdr		1585	PB				3	Fog, Foam, DC, CO2		2		1	3	9	K2. K12. NCF.
Cupric Cyanide	544-92-3	4		4.0	Pdr	N	1587	PB				4	Fog, Foam, DC, CO2		3		1	3	2	K2. RVW magnesium.
Cupric Dihydrazine Chlorate				>1.	Sol			EX				4			6	17	5	2		Explodes when heated.

(85)

Chemical Name	CAS	Tox L	Tox S	Vap Den.	Spec Grav.	Wat Sol.	DOT Number	DOT Cl	Flash Point	Flamma. Limit	Ign. Temp.	Disa. Atm	Disa. Fire	Extinguishing Information	Boil Point	F	R	E	S	H	Remarks
Cupric Hypophosphite	3251-23-8		3		Sol	>1.		EX					4			6	17	5	2		Explodes when heated.
Cupric Nitrate				8.3	Cry	Y	1479	OX				4	3	Fog, Flood		2	23	1	2	2	Oxidizer.
Cupric Oxalate	53421-36-6			>1	Pdr								4			6		3	2		Can explode weakly when heated.
Cupric Phosphide		3	3	8.7	Sol	N						4	0	DC, CO2, No Water		5	7, 15	1	3		K23.
Cupric Sulfate	7758-98-7		2	8.6	Sol		9109	OM				4	0	Fog, Alfo, DC, CO2		1		1	2	9	K2. NCF.
Cupric Sulfate (Ammoniated)		2	2	7.3	Pdr	N	9110	OM				4	0	Fog, Alfo, DC, CO2		1		1	2	9	K2. NCF.
Cupric Tartrate				>1.	Liq	Y	9111						0	Fog, Foam, DC, CO2		1		1	1	9	NCF.
Cupriethylene-Diamine Solution		3	4	3.1	Pdr		1761	CO				4		Fog, Alfo, DC, CO2		3		1	4		K2.
Cuprous Acetylide	12540-13-5							EX					4			6	17	5	2		Explodes >212°.
Cuprous Hydride	41198-08-7			4.4	Cry	N						4	3	No Halon, No Water		2	10	2	3	12	K11, K18. Pyroforic.
Curacron (Trade name)	8063-06-7	3	3	13.	Liq	S						4	0	Fog, Foam, DC, CO2		3		1	2	9	K12. NCF.
Curare				>1.	Sol							4				3		1	2	9	K2.
Curium and Isotopes		4	4	8.4	Sol			RA				4				4		1	4	17	Radioactive. Cm242:Half-life:160 Days:alpha.
Cyanamide	420-04-2	4	4	1.4	Cry	Y			285			4	1	Fog, Alfo, DC, CO2	500	3	14, 10, 16	2	4	3	Melts @ 113°. R10>104°.
Cyanazine (Common name)	2008-39-1		3	9.2	Sol							4				3		1	3		K2, K12. Melts @ 334°.
Cyanic Acid	75-13-8		3	1.5	1.1							4	4			3	17, 11	2	3	2	K5. Can explode when heated.
Cyanide or Cyanide Mixture (Dry)		4	4	>1.	Sol		1588	PB				4				3	11	1	4		K5.
Cyanide Solution, n.o.s.		4	4	>1.	Liq		1935					4				3	11	1	4		K5.
Cyanide, Inorganic, n.o.s.	57-12-5	4	4	>1.	Var		1588	PB				4		Fog, Foam, DC, CO2		3	11, 1	2	4		K5.
2-Cyano-1,2,3-Trist(Difluoroamino)Propane	16176-02-6			7.8	Var							4	4			6	17	5	2	2	Shock-sensitive. Explosive.
N-Cyano-2-Bromoethylbutylamine				6.5	Var							4	3			3	16	2	2		Decomposes >320°.
N-Cyano-2-Bromoethylcyclohexylamine		4	4	7.6	Var							4	4			6	17	4	2	9	May explode @ 320°.
1-Cyano-2-Propen-1-Ol	5809-59-6	4	4	2.9	Liq							3	4	Foam, DC, CO2		6	16, 22	3	4	9	K22, K9, K5. Keep sealed and dark.
2-Cyano-2-Propyl Nitrate	40561-27-1			4.5	Var							4	4			6	17	5	2		K20. Explosive.
Cyanoacetic Acid	372-09-8		3	2.9	Sol	Y						4	1	Fog, Alfo, DC, CO2	226	3	17	1	2	9	K5. Melts @ 151°.
Cyanoacetonitrile	109-77-3	4		2.3	Pdr	Y	2647	PB	266			4	4	Fog, Alfo, DC, CO2	428	3	22	4	4	2	K5, K22. Melts @ 87°. R22 w/Bases.
Cyanoacetyl Chloride	16130-58-8			3.6	Var							4	4			6	17	4	2	9	K5, K22. Can explode @ room temperature.
Cyanoborane Oligomer	60633-76-3			>1.	Var							4	0	Fog, Foam, DC, CO2		6	17	5	2		K3. Explosive.
Cyanobromide	506-68-3	4	4	3.6	Sol	N	1889	PB				4	2	Fog, Foam, DC, CO2	143	3	11	1	4	9	K2. Melts @ 126°. NCF.
N-Cyanodiallylamine	538-08-9		4	4.1	.90							4	2	Fog, Foam, DC, CO2	432	3	1	1	4		K2.
N-Cyanodiethylamine		3	3	3.4	.86				176			4	2	Fog, Foam, DC, CO2		3	1	1	3		K5.
Cyanodimethylaminoethoxyphosphine Oxide	77-81-6	4	4	5.6	1.4	Y		PB	172			4	3	Fog, Foam, DC, CO2	464	3	1	4	4	12, 5, 8	H6. Nerve Gas.
Cyanodimethylarsine	683-45-4		3	4.6	Liq							4	2	DC, CO2		2	2	2	4	9	K5, K11. Pyroforic.
2-(2-Cyanoethoxy)Ethyl Ester Acrylic Acid	7790-03-6		3	5.9	Liq							4	3	Fog, Foam, DC, CO2		3	1	1	3	2	K5.
4-Cyanoethoxy-2-Methyl-2-Pentanol	10141-15-8	3	3	6.0	Liq							4	2	Fog, Foam, DC, CO2		3	1	1	3	2	K5.
2-Cyanoethyl Acrylate				4.3	1.1	Y			255			4	2	Fog, Foam, DC, CO2		3	1	1	3		Polymerizes when heated.
Cyanoethyl Acrylate		3	3	4.3	1.1	Y			255			4	2	Fog, Foam, DC, CO2		3	1	1	3		Polymerizes when heated.
β-Cyanoethylamine	151-18-8			2.4	Liq	Y						4			365	3	16	1	3		K2. Amine odor.
Cyanoformyl Chloride		3	3	3.1	Liq							4	4	DC, CO2, No Water		5	10	1	3	9	Believed toxic.

(86)

Chemical Name	CAS	Tox L	Tox S	Vap Den.	Spec Grav.	Wat Sol.	DOT Number	DOT Cl	Flash Point	Flamma. Limit	Ign. Temp.	Disa. Atm	Disa. Fire	Extinguishing Information	Boil Point	F	R	E	S	H	Remarks
Cyanogen	460-19-5	4	3	1.8	Gas	Y	1026	PA		6.0-32.0		4	4	Stop Gas, Fog, DC, CO2	-6	3	2, 6, 11	4	4	3	K5. TLV 10 ppm.
Cyanogen (liquefied)	460-19-5	4	3	1.8	Gas	Y	1026	PA		6.0-32.0		4	4	Stop Gas, Fog, DC, CO2	-6	3	2, 6, 11	4	4	3	K5. TLV 10 ppm.
Cyanogen Azide	764-05-6	4		2.4	Liq							4	4			6	17	5	2		K20. Unstable. Explosive.
Cyanogen Bromide	506-68-3	4		3.6	Sol	N	1889	PB				4	0	Fog, Foam, DC, CO2	143	3		2	4	3	K2. Melts @ 126°. NCF.
Cyanogen Chloride (Inhibited)	506-77-4	4	3	2.0	1.2	Y	1589	PA				4	3	DC, CO2, No Water	55	3	8	4	4	3	K2, K12. TLV <1 ppm. Flammable.
Cyanogen Fluoride	1495-50-7			1.6	Liq							4				3			1	9	Believed toxic. RXW hydrogen fluoride.
Cyanogen Nitride	420-04-2	4		1.4	Cry	Y			285			4	1	Fog, Alfo, DC, CO2	500	3	14, 10, 16	2	4	3	Melts @ 113°. R10>104°.
Cyanogenamide	420-04-2	4		1.4	Cry	Y			285			4	1	Fog, Alfo, DC, CO2	500	3	14, 10, 16	2	4	3	Melts @ 113°. R10>104°.
Cyanomethane	75-05-8	3		1.4	.79	Y	1648	FL	42	3.0-16.0	975	4	3	Fog, Alfo, DC, CO2	178	2	7, 3	2	3	3	K5. TLV 40 ppm
Cyanomethyl Acetate	1001-55-4	4		3.4	1:1							4	4	Fog, Foam, DC, CO2	392	3		1	4	3	K5.
Cyanonitrene	1884-64-6			1.4	Liq							4	4			6		5	2		K3. Explosive.
Cyanophos	2636-26-2	3		8.5	Sol	S						3	0	Fog, Foam, DC, CO2		3	17	1	3	12	K12. Melts @ 57°. NCF.
1-Cyanopropene	627-26-9			2.3	Liq				61			3	3	DC, CO2		2		2	2		K5.
3-Cyanopropyldichloromethylsilane	1190-16-5	3		6.4	Liq							4	4			3	16	2	2	2	
2-(5-Cyanotetrazole)Pentamminecobalt(III) Perchlorate	70247-32-4			18.	Sol							4	4			6	17	1	3	2	Explosive.
α-Cyanovinyl Acetate	3061-65-2	3	3	3.9	Var							3		DC, CO2		2	1	1	3		K2
Cyanuric Acid	108-80-5	2	1	4.4	Cry	Y						4	1	Foam, DC, CO2		3		1	2	9	Melts @ 680°. RVW chlorine; ethanol.
Cyanuric Chloride	108-77-0	4		6.3	Cry	S	2670	CO				3	1	No Water	374	5	8	2	3	9	K2. Pungent odor. Melts @ 295°.
Cyanuric Triazide		4	2	>1.	Sol							4	4			6	17	5	4	2	K3. Explodes.
Cyclamen Aldehyde	103-95-7			6.6	.95				190			2	2	Fog, Foam, DC, CO2		1	1	1	2		Floral odor.
Cyclethrin		3	2	11.	1.0	S						4	0	Foam, DC, CO2		3		1	3		
Cycloate (Common name)	1134-23-2			7.5	1.							4	0	Foam, DC, CO2		3		1	3		K2. NCF.
Cyclobutane	287-23-0	2		1.9	Gas	N	2601	FG	<50	1.8-		2	4	Stop Gas, Fog, DC, CO2	55	2	1	4	2		
Cyclobutene	822-35-3	2		1.9	Gas				<15			2	4	Stop Gas, Fog, DC, CO2	36	2	1	4	2		
Cyclobutylchloroformate							2744	PB				4	3			3		2	3		K2. Toxic & Corrosive Liquid. Flammable.
Cyclobutylene	822-35-3	3	3	1.9	Gas				<15			2	4	Stop Gas, Fog, DC, CO2	36	2	1	4	2		
Cyclododecatriene (1,5,9-)	291-64-5	4	4	>1.	Liq	N	2518	CO	160			3	2	Fog, Foam, DC, CO2	448	3	1	2	4		
Cycloheptane	544-25-2	2	3	3.3	.81		2241	FL	59	1.6-6.7		2	3	Fog, Foam, DC, CO2	246	2	2	2	3	10	
Cycloheptatriene (1,3,5-)				3.2	Liq		2603	FL	39			2	3	Fog, Foam, DC, CO2		2	2	2	2	9	RVW nitrogen monoxide
Cycloheptene	628-92-2			3.4	Liq		2242	FL	<73			2	3	Fog, Foam, DC, CO2		2	2	2	2		
1,4-Cyclohexadiene	628-41-1			2.8	Liq				12			2	3	Fog, Foam, DC, CO2		2	2	2	2		
1,3-Cyclohexadiene	592-57-4			2.8	Liq				<73			2	3	Fog, Foam, DC, CO2		2	2	2	2		RW-air → unstable oxides.

(87)

Chemical Name	CAS	Tox L	Tox S	Vap Den.	Spec Grav.	Wat Sol.	DOT Number	DOT Cl	Flash Point	Flamma. Limit	Ign. Temp.	Disa. Atm	Fire	Extinguishing Information	Boil Point	F	R	E	S	H	Remarks
Cyclohexane	110-82-7	3	3	2.9	.78	N	1145	FL	-4	1.3-8.4	473	2	3	Fog, Foam, DC, CO2	177	2	1	2	3	2	ULC: 95. TLV 300 ppm. Sweet odor.
Cyclohexanethiol	1569-69-3			4.0	.95	N			110				3	Fog, Alfo, DC, CO2	315	1	1	1	2	2	
Cyclohexanol	108-93-0	3	3	3.5	Cry	S			154		572	2	2	Fog, Alfo, DC, CO2	322	3	1	1	3	11	Camphor odor. TLV 50 ppm. Melts @ 75°.
Cyclohexanol Acetate	622-45-7	2	2	5.0	1.0	N	2243	CL	136		633	2	2	Fog, Foam, DC, CO2	350	1	1	1	2	10	Banana odor.
Cyclohexanone	108-94-1	3	3	3.3	Liq		2117	OP	93				3	Fog, Alfo, DC, CO2	312	3	2	2	3	2	
Cyclohexanone Peroxide (>90%, with <10% Water)													4	Fog, Flood		6	17, 4, 2,3	3	3	2	Keep wet. Can explode when heated. Organic peroxide.
Cyclohexanone Peroxide (Not more than 72% as Paste)					Sol		2896	OP					3								Organic peroxide.
Cyclohexanone Peroxide (<72% in solution)				>1.	Liq		2118	OP					3	Fog, Flood		2	23, 4	2	2	2	Keep wet. Organic peroxide.
Cyclohexanone Peroxide (<90%;>10% Water)				>1.	Liq		2119	OP					3	Fog, Flood		2	23, 4	2	2	2	Keep wet. Organic peroxide.
Cyclohexanone-Δ				3.3	Liq				93				3	Fog, Alfo, DC, CO2	312	3	2	2	3	2	
Cyclohexanyl Acetate	622-45-7	2	2	5.0	1.0	N	2243	CL	136		633	2	2	Fog, Foam, DC, CO2	350	1	1	1	3	10	Banana odor.
Cyclohexanyl Acetate	622-45-7			5.0	1.0		2243	CL	136		633	2	2	Fog, Alfo, DC, CO2	350	3	1	1	3	10	Banana odor.
2-Cyclohexen-1-One	930-69-7	3	3	3.4	.95		1915	CL	111	1.1-9.4	788	2	2	Fog, Foam, DC, CO2	313	3	2	2	3	2	ULC: 40. TLV 25 ppm.
Cyclohexene	110-83-8	3		2.8	.81	N	2256	FL	10	1.2-5.0	471	2	3	Fog, Foam, DC, CO2	181	2	1	2	3		TLV 300 ppm. Sweet odor.
Cyclohexene Oxide	286-20-4	2	2	3.5	.97	N			81			2	2	Fog, Foam, DC, CO2	265	3	1	2	3		Strong odor.
4-Cyclohexene-1-Carboxaldehyde	100-50-5	3	3	3.8	.97	S	2498	CO	135			2	2	Fog, Alfo, DC, CO2	327	3	1	1	3	2	
3-Cyclohexene-1-Carboxaldehyde	1321-16-0	3	3	3.8	.97		2498	CO				2	2	Fog, Alfo, DC, CO2	327	3	1	1	3	2	
3-Cyclohexene-1-Carboxylic Acid	4771-80-6			4.4	Liq							2	2	Fog, Foam, DC, CO2		3	1	2	3	2	
Cyclohexenone-Δ		3		3.3	Liq				93			3	3	Fog, Alfo, DC, CO2	312	3	2	2	3	2	
2-Cyclohexenyl Hydroperoxide	4845-05-0			4.0	Var							2	4			6	17	5	2	2	Explosive.
Cyclohexenyl Trichlorosilane	10137-69-6	4		7.4	1.3		1762	CO	200		517	3	2	DC, CO2	396	3	6	2	4	5	K16 → hydrogen chloride.
Cyclohexenylethylene	100-40-3	3		3.8	.83				60			2	3	Fog, Foam, DC, CO2	262	3	1	2	3	11	
Cycloheximide	66-81-9	3	3	9.7	Cry	S						2	1	Fog, Alfo, DC, CO2		3	1	1	3	9	K12. Melts @ 241°.
Cyclohexyl Acetate	622-45-7	2	2	5.0	1.0	N	2243	CL	136		633	2	2	Fog, Foam, DC, CO2	350	1	1	1	2	10	Banana odor.
Cyclohexyl Alcohol	108-93-0	3	3	3.5	Cry	S			154		572	2	2	Fog, Alfo, DC, CO2	322	3	1	1	3	11	Camphor odor. TLV 50 ppm. Melts @ 75°.
Cyclohexyl Chloride	542-18-7	3	3	4.0	.99	N			89			4	2	Fog, Foam, DC, CO2	288	2	1	2	3	2	K2.
Cyclohexyl Formate		3		4.4	1.1				124			3	2	Fog, Foam, DC, CO2	324	1	1	1	2	2	
Cyclohexyl Isocyanate	3173-53-3	4		4.3	Sol		2488	PB				4	2	Fog, Alfo, DC, CO2		3	11	2	4	2	Flammable.
Cyclohexyl Mercaptan	131-89-5			>1.	Liq		3054	OM				3	3	Fog, Foam, DC, CO2		3	1	1	3		
2-Cyclohexyl-4-6-Dinitrophenol		3		8.6	Cry	S	9026	OM				3	2	Fog, Foam, DC, CO2		3	1	2	2	9	K12.
Cyclohexylamine	108-91-8	3	4	3.4	.87	Y	2357	FL	70		560	4	3	Fog, Alfo, DC, CO2	274	2	1	2	3	11	K2. Fishy Odor. TLV 10 ppm (Skin)
Cyclohexylbenzene	827-52-1	2		5.2	.94	N			210			2	1	Fog, Foam, DC, CO2	459	1	1	1	2		Pleasant odor.
2-Cyclohexylethanol	4442-79-9		3	4.5	Liq							2	2	Fog, Foam, DC, CO2		3	1	1	3		
Cyclohexylethyl Alcohol	4442-79-9	3		4.5	Liq							2	2	Fog, Foam, DC, CO2		3	1	1	3		
Cyclohexylmethane	108-87-2	2		3.4	.79	N	2296	FL	25	1.2-6.7	482	2	3	Fog, Foam, DC, CO2	212	2	2	2	2		TLV 400 ppm.
Cyclohexyltrichlorosilane	98-12-4	4	4	7.5	1.2		1763	CO	185			3	3	Blanket, Foam, DC	406	3	8	1	4	13	
1-Cyclohexyltrimethylamine	16607-80-0	3	3	4.9	Liq	N						3				3	3	1	3		

Chemical Name	CAS	Tox L S	Vap Den.	Spec Grav.	Wat Sol.	DOT Number	Cl	Flash Point	Flamma. Limit	Ign. Temp.	Disa. Atm Fire	Extinguishing Information	Boil Point	F	R	E	S	H	Remarks
Cyclonite	121-82-4	3 3	7.6	Sol	N		EX				4			6	17	5	2		Explosive. More powerful than TNT.
1-5-Cyclooctadiene			3.7	.88	N	2520	FL	95			3 3	Fog, Foam, DC, CO2	304	1	1	2	2		
Cyclooctadiene			3.7	.88		2520	FL	95			3 3	Fog, Foam, DC, CO2	304	1	1	2	2		
Cyclooctadiene Phosphine			>1.	Sol		2940	FS				4 3	Soda Ash		2	2, 6	2	2		K11, K23. Pyroforic.
Cyclootafluorobutane	115-25-3	2 1	7.0	Gas		1976	CG				4 0	Stop Gas, DC, CO2	21	1	1	1	2	1	K2. Inert Gas. NCF.
1,3,5,7-Cyclooctatetraene	629-20-9		3.6	.94		2358	FL	<72			3 3	Fog, Foam, DC, CO2	284	2	1	2	2		Flammable. Not believed toxic. RVW oxygen.
Cyclooctatetraene	629-20-9		3.6	.94		2358	FL	<72			3 3	Fog, Foam, DC, CO2	284	2	1	2	2		Flammable. Not believed toxic. RVW oxygen.
1-3-Cyclopentadiene	542-92-7	3	2.3	.81	N			77			2 3	Fog, Foam, DC, CO2	109	2	16, 2, 14	2	2		TLV 75 ppm.
Cyclopentadienyl Silver Perchlorate	4984-82-1		9.5	Sol							3 4			6	17	5	2		K3. Explodes.
Cyclopentadienyl Sodium	12079-65-1	4	7.1	Liq							3 3	CO2, CO2		2	2	2	2		K11. Pyroforic.
Cyclopentadienyl/manganese Tricarbonyl	287-92-3	2 2	2.4	Var					1.5-	682	2 2	DC, CO2	121	3	1	1	4	11, 9	TLV 600 ppm.
Cyclopentane	287-92-3	2 2	2.4	Var	N	1146	FL	-35	1.5-	682	2 3	Fog, Foam, DC, CO2	121	3	1	2	2	11	
4,5-Cyclopentanofurazan-N-Oxide	54573-23-8		4.4	Var							3 4			6	17	5	2		K3. Explodes @ 302°.
Cyclopentanol	96-41-3	2 2	3.0	.95	S	2244	FL	124			3 3	Fog, Foam, DC, CO2	286	3	1	2	2		Pleasant odor.
Cyclopentanone	120-92-3	3 3	3.0	.95	S	2245	FL	79			3 2	Fog, Alfo, DC, CO2	267	3	1	2	3	11	Peppermint Odor.
Cyclopentene	142-29-0	3 3	2.3	.77	N	2246	FL	-20		743	3 3	Fog, Foam, DC, CO2	111	3	1	2	2	11	K2.
2-Cyclopentene-1-ol		3 4	2.9	Liq							3 2	DC, CO2		3	1	1	4		
Cyclopentyl Alcohol	96-41-3	2 2	3.0	.95	S	2244	FL	124			3 3	Fog, Foam, DC, CO2	286	3	1	1	2		Pleasant odor.
Cyclopentyl Bromide		3 3	5.0	1.4	N			108			4 2	Fog, Alfo, DC, CO2	279	3	1	1	3		K2. Sweet odor.
Cyclopentyl Chloride		3 3	3.5	1.0			FL	60			3 3	Fog, Alfo, DC, CO2		3	1	1	3		K2.
Cyclopentyl Ether		4	5.3	Liq							3 3	Fog, Alfo, DC, CO2		3	1	2	4		K10. Flammable.
Cyclopentylamine	1003-03-8		3.0	Liq	N			55			3 3	Fog, Foam, DC, CO2	266	2	1	1	2		
Cyclopentylpropionic Acid			>1.	Liq	N			116			3 3	Fog, Alfo, DC, CO2	178	1	1	1	2		
Cyclopentylpropionyl Chloride			>1.	Liq	Y			104			2 2	Fog, Alfo, DC, CO2		2	1	2	2		
Cyclopropane	75-19-4	3	1.5	Gas	N	1027	FG		2.4-10.4	928	2 4	Stop Gas, Fog, DC, CO2	-29	2	1	4	2	11	
Cyclopropane (Liquefied)	75-19-4	3	1.5	Gas	N	1027	FG		2.4-10.4	928	2 2	Stop Gas, Fog, DC, CO2	-29	2	1	4	2	11	
Cyclopropyl Ethyl Ether		3	>1.	Liq				<50			2 3	Fog, Alfo, DC, CO2	113	2	2	2	2		K10. Flammable.
Cyclopropyl Methyl Ether	540-47-6	3	>1.	Liq				<50			2 3	Fog, Alfo, DC, CO2	113	2	2	2	2		K10. Flammable.
Cyclopropyl Methyl Ketone	765-43-5	3	2.9	Liq				55			3 3	Fog, Alfo, DC, CO2		2	1	2	2		K10. Flammable.
Cyclopropyl Propyl Ether		3	>1.	Liq							3 3	Fog, Alfo, DC, CO2		2	1	2	2		
Cyclopropylamine	765-30-0		2.0	Liq				34			3 3	Fog, Foam, DC, CO2		2	2	2	2		
N-(Cyclopropylmethyl)-α,α,α-Tri-Fluoro-2,6-Dinitro-N-Propyl-p-Toluidine	26399-36-0	3 2	12.	Sol							3 4			3	1	1	3	3	K12.
Cyclotetramethylene Oxide	109-99-9	2 3	2.5	.83	Y	2056	FL	1	1.8-11.8	610	2 3	Fog, Foam, DC, CO2	149	2	1	2	2	11	K10. Ether odor. TLV 200 ppm.
Cyclotrimethylene Trinitramine	121-82-4	3 3	7.6	Sol	N		EX				4			6	17	5	2		Explosive. More powerful than TNT.
Cyhexatin (Common name)	13121-70-5	3	13.	Pdr							3	Fog, Foam, DC, CO2		3	1	1	3		K12.
Cylan (Trade name)	947-02-4	4	8.9	Liq							4	Fog, Foam, DC, CO2		3	1	4	2	9	K2, K12, K24.
m-Cym-5-Yl Methylcarbamate	2631-37-0	3	7.2	Cry	S						3 0	Fog, Foam, DC, CO2		3	1	1	3	12	K12. Melts @ 188°. NCF.

Chemical Name	CAS	Tox L	Tox S	Vap Den	Spec Grav	Wat Sol	DOT Number	DOT Cl	Flash Point	Flamma Limit	Ign. Temp.	Dis. Atm	Dis. Fire	Extinguishing Information	Boil Point	F	R	E	S	H	Remarks
Cymag (Trade name)	143-33-9	3	3	1.7	Pdr	Y	1689	PB				4	1			3	7, 11, 20	1	4	9	K5.
p-Cymen-7-ol	536-60-7			5.2	Liq							2		CO2, DC		3		1	3	2	
p-Cymene	25155-15-1	2	2	4.6	.86	N	2046	CL	117	.7-5.6	817	2	2	Fog, Foam, DC, CO2	349	1	1	1	2		ULC: 35
Cymene (Mixed Isomers)	25155-15-1	2	2	4.6	.86	N	2046	CL	117	.7-5.6	817	2	2	Fog, Foam, DC, CO2	349	1	1	1	2		ULC: 35
Cymogene		2	2	2.0	Gas	N	1075	FG		1.6-8.5	550	3	4	Stop Gas, Fog, DC, CO2		2		4	2	1	TLV 1000 ppm.
Cymol	25155-15-1	2	2	4.6	.86	N	2046	CL	117	.7-5.6	817	2	2	Fog, Foam, DC, CO2	349	1	1	1	2		ULC: 35
Cyolane (Trade name)	947-02-4	4	4	8.9	Liq							4		Fog, Foam, DC, CO2		1	1	1	4	9	K2, K12, K24.
Cyprex	2439-10-3	3	3	9.9	Cry	S						4		Fog, Foam, DC, CO2		3		1	3	2	K2, K12. Melts @ 277°.
Cypromid (Common name)	2759-71-9			8.0	Cry							4		Fog, Foam, DC, CO2		3		1	3	9	K2, K12.
Cypronic Ether	540-47-6	3		>1.	Liq				<50			2	3	Fog, Alfo, DC, CO2	113	3	2	2	2	2	K10. Flammable
Cytrolane (Trade name)	947-02-4	4		8.9	Liq							4		Fog, Foam, DC, CO2		3		1	4	9	K2, K12, K24.
2,4-D	94-75-7	2	3	7.6	Pdr	N	2765	OM				3	0	Fog, Foam, DC, CO2	320	3		1	3	9	K2, K12. Melts @ 284°. NCF.
2,4-D Ester	94-75-7	3	3	7.6	Pdr	N	2765	OM				3	0	Fog, Foam, DC, CO2	320	3		1	3	9	K2, K12. Melts @ 284°. NCF.
D-Con (Trade name)	81-81-2	3	2	10.	Cry	N						3	0	Fog, Foam, DC, CO2		3		1	2	9	Melts @ 322°. NCF.
D.D.T.	50-29-3	3	2	12.	Pdr	N	2761	OM				3	0	Fog, Foam, DC, CO2		1		1	2	2	K12. RW akalines. Melts @ 228°. NCF.
Dacamox (Trade name)	39196-18-4			7.6	Cry							4		Fog, Foam, DC, CO2		3		1	3	9	K2, K12.
DAEP (Common name)	13265-60-6			8.5	Liq							4		Foam, DC, CO2		3		1	3	12	K2, K12.
Dalapon (Common name)				>1.	Pdr									Fog, Foam, DC, CO2		3		1	3	9	K12.
Danitol (Trade name)	39515-41-8			12.	Liq	N						4	0	Fog, Foam, DC, CO2		3		1	3	9	K2, K12.
Dasanit (Trade name)	115-90-2	4		10.	1.2	S						4	0	Fog, Foam, DC, CO2		3		1	3	12	K2, K12, K24. NCF.
Dazomet (Common name)	136-78-7	3	3	10.	Sol	S						4	0	Fog, Foam, DC, CO2		3		1	3	2	K12. NCF. Melts @ 338°.
DDT (Common name)	50-29-3	3	3	12.	Pdr	N	2761	OM				3	0	Fog, Foam, DC, CO2		1		1	2		K12. RW akalines. Melts @ 228°. NCF.
DDVP (Common name)	62-73-7	4		7.6	1.4	N	2783	PB	175			4	2	Foam, DC, CO2	248	3	6	1	4	12	K2, K12.
DEAC	96-10-6	3		4.1	Liq	N	1101	FL				3	3	DC, Sand, No Water, No Halon	406	5	10, 2, 7	3	4	16	K2. Pyroforic.
DEAK	96-10-6			4.1	Liq	N	1101	FL				3	3	DC, Sand, No Water, No Halon	406	5	10, 2, 7	3	4	16	K2. Pyroforic.
Decaborane	17702-41-9	4	4	4.2	Cry	S	1868	FS	176		296	4	3	DC, CO2, No Halon	416	5	16, 1	2	4	5	TLV <1 ppm. Can ignite w/O2. Melts @ 212°.
Decaboron Tetradecahydride	17702-41-9	4	4	4.2	Cry	S	1868	FS	176		296	4	3	DC, CO2, No Halon	416	5	16, 1	2	4	5	TLV <1 ppm. Can ignite w/O2. Melts @ 212°.
Decafentin (Common name)	15652-38-7			>1.	Sol							4		DC, CO2		3		1	4		
Decafluorobutyramidine	41409-50-1	4		9.3	Sol							2	2	Fog, Foam, DC, CO2		6	17	5	2	5	Shock sensitive. Explosive.
Decahydronaphthalene	91-17-8	3	2	4.8	.90	N	1147	CL	136	7.4-9	482	2	2	Fog, Foam, DC, CO2	382	3	1	1	2	2	
Decahydronaphthalene-trans	91-17-8	3	3	4.8	.87	S	1147	CL	129	.7-5.4	491	2	2	Fog, Foam, DC, CO2	369	3	1	1	2	2	
Decalin	91-17-8	3	2	4.8	.90	N	1147	CL	136	.7-4.9	482	2	2	Fog, Foam, DC, CO2	382	3	1	1	2	2	
Decamethrine	52918-63-5			17.	Pdr	N						2	2	DC, CO2		3		1	3	9	K12.
1-Decanal (ALSO: Mixed Isomers)	112-31-2	2	2	5.5	.83	N			85			2	3	Fog, Foam, DC, CO2	406	2	1	1	2	2	Floral odor.
Decane		2	1	4.9	.73	N	2247	CL	115	.8-5.4	410	3	1	Fog, Foam, DC, CO2	345	1	1	1	3	1, 11	
1-Decaneamine	2016-57-1	3		5.5	.79	S			210			3	1	Fog, Alfo, DC, CO2	429	3	1	1	3	2	Melts @ 63°.
Decanol (ALSO: (1-) (n-)	112-30-1	2	3	5.3	.83	N			180		550	3	2	Fog, Foam, DC, CO2	444	3	1	1	3	2	Sweet odor.

(90)

Chemical Name	CAS	Tox L	Tox S	Vap Den.	Spec Grav.	Wat Sol.	DOT Number	DOT Cl	Flash Point	Flamma. Limit	Ign. Temp.	Disa. Atm	Disa. Fire	Extinguishing Information	Boil Point	F	R	E	S	H	Remarks
Decanoyl Peroxide (Technical pure)	3913-71-1			>1.	Sol	N	2120	OP					3	Keep Cool, CO2		2	16	2	2		Organic peroxide.
2-Decenal (ALSO: Decenaldehyde)				5.4	Liq							2		DC, CO2		3		1	3	2	
1-Decene				4.8	.74	N			130		455	3	2	Fog, Foam, DC, CO2	342	1	1	1	3		K12. Melts @ 617°.
Dechlorane Plus (Trade name)	13560-89-9	3	3	22.	Cry	N						3		Fog, Foam, DC, CO2		3		1	3		K12.
Decis (Trade name)	52918-63-5	3	3	17.	Pdr	N						3		DC, CO2		3		1	3	9	Sweet odor.
Decyl Alcohol (ALSO: Mixed isomers)	112-30-1			5.3	.83	N			180		550	2	2	Fog, Foam, DC, CO2	444	3	1	1	3		
Decyl Hydride		2	3	4.9	.73	N	2247	CL	115	.8-5.4	410	2	2	Foam, DC, CO2	345	1	1	1	3	1, 11	
tert-Decyl Mercaptan		3		6.0	.9							4		Fog, Foam, DC, CO2	410	3	1	1	3		Strong odor.
Decylamine				5.5	.79	S			190			3	1	Fog, Alfo, DC, CO2	429	3	1	1	3	2	Amine odor.
n-Decylene			3	4.8	.74	N			130		455	3	2	Fog, Foam, DC, CO2	342	1	1	1	2		
DEF (Trade name)	78-48-8			11.	1.1	N			>200			3	1	Fog, Foam, DC, CO2	302	3		1	3	12	K12.
DEF Defoliant (Trade name)	78-48-8			11.	1.1	N			>200			3	1	Fog, Foam, DC, CO2	302	3		1	3	12	K12.
Degesch Phostoxin (Trade name)	20859-73-8	4		2.	Cry	Y	1397	FS	212			4	2	No Water	189	5	7, 11	2	4		K23. TLV <1 ppm.
Deguelin		4	3	14.	Pdr	N						3	1	Fog, Alfo, DC, CO2		3	23, 4	1	4	2	Oxidizer.
Dehydrite (Trade name)		3		7.7	Cry	Y	1475	OX				3	3	Fog, Flood		2	23, 4	1	3		K2. Ignites @ 320°.
Dekanitrocellulose		2	2		Sol	Y		FS					4	Fog, Flood		3	16	2	2		Explosive detonators.
Delay Electric Igniters				>1.	Sol	N							4			6	17	5	2		Explosive detonators. NCF.
Demeton (Common name)	298-03-3	3	4	>1.	1.1	S		PB				4	0	Fog, Foam, DC, CO2	273	3	1	1	3	12, 9	K2, K12. See other Demeton entries. NCF.
Demeton-O+Demeton-S O,O-Diethyl-2-Ethylmercaptoethyl Thiophosphate	8065-48-3	4	4	18.	Liq								4	Fog, Foam, DC, CO2		3	1	1	4	12, 9	K2, K12. TLV <1 ppm.
Demeton-O-Methyl	867-27-6	3		8.0	Liq							4		Fog, Foam, DC, CO2		3	1	1	3	12	K2, K12.
Demeton-O-Methyl Sulfoxide	301-12-2	3		8.0	Liq							4		Fog, Foam, DC, CO2		3	1	1	3	12	K2, K12.
Demeton-S-Methyl	919-86-8	3	3	8.0	Liq							4		Fog, Foam, DC, CO2		3	1	1	3	12	K2, K12.
Demeton-S-Methyl-Sulphone	17040-19-6	3	3	9.2	Liq							3		Fog, Foam, DC, CO2		3	1	1	3	12	K2, K12.
Denatured Alcohol		2	2	1.6	.80	Y		FL	60		750	3	3	Fog, Alfo, DC, CO2	175	2	1	2	2		TLV 1000 ppm.
Denatured Spirits (General)		2	2	1.6	.80	Y		FL	60		750	3	3	Fog, Alfo, DC, CO2	175	2	1	2	2		TLV 1000 ppm.
Deobase	8044-51-7	2	1	4.5	<1.	N	1223	CL	120	.7-5.0	410	2	2	Fog, Foam, DC, CO2		1	1	1	2		Deodeorized kerosene. ULC: 40
Deodorized Kerosene	8044-51-7	2	1	4.5	<1.	N	1223	CL	120	.7-5.0	410	2	2	Fog, Foam, DC, CO2		1	1	1	2		Deodeorized kerosene. ULC: 40
Dependip (Trade name)				>1.	.76				52			3	3	Fog, Foam, DC, CO2		2	1	2	2		Exploding devices.
Detonators (Fuze, primers, etc.)				>1.	Sol	N		EX				4	4			6	17	5	2		Highly flammable.
Deuterium (Heavy hydrogen)	7782-39-0	1	1	.14	Gas	S	1957	FG		4.0-75.0	1085	1		Stop Gas, Fog, DC, CO2		2	2	4	2	1	
Deuterium Fluoride	14333-26-7	3		.73	Gas							3				3	4, 23	2	3		High oxidizer.
Dextrone (Trade name)	85-00-7	3	3	12.	Cry	Y	2781	OM				4	0	Foam, DC, CO2		3	1	1	3	9	K12. Melts @ 635°. NCF.
Dextrose Nitrate				>1.	Sol			EX				4	4	Fog, Flood		6	17	5	2		Explodes.
2,5-Di(1,2-Epoxyethyl)Tetrahydro-2H-Pyran	39079-58-8	3		5.9	Var		2148	OP				2		DC, CO2		2	23	1	3		Organic peroxide.
Di(1-Hydroxycyclohexyl)peroxide	14689-97-5			>1.	Sol							3	3	Fog, Flood		3		1	3		
Di(2-Chloroethyl)Acetal	1120-48-5	3		6.5	.81	S			270			3		DC, CO2	537	3	1	1	3	9	K2.
O,O'-Di(2-Ethylhexyl)Dithiophosphoric Acid	5810-88-8			8.3								3	1	Fog, Alfo, DC, CO2		3	1	1	3		Slight ammonia odor.
Di(2-Ethylhexyl)Amine				>1.	Liq							4		DC, CO2		3	1	1	3	12	K2, K12.
Di(2-Ethylhexyl)Peroxydicarbonate				>1.	Liq		2960	OP					3	Keep Cool, Fog, Flood		2	16, 4	3	2		SADT: 32°. Organic peroxide.
Di(2-Ethylhexyl)Peroxydicarbonate				>1.	Liq		2123	OP					3	Keep Cool, Fog, Flood		2	16, 4	3	2		SADT: 23°. Organic peroxide.

(91)

Chemical Name	CAS	Tox L S	Vap Den.	Spec Grav.	Wat Sol	DOT Number	DOT Cl	Flash Point	Flamma. Limit	Ign. Temp.	Disa Atm	Fire	Extinguishing Information	Boil Point	F	R	E	S	H	Remarks
Di(2-Ethylhexyl)Peroxydicarbonate (Technical)	16111-62-9		>1.			2122	OP				2	3	Keep Cool, Fog, CO2		2	16, 4	3	2		SADT: 14°. Organic Peroxide.
Di(2-Ethylhexyl)Phosphoric Acid	298-07-7	3	11.	.97	N	1902	CO	385			4	1	Fog, Foam, DC, CO2		3		1	3	2	K2.
Di(2-Methoxyethyl) Maleate	10232-93-6	3	8.1	Liq							2	2	Foam, DC, CO2		3		1	3	2	
Di(2-Methoxyethyl)Peroxydicarbonate	22575-95-7		8.3	Liq							2	4			6	17	3	2		Explodes @ 93°.
Di(2-Methylbenzoyl) Peroxide			>1.	Sol		2593	OP				3	3	Keep Cool, Fog, Flood		2	16	3	2		SADT: 95°. Organic peroxide.
1-4-Di(2-tert-Butylperoxyisopropyl)Benzene & 1-3-Di(2-tert-Butylperoxyisopropyl)Benzene			>1.		N	2112	OP				2	3	Fog, Flood		2	23, 4, 16	2	2		Organic peroxide.
Di(3,5,5-Trimethyl-1,-2-Dioxolanyl-3)Peroxide			>1.	Liq		2597	OP					3	Keep Cool, Fog, Flood		2	16, 3, 4	3	2		SADT: 95°. Organic peroxide.
Di(3,5,5-Trimethylhexanoyl)Peroxide			>1.	Liq		2128	OP					3	Keep Cool, Fog, Flood		2	16, 3, 4	3	2		SADT: 50°. Organic peroxide.
2,2'-Di(3-Chloroethylthio)Diethyl Ether	63918-89-8	3	9.2	Var							4	2	DC, CO2		3		1	3		K2.
2,2-Di(4,4-Di-tert-Butylperoxy Cyclohexyl) Propane (42%)			>1.	Sol	N	2168	OP					3	Fog, Flood		2	23, 16	2	2		Organic peroxide.
Di(4-tert-Butylcyclohexyl)Peroxydicarbonate			>1.	Liq	S	2894	OP					3	Keep Cool, Fog, Foam		2	16, 4	2	2		SADT: 86°. Organic peroxide.
Di(4-tert-Butylcyclohexyl)Peroxydicarbonate			>1.	Liq	S	2154	OP					3	Keep Cool, Fog, Foam		2	16, 4	2	2		SADT: 95°. Organic peroxide.
1,2-Di(5-Tetrazolyl)Hydrazine			5.9	Var							3	4			6	17	4	2		K3. Explodes.
N,N'-Di(a-Methylbenzyl)Ethylenediamine	6280-75-7	3	9.3	Var							3	3	Foam, DC, CO2		3		1	3		K2.
Di(Benzenediazo)Sulfide	22575-07-3		8.5	Sol							3	4			6	17	5	2	3	K3. Explosive. Pyroforic when wet.
Di(Benzenediazonium)Zinc Tetrachloride	15727-43-2		14.	Sol							3	4			6	17	5	2		Light, heat & shock sensitive. Explosive.
1,2-Di(Dimethylamino)-Ethane	110-18-9	2	4.0	.78	Y	2372	FL				3	3	Fog, Alfo, DC, CO2		2	1	2	2	2	K2.
3,6-Di(Spirocyclohexane)Tetraoxane			8.0	Var	N						2	3			6	17	5	2		Impact-sensitive explosive.
1-1-Di(tert-Butylperoxy)3-3-5-Trimethylcyclohexane			>1.	Var	N	2147						3	Fog, Flood		2	23, 16	2	2		Organic peroxide.
1-1-Di(tert-Butylperoxy)3-3-5-Trimethylcyclohexane			>1.	Var	N	2146						3	Fog, Flood		2	23, 16	2	2		Organic peroxide.
1-1-Di(tert-Butylperoxy)3-3-5-Trimethylcyclohexane			>1.	Var	N	2145						3	Fog, Flood		2	23, 16	2	2		Organic peroxide.
2,2-Di(tert-Butylperoxy)Butane	2167-23-9		8.2	Var							2	4			6	17	5	2		K3. Explodes @ 266°.
2,2-Di(tert-Butylperoxy)Butane			>1.	Liq	N	2111	OP					3	Fog, Flood		2	23, 4, 16	2	2		Organic peroxide.
1-1-Di(tert-Butylperoxy)Cyclohexane			>1.	Liq	N	3069	OP					3	Fog, Flood		2	16, 4, 23	2	2		Organic peroxide.
1-1-Di(tert-Butylperoxy)Cyclohexane			>1.	Liq	N	2897	OP					3	Fog, Flood		2	16, 4, 23	2	2		Organic peroxide.
1-1-Di(tert-Butylperoxy)Cyclohexane			>1.	Liq	N	2185	OP					3	Fog, Flood		2	16, 4, 23	2	2		Organic peroxide.
1-1-Di(tert-Butylperoxy)Cyclohexane			>1.	Liq	N	2180	OP					3	Fog, Flood		2	16, 4, 23	2	2		Organic peroxide.
1-1-Di(tert-Butylperoxy)Cyclohexane			>1.	Liq	N	2179	OP					3	Fog, Flood		2	16, 4, 23	2	2		Organic peroxide.
2-2-Di(tert-Butylperoxy)Propane			>1.	Sol	N	2884						3	Fog, Flood		2	23, 4, 16	2	2		Organic peroxide.

Chemical Name	CAS	Tox L	Tox S	Vap Den.	Spec Grav	Wat Sol	DOT Number	Cl	Flash Point	Flamma. Limit	Ign. Temp.	Disa. Atm	Disa. Fire	Extinguishing Information	Boil Point	F	R	E	S	H	Remarks
2-2-Di(tert-Butylperoxy)Propane				>1.	Liq		2883						3	Fog, Flood		2	23, 4, 16	2	2		Organic peroxide.
Di(β-Nitroxyethyl)Ammonium Nitrate					Sol			EX					4			6	17	5	2		Friction-sensitive explosive.
Di(1-Naphthoyl) Peroxide	29903-04-6			>1.	Sol								4			6	17	5	2		K2.
2-Di-(2-Ethylhexyl)Aminoethanol	101-07-5	3		10.	Var								3	DC, CO2		3		1	3	2	
Di-(2-Phenoxyethyl)Peroxydicarbonate				>1.	Liq		3059	OP					3	Fog, Flood		2	23, 3, 4	2	2		Organic peroxide.
Di-(2-Phenoxyethyl)Peroxydicarbonate (Technical)				>1.	Pdr		3058	OP					3	Fog, Flood		2	23, 3, 4	2	2		Organic peroxide. Can burn rapidly.
Di-(4-Chlorobenzoyl)Peroxide	94-17-7				Liq		2115	OP					3	4	Fog, Flood, DC, CO2		6	16, 4, 22	3	2		Inhibited. RVW contaminants. May explode >100°.
Di-(4-Chlorobenzoyl)Peroxide	94-17-7				Liq		2114	OP					3	4	Fog, Flood, DC, CO2		6	16, 4, 22	3	2		Inhibited. RVW contaminants. May explode >100°.
Di-(4-Chlorobenzoyl)Peroxide	94-17-7			11.	Pdr	N	2113	OP					3	4	Fog, Flood, DC, CO2		6	16, 4, 22	3	2		Inhibited. RVW contaminants. May explode >100°.
Di-(Bistrifluoromethyl Phosfido) Mercury				18.	Sol								3	CO2		2	2	2	2		K2. Pyrotoric.
Di-(Hydroxyethyl)-o-Tolylamine	28005-74-5			6.8	Var								3	DC, CO2		3	1	1	3		K2.
Di-(p-Chlorophenyl) Ethanol	63917-06-6			9.2	Pdr	N							3	Fog, Foam, DC, CO2		3	1	1	3		K12. Melts @ 158°.
Di-(p-Chlorophenyl) Methyl Carbinol	25639-45-6			9.2	Pdr	N							3	Fog, Foam, DC, CO2		3	1	5	2		K12. Melts @ 158°.
Di-1,2-Bis(Difluoroamino)Ethyl Ether	13084-46-3			9.7	Var								3	4			6	17	5	2		K3, K10. Explosive.
Di-2,4-Dichlorobenzoyl Peroxide (<52% as Paste)				>1.	Liq		2138	OP					3	Fog, Flood		2	23, 16	2	2		Organic peroxide.
Di-2,4-Dichlorobenzoyl Peroxide (<75% in Water)					Liq		2137	OP							Fog, Flood		2	23, 16	2	2		Organic peroxide.
Di-2,4-Diclorobenzoyl Peroxide (<52% in Solution)				>1.	Liq		2139	OP					3		Fog, Flood		2	23, 16	2	2		Organic peroxide.
Di-2-Chloroethyl Formal	111-91-1	3		5.9	1.2	S							4	1	Fog, Alfo, DC, CO2	425	3	1	1	3	2	K2.
Di-2-Chloroethyl Maleate				8.4	Var								3		DC, CO2		3	1	1	3	9	K2.
Di-2-Furoyl Peroxide				4.3	Var								2	4			6	17	5	2		K3, K20. Explosive.
Di-2-Propenyl Phosphonite	23679-20-1	4		5.7	1.1								3		Fog, Foam, DC, CO2	144	3	1	1	4		K2.
Di-2-Propenylamine	124-02-7	3	4	4.9	.79	Y	2359	FL	70				3		Fog, Alfo, DC, CO2	234	3	2	2	2	3	
Di-Bal-H (Trade name)	1191-15-7			4.9	.80								3		No Water, No Halon	221	3	1	1	3		Pyrotoric.
Di-m-Cresyltrichloroethane				10.	Cry								4			356	3	*	1	3		K12.
Di-n-Amylamine	2050-92-2	3	3	5.4	.78	S	2841	PB	124				3	2	Fog, Alfo, DC, CO2		3	1	2	4	2	
Di-n-Butyl Peroxydicarbonate				>1.	Liq	N	2170						3	3	Fog, Flood		2	23, 4, 16	2	2		Organic peroxide.
Di-n-Butyl Peroxydicarbonate				>1.	Liq	N	2169						3		Fog, Flood		2	23, 4, 16	2	2		Organic peroxide.
Di-n-Butyl Phthalate	84-74-2	3		9.6	1.1	N	9095	OM	315	.5-		757	2	1	Fog, Foam, DC, CO2	644	3	1	1	3	9	Mild odor. RVW chlorine.
Di-n-Hexylamine	143-16-8	2	3	6.4	.78				220				3	1	Fog, Foam, DC, CO2	451	3	1	1	3	2	K2.
Di-n-Nonanoyl Peroxide				>1.	Var		2130						3	3	Fog, Foam, DC, CO2		2	16, 3, 4	3	2		SADT: 50°. Organic peroxide.
Di-n-Octanoyl Peroxide				>1.	Var		2129						3	3	Keep Cool, Fog, Flood		2	16, 3, 4	3	3		SADT: 59°. Organic peroxide.
Di-n-Propyl Peroxydicarbonate (Technical)	16066-38-9		3	7.2	Sol		2176	OP					2	3	Keep Cool, Fog, Flood		2	16	3	3		SADT: 5°. Organic peroxide.
Di-n-Propylamine	142-84-7	3	3	3.5	.74	N	2383	FL	63			570	3	3	Fog, Foam, DC, CO2	229	3	1	2	3	2	Amine odor.
Di-sec-Amyl Phenol	28652-04-2	3		8.1	.93	N			260				2	1	Fog, Foam, DC, CO2	536	3	1	1	3	2	Phenol odor.
Di-sec-Butyl Fluorophosphonate	625-17-2	3		7.4	Liq								4		DC, CO2		3		1	3		

(93)

Chemical Name	CAS	Tox L	Tox S	Vap Den	Spec Grav	Wat Sol	DOT Number	DOT Cl	Flash Point	Flamma Limit	Ign. Temp.	Disa Atm	Disa Fire	Extinguishing Information	Boil Point	F	R	E	S	H	Remarks
Di-sec-Butyl Peroxydicarbonate	19910-65-7			>1.	Liq	N	2151	OP				2	4	Keep Cool, CO2		2	16, 3	3	2		Organic peroxide. SADT 23°.
N,N'-Di-sec-Butyl-p-Phenylenediamine	110-96-2	3	3	7.6	.95	N			285			3	1	Fog, Foam, DC, CO2		3	1	1	3	16, 5	Melts @ 64°.
Di-sec-Butylamine		3	3	4.5	.75	Y	2248	FL	75			3	3	Fog, Alfo, DC, CO2	270	3	1	2	3	2, 9	
Di-t-Butyl Sulfide				4.9	.83				125			4	2	Fog, Foam, DC, CO2	567	1	1	1	2		K2.
Di-tert-Butyl Chromate	1189-85-1	3	3	8.0	Liq							2		Fog, Flood, DC, CO2		3	4, 3, 5, 23	2	3		High oxidizer.
Di-tert-Butyl Diperoxy Carbonate	3236-56-4			7.2	Var							2	4	Fog, Flood		2	16	2	2		May explode @ 275°. Organic peroxide.
Di-tert-Butyl Diperoxyoxalate	14666-77-4			8.2	Var							2	4	Fog, Flood		2	17	2	2		Explodes when heated. Organic peroxide.
Di-tert-Butyl Diperoxyphthalate	2155-71-7			10.	Var			OP	145			2	4			6	17	5	2		RVW shock. Organic peroxide.
Di-tert-Butyl Diperphthalate				11.	1.1	N	2102	OP	65			3	3	Fog, Flood		2	23, 3	3	3		May RVW water. SADT: 200°.
Di-tert-Butyl Peroxide	110-05-4	3		5.0	.79	S						2	3	Foam, DC, CO2	176	2	23, 4	3	3	2	Organic peroxide.
(3,5-Di-tert-Butyl-4-Hydroxybenzylidene)Malononitrile	10537-47-0			9.9	Liq							3		DC, CO2		3		1	3	9	K2.
2,6-Di-tert-Butyl-4-Nitrophenol	728-40-5			8.8	Cry							4				6	17	5			Unstable. Explodes @ 212°.
4,6-Di-tert-Butyl-m-Cresol	497-39-2	2	2	7.6	Sol	N			260			3	1	Fog, Foam, DC, CO2	495	1	1	1	2		Melts @ 154°.
Di-tert-Butyl-m-Cresol	497-39-2	2	2	4.0	.93	N	1148	FL	260	1.8-6.9	1118	3	1	Fog, Alfo, DC, CO2	328	1	1	1	2		Melts @ 154°.
Di-tert-Butyl-p-Cresol	497-39-2	2	2	7.6	Sol	N			260			3	1	Fog, Foam, DC, CO2	495	1	1	1	2		Melts @ 154°.
Di-tert-Butylperoxyphthalate				>1.	Var	N						3	3	Fog, Flood		2	23, 4, 16	2	2		Organic peroxide.
Di-tert-Butylperoxyphthalate				>1.	Var	N	2107									2	23, 4, 16	2	2		Organic peroxide.
Di-tert-Butylperoxyphthalate				>1.	Var	N	2106						3	Fog, Flood		2	23, 4, 16	2	2		Organic peroxide.
Diacetic Ether	141-97-9	3	3	4.5	1.0	Y			135	1.4-9.5	563	3	2	Fog, Alfo, DC, CO2	356	3	12	1	3	2	K2, Fruity Odor
Diacetone	123-42-2	2	2	4.0	.93	Y	1148	FL	>73	1.8-6.9	1118	3	3	Fog, Alfo, DC, CO2	328	2	2	1	2	11, 2	Pleasant odor. TLV 50 ppm.
Diacetone Alcohol (Technical)	123-42-2	2	2	4.0	.93	Y	1148	FL	>73	1.8-6.9	1118	3	3	Fog, Alfo, DC, CO2	328	2	2	1	2	11, 2	Pleasant odor. TLV 50 ppm.
Diacetone Alcohol Peroxide				>1.	Liq		2163	OP				2		Fog, Foam, DC, CO2		2	16	3	3		Organic peroxide.
Diacetyl Peroxide	110-22-5	3	3	4.0	Sol	S	2084	OP				3	4	Keep Cool, CO2		2	16, 9, 5, 3	3	3	3	Refrigerate <80°. Organic Peroxide.
N,N'-Diacetyl-N,N'-Dinitro-1,2-Diaminoethane	922-89-4			8.2	Sol							3	4			6		5	2		Can explode @ 288°. High oxidizer.
Diacetylene	460-12-8	2		1.7	Gas							2	4	Stop Gas	50	2	22	4	2	1	K22 >32°. Explosive.
1-2-Diacetylethane	110-13-4	2	2	3.9	.97	Y					920	2	2	Fog, Alfo, DC, CO2	378	1	12	1	2	3	
Diacetylmethane	123-54-6	3	3	3.4	.98	Y	2310	FL	93		644	2	3	Fog, Alfo, DC, CO2	282	2	3	2	2	3	
Diactyl	431-03-8	2	2	3.0	.99	Y	2346	FL	80			2	2	Fog, Alfo, DC, CO2	190	2	3	2	2	2	Strong odor.
Diaflor (Common name)				>1.	Liq							3		Fog, Foam, DC, CO2		3	1	3	3	9	K12.
Dialkylzinc	10311-84-9	3	3	13.	Cry							4		DC, CO2, No Water		5	10	2	2		Can explode w/water. Flammable.
Diallate (Common name)	2303-16-4			>1.	Liq	N						4		Fog, Foam, DC, CO2	302	3	22	1	3	5, 2, 12	
Diallyl	592-42-7	3		2.9	.69	N	2458	FL	-51	2.0-6.1		2	3	Fog, Foam, DC, CO2	140	3	16, 2	3	2	2	K2, K12. Melts @ 77°.
Diallyl Disulfide	592-88-1	3		3.9	.89	N						4	2	Fog, Foam, DC, CO2	282	3	1	1	3		K2. Garlic Odor. Combustible.
Diallyl Ether	557-40-4	3		3.4	.81	S	2335	FL	20			3	3	Fog, Alfo, DC, CO2	203	3	2	1	2	10	K10. Radish Odor.

(94)

Chemical Name	CAS	Tox L S	Vap Den.	Spec Grav.	Wat Sol.	DOT Number Cl	Flash Point	Flamma. Limit	Ign. Temp.	Disa. Atm Fire	Extinguishing Information	Boil Point	F	R	E	S	H	Remarks
Dially Maleate	999-21-3	3	6.6	1.1						2 1	Fog, Foam, DC, CO2	228	3	1	1	3	2	Combustible.
Diallyl Melamine		3	7.6	Sol						4 1	Fog, Foam, DC, CO2		3	20, 11	1	3	2	K5. Melts @ 288°. Combustible.
Diallyl Peroxydicarbonate	34037-79-1		7.0	Pdr						2	Keep Cool, Flood		2		2	2		K22. Unstable if heated. High oxidizer.
Diallyl Phosphite	23679-20-1	4	5.7	1.1						3	Fog, Foam, DC, CO2	144	3		1	4		
Diallyl Phthalate	131-17-9	3	8.3	1.1	N		330			3 1	Fog, Foam, DC, CO2	554	3	1	1	3	2	
Diallyl Sulfate	592-88-1	3	6.2	Var						3 4			6	17	5	2		K3. Explodes.
Diallyl Sulfide	93-71-0	3	3.9	.89	N					4 2	Fog, Foam, DC, CO2	282	3	1	1	3		K2. Garlic Odor. Combustible.
N-N-Diallyl-2-Chloroacetamide		3	6.0	1.1	S					3		165	3		1	3		K2. K12.
Diallylamine	124-02-7	3	3.3	.79	Y	2359 FL	70			3 2	Fog, Alfo, DC, CO2	234	3	2	2	4	3	K2.
Diallylcyanamide	538-08-9	4	4.1	.90						4 2	Fog, Foam, DC, CO2	432	3	11	1	3		K2.
Diamide	302-01-2	4	1.1	1.0	Y	2029 FL	100	4.7-100.0	518	4 3	Flood, Alfo, DC, CO2	235	3	2, 21	4	4	3	K16. TLV 1 ppm (skin) Flammable, Corrosive & Poison. Pyroforic.
Diamine	302-01-2	4	1.1	1.0	Y	2029 FL	100	4.7-100.0	518	4 3	Flood, Alfo, DC, CO2	235	3	2, 21	4	4	3	K16. TLV 1 ppm (skin) Flammable, Corrosive & Poison. Pyroforic.
1,2-Diamino-2-Methylpropane Aquadiperoxo Chromium	17168-83-1		7.8	Cry						3 4			6	17	5	2	3	K3. Explodes @ 181°.
p-Diaminobenzene (ALSO: (o-) (p-))	95-54-5	4	3.7	Cry	Y	1673 PB	312	1.5-		4 1	Fog, Alfo, DC, CO2	512	3	1	1	3	2, 9	K2, K12. Melts @ 297°.
1,3-Diaminobutane	590-88-5	3	3.0	.86	Y	1885 PB	125			3 2	Fog, Alfo, DC, CO2	289	3	1	2	4	3	
p-Diaminodiphenyl	92-87-5	4	6.3	Pdr	S	2651 PB	428			4 1	Fog, Foam, DC, CO2	748	3		1	3		K2. Melts @ 261°. Can burn.
4,4'-Diaminodiphenyl Methane	101-77-9	4	6.8	Sol	S	2651 PB	428			4 1	Fog, Alfo, DC, CO2	748	3		1	3		Melts @ 198°. Amine odor. TLV <1ppm.
Diaminodiphenyl Methane	101-77-9	4	6.8	Sol	S	2651 PB	428			4 1	Fog, Alfo, DC, CO2	748	3		1	3		Melts @ 198°. Amine odor. TLV <1ppm.
1,2-Diaminoethane	107-15-3	3	2.1	.90	Y	1604 FL	93	4.2-14.4	725	3 2	Fog, Alfo, DC, CO2	243	3	14, 2	2	4	2	Ammonia odor. TLV 10 ppm. Volatile.
1,2-Diaminoethaneaqua Diperoxo Chromium	17168-82-0		6.8	Cry						3 4			6	17	5	2		Unstable. Explodes @ 239°. Keep dark.
1,2-Diaminoethanebistrimethylgold			18.	Sol						3 4			6	17	5	2		Explodes. Keep dark. Explodes w/nitric acid.
Diaminoguanidinium Nitrate	10308-83-5		5.3	Cry						3 4			6	16	5	2		Can explode >500°. High oxidizer.
1,6-Diaminohexane	124-09-4	3	4.1	Sol	Y	2280 CO				2	Fog, Foam, DC, CO2	536	3	1	1	2	2	Melts @ 102°.
1,3-Diaminoisopropanol	78-90-0		3.1	1.1	Y	FL	27			3 3	Fog, Alfo, DC, CO2	246	2	1	2	3	2	Amine odor.
1,2-Diaminopropane	78-90-0	3	2.6	.90	Y	2258 FL	92		780	3 3	Fog, Alfo, DC, CO2	246	2	1	1	2	2	Amine odor.
1,3-Diaminopropane	109-76-2	3 4	2.6	.89	Y	FL	75			3 3	Fog, Alfo, DC, CO2	276	2	1	1	2	2	
1,2-Diaminopropane Aqua Diperoxochromium	17185-68-1		8.5	Cry						3 4			6	17	5	2	3	K3. Explodes @ 190°.
Diaminotoluene	95-80-7	3	4.2	Cry	Y	1709 PB				3 0			3	1	1	2	3	Melts @ 210°. NCF.
Diaminoboronium Heptahydrotetraborate	28965-70-0		3.4	Liq						4			6	17	5	2		Explodes @ room temperature. Ignites when heated in air.
Diamineboronium Tetrahydroborate	23777-63-1		2.2	Liq						3 3			2	16	2	2		Explodes @ 392°.
cis-Diamminedinitrato Platinum	41575-87-5		11.	Sol						3 4			6	17	5	2		Impact-sensitive explosive.
Diamminepalladium Nitrate	28068-05-5		9.2	Sol						3 4			6	17	5	2		Military explosive.
1,2-Diammonioethane Nitrate	20829-66-7		6.5	Var						4 1	Fog, Alfo, DC, CO2		3		1	2		K2.
Diamyl Ether	7784-44-3	3	5.5	.78	N	1546 PB	135		338	3 2	Fog, Foam, DC, CO2	374	3	1	1	3	11	K2, K10.

(95)

Chemical Name	CAS	Tox L	Tox S	Vap Den.	Spec Grav.	Wat Sol.	DOT Number	DOT Cl	Flash Point	Flamma. Limit	Ign. Temp.	Disa. Atm	Disa. Fire	Extinguishing Information	Boil Point	F	R	E	S	H	Remarks
Diamyl Phenol (ALSO: Mixed Isomers)	28652-04-2		3	8.1	.93	N			260			2	1	Fog, Foam, DC, CO2	536	3	1	1	3	2	Phenol odor.
Diamyl Sulfide			3	5.6	.85				185			4	2	Fog, Foam, DC, CO2	338	3	1	1	3	2	Foul odor.
Diamylamine	2050-92-2	3	3	5.4	.78	S	2841	PB	124			3	2	Fog, Alfo, DC, CO2	356	3	1	2	4	2	
Diamylene			2	4.7	.78				118			3	2	Fog, Foam, DC, CO2	302	3	1	1	2		
1,6-Diaza-3,4,8,9,12,13-Hexaoxabicyclo(4.4.4)Tetradecane	283-66-9			7.3	Var							3	3	Keep Wet		2	16	3	2		Explosive when dry.
1,4-Diazabicyclo(2.2.2)Octane Hydrogen Peroxidate	38910-25-8			5.1	Var							3	3	Keep Wet		2	16	3	2		Explosive when dry.
Diazepam	439-14-5		3	10.	Sol							4		Fog, Foam, DC, CO2	257	3		1	2		Melts
Diazide	333-41-5	2		10.	1.1	S						4	0	Fog, Foam, DC, CO2	183	3		1	3	12, 3	K12. NCF.
Diazido Ethidium	57512-42-2			15.	Sol			OM				4				1		2	2		K2.
1,3-Diazido-2-Nitroazapropane				6.0	Sol							3	4			6	17	5	2		K3. Explosive.
2,5-Diazido-3,6-Dichlorobenzoquinone	26157-96-0			9.0	Sol							3	4			6	17	5	2		Impact-sensitive. Explosive.
1,4-Diazidobenzene	2294-47-5			5.6	Var							3	4			6	17	5	2		K3. Explodes.
1,3-Diazidobenzene	13556-50-8			5.6	Var							3	2			6	24	2	2		RW acids.
2,2-Diazidobutane				4.9	Var							3				2	16	3	2		May be an explosive.
1,2-Diazidocarbonyl Hydrazine	67880-17-5			5.9	Var							3	4			6	17	5	2		K3. Explosive.
Diazidodicyanomethane	67880-21-1			5.2	Var							3	4			6	17	5	2		K3, K5. Explodes.
1,2-Diazidoethane	629-13-0			3.9	Var							3	4			6	17	5	2		K3. Explodes.
1,1-Diazidoethane	67880-20-0			3.9	Var							3	4			6	17	5	2		K3. Unstable. Explodes.
Diazidomalononitrile	67880-21-1			5.2	Var							3	4			6	17	5	2		K3, K5. Explodes.
Diazidomethyleneazine				7.7	Var							3	4			6	17	5	2		K3. Explosive.
Diazidomethylenecyanamide	67880-22-2			4.8	Sol							3	4			6	17	5	2		K3, K5. Explosive.
Diazidomethylsilane	4774-73-6			5.0	Var							3	4			6	17	5	2		K21, K22. Unstable.
1,3-Diazidopropene	22750-69-2			4.3	Var							3	4			6	17	5	2		K3. Unpredictable. Explosive.
2,6-Diazidopyrazine	74273-75-9			5.7	Var							3	4			6	17	5	2		K3. Explodes @ 392°.
Diazinon (Common name)	333-41-5	2	3	13.	1.1	S	2783	OM				4	0	Fog, Foam, DC, CO2	183	3		1	3	12, 3	K12. NCF.
Diazirine	157-22-2			1.5	Gas							3	4		7	3	16	4	2		Can explode when heated.
Diazirine-3,3-Dicarboxylic Acid	76429-98-6			4.5	Sol							3	4			6	17	5	2		Unstable explosives.
2-Diazo-1-Naphthol-4-Sulfochloride			4	>1.	Cry	S	3042					4	3	Fog, Foam, DC, CO2		3	16	3	4		K2. Heat sensitive.
2-Diazo-1-Naphthol-5-Sulfochloride			4	>1.	Cry	N	3043					4	3	Fog, Foam, DC, CO2		3	16	3	4		K2. Heat sensitive.
1-Diazo-2-Naphthol-4-Sulfonic Acid				8.6	Sol	S						3	4			6	17	5	2		Max explode > 212°
4-Diazo-5-Phenyl-1,2,3-Triazole	64781-77-7			6.0	Var							3	4			6	17	5	2		K3. Explosive.
Diazoacetaldehyde	6832-13-9			2.4	Liq							3	4			6	17	5	2		K3. Explosive.
Diazoacetic Ester	623-73-4			3.9	1.1							3	4		284	6	16	3	2		Can explode when heated
Diazoacetonitrile	13138-21-1			2.3	Liq							3	4			2	16	3	2		Precipitate explosive.
Diazoacetyl Azide	19932-64-0			3.9	Sol							3	4			6	17	5	2		K20. Melts @ 45°. Explosive.
α-Diazoamidobenzol				6.8	Cry							4	4			6	17	5	2		K3. Explodes.
Diazoaminobenzene	136-35-6			6.8	Cry	N						4	4			6	17	5	2	9	K3. Explodes @ 300°.
1-1-Diazoaminonaphthalene	136-35-6			6.8	Cry	N						4	4			6	17	5	2	9	K3. Explodes @ 300°.
Diazoaminotetrazole				10.	Sol							3	4			6	17	5	2		K3. Explodes @ 212°
Diazobenzene Chloride				>1.	Var							3	4			6	17	5	2		K3. Explosive.
Diazobenzene Nitrate				4.9	Sol							3	4			6	17	5	2		K3. Explosive.
				5.8	Sol							3	4			6	17	5	2		K3. Explodes @ 194°.

Chemical Name	CAS	Tox L	Tox S	Vap Den.	Spec Grav.	Wat Sol.	DOT Number	DOT Cl	Flash Point	Flamma. Limit	Ign. Temp.	Disa. Atm	Disa. Fire	Extinguishing Information	Boil Point	F	R	E	S	H	Remarks
Diazobenzene Sulfate					11.	Cry							4			6	17	5	2		K3. Explodes @ 212°.
Diazobenzeneimide				4.1	1.1								4			6	17	5	2		Explodes @ 138°.
p-Diazobenzenesulfonic Acid				6.3	Cry	Y						3	4			6	17	5	2		K3. Probably toxic. Explodes.
Diazobenzoic Nitrate				5.8	Sol							3	4			6	17	5	2		K3. Explodes @ 194°.
Diazobenzol Anilide				6.8	Cry	N						3	4			6	17	5	2		K3. Explodes.
Diazobenzol Chloride				4.9	Sol							3	4			6	17	5	2		K3. Explodes
Diazobenzol Chromate				>1.	Cry							3	4			6	17	5	2		K3. Explodes @ 194°.
Diazobenzol Nitrate				5.8	Sol							3	4			6	17	5	2		K3. Explodes @ 212°.
Diazobenzol Sulfate				11.	Cry							3	4			6	17	5	2		K3. Explodes @ 212°.
Diazobenzol Sulfonic Acid				6.3	Cry							3	4			6	17	5	2		K3. Probably toxic. Explodes.
Diazobenzolimide				4.1	1.1								4			6	17	5	2		Explodes @ 138°.
Diazocyanomethane	1618-08-2			3.2	Var							3	4			6	17	5	2		K3. K5. Explodes @ 167°.
Diazocyclopentadiene	1192-27-4			3.2	Liq							3	4			6	17	5	2		Explodes @ boiling or freezing points.
Diazodicyanoimidazole	40953-35-3			5.0	Var							3	4			6	17	5	2		K3. Shock sensitive (dry). Explodes @ 302°.
Diazodicyanomethane	1618-08-2			3.2	Var							3	4	Keep Wet		6	17	5	2		K3. K5. Explodes @ 167°.
Diazodinitrophenol	87-31-0			7.3	Cry		0074	EX				3	4			6	17	5	2		K3. Explodes @ 356°.
Diazodiphenylmethane				>1.	Var							3	4			6	17	5	2		K3. K5. Explodes @ 167°.
Diazomalononitrile				3.2	Var						.9-98.0		4			6	17	5	2		TLV <1 ppm. Explodes @ 212°.
Diazomethane	334-88-3	4	3	1.5	Gas							4	4		-9	6	17	5	4		K3. Shock sensitive (dry).
2-Diazonio-4,5-Dicyanoimidazolide	40953-35-3			5.0	Var							3	4			6	17	5	2		Explodes @ 302°.
5-Diazoniotetrazolide	13101-58-1			3.4	Var							3	4			6	17	5	2		Keep dry. Explosive.
Diazonitrophenol				5.8	Cry							4	4			6	17	5	2		K3. Explodes @ 356°.
Diazonium Nitrate				>1.	Var							3	4			6	17	5	2		K3. Explosive.
Diazonium Perchlorate				>1.	Var							3	4			6	17	5	2		K3. Explosive.
1,3-Diazopropane				>1.	Var							3	4			6	17	5	2		K3.
3-Diazopropene	2032-04-4			2.4	Var							3	4			6	17	5	2		K22. Keep dark <32°.
5-Diazosalicylic Acid				5.6	Cry							3	4			6	17	5	2		K3. Explodes @ 311°.
Diazotizing Salts		2	2	2.4	Cry	Y		OX				4	3	Fog, Flood		2	17	4	2		Can explode >1000°.
Dibenz(b,f)(1,4)Oxazepine	257-07-8	3		6.8	Cry							3	4	Fog, Foam, DC, CO2		3	17	1	3	2	K2.
Dibenzenesulfonyl Peroxide	29342-61-8			11.	Var							3	4			6	17	5	2		RXW heat, shock or hot H2O. Explodes @ 127°.
Dibenzoyl Peroxide		3	2	8.3	Liq	N		OP					4	Fog, Foam, DC, CO2		6	17, 3	4	3		K20. SADT 160°. Explodes @ 217°.
Dibenzyl Ether	103-50-4			6.8	1.0	N							3	Keep Cool, Fog, Flood	568	1	1	1	2	11, 2	K10. Melts @ 41°.
Dibenzyl Peroxydicarbonate				>1.	Sol		2149	OP				3	3			2	16	2	2		RVW heat. SADT: 86°. Organic peroxide.
Dibenzyl Phosphite	17176-77-1			9.2	Sol		2434	CO				3	3	No Water		6	16	3	2		May explode @ 320°.
Dibenzyldichlorosilane				>1.	Liq							4	4			3		4	4	16	K2.
Diborane or Diborane Mixture	19287-45-7	4	4	.96	Gas		1911	PA		.9-98.0	100	4	4	Stop Gas, No Water, No Halon		3	9	4	4		K11. Foul odor. TLV <1 ppm
Diboron Hexahydride	19287-45-7	4	4	.96	Gas		1911	PA		.9-98.0	100	4	4	Stop Gas, No Water, No Halon		3	9	4	4		K11. Foul odor. TLV <1 ppm

(97)

Chemical Name	CAS	Tox L	Tox S	Vap Den.	Spec Grav.	Wat Sol.	DOT Number	DOT Cl	Flash Point	Flamma. Limit	Ign. Temp.	Disa. Atm	Disa. Fire	Extinguishing Information	Boil Point	F	R	E	S	H	Remarks
Diboron Oxide	12505-77-0			1.9	Gas							2	3			2	16	2	2		RVW heat @ 752°.
Diboron Tetrafluoride	13965-73-6			3.4	Gas							3				2	1	2	2		RXW oxygen.
Dibromethyne	624-61-3		4	6.3	2.0							4	4			2	2	2	4	2	RXW oxygen & oxidizer. Pyroforic. Explodes.
1,4-Dibromo-1,3-Butadiyne	36333-41-2			7.3	Var							3	4			6	17	5	2		Explodes @ room temperature. Explodes.
1,4-Dibromo-2-Butene	6974-12-5	3	3	7.5	Liq							3		DC, CO2		3		1	3	2, 9	
1-2-Dibromo-3-Chloropropane	96-12-8	4	4	8.1	2.1	S	2872	PB	170			4	2	Fog, Alfo, DC, CO2	383	3		1	4	5, 11	TLV <1 ppm. RW Active metals.
2,3-Dibromo-5,6-Epoxy-7,8-Dioxabicyclo(2.2.2)octane	56411-66-6			10.	Sol							3	4			6	17	5	2		Explodes when heated.
Dibromoacetylene	624-61-3	4	2	6.3	2.0							4	4			2	2	2	4	2	RXW oxygen & oxidizer. Explodes. Pyroforic.
Dibromobenzene	26249-12-7	2		>1.	2.0	N	2711	FL	>73			4	4	Fog, Foam, DC, CO2	437	2	1	1	2		Pleasant odor.
2,6-Dibromobenzoquinone-4-Chloroimine	537-45-1			10.	Sol							3	4			6	17	5	2		Unstable @ room temperature. Explodes @ 122°.
Dibromobicycloheptane	26637-71-8		3	8.9	Var							3		DC, CO2		3		1	3		K2.
1,3-Dibromobutan-3-One			4	>1.	Liq		2648	PB				3		DC, CO2		3		1	4		
Dibromobutanone			4	>1.	Liq		2648	PB				3		DC, CO2		3		1	4		
Dibromochloropropane	96-12-8	4	4	8.1	2.1	S	2872	PB	170			4	2	Fog, Alfo, DC, CO2	383	3		1	4	5, 11	TLV <1 ppm. RW Active metals.
Dibromodibutylstannane	996-08-7		3	13.	Sol							3		Fog, Foam, DC, CO2		3		1	3	9	Melts @ 68°.
Dibromodibutyltin	996-08-7		3	13.	Sol							3		Fog, Foam, DC, CO2		3		1	3	9	Melts @ 68°.
Dibromodiethyl Sulfide		4	4	8.0	Cry	N						4	4			3	6, 2	3	4	8	Melts @ 88°.
1-2-Dibromofluoromethane	75-61-6	2	1	7.2	2.3	S	1941	OM				4	1	DC, CO2	73	1		1	2	2	TLV 100 ppm. NCF.
1-2-Dibromoethane	106-93-4	3	4	6.5	2.2	S	1605	PB				3	0	Fog, Foam, DC, CO2	268	3	2	1	4	9, 2, 5	K12. TLV 20 ppm. NCF. RVW active metals. Sweet odor. NCF.
Dibromoethane	106-93-4	3	4	6.5	2.2	S	1605	PB				3	0	Fog, Foam, DC, CO2	268	3	2	1	4	9, 2, 5	K12. TLV 20 ppm. NCF. RVW active metals. Sweet odor. NCF.
1-1-Dibromoethane	557-91-5	3	3	6.5	1.1	N						3		DC, CO2	230	3		1	3		K2.
Dibromoethyl Ether		4	4	7.0	2.2							3		Fog, Foam, DC, CO2		3	2	2	4	8, 3	K2.
Dibromoformoxime		4	4	7.0	Cry			PB				4		Fog, Foam, DC, CO2		3	20	2	4	8	K2. Melts @ 158°.
Dibromoketone			4	6.5	Liq			PB				4		Fog, Foam, DC, CO2		3	6	1	4		K2.
Dibromomethane	74-95-3	2	2	6.0	2.5	S	2664	PB				3	0	Fog, Foam, DC, CO2	205	3		1	3		K2. NCF.
Dibromomethyl Ether			3	7.0	2.2	N						4	0	Fog, Foam, DC, CO2		3	2, 20	1	3	9, 2	R20:Highly toxic. NCF.
Dibromomethyl Sulfide			3	7.0	Cry							4		Foam, DC, CO2		3	7	1	3	3	
N,N-Dibromomethylamine	10218-83-4			6.6	Var							4				6	17	5	2	2	K3. Explosive.
Dibromomethylborane	17933-16-2			6.5	Var							3				2	2	1	3		Explodes w/NaK. Pyrotoric.
Dibromophenylarsine	696-24-2		4	11.	Var							4		Fog, Foam, DC, CO2		2		1	4		K2.
2,3-Dibromopropanoyl Chloride	18791-02-1	3		8.7	Liq							3	4			3	16	3	3		K3. Explodes @ 248°.
Dibromoquinonechlorimide				>1.	Pdr	S						3	3			2	2	2	3		K2. Pyrotoric.
1,1-Dibutoxyethane	13701-67-2			5.6	Cry				185			2	2	Fog, Foam, DC, CO2		3		1	2		
Dibutyl Cellosolve (Trade name)	871-12-7	3	3	6.1	.84							2	2	Fog, Foam, DC, CO2	399	3	2	1	3		
Dibutyl Dichlorostannane	112-48-1	2	3	6.1	2.1				335			3		Fog, Foam, DC, CO2	275	3		1	3	2	
t-Dibutyl Diperphthalate	683-18-1		3	10.	Sol	N		OP	145				3	Foam, DC, CO2		3	6, 2	1	3	3	Melts @ 109° Evolves HCl. RVW shock. Organic peroxide.
N-N-Dibutyl Ethanolamine	102-81-8	3	3	6.0	.85	N	2873	PB	200			3	2	Fog, Foam, DC, CO2	432	2	23, 3	1	3	2	K2. TLV 2 ppm.

(98)

Chemical Name	CAS	Tox L	Tox S	Vap Den.	Spec Grav.	Wat Sol	DOT Number	DOT Cl	Flash Point	Flamma. Limit	Ign. Temp.	Disa. Atm	Disa. Fire	Extinguishing Information	Boil Point	F	R	E	S	H	Remarks
N-Dibutyl Ether	142-96-1	2	2	4.5	.77	N	1149	FL	77	1.5-7.6	382	2	3	Fog, Foam, DC, CO2	286	2	2	2	3	2	K10.
Dibutyl Ether	142-96-1	2	2	4.5	.77	N	1149	FL	77	1.5-7.6	382	2	3	Fog, Foam, DC, CO2	286	2	2	2	3	2	K10.
Dibutyl Mercury	629-35-6	4	4	10.	1.8							4		DC, CO2	221	3	2	1	4		K2.
Dibutyl Oxalate		3	3	7.0	.99	N			220			3	1	Fog, Foam, DC, CO2	464	3			3	2	
Dibutyl Oxide	142-96-1	2	2	4.5	.77	N	1149	FL	77	1.5-7.6	382	2	3	Fog, Foam, DC, CO2	286	2	2	2	3	2	K10.
t-Dibutyl Peroxide	110-05-4	3	3	5.0	.79	S	2102	OP	65			2	3	Foam, DC, CO2	176	2	23, 4	3	3	2	May RVW water. SADT: 200°. Organic peroxide.
Dibutyl Peroxide-tert.	110-05-4			5.0	.79	S	2102	OP	65			2	3	Foam, DC, CO2	176	2	23, 4	3	3	2	May RVW water. SADT: 200°. Organic peroxide.
Dibutyl Phosphate	107-66-4	3	3	7.3	Liq	N								Fog, Foam, DC, CO2	>212	3	1	1	3		TLV 1 ppm.
Dibutyl Phosphite	1809-19-4	3	3	6.7	.97				120			4	2	Fog, Foam, DC, CO2	239	3	2, 11	1	3	2	K23.
Dibutyl Sulfide		3	3	4.9	.83	N			125			3	2	Fog, Foam, DC, CO2	567	1	1	1	2		K2.
Dibutyl Tartrate		2	2	9.0	1.1	N			195			3	2	Fog, Foam, DC, CO2	399	1	1	1	2		Melts @ 70°.
Dibutyl-2-3-Dihydroxybutanedioate		2	2	9.0	1.1	N			195		544	3	2	Fog, Foam, DC, CO2	399	1	1	1	2		Melts @ 70°.
n-Dibutylamine	111-92-2	3	3	4.5	.76	S	2248	CO	117		544	3	2	Fog, Foam, DC, CO2	322	3	1	1	3	2, 9	
Dibutylamine	111-92-2	3	3	4.5	.76	S	2248	CO	117			3	2	Fog, Alfo, DC, CO2	322	3	1	1	3	2, 9	
3-(Dibutylamino)Propylamine	102-83-0	3	4	6.5	Liq							3	2	Fog, Foam, DC, CO2		3	1	1	4	2	K2.
Dibutylaminoethanol	102-81-8	3	3	6.0	.85	N	2873	PB	200			3	2	Fog, Foam, DC, CO2	432	3	1	1	3	2	K2. TLV 2 ppm.
N-N-Dibutylaminoethanol	102-81-8	3	3	6.0	.85	N	2873	PB	200			3	2	Fog, Foam, DC, CO2	432	3	1	1	3	2	K2. TLV 2 ppm.
2-N-Dibutylaminoethanol	102-81-8	3	3	6.0	.85	N	2873	PB	200			3	2	Fog, Foam, DC, CO2	432	3	1	1	3	2	K2. TLV 2 ppm.
Dibutylaniline		3	3	7.1	.90	N			230			3	2	Fog, Foam, DC, CO2	513	3	1	1	3	2	K2.
N-N-Dibutylaniline		3	3	7.1	.90	N			230			3	1	Fog, Foam, DC, CO2	513	3	1	1	3	2	K2.
Dibutyldichlorostannane	683-18-1	3	3	10.	Sol				335			3	3	Foam, DC, CO2	275	3	6, 2	1	3	2	Melts @ 109°. Evolves HCl.
Dibutyldiiodostannane	2865-19-2	3	3									3		DC, CO2		3		2	4	16, 9	K2.
N,N'-Dibutylhexamethylenediamine	4835-11-4	4	4	8.0	.85	N						3		Fog, Foam, DC, CO2		3	7	2	4	16, 9	K2.
Dibutylhexamethylenediamine	4835-11-4	4	4	8.0	Liq							3		Fog, Foam, DC, CO2		3	7		4		K2.
N-N-Dibutylmethylamine	3405-45-6	3	3	4.9	.76	N			125			3	2	Fog, Foam, DC, CO2	320	3	1	1	3	2	Amine odor. Believed flammable.
Dibutyloxostannane	818-08-6			8.6	Pdr							2	2	Fog, DC, CO2		2		1	2	2	
Dibutyltin Dichloride	683-18-1	3	3	10.	Sol				335			3	3	Foam, DC, CO2	275	3	6, 2	1	3	2	Melts @ 109°. Evolves HCl.
Dibutyltin Diiodide		3	3									3				3		1	3	2	
Dicacodyl Sulfide		3	3	8.3	Liq	S						3	3	CO2	412	2	2	2	3		K2, K11, K21. Pyroforic.
Dicamba (Common name)	1918-00-9	3	3	7.6	Cry	Y	2769	PB				3	3	Fog, Foam, DC, CO2		3		1	3	2	K2, K12. Melts @ 237°.
Dicarbadodecaborano/methylethyl Sulfide		3	3	7.6	Var							3		DC, CO2		3			3		K2.
Dicarbon Hexachloride	67-72-1	3	3	8.2	Cry	N	9037	OM				4	0			3		1	3	2	K12. TLV 1 ppm. Camphor odor. NCF.
Dicarbonylmolybdenum Diazide	68348-85-6			8.3	Sol							3	4					5	2		K3. Extremely sensitive. Explosive.
Dicarbonylpyrazine Rhodium (I) Perchlorate				>1.	Var							3	4			6	17	5	2		K3. Explodes.
Dicarbonyltungsten Diazide	68379-32-8			11.	Sol							3	4			6	17	5	2		K3. Extremely sensitive. Explodes.
Dicarzol (Trade name)	23422-53-9	3	3	9.0	Cry	Y						4		Foam, DC, CO2		3	17	4	2	9, 12	K2, K12, K24. Melts @ 392°.
Dicerium Trisulfide	12014-93-6			12.	Pdr							3	4		6		17		2		Can explode spontaneously.
Dicetyl Peroxydicarbonate (<42%)				>1.	Liq	N	2895	OP				3	3	Fog, Flood		2	3, 4, 16	2	2		Organic peroxide.
Dicetyl Peroxydicarbonate (Technical Pure)				>1.	Sol	N	2164	OP				3	3	Fog, Flood		2	3, 4, 16	2	2		Organic peroxide.

Chemical Name	CAS	Tox L	Tox S	Vap Den.	Spec Grav.	Wat Sol.	DOT Number	DOT Cl	Flash Point	Flamma. Limit	Ign. Temp.	Disa. Atm	Fire	Extinguishing Information	Boil Point	F	R	E	S	H	Remarks
Dichlobenil	1194-65-6		3	6.0	Sol	N	2769	OM				3		Fog, Foam, DC, CO2		3		1	3		Melts @ 291°.
Dichlobenil (Common name)			3	5.9	Sol	N	2769	PB				3	0	Fog, Foam, DC, CO2		3		1	3		K12. Melts @ 282°. NCF.
Dichlofenthion (Common name)	97-17-6	3	3	>1.	Cry							3		Fog, Foam, DC, CO2		3		1	3	12	K12.
Dichlone (Common name)	117-80-6		3	7.8	Pdr	N	2761	OM				3	0	Fog, Foam, DC, CO2		1		1	3	2	K12. NCF.
Dichloracetic Acid	79-43-6	3	3	4.4	1.6	Y	1764	CO				3		Fog, Foam, DC, CO2	381	3	8	2	3	16	K2.
cis-Dichloroethylene	156-59-2		3	3.3	1.3	N	1150	FL	39	9.7-12.8		3	3	Fog, Foam, DC, CO2	138	3	2	2	3	11	Pleasant odor. TLV 200 ppm. Explodes.
Dichloroacetylene	7572-29-4	4		3.3								4	4			3	17, 3, 11	4	4	6	TLV <1 ppm. Explodes.
Dichloroethylene	25323-30-2	2	3	3.4	1.2	N	1150	FL	-19	6.5-15.5	1058	3	3	Fog, Foam, DC, CO2	89	2	2	2	3		K2.
Dichlorfluoromethane	75-43-4	2	1	3.8	Gas	N	1029	CG				4	0	Fog, Foam	48	1		4	2	11	K2. NCF.
Dichlorine Oxide	7791-21-1			3.0	Liq								4				6	17	4	2		Can explode >108°. Very unstable. RXW many compounds. High oxidizer.
Dichlorine Trioxide	17496-59-2			4.2	Gas							3	4			6	17	4	2		Unstable. Explodes.
Dichlormethane	75-09-2	2	1	2.9	1.3	N	1593	OM		12.0-19.0	1139	4	1	Fog, Foam, DC, CO2	104	1	20	1	2	10, 2	K7. RW active metals. NCF @ ordinary temp. Ether odor. TLV 100 ppm.
(trans-4)-Dichloro(4,4-Dimethylzinc-5(((Methylamino)Carbonyl)Oxy)1Mino)Penta nenitrile)	58270-08-9			11.	Sol							3				3		1	3	9	K12.
Dichloro(m-Trifluoromethylphenyl)Arsine	64048-90-4	4		10.	Sol							4		DC, CO2		3		1	4		
Dichloro-(2-Chlorovinyl) Arsine	541-25-3	4		7.1	1.9							4	0		374	3		3	4	8, 5, 6	Geranium odor. NCF.
1,4-Dichloro-1,3-Butadiyne	51104-87-1			4.2	Liq			PB				3	4			6	17	5	3		K3. Explodes @ 158°.
trans-2,3-Dichloro-1,4-Dioxane	3883-43-0	3		5.5	Liq							3		DC, CO2		3		1	3		K2.
1,2-Dichloro-1-(Methylsulfonyl)-Ethylene	2700-89-2	3		6.1	Liq							3		DC, CO2		3		1	3		K2.
1-2-Dichloro-1-1-2-2-Tetrafluoroethane	1320-37-2	2	2	4.0	Gas	N	1958	CG				3	0	Fog, Foam, DC, CO2	38	3		1	2	9, 2	K2. TLV 1000 ppm. RVW Aluminum.
2,3-Dichloro-1-3-Butadiene	1653-19-6	3	3	4.2	1.2	N			50	1.0-12.0	694	3	3	Fog, Foam, DC, CO2		3	1	1	3	1	
2-3-Dichloro-1-4-Naphthoquinone	117-80-6	3	2	7.8	Pdr	N	2761	OM				3	0	Fog, Foam, DC, CO2		2		2	3	2	K12. NCF.
1,1-Dichloro-1-Nitroethane	594-72-9	3	3	5.0	1.4	N	2650	PB	136			4	2	Fog, Foam, DC, CO2	255	3	2	1	3	2	TLV 2 ppm. Unpleasant odor.
1-1-Dichloro-1-Nitropropane		3	3	5.4	1.3	N			151			3		Fog, Foam, DC, CO2	289	3	1	1	3	3	
2,3-Dichloro-1-Propanol	616-23-9	3	4	4.5	Liq							3		Foam, DC, CO2		3		1	3		K2.
1,4-Dichloro-2,3-Epoxybutane			4	4.9	Liq							3		DC, CO2		3		1	4	9, 2	K2.
3,5-Dichloro-2,4,6-Trifluoropyridine	3583-47-9	4	4	>1.	Liq		2810	PB				3		Foam, DC, CO2		3		2	3	2	K2.
1,6-Dichloro-2,4-Hexadiyne	16260-59-6			5.1	Liq							3	4			6	17	5	4		K3. Explosive.
1-1-Dichloro-2-2-Bis(p-Chlorophenyl)Ethane	72-54-8	3	3	11.	Cry	N	2761	OM				4	1	Fog, Foam, DC, CO2		3		1	3		K12. Melts @ 230°. Can burn.
1-1-Dichloro-2-2-Bis-(p-Ethyl Phenyl) Ethane			3	>1.	Cry	N						4	1	Fog, Foam, DC, CO2		3		1	3	5	K12. Melts @ 133°.
1-3-Dichloro-2-4-Hexadiene				5.2	Liq	S			168			4	2	Fog, Foam, DC, CO2		2	2	2	2		K2.
1,4-Dichloro-2-Butene	110-57-6	4		4.4	1.2							3			313	3		2	4		Melts @ 34°.
3',4'-Dichloro-2-Methylacrylanilide	2164-09-2		3	8.0	Sol	N						4		DC, CO2		3		1	2		K12. Melts @ 262°.
2,3-Dichloro-2-Methylpropionaldehyde	10141-22-7	4	4	4.9	Liq							3		DC, CO2		3		1	4		K2.
1-3-Dichloro-2-Propanol	96-23-1		4	4.4	1.4	S	2750	PB	165			4	2	Fog, Alfo, DC, CO2	345	3	1	1	4	9	K7. Ether odor.
1-3-Dichloro-2-Propanone	534-07-6	4		4.4	Cry		2649	PB				3	3	Fog, Foam, DC, CO2	343	3		1	4		K2. Melts @113°.
1-1-Dichloro-2-Propanone	534-07-6	4		4.4	Cry		2649	PB				3	3	Fog, Foam, DC, CO2	343	3		1	4		K2. Melts @113°.

Chemical Name	CAS	Tox L	Tox S	Vap Den	Spec Grav	Wat Sol	DOT Number	Cl	Flash Point	Flamma. Limit	Ign. Temp.	Disa Atm	Disa Fire	Extinguishing Information	Boil Point	F	R	E	S	H	Remarks
4,5-Dichloro-3,3,4,5,6,6-Hexafluoro-1,2-Dioxane	59183-17-4			9.3	Sol							4	4			6	17	5	2		K3. Explodes.
3,6-Dichloro-3,6-Dimethyltetraoxane												3	4			6	17	5	2	9, 2	Explosive.
1,2-Dichloro-3-Propanol	616-23-9	3		6.6	Var							3		Foam, DC, CO2		3		1	1	2	
1,2-Dichloro-3-Propional	10140-89-3	2	4	4.5	Liq							3		Fog, Foam, DC, CO2	190	3		1	1	2	K2, K12. Melts @ 144°.
2,4-Dichloro-4'-Nitrodiphenyl Ether	1836-75-5	3	3	9.9	Sol							3		Fog, Foam, DC, CO2		3		1	1	2	K2.
1,2-Dichloro-4-Nitrobenzene	99-54-7			6.6	Sol	N						4		Fog, Flood	491	1		1	1	2	Oxidizer. Melts @ 109°.
1,3-Dichloro-5,5-Dimethylhydantoin	118-52-5	2	2	6.9	Cry				346			3	1	Foam, DC, CO2		3	8, 11	1	2	2	RW hot water → chlorine.
2,2'-Dichloro-N-Butyldiethylamine	42520-97-8	4		6.9	Var							3		DC, CO2		3		1	1	2	K2.
Dichloro-s-Triazinetrione		3		6.8	Cry	S	2465	OX				3	2	Fog, Foam		2	23	2	2	2	K2. High oxidizer.
1,1-Dichloro-2,2-difluoroethylene	79-35-6	3	2	4.6	Liq		9018	OM				3		Fog, Foam, DC, CO2	190	3	8	1	1	2	Pungent odor.
2-2 Dichloroacetaldehyde	79-02-7	3	2	3.9	1.4				140			3	2	Fog, Foam, DC, CO2	190	3	1	1	1	2	Pungent odor.
Dichloroacetaldehyde	79-02-7	3	2	3.9	1.4				140			3		Fog, Foam, DC, CO2	190	3	1	1	1	2	
Dichloroacetic Acid	79-43-6	3	3	4.4	1.6	Y	1764	CO				3			381	3	8	1	3	16	K2.
Dichloroacetic Acid Methyl Ester	116-54-1	3		4.9	1.4	S	2299	PB	176			4	2	Foam, DC, CO2	289	3	8	1	1	3	K7. Ether odor. No water.
Dichloroacetic Anhydride	4124-30-5	3	3	8.4	Liq							3		Fog, Foam, DC, CO2		3		1	1	2	K2.
1-3-Dichloroacetone	534-07-6	4		4.4	Cry		2649	PB				4		Fog, Foam, DC, CO2	343	3		1	4		K2. Melts @113°.
1-1-Dichloroacetone (ALSO: sym-) (α,α-)	534-07-6	3	3	4.4	Cry		2649	PB				3		Fog, Foam, DC, CO2	343	3		1	3		K2. Melts @113°.
Dichloroacetonitrile	3018-12-0	3	1	3.8	Liq							3		Fog, Foam, DC, CO2		3		1	3		K2.
2,2-Dichloroacetophenone (ALSO: α,α-)	2648-61-5	3	4	6.5	Cry							3		Fog, Foam, DC, CO2	477	3		1	3	2	Melts @ 70°
2,2-Dichloroacetyl Chloride		3	4	5.8	1.5		1765	CO	151			2	2	Alfo, DC, No Water	225	3	1	4	4	16	K16. Acrid odor.
Dichloroacetyl Chloride		3		5.8	1.5		1765	CO	151			2	2	Alfo, DC, No Water	225	3	1	1	4	16	K16. Acrid odor.
Dichloroacetylene	7572-29-4	4		3.3	Liq							4	4			3	17, 3, 11	4	4	6	TLV <1 ppm. Explodes.
S-2-3-Dichloroallyl Diisopropyl Thiocarbamate	2303-16-4			9.3	Liq	N						4		Fog, Foam, DC, CO2	302	3		1	3	5, 2, 12	K2, K12. Melts @ 77°.
1-Dichloroaminotetrazole	68594-17-2			5.4	Var							3	4			6	17	5	2		Sensitive explosive
2,5-Dichloroaniline	95-82-9			5.6	Cry	S						3	4			6	17	3	3		Explodes spontaneously.
N,N-Dichloroaniline	70278-00-1			5.6	Cry	N						3	4			6	17	3	3		Oil explodes spontaneously.
3-4-Dichloroaniline		3	3	5.6	Cry	N	1590		331			3	1	Fog, Foam, DC, CO2	522	3		1	3	2	Melts @ 160°.
Dichloroaniline ALSO: (4,5-)		3	3	5.6	Cry	N	1590		331			3	1	Fog, Foam, DC, CO2	522	3		1	1	2	Melts @ 160°.
2-Dichloroarsinophenoxathiin	63834-20-8	3	3	12.	Var							4		Fog, Foam, DC, CO2		3		1	3		K2.
p-Dichlorobenzene	106-46-7	2	2	5.1	Cry	N	1592	OM	150			3	2	Fog, Foam, DC, CO2	343	3	2	1	1	2	K12. TLV 75 ppm. Melts @ 127°.
o-Dichlorobenzene	95-50-1	3		5.1	1.3	N	1591	OM	151	2.2-9.2	1198	3	2	Fog, Foam, DC, CO2	356	3	2	1	1	2	K2, K12. Pleasant odor. TLV 50 ppm.
1-3-Dichlorobenzene	541-73-1	3		5.1	Cry	N	9255		150			3	2	Fog, Foam, DC, CO2		3	2	1	1	3	
m-Dichlorobenzene	541-73-1	3		5.1	Cry	N	9255		150			3	2	Fog, Foam, DC, CO2		3	2	1	1	3	
3-3'-Dichlorobenzidine	84-68-4	2	2	8.7	Cry	N						4	0	Fog, Foam, DC, CO2		1		1	1	2	Melts @ 271°. Carcinogen. NCF.
2-2'-Dichlorobenzidine	84-68-4		2	8.7	Cry	N						4	0	Fog, Foam, DC, CO2		1		1	1	2	Melts @ 271°. Carcinogen. NCF.
Dichlorobenzidine	84-68-4			8.7	Cry	N						4	0	Fog, Foam, DC, CO2		1		1	1	3	Melts @ 271°. Carcinogen. NCF.
o-Dichlorobenzol	95-50-1	3		5.1	1.3	N	1591	OM	151	2.2-9.2	1198	3	2	Fog, Foam, DC, CO2	356	3	2	1	1	2	K2, K12. Pleasant odor. TLV 50 ppm.
2,6-Dichlorobenzonitrile	1194-65-6	3		6.0	Sol	N	2769	PB				3		Fog, Foam, DC, CO2		3		1	1	3	Melts @ 291°.
2,6-Dichlorobenzonitrile		3		5.9	Sol	N	2769	PB				4	0	Fog, Foam, DC, CO2		3		1	1	3	K12. Melts @ 282°. NCF.
2,6-Dichlorobenzoquinone-4-Chlorimine	101-38-2			7.3	Var							3	4			6	17	5	2		K3. Explodes.

(101)

Chemical Name	CAS	Tox L	Tox S	Vap Den	Spec Grav	Wat Sol	DOT Number	DOT Cl	Flash Point	Flamma. Limit	Ign. Temp.	Dis. Atm	Fire	Extinguishing Information	Boil Point	F	R	E	S	H	Remarks
2-4-Dichlorobenzoyl Peroxide				>1.	Var	N	2139					4	3	Fog, Flood		2	23	2	2		Organic peroxide.
2-4-Dichlorobenzoyl Peroxide				>1.	Var	N	2138					4	3	Fog, Flood		2	23	2	2		Organic peroxide.
2-4-Dichlorobenzoyl Peroxide				>1.	Var	N	2137					4	3	Fog, Flood		2	23	1	2		Organic peroxide.
Dichlorobenzyl Alcohol	12041-76-8		3	6.1	Cry								3	Fog, Foam, DC, CO2		3		1	3		K12.
3-4-Dichlorobenzyl Chloride				6.7	1.4	N						4	1	Fog, Foam, DC, CO2	473	2		1	2		Combustible.
2-4-Dichlorobenzyl Chloride				6.7	1.4	N						4	1	Fog, Foam, DC, CO2	473	2		1	2		Combustible.
Dichlorobenzyl Chloride				6.7	1.4	N						4	1	Fog, Foam, DC, CO2	473	2		1	2		Combustible.
Dichloroethylborane	1739-53-3			3.9	Liq							3	3	CO2		2	2	2	2		K2. Pyrofonic.
Dichloroborane	10325-39-0			2.9	Liq							3	3	CO2		2	1	1	2		Believed toxic. Pyrofonic.
mixo-Dichlorobutane	26761-81-9			4.3	Liq							3	3	Fog, Foam, DC, CO2		2		1	2		
1,4-Dichlorobutane			3	4.4	1.1	N			70			3	2	Fog, Foam, DC, CO2	311	3		1	3		Pleasant odor.
2-3-Dichlorobutane			3	4.4	1.1	N			104			3	2	Fog, Foam, DC, CO2		3		1	3		
1,2-Dichlorobutane			3	4.4	1.1	N			194		527	3	2	Fog, Foam, DC, CO2		3		1	3		
Dichlorobutene			3	4.3	Liq	N	2924	FL	>100			3	2	Fog, Foam, DC, CO2		3		1	3		
3-4-Dichlorobutene-1			3	4.3	1.1				29			4	2	Fog, Foam, DC, CO2	316	3		1	3		K2.
3,4-Dichlorocarbanilic Acid Methyl Ester	1918-18-9		3	7.7	Liq				113			4		DC, CO2		3		1	3	12	K12.
Dichlorocarbene				>1.	Gas							4	4	Keep Cool		3	2	3	4		RXW carbon. RW oxygen→toxic fumes.
β-β-Dichlorodiethyl Silane	1719-53-5		3	5.4	1.1		1767	FL	70			3	3	Foam, DC, CO2	267	2	8, 2	2	3	16	
β-β-Dichlorodiethyl Sulfide	505-60-2		4	5.4	1.3				221			4	1	Fog, Foam, DC, CO2	442	3	8, 2	4	4	3, 6, 8	K2. Vesicant.
Dichlorodiethyl Sulfide	505-60-2		4	5.4	1.3				221			4	1	Fog, Foam, DC, CO2	442	3	8, 2	4	4	3, 6, 8	K2. Vesicant.
Dichlorodiethyl Sulfone			3	6.6	Cry	S						3		Fog, Foam, DC, CO2	354	3		1	3	2	Melts @ 126°.
Dichlorodifluoroethylene	27156-03-2		3	4.6	Liq		9018	OM				3	3	Fog, Foam, DC, CO2		3	8	1	2	2	K2.
Dichlorodifluoromethane	75-71-8	2	1	3.0	Gas	Y	1028	CG				4	0	Fog, Foam	-22	1		1	2	11	K7. RW active metals. TLV 1000 ppm. NCF.
Dichlorodifluoromethane & 1,1-Difluoroethane Mixture	56275-41-3	2	1	>1.	Gas	Y	1078	CG				4	0	Fog, Foam		1		1	2	1	K2. NCF.
Dichlorodifluoromethane & Chlorodifluoromethane Mixture		2	1	>1.	Gas	Y	1078	CG				4	0	Fog, Foam		1		1	2	1	K2. NCF.
Dichlorodifluoromethane & Dichlorotetrafluoroethane Mixture		2	1	>1.	Gas	Y	1078	CG				4	0	Fog, Foam		1		1	2	1	K2. NCF.
Dichlorodifluoromethane & Difluoroethane Azeotropic Mixture		2	1	>1.	Gas		2602	CG				4	0	Fog, Foam		1		1	2	1	K2. NCF.
Dichlorodifluoromethane & Ethylene Oxide Mixture		4	4	>1.	Gas		3070					4	4	Fog, Foam		3		4	4	5	K2.
Dichlorodifluoromethane & Trichlorofluoromethane Mixture		2	1	>1.	Gas	Y	1078	CG				4	0	Fog, Foam		1		1	2	1	K2. NCF.
Dichlorodifluoromethane & Trichlorotrifluoroethane Mixture		2	1	>1.	Gas	Y	1078	CG				4	0	Fog, Foam		1		1	2	1	K2. NCF.
Dichlorodifluoromethane, Trichlorofluoromethane & Chlorodifluoromethane Mixture		2	1	>1.	Gas	Y	1078	CG				4	0	Fog, Foam		1		1	2	1	K2. NCF.
syn-Dichlorodimethyl Ether	542-88-1	4	4	4.0	1.3		2249	PB	<19			4	3	Fog, Afff, DC, CO2	221	3	2	2	4		K2. TLV <1 ppm.
Dichlorodimethyl Ether	542-88-1	4	4	4.0	1.3		2249	PB	<19			4	3	Fog, Afff, DC, CO2	221	3	2	2	4		K2. TLV <1 ppm.
Dichlorodimethylsilane	75-78-5	3	3	4.4	1.1		1162	FL	16	3.4-9.5		3	3	DC, CO2, No Water	158	5	10	2	3		K2.

(102)

Chemical Name	CAS	Tox L	Tox S	Vap Den.	Spec Grav.	Wat Sol.	DOT Number	DOT Cl	Flash Point	Flamma. Limit	Ign. Temp.	Disa. Atm	Disa. Fire	Extinguishing Information	Boil Point	F	R	E	S	H	Remarks
Dichlorodinitromethane	1587-41-3			6.1	Var							3	4	DC, CO2, No Water	577	6	17	5	2		K3. Explodes.
Dichlorodiphenylsilane	80-10-4		4	8.5	1.2		1769	CO	288			3	3	Fog, Foam, DC, CO2		3	2, 11	1	4	3	K2.
Dichlorodiphenyltrichloroethane (D.D.T.)	50-29-3	3	2	12.	Pdr	N	2761	OM				3	0	Fog, Foam, DC, CO2		1		2	2		K12. RW alkalines. Melts @ 228°. NCF.
Dichloroethane	1300-21-6	2	3	3.5	1.2	S			<100	5.6-11.4		4	3	Fog, Foam, DC, CO2		2	1	2	3		K2.
1-2-Dichloroethane	107-06-2	3	3	3.4	1.2	N	1184	FL	56	6.2-16.0	775	4	3	Fog, Alfo, DC, CO2	182	3	2	2	3	10	K7, K12. ULC: 70 TLV 10 ppm.
1-1-Dichloroethane	75-34-3	3	2	3.5	1.2	S	2362	FL	22	5.6-11.4	856	4	3	Fog, Foam, DC, CO2	135	3	2	2	3		K7. Ether odor. TLV 100 ppm.
1,2-Dichloroethanol Acetate	10140-87-1	4		5.5	1.3	N			307			4	1	Fog, Foam, DC, CO2		3	2	1	4		K7.
Dichloroethanoyl Chloride		3	4	5.8	1.5				151			2	2	Alfo, DC, No Water	225	3		1	1	16	K16. Acrid odor.
1,2-Dichloroethyl Acetate	10140-87-1			5.5	1.3	N			307			4	1	Fog, Foam, DC, CO2		3	2	1	4		K7.
2-2'-Dichloroethyl Ether	111-44-4	4	3	4.9	1.2	N	1916	PB	131		696	4	2	Fog, Foam, DC, CO2	353	3	8, 2, 12	2	4	3	K2. Blanket. TLV 5 ppm.
Dichloroethyl Ether	111-44-4	4	3	4.9	1.2	N	1916	PB	131		696	4	2	Fog, Foam, DC, CO2	353	3	8, 2, 12	2	4	3	K2. Blanket. TLV 5 ppm.
2-2-Dichloroethyl Formal	111-91-1	3	3	5.9	1.2	S			230			4	1	Fog, Alfo, DC, CO2	425	3	3	1	3	2	K2.
Dichloroethyl Formal	111-91-1	3	3	5.9	1.2	S			230			4	1	Fog, Alfo, DC, CO2	425	3	3	1	3	2	K2.
Dichloroethyl Oxide	111-44-4	4	3	4.9	1.2	N	1916	PB	131		696	4	2	Fog, Foam, DC, CO2	353	3	8, 2, 12	2	4	3	K2. Blanket. TLV 5 ppm.
β-β-Dichloroethyl Sulfide	505-60-2	4	4	5.4	1.3				221			4	1	Fog, Foam, DC, CO2	442	3	8, 2	4	4	3, 6, 8	K2. Vesicant.
Dichloroethyl Sulfide	505-60-2	4	4	5.4	1.3				221			4	1	Fog, Foam, DC, CO2	442	3	8, 2	4	4	3, 6, 8	K2. Vesicant.
2,2-Dichloroethylamine	5960-88-3	4	4	4.0	1.1	S						3		DC, CO2		3		2	4	8, 3, 6	K2.
Dichloroethylarsine	598-14-1	4		6.0	1.7	Y	1892	PB				4		Foam, DC, CO2		3	2, 8, 11	2	4	5, 6, 8	K2. Fruity odor.
Dichloroethylbenzene	1331-29-9	3	2	6.1	1.2	N			205			3	2	Fog, Foam, DC, CO2	428	1	2	1	2		K2.
1,1-Dichloroethylene	75-35-4	3		3.4	1.2	N		FL	0	7.3-16.0	1058	3	3	Fog, Foam, DC, CO2	89	2	2	2	3		K2, K9, K10, K21. TLV 5 ppm.
trans-1,2-Dichloroethylene	156-60-5	2	2	3.3	1.3	N		FL	36	9.7-12.8	860	3	3	Fog, Foam, DC, CO2	118	2	2	2	3		K2.
trans-Dichloroethylene	156-60-5	2	2	3.3	1.3	N		FL	36	9.7-12.8	860	3	3	Fog, Foam, DC, CO2	118	2	2	2	3		K2.
sym-Dichloroethylene	540-59-0	3	2	3.3	1.3	N	1150	FL	36	5.6-12.8	860	4	3	Fog, Foam, DC, CO2	119	2	3	2	3		K2.
1,2-Dichloroethylene	540-59-0	3	2	3.3	1.3	N	1150	FL	36	5.6-12.8	860	3	3	Fog, Foam, DC, CO2	119	2	3	2	3		K2.
1,2-Dichloroethylene (ALSO: cis-)	156-59-2	3	3	3.3	1.3	N	1150	FL	39	9.7-12.8		3	3	Fog, Foam, DC, CO2	138	3	2	2	3	11	Pleasant odor. TLV 200 ppm.
Dichloroethylphenylsilane	1125-27-5	3	4	7.2	Liq		2435	CO				3	2	DC, CO2, No Water		3	8, 1	1	4	16	K2. Possibly R10.
Dichloroethylsilane	1789-58-8	3	3	4.5	Liq		1183	FL	30			3	3	DC, CO2, No Water		5	2, 5, 8	2	4	9	K7.
Dichloroethylvinylsilane	10138-21-3	2	3	5.4	Liq							3				3		1	3	2	K2.
Dichloroethyne	7572-29-4	4		3.3	Liq							4	4			3	17, 3, 11	4	4	6	TLV <1 ppm. Explodes.
Dichlorofenthion	97-17-6	3	3	>1.	Cry	N						3		Fog, Foam, DC, CO2		3		1	3	12	K12.
Dichlorofluoromethane	75-43-4	2	1	3.8	Gas	N	1029	CG				4	0	Fog, Foam	48	1	1	5	2	11	K2. NCF.
N-(Dichlorofluoromethylthio)-N',N'-Dimethyl-N- Phenyl Sulfamide	1085-98-9		3	11.	Pdr	N						4		DC, CO2		3		1	3		K2, K12. Melts @ 223°.
Dichloroformoxime		4		4.8	Cry	Y		PB				4		DC, CO2	127	3		1	4	8	K2.
N,N-Dichloroglycine	58941-14-3			5.0	Var							4				6	17	5	2		K3. Explodes @ 149°.
2,3-Dichlorohexafluorobutene-2	303-04-8	3		8.1	Var							3	4	DC, CO2		3		1	3	8	K2.
α-Dichlorohydrin	96-23-1	4	3	4.4	1.4	S	2750	PB	165			4	2	Fog, Alfo, DC, CO2	345	3	1	1	4	9	K7. Ether odor.
Dichlorohydrin	96-23-1	4	3	4.4	1.4	S	2750	PB	165			4	2	Fog, Alfo, DC, CO2	345	3	1	1	4	9	K7. Ether odor.
Dichloroisocyanuric Acid (ALSO: Salts, dry)		2		6.8	Cry	S	2465	OX				4	2	Fog, Flood		3	23	2	2	9	K4. High oxidizer.
sym-Dichloroisopropyl Alcohol	96-23-1	4	3	4.4	1.4	S	2750	PB	165			4	2	Fog, Alfo, DC, CO2	345	3	1	1	4	9	K7. Ether odor.
Dichloroisopropyl Ether (ALSO: 2-2'-)	108-60-1	3	3	6.0	1.1	N	2490	PB	185			4	2	Fog, Foam, DC, CO2	369	3	1	1	3	2	K2. Blanket.

(103)

Chemical Name	CAS	Tox L	Tox S	Vap Den	Spec Grav	Wat Sol	DOT Number	DOT Cl	Flash Point	Flamma. Limit	Ign. Temp.	Disa. Atm	Disa. Fire	Extinguishing Information	Boil Point	F	R	E	S	H	Remarks
Dichloromethane	75-09-2	2	1	2.9	1.3		1593	OM		12.0-19.0	1139	4	1	Fog, Foam, DC, CO2	104	1	20	1	2	10, 2	K7. RW active metals. NCF @ ordinary temp. Ether odor. TLV 100 ppm.
Dichloromethyl Cyanide	3018-12-0	3	1	3.8	Liq								3	Fog, Foam, DC, CO2		3		1	3		K2.
α-α-Dichloromethyl Ether	542-88-1	4	4	4.0	1.3		2249	PB	<19			4	3	Fog, Alfo, DC, CO2	221	3	2	2	4		K2. TLV <1 ppm.
Dichloromethyl Ether	542-88-1	4	4	4.0	1.3		2249	PB	<19			4	3	Fog, Alfo, DC, CO2	221	3	2	2	4		K2. TLV <1 ppm.
N-N-Dichloromethylamine	7651-91-4			3.5	Liq							3		No Water		5	10	1	2		RXW-water.
Dichloromethylarsine	593-89-5	4	4	5.4	1.8		1556	PA	>221			4	3	Fog, Foam, DC, CO2	273	3	1	2	4	8	K2. RXW chlorine.
α-β-Dichloromethylethyl Ketone				4.9	Liq							4		DC, CO2				1	3	7	Can RW water.
2,4-Dichloromethylphenylsilane	149-74-6	3	3	6.7	1.2		2437	FL	83			3	3	Fog, Foam, DC, CO2	180	2	1	1	3	2	K2.
Dichloromethylsilane	75-54-7	3	3	4.0	1.1		1242	FL	-26			3	3	Fog, Foam, DC, CO2	106	3	2	2	3	3	K2. May be pyroforic.
Dichloromethylvinylsilane	124-70-9			4.9	Liq				30			3	3	Fog, Foam, DC, CO2		2	1	2	3		K2.
Dichloromonofluoromethane	75-43-4	2	1	3.8	Gas	N	1029	CG				4	0	Fog, Foam	48	1		1	2	11	K2. NCF.
2,5-Dichloronitrobenzene				6.6	Cry							4		Fog, Flood	511	1		1	3	3	Melts @ 131°. Oxidizer.
Dichloronitroethane	594-72-9	3	3	5.0	1.4	N	2650	PB	136			4	2	Fog, Foam, DC, CO2	255	3	2	2	3	3	TLV 2 ppm. Unpleasant odor.
1,5-Dichloropentane	628-76-2	2	2	7.6	1.1	N	1152	FL	>80			4	3	Fog, Foam, DC, CO2	352	3	2	2	3		K2.
Dichloropentane	628-76-2	2	2	4.9	1.1	N	1152	FL	>80			4	3	Fog, Foam, DC, CO2	352	3	2	2	3		K2.
Dichloropentanes (Mixed)		2	2		1.1	N	1152	CL	106			4	2	Fog, Foam, DC, CO2	266	1		1	2		K7.
2,4-Dichlorophenol	120-83-2			5.6	Cry	S						4	1	Fog, Foam, DC, CO2	410	3	2, 11	1	3	3	K2. Melts @ 113°.
4-(2,4-Dichlorophenoxy)Butyric Acid	94-82-6			8.7	Sol	N						3		Fog, Foam, DC, CO2		3		1	3	2	K2, K12. Melts @ 248°.
2-4-Dichlorophenoxy Ethandiol	73986-95-5			7.8	Var							4		Fog, Foam, DC, CO2		3		2	3		K2.
(2,4-Dichlorophenoxy)Acetic Acid Dimethylamine	2008-39-1			9.2	Sol							4				3		1	3	2	K2, K12. Melts @ 334°.
2-(2,4-Dichlorophenoxy)Propionic Acid	120-36-5			8.2	Sol							3		Fog, Foam, DC, CO2		3		2	4	9	K2, K12. Melts @ 244°. NCF.
2,4-Dichlorophenoxyacetic Acid Salt	94-75-7	2	2	7.6	Pdr	N	2765	OM				3	0	Fog, Foam, DC, CO2	320	3	8	1	4	9	K2, K12. Melts @ 284°. NCF.
Dichlorophenoxyacetic Acid (ALSO: Ester)	94-75-7	2	2	7.6	Pdr	N	2765	OM				3	0	Fog, Foam, DC, CO2	320	3	8	1	4	9	K2, K12. Melts @ 284°. NCF.
2,4-Dichlorophenyl Cellosolve	120-67-2			7.2	Var							3		DC, CO2		3		2	3		K2.
2,4-Dichlorophenyl Cellosolve	10140-84-8			8.2	Cry	S						4		Fog, Foam, DC, CO2		3		1	3	2	K2. Melts @ 318°.
Dichlorophenyl Isocyanate (ALSO: (2-5-) (3-4-))		3	3	6.5	Sol		2250	PB				4		Fog, Foam, DC, CO2		3		1	3	2	K5.
Dichlorophenyl Phosphine	644-97-3	3	4	6.2	1.3		2798	CO				4	2	Foam, DC, No Water	435	3	8	1	4	3, 12	K2, K16.
Dichlorophenyl Trichlorosilane	27137-85-5	3	4	9.7	1.6		1766	CO	286			3	1	Fog, Foam, DC, CO2	500	3	8	1	4	9	K2.
3-(3,4-Dichlorophenyl)-1-Methoxymethylurea	330-55-2	4		8.7	Sol	S						4		DC, CO2		3		2	4		K12. Melts @ 199°.
O-(2,4-Dichlorophenyl)-O-Ethyl-S-Propyl Phosphorodithioate	34643-46-4			12.	Var							4		Fog, Foam, DC, CO2		3		1	3		K2.
O-(2,4-Dichlorophenyl)-O-Methylisopropylphosphoramidothioate	299-85-4			11.	Sol							4		DC, CO2				1	3		K12.
O-(2,4-Dichlorophenyl)-O-O-Diethyl Phosphorothioate		3	3	11.	1.3	N		PB				4	1	Fog, Foam, DC, CO2	248	3		1	4	12	K2, K12. NCF.
Dichlorophenylarsine	696-28-6	4	4	7.7	1.7		1556	PB				4		Foam, DC, CO2	491	3	8, 20	1	4	7	K2.
2,4-Dichlorophenylmethanesulfonate	3687-13-6	3		8.4	Var							4		DC, CO2		3		1	3		K2.
2-2-Dichloropropane	594-20-7			3.9	1.1							4	3	Fog, Foam, DC, CO2		2	2	2	2		K2. RXW Dimethylzinc.
1-3-Dichloropropane	142-28-9	3	3	3.9	1.2							4	3	Fog, Foam, DC, CO2	257	2	2	2	2	2	K2.
1-2-Dichloropropane	78-87-5	3	2	3.9	1.2	N	1279	FL	60	3.4-14.5	1035	3	3	Fog, Foam, DC, CO2	207	2	2	2	2	2	K2. RW aluminum. TLV 75 ppm.

(104)

Chemical Name	CAS	Tox L S	Vap Den	Spec Grav.	Wat Sol.	DOT Number Cl	Flash Point	Flamma. Limit	Ign. Temp.	Disa. Atm Fire	Extinguishing Information	Boil Point	F	R	E	S	H	Remarks
Dichloropropane	78-87-5	3 2	3.9	1.2	N	1279 FL	60	3.4-14.5	1035	3 3	Fog, Foam, DC, CO2	207	2	2	2	2	2	K2. RW aluminum. TLV 75 ppm.
2,3-Dichloropropanol	616-23-9	3 4	4.5	1.4						3	Foam, DC, CO2		3		1	4	9, 2	
Dichloropropanol	96-23-1	4 3	4.4	1.4	S	2750 PB	165			4 2	Fog, Alfo, DC, CO2	345	3	1	1	4	9	K7. Ether odor.
1-3-Dichloropropanol-2	96-23-1	4 3	4.4	1.4	S	2750 PB	165			4 2	Fog, Alfo, DC, CO2	345	3	1	1	4	9	K7. Ether odor.
1,2-Dichloropropanol-3	616-23-9	4	4.4	Liq						3	Fog, Foam, DC, CO2		3		1	4	9, 2	
Dichloropropanone	534-07-6	4	4.4	Cry		2649 PB				4	Fog, Foam, DC, CO2	343	3		1	4	3	K2. Melts @113°.
2,3-Dichloropropene	78-88-6	3	3.9	1.2	S		59	2.6-7.8		3 3	Fog, Foam, DC, CO2	201	2	1	2	3	2, 9	
trans-1,3-Dichloropropene (ALSO: cis-)	10061-02-6	3 3	3.9	1.2			21			3 3	Fog, Foam, DC, CO2		3	2	2	4	3	K2.
Dichloropropene (ALSO: 1,3-)	542-75-6	2 4	3.8	1.2			95			3 3	Fog, Foam, DC, CO2	217	2	1	1	4	3	K12.
Dichloropropene & Propylene Dichloride Mixture		4	>1.	Liq	N	2047 FL	<100			3 3	Fog, Foam, DC, CO2		3		2	4	3	K2. Chloroform odor.
2,3-Dichloropropionaldehyde (ALSO: α, β-)	10140-89-3	2	4.4	Liq						3	Fog, Foam, DC, CO2		3		1	4	2	K2.
Dichloropropionic Acid	75-99-0	3 3	4.9	Pdr		1760 CO				3	Fog, Alfo, DC, CO2		3		1	3	2	K12. TLV 1 ppm.
2-2-Dichloropropionic Acid (ALSO: 2-3-)	75-99-0	3 3	4.9	Pdr		1760 CO				3	Fog, Alfo, DC, CO2		3		1	3	2	K12. TLV 1 ppm.
2-2-Dichloropropylene	78-88-6	3	3.9	1.2	S		59	2.6-7.8		3	Fog, Foam, DC, CO2	201	2	2	2	3	2, 9	
1-3-Dichloropropylene	542-75-6	2 4	3.8	1.2			95			3 3	Fog, Foam, DC, CO2	217	2	1	1	4	3	K12.
Dichlorosilane	4109-96-0	3 3	3.5	Liq		2189 PA	-35	4.1-99.0	136	3 3	DC, CO2, No Water	47	5	8	3	4	2	K11.
α-β-Dichlorostyrene	6607-45-0	2	6.0	Liq	N		225			3 2	Fog, Foam, DC, CO2	198	3	2	1	3		K2.
Dichlorostyrene (ALSO: 2,6)	6607-45-0	2	6.0	Liq	N		225			3	Fog, Foam, DC, CO2	198	3		1	3		K2.
3,4-Dichlorosulfolane	3001-57-8	3	6.6	Liq	Y					4	DC, CO2	113	3		1	3		K2.
Dichlorotetrafluoroacetone (ALSO: sym-)	127-21-9	3 3	6.9	Liq						4	DC, CO2		3		1	2		K2.
Dichlorotetrafluoroethane	1320-37-2	2 2	4.0	Gas	N	1958 CG				3 0	Fog, Foam, DC, CO2	38	1	11	1	2	1	K2. TLV 1000 ppm. RVW Aluminum. NCF.
2,6-Dichlorothiobenzamide	1918-13-4	3	7.2	Var						4	DC, CO2		3		1	3		K2, K12.
Dichlorothiolane Dioxide	3001-57-8	3 3	6.6	Liq	N	1886 PB				4 1	Fog, Foam, DC, CO2	417	3		1	3	3	K2, K12.
α-α-Dichlorotoluene	98-87-3	3 3	5.5	1.3	N	2235 PB				4	Fog, Alfo, DC, CO2	421	3		1	3	3	K7.
Dichlorotoluene	104-83-6	4	5.5	1.3	S	2465 OX				4 2	Fog, Flood		2	23	2	4	2	K2. High oxidizer.
Dichlorotriazinetrione (And Salts)		3	6.8	Cry						4	Fog, Foam, DC, CO2		3		2	4	2	K2.
2-2'-Dichlorotriethylamine	538-07-8	4	5.9	Liq			175			4 2	Foam, DC, CO2	248	3	6	1	4	12	K2, K12.
2,2-Dichlorovinyl Dimethyl Phosphate	62-73-7	4 4	7.6	1.4	S	2783 PB				4 2	Fog, Foam, DC, CO2		3		1	4	8	K2. NCF.
β-β-Dichlorovinylchloroarsine	541-25-3	4	7.1	1.9						4 0	DC, CO2	374	3		3	4	8, 5, 6	Geranium odor. NCF.
β-β-Dichlorovinylmethylarsine	62-73-7	4 4	7.6	1.4	S	2783 PB	175			4 2	Foam, DC, CO2	248	3	6	1	4	12	K2, K12.
Dichlorovos (Common name)	12045-01-1	3 2	4.5	Liq	N					3 3	CO2		2	2	2	2		K11. Pyroforic.
Dicobalt Boride	102010-68-1		12.	Cry		2761 OM				2 2	Fog, Foam, DC, CO2		2	2	1	4		K12. RW alkalines. Melts @ 228°. NCF.
Dicobalt Octacarbonyl	50-29-3	3 2	12.	Pdr	N					3 0			1		1	2		Pyroforic.
Dicophane																		
DiCopper(I)Acetylide	1117-94-8		5.3	Var						2	Keep Wet		6	17	5	2		RVW Halogens. Unstable. Explodes @ 212°. Can explode when dry.
Dicopper(I)Ketenide	41084-90-6		5.8	Var						4	DC, CO2		6	17	3	2		
Dicresol		3 2	7.5	Var						2 2	DC, CO2		3		1	3		
Dicrotonyl Peroxide	27134-24-3		5.9	Var						2 4			6	17	5	4		Shock-sensitive. Explosive.
Dicrotophos (Common name)	141-66-2	4 4	8.2	1.2	Y	2783	>200			4 1	Fog, Alfo, DC, CO2	752	3	1	1	4	3, 5, 12	K12, K2, K24.
Dicumene Chromium	12001-89-7	3	10.	Sol						2	DC, CO2		3		1	3	2	

(105)

Chemical Name	CAS	Tox L	Tox S	Vap Den.	Spec Grav.	Wat Sol	DOT Number	DOT	Flash Point	Flamma. Limit	Ign. Temp.	Disa Atm	Disa Fire	Extinguishing Information	Boil Point	F	R	E	S	H	Remarks
Dicumyl Peroxide (Di-α-Cumyl-Peroxide)	80-43-3			9.3			2121	OP				2	3	Fog, Flood		2	23	2	2		K9. Organic peroxide.
Dicumylmethane	25566-92-1	3		8.8	Var							2		DC, CO2		3		1	3		
Dicyan (Tradename)	460-19-5	4		1.8	Gas	Y	1026	PA		6.0-32.0		4	4	Stop Gas, Fog, DC, CO2	-6	3	2, 6, 11	4	4	3	K5. TLV 10 ppm.
1,4-Dicyano-2-Butene	1119-69-3			3.7	Liq							3	3			6	16	3	2		K3.
Dicyanoacetylene	1071-98-3			2.7	Liq						130	3	3	DC, CO2		2	2	1	2		K5.
1,4-Dicyanobutane	111-69-3	4		3.7	.97	N	2205	PB	199			4	2	Fog, Foam, DC, CO2	563	3	12	1	4		K5, TLV <10 ppm
Dicyanodiazene	1557-57-9			2.8	Liq							3	4			6	17	5	2		K3. Explosive.
Dicyanodiazomethane	1618-08-2			3.2	Var							3	4			6	17	5	2		K3, K5. Explodes @ 167°.
Dicyanofurazan	55644-07-0			4.2	Var							3	4			6	17	5	2		K3. Insensitive explosive.
Dicyanofurazan-N-Oxide	55644-07-0			4.2	Var							3	4			6	17	5	2		K3. Insensitive explosive.
Dicyanogen	460-19-5	4	3	1.8	Gas	Y	1026	PA		6.0-32.0		4	4	Stop Gas, Fog, DC, CO2	-6	3	2, 6, 11	4	4	3	K5. TLV 10 ppm.
Dicyanogen-N,N-Dioxide	4331-98-0			2.9	Liq							3	4			6	17	5	2		K5. Potentially explosive.
Dicycloheptadiene				>1.	Liq							2	2	Fog, Alfo, DC, CO2		2	2	1	3		Flammable.
Dicyclohexyl				5.7	.88	S	2251	FL	165	.7-5.1	471	2	2	Fog, Alfo, DC, CO2	462	3	1	1	3		Pleasant odor.
Dicyclohexyl Fluorophosphate	587-15-5	3		9.2	Var		2565	CO				4		DC, CO2		3		1	3		K2.
Dicyclohexyl Fluorophosphonate	587-15-5	3		9.2	Var							4		DC, CO2		3		1	3		K2.
Dicyclohexyl Peroxydicarbonate (91% w/Water)				>1.	Sol	N	2153						3	Keep Cool, Fog, Foam, CO2		2	23, 4, 16	2	2		SADT: 50°. Organic peroxide.
Dicyclohexyl Peroxydicarbonate (Technical)				>1.	Sol	N	2152						3	Keep Cool, Foam, Foam, CO2		2	23, 4, 16	2	2		SADT: 50°. Organic peroxide.
Dicyclohexyl-18-Crown-6					Sol							2		DC, CO2		3		1	3		
Dicyclohexylamine	101-83-7		3	6.3	.91	S	2565	CO	210			3	1	Fog, Alfo, DC, CO2		3	1	1	3	9	Fishy odor.
Dicyclohexylamine Nitrite	3129-91-7	3	3	7.9	Sol		2687	PB				4		Fog, Flood		3	23	1	3	9	K2. An oxidizer.
Dicyclohexylaminonitrite	3129-91-7	3	3	7.9	Sol		2687	PB				4		Fog, Flood		3	23	1	3		K2. An oxidizer.
Dicyclohexylammonium nitrite	3129-91-7	3	3	7.9	Sol		2687	PB				4		Fog, Flood		3	23	1	3		K2. An oxidizer.
Dicyclopentadiene	77-73-6	3		4.6	Cry	N	2048	FL	90		937	2	3	Fog, Foam, DC, CO2	342	3	1	1	3	3	Melts @ 91°. TLV 5 ppm.
Dicyclopropyldiazomethane	16102-24-2			4.3	Var							3	4			6	17	5	2		K3. Explodes.
Didecanoyl Peroxide (Technical Pure)				>1.	Sol		2120	OP					3	Keep Cool, Fog, Flood		2	23, 4, 16	2	2		SADT: 68°. Organic peroxide.
Dideuterodiazomethane				1.5	Liq							3	4			6	17	5	2		K3. Explosive.
Didymium Nitrate	14621-84-2			>1.	Cry		1465	OX				4	1	Fog, Flood		2	4, 23	1	3		K2. Oxidizer.
N,N-Dibenzyl Amine		3	3	6.8	Liq	N	2761	OM				4	0	Fog, Alfo, DC, CO2	572	3	1	1	3		K2. Ammonia odor.
Dieldrin (Common name)	60-57-1	3	3	13.	Cry	N	2159	OP				3	0	Fog, Foam, DC, CO2		3	11	1	3	9, 5	K12. NCF. Melts @302°.
2,5-Diemethyl-2,5-Di(tert-Butyl Peroxy)Hexyne-3 (<52% peroxide in inert solid)				>1.	Sol								3	Fog, Flood		2	3, 4	2	2		Organic peroxide.
O-O-Diemthyl-O-2-(Ethylthio)Ethyl Phosphorothioate	867-27-6	3		8.0	Liq							4				3		1	3	12	K2, K12.
O-O-Diemthyl-S-Carboethoxymethyl Thiophosphate	2088-72-4	4		8.0	Sol							4				3		1	4	12	K2, K12.
O,O-Diemthyl-S-Ethyl-2-Sulfonylethyl Phosphorothioate	17040-19-6	3	3	9.2	Liq							4		Fog, Foam, DC, CO2		3		1	3	12	K2, K12.

(106)

Chemical Name	CAS	Tox L S	Vap Den.	Spec Grav.	Wat Sol	DOT Number	DOT Cl	Flash Point	Flamma. Limit	Ign. Temp.	Disa. Atm Fire	Extinguishing Information	Boil Point	F	R	E	S	H	Remarks
O,O-Diemethyl-S-Ethylsulfinylethyl Phosphorothioate	301-12-2	3	8.0	Liq							4	Fog, Foam, DC, CO2		3		1	3	12	K2, K12.
Dienochlor (Common name)		3 3		Pdr	N							DC, CO2		3	17	1	3	9	Melts @ 252°. Can RW reducers.
2,3:5,6-Diepoxy-7,8-Dioxabicyclo[2.2.2]-Octane	56411-67-7		5.0	Var							2 4			6		5	2		Explodes.
meso-1,2,3,4-Diepoxybutane	564-00-1	3	3.0	1.1							2	DC, CO2		3		1	3	9	
dl-Diepoxybutane	298-18-0	3 3	3.0	1.1							2	DC, CO2		3		1	3	9	Melts @ 39°.
Diepoxybutane (2,4-)	1464-53-5	4 4	3.0	1.1							2	Fog, Foam, DC, CO2	288	3		1	4	3	Melts @ 66°.
1,2,7,8-Diepoxyoctane	2426-07-5	3	4.9	Liq							2 1	DC, CO2		3		1	3		
Diesel Fuel Oil No. 1-D		1 1	>2.	<1.	N	1993	CL	>100			2	Fog, Foam, DC, CO2		2	1	1	2		
Diesel Fuel Oil No. 2-D (Diesel Fuel Marine)	77650-28-3	1 1	>2.	<1.	N	1993	CL	125		494	2	Fog, Foam, DC, CO2		2	1	1	2		
Diesel Fuel Oil No. 4-D		1 1	>2.	<1.	N	1993	CL	130			2	Fog, Foam, DC, CO2		2	1	1	2		
Diethanol Nitrosamine Dinitrate			>1.	Sol							4			6	17	5	2		
Diethoxy Tetrahydrofuran			5.5	.97				160				Fog, Foam, DC, CO2		1	1	1	2		
2,5-Diethoxy-4-Morpholinobenzenediazonium Zinc Chloride		3	>1.	Sol		3036					3 2	Fog, Alfo, DC, CO2		3		1	3		
Diethoxychlorosilane	6485-91-2	2 2	5.3	Liq							3		235	5	8, 5	1	2	2	K2.
Diethoxydimethylsilane	78-62-6	2 2	5.1	.83		2380	FL	<73		401	2 3	Fog, Alfo, DC, CO2	252	2	1	2	2		Ether odor.
1,2-Diethoxyethane	629-14-1	2 2	4.1	.84	Y	1153	FL	95		401	2 3	Fog, Alfo, DC, CO2	252	2	1	2	2		Ether odor.
Diethoxyethane	629-14-1	2 2	4.1	.84	Y	1153	FL	95		401	2 3	Fog, Alfo, DC, CO2	252	2	1	2	2		Ether odor.
1,2-Diethoxyethylene	629-14-1	2 2	4.1	.84	Y	1153	FL	95			2 3	Fog, Alfo, DC, CO2		2	1	2	2		
Diethoxymethane	462-95-3		3.6	Liq		2373	FL	<69			2 3	Fog, Alfo, DC, CO2		3		1	4		
(Diethoxyphosphinylimino)-1,3-Dithietane	21548-32-3	4	8.4	Sol							4	DC, CO2		3	2	1	4	9, 12	K12.
2-(Diethoxyphosphinylimino)-1,3-Dithiolane	947-02-4	4	8.9	Liq							3	Fog, Foam, DC, CO2		3	2	1	4	9	K2, K12, K24.
2-(Diethoxyphosphinylimino)-4-Methyl-1,3-Dithiolane	950-10-7	4	9.4	Sol							4	DC, CO2		3		1	4	9, 12	K12.
3,3-Diethoxypropene	3054-95-3		4.3	Liq		2374	FL	<73			2 3	Fog, Alfo, DC, CO2		2	1	2	2	2	
Diethoxypropene	3054-95-3		4.3	Liq		2374	FL	<73			2 3	Fog, Alfo, DC, CO2		2	1	2	2	2	
N-N-Diethyl 1-3-Butanediamine		2 2	4.4	.81	Y			115			3 2	Fog, Alfo, DC, -CO2	354	1	1	1	2	2	K2.
Diethyl Acetal	105-57-7	2 2	4.1	.83	S	1088	FL	-5	1.6-10.4	446	3	Fog, Alfo, DC, CO2	217	2	1	2	2	10	K10, K2, Volatile.
Diethyl Acetoacetate		2 2	6.4	<1.				170			2	Fog, Foam, DC, CO2	412	1	1	1	2		
Diethyl Aluminum Chloride	96-10-6	3	4.1	Liq	N	1101	FL				3 3	DC, Sand, No Water, No Halon	406	5	10, 2, 7	3	4	16	K2. Pyroforic.
Diethyl Aluminum Hydride		3 3	3.0	Liq							3	No Water, No Halon		5	10, 2	2	3	3	K11. Pyroforic.
N-N-Diethyl Amino Ethyl Acrylate	2426-54-2	2 3	5.9	.9				195			3	Alfo, DC, CO2		3		1	2	2	K2. Some reaction with water.
Diethyl Arsine	692-42-2	3	4.7	Var							3	CO2		2	2	2	3		K11. Pyroforic @ 32°.
Diethyl Azoformate	1972-28-7		6.1	Sol							3 4			6	17	5	3		K3. Explosive.
Diethyl Azomalonate	5256-74-6	3 3	6.5	Liq							3 2	DC, CO2		3	16	3	3		K2.
Diethyl Benzene (ALSO: (m-) (o-) (p-))	25340-17-4	3	4.6	.87	N	2049	CL	132			3	Fog, Foam, DC, CO2	358	3	1	3	3	2	
Diethyl Bis-dimethylpyrophosphoradiamide (sym)	28616-48-0	3	10.	Sol							4	DC, CO2		3		1	3		K2.
Diethyl Carbamazine Acid Citrate	1642-54-2	3	13.	Pdr	Y						3	DC, CO2		3		1	3		K2.
Diethyl Carbamyl Chloride	88-10-8	2	4.1	Liq				325			4 1	DC, CO2, No Water	374	5	8	1	2		K2.
Diethyl Carbinol	584-02-1	3 3	3.0	.82	S	2706	FL	66	1.2-9.0	650	2 3	Fog, Alfo, DC, CO2	280	2	2	2	3	3	Acetone odor. TLV 100 ppm.
Diethyl Carbitol (Trade name)	112-36-7	2 1	5.6	.91	Y			180	1.2-23.5	400	2 2	Fog, Alfo, DC, CO2	372	2	1	1	2	2	

(107)

Chemical Name	CAS	Tox L S	Vap Den	Spec Grav.	Wat Sol.	DOT Number	DOT Cl	Flash Point	Flamma. Limit	Ign. Temp.	Disa. Atm Fire	Extinguishing Information	Boil Point	F	R	E	S	H	Remarks
Diethyl Carbonate	105-58-8	2 2	4.1	.98	N	2366	FL	77			2 3	Fog, Foam, DC, CO2	259	2	2	2	2	10	K2.
Diethyl Cellosolve (Trade name)	629-14-1	4 4	4.1	.84	Y	1153	FL	95		401	2 3	Fog, Alfo, DC, CO2	252	2	1	2	2	2	Ether odor.
Diethyl Chlorophosphate	814-49-3		5.9	1.2			PB				4 1	Fog, Foam, DC, CO2	140	3		1	4	12, 5	K12.
Diethyl Cyclohexane		3 3	4.9	.80	N			120		464	2 2	Fog, Foam, DC, CO2	345	3	1	1	1	2	K2.
Diethyl Di(dimethylamido)pyrophosphate (unsym.)	1474-80-2	4	10.	Liq							3	Fog, Foam, DC, CO2		3		1	4		
Diethyl Dichlorosilane	1719-53-5	3	5.4	1.1		1767	FL	70			3 3	Foam, Foam, DC, CO2	267	2	8, 2	2	3	16	K2.
Diethyl Dimethyl Lead		4	>1.	1.7	N						4 2	Foam, Foam, DC, CO2		3	1	2	4		K2. Flammable.
Diethyl Ester Sulfuric Acid	64-67-5	4	5.3	1.2		1594	PB	220			3 1	Foam, Foam, DC, CO2		3	8, 1	1	3	2	Ether odor.
Diethyl Ethane Phosphonite	2651-85-6		5.2	Liq							3 3	CO2		3	2	2	2		Somewhat pyroforic.
Diethyl Ethanedioate	95-92-1	3	5.0	1.1	S	2525	PB	168			2 2	Fog, Foam, DC, CO2	365	3	1	1	3	9	
Diethyl Ether	60-29-7	2 3	2.9	.71	Y	1155	FL	-49	1.9-36.0	320	3 2	Fog, Alfo, DC, CO2	94	3	3, 21	3	2	13	K10. Sweet odor. ULC: 100
N-N'-Diethyl Ethylene Diamine	100-36-7		4.0	.82	Y	2685	CO	115			3 3	Alfo, DC, CO2	293	3	1	1	3	2	K2. Fruity odor.
Diethyl Fluorophosphate	358-74-7	4	5.4	1.2							4 3	Foam, Foam, DC, CO2	338	3	11	1	4		K2. Pyrotoric.
Diethyl Gallium Hydride			4.5	Liq							4	CO2. No Water		5	10	2	2		K11. Pyrotoric.
Diethyl Glycol			4.1	.84	S			95		401	3	Fog, Alfo, DC, CO2	252	2	1	2	2		
Diethyl Gold Bromide	26645-10-3		11.	Var							3 4			6	17	5	2		K3. Explodes @ 158°.
Diethyl Hexafluoroglutarate	424-40-8	3		Liq							3	DC, CO2		3	1	1	2		K2.
Diethyl Hydrogen Phosphite	762-04-9		4.7	1.1	Y			195			2 2	Fog, Alfo, DC, CO2	280	3	1	1	3		
Diethyl Hydroxytin Hydroperoxide			7.9	Var							2 4			6	17	5	2		Explosive.
Diethyl Ketone	96-22-0	2 2	2.9	.82	Y	1156	FL	55	1.6-8.0	842	3 2	Fog, Foam, DC, CO2	214	2	1	1	2	2	TLV 200 ppm. Acetone odor.
N-N-Diethyl Lauramide			8.8	.86	N			>150			4 2	Fog, Alfo, DC, CO2	331	1	1	1	2		K2.
Diethyl Lauramide			8.9	.86	N			>150			4 2	Fog, Foam, DC, CO2	331	1	1	1	2		K2.
Diethyl Lead Dinitrate	17498-10-1	4	13.	Sol							3 4			6	17	5	3		Unstable above 32°. Explodes.
Diethyl Maleate	141-05-9		5.9	1.1	Y			200		662	2 2	Fog, Foam, DC, CO2	437	3	1	1	2	2	
Diethyl Malonate	105-53-3	2 2	5.5	1.1	N			200			3 2	Fog, Foam, DC, CO2	388	1	1	1	2	2	Sweet odor.
Diethyl Mercury	627-44-1	4	8.9	2.5							4 4	Fog, Foam, DC, CO2	318	3	1, 11	1	3		K2. Hazel odor.
Diethyl Oxalate	95-92-1	3	5.0	1.1	S	2525	PB	168			2 2	Fog, Foam, DC, CO2	365	3	1	1	3		
Diethyl Oxide	60-29-7	2 3	2.5	.71	S	1155	FL	-49	1.9-36.0	320	3 2	Fog, Alfo, DC, CO2	94	3	3, 21	3	2	9	
Diethyl Peroxide	628-37-5		7.7	.8			OP		2.3-		2 4	Keep Cool, Fog	149	6	17	4	2	13	RVW oxygen. An explosive.
Diethyl Peroxydicarbonate	14666-78-5		6.2	Liq		2175	OP				2 3	Keep Cool, Fog, Flood		2	16	3	2		SADT: 32°. Organic peroxide.
O-O-Diethyl Phosphorochlorodithioate	2524-04-1	4 4	6.6	1.2	N	2751	CO				4 2	Fog, Foam, DC, CO2		3	1	1	4		K2. K12.
Diethyl Phthalate	84-66-2	2 3	7.6	1.1	N			322	.7-	855	2 1	Fog, Foam, DC, CO2	565	3	1	1	3	3, 12	
Diethyl Propylmethylpyrimidyl Thiophosphate	5826-91-5	3	10.	Sol							4 4	Fog, Foam, DC, CO2		3	1	1	2	11, 2, 3	K2, K12.
O,O-Diethyl S-(2-(Ethylthio)Ethyl) Phosphorodithioate		4 4	>1.	1.1	N	2783	PB				4 0	Foam, Foam, DC, CO2	144	3	1	1	4	12	K2, K12. NCF.
Diethyl Selenide		3	4.7	1.2	N						4 3	Fog, Foam, DC, CO2	226	3	1	1	3		K2.
Diethyl Succinate	123-25-1	2 2	6.0	1.0	S			195			2 1	Fog, Alfo, DC, CO2	421	3	1	1	3		Pleasant odor.
Diethyl Sulfate	64-67-5	4 3	5.3	1.2		1594	PB	220			3 1	Foam, Foam, DC, CO2		3	8, 1	1	3	2	Ether odor.
Diethyl Sulfide	352-93-2	3 3	3.1	.84	S	2375	FL	14	2.5-		4 3	Foam, DC, CO2	198	2	7, 2, 11, 24	2	3	2	K2. Garlic odor.
Diethyl Tartrate			>1.	1.2	Y			200					536	1	1	1	2		Melts @ 63°.
Diethyl Telluride	627-54-3		6.5	Liq							2 3	Alfo, DC, CO2		3	2	2	2		K11. Pyrotoric.
Diethyl Thallium Perchlorate	22392-07-0		12.	Sol							3 4	CO2	482	3	4	2	3	2	K2. Believed toxic.

Chemical Name	CAS	Tox L	Tox S	Vap Den.	Spec Grav.	Wat Sol.	DOT Number	Cl	Flash Point	Flamma. Limit	Ign. Temp.	Disa. Atm	Disa. Fire	Extinguishing Information	Boil Point	F	R	E	S	H	Remarks
Diethyl Zinc	557-20-0			4.3	1.2	N	1366	FL				3	3	Graphite, No Halon, No Water	410	5	10, 2	2	4		Believed Toxic. Pyrotoric.
Diethyl(4Methylumbelliferyl) Thionophosphate	299-45-6				Cry								4	Foam, DC, CO2		3		1	2	9, 12	K2, K12. Melts @ 100°.
N,N-Diethyl-1,3-Diaminopropane	104-78-9			4.5	.82	Y	2684	CO	138			3	2	Fog, Alfo, DC, CO2	329	3		1	3	3	K2.
Diethyl-1-(2,4-Dichlorophenyl)2-Chlorovinyl Phosphate	470-90-6	4	4	12.	Liq	S						4	0	Fog, Foam, DC, CO2	333	3		1	4	12	K12. NCF.
1-3-Diethyl-1-3-Diphenyl Urea Diethyl Diphenyl Urea	85-98-3			9.3	Cry	N			302			4	4	Fog, Flood	619	2	16	3	2		Melts @ 160°. Slight explosion hazard.
N,N-Diethyl-1,3-Propanediamine	14642-66-1			4.5	.82	Y	2684	CO	138			3	2	Fog, Alfo, DC, CO2	329	3	1	1	3	3	K2.
N,N-Diethyl-1-Propynylamine	4231-35-0	3	3	3.9	Liq							3		DC, CO2		3		1	3		K2.
Diethyl-2-Chlorovinyl Phosphate	311-47-7			7.5	Pdr							3		DC, CO2		3		1	3		K2.
N,N-Diethyl-2-Propynylamine	4079-68-9	2	2	3.9	Liq							3		DC, CO2		3		1	3		K2.
O-O-Diethyl-3-p-Chlorophenyl Thiomethyl Phosphorodithioate	786-19-6	4	4	12.	1.3	N		PB				4	0	Fog, Foam, DC, CO2	180	3		1	4	12	K2, K12. NCF.
Diethyl-m-Toluamide	134-62-3			6.7	1.0	Y						3		Fog, Foam, DC, CO2	320	3		1	3	2	K2, K12.
O-O-Diethyl-O-(2-Pyrazinyl) Phosphorothioate	297-97-2	4	4	>1.	1.3	S		PB				4	1	DC, CO2	176	3		1	4	12	K2, K12.
O-O-Diethyl-O-(3,5,6-Trichloro-2-Pyridyl) Phosphorothioate		4	4	>1.	Cry							4	0	Fog, Foam, DC, CO2		3		1	3	12	K2, K12. Melts @ 108°. NCF.
O-O-Diethyl-O-(3-Chloro-4-Methyl-2-Oxo-2H-1-Benzopyran-7-Yl)	56-72-4	4	4	12.	Sol	N	2783	PB				4	1	Fog, Foam, DC, CO2		3		1	4	12	K12.
O-S-Diethyl-O-(4-Nitrophenyl) Thiophosphate	597-88-6	4	4	10.	1.3	N	2783	PB				4	0	Fog, Foam, DC, CO2		3		1	4	12	K2, K12. NCF.
O-O-Diethyl-O-(5-Phenyl-3-Isoxazolyl) Phosphorothioate	18854-01-8			11.	Liq	N		PB				4		Fog, Foam, DC, CO2	320	3		1	3	12	K2, K12.
O-O-Diethyl-O-(p-Methyl Sulfinyl) Phenyl Phosphorothioate	115-90-2	4	4	10.	1.2	S						4	0	Fog, Foam, DC, CO2		3		1	4	12	K2, K12, K24. NCF.
O-O-Diethyl-O-(p-Nitrophenyl) Ester Phosphorothionic Acid (Mixture)		4	4	10.	Var			PB				4		DC, CO2		3		1	3	12	K2, K12.
O-O-Diethyl-O-2-(Ethylthio)Ethyl Thiophosphate		4	4	>1.	1.1	S	2783	PB				4	0	Fog, Foam, DC, CO2		3		1	4	12	K2, K12. NCF.
O-O-Diethyl-O-2-Isopropyl-4-Methyl-6-Pyrimidyl Thiophosphate		4	4	10.	1.1	S	2783	PB				4	0	Fog, Foam, DC, CO2		3		1	4	12	K2, K12. NCF.
O,O-Diethyl-O-2-Quinoxalylthiophosphate	13593-03-8	4	4	10.	Sol	N						4		DC, CO2	288	3		1	4	12	K2, K12. Melts @ 88°.
Diethyl-o-Phthalate	84-66-2	3	3	7.6	1.1	N			322	.7-	855	2	1	Fog, Foam, DC, CO2	565	3	1	1	3	11, 2, 3	K12.
Diethyl-p-Nitrophenylphosphate	311-45-5	4	4	>1.	1.3	S		PB				4	1	Foam, DC, CO2	298	3		2	4	9, 5, 12	K2, K12. NCF.
Diethyl-p-Nitrosoaniline				>1.	Liq								3	CO2		3	2	2	3		K11. Pyrotoric.
Diethyl-p-Phenylenediamine (N,N-)	93-05-0	3	3	5.7	Liq							3		Fog, Foam, DC, CO2		3		1	3		K2.
O-O-Diethyl-S-(2-5-Dichlorophenyl Thiomethyl) Phosphorodithioate	2275-14-1	3	3	11.	Pdr	N	2783	OM				4	0	Fog, Foam, DC, CO2		3		1	2	12, 9	K2, K12. NCF.
O-O-Diethyl-S-(2-Diethylamino) Ethyl Phosphorothiolate Hydrogen Oxalate	78-53-5	4	4	9.3	Liq	S						4	0	DC, CO2		3		1	4	12	K2, K12. NCF.
O-O-Diethyl-S-(Ethylthio)Methyl Phosphorodithioate	298-02-2	3	4	9.0	1.2	N		PB				3	0	Fog, Foam, DC, CO2	244	3		1	4	12	K2, K12, K24. NCF.

Chemical Name	CAS	Tox L	Tox S	Vap Den.	Spec Grav.	Wat Sol.	DOT Number	DOT Cl	Flash Point	Flamma. Limit	Ign. Temp.	Disa. Atm	Disa. Fire	Extinguishing Information	Boil Point	F	R	E	S	H	Remarks
O,O-Diethyl-S-(N-Ethoxycarbonyl-N-Methylcarbamoylmethyl)Phosphorodithioate	2595-54-2	4		11.	1.2							4		Foam, DC, CO2		3			1	4	12	K12.
o-o-Diethyl-S-2-(Ethylthio)Ethylphosphorodithioate		4	4	>1.	1.1	N		PB				4	0	Fog, Foam, DC, CO2		3		1	4	12	K2, K12. NCF.
O-O-Diethyl-S-Isopropylmercaptomethyl Phosphorodithioate		4	4	9.0	1.2	N		PB				4	0	Fog, Foam, DC, CO2		3		1	4	12	K2, K12. NCF.
Diethylacetaldehyde	97-96-1	2	2	3.4	.82	N	1178	FL	70	1.2-7.7		2	3	Fog, Alfo, DC, CO2	242	2	2	2	2	2	
N,N-Diethylacetamide	685-91-6			4.0	.92				170			2	3	Fog, Alfo, DC, CO2	356	1		1	2	2	
Diethylacetic Acid	88-09-5	2	2	4.0	.92	S			210		752	2	1	Fog, Alfo, DC, CO2	374	1	2	1	2		K2.
N,N-Diethylamine	109-89-7	3	3	2.5	.71	Y	1154	FL	-15	1.8-10.1	594	3	3	Fog, Alfo, DC, CO2	132	2	2	2	3	3	RVW sulfuric acid. TLV 10 ppm. Fishy odor.
Diethylamine	109-89-7	3		2.5	.71	Y	1154	FL	-15	1.8-10.1	594	3	3	Fog, Alfo, DC, CO2	132	2	2	1	3	3	RVW sulfuric acid. TLV 10 ppm. Fishy odor.
β-Diethylamino Ethyl Acrylate	2426-54-2	2	3		.9		2686	CL	195			3	2	Alfo, DC, CO2		3		1	3	2	K2. Some reaction with water.
2-Diethylamino Ethyl Acrylate	2426-54-2	2	2		.9		2684	CO	195			3	2	Alfo, DC, CO2		3		1	3	2	K2. Some reaction with water.
Diethylamino Ethyl Acrylate	2426-54-2	2	2		.9		2684	CO	195			3	2	Alfo, DC, CO2		3		1	3	2	K2. Some reaction with water.
2-Diethylamino-6-Methylpyrimidin-4-yl Diethyl Phosphorothionate	23505-41-1	3			Pdr	N						4		DC, CO2		3		1	3	12, 9	K2, K12.
N,N-Diethylaminoacetonitrile	3010-02-4	3	4		3.9	Liq						3		DC, CO2		3		1	4	2, 9	K2.
Diethylaminoethanol (ALSO: 2-)	100-37-8	3	3	4.0	.89	Y			126	6.7-11.7	608	3	2	Fog, Alfo, DC, CO2	324	3	1	1	3	5	TLV 10 ppm. Ammonia odor.
3-Diethylaminopropylamine	14642-66-1	3	3	4.5	.82	Y	2684	CO	138			3	2	Alfo, DC, CO2	329	3	1	1	3	3	K2.
Diethylaminopropylamine	14642-66-1	3	3	4.5	.82	Y	2684	CO	138			3	2	Alfo, DC, CO2	329	3		1	3	3	K2.
Diethylaminosulfur Trifluoride	38078-09-0				Var									DC, CO2, No Water		5	10, 16	2	3	3	RVW heat >194°.
N,N-Diethylaniline	91-66-7	4	4	5.1	.93	S	9432	PB	185		1166	3	2	Fog, Alfo, DC, CO2	421	3	1	1	4	3	RVW heat >194°.
Diethylaniline	91-66-7	4		5.1	.93	S	9432	PB	185		1166	3	2	Fog, Alfo, DC, CO2	421	3		1	4	3	K2.
Diethylberyllium	542-63-2	4	4		Liq							4	3	G-1 Pdr, No Water	230	3	10, 2	2	4	3	K2, K11. Pyrotoric.
Diethylbismuth Chloride	65313-34-0				2.3							3	3	CO2		2	2	2	4	3	K2, K11. Pyrotoric.
Diethylcadmium		4		5.8	1.7							3	4	No Water	147	6	16	3	4	3	K2, K11. RXW fast heat >266°. Pyrotoric.
N-N'-Diethylcarbanilide	85-98-3			9.3	Cry	N			302			4	4	Fog, Flood	619	2	16	3	2		Melts @ 160°. Slight explosion hazard.
N,N-Diethylchloracetamide	2315-36-8	3			Var							4		DC, CO2		4		1	3		K2.
2,2'-Diethyldihexylamine	106-20-7			8.3	.81				270			3	1	Fog, Foam, DC, CO2	538	3	1	1	3	2	K2.
Diethyldimethyl Methane	110-81-6	2	2	3.4	.69	N		FL	21	1.1-6.7	635	2	3	Fog, Foam, DC, CO2	194	2	2	2	2	11	Believed flammable.
Diethyldisulfide				4.2	.99				309			3	1	Fog, Foam, DC, CO2	309	1		2	2		
N,N-Diethylene Diamine	110-85-0	2	3	3.0	Cry	Y	2685	CO	178			4	2	Fog, Alfo, DC, CO2	294	3	2	1	2	5	K2. Melts @ 233°.
Diethylene Diamine	110-85-0	2		3.0	Cry		2685	CO	178			4		Fog, Alfo, DC, CO2	294	3	2	1	2	5	K2. Melts @ 233°.
1,4-Diethylene Dioxide	123-91-1	3	3	3.0	1.0	Y	1165	FL	54	2.0-22.2	356	2	3	Fog, Alfo, DC, CO2	214	2	2	2	3	5	K10. TLV 25 ppm (skin). Melts @ 54°. Pleasant odor.
Diethylene Dioxide	123-91-1	3		3.0	1.0	Y	1165	FL	54	2.0-22.2	356	2	3	Fog, Alfo, DC, CO2	214	2	2	2	3	5	K10. TLV 25 ppm (skin). Melts @ 54°. Pleasant odor.
Diethylene Ether	123-91-1	3		3.0	1.0	Y	1165	FL	54	2.0-22.2	356	2	3	Fog, Alfo, DC, CO2	214	2	2	2	3	5	K10. TLV 25 ppm (skin). Melts @ 54°. Pleasant odor.
Diethylene Glycol	111-46-6	3	1	3.7	1.1	Y			255		435	2	1	Fog, Alfo, DC, CO2	475	3		1	3	2	
Diethylene Glycol Di(3-Aminopropyl) Ether	4246-51-9	3		7.7	Liq	Y						3	3	Fog, Foam, DC, CO2		3	1	1	3		K2.

(110)

Chemical Name	CAS	Tox L	Tox S	Vap Den.	Spec Grav.	Wat Sol.	DOT Number	DOT Cl	Flash Point	Flamma. Limit	Ign. Temp.	Disa. Atm	Disa. Fire	Extinguishing Information	Boil Point	F	R	E	S	H	Remarks
Diethylene Glycol Diabietate (in Xylene)		2	2	21.	Liq				97			3	2	Fog, Foam, DC, CO2		2	1	2	2		K2.
Diethylene Glycol Diethyl Ether		1	1	5.6	.91	Y			180			2	2	Fog, Alfo, DC, CO2	732	1	1	1	1		K10. May be inhibited.
Diethylene Glycol Dimethyl Ether	111-96-6			4.7	.95	Y			158				2	Fog, Foam, DC, CO2	324	1	1	2	2	13	
Diethylene Glycol Dinitrate	693-21-0			6.7	1.4	S	0075	EX				3	4		322	6	17	5	2		K3. Explosive.
Diethylene Glycol Ethyl Ether	111-90-0	2	2	4.6	.99	Y			201	1.2-23.5	400	2	2	Fog, Alfo, DC, CO2	395	1	1	2	2	2	Pleasant odor.
Diethylene Glycol Methyl Ether	111-77-3	2	2	4.1	.99	Y			200	1.2-23.5	460	2	2	Fog, Alfo, DC, CO2	379	1	1	1	3	2	
Diethylene Glycol Methyl Ether Acetate	629-38-9	2	2	5.6	1.0	Y			180			2	2	Fog, Alfo, DC, CO2	410	1	1	1	2		
Diethylene Glycol Monobutyl Ether	112-34-5	2	2	5.6	.96	Y			172	8-24.6	400	2	2	Fog, Alfo, DC, CO2	447	1	1	1	2	3	
Diethylene Glycol Monoethyl Ether	111-90-0	2	2	4.6	.99	Y			201	1.2-23.5	400	2	2	Fog, Alfo, DC, CO2	395	1	1	1	2	2	Pleasant odor.
Diethylene Glycol Monoisobutyl Ether	18912-80-6			5.7	Liq								2	Fog, Foam, DC, CO2		3	1	1	3		
Diethylene Glycol Monomethyl Ether	111-77-3	2	3	4.1	1.0	Y			200	1.2-23.5	460	2	2	Fog, Alfo, DC, CO2	379	1	1	1	2	2	
Diethylene Glycol Monomethyl Ether Acetate	629-38-9	2	2	5.6	1.0	Y			180			2	2	Fog, Alfo, DC, CO2	410	1	1	1	2		
Diethylene Glycol-Mono-2-Methylpentyl Ether	10143-56-3			6.6	Liq								2	Fog, Foam, DC, CO2		3	1	1	3	2	
Diethylene Glycol-n-Butyl Ether	112-34-5	2	3	5.6	.96	Y			172	.8-24.6	400	2	2	Fog, Alfo, DC, CO2	447	3	1	1	3	3	
Diethylene Glycol-n-Hexyl Ether	112-59-4			6.6	.94				285			2	1	Fog, Alfo, DC, CO2	496	3	1	1	3	2	
Diethylene Oxide	109-99-9	2	3	2.5	.83	Y	2056	FL	1	1.8-11.8	610	2	3	Fog, Alfo, DC, CO2	149	2	1	5	2	11	K10. Ether odor. TLV 200 ppm.
Diethylene Oximide	110-91-8	2	3	3.0	1.0	Y	2054	FL	98	1.4-11.2	555	4	3	Fog, Alfo, DC, CO2	264	3	1	1	3	2	K2. Amine odor. TLV 20 ppm.
Diethylenetriamine	111-40-0	3	4	3.5	.96	Y	2079	CO	215	2.0-6.7	676	3	1	Fog, Alfo, DC, CO2	405	2	1	1	4	3	TLV 1 ppm (skin). Ammonia odor.
Diethylenimide Oxide	110-91-8	2	3	3.0	1.0	Y	2054	FL	98	1.4-11.2	555	4	3	Fog, Alfo, DC, CO2	264	3	1	1	3	2	K2. Amine odor. TLV 20 ppm.
N,N-Diethylethanolamine	100-37-8	3	3	4.0	.89	Y	2686	CL	126	6.7-11.7	608	3	2	Fog, Alfo, DC, CO2	324	3	1	1	3	5	TLV 10 ppm. Ammonia odor.
Diethylethanolamine	100-37-8	3	3	4.0	.89	Y	2686	CL	126	6.7-11.7	608	3	2	Fog, Alfo, DC, CO2	324	3	1	1	3	5	TLV 10 ppm. Ammonia odor.
Diethyletheroxodiperoxochromium (VI)				6.2	Sol								4			6	17	5	2		Unstable explosive.
Diethylethoxyaluminum	1586-92-1				Liq								2	CO2		2	2	1	1	2	K11. Pyroforic.
Diethylethylene Diamine	100-36-7			4.0	.82	Y	2685	CO	115			3	2	Alfo, DC, CO2	293	3	1	1	2		K2.
N,N-Diethylhydroxylamine	3710-84-7	3		3.1	Liq								3	Foam, DC, CO2		3	1	1	3		K2.
Diethylhydroxylamine	3710-84-7	3		3.1	Liq								3	Foam, DC, CO2		3	1	1	3		K2.
Diethylketene	24264-08-2			3.4	Liq							2	3			1		1	1		K10. Can form explosive peroxide.
Diethylmagnesium	557-18-6			2.8	Cry		1367	FS					3	Soda Ash, No CO2. No Water		2	2	2	2		K11. Pyroforic.
Diethylmethylmethane	96-14-0			3.0	.66	N	2462	FL	19	1.2-7.0		2	3	Fog, Foam, DC, CO2	145	2	1	2	2	13	
Diethylmethylphosphine	1605-58-9			3.6	Liq								3	Fog, Foam, DC, CO2		3	1	2	3		Delayed pyroforicity.
3,3-Diethylpentane	1067-20-5			4.4	.75	N			<69	.7-7.7	554	2	3	Fog, Foam, DC, CO2	295	2	2	2	2		K2, K11. Pyroforic.
Diethylphosphine	627-49-6	4		3.1	1.0							4	3	Foam, DC, CO2	185	2	1	1	3		K2.
Diethylphosphite	762-04-9			4.7	1.1	Y			195			4	2	Fog, Alfo, DC, CO2	280	3	1	1	3		
Diethylthiophosphoryl Chloride	2524-04-1	4	4	6.6	1.2	N	2751	CO				4	2	Fog, Foam, DC, CO2		3	1	1	4	3, 12	K2, K12.
3,9-Diethyltridecyl-6-Sulfate	3282-85-7			3	12.	Sol						4	2	DC, CO2		3	1	1	2		K2.
1,2-Difluoro-1,1,2,2-Tetrachloroethane	76-12-0	2	2	7.0	1.6							3	0	Fog, Foam, DC, CO2	199	1	1	1	2	9	K2. TLV 500 ppm. NCF.
3,4-Difluoro-2-Nitrobenzenediazonium-6-oxide (ALSO: -4-oxide)				7.0	Var							3	4			6	17	5	2		K3. Explosive.
Difluoro-N-Fluoromethanimine	338-66-9			2.9	Liq							3	4			6	17	5	2		Explodes by flame.
Difluoroamine	10405-27-3			1.9	Sol							3	4			6	17	5	2		Shock-sensitive. Explosive.
Difluoroammonium Hexafluoroarsenate	56533-30-3			8.5	Var							3		DC, CO2		3		1	2		Believed toxic.
p-Difluorobenzene	540-36-3			4.0	Liq				23			3	3	Foam, DC, CO2		2	2	2	2		K2.

(111)

Chemical Name	CAS	Tox L	Tox S	Vap Den.	Spec Grav.	Wat Sol.	DOT Number	DOT Cl	Flash Point	Flamma Limit	Ign. Temp.	Disa. Atm	Disa. Fire	Extinguishing Information	Boil Point	F	R	E	S	H	Remarks
m-Difluorobenzene	372-18-9			4.0	Liq				<32			3	3	Foam, DC, CO2		2	2	2	2		K2.
1-1-1-Difluorochloroethane	75-68-3	2	2	3.5	Gas	N	2517	FG		6.2-17.9		4	4	Stop Gas, Fog, Foam, CO2, DC	4	2	2	4	2		K2.
Difluorochloroethane	75-68-3	2	2	3.5	Gas	N	2517	FG		6.2-17.9		4	4	Stop Gas, Fog, Foam, CO2, DC	4	2	2	4	2		K2.
Difluorochloromethylmethane	75-68-3	2	2	3.5	Gas	N	2517	FG		6.2-17.9		4	4	Stop Gas, Fog, Foam, CO2, DC	4	2	2	4	2		K2.
Difluorodiazene	10578-16-2			2.3	Gas							3	4			6	17	5	2		Unstable explosive.
Difluorodiazirine	693-85-6			2.7	Liq							3	4			6	17	5	2		Keep cool and dark. Explosive.
Difluorodibromomethane	75-61-6	2	1	7.2	2.3	N	1941	OM				4	0	Fog, Foam, DC, CO2	73	1	2	1	2		TLV 100 ppm. NCF
Difluorodiphenyl Trichloroethane		3	3	>1.	Sol	N						4	0	Fog, Foam, DC, CO2		3	2	1	2	2	K2, K12. Melts @ 114°. NCF.
Difluorodiphenyldichloroethane		3	3	>1.	Cry	N						4	0	Fog, Foam, DC, CO2		3	2	1	2	5	K2, K12. Melts @ 167°. NCF.
1-1-Difluoroethane	75-37-6	2	2	2.3	Gas	N	1030	FG		3.7-18.0		3	4	Fog, DC, CO2, Stop Gas	-13	2	2	4	2	11	K2.
Difluoroethane	75-37-6	2	2	2.3	Gas	N	1030	FG		3.7-18.0		3	4	Fog, DC, CO2, Stop Gas	-13	2	2	4	2	11	K2.
1-1-Difluoroethylene	75-38-7			2.2	Gas	S	1959	FG		5.5-21.3		4	4	Stop Gas, Fog, DC, CO2		2	2	4	2		K2, K9.
Difluoroethylene	75-38-7			2.2	Gas	S	1959	FG		5.5-21.3		4	4	Stop Gas, Fog, DC, CO2		2	2	4	2		K2, K9.
Difluoromethylene Dihypofluorite	16282-67-0			4.2	Var							3		Fog, Flood		2	23	2	2		High oxidizer.
Difluoromonochloroethane	75-68-3	2	2	3.5	Gas	N	2517	FG		6.2-17.9		4	4	Stop Gas, Fog, Foam, CO2, DC	4	2		4	2		K2.
Difluoromonochloromethane	75-45-6	2	2	3.9	Gas	S	1018	CG				3	0	Fog, Foam, DC, CO2	-41	1		1	2	1	K2. Refrigerant. NCF. TLV 1000 ppm.
Difluorophate	55-91-4	4	4	5.2	1.1							3		Foam, DC, CO2	115	3	8	1	4	12, 9	K2, K12, K24.
Difluorophenylarsine	368-97-8	4	4	6.6	Liq							4		DC, CO2		3		2	4		K2.
Difluorophosphoric Acid - Anhydrous	13779-41-4	4	4	3.5	1.6		1768	CO				4	0	Fog, Foam, DC, CO2		3	8	2	4	16	K2, K16. NCF.
1,1-Difluorourea	1510-31-2			3.4	Liq							4	3	DC, CO2		2	15	1	2		K2.
3-Difluoroamino-1,2,3-Trifluoroaziridine	17224-08-7			5.2	Liq							3	3			6	17	3	2		Shock-sensitive high oxidizer.
Difluryl	55-91-4	4	4	5.2	1.1							3		Foam, DC, CO2	115	3	8	1	4	12, 9	K2, K12, K24.
N-N-Difurfural-n-Phenylene Diamine	19247-68-8	4		8.4	Cry	N						3	4	DC, CO2		2		1	4		K2.
Digermane	13819-89-8			5.3	2.0							2	0	CO2	84	2	2	2	2		Pyroforic @ 122°.
Digitoxin	71-63-6			2.6	Sol	S						4	4			1	1	2	2	9	K24. Melts @ 491°. NCF.
Diglycerol Tetranitrate		2	2	>1.	Liq			EX				4	4			6	17	5	2		K3. Explosive.
Diglydyl Ether (DGE)	2238-07-5	4	3	3.8	1.3							2	1	Fog, Alfo, DC, CO2	500	3	1	1	4		TLV <1 ppm. Irritating odor.
Diglycol Chlorhydrin	6288-89-7	3	3	4.3	1.3	Y			225			2	1	Alfo, DC, CO2	387	3	8,1	1	3		K2.
Diglycyl Chlorohydrin	6288-89-7	3	3	4.3	1.2	Y			225			3	1	Alfo, DC, CO2	387	3	8,1	1	3		K2.
Digoid (I) Ketenide	54086-41-8			15.	Var							4	4			6	17	5	2		Shock-sensitive. Explosive.
Digoid Acetylide	70950-00-4			14.	Var							4	4			6	17	5	2		K2, K20. High explosive. Explodes @ 181°. Light sensitive.
Digoxin	20830-75-5			2.7	Pdr	N						2	2	DC, CO2		1	,1	1	2	9	K24. Melts @ 455°.
Dihexanoyl Peroxide	2400-59-1			8.0	Var							2	4			6	17	1	3		Explodes @ 185°.
Dihexyl	112-40-3			5.9	.75	N			165	.6-	397	2	2	Fog, Foam, DC, CO2	421	1	1	1	2		

(112)

Chemical Name	CAS	Tox L S	Vap Den.	Spec Grav.	Wat Sol.	DOT Number	Cl	Flash Point	Flamma. Limit	Ign. Temp.	Disa. Atm Fire	Extinguishing Information	Boil Point	F	R	E	S	H	Remarks
Dihexyl Ether	112-58-3	2 2	6.4	.79	N			170		365	2 2	Fog, Foam, DC, CO2	441	1	1	1	2	2	K10.
Dihexylamine	143-16-8	2 3	6.4	.78	N			220			3 1	Fog, Foam, DC, CO2	451	3	1	3	3	2	K2.
Dihydrazinecobalt(II)Chlorate			10.	Sol							3 4			6	17	5	2		K20. High explosive. Explodes @ 194°.
1,2-Dihydro-2,2,4,6-Tetramethylpyridine	63681-01-6	3	4.8	Liq							3	DC, CO2		3	1	1	3	2	K2.
Dihydromyrcenyl Acetate		3	6.9	Liq							2	DC, CO2		3		1	3	2	
2,2-Dihydroperoxy Propane			>1.	Sol	S	2178	OP				3	Flood		3	23, 4	2	3		Organic peroxide.
2-3-Dihydropyran	110-87-2	3	2.9	.92	S	2376	FL	0			2 3	Fog, Alfo, DC, CO2	186	2	2	2	3		Ether odor.
Dihydropyran	110-87-2	3	2.9	.92	S	2376	FL	0			2 3	Fog, Alfo, DC, CO2	186	2	2	2	3		Ether odor.
1,2-Dihydropyrido(2,1,e)Tetrazole			4.2	Var	Y						3 4			6	17	5	1	3	K20. Explosive.
Dihydropyrone (Common name)		3	2.4	.91	Y						4	DC, CO2		3	2	1	4		K12.
3,4-Dihydroxy-1,5-Hexadiene	1069-23-4	4	4.0	Liq							3	DC, CO2		3	2	1	3		
1,8-Dihydroxy-2,4,5,7-Tetranitroanthraquinone			>1.	Var							3 4			6	17	5	2		
2,4-Dihydroxy-2-Methylpentane	107-41-5	2	4.1	.92	Y			205			2	Fog, Foam, DC, CO2	387	1	1	1	2	11	TLV 25 ppm.
2,4-Dihydroxy-3,3-Dimethylbutyronitrile	10232-92-5	3	4.5	Liq							3	DC, CO2		3		1	3	9	K2.
1,8-Dihydroxyanthranol		3	7.8	Cry	N						3	DC, CO2		3		1	3		K2.
m-Dihydroxybenzene	108-46-3	3	3.8	1.3	Y	2876	PB	261	1.4-	1126	2 1	Fog, Alfo, DC, CO2	531	3	1	1	3	9	Melts @ 232°. TLV 10 ppm. RXW-nitric acid.
p-Dihydroxybenzene	123-31-9	3	3.8	Sol		2662	PB	329		960	3 1	Fog, DC, CO2	547	1	1	1	3	5	K24. Melts @ 338°. Keep dark.
o-Dihydroxybenzene	120-80-9	3	3.8	Cry	Y			261	1.4-	1126	3 1	Fog, Alfo, DC, CO2	475	3	1	1	3	3	TLV 5 ppm.
Dihydroxybenzol	108-46-3	3	3.8	1.3	Y	2876	PB	261	1.4-	1126	2 1	Fog, Alfo, DC, CO2	531	3	1	1	3	9	Melts @ 232°. TLV 10 ppm. RXW-nitric acid.
1,2-Dihydroxybutane	584-03-2	2	3.1	1.0	S			104			2 2	Fog, Alfo, DC, CO2	381	1	1	2	2		
Dihydroxybutanedioic Acid	526-84-1		5.2	Liq							2	DC, CO2		3		5	2	2	Storage hazard: Evolves CO2.
2,2-Dihydroxyethyl Ether	111-46-6	3	3.7	1.1	Y			255		435	2 1	Fog, Alfo, DC, CO2	475	3	17	1	3	3	K2. Explodes.
Dihydroxyethyl Nitramine Dinitrate			>1.	Sol			EX				4 4			6	17	5	4	2	Storage hazard: Evolves CO2.
Dihydroxymaleic Acid	526-84-1		5.2	Liq							2	DC, CO2		1		1	2		
Diiodacetylene	624-74-8	4	9.6	Cry	N		PB				3 4			3	17	3	4	8	Volatile. Unpleasant odor. Melts @ 172°. Explodes @ 183°.
Diiodamine			9.4	Var							3 4			6	17	5	2		K3. Explosive.
1,4-Diiodo-1,3-Butadiyne	53214-97-4		6.1	Var							3 4			6	17	4	2	9	Explodes @ 212°.
3,5-Diiodo-4-Hydroxybenzonitrile, Lithium Salt	2961-61-7	4	13.	Sol							3	DC, CO2		3		1	4		K2.
Diiodoacetylene	624-74-8	4	9.6	Cry	N		PB				3			3	17	3	4	8	Volatile. Unpleasant odor. Melts @ 172°. Explodes @ 183°.
Diiodoamine		4	9.4	Var							3 4			6	17	5	4	9	K3. Explosive.
Diiodoethyne	624-74-8	4	9.6	Cry	N		PB				3 4	DC, CO2		3	17	3	4	8	Volatile. Unpleasant odor. Melts @ 172°. Explodes @ 183°.
Diiodomethane	75-11-6	3	9.3	3.3	N						3	DC, CO2	357	1		1	2	11	Melts @ 41°. RVW alkali metals.
Diisoamylmercury	24423-68-5	3	11.	1.6							4	Alfo, CO2		3		1	3		K2.
Diisobutyl Aluminum Chloride	1779-25-5	2	6.2	.91							3 3	No Water, No Halon	221	2	2	2	2	2	Pyroforic.
Diisobutyl Aluminum Hydride	1191-15-7		4.9	.80	N						3 3			2	2	1	2	2	Pyroforic.
Diisobutyl Carbinol	108-82-7	2 2	5.0	.81	N			165	.8-6.1		2 2	Fog, Foam, DC, CO2	353	1	1	1	2	2	Floral odor.

(113)

Chemical Name	CAS	Tox L	Tox S	Vap Den.	Spec Grav.	Wat Sol.	DOT Number	DOT Cl	Flash Point	Flamma. Limit	Ign. Temp.	Disa. Atm	Disa. Fire	Extinguishing Information	Boil Point	F	R	E	S	H	Remarks
Diisobutylamine	110-96-3	3		4.5	.75	N	2361	FL	70			3	3	Fog, Alfo, DC, CO2	282	3	2	2	3	9	Amine odor.
Diisobutylene	25167-70-8	3	3	4.0	.72	N	2050	FL	20	.8-4.8	581	2	3	Fog, Foam, DC, CO2	214	2	2	3	3	11	
Diisobutylene Oxide	63919-00-6	3		4.5	Liq							3	3	DC, CO2		3		1	3	2	
Diisobutylhydroaluminum	1191-15-7			4.9	Liq							3	3	No Water, No Halon	221	2	2	2	2		Pyroforic.
Diisobutyryl Peroxide	3437-84-1			6.1	Liq	N	2182	OP				2	4	Keep Wet, Fog, Flood		6	17	3	4	9	Unstable if dry. Organic peroxide.
2,6-Diisocyanato-1-Methylbenzene	91-08-7	4		6.1	Liq							3		Foam, DC, CO2		3		1	2		TLV <1 ppm.
1,6-Diisocyanatohexane	822-06-0	3		5.9	Liq		2281	PB	185			3	2	Foam, DC, CO2		1	6	1	4	9	K2. RXW alcohol and base.
Diisocyanatomethane	4747-90-4	4		3.4	Liq							3		Foam, DC, CO2		3		1	2		K2. RXW dimethyl formamide.
2,6-Diisocyanatotoluene	91-08-7	4		6.1	Liq				260			3		Foam, DC, CO2	484	3		2	4	9	TLV <1 ppm.
2,4-Diisocyanatotoluene	584-84-9	4	3	6.0	1.2	N	2078	PB	260	.9-9.5		4	1	Fog, Foam, DC, CO2	484	3	13	2	4	3	K2. RW water → CO2. Pungent odor. TLV <1 ppm.
Diisobutyl Ketone	108-83-8	3	2	4.9	.81	N	1157	CL	120	.8-7.1	745	2	2	Fog, Foam, DC, CO2	335	3	1	1	3	11, 2	TLV 25 ppm.
Diisooctyl Acid Phosphate	27215-10-7	3	3	11.	Liq		1902	CO				4		Foam, DC, CO2		3		1	3	2	K2.
Diisooctyl Phosphate	27215-10-7	3	3	11.	Liq		1902	CO				4		Foam, DC, CO2		3		1	3	2	K2.
Diisopentylmercury	24423-68-5	3	3	11.	1.6							3		Alfo, DC, CO2		3		1	3	2	K2.
Diisopropyl	79-29-8	2	2	3.0	.66	N	2457	FL	-20	1.2-7.0	761	2	3	Fog, Foam, DC, CO2	136	3	2	2	3	11	
Diisopropyl Carbinol		2		4.0	.83	N			120			3		Foam, DC, CO2	284	1	1	2	1		
Diisopropyl Cyanamide				4.3	.85				179			4		Foam, DC, CO2		3		1	2		
Diisopropyl Dixanthogen		4	3	9.3	Sol	N						4	2	Foam, DC, CO2		3		1	4	2	K2.
N-N-Diisopropyl Ester Sulfuric Acid	2973-10-6			6.4	Liq							3		DC, CO2		3		1	3		Melts @ 126°.
Diisopropyl Ether	96-80-0	3	3	5.0	.87	N	2825	CO	175			3	2	Fog, Foam, DC, CO2	376	3	1	3	3	3	K2.
	108-20-3	3		3.5	.72	S	1159	FL	-18	1.4-7.9	830	2	3	Fog, Alfo, DC, CO2	153	3	2	3	3	11	K10. TLV 250 ppm. Volatile. Ether odor.
Diisopropyl Fluorophosphate	55-91-4	4		5.2	1.1							3		Foam, DC, CO2	115	3	8	1	4	12, 9	
Diisopropyl Hyponitrite	86886-16-0			5.1	Sol							3	4			6	17	5	2		Impact-sensitive. Explosive.
Diisopropyl Oxide	108-20-3	3	2	3.5	.72	S	1159	FL	-18	1.4-7.9	830	2	3	Fog, Alfo, DC, CO2	153	3	2	3	3	11	K10. TLV 250 ppm. Volatile. Ether odor.
Diisopropyl Perdicarbonate	105-64-6			4.1	Sol	N	2133					2	3	Keep Cool, Fog, Flood		2	16, 4	3	2	3	SADT: 23°. Organic peroxide.
Diisopropyl Peroxydicarbonate (<52%)	105-64-6	3		4.1	Liq	N	2134	OP				2	2	Keep Cool, Fog, Flood		2	16, 4	3	2	3	SADT: 32°.
Diisopropyl Peroxydicarbonate (Technical)	105-64-6			4.1	Sol	N	2133					2	5	Keep Cool, Fog, Flood		2	16, 4	3	2	3	SADT: 23°. Organic peroxide.
Diisopropyl Phosphofluoridate	55-91-4	4		5.2	1.1							3		Foam, DC, CO2	115	3	8	1	4	12, 9	K2, K12, K24.
Diisopropyl Sulfate	2973-10-6	3		6.4	Liq							3		DC, CO2		3		3	3		K2.
Diisopropylamine	108-18-9	3	3	3.5	.72	Y	1158	FL	19	1.1-7.1	600	3	3	Fog, Alfo, DC, CO2	183	2	2	3	3	3	Amine odor. TLV 5 ppm (skin). Volatile.
o-Diisopropylbenzene	577-55-9	2	2	5.5	.87	N			170		840	2	2	Fog, Foam, DC, CO2	401	1	1	1	2		
Diisopropylbenzene Hydroperoxide				>1.	Liq		2171	OP	175			3	3	Fog, Flood		3	23, 4	2	3		K2, K12.
Diisopropylberyllium	15721-33-2		3	3.3	Liq	N						3		No Water		5	10	1	3		
N-(2-(O, O-Diisopropyldithiophosphoryl)Ethyl)Benzenesulfonamide	741-58-2		3	14.	Sol	N						4		Foam, DC, CO2		3		1	1	12, 9	
Diisopropylethanolamine	96-80-0	3	3	5.0	.87	N	2825	CO	175			3	2	Fog, Foam, DC, CO2	376	3	1	1	3	3	K2.
Diisopropylmercury	1071-39-2	4		9.9	2.0	N						3	1	Alfo, DC, CO2	145	3		1	4		K2.
Diisopropylmethanol		2	2	4.0	.83	N			120			2	2	Foam, DC, CO2	284	1		1	2		
Diisopropylphenylhydroperoxide	26762-93-6			>1.	Liq		2171	OP	175			3	3	Fog, Flood		2	23, 4	2	2		Organic peroxide.

(114)

Chemical Name	CAS	Tox L	Tox S	Vap Den.	Spec Grav.	Wat Sol.	DOT Number	DOT Cl	Flash Point	Flamma. Limit	Ign. Temp.	Disa. Atm	Disa. Fire	Extinguishing Information	Boil Point	F	R	E	S	H	Remarks
Diisopropylthiocarbamic Acid-s-2,3,3-Trichloro-2-Propenyl Ester	2303-17-5	4		10.	Liq								4	Foam, DC, CO2		3		1	3	12	
Diisotridecylperoxydicarbonate (Technical)												2	3	Keep Cool, Fog, Flood		2	16, 4	3	2		SADT: 32°. Organic peroxide.
Diketene	674-82-8	3	3	2.9	1.1	Y	2521	FL	93				3	Fog, Foam, DC, CO2	229	2	12, 14	2	3	2	K9. Pungent Odor.
Dilauroyl Peroxide (<42% in Water)				>1.	Liq	N	2893	OP					3	Keep Wet, Fog, Flood		2	4	2	2		Organic peroxide.
Dilauroyl Peroxide (Technical Pure)				>1.	Pdr		2124	OP					3	Keep Cool, Fog, Flood		2	16, 4	2	2		SADT: 120°. Organic peroxide.
1,3-Dilithiobenzene	2592-85-0			3.1	Liq							3	4			6	17	5	2		Explosive.
Dilithium-1,1-Bis(Trimethylsilyl)Hydrazide	15114-92-8			6.6	Liq							3	3			2	2	2	2		K11. RXW nitric acid; fluorine; ozone. Pyrotoric.
Dimazine (Trade name)	57-14-7	3	3	1.9	.78	Y	1163	FL	0	2.9-95.0	480	4	3	Fog, Alfo, DC, CO2	145	2	2	4	3	3	TLV <1 ppm (skin). Ammonia odor. Rocket fuel & reducer.
Dimecron (Trade name)	13171-21-6	4		10.	Liq	Y		PB				4	0	Foam, DC, CO2		3		1	4	12, 5	K2. K12.
Dimefox	115-26-4	4		5.4	1.1	Y						4	0	Fog, Foam, DC, CO2	153	3		1	3	12	K2. Fishy odor. NCF.
Dimentyl-1-Carbomethoxy-1-Propenyl-2-Phosphate		4		7.7	1.3	S		PB				4	0	Fog, Foam, DC, CO2		3		1	4	12	K2. K12. NCF.
2-3-Dimercapto-1-Propanol	59-52-9			4.3	1.2	S						4	1	Fog, Foam, DC, CO2	284	3		1	3	3	K2. Pungent odor.
1-3-Dimercaptopropane	59-52-9			4.3	1.2	S						4	1	Fog, Foam, DC, CO2	284	3		1	3	3	K2. Pungent odor.
Dimercuric Ammonium Oxide	12529-66-7	4		>1.	Sol							3	4			6	17	5	4		K3. Explodes.
Dimercury Imide Oxide				>1.	Sol							3	4			6	17	5	4		K20. Explodes.
Dimetan (Common name)	122-15-6	4			Cry	S						3	4	Foam, DC, CO2		3		1	3	12	K2, K12. Melts @ 109°.
Dimethanesulfonyl Peroxide	1001-62-3			7.3	Cry							3	4			6	17	5	4		Melts & explodes @ 174°.
Dimethoate (Common name)	60-51-5	4		6.6	Sol	S						4	1	Fog, Foam, DC, CO2		3	2	1	4	12, 5	K12. Melts @ 124°.
Dimethoate Oxygen Analog	1113-02-6	3		7.4	1.3	Y						4	1	Fog, Foam, DC, CO2		3		1	3	12	K2, K12.
Dimethoate-ethyl	116-01-8	3		8.5	Sol							4	1	Fog, Foam, DC, CO2		3		1	3	12	K2. K12.
Dimethogen (Common name)	60-51-5	4		6.8	Sol	S						4	1	Fog, Alfo, DC, CO2		3		1	4	12, 5	K12. Melts @ 124°.
p,p'-Dimethoxydiphenyl Trichloroethane	109-87-5	2	2	2.6	.86	N	1234	FL	0		459	2	3	Fog, Alfo, DC, CO2	108	2	2	2	2	11	Pungent odor. TLV 1000 ppm.
1,1-Dimethoxyethane	534-15-6	2	2	13.	.85	Y	2377	FL	34			2	3	Fog, Alfo, DC, CO2		3		2	2	2	Melts @ 352°.
1,2-Dimethoxyethane	357-57-3	2	2	12.	.87	Y	2377	FL	34		395	2	3	Fog, Foam, DC, CO2	174	3		1	4	2	K12. Melts @ 172°.
Dimethoxyethane	72-43-5	3		8.5	Sol	Y	2252	FL	29		395	2	3	Fog, Alfo, DC, CO2	174	3		1	3	2	K3. Unpredictable explosive.
3-(Dimethoxyphosphinyloxy)-N-Methyl-N-Methoxy-cis-Crotonamide	29128-41-4			3.1	Var		2252	OM				3	4	Foam, DC, CO2		6	17	5	5	12	K12. Melts @ 172°.
3-(Dimethoxyphosphinyloxy)N-Methyl-cis-Crotonamide	25601-84-7	4		12.	Cry		2761	OM				4	2	Foam, Alfo, DC, CO2		3		1	4		K2, K12.
2,2-Dimethoxypropane	6923-22-4	4	4	7.8	Sol	Y	2783	PB	>200			4	2	Fog, Foam, DC, CO2	257	3	1	2	4	12, 5, 9	K2, K12, K24. Keep cool.
1,1-Dimethoxypropane	77-76-9			3.6	Liq				19			2	4	Fog, Foam, DC, CO2		2	16, 2	3	2		Can RXW heat >410°
3,3-Dimethoxypropene	4744-10-9			3.6	Liq				50			2	3	Fog, Foam, DC, CO2		2	2	2	2		K10.
2,5-Dimethoxytetrahydrofuran	6044-68-4			4.6	Liq				66			2	3	Fog, Foam, DC, CO2		2	2	2	2		
	696-50-4								<50			2	3	Fog, Foam, DC, CO2	95	2	2	2	2		NOTE: Boiling point.
1-4-Dimethybenzene	106-42-3	2	2	3.7	Sol	N	1307	FL	77	1.1-7.0	984	2	3	Fog, Foam, DC, CO2	280	2		1	2	11	TLV 100 ppm. Melts @ 55°
Dimethyl	74-84-0	1	1	1.	Gas	Y	1035	FG		3.0-12.5	959	2	4	DC, CO2, Stop Gas	-127	4	2	2	2	1	Odorless gas. RVW chlorine.
N-N-Dimethyl Acetamide	127-19-5	3	3	3.0	.95	Y			158	1.8-11.5	914	3	2	Fog, Alfo, DC, CO2	329	3	1	1	3	5	TLV 10 ppm. RW halocarbons.

(115)

Chemical Name	CAS	Tox L	Tox S	Vap Den.	Spec Grav.	Wat Sol.	DOT Number	DOT Cl	Flash Point	Flamma. Limit	Ign. Temp.	Disa. Atm	Disa. Fire	Extinguishing Information	Boil Point	F	R	E	S	H	Remarks
Dimethyl Analog of Parathion	298-00-0	4		9.2	Cry	S	2783	PB						Foam, DC, CO2		3	11	1	4	12	K2, K12. NCF. Melts @ 100°.
N-N-Dimethyl Aniline	121-69-7	3	3	4.2	.96	S	2253	PB	145	1.0-	700	4	2	Fog, Alfo, DC, CO2	379	3	1	1	3	2	ULC: 25. TLV 5 ppm (skin). Amine odor.
Dimethyl Aniline	121-69-7	3		4.2	.96	S	2253	PB	145	1.0-	700	4	2	Fog, Alfo, DC, CO2	379	3	1	1	3	2	ULC: 25. TLV 5 ppm (skin). Amine odor.
Dimethyl Anthranilate	85-91-6	1		>1.	1.1				195							1	1	1	2		K2. Grape odor.
α,α-Dimethyl Benzyl Hydroperoxide	80-15-9	3		5.2	1.1	S	2116	OP	175			3	2	Fog, Foam, DC, CO2	307	6	16, 4, 23	3	3	2	Can explode @ 300°.
2-3-Dimethyl Butane	79-29-8	2	2	3.0	.66	N	2457	FL	-20	1.2-7.0	761	2	3	Fog, Foam, DC, CO2	136	2	2	2	2	11	
Dimethyl Butane	79-29-8	2	2	3.0	.66	N	2457	FL	-20	1.2-7.0	761	2	3	Fog, Foam, DC, CO2	136	2	2	2	2	11	
2-2-Dimethyl Butane	75-83-2	2	2	3.0	.65	N	1208	FL	-54	1.2-7.0	761	2	3	Fog, Foam, DC, CO2	122	3	2	3	2	11	Volatile.
1-3-Dimethyl Butanol	105-30-6	3		3.5	.80	Y	2053	FL	114			2	2	Fog, Alfo, DC, CO2		3	2	1	2	13, 2	
1-3-Dimethyl Butylamine	108-09-8	2		3.5	.75	N	2379	FL	55			3	3	Fog, Foam, DC, CO2	223	3	2	2	3		K2.
Dimethyl Carbamoyl Chloride	79-44-7	3		3.7	1.7		2262	CO				4		Foam, DC, CO2	329	3	8	1	3	3	K2.
N-N-Dimethyl Carbamyl Chloride	79-44-7	3		3.7	1.7		2262	CO				4		Foam, DC, CO2	329	3	8	1	3	3	K2.
Dimethyl Carbamyl Chloride	79-44-7	3		3.7	1.7		2262	CO				4		Foam, DC, CO2	329	3	8	1	3	3	K2.
Dimethyl Carbinol	67-63-0	2	2	2.1	.79	Y	1219	FL	53	2.0-12.0	750	2	3	Fog, Alfo, DC, CO2	180	3	2	2	2	11, 9	K10. ULC: 70 TLV 400 ppm.
Dimethyl Chlorothiophosphate	2524-03-0	4	4	5.6	1.3	N	2922	CO				4	2	Foam, DC, CO2		3	2	1	4	3	K2, K24.
1,2-Dimethyl Cyanamide	1467-79-4	3	4	2.6	.88	Y			160			4	2	Foam, DC, CO2	320	3	7, 1	2	4	9	K5, K6. Mobile liquid.
Dimethyl Decalin				3.9	.77	N	2263	FL	62	7.5-3	579	2	3	Fog, Foam, DC, CO2	260	2	1	1	2		
Dimethyl Dithiophosphate	583-57-3	3	2	5.6	1.0				184		455			Fog, Foam, DC, CO2	455	3		1	3		
O,O-Dimethyl Dithiophosphorylacetic Acid-N-Methyl-N-Formylamide	2540-82-1	4	4	>1.	Pdr							4	0	Foam, DC, CO2		3		1	4	9	K12. NCF.
		4	4	9.0	Sol	N						4		Foam, DC, CO2		3		1	4	9, 12	K2, K12.
Dimethyl Ether	115-10-6	3	2	1.6	Gas	Y	1033	FG	-42	3.4-27.0	662	2	4	Stop Gas, Fog, DC, CO2	-11	2	2	4	3	13	K10. Ether odor.
Dimethyl Ethyl Carbinol	75-85-4	3	3	3.0	.81	S	1105	FL	67	1.2-9.0	819	3	3	Fog, Alfo, DC, CO2	215	2	1	2	3	11	
Dimethyl Fluorophosphate	5954-50-7	4	4	4.5	1.3	N						3		Foam, DC, CO2	300	3		1	4		K2.
N,N-Dimethyl Formamide	68-12-2	2	3	2.5	.95	Y	2265	CL	136	2.2-15.2	833	3	2	Fog, Alfo, DC, CO2	307	3	21	1	2	5	No Halons. TLV 10 ppm. Ammonia odor.
Dimethyl Formamide	68-12-2	2		2.5	.95	Y	2265	CL	136	2.2-15.2	833	3	2	Fog, Alfo, DC, CO2	307	3	21	1	2	5	No Halons. TLV 10 ppm. Ammonia odor.
N-N-Dimethyl Formamide	68-12-2	2		2.5	.95	Y	2265	CL	136	2.2-15.2	833	3	2	Fog, Alfo, DC, CO2	307	3	21	1	2	5	No Halons. TLV 10 ppm. Ammonia odor.
Dimethyl Formocarbothialdine	533-74-4	3		5.6	Cry	N						4		Foam, DC, CO2		3	6	1	3	2	Melts @ 217°.
Dimethyl Fumarate	624-49-7			5.0	Sol	N						4		Foam, DC, CO2		3		1	3		
2,5-Dimethyl Furan (ALSO: Furane)	28802-49-5	3		3.3	.89	N			45			2	3	Fog, Foam, DC, CO2	201	2	2	2	2	2	
Dimethyl Hyponitrile	625-86-5	3		3.3	.90	N			61			2	3	Fog, Foam, DC, CO2	200	2	2	1	2		
Dimethyl Ketone	67-64-1	3	2	2.0	.80	Y	1090	FL	-4	2.6-12.8	869	3	3	Fog, Alfo, DC, CO2	133	6	3, 11	5	2	11	K3. Unpredictable explosive. Mint Odor. TLV 750 ppm
Dimethyl Magnesium	2999-74-8			1.9	Sol		1368	FS				3	3	Foam, Foam, DC, CO2		2	10	2	2		Pyroforic.
Dimethyl Maleate	624-48-6	3		5.0	1.2	N			235				1	No Water	393	5	1	1	3	2	
Dimethyl Malonate	108-59-8	2		4.6	Liq	N			194			2	1	Fog, Foam, DC, CO2	356	1	2	1	2	2	
Dimethyl Manganese	33212-68-9			3.0	Var								4			6	17	5	2		Unstable explosive. Pyroforic.

(116)

Chemical Name	CAS	Tox L	Tox S	Vap Den.	Spec Grav.	Wat Sol.	DOT Number	DOT Cl	Flash Point	Flamma. Limit	Ign. Temp.	Disa. Atm	Disa. Fire	Extinguishing Information	Boil Point	F	R	E	S	H	Remarks
Dimethyl Methane (Propane)	74-98-6	2		1.6	Gas	N	1978	FG	-44	2.1-9.5	842	2	4	Stop Gas, Fog, DC, CO2	-44	2	2	4	2	1	
2,6-Dimethyl Morpholine	141-91-3	2	3	4.0	.93	Y			112			3	2	Fog, Alfo, DC, CO2	296	3	1	1	3	2	K2.
Dimethyl Oxazolidine	5120-87-4	2	3	3.5	Liq							3		DC, CO2		3	1	1	3		K2.
Dimethyl Parathion	298-00-0	4	4	9.2	Cry	S	2783	PB				4	0	Foam, ⬤DC, CO2		3	11	1	4	12	K2, K12. NCF. Melts @ 100°.
2-3-Dimethyl Pentaldehyde		2	2	3.9	.83	S			94			3	3	Fog, Alfo, DC, CO2	293	3	1	2	2		K2.
Dimethyl Peroxide	690-02-8			2.2	Liq							2	4			6	17	5	2		Extremely shock-sensitive. Explosive.
Dimethyl Phosphite				>1.	1.2	Y			205			4	1	Fog, Alfo, DC, CO2	162	1	1	1	2		K2.
O,S-Dimethyl Phosphoroamidothioate	10265-92-6	4	4	4.8	Cry	S						3				3	1	1	4	12	K2, K12, K24. Melts @ 104°.
Dimethyl Phosphorochloridothioate	2524-03-0	4	4	5.6	1.3	N	2922	CO				4	1	Foam, DC, CO2		3	1	1	3		K2, K24.
O,O-Dimethyl Phosphorodithioate of Diethyl Mercaptosuccinate		3	3	11.	1.2	S	2783	PB	325			4	1	Fog, Alfo, DC, CO2	313	3	1	1	3	5, 9, 12	K2, K12.
o-Dimethyl Phthalate	131-11-3	1		6.7	1.2	N			295	9-	915	3	1	Foam, DC, CO2	540	1	1	1	2		An inhibitor.
Dimethyl Phthalate	131-11-3	1		6.7	1.2	N			295	9-	915	3	1	Foam, DC, CO2	540	1	1	1	2		An inhibitor.
2,2-Dimethyl Propane	463-82-1	1	1	2.5	.59	N	2044	FG	<20	1.4-7.5	842	2	4	Stop Gas, Fog, DC, CO2	49	2	2	4	2		K2.
O,O-Dimethyl S-(4-Oxobenzotriazino-3-Methyl)Phosphorodithioate		4	4	11.	Cry	S	2783	PB				4	0	Foam, DC, CO2		3	1	1	4	12	K2, K12. NCF.
Dimethyl Selenate	6918-51-0			6.0	Var							3	4			6	17	3	2		Explodes @ 302°.
Dimethyl Selenide	593-79-3	3		3.7	1.4							4	1	Foam, DC, CO2	136	3	6, 11, 20	1	3		K2.
(Dimethyl Silylmethyl)Trimethyl Lead				11.	Sol							3	4			6	17	3	2		Explodes @ 200°.
Dimethyl Sulfate	77-78-1	4	4	4.3	1.3	N	1595	PB	182		370	3	2	Fog, Foam, DC, CO2	370	3	1	4	4	5, 4	K24. TLV 1 ppm. Onion odor.
Dimethyl Sulfide	75-18-3	4	3	2.1	.85	N	1164	FL	-29	2.2-19.7	403	3	3	Fog, Foam, DC, CO2	99	2	2	3	3	2	K1, K24. Volatile, foul odor.
2,4-Dimethyl Sulfolane	1003-78-7			5.2	Sol				290			3	1	Fog, Foam, DC, CO2	536	3	1	1	3	9	K2.
Dimethyl Sulfoxide	67-68-5	2	2	2.7	Sol	Y			203	2.6-42.0	419	3	2	Fog, Alfo, DC, CO2	372	3	2, 21	1	3	5, 2	K2. Melts @ 65°.
S-(2-(Ethylthio)Ethyl)-O,O-Dimethyl Thiophosphate	919-86-8	3	3	8.0	Liq							3	4	Fog, Foam, DC, CO2		3	1	1	3	12	K2, K12.
Dimethyl Thiophosphoryl Chloride		4	4	>1.	Sol		2267	CO				4	0	Foam, DC, CO2		3	1	1	4	12, 9	K2, K12, K24. NCF.
Dimethyl(2,2,2-Trichloro-1-Hydroxy Ethyl) Phosphonate	52-68-6	4	3	8.9	Cry	Y	2783	OM				4	0	Foam, DC, CO2		3	17	5	2		Keep wet. Explodes @ 268°. Extremely shock-sensitive.
3,3-Dimethyl-1(3-Quinolyl)Triazene	70324-23-1			5.0	Var							3	4			6	17	5	2		Explosive.
3,6-Dimethyl-1,2,4,5-Tetraoxane				4.2	Var							2	4			6					
2,2-Dimethyl-1,3-Benzodioxol-4-ol Methylcarbamate	22781-23-3	3		7.8	Sol	S						3		Foam, DC, CO2		3	1	1	3	5, 12	K12. Melts @ 262°.
2,3-Dimethyl-1,3-Butadiene	513-81-5			2.9	Liq			FL	30			2	3	DC, CO2		1	1	1	2		K10.
2,2-Dimethyl-1,3-Dioxolan	2916-31-6	3		3.6	Liq							2	3	Foam, DC, CO2		2	2	2	2		
2,4-Dimethyl-1,3-Dithiolane-2-Carboxaldehyde O-(Methyl Carbamoyl)Oxime	26419-73-8			8.2	Var			FL				2	4	Foam, DC, CO2		3	1	2	4	9, 12	K2, K12.
2,6-Dimethyl-1,4-Dioxane	10138-17-7	3	2	4.1	Liq				75			2	2	Fog, DC, CO2	133	2	2	1	3	3	
3,5-Dimethyl-1-(Trichloromethylmercapto)pyrazole	25724-50-9	4	4	8.6	Var							4	4	Foam, DC, CO2		3	1	1	4		K2.
2-3-Dimethyl-1-Butene		2	2	2.9	.69				-4		680	2	3	Fog, Foam, DC, CO2		2	2	2	2		

(117)

Chemical Name	CAS	Tox L	Tox S	Vap Den.	Spec Grav.	Wat Sol.	DOT Number	Cl	Flash Point	Flamma. Limit	Ign. Temp.	Disa Atm	Disa Fire	Extinguishing Information	Boil Point	F	R	E	S	H	Remarks
3-5-Dimethyl-1-Hexyn-3-ol				4.4	.85	S	2157		135				2	Fog, Foam, DC, CO2	302	1	1	1	2		
O,O-Dimethyl-1-Hydroxy-2,2,2-Trichloroethyl Phosphonate		4	4	8.9	Cry	Y		PB				4	0	Alfo, DC, CO2		3		1	4	12	K2, K12. NCF.
2,2-Dimethyl-1-Propanol		3		3.0	.81	S	1105	FL	67	1.2-9.0	819	2	3	Fog, Alfo, DC, CO2	215	3	1	2	3	11	
Dimethyl-1-Propynylthallium				9.6	Var							3	4			6	17	5	2		K3. Explodes.
4'-(3,3-Dimethyl-1-Triazeno)Acetanilide	1933-50-2	3		7.2	Liq							3	3	Foam, DC, CO2		3		1	3		K2.
1,4-Dimethyl-2,3-7-Trioxabicyclo[2.2.1]Hept-5-ene				4.5	Var							2	4			6	17	5	2		Very unstable. Explosive.
2,5-Dimethyl-2,5-Di-(2-Ethylhexanoylperoxy) Hexane: Technical Pure				>1.	Liq	N	2157	OP					3	Keep cool, Fog, Flood		2	16, 3, 4 23	3	2		SADT: 77°. Organic peroxide.
2,5-Dimethyl-2,5-Di(tert-Butyl Peroxy)Hexyne-3				9.8	Liq	N	2158	OP					3	Fog, Flood		2	3, 4	2	2		Organic peroxide.
2,5-Dimethyl-2,5-Di-(3,5,5-Trimethylhexanoylperoxy)Hexane (<77%)				>1.	Liq		3060	OP					3	Fog, Flood		2	3, 4, 23	2	2		Organic peroxide.
2,5-Dimethyl-2,5-Di-(Benzoyl Peroxy)Hexane				1.0	Sol	N	2959						3	Fog, Flood		2	23, 4	2	2		Organic peroxide.
2,5-Dimethyl-2,5-Di-(Benzoyl Peroxy)Hexane				1.0	Sol	N	2173						3	Fog, Flood		2	23, 4	2	2		Organic peroxide.
2,5-Dimethyl-2,5-Di-(Benzoyl Peroxy)Hexane				1.0	Sol	N	2172						3	Fog, Flood		2	23, 4	2	2		Organic peroxide.
2,5-Dimethyl-2,5-Di-(Isononanoyl-Peroxy)Hexane (<77%)				>1.	Liq		3060	OP					3	Fog, Flood		2	3, 4, 23	2	2		Organic peroxide.
2,5-Dimethyl-2,5-Di-(tert-Butyl Peroxy)Hexane	78-63-7			10.	.85	N	2156		160				3	Fog, Flood	482	2	3, 4	2	2		Organic peroxide.
2,5-Dimethyl-2,5-Di-(tert-Butyl Peroxy)Hexane	78-63-7			10.	.85	N	2155		160				3	Fog, Flood	482	2	3, 4	2	2		Organic peroxide.
2,6-Dimethyl-2,5-Heptadien-4-One	504-20-1	2	2	4.8	Sol	N			185			2	2	Fog, Foam, DC, CO2	210	1	1	1	2		Melts @ 82°.
O,O-Dimethyl-2-(2 Ethylthioethyl)Phosphorodithioate		4	4	8.5	1.2	Y						3	4	Alfo, DC, CO2		3		1	4	12	K2, K12.
2,5-Dimethyl-2,5-Dihydroperoxyhexane	75-97-8			>1.	Sol	N	2174	OP					3	Fog, Flood		2	23, 3, 4	2	2		Organic peroxide.
3,3-Dimethyl-2-Butanone		2	2	3.5	Liq				54			2	3	Fog, Foam, DC, CO2		2	2	2	2		
2-3-Dimethyl-2-Butene				2.9	.70				-20		753	2	3	Fog, Foam, DC, CO2	163	2	2	2	2		
2,2-Dimethyl-3-Butanone				3.5	Liq				54			2	3	Fog, Foam, DC, CO2		2	2	2	2		
2,4-Dimethyl-3-Ethylpentane		2	2	4.4	.74						734	2	3	Fog, Foam, DC, CO2	279	2	1	2	2		
2-3-Dimethyl-3-Ethylpentane	16747-33-4	2	2	4.4	.75				47		734	2	3	Fog, Foam, DC, CO2		2	2	2	2		
Dimethyl-3-Methyl-4-Nitrophenylphosphorothionate	122-14-5	4		9.7	1.3	N							4	Foam, DC, CO2		3		1	4	12	K2, K12.
5,5-Dimethyl-3-Oxo-1-Cyclohexen-1-yl-Dimethyl Carbamate		4		7.3	Cry	S							4	Foam, DC, CO2		3		1	4	12	K2, K12.
2,4-Dimethyl-3-Pentanol	565-80-0	2	2	4.0	.83	N			120			3	2	Fog, Foam, DC, CO2	284	1	1	1	2		
2,4-Dimethyl-3-Pentanone				3.8	Liq				138			3	2	Fog, Foam, DC, CO2		1	1	1	2		
1,1-Dimethyl-4,4'-Dipyridinium Dichloride	1910-42-5	4	3	14.	Liq	Y							3	Foam, DC, CO2		3		1	2	9, 4	K2, K12, K24.
3,4-Dimethyl-4-(3,4-Dimethyl-5-Isoxazolyazo)-Isoxazolin-5-One	4100-38-3			8.3	Sol							3	4			6	17	5	2		Explodes with fast heat >212°.
2-6-Dimethyl-4-Heptanone	108-83-8	3	2	4.9	.81	N	1157	CL	120	.8-7.1	745	2	2	Fog, Foam, DC, CO2	335	3	1	1	3	11, 2	TLV 25 ppm.
3,5-Dimethyl-4-Methylthiophenyl-N-Methylcarbamate	2032-65-7	3		7.9	Pdr	S	2757	OM				3	4	Foam, DC, CO2		3		1	3	12	K2, K12, K24. Melts @ 246°.

(118)

Chemical Name	CAS	Tox L	Tox S	Vap. Den.	Spec. Grav.	Wat. Sol.	DOT Number	Flash Point Cl	Flamma. Limit	Ign. Temp.	Disa. Atm	Disa. Fire	Extinguishing Information	Boil Point	F	R	E	S	H	Remarks
Dimethyl-5-(1-Isopropyl-3-Methylpyrazolyl)Carbamate	119-38-0		4	7.4	Liq						3		Foam, DC, CO2		3		1	4	12	K2, K12.
N,N-Dimethyl-a-Methylbenzylamine	2449-49-2	3	3	5.2	Liq						3		Foam, DC, CO2		3		1	3	2	K2.
Dimethyl-Bis(β-Chloroethyl) Ammonium Chloride	63977-49-1	3	3	7.2	Var						4		CO2, DC		3		1	3		K2.
2,6-Dimethyl-m-Dioxan-4-yl-Acetate		3	3	6.0	1.1	Y					3	1	Fog, Alfo, DC, CO2		3		1	3		K2. Can burn.
N,N-Dimethyl-N-(((Methylamino)carbonyl)oxy)phenylmethanimidamide Monohydrochloride	23342-53-9	3	3	9.0	Cry	Y					4		Foam, DC, CO2		3		1	3	9, 12	K2, K12, K24. Melts @ 392°.
N,N'-Dimethyl-N,N'-Dinitrosooxamide	7601-87-8			6.1	Cry						4	4			6	17, 3	5	2	9	K3. Explosive.
N,N-Dimethyl-N,N-Dinitro Oxamide	14760-99-7			7.2	Cry			EX			4	4			6	17	5	2		K3. Explodes.
N'-N'-Dimethyl-N-((Methylcarbamoyl)oxy)-1-Methylthiooxamimidic Acid	23135-22-0	4	3	7.7	Sol	S							Foam, DC, CO2		3		1	4	12	K2, K12, K24. Melts @ 212°.
3,3-Dimethyl-n-But-2-Yl Methylphosphonofluoridate	96-64-0	4		6.4	Liq						4		DC, CO2		3		4	4	6, 8, 12	Nerve gas.
N,N-Dimethyl-n-Dodecyl(2-Hydroxy-3-Chloropropyl)Ammonium Chloride	41892-01-7	4	4	12.	Sol						4		Foam, DC, CO2		3		1	4		K2.
N,N-Dimethyl-n-Dodecyl(3-Hydroxypropenyl)Ammonium Chloride	38094-02-9	4	4	14.	Sol						4		Foam, DC, CO2		3		1	4		K2.
Dimethyl-N-Propylamine		3	4	>1.	Liq		2266	FL			3	3	Fog, Alfo, DC, CO2		2	2	2	3		K2. Flammable.
O,O-Dimethyl-O,2,2-Dichlorovinyl Phosphate (Technical)	62-73-7	4	4	7.6	1.4	S	2783	PB	175		4	2	Foam, DC, CO2	248	3	6	1	4	12	K2, K12.
O,O-Dimethyl-O-(2,4,5-Trichlorophenyl)Phosphorothioate		4	3	11.	Pdr						4		Foam, DC, CO2		3		1	4	12, 9	K2, K12.
O,O-Dimethyl-O-(2,5-Dichloro-4-Iodophenyl)Thiophosphate		4	4	14.	Pdr						4		Foam, DC, CO2		1		3	4	12	K2, K12. NCF.
O,O-Dimethyl-O-(2-N-Methylcarbamoyl-1-Methyl-Vinyl) Phosphate	6923-22-4	4	4	7.8	Sol	Y	2783	PB	>200		4	2	Fog, Alfo, DC, CO2	257	3	1	2	4	12, 5, 9	K2, K12, K24. Keep cool.
O,O-Dimethyl-O-(3,5,6-Trichloro-2-Pyridyl)Phosphorothioate	5598-13-0	3	4	11.	Cry	S	2783	OM			4	0	Foam, Foam, DC, CO2		3		1	3	12, 5	K2, K12. Melts @ 108°. NCF.
O,O-Dimethyl-O-(3-Chloro-4-Nitrophenyl Thiophosphate)		4	4	10.	Liq			PB			4	0	Fog, Foam, DC, CO2		3		1	4	5, 12	K2, K12. NCF.
O,O-Dimethyl-O-(4-(Methyl Thio)m-Tolyl) Phosphorothioate		3	3	9.6	1.3	N					4	0	Foam, DC, CO2		3		1	3	12	K12. NCF.
O,O-Dimethyl-O-Nitrophenyl Thiophosphate	298-00-0	4	4	9.2	Cry	S	2783	PB			4	0	Foam, DC, CO2		3	11	1	4	12	K2, K12. NCF. Melts @ 100°.
O,O-Dimethyl-O-p-(Dimethyl Sulfamoyl) Phenyl Phosphorothioate		4	4	>1.	Pdr	S					4		Foam, DC, CO2		3		1	4	12	K2, K12.
O,O-Dimethyl-ol-2-(1,2-Dibromo-2,2-Dichloroethyl)Phosphate	300-76-5	4	3	13.	Cry	N	2783	PB			4	0	Foam, DC, CO2		3		1	4	12, 9	K2, K12. Melts @ 81°. NCF.
N-N-Dimethyl-p-Nitrosoaniline	138-89-6	3	3	5.2	Sol	N	1369	FS			3	2	Fog, Foam, DC, CO2		3	1	1	3	9	K2.
Dimethyl-p-Nitrosoaniline	138-89-6	3	3	5.2	Sol	N	1369	FS			3	2	Fog, Foam, DC, CO2		3	1	1	3	9	K2.
N,N-Dimethyl-p-Phenylenediamine	99-98-9	4	4	4.7	Cry	Y					3		Foam, Alfo, DC, CO2	504	3		1	4		K24. Melts @ 127°.
O,O-Dimethyl-S-(2-Acetylamino)Ethyl) Dithiophosphate	13265-60-6	4	4	8.5	Liq						4		Foam, DC, CO2		3		1	4	12	K2, K12.
O,O-Dimethyl-S-(5-Methoxy-1,3,4-Thiadiazolinyl-3-Methyl) Dithiophosphate	950-37-8	3	4	10.	Cry	N					4		Foam, DC, CO2		3		1	4	9, 12	K12, K24. Melts @ 102°.

(119)

Chemical Name	CAS	Tox L S	Vap Den.	Spec Grav.	Wat Sol.	DOT Number Cl	Flash Point	Fiamma. Limit	Ign. Temp.	Disa. Atm Fire	Extinguishing Information	Boil Point	F	R	E	S	H	Remarks
O,O-Dimethyl-S-(Ethylsulfinyl-(2-Isopropyl))Phosphorothioate	2674-91-1	3	9.1	1.3						4	Foam, DC, CO2		3		1	3	9	K2, K12.
O,O-Dimethyl-s-(Morpholinocarbonylmethyl)Phosphorodithioate		4 4	>1.	Sol						4 0	Foam, DC, CO2		3		1	4	12	K2, K12. NCF.
O,O-Dimethyl-S-(N-Methylcarbamoyl Methyl)Phosphorothioate	1113-02-6	3	7.4	1.3	Y					4	Fog, Foam, DC, CO2		3		1	3	12	K2, K12.
O,O-Dimethyl-S-2-(Isopropylthio)Ethylphosphorodithioate		4	9.1	Sol						4	Foam, DC, CO2		3		1	4	12	K2, K12.
Dimethylacetal	534-15-6	2 2	3.1	.85	Y	2377 FL	34			2 3	Fog, Alto, DC, CO2		2	2	2	2		
Dimethylacetal Aldehyde	534-15-6	2 2	3.1	.85	Y	2377 FL	34			2 3	Fog, Alto, DC, CO2		2	2	2	2		
Dimethylacetamide	127-19-5	3	3.0	.95	Y		158	1.8-11.5	914	3 2	Fog, Alto, DC, CO2	329	3	1	3	2	5	TLV 10 ppm. RW halocarbons.
Dimethylacetylene	503-17-3		1.9	.69	N	1144 FL	<-4	1.4-		3	Fog, Foam, DC, CO2	81	3	2	3	2	1	Note Boiling Point.
O,S-Dimethylacetylphosphoroamidothioate	30560-19-1	3	6.4	Liq						4	Fog, Foam, DC, CO2		3		1	3	12	K2, K12.
Dimethylallyl			>1.	.75			56			3	Fog, Foam, DC, CO2		3	2	2	2		Hydrocarbon odor.
Dimethylaluminum Chloride	1184-58-3		3.2	Liq						3	CO2, No Water		5	10	2	2		K2, K11. Pyroforic.
Dimethylaluminum Hydride	865-37-2		2.0	Liq						3	CO2, No Water		5	10	2	2		K11. Pyroforic.
4-(Dimethylamine)-3,5-XYLYL-N-Methylcarbamate	315-18-4	3	7.8	Cry		2757 PB				3	Foam, DC, CO2		3		1	3	12	K12. Melts @ 185°.
Dimethylamine, Anhydrous	124-40-3	3	1.5	Gas	Y	1032 FG		2.8-14.4	752	3 3	Stop Gas, Fog, DC, CO2	45	2	2	4	3	3	TLV 10 ppm. Ammonia odor.
Dimethylamine, Aqueous (Solution)	2032-59-9	2	1.5	>.7	Y	1160 FL	0	2.8-14.4	752	3 3	Fog, Alto, DC, CO2		2	2	2	2	2	Ammonia odor.
4-Dimethylamine-m-Cresyl Methylcarbamate	24689-88-3		7.3	Cry	S					3	Fog, Foam, DC, CO2		3		2	4	12	K12. Melts @ 199°.
(Dimethylamino)Acetylene		3	2.4	Liq		2378 FL				4	No Water		5	10	3	2		K2.
(Dimethylamino)Benzene	121-69-7	3	4.2	.96	S	2253 PB	145	1.0-	700	4 2	Fog, Alto, DC, CO2	379	3	1	1	3	2	ULC: 25. TLV 5 ppm (skin). Amine odor.
1-(2-(Dimethylamino) Ethyl)-4-Methylpiperazine	104-19-8	4	6.0	Liq						3	Fog, Alto, DC, CO2		3		1	4	2	K2.
4-Dimethylamino-6-(2 Dimethylaminoethoxy)Toluene-2-Diazonium Zinc Chloride			>1.	Sol		3039 OP				4 3	Keep Cool		2	16, 4, 23	3	2		Low SADT. Organic peroxide.
3-Dimethylamino-N,N-Dimethylpropionamide	17268-47-2		5.0	Liq						3 3	Foam, DC, CO2		3	2	1	3	3	K2.
2-Dimethylamino-N-Methylethylamine	142-25-6		3.6	Liq			57			3 3	Foam, DC, CO2		2	2	2	2	2	K2.
Dimethylaminoacetonitrile	926-64-7	3	2.9	Liq		2378 FL				4 3	Fog, Foam, DC, CO2		2	2	2	4	12	K5.
5(4-Dimethylaminobenzeneazo)- Tetrazole	53004-03-8		7.6	Sol		2262 CO				3 4	Foam, DC, CO2		6	17	5	2		K3. Explodes @ 311°.
Dimethylaminocarbonyl Chloride	79-44-7	3	3.7	1.7						4	Foam, DC, CO2	329	3	8	1	3	3	K2.
Dimethylaminodiborane	232373-02-1	4	2.6	Liq						3	Foam, Alto, DC, CO2		3	2	2	4		K2, K11. Pyroforic.
β-Dimethylaminoethanol	108-01-0	3	3.0	.89	Y	2051 CL	105		563	3 2	Fog, Alto, DC, CO2	272	3	2	1	3	2	Amine odor.
2-Dimethylaminoethanol	108-01-0	3	3.0	.89	Y	2051 CL	105		563	3 2	Fog, Alto, DC, CO2	272	3	2	1	3	2	Amine odor.
Dimethylaminoethanol	108-01-0	3	3.0	.89	Y	2051 CL	105		563	3 2	Fog, Alto, DC, CO2	272	3	2	1	3	2	Amine odor.
2-(2-(Dimethylamino)ethoxy) Ethanol	1704-62-7		4.7	Liq			165			3	Foam, DC, CO2		3		1	3		K2.
β-Dimethylaminoethyl Methacrylate	2867-47-2	3	5.4	.93	Y	2522 PB	165			3 2	Fog, Alto, DC, CO2	207	3	2	1	3	3	K2.
2-Dimethylaminoethyl Methacrylate	2867-47-2	3	5.4	.93	Y	2522 PB	165			3 2	Fog, Alto, DC, CO2	207	3	2	1	3	3	K2.
Dimethylaminoethyl Methacrylate	2867-47-2	3	5.4	.93	Y	2522 PB	165			3 2	Fog, Alto, DC, CO2	207	3	2	1	3	3	K2.
2-Dimethylaminoethylamine	108-00-9		3.1	Liq			52			3 3	Foam, DC, CO2		2	2	2	2	2	K2.

(120)

Chemical Name	CAS	Tox L	Vap Den.	Spec Grav.	Wat Sol	DOT Number	Cl	Flash Point	Flamma. Limit	Ign. Temp.	Disa. Atm Fire	Extinguishing Information	Boil Point	F	R	E	S	H	Remarks
1,1-Dimethylaminopropanol-2	108-16-7		2	3.5	.85	Y			90			3 3	Fog, Foam, DC, CO2	252	2	2	2	2	2	K2.
β-Dimethylaminopropionitrile	1738-25-6	3	3	3.3	.86				<72			4 2	Fog, Foam, DC, CO2	338	2	1	2	3		K5.
3-Dimethylaminopropionitrile	1738-25-6	3	3	3.3	.86				<72			4 2	Fog, Foam, DC, CO2	338	2	1	2	3		K5.
Dimethylaminopropionitrile	1738-25-6	3	3	3.3	.86				<72			4 2	Fog, Foam, DC, CO2	338	2	1	2	3		K5.
3-Dimethylaminopropylamine	109-55-7	3	2	3.5	.81	Y			100			3 2	Fog, Alfo, DC, CO2	253	2	1	2	3	2	K2.
Dimethylammonium Perchlorate	14488-49-4			5.1		Cry						3 3			6	17	5	5		K3. Explosive.
Dimethylaniline (o-)	1300-73-8	4	4	4.2	.98	N	1711	PB	206			3 1	Fog, Foam, DC, CO2	435	3	2	2	4	5, 9	K2. TLV 2 ppm (skin)
Dimethylantimony Chloride	18380-68-2			6.5		Liq						3 3	Foam, DC, CO2		2	2	1	4		K2.
Dimethylarsenic Acid	75-60-5	3	3	3.6	1.2	Y	1572	PB			104	4 3	Fog, Alfo	97	3		1	3	9	K12. Can RW some metals.
Dimethylarsine	593-57-7	4		3.6	1.2							4 3	Fog, Alfo	97	3	2	2	4		K2, K11, K21. Pyrotoric.
Dimethylarsinic Acid	75-60-5	3	3	4.8		Cry	1572	PB				4 3	Fog, Alfo	97	3		1	3	9	K12. Can RW some metals.
Dimethylazoformate	2446-84-6			5.1		Var						4 4			6	17	5	5		Shock-sensitive. Explosive.
p-Dimethylbenzene	106-42-3	2	2	3.7	.86	N	1307	FL	77	1.1-7.0	984	2 3	Fog, Foam, DC, CO2	280	2	1	2	2	11	TLV 100 ppm. Melts @ 55°.
m-Dimethylbenzene	1330-20-7	2	2	3.7	.86	N	1307	FL	81	1.1-7.0	982	2 3	Fog, Foam, DC, CO2	281	2	1	2	2	2	TLV 100 ppm.
1-3-Dimethylbenzene	1330-20-7	2	2	3.7	.86	N	1307	FL	81	1.1-7.0	982	2 3	Fog, Foam, DC, CO2	281	2	1	2	2	2	TLV 100 ppm.
o-Dimethylbenzene	95-47-6	2	2	3.7	.88	N	1307	FL	63	1.0-6.0	867	2 3	Fog, Foam, DC, CO2	291	2	2	2	2	2	TLV 100 ppm.
1-2-Dimethylbenzene	95-47-6	2	2	3.7	.88	N	1307	FL	63	1.0-6.0	867	2 3	Fog, Foam, DC, CO2	291	2	2	2	2	2	TLV 100 ppm.
4,6-Dimethylbenzenediazonium-2-Carboxylate				6.2		Sol						3 4			6	17	5	5		K3. Explosive.
3,5-Dimethylbenzenediazonium-2-Carboxylate	68596-88-3			6.2		Sol						3 4			6	17	5	2		Explodes @ melting point.
α-α-Dimethylbenzyl Hydroperoxide	80-15-9	3	3	5.2	1.1	S	2116	OP	175			2 4		307	6	16, 4, 23	3	3	2	Can explode @ 300°.
N,N-Dimethylbenzylamine	103-83-3	3	3	4.7	.89	Y	2619	CO				3 2	Fog, Alfo, DC, CO2		3	2	2	3	9	K2. Combustible.
Dimethylberyllium		4		1.3		Sol						4 2	Foam, DC, No Water, No CO2		5	10, 1	2	4		K2. Sublimes @ 392°.
Dimethylberyllium-1,2-Dimethoxyethane		3		4.5		Liq						4 3	CO2		2	2	2	3		K2, K11. Pyrotoric.
Dimethylbismuth Chloride				9.6		Sol						4 3	Foam, DC, CO2		1	2	1	2		Pyrotoric w/mild heat.
1-3-Dimethylbutyl Acetate		2	2	5.0	.90	S			113			2 2	Fog, Alfo, DC, CO2	284	2	1	2	2	2	K2.
Di-2-Dimethylbutyryl Peroxide	1607-30-3			7.1		Var						2 4			6	17	5	2		Unstable @ room temperature. Explodes.
Dimethylcadmium	506-82-1	4	4	4.9	2.0							3 4			6	16	4	4		K10 - Very sensitive. Foul odor. Explodes @ 300°.
1-Dimethylcarbamoyl-5-Methyl-3-Pyrazolyl Dimethylcarbamate	644-64-4	3		8.4		Sol						3	Foam, DC, CO2		3		1	3	12, 9	K2, K12. Melts @ 131°.
Dimethylcarbonate	616-38-6	3	2	3.1	1.1	N	1161	FL	66			2 3	Fog, Foam, DC, CO2	192	2	2	2	2		Pleasant odor.
Dimethylchloroacetal		2	2	4.3	1.1				110		450	4 2	Fog, Foam, DC, CO2	259	1	1	1	2	2	Pleasant odor.
Dimethylchloromethylethoxysilane	13508-53-7	2	2	4.3	1.1				110		450	3 2	Fog, Foam, DC, CO2	259	1	1	1	2	2	Pleasant odor.
Dimethylcyanoarsine	683-45-4	3		5.0		Liq						3	DC, CO2		3		1	3		K2.
N,N-Dimethylcyclohexanamine	98-94-2	3	4	4.4	.85	S	2264	CO				3 3	Alfo, DC, CO2		3	2	2	4	9	K5, K11. Pyrotoric.
trans-1,4-Dimethylcyclohexane			2	3.9	.80	N	2263	FL	61		580	2 3	Fog, Foam, DC, CO2	246	2	1	2	2	3	K2. Combustible.
trans-1,2-Dimethylcyclohexane	589-90-2	2	2	3.9	.80	N	2263	FL	42		580	2 3	Fog, Foam, DC, CO2	246	2	2	2	2		
1,4-Dimethylcyclohexane	589-90-2	2	2	3.9	.80	N	2263	FL	52		579	2 3	Fog, Foam, DC, CO2	248	2	2	2	2		
m-Dimethylcyclohexane	591-21-9	2	2	3.9	.80	N	2263	FL	43		583	2 3	Fog, Foam, DC, CO2	256	2	2	2	2		

(121)

Chemical Name	CAS	Tox L	Tox S	Vap Den	Spec Grav	Wat Sol	DOT Number	DOT Cl	Flash Point	Flamma Limit	Ign. Temp	Disa Atm	Disa Fire	Extinguishing Information	Boil Point	F	R	E	S	H	Remarks
1,3-Dimethylcyclohexane	591-21-9		3	3.9	.80	N	2263	FL	43		583	2	3	Fog, Foam, DC, CO2	256	2	2	2	2		
2,3-Dimethylcyclohexyl Amine	98-94-2	3	4	4.4	.85	S	2264	CO				2	3	Alfo, DC, CO2		3	1	4	2	3	K2. Combustible.
1,1-Dimethyldiazenium Perchlorate	53534-20-6			5.6	Cry							2		Stop Gas		6	17	4	2		Impact-sensitive.
1,1-Dimethyldiborane	16924-32-6			2.0	Gas			FG					4	Stop Gas	27	3		4	2		
Dimethyldichlorosilane	75-78-5	3	3	4.4	1.1		1162	FL	16	3.4-9.5		3	3	DC, CO2, No Water	158	5	10	2	3		K2.
Dimethyldichlorovinyl Phosphate	62-73-7	4	4	7.6	1.4	S	2783	PB	175			4	2	Foam, DC, CO2	248	3	6	1	4	12	K2, K12.
Dimethyldiethoxysilane	78-62-6			5.1	.83		2380	FL	<73			2	3	Fog, Foam, DC, CO2	235	2	1	2	2		K2.
5,5-Dimethyldihydroresorcinol Dimethyl Carbamate	122-15-6	4		7.3	Cry	S							3	Foam, DC, CO2		3		1	3	12	K2, K12. Melts @ 109°.
Dimethyldioxane	25136-55-4	2	3	4.0	.93	S	2707	FL	75			2	3	Fog, Alfo, DC, CO2	243	2	2	2	2	2	
Dimethyldisulfide	624-92-0	4		3.2	1.1		2381	FL	45			4	3	Fog, Foam, DC, CO2	230	2	2	2	4		K2.
(O,O-Dimethyldithiophosphorylphenyl)Acetic Acid Ethyl Ester	2597-03-7		3		Sol				329			4	1	Foam, DC, CO2		3		1	3	9, 12	K12. Melts @ 63°.
Dimethylene Methane		4	3	1.8	Gas		2200	FG		2.1-		3	4	Stop Gas, Fog, DC, CO2		2		4	4	, 4	K2.
Dimethylene Oxide	75-21-8	3		1.5	Gas	Y	1040	FG	-4	3.0-100.0	804	2	4	Stop Gas, Fog, DC, CO2	51	2	21, 13	4	4	4, 3	ULC: 100 TLV <1 ppm. Rocket fuel.
Dimethyleneimine	151-56-4	4		1.5	.83	Y	1185	FL	12	3.6-46.0	608	4	2	Fog, Alfo, DC, CO2	131	2	21, 14	3	4	, 3	K9. Ammonia odor. TLV <1 ppm.
N,N-Dimethylethanolamine	108-01-0	3		3.0	.89	Y	2051	CL	105		563	3	2	Fog, Alfo, DC, CO2	272	3	2	2	3	2	Amine odor.
2-Dimethylethanolamine	108-01-0	3		3.0	.89	Y	2051	CL	105		563	3	2	Fog, Alfo, DC, CO2	272	3	2	2	3	2	Amine odor.
Dimethylethanolamine	108-01-0	3		3.0	.89	Y	2051	CL	105		563	3	2	Fog, Alfo, DC, CO2	272	3	2	1	3	2	Amine odor.
α,α-Dimethylethyl Nitrite	544-16-1	3	2	3.5	.91		2351	FL	10			4	3	Fog, Foam, DC, CO2	167	2	1	2	3		K2.
2'(1,1-Dimethylethyl)-4,6-Dinitrophenol	1420-07-1		4	8.4	Sol	N						3		Foam, DC, CO2		3		1	4	9	K12. Melts @ 257°.
Dimethylethyne		2	1	1.9	Gas	N		FG		1.7-9.0	617	2	4	Stop Gas, DC, CO2	38	2	1	4	2	1	Aromatic odor.
Dimethylene Glycol (sym-)	513-85-9	2	2	3.1	1.0	Y			185		756	2	3	Alfo, DC, CO2	363	1	1	2	2		
Dimethylfluoroarsine	420-23-5			4.3	Liq							3	3	CO2		2	2	2	1		K8, K11. Pyrotoric.
6,6-Dimethylfulvene	2175-91-9			3.7	Liq							2		Foam, DC, CO2		2		1	2		K10, K22.
Dimethylgold Selenocyanate	42494-76-1			11.	Var							3	4			6	17	5	4		K5. Shock-sensitive explosive.
4,4-Dimethylheptane	1069-19-5	2	1	4.4	.72				70			2	3	Fog, Foam, DC, CO2	275	2	2	2	2	11	
3,5-Dimethylheptane	926-82-9	2	1	4.4	.72				74			2	3	Fog, Foam, DC, CO2	277	2	2	2	2	11	
2,5-Dimethylheptane		2	1	4.4	.72				75			2	3	Fog, Foam, DC, CO2	277	2	2	2	2	11	
3,3-Dimethylheptane		2	1	4.4	.72				73			2	3	Fog, Foam, DC, CO2	279	2	2	2	2	11	
2,6-Dimethylheptanol-4	108-82-7			5.0	.81	N			165	.8-6.1		2	3	Fog, Foam, DC, CO2	353	1	1	1	2		Floral odor.
2,6-Dimethylheptene-3 (cis- and trans-)	2738-18-3	2	1	4.4	.72			FL	60			2	3	Fog, Foam, DC, CO2	264	2	2	2	2	11	
2,4-Dimethylhexadiene-1,5				>1.	.75	N			56				3	Fog, Foam, DC, CO2	228	2	2	2	2	11	Hydrocarbon odor.
2,4-Dimethylhexane	589-43-5	2	2	3.9	.71	N			50			2	3	Fog, Foam, DC, CO2		2	2	2	2	11	
2,3-Dimethylhexane	584-94-1	2	1	4.1	.72	N			42		820	2	3	Fog, Foam, DC, CO2	237	2	2	2	2	11	
Dimethylhexane Dihydroperoxide	3025-88-5			6.1	Cry	S	2174	OP				2	3	Fog, Flood		2	23, 3	2	3		Melts @ 219°. Organic peroxide.
2,5-Dimethylhexane-2,5-Dihydroperoxide	3025-88-5			6.1	Cry	S	2174	OP				2	3	Fog, Flood		2	23, 3	2	3		Melts @ 219°. Organic peroxide.
Dimethylhexynol				4.4	.85	Y	1163	FL	135			2	2	Fog, Alfo, DC, CO2	302	1	1	1	2		
1,1-Dimethylhydrazine	57-14-7	3	3	1.9	.78	Y	1163	FL	0	2.9-95.0	480	4	3	Fog, Alfo, DC, CO2	145	2	2	4	3	3	TLV <1 ppm (skin). Ammonia odor. Rocket fuel & reducer.
1,2-Dimethylhydrazine	540-73-8	3	3	1.9	.78	Y	2382	FL	5	2.0-95.0	480	3	3	Fog, Alfo, DC, CO2	145	2	2	2	3	9	Fishy odor. Rocket fuel.
Dimethylhydrazine (unsymmetrical)	57-14-7	3	3	1.9	.78	Y	1163	FL	0	2.9-95.0	480	4	3	Fog, Alfo, DC, CO2	145	2	2	4	3	3	TLV <1 ppm (skin). Ammonia odor. Rocket fuel & reducer.

(122)

Chemical Name	CAS	Tox L	Tox S	Vap Den.	Spec Grav.	Wat Sol.	DOT Number	DOT Cl	Flash Point	Flamma. Limit	Ign. Temp.	Disa Atm	Disa Fire	Extinguishing Information	Boil Point	F	R	E	S	H	Remarks
Dimethylhydrazine(symmetrical)	540-73-8	3	3	1.9	.78	Y	2382	FL	5	2.0-95.0	480	3	3	Fog, Alfo, DC, CO2	145	2	2	2	3	9	Fishy odor. Rocket fuel.
Dimethylhydrogenphosphite	868-85-9		3	3.8	Liq							3		Foam, DC, CO2		3	2	1	3	2	K2.
Dimethyliodoarsine				8.1	Var							3		CO2	257	2	2	2	2		Pyroforic when heated.
Dimethylisopropanolamine (N,N-)		2	2	3.6	.86	Y			95			3	2	Fog, Alfo, DC, CO2	257	2	1	2	2		
Dimethylketene	598-26-5			2.4	Liq							2				6	17	3	2		(K10: Peroxide unstable)
O,O-Dimethylmethyl Carbamoyl Methyl Phosphorodithioate	60-51-5	4	4	6.8	Sol	S						4	1	Fog, Foam, DC, CO2		3	1	1	4	12, 5	K12. Melts @ 124°.
Dimethylnitrosamine	62-75-9	3		2.6	1.0	Y						3		Foam, DC, CO2	306	3	1	3	3	9	K24. Carcinogen.
1,2-Dimethylnitrosohydrazine												3	4			3	16	3	2		K3.
3-4-Dimethyloctane		2	2	4.9	.75				<131		437	2	2	Fog, Foam, DC, CO2	324	1	1	1	2		
2-3-Dimethyloctane		2	2	4.9	.75				<131		437	2	2	Fog, Foam, DC, CO2	327	1	1	1	2		
2,4-Dimethylpentane		2	2	3.5	.70	N		FL	10			2	2	Fog, Foam, DC, CO2	177	2	2	2	2	11	
2,3-Dimethylpentane		2	2	3.4	.69	N		FL	21	1.1-6.7	635	2	3	Fog, Foam, DC, CO2	194	2	2	2	2	11	
S,S-Dimethylpentasulfur Hexanitride	71901-54-7			9.6	Sol							2	4			6	17	5	2		Explosive.
Dimethylperoxycarbonate	15411-45-7			5.2	Liq							2	4			6	17	1	2		Explodes @ 131°.
Dimethylphenylethynylthallium	10158-43-7			12.	Sol								4			6	17	5	2		Shock & heat sensitive. Explosive.
Dimethylphenylphosphine	672-66-2			5.2	Liq							2	4			6	17	5	2		Explodes @ 131°.
Dimethylphosphate Ester with 3-Hydroxy-N,N-Dimethyl-cis-Crotonamide	141-66-2	4	4	8.2	1.2	Y	2783		>200			4	1	Fog, Alfo, DC, CO2	752	3	1	4	4	3, 5, 12	K12, K2, K24.
Dimethylphosphine	676-59-5	4	4	2.1	<1.							4	3	Foam, DC, CO2		2	2	2	2		K2, K11. Pyrotoric.
Dimethylphosphoramidocyanidic Acid, Ethyl Ester	77-81-6	4	4	5.6	1.4	Y		PB	172			4	2	Foam, Foam, DC, CO2	464	3	1	4	4	12, 5, 8	H6. Nerve Gas.
N,N-Dimethylpiperazine		2	2	3.9	.86				176			2	2	Fog, Foam, DC, CO2	268	1	1	1	2		
1-4-Dimethylpiperazine		3	3	3.9	.86				176			3	3	Fog, Foam, DC, CO2	268	1	1	1	3	2	
2-5-Dimethylpiperazine (-trans-)	106-55-8	2	2	3.9	.9				210			2	1	Fog, Foam, DC, CO2		3	1	1	3	2	
2-5-Dimethylpiperazine (cis-)		2	3	3.9	.92				154			3	3	Fog, Foam, DC, CO2	329	3	1	1	3	2	
Dimethylpropane	463-82-1	1	1	2.5	.59		2044	FG	<20	1.4-7.5	842	2	4	Stop Gas, Fog, DC, CO2	49	2	2	4	2		
2,2-Dimethylpropanoyl Chloride	3282-30-2	3	3	4.2	Liq		2438	CO				3	3	Foam, DC, CO2		3	2	2	4	3	K2, K16.
2,2-Dimethylpropionyl Chloride	3282-30-2	3	3	4.2	Liq		2438	CO				3	3	Foam, DC, CO2		3	2	2	4	3	K2, K16.
2,5-Dimethylpyrazine	123-32-0			3.7	.99	Y			147			3	2	Fog, Alfo, DC, CO2	311	3	1	1	3		K2.
3,4-Dimethylpyridine	583-58-4	3	4	3.7	Liq							3	3	Foam, DC, CO2	327	3	1	1	4	2	
3,5-Dimethyltetrahydro-1,3,5,2,H-Thiadiazine-2-Thione	136-78-7	3	3	10.	Sol	S	1370	FS				4	0	Fog, Foam, DC, CO2		3	2	1	3	2	K12. NCF. Melts @ 338°.
Dimethylthallium Fulminate				9.7	Sol								4			6	17	5	5		Explosive.
Dimethyltin Dinitrate	40237-34-1			9.5	Var							3	4			6	17	5	4		Explodes.
1,3-Dimethyltriazine	3585-32-8			2.6	Liq							3	4			6	17	1	4		Explodes w/flame.
2,2-Dimethyltrimethylene Acrylate	2223-82-7			7.4	Liq							2	3	Foam, DC, CO2		3	1	1	4	2	K2.
Dimethyltrimethylsilylphosphine	26464-99-3			4.7	Liq							2	2	CO2, No Water		5	9	2	2		K2, K11. Pyrotoric.
α-(2,2-Dimethylvinyl)α-Ethynyl-p-Cresol	63141-79-7	4		6.5	Var									Foam, DC, CO2		3	1	1	3		
Dimethylzinc	544-97-8	4		3.3	Sol							3	3	DC, CO2, No Water		5	10	2	4	2	K12. RXW oxygen. Pyrotoric.
Dimethylthallium-N-Methylacetohydroxamate				9.7	Sol								4			6	17	5	4		Can explode <320°. Explosive.
Dimetilan (Common name)	644-64-4	3	3	8.4	Sol								3	Foam, DC, CO2		3	1	1	3	12, 9	K2, K12. Melts @ 131°.
Dimite (Trade name)				9.2	Pdr	N						3	3	Fog, Foam, DC, CO2		3	1	1	3	9	K12. Melts @ 158°.

(123)

Chemical Name	CAS	Tox L	Tox S	Vap Den	Spec Grav.	Wat Sol	DOT Number	DOT Cl	Flash Point	Flamma. Limit	Ign. Temp.	Disa. Atm	Disa. Fire	Extinguishing Information	Boil Point	F	R	E	S	H	Remarks
Dimyristyl Peroxydicarbonate (22% in water)				>1.	Liq	N	2892	OP				3		Keep Cool, Fog, Flood		2	16, 3, 4	3	2		SADT: 77°. Organic peroxide.
Dimyristyl Peroxydicarbonate (Technical)				>1.	Sol	N	2595	OP				3		Keep Cool, Fog, Flood		2	16, 3, 4	3	2		SADT: 77°. Organic peroxide.
Dinitramine (Common name)	29091-05-2		3	11.	Pdr	N								DC, CO2		3		3	3	2	K12.
1,4-Dinitro-1,1,4,4-Tetramethylolbutanetetranitrate				>1.	Var							3	4			6	17	5	2		
5,7-Dinitro-1,2,3-Benzoxadiazole	87-31-0			7.3	Cry		0074	EX				3	4	Keep Wet		6	17	5	2		K3. Explodes @ 356°.
N,N'-Dinitro-1,2-Diaminoethane	505-71-5			5.2	Liq							3	4			6	17	5	2		K3. Explodes @ 396°.
2,4-Dinitro-1,3,5-Trimethylbenzene				>1.	Var							3	4			6	17	5	2		
2,4-Dinitro-1-Fluorobenzene	70-34-8	4		6.5	Cry							4	2	Foam, DC, CO2	279	3		1	4	3	Melts @ 79°.
2,4-Dinitro-1-Naphthol	605-69-6	3		8.1	Sol							4	2	Fog, Flood		3		1	2		
4-6-Dinitro-2-Aminophenol	96-91-3			6.9	Var	N			410			3	4	Keep Wet		6	17, 3	3	2		An explosive when dry. Melts @ 334°.
5,6-Dinitro-2-Dimethylaminopyrimidinone				8.0	Sol							3	4			6	17	4	2		Melts @ 374°. and explodes.
3,5-Dinitro-2-Methylbenzene Diazonium-4-Oxide				7.8	Sol							3	4			6	17	5	2		Shock-sensitive explosive.
1,3-Dinitro-4,5-Dinitrosobenzene				>1.	Var							3	4			6	17	5	2		
2,6-Dinitro-4-Perchlorylphenol				9.3	Sol							3	4			6	17	5	2		Shock sensitive explosive.
1,3-Dinitro-5,5-Dimethylhydantoin	2312-76-7			>1.	Var							3	4			6	17	5	2		
2,4-Dinitro-6-Cyclohexyl Phenol	131-89-5		3	8.6	Cry		9026	OM				3	2	Fog, Foam, DC, CO2		3	1	1	3	9	K12.
Dinitro-7,8-Dimethylglycoluril (Dry)				>1.	Cry							3	4			6	17	5	3		
2,6-Dinitro-N,N-Dipropyl-4-(Trifluoromethyl)Benzenamine	1582-09-8		3	11.	Cry	N						3		Foam, DC, CO2		3		1	3	5	K2, K12. Melts @ 120°.
N,N'-Dinitro-N-Methyl-1,2-Diaminoethane	10308-90-4			5.7	Var							3	4			6	17	1	3	2	Decomposes violently @ 410°.
4,6-Dinitro-o-Cresol	534-52-1	4	4	6.8	Sol	N	1598	PB				3	0	Fog, Foam, DC, CO2		3	1	1	4	5	K12, K24. Melt @ 187°. NCF.
Dinitro-o-Cresol	534-52-1			6.8	Sol	N	1598	PB				3	0	Fog, Foam, DC, CO2		3		1	4	5	K12, K24. Melt @ 187°. NCF.
4,6-Dinitro-o-Cresol Sodium Salt				7.7	Sol							3	4	Fog, Foam, DC, CO2		3	1	1	4	9	K12. Orange dye.
4,6-Dinitro-o-sec-Butyl Phenol	88-85-7	4		7.7	Cry							4	0			3		1	4	3	K12 K24.
2,6-Dinitro-p-Cresol	609-93-8			6.8	Sol							3	4	Fog, Foam, DC, CO2		3		1	3	2	K2. NCF.
2,4-Dinitroaniline	97-02-9	3	3	6.3	Cry	N	1596	PB	435			4	1	Fog, Foam, DC, CO2		3	1	1	3	9	K2. Melts @ 370°.
Dinitroaniline	97-02-9	3	3	6.3	Cry	N	1596	PB	435			4	4	Fog, Foam, DC, CO2		3	1	1	3	9	K2. Melts @ 370°.
p-Dinitrobenzene	100-25-4	4		5.8	Cry	N	1597	PB				4	3	Fog, Foam, DC, CO2	570	2	16	3	4	9	RXW nitric acid. TLV <1 ppm (skin). Melts @ 343°.
o-Dinitrobenzene	528-29-0		3	5.8	Sol	N	1597	PB	302			4	4	Fog, Foam, DC, CO2	606	6	17	4	4	9	K3. Melts @ 244°. TLV <1 ppm (skin). Explodes.
m-Dinitrobenzene (1,3-) (2,4-)	99-65-0	4	4	5.8	Sol	N	1597	PB				4	3	Fog, Fog, Flood	574	2	16	3	4	9	RXW nitric acid. Melts @ 192°. TLV <1 ppm (skin).
Dinitrobenzene Solution	25154-54-5	4	4	5.8	Liq	N	1597	PB				4	3	Fog, Flood		2	16	3	4	9	Potential explosive if dry.
2,4-Dinitrobenzene Sulfenyl Chloride	528-76-7	4	4	8.1	Cry							4	4			6	17	3	5		K3. Explosive.
4,6-Dinitrobenzenediazonium-2-Oxide				7.3	Sol							3	4			6	17	5	5	2	Sensitive explosive.
4,6-Dinitrobenzofurazan-N-Oxide	5128-28-9			7.9	Sol							3	4			6	17	5	2		Sensitive explosive.
1,3-Dinitrobenzol	99-65-0		4	5.8	Cry	N	1597	PB	302			4	3	Fog, Foam, DC, CO2	574	2	16	3	4	9	RXW nitric acid. Melts @ 192°. TLV <1 ppm (skin).
o-Dinitrobenzol	528-29-0		3	5.8	Sol	N	1577	PB	382			4	4	Fog, Foam, DC, CO2	606	6	17	4	4	9	K3. Melts @ 244°. TLV <1 ppm (skin). Explodes.
Dinitrochlorbenzol	25567-67-3	3	4	7.0	Cry	N	1577	PB	382	2.0-22.0		4	4	Fog, Foam, DC, CO2	599	3	16	4	4		Unstable >300°.

(124)

Chemical Name	CAS	Tox L S	Vap Den.	Spec Grav.	Wat Sol.	DOT Number Cl	Flash Point	Flamma. Limit	Ign. Temp.	Disa. Atm Fire	Extinguishing Information	Boil Point	F	R	E	S	H	Remarks
Dinitrochlorobenzene (2,4-)	25567-67-3	3 4	7.0	Cry	N	1577 PB	382	2.0-22.0		4 4	Fog, Foam, DC, CO2	599	3	16	3	4		Unstable >300°.
Dinitrochlorohydrin		4	5.8	1.5						4 4			6	17	5	2		Explodes.
Dinitrocyclohexylphenol	131-89-5	3	8.6	Cry		9026 OM				3 2	Fog, Foam, DC, CO2		3	1	1	3	9	K12.
Dinitrodiazomethane	25240-93-1		4.6	Var						3 4			6	17	5	2		K3. Explosive.
1,2-Dinitroethane (ALSO: 1,1-)			>1.							3 3			6	17	5	2		
2,7-Dinitrofluorene	5405-53-8		9.0	Sol						3 4			6	17	5	2		Explodes > 306°. Shock-sensitive explosive.
Dinitrogen Tetroxide	10102-44-0	4 4		Gas	Y	1067 PA				4 0	Fog, Flood	6	3	4, 23, 3	3	4	2, 3, 4	H16. K16, K24. TLV 3 ppm. Corrodes steel. NCF.
Dinitrogen Trioxide	10544-73-7	4 4	2.6	1.5		2421 PB				4 4	Fog, Flood	38	2	23, 3, 4	5	4	3	High Oxidizer.
Dinitroglycol	628-96-6	3 3	5.3	1.5	S					4 4			6	17	5	3	5	K3. TLV <1 ppm. Explodes @ 237°.
Dinitroglycoluril			>1.	Var						3 4			6	17	5	2		
Dinitromethane			>1.	Var						3 4			6	17	5	2		
1,5-Dinitronaphthalene	605-71-0		7.5	Cry						4 3	Foam, DC, CO2		2	16	2	2	9	RXW sulfuric acid @ 248°.
3,5-Dinitrophenol		4	6.3	Cry	S	0076 EX				4 4	Keep Wet		6	17	5	4	9	K3. Explosive
3,4-Dinitrophenol		4	6.3	Cry	S	0076 EX				4 4	Keep Wet		6	17	5	4	9	K3. Explosive
2,6-Dinitrophenol		4	6.3	Cry	S	0076 EX				4 4	Keep Wet		6	17	5	4	9	K3. Explosive
2,5-Dinitrophenol		4	6.3	Cry	S	0076 EX				4 4	Keep Wet		6	17	5	4	9	K3. Explosive
2,4-Dinitrophenol		4	6.3	Cry	S	0076 EX				4 4	Keep Wet		6	17	5	4	9	K3. Explosive
2,3-Dinitrophenol		4	6.3	Cry	S	0076 EX				4 4	Keep Wet		6	17	5	4	9	K3. Explosive
Dinitrophenol	25550-58-7	4	6.3	Cry	S	0076 EX				4 4	Keep Wet		6	17	5	4	9	K2.
Dinitrophenol (Wet with >15% water)		4	6.3	Liq	S	1320 FS				4 3	Keep Wet		2	2, 16	4	2	9	K2.
Dinitrophenol Solutions (In water or flammable liquid)		4	6.3	Liq	S	1599 PB				4 3	Keep Wet		3	1	3	4	9	K2.
Dinitrophenolate (>15% water)			6.3	Liq	S	1321 FS				4 3	Keep Wet		3	2, 16	3	4		K2.
2,4-Dinitrophenylacetyl Chloride			8.6	Sol						3 4			6	17	4	2		Can explode when heated.
Dinitrophenylamine		3	6.3	Cry	N	1596 PB	435			4 1	Fog, Foam, DC, CO2		3	1	1	3	9	K2. Melts @ 370°.
2,4-Dinitrophenylhydrazine	119-26-6		6.8	Pdr	S					4 4	Keep Wet		6	17	5	2	2	K3. Melts @ 392°. Explosive.
Dinitropropylene Glycol			>1.	Var						3 4			6	17	5	2		
2,4-Dinitroresorcinol	35860-51-6	3 3	6.8	Cry	Y	0078 EX				3 4	Keep Wet		6	17	4	3	2	Explosive if dry.
Dinitroresorcinol	35860-51-6	3 3	6.8	Cry	Y	0078 EX				3 4	Keep Wet		6	17	5	2	2	Explosive if dry.
3,4-Dinitroresorcinol (Salts, dry)			>1.	Var						3 4			6	17	5	2		
Dinitroresorcinol (Wet with >15% water)	35860-51-6	3 3	6.8	Liq	Y	1322 FS				3 4	Keep Wet		2	16	4	3		Explosive if dry.
3,5-Dinitrosalicylic Acid (Salt dry)			>1.	Pdr						3 3	Fog		2	2	3	2		Burns fast or deflagrates.
Dinitroso-Dimethyl Terephthalamide			6.4	Pdr		2973 FS				3 4			6	17	5	2		
Dinitrosobenzylamidine (and Salts, dry)			>1.	Var						3 3	Fog		2	2	3	2		Burns fast or deflagrates.
Dinitrosopentamethylene Tetramine	101-25-7		6.5	Cry		2972 FS				3 4			6	17	5	2		
2,2-Dinitrosostilbene			>1.	Var						3 3			6	17	5	5		
3,5-Dinitrotoluene	121-14-2	3	6.8	Sol	N	2038 PB	404		570	3 3	Fog, DC, CO2		3	1	2	3	9	K2. Keep cool. No soda ash. Melts @ 158°.
2,4-Dinitrotoluene	121-14-2	3	6.8	Sol	N	2038 PB	404		570	3 3	Fog, Foam, DC, CO2		3	1	2	3	9	K2. Keep cool. No soda ash. Melts @ 158°.
Dinitrotoluene (2,3-) (2,5-) (2,6-) (3,4-)	25321-14-6	3	6.3	Sol	N	1600 PB				3 1	Fog, Foam, DC, CO2		3	1	1	2	9	K2.
Dinitrotoluene (Liquid)		3	6.3	Liq	N					3 3	Fog, DC, CO2		3	1	2	3	9	K2. Keep cool. No soda ash.

(125)

Chemical Name	CAS	Tox L S	Vap Den.	Spec Grav	Wat Sol	DOT Number Cl	Flash Point	Flamma. Limit	Ign. Temp.	Disa. Atm Fire	Extinguishing Information	Boil Point	F	R	E	S	H	Remarks
Dinitrotoluene (Solid)	121-14-2	3 3	6.3	Sol	N	2038 PB	404		570	3 3	Fog, DC, CO2		3	1	2	3	9	K2. Keep cool. No soda ash. Melts @ 158°.
2,4-Dinitrotoluol	121-14-2	3 3	6.3	Sol	N	2038 PB	404		570	3 3	Fog, DC, CO2		3	1	2	3	9	K2. Keep cool. No soda ash. Melts @ 158°.
Dinobuton (Common name)	973-21-7	3 3	>1.	Sol	N					3	Fog, Foam, DC, CO2		3		1	3	9	K12. Melts @ 135°.
Dinobuton (Common name)	973-21-7	3 3	11.	Sol	N					3	Fog, Foam, DC, CO2		3		1	3	9	K12.
Dinofen (Trade name)	973-21-7	3 3	11.	Sol	N					3	Fog, Foam, DC, CO2		3		1	3		K12.
Dinol	87-31-0		7.3	Cry		0074 EX				3 4	Keep Wet		6	17	5	2		K3. Explodes @ 356°.
Dinoseb (Trade name)	88-85-7	4 4	7.7	Cry						4 1	Foam, Foam, DC, CO2		3		1	4	9	K12. Melts @ 97°.
Dinoseb (Common name)			7.7	Cry						4 0			3		1		3	K12. K24.
Dinoterb (Salts) (Common name)	1420-07-1		8.4	Sol	N					3	Foam, DC, CO2		3	1	1	3	9	K12. Melts @ 257°.
Dioctylamine	1120-48-5	3 3	8.3	.81			270			3 1	Fog, Alto, DC, CO2	537	3		1	3		Slight ammonia odor.
Dioxacarb (Common name)	6988-21-2	3 3	7.8	Cry	S					3	Foam, DC, CO2		3		1	2	12	K12. Melts @ 237°.
m-Dioxan	505-22-6		3.1	Liq			34	2.0-22.0		2 3	Fog, Foam, DC, CO2		2	1	2	2	5	K10.
1,3-Dioxane	505-22-6		3.1	Liq			34	2.0-22.2		2 3	Fog, Foam, DC, CO2		2	1	2	2	5	K10.
1,4-Dioxane	123-91-1	3 3	3.0	1.0	Y	1165 FL	54	2.0-22.2	356	2 3	Fog, Alto, DC, CO2	214	2	2	2	3	5	K10. TLV 25 ppm (skin). Melts @ 54°. Pleasant odor.
Dioxane	123-91-1	3 3	3.0	1.0	Y	1165 FL	54	2.0-22.2	356	2 3	Fog, Alto, DC, CO2	214	2	2	2	3	5	K10. TLV 25 ppm (skin). Melts @ 54°. Pleasant odor.
p-Dioxane	123-91-1	3 3	3.0	1.0	Y	1165 FL	54	2.0-22.2	356	2 3	Fog, Alto, DC, CO2	214	2	2	2	3	5	K10. TLV 25 ppm (skin). Melts @ 54°. Pleasant odor.
m-Dioxane-4,4-Dimethyl	766-15-4	3 3	4.1	Liq						2	Foam, DC, CO2		3		1	3		K2, K12. NCF.
2,3-p-Dioxanedithion-S-S-Bis-(O-O-Diethyl Phosphorodithioate)	78-34-2	4 4	16.	Sol	N					4	Foam, DC, CO2		3		1	4	12	
Dioxathion	78-34-2	4	16.	Sol	N					4 0	Foam, DC, CO2		3		1	4	12	K2, K12. NCF.
cis-1,4-Dioxenedioxetane	59261-17-5		4.1	Var						2 4	DC, CO2		6	17	5	2		Explodes @ room temperature.
Dioxin (Common name for TCDD)	1746-01-6	4 4	11.	Sol	S					4 0			3		1	4		Melts @ 581°. Carcinogen. NCF.
Dioxolan	100-79-8	2 2	2.6	1.1	Y	1166 FL	35			2 3	Fog, Alto, DC, CO2	165	2	2	2	2	2	K12. Melts @ 237°.
o-(1,3-Dioxolan-2-Yl)Phenyl Methylcarbamate	6988-21-2	3 3	7.8	Cry						3	Foam, DC, CO2		3		1	2	12	
1,3-Dioxolane	646-06-0	2 2	2.6	1.1	Y	1166 FL	35			2 3	Fog, Alto, DC, CO2	165	2	2	2	2	2	RXW lithium perchlorate.
Dioxolane	100-79-8	2 2	2.6	1.1	Y	1166 FL	35			2 3	Fog, Alto, DC, CO2	165	2	2	2	2	2	
3,3'-(Dioxydicarbonyl)Dipropionic Acid	123-23-9		8.2	Pdr	S	2135 OP				2 3	Fog, Flood		2	16, 3, 4	2	2		Organic Peroxide. Used in Explosives.
Dioxygenyl Tetrafluoroborate	12228-13-6		4.2	Liq						3	Fog, Flood		2	23	2	2		Explodes in ethane or methane. High oxidizer.
Dipentene	138-86-3	1 2	4.6	.87	N	2052 CL	113	.7-6.1	458	2 2	Fog, Foam, DC, CO2	339	1	1	1	2		Lemon odor.
2,6-Diperchloryl-4,4'-Diphenoquinone			13.	Sol						3 4			6	17	5	2		Shock-sensitive. Explosive.
Diperoxy Azelaic Acid			>1.	Liq		2958 OP				3	Keep Cool, Fog, Flood		6	16, 3, 4, 23	3	2		SADT: 104°. Organic peroxide.
Diperoxydodecane Diacid			>1.	Var		3063 OP				3	Keep Cool, Fog, Flood		2	16, 3, 4, 23	3	2		Low SADT. Organic peroxide.
Diperoxyterephthalic Acid	1711-42-8		6.9	Cry					2	2 4			6	17	5	2		K3. Impact & Heat sensitive. Explosive.
Diphenadione			12.	Cry						2	Foam, DC, CO2		3		1	2	9	K24.

(126)

Chemical Name	CAS	Tox L	Tox S	Vap. Den.	Spec Grav.	Wat Sol.	DOT Number	DOT Cl	Flash Point	Flamma. Limit	Ign. Temp.	Disa. Atm	Disa. Fire	Extinguishing Information	Boil Point	F	R	E	S	H	Remarks
Diphenyhl Ether	101-84-8	3		5.8	Cry	N			234	.8-1.5	1144	2	1	Fog, Foam, DC, CO2	496	3	1	1	3	2	K10. Melts @ 81°. TLV 1 ppm. Geranium odor.
Diphenyl	92-52-4	4		5.3	Sol	N			235	.6-5.8	1004	2	1	Fog, Foam, DC, CO2	489	3	1	1	4		TLV <1 ppm. Pleasant odor. Melts @ 158°.
Diphenyl Diimide	103-33-3	3		6.3	Cry	N						4	2	Fog, Foam, DC, CO2	567	3	1	1	3		K2. Melts @ 154°. Combustible.
Diphenyl Methyl Bromide	776-74-9	3		8.6	Sol	N	1770	CO				3		Fog, Foam, DC, CO2	379	3	1	1	3	3	Melts @ 113°.
Diphenyl Oxide	101-84-8	3	2	5.8	Cry	N			234	.8-1.5	1144	2	1	Fog, Foam, DC, CO2	496	3	1	1	3	2	K10. Melts @ 81°. TLV 1 ppm. Geranium odor.
1,5-Diphenyl-1,4-Pentazdiene				7.9	Sol							3	4			6	17	5	2		K20. Explodes.
N,N-Diphenylamine	122-39-4	3	2	5.8	Cry	N			307		1173	4	1	Fog, Foam, CO2, DC	575	3	1	1	3		K2, K12. Floral odor. Melts @ 127°.
Diphenylamine	122-39-4	3	2	5.8	Cry	N			307		1173	4	1	Fog, Foam, CO2, DC	575	3	1	1	3		K2, K12. Floral odor. Melts @ 127°.
Diphenylamine Chloroarsine (DM)	578-94-9	4		.96	Cry		1698	PB				4		Foam, DC, CO2		3	1	2	4	3, 8	K2.
Diphenylaminechloroarsine		4		9.6	Cry	N	1698	PB				4		Fog, Foam, DC, CO2		3	1	1	4	3, 8	K2 (DM Poison)
Diphenylbromoarsine		3		10.	Cry			PB				3		Fog, Foam, DC, CO2		3		1	4	9	K8. Melts @ 129°.
Diphenylchlorarsine	712-48-1	4	3	9.1	1.4	N	1699	PB				4		Fog, Foam	631	3		2	4	8, 3	Sneezing Gas. Decon w/caustic soda.
Diphenylchloroarsine	712-48-1	4	3	9.1	1.4	N	1699	PB				4		Fog, Foam	631	3		2	4	8, 3	Sneezing Gas. Decon w/caustic soda.
Diphenylcyanoarsine		4		8.7	Sol							4		DC, CO2		3		1	4	3, 8	K5.
Diphenyldichlorosilane	80-10-4			8.5	1.2			PB				4		DC, CO2, No Water		3	2, 11	1	2	3	K2.
Diphenylmethane		4		5.8	Sol	N	1769	CO	288			3	1	Fog, Foam, DC, CO2	577	3	1	1	4	2, 10	Melts @ 79°.
Diphenylmethane Diisocyanate	101-68-8	4	3	8.6	Sol		2489	PB	266			3	1	Fog, Alfo, DC, CO2	508	1		1	4	2	Melts @ 99°. TLV <1 ppm.
Diphenylmethyl Diisocyanate (MDI)	101-68-8	4	3	8.6	Sol		2489	PB	396			3	1	Fog, Alfo, DC, CO2		3		1	4	2	Melts @ 99°. TLV <1 ppm.
Diphenylnitrosamine	86-30-6	3		6.9	Cry				396			4	3	DC, CO2		2	2	2	4	2	Melts @ 291°.
Diphenyloxide-4,4'-Disulfohydrazide	10504-99-1			>1.	Sol							4	4	Fog, Foam, DC, CO2		3		1	3		K2. Combustible.
Diphenylselenone	136-35-6	3		9.3	Sol							3	4			6	16	5	2		Explodes weakly w/heat.
1,3-Diphenytriazene				6.8	Cry							3	4			6	17	5	2	9	K3. Explodes @ 300°.
Diphosgene	75-44-5	4	4	3.4	Gas	S	1076	PA				4	0		47	3	8	3	4	6, 4, 8	TLV <1 ppm. New hay odor. NCF.
Diphosphane	13445-50-6			2.3	Gas							3	3	CO2		2	2	2	2		K11, K23. Ignites other flammable gases. Pyrotoric.
1,2-Diphosphinoethane	5518-62-7	1	1	3.3	Liq							4	3	CO2		2	2	5	2		K2, K11. Pyrotoric.
Dipicryl Sulfide				15.	Cry		0401	EX				4	4			6	17	5	2		K3. Explosive.
Dipicryl Sulfide (Wet with >10% water)				>1.	Liq		2852	FS				4	2	Keep Wet		2	16	3	5		K2. Flammable.
Dipicrylamine	131-73-7			15.	Cry			EX				3	4			6	17	5			More powerful than TNT. Explosive.
Dipotassium Cyclooctatetraene	78831-88-6			6.4	Sol							3	4	Keep Wet		6	17	5	2		RXW air or oxygen. Explosive.
Dipotassium Nitroacetate				6.2	Sol							4	4			6	17	5	2		Explodes.
Dipotassium Persulfate	7727-21-1	3	3	9.3	Cry	Y	1492	OX				4	3	Fog, Flood		2	3	1	3	2	Decomposes @ 212°. Liberates oxygen.
Dipping Acid	7664-93-9	4	4	3.3	1.8	Y	1830	CO				4	1	Keep Cool		3	5, 2, 3, 4, 20	2	4		R21, R23. NCF. No water on acid.
Dipropargyl	628-16-0			2.7	.81	N						2	4		185	2	17	3	2		Explodes @ 212°.

(127)

Chemical Name	CAS	Tox L S	Vap Den	Spec Grav	Wat Sol	DOT Number	Cl	Flash Point	Flamma. Limit	Ign. Temp.	Disa. Atm Fire	Extinguishing Information	Boi Point	F	R	E	S	H	Remarks
Dipropionyl Peroxide	3248-28-0		5.1	Liq		2132	OP				2 4	Keep Cool, Fog, Flood		2	16	3	2		SADT: 68°, and can explode. Organic peroxide.
Dipropyl Aluminum Hydride											3	No Water, No Halon		5	10	2	2		Pyroforic.
n-Dipropyl Ether	111-43-3		3.5	.74	S	2384	FL	70	1.3-7.0	370	2 3	Fog, Foam, DC, CO2	194	2	2	2	2	10	K10.
Dipropyl Ether	111-43-3		3.5	.74	S	2384	FL	70	1.3-7.0	370	2 3	Fog, Foam, DC, CO2	194	2	2	2	2	10	K10.
Dipropyl Ketone	123-19-3		3.9	.82	N	2710	CL	120			2 3	Fog, Foam, DC, CO2	291	3	1	2	3		TLV 50 ppm.
Dipropyl Methane	142-82-5	3 3	3.4	.68	N	2270	FL	25	1.1-6.7	399	2 3	Fog, Foam, DC, CO2	210	2	2	2	2	11	TLV 400 ppm. Volatile.
Dipropyl Oxide	111-43-3	3 3	3.5	.74	S	2384	FL	70	1.3-7.0	370	2 3	Fog, Foam, DC, CO2	194	2	2	2	2	10	K10.
Dipropyl Peroxide	29914-92-9		4.1	Liq							2 4			2	16	3	2		May be explosive.
Dipropyl Zinc	628-91-1			Var							3 3	CO2		2	2	3	2		May be pyroforic.
Dipropylamine	142-84-7	3 3	3.5	.74	Y	2383	FL	63		229	3 3	Fog, Foam, DC, CO2	229	2	1	2	3	2	Amine odor.
4-Dipropylaminobenzenediazonium Zinc Chloride		3	>1.	Sol		3034					4 1	Fog, Foam, DC, CO2		3		1	3		Combustible.
Dipropylene Glycol Methyl Ether	34590-94-8	2 3	5.1	.95	Y			185			2 2	Fog, Foam, DC, CO2	374	3	1	1	2	5	TLV 100 ppm.
Dipropylene Glycol Monomethyl Ether	34590-94-8	2 3	5.1	.95	Y			185			2 2	Fog, Foam, DC, CO2	374	3	1	1	2	5	TLV 100 ppm.
Dipropylene Triamine	56-18-8	3 3	4.6	.93	Y	2269	CO	175			4 4	Fog, Foam, DC, CO2		6	17	5	3	3, 9	K3. Explosive.
Dipterex (Trade name)		4 4	8.9	Cry	Y		PB				4 0	Foam, DC, CO2		3		1	4	12	K2, K12. NCF
Dipyridinesodium			6.3	Var							3 3			3	2	2	2		K2, K11. Pyroforic.
Dipyridyl Hydrogen Phosphate	21000-42-0		15.	Sol							4	Foam, DC, CO2		3		1	2		K2.
Dipyridyl Phosphate	21000-42-0		15.	Sol							4	Foam, DC, CO2		3		1	2		K2.
Diquat (Common name)	85-00-7	3 3	12.	Cry	Y	2781	OM				4 0	Foam, DC, CO2		3		1	3	9	K12. Melts @ 635°. NCF.
Diquat Dibromide	85-00-7	3 3	12.	Cry	Y	2781	OM				4 0	Foam, DC, CO2		3		1	3	9	K12. Melts @ 635°. NCF.
N,N-Disalicylidene-1,2-Diaminopropane			>1.	N				70			3	Fog, Foam, DC, CO2		2	2	2	2		
Disilane		4 3	2.1	Gas	N						4 4	Stop Gas, DC, CO2	6	4	2	4	4		K2. Foul odor. No halons. Pyroforic.
Disilanyl		4 3	2.1	Gas	N						4 4	Stop Gas, DC, CO2	6	2	2	4	4		K2. Foul odor. No halons. Pyroforic.
Disilver Acetylide	7659-31-6		8.4	Var							4			6	17	4	2		K3. Explodes >248°.
Disilver Acetylide Silver Nitrate	15336-58-0		14.	Sol							4	Keep Wet		6	17	5	2		Dry material can explode.
Disilver Cyanamide	3884-87-0		8.9	Sol							4			6	17	5	2		Heat & light sensitive. Explosive.
Disilver Ketenide	27278-01-4		9.0	Sol							2 4			6	17	5	2		Heat & impact sensitive. Explosive.
Disilver Pentaitin Undecaoxide			34.	Sol							4			6	17	4	2	9, 11, 12	RXW heat.
Disinfectant (Corrosive Liquid)		3 4	>1.	Liq	Y	1903	CO				4 1	Foam, DC, CO2		3		1	3	9	K2, K12.
Disinfectant (Poisonous)		4 4	>1.	Liq	Y	1601	PB				4 1	Foam, DC, CO2		3		1	4	9	K2, K12.
Disodium Arsenite	13464-37-4	4	5.3	Cry							4	Foam, DC, CO2		3		1	3		K2.
Disodium Chromate	7775-11-3	3	5.6	Var							4	Fog, Foam, DC, CO2		3		1	2		Oxidizer.
Disodium Ethylene Bis(Dithiocarbamate)	142-59-6	3 2	8.8	Cry	Y	9145	OM				4	Fog, Foam, CO2		2	23	1	2		K2, K12.
Disodium Hexafluorosilicate	16893-85-9	3 3	6.6	Pdr		2674	PB				4 1	Foam, DC, CO2		3		1	3	9	K2, K12.
Disodium Silicofluoride	16893-85-9	3 3	6.6	Pdr		2674	PB				4 1	Foam, DC, CO2		3		1	3	9	K2, K12.
Disodium-3,6-Enoxohexahydronaphthalate	129-67-9	4	8.0	Sol	Y						3	Foam, DC, CO2		3		1	4	9	K2, K12. Melts @ 291°.
Disodium-5-Tetrazolazocarboxylate	68594-24-1		6.5	Var							3 4			6	17	5	2		Explosive.
N,N-Disodium-N,N-Dimethoxysulfonyldiamide			5.9	Var							3 4			6	17	5	2		K3. Explosive.

(128)

Chemical Name	CAS	Tox L	Tox S	Vap Den	Spec Grav.	Wat Sol.	DOT Number	Cl	Flash Point	Flamma. Limit	Ign. Temp.	Disa. Atm	Disa. Fire	Extinguishing Information	Boil Point	F	R	E	S	H	Remarks
Dispersant Gas, (Flammable, n.o.s.)		2	1	Var	Gas		1954	FG					4	Stop Gas, Fog, Foam, DC, CO2	1	2	1	2	2	1	Flammable.
Dispersant Gas, n.o.s.		2	1	Var	Gas		1078	CG					0	Fog, Foam, Fog, DC		2	4, 3, 23	2	2	1	NCF.
Distearyl Peroxdicarbonate				>1.	Sol		2592	OP					3	Fog, Flood		2	8, 2	2	4	1	Organic peroxide.
Distilled Mustard Gas	505-60-2	4		5.4	1.3				221			4	1	Fog, Foam, DC, CO2	442	3	16, 3, 4	4	4	3, 6, 8	K2. Vesicant.
Disuccinic Acid Peroxide (Technical pure)	123-23-9			8.2	Pdr		2135	OP				2	3	Fog, Flood		2	16, 3, 4	2	2		Organic Peroxide. Used in Explosives.
Disuccinic Acid, Peroxide (<72% in water)				>1.	Liq		2962	OP					3	Keep Cool, Fog, Flood		2	16, 3, 4, 23	3	2		SADT: 59°. Organic peroxide.
Disulfoton (Common name)	298-04-4	4		9.6	1.1	N	2783	PB				4	0	Foam, DC, CO2	144	3	1	1	4	12	K2. K12. NCF.
Disulfur Dinitride	25474-92-4			3.2	Var							3	4			6	17	5	2		K20. Explodes @ 86°.
Disulfur Heptaoxide				7.3	Var							3	4			5	10	4	4		Explodes in moist air.
Disulfuric Acid	8014-95-7	3	4	6.0	Liq		1831	CO				4	1	DC, CO2, No Water		5	10, 3, 4, 8, 21	1	4	3	R23 also.
Disulfuryl Chloride	7791-27-7	4		7.4	1.8		1817	CO				4	1	DC, CO2, No Water	304	5	10	1	4	3	RXW dilute alkali. Unstable. Explosive.
Disulfuryl Diazide				8.0	Var							3	4			6	17	5	2		Melts @ 79°.
Ditane				5.8	1.0	N			266		905	1	1	Fog, Foam, DC, CO2	508	1	1	1	2	2, 10	K16.
Ditch Powder				>1.	Pdr			EX				4	4			6	17	4	2		K3. Explodes.
2,3-Dithiabutane	624-92-0	4		3.2	1.1		2381	FL	45			4	3	Foam, DC, CO2	230	2	2	2	3	9	K24. Melts @ 358°.
Dithiobiuret	541-53-7			4.7	Sol							4	3	Foam, DC, CO2		2		1	1	9	K2. Flammable.
Dithiocarbamate Pesticide		3	3	>1.	Liq		3005	PB				4	3	Foam, DC, CO2		2	1	1	3	9	K2.
Dithiocarbamate Pesticide (Flammable Liquid, n.o.s.)		3	3	>1.	Liq		2772	FL				4	3	Foam, DC, CO2		2	1	1	3	9	K2. Flammable.
Dithiocarbamate Pesticide (Liquid, n.o.s.)		3	3	>1.	Liq		3006	PB				4	1	Foam, DC, CO2		3	1	1	3	9	K2.
Dithiocarbamate Pesticide (n.o.s.)				>1.	Sol		2771	PB				4	3	Foam, DC, CO2		3	1	5	4	9	K2. K12.
Dithiolane (Trade name)	333-29-9			9.5	Sol							4	4	Foam, DC, CO2		3		4	4	9	K2. K12.
Dithiolane Iminophosphate	333-29-9			9.5	Sol							4				3		1	4	9	K2. K12.
1,3-Dithiolium Perchlorate	3706-77-2			8.8	Sol							3	4			6	17	5	2		Friction & heat sensitive explosive. Explodes @ 482°.
Dithion	572-48-5	4	4	12.	Cry	N	2767	PB				4	0	Foam, DC, CO2	183	3		2	4	9, 12	K12. Melts @ 190°. NCF.
Dithione	572-48-5	4	4	12.	Cry	N						4	0	Foam, DC, CO2	102	2		3	2	9, 12	K12. Melts @ 190°. NCF.
Dithranol	6928-74-1			7.8	Cry	N						3	3	Foam, DC, CO2		3	2	1	3		K2.
Ditridecylamine	5910-75-8			13.	Sol							3	3	Foam, DC, CO2		3	2	2	3	2	K2.
Duron (Common name)	330-54-1	3		8.0	Cry	N	2767	PB				3	4	Foam, DC, CO2		3	2	4	3		K12. Melts @ 316°. NCF.
Divinyl (-b)	106-99-0	3		1.9	Gas		1010	FG		2.0-12.0	788	3	4	Fog, DC, CO2, Stop Gas	24	2	22	4	3	3	K10. Aromatic.
Divinyl Acetylene	821-08-9			2.7	Liq				<-4	1.5-		2	3	Fog, DC, CO2	183	2	2	2	2		K10.
Divinyl Ether (Inhibited)	109-93-3	3	2	2.4	.77	N	1167	FL	-22	1.9-27.0	680	2	3	Fog, Foam, DC, CO2	102	2	2	3	2	13	K10. Keep dark.
Divinyl Magnesium	6928-74-1			2.7	Liq							3	3			2	2	2	3		K11. Pyroforic.
Divinyl Oxide	109-93-3	3		2.4	.77	N	1167	FL	-22	1.9-27.0	680	2	3	Fog, Foam, DC, CO2	102	2	2	3	2	13	K10. Keep dark.
Divinyl Sulfide		3		3.0	.92							3	2	Fog, DC, CO2	185	1	22	1	2		Foul odor. Can burn.
Divinyl Sulfone	77-77-0			4.1	Var				165							3		1	3	2, 9	
Divinyl Zinc	1119-22-8			4.2	Var							3	3	CO2		2	2	2	2		K2, K11. Pyroforic.
p-Divinylbenzene	108-57-6	3		4.5	.93	N				.3-6.2		3	2	Fog, Foam, DC, CO2	392	3	22	2	3	3	K21. TLV 10 ppm.

(129)

Chemical Name	CAS	Tox L S	Vap Den	Spec Grav	Wat Sol	DOT Number	Cl	Flash Point	Flamma. Limit	Ign. Temp.	Disa Atm Fire	Extinguishing Information	Boil Point	F	R	E	S	H	Remarks
o-Divinylbenzene	108-57-6	3	4.5	.93	N			165	.3-6.2		3 2	Fog, Foam, DC, CO2	392	3	22	2	3		K21. TLV 10 ppm.
m-Divinylbenzene	108-57-6	3	4.5	.93	N			165	.3-6.2		3 2	Fog, Foam, DC, CO2	392	3	22	2	3		K21. TLV 10 ppm.
Divinylbenzene	108-57-6	3	4.5	.93	N			165	.3-6.2		3 2	Fog, Foam, DC, CO2	392	3	22	2	3		K21. TLV 10 ppm.
2,5-Divinyltetrahydropyran	25724-33-8		4.8	Var							2	Foam, DC, CO2		3		1	3		K2.
Di[Tris-1,2-Diaminoethanechromium(III)] Triperoxodisulfate		3	>1.	Sol							3 4			6	17	5	2		Explodes.
Di[Tris-1,2-Diaminoethanecobalt(III)] Triperoxodisulfate		3	>1.	Sol							3 4			6	17	5	2		Explodes.
DM (Diphenylamine Chloroarsine)		4 4	9.6	Cry		1698	PB				4			3	1	2	4	3, 8	K2.
Dodecacarbonyldivanadium			15.	Sol							3	CO2		2	2	2	2		K11. Pyrotoric.
Dodecane	112-40-3		5.9	.75	N			165	.6-	397	2 2	Fog, Foam, DC, CO2	421	1	1	1	2	3	
1-Dodecanethiol	112-55-0	3	6.9	.85	N			210			3 1	Fog, Foam, DC, CO2	207	3		1	3	3	K2.
tert-Dodecyl Mercaptan	25103-58-6	2 3	7.0	.85	N			205			3 1	Fog, Alfo, DC, CO2	392	1	2	2	2	9, 2	
Dodecanoyl Peroxide	105-74-8	3 3	13.	Pdr	N	2124	OP				2 3	Keep Cool, Fog, Flood		2	23, 3, 4	2	3		Keep below 80°. Organic peroxide.
N-Dodecyl Guanidine Acetate	2439-10-3	3 3	9.9	Cry	S						4	Fog, Foam, DC, CO2		3		1	3	2	K2, K12. Melts @ 277°.
m-Dodecyl Mercaptan	112-55-0	2	6.9	.85	N			210			3 1	Fog, Foam, DC, CO2	207	3		1	3	3	K2.
tert-Dodecyl Mercaptan	25103-58-6	2 3	7.0	.85	N			205			3 1	Fog, Alfo, DC, CO2	392	1	2	2	2	9, 2	
Dodecyl Trichlorosilane	4484-72-4	3 3	10.	1.0	Y	1771	CO				3 1	Foam, DC, CO2	550	3		1	3	2	K2.
Dodecylbenzenesulfonic Acid		4	>1.	Pdr	Y	2584	CO				4	Fog, Alfo, DC, CO2		3		1	4		K2.
Dodemorph Acetate (Common name)		3	>1.	Liq							4	Fog, Foam, DC, CO2		3		1	3	3	Vinegar odor.
Dodine (Common name)	2439-10-3	3 3	9.9	Cry	S						4	Fog, Foam, DC, CO2		3		1	3	2	K2, K12. Melts @ 277°.
Dowco 179 (Trade name)	2921-88-2	4 4	10.	Cry							4	Foam, DC, CO2		3		1	4		K2, K12. Melts @ 111°.
Dowfume MC-2 (Trade name)	74-83-9	4 4	3.3	1.7	N	1062	PB		10.0-15.0	998	4 1	Fog, Foam, DC, CO2	38	3	19	2	4	4	Volatile; Chloroform odor. TLV 5 ppm (skin).
Drexel Veto (Trade name)		4 2	>1.	Var							4	Foam, DC, CO2		3		1	4	5, 9, 12	K12.
Drier (Paint or Varnish, Liquid, n.o.s.)		2 2	>1.	Liq		1168	FL				3	Fog, Foam, DC, CO2		2	2	2	2		*May be Flammable (FL) or Combustible Liquid (CL).
Drier (Paint or Varnish, Liquid, n.o.s.)		2 2	>1.	Liq		1168	CL				3	Fog, Foam, DC, CO2		3		2	2		
Drier (Paint or Varnish, Solid, n.o.s.)		2 2	>1.	Sol		1371	FS				2	Fog, Foam, DC, CO2		2	1	1	2		Flammable.
Drier (Paint, Solid, n.o.s.)		2 2	>1.	Sol		1371	FS				2	Fog, Foam, DC, CO2		2	1	1	2		Flammable.
Drugs, n.o.s.		3 3	Var	Var								Fog, Foam, DC, CO2		3		2	3		
Dry Ice		1 3	1.5	Sol		1845	OM				1 0	Fog, Foam, DC, CO2		7		1	2	1, 15	Can burn.
Dryolene (Trade name)		2 2	4.1	.66	N		FL	20	9.6-6.0	450	3 3	Fog, Foam, DC, CO2	>400	3	2	1	2		NCF.
Dubutoxymethane		2 2	5.5	Sol				140			0 0	Fog, Foam, DC, CO2	330	3	1	1	2		
Dumasin	120-92-3	3 3	2.3	.95	S	2245	FL	79			2 3	Fog, Alfo, DC, CO2	267	3		2	3	11	Peppermint Odor.
Dursban (Trade name)	2921-88-2	4	10.	Cry		2783	OM				4	Foam, DC, CO2		3		1	4		K2, K12. Melts @ 111°.
Dycarb (Trade name)	22781-23-3	3 7	7.8	Sol	S						3	Foam, DC, CO2		3	1	3	4	5, 12	K12. Melts @ 262°.
Dye (n.o.s. Corrosive)		4	>1.	Liq		2801	CO				4	Foam, DC, CO2		3		1	4		
Dye (n.o.s. Poisonous)		4 3	>1.	Sol		1602	PB				0	Foam, DC, CO2		3		1	4		NCF.
Dye Intermediate (n.o.s. Poisonous)		4 4	>1.	Sol		1602	PB				0	Foam, DC, CO2		3		1	4		NCF.
Dye Intermediate (n.o.s. Corrosive)			>1.	Liq		2801	CO				4	Foam, DC, CO2		3		1	4		
Dyfonate (Trade name)	944-22-9	4 4	8.6	Liq							4 0	Foam, DC, CO2		3		1	4	12, 9	K2, K12, K24.
Dylox (Trade name)		4 4	8.9	Cry	Y	2783	PB				4 0	Foam, DC, CO2		3		1	4	12, 9	K2, K12. NCF.

Chemical Name	CAS	Tox L	Tox S	Vap Den.	Spec Grav.	Wat Sol.	DOT Number	Cl	Flash Point	Flamma. Limit	Ign. Temp.	Disa. Atm	Disa. Fire	Extinguishing Information	Boil Point	F	R	E	S	H	Remarks
Dynamagnite					Sol			EX	EX			4	4			6	17	5	2		K3. High explosive.
Dynamite					Sol			EX	EX			4	4			6	17	5	2		K3. High explosive.
Dyphonate (Trade name)	944-22-9	4	3	8.6	Liq							4	4	Foam, DC, CO2		3		1	4	12, 9	K2, K12, K24.
Dyrene (Trade name)		3	3		Sol	N						4	4	Foam, DC, CO2		3		1	3		Melts @ 318°.
Dysprosium		2	2	5.6	Sol							4	3	No Water, No Halon		2	2	2	2		A reducer. RVW halogens. Pyrotoric.
Dysprosium Bromate				15.	Cry	Y		OX				4	4	Fog, Flood		2	3, 4, 23	2	2		Oxidizer.
Dysprosium Chromate				29.	Cry	S		OX				4	4	Fog		2	3, 4, 23	2	2		Oxidizer.
Dysprosium Nitrate				15.	Cry	Y		OX				4	4	Fog, Flood		2	3, 4, 23	2	2		Oxidizer.
E-1059 (Demeton)		4	4	>1.	1.1	S		PB				4	0	Foam, DC, CO2		3		1	4	12, 9	K2, K12. NCF.
E-605 (Parathion)	56-38-2	4	4	10.	Pdr	N	2783	PB				4	0	Foam, DC, CO2	707	3		1	4	12, 9	K2, K12, K24. RVW Endrin. Melts @ 43°. NCF.
E-D-Bee	106-93-4	3	4	6.5	2.2	S	1605	PB				3	0	Fog, Foam, DC, CO2	268	3	2	1	4	9, 2, 5	K12. TLV 20 ppm. NCF. RVW active metals. Sweet odor. NCF.
EADC (Ethyl Aluminum Dichloride)			3	8.5	1.2		1924	FL				4	3	No Water, No Halon	381	5	10	2	3		K12, K11, K16. Pyrotoric.
EDB (Ethylene Dibromide)	106-93-4	3	4	6.5	2.2	S	1605	PB				3	0	Fog, Foam, DC, CO2	268	3	2	1	4	9, 2, 5	K12. TLV 20 ppm. NCF. RVW active metals. Sweet odor. NCF.
Edifenphos (Common name)	17109-49-8		3	10.	1.2	N	9117	OM				4	1	Foam, DC, CO2		3		1	3	12, 9	K2, K12.
EDTA (Ethylenediamine Tetraacetic Acid)	60-00-4	2	2	10.		Cry	S					4	3	Foam, DC, CO2		1		1	2		K2. Chelating agent.
EDTAN (Ethylenediamine Tetraacetonitrile)			3	7.4	Sol	S						4	4	DC, CO2		3		1	2		Melts @ 259°.
Einsteinium					Sol			RA				4	4	Foam, DC, CO2		3		1	4		Rare radioactive element.
Ekatin (Trade name)	640-15-3	3	4	8.5	1.2	Y						4	4	Foam, DC, CO2		3		1	3	12, 2, 9	K2, K12, K24.
Elayl	74-85-1	2	1	.98	Gas	Y	1962	FG		2.7-36.0	842	2	4	Fog, DC, CO2, Stop Gas		2	2	4	2	1	Sweet odor. Avoid halons.
Electric Blasting Caps				>1.	Sol			EX	EX				4			6	17	3	2		RXW spark-shock-heat. Explodes.
Electric Squibs				>1.	Sol			EX	EX				4			6	17	3	2		RXW spark-shock-heat. Explodes.
Electrolyte (Battery acid; fluid)		4	4	3.3	1.8	Y	2796	CO				4	1		554	3	8, 4, 23	1	4	2	RW Metals→hydrogen. NCF. No water on acids.
Electrolyte (Elixir of Vitriol)		4	4	3.3	1.8	Y	2796	CO				4	1		554	3	8, 4, 23	1	4	2	RW Metals→hydrogen. NCF. No water on acids.
Elocron (Trade name)	6988-21-2		3	7.8	Cry	S						3		Foam, DC, CO2		3		1	2	12	K12. Melts @ 237°.
1-Emetine Dihydrochloride	316-42-7			19.	Sol							4	4	DC, CO2		3		1	2	9, 2	K24.
Emetine Dihydrochloride	316-42-7			19.	Sol							4	4	DC, CO2		3		1	2	9, 2	K24.
Emmatos (Trade name)		3	3	11.	1.2	S	2783	PB	325			4	1	Fog, Alfo, DC, CO2	313	3		1	3	5, 9, 12	K2, K12.
Enamel (Common name)				>1.	Liq		1263	FL	<100			2	3	Fog, Foam, DC, CO2		2	1	2	2		
Endosulfan (Common name)	115-29-7	4	4	14.	Cry	N	2761	PB				4	0	Foam, DC, CO2		3		1	4		K2, K12. NCF.
Endothal (Common name)	145-73-3	3	3	6.5	Sol							2	2	Foam, DC, CO2		3		1	3	9	K12. Melts @ 291°.
Endothall (Common name)	145-73-3	3	3	6.5	Sol							2	2	Foam, DC, CO2		3		1	3	9	K12. Melts @ 291°.
Endothion (Common name)	2778-04-3			9.8	Pdr							2	2	Foam, DC, CO2		3		1	4	9, 12	K2, K12.
Endrin (Common name)	72-20-8	4	4	13.	Sol	N	2761	PB				4	0	Foam, DC, CO2		3		1	4		K2, K12. Melts @ 392°. NCF.
Endrin Mixture (Dry or Liquid)	72-20-8	4	4	13.	Sol	N	2761	PB				4	0	Foam, DC, CO2		3		1	4		K2, K12. Melts @ 392°. NCF.
Endrocide	5836-29-3		3	10.	Cry							2	2	Foam, DC, CO2		3		1	3	9	K12, K24.
Engine Starting Fluid				>1.	Gas	S	1960	FL				3	4	Fog, Alfo, DC, CO2		2	2	4	2		Flammable.

Chemical Name	CAS	Tox L	Tox S	Vap Den.	Spec Grav.	Wat Sol.	DOT Number	DOT Cl	Flash Point	Flamma. Limit	Ign. Temp.	Disa. Atm	Disa. Fire	Extinguishing Information	Boil Point	F	R	E	S	H	Remarks
Environmentally Hazardous Substance, Liquid, n.o.s.					Liq		3082							Foam, DC, CO2		3		1	2		
Environmentally Hazardous Substance, Solid, n.o.s.				>1.	Sol		3077							Foam, DC, CO2		3		1	2		
Epibromohydrin		4		>1.	Liq		2558	PB	88			4	2	Fog, Alfo, DC, CO2		3	1	1	4		K2. Combustible.
Epichlorohydrin	106-89-8	3	3	3.3	1.2	Y	2023	FL		3.8-21.0	772	4	2	Fog, Alfo, DC, CO2	239	3	2	2	3	4	TLV 2 ppm (skin). Exothermic. RW acids & bases. Chloroform odor.
9,10-Epidioxy Anthracene	220-42-8			7.3	Sol							2	4			6	17	5	2		Explodes @ 248°.
1,4-Epidioxy-1,4-Dihydro-6,6-Dimethylfulvene				4.8	Var							2	4			6	17	5	2		Explodes >14°.
1,4-Epidioxy-2-p-Menthene	512-85-6			5.8	1.0								4	Fog, Flood	104	2	3, 15, 20	3	2	9	Organic Peroxide. Explodes @ 266°.
Epifluorohydrin	503-09-3	4		2.7	Liq							3		Foam, DC, CO2		3		1	4		K2.
EPN (Common name)	2104-64-5	4	4	11.	Cry	N						4	0	Foam, DC, CO2		3	1	1	1	5, 9, 12	K12. Melts @ 97°. NCF.
Epon Resins - uncured.		3	3	>1.	Sol							4	2	Foam, DC, CO2		3		1	3		K2.
Epoxide Erla-0510	31305-88-1			>1.	Var									Foam, DC, CO2		3		1		2	
Epoxy Hardener ZZL-0334	42498-58-8	3		5.8	Var									Foam, DC, CO2		3		1		2	
Epoxy Hardener ZZL-0814		3		>1.	Var									Foam, DC, CO2		3		1		2	
Epoxy Hardener ZZL-0816		3		>1.	Var									Foam, DC, CO2		3		1		2	
Epoxy Hardener ZZL-0822	69136-21-6	3		7.7	Var									Foam, DC, CO2		3		1		2	
2,3-Epoxy Propionaldehyde Oxime	67722-96-7			3.0	Liq								3	Keep Cool, DC, CO2		2		1	2		Can polymerize violently.
Epoxy Resin ERL-2795	25068-38-6	3		>1.	Var							2		DC, CO2		2		1	3		
Epoxy Resins - uncured.		3	3	>1.	Sol							2		Foam, DC, CO2		3		1	3		K2.
3,4-Epoxy-1-Butene	930-22-3	3	2	2.4	.87				<-58		806	2	3	Fog, Alfo, DC, CO2	151	2	2	2	2	2	TLV 25 ppm. RXW bases-metals-metal salts.
2,3-Epoxy-1-Propanal	765-34-4	3	4	2.5	1.1		2622	FL				2	3	Foam, DC, CO2	235	2	1	2	4	2	K10. TLV 25 ppm.
2,3-Epoxy-1-Propanol	556-52-5	3	3	2.5	1.2	Y						2	3	Fog, Alfo, DC, CO2	332	6	16, 14	2	3	5	
1-2-Epoxy-3-Butoxypropane	2426-08-6	2	2	4.5	Liq	S			130			2	2	Fog, Alfo, DC, CO2	327	3	1, 13	1	3	3	Flammable.
1-2-Epoxy-3-Ethyloxypropane		3		>1.	Liq		2752	FL				3	2	Foam, DC, CO2		2	2	2	2		
1-2-Epoxy-3-Fluoropropane	503-09-3	4		2.7	Liq							3		Foam, DC, CO2		3		1	4		K2.
endo-2,3-Epoxy-7,8-Dioxabicyclo(2.2.2)Oct-5-One	39597-90-5			4.4	Var							2	4	Foam, DC, CO2		6	17	5	2		Unstable explosive.
12,13-Epoxy-Trichothec-9-ene-3-α,4-β,15-Triol-4,15-Diacetate	2270-40-8	4		12.	Sol							2				3		1	4	9	
1,4-Epoxybutane	109-99-9	2	3	2.5	.83	Y	2056	FL	1	1.8-11.8	610	2	3	Fog, Alfo, DC, CO2	149	2	1	2	2	11	K10. Ether odor. TLV 200 ppm.
1-2-Epoxybutane	106-88-7	2	3	2.5	.83	Y	3022	FL	5	1.5-18.3		2	3	Fog, Alfo, DC, CO2	145	2	2	2	3	3	K10. May be inhibited.
1-2-Epoxybutene-3	930-22-3	3	2	2.4	.87				<-58		806			Fog, Alfo, DC, CO2	151	3	2	1	3		
3,4-Epoxycyclohexanecarbonitrile		3	3	2.4	1.1	Y						4		Fog, Alfo, DC, CO2		3		2			K2.
1-2-Epoxyethane	75-21-8	3	3	1.5	Gas	Y	1040	FG	-4	3.0-100.0	804	2	2	Stop Gas, Fog, DC, CO2	51	2	21, 13	4	4	4, 3	ULC: 100 TLV 1 ppm. Rocket fuel.
Epoxyethane	75-21-8	3		1.5	Gas	Y	1040	FG	-4	3.0-100.0	804	2	2	Stop Gas, Fog, DC, CO2	51	2	21, 13	4	4	4, 3	ULC: 100 TLV 1 ppm. Rocket fuel.
Epoxyethoxypropane				>1.	Liq		2752	FL					3	Fog, Alfo, DC, CO2		2	2	2	2		Flammable.
2-(α,β-Epoxyethyl)-5,6-Epoxy Benzene	13484-13-4	3		4.7	Liq								2	Foam, DC, CO2		3		1	3	2	

(132)

Chemical Name	CAS	Tox L	Tox S	Vap Den.	Spec Grav.	Wat Sol.	DOT Number	DOT Cl	Flash Point	Flamma Limit	Ign. Temp.	Disa Atm	Disa Fire	Extinguishing Information	Boil Point	F	R	E	S	H	Remarks
1,2-Epoxyethylbenzene	96-09-3	3	3	4.1	1.0		2622		165		929	2	1	Fog, Foam, DC, CO2	382	3	1	1	3	2	
2,3-Epoxypropanal	765-34-4	3	3	2.5	1.1			FL				2	3	Fog, Foam, DC, CO2	235	2		2	4	2	
2,3-Epoxypropane	75-56-9	3	3	2.0	.83	Y	1280	FL	-35	2.8-37.0	840	3	3	Fog, Alfo, DC, CO2	93	2	2, 14	3	3	2	Ether odor. TLV 20 ppm.
1,2-Epoxypropane	75-56-9	3	3	2.0	.83		1280	FL	-35	2.8-37.0	840	3	3	Fog, Alfo, DC, CO2	93	2	2, 14	3	3	2	Ether odor. TLV 20 ppm.
Epoxypropane	75-56-9	3	3	2.0	.83	Y	1280	FL	-35	2.8-37.0	840	3	3	Fog, Alfo, DC, CO2	93	2	2, 14	3	3	2	Ether odor. TLV 20 ppm.
2,3-Epoxypropionaldehyde	765-34-4	3	3	2.5	1.1		2622	FL				2	3	Fog, Foam, DC, CO2	235	2	1	2	4	2	
3-(2,3-Epoxypropoxy)Propyltrimethoxysilane	2530-83-8	3	4	8.3	Var							2	2	Foam, DC, CO2		2		1	3	3	
2,3-Epoxypropyl Acrylate	106-90-1	4	3	4.4	1.1	N			141		779	2	2	Fog, Foam, DC, CO2	135	3	2	1	4	3	
2,3-Epoxypropyl Butyl Ether	2426-08-6	2	3	4.5	Liq	S			130			2	2	Fog, Alfo, DC, CO2	327	3	1, 13	1	3	3	K2. TLV 25 ppm.
2,3-Epoxypropyl Methacrylate	106-91-2			5.0	Liq							2	2	DC, CO2		3		1	3	3	
2,3-Epoxypropyl Nitrate	6659-62-7			4.2	Var							3	4			6	17	5	2	9	Shock & heat-sensitive explosive. Explodes @ 392°.
3-(2,3-Epoxypyloxy)-2,2-Dinitropropyl Azide	76828-34-7			8.6	Sol							3	4			6	17	5	2	9	K20; also impact and shock. Explosive.
α,β-Epoxystyrene	96-09-3	3	3	4.1	1.0				165		929	2	1	Fog, Foam, DC, CO2	382	3	1	1	3	2	
Epoxystyrene	96-09-3	3	3	4.1	1.0				165		929	2	1	Fog, Foam, DC, CO2	382	3	1	1	3	2	
EPTAM (Brand name)	759-94-4	4	3	6.6	.96	N			234			4	1	Foam, DC, CO2		3	1	1	4	9, 12	K2, K12.
EPTC (Common name)	759-94-4	4	3	6.6	.96	N			234			4	1	Foam, DC, CO2		3	1	1	4	9, 12	K2, K12.
Eradicator (Paint or Grease: Flammable liquid)		2	2	>1.	Liq	Y	1850	FL	<100				3	Fog, Foam, DC, CO2		2	1	2	2	2	
Erasol (Common name)	55-86-7	4	4	6.6	Pdr	Y						4		DC, CO2		3		1	4	14	K2.
Erbium				5.7	Sol	N								DC, CO2		3		1	3	2	Dust is flammable.
Erbium Nitrate	10168-80-6			12.	Cry	Y						3		Fog, Flood		6	17	2	2	2	High oxidizer.
Ergamin	51-45-6	3		3.8	Cry	Y						3	0	Foam, DC, CO2	410	3		1	2	9	K2: Melts @ 181°. NCF.
Ergamine	51-45-6	3		3.8	Cry	Y						3	0	Foam, DC, CO2	410	3		1	2	9	K2: Melts @ 181°. NCF.
Ergocalciferol	50-14-6			14.	Cry	N						2		DC, CO2		3		1	2	9	K24: Melts @ 239°.
Ergotamine Tartrate	379-79-3			>1.	Sol							3		DC, CO2		3		1	3	3	K24.
Erythrene	106-99-0	3	3	1.9	Gas	N	1010	FG		2.0-12.0	788	3	3	Fog, DC, CO2, Stop Gas	24	2	22	4	3	3	K10. Aromatic.
Erythrityl Tetranitrate													4				6	17	4	3	3	Melts @142°. Can explode.
Ethanal	75-07-0	3		1.5	.78	Y	1089	FL	-36	4.1-57.0	347	3	3	Fog, Alfo, DC, CO2	69	2	11	4	3	10, 2, 3	K2. Fruity Odor. TLV 100 ppm
Ethanal Oxime	107-29-9	2		2.0	Cry	Y	2332	FL	70			2	2	Fog, Alfo, DC, CO2	238	2	1	2	2	2	K2: Melts @ 116°.
Ethanamide	60-35-5			2.1	Cry							4		Foam, DC, CO2		1		1	2		K1. K18
Ethanamine	75-04-7	3	4	1.6	.71	Y	1036	FG	<0	3.5-14.0	725	3	4	Fog, Alfo, DC, CO2	62	2	1	4	4	2	Ammonia odor. TLV 10 ppm.
Ethanamine (Aqueous Solution)		3	3	1.6	Liq	Y	2270	FL	<100			3	3	Fog, Alfo, DC, CO2		2		1	4	3	Ammonia odor.
Ethandial	107-22-2	3	3	2.0	Sol	N						2	2	DC, CO2, No Water		2	22, 2	2	3	3	K22. Melts@ 59°. Reducer. Green vapors; violet flame. May be pyrolitic.
Ethane (Compressed)	74-84-0	1	1	1.	Gas	N	1035	FG		3.0-12.5	959	2	4	DC, CO2, Stop Gas	-127	2	2	4	2	1	Odorless gas. RVW chlorine.
Ethane (Liquid: Refrigerated)		1	3	>1.	Liq	N	1961	FG		3.0-12.5	959	2	4	Stop Gas, DC, CO2	-126	7	2, 9	4	2	15, 1	
Ethane Hexamercarbide		4	4	44.	Pdr							4				6	17, 2, 11	5	4		K3. Explodes @ 446°.
Ethane-Propane Mixture (Liquid: Refrigerated)		1	3	>1.	Liq	N	1961	FG		3.0-12.5	959	2	4	Stop Gas, DC, CO2	-126	7	2, 9	4	2	15, 1	

(133)

Chemical Name	CAS	Tox L	Tox S	Vap Den.	Spec Grav.	Wat Sol.	DOT Number	DOT Cl	Flash Point	Flamma. Limit	Ign. Temp.	Disa. Am	Disa. Fire	Extinguishing Information	Boil Point	F	R	E	S	H	Remarks
Ethanedial	107-22-2	3	3	2.0	Sol							2	2	DC, CO2, No Water		2	22, 2	2	3	3	K22. Melts@ 59°. Reducer. Green vapors; violet flame. May be pyrolytic.
Ethanedioic Dioxime	557-30-2		3	3.1	Liq							3	3	Foam, DC, CO2	243	3		1	3	3	K2.
1,2-Ethanediamine	107-15-3	3	3	2.1	.90	Y	1604	FL	93	4.2-14.4	725	3	3	Fog, Alfo, DC, CO2		3	14, 2	2	4	2	Ammonia odor. TLV 10 ppm. Volatile.
Ethanedinitrile	460-19-5	4	3	1.8	Gas	Y	1026	PA		6.0-32.0		4	4	Stop Gas, Fog, DC, CO2	-6	3	2, 6, 11	2	4	3	K5. TLV 10 ppm.
Ethanedioic Acid	144-62-7	4	4	4.3	Cry	Y						2	0	Foam, DC, CO2		3		1	4	9, 2	Melts @ 214°. NCF.
1,2-Ethanediol	107-21-1	3	2	2.1	1.1	Y			232	3.2-	748	2	1	Fog, Alfo, DC, CO2	387	3	2, 14	1	2	9, 2	TLV 50 ppm.
1,2-Ethanediol Diformate	629-15-2	2		4.0	1.2	Y			200			2	0	Fog, Alfo, DC, CO2	345	1	1	1	1	9, 2	Chloroform odor.
Ethanedionic Acid	144-62-7	4	4	4.3	Cry	Y						2	0	Foam, DC, CO2		3		1	4	9, 2	Melts @ 214°. NCF.
Ethanedioyl Chloride	79-37-8	4	4	4.4	1.5							4	0	No Water	145	3	8	1	4	3	K16. Avoid K or NaK. NCF.
Ethanenitrile	75-05-8	3	3	1.4	.79	Y	1648	FL	42	3.0-16.0	975	4	3	Fog, Alfo, DC, CO2	178	3	7, 3	2	3	3	K5. TLV 40 ppm
Ethanesulfonyl Chloride	594-44-5		3	4.5	1.4	S						3	3	DC, CO2	351	3		2	3	3	K2.
Ethanethioic Acid	507-09-5	3	2	2.6	1.1	Y	2436	CO		2.8-18.2	570	4	3	Fog, Alfo, DC, CO2	199	2	2	2	2	2	K2. Foul odor.
Ethanethiol	75-08-1	3	2	2.1	.84	N	2363	FL	<0			4	3	Foam, DC, CO2	97	2	7, 2, 11	2	3	2	K2. Odorant. Skunk odor.
Ethanethioic Acid	507-09-5	3	2	2.6	1.1	Y	2436	FL	103			4	3	Fog, Alfo, DC, CO2	199	2	2	2	2	2	K2. Foul odor.
Ethanoic Acid	64-19-7	3	2	2.1	1.1	Y	2789	CO	103	5.4-16.0	867	3	3	Fog, Foam, DC, CO2	245	3	11, 12	2	4	3	K2. Pungent Odor. TLV 10 ppm
Ethanoic Anhydride	108-24-7	3	4	3.5	1.1	Y	1715	CO	120	2.7-10.3	600	3	4	No Water, CO2, DC	284	3	3, 3, 11	2	4	3	K2. Strong Odor, TLV 5 ppm
Ethanol (and Solutions)	64-17-5	2	2	1.6	.79	Y	1170	FL	55	3.3-19.0	685	1	3	Fog, Alfo, DC, CO2	173	2	2, 21	2	2	2	UCL: 70
Ethanolamine (and Solutions)	141-43-5	4	3	2.1	1.0	Y	2491	CO	185		770	3	3	Fog, Alfo, DC, CO2	339	3	14	3	4	3	Ammonia odor. TLV 3 ppm.
Ethanoyl Bromide	506-96-7	4		2.6	1.5		1716	CO				4	3	No Water, DC, CO2	170	5	13, 8	3	4	3	K2. K16. Yellow Fumes.
Ethanoyl Chloride	75-36-5	4		2.7	1.1		1717	CO	40	5.0-	734	4	3	No Water, DC, CO2	124	5	13, 8	3	4	3	K16. K7
Ethanoyl iodide	507-02-8	4		5.8	2.1		1898	CO				4	0	No Water	226	4	16, 8	2	4	3	K2. K16. Brown liquid. NCF
Ethanoyl Peroxide	110-22-5	3	4	4.0	Sol	S	2084	OP				3	4	Fog, Flood, DC, CO2		2	16, 9, 5, 3	3	3	3	Refrigerate <-80°. Organic Peroxide.
Etching Acid (Liquid)		4		>1.	Liq	Y	1790	CO				1	1	Fog, Alfo, DC, CO2		3		4	4	3	K19. May react w/water.
Ethene (Also: Etherin)	74-85-1	2	1	.98	Gas	N	1962	FG		2.7-36.0	842	2	4	Fog, DC, CO2, Stop Gas		2	2	4	2	1	Sweet odor. Avoid halons.
Ethenone	463-51-4	4	3	1.4	Gas							2	4	Stop Gas		3	1	4	4	3	K9. Decomposes in water. TLV <1 ppm.
Ethenyl Ethanoate	108-05-4	2	2	3.0	.93	S		FL	18	2.6-13.4	756	2	3	Fog, Alfo, DC, CO2	161	2	22, 2	2	2	2	
Ethenyloxyethene	109-93-3	3	2	2.4	.77	N	1167	FL	-22	1.9-27.0	680	3	3	Fog, Foam, DC, CO2	102	3	2	3	2	2	K10. Keep dark.
Ethephon (Common name)		3	3	>1.	Liq	Y						3	3	Foam, DC, CO2		3		1	3	13	K12.
Ether	60-29-7	2	2	2.5	.71	S	1155	FL	-49	1.9-36.0	320	2	2	Fog, Alfo, DC, CO2	94	2	3, 21	3	2	2	K10. Sweet odor. ULC: 100
Ethers (General)				>1.	Liq								3			3	1	2	2	13	K10. Usually flammable.
Ethide	594-72-9	3	3	5.0	1.4	S	2650	PB	136			4	2	Fog, Foam, DC, CO2	255	3	2	1	3	3	TLV 2 ppm. Unpleasant odor.
Ethine	74-86-2	2	2	.91	Gas	Y	1001	FG		2.5-100.0	581	3	4	Stop Gas, Fog, CO2, DC	-118	2	2	4	2	11	K9, K2. Garlic odor.
Ethinyl Trichloride	79-01-6	2	2	4.5	1.5	N	1710	OM	90	12.5-90.0	788	3	1	Fog, Foam, DC, CO2	188	1	21	1	2	11	K2. Chloroform odor. TLV 50 ppm.
Ethiol (Trade name)	563-12-2	4	4	13.	1.2	S	2783	PB				4	0	Foam, DC, CO2		3	11	1	4	12	K2, K12. NCF.
Ethion (Common name)	563-12-2	4	4	13.	1.2	S	2783	PB				4	0	Foam, DC, CO2		3	11	1	4	12	K2, K12. NCF.

(134)

Chemical Name	CAS	Tox L	Tox S	Vap Den.	Spec Grav.	Wat Sol.	DOT Number	Cl	Flash Point	Flamma. Limit	Ign. Temp.	Disa. Am	Disa. Fire	Extinguishing Information	Boil Point	F	R	E	S	H	Remarks
Ethoxy Chloromethane	3188-13-4	4		>1.	Liq		2354	FL	-2			4	3	Fog, Alfo, DC, CO2		2	2	2	3		K2.
2-Ethoxy Dihydropyran	103-75-3	2	2	4.4	1.0	N			111			2	3	Fog, Foam, DC, CO2	289	3	1	1	3	2	
Ethoxy Ethene	109-92-2	2	2	2.5	.76	N	1302	CL	<-50	1.7-28.0	395	2	3	Alfo, DC, CO2	97	2	2	2	3	2	K9, K10.
Ethoxy Methylchloride	3188-13-4	4		>1.	Liq		2354	FL	-2			4	3	Fog, Alfo, DC, CO2		3	2	2	3		K2.
3-Ethoxy-1-Propanol	111-35-3	3		3.6	Liq							2		Foam, DC, CO2		3		1	3		
4-Ethoxy-2-Methyl-3-Butyn-2-Ol	2041-76-1			4.5	Liq							2	4			3	14, 16	3	3		Can explode >239°.
1-Ethoxy-2-Propyne	628-33-1			2.9	Liq							2	4			6	17	3	3		K10 in air → explodes @ 176°. Explodes.
2-Ethoxy-3,4-Dihydro-2-Pyran	103-75-3	2	2	4.4	1.0	N			111			2	2	Fog, Foam, DC, CO2	289	3	1	1	3	2	
2-Ethoxy-3,4-Dihydro-2H-Pyran	103-75-3	2	2	4.4	1.0	N			111			2	2	Fog, Foam, DC, CO2	289	3	1	1	3	2	
5-Ethoxy-3-Trichloromethyl-1,2,4-Thiadiazole	2593-15-9			4.5	1.5	N						4	0	DC, CO2		3		1	3		K12.
Ethoxy-4-Nitrophenoxyphenylphosphine Sulfide	2104-64-5	4	4	8.7	Cry	N						4	0	Foam, DC, CO2		3		1	4	5, 9, 12	K12. Melts @ 97°. NCF.
Ethoxyacetylene	927-80-0	2		2.4	.80	N			19			2	3	Fog, Foam, DC, CO2	124	2	1	2	3	2	Can explode >212°.
Ethoxybenzene	103-73-1	2	2	4.2	.97	N			145			2	2	Fog, Foam, DC, CO2	342	3	1	1	3		K10.
Ethoxydiethyl Aluminum	1586-07-3			4.5	Liq							2	3	CO2		2	1	2	2		K11. Pyrotoric.
Ethoxydiisobutylaluminum	15769-72-9			6.5	Liq							2	3	CO2		2	1	2	2		K11. Pyrotoric.
2-Ethoxyethanol	110-80-5	2	3	3.1	.94	Y	1171	CL	110	1.7-15.6	455	2	2	Fog, Alfo, DC, CO2	275	3	1	1	3	2	
Ethoxyethanol	110-80-5	2	3	3.1	.94	Y	1171	CL	110	1.7-15.6	455	2	2	Fog, Alfo, DC, CO2	275	3	1	1	3	2	
ß-Ethoxyethyl Acetate	111-15-9	2	2	4.7	.98	S	1172	CL	117	1.7-	715	2	2	Fog, Alfo, DC, CO2	313	3	1	1	3	2	Pleasant odor.
Ethoxyethyl Acetate	111-15-9	2	2	4.7	.98	S	1172	CL	117	1.7-	715	2	2	Fog, Alfo, DC, CO2	313	3	1	1	3	2	Pleasant odor.
2-Ethoxyethyl actate	111-15-9	2	2	4.7	.98	S	1172	CL	117	1.7-	715	2	2	Fog, Alfo, DC, CO2	313	3	1	1	3	2	Pleasant odor.
Ethoxyethyne	927-80-0	2		2.4	.80	N			19			2	3	Fog, Foam, DC, CO2	124	2	1	2	3	2	Can explode >212°.
Ethoxymethane	540-67-0	3	3	2.1	.73	Y	1039	FL	-35	2.0-10.1	374	2	4	Fog, Foam, DC, CO2	52	2	2	3	2	13	K10.
3-Ethoxypropanal	63918-98-9	3	2	3.6	.92	Y			100			2	3	Fog, Foam, DC, CO2	275	3	1	1	3	9, 2	
1-Ethoxypropane	628-32-0	2	2	3.0	.80	Y	2615	FL	<-4	1.7-9.0		2	3	Alfo, DC, CO2	147	3	1	2	2	2	K10.
Ethoxypropane	628-32-0	2	2	3.0	.80	Y	2615		<-4	1.7-9.0		2	3	Alfo, DC, CO2	147	3	1	2	2	2	
3-Ethoxypropionaldehyde	63918-98-9	3	2	3.6	.92	Y			100			2	3	Fog, Foam, DC, CO2	275	3	1	1	3	9, 2	
3-Ethoxypropionic Acid	1331-11-9	3		4.1	1.1	Y			225			2	1	Fog, Alfo, DC, CO2	426	3	1	1	3	2	
Ethoxypropylacrylate	1331-11-9	3		4.1	1.1	Y			225			2	1	Fog, Alfo, DC, CO2	426	3	1	1	3	2	
Ethoxytriglycol	64050-15-3	3	2	5.5	Liq							2		Foam, DC, CO2	492	3		1	3	2	
Ethoxytrimethylsilane	1825-62-3	3		4.1	Liq	Y	1249	S	275			2	1	Foam, DC, CO2	169	3	1	1	3	2	Can ignite if heated. Combustible.
Ethyl Acetanilide	529-65-7	2	2	5.6	Cry	N			126			3	2	Fog, Foam, DC, CO2	496	1	1	1	3	2	K2. Melts @ 129°.
N-Ethyl Acetanilide	529-65-7	2	2	5.6	Cry	N			126			3	2	Fog, Foam, DC, CO2	496	1	1	1	3	2	K2. Melts @ 129°.
Ethyl Acetate	141-78-6	3	3	3.0	.90	S	1173	FL	24	2.0-11.5	800	2	3	Fog, Alfo, DC, CO2	171	2	3	2	3	11	Fragrant Odor, ULC 90
Ethyl Acetic Acid	107-92-6	3	3	3.0	.96	Y	2820	CO	161	2.0-10.0	830	2	2	Fog, Alfo, DC, CO2	326	3	1	2	3	3	
Ethyl Acetoacetate	141-97-9	3		4.5	1.0	Y			135	1.4-9.5	563	3	1	Fog, Alfo, DC, CO2	356	3	12	1	3	3	K2, Fruity Odor
Ethyl Acetoacetate	141-97-9	3		4.5	>1.	Y			135	1.4-9.5	563	3	1	Fog, Alfo, DC, CO2	356	3	12	1	3	3	
Ethyl Acetone	107-87-9	2	2	3.0	.82	S	1249	FL	45	1.5-8.2	846	3	2	FOG, ALFO, DC, CO2	216	3	2	2	3	2	TLV 200 ppm.
Ethyl Acetyl Acetate	141-97-9	3		4.5	1.0	Y			135	1.4-9.5	563	3	1	Fog, Foam, DC, CO2	356	3	12	1	3	3	K2, Fruity Odor
Ethyl Acetyl Glycolate	112-50-5			5.0	1.1	N			180			3	3	Fog, Foam, DC, CO2	365	1	1	1	2	2	
Ethyl Acetylacetonate	141-97-9	3	3	4.5	1.0	Y			135	1.4-9.5	563	3	2	Fog, Alfo, DC, CO2	356	3	12	1	3	2	K2, Fruity Odor

(135)

Chemical Name	CAS	Tox L	Tox S	Vap Den	Spec Grav.	Wat Sol	DOT Number	Cl	Flash Point	Flamma. Limit	Ign. Temp.	Disa Atm	Disa Fire	Extinguishing Information	Boil Point	F	R	E	S	H	Remarks
Ethyl Acrylate (Inhibited)	140-88-5		3	3.5	.94	S	1917	FL	60	1.8-		1	3	Fog, Alfo, DC, CO2	212	3	3, 14	2	3	2	Acrid odor.
Ethyl Alcohol (100%)	64-17-5	2	1	1.6	.79	Y	1170	FL	55	3.3-19.0	685	2	3	Fog, Alfo, DC, CO2	173	2	2, 21	2	2	2	UCL: 70
Ethyl Alcohol (20% in water)		1	1	>1.	.96	Y	1170	FL	97			2	3	Fog, Alfo, DC, CO2		2	2	2	2	2	
Ethyl Alcohol (50% in water)		2	1	>1.	.89	Y	1170	FL	75			2	3	Fog, Alfo, DC, CO2		2	2	2	2	2	
Ethyl Alcohol (80% in water)		2	2	>1.	.83	Y	1170	FL	68			2	3	Fog, Alfo, DC, CO2		2	2	2	2	2	
Ethyl Aldehyde	75-07-0		3	1.5	.78	Y	1089	FL	-36	4.1-57.0	347	3	3	Fog, Alfo, DC, CO2	69	3	11	3	3	10, 2	K2, Fruity Odor. TLV 100 ppm
Ethyl Aluminum Dichloride		3	3	8.5	1.2		1924					4	3	No Water, No Halon	381	5	10	2	3	2	K2, K11, K16. Pyroforic.
Ethyl Aluminum Sesquichloride	2938-73-0			10.	Liq							3	3	CO2		2	2	2	3	2	K11. Pyroforic.
2-Ethyl Amino Ethanol			3	3.1	1.1		1925	FL	-4			4	3	No Water, No Halon	297	5	10	2	3	2	K11. Pyroforic.
Ethyl Amino Ethanol	110-73-6	2	3	3.1	.92	Y			160			3	2	Fog, Alfo, DC, CO2	322	3	2	1	3	2	K2.
Ethyl Amino Ethanol	110-73-6			3.1	.92	Y			160			3	2	Fog, Alfo, DC, CO2	322	3	2	1	3	2	K2.
Ethyl Amyl Ketone	541-85-5	3		4.5	.82	Y	2271	CL	138			2	2	Fog, Alfo, DC, CO2	315	3	1	1	3	11	Fruity odor.
Ethyl Azide	871-31-8			2.5	Var							3	4			6	17	5	2		K3, K20. Sensitive explosive.
Ethyl Azidoformate	817-87-8			4.0	Var							3	4			6	17	5	2		K3. Explodes @ 237°.
Ethyl Benzoate	93-89-0	2	3	5.2	1.1	N			190		914	2	1	Fog, Foam, DC, CO2	414	3	1	1	3	2	
Ethyl Benzyl Aniline	92-59-1	3	3	7.3	1.0	N			284		932	4	1	Fog, Alfo, DC, CO2	594	3	1	1	3		K2.
1,2-Ethyl Bis-Ammonium Perchlorate	15718-71-5			9.1	Sol							3	4			6	17	5	2		Explosive. More powerful than TNT.
Ethyl Borate	34099-73-5			5.0	.86		1176	FL	52				3	DC, CO2, No Water	248	5	9, 2	2	2	3	
Ethyl Bromide	74-96-4	3	3	3.7	1.5	N	1891	PB	<-4	6.7-11.3	952	4	2	Fog, Foam, DC, CO2	100	3	8, 2	3	3	13	K2. Volatile. TLV 200 ppm.
Ethyl Bromoacetate	105-36-2	3	3	5.8	1.5	N	1603	PB	118			4	2	Fog, Foam, DC, CO2	318	3	8, 11	1	3	5, 2	Blanket.
Ethyl Bromoethanoate	105-36-2	3	3	5.8	1.5	N	1603	PB	118			4	2	Fog, Foam, DC, CO2	318	3	8, 11	1	3	5, 2	Blanket.
Ethyl Bromophos	4824-78-6	3	4	13.	Liq	N						4	2	Foam, DC, CO2	252	3	2	1	3	12, 9	K2, K12.
Ethyl Butanoate	105-54-4	2	4	4.0	.88	Y	1180	FL	75		865	2	3	Fog, Alfo, DC, CO2	248	2	2	2	3	11, 1	Pineapple odor.
2-(2-Ethyl Butoxy) Ethanol	4468-93-3	2		5.0	.90	Y			180			2	2	Fog, Foam, DC, CO2	392	3	1	4	2	2	
3-(2-Ethyl Butoxy) Propionic Acid	10213-74-8		3	6.0	.96	N			280			2	1	Fog, Foam, DC, CO2	392	3	2	1	2	2	
Ethyl Butyl Carbamate	591-62-8			5.0	.9	N			197			3	2	Fog, Foam, DC, CO2	396	3	1	1	3		
Ethyl Butyl Ether	628-81-9	2		3.5	.75	N	1179	FL	40			2	2	Fog, Alfo, DC, CO2	198	2	2	2	2	2	K10.
2-Ethyl Butyl Glycol		1		5.0	.90				180			2	2	Fog, Foam, DC, CO2	386	1	1	1	3	2	TLV 50 ppm
Ethyl Butyl Ketone	106-35-4	3	3	3.9	.83	N		CL	-15			2	2	Fog, Foam, DC, CO2	298	3	20, 2, 11	1	3	2	K2, K11. Pyroforic.
Ethyl Cacodyl		4	4	9.2	1.1							4	3	DC, CO2	367	3		2	4	9	
Ethyl Caproate	123-66-0	2	2	5.0	.88	N	1177	CL	130			2	3	Fog, Foam, DC, CO2	324	1	1	2	2	2	Mild odor.
Ethyl Caprylate	106-32-1	3	2	6.0	.87	N			175			1	2	Fog, Foam, DC, CO2	405	1	1	1	2	2	Pineapple odor.
Ethyl Carbinol	71-23-8	3	2	2.1	.80	Y	1274	FL	74	2.1-13.5	700	2	3	Fog, Alfo, DC, CO2	207	2	2	1	2	2	TLV 200 ppm. Alcohol odor. ULC: 60
Ethyl Carbonate	105-58-8	2	2	4.1	.98	N	2366	FL	77			2	3	Fog, Foam, DC, CO2	259	2	2	2	2	10	K2.
Ethyl Carbonazidate	817-87-8			4.0	Var							3	4			6	17	5	2		K3. Explodes @ 237°.
Ethyl Chloride	75-00-3	2	2	2.2	.92	N	1037	FL	-58	3.8-15.4	996	4	3	Fog, Foam, DC, CO2	54	6	2, 8	5	2		TLV 1000 ppm. RW active metals. Ether odor. Note: Boil pt.
Ethyl Chloroacetal				5.4	1.0	N			117			4	2	Fog, Foam, DC, CO2	295	1	1	2	2		Pleasant odor.
Ethyl Chloroacetate	105-39-5	2	3	4.3	1.2	N	1181	PB	100			4	2	Fog, Foam, DC, CO2	293	3	2, 8	2	3	3	K2. Fruity odor.
Ethyl Chlorobenzene	1331-31-3	2	2	4.8	1.1	N			147			4	2	Fog, Foam, DC, CO2	364	1	2	1	2	2	
Ethyl Chlorocarbonate	541-41-3	4	3	3.7	1.1	N	1182	FL	≤6		932	4	3	Foam, DC, CO2	201	3	8, 2, 9	2	4	2	K2.

(136)

Chemical Name	CAS	Tox L	Tox S	Vap Den	Spec Grav	Wat Sol	DOT Number	DOT Cl	Flash Point	Flamma. Limit	Ign. Temp.	Disa. Atm	Disa. Fire	Extinguishing Information	Boil Point	F	R	E	S	H	Remarks
Ethyl Chloroethanoate	105-39-5	2	3	4.3	1.2	N	1181	PB	100			4	2	Fog, Foam, DC, CO2	293	3	2, 8	2	3	3	Fruity odor. K2.
Ethyl Chloroformate	541-41-3	4	4	3.7	1.1		1182	FL	36		932	4	3	Foam, DC, CO2	201	3	8, 2, 9	2	4	2	K2.
Ethyl Chloromethanoate	541-41-3	4	4	3.7	1.1		1182	FL	36		932	4	3	Foam, DC, CO2	201	3	8, 2, 9	2	4	2	K2.
Ethyl Chloropropionate		2	2	>1.	1.4			FL	36				3	Foam, DC, CO2		2	1	2	3		Flammable.
Ethyl Chlorosulfonate		3	4	5.0	1.4	W	2935	FL				4	0	Foam, DC, CO2	307	3		1	4	2	K7, K16. NCF.
Ethyl Chlorothioformate	2812-73-9	3	3	4.4	Liq		2826	CO				4		DC, CO2		3		1	3	2	K2.
Ethyl Chlorothiolformate	2812-73-9	3	3	4.4	Liq		2826	CO				4		DC, CO2		3		1	3	2	K2.
Ethyl Crotonate	623-70-1	3	2	3.9	Sol		1862	FL	36			2	3	Fog, Foam, DC, CO2	408	2	2	2	3	2	Melts @ 113°. Strong odor.
Ethyl Cyanide	107-12-0	3	4	1.9	.78	Y	2404	FL	36			4	1	Fog, Foam, Alfo, DC, CO2	207	2		2	3	9	K5, K24. Ether odor.
Ethyl Cyanoacetate	105-56-6	3	3	3.9	1.1	S	2666	PB	230	3.1-		4	1	Foam, DC, CO2	403	3	7, 1, 11	1	3	9	K5.
Ethyl Cyanoethanoate	105-56-6	3	3	3.9	1.1	S	2666	PB	230			4	1	Foam, DC, CO2	403	3	7, 1, 11	1	3	9	K5.
Ethyl Cyclobutane		2	1	2.9	.73	N		FL	<4	1.2-7.7	410	2	3	Fog, Foam, DC, CO2	160	2	2	2	2	1	
Ethyl Cyclohexane		2	1	3.9	.79	N		FL	95	9.6-6.6	460	4	3	Fog, Foam, DC, CO2	269	2	2	1	2	2	
S-Ethyl Cyclohexylethylthiocarbamate	1134-23-2	2		7.5	1.0	S						4	0	Foam, DC, CO2		3		1	2	2	K2, K12. NCF.
Ethyl Cyclopentane	1640-89-7	2		3.4	.80			FL	<70	1.1-6.7	500	2	3	Fog, Foam, DC, CO2	218	2	2	2	2	1	
Ethyl Cyclopropane	1191-96-4			2.4	Liq				<50			2	3	Foam, DC, CO2		2	2	1	2	2	
Ethyl Decaborane	26747-87-5	4		5.2	Liq									Foam, DC, CO2		3		1	2	4	
Ethyl Diazoacetate	623-73-4			3.9	1.1							3	4		284	6	16	3	2	2	Can explode when heated.
Ethyl Diazoethanoate	623-73-4			3.9	1.1							3	4		284	6	16	3	2	2	Can explode when heated.
Ethyl Diethoxyphosphoryl Acetate	867-13-0	3		7.8	Liq									Foam, DC, CO2		3		3	2	3	K2.
Ethyl Dimethyl Methane	78-78-4	2	2	2.5	.62	N	1265	FL	-70	1.4-7.6	788	2	4	Fog, Foam, DC, CO2	82	3	2	3	3	10	
Ethyl Dimethylamidocyanophosphate	77-81-6	4	4	5.6	1.4	Y		PB	172			4	2	Fog, Foam, DC, CO2	464	3	1	4	4	12, 5, 8	H6. Nerve Gas.
Ethyl Ethanedioate	95-92-1	3		5.0	1.1	S	2525	PB	168			2	3	Fog, Foam, DC, CO2	365	3		2	3	9	
Ethyl Ethaneoate	141-78-6	3	3	3.0	.90	S	1173	FL	24	2.0-11.5	800	2	3	Fog, Foam, Alfo, DC, CO2	171	2	3	2	3	11	Fragrant Odor, ULC 90
Ethyl Ethanoate	141-78-6	3	3	3.0	.90	S	1173	FL	24	2.0-11.5	800	2	3	Fog, Foam, Alfo, DC, CO2	171	2	3	2	3	11	Fragrant Odor, ULC 90
N-Ethyl Ethanolamine		2	2	3.0	.92	Y			160			2	2	Fog, Foam, Alfo, DC, CO2	322	1	1	1	2	2	Amine odor.
Ethyl Ethanolamine		2	2	3.0	.92	Y			160			2	2	Fog, Foam, Alfo, DC, CO2	322	1	1	1	2	2	Amine odor.
Ethyl Ethanolamine-1		2	2	3.0	.92	Y			160			2	2	Fog, Foam, Alfo, DC, CO2	322	1	1	1	2	2	Amine odor.
Ethyl Ether	60-29-7	2	2	2.5	.71	S	1155	FL	-49	1.9-36.0	320	2	3	Fog, Foam, Alfo, DC, CO2	94	2	3, 21	3	2	13	K10. Sweet odor. ULC: 100
Ethyl Fluid	78-00-2	3	3	11.	1.7		1649	PB	200			3	2	Fog, Foam, DC, CO2	388	3	2	2	3	5	K24, K22, K2.
Ethyl Fluoride	353-36-6	2	1	1.7	Gas		2453	FG				3	4	Stop Gas, Fog, DC, CO2	-36	2	1	4	2		K2. Flammable.
Ethyl Fluoroformate				3.2	1.1							4	3	Fog, Foam, DC, CO2	135	3		1	1	3	K2.
Ethyl Fluorosulfate	371-69-7	4		4.5	Liq							4	3			6	17	5	2	2	Explodes @ 70°.
Ethyl Fluorosulfonate		4	4	4.4	Liq							2	2	Fog, Foam, DC, CO2		3		2	2	4	K2.
Ethyl Formate (ortho)	109-94-4	2	2	2.6	.92	N	1190	FL	-4	2.8-16.0	851	2	3	Fog, Foam, DC, CO2	130	2	2	2	2	10	Fruity odor. TLV 100 ppm.
Ethyl Formate		2	2	5.1	.90		1190	FL	86			2	3	Fog, Foam, DC, CO2	291	2		2	2		
Ethyl Formyl Propionate	111-15-9	3		4.5	1.1	S			200			3		Fog, Foam, DC, CO2	376	3		1	3	9	Pleasant odor.
Ethyl Glycol Acetate	2642-71-9	4	2	4.7	.98	S	1172	CL	117	1.7-	715	3	1	Foam, DC, CO2	313	3	1	1	4	12	K2, K12, K24. Melts @ 127°.
Ethyl Guthion	2212-67-1	4		12.	Cry		2783	PB				4		Foam, DC, CO2							K2, K12.
sec-Ethyl Hexahydro-1H-Azepine-1-Carbothioate				6.5	1.1																
Ethyl Hexanoate	123-66-0	2	2	5.0	.88	N	1177	CL	130			2	2	Fog, Foam, DC, CO2	324	1	1	1	1	2	Mild odor.
Ethyl Hexylchloroformate		4	3	>1.	Liq		2748	PB					4	Foam, DC, CO2		3		1	1	4	K2.

(137)

Chemical Name	CAS	Tox L	Tox S	Vap Den	Spec Grav	Wat Sol	DOT Number	DOT Cl	Flash Point	Flamma. Limit	Ign. Temp.	Disa Atm	Disa Fire	Extinguishing Information	Boil Point	F	R	E	S	H	Remarks
Ethyl Hexylene Glycol	94-96-2			5.0	.94	N			260			2	2	Foam, DC, CO2	469	3	1	1	3	2	
Ethyl Hydride	74-84-0	1	1	1.	Gas	N	1035	FG		3.0-12.5	959	2	4	DC, CO2, Stop Gas	-127	2	2	4	2	1	Odorless gas. RVW chlorine.
Ethyl Hydrogen Sulfate	3031-74-1			2.2	Var							2	4			6	17	2	2		Explodes.
Ethyl Hydroperoxide	540-82-9	4	4	4.3	1.3	S	2571	CO				4		Foam, DC, CO2		3	5	2	4	16	K2. Oily liquid.
Ethyl Hydroperoxide	3031-74-1			2.2	Var							2	4			6	17	4	2		Explodes.
Ethyl Hydrosulfide	75-08-1	3	3	2.1	.84	N	2363	FL	<0	2.8-18.2	570	4		Foam, DC, CO2	97	3	7, 2, 11	2	3	2	K2. Odorant. Skunk odor.
Ethyl Hypochlorite	624-85-1			2.8								3	4			6	16	4	2		Unstable. Explodes. RXW copper. Keep dark.
Ethyl Iodide	75-03-6	2		5.4	1.9	N						4	2	Alfo, Foam, DC, CO2	162	3	8, 2	1	3	10	K2. RVW silver chlorite.
Ethyl Iodoacetate	623-48-3		3	7.4	1.8							4	3	Foam, DC, CO2	354	3	8, 11	1	2	2	K2.
Ethyl Isobutanoate	97-62-1	2	2	4.0	.87	S	2385	FL	<64			2	3	Fog, Foam, DC, CO2	230	2	2	2	2		Fruity odor.
Ethyl Isobutyrate	97-62-1	2	2	4.0	.87	S	2385	FL	<64			2	3	Fog, Foam, DC, CO2	230	2	2	2	2		Fruity odor.
Ethyl Isocyanate	109-90-0	3	3	2.4	.90		2481	FL	<73			3	3	Foam, DC, CO2	140	2	1	2	3	2	K3.
Ethyl Isocyanide	624-79-3	4		1.9	.74	Y						4		Alfo, DC, CO2	174	3		1	4		K5. May be combustible.
Ethyl Isonitrile	624-79-3	4		1.9	.74	Y						4		Alfo, DC, CO2	174	3		1	4		K5. May be combustible.
Ethyl Isopropyl Fluorophosphonate		4		4.8	Liq							3		Foam, DC, CO2		3		1	4		K2.
Ethyl Isothiocyanate	97-64-3	2		5.4	1.3	N			221			4	1	Fog, Foam, DC, CO2	268	3	1	1	4	8	K2.
Ethyl Lactate	128-53-0	2	2	4.1	1.0	Y	1192	CL	-15	1.5-	752	2	2	Fog, Alfo, DC, CO2	309	1	1	1	2		ULC: 35
N-Ethyl Maleimide				4.3	Cry							4		Foam, DC, CO2		1		1	2	7	Melts @ 113°. → tear gas.
Ethyl Malonate	105-53-3	2	2	5.5	1.1	N			200			2	3	Fog, Foam, DC, CO2	388	1	1	1	2	2	Sweet odor.
Ethyl Mercaptan	75-08-1	3	3	2.1	.84	N	2363	FL	<0	2.8-18.2	570	4	3	Fog, Foam, DC, CO2	97	3	7, 2, 11	2	3	2	K2. Odorant. Skunk odor.
Ethyl Methacrylate	97-63-2	2	3	3.9	.91	N	2277	FL	58	1.8-		2	3	Fog, Foam, DC, CO2	246	2	2	2	2		
Ethyl Methanoate	109-94-4	2	2	2.6	.92	N	1190	FL	-4	2.8-16.0	851	2	3	Fog, Foam, DC, CO2	130	2	2	2	2	10	Fruity odor. TLV 100 ppm.
Ethyl Methyl Acrylate	97-63-2	2	3	3.9	.91	N	2277	FL	68	1.8-		2	3	Fog, Foam, DC, CO2	246	2	2	2	2	2	
Ethyl Methyl Carbinol	78-92-2	3	3	2.6	.81	Y	1120	FL	75	1.7-9.8	761	2	3	Fog, Alfo, DC, CO2	201	3	1	2	3	2	
Ethyl Methyl Ether	540-67-0	3	2	2.1	.73	Y	1039	FL	-35	2.0-10.1	374	2	4	Fog, Alfo, DC, CO2	52	2	2	3	2	13	K10. Strong odor. TLV 100 ppm.
Ethyl Methyl Ketone	78-93-3	2	3	2.4	.81	Y	1193	FL	-6	1.4-11.4	759	2	3	Fog, Alfo, DC, CO2	176	2	2	3	2	2	ULC: 90 Acetone odor. TLV 200 ppm.
Ethyl Methyl Ketone Peroxide	1338-23-4	3	3	6.2	1.1	N	2550	OP	122			2	3	Fog, Flood		3	16, 3, 4, 23	3	3		SADT: 226°. Technical is R17. Organic peroxide.
Ethyl Methyl Ketone Peroxide (<60% in solution)		3	3	3.0	Liq	N	2127	OP				2	3	Fog, Flood		3	16, 3, 4, 23	2	3		Organic peroxide.
Ethyl Methyl Ketoxime	96-29-7			3.0	Liq							3	3	Fog, Foam, DC, CO2		2	16	3	2		K2. May explode if heated.
Ethyl Methyl Peroxide	70299-48-8	4	4	2.7	Liq							2	4			6	17	5	4		K3. Explosive.
Ethyl Methylene Phosphorodithioate	563-12-2	4		13.	1.2	S	2783	PB				4	0	Foam, DC, CO2		3	11	1	4	12	K2, K12. NCF.
4-Ethyl Morpholine	100-74-3	2	3	4.0	.92	Y			90			3	3	Fog, Alfo, DC, CO2	280	2	2	2	3	5, 2	K2. Ammonia odor. TLV 20 ppm.
Ethyl Morpholine	100-74-3	2	3	4.0	.92	Y			90			3	3	Fog, Alfo, DC, CO2	280	2	2	2	3	5, 2	K2. Ammonia odor. TLV 20 ppm.
Ethyl Mustard Oil		4	4	5.4	1.3	N						4	1	Fog, Foam, DC, CO2	268	3		1	4	8	K2.
Ethyl N-Morpholine	100-74-3	2	3	4.0	.92	Y			90			3	3	Fog, Alfo, DC, CO2	280	2	2	2	3	5, 2	K2. Ammonia odor. TLV 20 ppm.
Ethyl Nitrate	625-58-1	2	2	3.1	1.1	Y	1993	FL	50	3.8-		3	3	Fog, Foam, DC, CO2	190	2	16, 2	2	3		K2. Rocket fuel. Pleasant odor.
Ethyl Nitrile	75-05-8	3	3	1.4	.79	Y	1648	FL	42	3.0-16.0	975	4	3	Fog, Alfo, DC, CO2	178	2	7, 3	2	3	3	K5. TLV 40 ppm
Ethyl Nitrile	109-95-5	3		2.6	.90	N	1194	FL	-31	3.0-50.0	194	3	4	Fog, Foam, DC, CO2	63	2	16, 2, 14	3	2	11	K2. Ether odor. Can RXW heat.
Ethyl Octanoate	106-32-1	2	2	6.0	.87	N			175			2	2	Fog, Foam, DC, CO2	405	1		1	2		Pineapple odor.

(138)

Chemical Name	CAS	Tox L	Tox D	Vap Den	Spec Grav	Wat Sol	DOT Number	DOT Cl	Flash Point	Flamma. Limit	Ign. Temp.	Disa. Atm	Disa. Fire	Extinguishing Information	Boil Point	F	R	E	S	H	Remarks
Ethyl Octylate	106-32-1	2	2	6.0	.87	N			175			2	2	Fog, Foam, DC, CO2	405	1	2	1	2		Pineapple odor.
Ethyl Ortho Formate	122-51-0	2	3	5.1	.90	S			85			2	3	Fog, Foam, Alfo, DC, CO2	295	2	2	1	1		Pungent odor.
Ethyl Oxalate	95-92-1			5.0	1.1	N	2525	PB	168			2	2	Fog, Foam, DC, CO2	365	3	1	1	3	9	
Ethyl Oxide	60-29-7	2	3	2.5	.71	S	1155	FL	-49	1.9-36.0	320	2	3	Fog, Foam, Alfo, DC, CO2	94	2	3, 21	3	2	13	K10. Sweet odor. ULC: 100
Ethyl Pentaborane	28853-06-7			3.2	Liq								3	CO2		2			2		K11. Pyroloric.
Ethyl Perchlorate				4.4	Sol			EX				4	4			6	17	5	2		K3, K20. Highly explosive.
4-Ethyl Phenol		3		4.2	Cry	N			219			3	1	Fog, Foam, DC, CO2	426	3	1	1	1		Melts @ 115°.
p-Ethyl Phenol		3		4.2	Cry	N			219			3	1	Fog, Foam, DC, CO2	426	3	1	1	1		Melts @ 115°.
m-Ethyl Phenol		3		4.2	1.0	N						3	1	Fog, Foam, DC, CO2	417	3	1	1	2		Melts @ 115°.
Ethyl Phenyl Acetamide	529-65-7	2	2	5.6	Cry	N			126			3	2	Fog, Foam, DC, CO2	496	5	8, 1	1	1		K2. Possibly R10.
Ethyl Phenyl Dichlorosilane	1125-27-5	3	4	7.2	Liq		2435	CO				3	3	DC, CO2, No Water		1	2	1	2	16	K10
Ethyl Phenyl Ether	103-73-1			4.2	.97	N			145			2	2	Fog, Foam, DC, CO2	342	3	1, 11	1	3		K2
Ethyl Phenylamine	103-69-5	3	3	4.2	.96	S	2272	PB	185			4	3	Fog, Foam, DC, CO2	399	2	2, 14	2	2	5	K11, K23. R14 + Halogens. Pyrolorlc.
Ethyl Phosphine	593-68-0			2.1	1.0							4	4	Foam, DC, CO2	77			1	4		K2.
Ethyl Phosphonothioic Dichloride (Anhydrous)		3		6.2	Liq		1760	CO				4	4	Foam, DC, CO2		3					
Ethyl Phosphonous Dichloride (Anhydrous)	1498-40-4	3		4.6	Liq		2845	FL				4	3	DC, CO2, No Water		2	7	2	4	3	K23. Pyrolorlc.
Ethyl Phosphoro Dichloridate				5.7	1.1		1760	CO				4		No Water		3	8	1	4	16	K2, K16.
Ethyl Phosphorothioic Dichloride	1498-51-7			>1.	Liq		1760	CO				4		DC, CO2		2		1	4	16	K2.
Ethyl Phthalate	84-66-2	3		7.6	1.1	N			322	.7-	855	2	1	Fog, Foam, DC, CO2	565	3	1	3	1	11, 2, 3	K12.
1-Ethyl Piperidine	766-09-6			4.0	Liq		2386	FL	66			3	3	Fog, Foam, DC, CO2		2	2	2	2	2	K2.
Ethyl Piperidine	766-09-6			4.0	Liq		2386	FL	66			3	3	Fog, Foam, DC, CO2		2	2	2	2	2	K2.
Ethyl Propenoate	140-88-5		3	3.5	.94	S	1917	FL	60	1.8-		3	3	Fog, Foam, Alfo, DC, CO2	212	3	3, 14	2	3	2	Acrid odor.
Ethyl Propenyl Ether	928-55-2			3.0	.80				54	1.9-11.0	824	2	3	Fog, Foam, DC, CO2	158	2	2	2	2		Pineapple odor.
Ethyl Propionate	105-37-3	2	2	3.5	.90	N	1195	FL	55	1.6-8.0	842	2	3	Fog, Foam, Alfo, DC, CO2	210	2	2	2	2		TLV 200 ppm. Acetone odor.
Ethyl Propionyl	96-22-0	2	2	2.9	.82	Y	1156	FL	<4	1.7-9.0		2	3	Fog, Alfo, DC, CO2	214	2	2	1	2		
Ethyl Propyl Ether	628-32-0	2	2	3.0	.80		2615	FL	57	1.0-8.0		2	3	Alfo, DC, CO2	147	2	2	1	2		K10.
Ethyl Propyl Ketone	589-38-8			3.5	.81							2	3	Foam, DC, CO2	255	3	1	1	4	9, 12	
O-Ethyl Propylthiocarbamate	55365-87-2	3		5.1	Liq								4	Foam, Foam, DC, CO2		3	1	1	4	3, 9, 12	K2, K12, K24.
Ethyl Pyrazinyl Phosphorothioate	237-97-2	4		8.7	1.5	S							4	Fog, Foam, DC, CO2		3	8	1	3	11, 2	K2, K12, K24.
Ethyl Silicate	78-10-4	2	3	7.2	.93		1292	CL	125			1	2	Fog, Foam, DC, CO2	329	3	2	2	3		K2. Pyrolorlc.
Ethyl Sodium	676-54-0			1.8	Pdr							3	3	DC, CO2		2		2	1		Ether odor.
Ethyl Sulfate	64-67-5	4		5.3	1.2		1594	PB	220			3	4	Foam, Foam, DC, CO2	97	2	8, 1	1	3	2	K2. Odorant. Skunk odor.
Ethyl Sulfhydrate	75-08-1	3		2.1	.84	N	2363	FL	<0	2.8-18.2	570	4	3	Foam, Foam, DC, CO2	97	2	7, 2, 11	2	3	2	K2. Odorant. Skunk odor.
Ethyl Sulfide	352-93-2	3		3.1	.84	S	2375	FL	14			4	3	Foam, Foam, DC, CO2	198	2	7, 2, 11, 24	2	3	2	K2. Garlic odor.
Ethyl Tetraphosphate	757-58-4	4		17.	1.3		1611	PB				3	1	Foam, Foam, DC, CO2		3		1	4	9	K2, K12.
Ethyl Thioalcohol	75-08-1	3		2.1	.84	N	2363	FL	<0	2.8-18.2	570	4	3	Foam, Foam, DC, CO2	268	3	7, 2, 11	1	4	8	K2. Odorant. Skunk odor.
Ethyl Thiocarbimide		4		5.4	1.3	N			221			4	1	Foam, Foam, DC, CO2		3		1	4		K2.
Ethyl Thiopyrophosphate	3689-24-5	4		11.	Liq	N	1704	PB					1	Foam, DC, CO2		3			1	9, 12	K2, K12.
p-Ethyl Toluidine	94-68-8	3		>1.	.95	N	2754	PB					1	Foam, DC, CO2		3			3		
o-Ethyl Toluidine	94-68-8	3		>1.	.95	N	2754	PB					1	Foam, DC, CO2		3			1	3	
m-Ethyl Toluidine	94-68-8	3		>1.	.95	N	2754	PB					1	Foam, DC, CO2		3			1	3	

(139)

Chemical Name	CAS	Tox L	Tox S	Vap Den.	Spec Grav.	Wat Sol	DOT Number	Cl	Flash Point	Flamma. Limit	Ign. Temp.	Disa. Atm	Disa. Fire	Extinguishing Information	Boil Point	F	R	E	S	H	Remarks
Ethyl Toluidine	94-68-8	3		>1.	.95	N	2754	PB					1	Foam, DC, CO2		3		1	3		
Ethyl Trichlorophenylethylphosphonate	327-98-0	3	4	12.	1.4							4		Foam, DC, CO2		3	8, 2, 5	1	4	9	K2, K12, K24.
Ethyl Trichlorosilane	115-21-9	4	3	5.6	1.2		1196	FL	72			4	3	Foam, DC, CO2	212	5		2	4	2	K7, K24.
Ethyl Vinyl Dichloro Silane	10138-21-3	2	3	5.4	Liq							3		DC, CO2		3		1	3	2	K2.
Ethyl Vinyl Ether	109-92-2	2		2.5	.76	N	1302	FL	<-50	1.7-28.0	395	3	3	Alfo, DC, CO2	97	3	22	3	4	2	K9, K10.
Ethyl Zinc	557-20-0			4.3	1.2		1366	FL				3	3	Graphite, No Halon, No Water		5	10, 2	2	4		Believed Toxic. Pyroforic.
Ethyl(Diethylphosphono)Acetate	867-13-0	3		7.8	Liq							3		Foam, DC, CO2		3		1	3		K2.
N-Ethyl(α-Methylbenzyl)Amine	10137-87-8		3	5.2	Var							3		Foam, DC, CO2		3		1	3	9	K2.
1-Ethyl-1,1,3,3-Tetramethyltetrazenium				8.1	Sol							3	4			6	17	4	2		Explosive.
2-Ethyl-1-Butanol	97-95-0			3.5	.83	N	2275	CL	135			2	3	Fog, Foam, DC, CO2	301	1	1	1	2		K2.
2-Ethyl-1-Butene	760-21-4	2	2	2.9	.69	N		FL	<-4		599	2	3	Fog, Alfo, DC, CO2	144	2	2	2	2		
2-Ethyl-1-Hexanol	104-76-7	2	3	4.5	.83	N			164	.9-9.7	448	2	2	Fog, Alfo, DC, CO2	359	3	2	1	2		
2-Ethyl-1-Hexene	1632-16-2	2		3.8	.73	N						2	1	Fog, Foam, DC, CO2	248	1	1	1	2		
4-Ethyl-1-Methloctylamine	10024-78-9	4		6.0	Var							2		Fog, Foam, DC, CO2		3		1	4	2	K2.
Ethyl-1-Propenyl Ether	928-55-2	2	2	3.0	.80				>19			2	3	Fog, Foam, DC, CO2	158	2	1	2	2		
3-Ethyl-2,3-Dimethyl Pentane	16747-33-4	2	2	4.4	.75				47		734	2	2	Fog, Foam, DC, CO2		3	2	2	3		
Ethyl-2,3-Epoxybutyrate	19780-35-9	3		4.5	Liq							2		Foam, DC, CO2		3		1	3		
2-Ethyl-2-(Hydroxymethyl)-1,3-Propanediol, Cyclic Phosphate	1005-93-2	4		6.2	Liq								3	Foam, DC, CO2		3		1	4	9	K2.
Ethyl-2-(Hydroxymethyl)Acrylate	10029-04-6	4		4.5	Liq							3		Foam, DC, CO2		3		1	4	2	
Ethyl-2-Azido-2-Propenoate	81852-50-8			4.9	Var							3	4			6	17	5	2		May explode when heated.
Ethyl-2-Chloropropionate		3	3	>1.	Liq		2935	FL				2	3	Foam, Alfo, DC, CO2		2	1	1	2		Flammable.
2-Ethyl-2-Hexenal	645-62-5	2		4.4	.85	N			155			2	2	Fog, Alfo, DC, CO2	347	2	1	1	3		Strong odor.
2-Ethyl-2-Hexenoic Acid	5309-52-4			5.0	.90	N						3		Foam, DC, CO2		3		1	2	2	
Ethyl-2-Hydroxypropionate	97-64-3	2	2	4.1	1.0	Y	1192	CL	115	1.5-	752	2	1	Fog, Foam, DC, CO2	309	1	1	1	2		ULC: 35
5-Ethyl-2-Methyl Propionate	97-62-1	2	2	4.0	.87	S	2385	FL	<64			2	3	Fog, Alfo, DC, CO2	230	2	2	2	2		Fruity odor.
5-Ethyl-2-Methyl Pyridine	104-90-5	2	2	4.2	.92	N	2300	CO	155	1.1-6.6		2	2	Fog, Alfo, DC, CO2	352	3	2	1	3	2	K2. Acrid odor.
7-Ethyl-2-Methyl-4-Hendecanol Sulfate Sodium Salt	139-88-8		3	11.	Cry	S						3		Foam, DC, CO2		3		1	3	2	K2.
5-Ethyl-2-Methylpiperidine	104-89-2	3		4.4	Liq							3		Fog, Foam, DC, CO2		3		1	3	2	K2.
Ethyl-2-Methylpropanoate	97-62-1	2		4.0	.87	S	2385	FL	<64			2	3	Fog, Foam, DC, CO2	230	2	2	2	2		Fruity odor.
1-Ethyl-2-Nitrobenzene	122-93-0			5.2	1.1							4		Oxidizer.		2	4, 3	1	2		Oxidizer.
2-(5-Ethyl-2-Pyridyl)Ethyl Acrylate		3		7.2	1.1			CL				2	2	Fog, Foam, DC, CO2		3	12	1	3	2	K2. Combustible.
5-Ethyl-2-Vinylpyridine	5408-74-2	2	3	4.7	Liq		2184	OP				3		Foam, DC, CO2		3		1	3		K2.
Ethyl-3,3-Di(tert-Butylperoxy)Butyrate (Technical)				>1.	Var								3	Fog, Flood		2	16, 3, 4, 23	3	2		Organic peroxide.
Ethyl-3-3-Di(tert-Butylperoxy)Butyrate				>1.	Var		2598	OP					3	Fog, Flood		2	23, 3, 4	2	2		Organic peroxide.
Ethyl-3-3-Di(tert-Butylperoxy)Butyrate (<77%)				>1.	Var		2185	OP					3	Fog, Flood		2	23, 3, 4	2	2		Organic peroxide
Ethyl-3-Ethoxypropionate	763-69-9		2	5.0	.95	S			180			2	2	Fog, Foam, DC, CO2	338	1	1	1	2		K2.
Ethyl-3-Oxatricyclo-(3.2.1.0.) Octane-6-Carboxylate	97-81-4		3	6.4	1.0							2		Foam, DC, CO2		3		1	3		
Ethyl-3-Oxobutanoate	141-97-9	3		4.5	1.0	Y			135	1.4-9.5	563	3	2	Fog, Foam, DC, CO2	356	3	12	1	3	2	K2, Fruity Odor
2-Ethyl-3-Propyl Acrolein	645-62-5	2	2	4.4	.85	N			155			2	2	Fog, Alfo, DC, CO2	347	2	1	1	2		Strong odor.

(140)

Chemical Name	CAS	Tox L S	Vap Den.	Spec Grav	Wat Sol	DOT Number Cl	Flash Point	Flamma. Limit	Ign. Temp.	Disa Atm Fire	Extinguishing Information	Boil Point	F	R	E	S	H	Remarks
2-Ethyl-3-Propylacrylic Acid		2 3	4.9	.95	N		330			2 1	Fog, Alfo, DC, CO2		3		1	3		
Ethyl-4-(4-Chloro-2-Methylphenoxy) Butyrate	10443-70-6	3	9.0	Var	N					3	Foam, DC, CO2		3		1	3		K2, K12.
S-Ethyl-Di-N-Propylthiocarbamate	759-94-4	4 3	6.6	.96	N		234			4 1	Foam, DC, CO2		3	1	1	4	9, 12	K2, K12.
S-Ethyl-N,N-Di-N-Propylthiocarbamate	759-94-4	4 3	6.6	.96	N		234			4 1	Foam, DC, CO2		3	1	1	4	9, 12	K2, K12.
Ethyl-n-Butyl Ether	628-81-9	3	3.5	.75	N	1179 FL	40			2 3	Fog, Alfo, DC, CO2	198	2	2	2	2	2	K10.
Ethyl-N-Methyl-N-Nitrosocarbamate	615-53-2	3	4.6	Var	FL					3 4	Foam, DC, CO2		6	17	5	2	9, 12	K3, K22. Unstable >59°. Explosive.
N-Ethyl-N-Propylcarbamoyl Chloride			10.	Var							DC, CO2, No Water							K2.
N-Ethyl-N-Vinylacetamide	3195-79-7	2 2	4.0	Liq						3	Foam, DC, CO2		3	8	1	3		K2.
O-Ethyl-O-(4-Methylthio)Phenyl)S-Propyl Phosphorodithioate	35400-43-2	3	11.	1.2	S					4	Foam, DC, CO2	257	3		1	3	9, 12	K2, K12. Sulfur odor.
Ethyl-o-Formate		2 2	5.1	.90	N	1190 FL	86			2 3	Fog, Foam, DC, CO2	291	2		2	2		
Ethyl-p-Nitrophenyl Thiono Benzene Phosphate	2104-64-5	4 4	11.	Cry						4 0	Foam, DC, CO2		3		1	4	5, 9, 12	K12. Melts @ 97°. NCF.
Ethyl-p-Toluene Sulfonate	80-40-0		7.0	Sol	N		316			4 1	Fog, Foam, DC, CO2	430	1		1	2		Unstable. Melts @ 91°.
O-Ethyl-S,S-Dipropylphosphorodithioate	13194-48-4	4	8.5	Pdr	S					4	Foam, DC, CO2		3		1	4	9, 12	K2, K12. K24.
O,O-Ethyl-S-2(Ethylthio)Ethyl Phosphorothioate	298-04-4	4 4	9.6	1.1	N	2783 PB				4 0	Foam, DC, CO2	144	3		1	4	12	K2, K12. NCF.
Ethyl-S-Dimethylaminoethyl Methyl Phosphonothiolate	50782-69-9	4	8.3	Var						4	Foam, DC, CO2		3		2	4	6, 8, 9	K2.
O-Ethyl-S-Phenylethylphosphonodithioate		4	>1.	Liq						4	Foam, DC, CO2		3		1	4	12	K2, K12.
O-Ethyl-S-Propyl-O-(2,4,6-Trichlorophenyl)Phosphorothioate	38524-82-2	3	12.	Var						3	Foam, DC, CO2		3		1	3	9, 12	K2, K12.
O-Ethyl-S-S-Diphenyl Dithiophosphate	17109-49-8		10.	1.2	N					4 1	Foam, DC, CO2		3		1	3	12, 9	K2, K12.
5-Ethyl-α-Picoline	104-90-5	2 2	3.4	.92	S	2300 CO	155	1.1-6.6		2 2	Fog, Alfo, DC, CO2	352	3	2	3	3		K2. Acrid odor.
Ethylacetylene (Inhibited)	107-00-6		1.8	Gas		2452 FG	<30			2 4	Stop Gas, Fog, DC, CO2	47	2	2	4	2		Probably H1. Flammable.
Ethylamine	75-04-7	3 4	1.6	.71	Y	1036 FG	<0	3.5-14.0	725	3 3	Fog, Alfo, DC, CO2	62	2	1	4	3	2	Ammonia odor. TLV 10 ppm.
Ethylamine Solution		3 4	1.6	Liq	Y	2270 FL	<100			3 3	Fog, Alfo, DC, CO2		3		2	4	3	Ammonia odor.
p-Ethylaniline	589-16-2	3 2	4.2	.96	N					4 2	Fog, Foam, DC, CO2	401	3	1, 11	1	3	5	K2.
4-Ethylaniline	589-16-2	3 2	4.2	.96	N					4 2	Fog, Foam, DC, CO2	401	3	1, 11	1	3	5	K2.
N-Ethylaniline	103-69-5	3 2	4.2	.96	N	2272 PB	185			4 2	Fog, Foam, DC, CO2	399	3	1, 11	1	3	5	K2.
Ethylaniline	103-69-5	3 2	4.2	.96	N	2272 PB	185			4 2	Fog, Foam, DC, CO2	399	3	1, 11	1	3	5	K2.
N-Ethylaniline	103-69-5	3 3	4.2	.98	N	2272 PB	185			4 2	Fog, Foam, DC, CO2	399	3	1, 11	1	3	5	K2.
2-Ethylaniline (Also: o-)	578-54-1	3 3	4.2	.98	N	2273 PB	185			4 2	Fog, Foam, DC, CO2	419	3	1	1	3	9	K2.
2-Ethylazridine	2549-67-9	3	2.5	Liq						3	Foam, DC, CO2		3		2	3		K2.
2-Ethylbenzenamine	578-54-1	3 3	3.7	.87	N	2273 PB	185			4 2	Fog, Foam, DC, CO2	419	3	1	2	3	9	K2.
Ethylbenzene	100-41-4	2 3	3.7	.87	N	1175 FL	59	1.0-6.7	810	2 3	Fog, Foam, DC, CO2	277	2	2	2	2	2	TLV 100 ppm. Aromatic odor.
Ethylbenzol	100-41-4	2 3	3.7	.87	N	1175 FL	59	1.0-6.7	810	2 3	Fog, Foam, DC, CO2	277	2	2	2	2	2	TLV 100 ppm. Aromatic odor.
Ethylbenzyl Toluidine		4	>1.	Sol		2753 PB					Fog, Alfo, DC, CO2		3		1	2		
Ethylbis(2-Chloroethyl)Amine	538-07-8	4	5.9	Liq						4	Foam, DC, CO2		3		2	4	7	K2.
Ethylbromopyruvate	70-23-5		>1.	1.6							Foam, DC, CO2	194	3		1	4		
2-Ethylbutanal	97-96-1	2 2	3.4	.82	N	1178 FL	70	1.2-7.7		2 3	Fog, Alfo, DC, CO2	242	2	2	2	2	2	K2.
2-Ethylbutanoic Acid	88-09-5	2 2	4.0	.92	S		210		752	2 1	Fog, Foam, DC, CO2	374	2	2	1	2	2	K2.
Ethylbutanol	97-95-0	2 3	3.5	.83	N	2275 CL	135			2 2	Fog, Foam, DC, CO2	301	1	1	1	2	2	

(141)

Chemical Name	CAS	Tox L	Tox S	Vap Den	Spec Grav	Wat Sol	DOT Number	DOT Cl	Flash Point	Flamma. Limit	Ign. Temp.	Disa. Atm	Disa. Fire	Extinguishing Information	Boil Point	F	R	E	S	H	Remarks
2-Ethylbutanol	97-95-0	2	3	3.5	.83	N	2275	CL	135			2	2	Fog, Foam, DC, CO2	301	1	1	1	2	2	
Ethylbutyl Acetate	123-66-0	2	2	5.0	.88	N	1177	CL	130			2	2	Fog, Foam, DC, CO2	324	1	1	1	2		Mild odor.
Ethylbutyl Acetate	123-66-0	2	2	5.0	.88	N	1177	CL	130			2	2	Fog, Foam, DC, CO2	324	1	1	1	2		Mild odor.
2-Ethylbutyl Acrylate	3953-10-4		3	5.4	.90	N			125			2	2	Fog, Foam, DC, CO2	180	3	1	1	3	2	
2-Ethylbutyl Alcohol	97-95-0	2	3	3.5	.83	N	2275	CL	135			2	2	Fog, Foam, DC, CO2	301	1	1	1	2	2	Mild odor.
Ethylbutyl Carbonate		2	2	5.0	.92	N			122			2	2	Fog, Foam, DC, CO2	275	1	1	1	2		
2-Ethylbutylamine	617-79-8		3	3.5	.74	N			64			2	3	Fog, Foam, DC, CO2	232	2	2	2	3	2, 9	K2.
2-Ethylbutylamine	617-79-8		3	3.5	.74	N			64			2	3	Fog, Foam, DC, CO2	232	2	2	2	3	2, 9	K2.
2-Ethylbutyraldehyde	97-96-1	2	2	3.4	.82	N	1178	FL	70	1.2-7.7		2	3	Fog, Alfo, DC, CO2	242	2	2	2	2	2	Pineapple odor.
2-Ethylbutyraldehyde	97-96-1		2	3.4	.82	N	1178	FL	70	1.2-7.7		2	3	Fog, Alfo, DC, CO2	242	2	2	2	2	2	Pineapple odor.
n-Ethylbutyrate	105-54-4	2	2	4.0	.88	N	1180	FL	75		865	2	3	Fog, Alfo, DC, CO2	248	1	2	2	2	11, 1	
Ethylbutyrate	105-54-4		2	4.0	.88	N	1180	FL	75		865	2	3	Fog, Alfo, DC, CO2	248	1	2	2	2	11, 1	
2-Ethylbutyric Acid	88-09-5	2	2	4.0	.92	S			210		752	2	1	Fog, Alfo, DC, CO2	374	3	2	2	2		
2-Ethylbutyric Aldehyde	97-96-1	2	2	3.4	.82	N	1178	FL	70	1.2-7.7		2	3	Fog, Alfo, DC, CO2	242	2	2	2	2	2	
2-Ethylcaproaldehyde	123-05-7	2	2	4.4	.82	N	1191	CL	112	.85-7.2	375	2	2	Fog, Alfo, DC, CO2	325	2	1	1	2	2	
2-Ethylcrotonaldehyde	19780-25-7		3	3.4	Liq				86				2	Foam, DC, CO2		3		1	3		
N-Ethylcyclohexylamine	5459-93-8	3	3	4.4	.84	S		FL					3	Fog, Alfo, DC, CO2	329	2	2	2	3	2	K2. Fruity odor.
Ethyldichloroarsine	598-14-1	4	4	6.0	1.7	Y	1892	PB				4	1	Stop Gas, Fog, CO2, DC		3	2, 8, 11	2	4	5, 6, 8	K2.
Ethyldichlorobenzene	1331-29-9	3	2	6.1	1.2	N			205			3	2	Fog, Foam, DC, CO2	428	1	2	1	2	2	K2.
Ethyldichlorosilane	1789-58-8	3	4	4.5	Liq		1183		30			4	3	DC, CO2, No Water		5	2, 5, 8	2	4	9	K7.
Ethyldimethylphosphine	1605-51-2			3.1	Liq							4	3	CO2		3	2	2	2		K11, K23. Pyrotoric.
Ethyldiphenyl Phosphine		4		7.4	Liq							4		DC, CO2		3		1	4		K2.
Ethylene (Cryogenic liquid, Refrigerated)	74-85-1	2	2	.98	Liq	Y	1038	FG		2.7-36.0	842	2	4	Stop Gas, Fog, CO2, Stop Gas		7	2	4	2	15, 1	Sweet odor. Avoid halons.
Ethylene (Compressed)		2	1	.98	Gas	Y	1962	FG		2.7-36.0	842	2	4	Fog, DC, CO2, Stop Gas		2	2	4	2	1	
Ethylene Acetate	111-55-7	2	2	5.0	1.1	S			191	1.6-8.4	900	2	2	Fog, Alfo, DC, CO2	375	1	1	1	2		
Ethylene Acrylate	2274-11-5	4	3	5.9	Liq				232	3.2-	748	2	2	DC, CO2	387	3		1	2	9	TLV 50 ppm.
Ethylene Alcohol	107-21-1	2	2	2.1	1.1	Y	1092	FL	-15	2.8-31.0	428	4	3	Fog, Alfo, DC, CO2	125	3	2, 14	1	2	9, 2	K2. Foul Odor. TLV <1ppm
N,N'-Ethylene Bis(3-Fluorosalicylideneiminato)Cobalt(II)	62207-76-5	4		12.	Sol							4	4	Foam, DC, CO2		3	3	3	4	3, 4, 5	K2. Foul Odor. TLV <1ppm
Ethylene Bis(Chloroformate)	124-05-0	1	3	6.5	Var							3	3	Foam, DC, CO2		3		1	3		K24.
Ethylene Bromide	106-93-4	3	4	6.5	2.2	S	1605	PB				3	0	Fog, Foam, DC, CO2	268	3	2	1	4	9, 2, 5	K12. TLV 20 ppm. NCF. RVW active metals. Sweet odor. NCF.
Ethylene Chloride	107-06-2	3	3	3.4	1.2	N	1184	FL	56	6.2-16.0	775	4	3	Fog, Foam, DC, CO2	182	3	2	2	3	10	K7, K12. ULC: 70 TLV 10 ppm.
Ethylene Chlorobromide	107-04-0	3		4.9	1.7	N						4	0	Fog, Foam, DC, CO2		3		1	3		K2. NCF.
Ethylene Chloroformate	124-05-0	1		6.5	Var							3		Fog, Foam, DC, CO2		3		1	3		K2.
Ethylene Chlorohydrin	107-07-3	3	4	2.8	1.2	Y	1135	PB	-40	4.9-15.9	797	4	2	Fog, Alfo, DC, CO2	264	3	8, 2	2	4	4	TLV 1ppm (skin). Ether odor.
Ethylene Cyanide	110-61-2	3		2.1	Sol	S			270			4	1		513	3	1, 12, 16	1	3	9	K2. Melts @ 136°.
Ethylene Cyanohydrin	109-78-4	4		2.4	1.1	Y						4	1	Fog, Foam, DC, CO2	445	3	7	1	4	2	RVW inorganic acids or bases.
Ethylene Diacrylate	2274-11-5	4	3	5.9	Liq				265			2	2	DC, CO2		3		1	4	9	
Ethylene Diamine	107-15-3	3	3	2.1	.90	Y	1604	FL	93	4.2-14.4	725	3	2	Fog, Alfo, DC, CO2	243	3	14, 2	2	4	2	Ammonia odor. TLV 10 ppm. Volatile.

(142)

Chemical Name	CAS	Tox L	Tox S	Vap Den.	Spec Grav.	Wat Sol.	DOT Number	DOT Cl	Flash Point	Flamma. Limit	Ign. Temp.	Disa. Atm	Disa. Fire	Extinguishing Information	Boil Point	F	R	E	S	H	Remarks
Ethylene Diamine Diperchlorate					Var								4	Foam, DC, CO2		6	17	4	2		Melts @ 259°.
Ethylene Diamine Tetraacetonitrile			3		Sol							4	4			6	17	5	2		Military explosive.
Ethylene Diaminedinitrate	20829-66-7			6.5	Var							3	4			6					
Ethylene Dibromide	106-93-4	3	4	6.5	2.2	S	1605	PB				3	0	Fog, Foam, DC, CO2	268	3		1	4	9, 2, 5	K12. TLV 20 ppm. NCF. RVW active metals. Sweet odor. NCF.
1,2-Ethylene Dicarboxylic Acid	110-15-6	2	2	4.1	Cry	Y						2	1	Fog, Atfo, DC, CO2	455	1	1	1	2	3	Melts @ 365°.
Ethylene Dicarboxylic Acid	110-15-6	2	2	4.1	Cry	Y						2	1	Fog, Atfo, DC, CO2	455	1	1	1	2	3	Melts @ 365°.
Ethylene Dicesium	65313-36-2			10.	Var							2	2	No Water		5	10	1	2		
Ethylene Dichloride	107-06-2	3	3	3.4	1.2	N	1184	FL	56	6.2-16.0	775	4	3	Fog, Foam, DC, CO2	182	3	2	2	3	10	K7, K12. ULC: 70 TLV 10 ppm.
Ethylene Dicyanide	110-61-2	3		2.1	Sol	S			270			4	1	Fog, Atfo, DC, CO2	513	3	1, 12, 16	1	3	9	K2. Melts @ 136°.
Ethylene Difluoride	75-37-6	2	2	2.3	Gas	N	1030	FG		3.7-18.0		3	4	Fog, DC, CO2, Stop Gas	-13	2	2	4	2	11	
Ethylene Diformate	629-15-2	2	2	4.0	1.2	Y			200			2	2	Fog, Atfo, DC, CO2	345	1	1	1	2	9, 2	Chloroform odor.
Ethylene Dinitrate	628-96-6	3	3	5.3	1.5	S						3	4			6	17	5	3	5	K3. TLV <1 ppm. Explodes @ 237°.
Ethylene Diperchlorate	52936-25-1			7.9	Sol							3	4	No Water		6	17, 10	5	2		Sensitive explosive.
Ethylene Fluoride	75-37-6	2	2	2.3	Gas	N	1030	FG		3.7-18.0		3	4	Fog, DC, CO2, Stop Gas	-13	2	2	4	2	11	K2.
Ethylene Formate	629-15-2	2	2	4.0	1.2	Y			200			2	2	Fog, Atfo, DC, CO2	345	1	1	1	2	9, 2	Chloroform odor.
Ethylene Glycol	107-21-1	3		2.1	1.1	Y			232	3.2-	748	2	1	Fog, Atfo, DC, CO2	387	3	2, 14	1	3	9, 2	TLV 50 ppm.
Ethylene Glycol Bis(2,3-Epoxy-2-Methyl-propyl) Ether	3775-85-7			7.0	Liq							2		Fog, Atfo, DC, CO2		3		1	3	2	
Ethylene Glycol Diacetate	111-55-7	2	2	5.0	1.1	S			191	1.6-8.4	900	2	1	Fog, Atfo, DC, CO2	375	1	1	1	2	2	
Ethylene Glycol Dibutyl	112-48-1	2	3	6.1	.84				185			2	2	Fog, Foam, DC, CO2	399	3		1	3	2	
Ethylene Glycol Dibutyl Ether	112-48-1	2	3	6.1	.84				185			2	2	Fog, Foam, DC, CO2	399	3		1	3	2	
Ethylene Glycol Diethyl Ether	629-14-1	2	2	4.1	.84	Y	1153	FL	95		401	2	3	Fog, Atfo, DC, CO2	252	2	1	1	3	2	Ether odor.
Ethylene Glycol Diformate	629-15-2	2	2	4.0	1.2	Y			200			2	2	Fog, Atfo, DC, CO2	345	1	1	1	2	9, 2	Chloroform odor.
Ethylene Glycol Dimethyl Ether	110-71-4	2		3.1	.87	Y	2252	FL	29		395	2	3	Fog, Atfo, DC, CO2	174	2	2	1	3	2	K10. Ether odor.
Ethylene Glycol Dinitrate	628-96-6	3	3	5.3	1.5	S						4	4			6	17	5	3	5	K3. TLV <1 ppm. Explodes @ 237°.
Ethylene Glycol Ethyl Butyl Ether		2	2	>1.	.90	N			180			2	2	Fog, Foam, DC, CO2	386	1	1	1	2		
Ethylene Glycol Ethyl Ether	110-80-5	2	3	3.1	.94	Y	1171	CL	110	1.7-15.6	455	2	2	Fog, Atfo, DC, CO2	275	3	1	1	3	2	TLV 25 ppm.
Ethylene Glycol Isopropyl Ether	109-59-1	2	3	3.5	.91	Y			120			2	2	Fog, Atfo, DC, CO2	289	3	1	1	2	5	
Ethylene Glycol Methyl Ether	109-86-4	3	3	2.6	.97	Y	1188	CL	102	2.3-24.5	545	2	2	Fog, Atfo, DC, CO2	255	3	1	1	3	2	Mild odor. TLV 5 ppm (skin).
Ethylene Glycol Mono-2-Methylpentyl Ether	10137-96-9			5.1	Liq							2	2	Fog, Foam, DC, CO2	493	3	1	1	3	2	Rose odor.
Ethylene Glycol Monobenzyl Ether	622-08-2	2	3	5.2	1.1	N	2369	CL	265		665	2	1	Fog, Foam, DC, CO2	340	3	1	1	3	2	
Ethylene Glycol Monobutyl Ether	7795-91-7	3	3	4.1	.90	N			142	1.1-12.7	460	2	1	Fog, Atfo, DC, CO2	378	3	1	1	3	2	Fruity odor.
Ethylene Glycol Monobutyl Ether Acetate	112-07-2	3	3	5.5	.94	N			190			2	2	Fog, Foam, DC, CO2	275	3	1	1	3	2	
Ethylene Glycol Monoethyl Ether	110-80-5	2	3	3.1	.94	Y	1171	CL	110	1.7-15.6	455	2	2	Fog, Atfo, DC, CO2	275	3	1	1	3	2	
Ethylene Glycol Monoethyl Ether Acetate	111-15-9	2	3	4.7	.98	S	1172	CL	117	1.7-	715	2	2	Fog, Foam, DC, CO2	313	3	1	1	3	2	Pleasant odor.
Ethylene Glycol Monohexyl Ether	112-25-4	2		3	.89			CL	195			2	2	Fog, Foam, DC, CO2	406	3	1	1	3		
Ethylene Glycol Monoisobutyl Ether		2	2	4.1	.9	Y			136	1.2-9.4	540	2	2	Fog, Atfo, DC, CO2	316	3	1	1	2	2	
Ethylene Glycol Monomethyl Ether	109-86-4	3	3	2.6	.97	Y	1188	CL	102	2.3-24.5	545	2	2	Fog, Atfo, DC, CO2	255	3	1	1	3	2	Mild odor. TLV 5 ppm (skin).
Ethylene Glycol Monomethyl Ether Acetate	110-49-6	2	2	4.1	1.0	Y	1189	CL	111	1.5-12.3	740	2	2	Fog, Atfo, DC, CO2	293	1	1	1	2	2	TLV 5 ppm (skin).

(143)

Chemical Name	CAS	Tox L	Tox S	Vap Den	Spec Grav	Wat Sol	DOT Number	DOT Cl	Flash Point	Flamma. Limit	Ign. Temp.	Disa. Atm	Disa. Fire	Extinguishing Information	Boil Point	F	R	E	S	H	Remarks
Ethylene Glycol Monomethyl Ether Formal	111-76-2	2	2	5.6	.99	Y	2369	FL	155	1.1-10.6		2	2	Fog, Alfo, DC, CO2	394	1	1	1	2		
Ethylene Glycol-n-Butyl Ether		3	3	4.1	.90	Y			142		472	2	2	Fog, Alfo, DC, CO2	334	3	1	2	3	2	Pleasant odor. TLV 25 ppm (skin).
Ethylene Monochloride	75-01-4	3	3	2.1	Gas	N	1086	FG	18	3.6-33.0	882	4	4	Stop Gas, Fog, DC, CO2	7	2	2	4	3	3, 13	K9, K10. TLV 5 ppm.
Ethylene Nitrate	628-96-6	3	3	5.3	1.5	S						4	4			6	17	5	3	5	K3. TLV <1 ppm. Explodes @ 237°.
Ethylene Oxide	75-21-8	3	3	1.5	Gas	Y	1040	FG	-4	3.0-100.0	804	2	2	Stop Gas, Fog, DC, CO2	51	2	21, 13	4	4	4, 3	ULC: 100 TLV 1 ppm. Rocket fuel.
Ethylene Oxide-Carbon Dioxide Mixture (>6% Ethylene Oxide)		4	2	1.5	Gas	Y	1041	PA				2	2	Stop Gas, Fog, DC, CO2		3	1	4	4		
Ethylene Oxide-Carbon Dioxide Mixture (<6% Ethylene Oxide)		4	2	1.5	Gas	Y	1052	PA				2	2	Stop Gas, Fog, DC, CO2		3	1	4	4		
Ethylene Oxide-Dichlorodifluoromethane Mixture (<12% E.Oxide)		3	2	>1.	Gas	Y	3070					3		Stop Gas, Fog, DC, CO2		3		2	3		
Ethylene Oxide-Propylene Oxide Mixture		3	3	1.5	Liq	Y	2983	FL					3	Fog, Alfo, DC, CO2		3		2	3		
Ethylene Ozonide	289-14-5			2.7	Liq							2	4			6	17	4	2		K20. Unstable above 32°. Explodes.
Ethylene Succinic Acid	110-15-6	2	2	4.1	Cry	Y						2	1	Fog, Alfo, DC, CO2	455	1	1	1	2	3	Melts @ 365°.
Ethylene Tetrachloride	127-18-4	3	3	5.8	1.6	N	1897	PB				3	0	Fog, Foam, DC, CO2	250	3		1	3	2	TLV 50 ppm (skin). Chloroform odor. NCF.
Ethylene Trichloride	79-01-6	2	2	4.5	1.5	N	1710	OM	90	12.5-90.0	788	3	1	Fog, Foam, DC, CO2	188	1	21	2	2	11	K2. Chloroform odor. TLV 50 ppm.
Ethyleneacetic Acid	126-39-6	3		4.1	Liq							2		Foam, DC, CO2		3		1	3		
1,2-Ethylenebis(Ammonium)perchlorate	15718-71-5			9.1	Sol							3	4			6	17	5	2		Explosive. More powerful than TNT.
Ethylenecarboxamide	79-06-1	4	4	2.4	Sol			PB				3		Fog, Foam, DC, CO2		3	2	1	4	2, 5	K2. TLV<1ppm.
Ethylenediamine Sulfate	25723-52-8	3	3	26.	Sol		2074					4		Foam, DC, CO2		3		1	2		K2.
Ethylenediamine Tetraacetic Acid	60-00-4	2	2	10.	Cry	S	9117	OM				3		Foam, DC, CO2		1		1	2		K2. Chelating agent.
Ethylenedinitrilotetraacetic Acid	60-00-4	2	2	10.	Cry	S	9117	OM				3		Foam, DC, CO2		1		1	2		K2. Chelating agent.
Ethyleneglycolmono-2,6,8-Trimethyl-4-Nonyl Ether	10137-98-1	3	3	8.0	Liq							2		Fog, Foam, DC, CO2		3		1	3		
Ethylenimine	151-56-4	4	4	1.5	.83	Y	1185	FL	12	3.6-46.0	608	4	3	Fog, Alfo, DC, CO2	131	2	21, 14	3	4	,3	K9. Ammonia odor. TLV <1 ppm.
Ethylenimine (Inhibited)	151-56-4	4	4	1.5	.83	Y	1185	FL	12	3.6-46.0	608	4	3	Fog, Alfo, DC, CO2	131	2	21, 14	3	4	,3	K9. Ammonia odor. TLV <1 ppm.
2-Ethylethylene Glycol	584-03-2	2	2	3.1	1.0	S			104			2	2	Fog, Alfo, DC, CO2	381	1	1	1	3		K2.
2-Ethylethylenimine	2549-67-9	3		2.5	Liq							3		Foam, DC, CO2		3		1	3		
Ethylethyne	107-00-6			1.8	Gas		2452	FG	<30			2	4	Stop Gas, Fog, DC, CO2	47	2	2	4	2		Probably H1. Flammable.
Ethylgermanium Trifluoride		4		5.5	Liq							4		DC, CO2, No Water		3	6	1	4		
2-Ethylhexaldehyde	123-05-7	2	2	4.4	.82	N	1191	CL	112	85-7.2	375	2	2	Fog, Foam, DC, CO2	325	2	1	2	2	2	
Ethylhexaldehyde	123-05-7	2	2	4.4	.82	N	1191	CL	112	85-7.2	375	2	2	Fog, Foam, DC, CO2	325	2	1	2	2	2	
2-Ethylhexanoic Acid	149-57-5	2	2	5.0	.90	N			260	8-6.0	700	2	1	Fog, Alfo, DC, CO2		2	1	1	3	3	
2-Ethylhexanol	104-76-7	2	3	4.5	.83	N			164	9-9.7	448	2	2	Fog, Alfo, DC, CO2	359	3	2	1	2	3	
Ethylhexanoyl Chloride		3	3	5.6	.97				180			4	2	Fog, Alfo, DC, CO2		3	1	1	2		K2.
2-Ethylhexenal	645-62-5	2	2	4.4	.85	N			155			2	2	Fog, Alfo, DC, CO2	347	2	1	1	3	2	Strong odor.

(144)

Chemical Name	CAS	Tox L S	Vap Den	Spec Grav	Wat Sol	DOT Number	DOT Cl	Flash Point	Flamma. Limit	Ign. Temp.	Disa. Atm Fire	Extinguishing Information	Boil Point	F	R	E	S	H	Remarks
2-Ethylhexoic Acid	149-57-5	3	5.0	.90	N			260	.8-6.0	700	2 1	Fog, Foam, DC, CO2	390	3	1	1	3	3	
β-Ethylhexyl Acetate	103-09-0	2 2	5.9	.87	N			160	.76-8.1	515	2 2	Fog, Foam, DC, CO2	390	1	1	1	1		
2-Ethylhexyl Acetate	103-09-0	2 2	5.9	.87	N			160	.76-8.1	515	2 2	Fog, Foam, DC, CO2	390	1	1	1	2		
2-Ethylhexyl Acrylate	103-11-7	3 3	6.4	.89			CL	180			3	Fog, Alfo, DC, CO2	266	3	3	1	3		K2.
2-Ethylhexyl Alcohol	104-76-7	3 3	4.5	.83	N			164	.9-9.7	448	2 2	Fog, Alfo, DC, CO2	359	2	1	1	2	2	K7.
2-Ethylhexyl Chloride	2350-24-5	2	5.1	.88	N			140			4	Foam, DC, CO2	343	1	2	1	2		K2.
2-Ethylhexyl Sodium Sulfate		3	8.0	Sol							4	Foam, DC, CO2		3		1	2	9	K10.
2-Ethylhexyl Vinyl Ether	103-44-6	2 3	5.4	.81	N			135			2 2	Fog, Alfo, DC, CO2	352	3	1	1	3	2	
N-(2-Ethylhexyl) Aniline	10137-80-1	3 3	6.9	.91	N			325			4 1	Foam, DC, CO2	379	3	6,1	1	3		Mild odor.
N-(2-Ethylhexyl) Cyclohexylamine	5432-61-1	2 4	7.3	.80	N			265			3 1	Fog, Foam, DC, CO2	342	3	2	1	4		K2.
2-Ethylhexyl-1-Chloride	2350-24-5	2	5.1	.88	Y	2276	CO	140			4 2	Fog, Alfo, DC, CO2	343	1		1	2		K7.
2-Ethylhexylamine	104-75-6	3 3	4.4	.79	Y	2276	CO	140			3 2	Fog, Alfo, DC, CO2	337	3	3	1	3	3	K2.
Ethylhexylamine	104-75-6	3 3	4.4	.79				140			3 2	Fog, Alfo, DC, CO2	337	3	1	1	3		K2.
2-(2-Ethylhexyloxy)Ethanol	1559-35-9		6.1	Liq							2	Fog, Foam, DC, CO2		3		1	3	2	
2-Ethylhexyloxypropylamine	5397-31-9	4	6.5	.83				210			3 1	Fog, Foam, DC, CO2	462	3	2	1	4	2	
Ethylidene Acetone	625-33-2	3	2.9	.86							2 1	Fog, Foam, DC, CO2	252	3	1	1	3	2	K9. Believed combustible.
Ethylidene Chloride	75-34-3	3 3	3.4	1.2	S	2362	FL	22	5.6-11.4	856	3 3	Fog, Alfo, DC, CO2	135	2	2	2	3	2	K7. Ether odor. TLV 100 ppm.
1-2-Ethylidene Dichloride		3	3.4	1.3				55	6.2-16.0	824	4 3	Fog, Alfo, DC, CO2	183	2	2	2	3		K2.
1-1-Ethylidene Dichloride	75-34-3	3 3	3.4	1.2	S	2362	FL	22	5.6-11.4	856	3 3	Fog, Alfo, DC, CO2	135	2	2	2	3	3	K7. Ether odor. TLV 100 ppm.
Ethylidene Dichloride	75-34-3	3 3	3.4	1.2	S	2362	FL	22	5.6-11.4	856	3 3	Fog, Alfo, DC, CO2	135	2	2	2	3		K7. Ether odor. TLV 100 ppm.
Ethylidene Diethyl Ether	105-57-7	2	4.1	.83	S	1088	FL	-5	1.6-10.4	446	3 2	Fog, Alfo, DC, CO2	217	2	2	2	3	10	K10, K2, Volatile.
Ethylidene Difluoride	75-37-6	2 2	2.3	Gas	N	1030	FG		3.7-18.0		3 4	Fog, DC, CO2, Stop Gas	-13	2	2	4	4	11	K2.
Ethylidene Dimethyl Ether	534-15-6	2 2	3.1	.85	Y	2377	FL	34			2 3	Fog, Alfo, DC, CO2		2	2	2	2		High-sensitive explosive.
Ethylidene Dinitrate	55044-04-7		5.3	Var							3 4			6	17	5	2		K2. Melts @ 116°.
Ethylidenehydroxylamine	107-29-9		2.0	Cry	Y	2332	FL	70			4 2	Fog, Alfo, DC, CO2	238	2	2	2	2		K2, K11. Pyrotoric.
Ethyliodomethylarsine			8.6								3 3	CO2		2	2	2	2		
2-Ethylisobutylmethane	591-76-4	2 1	3.4	.68	N	2287	FL	<0	1.0-6.0	536	2 3	Fog, Foam, DC, CO2	194	2	1	2	2		
2-Ethylisohexanol	106-67-2	2 2	4.5	.8				158		600	2 3	Fog, Foam, DC, CO2	343	1	1	2	1		
Ethyllithium	811-49-1		1.2	Cry							2 3	DC, CO2		2	9	2	1		K11. Pyrotoric.
Ethylmagnesium Bromide			4.5	Sol							4 2	DC, CO2, No Water		1	9	1	2		RW water → Ethane.
Ethylmagnesium Chloride			3.0	Sol							4 2	DC, CO2, No Water		1	9	1	2		RW water → Ethane.
Ethylmercury Phosphate	2235-25-8		11.	Sol							3	DC, CO2		3		1	3	9	K2, K24.
Ethylmercury Compounds (General)		4	Var	Var							4	CO2		3		2	4	9	May be very toxic.
Ethylmethyl Arsine	689-93-0		4.2	Liq							3	Foam, DC, CO2		2	2	1	1		K2.
Ethylmethylthiophos	2591-57-3	4	8.6	1.5							3	Fog, Foam, DC, CO2		3		1	4	9	K2, K11. Pyrotoric.
Ethylmonobromoacetate	105-36-2	2 3	5.8	1.5	N	1603	PB	118			4 2	Fog, Foam, DC, CO2	318	3	8, 11	1	3	5, 2	Blanket.
Ethylmonochloroacetate	105-39-5	2 3	4.3	1.2	N	1181	PB	100			4 2	Fog, Foam, DC, CO2	293	3	2, 8	2	3	3	K2. Fruity odor.
o-Ethylnitrobenzene			5.2	1.1							4	Fog, Foam, DC, CO2		2	4, 3	2	2		Oxidizer.
4-Ethyloctane			4.9	.74						445	2 2	Fog, Foam, DC, CO2	328	1	1	2	1		
3-Ethyloctane			4.9	.74						446	2 2	Fog, Foam, DC, CO2	333	1	1	2	1		
Ethylolamine	141-43-5	4 3	2.1	1.0	Y	2491	CO	185		770	3 2	Fog, Alfo, DC, CO2	339	3	14	1	4		Ammonia odor. TLV 3 ppm.
Ethylorthosilicate	78-10-4	2 3	7.2	.93		1292	CL	125			1 2	Fog, Foam, DC, CO2	329	3	2	1	3	11, 2	

(145)

Chemical Name	CAS	Tox L	Tox S	Vap Den.	Spec Grav.	Wat Sol.	DOT Number	DOT Cl	Flash Point	Flamma. Limit	Ign. Temp.	Disa. Atm	Disa. Fire	Extinguishing Information	Boil Point	F	R	E	S	H	Remarks
Ethylphosphonamidothionic Acid-4-(Methylthio)-m-Tolyl Ester	35335-60-5	4			Var							4		DC, CO2		3		1	4	9	K2.
Ethylphosphonothioic Acid-(2-Diethylaminomethyl)-4,6-Dichlorophenyl Ester	50335-09-6	4		>1.	Var							4		DC, CO2		3		1	4	9	K2.
Ethylsulfuric Acid	540-82-9	4	4	4.3	1.3	Y	2571	CO				4		Foam, DC, CO2		3	5	2	4	16	K2. Oily liquid.
O-(2-(Ethylthio)ethyl)-O-O-Dimethylphosphorothioate		4	4	>1.	1.1	S		PB				4	0	Foam, DC, CO2		3		1	4	12	K2, K12. NCF.
(2-Ethylthiomethylphenyl)-N-Methylcarbamate	29973-13-5	2		7.9	Liq	N						4		Foam, DC, CO2		3		1	4	9, 12	K2, K12.
p-Ethyltoluene	611-14-3	2		4.1	.88						>820	2	2	Fog, Foam, DC, CO2	320	2	2	1	2		
o-Ethyltoluene	611-14-3	2		4.1	.88						>820	2	2	Fog, Foam, DC, CO2	320	2	2	1	2		
m-Ethyltoluene	611-14-3	2		4.1	.88						>820	2	2	Fog, Foam, DC, CO2	320	2	2	1	2		
Ethyltoluene	611-14-3	2		4.1	.88						>820	2	2	Fog, Foam, DC, CO2	320	2	2	1	2		
Ethylxanthogen Disulfide	502-55-6	3		8.5	Var							4		Foam, DC, CO2		3		1	3		K2.
Ethyne	74-86-2	2	2	.91	Gas	Y	1001	FG		2.5-100.0	581	3	4	Stop Gas, Fog, CO2, DC	-118	4	3	4	3	11	K9, K2. Garlic odor.
Ethynyl Vinyl Selenide				4.6	Liq							3	4			6	16	3	2		K2.
2-Ethynyl-2-Butanol	77-75-8			3.4	.87	Y			101			2	2	Fog, Alfo, DC, CO2	252	1	1	1	2	9	Acrid odor.
1-Ethynylcyclohexan-1-ol	78-27-3	3		3.7	Sol	S						2	2	Fog, Foam, DC, CO2	356	1	1	1	2		Melts @ 90°. Combustible.
Ethynylcyclohexanol	78-27-3	3		3.7	Sol	S						2	2	Fog, Foam, DC, CO2	356	1	1	1	2		Melts @ 90°. Combustible.
2-Ethynylfuran	18649-64-4			3.2	Liq							2	4	Fog, Foam, DC, CO2		6	17	4	2		Explodes. RXW nitric acid.
Etiologic Agent, n.o.s.							2814						1	DC, Soda Ash, No Water		3		1	4		Disease toxins.
Etridiazole (Common name)	2593-15-9			8.7	1.5	N						4		DC, CO2		3		1	3		
Europium 152		4		5.0	Sol			RA				4		No Water, No Halon		4	7	1	4	17	Half-life:12 yrs: Beta, Gamma. Pyrotoric.
Exothion	12020-65-4			6.4	Liq							3	3	CO2		2	2	2	2		K2, K11. Pyrotoric.
Exoplium 152	2778-04-3	4		9.8	Pdr							4		Foam, DC, CO2		2	2	1	4	9, 12	K2, K12.
Explosives A				>1.	Var			EX					4			6	17	5	2		K3. Explodes.
Explosives B				>1.	Var			EX					4			6	17	5	2		
Explosives C				>1.	Var			EX					3			6	17	3	2		May burn rapidly or explode.
Extract (Aromatic, liquid)				>1.	Liq		1169		<141			3	3	Fog, Foam, DC, CO2		2	2	2	2		
Extract (Flavoring, liquid)				>1.	Liq		1197		<141			3	3	Fog, Foam, DC, CO2		2	2	2	2		
Extrazine (Trade name)		3		>1.	Liq	S							0	Fog, Foam, DC, CO2		3		1	3	3	K12. NCF.
Fabric (Animal or vegetable with oil, n.o.s.)				>1.	Sol	N	1373	FS				2	2	Foam, DC, CO2		1		1	2		
Famfos (Trade name)	52-85-7	3	3	11.	Pdr	S							3	Foam, DC, CO2		3		1	3	9, 12	K2, K12. Melts @ 131°.
Famphur (Common name)	52-85-7	3	3	11.	Pdr	S							3	Foam, DC, CO2		3		1	3	9, 12	K2, K12. Melts @ 131°.
Far-Go (Trade name)	2303-17-5	4	3	10.	Liq				-.02			4		Foam, DC, CO2		3		1	3	12	K12.
Fenamiphos (Common name)	22224-92-6	4	4	10.	Sol	S						4	2	Foam, DC, CO2		3		1	4	9, 12	K12, K24. Melts @ 120°.
Fenchlorphos (Trade name)		4	3	11.	Pdr	N						4		Foam, DC, CO2		3		1	4	12, 9	K2, K12.
Fenitox (Trade name)	122-14-5	4	3	9.7	1.3	N						4		Foam, DC, CO2		3		1	4	12	K2, K12,K24.
Fenitrothion (Common name)	122-14-5	4	3	9.7	1.3	N						4		Foam, DC, CO2		3		1	4	12	K2, K12, K24.
Fenophosphon (Trade name)	327-98-0	3		12.	1.4	N						4		Foam, DC, CO2		3		1	4	12	K2, K12, K24.
Fenpropathrin (Common name)	39515-41-8			12.	Liq	N						3		Fog, Foam, DC, CO2		3		1	3	9	K2, K12.
Fensulfothion (Trade name)	115-90-2	4	4	10.	1.2	S						4	0	Fog, Foam, DC, CO2		3		1	4	12	K2, K12, K24. NCF.

(146)

Chemical Name	CAS	Tox L	Tox S	Vap Den	Spec Grav	Wat Sol	UN Number	Cl	Flash Point	Hamma. Limit	Ign. Temp.	Atm	Fire	Extinguishing Information	Boil Point	F	R	E	S	K	Remarks
Fenthion (Common name)	55-38-9	3	4	9.6	1.3	N						4	0	Foam, DC, CO2	221	3		1	4	12, 9	K2, K12. NCF.
Fenvalerate (Common name)	51630-58-1	3		14.	1.2	N						3	0	Foam, DC, CO2		3		1	3	3, 9	K2, K12. NCF.
Ferbam (Common name)	14484-64-1	2	2	>1.	Var	S						4		Foam, DC, CO2		3	15	1	3		K2, K12. May be H12; Highly toxic.
Fermium 254		4		8.8	Sol							4				4		1	4	17	Half-life:3 hrs.
Ferric Ammonium Citrate		2	2	>1.	Sol	Y	9118	OM					0	Foam, DC, CO2		1		1	2		NCF.
Ferric Ammonium Oxalate		2	2	>1.	Pdr	Y	9119	OM					0	Foam, DC, CO2		1		1	2		NCF.
Ferric Arsenate	10102-49-5	4	3	3.0	Sol	N	1606	PB					0	Foam, DC, CO2		3		1	4		K2, K12. NCF.
Ferric Arsenite	63989-69-5	4	2	3.2	Sol	N	1607	PB					0	Foam, DC, CO2		3		1	4		K2. NCF.
Ferric Chloride (Anhydrous)	7705-08-0		2	5.6	Sol	Y	1773	OM				4	0	DC, CO2	606	1	8	1	2		Melts @ 558°. RVW alkali metals. NCF.
Ferric Chloride Solution		2	3	5.6	Liq	Y	2582	CO				4	0	Foam, DC, CO2		3	8	1	3	2	K2. Avoid alkali metals. NCF.
Ferric Dimethyl Dithiocarbamate	14484-64-1	2	2	>1.	Var	S						4		Foam, DC, CO2		3	15	1	3		K2, K12. May be H12; Highly toxic.
Ferric Fluoride	7783-50-8	2	2	3.9	Cry	Y	9120	OM				3	0	Foam, DC, CO2		1		1	2		K2. NCF.
Ferric Nitrate	10421-48-4	2	3	14.	Cry	Y	1466	OX					1	Fog, Alco, DC, CO2		2	23	1	2	2	Oxidizer.
Ferric Oxalate		2	2	16.	Pdr	Y								Foam, DC, CO2		3		1	2		Can burn.
Ferric Sulfate	10028-22-5	2	2	14.	Pdr	Y	9121	OM				3	0	Foam, DC, CO2		1		1	2		K2. NCF.
Ferric Sulfide		2	2	7.1	Cry							4		DC, CO2		1		1	2		Evolves hydrogen sulfide.
Ferrocerium				>1.	Sol		1323	FS					2	DC, CO2		2	1	2	2		K11. Pyrotoric.
Ferrochrome (Exothermic)	11114-46-8	3		>1.	Sol			OM						Foam, DC, CO2		3	8	1	2		
Ferrosilicon (30-90% Silicon)	50645-52-8			2.9	Sol	N	1408	FS				4	0	DC, CO2, No Water		5	7, 11	1	2		K2.
Ferrous Ammonium Sulfate	10045-89-3	2	2	9122	Sol	Y	9122					4	0	Foam, DC, CO2		1		1	2		K2. Decomposes @ 212°. NCF.
Ferrous Arsenate	10102-50-8	4	3	19.	Pdr	N	1608	PB				4	0	Foam, DC, CO2		3		1	3		K2, K12.
Ferrous Chloride (Solid)	7758-94-3	2	3	4.4	Cry	Y	1759	OM				3	0	Foam, DC, CO2		1	1	1	2		Melts @ 1238°. RVW alkali metals. NCF.
Ferrous Chloride Solution		2	3	4.4	Liq	Y	1760	CO				3	0	Foam, DC, CO2		3	1	1	3		Avoid alkali metals. NCF.
Ferrous Ion	15438-31-0			>1.	Sol	N	2793	FS				2	2	DC, CO2		2	1	1	2		May be pyroforic.
Ferrous Metal (Boring, cutting, shaving, or turnings)	15438-31-0			>1.	Sol	N	2793	FS				2	2	DC, CO2		2	1	1	2		May be pyroforic.
Ferrous Perchlorate		2	2	12.	Cry							3	3	Fog, Flood		2	16, 3, 4, 17, 23	2	2		High oxidizer.
Ferrous Sulfate		2	2	5.2	Cry	S	9125					3		Foam, DC, CO2		1		1	2		K3.
Ferrous-o-Arsenate	10102-50-8	4	3	19.	Pdr	N	1608	PB				4	0	Foam, DC, CO2		3		1	3	2	K2, K12.
Fertilizer Ammoniating Solution (With >35% Free Ammonia)		3		<1.	Liq	Y	1043	CG				3	0	Fog, Foam, DC, CO2		3		1	2		NCF.
Fiber (Animal or Vegetable, burnt, wet or damp, n.o.s.)				>1.	Sol	Y	1372						2	Fog, Flood		2	1	1	2		
Fiber (Animal or Vegetable, w/oil, n.o.s.)				>1.	Var	N	1373						2	Fog, Flood		2	1	1	2		K21.
Ficin	9001-33-6	4		>1.	Sol							3		Foam, DC, CO2		3		1	2		K21.
Film (Nitrocellulose Base; Motion picture)		1	1	>1.	Sol	N	1324	FS				4	3	Fog, Flood		2	1	1	2		Burns rapidly.
Fire Extinguisher (w/Compressed or Liquefied Gas)		1	1	>1.	Sol		1044	CG				1	0	Fog, Foam, DC, CO2		1		1	2		NCF.
Fire Extinguisher Charge (Corrosive Liquid)				>1.	Liq		1774	CO				1	0	Foam, DC, CO2		3	8	1	2		
Fire Lighter (Solid w/Flammable Liquid)		2	3	>1.	Sol		2623	FS				2	2	Fog, Foam, DC, CO2		2	1	1	2		Flammable.

(147)

Chemical Name	CAS	Tox L S	Vap Den	Spec Grav	Wat Sol	DOT Number Cl	Flash Point	Flamma. Limit	Ign. Temp.	Disa. Atm Fire	Extinguishing Information	Boil Point	F	R	E	S	H	Remarks
Fish Meal and Scrap (Stabilized)				Sol		2216 OM				1	Fog, Foam, DC, CO2		1	1	1	2	1	
Fish Meal and Scrap (Unstabilized)			>1	Sol		1374 FS				2 4	Foam, DC, CO2		2	1	1	2	2	K21.
Flammable Gas in lighter (for cigars, etc.)			>1	Gas		1057 FG				2 4	Stop Gas, Fog, DC, CO2		2	1	1	2	2	
Flammable Gas, n.o.s.			Var	Gas		1954 FG				4	Stop Gas, Fog, DC, CO2		2	2	2	2	2	
Flammable Liquid (Corrosive, n.o.s.)		3	>1	Liq		2924 FL				3 3	Alfo, DC, CO2		2	1	2	3	2	K2.
Flammable Liquid (Poisonous, n.o.s.)		4	>1	Liq		1992 FL				3 3	Fog, Foam, DC, CO2		2	1	2	3	9	K2.
Flammable Liquid Preparations, n.o.s.			>1	Liq		1142 FL				2 3	Fog, Foam, DC, CO2		2	1	2	2	2	
Flammable Liquid, n.o.s.			>1	Liq		1993 FL				3 3	Fog, Foam, DC, CO2		2	1	2	2	2	
Flammable Solid (Corrosive, n.o.s.)		3	>1	Sol		2925 FS				3 3	Fog, Foam, DC, CO2		2	1	1	2	2	
Flammable Solid (Poisonous, n.o.s.)		4	>1	Sol		2926 FS				3 3	Fog, Foam, DC, CO2		2	1	2	3	9	
Flammable Solid, n.o.s.			>1	Sol		1325 FS				3 3	Fog, Foam, DC, CO2		2	1	1	2	2	K2.
Flowers of Sulfur	7704-34-9	2	8.8	Pdr	N	1350 FS	405		450	4 2	Fog		1	1, 21	1	2	2	K2. Melts @ 234°.
Fluazitop-Butyl (Common name)		3	>1	Liq			338			4	Foam, Foam, DC, CO2		3	1	1	3	9	K12.
Fluchloralin	33245-39-5	3		Sol	S						Foam, DC, CO2		3	1	1	4	9	K2, K12. Melts @108°.
Fluorcythrinate (Trade name)		3 4		Liq	N	2811 PB							3		1	4	3, 5, 9	
Flue Dust (Poisonous)		4	>1	Pdr						3	Fog, Foam, DC, CO2		3		1	3		K2.
Fluenethyl (Common name)	4242-33-5		9.0	Sol						3	Fog, Foam, DC, CO2		3	1	1	4	9	K12. Melts @ 141°.
Fluenetil (Common name)	4242-33-5		9.0	Sol						3	Fog, Foam, DC, CO2		3		1	4	9	K12. Melts @ 141°.
Fluenyl (Common name)	4242-33-5		9.0	Sol						3	Fog, Foam, DC, CO2		3	1	1	4	9	K12. Melts @ 141°.
Fluoboric Acid	16872-11-0	3		1.8	Y	1775 CO				4 0	Foam, DC, CO2	266	2	1	1	3	2	K2. NCF.
Fluorakil (Trade name)	640-19-7	4	2.7	Liq	Y					4	Fog, Foam, DC, CO2		3	1	1	4	9	K2, K12, K24.
Fluoranthrene	206-44-0	3	7.1	Sol						2 1	Foam, DC, CO2	693	3	1	1	2	2	Melts @ 248°.
Fluoric Acid	7664-39-3	4	.70	Liq	Y	1790 CO				3 0	No Water	67	3	8, 18	2	4	16, 6, 3	K2, K16, K24. TLV 3 ppm. NCF.
Fluorimide	10405-27-3		1.9	Sol						3 4			6	17	5	2		Shock-sensitive. Explosive.
Fluorine (Compressed)	7782-41-4	4	1.7	Gas		1045 PB				4	No Water	-305	5	23, 3, 4, 5, 8	4	4	3	K1. TLV 1 ppm. High Oxidizer. R10 also.
Fluorine (Cryogenic Liquid)		4	1.7	Gas		9192 CO				4		-305	7	21, 3, 4, 5, 8	5	4	15, 3, 16	K1. TLV 1 ppm. High oxidizer. Also: R10, R23 No water on spill.
Fluorine Azide	14986-60-8	4	2.1	Gas						4 4			6	17	5	4	3	K3, K20. Keep dark. Unstable. Explodes.
Fluorine Dioxide		4	2.4	Gas						4 4			3	10	3	4	3	K2.
Fluorine Fluoro Sulfate	13536-85-1		4.1	Gas						3 4			6	17	4	2	3	Unstable. Explodes @ 70°.
Fluorine Monoxide	7783-41-7	4	1.8	Gas		2190 PA				4 3	Fog, DC	-229	3	21, 3, 4	4	4	16, 3, 4	K2. High oxidizer. TLV <1ppm.
Fluorine Nitrate	7789-26-6	4	2.8	Gas						4 3	Foam, DC, CO2	-51	6	17, 3, 4 21, 23	5	4	16	K2, K24. Acrid odor. RXW organic materials.
Fluorine Oxide	7783-41-7	4	1.8	Gas		2190 PA				4 3	Fog, DC	-229	3	21, 3, 4	4	4	16, 3, 4	K2. High oxidizer. TLV <1ppm.
Fluorine Perchlorate	10049-03-3	4	4.0	Gas						4 4		3	6	17, 2	4	4	3	Unstable. High oxidizer.
Fluoro Dinitromethane	7182-87-8		4.3	Liq						4			6	17	3	2		Potentially explosive.
1-Fluoro-1,1-Dinitro-2-Butene	22692-30-4		5.7	Var						3			6	17	5	2		K2. Explosive.
1-Fluoro-1,1-Dinitro-2-Phenylethane	68795-10-8		7.5	Var						3			6	17	5	2		K2. Explosive.
2-Fluoro-1,1-Dinitroethane	17003-75-7	4	4.8	Liq						3	Foam, DC, CO2		3	17	4	2	8	RXW air @ 167°. Explodes.
2-Fluoro-2,2-Dinitroethanol	18139-02-1		5.3	Liq						3 4			6	17	3	2		K22.
2-Fluoro-2,2-Dinitroethylamine				Liq														

(148)

Chemical Name	CAS	Tox L	Tox S	Vap Den.	Spec Grav.	Wat Sol.	DOT Number	DOT Cl	Flash Point	Flamma. Limit	Ign. Temp.	Disa Atm	Disa Fire	Extinguishing Information	Boil Point	F	R	E	S	H	Remarks
4-Fluoro-2-Hydroxythiobutyric Acid-S-Methyl Ester		4		5.3	Liq							3		Foam, DC, CO2		3		1	4		K2.
N-Fluoro-N-Nitrobutylamine	14233-86-4											4	4				16	3	2		May explode >140°.
Fluoroacetamide	640-19-7		4	4.8	Liq	Y						4		Fog, Foam, DC, CO2		6		1	4	9	K2, K12, K24.
2-Fluoroacetaniide	330-68-7	3		5.3	Liq							4		Foam, DC, CO2		3		1	3	9	K2.
3-Fluoroacetaniide	330-68-7	3		5.3	Liq							4		Foam, DC, CO2		3		1	3	9	K2.
Fluoroacetic Acid	144-49-0	3	3	2.7	Sol	Y	2642	PB				3	0	Fog, Foam, DC, CO2	329	3		1	2	9	K24. Melts @ 91°. NCF.
Fluoroacetic Acid (2-Ethylhexyl) Ester	331-87-3	3	4	6.6	Liq							4		Foam, DC, CO2		3		1	4		K2.
Fluoroacetophenone		3	3	4.7	Liq							4	0	Foam, DC, CO2	208	3		1	3		K2. Pungent odor. NCF. No water on leak.
Fluoroacetyl Chloride	359-06-8	4		3.4	Liq							4		Foam, DC, CO2		3		1	4		K2.
Fluoroacetylene	2713-09-9			1.5	Liq							3	4		-112	3	17	5	2		K3. Explodes.
Fluoroamide	15861-05-9			1.2	Liq							3	4			6	17	5	2		K3. Explodes.
Fluoroamine	15861-05-9			1.2	Liq							3	4			6	17	5	2		K3. Explodes.
p-Fluoroaniline	371-40-4	3	3	3.9	1.2		2944	PB				4	2	Foam, DC, CO2	367	3	1	1	3	9, 2	K2.
4-Fluoroaniline	371-40-4	3	3	3.9	1.2		2944	PB				4	2	Foam, DC, CO2	367	3	1	1	3	9, 2	K2.
3-Fluoroaniline	371-40-4	3	3	3.9	1.2		2944	PB				4	2	Foam, DC, CO2	367	3	1	1	3	9, 2	K2.
2-Fluoroaniline		3	3	3.8	1.2		2941	PB				4	0	Foam, DC, CO2		3		1	3	9, 2	K2. NCF.
3-Fluoroaniline		3	3	3.8	1.2		2941	PB				4	0	Foam, DC, CO2		3		1	3	9, 2	K2. NCF.
Fluorobenzene	462-06-6	2	2	3.3	1.0	N	2387	FL	5			3	3	Foam, Foam, DC, CO2	181	3	2	1	2		K2.
Fluorobis(Trifluoromethyl)Phosphine	1426-40-0			6.6	Liq							3	3	CO2		2	2	2	2		K11, K23. Pyroforic.
Fluorodichloromethane	75-43-4	2	1	3.8	Gas	N	1029	CG				4	0	Fog, Foam	48	1		1	2	11	K2. NCF.
Fluoroethane	353-36-6	2	1	1.7	Gas		2453	FG		2.6-21.7		3		Stop Gas, Fog, DC, CO2	-36	2	1	4	2		K2. Flammable.
Fluoroethanoic Acid	144-49-0	3	3	2.7	Sol	Y	2642	PB				3	0	Fog, Foam, DC, CO2	329	3		1	2	9	K24. Melts @ 91°. NCF.
2-Fluoroethanol	371-62-0	4		2.3	Liq							4		Foam, DC, CO2		3		1	4		K24.
β-Fluoroethyl Fluoroacetate	459-99-4	4		4.3	Liq							4		Foam, DC, CO2		3		1	4		K2.
β-Fluoroethyl-N-(β-Chloroethyl)-N-Nitrosocarbamate	63884-92-4	4		6.5	Var							4		Foam, DC, CO2		3		1	4		K2.
2-Fluoroethyl-N-Methyl-N-Nitrosocarbamate	63982-15-0	4		5.2	Liq							4		Foam, DC, CO2		3		1	4	12	K2.
2-Fluoroethyl-γ-Fluoro Butyrate	371-29-9	3		5.3	Liq							3	2	Stop Gas, Fog, DC, CO2	297	3	6	2	4	8, 6, 9	K2.
Fluoroethylene	75-02-5	4		1.6	Gas	N	1860	FG				3	4		-105	2	1	3	4	11, 1	Ether odor.
Fluoroethylene Ozonide	60553-18-6			3.3	Var							3	4			6	17	5	2		Explosive.
β-Fluoroethylic Ester of Xenylacetic Acid	4242-33-5	4		9.0	Sol							3	4	Foam, Foam, DC, CO2		3		1	2	9	K12. Melts @ 141°.
Fluoroform	75-46-7	2	1	2.4	Gas		1984	CG				3	0	Fog, Foam, DC, CO2	-115	1		1	2	11	NCF.
Fluoroformyl Fluoride	353-50-04	4	4	2.3	Gas		2417	PA				4	0	No Water	-117	3	8	2	4		K6. TLV 2 ppm. Pungent odor. NCF.
N-Fluoroimino Difluoromethane				2.9	Liq							3	4			6	17	5	2		Explodes when warmed.
Fluoroisopropoxymethylphosphine oxide	107-44-8	4	4	4.8	1.1			PB				4	1	Foam, DC, CO2	297	3	6	2	4	8, 6, 9	K2, K24. Nerve gas. Also: H12
Fluoromethane	593-53-3	2		1.2	Gas		2454	FG				3	2	Stop Gas, Fog, DC, CO2	-105	2		3	2	11, 1	Ether odor.
Fluoromethyl(1,2,2-Trimethylpropoxy)-Phosphine Oxide	96-64-0		4	6.4	Liq							4		DC, CO2		3		2	4	6, 8, 12	Nerve gas.
Fluoronium Perchlorate				4.2	Var							4		No Water, DC, CO2		5	10	2	2		

(149)

Chemical Name	CAS	Tox L S	Vap Den.	Spec Grav.	Wat Sol.	DOT Number	Cl	Flash Point	Flamma. Limit	Ign. Temp.	Disa. Atm Fire	Extinguishing Information	Boil Point	F	R	E	S	H	Remarks
4-Fluorophenyllithium	1493-23-8		3.6	Var							3 4			6	17	5	2		Explosive.
Fluorophosphoric Acid (Anhydrous)	13537-32-1	3 4	3.4	1.2	Y						4 0	Fog, Foam, DC, CO2		3	8	2	4	2	K2. NCF.
3-Fluoropropane		4 3	2.1	Gas							4	Stop Gas				2	4	3	K2.
Fluorosilicic Acid	16961-83-4	4 4	5.0	Liq	Y	1778	CO				3 0	Foam, DC, CO2	325	3	8	2	4	3	K2, K16. NCF.
Fluorosulfonic Acid	7789-21-1	4 4	3.4	1.7		1777	CO				3 0	DC, CO2, No Water	325	5	10	2	4	16, 3	K2, K16. NCF.
Fluorosulphonic Acid	7789-21-1	4 4	3.4	1.7		1777	CO				3 0	DC, CO2, No Water	325	5	10	2	4	16, 3	K2, K16. NCF.
p-Fluorotoluene	352-32-9		3.8	1.0	N	2388	FL	50			3 3	Fog, Foam, DC, CO2	241	2	2	2	2		K2.
Fluorotoluene	352-32-9		3.8	1.0	N	2388	FL	50			3 3	Fog, Foam, DC, CO2	241	2	2	2	2		K2.
Fluorotrichloromethane	75-69-4	2 1	4.7	1.5			CG				4 0	Fog, Foam, DC, CO2	75	1		1	2	11	RVW Active metals, aluminum, zinc. TLV 1000 ppm. NCF.
Fluosilicates, n.o.s. (General)		3	Var	Var		2856	PB				4 1	Fog, Foam, DC, CO2		3		1	2	9	K2.
Fluosilicic Acid	16961-83-4	4 4	5.0	Liq	Y	1778	CO				3 0	Foam, DC, CO2	325	3	8	2	4	3	K2, K16. NCF.
Fluosulfonic Acid	7789-21-1	4 4	3.4	1.7		1777	CO				3 0	DC, CO2, No Water	325	5	10	2	4	16, 3	K2, K16. NCF.
Fluosulfuric Acid	7789-21-1	4 4	3.4	1.7		1777	CO				3 0	DC, CO2, No Water	325	5	10	2	4	16, 3	K2, K16. NCF.
Fluro Dinitromethyl Azide	17003-82-6		5.8	Var							3			6	16	3	2		Unstable.
Fluvalinate (Common name)		3	>1.	1.3	N							Foam, DC, CO2	800			1	3	3	K12.
Flux (Black)			>1.	Cry							4			6	17	3	2		Low explosive.
Flux (White)			>1.	Cry							3	Fog, Flood		2	4	2	2		Sodium Nitrate/Nitrite mixture. High oxidizer.
Folicur (Trade name)		2 2	>1.	Pdr	N			104			2	Fog, Foam, DC, CO2		1		1	2	9	K12. Melts @ 221°.
Folimat (Trade name)	1113-02-6	2 3	7.4	1.3	Y						4	Foam, DC, CO2		3		1	3	12	K2, K12.
Fonofos (Trade name)		4	>1.	Liq							4	Foam, DC, CO2		3		1	4	12	K2, K12.
Formal	109-87-5	2 2	2.6	.86	Y	1234	FL	0		459	2 3	Fog, Alfo, DC, CO2	108	3	2	2	2	11	Pungent odor. TLV 1000 ppm.
Formaldehyde (Commercial Solution)	50-00-0	3 2	1.1	.82	Y	1198	OM	185		806	3 3	Fog, Alfo, DC, CO2	214	3	2	2	3	9	(37% Methanol-free)
Formaldehyde (Commercial Solution)		3 2	1.1	.82	Y	2209	CL	122		806	3 3	Fog, Alfo, DC, CO2	214	3	2	2	3	9	(15% methanol-free)
Formaldehyde (Gas)	50-00-0	4 3	1.0	Gas					7.0-73.0	572	3 4	Stop Gas, Fog, DC, CO2	-3	2	2	4	4		TLV 1 ppm.
Formaldehyde Cyanohydrin	107-16-4	4 2	2.0	1.1							3 1	Fog, Foam, DC, CO2	361	3	22	1	4	9	K2, K9, K24. RVW alkalies.
Formaldehyde Dimethyl Acetal	109-87-5	2 2	2.6	.86	Y	1234	FL	0		459	2 3	Fog, Foam, DC, CO2	108	3	2	2	2	11	Pungent odor. TLV 1000 ppm.
Formaldehyde Oxide Polymer			>1.	Var							2 4			6	17	4	3		Shock-sensitive explosive.
Formalin	50-00-0	3 2	1.1	.82	Y	1198	OM	185		806	3 2	Fog, Alfo, DC, CO2	214	3	2	2	3	9	(37% Methanol-free)
Formalin		3 2	1.1	.82	Y	2209	CL	122		806	3 2	Fog, Alfo, DC, CO2	214	3	2	2	3	9	(15% methanol-free)
Formamide	75-12-7	2 2	1.5	1.1	Y			310		1004	3 1	Fog, Alfo, DC, CO2	213	3	2	2	2	9	K22. TLV 20 ppm (skin).
Formic Acid (90% Solution)	64-18-6	3 3	1.6	1.2	Y	1779	CO	156	18.0-57.0	813	2 3	Fog, Alfo, DC, CO2	225	3	13, 2	2	3	3	K16. TLV 5 ppm. Pungent odor.
Formic Acid-Butyl Ester	592-84-7	2 2	3.5	.91	N	1128	FL	64	1.7-8.2	612	2 3	Fog, Alfo, DC, CO2	225	3	13, 2	2	2	3	K16. TLV 5 ppm. Pungent odor.
Formic Acid-Ethyl Ester	109-94-4	2 2	2.6	.92	Y	1190	FL	-4	2.8-16.0	851	2 3	Fog, Foam, DC, CO2	130	3	1	2	2	11	Fruity odor. TLV 100 ppm.
Formic Acid-Methyl Ester	107-31-3	2 2	2.1	.98	Y	1243	FL	-2	4.5-23.0	840	2 3	Fog, Alfo, DC, CO2	89	2	2	2	2	10	TLV 100 ppm. Pleasant odor.
Formic Aldehyde (37-50%)	50-00-0	3 2	1.1	.82	Y	2209	CL	122	2.8-16.0	806	3 2	Fog, Alfo, DC, CO2	214	3	2	2	3	9	(15% methanol-free)
Formic Ether	109-94-4	2 2	2.6	.92	Y	1190	FL	-4		851	2 3	Fog, Foam, DC, CO2	130	3	1	2	2	11	Fruity odor. TLV 100 ppm.
Formothion	2540-82-1	4 4	9.0	Sol	N						3	Foam, DC, CO2		3		1	4	10	K24. K2.
Formparanate			8.2	Var							3	DC, CO2		3		1	2	9, 12	K2, K12.
Formyl Fluoride	17702-57-7	3 3	1.6	Gas	Y						4	DC, CO2		3		1	3	9	K2.

(150)

Chemical Name	CAS	LOS	Vap. Den.	Sp. Grav.	Wat. Sol.	UN Number	Cl	Flash Point	Flamm. Limit	Ign. Temp.	Oba. Atm	Fire	Extinguishing Information	Boil Point	F	K	U	S	R	Remarks
Formyl Trichloride	67-66-3	3 2	4.1	1.5	S	1888	OM				4	1	Fog, Foam, DC, CO2	142	3		1	3	13	RVW active metals. Ether odor. TLV<50 ppm. NCF.
[S-(N-Formyl-N-Methyl Carbamoyl Methyl)Dimethyl Phosphorodithioate]	2540-82-1	4	9.0	Sol	N						4		Foam, DC, CO2		3		1	4	9, 12	K2, K12.
4-Formylcyclohexene	100-50-5	3 3	3.3	.97	S	2498	CO	135			2	2	Fog, Alfo, DC, CO2	327	3	1	1	3	2	K2, K12, K24. Melts @ 73°.
Fostion (Trade name)	2275-18-5	4	10.	Cry	N			320			4	1	Foam, DC, CO2		3	1	1	4	12	K2, NCF.
Foumarin (Trade name)	117-52-2	3	10.	Pdr	N						3	0	Fog, Foam, DC, CO2		3		1	2	9	K2. NCF.
Freon C-318	115-25-3	2	7.0	Gas		1976	CG				4	0	Stop Gas, DC, CO2	21	1		1	2	1	K2. Inert Gas. NCF.
Freon-11	75-69-4	2 1	4.7	1.5	N		CG				4	0	Fog, Foam, DC, CO2	75	1		1	2	11	RVW Active metals, aluminum, zinc. TLV 1000 ppm. NCF.
Freon-112	76-12-0	2 1	7.0	1.6	N						3	0	Fog, Foam, DC, CO2	199	1		1	2	9	K2. TLV 500 ppm. NCF.
Freon-113	76-13-1	2 1	6.4	1.6	N					1256	4	0	Fog, Foam, DC, CO2	115	1		1	2	1	K2. Volatile. TLV 1000 ppm. RVW active metals. NCF.
Freon-114	76-14-2	2	6.0	Gas	N	1958	CG				3	0	Fog, Foam, DC, CO2	39	1		1	2	1	K2. Ether odor. TLV 1000 ppm. NCF
Freon-115	76-15-3	2	5.3	Gas	N	1020	CG				4	0	Fog, Foam, DC, CO2	-38	1		1	2	1	TLV 1000 ppm. NCF.
Freon-116	76-16-4	2 1	>1.	Gas	N	2193	CG				3	0	Fog, Foam, DC, CO2	-108	1		1	2	1	K2. NCF.
Freon-12	75-71-8	2 1	3.0	Gas	Y	1028	CG				4	0	Fog, Foam, DC, CO2	-22	1	11	1	2	11	K7. RW active metals. TLV 1000 ppm. NCF.
Freon-13	75-72-9	2	3.6	Gas		1022	CG				2	0	Fog, Foam, DC, CO2	-112	1		1	2	11	K2. Ether odor. RVW aluminum. NCF.
Freon-14	75-73-0	2 1	3.0	Gas	S	1982	CG				3	0	Fog, Foam, DC, CO2		1		1	2	9	RVW Aluminum. NCF.
Freon-142	75-68-3	2 1	3.5	Gas	S	2517	FG		6.2-17.9		4	4	Stop Gas, Fog, Foam, CO2, DC	4	2	2	4	2	1	K2.
Freon-152	75-37-6	2 2	2.3	Gas	N	1030	FG		3.7-18.0		3	4	Fog, DC, CO2, Stop Gas	-13	2	2	4	2	11	K2.
Freon-21	75-43-4	2 2	3.8	Gas	N	1029	CG				4	0	Fog, Foam	48	1		1	2	11	K2. NCF.
Freon-22	75-45-6	2 2	3.9	Gas	S	1018	CG				3	0	Fog, Foam, DC, CO2	-41	1		1	2	11	K2. Refrigerant. NCF. TLV 1000 ppm. NCF.
Freon-23	75-46-7	2 1	2.4	Gas	N	1984	CG				3	0	Fog, Foam, DC, CO2	-115	1		1	2	11	K2. NCF.
Freon-30	75-09-2	2 1	2.9	1.3	N	1593	OM		12.0-19.0	1139	4	1	Fog, Foam, DC, CO2	104	1	20	1	2	10, 2	K7. RW active metals. NCF @ ordinary temp. Ether odor. TLV 100 ppm.
Freon-31	593-70-4	3	2.4	Gas							4	0	Fog, Foam, DC, CO2		3		1	2		K2. NCF.
Freon-41	593-53-3	2	1.2	Gas							3	2	Stop Gas, Fog, DC, CO2	-105	2		3	2	11, 1	Ether odor.
Freon-500		2 1	>1.	Gas			CG				3	0								Nearly NCF.
Frigate (Trade name)		2	>1.	Liq	Y		FL	95				3	Foam, Alfo, DC, CO2	226	2		1	2	2	
Fuberizazole (Common name)	3878-19-1	4	6.4	Pdr	N	1375	FS					3	Foam, DC, CO2		3		1	3		K12, K24. Melts @ 543°.
Fuel (Pyrofloric, n.o.s.)			>1.	Var								3	DC, CO2		3		2	2		K11. Pyrofloric.
Fuel Oil No. 1	8008-20-6	2 1	4.5	<1.	N	1223	CL	120	.7-5.0	410	2	2	Fog, Foam, DC, CO2		2	1	2	1	2	ULC: 40
Fuel Oil No. 2	77650-28-3	1 1	>2.	<1.	N	1993	CL	125		494	2	2	Fog, Foam, DC, CO2		2	1	2	1	2	
Fuel Oil No. 3		1 1	>2.	<1.	N	1993	FL	130		498	2	2	Fog, Foam, DC, CO2		2		2	2	2	
Fuel Oil No. 4		1 1	>2.	<1.	N	1993	FL	>140		505	2	2	Fog, Foam, DC, CO2		2		2	2	2	
Fuel Oil No. 5		1 1	>2.	<1.	N	1993	FL	>150			3	2	Fog, Foam, DC, CO2		2		2	2	2	

(151)

Chemical Name	CAS	Tox L S	Vap Den.	Spec Grav.	Wat Sol.	DOT Number	Cl	Flash Point	Flamma. Limit	Ign. Temp.	Disa. Atm Fire	Extinguishing Information	Boil Point	F	R	E	S	H	Remarks
Fuel Oil No. 6 (Bunker Oil)		1 2	>2.	<1.	N	1993	FL	>150		765	3 2	Fog, Foam, DC, CO2		2	2	2	2	2	K2.
Fuel, Aviation (Turbine engine)		1 1	>2.	<1.	N	1863	FL	<100			2 3	Fog, Foam, DC, CO2		2	2	2	2		Flash points vary. See jet fuels.
Fulminate of Mercury	628-86-4	4	9.8	Pdr	S		EX				4 4	Keep Wet		6	17	5	2		K3, K20. RXW sulfuric acid. Explodes.
Fulminates (General)			Var	Sol			EX				4	Keep Wet		6	17	5	2		K3. Explodes.
Fulminic Acid	506-85-4		1.5	Liq							4			6	17	5	2		K3. Explosive.
Fumaric Acid	110-17-8	2 2	4.0	Cry	S	9126	OM				2 1	Fog, Alfo, DC, CO2	554	1	2	1	2	1	Melts @ 549°. Can burn.
Fumaric Acid Ethyl-2,3-Epoxypropyl Ester	25876-47-4		7.0	Var							2	Foam, DC, CO2		3		1	4		
Fumarin (Trade name)	117-52-2	3	10.	Pdr	N						3 0	Fog, Foam, DC, CO2		3	1	1	2	9	K2. NCF.
Fumaryl Chloride	627-63-4		5.3	1.4		1780	CO				4	Foam, DC, CO2	320	3	12	1	3	3	K7.
Fuming Liquid Arsenic		4 4	>1.	Liq			PB				4 0	Foam, DC, CO2		3	6	1	4		K2. NCF.
Fuming Sulfuric Acid	8014-95-7	3 4	6.0	Liq		1831	CO				4 1	DC, CO2, No Water		5	10, 3, 4, 8, 21	1	4	3	R23 also.
Fuming Sulfuric Acid (Oleum)	8014-95-7	3 4	6.0	Liq			CO				4 1	DC, CO2, No Water		5	10, 3, 4, 8, 21	1	4	3	R23 also.
Fumitoxin (Trade name)	20859-73-8	4	2.0	Cry		1397	FS	212			4 2	No Water	189	5	7, 11	2	4		K23. TLV <1 ppm.
Fungicide (Corrosive, n.o.s.)		4	>1.	Var	S	1759	CO				3	Foam, DC, CO2		3		1	3		
Fungicide (Poisonous, n.o.s.)		4	>1.	Var		2902	PB				3	Foam, DC, CO2		3		1	4		
Furadan	1563-66-2	3 3	7.7	Cry		2757	PB				4 0	Fog, Foam, DC, CO2		3		1	3	12	K12, K24. Melts @ 302°. NCF.
Fural	98-01-1	3 3	3.3	1.2	S	1199	CL	140	2.1-19.3	600	2 2	Fog, Alfo, DC, CO2	322	3	14, 1	1	3	3	Almond odor. TLV 2 ppm.
2-Furaldehyde	98-01-1	3 3	3.3	1.2	S	1199	CL	140	2.1-19.3	600	2 2	Fog, Alfo, DC, CO2	322	3	14, 1	1	3	3	Almond odor. TLV 2 ppm.
Furale	98-01-1	3 3	3.3	1.2	S	1199	CL	140	2.1-19.3	600	2 2	Fog, Alfo, DC, CO2	322	3	14, 1	1	3	3	Almond odor. TLV 2 ppm.
Furan	110-00-9	3 3	2.3	.94		2389	FL	<32	2.3-14.3		2 3	Foam, DC, CO2	88	2	14, 2	2	3	10, 5	K10, K24. TLV 10 ppm.
Furan-2-Amidoxime	50892-99-4		4.4	Liq							3 4			6	16	4	2		K2. RVW heat @ 149°. Explodes <212°.
2-Furancarbonal	98-01-1	3	3.3	1.2	S	1199	CL	140	2.1-19.3	600	2 2	Fog, Alfo, DC, CO2	322	3	14, 1	1	3	3	Almond odor. TLV 2 ppm.
Furane	28802-49-5	3	3.3	.89				45			2 3	Fog, Foam, DC, CO2	201	2	2	1	3	2	K2.
2-Furanmethylamine	617-89-0	2 3	3.4	1.1	Y	2526	CL	39			3 3	Foam, DC, CO2	295	2	1	2	3		
Furfural	98-01-1	3 3	3.3	1.2	S	1199	CL	140	2.1-19.3	600	2 2	Fog, Alfo, DC, CO2	322	3	14, 1	1	3	3	Almond odor. TLV 2 ppm.
Furfuraldehyde	98-01-1	3 3	3.3	1.2	S	1199	CL	140	2.1-19.3	600	2 2	Fog, Alfo, DC, CO2	322	3	14, 1	1	3	3	Almond odor. TLV 2 ppm.
Furfuramide	494-47-3	3	9.2	Cry	N						3	Foam, DC, CO2	482	3		1	3	9	K2. Melts @ 243°.
Furfuran	110-00-9	3 3	2.3	.94	N	2389	FL	<32	2.3-14.3		2 3	Foam, DC, CO2	88	2	14, 2	2	3	10, 5	K10, K24. TLV 10 ppm.
Furfurane	110-00-9	3 3	2.3	.94	N	2389	FL	<32	2.3-14.3		2 3	Foam, DC, CO2	88	2	14, 2	2	3	10, 5	K10, K24. TLV 10 ppm.
Furfurol	98-01-1	3 3	3.3	1.2	S	1199	CL	140	2.1-19.3	600	2 2	Fog, Alfo, DC, CO2	322	3	14, 1	1	3	3	Almond odor. TLV 2 ppm.
Furfuryl Acetate	623	2 2	4.8	1.1				185	1.8-16.3	915	2 2	Fog, Blanket	356	1	1	1	2		
Furfuryl Alcohol	98-00-0	3	3.4	1.1	Y	2874	PB	149			3 4	Foam, Alfo, DC, CO2	340	3		1	2	9	TLV 10 PPM.
Furfurylamine	617-89-0	3																	
Furfuryl-Bis(2-Chloroethyl)Amine Hydrochloride	67227-30-9		9.0	Var				99			3	Fog, Foam, DC, CO2	295	2	1	2	2		K2.
Furniture Polish (Flammable or Combustible Liquid)			>1.	Liq			FL				2	Fog, Foam, DC, CO2		2		2	2		
Furol	98-01-1	3 3	3.3	1.2	S	1199	CL	140	2.1-19.3	600	2 2	Fog, Alfo, DC, CO2	322	3	14, 1	1	3	3	Almond odor. TLV 2 ppm.
Furole	98-01-1	3 3	3.3	1.2	S	1199	CL	140	2.1-19.3	600	2 2	Fog, Alfo, DC, CO2	322	3	14, 1	1	3	3	Almond odor. TLV 2 ppm.
2-Furoyl Azide	20762-98-5		4.8	Var							3			6	17	5	2	3	K3. Explodes.
Furoyl Chloride	1300-32-9	3	4.5	Liq							3 1	Foam, DC, CO2		3		2	2	7	K2, K22. Can burn.

Chemical name	CAS	Tox L	Tox S	Vap Den	Spec Grav	Wat Sol	UN Number	Cl	Flash Point	Flamm. Limit	Ign. Temp.	Use Atm	Fire	Extinguishing Information	Boil Point	F	H	E	S	R	Remarks
Furfuryl Alcohol	98-00-0	3	4	3.4	1.1	Y	2874	PB	149	1.8-16.3	915	2	2	Fog, Alfo, DC, CO2	340	3	14, 1	1	4	9	TLV 10 PPM.
2-Furyl Carbinol	98-00-0	3	4	3.4	1.1	Y	2874	PB	149	1.8-16.3	915	2	2	Fog, Alfo, DC, CO2	340	3	14, 1	1	4	9	TLV 10 PPM.
2-(2-Furyl)Benzimidazole	3878-19-1	4	3	6.4		Pdr							3	Foam, DC, CO2		3		1	3		K12, K24. Melts @ 543°.
Fusarotoxin T2	21259-20-1	3		16.	Var								2	0	Fog, Foam, DC, CO2		3		1	2	9	A corn toxin. NCF.
Fuse Igniters				>1.	Sol			EX					3	Fog, Flood		2		1	2		Class C Explosive.
Fuse Lighters				>1.	Sol			EX					3	Fog, Flood		2		1	2		Class C Explosive.
Fusees (Highway)				>1.	Sol		1325	FS					2	Fog, Flood		2		1	2		
Fusel Oil	8013-75-0	2	2	3.0	.81	S	1201	CL	109	1.2-9.0	662	2	2	Fog, Alfo, DC, CO2	270	2	2	2	2		
Fuses				>1.	Sol			EX					3	4	Fog, Flood		6	17	1	3	9	Explosive devices.
Fusilade (Trade name)				3	Liq									Foam, DC, CO2	338	3		4	2		K12.
Fuzes (Detonating Devices)				>1.	Sol			EX				3	4			6	17	1	3	9	Explosive devices.
Gallium (Metal)	7440-55-3	2	3	2.4	Liq		2803	OM				0	Foam, DC, CO2, No Halon		3		4	2	2	Melts @ 86°. RVW halogens. NCF.
Gallium Arsenide	1303-00-0	2	1	5.0	Cry								4	Foam, DC, CO2		1	11	1	2		K2. Melts @ 2260°.
Gallium Chloride		4		6.1	Sol								4	0	Foam, DC, CO2		3		1	2		K2 K24. Melts @ 172°. NCF.
Gallium Monoarsenide	1303-00-0	2	1	5.0	Cry								4	Foam, DC, CO2		1	11	1	2		K2. Melts @ 2260°.
Gamma Isomer of BHC	608-73-1	3	3	10.	Pdr	N							4	1	Fog, Foam, DC, CO2		3		1	3	9	K7, K12. Melts @ 235°. NCF.
Gammexane (Common name)	608-73-1	3	3	10.	Pdr	N							4	1	Fog, Foam, DC, CO2		3		1	3	9	K7, K12. Melts @ 235°. NCF.
Gammexane (Trade name)	608-73-1	3	3	10.	Pdr	N							4	1	Fog, Foam, DC, CO2		3		1	3	9	K7, K12. Melts @ 235°. NCF.
Gas (aka - Manufactured)		3	1	>1.	Gas		1023	FG		5.3-32.0	1200	2	4	Stop Gas, Fog, DC, CO2		2	1	4	4		
Gas (Blast furnace)		3	1	.96	Gas	Y		FG		12.5-74.2	1204	3	4	Stop Gas, Fog, DC, CO2		2		3	2		
Gas (Coke Oven)		3	1	.44	Gas			FG		4.4-34.0		2	4	Stop Gas, Fog, DC, CO2		2		4	2		
Gas (Natural)		2	1	.70	Gas			FG		3.8-17.0	>900	2	4	Stop Gas, Fog, DC, CO2		2		4	2	1	
Gas (Oil Gas)		3	1	.47	Gas			FG		4.8-32.5	637	2	4	Stop Gas, Fog, DC, CO2		2		4	2		
Gas (Producer)		3	1	.86	Gas			FG		20.7-73.7		2	4	Stop Gas, Fog, DC, CO2		2	1	3	2		
Gas (Water Carbureted)		3	1	.70	Gas			FG		5.6-46.2	824	2	4	Stop Gas, Fog, DC, CO2		2	1	4	2		
Gas (Water)		3	1	.57	Gas			FG		7.0-72.0		2	4	Stop Gas, Fog, DC, CO2		2	1	4	2		
Gas Drips (Hydrocarbon)		2	1	>1.	<1.	N	1864	FL					2	3	Fog, Foam, DC, CO2		2	2	2	2		Flammable.
Gas Identification Set		4	4	>1.	Gas	N	9035	PA					3	0	Fog, Foam, DC, CO2		3	2	2	4	5	K2. NCF.
Gas Oil		1	1	>1.	<1.	N	1202	FL	150	6.0-13.5	640	2	2	Fog, Foam, DC, CO2	>446	1	2	1	2		
Gasohol (<20% Alcohol)		2	1	>3.	<1.	N	1203	FL	-45	1.4-7.6	536	2	3	Fog, Foam, DC, CO2	>200	2	2	2	2		ULC: 100. TLV 300 ppm.
Gasoline (Automotive)	8006-61-9	2	1	>3.	.75	N	1203	FL	-45	1.4-7.6	536	2	3	Fog, Foam, DC, CO2	>200	2	2	2	2		ULC: 100. TLV 300 ppm. Values may vary.
Gasoline (Aviation Grade 100-130)		2	1	>3.	.75	N	1203	FL	-50	1.3-7.1	824	2	3	Fog, Foam, DC, CO2	>200	2	2	2	2		ULC: 100. TLV 300 ppm.
Gasoline (Aviation Grade 115-145)		2	1	>3.	.75	N	1203	FL	-50	1.2-7.1	880	2	3	Fog, Foam, DC, CO2	>200	2	2	2	2		ULC: 100. TLV 300 ppm.
Gasoline (Casing Head)		2	1	>1.	Liq	N	1257	FL	<0			2	3	Fog, Foam, DC, CO2		2	2	2	2		
Gastoxin (Trade name)	20859-73-8	4		2.0	Cry		1397	FS	212	7.0-72.0		4	2	No Water	189	5	7, 11	2	4		K23. TLV <1 ppm.

(153)

Chemical Name	CAS	Tox L	Tox S	Vap Den.	Spec Grav.	Wat Sol.	DOT Number	DOT Cl	Flash Point	Flamma. Limit	Ign. Temp.	Disa. Atm Fire	Extinguishing Information	Boil Point	F	R	E	S	H	Remarks
Gel Coalites				>1.	Sol			EX				4			6	17	5	2		Explosive.
Gelatine Dynamite				>1.	Sol			EX				4			6	17	5	2		Explosive.
Gemini Herbicide (Trade name)			3		Pdr										3		1	2		K12.
Geolos (Trade name)	21548-32-3		4	8.4	Sol							4	Foam, DC, CO2		3		1	4	9, 12	
Geomet (Trade name)		3	4	9.0	Liq	N		PB				4	DC, CO2		3		1	1	12	K2, K12. NCF.
Geranic Acid	459-80-3			5.9	Liq							2	Foam, DC, CO2		3			3		
Geraniol Formate		1	3	6.4	.93	N			185			2	Fog, Foam, DC, CO2	235	1	1	1	2	2	Rose odor.
Geranium Oil Bourbon			3	>1.	Liq							2	Foam, DC, CO2		3			3		
Geranyl Formate		1	2	6.4	.93	N			185			2	Fog, Foam, DC, CO2	235	3	1	1	2	2	Rose odor.
Germane (Germanium hydride)	7782-65-2	4		2.7	Gas	N	2192	PA				4	Stop Gas, DC, CO2	-130	3	2	4	4	6	TLV <1 ppm.
Germanium Chloride	10038-98-9	2	2	7.4	1.9							3		181	5	10	1	2	2	K2, K16.
Germanium Monohydride		3		5.2	Gas							4	Stop Gas		6	17		4		Pyroforic.
Germanium Tetrachloride	10038-98-9	2	2	7.4	1.9							3	Foam, DC, CO2	181	5	10	1	2	2	K2, K16.
Germanium Tetrafluoride				5.1	Gas							4			3		1	2		K2. NCF.
Germanium Tetrahydride	7782-65-2	4		2.7	Gas	N	2192	PA				4	Stop Gas, DC, CO2	-130	3	2	4	4	6	TLV <1 ppm.
Germate (Trade name)				>1.	Pdr							2	Foam, DC, CO2		3		1	3	5, 9	K12.
Gilsonite	12002-43-6	2	2	>1.	Sol	Y						2	Fog, Foam, DC, CO2		1	1	1	2		
Gin		2	1	>1.	Liq	Y			89	3.3-19.0	799	2	Fog, Alfo, DC, CO2		1		1	2		
Glacial Acetic Acid	64-19-7	3	4	2.1	1.1	Y	2789	CO	103	5.4-16.0	867	4	Fog, Foam, DC, CO2	245	3	11, 12	2	4	3	K2, Pungent Odor. TLV 10 ppm
Glucinum	7440-41-7	4		.31	Pdr	N	1567	PB				1	G-1 Pdr, No Water		3	14	1	4	14	K2. No water or halons. Flammable solid.
Glutaral	111-30-8	3	3	3.5	.72	Y						2	Fog, Foam, DC, CO2	370	3		1	3	2	TLV <1ppm. NCF.
Glutaraldehyde	111-30-8	3	3	3.5	.72	Y						2	Fog, Foam, DC, CO2	370	3		1	3	2	TLV <1ppm. NCF.
Glutaronitrile	544-13-8	3	2	3.2	.90	Y						4	Alfo, DC, CO2	547	3		1	3		K2. Can burn.
Glutaryl Diazide	64624-44-8			6.4	Var							3			6	17	5	2		K3. Explodes.
α-β-Glycerin Dichlorohydrin	96-23-1	4	3	4.4	1.4	S	2750	PB	165			4	Fog, Alfo, DC, CO2	345	3	1	1	4	9	K7. Ether odor.
Glycerin Dichlorohydrin	96-23-1	4	3	4.4	1.4	S	2750	PB	165			4	Fog, Alfo, DC, CO2	345	3	1	1	4	9	K7. Ether odor.
Glycerol Monogluconate Trinitrate				>1.	Liq			EX				4			6	17	5	2		K3. Explosive.
Glycerol Monolactate Trinitrate				>1.	Liq			EX				4			6	17	5	2		K3. Explosive.
Glycerol Trinitrate	55-63-0	3		7.8	1.6	N	0143	EX				3			6	17	5	2		TLV <1 ppm (skin). Shock sensitive. Explodes @ 424°.
Glycerol-1,3-Dinitrate				>1.	Liq			EX				4			6	17	5	2		K3. Explosive.
Glycerol-alpha-Monochlorohydrin	96-24-2	3		3.9	1.3	S	2689	PB				3	Fog, Foam, DC, CO2	415	3	1	1	3	2	K2. Can burn.
Glyceryl Monoacetate	106-61-6	3	3	4.6	1.2	Y						4	Foam, DC, CO2		3		1	1		
Glyceryl Trichlorohydrin	96-18-4	3	4	5.1	1.4	N			180	3.2-12.6	579	2	Fog, Foam, DC, CO2	288	3	1	1	4	2	K2. TLV 10 ppm (skin)
Glyceryl Trinitrate	55-63-0	3		7.8	1.6	N	0143	EX				3			6	17	5	2		TLV <1 ppm (skin). Shock sensitive. Explodes @ 424°. Flammable.
Glyceryl Trinitrate Solution		3	3	7.0	Liq	S	1204	FL				3	Fog, Alfo, DC, CO2	235	3	2	2	2	2	
Glycidaldehyde	765-34-4	3	3	2.5	1.1		2622	FL				2	Foam, DC, CO2	332	6	16, 14	2	4	5	
Glycidol	556-52-5	3	3	2.5	1.2	Y						3	Fog, Alfo, DC, CO2					3		TLV 25 ppm. RXW bases-metals-metal salts.
Glycidyl Acrylate	106-90-1	4	3	4.4	1.1	N			141		779	2	Fog, Foam, DC, CO2	135	3	2	1	4	3	
Glycidyl Aldehyde	765-34-4	3	4	2.5	1.1		2622	FL				2	Foam, DC, CO2	235	3	1	2	4	2	
Glycidyl Phenyl Ether				5.2	1.1	N			175			3	Fog, Foam, DC, CO2		3	1	1	3		K10.

Chemical Name	CAS	Tox L	Tox S	Vap Den	Spec Grav	Wat Sol	DOT Number	Cl	Flash Point	Flamma. Limit	Ign. Temp.	Disa. Atm	Fire	Extinguishing Information	Boil Point	F	R	E	S	H	Remarks
Glycol	107-21-1	3	2	2.1	1.1	Y			232	3.2-	748	2	1	Fog, Alfo, DC, CO2	387	3	2, 14	1	2	9, 2	TLV 50 ppm.
Glycol Alcohol	107-21-1	3	2	2.1	1.1	Y			232	3.2-	748	2	1	Fog, Alfo, DC, CO2	387	3	2, 14	1	2	9, 2	TLV 50 ppm.
Glycol Chlorohydrin	107-07-3	3	4	2.8	1.2	Y	1135	PB	140	4.9-15.9	797	4	2	Fog, Alfo, DC, CO2	264	3	8, 2	2	4	4	TLV 1ppm (skin). Ether odor.
Glycol Cyanohydrin	109-78-4	4	2	2.4	1.1	Y			265			4	2	Fog, Alfo, DC, CO2	445	3	7	1	4	2	RVW inorganic acids or bases.
Glycol Diacetate	111-55-7	2	2	5.0	1.1	S			191	1.6-8.4	900	2	1	Fog, Alfo, DC, CO2	375	1	1	1	2		
Glycol Dibromide	106-93-4	3	4	6.5	2.2	/S	1605	PB				3	0	Fog, Foam, DC, CO2	268	3	2	1	4	9, 2, 5	K12. TLV 20 ppm. NCF. RVW active metals. Sweet odor. NCF.
Glycol Dichloride	107-06-2	3	3	3.4	1.2	N	1184	FL	56	6.2-16.0	775	4	3	Fog, Foam, DC, CO2	182	3	2	1	3	10	K7, K12. ULC: 70 TLV 10 ppm.
Glycol Diformate	629-15-2	2	2	4.0	1.2	Y			200			2	2	Fog, Alfo, DC, CO2	345	3	1	1	2	9, 2	Chloroform odor.
Glycol Monobutyl Ether	111-76-2	3	3	4.1	.90	Y	2369	FL	142	1.1-10.6	472	2	2	Fog, Alfo, DC, CO2	334	3	1	2	3	2	Pleasant odor. TLV 25 ppm (skin).
Glycol Monobutyl Ether Acetate	112-07-2	3	3	5.5	.94	N			190			2	1	Fog, Foam, DC, CO2	378	3	1	1	3		Fruity odor.
Glycolonitrile	107-16-4	4		2.0	1.1							3	1	Fog, Alfo, DC, CO2	361	6	22	1	4	9	K2, K9, K24. RVW alkalies.
Glyodin (Trade name)	556-22-9			13.	Cry	N						3	3	Foam, DC, CO2		3	1	2	2	2	K2, K12. Melts @ 144°.
Glyodin (Common name)				>1.	.84	N			72			3	3	Foam, DC, CO2		3	1	2	2	2	K2.
Glyoxal Solution	107-22-2	3	3	2.0	Sol							2	2	DC, CO2, No Water		2	22, 2	2	3	3	K22. Melts@ 59°. Reducer. Green vapors; violet flame. May be pyrotoric.
Glyphosate (Common name)				3	Var											3		1	3		K12.
Gold Acetylide	70950-00-4			14.	Var									Foam, DC, CO2		6	17	5	2		K3, K20. High explosive. Explodes @ 181°. Light sensitive.
Gold Hydroxide-Ammonia				19.	Var							3	4			6	17	5	2		Sensitive explosive.
Gold Nitride Ammonia				21.	Var							3	4			6	17	5	2		Unstable. Explosive.
Gold Nitride Trihydrate				23.	Var							3	4	Keep Wet		6	17	5	2		Explosive if dry.
Gophacide (Trade name)	4104-14-7			3	Pdr	N						4	0	Fog, Foam, DC, CO2		2	1	2	3	12	K2, K12. Melts @ 219°. NCF.
Grain Alcohol (100%)	64-17-5	2	2	1.6	.79	Y	1170	FL	55	3.3-19.0	685	1	3	Fog, Alfo, DC, CO2	173	2	2, 21	3	2		UCL: 70
Grain Treet (Trade name)		3	3	>1.	Liq							2	2	Foam, DC, CO2		3	1	2	2	2	K12.
Grassellis				>1.	Sol								4			6	17	5	2		Explodes.
Green Oil	120-12-7	2	2	6.2	Cry	N		EX	250	.6-	1004	3	1	Fog, Foam, DC, CO2	644	1	1	1	2	9	Melts @ 423°.
Grenade (Tear gas)		3	3	5.2	1.2	N	2027	IR				4	4	Fog, Foam, DC, CO2		3	1	3	3	7	K2. Product can burn.
Grenade (without Bursting Charge; with Poisonous Gas)		4	4	>1.	Sol		2016	PA				4	1	Fog, Foam, DC, CO2		3	20	2	4	8, 6	K2. Product can burn.
Grignard Reagents (General)				>1.	Liq			FL				3	3	No Water		5	10	1	1		K11. Pyrotoric.
Guaiacol	90-05-1	2	2	4.3	Sol	S			180			2	4	Fog, Foam, DC, CO2	396	1	1	1	2	9, 2	Melts @ 82°. Keep dark.
Guanidine Mononitrate	506-93-4	2	2	4.2	Cry	S	1467	OX				4	4	Fog, Flood		2	23, 3, 4	2	2		Melts @ 417°. High oxidizer.
Guanidine Nitrate	506-93-4	2	2	4.2	Cry	S	1467	OX				4	4	Fog, Flood		2	23, 3, 4	2	2		Melts @ 417°. High oxidizer.
Guanidinium Nitrate	52470-25-4			4.3	Var							3	4			6	17	4	4		K3. Explodes.
Guanidinium Perchlorate	10308-84-6			5.6	Var							3	4			6	17	5	5		Sensitive and unstable explosive. Explodes @ 662°.
Guanoctine	39202-39-6			4	15.	Var						4	4	Foam, DC, CO2		3		1	4	9	K2.
Guanyl Nitrosamino Guanylidene Hydrazine		2		>1.	Cry		0113	EX				4	4			6	17	5	2		K3. Explosive.
Guanyl Nitrosoamino Guanyl Tetrazene				>1.	Cry		0114	EX				4	4			6	17	5	2		K3. Explosive.
Gum Camphor	76-22-2	2		5.2	Sol	N	2717	FS	150	.6-3.5	871	3	2	Fog, Foam, DC, CO2	399	1	15, 1	1	2	2	Melts @ 356°. TLV 2 ppm (Vapors)

(155)

Chemical Name	CAS	Tox L	Tox S	Vap Den.	Spec Grav.	Wat Sol	DOT Number	DOT Cl	Flash Point	Flamma. Limit	Ign. Temp.	Disa. Atm	Disa. Fire	Extinguishing Information	Boil Point	F	R	E	S	H	Remarks
Gun Cotton	9004-70-0	2	2	17.	Sol		2060	FS				3	3	Fog, Flood		2	2	2	2		K2.
Gun Powder					Pdr			EX				4	4			6	16	3	4		Burns violently or explodes.
Gustathion-A (Trade name)	2642-71-9	4	4	12.	Cry	N	2783	PB				3	1	Foam, DC, CO2		3	1	1	4	12	K2, K12, K24. Melts @ 127°.
Guthion	86-50-0	4	4	11.	Cry	S	2783	PB	302			4	1	Fog, Foam, DC, CO2		3		1	4	12	K2. Melts @ 165°.
Gutta-Percha Solution		2	3	>1.	Liq		1205	FL				2	3	Fog, Foam, DC, CO2		2	2	2	2		Flammable.
H.D. (Military designation)	505-60-2	4	4	5.4	1.3				221			4	1	Fog, Foam, DC, CO2	442	3	8, 2	4	4	3, 6, 8	K2. Vesicant.
Hafnium Metal (Powder: Dry)		2	1	6.1	Pdr	N	2545	FS				3	3	Soda Ash, No Water		2	16	2	2		RVW halogen; oxygen; heat. Pyrotoric.
Hafnium Metal (Powder: Wet)		2	1	>1.	Sol								3	Soda Ash, No Water		2	16	2	2		Maintain >25% water.
Hafnium Tetrahydroborate	25869-93-6			8.3	Liq								1	DC, CO2		2	16	2	2		Burns violently. Pyrotoric.
Halane	118-52-5	2	2	6.9	Cry	N	1326	FS				3	1	Foam, DC, CO2		3	8, 11	1	2	2	RW hot water → chlorine.
Halogenated Irritating Liquid, n.o.s.				>1.	Liq		1610	PB	346					Foam, DC, CO2		3		1	2		NCF. May be flammable.
Halothane	151-67-7	3		6.9	1.9							4	0	Fog, Foam, DC, CO2	122	3		1	3	13, 2, 9	K2. Volatile. TLV 50 ppm. Sweet odor. NCF.
Halowax	1335-87-1	4	4	11.	Sol							3	1	Fog, Alfo, DC, CO2		3		1	4	9, 5	K2, K24.
Hanane (Trade name)	115-26-4		1	5.4	1.1	Y						0	0	Fog, Foam, DC, CO2	153	3		2	3	12	K21. Fishy odor. NCF.
Hay (wet or uncured)				>1.	Sol	N	1327	FS					2	Fog, Flood		1		2	2	1	Consult documents. May burn.
Hazardous Substance, n.o.s.							1980	CG								3		1	2		Consult documents. May burn.
Hazardous Waste, n.o.s.							9188 9189									3		1	2		
Heavy Hydrogen	7782-39-0	1	1	.14	Gas	S	1957	FG		4.0-75.0	1085	1	4	Stop Gas, Fog, DC, CO2		2		4	2	1	Highly flammable.
Helium (Compressed gas)	7440-59-7	1	1	.14	Gas	N	1046	CG				1	0	Fog, Foam, DC, CO2	-452	1		1	2		Inert gas. NCF.
Helium (Cryogenic liquid)		1	3	.14	Liq	N	1963	CG				1	0	Fog, Foam, DC, CO2	-452	7		2	2	15, 1	Cryogen. NCF.
Helium (Refrigerated liquid)		1	1	.14	Gas	N	1963	CG				1	0	Fog, Foam, DC, CO2	-452	7		2	2	15, 1	Cryogen. NCF.
Helium-Oxygen Mixture	58933-55-4	1	1	1.3	Gas	S	1980	CG				1	0	Fog, Flood		7		1	2	1	NCF.
Helleborein	1399-70-8			27.	Cry									Fog, Alfo, DC, CO2	518	3		1	2		K2. Melts @ 518°.
Hellvellic Acid		3		>1.	Liq	Y						3	0	Fog, Alfo, DC, CO2		3	1	2	3	9	
Hempa (Common name)	680-31-9			6.2	1.0							4	1	Fog, Alfo, DC, CO2	451	3		1	3		K23. Spicy odor.
Hendecane	1120-21-4	2	1	5.4	.74	N	2330	CL	149			2	2	Fog, Foam, DC, CO2	384	2	1	1	2		
Hepar Sulfurous	1312-73-8	3		3.8	Pdr	Y	1382	FS				4	3	Fog, Alfo, DC, CO2		3	16, 4	4	2	9	K2. Can explode w/fast heat.
Hepta Silver Nitrate Octaoxide	12258-22-9			33.	Sol							3	4			6	16	4	2		Weak explosive. RVW hydrogen.
Hepta-1,3,5-Triyne	66486-68-8			3.1	Var							2	4			6	17	5	2		Explodes > 32°.
Heptachlor (Common name)	76-44-8	3	3	13.	Cry	N	2761	OM				3	0	Foam, DC, CO2		3		1	2	9	K2, K12. Melts @ 203°. Camphor odor. NCF.
1,4,5,6,7,8,8-Heptachloro-3a,4,7,7a,Tetrahydro-4,7-Methanoindene (Technical)	76-44-8	3	3	13.	Cry	N	2761	OM				3	0	Foam, DC, CO2		3		1	2	9	K2, K12. Melts @ 203°. Camphor odor. NCF.
2-Heptadecyl-2-Imidazoline Acetate	556-22-9			13.	Cry	N								Foam, DC, CO2		3		1	2	2	K2, K12. Melts @ 144°.
2,4-Heptadienal	5910-85-0			3.8	Liq							3	2	Foam, DC, CO2		3	12	4	2		Sharp odor.
Heptafluorobutyric Acid	375-22-4	3		7.4	1.6	Y			410			3	1	Foam, DC, CO2		3	17	3	2	2	
Heptafluorobutyryl Hypochlorite	71359-62-1			8.7	Gas							3	4			6	17	4	2		K3. Unstable >72°. Explodes.
Heptafluorobutyryl Hypofluorite				8.1	Var							3	4			6	17	4	2		K3. Explodes.
Heptafluorobutyryl Nitrate	663-25-2			7.2	Var							3	4			6	17	4	2		K3. Potentially explosive
Heptafluoropropyl Hypofluorite	2203-57-8			7.1	Var							3	4			6	17	5	2		K3. Explosive.
2-Heptafluoropropyl-1,3,4-Dioxazolone	87050-95-1			8.9	Var							3	4			6	17	4	2		K3. May explode @ 215°.

Chemical Name	CAS	Tox L	Tox S	Vap Den	Spec Grav	Wat Sol	DOT Number	Cl	Flash Point	Flamma. Limit	Ign. Temp.	Disa Atm	Disa Fire	Extinguishing Information	Boil Point	F	R	E	S	H	Remarks
Heptakis(Dimethylamino)Trialuminum Triboron Pentahydride	28016-59-3			15.	Sol							3	3	DC, CO2		2	2	2	2		K2, K11. Pyroforic.
Heptaldehyde (n-)	111-71-7			4.0	.83	S	3056					2	2	Fog, Foam, DC, CO2	307	2	1	2	2		Combustible.
Heptamethylene	291-64-5	2		3.3	.81		2241	FL		1.6-6.7		2	3	Fog, Foam, DC, CO2	246	2	2	1	2	10	
Heptanal	111-71-7			4.0	.83	S	3056					2	2	Fog, Foam, DC, CO2	307	2	1	1	2		Combustible.
Heptane (n-)	142-82-5		3	3.4	.68	N	1206	FL	25	1.1-6.7	399	2	2	Fog, Foam, DC, CO2	210	2	2	1	2	11	TLV 400 ppm. Volatile.
1,1,1,3,5,5,5-Heptanitropentane	20919-99-7				Cry							3	4			6	17	5	2		An oxidizer. Explosive.
1-Heptanol	111-70-6	2	3	4.0	.82	S			170			2	2	Fog, Alfo, DC, CO2	348	3	1	1	3		
3-Heptanol	589-82-2	2	3	4.0	.82	N			140			2	2	Fog, Alfo, DC, CO2	313	2	2	1	3	2	
2-Heptanol	543-49-7		3	4.0	.83	N			160			2	2	Fog, Foam, DC, CO2		2	2	1	3	3	
4-Heptanone	123-19-3	3	3	3.9	.82	N	2710	CL	120			2	2	Fog, Foam, DC, CO2	291	3	1	1	3		TLV 50 ppm.
3-Heptanone	106-35-4		3	3.9	.83	N		CL	115			2	2	Fog, Foam, DC, CO2	298	3	1	1	3	2	TLV 50 ppm.
2-Heptanone	110-43-0	2	3	3.9	.82	S	1110	FL	102	1.1-7.9	740	2	2	Fog, Alfo, DC, CO2	304	2	1	1	3	2	Fruity odor. TLV 50 ppm.
3-Heptene	25339-56-4	2	1	3.4	.71	N	2278	FL	21			2	3	Fog, Foam, DC, CO2	205	2	2	2	2	11	
2-Heptene		2	1	3.4	.70	N	2278	FL	<30		500	2	3	Fog, Foam, DC, CO2	208	2	2	2	2	1	
1-Heptene		2	1	3.4	.71	N	2278	FL	<30		500	2	3	Fog, Foam, DC, CO2	201	2	2	2	2	1	
Heptene (n-)		2	1	3.4	.70	N	2278	FL	<30		500	2	3	Fog, Foam, DC, CO2	201	2	2	2	2	1	
1-Heptene-4,6-Diyne				3.1	Var							3	4			6	17	5	2		Unstable explosive.
Heptenophos (Common name)	23560-59-0		3	8.8	1.3	N						3	3	Foam, DC, CO2	201	3	1	1	3	9	K2, K12.
Heptox (Trade name)	76-44-8	3	3	13.	Cry	N	2761	OM				3	0	Foam, DC, CO2		3		1	2	9	K2, K12. Melts @ 203°. Camphor odor. NCF.
Heptyl Alcohol	111-70-6	2	3	4.0	.82	S			170			2	2	Fog, Alfo, DC, CO2	348	3	1	1	3		
Heptyl Hydride	142-82-5		3	3.4	.68	N	1206	FL	25	1.1-6.7	399	2	3	Fog, Alfo, DC, CO2	210	2	2	1	2	11	TLV 400 ppm. Volatile.
Heptylamine				4.0	.73	S			130			2	3	Fog, Foam, DC, CO2	311	1	1	1	2		
3-Heptylene	25339-56-4	2	1	3.4	.71	N	2278	FL	21			2	3	Fog, Foam, DC, CO2	205	2	2	2	2	11	
2-Heptylene		2	1	3.4	.70	N	2278	FL	<30			2	3	Fog, Foam, DC, CO2	208	2	2	2	2	1	
1-Heptylene		2	1	3.4	.71	N	2278	FL	<30			2	3	Fog, Foam, DC, CO2	201	2	2	2	2	1	
α-Heptylene		2	1	3.4	.70	N	2278	FL	<30			2	3	Fog, Foam, DC, CO2	208	2	2	2	2	1	
Heptylene-2-trans																					
Heptylidene Methyl Anthranilate		3		8.6	Liq							3	1	Foam, DC, CO2		3		1	4		
HETP (Common name)	757-58-4	4		17.	1.3		1611	PB				3	4	Foam, DC, CO2		3		1	2	9	K2, K12.
Hexaamminechromium Nitrate	15263-28-7			12.	Var							4	4			6	17	5	2		Impact-sensitive. Explosive.
Hexaamminecobalt Iodate	14589-65-2			24.	Var							4	4			6	17	5	2		Low impact-sensitivity. Explodes @ 635°.
Hexaamminecobalt Chlorate	26156-56-9			14.	Var							4	4			6	17	5	2		K3. Explosive.
Hexaamminecobalt Chlorite				12.	Var							4	4			6	17	5	2		Impact-sensitive. Explosive.
Hexaamminecobalt Hexanitrocobaltate	15742-33-3			17.	Var							3	4			6	16	5	2		Impact-sensitive. Explosive.
Hexaamminecobalt Nitrate	10534-86-8			12.	Var							3	4			6	17	5	2		Impact-sensitive. Explodes @ 563°.
Hexaamminecobalt Perchlorate	13820-83-2			16.	Var							4	4			6	17	5	2		Impact-sensitive. Explodes @ 680°.
Hexaamminecobalt Permanganate	22388-72-3			18.	Var							3	4			6	17	5	2		K3. Very impact-sensitive. Explosive.
Hexaamminetitanium Chloride				9.0	Var							4	4	No Water		5	10	2	2		K2.
Hexaaquacobalt Perchlorate				13.	Var							3	4			6	17	5	2		Impact-sensitive. Explosive.

(157)

Chemical Name	CAS	Tox L	Tox S	Vap Den.	Spec Grav.	Wat Sol.	DOT Number	DOT Cl	Flash Point	Flamma. Limit	Ign. Temp.	Dis. Atm	Dis. Fire	Extinguishing Information	Boil Point	F	R	E	S	H	Remarks
1,1,3,3,5,5-Hexaazido-2,4,6-Triaza-1,3,5-Triphosphorine	22295-99-4			13.	Var							4	4			6	17	5	2		K20. Unstable. Explosive.
Hexaboran Decahydride		4	4	2.6	.69							4	3	DC, CO2, No Water	32	3	16, 2, 6	3	4	5	K2. Pyrotoric.
Hexaborane		4	4	2.6	.69							4	3	DC, CO2, No Water	32	3	16, 2, 6	3	4	5	K2. Pyrotoric.
Hexaborane (12)	23777-80-2			2.7	Liq								3	DC, CO2, No Water		2	6, 2	2	2		K11. Pyrotoric.
Hexaborane (12)	28375-94-2			7.7	Liq							3	3	DC, CO2, No Water		2	6, 2	2	2		K11. Unstable. Pyrotoric.
Hexacarbonyl Vanadium	14024-00-1			7.7	Var							3	3	DC, CO2		2	2	2	2		K2. Pyrotoric.
Hexacarbonylchromium	13007-92-6	3		7.6	Cry	N						4	4			6	17	5	2		K3. Evolves Carbon Monoxide. Explodes @ 400°
Hexachloran	608-73-1	3	3	10.	Pdr	N						4	1	Fog, Foam, DC, CO2		3		1	3	9	K7, K12. Melts @ 235°. NCF.
Hexachloro-2-Propanone	116-16-5	3	3	9.2	Liq		2661	PB				3	1	Fog, Foam, DC, CO2	397	3		1	3	2	K23.
Hexachloroacetone (Common name)	116-16-5	3	3	9.2	Liq		2661	PB				3	1	Fog, Foam, DC, CO2	397	3		1	3	2	K23.
Hexachlorobenzene (Common name)	118-74-1	2	3	9.8	Cry	N	2729	PB	468			4	1	Fog, Foam, DC, CO2	613	3		1	2		K12. Melts @ 448°.
Hexachlorobutadiene	87-68-3	3	3	9.0	1.7	N	2279	PB			1130	4	1	Fog, Foam, DC, CO2	410	3	2	1	3	9	K2. TLV <1 ppm (skin).
Hexachlorocyclohexane	608-73-1	3	3	10.	Pdr	N						4	1	Fog, Foam, DC, CO2		3		1	3	9	K7, K12. Melts @ 235°. NCF.
1-2-3-4-5-6-Hexachlorocyclohexane γ	608-73-1	3	3	10.	Pdr	N						3	1	Fog, Foam, DC, CO2		3		1	3	9	K7, K12. Melts @ 235°. NCF.
Hexachlorocyclopentadiene	77-47-4	4		9.4	1.7		2646	CO				3	0	Fog, Foam, DC, CO2	462	3		1	4	2	K24. TLV <1ppm. RVW sodium. Pungent odor. NCF.
Hexachlorodiphenyl Oxide	55720-99-5	4		13.	1.6						1148	4	1	Fog, Foam, DC, CO2	446	3	1	1	4	9	K2.
Hexachlorodisilane	13465-77-5	3	3	>9	Cry							3	1	Foam, DC, CO2		3	6	2	2	2	K2. Can RXW chlorine.
1,1,1,2,2,2-Hexachloroethane	67-72-1	3	3	8.2	Cry	N	9037	OM				4	0			3		1	3		K12. TLV 1 ppm. Camphor odor. NCF.
Hexachloroethane	67-72-1	3	3	8.2	Cry	N	9037	OM				4	0			3		1	3		K12. TLV 1 ppm. Camphor odor. NCF.
Hexachloroethylene	67-72-1	3	3	8.2	Cry	N	9037	OM				4	0			3		1	3		K12. TLV 1 ppm. Camphor odor. NCF.
Hexachloromethyl Carbonate		3	3	11.	Cry	S						4	1	Foam, DC, CO2	401	3		1	2	7, 2	Melts @ 172°. Phosgene odor.
Hexachloromethyl Ether		3	3	8.7	1.5							4	1	Fog, DC, CO2	208	3		1	3	2	K2. Phosgene odor.
Hexachloronaphthalene	1335-87-1	4	4	11.	Sol				154	1.3-8.1		3	1	Fog, Alfo, DC, CO2	339	3	1	1	4	9, 5	K24.
Hexachlorophene (Common name)	70-30-4	3	3	14.	Cry	N	2875	PB	-51	2.0-6.1		4	1	Foam, DC, CO2	140	2	16,2	1	2	9	K2. Melts @ 320°.
Hexachloropropene	1888-71-7	4		8.6	Liq	N	2458	FL	-6	2.0-6.1		3	1	Fog, Foam, DC, CO2	410	3		1	4		K2.
Hexachloropropylene	1888-71-7	4		8.6	Liq	N	2458	FL	-6	2.0-6.1		3	1	Fog, Foam, DC, CO2	410	3		1	4		K2.
Hexadecane (n-)				>1.	.77				200		401	2	2	Fog, Foam, DC, CO2	547	1	1	2	2		
Hexadecyl Cyclopropanecarboxylate	54460-46-7	3	4	11.	Var							2	1	Alfo, DC, CO2		3		1	3		
Hexadecyl Trichlorosilane	5894-60-0	3	4	12.	1.0	Y	1781	CO	295			3	1		516	3	6	1	4		K2. RW water → hydrogen chloride.
2,4-Hexadien-1-ol	111-28-4	3		3.4	Liq				<-4			2	3	Fog, DC, CO2		3		2	1	3	
1,5-Hexadien-3-yne	821-08-9			2.7	Liq					1.5-		3	2	Fog, DC, CO2	183	2	2	2	1	3	K10.
2,4-Hexadienal	142-83-6	2	4	3.3	.90	N	2458	FL	154	1.3-8.1		2	2	Fog, Foam, DC, CO2	339	3	1	1	3	2	
1,5-Hexadiene	592-42-7	2	2	2.9	.69	N	2458	FL	-51	2.0-6.1		2	3	Fog, Foam, DC, CO2	140	2	16,2	3	2	2	
1,4-Hexadiene	592-45-0	2	2	2.8	.70	N	2458	FL	-6	2.0-6.1		2	3	Fog, Foam, DC, CO2		2	2	2	4		
Hexadiene	592-45-0	2	2	2.8	.70	N	2458	FL	-6	2.0-6.1		2	3	Fog, Foam, DC, CO2		2	2	1	4		
1,3-Hexadiene-5-yne				2.7	Liq							2	2	Fog, Foam, DC, CO2		6	16	3	2		
2-4-Hexadienoic Acid	10420-90-3	1	2	3.8	Cry	S			260				1	Fog, Alfo, DC, CO2				2	1		Unstable material.
2-(2,4-Hexadienyloxy)Ethanol	27310-21-0			5.0	Liq							3	2	Foam, DC, CO2		3		1	3		

Chemical Name	CAS	Tox L	Tox S	Vap Den.	Spec Grav.	Wat Sol.	DOT Number	DOT Cl	Flash Point	Flamma. Limit	Ign. Temp.	Disa. Atm	Disa. Fire	Extinguishing Information	Boil Point	F	R	E	S	H	Remarks
1-5-Hexadiyne	628-16-0			2.7	.81	N						2	4	Keep Cool	185	2	17	3	2		Explodes @ 212°.
1,5-Hexadiyne-3-one	66737-76-7			3.2	Liq							2	4			6	17	5	2		Explodes.
2,4-Hexadiynylene Bischloroformate				8.2	Var							3	4			6	17	5	2		May explode @ 59°.
Hexaethyl Tetraphosphate	757-58-4	4	4	17.	1.3		1611	PB				3	1	Foam, DC, CO2		3		1	4	9	K2, K12.
Hexaethyl Tetraphosphate and Compressed Gas Mixture		4	4	18.	PA		1612	PA				4	1	Stop Gas, DC, CO2		3		2	4	6	K2.
Hexaethyl Tetraphosphate Mixture	757-58-4	4	4	18.	Var		2783	PB				4	1	Foam, DC, CO2		3		1	4	9	K2, K12.
Hexafluoroacetone	684-16-2	4		5.7	Gas		2420	PA				3	0	DC, CO2, No Water		3	5	3	4	9,6	K2. TLV <1 ppm. NCF.
Hexafluoroacetone Hydrate	10543-95-0	4		5.0	Cry		2552	PB				3	0	Foam, DC, CO2		3		1	2	9	K2. NCF.
Hexafluoroacetone Trihydrate	34202-69-2	4		7.7	Cry							3	0	Foam, DC, CO2		3		1	2	9	K2. NCF.
Hexafluorobenzene	392-56-3	2		6.5	Liq				50			3	3	Foam, DC, CO2	176	2	2	2	2	1	RW transition metals.
Hexafluoroethane	76-16-4	2		>1.	Gas	N	2193	OG				3	0	Fog, Foam, DC, CO2	-108	1		1	1	1	K2. NCF.
Hexafluoroglutaronitrile	376-89-6	4		7.1	Var							3		Foam, DC, CO2		3		1	4		K5.
Hexafluorophosphoric Acid	16940-81-1	4		5.0	1.7		1782	CO				4		Foam, DC, CO2		3	8	1	4	3	K2, K16.
Hexafluoropropene	116-15-4	2	1	5.2	Gas		1858	OG				3	0	Fog, Foam, DC, CO2	-20	1		1	2		K2. RW Tetrafluoroethylene. NCF.
Hexafluoropropylene	116-15-4	2		5.2	Gas							3	0	Fog, Foam, DC, CO2	-20	1		1	2		K2. RW Tetrafluoroethylene. NCF.
Hexafluoropropyiene Oxide				>1.	Gas		1956	OG				4	0	Fog, Foam, DC, CO2		1		1	2		K2. NCF.
Hexahydro-1H-Azepine	111-49-9	2	3	3.5	Liq		2493	FL	72			3	3	Fog, Foam, DC, CO2		2	2	2	3	2	K2.
Hexahydro-2H-Azepin-2-One	105-60-2	3		4.0	Cry							3		Foam, DC, CO2		3		1	2		Melts @ 156°. TLV <1 ppm.
3-(Hexahydro-4,7-Methanoindan-5-Yl))-1,1-Dimethylurea	18350-56-8	3		7.8	Cry							3		Foam, DC, CO2		3		1	2		K2, K12. Melts @ 352°.
Hexahydroaniline	108-91-8	3	4	3.4	.87	Y	2357	FL	70		560	3	3	Fog, Alfo, DC, CO2	274	2	3	2	4	3	K2. Fishy Odor. TLV 10 ppm (Skin)
Hexahydrobenzenamine	108-91-8	3	4	3.4	.87	Y	2357	FL	70		560	3	3	Fog, Alfo, DC, CO2	274	2	3	2	4	3	K2. Fishy Odor. TLV 10 ppm (Skin)
Hexahydrobenzene	110-82-7	3	3	2.9	.78	N	1145	FL	-4	1.3-8.4	473	2	3	Fog, Foam, DC, CO2	177	2	1	2	3	2	ULC: 95. TLV 300 ppm. Sweet odor.
Hexahydrocresol	25639-42-3	2	2	3.9	.92	N	2617	CL	154		563	2	2	Fog, Foam, DC, CO2	311	1	1	1	2	3	Methol odor. TLV 50 ppm.
Hexahydromethyl Phenol	25639-42-3	2	2	3.9	.92	N	2617	CL	154		563	2	2	Fog, Foam, DC, CO2	311	1	1	1	2	3	Methol odor. TLV 50 ppm.
Hexahydrophenol	108-93-0	3	3	3.5	Cry	S			154		572	2	2	Fog, Alfo, DC, CO2	322	3	1	1	3	11	Camphor odor. TLV 50 ppm. Melts @ 75°.
Hexahydropyrazine	110-85-0	2	3	3.0	Cry	Y	2685	CO	178			2	2	Fog, Alfo, DC, CO2	294	3	2	2	2	5	K2. Melts @ 233°.
Hexahydropyridine	110-89-4	2	2	3.0	.86	Y	2401	FL	37			4	3	Fog, Alfo, DC, CO2	223	2	2	2	4	9	K2, K24. Amine odor.
Hexahydrotoluene	108-87-2	2		3.4	.79	N	2296	FL	25	1.2-6.7	482	2	3	Fog, Foam, DC, CO2	212	2	1	2	3	2	TLV 400 ppm.
Hexahydroxyaminecobalt Nitrate	18501-44-5			15.	Var							3	4			6	17	5			
Hexahydroxyl	583-57-3	2	2	3.9	.77	N	2263	FL	62		579	2	3	Fog, Foam, DC, CO2	260	2	2	2	2	2	
Hexahydroxylene	583-57-3	2	2	3.9	.77	N	2263	FL	62		579	2	3	Fog, Foam, DC, CO2	260	2	2	2	2	2	
Hexahydroxylol	583-57-3	2	2	3.9	.77	N	2263	FL	62		579	2	3	Fog, Foam, DC, CO2	260	2	2	2	2	2	
n-Hexaldehyde	66-25-1	2		3.5	.82	N	1207	FL	90			2	3	Fog, Foam, DC, CO2	268	2	2	2	2	2	
Hexaldehyde	66-25-1	2		3.5	.82	N	1207	FL	90			2	3	Fog, Foam, DC, CO2	268	2	2	2	2	2	
Hexalin	108-93-0	3	3	3.5	Cry	S			154		572	2	2	Fog, Foam, DC, CO2	322	3	1	1	3	11	Camphor odor. TLV 50 ppm. Melts @ 75°.
Hexalin Acetate	622-45-7	2		5.0	1.0	N	2243	CL	136		633	2	2	Fog, Foam, DC, CO2	350	1	1	1	2	10	Banana odor.

(159)

Chemical Name	CAS	Tox L S	Vap Den.	Spec Grav.	Wat Sol	DOT Number	DOT Cl	Flash Point	Flamma. Limit	Ign. Temp.	Disa. Atm Fire	Extinguishing Information	Boil Point	F	R	E	S	H	Remarks
Hexalithium Disilicide		Liq	3.4									DC, CO2, No Water		5	10, 7, 24	2	2	3	RXW halogens. RXW nitric acid.
3,3,6,6,9,9-Hexamethyl-1,2,4,5-Tetraoxocyclononane			>1.	Liq	N	2167					2 3	Fog, Flood		2	23, 3, 4	2	2	2	Organic peroxide.
3,3,6,6,9,9-Hexamethyl-1,2,4,5-Tetraoxocyclononane			>1.	Liq	N	2166					2 3	Fog, Flood		2	23, 3, 4	2	2	2	Organic peroxide.
3,3,6,6,9,9-Hexamethyl-1,2,4,5-Tetraoxocyclononane (Technical pure)			>1.	Sol	N	2165	OP				2 3	Fog, Flood		2	16, 3, 4, 23	2	2	2	Organic peroxide.
Hexamethyldiplatinum	4711-74-4		16.	Var							2 4			6	17	5	2		K3. Explodes.
Hexamethyldisilazane	999-97-3	3 3	5.6	Liq				57			3 3	Foam, DC, CO2	257	2	8	2	2		K2.
Hexamethylene	110-82-7	3 3	2.9	.78	N	1145	FL	-4	1.3-8.4	473	2 3	Fog, Foam, DC, CO2	177	2	1	2	3	2	ULC: 95. TLV 300 ppm. Sweet odor.
Hexamethylene Di-isocyanate	822-06-0	4 3	5.9	Liq		2281	PB				3	Foam, DC, CO2		3		1	4		K2. RXW alcohol and base.
Hexamethylene Diamine Solution		3 4	4.0	Liq	S	1783	CO				3 1	Fog, Foam, DC, CO2		3		1	4	3	K2.
Hexamethylene Imine	111-49-9	2 3	3.5	Liq		2493	FL	72			3 3	Fog, Foam, DC, CO2		2	2	2	3	2	K2.
Hexamethylene Tetramine Tetraiodide	12001-65-9		22.	Sol							3 4			6	17	5	2		Explodes weakly @ 280°.
Hexamethylene Tetrammonium Tetraperoxochromate			>1.	Sol							3 4			6	17	5	2		Can explode spontaneously.
Hexamethylene Triperoxide Diamine			>1.	Var							4			6	17	5	2		Explodes.
Hexamethylenediamine (Solid)	124-09-4	3 3	4.1	Sol	Y	2280	CO				2 2	Fog, Foam, DC, CO2		3	1	1	1	2	Melts @ 102°.
Hexamethylenetetramine	100-97-0	2 2	4.9	Cry		1328	FS	482			3 2	Fog, Foam, DC, CO2		2	1	1	1		K2. Melts @ 536°.
Hexamethylenimine	111-49-9	2 3	3.5	Liq		2493	FL	72			3 3	Fog, Foam, DC, CO2		2	2	2	3	2	K2.
Hexamethylerbium-Hexamethylethylenediamine Lithium Complex	66862-11-1			Var							3 3	CO2		2	2	2	2		K2, K11. Pyroforic.
Hexamethylol Benzene Hexanitrate			>1.	Var							4			6	17	5	2		Explodes.
Hexamethylphosphoramide	680-31-9	3	6.2	1.0	Y						4 1	Fog, Alfo, DC, CO2	451	3	1	1	3	2	Spicy odor. K23.
Hexamethylrhenium	56090-02-9		9.7	Var							4 3			6	17	5	2		RXW oxygen or moisture. Explosive.
Hexamine	100-97-0	2 2	4.9	Cry		1328	FS	<82			3 2	Fog, Foam, DC, CO2		2	1	1	1	2	K2. Melts @ 536°.
1-Hexanal	66-25-1	2	3.5	.82	N	1207	FL	90			3 3	Fog, Foam, DC, CO2	268	2	2	2	2	2	
Hexanal	66-25-1	2	3.5	.82	N	1207	FL	90			3 3	Fog, Foam, DC, CO2	268	2	2	2	2	2	
Hexanaphthalene	110-82-7	3	2.9	.78	N	1145	FL	-4	1.3-8.4	473	2 3	Fog, Foam, DC, CO2	177	2	1	2	3	2	ULC: 95. TLV 300 ppm. Sweet odor.
n-Hexane	100-54-3	2 1	3.0	.66	N	1208	FL	-9	1.1-7.5	437	2 3	Fog, Foam, DC, CO2	156	2	2	2	2	11	ULC: 95. TLV 50 ppm. Gasoline odor. Volatile.
Hexane	100-54-3	2 1	3.0	.66	N	1208	FL	-9	1.1-7.5	437	2 3	Fog, Foam, DC, CO2	156	2	2	2	2	11	ULC: 95. TLV 50 ppm. Gasoline odor. Volatile.
1,2,3,4,5,6-Hexane Hexanitrate			12.	Cry							4 4			6	17	5	2		K3. Explodes @ 400°.
1,6-Hexanediamine	124-09-4	3 3	4.1	Sol	Y	2280	CO				2 2	Fog, Foam, DC, CO2		3	1	1	1	2	Melts @ 102°.
1-2-Hexanediol	107-41-5		4.1	.92	Y			205			2	Fog, Foam, DC, CO2	387	1	1	1	1	11	TLV 25 ppm.
2,5-Hexanedione	110-13-4	2 2	3.9	.97	Y			174		920	2 2	Fog, Alfo, DC, CO2	378	1	12	2	2	3	
Hexanedione-2,5	110-13-4	2 2	3.9	.97	Y			174		920	2 2	Fog, Alfo, DC, CO2	378	1	12	2	2	3	
2,2',4,4',6,6'-Hexanitro-3,3'-Dihydroxyazobenzene (Dry)			>1.	Sol							4			6	17	5	2		Explodes.
Hexanitroazoxy Benzenene			>1.	Var							4			6	17	5	2		Explodes.

(160)

Chemical Name	CAS	Tox L	Tox S	Vap Den.	Spec Grav.	Wat Sol.	DOT Number	DOT Cl	Flash Point	Flamma. Limit	Ign. Temp.	Disa. Atm Fire	Extinguishing Information	Boil Point	F	R	E	S	H	Remarks
2,2',3,4,4',6-Hexanitrodiphenyl Amine								EX				4			6	17	5	2		Explosive.
Hexanitrodiphenyl Amine								EX				4			6	17	5	2		Explosive.
Hexanitrodiphenyl Oxide				15.	Cry	N		EX				4			6	17	5	2		Explosive.
Hexanitrodiphenyl Sulfide	28930-30-5			15.	Cry	N		EX				4	4			6	17	5	2		Military explosive.
Hexanitrodiphenyl Sulfone				>1.	Cry	N		EX				4			6	17	5	2		Explosive.
N,N'-(Hexanitrodiphenyl)Ethylene Dinitramine (Dry)				>1.	Sol							4			6	17	5	2		Explodes.
2,4,6,2',4',6'-Hexanitrodiphenylamine				15.	Cry	N		EX				4			6	17	5	2		Explosive.
Hexanitrodiphenylaminoethyl Nitrate				>1.	Cry	N		EX				4			6	17	5	2		Explosive.
2,3',4,4',6,6'-Hexanitrodiphenylether				>1.	Cry							4			6	17	5	2		Explodes.
Hexanitrodiphenylurea				>1.	Sol							4			6	17	5	2		Explodes.
Hexanitroethane	918-37-6			10.	Var							3	4			6	13,17	4	2		K3. Explodes @ 284°.
Hexanitromannite (Common name)	15825-70-4	3	1	15.	Cry	N	0133	EX				3	4			6	17	5	3		Keep wet. Explodes @ 248°.
Hexanitromannitol (Common name)	15825-70-4	3	1	15.	Cry	N	0133	EX				3	4			6	17	5	3		Keep wet. Explodes @ 248°.
Hexanitrooxanilide				>1.	Var							4			6	17	5	2		Explodes.
Hexanitrooxanilite				>1.	Cry			EX				4			6	17	5	2		K3. Explosive.
Hexanitrostilbene				>1.	Sol		0392	EX				4			6	17	5	2		Explosive.
Hexanoic Acid (n-)	142-62-1		3	4.0	.93	N	2829	CO	215		716	2	1	Fog, Foam, DC, CO2	400	3	1	5	3	3	Limburg cheese odor.
tert-Hexanol	26401-20-7			3.6	Liq		2282	CL				2	2	Fog, Foam, DC, DC		1	2	1	2	2	
2-Hexanol	97-95-0	2	2	3.5	.83	N	2275	CL	135			2	2	Fog, Foam, DC, CO2	301	3	1	1	3	3	
1-Hexanol	111-27-3			3.5	.82	S	2282	FL	145			2	2	Fog, Alfo, DC, CO2	311	3	1	1	3	3	
Hexanol	111-27-3			3.5	.82	S	2282	FL	145			2	2	Fog, Alfo, DC, CO2	311	3	1	1	3	3	
3-Hexanol-cis		2	2	3.4	.89	S			130			2	2	Fog, Alfo, DC, CO2	279	1	1	1	2	2	
3-Hexanone	589-38-8	2	3	3.5	.81				57	1.0-8.0		2	2	Fog, Foam, DC, CO2	255	3	1	5	2	2	
2-Hexanone	591-78-6	3	3	3.4	.83	S		FL	77	1.2-8.0	795	2	3	Fog, Alfo, DC, CO2		3	1	2	3	11	
Hexatonal (Cast)				>1.	Sol		0393	EX				4				6	17	5	2		Explosive.
1,3,5-Hexatriyne	3161-99-7			2.6	Liq							2	3	Foam, DC, CO2		1	2	1	2	2	K10. Polymerizes.
Hexaureachromium Nitrate	22471-42-7			20.	Sol							3	4			6	22	5	2		K3. Explodes @ 509°.
Hexaureagallium Perchlorate	31332-72-6			25.	Sol							3	4			6	17	5	2		Explosive. Melts @ 355°. & explodes.
3-Hexen-1-ol		2	2	3.4	.89	S			130		473	2	3	Fog, Alfo, Foam, DC, CO2	279	1	1	1	2	2	
2-Hexene	592-41-6	2	2	2.9	.69	N	2370	FL	-6	1.2-6.9	487	2	3	Fog, Foam, DC, CO2	155	2	2	2	2	2	Note Boiling Point.
1-Hexene	592-41-6	2	2	3.0	.67	N	2370	FL	-15	1.2-6.9	487	2	3	Fog, Foam, DC, CO2	148	2	2	2	2	2	Note Boiling Point.
Hexene		2	2	3.0	.67	N	2370	FL	-15	1.2-6.9	487	2	3	Fog, Foam, DC, CO2	148	2	2	2	2	2	Note Boiling Point.
trans-2-Hexene Ozonide				4.6	Var							2	4			6	17	5	2		Explosive.
Hexene-1	592-41-6	2	2	3.0	.67	N	2370	FL	-15	1.2-6.9	487	2	3	Fog, Foam, DC, CO2	148	2	2	2	2	2	Note Boiling Point.
4-Hexene-1-yne-3-ol		4	4	3.3	Liq							2	3	Foam, DC, CO2		3	1	1	4		
4-Hexene-1-yne-3-one		4	4	3.3	Liq							2	3	Foam, DC, CO2		3	1	1	4		
Hexene-2 (cis and trans isomers)	592-41-6	2	2	2.9	.69	N	2370	FL	-6		473	2	2	Fog, Foam, DC, CO2	155	2	2	2	2	2	
cis-Hexenyl Oxyacetaldehyde	68133-72-2		3	5.0	Var								4	Foam, DC, CO2		3	1	1	3	2	
Hexil				15.	Cry	N		EX					4			6	17	5	2		Explodes.
Hexite				15.	Cry	N		EX					4			6	17	5	2		Explodes.
Hexogen (Common name)		3	3	>1.	Pdr			EX					4			6	17	5	2		Explodes.
Hexoic Acid	142-62-1		3	4.0	.93	N	2829	CO	215		716	2	1	Fog, Foam, DC, CO2	400	3	1	5	3	3	Limburg cheese odor.

(161)

Chemical Name	CAS	Tox L	Tox S	Vap Den	Spec Grav	Wat Sol	DOT Number	DOT Cl	Flash Point	Flamma. Limit	Ign. Temp.	Disa. Atm	Disa. Fire	Extinguishing Information	Boil Point	F	R	E	S	H	Remarks
Hexolite (Common name)		2	3	>1.	Sol		0118	EX				2	4		244	6	17	5	2		Explosive. Keep wet.
Hexone	108-10-1			3.5	.80	S	1245	FL	64	1.2-8.0	840		3	Fog, Alfo, DC, CO2		2	3	2	2	11	K10. Keep sealed. Pleasant odor. TLV 50 ppm.
sec-Hexyl Acetate	108-84-9	2	2	5.0	.86	N	1233	CL	113			2	2	Fog, Foam, DC, CO2	295	1	1	1	2		Pleasant odor.
Hexyl Acetate	142-92-7	2	1	5.0	.88	N	1233	CL	113			2	2	Fog, Foam, DC, CO2	340	1	1	1	2		
tert-Hexyl Alcohol	26401-20-7			3.6	Liq		2282	CL						Fog, Foam, DC, CO2		1	2	1			
sec-Hexyl Alcohol	97-95-0	2	3	3.5	.83	N	2275	CL	135			2	2	Fog, Foam, DC, CO2	301	1	1	1	2		
n-Hexyl Alcohol	111-27-3			3.5	.82	S	2282	FL	145			2	2	Fog, Alfo, DC, CO2	311	3	1	1	3	2	
Hexyl Alcohol	111-27-3			3.5	.82	S	2282	CL	145			2	2	Fog, Alfo, DC, CO2	311	3	1	1	3	3	
n-Hexyl Carbitol	112-59-4			6.6	.94				285			2	1	Fog, Foam, DC, CO2	496	3	1	1	3	3	
n-Hexyl Carbitol (Trade name)	112-59-4			6.6	.94				285			2	1	Fog, Foam, DC, CO2	496	3	1	1	3	2	
Hexyl Cellosolve (Trade name)	112-25-4	2	2	3	.89			CL	195			2	2	Fog, Foam, DC, CO2	406	1	1	2	3	2	
Hexyl Chloride				4.2	.88	N			95			4	3	Fog, Foam, DC, CO2	270	1	1	2	2		K2.
n-Hexyl Ether	112-58-3	2	2	6.4	.79	N			170	.6-	365	2	2	Fog, Foam, DC, CO2	441	1	1	1	2	2	K10.
Hexyl Ether	112-58-3	2	2	6.4	.79	N			170	.6-	365	2	2	Fog, Foam, DC, CO2	441	1	1	1	2	2	K10.
Hexyl Hydride	100-54-3	2	1	3.0	.66	N	1208	FL	-9	1.1-7.5	437	2	3	Fog, Foam, DC, CO2	156	2	2	2	2	11	ULC: 95. TLV 50 ppm. Gasoline odor. Volatile.
Hexyl Methacrylate		1	1	5.9	.88				180			2	2	Fog, Foam, DC, CO2	388	1	1	1	2		Pleasant odor.
Hexyl Methyl Ketone	111-13-7	2	2	4.4	.82	N			125			2	2	Fog, Alfo, DC, CO2	344	1	1	1	2		
Hexyl Trichlorosilane	928-65-4	4	4	7.5	Liq		1784	CO				4	4	DC, CO2, No Water		3	8	2	4	3	K2, K16. Acrid odor.
n-Hexyl Vinyl Sulfone	21961-08-0			6.2	Liq									Foam, DC, CO2		3	1	3		K2.
N-Hexylamine	111-26-2	3	3	3.5	.77	S			85			3	3	Alfo, DC, CO2	269	2	2	2	3	2	K2.
Hexylamine	111-26-2	3	3	3.5	.77	S			85			3	3	Alfo, DC, CO2	269	2	2	2	3	2	K2.
Hexylene	592-41-6	2	3	3.0	.67	N	2370	FL	-15	1.2-6.9	487	3	3	Fog, Foam, DC, CO2	148	2	1	1	2	2	Note Boiling Point.
Hexylene Glycol	107-41-5	2	2	4.1	.92	Y			205			2	2	Fog, Foam, DC, CO2	387	1	1	1	2	11	TLV 25 ppm.
2-(Hexyloxy)Ethanol	112-25-4			3	.89			CL	195			2	2	Fog, Foam, DC, CO2	406	1	1	1	2	2	
n-Hexylpyrrolidine				5.3	.84	S			154			3	3	Fog, Foam, DC, CO2							
Hexylthiocarbam (Common name)	1134-23-2		3	7.5	1.0	S						4	0	Foam, DC, CO2		3	1	1	3		K2, K12. NCF.
2-Hexyne				2.8	.73				<14			3	3	Fog, Foam, DC, CO2	185	2	2	2	2		
Hi-Flash Naphtha (Coal tar type)	8030-30-6	2	2	>1.	.89	N	2553	FL	>0		530	3	3	Fog, Foam, DC, CO2	100	2	1	2	2		TLV 300 ppm.
Hical-2 (Common name)		4	4	>1.	Liq							4	3	DC, CO2		2	16	3	4		
High Explosives				>1.	Sol			EX				4	0			6	17	5	2		Explosive.
High Test Hypochlorites (HTH)		3	3	>1.	Pdr	Y		OX				4	1	Foam, DC, CO2		2	4	1	3		Oxidizers. NCF.
Hinosan (Trade name)	17109-49-8	4	4	10.	1.2	N						4	1	Foam, DC, CO2		3	1	1	4	12	K2, K12.
Hinosan (Trade name)				10.	1.2	N						4	1	Foam, DC, CO2		3	1	1	3	12, 9	K2, K12.
Histamine	51-45-6	3		3.8	Cry	Y						3	0	Foam, DC, CO2	410	3	1	1	4	9	K2. Melts @ 181°. NCF.
Histamine Salts	51-45-6	3		3.8	Cry	Y						3	0	Foam, DC, CO2	410	3	1	1	4	9	K2. Melts @ 181°. NCF.
HMPA	680-31-9			6.2	1.0	Y						4	2	Fog, Alfo, DC, CO2	451	3	1	1	3		Spicy odor. K23.
Hoelon (Trade name)		2	3	>1.	Cry	N						4	0	Foam, DC, CO2	347	3	1	1	4		K12. Melts @ 101°.
Homatropine Compounds		4		9.5	Sol							4	0	Foam, DC, CO2		3	1	1	4		K2. NCF.
Homoatropine		4		9.5	Sol							4	0	Foam, DC, CO2		3	1	1	4		K2. NCF.
Hostaquick (Trade name)	23560-59-0	3		8.8	1.3	N						3		Foam, DC, CO2	201	3	1	1	4	9	K2, K12.
Hostathion (Trade name)	24017-47-8	4	4	10.	Liq	Y						4		Foam, DC, CO2		3	7	1	4	9, 12	K2, K12.
Hydracrylonitrile	109-78-4	4	2	2.4	1.1	Y			265			4	1	Fog, Alfo, DC, CO2	445	3	7	1	4	2	RVW inorganic acids or bases.

(162)

Chemical Name	CAS	Tox L S	Vap Den	Spec Grav.	Wat Sol.	DOT Number	Cl	Flash Point	Flamma. Limit	Ign. Temp.	Disa. Atm Fire	Extinguishing Information	Boil Point	F	R	E	S	H	Remarks
Hydralin	108-93-0	3 3	3.5	Cry	S			154		572	2 2	Fog, Alfo, DC, CO2	322	3	1	1	3	11	Camphor odor. TLV 50 ppm. Melts @ 75°.
Hydrated Lime	1305-62-0	2 2	2.5	Cry	S						2 1	Fog, Foam, DC, CO2		1		1	2	3	NCF.
Hydrazine (Anhydrous)	302-01-2	4 4	1.1	1.0	Y	2029	FL	100	4.7-100.0	518	4 3	Flood, Alfo, DC, CO2	235	3	2, 21	4	4	3	K16.TLV 1 ppm (skin) Flammable, Corrosive & Poison. Pyroforic.
Hydrazine (Aqueous Solution <64%)		4 4	>1.	1.0	Y	2030	CO	Var		Var	4 2	Flood, Alfo, DC, CO2		3	1, 18, 19	2	4	16	K2, K16.
Hydrazine (Aqueous Solution, >64% Hydrazine)		4 4	>1.	1.0	Y	2029	FL	<100	4.7-100.0	Var	4 3	Flood, Alfo, DC, CO2		3	2, 2, 21	3	4	16	K2, K16.
Hydrazine Azide			>1.	Sol							4			6	17	5	2		Explosive.
Hydrazine Base	302-01-2	4 4	1.1	1.0	Y	2029	FL	100	4.7-100.0	518	4 3	Flood, Alfo, DC, CO2	235	3	2, 21	4	4	3	K16.TLV 1 ppm (skin) Flammable, Corrosive & Poison. Pyroforic.
Hydrazine Bisborane			2.1	Liq							3 4			6	16	4	2		Explodes >212°.
Hydrazine Chlorate			>1.	Sol							4			6	17	5	2		Explosive.
Hydrazine Selenate			>1.	Sol							4			6	17	5	2		Explosive.
Hydrazine Dicarbonic Acid Diazide											4			6	17	5	2		Explosive.
Hydrazine Hydrate	7803-57-8	4 4	>1.	1.0	Y	2030	CO	163		Var	4 3	Flood, Alfo, DC, CO2		3	1, 18, 19	2	4	16	K2, K16.
Hydrazine Monoborane			1.6	Liq							4			6	17	5	2		Explosive. Shock-sensitive.
Hydrazine Perchlorate		4 4	4.9	Sol							4			6	17	5	2		K3. Rocket fuel component.
Hydrazine Selenate			>1.	Sol							4			6	17	5	2		Explosive.
Hydrazine Solution		4 4	>1.	1.0	Y	2030	CO	Var		Var	4 2	Flood, Alfo, DC, CO2		3	1, 18, 19	2	4	16	K2, K16.
Hydrazinium Chlorate			4.1	Var							4			6	17	5	2		K3. Explodes @ 176°.
Hydrazinium Chlorite			3.5	Var							4 3			2	16	2	2		Keep wet. Pyroforic.
Hydrazinium Diperchlorate	13812-39-0		8.1	Sol							4 4			6	17	5	2		Rocket fuel component. Explosive.
Hydrazinium Hydrogenselenate			6.2	Sol							4			6	17	5	2		Heat-sensitive. Explosive.
Hydrazinium Nitrate	13464-97-6	4	3.3	Var							3 4			6	17	5	4		Explodes.
Hydrazinium Perchlorate	13762-80-6		4.7	Sol							3 4			6	17	5	2		Explosive. Impact-sensitive.
2-Hydrazinoethanol	109-84-2	2 2	2.6	1.1	Y			224			3 2	Fog, Alfo, DC, CO2	293	1	1	1	2	9	K2.
Hydrazoic Acid	7782-79-8	4 4	1.5	1.1	Y						4 4		99	6	17	5	4	3	Foul odor. Can explode.
Hydride (Metal, n.o.s.)			Var	Var		1409	FS				3 3	No Water		5	10	2	2	3	Check documents. Pyroforic.
Hydriodic Acid (57%)	10034-85-2	4 4	4.4	1.7	Y	1787	CO				4 0	Foam, DC, CO2	-31	3	8	1	4	9, 3	K2. NCF.
Hydriodic Ether	75-03-6	2 3	5.4	1.9	S						4 2	Alfo, DC, CO2	162	3	8, 8	1	3	10	K2. RVW silver chlorite.
Hydrobromic Acid (48%)	10035-10-6	2 4	2.8	1.5	Y	1788	PA				4 0	Foam, DC, CO2		3	8	1	4	3	K2. Keep dark. TLV 3 ppm. NCF.
Hydrobromic Ether	74-96-4	3 3	3.7	1.5	N	1891	PB	<-4	6.7-11.3	952	4 4	Fog, Foam, DC, CO2	100	3	8, 2	2	3	13	K2. Volatile. TLV 200 ppm.
Hydrocarbon Gas (Compressed, n.o.s.)		4 1	<1.	Gas		1964	FG		5.3-31.0	1200	4	Stop Gas, Foam, Fog, DC, CO2		2	2	4	2		
Hydrocarbon Gas (Liquefied, n.o.s.)		4 3	<1.	Gas		1965	FG		5.3-31.0	1200	4	Stop Gas, Foam, Fog, DC, CO2		7	2	5	2	15	
Hydrochloric Acid (Anhydrous) (38%)	7647-01-0	3	1.3	1.2	Y	1050	PA				4 0	Fog, Foam	-121	3	21, 6, 14	2	4	3, 16	K16, K24. TLV 5 ppm. RVW aluminum. NCF.
Hydrochloric Acid Solution		4 4	1.3	Liq	Y	1789	CO				4 0	Foam, DC, CO2		3		1	4	16	K2. NCF.

(163)

Chemical Name	CAS	Tox L	Tox S	Vap Den.	Spec Grav.	Wat Sol.	DOT Number	DOT Cl	Flash Point	Flamma. Limit	Ign. Temp.	Disa Atm	Disa Fire	Extinguishing Information	Boil Point	F	R	E	S	H	Remarks
Hydrochloric Ether	75-00-3	2	3	2.2	.92	N	1037	FL	-58	3.8-15.4	996	4	3	Fog, Foam, DC, CO2	54	3	2, 8		4		TLV 1000 ppm. RW active metals. Ether odor. Note: Boil pt.
Hydrocyanic Acid	74-90-8	4	4	.93	.69	Y	1051	PA	0	5.6-40.0	1000	4	3	Fog, Alfo, DC, CO2	78	3	22, 6, 11	4	4	6	K2, K9, K24. TLV 10 ppm. RVW alkalies.
Hydrocyanic Acid (Aqueous Solution w/>5%)		4	4	.9		Y	1613	PA				4	2	Fog, Alfo, DC, CO2		3		3	4	6	K2. Combustible.
Hydrocyanic Acid																					
Hydrofluoric Acid (Anhydrous)	7664-39-3	4	4	.70	Liq	Y	1790	CO				4	0	No Water	67	3	8, 18	2	4	16, 6, 3	K2, K16, K24. TLV 3 ppm. NCF.
Hydrofluoric Acid Solution		4	4	.70	Liq	Y	1790	CO				4	1	Alfo, DC, CO2		3	10, 18	3	4	16	K2. NCF.
Hydrofluoric and Sulfuric Acid Mixture		4	4	>1.	Liq	Y	1786	CO				4	1	DC, CO2, No Water		3	10, 18	3	4	16	K2. NCF.
Hydrofluoroboric Acid		4	4	>1.	Liq	Y		CO				4		Foam, DC, CO2		3		3	1		K2.
Hydrofluosilicic Acid	16961-83-4	4	4	5.0	Liq	Y	1778	CO				3	0	Foam, DC, CO2		3	8	2	4	3	K2, K16. NCF.
Hydrofluosilicic Acid	16961-83-4	4	4	5.0	Liq	Y	1778	CO				3	0	Foam, DC, CO2		3	8	2	4	3	K2, K16. NCF.
Hydrofuramide	494-47-3	3	3	9.2	Cry	N						3		Foam, DC, CO2	482	3		1	2	9	K2. Melts @ 243°.
Hydrogen (Compressed)	1333-74-0	1	1	.07	Gas	S	1049	FG		4.0-75.0	752	1	4	Stop Gas, Fog, DC, CO2	-423	2	21, 2	4	2	1	Extremely flammable.
Hydrogen (Cryogenic liquid)(Liquefied)(Liquid: Refrigerated)		1	3	.07	Gas	N	1966	FG		4.0-75.0	752	1	4	Stop Gas, Fog	-423	7	21, 2	5	2	15	Extremely flammable.
Hydrogen and Methane Mixture		2	2	<1.	Gas	N	2034	FG				2	4	Stop Gas, Fog, DC, CO2		2		4	2		
Hydrogen Antimonide	7803-52-3	4		4.3	Gas	S	2676	PA	-1			4	4	Stop Gas, Foam, Stop Gas		3	3	4	4	6	Flammable & toxic gas. TLV <1 ppm.
Hydrogen Arsenide (Gas)	7784-42-1	4		2.7	Gas	Y	2188	PA				4	4	Foam, DC, CO2		3	17	4	4	6	K2, K24. Garlic odor. TLV <1 ppm. Flammable gas.
Hydrogen Arsenide (Solid)		4	4	2.7	Pdr	Y	2188	PB				4	2	Foam, DC, CO2		3	2, 11	2	4	4	K2. Garlic odor.
Hydrogen Azide	7782-79-8	4	3	1.5	1.1	Y						4	4		99	6	17	5	4	3	Foul odor. Can explode.
Hydrogen Bromide (Anhydrous)	10035-10-6	4	3	2.8	Gas	Y	1048	PA				4	0	Foam, DC, CO2	-87	3	6, 14	1	4	3	K2. TLV 3 ppm. NCF.
Hydrogen Bromide Solution		3	4	2.8	Liq	Y	1788	CO				4	0	Foam, DC, CO2		3		1	1		K2. NCF.
Hydrogen Carboxylic Acid	64-18-6	3	3	1.6	1.2	Y	1779	CO	156		1004	2	2	Fog, Alfo, DC, CO2	213	3	13, 2	2	3	3	K16. TLV 5 ppm. Pungent odor.
Hydrogen Chloride (Anhydrous)	7647-01-0	3	4	1.3	1.2	Y	1050	PA				4	0	Fog, Foam	-121	3	21, 6, 14	2	4	3, 16	K16, K24. TLV 5 ppm. RVW aluminum. NCF.
Hydrogen Chloride (Liquid: Refrigerated)		4	4	1.3	Gas	Y	2186	CG				4	0	Fog, Foam, DC, CO2		7	6	3	4	15	K16, K24. TLV 5 ppm. NCF.
Hydrogen Chloride Solution		3	3	.13	Liq	Y	1789	CO				4	0	Fog, Foam, DC, CO2		3	1	1	4		K2. NCF.
Hydrogen Cyanamide	420-04-2	4	4	1.4	Cry	Y			285			4	1	Fog, Alfo, DC, CO2	500	3	14, 10, 16	2	4	3	Melts @ 113°. R10>104°.
Hydrogen Cyanide (Absorbed)		4	4	.9	Liq	Y	1614	PB				3		Fog, Foam, DC, CO2		3	2	2	4		K2. Flammable
Hydrogen Cyanide (Anhydrous: Stabilized)	74-90-8	4	4	.93	.69	Y	1051	PA	0	5.6-40.0	1000	4	3	Fog, Alfo, DC, CO2	78	3	22, 6, 11	4	4	6	K2, K9, K24. TLV 10 ppm. RVW alkalies.
Hydrogen Dioxide (>52%)	7722-84-1	3	3	1.2	1.5	Y	2015	OX	<71			1		Fog, Flood, No Chem.	306	2	21, 22, 23	3	3	3	K24. Powerful oxidizer. TLV 1ppm.
Hydrogen Disulfide	13465-07-1	3	3	1.4								3		Fog, Foam, DC, CO2		2	2	2	2		K2. RXW alkalies.
Hydrogen Fluoride (Anhydrous)	7664-39-3	4	4	.70	Gas	Y	1052	PA				4	0	No Water	67	3	8, 18	2	4	16, 6, 3	K2, K16, K24. TLV 3 ppm. NCF.
Hydrogen Fluoride Solution		4	4	.70	Liq	Y	1790	CO				4	0	Fog, Foam, DC, CO2		3		1	1		K2. NCF.
Hydrogen Iodide (Anhydrous)		4	4	4.4	Gas	Y	2197	CG				4	0	Fog, Foam, DC, CO2		3		1	1		K2. NCF.
Hydrogen Iodide Solution		3	4	4.4	Liq	Y	1787	CC				4	0	Fog, Foam, DC, CO2		3		1	4	3	K2. NCF.

Chemical Name	CAS	Tox L	Tox S	Vap Den.	Spec Grav.	Wat Sol.	DOT Number	Cl	Flash Point	Flamma. Limit	Ign. Temp.	Disa. Atm	Fire	Extinguishing Information	Boil Point	F	R	E	S	H	Remarks
Hydrogen Nitrate	7697-37-2	4	4	2.2	1.5	Y	2031	CO				4	1	Fog, Alfo	187	3	21, 3, 4, 5, 6	3	4	3	K2, K16, K19. TLV 2 ppm. NCF but High Oxidizer.
Hydrogen Peroxide Solution (Between 20 and 52% Peroxide)		3	3	1.2	Liq	Y	2014	OX					1	Fog, Flood, No Chem.		2	21, 22	3	3	3	RVW metals.
Hydrogen Peroxide Solution (Between 8 and 20% Peroxide)		3	3	1.2	Liq	Y	2984	OX					1	Fog, Flood		2	4, 22	2	3	3	RVW metals.
Hydrogen Peroxide Solution (Stabilized, >52% Peroxide)	7722-84-1	3	3	1.2	1.5	Y	2015	OX					1	Fog, Flood, No Chem.	306	2	21, 22, 23	3	3	3	K24. Powerful oxidizer. TLV 1ppm.
Hydrogen Phosphide	7803-51-2	4	4	1.2	Gas	S	2199	PA		1.0-	212	4	4	Stop Gas, Fog, DC, CO2	-125	3	2	4	4	6	K24. Garlic odor. TLV <1ppm.
Hydrogen Selenide (Anhydrous)	7783-07-5	4	4	2.8	Gas	Y	2202	PA				4	1	Stop Gas, Fog, DC, CO2	-43	2	8, 2	4	4	6	K24. Foul odor. TLV <1ppm. Flammable.
Hydrogen Sulfate	7664-93-9	4	4	3.3	1.8	Y	1830	CO				4	4			3	5, 2, 3, 4, 20	3	4	4	K21, R23. NCF. No water on acid.
Hydrogen Sulfide	7783-06-4	4	4	1.2	Gas	Y	1053	PA		4.0-46.0	500	4	4	Stop Gas, Fog, DC, CO2	-76	3	21	2	4	6	K24. Rotten egg odor. TLV 10 ppm.
Hydrogen-3	10028-17-8	4	1	.07	Gas	S		RA		4.0-75.0	752	4	4	Stop Gas, DC, CO2		4	2	3	3	17	Half-life:12.5 Years: Beta. Extremely flammable.
Hydronium Perchlorate		3	3	4.1	Sol							4	4			6	17	5	3	3	K3. Explodes @ 230°.
Hydroquinol	123-31-9	3	3	3.8	Sol		2662	PB	329		960	3	4	Fog, DC, CO2	547	1	1	1	3	5	K24. Melts @ 338°. Keep dark.
p-Hydroquinone	123-31-9	3	3	3.8	Sol		2662	PB	329		960	3	4	Fog, DC, CO2	547	1	1	1	3	5	K24. Melts @ 338°. Keep dark.
Hydroquinone	123-31-9	3	3	3.8	Sol		2662	PB	329		960	3	4	Fog, DC, CO2	547	1	1	1	3	5	K24. Melts @ 338°. Keep dark.
Hydroquinone Monomethyl Ether	150-76-5	3		4.3	Sol				270		790		1	Fog, Foam, DC, CO2	469	3	1	1	1	2	Melts @ 126°.
Hydroselenic Acid		4		2.0	Liq	N						4	4	DC, CO2		2	8, 2	4	4	6	Foul odor.
Hydrosilicofluoric Acid	16961-83-4	4	4	5.0	Liq	Y	2202					4	4	Foam, DC, CO2		3	8	2	4	3	K2, K16. NCF.
1-Hydroxy-1'-Hydroperoxy Dicyclohexyl Peroxide				>1.	Liq		1778	CO				3	0	Foam, DC, CO2		3	23, 3, 4	2	2	3	Organic peroxide.
1-Hydroxy-1'-Hydroperoxy Dicyclohexyl				>1.	Liq		2119						3	Fog, Flood		2	23, 3, 4	2	2	3	Organic peroxide.
1-Hydroxy-1'-Hydroperoxy Dicyclohexyl Peroxide (>90% with <10% water)				>1.	Liq		2118						3	Fog, Flood		2	23, 3, 4	2	2	3	Organic peroxide.
5-Hydroxy-1(N-Sodio-5-Tetrazolylazo)Tetrazole					7.1	Var		2117	OP				4	4			6	17	5	2	2	Very explosive when heated.
1-Hydroxy-2,3-Dinitrobenzene		4	4	6.3	Cry	S		EX				4	4			6	17	5	2	2	Used in high explosives.
2-Hydroxy-2-Methylpropionitrile	75-86-5	4	4	2.9	.93	Y	1541	PB	165	2.2-12.0	1270	4	1	Fog, Alfo, DC, CO2	248	3	1	2	4	5	K1, K7, K22, K24.
4-Hydroxy-3,5-Dimethyl-1,2,4-Triazole	35869-74-0			4.0	Sol							3	4			6	17	5	2	5	K3. Explodes @ 252°.
2-Hydroxy-3,5-Dinitropyridine	2980-33-8			6.5	Var							3	4			6	17	5	2	2	K3. Explosive.
7-Hydroxy-3-4-Tetramethylene Coumarin	572-48-5	4	4	12.	Cry	N						4	0	Foam, DC, CO2		3	1	1	4	9, 12	K12. Melts @ 190°. NCF.
2-Hydroxy-3-Butanenitrile	5809-59-6	4	4	2.9	Liq	Y						3	4	Foam, DC, CO2		6	16, 22	3	4	9	K22, K9, K5. Keep sealed and dark.
1-Hydroxy-3-Butyl Hydroperoxide	63834-30-0			3.7	Var							2	4			6	17	5	2	2	Explosive. Impact-sensitive.
2-Hydroxy-3-Ethylheptanoic Acid	19899-80-0		3	6.1	Liq							3	4	Foam, DC, CO2		6	17	1	3	2	Explosive. Impact-sensitive.
2-Hydroxy-4,6-bis(nitroamino)-1,3,5-triazine				7.6	Var					1.8-6.9	1118	3	3			6	17	5	2	2	Explosive. Impact-sensitive.
4-Hydroxy-4-Methyl-2-Pentanone	123-42-2	2	3	4.0	.93	Y	1148	FL	>73		328	2	2	Fog, Alfo, DC, CO2		2	2	2	3	11, 2	Pleasant odor. TLV 50 ppm.

(165)

Chemical Name	CAS	Tox L	Tox S	Vap Den.	Spec Grav.	Wat Sol.	DOT Number	Cl	Flash Point	Flamma. Limit	Ign. Temp.	Disa. Atm	Disa. Fire	Extinguishing Information	Boil Point	F	R	E	S	H	Remarks
3-Hydroxy-N,N'-Dimethyl-cis-crotonamide-di-methyl Phosphate		4	4	8.2	Liq	Y						4		Foam, DC, CO2		3		1	4	12	K2, K12.
Hydroxyacetonitrile	107-16-4	4		2.0	1.1							3	1	Fog, Foam, DC, CO2	361	3	22	1	4	9	K2, K9, K24. RVW alkalies.
Hydroxyammonium Phosphinate				3.5	Var							4	4	Fog, Alto		6	17	5	2		K3. Explodes > 198°.
p-Hydroxyaniline	591-27-5	3		3.7	Cry	S	2512	PB				4	0	DC, CO2		3		1	3	2	K2. NCF.
p-Hydroxyanisole	150-76-5	3		4.3	Sol	N			270		790	3	1	Fog, Foam, DC, CO2	469	3	1	1	2		Melts @ 126°.
Hydroxyanisole	150-76-5	3		4.3	Sol	N			270		790	3		Fog, Foam, DC, CO2	469	3	1	1	2		Melts @ 126°.
o-Hydroxybenzaldehyde	90-02-8	1	3	4.2	1.2	S			172			2	2	Fog, Alto, DC, CO2	385	3	1	1	3		Almond odor.
Hydroxybenzene	108-95-2	3	3	3.2	Sol	Y	1671	PB	174	1.7-8.6	1319	3	2	Fog, Alto, DC, CO2	358	3	1	1	3	5	K1, K24. Melts @ 108°. TLV 5 ppm.
4-Hydroxybenzenediazonium-3-carboxylate	68596-89-4			5.7	Var							3	4			6	17	5	2		Explodes >311°.
1-Hydroxybenzotriazole	2592-95-2			4.7	Var							4	4	Fog, Alto		6	17	5	2		May explode >320°.
3-Hydroxybutanal	107-89-1	3	3	3.0	1.1	Y	2839	PB	150		482	4	2	Fog, Alto, DC, CO2	174	3	12	2	3	2	K1.
3-Hydroxybutanal	107-89-1	3	3	3.0	1.1	Y	2839	PB	150		482	4	2	Fog, Alto, DC, CO2	174	3	12	2	3		K1.
β-Hydroxybutyraldehyde	107-89-1	3	3	3.0	1.1	Y	2839	PB	150		482	4	2	Fog, Alto, DC, CO2	174	3	12	2	3	2	K1.
Hydroxycopper Glyoximate	63643-78-7			5.8	Var							3	4			6	17	5	2		Explodes @ 284°.
Hydroxycyclohexane	108-93-0	3		3.5	Cry	S			154		572	2	2	Fog, Alto, DC, CO2	322	3	1	1	3	11	Camphor odor. TLV 50 ppm. Melts @ 75°.
Hydroxydihydrocyclopentadiene	63139-69-5			5.2	Liq							2		Foam, DC, CO2		3		1	3		K2.
Hydroxydimethylarsine Oxide	75-60-5	3		4.8	Cry	Y	1572	PB				4		Fog, Alto	97	3		1	3	9	K12. Can RW some metals.
Hydroxydimethylarsine Oxide, Sodium Salt	124-65-2			5.6	Pdr	Y	1688	PB				3		Fog, Alto, DC, CO2		3	1	1	2	9	K2, K24.
N-Hydroxydithiocarbamic Acid	66427-01-8			3.8	Var							3	4			6		5	2		Unstable.
3-(2-Hydroxyethoxy)-4-Pyrrolidin-1-ylbenzene-diazonium Zinc Chloride				>1.	Liq		3035					4	3	Keep Cool, CO2		2		1	2		K2.
2-Hydroxyethyl Acrylate	818-61-1	3	3	4.1	Liq							3		Foam, DC, CO2		3		1	3	2	K2.
Hydroxyethyl Acrylate	818-61-1	3	3	4.1	Liq							3		Foam, DC, CO2		3		1	3	2	K2.
2-Hydroxyethyl Hydrazine	109-84-2	2	2	2.6	1.1	Y			224			3	2	Fog, Alto, DC, CO2	293	3	1	1	2	9	K2.
β-Hydroxyethyl Hydrazine	109-84-2	2	2	2.6	1.1	Y			224			3	2	Fog, Alto, DC, CO2	293	3	1	1	2	9	K2.
2-Hydroxyethyl Mercaptan				2.7	1.1	Y			165			4	2	Fog, Alto, DC, CO2		3	1	1	3		K2.
Hydroxyethyl Morpholine (ALSO: 4,2-; N-)	622-40-2	2		4.5	1.1	Y			210			3	1	Fog, Alto, DC, CO2	437	3	1	1	2	2	K2.
1-Hydroxyethyl Peracetate	7416-48-0			4.2	Sol							2	4			6	17	5	2		Explosive.
1-Hydroxyethyl Peroxyacetate	7416-48-0			4.2	Sol							2	4			6	17	5	2		Explosive.
N-(2-Hydroxyethyl) Cyclohexylamine		4		4.9	Sol	Y			249			3	1	Fog, Alto, DC, CO2		3	1	1	2		K2. Melts @ 97°.
N-Hydroxyethyldiethylenetriamine	1965-29-3			5.1	Liq							3		Foam, DC, CO2		3		1	3	2	K2.
N-Hydroxyethyl-a-Methylbenzylamine	1331-41-5	3		5.8	Var							3		Foam, DC, CO2		3		1	3		K2.
2-Hydroxyethylaluminum Perchlorate	38092-76-1			5.7	Var							3	4			6	17	5	2		Explosive. Sensitive in solution.
2-Hydroxyethylamine	141-43-5	4		2.1	1.0	Y	2491	CO	185		770	3	2	Fog, Alto, DC, CO2	339	3	14	1	4		Ammonia odor. TLV 3 ppm.
β-Hydroxyethylamine	141-43-5	3		2.1	1.0	Y	2491	CO	185		770	3	2	Fog, Alto, DC, CO2	339	3	14	1	4		Ammonia odor. TLV 3 ppm.
2-Hydroxyethylamine	141-43-5	4		2.1	1.0	Y	2491	CO	185		770	3	2	Fog, Alto, DC, CO2	339	3	14	1	4		Ammonia odor. TLV 3 ppm.
1-Hydroxyethylidene-1,1-diphosphonic Acid	2809-21-4			7.2	Var							4		Foam, DC, CO2		6	16	2	2		Decomposes violently >392°.
2-Hydroxyethylmercury Nitrate	15821-32-0			10.	Sol							2	4			6	17	3	2		K3. RXW heat. Explodes.
3-Hydroxyheptane	589-82-2	2		4.0	.82	S			313			2	2	Fog, Alto, DC, CO2		3	2	1	3	2	
Hydroxyheptyl Peroxide				>1.	Liq			OP	140			3		Fog, Flood		2	23, 3, 4	2	2		Organic peroxide.
1-Hydroxyimidazol-N-Oxide	35321-46-1			3.5	Var								4			6	17	5	2		Sensitive explosive.

(166)

Chemical Name	CAS	Tox L S	Vap Den.	Spec Grav.	Wat Sol.	DOT Number	Cl	Flash Point	Flamma. Limit	Ign. Temp.	Disa. Atm Fire	Extinguishing Information	Boil Point	F	R	E	S	H	Remarks
1-Hydroxyimidazole-2-Carboxaldoxime-3-Oxide	35967-34-3		5.0	Sol							3 4		248	6	17	5	2		K2. Explosive.
α-Hydroxyisobutyronitrile	75-86-5	4 3	2.9	.93	Y	1541	PB	165	2.2-12.0	1270	4 1	Fog, Alfo, DC, CO2		3	1	2	4		K1, K7, K22, K24.
Hydroxylamine	7803-49-8	2 3	1.1	Cry	Y						4			6		3	3		Melts @ 92°. Unstable when heated. Explodes @ 265°.
Hydroxylamine Sulfate	10039-54-0	3 3	5.6	Cry	Y	2965	CO				3 3			3		1	3	2	Melts @ 350°. WH reacts w/alkalies.
Hydroxylammonium Sulfate	10039-54-0	3 3	5.6	Cry	Y	2965	CO				3 3			3		1	3	2	Melts @ 350°. WH reacts w/alkalies.
Hydroxymercurichlorophenol	538-04-5	4 3	12.	Sol	N		PB				4	Fog, Foam, DC, CO2		3		1	3	3	K2.
Hydroxymercuricresol	538-04-5	4 3	>1.	Var							4	Foam, DC, CO2		3		1	4	9	K12.
Hydroxymercurinitrophenol	538-04-5	4 3	12.	Sol	N		PB				4	Fog, Foam, DC, CO2		3		1	3	3	K2.
Hydroxymethyl Hydroperoxide	15932-89-5		2.2	Liq							3 4			6	17	3	3		Powerful oxidizer. Explodes.
Hydroxymethyl Methyl Peroxide			2.7	Liq							2 4			6	17	5	2		K3. Impact-sensitive. Explodes.
2-Hydroxymethyl-6-Phenyl-3-Pyridazone	32949-37-4		7.1	Var							3 4			6	17	5	2		Impact-sensitive when heated. Explosive.
α-Hydroxynaphthalene	90-15-3	3 3	5.0	Cry	N			300			2 1	Fog, Foam, DC, CO2	540	3		1	2	5, 2	Phenol odor. Melts @ 205°.
1-Hydroxynaphthalene	90-15-3	3 3	5.0	Cry	N			300			2 1	Fog, Foam, DC, CO2	540	3		1	2	5, 2	Phenol odor. Melts @ 205°.
Hydroxynaphthalene (ALSO: 2)	90-15-3	3 3	5.0	Cry	N			300			2 1	Fog, Foam, DC, CO2	540	3		1	2	5, 2	Phenol odor. Melts @ 205°.
β-Hydroxynaphthalene	135-19-3	3 3	5.0	Cry	N			307			3 1	Fog, Foam, DC, CO2		3		1	2	2	K1. Melts @ 251°. Keep dark.
N-Hydroxynaphthalimide Diethylphosphate	1491-41-4	4 3	4.6	Pdr							3	Foam, DC, CO2		3		1	2	9, 12	K12. NCF.
Hydroxyoxophenyl Iodanuium Perchlorate			11.	Sol							3 4			6	17	5	2		Unstable explosive.
2-Hydroxypropanenitrile	78-97-7	3 4	2.5	.98	Y			170			4 2	Fog, Foam, DC, CO2	320	3	2	2	4	5	K2, K5, K24, Reacts w/Alkalies → HCN Acid
2-Hydroxypropionitrile	78-97-7	3 4	2.5	.98	Y			170			4 2	Fog, Foam, DC, CO2	320	3	2	2	4	5	K2, K5, K24, Reacts w/Alkalies → HCN Acid
3-Hydroxypropionitrile (ALSO: β)	109-78-4	4 2	2.4	1.1	Y			265			4 1	Fog, Foam, DC, CO2	445	3	7	1	4	2	RVW inorganic acids or bases.
2-Hydroxypropyl Acrylate	999-61-1	4 4	4.5	1.8	Y			149		705	2 2	Fog, Alfo, DC, CO2	375	3	1	1	4	5	TLV <1 ppm.
2-Hydroxypropyl Amine	78-96-6	3 3	2.6	1.0	Y			171			3 3	Fog, Foam, DC, CO2	320	3	1	1	3	2	K2.
N-(3-Hydroxypropyl)-1,2-Propanediamine	10171-78-5	3 4	4.6	Var							3 3	Foam, DC, CO2		3		1	3	2	K2.
8-Hydroxyquinoline	148-24-3	3	5.0	Pdr	N	1748	OX				4 1	Flood	512	3		1	2	5	K2, K12. Phenol odor. Melts @ 169°.
o-Hydroxytoluene	95-48-7	3 3	3.7	1.0	N	2076	PB	178	1.4-	1110	3 2	Fog, Foam, DC, CO2	376	3	2	1	3	5	TLV 5ppm.
Hydroxytoluene	100-51-6	3 3	3.7	1.1	S		CL	200		817	3 1	Fog, Alfo, DC, CO2	403	3	1	2	3	3	Aromatic odor. RVW Sulfuric Acid.
Hypnone	98-86-2	2 4	4.1	Sol	N	9207		170		1058	3 2	Fog, Foam, DC, CO2	396	1	12	1	2	11	K1. Melts @ 68°.
Hypobromous Acid		4 3	3.3	Liq							4 0			3	5, 11, 20	1	4		K2. NCF.
Hypochlorite Solutions (>5% Chlorine)	7778-66-7	3 3	3.2	Var	Y	1791	CO				3 1	Foam, DC, CO2		3		1	3	16	K2. Oxidizer.
Hypochlorous Acid	7790-92-3	3 3	1.8	Liq	Y						3 0	Foam, DC, CO2		3		3	3		Oxidizer. RXW ammonia. NCF.
Hypochlorous Acid, Calcium Salt	7778-54-3	3 2	6.9	Pdr		1748	OX				4 4	Flood		6	16, 11, 23	3	3		Explodes w/fast heat.
Hyponitrous Acid	14448-38-5		2.1	Sol							3 4			6	17	3	2		Explosive.
Hyponitrous Ether	109-95-5	3	2.6	.90	N	1194	FL	-31	3.0-50.0	194	3 4	Fog, Foam, DC, CO2	63	2	16, 2, 14	3	2	11	K2. Ether odor. Can RXW heat.

(167)

Chemical Name	CAS	Tox L S	Vap Den.	Spec Grav.	Wat Sol.	DOT Number	Cl	Flash Point	Flamma. Limit	Ign. Temp.	Disa. Atm Fire	Extinguishing Information	Boil Point	F	R	E	S	H	Remarks
Hypophosphorous Acid	6303-21-5	3		2.3	Cry	Y						4 4			3	16, 2	2	3	2	Melts @ 79°. May RXW heat. Sour odor.
Iodopropane				>1.	Liq		2392	FL				3	Fog, Alfo, DC, CO2		2	2	2	2	2	Flammable.
Igniter for Aircraft (Thrust device)				>1.	Sol		2792	FS				3	Fog, Foam		2	16	3	2	2	Flammable solid.
Igniters				>1.	Sol		0121	EX				4			6	17	5	2		Explosives.
Illoxan (Trade name)			2	>1.	Cry	N		CL	101				Foam, DC, CO2	347	3	1	1	2		K12. Melts @ 101°.
Illuminating Gas			4	.96	Gas	Y	1016	FG		12.5-74.0	1204	2 4	Stop Gas, Fog, DC, CO2		3	2	3	2		
4-Imidazole Ethylamine	51-45-6		3	3.8	Cry	Y						3 0	Foam, DC, CO2	410	3		1	2	9	K2. Melts @ 181°. NCF.
Imidazoline-2,4-Dithione	5789-17-3			4.6	Var							3 3	Foam, DC, CO2		6	16	3	2		K22.
4,4'-(Imidocarbonyl)bis(N,N-Dimethylamine) Monohydrochloride	2465-27-2		4	11.	Pdr							4	Foam, DC, CO2		3		1	2	9	K2.
Imino-bis-Propylamine (ALSO: 3,3'-)	56-18-8	3	3	4.6	.93	Y	2269	CO	175			4 4	Fog, Foam, DC, CO2		6	17	5	3	3, 9	K3. Explosive
Indalone (Trade name)			3	2.4	.91	Y						2	DC, CO2		3		1	3		K12.
5-Indanol (Common name)			3	4.7	Liq				173			2	Foam, DC, CO2		3		1	3	2	
Indene	95-13-6	2	2	4.0	1.0	N						2 2	Fog, Foam, DC, CO2	360	3	1	2	3		TLV 10 ppm.
Indian Aconite (Common name)	8063-14-7	4	4	>1.	Sol							3 1	Fog, Foam, DC, CO2		3		1	4	5, 9	K2. Burnable.
Indian Cannabis (Common name)	8063-14-7	2	2	>1.	Sol							3 1	Fog, Foam, DC, CO2		3		1	2	10	
Indian Hemp (Common name)				>1.	Sol							3 1	Fog, Foam, DC, CO2		1		1	2	10	
Indium	7440-74-6	3		4.0	Pdr							2	DC, CO2		3		1	2		Melts @ 315°. Can RW sulfur.
Indole	120-72-9		3	4.1	Sol							3	Foam, DC, CO2	487	3		1	2	9	K2. Melts @ 126°. Fecal odor.
Indomethacin (Common name)	53-86-1			12.	Cry	N						4	Foam, DC, CO2		3		1	2		K24. Melts @ 311°.
Indonaphthene	95-13-6	3	2	4.0	1.0	N			173			2 1	Fog, Foam, DC, CO2	360	3	1	1	3	2	TLV 10 ppm.
Infectious Substance (Human, n.o.s.)		3	3	Var	Var		2814					1	DC, Soda Ash, No Water		3		1	4		Disease toxins.
Infectious Substance (Non-human, n.o.s.)		3	3	Var	Var		2900					1	DC, Soda Ash, No Water		3		1	4		Disease toxins.
Initiating Explosives					Sol			EX				4			6	17	5	2		Explosive.
Ink (Printer's Ink)		2	1	>1.	Liq		2867	FL	<80			2 3	Fog, Foam, DC, CO2		2	1	2	2		May be combustible liquid.
Ink (Printer's Ink)		2	1	>1.	Liq	N	1210	FL	<80			2 3	Fog, Foam, DC, CO2		2		2	2		May be combustible liquid.
Insecticide (Dry, n.o.s.)		4	4	>1.	Pdr		2588	PB				4 1	Fog, Alfo, DC, CO2		3		1	4		K2.
Insecticide (Liquid, n.o.s.)		4	4	>1.	Liq		1993	FL				4 3	Fog, Alfo, DC, CO2		2	1	2	4		K2. Flammable. May be combustible liquid.
Insecticide (Poisonous Liquid, n.o.s.)		4	4	>1.	Liq		2902	PB				4 1	Fog, Alfo, DC, CO2		3		1	4	6	K2.
Insecticide Gas (Poisonous, n.o.s.)		4	4	>1.	Gas		1967	PA				4 1	Stop Gas, Fog, DC, CO2		3		2	4		K2.
Insecticide Gas, n.o.s.		3	3	>1.	Gas		1968	CG				4 1	Fog, DC, CO2		3		1	2	2	K2. NCF.
Iodates (General)				Var	Var							4			2	23, 3, 4	2	2	2	High oxidizers.
Iodic Acid	7782-68-5	3		6.0	Cry	Y						3	Foam, DC, CO2		2	23, 3, 4	2	2	2	Oxidizer. Keep dark. Melts @ 230°.
Iodic Acid Anhydride		3		6.0	Pdr	Y						3	Fog, Foam		2	23, 3, 4	1	2	2	Keep dark. Melts @ 572°. Oxidizer.
Iodic-m-Peracid	7782-68-5	3		6.0	Cry	Y						3	Foam, DC, CO2		2	23, 3, 4	1	2	2	Oxidizer. Keep dark. Melts @ 230°.

(168)

Chemical Name	CAS	Tox L S	Vap Den.	Spec Grav.	Wat Sol.	DOT Number	Cl	Flash Point	Flamma. Limit	Ign. Temp.	Disa. Atm Fire	Extinguishing Information	Boil Point	F	R	E	S	H	Remarks
Iodic-o-p-Peracid	7782-68-5	3	6.0	Cry	Y						3	Foam, DC, CO2		2	23, 3, 4	1	2	2	Oxidizer. Keep dark. Melts @ 230°.
Iodine	7553-56-2	4 3	8.7	Cry	N						4 0	Foam, DC, CO2	365	3	3, 21	1	3	9	Melts @ 237°. TLV <1 ppm. NCF.
Iodine 131		4	8.7	Var	N		RA				4 0	DC, CO2		4	3	1	3	17	Half-life 8 Days: Beta, Gamma. NCF.
Iodine Acids		4	>1.	Liq							4 0	Foam, DC, CO2		3		1	4	3, 9	K2. NCF.
Iodine Azide	14696-82-3	4	5.8	Cry							4 4			6	17	5	2		K20. Shock-sensitive. Explosive.
Iodine Chloride	7790-99-0	4	5.5	Cry	Y	1792	CO				4 4			3	3, 4, 8, 16, 23	1	4	2	Melts @ 57°. NCF. Also R19.
Iodine Dioxide		4	5.5	Cry							3 2	Fog, Flood		3	23, 3, 4	2	4		Oxidizer.
Iodine Dioxygen Trifluoride	25402-50-0		7.6	Var							4 4	Fog, Flood		2	23	1	2		K2. Oxidizer.
Iodine Heptafluoride	16921-96-3	4	9.0	Cry							4 3	DC, Soda Ash, No Water		3	23, 18	1	4	9	High oxidizer. Melts @ 35°. Moldy odor.
Iodine Isocyanate	3607-48-5		2.3	Liq							4 4			6	17	3	2		K22. Mildly explosive.
Iodine Monobromide		4 4	7.1	Cry							4 0			3		1	3	9	Melts @ 108°. Sublimes @ 122°. NCF.
α-Iodine Monochloride		4	5.5	Cry	Y	1792	CO				4 4			3	23, 3, 4, 8, 16	1	4	2	Melts @ 57°. Also R19. NCF.
β-Iodine Monochloride		4	5.5	Cry	Y	1792	CO				4 4			3	3, 4, 8, 16, 23	1	4	2	Melts @ 80°. NCF. Also R19.
Iodine Monochloride	7790-99-0	4	5.5	Cry	Y	1792	CO				4 4			3	3, 4, 8, 16, 23	1	4	2	Melts @ 57°. NCF. Also R19.
Iodine Nonoxide		4	22.	Pdr	Y						4 4			3	16	1	4	9	K3. High oxidizer.
Iodine Oxide	12029-98-0	4	5.5	Cry							3 2	Fog, Flood		3	23, 3, 4	2	4		Oxidizer.
Iodine Pentafluoride	7783-66-6	4 4	7.6	3.2		2495	OX				4 2	DC, CO2, No Water	213	5	10, 18	2	4		K16. Melts @ 49°. Oxidizer.
Iodine Pentoxide		3	6.0	Cry	Y						3	Fog, Foam		2	23, 3, 4	1	2	2	Keep dark. Melts @ 572°. Oxidizer.
Iodine Perchlorate	38005-31-1		15.	Cry							4			2	16	3	2		Potentially explosive.
Iodine Tetroxide	6540-76-7	4	5.5	Cry							3 2	Fog, Flood		3	23, 3, 4	2	4		Oxidizer.
Iodine Triacetate			10.	Liq							4 4			6	17	5	2		Explodes @ 284°.
Iodine Tribromide	865-44-1	4	12.	Liq	Y						4 4			6	16, 23	1	3	9	K2. Oxidizer.
Iodine Trichloride	6088-91-1	4	6.2	Pdr Sol							4 0 4	Fog, Foam, DC, CO2		3	17	1	2	2	K2. NCF.
1-Iodo-1,3-Butadiyne											3 4			6		5			K20 >86°. Very sensitive. Explodes @ 95°.
1-Iodo-3-Penten-1-yne			6.7	Liq							3 4			6	17	3	2		Residue explodes @ 160°.
1-Iodo-3-Phenyl-2-Propyne			8.5	Var							3			3	16	3	2		
Iodoacetic Acid (Sodium Salt)	350-53-3	3	6.3	Cry	Y						3 1	Fog, Foam, DC, CO2		3	17	1	2	9	K2. Melts @ 410°.
Iodoacetylene	14545-08-5		5.3	Var							3 4			6	17	5	5		K3. Explodes >185°.
Iodobenzene	591-50-5		7.1	Var							4 4			6	17	5	5		K3. Explodes >392°.
4-Iodobenzenediazonium-2-Carboxylate			9.6	Sol							4 4			6	17				High explosive.
2-Iodobutane	513-48-4		6.4	Liq		2390	FL	14			3 3	Fog, Alfo, DC, CO2		2	2	2	2		K2.
Iodobutane (2-)	513-48-4		6.4	Liq		2390	FL	14			3 3	Fog, Alfo, DC, CO2		2	2	2	2		K2.
Iododimethylarsine	676-75-5		8.1	Var							3 4			6	17	5	2		RXW air. Explodes @ 162°.

(169)

Chemical Name	CAS	Tox L	Tox S	Vap Den	Spec Grav	Wat Sol	DOT Number	DOT Cl	Flash Point	Flamma. Limit	Ign. Temp.	Disa. Atm	Fire	Extinguishing Information	Boil Point	F	R	E	S	H	Remarks
Iodoethane	75-03-6	2	3	5.4	1.9	S						4	2	Alfo, DC, CO2	162	3	8, 2	1	3	10	K2. RVW silver chlorite.
2-(2-Iodoethyl)-1,3-Dioxolane	83665-55-8			8.0	Sol							3	4			6	17	5	2		Explodes.
Iodofenphos	18181-70-9		3	14	Pdr	N						4	0	Foam, DC, CO2		3		1	3		K2, K12. Melts @ 169°. NCF.
Iodofenphos	18181-70-9		3	14	Pdr	N						4	0	Foam, DC, CO2		3		1	3		K2, K12. Melts @ 169°. NCF.
Iodoform	75-47-8	3	3	13.	Cry	N						4	3	Foam, DC, CO2		3	16	2	3	9	Melts @ 239°. TLV <1ppm. Foul odor.
Iodomethane	74-88-4	3	3	4.9	2.3	S	2644	PB				3	0	Fog, Foam, DC, CO2	108	3		1	3	13, 10	K2. TLV 2 ppm. NCF.
Iodomethylmagnesium	917-64-6			5.8	Liq							3	3	DC, CO2		2	2	2	2		K2. May be pyroforic.
Iodomethylpropane				>1.	Liq		2391	FL				2	2	Fog, Alfo, DC, CO2		2		2	2		Flammable.
Iodopropene		4	4	5.8	1.8		1723	CL				4	2	Fog, Foam, DC, CO2	218	3	2	2	4	3	K3. Pungent odor. Combustible.
3-Iodopropyne	659-86-9			5.8	Var							3	4			6	17	5	2		K3. Explodes @ 356°
Iodosylbenzene	696-33-3			7.7								3	4			6	17	5	2		K3. Explodes @ 410°.
4-Iodosyltoluene	69180-59-2			8.2	Var							3	4			6	17	5	2		K3. Explodes >347°.
2-Iodosylvinyl Chloride				7.2	Var							3	4			6	17, 10	5	2		K3. Explodes @ 145°.
4-Iodotoluene	624-31-7			7.6	Var							3	4			6	17	5	2		K3. Explodes >392°.
α-Iodotoluene				7.5	Cry	N	2653	PB				3	0	Fog, Foam, DC, CO2		3		1	3		K2.
Iodotributylstannane	7342-47-4	3		14.	Sol							3	3	Foam, DC, CO2		2	2	1	4	9	K2.
4-Iodyl Toluene	16825-72-2			8.7	Var							3	4			6	17	5	2		K3. Explodes >392°.
4-Iodylanisole	16825-74-4			9.3	Var							3	4			6	17	5	2		K3. Explodes @ 437°.
Iodylbenzene	66-33-3			8.3	Sol							3	4			6	17	5	2		Impact & heat sensitive @ 446°. Explosive.
Iodylbenzene Perchlorate				12.	Sol							3	4			6	17	5	2		Keep wet. Explosive.
2-Iodylvinyl Chloride				7.7	Var							3	4			6	17	5	2		K20. High explosive. Explodes @ 275°.
Ioxynil (Common name)			3	13.	Sol	N						4	1	Foam, DC, CO2		3		1	2	9	K2, K12. Melts @ 414°.
Iridium 192		4		6.6	Sol			RA				4	0			4		1	4	17	Half-life 74 Days. Beta, Gamma. NCF.
Iridium Tetrachloride	10025-97-5	3	3	12.	Sol	Y						3				3		1	2	9	K2, K24.
Iron 55		4		>1.	Sol			RA				4	1			4		1	4	17	Half-life 2.6 Years. Beta, Gamma.
Iron 59		4		>1.	Sol			RA				4	1			4		1	4	17	Half-life 46 Days. Beta, Gamma.
Iron Carbide	12011-67-5			6.3	Sol							2		Fog, DC, CO2, No Halon		1		1	2		RVW Halogens.
Iron Carbonyl	13463-40-6	4	4	6.7	1.5	N	1994	PB	5			4	3	Fog, Foam, DC, CO2	217	3	2	2	4	5, 6	K24. TLV <1 ppm. Pyroforic.
Iron Chloride (Solid)	7705-08-0	2		5.6	Sol	Y	1773	OM				4	0	DC, CO2	606	1	8	1	2		Melts @ 558°. RVW alkali metals. NCF.
Iron Disulfide	12068-85-8	4		4.2	Pdr							4	3	DC, CO2, No Water		5	10, 11	2	4	9	May be pyroforic.
Iron Dust				>1.	Pdr							3	3	Graphite, No Water		2	2, 14	2	2		
Iron Mass (Not property oxidized)		2	2	>1.	Sol		1376	FS				3	3	Soda Ash, DC, CO2		2	6	1	2		K21.
Iron Oxide (Spent)		2	2	>1.	Sol		1376	FS				3	3	Soda Ash, DC, CO2		2	6	1	2		K21. May be pyroforic.
Iron Pentacarbonyl	13463-40-6	4	4	6.7	1.5	N	1994	PB	5			4	3	Fog, Foam, DC, CO2	217	3	2	2	4	5, 6	K24. TLV <1 ppm. Pyroforic.
Iron Sponge (Spent)		2	2	>1.	Sol		1376	FS				3	3	Soda Ash, DC, CO2		2	6	1	2		K21.
Iron Sulfide	1317-37-9			3.1	Var							3	3	DC, CO2		2	1	1	2		K2. May be pyroforic.
Iron Sulfide	12068-85-8	4		4.2	Pdr							4	3	DC, CO2, No Water		5	10, 11	2	4	9	K2, K21. Pyroforic.
Iron Swarf		2	2	>1.	Pdr	N	2793	FS				2	2	Soda Ash, DC, CO2		2	6	1	2		K21.
Iron(II) Arsenate	10102-50-8	4	3	19.	Pdr	N	1608	PB				4		Foam, DC, CO2		3		1	3		K2, K12.

Chemical Name	CAS	Tox L S	Vap Den.	Spec Grav.	Wat Sol.	DOT Number	Cl	Flash Point	Flamma. Limit	Ign. Temp.	Disa. Atm Fire	Extinguishing Information	Boil Point	F	R	E	S	H	Remarks
Iron(III) Arsenate	10102-49-5	4 3	3.0	Pdr	N	1606	PB				4 0	Foam, DC, CO2		3		1	4		K2, K12. NCF.
Iron(III)-o-Arsenite Pentahydrate	63989-69-5	4 3		Sol	N	1607	PB				4 0	Foam, DC, CO2		3	7, 11	1	4		K2. NCF.
Iron-Silicon	50645-52-8		2.9	Sol	N	1408	FS				4 2	DC, CO2, No Water		5		1	2		K2.
Irritating Agent, n.o.s.		3 3	Var	Var		1693	IR									1	3	7	NCF.
Isanic Acid	506-25-2		>1.	Cry							3	Fog, Foam, DC, CO2		2		1	2		May explode >502°.
Isano Oil	506-25-2		>1.	Cry							3	Fog, Alfo, DC, CO2		2		1	2		May explode >502°.
Isoacetophorone	78-59-1	3	4.8	.92				184	8.8-3.8	864	2 3	Fog, Alfo, DC, CO2	419	3	1	1	3	2	K10. TLV 5 ppm.
Isoamyl Acetate	123-92-2	2 2	4.5	.88	S		FL	77	1.0-7.5	680	2 3	Fog, Foam, DC, CO2	288	2	3	2	2	2	Banana Odor, ULC: 60, TLV 100 ppm
tert-Isoamyl Alcohol		3	3.0	.81	S	1105	FL	67	1.2-9.0	819	2 2	Fog, Alfo, DC, CO2	215	2	3	2	3	11	Alcohol odor.
Isoamyl Alcohol - Primary	123-51-3	2 3	3.0	.81	S	1105	CL	109	1.0-7.5	662	2 2	Fog, Alfo, DC, CO2	270	3	3	1	3	2	ULC: 40. TLV 100 ppm. Pungent odor.
Isoamyl Alcohol - Secondary		2	3.0	.82	S	1105	CL	103	1.2-9.0	657	2 2	Fog, Alfo, DC, CO2	235	3	3	2	3	2	Alcohol odor.
Isoamyl Alcohol - Tertiary	107-82-4	3	3.0	.81	S	1105	FL	67	1.2-9.0	819	2 3	Fog, Alfo, DC, CO2	215	3	3	2	3	11	K2.
Isoamyl Bromide	107-82-4		5.3	1.2	N	2341	FL	21			2 2	Fog, Alfo, DC, CO2	248	1	1	2	2	2	
Isoamyl Butyrate	106-27-4	2 2	5.5	.87	N	1109	FL	138			2 2	Fog, Foam, DC, CO2	372	1	1	1	2	2	
Isoamyl Chloride	107-84-6	2 2	3.7	.87	N	1109	FL	16	1.5-7.4		2 2	Fog, Foam, DC, CO2	210	2	2	1	2	2	K2. Fruity odor.
Isoamyl Formate	110-45-2	2 2	4.0	.88	S	1265	FL				2 2	Fog, Foam, DC, CO2	253	2	2	1	2	11	K2.
Isoamyl Hydride	78-78-4	2 2	2.5	.62	N			-70	1.4-7.6	788	2 4	Fog, Foam, DC, CO2	82	2	2	3	2	10	
sec-Isoamyl Mercaptan		2 2	3.6	.84	N			37			2 2	Fog, Foam, DC, CO2		2	2	2	2	2	Foul odor.
Isoamyl Methyl Ketone	110-12-3	2 2	3.9	.81	S	2302	FL	96	1.0-8.2	375	2 3	Fog, Alfo, DC, CO2	291	2	2	2	2	2	Pleasant odor.
Isoamyl Nitrite	110-46-3	2 2	4.0	.87	N			<73		408	3 3	Fog, Foam, DC, CO2	207	2	2	2	2	2	K3. Fragrant odor.
Isoamyl Nitrite	463-04-7	3	4.0	.85	N	1113	FL	50		408	4 4	Fog, Foam, DC, CO2	205	2	2	2	3	2	K2. Fruity odor. Oxidizer.
Isoamyl Salicylate	87-20-7		7.3	1.1	N			132			2 2	Fog, Foam, DC, CO2	536	1	1	1	1	2	
β-Isoamylene	513-35-9	3	2.4	.64	N	1108	FL	0	1.5-8.7	527	3 3	Fog, Foam, DC, CO2	86	2	2	2	3	11	K2. Foul odor.
α-Isoamylene	563-45-1	2 2	2.4	.63	N	2561	FL	19	1.5-9.1	689	2 3	Fog, Alfo, DC, CO2	88	2	2	2	2	2	Volatile. Disagreeable odor.
Isobac (Trade name)		3 2	>1.	.98	N			115			2 2	Foam, DC, CO2	428	3		1	1	2	K12. Aromatic odor.
Isoborn Acetate			>1.		N			190			2	Foam, DC, CO2		1	2	1	2	2	Pine odor.
Isobornyl Thiocyanoacetate	115-31-1	2 2	8.7	1.2	N						4 1	Fog, Foam, DC, CO2		1	3	2	2	2	K2. Terpene odor. Combustible.
Isobutanal	78-84-2	2 2	2.5	.79	S	2045	FL	-40	1.6-10.6	385	2 3	Fog, Foam, DC, CO2	147	2	3	2	2	2	Pungent odor.
Isobutane	75-28-5	2 1	2.0	Gas	N	1969	FG	11	1.9-8.5	860	2 4	Stop Gas, Fog, DC, CO2	11	1	2	4	2	1	
Isobutane Mixture		2 1	2.0	Gas	N	1969	FG	11	1.9-8.5	860	2 4	Stop Gas, Fog, DC, CO2	11	2	2	4	2	1	
Isobutanol	78-83-1	2 3	2.6	.81	Y	1212	FL	82	1.2-10.9	780	2 3	Fog, Alfo, DC, CO2	226	2	2	2	3	2	ULC: 45. Mild odor.
Isobutanol-2-Amine	124-68-5	2 2	3.0	Cry	Y	1229	FL	153			3 3	Fog, Alfo, DC, CO2	329	1	1	1	1	2	K2. Melts @ 86°.
Isobutanolamine	124-68-5	2 2	3.0	Cry	Y			153			3 3	Fog, Alfo, DC, CO2	329	1	1	1	1	2	K2. Melts @ 86°.
Isobutenal	78-85-3	3 4	2.4	.83	Y	2396	FL	35	1.8-9.6	869	2 3	Fog, Alfo, DC, CO2	154	2	2	2	4	2, 9	
Isobutene	115-11-7	2 2	1.9	Gas	N	1055	FG	<14		652	2 4	Stop Gas, Fog, DC, CO2	20	1	2	4	2	1	
1-Isobutenyl Methyl Ketone	141-79-7	3 3	3.4	.85	S	1229	FL	87	2.4-10.5	793	3 3	Fog, Alfo, DC, CO2	266	2	11	2	3	11, 5, 3	Honey odor. TLV 15 ppm.
Isobutyl Acetate	110-19-0	2 2	4.0	.87	N	1213	FL	64	1.2-10.9	800	2 3	Fog, Alfo, DC, CO2	244	2	2	1	2	5	Fruity odor. TLV 150 ppm.
Isobutyl Acrylate	106-63-8	2 3	4.5	.88	N	2527	FL	86			2 2	Fog, Foam, DC, CO2	142	2	2	2	2	2	K9.
Isobutyl Alcohol	78-83-1	2 3	2.6	.81	Y	1212	FL	82	1.2-10.9	780	2 3	Fog, Foam, DC, CO2	226	2	2	2	3	2	ULC: 45. Mild odor.
Isobutyl Aldehyde	78-84-2	2 2	2.5	.79	N	2045	FL	-40	1.6-10.6	385	2 3	Fog, Foam, DC, CO2	147	2	3	2	2	2	Pungent odor.

(171)

Chemical Name	CAS	Tox L	Tox S	Vap Den	Spec Grav.	Wat Sol.	DOT Number	Flash Point	Flamma. Limit	Ign. Temp.	Disa. Atm	Disa. Fire	Extinguishing information	Boil Point	F	R	E	S	H	Remarks
Isobutyl Benzene	538-93-2		2	4.6	.87	N	2709	CL	131	.8-6.0	806	2	3	Fog, Foam, DC, CO2	339	1	1	1	2	11	
Isobutyl Bromide	78-77-3		2	4.8	1.3		2342	FL	72			4	3	Fog, Foam, DC, CO2		1	2	2	2		
Isobutyl Butyrate			2	5.0	.87				122						315	1	1	1	2		K2.
Isobutyl Carbinol	123-51-3	2	3	3.0	.81	S	1105	CL	109	1.2-9.0	662	2	2	Fog, Alfo, DC, CO2	270	3	3	1	3	2	ULC: 40. TLV 100 ppm. Pungent odor.
Isobutyl Cellosolve	4439-24-1	2	3	4.1	.90	Y									340	3		1	3		
Isobutyl Chloride	513-36-0	3		3.2	.90				21	2.0-8.8				Fog, Alfo, DC, CO2	156	2	2	2	3		K2.
Isobutyl Chloroformate	543-27-1		2	4.5	1.1				81			3		Foam, DC, CO2	264	2	2	2	3		
Isobutyl Formate	542-55-2	2	3	3.5	.88	Y	2393	FL	<70	1.7-8.0	608	3	2	Fog, Alfo, DC, CO2	208	2	2	2	3	2	
Isobutyl Furylpropionate	105-01-1	2	3	6.9	Liq							2		Foam, DC, CO2		3		1	3		
Isobutyl Heptyl Ketone	123-17-1	2	3	6.4	.82	N			195		770	3	2	Fog, Foam, DC, CO2	412	2	1	1	2		Pleasant odor.
Isobutyl Iodide	513-38-2	2	3	6.4	1.6	N			32			3	3	Fog, Foam, DC, CO2	250	2	2	2	2		K2.
Isobutyl Isobutyrate	97-85-8	2	1	5.0	.86	N	2528	CL	101	.96-7.6	810	3	2	Fog, Foam, DC, CO2	291	1	1	1	2		Fruity odor.
Isobutyl Isocyanate	513-44-0	4		3.1	.84	N	2486	FL	15			4	3	Foam, DC, CO2		3		2	4		K2.
Isobutyl Mercaptan	513-44-0		2	5.0	.88		2283	FL	120			3	2	Fog, Foam, DC, CO2	190	2	2	2	2		K2. Skunk odor.
Isobutyl Methacrylate	97-86-9	2		5.0	.88		2283	FL	120			3	2	Fog, Foam, DC, CO2	190	2	2	1	2		K9.
Isobutyl Methyl Carbinol	108-11-2	2	3	3.5	.81	Y	2053	FL	106	1.0-5.5		3	2	Fog, Foam, DC, CO2	311	3	1	1	3	13	TLV 25 ppm.
Isobutyl Methyl Ketone	108-10-1	2	3	3.5	.80	S	1245	FL	64	1.2-8.0	840	2	3	Fog, Alfo, DC, CO2	269	3	1	2	3		K10. Keep sealed. Pleasant odor. TLV 50 ppm.
Isobutyl Methyl Ketone Peroxide			3	>1.	Liq		2126	OP					3	Fog, Flood	244	2	3	2	3	11	Organic peroxide.
Isobutyl Propionate	540-42-1	2	2	4.5	.86	N	2394	FL	<100	1.6-10.6	385	2	3	Fog, Foam, DC, CO2	280	2	23, 3, 4	2	2	3	
Isobutyl Vinyl Ether	109-53-5	2	1	3.5	.76	S	1304	FL	15			2	3	Fog, Alfo, DC, CO2	181	2	2	2	2		
Isobutylamine	78-81-9	2	4	2.5	.73	Y	1214	FL	15		705	2	3	Fog, Alfo, DC, CO2	150	2	2	2	4		K2.
Isobutylene	115-11-7	2	1	1.9	Gas	N	1055	FG	<14	1.8-9.6	869	2	4	Stop Gas, DC, CO2	20	3	2	4	2	1	
Isobutylene Chloride			4	4.4	Liq							4		Foam, DC, CO2	147	3		1	4		
Isobutyraldehyde	78-84-2	2	2	2.5	.79	N	2045	FL	-40	1.6-10.6	385	2	3	Fog, Foam, DC, CO2	147	3	3	2	2	2	K2.
Isobutyraldehyde, Oxime	151-00-8		3	3.0	Liq							3	4			3	16	1	2		Pungent odor.
Isobutyric Acid	79-31-2	2	2	3.0	.95	Y	2529	CO	132	2.0-9.2	900	2	2	Alfo, DC, CO2	306	3	1	1	3	9, 2	May explode >194°
Isobutyric Anhydride	97-72-3	2	2	5.5	.96		2530	CO	139	1.0-6.2	625	2	2	Alfo, DC, CO2	360	3	6	1	2	2	Pungent odor.
Isobutyric Ether	97-62-1	2	2	4.0	.87	S	2385	FL	<64			2	3	Fog, Foam, DC, CO2	230	2	2	2	2		Fruity odor.
Isobutyronitrile	78-82-0	2	4	2.4	.77	S	2284	FL	47		900	3	3	Alfo, DC, CO2	214	2	1	2	4	9	K2, K24.
Isobutyroyl Chloride	79-30-1	3	3	>1.	1.0		2395	CO	<100			3	3	Alfo, DC, CO2	198	3	6	2	3	2	
Isobutyryl Chloride	79-30-1	3	3	>1.	1.0		2395	CO	<100			3	3	Alfo, DC, CO2	198	3	6	2	3	2	
Isocrotonic Acid	3724-65-0		3	3.0	Cry	Y	2823	CO	190		745	2	2	Fog, Alfo, DC, CO2	365	3	1	1	3	3	Melts @ 162°.
Isoctene	11071-47-9		4	3.9	.73		1216	FL	20	.8-6.0	842	2	3	Foam, DC, CO2	194	2	2	2	2		
Isocumene	103-65-1	2		4.1	.86	N			86						318						
Isocyanates (n.o.s. BP-300° C. (572° F.)		4	4	>1.	Var		2207	PB				4	1	Alfo, DC, CO2		3	2	1	4		K2.
Isocyanates and Solutions (n.o.s. Flammable)		3	3	>1.	Liq		2478	FL				4	2	Alfo, DC, CO2		2	2	1	3		K2. Flammable.
Isocyanates and Solutions (n.o.s. Flammable, Poisonous)		4	4	>1.	Liq		2206	PB				4	2	Alfo, DC, CO2		3	1	1	4		K2. Combustible.
Isocyanates or Solution (Flash Point >73° <141°)		3	3	>1.	Var		3080	FL				4	3			2		2	3	9	
Isocyanatobenzotrifluoride		4	4	>1.	Liq		2285	PB				4	1	Alfo, DC, CO2		3		1	4	2	K2.
2-Isocyanatoethyl Methacrylate	30674-80-7	4	5.4	Liq								3		Foam, DC, CO2		3	2	1	4		K2, K24.

(172)

Chemical Name	CAS	Tox L	Tox S	Vap Den.	Spec Grav.	Wat Sol.	DOT Number	DOT Cl	Flash Point	Flamma. Limit	Ign. Temp.	Disa. Atm	Disa. Fire	Extinguishing Information	Boil Point	F	R	E	S	H	Remarks
Isocyanic Acid	75-13-8		3	1.5	1.1							4	4			3	17, 11	2	3	2	K5. Can explode when heated.
Isocyanic Acid-2-Chloroethyl Ester	1943-83-5	3		3.7	Liq							4	4	Foam, DC, CO2		3		1	3		K2.
Isocyanic Acid-3,4-Dichlorophenyl Ester	102-36-3	4		6.6	Liq							3	3	Foam, DC, CO2		3		1	4		K2, K24.
Isocyanoamide	4702-38-9			1.5	Liq		2286	FL				3	4			6	17	3	2		K3. Explodes @ 95°.
Isodecaldehyde		2		5.4	.83	N			185			2	2	Fog, Foam, DC, CO2	387	1	1	1	1		
Isodecane		2		4.9	.73						410	2	2	Fog, Alfo, DC, CO2	333	1	1	1	1		
Isodecanol	25339-17-7		3	5.5	.84	N			220			2	1	Foam, DC, CO2	428	3	1	1	3		
Isodecyl Acrylate	1330-61-6	3		7.4	Liq							2		Foam, DC, CO2		3	2	1	3		
Isodecyl Alcohol	25339-17-7		3	5.5	.84	N			220			2	1	Fog, Foam, DC, CO2	428	3	2	1	3		
Isodipropylamine				3.5	.72	Y			30					Alfo, DC, CO2		2	2	2	2		
Isododecane				>1.	Liq			FL				3	3	Foam, DC, CO2		3		1	2	9	
Isodrin	465-73-6	4		12.	Cry							4	1	Foam, DC, CO2	248	3		1	4	9	K12, K24. Melts @ 464°.
Isofenphos (Common name)	25311-71-1	3				N						3		Fog, Foam, DC, CO2		3	8	1	4	12, 9	K2, K12.
Isofluorphate	55-91-4	4		5.2	1.1							2	3	Foam, DC, CO2	115	3	8	1	4	12, 9	K2, K12, K24.
Isofluorphate	55-91-4	4		5.2	1.1							2	3	Foam, DC, CO2	115	3		1	4	12, 9	K2, K12, K24.
Isofluorphate	55-91-4	4		5.2	1.1							2	3	Foam, DC, CO2	115	3	8	1	4	12, 9	K2, K12, K24.
Isoheptane	591-76-4	2	1	3.4	.68	N	2287	FL	<0	1.0-6.0	536	2	3	Fog, Foam, DC, CO2	194	3	2	2	2		
Isoheptane (ALSO: Mixed Isomers)		2	1	3.4	.68	N	2287	FL	<0	1.0-6.0	536	2	3	Fog, Foam, DC, CO2	194	3	1	2	2		
Isohexane	107-83-5		2	3.0	.67	N	2462	FL	20	1.0-7.0	583	2	2	Fog, Foam, DC, CO2	129	3	2	1	3	2	TLV 500 ppm.
Isohexanoic Acid (Mixed Isomers)	646-07-1	3		4.1	Liq							2		Foam, DC, CO2	136	3		1	2	11	
Isohexene	79-29-8	2	2	3.0	.66	N	2457	FL	-20	1.2-7.0	761	3	2	Fog, Foam, DC, CO2	252	2	1	1	2		
tert-Isohexyl Alcohol				3.5	.77				115			3		Foam, DC, CO2		3		1	4	12	K1. Melts @ 251°. Keep dark.
Isonaphthol	119-38-0	4		7.4	Liq				307			3	1	Foam, DC, CO2		3		1	2	2	Explosive.
Isolan (Common name)	135-19-3		2	5.0	Cry	N						3	4			6	17	5	2		
Isonicotinamide Pentaammine Ruthenium Perchlorate	31279-70-6			17.	Sol																
Isonicotinic Acid-2-Isopropylhydrazide	54-92-2	3		6.3	Var							3		Foam, DC, CO2		3	23, 3, 4	3	3	9	Organic peroxide.
Isononanoyl Peroxide (Technical Pure or in Solution)				>1.	Liq	N	2128	OP						Fog, Flood		2	23, 3, 4	2	2		Organic peroxide.
Isononanyl Peroxide (Technical Pure or in Solution)				>1.	Liq	N	2128	OP				3		Fog, Flood		2		2	2		
Isooctane	540-84-1	2	1	3.9	.69	N	1262	FL	10	1.1-6.0	779	2	3	Fog, Foam, DC, CO2	210	2	3	2	2	11	Gasoline odor.
Isooctanol	26952-21-6	2	3	4.5	.83	N			180			2	3	Fog, Foam, DC, CO2	91	2	1	2	3	5, 2	TLV 50 ppm (skin).
Isooctene	11071-47-9			3.9	.73		1216	FL	20			2	3	Fog, Foam, DC, CO2	194	2	2	2	1	2	
Isooctenes	11071-47-9	2		3.9	.73		1216	FL	20			2	3	Fog, Foam, DC, CO2	194	2	2	2	1		
Isooctyl Nitrate				6.0	1.0	N			205			2	3	Fog, Foam, DC, CO2	106	2	1	2	1		K2.
Isooctyl Thioglycolate	25103-09-7		2	7.0	.97							3	1	Foam, DC, CO2	125	1	2	1	2	9	Fruity odor. Burnable.
Isooctyl Vinyl Ether				5.4	.80	N			140			2	2	Fog, Foam, DC, CO2	347	1	1	1	1		K10.
Isopentaldehyde	590-86-3	2	3	3.0	.81	S			23			2	3	Fog, Alfo, DC, CO2	250	2	2	2	3		Apple odor.
Isopentane	78-78-4	2	2	2.5	.62	N	1265	FL	-70	1.4-7.6	788	2	4	Fog, Foam, DC, CO2	82	2	2	3	1	10	Bad-cheese odor. Burnable.
Isopentanoic Acid	503-74-2	4	3	4.5	.93	N	1760	CO				3	1	Fog, Foam, DC, CO2	361	3		1	4	2	Flammable.
Isopentene		2	2	2.5	.65	N	2371	FL			781	2	2	Fog, Foam, DC, CO2		3	2	2	2		
Isopentyl Alcohol	123-51-3	2	3	3.0	.81	S	1105	CL	109	1.2-9.0	662	2	2	Fog, Alfo, DC, CO2	270	3	3	1	3	2	ULC: 40. TLV 100 ppm. Pungent odor.

(173)

Chemical Name	CAS	Tox L	Tox S	Vap. Den.	Spec. Grav.	Wat Sol	DOT Number	DOT Cl	Flash Point	Flamma. Limit	Ign. Temp.	Disa. Atm	Disa. Fire	Extinguishing Information	Boil Point	F	R	E	S	H	Remarks
Isopentyl Alcohol Acetate	123-92-2	2	2	4.5	.88	S		FL	77	1.0-7.5	680	2	3	Fog, Foam, DC, CO2	288	2	3	2	2		Banana Odor, ULC: 60, TLV 100 ppm
Isopentyl Methyl Ketone	110-12-3	2	2	3.9	.81	S	2302	FL	96	1.0-8.2	375	2	2	Fog, Alfo, DC, CO2	291	2	2	2	2		Pleasant odor.
Isopentyl Salicylate	87-20-7			7.3	1.1	N			132			3	3	Fog, Foam, DC, CO2	536	1	1	1	2		
Isopentylnitrite	110-46-3	2		4.0	.87				<73		408	3	3	Fog, Foam, DC, CO2	207	2	2	2	4		K3. Fragrant odor.
Isophenphos	25311-71-1		4	12.	1.1	N						4	2	Fog, Foam, CO2	248	3	1	1	4	9	K2. K12.
Isophorone	78-59-1	3	3	4.8	.92	S			184	.8-3.8	864		2	Fog, Foam, DC, CO2	419	3	1	1	3	2	K10. TLV 5 ppm.
Isophorone Diisocyanate	4098-71-9	4		7.8	1.1		2290	PB				4		Foam, DC, CO2	316	3		1	4	5	K24. TLV <1 ppm.
Isophoronediamine		4		>1.	Liq		2289	CO				1		Foam, DC, CO2				1	4		
Isophthalic Acid Dichloride	99-63-8			6.9	Sol				356			3	1	Fog, Foam, DC, CO2	529	3		1	3	2	RVW methanol. Melts @ 106°.
Isophthaloyl Chloride	99-63-8			6.9	Sol				356			3	1	Fog, Foam, DC, CO2	529	3		1	3	2	RVW methanol. Melts @ 106°.
Isoprene (Inhibited)	78-79-5	2	3	2.4	.68	N	1218	FL	-65	1.5-8.9	428	2	4	Fog, Foam, DC, CO2	93	2	3, 2, 14	2	3	2	K9. K10. Volatile.
Isoprocarb			3	>1.	Cry							3		Foam, DC, CO2		3		1	2	9, 12	K2, K12. Melts @ 190°.
Isoprocarb (Common name)			3	>1.	Cry							3		Foam, DC, CO2		3		1	2	9, 12	K2, K12. Melts @ 190°.
Isopropanethiol	75-33-2	3		2.6	.81	S	2703	FL	-30			4	3	Fog, Foam, DC, CO2	124	2	2	2	2		K2. Foul odor.
Isopropanol	67-63-0	2	2	2.1	.79	Y	1219	FL	53	2.0-12.0	750	2	3	Fog, Alfo, DC, CO2	180	2	2	2	2		K2, K24. TLV 1 ppm.
Isopropanolamine	78-96-6	3	3	2.6	1.0	Y			171		705	3	3	Fog, Alfo, DC, CO2	320	3	1	1	3		
Isopropanolamine	78-96-6	3	3	2.6	1.0	Y			171		705	3	3	Fog, Alfo, DC, CO2	320	3	1	1	3		
Isopropanolamine Dodecylbenzenesulfonate		2		>1.	Sol	Y	9127					3	1	Foam, DC, CO2		1		1	1		
Isopropanolamines (Mixed)		2	2	2.6	.96	Y			160			3	3	Fog, Foam, DC, CO2	318	3	2	1	2	2	K2.
Isopropene Cyanide	126-98-7	4	4	2.3	.81	S			34	2.0-6.8		4	3	Fog, Foam, DC, CO2	194	3	2	2	4	9	K2, K24.
Isopropenyl Acetate	108-22-5	2	2	3.5	.92	S	2403	FL	60		808	3	3	Fog, Alfo, DC, CO2	206	2	2	2	2		
Isopropenyl Acetylene	78-80-8			2.3	.70	N			<19			2	3	Fog, Foam, DC, CO2	92	2	1	1	2		
Isopropenyl Benzene	98-83-9	2	2	4.1	.91	N	2303	CL	129	1.9-6.1	1066	2	2	Fog, Alfo, DC, CO2	306	1	2	2	2		TLV 50 ppm.
Isopropenyl Carbinol	513-42-8	2	3	2.5	.85	Y	2614	FL	92			2	3	Fog, Foam, DC, CO2	238	2	2	2	3	2	
Isopropenyl Chloride	557-98-2	2		2.6	.92	S	2456	FL	<-4	4.5-16.0		3	3	Fog, Foam, DC, CO2	73	3	1	3	2		NOTE: Boiling point.
Isopropenyl Chloroformate		3	4	4.1	1.1							4		Foam, DC, CO2	199	3		1	4	9	K2.
Isopropenyl Methyl Ketone	814-78-8	3	4	2.9	.85	N	1246	FL	52	1.8-9.0		2	3	Fog, Foam, DC, CO2	208	2	2	2	4	9, 2	K9.
Isopropenylnitrile	126-98-7	4	4	2.3	.81	S			34	2.0-6.8		4	3	Fog, Foam, DC, CO2	194	3	2	2	4	9	K2, K24. TLV 1 ppm.
o-Isopropoxyaniline	29026-74-2			5.3	Liq				120			3		Foam, DC, CO2		3		1	3		K2.
2-Isopropoxyethanol	109-59-1	2	2	3.6	.91	Y						2	2	Fog, Alfo, DC, CO2	289	1	1	1	2	5	TLV 25 ppm.
o-Isopropoxyphenyl-N-Methyl Carbamate	114-26-1		3	7.2	Pdr				155		860	4	1	Fog, DC, CO2	149	3	13	2	3	12	K2, K12. Melts @ 195°.
2-Isopropoxypropane	108-20-3	3	2	3.5	.72	S	1159	FL	-18	1.4-7.9	830	2	3	Fog, Alfo, DC, CO2	153	2	2	3	3	11	K10. TLV 250 ppm. Volatile. Ether odor.
3-Isopropoxypropionitrile																					
β-Isopropoxypropionitrile																					
Isopropyl Acetate	108-21-4	2	1	3.5	.87	S	1220	FL	35	1.8-7.8	860	4	2	Fog, Alfo, DC, CO2	149	3	12, 2	1	1	11	Aromatic, TLV 250 ppm
Isopropyl Acetone	108-10-1	2	2	3.5	.80	S	1245	FL	64	1.2-8.0	840	2	3	Fog, Alfo, DC, CO2	244	2	3	2	1	11	K10. Keep sealed. Pleasant odor. TLV 50 ppm.
Isopropyl Acid Phosphate			4	>1.	Sol		1793	CO				3	1			3		1	3		K2.
2-Isopropyl Acrylaldehyde Oxime				4.0	.94				155			2	3	Fog, Foam, DC, CO2		2		2	2		K10 from air: Peroxides. Explosive.
Isopropyl Alcohol	67-63-0	2	2	2.1	.79	Y	1219	FL	53	2.0-12.0	750	2	3	Fog, Foam, DC, CO2	180	2	2	2	2	11, 9	K10. ULC: 70 TLV 400 ppm.
Isopropyl Aminoethanol	109-56-8			>1.	.94				145				2			1	1	1	2		

(174)

Chemical Name	CAS	Tox L S	Vap Den.	Spec Grav.	Wat Sol.	DOT Number	Flash Point	Flamma. Limit	Ign. Temp.	Disa. Atm Fire	Extinguishing Information	Boil Point	F	R	E	S	H	Remarks
Isopropyl Benzene	98-82-8	3 3	4.1	.86	N	1918	96 FL	.9-6.5	795	3 2	Fog, Foam, DC, CO2	306	2	1	2	3	11	TLV 50 ppm. Sharp odor.
Isopropyl Benzoate	939-48-0	3	5.7	1.0	N		210			3	Fog, Foam, DC, CO2	426	1	1	1	2		
Isopropyl Benzol	98-82-8	3 3	4.1	.86	N	1918	96 FL	.9-6.5	795	3 2	Fog, Foam, DC, CO2	306	2	1	2	3	11	TLV 50 ppm. Sharp odor.
Isopropyl Borate	5419-55-6		6.6	.81			82			3	Fog, Foam, DC, CO2	286	2	2	2	2		
Isopropyl Butyrate	638-11-9		>1.	.86		2405 FL				3	Alfo, DC, CO2	262	2	2	2	2		
Isopropyl Chloride	75-29-0	2	2.7	.86	N	2356 FL	-26	2.8-10.7		3 3	Fog, Foam, DC, CO2	95	2	2	2	3	13	NOTE: Boiling point.
Isopropyl Chloroacetate		3 3	>1.	1.1		2947 FL				4 3	DC, CO2		2	2	2	3		K2.
Isopropyl Chlorocarbonate	108-23-6	3 4	4.2	1.1	N	2407 FL	68	4.0-15.0	>500	2 4	Alfo, DC, CO2	221	3	6, 11, 16	3	4	9, 2, 4	K24. Volatile. Keep cool. ALSO: H7
Isopropyl Chloroformate	108-23-6	3 4	4.2	1.1	N	2407 FL	68	4.0-15.0	>500	2 4	Alfo, DC, CO2	221	3	6, 11, 16	3	4	9, 2, 4	K24. Volatile. Keep cool. ALSO: H7
Isopropyl Chloropropionate		3	>1.			2934 FL				4 3	DC, CO2		2	2	2	3		K2.
Isopropyl Cyanide	78-82-0	2 4	2.4	.77	S	2284 FL	47		900	3 3	Alfo, DC, CO2	214	2	2	2	4	9	K2, K24.
Isopropyl Diethyldithiophosphorylacetamide	2275-18-5	4 4	10.	Cry	S		320			4 1	Foam, DC, CO2		3	1	1	4	12	K2, K12, K24. Melts @ 73°.
Isopropyl Ether	108-20-3	3	3.5	.72	S	1159 FL	-18	1.4-7.9	830	2 3	Fog, Alfo, DC, CO2	153	2	2	3	3	11	K10. TLV 250 ppm. Volatile. Ether odor.
Isopropyl Ethylene	563-45-1	2 2	2.4	.63	N	2561 FL	19	1.5-9.1	689	2 3	Fog, Alfo, DC, CO2	88	2	1	2	2		Volatile. Disagreeable odor.
Isopropyl Formate	625-55-8	2 2	3.0	.87	S	2408 FL	22		905	3 3	Fog, Foam, DC, CO2	153	2	2	2	2	9	K24.
Isopropyl Glycidyl Ether	4016-14-2	3	4.0	.92	S		92			3 3	Fog, Alfo, DC, CO2	261	2	1	2	4		TLV 50 ppm.
Isopropyl Glycol	109-59-1	2 3	3.5	.91	Y		120			2 3	Fog, Alfo, DC, CO2	289	1	1	1	2		TLV 25 ppm.
Isopropyl Hydroperoxide	3031-75-2		2.7	Liq						2 4			6	17	4	2	5	Explodes >225
Isopropyl Hypochlorite	53578-07-7		3.3	Liq						3 4			6	17	5	2		Explosive. Light & heat sensitive.
Isopropyl Isobutyrate		3	>1.	Liq		2406 FL				3 3	Alfo, DC, CO2		2	2	2	2		
Isopropyl Isocyanate			>1.	Liq		2483 FL				4 4	Alfo, DC, CO2		2	2	5	2		K2.
Isopropyl Isocyanide Dichloride	29119-58-2		4.9	Liq						3 3	DC, CO2, No Water		5	10	2	2		K5.
Isopropyl Lactate		2 2	4.2	1.0	Y		130			2 3	Fog, Alfo, DC, CO2	331	1	1	2	2		
Isopropyl Mercaptan	75-33-2	3	2.7	.81	S	2402 FL	-30			4 3	Fog, Alfo, DC, CO2	124	2	2	2	2		K2. Foul odor.
Isopropyl Mercaptan	75-33-2	3	2.7	.81	S	2703 FL	-30			4 3	Fog, Alfo, DC, CO2	124	2	2	2	2		K2. Foul odor.
Isopropyl Methanefluorophosphonate	107-44-8	4 4	4.8	1.1			120			4 1	Foam, DC, CO2	297	3	6	4	4	8, 6, 9	K2, K24. Nerve gas. Also: H12
Isopropyl Methanoate	625-55-8	3 2	3.0	.87	S	2408 FL	22		905	2 3	Fog, Foam, DC, CO2	153	2	2	2	2	9	K24.
Isopropyl Methyl Ketone	563-80-4	2	3.6	Liq	S	2397 FL	<100			2 3	Fog, Foam, DC, CO2		2	2	2	2	9	TLV 200 ppm.
Isopropyl Nitrate	1712-64-7		3.6	Liq	S	1222 FL	52			3 3	Fog, Flood	216	2	16	3	2		Rocket fuel & oxidizer.
Isopropyl Nitrite	541-42-4	3	3.1	Liq			<50	-100.		3 3	Foam, DC, CO2		2	1	2	2		K2.
Isopropyl Percarbonate (<52%)			4.1	Var	N	2134 OP				3	Keep Cool, Fog, Flood		2	16, 23	3	2		Keep cool.
Isopropyl Percarbonate (Technical)			4.1	Sol	S	2133 OP				3	Keep Cool, Fog, Flood		2	16, 23	3	2		SADT: 23°. Keep cool.
Isopropyl Peroxydicarbonate (<52%)			4.1	Var	N	2134 OP				3	Keep Cool, Fog, Flood		2	16, 23	3	2		Keep cool.
Isopropyl Peroxydicarbonate (Technical)			4.1	Sol	S	2133 OP				3	Keep Cool, Fog, Flood		2	16, 23	3	2		SADT: 23°. Keep cool.
o-Isopropyl Phenol	88-69-7		4.7	.99	N		220			3 1	Foam, Alfo, DC, CO2	471	1	1	1	2		
Isopropyl Phosphoric Acid	1623-24-1	3	4.9	Sol		1793 CO				3	Foam, DC, CO2		3	2	2	3	2	K2.
Isopropyl Phosphorofluoridate	55-91-4	4 4	5.2	1.1			115			3	Foam, DC, CO2		3	8	1	4	12, 9	K2, K12, K24.
Isopropyl Propionate			>1.	Liq		2409 FL				3	Fog, Alfo, DC, CO2		2	2	2	2		
Isopropyl Quinoline (p-)	1333-53-5	4	6.0	Var						4	DC, CO2		3	2	1	3		K2.
Isopropyl Sulfate	2973-10-6		6.4	Liq						3			3	2	1	3		K2.
Isopropyl Vinyl Ether	926-65-8	2 2	3.0	Liq		FL	-26		522	2 3	Fog, Alfo, DC, CO2	133	2	2	2	2	13	K10.

(175)

Chemical Name	CAS	Tox L	Tox S	Vap Den	Spec Grav	Wat Sol	DOT Number	DOT Cl	Flash Point	Flamma. Limit	Ign. Temp.	Disa. Atm	Disa. Fire	Extinguishing Information	Boil Point	F	R	E	S	H	Remarks
4-Isopropyl-1-Methyl Benzene	25155-15-1	2	2	4.6	.86	N	2046	CL	117	.7-5.6	817	2	2	Fog, Foam, DC, CO2	349	1	1	1	2		ULC: 35
Isopropyl-2-Hydroxypropanoate		2	2	4.2	1.0	Y			130			2	2	Fog, Alfo, DC, CO2	331	1	1	1	2		
1-Isopropyl-2-Methylethylene				2.9	.67	N			<20						136	1	1	2	2	11	
1-Isopropyl-4-Methylcyclohane Hydroperoxide	52061-60-6			6.0	Var		2125	OX				2	3	Fog, Flood		2	23, 3, 4	2	3		Organic peroxide.
N-Isopropyl-N,N'-Dimethyl-1,3-Propanediamine	63905-13-5	3		5.0	Liq							3		DC, CO2		3		1	3		K2.
Isopropyl-N-Acetoxy-N-Phenylcarbamate	4212-94-6	3		8.3	Liq								3	Foam, DC, CO2		3		1	3		K2.
Isopropylamine	75-31-0	2	3	2.0	.69	Y	1221	FL	-35		756	3	4	Fog, Alfo, DC, CO2	89	2	2	3	3	11	Ammonia odor. TLV 5 ppm.
Isopropylbenzaldehyde	122-03-2	3	3	5.2	.99	N						2	1	Fog, Foam, DC, CO2		3		1	3	2	
Isopropylbenzene Hydroperoxide	80-15-9	3	3	5.2	1.1	S	2116	OP	175			2	4	Fog, Foam, DC, CO2	307	6	16, 4, 23	3	3	2	Can explode @ 300°.
Isopropylcarbinol	78-83-1	2	3	2.6	.81	Y	1212	FL	82	1.2-10.9	780	2	3	Fog, Alfo, DC, CO2	226	2	2	2	3	2	ULC: 45. Mild odor.
Isopropylcumyl Hydroperoxide				>1.	Liq		2171	OP				2	3	Fog, Flood		2	23, 4	2	3		Organic peroxide.
Isopropylcyclohexylamine		3	3	4.9	.80	N			93			3		Foam, DC, CO2		3	1	1	3		K2.
4-Isopropylheptane		3	2	3.0	.87	N			<200		491	3	3	Fog, Foam, DC, CO2	155	1		1	2	2	
Isopropylideneacetone	141-79-7	3	3	3.4	.85	S	1229	FL	87		652	2	3	Fog, Alfo, DC, CO2	266	2	11	2	3	11, 5, 3	Honey odor. TLV 15 ppm.
Isopropylmorpholine	1331-24-0	4	4	4.5	Liq							3		Foam, DC, CO2		3	1	1	4	3	Melts @ 342°. Can burn.
13-Isopropylpodocarpa-13,13-dien-15-oic Acid	514-10-3	2	2	10.	Pdr							2	2	Fog, Foam, DC, CO2		1		1	2		
Isopropyltoluene	25155-15-1	2	2	4.6	.86	N	2046	CL	117	.7-5.6	817	2	2	Fog, Foam, DC, CO2	349	1	1	1	2		ULC: 35
Isoquinoline	119-65-3			4.4	1.1							3	1	Foam, DC, CO2	469	3		2	3	9, 2	Melts @ 73°. Burnable.
Isosorbide Dinitrate Mixture				>1.	Sol		2907	FS				4	3	Fog, Alfo, DC, CO2		3	16	2	2		
Isothan (Trade name)		3		13.	Liq	Y						3	1	Foam, DC, CO2		3		1	3		
Isothiocyanatomethane	556-61-6		4	2.5	Cry	S	2477	FL	<100			4	2	Fog, Alfo, DC, CO2	246	3	2	2	4	2, 9	K2, K12, K24.
Isothiourea	62-56-6			2.6	Pdr		2877	PB				4		Foam, DC, CO2		3		1	3	9	K2, K12, K24. Melts @ 350°. RVW Acrolein.
Isotox (Trade name)	608-73-1	3	3	10.	Pdr	N						4	1	Fog, Foam, DC, CO2		3		1	3	9	K7, K12. Melts @ 235°. NCF.
Isotox (Trade name)	608-73-1	3	3	10.	Pdr	N						4	1	Fog, Foam, DC, CO2		3		1	3	9	K7, K12. Melts @ 235°. NCF.
Isovaleraldehyde	590-86-3	3	3	3.0	.81	S			23			2	3	Fog, Alfo, DC, CO2	250	2		2	3		Apple odor.
Isovaleric Acid	503-74-2	2	4	3.5	.93	N	1760	CO			781	3	1	Fog, Foam, DC, CO2	361	3	2	1	4	2	Bad-cheese odor. Burnable.
Isovaleric Acid, Allyl Ester	2835-39-4			5.0	Liq							2	3	Alfo, DC, CO2		3		1	3	9	
Isovaleric Acid, Butyl Ester	109-19-3			5.5	.87				>110			2	3	Fog, Alfo, DC, CO2	302	2		2	2		K24.
Isovaleric Acid, Methyl Ester	556-24-1	2		4.1	Liq	N	2400	FL	<-10			2	3	Fog, Alfo, DC, CO2		2		2	2		
Isovalerone	108-83-8	3	2	4.9	.81	N	1157	CL	120	.8-7.1	745	3	1	Fog, Alfo, DC, CO2	335	3	1	1	3	11, 2	TLV 25 ppm.
Isoxathion (Common name)	18854-01-8	3		11.	Liq	N			>95			4		Fog, Foam, DC, CO2	320	3		1	3	12	K2, K12.
Issooctyl Alcohol	26952-21-6	2	3	4.5	.83	N		FL	180			2	3	Fog, Alfo, DC, CO2	91	2	1	2	3	5, 2	TLV 50 ppm (skin).
Issovaleric Acid, Ethyl Ester	108-64-5			4.5	.87	Y		FS	77		86	2	3	Fog, Foam, DC, CO2	275	2		2	2	2	Apple odor.
J-O		4	4	4.4	Sol	N						4	3	Flood, Keep Wet		3		1	4		Pyrotonic @ 86°.
Japan Lacquer (Natural)		3		>1.	Liq				>110			2	3	Fog, Foam, DC, CO2	>400	2	1	1	2		In a flammable solvent.
Jet Fuel (Jet A) (Jet A-1)		2	1	>3.	<1.	N			<-10			2	3	Fog, Foam, DC, CO2		2		2	2		
Jet Fuel (Jet B)				5.5	<1.	N		FL	<-10			2	3	Fog, Foam, DC, CO2		2		2	2		
Jet Fuel (JP-1)		2	1	>3.	<1.	N			>95			2	3	Fog, Foam, DC, CO2		2		2	2		
Jet Fuel (JP-4)		2	1	>3.	<1.	N		FL	>-10	1.3-8.0	442	2	3	Fog, Foam, DC, CO2	464	2		2	2		
Jet Fuel (JP-5)		2	1	>3.	<1.	N			>95		475	2	3	Fog, Foam, DC, CO2		2		2	2		

(176)

Chemical Name	CAS	Tox L	Tox S	Vap Den	Spec Grav	Wat Sol	DOT Number	Cl	Flash Point	Flamma. Limit	Ign. Temp.	Disa Atm	Disa Fire	Extinguishing Information	Boil Point	F	R	E	S	H	Remarks
Jet Fuel (JP-6)		2	1	>1.	.8	N			100	.6-3.7	446	2	2	Fog, Foam, DC, CO2	250	2	1	2	2	9	K2.
Jet Fuel HEF-2		4	3	>1.		Liq						3	3	Fog, Foam, DC, CO2		2	2	2	2	9	K2.
Jet Fuel HEF-3		4	3	>1.		Liq							4	Fog, Foam, DC, CO2							Class A or B Explosive.
Jet Thrust Unit (Jato Unit)				>1.		Sol		EX				3	4	Fog, Foam, DC, CO2		6	17	4	2		
Karphos (Trade name)	18854-01-8	3		11.		Liq							4	Fog, Foam, DC, CO2	320	3		1	3	12	K2, K12.
Kelthane	115-32-2	3		>1.		Pdr	2761					3	0	Foam, Foam, DC, CO2		3		1	3		NCF.
Kepone (Trade name)	143-50-0	3	4	16.		Cry	2761					4	0	Foam, Foam, DC, CO2		3		1	3	9	K12. NCF.
Kerosene	8008-20-6	2	1	4.5	<1.	N	1223	CL	120	.7-5.0	410	2	2	Fog, Foam, DC, CO2		1		1	2		ULC: 40
Kerosene (Deodorized)	8044-51-7	2	1	4.5	<1.	N	1223	CL	120	.7-5.0	410	2	2	Fog, Foam, DC, CO2		1		1	2		Deodeorized kerosene. ULC: 40
Kerosine	8008-20-6	2	1	4.5	<1.	N	1223	CL	120	.7-5.0	410	2	2	Fog, Foam, DC, CO2		1		1	2		ULC: 40
Ketene	463-51-4	4	3	1.4		Gas						2	2	Stop Gas		3		4	4	3	K9. Decomposes in water. TLV <1 ppm.
Ketene Dimer	674-82-8	3	3	2.9	1.1	Y	2521	FL	93		229		3	Fog, Alfo, DC, CO2	229	2	12,14	2	3	2	K9. Pungent Odor.
Keto Propane	67-64-1	3	2	2.0	.80	Y	1090		-4	2.6-12.8	869	3	3	Fog, Alfo, DC, CO2	133	2	3, 11	2	2	11	Mint Odor, TLV 750 ppm
Keto-Ethylene	463-51-4	4	3	1.4		Gas						2	4	Stop Gas		3	1	4	4	3	K9. Decomposes in water. TLV <1 ppm.
Ketocyclopentane	120-92-3	3	3	2.3	.95	S	2245	FL	79		267		3	Fog, Alfo, DC, CO2	267	3	1	2	3	11	Peppermint Odor.
Ketohexamethylene	108-94-1	3	3	3.3		Liq			93		312		3	Fog, Alfo, DC, CO2	312	3	2	2	2	2	
Ketone (Liquid, n.o.s.)				>1.	.8	Y	1224	FL	<100				3	Fog, Alfo, DC, CO2		2		2	2		
Ketone Oils				>1.	.8	Y	1224	FL	<100				3	Fog, Alfo, DC, CO2		2		2	2		
Ketone Peroxide		3	2	>1.		Pdr		OP				3	3	Fog, Flood		2	23, 4	2	2		Organic peroxide.
Ketone Propane	67-64-1	3	2	2.0	.80	Y	1090	FL	-4	2.6-12.8	869	3	3	Fog, Foam, DC, CO2	133	2	3, 11	2	2	11	Mint Odor, TLV 750 ppm
Knox Out (Trade name)				>1.		Liq						3	1	Fog, Foam, DC, CO2		2		1	2	12	K2, K12.
Korax	600-25-9	4	4	4.2	1.2	S						4	3	Fog, Foam, DC, CO2	285	3	16	2	4	2	TLV 2 ppm.
Kromad (Trade name)	74278-22-1			>1.		Pdr							3	Fog, Foam, DC, CO2		3		2	2	9	K2, K12.
Krypton (Compressed)	7439-90-9	1	1	2.8		Gas	1056	CG				3	0	Fog, Foam, DC, CO2	307	1		2	2	1	No water on liquid. NCF.
Krypton (Cryogenic Liquid)		1	3	2.8		Liq	1970	CG				0	0	Fog, Foam, DC, CO2		7		1	1	15	No water on liquid. NCF.
Krypton (Liquid, Refrigerated)		1	3	2.8		Liq	1970	CG				0	0	Fog, Foam, DC, CO2		7		1	1	15	No water on liquid. NCF.
Krypton 85		4	1	2.8		Gas		RA				4	0			4		2	3	17	Half-life:10.8 Yrs.Beta. NCF.
L-Selectride (Trade name)	38721-52-7			6.6	.89	N							0	CO2		2		2	2		K14. Pyroforic.
L. P. Gas (Propane)	68476-85-7	1	2	1.6	Var	N	1075	FG		2.1-9.5	842	2	4	Stop Gas, Fog, DC, CO2		7	1	4	2	15, 1	TLV 1000 ppm. Flammable Gas.
Lacquer				>1.		Liq	1263	FL	<80				3	Fog, Foam, DC, CO2		2		2	2		K2.
Lacquer Base or Chips (Dry)				>1.		Sol	2557	FS					4	Fog, Flood		2		2	2		
Lacquer Base or Chips (Liquid)				>1.		Liq	1263	FL	40		320		4	Keep Wet, Fog, DC, CO2		2		2	2		K2.
Lacquer Diluent				>1.	.70			FL	12	1.2-6.0	>450		3	Fog, Alfo, DC, CO2		2		2	2		
Lactic Acid, Butyl Ester	138-22-7	3		5.0	.97	S	1192	CL	160		720	2	2	Fog, Alfo, DC, CO2	320	3	1	1	2		TLV 5 ppm.
Lactic Acid, Ethyl Ester	97-64-3	2	2	4.1	1.0	Y	1192	CL	115	1.5-	752	2	2	Fog, Alfo, DC, CO2	309	3	1	1	2		ULC: 35
Lactol Spirits	64475-85-0	2	2	2.5	.64	N	1115	FL		1.1-5.9	550	3	3	Fog, Foam, DC, CO2	100	2		1	2		ULC: 100 TLV 300 ppm.
Lactonitrile	78-97-7	3	4	2.5	.98	Y			170			4	2	Fog, Foam, DC, CO2	320	3	2	2	4	5	K2, K5, K24, Reacts w/Alkalies → HCN Acid
Lance (Trade name)		3	2	>1.		Cry								Foam, DC, CO2		3		1	3	12, 9	K12. Melts @ 176°.
Landmaster (Trade name)		3	4	>1.		Cry		Y					4	Fog, Foam, DC, CO2		3		1	3	5, 9	K2, K12.

(177)

Chemical Name	CAS	Tox L S	Vap Den	Spec Grav	Liq/Sol	Wat Sol	DOT Number	DOT Cl	Flash Point	Flamma. Limit	Ign. Temp.	Disa. Atm Fire	Extinguishing Information	Boil Point	F	R	E	S	H	Remarks
Lanthanum (Powder)				>1.	Pdr							3	DC, CO2, No Halon		2	2	2	2		No water. Pyroforic.
Lanthanum Dihydride	13823-36-4		4.9		Liq							3	DC, CO2		2	2	2	2		K11. May be water-reactive. Pyroforic.
Lanthanum Hydride	13864-01-2		5.0		Liq							3	DC, CO2		2	2	2	2		K11. May be water reactive. Pyroforic.
Lanthanum Sulfate	10099-60-2	3	19.		Pdr								DC, CO2		1		1	2		RW moisture → sulfuric acid.
Lanthanum Trihydride	13864-01-2		5.0		Liq							3	DC, CO2		2		2	2		K11. May be water reactive. Pyroforic.
Lasso (Trade name)		3	>1.		Cry	S						3	Foam, DC, CO2		3		1	3	9	K12. Melts @ 104°. NCF.
Lasso (Trade name)	15972-60-8	3	9.4		Cry							4	DC, CO2		3		1	4		K12.
Laughing Gas	10024-97-2	3	1.5		Gas	S	1070	CG				3	Stop Gas, Fog, DC, CO2	-126	2	4	3	2	1, 11, 13	Oxidizer. Can explode @ high temperature. NCF.
Laurel Camphor	76-22-2	2	5.2		Sol	N	2717	FS	150	.6-3.5	871	3	Fog, Foam, DC, CO2	399	1	15, 1	1	2		Melts @ 356°. TLV 2 ppm (Vapors)
Lauroyl Mercaptan	112-55-0		6.9	.85	Liq	N			210			3	Fog, Foam, DC, CO2	207	3		1	3	3	K2.
Lauroyl Peroxide (<42% in water)		3	13.		Liq	N	2893	OP				2	Fog, Flood, Keep, Cool		2	23, 3, 4	2	3		Keep below 80°. Organic peroxide.
Lauroyl Peroxide (Technical)	105-74-8	3	13.		Pdr	N	2124	OP				3	Keep Cool, Fog, Flood		2	23, 3, 4	2	3		Keep below 80°. Organic peroxide.
Laurydiethylenetriamine	5760-73-6	3	>1.		Var								Foam, DC, CO2		3		1	3	9	
Lavatar	8007-45-2		>1.		Liq	N	1999	CL				2	Fog, Foam, DC, CO2		1	1	1	2		
Lead Acetate	301-04-2	3	13.		Cry	Y	1616	PB				4	Fog, Alfo, DC, CO2		3	17	1	3	9	K2, K12. Can burn.
Lead Acetate Bromate		4	13.		Sol							4			3	17	5	2		K20. Explosive.
Lead Acetate-lead Bromite			27.		Sol							3			6	17	5	2		K20. Explosive.
Lead Arsenate	7784-40-9	3	12.		Cry	N	1617	PB				4	Fog, Foam, DC, CO2		3	17	1	3	9	K2, K12. NCF.
Lead Arsenite	10031-13-7	3	14.		Pdr	N	1618	PB				4	Fog, Foam, DC, CO2		3	17	1	3	9	K2, K12. NCF.
Lead Azide	13424-46-9	4	10.		Cry	N		EX				4	Keep Wet		6	17	5	2	9	K3. Explodes @ 482°. Explosive.
Lead Bromate	34018-28-5	4	16.		Cry							4			6	17	5	2	9	Unstable >324°. Explosive.
Lead Chloride	7758-95-4	3	9.6		Cry	Y	2291	OM				0	Fog, Foam, DC, CO2		6	17	1	2	9	Melts @ 902°. NCF.
Lead Chlorite	13453-57-1		12.		Sol	N						4			6		5	2	9	RVW Carbon; sulfur. Explodes >212°
Lead Compound (Soluble, n.o.s.)		4	>1.		Var	Y	2291	PB				4			3		1	2	9	K2.
Lead Cyanide	592-05-2	4	8.9		Pdr	S	1620	PB				4	Fog, Foam, DC, CO2		4		1	3	9	Oxidizer. NCF.
Lead Dichlorite	1309-60-0	4	16.		Sol	N	1872	OX				4	Fog, Flood		6	17	5	2		K3. Explodes @ 212°.
Lead Dioxide	16824-81-0		8.2		Cry	N						4			6	21, 3	1	2	2	K2. Oxidizer.
Lead Dipicrate			24.		Sol							4			6	17	5	2		K20. Explosive.
Lead Dross	69029-52-3		>1.		Sol		1794	OM				3			3		1	2		K2. NCF.
Lead Fluoborate	13814-96-5	3	13.		Cry		2291	OM				4			3		1	2		K2. NCF.
Lead Fluoride	7783-46-2	4	8.4		Sol	N	2811	OM				0	Fog, Foam, DC, CO2		3		1	2	2	K2. RVW fluorine. NCF.
Lead Hyponitrite	19423-89-3		9.3		Pdr							4			6	17	5	2		K2. RVW phosphine. Explodes >270°.
Lead Hypophosphite		4			Pdr	S						4			6	17	5	2		Impact-sensitive. Explosive.
Lead Imide			7.8		Var							4			6	17, 10, 14	5	2		K3. Explosive.
Lead Iodide	10101-63-0	3	>1.		Pdr		2811	OM				4	Fog, Foam, DC, CO2		3		1	2		K2. NCF.

(178)

Chemical Name	CAS	Tox L S	Vap Den	Spec Grav.	Wat Sol.	DOT Number	DOT Cl	Flash Point	Flamma. Limit	Ign. Temp.	Disa. Atm Fire	Extinguishing Information	Boil Point	F	R	E	S	H	Remarks
Lead Linoleate		3	>1.	Sol	N						4	Foam, DC, CO2		3		1	2	5	K2.
Lead Mononitroresorcinate	51317-24-9			Cry			EX				4			6	17	5	2		K3. Explosive.
Lead Monoxide	1317-36-8	3	7.8	Sol	N						3	Fog, Flood		3	23.,3	1	2		K2. Oxidizer.
Lead Naphthenate	61790-14-5	3	55.	Sol	N						3	Foam, DC, CO2		3		1	2	9	K2.
Lead Nitrate	10099-74-8	4	11.	Cry	Y	1469	OX				4	Fog, Flood		3	23.,4	1	2	2	Oxidizer.
Lead Nitroresorcinate	51317-24-9		50.	Cry			EX				4			6	17	5	2		K3. Explosive.
Lead Oxide	1317-36-8	3	7.8	Sol	N						3	Fog, Flood		3	23.,3	1	2		K2. Oxidizer.
Lead Perchlorate	13637-76-8	4	14.	Cry	Y	1470	PB				4	Fog, Flood		3	23.,4	1	2		K2. Oxidizer.
Lead Peroxide	1309-60-0	4	8.2	Cry	N	1872	OX				4	Fog, Flood		2	21.,3	1	2	2	K2. NCF.
Lead Phenate		3	>1.	Pdr	N						4	Fog, Foam, DC, CO2		3		1	2	5	K2. NCF.
Lead Phenolate		3	>1.	Pdr	N						4	Fog, Foam, DC, CO2		3		1	2	5	K2. NCF.
Lead Phosphinate	10294-58-3		11.	Sol	N						3			6	17	5	2		Impact-sensitive. Explosive.
Lead Phosphite, Dibasic	1344-40-7	4	10.	Cry	N	2989	FS				4	Fog, Foam, DC, CO2		2	16	1	2		Store <400°.
Lead Phthalate, Dibasic		3	>1.	Pdr	N						3	Fog, Foam, DC, CO2		3		1	2	5	K2.
Lead Picrate		4	23.	Cry			EX				4	Keep Wet		6	17	5	2		K2. Explosive.
Lead Resinate			>1.	Pdr							4	Fog, Foam, DC, CO2		3		1	3	5	K2. Burnable.
Lead Stearate	1072-35-1	3	26	Pdr	N	2811	PB				4	Fog, Foam, DC, CO2		3		1	2	5	K2. Burnable.
Lead Styphnate	63918-97-8	4	15.	Cry			EX				4			6	17	5'	2		K3, K20. Explodes @ 500°.
Lead Sulfate (with >3% Free Acid)	7446-14-2	3	10.	Cry	N	1794	CO				0	Fog, Foam, DC, CO2		3		1	2	2	RXW potassium. NCF.
Lead Sulfide	1314-87-0	3	8.2	Pdr	N	2291	OM				4	Fog, Foam, DC, CO2		1		1	2		K2. NCF.
Lead Sulfocyanate	592-87-0		>1.	Cry							4	Fog		6	17	5	3	5	K3. Explosive.
Lead Tetraacetate	546-67-8	3	15.	Cry	S						4	Fog, Foam, DC, CO2		3		1	2		K2. Burnable.
Lead Tetrachloride	13463-30-4	4	12.	Cry							4	Fog, Foam, DC, CO2		6	17	5	3	5	K24. Explodes @ 221°.
Lead Tetraethyl	78-00-2	3	11.	Liq	N	1649	PB	200		388	3	Fog, Foam, DC, CO2	388	3	2	1	2	5	K24, K22, K2.
Lead Tetramethyl	75-74-1	3	9.2	Liq	N	1649	PB	100	1.8-	230	3	Fog, Foam, DC, CO2	230	3	2	1	3	5	K24. May explode >194°.
Lead Thiocyanate	592-87-0		11.	Cry	S						4	Fog		6	17	5	2		K3. Explosive.
Lead Trinitroresorcinate	63918-97-8	4	15.	Cry			EX				4	Fog, Foam, DC, CO2		6	17	5	2		K3, K20. Explodes @ 500°.
Lead Trinitrosophloroglucinolate			36.	Sol							4			1		1	2		K2. Unstable.
Lead-Molybdenum Chromate	12709-98-7		>1.	Sol	N						3	Fog, Flood		3		1	2	3	K2. Oxidizer.
Leather Dressing		2	>1.	Liq				<80			3	Foam, DC, CO2		2	1	1	1		
Leptophos (Common name)	21609-90-5	4	14.	Sol	N						4	Foam, DC, CO2		3		1	1	9	K12, K24.
Lethane (Special)	63917-01-0	3	4	>1.	Liq	N			130			4	Foam, DC, CO2	320	3	1	1	4	9, 5	K2, K12.
Lewisite	541-25-3	4	1	7.1	1.9	N		PB				0		374	4		3	4	8, 5, 6	Geranium odor. NCF.
Life Raft		4	1	>1.	Sol		2990	OM				1	Fog, Foam, DC, CO2		1		3	1	2	Compressed gas component. NCF.
Life Saving Appliances (Not self-inflating)			1	>1.	Sol	N	3072	OM				1	Fog, Foam, DC, CO2		1		1	2		
Life Saving Appliances (Self-inflating)			1	>1.	Sol	N	2990	OM				1	Fog, Foam, DC, CO2		1		1	2		
Light Ligroin		2	2	2.5	.64	N	1115	FL	<0	1.1-5.9	550	2	Stop Gas, Fog, DC	100	3	1	3	2		ULC: 100 TLV 300 ppm.
Lighter (For cigars, etc. w/Flammable Gas)	64475-85-0	1	1	>1.	Gas	N	1057	FG				2	4	Stop Gas, Fog, DC		2	2	3	2		Flammable.
Lighter (For cigars, etc. w/Flammable Liquid)		1	1	>1.	Liq	N	1226	FL				2	3	Foam, DC, CO2		2	2	1	2		Flammable.
Lighter Fluid		1	1	>1.	Liq	N	1226	FL				2	3	Foam, DC, CO2		2	2	2	2		Flammable.
Lime (Quicklime) (Unslaked)	1305-78-8	3	2.0	Cry	N	1910	CO				2	1	Flood		3	5, 23	1	3		
Limonene	138-86-3	2	4.6	.87	N	2052	CL	113	.7-6.1	458	2	2	Fog, Foam, DC, CO2	339	1	1	1	2		Lemon odor.
Limonene Dioxide	96-08-2	3	5.9	1.0	Y						2	2	Fog, Foam, DC, CO2	468	1		1	2		

(179)

Chemical Name	CAS	Tox L	Tox S	Vap Den	Spec Grav	Wat Sol	DOT Number	DOT Cl	Flash Point	Flamma Limit	Ign. Temp	Disa Atm	Disa Fire	Extinguishing Information	Boil Point	F	R	E	S	H	Remarks
Linalool	78-70-6	2	2	5.3	.87	N			160			2	2	Fog, Alfo, DC, CO2	383	1		1	2		Fragrant odor.
Linalool Oxide				6.4	Liq								2	Fog, Foam, DC, CO2		3		1	3	2	K7, K12. Melts @ 235°. NCF.
Lindator (Trade name)	608-73-1	3	3	10.	Pdr	N						4	1	Fog, Foam, DC, CO2		3		1	3	9	K7, K12. Melts @ 235°. NCF.
Lindagam (Trade name)	608-73-1	3	3	10.	Pdr	N						4	1	Fog, Foam, DC, CO2		3		1	3	9	K7, K12. Melts @ 235°. NCF.
Lindagrain (Trade name)	608-73-1	3	3	10.	Pdr	N						4	1	Fog, Foam, DC, CO2		3		1	3	9	K7, K12. Melts @ 235°. NCF.
Lindagrannox (Trade name)	608-73-1	3	3	10.	Pdr	N						4	1	Fog, Foam, DC, CO2		3		1	3	9	K7, K12. Melts @ 235°. NCF.
Lindane (Common name)	608-73-1	3	3	10.	Pdr	N						4	1	Fog, Foam, DC, CO2		3		1	3	9	K7, K12. Melts @ 235°. NCF.
Liquefied Gas (Nonflammable: Charged w/Nitrogen, Carbon Dioxide or Air)				Var	Var		1058	CG				1	0	Fog, DC, CO2		1		1	1		NCF.
Liquefied Hydrocarbon Gas	68476-85-7	1	2	1.6	Var	N	1075	FG		2.1-9.5	842	2	4	Stop Gas, Fog, DC, CO2		7	1	4	2	15, 1	TLV 1000 ppm. Flammable Gas.
Liquefied Nonflammable Gas (Charged w/Nitrogen, Carbon Dioxide or Air)				Var	Var		1058	CG				1	0	Fog, DC, CO2		1		1	2		NCF.
Liquefied Petroleum Gas (LPG)	68476-85-7	1	2	1.6	Var	N	1075	FG		2.1-9.5	842	2	4	Stop Gas, Fog, DC, CO2		7	1	4	2	15, 1	TLV 1000 ppm. Flammable Gas.
Liquid Air	7664-41-7	1	3	1.	Var	Y		CG				1	0	Fog, CO2	-308	7	4	2	1	15	An oxidizer. NCF.
Liquid Ammonia (Anhydrous)		4	4	.58	Var	Y	1005	CG		16.0-25.0	1204	4	2	Fog, DC, CO2, Stop Gas	-28	3	21	3	4	3	No water on liquid NH3. TLV 25 ppm
Liquid Argon	8008-51-3	1	3	1.4	Var	S	1951	CG				1	0	Fog, Foam, DC, CO2	-302	7		1	2	15, 1	Inert gas. NCF.
Liquid Camphor	8008-51-3	2		>1.	.88	N	1130	FL	117			2	2	Fog, Foam, DC, CO2	347	1	1, 15	1	2	2	
Liquid Camphor		2		>1.	.88	N	1130	FL	117			2	2	Fog, Foam, DC, CO2	347	1	1, 15	1	2	2	
Liquid Carbon Dioxide				1.5	Var	Y	2187	CG				1	0	Fog, Foam	-109	7		1	2	15, 1	Inert gas. NCF.
Liquid Chlorine	7782-50-5	4	4	2.5	Gas		1017	PA				4	1		-29	3	23, 6, 19, 21	4	4	3	No water on liquid! TLV 1 ppm. RW ammonia. NCF but an oxidizer.
Liquid Fluorine		4		1.7	Var		9192	CO				4	4		-305	7	21, 3, 4, 5, 8	5	4	15, 3, 16	ALSO: R10, R23. K1. TLV 1 ppm. High oxidizer. No water on spill.
Liquid Helium		1	3	.14	Var	N	1963	CG				1	0	Fog, Foam	-452	7		1	2	15, 1	Inert gas. NCF.
Liquid Hydrogen		1	1	.07	Var	S	1966	FG		4.0-75.0	752	1	4	Fog, Stop Gas	-423	7	2	4	2	15, 1	Flammable gas.
Liquid Nitrogen		1	3	.97	Var	S	1977	CG				1	0	Fog	-320	7		1	2	15, 1	Inert gas. NCF.
Liquid Nitrogen Dioxide	10102-44-0	4	4	1.6	Gas	Y	1067	PA				4	0	Fog, Flood	6	3	4, 23, 3	1	4	2, 3, 4	H16, K16, K24. TLV 3 ppm. Corrodes steel. Oxidizer. NCF.
Liquid Oxygen (LOX)	7782-89-0	1	3	1.1	Var	Y	1073	CG				1	0	Fog	-297	7	23, 3, 4	3	3	15	High oxidizer.
Lithamide		3		.8	Pdr		1412	FS				4	2	Graphite, No Water		5	10, 2, 7, 24	2	2		K2.
Litharge	1317-36-8	3		7.8	Cry	N							3	Fog, Flood		3	23, 3	1	2		K2. Oxidizer.
Lithic Acid	69-93-2	2	2	5.8	Cry	N							4	1	Fog, Foam, DC, CO2		3		1	3		K1: Hydrogen cyanide. NCF.
Lithium	7439-93-2	2	2	.24	Sol		1415	FS				4	3	No Water		5	10, 2, 21	3	2		K15.
Lithium Acetylide	1070-75-3			1.3	Var								2	No Halon		2		1	2		RVW halogens.
Lithium Acetylide-Ethylene Diamine Complex	50475-76-8	2		>1.	Sol		2813	FS				3	3	Graphite, No Water		5	10	2	2		Unstable
Lithium Alkyl				>1.	Liq		2445	FS				4	3	Graphite, No Water		2		2	2		K2. Pyroforic.
Lithium Aluminum Deuteride		2	3	1.4	Cry								2	Graphite, No Water		5	10	2	3		Pyroforic.

Chemical Name	CAS	Tox L	Tox S	Vap Den	Spec Grav	Wat Sol	DOT Number	DOT Cl	Flash Point	Flamma. Limit	Ign. Temp.	Disa Atm	Disa Fire	Extinguishing Information	Boil Point	F	R	E	S	H	Remarks
Lithium Aluminum Hydride	16853-85-3	2	3	1.3	Pdr		1410	FS				3	2	Graphite, No Water		5	10, 4, 14	2	2		Reducer. Pyroforic.
Lithium Aluminum Hydride (Ether solution)				1.3	Liq		1411	FL				4	3	Graphite, No Water		5	10, 14	2	2		K2. Reducer.
Lithium Amide	7782-89-0	3		.8	Pdr		1412	FS				4	2	Graphite, No Water		5	10, 2, 7, 24	2	2		K2.
Lithium Antimonide				4.9	Sol							4	2	Graphite, No Water		5	10	2	2		K2.
Lithium Azide	19597-69-4			1.7	Cry							4	4			6	17	4	2		RVW carbon disulfide. Explodes >239°.
Lithium Battery				>1.	Sol		9205							Graphite, No Water		5	10	2	2		
Lithium Benzenehexoxide				7.3	Var									Graphite, No Water		5	10	2	2		
Lithium Bis(Trimethylsilyl)Amide	4039-32-1			5.8	Var							3	3	DC, CO2		2	2	2	2		Pyroforic.
Lithium Borohydride	16949-15-8	4	4	.75	Pdr		1413	FS				3	3	Graphite, No Water		5	10, 7	2	2		
Lithium Chlorate				>1.	Cry	Y						0	2	Fog, Flood		2	23	2	4		Oxidizer. NCF.
Lithium Chloroacetylide	6180-21-8			2.3	Sol							4	4	Keep Wet		6	17	5	2		K3. Explosive if dry.
Lithium Chloroethynide	6180-21-8			2.3	Sol							4	4	Keep Wet		6	17	5	2		K3. Explosive if dry.
Lithium Chromate	14307-35-8	2	3	5.7	Pdr	Y	9134	OM				3	1	Fog, Flood		2	3	1	2		Oxidizer.
Lithium Compounds		3	3	Var	Var									No Water		5	10	1	2		
Lithium Diazomethanide	67880-27-7			1.7	Sol							2	4	Keep Wet		6	17	5	2		Explosive if dry.
Lithium Diethyl Amide	816-43-3			2.8	Liq							3	3	DC, CO2		2	2	2	2		Pyroforic.
Lithium Ethyl				1.2	Cry							3	3	DC		2	2	2	2		Pyroforic.
Lithium Ferrosilicon	64082-35-5	3		>1.	Pdr							2	2	Graphite, No Water		5	9, 24	2	3		K3. Explosive.
Lithium Hexaazidocuprate				10.	Var							4	4			6	17	5	4		K2, K24. No Halon. Pyroforic.
Lithium Hydride	7580-67-8	4	3	.3	Pdr		1414	FS				4	2	Graphite, No Water		5	10, 7, 11	2	2	3	
Lithium Hydride (Fused, solid)		2	2	.3	Sol		2805	FS				4	2	Graphite, No Water		5	10	2	2		K2.
Lithium Hydroxide	1310-65-2	3	4	1.4	Cry	Y	2680	CO				4	0	Foam, DC, CO2		3	5	1	3		K2. NCF.
Lithium Hydroxide Monohydrate		3	4	1.4	Cry	Y	2680	CO				4	0	Foam, DC, CO2		3	5	1	3		K2. NCF.
Lithium Hydroxide Solution		3	4	>1.	Liq	Y	2679	CO				4	0	Foam, DC, CO2		3	5	1	3		K2. NCF.
Lithium Hypochlorite (Dry, >39% Available Chlorine)	13840-33-0	2	3	2.0	Pdr		1471	OX				4	0	Fog, Flood		3	5, 4, 23	1	3	2	K2. Oxidizer. NCF.
Lithium Iron Silicon	64082-35-5	3	3	>1.	Pdr							4	2	Graphite, No Water		5	9, 24	2	3		
Lithium Metal	7439-93-2	2	2	.24	Sol		2830	FS				4	3	No Water		5	10, 2, 21	3	2		K15.
Lithium Nitrate	7790-69-4	2		2.4	Pdr	Y	2722	OX					3	Fog, Flood		2	23, 4, 16	2	2		
Lithium Nitride	26134-62-3	2		1.2	Cry		2806	FS				4	2	Graphite, No Water		5	10	2	2		Reducer. Pyroforic w/moisture.
Lithium Pentamethyltitanate-Bis(2,2'-Bipyridine)	50662-24-3			15.	Sol							3	4			6	17	5	2		K2. Explosive.
Lithium Perchlorate	7791-03-9	3	3	3.7	Cry	Y	1472	OX				3	0	Fog, Flood		2	23, 4	2	2	2	High oxidizer. NCF.
Lithium Peroxide	12031-80-0			1.6	Pdr	Y						3	1	Flood		2	3, 4, 5, 23	2	2	2	High oxidizer.
Lithium Phenyl		2	3	2.9	Liq									Graphite, No Water		5	10	2	2	3	K2. Pyroforic.
Lithium Silicon	68848-64-6			>1.	Sol		1417	FS				4	2	DC, CO2, No Water		5	7, 2, 11, 20	2	2		Keep dry.
Lithium Sodium Nitroxylate				2.6	Liq								4			2		1	2		Can decompose violently.

Chemical Name	CAS	Tox L	Tox S	Vap Den	Spec Grav	Wat Sol	DOT Number	DOT Cl	Flash Point	Flamma. Limit	Ign. Temp.	Disa. Atm	Disa. Fire	Extinguishing Information	Boil Point	F	R	E	S	H	Remarks
Lithium Tetraazidoaluminate	678849-02-9			7.1	Var							3	4			6	17	5	2		Shock sensitive. Explosive.
Lithium Tetraazidoborate				6.5	Var			EX				3	4			6	17	5	2		K20. Impact-sensitive. Explosive.
Lithium Tetradeuteroaluminate	14128-54-2			1.5	Pdr								3	DC, CO2		2	2	2	2		Pyrotoric in moist air.
Lithium Tetrahydroaluminate	16853-85-3	2	3	1.3	Pdr	FS	1410					3	2	Graphite, No Water		5	10, 4, 14	2	2		Reducer. Pyrotoric.
Lithium Tetrahydroborate	16949-15-8	4		.75	Pdr	FS	1413						3	Graphite, No Water		5	10, 7	2	4		Pyrotoric.
Lithium Tetramethyl Chromate				6.4	Var							2	3	DC, CO2		2	2	2	2		Pyrotoric in moist air.
Lithium Tetramethylborate	2169-38-2			7.1	Var							2	4	DC, CO2		2	2	5	2		Shock-sensitive. Explosive.
Lithium Tetrazido Aluminate				4.8	Var							4	4			6	17	5	2		Hypergolic w/ozone; nitric acid.
Lithium Triethylsilyl Amide				5.6	Cry							2		DC, CO2		1	2	1	2		Explodes w/air if dry.
Lithium-4-Nitrothiophenoxide	78350-94-4			4.4	Var							3	4	Keep Wet		6	17	5	2		K2. Pyrotoric.
Lithium-Tin Alloy	1345-05-7			>1.	Pdr								4	DC, CO2		5	7, 11, 15, 20, 24	1	2		K2.
Lithopone														CO2, DC							
LNG (Liquefield Natural Gas)		1	3	.70	Gas	N	1972	FG		3.8-17.0	900	2	4	Stop Gas, Fog, DC	-257	7		4	2	15, 1	Flammable gas.
Lomite #1 (Trade name)	8012-74-6	4		>1.	Sol							4	0			6	17	5	2		Explosive
London Purple (Solid)				>1.	Sol	N	1621	PB				4	0	Foam, DC, CO2		3	2	2	2	9	K2, K12. NCF.
Lontrel (Trade name)	5598-13-0	3	4	11.	Cry	S	2783	OM	90			2	2	Fog, Foam, DC, CO2		3	2	2	4	12, 5	K12. K12. Melts @ 304°. NCF.
Lorsban (Trade name)	505-60-2	4	4	5.4	Cry				221			4	0	Fog, Foam, DC, CO2	442	3	8, 2	1	4	3, 6, 8	K2. K12. Melts @ 108°. NCF.
Lost		1	3	1.1	Gas	Y	1073	CG				1	0	Fog	-297	7	23, 3, 4	3	3	15	K2. Vesicant.
LOX (Liquid Oxygen)	68476-85-7	1	2	1.6	Var	N	1075	FG		2.1-9.5	842	2	4	Stop Gas, Fog, DC, CO2		7	1	4	2	15, 1	High oxidizer.
LPG (Liquefied Petroleum Gas)																					TLV 1000 ppm. Flammable Gas.
Lubricating Oil (Spindle Oil)		1	1	>1.	<1.	N			169		478	2	2	Fog, Foam, DC, CO2		1		1	2		
Lucidol	94-36-0	3	2	8.3	Pdr	N	2085	OP			176		4	Fog, Flood		2	16, 3, 4	3	3		K20. SADT: 160°. Explodes @ 217°
Luperco	94-36-0	3		8.3	Pdr		2085	OP			176		4	Fog, Flood		2	16, 3, 4	3	3		K20. SADT: 160°. Explodes @ 217°
Luperox 500 (Trade name)	80-43-3			9.3	Pdr		2121	OP				2	3	Fog, Flood		2	23	2	2		K9. Organic peroxide.
Lupersol (Trade name)	1338-23-4	3		6.2	1.1	N	2550	OP	122			2	3	Fog, Flood		3	16, 3, 4, 23	3	3		SADT: 226°. Technical is R17. Organic peroxide.
3,4-Lutidine	583-58-4	3	4	3.7	Liq								3	Foam, DC, CO2	327	3		1	4		K2.
Lye (Dry, Solid) (Common name)	1310-73-2	3	4	1.4	Sol	Y	1823	CO				4	0	DC, CO2		3	21	1	4	3	K2. May RW water. NCF.
Lye (Sodium Hydroxide)		3	4	1.4	Liq	Y	1824	CO				4	0	Fog, Foam, DC, CO2		3	21	1	4	3	K2. Strong base. NCF.
Lye Solution		3	4	1.4	Liq	Y	1824	CO					3	Fog, Foam, DC, CO2		3	21	1	4	3	K2. Strong base. NCF.
Lynalyl Acetate				>1.	.9	N			185				2	Fog, Alfo, DC, CO2	226	1		1	2		Fragrant odor.
Mace	532-27-4	3	3	5.2	1.2	N	1697	IR	244			4	1	Fog, Foam, DC, CO2	477	3	1	1	3	7	TLV <1 ppm. CN Tear gas.
Magnacide H (Trade name)		4	4	2.0	Liq	Y		FL	-15	2.8-31.0	428	4	3	Fog, Alfo, DC, CO2		3	3, 4, 5	2	2	3	K2. K12. Foul odor.
Magnesium (Pellets, turnings, ribbons, shavings, etc.)	7439-95-4	1	1	.84	Sol		1869	FS				3	2	Soda Ash, No Water		5	21, 3, 2, 4	2	2		Melts @ 1204°. R10 when burning.
Magnesium Alkyl				>1.	Sol		3053	FS					2	Soda Ash, No Water		5	10, 3, 24	2	2		

Chemical Name	CAS	Tox L	Tox S	Vap Den	Spec Grav	Wat Sol	DOT Number	Cl	Flash Point	Flamma. Limit	Ign. Temp.	Use Atm	Use Fire	Extinguishing Information	Boil Point		H	L	S	R	Remarks
Magnesium Alloy (>50% Magnesium, pellets, turning or ribbon)		1	1	>1.		Sol	1869	FS				3	2	Soda Ash, No Water		5	21, 3, 24	2	2		R10 when burning. K2, K12.
Magnesium Alloy (>50% Magnesium, powder)		1	1			Pdr	1418	FS				3	2	Soda Ash, No Water		5	10, 4, 5	3	2		K2, K12.
Magnesium Aluminum Phosphide		2	3	6.6		Sol	1419	FS				4	2	Soda Ash, No Water		5	9	2	3		K2, K19.
Magnesium Amide	7803-54-5			>1.		Pdr							3	Soda Ash, No Water		5	7	2	2		Pyroforic.
Magnesium Arsenate	10103-50-1	3		17.		Cry	1622	PB				4	0	Foam, DC, CO2		3		1	2	9	K2, K12. NCF.
Magnesium Bisulfite Solution			4	>1.		Liq	2693	CO				3	0	Foam, DC, CO2		3		1	4		K2. NCF.
Magnesium Boride	12007-25-9	4		3.3		Liq								No Water		5	7, 13, 24	2	4		
Magnesium Bromate	7789-36-8			13.		Cry	1473	OX				3		Fog, Flood		2	23, 3	1	2	2	Oxidizer.
Magnesium Chlorate	10326-21-3			10.		Pdr	2723	OX				3		Fog, Flood		2	23, 3	1	2	2	Oxidizer. Melts @ 95°.
Magnesium Diamide			3	1.9		Pdr	2004	FS				4	2	Soda Ash, No Water		2	7	2	2		K2. Pyroforic.
Magnesium Diethyl	557-18-6			2.8		Cry	1367	FS					3	Soda Ash, No CO2, No Water		2	7	2	2		K11. Pyroforic.
Magnesium Dioxide	14452-57-4			1.9	N	Pdr	1476	OX					4	Fog, Flood		2	16, 3, 12	3	2	2	Oxidizer.
Magnesium Diphenyl				6.1		Cry	2005	FS				3	3	Soda Ash, No Water		2	9	2	2		Pyroforic in moist air.
Magnesium Fluosilicate	18972-56-0	3		5.7	Y	Pdr	2853	PB				3	0	Foam, DC, CO2		3		1	2	9, 2	K2, K12. NCF.
Magnesium Fluosilicate	18972-56-0			5.7		Pdr	2853	PB				3	0	Foam, DC, CO2		3		1	2	9, 2	K2, K12. NCF.
Magnesium Granules (Coated)		1	1			Sol	2950	FS				3	2	Soda Ash, No Water		5	3, 24	2	2		R10 when burning.
Magnesium Hexafluorosilicate	18972-56-0	3		5.7	Y	Pdr	2853	PB				3	0	Foam, DC, CO2		3		1	2	9, 2	K2, K12. NCF.
Magnesium Hydride	60616-74-2	1	1	.9	N	Pdr	2010	FS				3	3	Soda Ash, No Water		5	10	2	2		RVW oxygen and moisture. Pyroforic.
Magnesium Hypophosphite		2	2	9.0	Y	Cry						4	1	DC, CO2		1	1	2	2		K2. K23 @ 212°.
Magnesium Nitrate	10377-60-3			6.0	Y	Cry	1474	OX				3	1	Fog, Flood		2	23	2	2	2	High oxidizer.
Magnesium Perborate	17097-11-9			>1.	N	Pdr						2		Fog, Flood		2	4	1	2		Oxidizer.
Magnesium Perchlorate	10034-81-8	3		7.7	Y	Cry	1475	OX				3		Fog, Flood		2	23, 3, 4	2	2		K2. High oxidizer.
Magnesium Permanganate	10377-62-5			>1.	Y	Cry								Fog, Flood		2	23	2	2		High Oxidizer.
Magnesium Peroxide	14452-57-4			1.9	N	Pdr	1476	OX					4	Fog, Flood		2	16, 3, 12	3	2		Oxidizer.
Magnesium Phosphide	12057-74-8	3		4.6		Sol	2011	FS				4	2	No Water, No Halon		5	9, 1	2	2		K23.
Magnesium Powder		2	2	.84		Pdr	1418	FS				3	3	Soda Ash, No Water		5	10, 3, 16, 21, 24	3	2		K21 if damp & oily.
Magnesium Silicide	22831-39-6			>1.		Cry	2624	FS					2	Soda Ash, No Water		5	10, 14, 16	2	2		
Magnesium Silicofluride (Solid)	18972-56-0	3		5.7		Pdr	2853	PB				3	0	Foam, DC, CO2		3		1	2	9, 2	K2, K12. NCF.
Magnesium Tetrahydroaluminate	17300-62-8			3.0		Var							4	No Water		6	17	5	2		Pressure-sensitive explosive. Explodes @ 300°.
Magnesium-o-Arsenate	10103-50-1	3		17.	N	Cry	1622	PB				4	0	Foam, DC, CO2		3		1	2	9	K2, K12. NCF.
Malathion (Common name)	121-75-5	3	3	11.	1.2	S	2783	PB				4	1	Fog, Alfo, DC, CO2	313	3		2	3	12	K2, K12. Melts @ 37°.
Malatol (Trade name)	121-75-5	3	3	11.	1.2		2783	PB				4	1	Fog, Alfo, DC, CO2	313	3		2	3	12	K2, K12. Melts @ 37°.
Malatox (Trade name)	121-75-5	3	3	11.	1.2	S	2783	PB				4	1	Fog, Alfo, DC, CO2	313	3		2	3	12	K2, K12. Melts @ 37°.
Maleic Acid	110-16-7	3	3	4.0		Cry	2215	OM				2	1	Fog, Foam, DC, CO2	275	1		1	2	9, 2	Melts @ 266°.

(183)

Chemical Name	CAS	Tox L S	Vap Den	Spec Grav.	Wat Sol.	DOT Number	DOT Cl	Flash Point	Flamma. Limit	Ign. Temp.	Disa. Atm	Disa. Fire	Extinguishing Information	Boil Point	F	R	E	S	H	Remarks
Maleic Anhydride	108-31-6	3	3.4	Cry	S	2215	OM	215	1.4-7.1	890	2	4	Fog, Alfo, CO2, DC	396	3	2	2	3	9	K12. Melts @ 127°. TLV <1 ppm.
Maleic Anhydride Ozonide			5.1	Var							2	4			6	17	5	2	9, 2	Unstable. Explodes.
Maleinic Acid	110-16-7	3	4.0	Cry	Y	2215	OM				2	1	Fog, Foam, DC, CO2	275	1	1	1	2	2	Melts @ 266°.
Malonaldehyde Diethyl Acetal	122-31-6	4	7.6	.92				190			2	2	Fog, Foam, DC, CO2	428	1	1	1	2	2	
Malonaldehyde Tetraethyl Diacetal	122-31-6	4	7.6	.92				190			2	2	Fog, Foam, DC, CO2	428	1		1	2	2	
Malonic Acid	141-82-2		3.6	Cry	Y						2	2	Fog, Alfo, DC, CO2	226	1		1	2	2	Melts @ 270°.
Malonic Acid Mononitrile	372-09-8	3	2.9	Sol	Y						4	1	Fog, Alfo, DC, CO2	226	3		2	2	9	K5. Melts @ 151°
Malonic Dinitrile	109-77-3	4	2.3	Pdr	Y	2647	PB	266			4	1	Fog, Alfo, DC, CO2	428	3	22	2	4	2	K5, K22. Melts @ 87°. R22 w/Bases.
Malonic Ethyl Esternitrile	105-56-6	3	3.9	1.1	S	2666	PB	230			4	1	Foam, DC, CO2	403	3	7, 1, 11	1	3	9	K5.
Malonic Mononitrile	372-09-8	3	2.9	Sol	Y						4	1	Fog, Alfo, DC, CO2	226	3		2	2	9	K5. Melts @ 151°
Malononitrile	109-77-3	4	2.3	Pdr	Y	2647	PB	266			4	1	Fog, Alfo, DC, CO2	428	3	22	2	4	2	K5, K22. Melts @ 87°. R22 w/Bases.
Malonylurea			4.4	Pdr	S						1		Fog, Alfo, DC, CO2		1		1	2	2	Burnable.
Mandelic Acid Nitrile	532-28-5	4	4.6	1.1	N						4	1		338	3		1	4		K2.
Mandelonitrile	532-28-5	4	4.6	1.1	N						4	1		338	3		1	4		K2.
Mandelyltropeine			9.5	Sol							4	0	Foam, DC, CO2		3		1	4		K2. NCF.
Maneb (or preparation, >60% Maneb)	12427-38-2	2	9.1	Pdr	Y	2210	FS				4	3	Alfo, DC, CO2		2	7	1	2	5, 12	K2, K12, K21.
Maneb or Maneb Preparations (Stabilized against self-heating)	12427-38-2	2	9.1	Pdr	Y	2968	FS				4	2	Alfo, DC, CO2		2	5	1	2	5, 12	K2, K12.
Manganese	7439-96-5	3	1.9	Pdr							2	2	No Water		1	9, 1	1	2		K20. High oxidizer. Explodes >104°.
Manganese (VII)lOxide	12057-92-0		7.8	Var								4			6	17	5	2		Explosive.
Manganese Bis(Acetylide)			3.7	Var							2	4			6	17	5	2		K2.
Manganese Compounds (General)		3	Var	Var								4			3		1	4		K2.
Manganese Cyclopentadienyl Tricarbonyl	12108-13-3	4	7.6	Liq	N						3		Foam, DC, CO2		6	16	2	2	11, 9	K2, K24.
Manganese Cyclopentadienyltricarbonyl	12079-65-1	4	7.1	Var							2		DC, CO2		3	17	1	4		
Manganese Dioxide	1313-13-9		3.0	Pdr	N	1479	OM				2		Fog, Flood		2	2, 23	2	2	9	Oxidizer.
Manganese Ethylenebis(Dithiocarbamate)	12427-38-2	3	9.1	Pdr	Y	2210	FS				4	3	Alfo, DC, CO2		2	7	1	2	5, 12	K2, K12, K21.
Manganese Heptoxide			7.6	2.6								4			6	17	5	2		Explodes @ 203°.
Manganese Hypophosphite	10043-84-2		>1.	Pdr	Y								DC, CO2		2	15, 2, 20	1	2		K2, K23.
Manganese Nitrate	10377-66-9		8.6	Cry	Y	2724	OX				4		Fog, Flood		2	23, 4	1	2		Oxidizer.
Manganese Oxide	1317-35-7		8.0	Pdr	N							4	DC, CO2		2	16	2	2		RW HCl → Chlorine.
Manganese Perchlorate	13770-16-6		8.9	Var								4	Foam, DC, CO2		6	17	5	2		High oxidizer. Explodes @ 383°
Manganese Perchlorate Hexahydrate	15364-94-0		12.	Var							3				6	17	5	2		High oxidizer. Explodes.
Manganese Resinate	9008-34-8		22.	Pdr	N	1330	FS				2	2	Fog, Foam, DC, CO2		2	1	2	2		
Manganese Selenide		3	4.6	Cry							4	2	DC, CO2		3	7, 11, 24	1, 1	1, 2		K2.
Manganese Sulfide	18820-29-6		3.0	Cry	N						3	3	Foam, DC, CO2		2	2	2	2		K21 in air.
Manganese Tetrahydroaluminate			4.1	Var								3	DC, CO2		3		1	4		Unstable. Ignites in moist air.
Manganese Tricarbonyl Methylcyclopentadienyl	12108-13-3	4	7.6	Liq							3		Foam, DC, CO2		2	2	1	2		K2, K24.
Manganese Trifluoride	7783-53-1		3.9	Cry								3	DC, CO2		3		1	2		K2. RVW Glass + heat.
Manganous Ethylene Bis-Dithio Carbamate	12427-38-2	2	9.1	Pdr	Y	2210	FS				4	3	Alfo, DC, CO2		2	7	1	2	5, 12	K2, K12, K21.

Chemical Name	CAS	Tox L	Tox S	Vap Den	Spec Grav	Wat Sol	DOT Number	DOT Cl	Flash Point	Flamma. Limit	Ign. Temp.	Disa Atm	Disa Fire	Extinguishing Information	Boil Point	F	R	E	S	H	Remarks
Mannitan Tetranitrate	15825-70-4	3	1	>1.	Cry	N	0133	EX				3	4			6	17	5	2		Keep wet. Explodes @ 248°.
Mannitol Hexanitrate	15825-70-4	3	1	15.	Cry	N	0133	EX				3	4			6	17	5	3		Keep wet. Explodes @ 248°.
Mannitol Nitrate	12427-38-2	2	2	9.1	Pdr	Y	2210	FS				4	3	Alfo, DC, CO2		2	7	1	2	5, 12	K2, K12, K21.
Manpower (Trade name)		3	4	6.0	Cry	N	2501	CO				4	1	Fog, Foam, DC, CO2		3		1	3	3	K2. Melts @ 106°. Amine odor.
Mapo	59355-75-8	2	2	>1.	Gas		1060	FG				2	4	Stop Gas, Fog, DC, CO2	-38	2	2	4	2	1	TLV 1000 ppm. May be anesthetic.
Mapp Gas	59355-75-8	2	2	>1.	Gas	N	1060	FG				2	4	Stop Gas, Fog, DC, CO2	-38	2	2	4	2	1	TLV 1000 ppm. May be anesthetic.
Marksman (Trade name)				>1.	Liq									Foam, DC, CO2		3		1	3		K12.
Marsh Gas	74-82-8	1	1	.56	Gas	N	1971	FG		5.0-15.0	650	2	4	Stop Gas, Fog, DC, CO2	-257	2	2	4	2	1	RVW Halogens and oxidizers.
Matches (Fusee)				>1.	Sol	N	2254					3	2	Fog, Foam, DC, CO2		2	1	1	1		K2.
Matches (Safety)				>1.	Sol	N	1944					3	2	Fog, Foam, DC, CO2		2	1	1	1		K2.
Matches (Strike Anywhere)				>1.	Sol	N	1331					3	2	Fog, Foam, DC, CO2		2	1	1	1		K2.
Matches (Wax. Vesta)				>1.	Sol	N	1945					3	2	Fog, Foam, DC, CO2		2	1	1	1		K2.
McAbees					Sol			EX					4			6	17	5	4		Explodes.
Mecartam (Common name)	2595-54-2			11.	1.2							4	4	Foam, DC, CO2		3	1	1	4	12	K12.
Mechlorethamine	55-86-7	4	4	5.9	1.1	S		PB				4	4	DC, CO2		3	1	1	4	6, 3, 8	K2. Fishy odor.
Mechlorethamine Hydrochloride	93-65-2	4	4	6.6	Pdr	Y						2	4	Foam, DC, CO2		3	1	1	2	14	K2.
Mecoprop (Common name)		3		>1.	Cry							2	4	Foam, DC, CO2		3	1	1	2	9	K12. Melts @ 194°.
Medicines, n.o.s.				Var	Sol		1851	*				3	1	Fog, Alfo, DC, CO2		1		1	2		*Classed according to hazard
MEK	78-93-3	2	2	2.4	.81	Y	1193	FL	16	1.4-11.4	759	2	3	Fog, Alfo, DC, CO2	176	2		2	2	2	ULC: 90 Acetone odor. TLV 200 ppm.
MEK Peroxide (Common name)	1338-23-4	3	3	6.2	1.1	N	2550	OP	122			2	3	Fog, Flood		3	16, 3, 4, 23	3	3	2	SADT: 226°. Technical is R17. Organic peroxide.
p-Menth-4(8)-en-3-one	15932-80-6			5.3	Liq							2	2	Foam, DC, CO2		3	1	1	3		
p-Menth-8-en-3-ol	7786-67-6	3		5.4	Liq	N	1228	FL				2		Foam, DC, CO2		3	1	2	2	2	
p-Mentha-1,5-Diene	99-83-2			4.7	Liq							2		DC, CO2		3		2	3		May react with air.
p-Mentha-1,8-Diene	138-86-3	1		4.6	.87	N	2052	CL	113	.7-6.1	458	2	2	Fog, Foam, DC, CO2	339	3	1	1	1	2	Lemon odor.
d-p-Mentha-6,8(9)-Dien-2-One	2244-16-8	4		5.2	Liq	N						2	2	Foam, DC, CO2		3		1	3	9	
o-1,4-Menthadiene			3	4.8	Liq							2	2	Foam, DC, CO2		3		1	1		
Menthane Diamine	80-52-4			5.9	Liq							3		Foam, DC, CO2		3		1	4	9	K2.
p-Menthane-1,8-Diamine	80-52-4			5.9	Liq							3		Foam, DC, CO2		3		1	4	9	K2.
Mephosfolan (Common name)	950-10-7			9.4	Sol							4		DC, CO2		3		1	1	9, 12	K12.
Mercaptan (Liquid, n.o.s.)		4	3	>1.	Liq	N	3071					3		Fog, Foam, DC, CO2		2	1	2	4		K2.
Mercaptan Mixture (Aliphatic)		4	3	>1.	Liq	N	1228	FL				4	2	Fog, Alfo, DC, CO2		2	1	2	4		Flammable or combustible.
Mercaptans and Mixtures (Liquid, n.o.s.)		4	3	>1.	Liq	N	1228	FL				4	2	Fog, Alfo, DC, CO2		2	1	2	4		Flammable or combustible.
Mercaptoacetate	68-11-1	3	3	3.2	1.3	Y	1940	CO				3	1	Fog, Alfo, DC, CO2	226	3	20	1	4	9, 3	Foul odor. TLV 1 ppm.
Mercaptoacetic acid (2-)	68-11-1	3	3	3.2	1.3	Y	1940	CO				3	1	Fog, Alfo, DC, CO2	226	3	20	1	4	9, 3	Foul odor. TLV 1 ppm.
Mercaptoacetonitrile	54524-31-1			2.6	Liq							3	3	Fog, Foam, DC, CO2		3	22	2	2		K5, K9.
o-Mercaptoaniline	137-07-05		3	4.3	1.2				175			4	2	Fog, Foam, DC, CO2	441	1	1	1	1		K2.
Mercaptodimethur (Common name)	2032-65-7	3	4	7.9	Pdr	S	2757	OM				4	1	Foam, DC, CO2		3		1	3	12	K2, K12, K24. Melts @ 246°.
2-Mercaptoethanoic Acid	68-11-1	3	4	3.2	1.3	Y	1940	CO				3	1	Fog, Alfo, DC, CO2	226	3	20	1	4	9, 3	Foul odor. TLV 1 ppm.

(185)

Chemical Name	CAS	Tox L S	Vap Den	Spec Grav	Wat Sol	DOT Number Cl	Flash Point	Flamma. Limit	Ign. Temp.	Disa. Atm Fire	Extinguishing Information	Boil Point	F	R	E	S	H	Remarks
Mercaptoethanol (2-)	60-24-2	3 3	2.7	1.1	Y	2966 PB	165			4 2	Fog, Alfo, DC, CO2	315	3	1	1	3		K2. Foul odor.
N-(2-Mercaptoethyl)Benzenesulfonamide	741-58-2	3	14.	Sol	Y					4			3		1	3	12, 9	K2. K12.
2-Mercaptoethylamine Hydrochloride (β-)	156-57-0	3	4.0	Cry	Y					4	Foam, DC, CO2		1	6	1	2	9	K2. Melts @ 158°.
Mercuric Acetate	1600-27-7	3	11.	Pdr	Y	1629 PB				3	DC, CO2		3		1	2	9	K24. Melts @ 35.2°. Keep dark.
Mercuric Acetylide	37297-87-3	3	7.8	Pdr						4			6	17	5	2		K2. Explodes by shock or heat.
Mercuric Ammonium Chloride	10124-48-8	4	8.7	Sol	N	1630 PB				4	DC, CO2, No Halon		3		1	4	9	K2. RXW halogens.
Mercuric Arsenate	7784-37-4	4	11.	Pdr	N	1623 PB				4	Foam, DC, CO2		3		1	4	9	K2.
Mercuric Barium Iodide	583-15-3	4	>1.	Cry	Y					4	Foam, DC, CO2		3		1	4	9	K2.
Mercuric Benzoate	7789-47-1	4	15.	Cry	S	1631 PB				4	Foam, DC, CO2		3		1	4	9	K2. Keep dark.
Mercuric Bromide	7487-94-7	3 3	12.	Pdr	S	1634 PB				4	Foam, DC, CO2		3		1	4	9	K2.
Mercuric Chloride		3 3	9.5	Pdr	Y	1624 PB				4	DC, CO2	576	3		1	3	2	Melts @ 529°. NCF.
Mercuric Chromate		4	11.	Cry						4	Fog, Flood		3		1	4		K2. Oxidizer.
Mercuric Compounds		4	Var	Var		PB				4			3		1	4		K2.
Mercuric Cyanate	628-86-4	4	9.8	Pdr	S	EX				4 4	Keep Wet		6		5	2		K3, K20. RXW sulfuric acid. Explodes.
Mercuric Cyanide	592-04-1	4	8.7	Sol	Y	1636 PB				4 4			6	17	5	4	9	K2. Impact sensitive. Explosive.
Mercuric Dimethyl Dithiocarbamate	10045-94-0	4	>1.	Var						4	Foam, DC, CO2		3		1	4	5, 9	K2. K12.
Mercuric Fluoride	7783-39-3	4	>1.	Cry	N					4	Foam, DC, CO2		3		1	4		K2.
Mercuric Fulminate	628-86-4	4	9.8	Pdr	S	EX				4 4	Keep Wet		6	17	5	2		K3, K20. RXW sulfuric acid. Explodes.
Mercuric Iodide	7774-29-0	4	16.	Cry	N	1638 PB				4	Foam, DC, CO2		3		1	4	9	K2. Melts @ 498°.
Mercuric Nitrate	10045-94-0	4	11.	Pdr	Y	1625 OX				4	Fog, Flood		2	23	2	4	9	K2. Oxidizer.
Mercuric Oleate	1191-80-6	4	16.	Cry	N	1640 PB				4	Foam, DC, CO2		3		1	4	9	K2. Keep dark.
Mercuric Oxide (Red or Yellow)	21908-53-2	4	7.5	Pdr	S	1641 PB				4	Fog, Flood		3	4, 23	2	4	9	K2. K24. Oxidizer.
Mercuric Oxycyanide (Desensitized)		4	16.	Pdr	N	1642 PB				4	Foam, DC, CO2		3		1	4	9	K2.
Mercuric Oxycyanide, Sensitized	1335-31-5	4	16.	Sol	S					4 4			6	17	5	2	9	K3. Explosive.
Mercuric Peroxybenzoate		4	16.	Pdr						4			6	17	5	2	9	K2. Explodes >212°.
Mercuric Potassium Cyanide	591-89-9	4	13.	Cry	Y	1626 PB				4	Foam, DC, CO2		3		1	4	5, 9	K2.
Mercuric Potassium Iodide	7783-33-7	4 3	27.	Cry	Y	1643 PB				4 3	Foam, DC, CO2		3		1	4	5, 9	K2.
Mercuric Salicylate	5970-32-1	4	12.	Pdr	N	1644 PB				4 3	Foam, DC, CO2		3		1	4	9	K2.
Mercuric Stearate	645-99-8	4	>1.	Pdr	N					4 3	Foam, DC, CO2		3		1	4	5, 9	K2.
Mercuric Subsalicylate	5970-32-1	4	12.	Pdr	N	1644 PB				4	Foam, DC, CO2		3		1	4	5, 9	K2.
Mercuric Subsulfate (Solid)	1312-03-4	4	25.	Pdr	N	2025 PB				4	Foam, DC, CO2		3		1	4	9	K2.
Mercuric Sulfate	7783-35-9	4	10.	Pdr	S	1645 PB				4	Foam, DC, CO2		3		1	4	5, 9	K2.
Mercuric Sulfide		4	>1.	Pdr	N					4			3		1	4	5, 9	K2.
Mercuric Sulfocyanate	592-85-8	4 3	11.	Cry	Y	1646 PB				4 3	Foam, DC, CO2		3	16	1	4	9	K2.
Mercuric Sulfocyanide	592-85-8	4 3	11.	Cry	Y	1646 PB				4 3	Foam, DC, CO2		3	16	1	4	9	K2.
Mercuric Thiocyanate	592-85-8	4	11.	Pdr	N	1646 PB				4 3	Foam, DC, CO2		3	16	1	4	9	K2.
Mercuriphenyl Nitrate	55-68-5	4	12.	Cry	N	1895 PB				4	Foam, DC, CO2		3		1	4	9	K2.
Mercurol	12002-19-6	4	6.0	Pdr	Y	1639 PB				4	Foam, DC, CO2		3		1	4	9	K2.
Mercurous Acetate	631-60-7	4	9.0	Sol	S	1629 PB				4			3		1	4		K2.
Mercurous Acetylide		4	8.3	Sol						4 4			3	17	5	2	5, 9	Can explode @ 410°.
Mercurous Azide	38232-63-2	4	17.	Sol		EX				4 4			6	17	5	2		Heat-sensitive. Explosive.
Mercurous Bromide	10031-18-2	4	19.	Pdr	N	1634 PB				4	Foam, DC, CO2		3		1	4	5, 9	K2. Sublimes @ 644°.

Chemical Name	CAS	Tox L S	Vap Den.	Spec Grav.	Wat Sol.	DOT Number	Cl	Flash Point	Flamma. Limit	Ign. Temp.	Disa. Am Fire	Extinguishing Information	Boil Point	F	R	E	S	H	Remarks
Mercurous Chloride	7546-30-7	3	16.	Pdr	N						4	Foam, DC, CO2		3	21	1	3	9	K2. Sublimes @ 752°. Keep dark.
Mercurous Chromate		4 4	18.	Pdr	N	1637	OX				4	Fog, Flood		3	4	1	4	9	K2. Oxidizer.
Mercurous Gluconate	63937-14-4	4 4	13.	Sol	S	1637	PB				4	Foam, DC, CO2		3		1	4	5, 9	K2.
Mercurous Iodide	7783-30-4	4 4	11.	Sol	N	1638	PB				4	Foam, DC, CO2		3		1	4	5, 9	K2. Keep Dark. Sublimes @ 284°.
Mercurous Nitrate	10415-75-5	4 4	9.2	Cry	S	1627	OX				4	Fog, Flood		2	16	2	4	9	High oxidizer, explosive potential.
Mercurous Oxide (Black)	15829-53-5	4 4	14.	Pdr	N		PB				4	Fog, Flood		3	4	1	4	9	Decomposes @ 212°. Oxidizer.
Mercurous Sulfate	7783-36-0	4 4	17.	Pdr	N	1628	PB				4	Foam, DC, CO2		3		1	4	9	K1.
Mercury (II) Sulfate	7439-97-6	4 4	14.	Liq	Y	2809	OM				4 0	Foam, DC, CO2	675	3	21	1	4	9	K2. NCF.
Mercury (Metal)	7783-35-9	4 4	10.	Pdr	N	1645	OM				4	Foam, DC, CO2		3		1	4	5, 9	K2.
Mercury Acetate	1600-27-7	3 3	11.	Pdr	Y	1629	PB				4	Foam, DC, CO2		3		1	2	9	K24. Melts @ 352°. Keep dark.
Mercury Acetylide	37297-87-3	4 4	7.8	Sol							4	DC, CO2		6	17	5	4		K2. Explodes by shock or heat.
Mercury Amide Chloride	10124-48-8	4 4	8.7	Sol	N	1630	PB				4	DC, CO2, No Halon		3		1	4	9	K2. RXW halogens.
Mercury Amine Chloride	10124-48-8	4 4	8.7	Sol	N	1630	PB				4	DC, CO2, No Halon		3		1	4	9	K2. RXW halogens.
Mercury Ammoniated	10124-48-8	4 4	8.7	Sol	N	1630	PB				4	DC, CO2, No Halon		3		1	4	9	K2. RXW halogens.
Mercury Ammonium Chloride	10124-48-8	4 4	17.	Sol	N	1630	PB				4	DC, CO2		3		1	4	9	K2. RXW halogens.
Mercury Azide	38232-63-2	4 4	15.	Cry	S	1631	PB				4	Foam, DC, CO2		3		5	2		Heat-sensitive. Explosive.
Mercury Benzoate	583-15-3	4 4	10.	Sol		1645	PB				4	Foam, DC, CO2		3	17	1	4	9	K2.
Mercury Bis(Chloroacetylide)	64771-59-1		23.	Pdr							3 4			6	17	5	2	5, 9	K2. Explodes >365°.
Mercury Bisulfate	7783-35-9	4 4	9.5	Sol	S	1634	PB				4	Foam, DC, CO2		3		1	4	9	K2. Ignites w/hydrogen sulfide.
Mercury Bromate	13465-33-3	4 4	9.5	Pdr	Y	1624	PB				4	Foam, DC, CO2		3		1	4	9	K2. Keep dark.
Mercury Bromide	7789-47-1	3 3	7.0	Cry							4 0	DC, CO2	576	3		1	3	2	Melts @ 529°. NCF.
Mercury Chloride	7487-94-7	4 4	>1.	Sol							4	Keep Wet		3	17	1	4	9	K2. K22. Explodes when dry.
Mercury Coloidal	7616-83-3	4 4	>1.	Liq	N	2809	OM				4 0	Foam, DC, CO2	675	3	21	1	4	9	K2. NCF.
Mercury Compound (Solid, n.o.s.)	7439-97-6	4 4	Var	Liq		2025	PB				4	Foam, DC, CO2		3		1	4	9	K2.
Mercury Compound (Liquid, n.o.s.)		4 4	Var	Sol		2024	PB				4	Foam, DC, CO2		3		1	4	9	K2.
Mercury Compounds (General)		4 4	Var	Var			PB				4	Foam, DC, CO2		3		1	1	9	K2.
Mercury Cyanamide	72044-13-4	4 4	8.4	Sol							4			6	17	4	2	9	Explodes w/fast heat.
Mercury Cyanate	3021-39-4	4 4		Sol							4			6	17	5	4	9	Pressure-sensitive. Explosive.
Mercury Cyanide	592-04-1	4 4	8.7	Sol	Y	1636	PB				4			6	17	5	4	9	K2. Impact sensitive. Explosive.
Mercury Cyanide Oxide	1335-31-5	4 4	16.	Pdr	S						4			3	17	5	2	9	K3. Explosive.
Mercury Dichlorite	7616-83-3	4 4	12.	Sol							4	Keep Wet		3	17	1	4	9	K2. K22. Explodes when dry.
Mercury Formohydroxamate		4 4	11.	Sol							4			6	17	5	4	9	K2. Explosive.
Mercury Fulminate	628-86-4	4 4	9.8	Pdr	S		EX				4	Keep Wet		6	17	5	2	9	K3. K20. RXW sulfuric acid. Explodes.
Mercury Fulminate	628-86-4	4 4	9.8	Pdr	S		EX				4	Keep Wet		6	17	5	2	9	K3. K20. RXW sulfuric acid. Explodes.
Mercury Gluconate	63937-14-4	4 4	13.	Sol	S	1637	PB				4	Foam, DC, CO2		3		1	4	5, 9	K2.
Mercury Iodide	7783-30-4	4 4	11.	Pdr	N	1638	PB				4	Foam, DC, CO2		3		1	4	5, 9	K2. Keep Dark. Sublimes @ 284°.
Mercury Methylnitrolate		4 4	13.	Sol							4			6	17	5	2		K2. Explosive.
Mercury Monoacetate	631-60-7	4 4	9.0	Sol	S	1629	PB				4	Foam, DC, CO2		3		1	4	5, 9	K2.

Chemical Name	CAS	Tox L	Tox S	Vap Den	Spec Grav	Wat Sol	DOT Number	DOT Cl	Flash Point	Flamma. Limit	Ign. Temp.	Disa. Atm	Disa. Fire	Extinguishing Information	Boil Point	F	R	E	S	H	Remarks
Mercury Nitrate	10415-75-5	4	3	9.2	Cry	S	1627	OX				4	4	Fog, Flood		2	16	2	4	9	High oxidizer, explosive potential.
Mercury Nitride	12136-15-1	4	4	21.	Pdr		1639	PB				4		Foam, DC, CO2		6	17	5	2	9	RVW Sulfuric acid.
Mercury Nucleate	12002-19-6	4	4	6.0	Pdr	Y	1639	PB				4		Foam, DC, CO2		3		1	4	9	K2.
Mercury Oleate	1191-80-6	4	4	16.	Cry	N	1623	PB				4		Foam, DC, CO2		3		1	4	9	K2. Keep dark.
Mercury Orthoarsenate	7784-37-4	4	4	11.	Pdr	N	1623	PB				4		Foam, DC, CO2		3		1	4	9	K2.
Mercury Oxide	15829-53-5	4	4	14.	Pdr	N						4		Fog, Flood		3	4	1	4	9	Decomposes @ 212°.
Mercury Oxide Sulfate	1312-03-4	4	4	25.	Pdr	N	2025	OX				4		Foam, DC, CO2		3		1	4	9	K2.
Mercury Oxycyanide	1335-31-5	4	4	16.	Pdr	S						4	4			6	17	5	2	9	K3. Explosive.
Mercury Oxycyanide		4	4	16.	Pdr	S	1642	PB				4	0	Foam, DC, CO2		3		1	4	9	K2.
Mercury Perchlorate	7616-83-3	4	4	12.	Sol							4		Keep Wet		3	17	1	4	9	K2, K22. Explodes when dry.
Mercury Persulfate	7783-35-9	4	4	10.	Pdr		1645	PB				4		Foam, DC, CO2		3		1	4	5, 9	K2.
Mercury Potassium Iodide	7783-33-7	4	3	27.	Cry	Y	1643	PB				4		Foam, DC, CO2		3		1	4	5, 9	K2.
Mercury Salicylate	5970-32-1	4	4	12.	Pdr	N	1644	PB				4		Foam, DC, CO2		3		1	4	5, 9	K2.
Mercury Sulfate	7783-36-0	4	4	17.	Pdr	N	1628	PB				4		Foam, DC, CO2		3		1	4	9	K1.
Mercury Sulfide	1344-48-5	4	4	8.1	Pdr							4		Foam, DC, CO2		3	2	1	4	9	K2. RVW-chlorine.
Mercury Thiocyanate		4	4	11.	Pdr	N	1646	PB				4		Foam, DC, CO2		3	16	1	4	9	K2.
Mercury Thionitrosylate		4	4	>1.	Var							4	4	Fog, Foam, DC, CO2		6	17	5	4	9	K2. Explodes.
Mercury-2-Naphthalenediazonium Trichloride	68448-47-5			15.	Sol							3				3		1	2		Potentially explosive.
Mercury-5-Nitrotetrazolide	603458-95-1	4	4	15.	Sol							4	4			6	17	5	4	9	K2. Explosive.
Mercury-aci-Dinitromethanide				14.	Sol							4	4			6	17	5	2	9	K2. Explosive.
Mercury-Based Pesticide (Flammable liquid, n.o.s.)		4	4	>1.	Liq		3011	PB				4	2	Fog, Alfo, DC, CO2		3	1	2	4	9	K2, K12.
Mercury-Based Pesticide (Flammable liquid, n.o.s.)		4	4	>1.	Liq		2778	FL				4	3	Fog, Alfo, DC, CO2		2	2	2	4	9	K2, K12.
Mercury-Based Pesticide (Liquid, n.o.s.)		4	4	>1.	Liq		2777	PB				4		Foam, DC, CO2		3		1	4	9	K2.
Mercury-Based Pesticide, n.o.s.		4	4	>1.	Var		3012	PB				4		Foam, DC, CO2		3		2	1	9	K2.
Mesityl Oxide	141-79-7	3	3	3.4	.85	S	1229	FL	87		652	2	3	Fog, Alfo, DC, CO2	266	3	11	2	3	11, 5, 3	Honey odor. TLV 15 ppm.
Mesitylene	108-67-8	3		4.1	.86	N	2325	CL	122	.9-6.1	1039	2	2	Fog, Foam, DC, CO2	327	3	2	1	4		TLV 25 ppm. RVW nitric acid.
Mesoxalonitrile	1115-12-4	4	4	2.8	Liq							4		DC, CO2, No Water		5	10	2	4	9	K5. RXW water.
Meta-Systox (Trade name)	8022-00-2	4		10	Liq	S						4	0	Foam, DC, CO2		3		1	3	9	K2, K12. NCF.
Metacetone	96-22-0	2	2	2.9	.82	Y	1156	FL	55	1.6-8.0	842	2	3	Fog, Alfo, DC, CO2	214	2	2	2	2	12, 9	TLV 200 ppm. Acetone odor.
Metacide (Trade name)	298-00-0	4		9.2	Cry	S	2783	PB				4	0	Foam, DC, CO2		3	11	1	4	12	K2, K12. NCF. Melts @ 100°.
Metal Alkyl Halide, n.o.s.				>1.	Var		3049	FL				3		Soda Ash, No Water		5	10	2	2		Pyroforic.
Metal Alkyl Hydride, n.o.s.				>1.	Var		3050	FL				3		Soda Ash, No Water		5	10	2	2		Pyroforic.
Metal Alkyl Solution, n.o.s.				>1.	Liq		9195	FL				3		Soda Ash, No Water		5	10	2	2		Pyroforic.
Metal Alkyl, n.o.s.				>1.	Var		2003	FL				3		Soda Ash, No Water		5	12	2	2		Pyroforic.
Metaldehyde	9002-91-9	2	2	6.1	Cry	N	1332	FS	97			3		Fog, Foam, DC, CO2		2		2	2		K2. Sublimes @ 122°.
Metanilic Acid-Sodium Salt	121-47-1	4	2	6.7	Sol	Y						4		Foam, Fog, DC, CO2		3		1	4		K2.
Metepa (Common name)	57-39-6	3	4	6.0	Cry	Y						4	1	Fog, Foam, DC, CO2	244	3		2	3	3, 9	K2, K12. Amine odor.
α-Methacrolein	78-85-3	3	4	2.4	.83	Y	2396	FL	35			2	3	Fog, Alfo, DC, CO2	154	2	2	2	4	2, 9	K9.
Methacryl Chloride	920-46-7	4		3.7	Liq							3		Foam, DC, CO2		3		1	4	6	K2, K24.
Methacrylaldehyde	78-85-3	3	4	2.4	.83	Y	2396	FL	35			2	3	Fog, Alfo, DC, CO2	154	2	2	2	4	2, 9	K9.
3-Methacrylic Acid	3724-65-0		3	3.0	Cry		2823	CO	190		745	2	2	Fog, Alfo, DC, CO2	365	3	1	1	3	3	Melts @ 162°.

(188)

Chemical Name	CAS	Tox L	Tox S	Vap Den	Spec Grav	Wat Sol	DOT Number	DOT Cl	Flash Point	Flamma Limit	Ign. Temp.	Disa Atm	Disa Fire	Extinguishing Information	Boil Point	F	R	E	S	H	Remarks
β-Methacrylic Acid	3724-65-0		3	3.0	Cry	Y	2823	CO	190		745	2	2	Fog, Alfo, DC, CO2	365	3	1	1	3	3	Melts @ 162°.
α-Methacrylic Acid	79-41-4	3	3	3.0	1.0	Y	2531	CO	170			2	2	Fog, Alfo, DC, CO2	316	3	1	1	3	9, 3	K9, K22. TLV 20 ppm.
Methacrylic Acid	79-41-4	3	3	3.0	1.0	Y	2531	CO	170			2	2	Fog, Alfo, DC, CO2	316	3	1	1	3	9, 3	K9, K22. TLV 20 ppm.
Methacrylic Acid Anhydride	760-93-0	4		5.4	Liq								2	Foam, DC, CO2		3		1	4	6	K24.
Methacrylic Acid Chloride	920-46-7	4		3.7	Liq		2396	FL	35				3	Foam, DC, CO2	154	2	2	1	4	6	K2, K24.
Methacrylic Aldehyde	78-85-3	3	4	2.4	.83	Y						2	3	Fog, Alfo, DC, CO2		3		1	4	2, 9	K9.
Methacrylic Anhydride	920-46-7			5.4	Liq								3	Foam, DC, CO2		3		1	4	6	K24.
α-Methacrylic Chloride	126-98-7	4	4	2.3	.81	S			34	2.0-6.8		4	3	Fog, Foam, DC, CO2	194	3	2	2	4	9	K2, K24. TLV 1 ppm.
α-Methacrylonitrile	126-98-7	4	4	2.3	.81	S			34	2.0-6.8		4	3	Fog, Foam, DC, CO2	194	3	2	2	4	9	K2, K24. TLV 1 ppm.
Methacrylonitrile				>1.	1.0				135			2	2	Foam, DC, CO2	176	1	1	1	2		
γ-Methacryloxypropyltrimethoxysilane														Foam, DC, CO2		3		1	3	6	K2, K24.
Methacryloyl Chloride	920-46-7	4		3.7	Liq								3	Fog, Alfo, DC, CO2, DC	244	3	1	2	3	2	
1-Methallyl Alcohol	6117-91-5	2	2	2.5	.87	S	2614	FL	81	4.2-35.3	660	3	3	Fog, Alfo, DC, CO2, DC	238	2	1	1	3	2	
Methallyl Alcohol	513-42-8	3		2.5	.85	Y	2614	FL	92			2	3	Fog, Alfo, DC, CO2	238	2	2	2	2	2	Volatile. Foul odor.
α-Methallyl Chloride	563-47-3	2	2	3.1	.93	N	2554	FL	-10	2.3-9.3		4	3	Fog, Foam, DC, CO2	162	2	2	2	2	2	Volatile. Foul odor.
Methallyl Chloride	563-47-3	2	2	3.1	.93	N	2554	FL	-10	2.3-9.3		4	3	Fog, Foam, DC, CO2	162	2	2	2	2	2	
Methamidophos (Common name)	10265-92-6	4	4	4.8	Cry	S						4	4	Fog, Foam, DC, CO2	214	3		1	4	12	K2, K12, K24. Melts @ 104°. (15% methanol-free)
Methanal	50-00-0	3	2	1.1	.82	Y					806	3	3	Fog, Alfo, DC, CO2	410	3	2	1	3	9	K22. TLV 20 ppm (skin).
Methanamide	75-12-7	2		1.5	1.1	Y						2	1	Fog, Alfo, DC, CO2		3	2	1	3	2	RVW copper or rust.
Methanaminium Nitrate	1941-24-8			3.3	Liq							3	3			6		3	2		RVW Halogens and oxidizers.
Methane (Compressed)	74-82-8	1	1	.56	Gas	N	1971	FG		5.0-15.0	650	2	4	Stop Gas, Fog, DC, CO2	-257	2	1	4	2	15, 1	
Methane (Liquid, Refrigerated)		1	3	.56	Gas	N	1972	FG		5.0-15.0	650	2	4	Stop Gas, Fog, DC, CO2	-257	7		4	2	15, 1	Flammable gas.
Methane (Cryogenic Liquid)		1	3	.56	Gas	N	1972	FG		5.0-15.0	650	2	4	Stop Gas, Fog, DC, CO2	-257	7		4	2	15, 1	Flammable gas.
Methane Boronic Anhydridepyridine Complex		1	3	4.2	Liq							3	3	DC, CO2		2		2	2	2	K11. Pyrotoric.
Methane Carbothiolic Acid	507-09-5	3		2.6	1.1	Y	2436	FL	<73			2	4	Fog, Alfo, DC, CO2	199	2	2	2	3	2	K2. Foul odor.
Methane Carboxamide	60-35-5			2.1	Cry	Y						3		Foam, DC, CO2		1		1	2		K1, K18
Methane Carboxylic Acid		3	4	2.1	1.1	Y	2789	CO	103	5.4-16.0	867	3	3	Fog, Alfo, DC, CO2	245	3	11, 12	2	4	3	K19. Pungent odor. TLV 10 ppm.
Methane Dichloride	75-09-2	2	1	2.9	1.3	N	1593	OM		12.0-19.0	1139	4	4	Fog, Foam, DC, CO2	104	1	20	1	2	10, 2	K7. RW active metals. NCF @ ordinary temp. Ether odor. TLV 100 ppm.
para-Methane Hydroperoxide	52061-60-6		3	6.0	Var		2125	OX				2	2	Fog, Flood		2	23, 3, 4	2	3	3	Organic peroxide.
Methane Hydroperoxide (Technical Pure)	52061-60-6		3	6.0	Var		2125	OX				2	2	Fog, Flood		2	23, 3, 4	2	3	3	Organic peroxide.
Methane Sulfonic Acid	75-75-2		4	3.3	Sol	Y						3	0	Foam, DC, CO2	333	3		1	4	9	Melts @ 68°. Corrodes metals. NCF.
Methanecarbonitrile	75-05-8	3	3	1.4	.79	Y	1648	FL	42	3.0-16.0	975	4	3	Fog, Alfo, DC, CO2	178	2	7, 3	2	3	3	K5. TLV 40 ppm
Methanesulfonyl Fluoride	558-25-8	4		3.4	Liq							4	4	Foam, DC, CO2		3		1	4	9	K2, K24.
Methanetellurol	25284-83-7	4		5.0	Liq							3	3			2	2	2	4	9	K2, K11. RXW oxygen. Pyrotoric.
Methanethiol	74-93-1	4	3	1.7	Gas	Y	1064	PA	0	3.9-21.8		4	4	Stop Gas, Fog, DC, CO2	43	2	2, 7, 11, 24	1	4	4	K24. Rotten cabbage odor. TLV <1 ppm.
Methanethiomethane	75-18-3	4	3	2.1	.85	N	1164	FL	-29	2.2-19.7	403	3	3	Fog, Foam, DC, CO2	99	2		3	3	2	K1, K24. Volatile, foul odor.

(189)

Chemical Name	CAS	Tox L	Tox S	Vap Den.	Spec Grav.	Wat Sol.	DOT Number	DOT Cl	Flash Point	Flamma. Limit	Ign. Temp.	Disa. Atm	Disa. Fire	Extinguishing Information	Boil Point	F	R	E	S	H	Remarks
Methano Indane	57-74-9	3	3	14.	1.6	N	2762	FL				4	2	Fog, Foam, DC, CO2	347	3	1	2	3		K12. Chlorine odor. Flammable.
Methanoic Acid	64-18-6	3	3	1.6	1.2	Y	1779	CO	156		1004	2	2	Fog, Alfo, DC, CO2	213	3	13, 2	2	2	3	K16. TLV 5 ppm. Pungent odor.
Methanol	67-56-1	2	2	1.1	.79	Y	1230	FL	52	6.0-36.0	725	2	3	Fog, Alfo, DC, CO2	147	2	2	1	2	10	ULC: 70 TLV 200 ppm.
2-Methanol Tetrahydropyran	100-72-1			3	.79	Y								Fog, Foam, DC, CO2	369	3		1	1		
Methenamine	100-97-0	2	2	4.9	>1.	N	1328	FS	482			3	2	Fog, Foam, DC, CO2	200	3	1	2	1		K2. Melts @ 536°.
Methidathion (Common name)	950-37-1	3	3		Cry	N						4	2	Foam, DC, CO2		2		2	3	9, 12	K12, K2. Melts @ 102°.
Methiocarb (Common name)	2032-65-7	3	3	7.9	Pdr	S	2757	OM				4		Foam, DC, CO2		3		1	1	12	K12, K12, K24. Melts @ 246°.
Methomex (Trade name)	16752-77-5	4	3	5.6	Sol	S						4		Foam, DC, CO2		3		1	4	9, 12	K12, K24. Melts @ 172°.
Methomyl (Common name)	16752-77-5	4	3	5.6	Sol	S						4		Foam, DC, CO2		3		1	4	9, 12	K12, K24. Melts @ 172°.
Methomyl (Common name)	16752-77-5	4	3	5.6	Sol	S						4		Foam, DC, CO2		3		1	4	9, 12	K12, K24. Melts @ 172°.
p-Methoxy Aniline	104-94-9	3	3	4.2	1.1	N	2431	PB	244			4	1	Fog, Alfo, DC, CO2	435	3	1	2	3		K2.
o-Methoxy Aniline	90-04-0	3	3	4.2	1.1	N	2431	PB	244			4	1	Fog, Foam, DC, CO2	435	3	1	2	2		
o-Methoxy Benzaldehyde	135-02-4	2	2	4.7	Sol	N			244			3	1	Fog, Alfo, DC, CO2	469	1	1	1	2		
3-Methoxy Benzaldehyde	135-02-4	2	2	4.7	Sol	N			244			3	1	Fog, Foam, DC, CO2	469	1	1	1	2		
3-Methoxy Butanol		2	1	3.6	.92	Y			165			2	2	Fog, Alfo, DC, CO2	322	3		1	1	9	
3-Methoxy Butyl Acetate	4435-53-4	2	2	5.0	.96	S	2708	FL	170			2	2	Fog, Alfo, DC, CO2	275	1	1	1	2		Acrid odor.
Methoxy Butyl Acetate	4435-53-4	2	2	5.0	.96	S	2708	FL	170			2	2	Fog, Alfo, DC, CO2	275	1	1	1	2		Acrid odor.
3-Methoxy Butyl Alcohol		2	1	3.6	.92	Y			165			2	2	Fog, Alfo, DC, CO2	322	3		1	1	9	
2-(2-Methoxy Ethoxy)Ethanol	111-77-3	2	3	4.1	1.0	Y			200	1.2-23.5	460	2	2	Fog, Alfo, DC, CO2	379	3	1	1	2		
2-Methoxy Ethyl Acrylate	3121-61-7	2	4	4.5	1.0				180			2	2	Fog, Foam, DC, CO2	142	3	1	1	3	9	
Methoxy Ethyl Acrylate	3121-61-7	2	4	4.5	1.0				180			2	2	Fog, Foam, DC, CO2	142	3	1	1	4	9	
Methoxy Ethyl Phthalate	16501-01-2	3	2	9.7	1.2				275			2	1	Fog, Foam, DC, CO2	374	1	1	1	4	9	
1-Methoxy Imidazole-n-oxide				4.0	Liq							4	3	Foam, DC, CO2		6	17	2	2		Decomposes >284°.
4-Methoxy Phenol	150-76-5	3		4.3	Sol	N			270		790	1	1	Fog, Foam, DC, CO2	469	3	1	1	2		Melts @ 126°.
2-Methoxy Phenol	90-05-1	2	2	4.3	Sol	S			180			2	2	Fog, Foam, DC, CO2	396	1	1	1	2	9, 2	Melts @ 82°. Keep dark.
Methoxy Propanol	107-98-2	2	2	3.1	.92	S			100			2	2	Fog, Alfo, DC, CO2	248	1	1	1	2		TLV 100 ppm.
3-Methoxy Propionitrile	110-67-8	4	4	2.9	.92				149			4	2	Alfo, DC, CO2	320	3	7, 1, 1, 24	1	4		K2.
5-Methoxy-1,2,3,4-Thiatriazole	19155-52-3											3	4			6	17	4	2		Explodes @ room temperature
1-Methoxy-2-Propanol	107-98-2	2	2	3.1	.92	S			100			2	2	Fog, Foam, DC, CO2	248	6	17	1	2		TLV 100 ppm.
1-Methoxy-3,4,5-Trimethyl Pyrazole-N-Oxide	39753-42-9			5.5	Var							3	4			6	17	4	2		May RXW heat.
4-Methoxy-4-Amino-2-Pentanol	64011-44-5	2	2	4.7	Liq							2	1	Foam, DC, CO2		3	1	1	3	2	K2.
2-Methoxy-4-Methyl Phenol	1319-76-3	3	3	3.7	1.0	N	2022	CO	178	1.3-	1110	4	2	Fog, Foam, DC, CO2	376	3	2	1	3	5	Phenolic odor. TLV 5 ppm.
4-Methoxy-4-Methylpentanone-2		3	3	>1.	Liq		2293	CL	141			2	2	Fog, Foam, DC, CO2	297	1		1	2	2	
1-Methoxy-4-Nitrobenzene	100-17-4	4	4	5.3	Cry	Y	2730	PB				3	2	Foam, DC, CO2		3		1	4		K2. Melts @ 129°.
2-Methoxy-4-Propylphenol	2785-87-7	4	3	5.8	Liq							2	2	Foam, DC, CO2		3		1	2		
Methoxyacetaldehyde	10312-83-1			2.6	Liq	Y						2	2	Foam, DC, CO2		3		1	1		
Methoxyacetylene	38870-89-2			3.8	Liq							2	3	DC, CO2		1		2	3		K22. Evolves hydrogen chloride.
Methoxyamine	6443-91-0	2	2	1.6	Liq	Y						2	3	Foam, Foam, DC, CO2		2	16	2	1	9	Potentially explosive.
2-Methoxyanilinium Nitrate	67-62-9			6.5	Var							3	3	Foam, Foam, DC, CO2	120	3		1	3		K2. Amine odor.
Methoxybenzene	100-66-3	3	2	3.7	1.	N	2222	FL	125		887	2	2	Fog, Foam, DC, CO2	309	3	1	2	2		K2. K20.
Methoxybenzoyl Chloride	100-07-2	4	4	5.9	Cry	N	1729	CO				4	4	Fog, Foam, DC, CO2	503	3	16, 6	3	4		K22. Melts @ 72°. When heated, can explode.

(190)

Chemical Name	CAS	Tox L	Tox S	Vap Den	Spec Grav	Wat Sol	DOT Number	Cl	Flash Point	Flamma. Limit	Ign. Temp.	Disa. Atm	Disa. Fire	Extinguishing Information	Boil Point	F	R	E	S	H	Remarks
p-Methoxybenzyl Chloride	5281-76-5			5.5	Var				140			3	4	Fog, Foam, DC, CO2	262	6	17	4	2		K22. Unstable. Can explode.
3-Methoxybutyraldehyde		2	4	3.5	.94							2	4			3	1	1	4		May explode @ room temperature.
3-Methoxycarbonyl Propen-2-Yl Trifluoromethane Sulfonate	62861-57-8			8.7	Var							3	4			6	17	3	2		
1-Methoxycarbonyl-1-Propen-1-yl Dimethylphosphate	7786-34-7	4	4	7.7	1.3	S		PB				4	1	Fog, Foam, DC, CO2		3		1	4	12	K2, K12, K24. NCF.
Methoxychlor	72-43-5			12.	Cry	N	2761	OM				4		Fog, Foam, DC, CO2		3		1	2		K12. Melts @ 172°.
2-Methoxyethanol	540-67-0	3	3	2.1	.73	Y	1039	FL	-35	2.0-10.1	374	2	4	Fog, Alfo, DC, CO2	52	2	2	3	2	13	K10.
2-Methoxyethanol	109-86-4	3	3	2.6	.97	Y	1188	CL	102	2.3-24.5	545	2	4	Fog, Alfo, DC, CO2	255	3	1	3	2	2	Mild odor. TLV 5 ppm (skin)
Methoxyethene	107-25-5	3	3	2.0	Gas	S	1087	FG	-60	2.6-39.0	549	2	4	Stop Gas, Fog, DC, CO2	43	2	22, 2	4	2	1	K9, K10 (uninhibited).
2-Methoxyethyl Acetate	110-49-6	2	2	4.1	1.0	Y	1189	CL	111	1.5-12.3	740	2	2	Fog, Alfo, DC, CO2	293	1	1	1	1		TLV 5 ppm (skin)
Methoxyethylene	107-25-5	3	3	2.0	Gas	S	1087	FG	-60	2.6-39.0	549	2	4	Stop Gas, Fog, DC, CO2	43	2	22, 2	4	2	1	K9, K10 (uninhibited).
2-Methoxyethylmercury Acetate	151-38-2	4		>1.	Liq							4		Foam, DC, CO2	136	3		1	4	9	K2, K12.
2-Methoxyethylmercury Chloride	123-88-6	3		10.	Cry							4		Foam, DC, CO2	286	3		1	3	9	K2, K12.
Methoxyhydroxymercuripropylsuccinyl Urea	140-20-5			>1.	Pdr							4		Foam, DC, CO2		3		1	3	9	K2. Melts @ 389°.
Methoxylamine	67-62-9	3	3	1.6	Liq	Y						3		Foam, DC, CO2	120	3		1	2	9	K2. Amine odor.
Methoxymethyl Isocyanate		4		>1.	Liq		2605	FL				4	3	Fog, Alfo, DC, CO2		2		2	4		K2.
Methoxymethylpentanone	1610-18-0	4		>1.	Liq		2293	CL	141				2	Fog, Foam, DC, CO2		1		1	2	2	
Methoxypropazine	5332-73-0	3		7.9	Cry							3		Fog, Alfo, DC, CO2		3		1	4	9	K2, K12. Melts @ 196°.
3-Methoxypropylamine		3	2	3.1	.86	Y			80			2	3	Fog, Alfo, DC, CO2		2	1	1	3	9	K2.
3-Methoxypropyn	627-41-8			2.4	Liq							2	4			6	17	4	3	3	Explodes @ 142°. Pyrotoric.
Methyl Acetate	79-20-9	3	3	2.6	.92	Y	1231	FL	14	3.1-16.0	850	2	2	Fog, Alfo, DC, CO2	136	3		3	3	3	ULC 90. Volatile
Methyl Acetic Acid	79-09-4	3	3	2.6	1.0	Y	1848	CO	126	2.9-12.1	870	2	2	Fog, Alfo, DC, CO2	286	1		3	3	3	TLV 10 ppm. Pungent odor.
Methyl Acetic Ester	79-20-9	3	3	2.6	.92	Y	1231	FL	14	3.1-16.0	850	2	2	Fog, Alfo, DC, CO2	136	3		3	3	3	ULC 90. Volatile
Methyl Acetoacetate	105-45-3		3	4.0	1.1	S			170			2	3	Fog, Foam, DC, CO2	338	3		1	2	2	
Methyl Acetone	78-93-3	3	2	2.4	.81	Y	1193	FL	16	1.4-11.4	759	2	3	Fog, Alfo, DC, CO2	176	2	2	2	2	2	ULC: 90 Acetone odor. TLV 200 ppm.
Methyl Acetylacetate	105-45-3		3	4.0	1.1	S			170			2	2	Fog, Alfo, DC, CO2	338	3		1	1	2	
Methyl Acetylene	74-99-7	3	2	1	1.4	Gas		FG		1.7-	536	2	4	Fog, DC, Stop Gas	-9	2	4	4	2	1	TLV 1000 ppm. Stop Gas!
β-Methyl Acrolein	4170-30-3	4	4	2.4	.85	S	1143	FL	55	2.1-15.5		2	3	Fog, Alfo, DC, CO2	219	2	1	2	4	2	Pungent odor. TLV 2 ppm.
α-Methyl Acrolein	78-85-3	3	3	3.0	.96	S	2396	FL	35		450	3	3	Fog, Alfo, DC, CO2	154	2	2	2	2	4	K9.
Methyl Acrylate (Inhibited)	96-33-3	3	3	3.0	.96	S	1919	FL	25	2.8-25.0	875	2	3	Fog, Foam, DC, CO2	176	2	2	2	3	2, 9	K9. Acrid odor. TLV 10 ppm.
Methyl Acrylic Acid	79-41-4	3	3	3.0	1.0	Y	2531	CO	170	6.0-36.0	725	2	3	Fog, Alfo, DC, CO2	316	3		1	2	9, 3	K9, K22. TLV 20 ppm.
Methyl Alcohol	67-56-1	3	2	1.1	.79	Y	1230	FL	52		806	2	3	Fog, Alfo, DC, CO2	147	2	2	2	1	2	ULC: 70 TLV 200 ppm.
Methyl Aldehyde	50-0-0	3	3	1.1	.82	Y	2209	CL	122	2.0-12.0	788	3	3	Fog, Alfo, DC, CO2	214	3		1	2	10	(15% methanol-free)
Methyl Allene	106-99-0		3	1.9	Gas	N	1010	FG				3	4	Fog, DC, CO2, Stop Gas	24	3	22	2	2	9	K10. Aromatic.
Methyl Allyl Chloride	563-47-3	2	3	3.1	.93		2554	FL	-10	2.3-9.3		4	3	Fog, Foam, DC, CO2	162	2	2	2	2	2	Volatile. Foul odor.
Methyl Aluminum Sesquibromide				7.0	1.5		1926	FS				4	3	No Water, No Halon		5	10	4	2		K2, K11. Pyrotoric.
Methyl Aluminum Sesquichloride				7.0	1.2		1927	FS				4	3	No Water, No Halon	5		10	2	3		K2, K11. Pyrotoric.
N-Methyl Aminoethanol	109-83-1	2	2	2.9	.94	Y			165			3	2	Fog, Alfo, DC, CO2	320	3	1	1	3	3	K2. Fishy odor. Corrodes metals.
2-Methyl Aminoethanol	109-83-1	2	2	2.9	.94	Y			165			3	2	Fog, Alfo, DC, CO2	320	3	1	1	3	3, 9	K2. Fishy odor. Corrodes metals.
Methyl Amyl Alcohol	108-11-2	2	3	3.5	.81	Y	2053	CL	106	1.0-5.5		2	2	Fog, Alfo, DC, CO2	269	3	1	1	3	13	TLV 25 ppm.

(191)

Chemical Name	CAS	Tox L	Tox S	Vap Den.	Spec Grav.	Wat Sol.	DOT Number	DOT Cl	Flash Point	Flamma. Limit	Ign. Temp.	Disa. Atm	Disa. Fire	Extinguishing Information	Boil Point	F	R	E	S	H	Remarks
Methyl Amyl Carbinol	543-49-7	2	3	4.0	.83	N			160			2	2	Fog, Foam, DC, CO2	304	3	2	1	3	3	Fruity odor. TLV 50 ppm.
Methyl Amyl Ketone	110-43-0	2	2	3.9	.82	S	1110	CL	102	1.1-7.9	740	2	2	Fog, Alfo, DC, CO2		2	1	1	2	2	Pleasant odor.
Methyl Amylacetate	108-84-9	2	2	5.0	.86	N	1233	CL	113			2	2	Fog, Foam, DC, CO2	295	1	1	1	2		
Methyl Azide	624-90-8			2.0	Var							3	4			6		3	2		K2. May RXW heat.
Methyl Azinphos	86-50-0	4	4	11.	Cry	S	2783	PB	302			4	1	Fog, Foam, DC, CO2		3	1	1	4	12	K2. Melts @ 165°.
2-Methyl Aziridine	75-55-8	3	4	2.0	Liq		1921	FL	14			3	3	Foam, DC, CO2		2	2	2	4	9, 2	K2, K9, K22, K24. RXW-acids. TLV 2 ppm (skin).
Methyl Benzene Sulfonic Acid	108-88-3	2	2	3.1	.87	N	1294	FL	40	1.2-7.1	896	2	3	Fog, Foam, DC, CO2	230	2	2	2	2	2	ULC: 80. TLV 100 ppm.
Methyl Benzeneacetate	104-15-4	2	3	5.9	Cry	Y	2583	CO	363			3	1	Fog, Alfo, DC, CO2	284	1		1	2	9, 2	K2. Melts @ 225°.
Methyl Benzenecarboxylate	101-41-7	3	3	5.2	1.1							2	2	Foam, DC, CO2		3		1	3		
Methyl Benzenediazoate	93-58-3	2	2	4.7	1.1	N	2938	PB	181			2	2	Fog, Foam, DC, CO2	392	3	1	2	2		Fragrant odor. Blanket.
Methyl Benzimidazole-2-Yl Carbamate	66270-76-3			4.8	Var							3	4			6	17	5	2		K3, K22. Explodes.
Methyl Benzoate	10605-21-7	3		6.7	Sol							3		Foam, DC, CO2		3		2	2	12	K2. K12.
Methyl Benzoate	93-58-3	2	2	4.7	1.1	N	2938	PB	181			2	2	Fog, Foam, DC, CO2	392	3	1	1	3	2	Fragrant odor. Blanket.
α-Methyl Benzylamine	98-84-0	3	3	4.2	.95	S			175			3	3	Foam, DC, CO2		3		2	3	2	K2. Amine odor.
Methyl Bis(β-Cyanoethyl)Amine	1555-58-4				Var							3		Foam, DC, CO2		3		1	3		K5.
Methyl Borate	121-43-7	2	3	3.6	.92	N	2416	FL	<73			2	3	Foam, DC, CO2	154	2	7	2	2	4	
Methyl Bromide	74-83-9	4	4	3.3	1.7	N	1062	PB		10.0-15.0	998	4	1	Fog, Foam, DC, CO2	38	3	19	2	4	4	Volatile; Chloroform odor. TLV 5 ppm (skin).
Methyl Bromide and Chloropicrin Mixture		4	4	4.0	1.7	N	1581	PB				4	0	Foam, DC, CO2		3		1	4	3, 4, 9	K2. NCF.
Methyl Bromide and Ethylene Dibromide Mixture (Liquid)		4	4	4.0	>2.	N	1647	PB				3	0	Foam, DC, CO2		3		1	4	3, 4, 9	K2. NCF.
Methyl Bromide and Nonflammable Compressed Gas Mixture		4	4	>1.	Gas	N	1955	PB				3	0			3		1	4	3, 4, 9	K2. NCF.
Methyl Bromoacetate	96-32-2			5.3	1.7	N	2643	PB				3		Foam, DC, CO2	293	3		1	3	7	K2.
2-Methyl Buatdiene1-3	78-79-5	2	3	2.4	.68	N	1218	FL	-65	1.5-8.9	428	2	4	Fog, Foam, DC, CO2	93	2	3, 2, 14	3	2	2	K9, K10. Volatile.
2-Methyl Butanol	137-32-6	3	3	3.0	.82	S	1105	CL	115	1.2-10.0	725	2	2	Fog, Alfo, DC, CO2	262	2	2	2	3	2	
Methyl Butanol-1	137-32-6	3	3	3.0	.82	S	1105	CL	115	1.2-10.0	725	2	2	Fog, Alfo, DC, CO2	262	2	2	2	3	2	
Methyl Butanone	563-80-4	2	2	3.0	Liq		2397	FL	<100			2	3	Fog, Alfo, DC, CO2		2	1	2	2	2	TLV 200 ppm
3-Methyl Butyl Ethanoate	123-92-2	2	2	4.5	.88	S			77	1.0-7.5	680	2	3	Fog, Foam, DC, CO2	288	2	3	2	2	9	Banana Odor, ULC: 60, TLV 100 ppm
Methyl Butyl Ether	1634-04-4			3.1	.74		2398	FL				2	3	Fog, Alfo, DC, CO2	131	2	2	2	2		K10.
2-Methyl Butylacrylate	97-88-1	2	3	4.8	.90	N	2227	FL	126	2.0-8.0	562	3	3	Fog, Foam, DC, CO2	325	3	22, 1	2	3		K9. May be 3.3 F.L.
N-Methyl Butylamine	110-68-9	2	3	3.0	.73	Y	2945	FL	35			3	3	Alfo, DC, CO2	196	2	2	2	3	2	K2.
3-Methyl Butynol	110-68-9	2	3	3.0	.73	Y	2945	FL	35			3	3	Alfo, DC, CO2	196	2	2	2	3	2	K2.
Methyl Butynol	115-19-5	2	2	2.5	.87	Y			<70			2	3	Fog, Alfo, DC, CO2	219	2	1	2	2		
Methyl Butyrate	115-19-5	2	2	2.5	.87	Y			<70			2	3	Fog, Alfo, DC, CO2	219	2	1	2	2		
Methyl Cadmium Azide	623-42-7	2	3	3.5	.90	S	1237	FL	57			2	3	Fog, Alfo, DC, CO2	215	2		2	2		
Methyl Carbitol	7568-37-8			3.4	Var							3		DC, CO2, No Water		5	9	1	2		K2.
Methyl Carbitol (Trade name)	64-17-5	2	2	1.6	.79	Y	1170	FL	55	3.3-19.0	685	1	3	Fog, Foam, DC, CO2	173	2	2, 21	2	2		UCL: 70
Methyl Carbitol Acetate (Trade name)	111-77-3	2	3	4.1	1.0	Y			200	1.2-23.5	460	2	2	Fog, Alfo, DC, CO2	379	3	1	1	3	2	
Methyl Carbonate	629-38-9	2	3	5.6	1.0	Y			180			2	2	Fog, Alfo, DC, CO2	410	1	1	1	2		
Methyl Catechol	616-38-6	3	2	3.1	1.1	N	1161	FL	66			2	3	Fog, Alfo, DC, CO2	192	2	1	2	2	2	Pleasant odor.
	90-05-1	2	2	4.3	Sol	S			180			2	2	Fog, Foam, DC, CO2	396	1	1	1	2	9, 2	Melts @ 82°. Keep dark.

(192)

Chemical Name	CAS	Tox L S	Vap Den.	Spec Grav.	Wat Sol.	DOT Number	Cl	Flash Point	Flamma. Limit	Ign. Temp.	Disa. Atm Fire	Extinguishing Information	Boil Point	F	R	E	S	H	Remarks
Methyl Cellosolve (Trade name)	109-86-4	3 3	2.6	.97	Y	1188	CL	102	2.3-24.5	545	2 2	Fog, Alfo, DC, CO2	255	3	1	1	3	2	Mild odor. TLV 5 ppm (skin).
Methyl Cellosolve Acetate	110-49-6	2 2	4.1	1.0	Y	1189	CL	111	1.5-12.3	740	2 2	Fog, Alfo, DC, CO2	293	1	1	1	2		TLV 5 ppm (skin).
Methyl Cellosolve Acetate (Trade name)	110-49-6	2 2	4.1	1.0	Y	1189	CL	111	1.5-12.3	740	2 2	Fog, Alfo, DC, CO2	293	1	1	1	1		TLV 5 ppm (skin).
Methyl Cellosolve Acrylate	3121-61-7	3 4	4.5	1.0				180			2 2	Fog, Foam, DC, CO2	142	3	1	1	4	9	Ether odor. RVW active metals.
Methyl Chloride	74-87-3	3 2	1.8	Gas	S	1063	FG	<32	8.1-17.4	1170	4 4	Stop Gas, Fog, DC, CO2	11	2	2	4	3	4	K2.
Methyl Chloride and Chloropicrin Mixture		4 4		Gas		1582	FG				4 4	Stop Gas, Fog, DC, CO2		2	2	4	4	5	
Methyl Chloride and Methylene Chloride Mixture		3 3		Gas		1912	FG				4 4	Stop Gas, Fog, DC, CO2		2	2	4	3		K2.
Methyl Chloroacetate	96-34-4	3 3	3.8	1.2	N	2295	CL	122			3 2	Fog, Alfo, DC, CO2	266	3	2	1	1		K2. Sweet pungent odor.
Methyl Chlorocarbonate	79-22-1	2 2	3.3	1.2	N	1238	FL	54		940	4 3	Foam, DC, CO2	160	3	8,1	2	4	7, 9	K7. K24.
Methyl Chloroethanoate	96-34-4	3 3	3.8	1.2	N	2295	CL	122			3 3	Fog, Alfo, DC, CO2	266	3	2	1	3		K2. Sweet pungent odor.
Methyl Chloroform	71-55-6	3 3	4.6	1.3	N	2831	OM				3 3	Fog, Foam, DC, CO2	165	3		1	3	11	K2. TLV 350 ppm. RW active metals. NCF.
Methyl Chloroformate	79-22-1	4 4	3.3	1.2	N	1238	FL	54		940	4 4	Foam, DC, CO2	160	3	8,1	2	4	7, 9	K7, K24.
Methyl Chloromethyl Ether (Anhydrous)	107-30-2	3 3	3.8	Liq		1239	FL	73			3 3	DC, CO2, No Water	138	3	2	1	3	4	K2. No Water Flammable.
Methyl Chlorophenoxyacetic Acid	94-74-6	3 3	6.9	Cry	S							DC, CO2		3		2	2		K2. K12.
Methyl Chloropropionate	17639-93-9			4.3	Liq	N	2933	FL			2 2	Foam, DC, CO2		2	2	2	2		May RW water.
Methyl Chlorosilane	993-00-0	3 3	4.5	1.5	N	2534	FL				2 4	Foam, DC, CO2	275	3	1	2	3		K2.
Methyl Chlorosulfonate	500-28-7	4 4	10.	Sol	N						4 1	Foam, DC, CO2		3	8	2	3	3, 7	K2. Pungent odor.
Methyl Chlorthion	1184-53-8			2.8	Var							4	Fog, Alfo, DC, CO2	178	5	17	5	2		K12.
Methyl Copper	75-05-8	3 3	1.4	.79	Y	1648	FL	42	3.0-16.0	975	4 4	Fog, Alfo, DC, CO2	178	6	7, 3	2	3	3	Explodes in air when dry.
Methyl Cyanide		4 4	3.4	1.1							4	Foam, DC, CO2	392	3	1	1	4		K5, TLV 40 ppm
Methyl Cyanoethanoate	25639-42-3	2 2	3.9	.92	N	2617	CL	154		563	2 2	Fog, Foam, DC, CO2	311	1	1	1	2		K2.
4-Methyl Cyclohexanol	25639-42-3	2 2	3.9	.92	N	2617	CL	154		563	2 2	Fog, Foam, DC, CO2	311	1	1	1	2		Methol odor. TLV 50 ppm.
3-Methyl Cyclohexanol	25639-42-3	2 2	3.9	.92	N	2617	CL	154		563	2 2	Fog, Foam, DC, CO2	311	1	1	1	2		Methol odor. TLV 50 ppm.
Methyl Cyclohexanol (Also: 2-)		2 2	5.4	.90	N	2297	CL	147			2 2	Fog, Foam, DC, CO2	349	1		1	2		Methol odor. TLV 50 ppm.
Methyl Cyclohexanol Acetate		2 3	3.9	.93	N	3046	OP	118			2 2	Fog, Foam, DC, CO2	320	3	2	1	3		TLV 50 ppm
Methyl Cyclohexanone Peroxide (Also: (2-) (3-))	1331-22-2		>1.	Liq							3	Keep Cool, Fog, Flood		2	16,4	2	2		Organic Peroxide.
Methyl Cyclohexyl Acetate				5.4	.90	N			147			2	Fog, Foam, DC, CO2	349	1	1	1	4	9, 3, 16	K2.
N-Methyl Cyclohexyl Amine	100-60-7	2 2	4.0	.86	S						3	Foam, DC, CO2		3	1	1	2		
Methyl Cyclopentadiene	2587-90-8	2 2	2.8	.93	N			120	1.3-7.6	833	2	Foam, DC, CO2	163	1	1	1	2		
Methyl Cyclopentadiene Dimer	26981-93-1	3	4	2.8	.93	N			120	1.3-7.6	833	2	Foam, DC, CO2	163	1	1	1	2		
Methyl Cyclopentadienyl Manganese Tricarbonyl	12108-13-3	4 4	7.6	Liq							3	Stop Gas	192	3	14	1	4		K2. K24.
Methyl Cyclopentane	96-37-7	2 2	2.9	.75	N	2298	FL	<20	1.0-8.4	496	2 3	Fog, Foam, DC, CO2	162	3	2	2	1	11	
2-Methyl Decane			2 2	5.4	.74	N					437	2 0	Fog, Foam, DC, CO2	374	1	1	1	2		
Methyl Demeton	8022-00-2	4 4	10	Liq	S		PB				4 4	Foam, DC, CO2		3	1	1	3	12, 9	K2. K12. NCF.
Methyl Demeton Methyl	2587-90-8	3	4	7.5	1.2	Y					4 4	Foam, DC, CO2		3	1	1	4	2	K2. K12.
Methyl Diazine	26981-93-1			1.5	Gas						3	Stop Gas		6	14	4	2		K2. RXW oxygen. May explode w/fast heat.
Methyl Diazoacetate	6832-16-2			3.5	Liq						4 4	Stop Gas, No Water		6	17	5	2		K3. Explodes.
Methyl Diborane		4 4		1.4	Gas						4 4	Stop Gas, No Water		6	17	5	2		K3. Pyrotoric.

(193)

Chemical Name	CAS	Tox L	Tox S	Vap Den.	Spec Grav.	Wat Sol.	DOT Number	Cl	Flash Point	Flamma. Limit	Ign. Temp.	Disa. Atm	Disa. Fire	Extinguishing Information	Boil Point	F	R	E	S	H	Remarks
Methyl Dichloroacetate	116-54-1	3	3	4.9	1.4	S	2299	PB	176			4	2	Foam, DC, CO2	289	3	8	1	3	3	K7. Ether odor. No water.
Methyl Dichloroarsine	593-89-5	4	4	5.4	1.8		1556	PA	>221			4		Fog, Foam, DC, CO2	273	3	1	2	4	8	K2. RXW chlorine.
Methyl Dichloroethanoate	116-54-1	3	3	4.9	1.4	S	2299	PB	176			4	2	Foam, DC, CO2	289	3	8	1	3	3	K7. Ether odor. No water.
Methyl Dichlorosilane	75-54-7	3	3	4.0	1.1		1242	FL	-26			3	3	Fog, Foam, DC, CO2	106	3	1	2	3	3	K2. May be pyroforic.
N-Methyl Dicyclohexylamine	7560-83-0		3	6.8	Var							3		Foam, DC, CO2		3		1	3	2	K2.
Methyl Difluorophosphite	676-99-3	4		3.5	Liq							3		Foam, DC, CO2		3		1	4		K2.
Methyl Ethanoate	79-20-9	3	3	2.6	.92	Y	1231	FL	14	3.1-16.0	850	3	3	Fog, Alfo, DC, CO2	136	1	3	3	3	3	ULC 90, Volatile
Methyl Ether	115-10-6	3	2	1.6	Gas	Y	1033	FG	-41	3.4-27.0	662	2	4	Stop Gas, Fog, DC, CO2	-11	2	2	4	3	13	K10. Ether odor.
Methyl Ether of Propylene Glycol	1320-67-8	2	1	3.1	.92	Y			335			2	2	Fog, Foam, DC, CO2	248	1	1	1	2		K2
Methyl Ethyl Carbinol	78-92-2	3		2.6	.81	Y	1120	FL	75	1.7-9.8	761	3	2	Fog, Alfo, DC, CO2	201	3	1	2	3	2	K10. Strong odor. TLV 100
Methyl Ethyl Ether	540-67-0	3	2	2.1	.73	Y	1039	FL	-35	2.0-10.1	374	2	4	Fog, Alfo, DC, CO2	52	2	2	3	2	13	K10.
Methyl Ethyl Ketone	78-93-3	2	2	2.4	.81	Y	1193	FL	16	1.4-11.4	759	3	3	Fog, Alfo, DC, CO2	176	2	2	2	3	2	ULC: 90 Acetone odor. TLV 200 ppm.
Methyl Ethyl Ketone Peroxide	1338-23-4	3	3	6.2	1.1	N	2550	OP	122			2	3	Fog, Flood		3	16, 3, 4, 23	3	3	3	SADT: 226°. Technical is R17. Organic peroxide.
Methyl Ethyl Ketone Peroxide (<40% Peroxide)		3	3	3.0	Liq		3068	OP						Fog, Flood			4	2	3	2	Organic peroxide.
Methyl Ethyl Ketone Peroxide (<50% Peroxide)		3	3	3.0	Liq		2563	OP						Fog, Flood		2	16, 4	2	3	3, 2	Organic peroxide.
Methyl Ethyl Ketone Peroxide (<60% Peroxide)		3	3	3.0	Liq		2127	OP				3		Fog, Flood		2	16, 4	2	3	2	Organic peroxide.
Methyl Ethyl Ketoxime	96-29-7			3.0	Liq							3	3	Fog, Foam, DC, CO2		2	16	3	2		K2. May explode if heated.
Methyl Ethyl Methane	106-97-8	2	2	2.0	Gas	N	1011	FG		1.6-8.5	550	2	4	Stop Gas, Fog, DC, CO2	31	2	2	4	2	1	
2-Methyl Ethyl Pentane		2	1	3.9	.72				<70		860	2	2	Fog, Foam, DC, CO2	241	3	1	2	2		K2. Acrid odor.
Methyl Ethyl Pyridine	104-90-5	2	3	4.2	.92	N	2300	CO	155	1.1-6.6		2	2	Fog, Alfo, DC, CO2	352	3	2	1	3	2	Ether odor.
Methyl Fluoride	593-53-3	2		1.2	Gas		2454	FG				3		Stop Gas, Fog, DC, CO2	-105	2		3	2	11, 1	
Methyl Fluoroacetate	453-18-9	4	4	3.2	Liq								3	Foam, DC, CO2	198	3	1	1	4	9	K2.
Methyl Fluorosulfate	421-20-5	4	3	3.9	1.4								3	Foam, DC, CO2	198	3	8, 12	1	4	9, 2	K2. Ether odor.
Methyl Fluorosulfonate	421-20-5	4	3	3.9	1.4								3	Foam, DC, CO2	198	3	8, 12	1	4	9, 2	K2. Ether odor.
Methyl Fluorsulfonate	421-20-5	4	3	3.9	1.4								3	Foam, DC, CO2	198	3	8, 12	1	4	9, 2	K2. Ether odor.
Methyl Formate	107-31-3	2	2	2.1	.98	Y	1243	FL	-2	4.5-23.0	840	2	3	Fog, Alfo, DC, CO2	89	2	2	2	2	2	TLV 100 ppm. Pleasant odor.
2-Methyl Furan	534-22-5	3	3	2.8	.91	Y	2301	FL	-22			3	3	Foam, DC, CO2	147	3	2	2	3	9	Ether odor.
3-Methyl Glutaraldehyde	6280-15-5	4		4.0	Liq							3	2	Foam, DC, CO2		3	1	1	4	3	
Methyl Glycol Acetate	110-49-6	2	2	4.1	1.0	Y	1189	CL	111	1.5-12.3	740	2	2	Fog, Alfo, DC, CO2	293	3	1	1	2		TLV 5 ppm (skin).
Methyl Guthion	86-50-0	4	4	11.	Cry	Y	2783	PB	302			4	1	Fog, Foam, DC, CO2		3	1	1	4	12	K2. Melts @ 165°.
Methyl Heptanethiol	63834-87-7	4	3	5.0	.85	N	3023	FL	115			4	2	Foam, DC, CO2	318	3	1	1	4	9, 2	K2.
Methyl Heptine Carbonate	111-12-6	2	2	5.4	.92				190			2	2	Fog, Alfo, DC, CO2		1	1	1	4		Violet odor.
Methyl Heptyl Ketone	821-55-6	2	3	4.9	.83	N			140	.9-5.9	680	2	2	Fog, Alfo, DC, CO2	361	1	1	1	2		
Methyl Heptyne Carbonate	111-12-6	2	2	5.4	.92				190			2	2	Fog, Alfo, DC, CO2		1	1	1	2		Violet odor.
Methyl Hexyl Carbinol		2	2	4.5	.82	N			140			2	2	Fog, Foam, DC, CO2	381	1	1	1	2		Aromatic odor.
Methyl Hexyl Ketone	111-13-7	2	2	4.4	.82	N			125			2	2	Fog, Alfo, DC, CO2	344	1	1	1	2		Pleasant odor.

(194)

Chemical Name	CAS	Tox L	Tox S	Vap Den.	Spec Grav.	Wat Sol.	DOT Number	DOT Cl	Flash Point	Flamma. Limit	Ign. Temp.	Disa. Atm	Fire	Extinguishing Information	Boil Point	F	R	E	S	H	Remarks
Methyl Hydrazine	60-34-4	4	4	1.6	.87		1244	FL	17	2.5-92.0	382	2	3	Fog, Foam, Alfo, DC, CO2	190	2	2	2	4	16, 9	K24. RXW oxidizers. Ammonia odor. Reducer.
Methyl Hydride	74-82-8	1	1	.56	Gas	N	1971	FG		5.0-15.0	650	2	4	Stop Gas, Fog, DC, CO2	-257	2	2	4	2	1	RVW Halogens and oxidizers.
Methyl Hydroperoxide	3031-73-0		2	1.7	Liq							2	4	Flood		6	17	3	3	2	High oxidizer.
Methyl Hypochlorite	593-78-2			2.3	Var							3	4			6	17	5	2	2	K3. RXW heat, spark or flame. Explodes.
Methyl Iodide	74-88-4	3	3	4.9	2.3	S	2644	PB				3	0	Fog, Foam, Alfo, DC, CO2	108	3	2	1	3	13, 10	K2. TLV 2 ppm. NCF.
Methyl Isoamyl Ketone	110-12-3	2	2	3.9	.81	N	2302	FL	96	1.0-8.2	375	2	2	Fog, Alfo, DC, CO2	291	2	2	2	3	2	Pleasant odor.
Methyl Isobutyl Carbinol	108-11-2	2	2	3.5	.81	Y	2053	CL	106	1.0-5.5		2	2	Fog, Alfo, DC, CO2	269	3	1	1	3	13	TLV 25 ppm.
Methyl Isobutyl Carbinol Acetate	108-84-9	2	2	5.0	.86	S	1233	CL	113			2	2	Fog, Foam, Alfo, DC, CO2	295	1	1	1	2	2	Pleasant odor.
Methyl Isobutyl Ketone	108-10-1	2	3	3.5	.80	S	1245	FL	64	1.2-8.0	840	2	3	Fog, Alfo, DC, CO2	244	2	1	3	2	11	K10. Keep sealed. Pleasant odor. TLV 50 ppm.
Methyl Isobutyl Ketone Peroxide				>1.	Liq		2126	OP					3	Fog, Flood		2	16, 4, 23	2	2	2	Organic peroxide.
Methyl Isobutyrate	547-63-7	2	2	3.6	.89	S			55			2	3	Fog, Foam, DC, CO2	199	2	1	2	2	2	
Methyl Isocyanate (and Solutions)	624-83-9	4	4	2.0	.96		2480	FL	<5	5.3-26.0	994	3	3	Foam, DC, CO2, No Water	102	3	8, 5	2	2	9, 3, 5	TLV <1ppm.
Methyl Isocyanide				1.4	.75							4	4		140	3	17	4	4	9	K24. Shock and heat sensitive.
Methyl Isocyanoacetate	39687-95-1			3.5	Liq							4	4	Foam, DC, CO2		1	1	1	2		K5. RXW heavy metals.
Methyl Isonitrile				1.4	.75							4	4		140	3	17	4	4	9	K24. Shock and heat sensitive.
Methyl Isopropenyl Ketone (Inhibited)	814-78-8	3	4	2.9	.85	N	1246	FL	52	1.8-9.0		2	3	Fog, Foam, DC, CO2	208	2	2	2	4	9, 2	K9.
Methyl Isopropyl Carbinol				3.0	.80				103			2	2	Fog, Alfo, DC, CO2		2	1	2	2		
Methyl Isopropyl Ketone	563-80-4	2	2	3.0			2397	FL	50			2	3	Fog, Alfo, DC, CO2		3	1	2	2	9	TLV 200 ppm.
Methyl Isothiocyanate	556-61-6			2.5	Cry		2477	FL	<100			2	3	Fog, Alfo, DC, CO2	246	2	2	2	4	2, 9	K2, K12, K24.
Methyl Isovalerate	556-24-1	2	2	4.1	Liq		2400	FL				2	2	Alfo, DC, CO2		3	1	1	2	2	
Methyl Lactate	547-64-8	2		3.6	1.1	Y			121	2.2-	725	2	2	Alfo, DC, CO2	293	1	2	2	2	2	Decomposed by moisture.
Methyl Magnesium Bromide (in Ethyl Ether)	75-16-1			4.2	Liq		1928	FL				2	3	DC, CO2		2	2	2	2		K11. Pyrotoric.
Methyl Magnesium Chloride (in Tetrahydrofuran)				>1.	Liq			FL								2	2	2	2		May be pyrophoric.
Methyl Mercaptan	74-93-1	4	4	1.7	Gas		1064	PA	0	3.9-21.8		4	4	Stop Gas, Fog, DC, CO2	43	2	2, 7, 11, 24	4	4		K24. Rotten cabbage odor. TLV <1 ppm.
β-Methyl Mercaptopropionaldehyde				3.6	1.0				142		491	4	2	Fog, Foam, DC, CO2	329	1	1	2	2		K2.
Methyl Methacrylate (Monomer: Inhibited)	80-62-6	3	3	3.5	.94	N	1247	FL	50	2.1-12.5		2	3	Fog, Foam, DC, CO2	214	2	22, 2	2	2	2	K9. Volatile. TLV 100 ppm.
Methyl Methanoate	107-31-3	3	2	2.1	.98	Y	1243	FL	-2	4.5-23.0	840	2	3	Fog, Alfo, DC, CO2	89	3	2	2	2		TLV 100 ppm. Pleasant odor.
Methyl Monochlor Acetate	96-34-4	3	3	3.8	1.2	S	2295	CL	122			3	3	Fog, Alfo, DC, CO2	266	3	2	1	3	2	K2. Sweet pungent odor.
Methyl Monochloroacetate	96-34-4	3	3	3.8	1.2	S	2295	CL	122			3	3	Fog, Alfo, DC, CO2	266	3	2	1	3	2	K2. Sweet pungent odor.
4-Methyl Morpholine	109-02-4			3.5	.92	Y	2535	FL	75			3	3	Alfo, DC, CO2	239	2	2	2	3	2	K2. Ammonia odor.
Methyl Mustard Oil	556-61-6	2	4	2.5	Cry		2477	FL	<100			4	3	Fog, Alfo, DC, CO2	246	2	2	2	4	2, 9	K2, K12, K24.
Methyl n-Amyl Ketone	110-43-0	2	2	3.9	.82	N	1110	CL	102	1.1-7.9	740	2	2	Fog, Foam, DC, CO2	304	2	1	1	2	2	Fruity odor. TLV 50 ppm.
Methyl Nitrate	598-58-3	3		2.7	1.2				EXP			3	4		10	6	17	5	5	9	Rocket fuel. Explodes @ 149°.
Methyl Nitrite	624-91-9	2	1	2.1	Gas		2455	FG				3	3	Stop Gas		3	1	2	2	11	Heat sensitive.
m-Methyl Nitrobenzene (ALSO: 3-)	99-08-1			4.7	Cry	N	1664	PB	233					Fog, Foam, DC, CO2	449	3	1	1	2	9	Melts @ 59°. TLV 2 ppm (skin).
Methyl Nonyl Ketone	112-12-9			5.9	.83	N			192						433	2	1	1	2	2	Strong odor.
Methyl Norbornene Dicarboxylic Anhydride	85-43-8	3		5.2	Pdr	Y	2698	CO	315			2	1	Fog, Alfo, DC, CO2	383	3	5, 1	1	2		Melts @ 215°.

(195)

Chemical Name	CAS	Tox L	Tox S	Vap Den.	Spec Grav.	Wat Sol.	DOT Number	DOT Cl	Flash Point	Flamma. Limit	Ign. Temp.	Disa. Atm	Disa. Fire	Extinguishing Information	Boil Point	F	R	E	S	H	Remarks
Methyl Orthosilicate	681-84-5	3	3	5.2	Liq		2606	FL				2	1	Foam, DC, CO2		3	2	2	4	3	TLV 1 ppm. Flammable.
Methyl Oxide	115-10-6	3	2	1.6	Gas	Y	1033	FG	-42	3.4-27.0	662	4	4	Stop Gas, Fog, DC, CO2	-11	2	2	4	3	13	K10. Ether odor.
Methyl Parathion	298-00-0	4	4	9.2	Cry	S	2783	PB				4	0	Foam, DC, CO2		3	11	1	4	12	K2, K12. NCF. Melts @ 100°.
Methyl Parathion (Liquid)		4	4	10.	Liq	N	2783	PB				4	0	Foam, DC, CO2		3		1	4	12, 9	K2, K12. NCF.
Methyl Parathion Mixture (Dry)	298-00-0	4	4	9.2	Cry	S	2783	PB				4	0	Foam, DC, CO2		3	11	1	4	12	K2, K12. NCF. Melts @ 100°.
Methyl Pentadiene	54363-49-4	3	3	2.8	.72	N	2461	FL	-30			2	3	Fog, Foam, DC, CO2	167	3	2	2	2	2	
2-Methyl Pentaldehyde		3	3	3.5	.81	N			68			3	3	Fog, Foam, DC, CO2	244	2	2	2	2	2	K2.
Methyl Pentaldehyde		3	3	3.5	.81	N			68			3	3	Fog, Foam, DC, CO2	244	2	2	2	2	2	K2.
Methyl Pentanal		3	3	3.5	.81	N			68			3	3	Fog, Foam, DC, CO2	244	2	2	2	2	2	K2.
3-Methyl Pentanedial	6280-15-5			4.0	Liq							2	2	Foam, DC, CO2		3	1	1	4	3	
2-Methyl Pentanol-1	105-30-6	3	3	3.5	.80	Y	2053	CL	114			2	2	Fog, Alfo, DC, CO2		3	1	1	3	13, 2	
4-Methyl Pentanol-2	108-11-2	2	2	3.5	.81	N	2053	CL	106	1.0-5.5		2	2	Fog, Alfo, DC, CO2	269	3	1	1	3	13	TLV 25 ppm.
Methyl Pentynol	77-75-8			3.4	.87	Y			101			2	2	Fog, Alfo, DC, CO2	252	1	1	2	2	9	Acrid odor.
Methyl Perchlorate	17043-56-0			4.0	Var							3	4			6	17	5	2		K20. RXW oxygen. Unstable. Explosive.
Methyl Phencapton (Common name)	3735-23-7			12.	Var							4		Foam, DC, CO2		3		1	2	9	K2, K12, K24.
Methyl Phenol	108-39-4	3	3	3.7	1.0	N	2076	PB	187	1.1-	1038	4	2	Fog, Foam, DC, CO2	397	3	2	1	3	5	Phenolic odor. TLV 5 ppm.
Methyl Phenyl Carbinol	589-18-4	2	2	4.2	1.0	S	2937	PB	200			3		Fog, Alfo, DC, CO2	399	3		1	3		Floral odor.
Methyl Phenyl Carbinyl Acetate		2	2	>1.	1.0	N			178			2	2	Fog, Foam, DC, CO2		1		1	3		Floral odor.
Methyl Phenyl Ether	100-66-3	2	2	3.7	1.	N	2222	FL	125		887	2	2	Fog, Foam, DC, CO2	309	3	1	1	3		
as-Methyl Phenyl Ethylene	98-83-9	2	2	4.0	.91	N	2303	CL	129	1.9-6.1	1066	2	2	Fog, Foam, DC, CO2	306	1	2	1	2	3	TLV 50 ppm.
Methyl Phenyl Ketone	98-86-2	2	2	4.1	Sol	N	9207		170		1058	3	3	Fog, Foam, DC, CO2	396	1	12	1	2	11	K1. Melts @ 68°.
N-Methyl Phenylamine	100-61-8	4	4	3.9	.99	S	2294	PB	185		900	3	2	Fog, Alfo, DC, CO2	381	3	1	1	4	5, 9	K2. TLV 2 ppm (skin).
Methyl Phenylamine	100-61-8	4	4	3.9	.99	S	2294	PB	185		900	3	2	Fog, Alfo, DC, CO2	381	3	1	1	4	5, 9	K2. TLV 2 ppm (skin).
Methyl Phenylphosphoramidic Acid Diethyl Ester	52670-78-7	2	3	8.5	Var							3	3	Foam, DC, CO2		3		1	2	9, 3	K2.
Methyl Phosphine	593-54-4	4		1.6	Gas							4	3	Stop Gas	7	2	2	3	4		K11, K23. Pyroforic.
Methyl Phosphonic Dichloride	676-97-1	4	4	4.7	Liq	N	9206	CO				3	4	DC, CO2, No Water		5	10	2	4	16	K2, K24.
Methyl Phosphonothionic Dichloride	676-98-2	4		5.1	Liq	N	1760	CO				4	0	DC, CO2, No Water		5	10	1	2	2	NCF.
Methyl Phosphonous Dichloride	676-83-5		4	>1.	>1.		2845	FL				4	3	Soda Ash, DC, No Water		5	10, 2	2	2	2	K2. Pyroforic.
Methyl Phthalate	131-11-3	1		6.7	1.2	N			295		915	1	1	Foam, DC, CO2	540	1	1	1	1	2	An inhibitor.
Methyl Picrate		4	3	8.4	Cry			EX				4	4			6	17	5	2		K3. Explosive.
Methyl Picric Acid				>1.	Sol							4				6	17	5	2		Explosive.
Methyl Pinacolyloxy Phosphoryfluoride	96-64-0	4	4	6.4	Liq									DC, CO2		3		4	4	6, 8, 12	Nerve gas.
Methyl Pinacolyloxy Phosphoryfluoride	96-64-0	4	4	6.4	Liq									DC, CO2		3		4	4	6, 8, 12	Nerve gas.
N-Methyl Piperazine	109-01-3	3	3	3.5	Sol	Y			108			3	2	Fog, Alfo, DC, CO2	282	1	1	1	2	2	Amine odor. Melts @ 149°.
1-Methyl Piperazine	109-01-3	3	3	3.5	Sol	Y			108			3	2	Fog, Alfo, DC, CO2	282	1	1	1	2	2	Amine odor. Melts @ 149°.
N-Methyl Piperidine	626-67-5	3	3	3.5	.82	Y	2399	FL	<73			3	3	Fog, Alfo, DC, CO2	225	2	2	2	2	2	K2.
Methyl Piperidine	626-67-5	3	3	3.5	.82	Y	2399	FL	<73			3	3	Fog, Alfo, DC, CO2	225	2	2	2	2	2	K2.
Methyl Potassium	17814-73-2	4		1.9	Sol							3		No Water		5	10	1	4	9	K2, K11. Pyroforic.
2-Methyl Propanoic Acid	79-31-2	2		3.0	.95	Y	2529	CO	132	2.0-9.2	900	2	2	Alfo, DC, CO2	306	3	1	1	3	9, 2	Pungent odor.
Methyl Propargyl Ether	627-41-8			2.4	Liq							2	4			6	17	4	2		Explodes @ 142°. Pyroforic.

(196)

Chemical Name	CAS	Tox L	Tox S	Vap Den	Spec Grav	Wat Sol	DOT Number	DOT Cl	Flash Point	Flamma. Limit	Ign. Temp.	Disa. Atm	Disa. Fire	Extinguishing Information	Boil Point	F	R	E	S	H	Remarks
2-Methyl Propenal	78-85-3	3	4	2.4	.83	Y	2396	FL	35		869	2	3	Fog, Alfo, DC, CO2	154	2	2	2	4	2, 9	K9.
2-Methyl Propene	115-11-7	2	1	1.9			1055	FG	<14	1.8-9.6	875	2	4	Stop Gas, DC, CO2	20	2	2	4	2	1	K9. Acrid odor. TLV 10 ppm.
Methyl Propenoate	96-33-3	3	3	3.0	.96	S	1919	FL	25	2.8-25.0		2	3	Fog, Foam, DC, CO2	176	2	2, 22	2	3	9, 2	K9. Believed combustible.
Methyl Propenyl Ketone (Inhibited)	625-33-2	3	3	2.9	.86							2	1	Fog, Foam, DC, CO2	252	3	1	1	3	2	
Methyl Propionate	554-12-1	3	1	3.0	.92	S	1248	FL	28	2.5-13.0	876	3	3	Fog, Foam, DC, CO2	176	2	2	2	3		Pungent odor.
2-Methyl Propionic Acid	79-31-2	2	3	3.0	.95	Y	2529	CO	132	2.0-9.2	900	2	2	Alfo, DC, CO2	306	3	1	1	3	9, 2	
Methyl Propyl Acetylene				2.8	.73				<14					Fog, Foam, DC, CO2	185	2	2	2	2		
Methyl Propyl Benzene	25155-15-1	2	2	4.6	.86	N	2046	CL	117	.7-5.6	817	2	2	Fog, Foam, DC, CO2	349	1	1	1	2		ULC:35
Methyl Propyl Carbinol	6032-29-7			3.0	.82	S	1105	CL	105	1.2-9.0	650	2	2	Fog, Alfo, DC, CO2		1	1	2	3	10, 3	ULC: 45
Methyl Propyl Carbinylamine		3	3	3.0	.70	Y		FL	20			3	3	Fog, Alfo, DC, CO2	198	2	2	2	3		K2.
Methyl Propyl Ether				2.6	.75	S	2612	FL	<-4			2	3	Fog, Alfo, DC, CO2	102	2	2	2	3		K10.
Methyl Propyl Ketone	107-87-9	2	3	3.0	.82	S	1249	FL	45	1.5-8.2	846	2	2	Fog, Alfo, DC, CO2	216	2	2	2	2	2	TLV 200 ppm.
α-Methyl Propyl Nitrite	924-43-6	3	3	3.5	.90		2351	FL				4	3	Fog, Flood	154	2	1	2	3		Oxidizer and flammable.
1-Methyl Pyrrole	96-54-8	2	2	2.8	.91	N			61			2	3	Fog, Foam, DC, CO2	234	2	2	2	2		
Methyl Pyrrole	96-54-8	2	2	2.8	.91	N			61			2	3	Fog, Foam, DC, CO2	234	2	2	2	2		
N-Methyl Pyrrolidine		2	4	2.9	.81	S			7			4	4	Fog, Alfo, DC, CO2	180	2	2	2	3	16	K2. Ammonia odor.
Methyl Salicylate	119-36-8	2	2	5.2	1.2	N			205		850	2	1	Fog, Alfo, DC, CO2	433	1	1	1	2		ULC :25. Wintergreen odor.
Methyl Selenide	593-79-3	3		3.7	1.4							4	1	Foam, DC, CO2	136	3	6, 11, 20	2	3		K2.
o-Methyl Silicate	681-84-5	3	2	5.2	Liq		2606	FL	129	1.9-6.1	1066	2	3	Fog, Foam, DC, CO2	306	3	2	2	4		TLV 50 ppm.
Methyl Silicate	681-84-5	3	2	5.2	Liq		2606	FL	120	.7-11.0	921	2	3	Fog, Foam, DC, CO2	334	3	2	2	4	2	TLV 1 ppm. Flammable.
Methyl Sodium	18356-02-0			1.3	Var							3	3	DC, CO2		2	2	2	2		K2. K11. Pyroforic.
Methyl Stibine	23362-09-6			4.9	Var							3	4			6	17	5	2		Shock & heat sensitive. Explosive.
α-Methyl Styrene	98-83-9	2	2	4.0	.91	N	2303	CL	129	1.9-6.1	1066	2	2	Fog, Foam, DC, CO2	306	1	2	1	2		TLV 50 ppm.
Methyl Styrene	25013-15-4	3	2	4.1	.91	N	2618	CL	120	.7-11.0	921	2	2	Fog, Foam, DC, CO2	334	3	2	4	4	2	TLV 50 ppm.
Methyl Sulfate	77-78-1	4	3	4.3	1.3	N	1595	PB	182		370	3	3	Fog, Foam, DC, CO2	370	3	1	4	3	5, 4	K24. TLV 1 ppm. Onion odor.
Methyl Sulfide	75-18-3	4	2	2.1	.85	N	1164	FL	-29	2.2-19.7	403	3	3	Fog, Foam, DC, CO2	99	2	2	3	3	3	K1, K24. Volatile, foul odor.
Methyl Sulfide Compound with Borane	13292-87-0			2.7	Liq			EX				4	4	DC, CO2		3		1	4	3	K2.
Methyl Sulfoxide	67-68-5	2	3	2.7	Sol	Y			203	2.6-42.0	419	2	0	Fog, Alfo, DC, CO2	372	3	2, 21	1	3	5, 2	K2. Melts @ 65°.
Methyl Systox (Trade name)	8022-00-2	4	4		Liq	S		PB				3	1	Foam, DC, CO2		3		1	3	12, 9	K2, K12. NCF.
Methyl Toluene Sulfonate	80-48-8			6.5	Cry	N			306			3	1	Foam, DC, CO2		3		1	3	3, 9	K2. Melts @ 82°.
Methyl Tosylate	80-48-8			6.5	Sol				306			3	1	Foam, DC, CO2		3		1	3	3, 9	K2. Melts @ 82°.
Methyl Trichloroacetate	598-99-2	3		6.2	Sol		2533	PB				3	3	Foam, DC, CO2		3		2	2	9	K2.
Methyl Trichlorosilane	75-79-6	4	2	5.2	1.3		1250	FL	15	7.6-20.0	760	3	3	DC, CO2, No Water	151	2	8, 2	4	4	2	K2, K24.
Methyl Triethoxysilane	2031-67-6			6.1	.89							2	1	Foam, DC, CO2		2	17	4	5	2	K3. Explodes.
Methyl Trifluorovinyl Ether	3823-94-7			3.9	Gas							3	4			6	17	5	2		Explosive.
Methyl Trimethylol Methane Trinitrate				>1.	Sol			EX				4	4			6	17	4	2		K3. Explosive.
Methyl Trinitrobenzene		3	3	>1.	Cry							4	4	Foam, DC, CO2		3		5	4		K2.
Methyl Trithion (Trade name)	953-17-3	3	4	10.	Pdr							4	3	Foam, DC, CO2		3		1	4		K2, K12. NCF.
2-Methyl Valeraldehyde	108-22-5	1	2	3.5	.80		2367	FL	62		390	3	3	Fog, Alfo, DC, CO2	240	2	2	1	3	12, 9	
Methyl Vinyl Acetate		2	2	3.5	.92	S	2403	FL	60		808	2	3	Fog, Alfo, DC, CO2	206	2	22, 2	4	2		
Methyl Vinyl Ether	107-25-5	3	3	2.0	Gas		1087	FG	-60	2.6-39.0	549	2	4	Stop Gas, Fog, DC, CO2	43	2	2	2	2	1	K9, K10 (uninhibited).

(197)

Chemical Name	CAS	Tox L	Tox S	Vap Den.	Spec Grav.	Wat Sol	DOT Number	Cl	Flash Point	Flamma. Limit	Ign. Temp.	Disa Atm	Disa Fire	Extinguishing Information	Boil Point	F	R	E	S	H	Remarks
Methyl Vinyl Ketone	78-94-4	4	3	2.4	.84	Y	1251	FL	20	2.1-15.6	915		3	Fog, Alfo, CO2, DC	178	3	2	2	4	3	K9. Strong odor.
Methyl Vinyl Sulfone	3680-02-2		4	3.7	Liq							3		Foam, DC, CO2		3		1	4	2	K2.
Methyl((Methoxymethyl)phosphinothioyl)Thio)Acetyl)Methylcarbamate	29173-31-7	3		9.5	Sol	N						4		Foam, DC, CO2		3		1	3	12, 9	K2, K12. Melts @ 97°.
Methyl-(β-Hydroxyethyl)Amine	109-83-1	2	2	2.9	.94	Y			165			3	2	Fog, Alfo, DC, CO2	320	3	1	1	3	3	K2. Fishy odor. Corrodes metals.
2-Methyl-1,2,3,6-Tetrahydrobenzaldehyde	89-94-1		3	4.3	Liq							2	2	Foam, DC, CO2		3		1	2		K2.
3-Methyl-1,2,4-Trioxolane	38787-96-1			3.1	Liq							2	4			6	17	4	2		High oxidixer. Explodes @ room temperature.
Methyl-1,2,5,6-Tetrahydro-1-Methylnicotinate	63-75-2	3	3	5.3	Liq	Y						4	2	Fog, Alfo, DC, CO2		3		1	3	3	K2. Combustible.
Methyl-1,3-Butylene Glycol Acetate	4435-53-4	2		5.0	.96	S	2708	FL	170			2	2	Fog, Alfo, DC, CO2	275	1		1	2	2	Acrid odor.
((2-Methyl),1,3-Dioxolan-4-yl))Methyl)Trimethylammonium Chloride		4		6.8	Var							3		Foam, DC, CO2		3		1	4		K2.
4-Methyl-1,3-Pendadiene	926-56-7	2	2	2.8	.72		2461	FL	-29			2	3	Fog, Foam, DC, CO2	167	2	2	2	2		
2-Methyl-1,3-Pentadiene	1118-58-7	2	3	2.9	.72		2461	FL	<-4			2	3	Fog, Foam, DC, CO2	167	2	2	1	3	11	
2-Methyl-1,4-Butanediol	2938-98-9		2	3.6	Liq							2		Foam, DC, CO2		3		1	3	2	
3-Methyl-1,5-Pentanediol	4457-71-0			4.0	.98	Y						2	1	Fog, Foam, DC, CO2	478	1		1	2		
2-Methyl-1,3-Dioxolane		3	3	3.0	1.0	S						2	1	Fog, Alfo, DC, CO2		3		1	3	2	Burnable.
3-Methyl-1,3-Pentanediol			2	4.0	.97	Y			230			2	1	Foam, DC, CO2	419	2		1	2		
3-Methyl-1-Butanol	123-51-3	2	2	3.0	.81	S	1105	CL	109	1.2-9.0	662	2	2	Fog, Alfo, DC, CO2	270	3	1	1	3	2	ULC: 40. TLV 100 ppm. Pungent odor.
3-Methyl-1-Butanol Acetate	123-92-2	2	2	4.5	.88	S		FL	77	1.0-7.5	680	2	3	Fog, Foam, DC, CO2	288	2	1	2	2		Banana Odor, ULC: 60, TLV 100 ppm
2-Methyl-1-Buten-3-yne	78-80-8	2	2	2.3	.70	N			<19			2	3	Fog, Foam, DC, CO2	92	2	2	2	2	1	
3-Methyl-1-Butene	563-45-1	2	2	2.4	.63	N	2561	FL	19	1.5-9.1	689	2	3	Fog, Foam, DC, CO2	88	2	1	2	2	11	Volatile. Disagreeable odor.
2-Methyl-1-Butene	563-46-2	2	2	2.9	.70	N	2459	FL	-4			2	3	Foam, DC, CO2	100	2	1	2	2	11	Volatile.
4-Methyl-1-Pentene		2	2	2.9	.66	N			19		572	2	3	Fog, Foam, DC, CO2	129	2	2	2	2	11	
2-Methyl-1-Pentene	763-29-1	2	2	4.0	.68	N			-18		572	2	3	Fog, Foam, DC, CO2	144	2	1	2	2	11	
3-Methyl-1-Pentyn-3-ol	77-75-8			3.4	.87	Y			101	.7-4.0	471	2	2	Fog, Alfo, DC, CO2	252	1	1	1	3	9	Acrid odor.
2-Methyl-1-Phenyl-2-Propyl Hydroperoxide	1944-83-8		2	5.7	Var							2	2	Fog, Flood		2	23	1	2	2	High oxidixer.
2-Methyl-1-Propanethiol	513-44-0			3.1	.84	N			15			3	3	Fog, Foam, DC, CO2	190	2	2	1	2	2	K2. Skunk odor.
2-Methyl-1-Propanol	78-83-1	3	2	2.6	.81	Y	1212	FL	82	1.2-10.9	780	2	3	Fog, Foam, DC, CO2	226	2	1	2	2	2	ULC: 45. Mild odor.
1-Methyl-1-Propylethylene	763-29-1	2	2	2.9	.68	N			-18		572	2	3	Fog, Foam, DC, CO2	144	2	2	1	2	11	
2-Methyl-2,4-Pentanediol	107-41-5		2	4.1	.92	Y			205			2		Foam, DC, CO2	387	1		1	2	11	TLV 25 ppm
1-Methyl-2-(3-Pyridyl)Pyrrolidine	54-11-5	4	2	5.6	1.0	Y	1654	PB		.7-4.0		4	2	Fog, Alfo, DC, CO2	475	3		1	4	5, 9	K2, K24.
3-Methyl-2-Butanethiol	75-85-4		3	3.6	.84	N			37			3	3	Fog, Foam, DC, CO2		2	1	2	2	2	Foul odor.
3-Methyl-2-Butanol	556-82-1	2	3	3.0	.81	S	1105	FL	67	1.2-9.0	819	2	3	Fog, Foam, DC, CO2	215	2	1	2	3	11	
3-Methyl-2-Buten-1-ol				3.0	Liq				-50			2	3	Fog, Foam, DC, CO2		2		2	2	2	Volatile.
2-Methyl-2-Butene	513-35-9	2	2	2.4	.64	N	2460	FL	0	1.5-8.7	527	2	3	Fog, Foam, DC, CO2	101	3	2	3	3	11	K2. Foul odor.
Methyl-2-Chloroacylate	80-63-7	3		4.2	.64	N	1108	FL				3	3	Fog, Foam, DC, CO2	86	2	2	3	3	11	K2, K24.
Methyl-2-Cyanoacrylate	137-05-3	3		3.9	1.1	N						3		Foam, DC, CO2	118	3		3	3	2	K2. TLV 2 ppm.
2-Methyl-2-Ethyl-1,3-Dioxolane	110-12-3	2	2	4.0	.94	N			74			2	3	Fog, Foam, DC, CO2	244	2	2	2	2	2	Pleasant odor.
Methyl-2-Nitrobenzene Diazoate	62375-91-1	2		3.9	.81	S	2302	FL	96	1.0-8.2	375	3	4	Fog, Alfo, DC, CO2	291	6	17	5	2	2	K22. Explodes.

(198)

Chemical Name	CAS	Tox L	Tox S	Vap Den.	Spec Grav.	Wat Sol.	DOT Number	Cl	Flash Point	Flamma. Limit	Ign. Temp.	Disa Atm	Fire	Extinguishing Information	Boil Point	F	R	E	S	H	Remarks
Methyl-2-Octanoate	111-12-6	2	3	5.4	.92				190			2	2	Fog, Alfo, DC, CO2		1	1	1	2		Violet odor.
5-Methyl-2-Octanone		2	3	4.9	.83	N			140			2	2	Fog, Alfo, DC, CO2	361	1	1	1	2		
Methyl-2-Octinate	111-12-6	2	3	5.4	.92				190			2	2	Fog, Alfo, DC, CO2		1	1	1	2		Violet odor.
Methyl-2-Octylnoate	111-12-6	2	3	5.4	.92				190			2	2	Fog, Alfo, DC, CO2		1	1	1	2		Violet odor.
Methyl-2-Octynoate	111-12-6	2	3	5.4	.92				190			2	2	Fog, Alfo, DC, CO2		1	1	1	2		Violet odor.
4-Methyl-2-Pentanol Acetate	108-84-9	2	2	5.0	.86	N	1233	CL	113			2	2	Fog, Foam, DC, CO2	295	2	1	2	2	11, 2	Pleasant odor. TLV 50 ppm.
2-Methyl-2-Pentanol-4-One	123-42-2	2	3	4.0	.93	Y	1148	FL	>73	1.8-6.9	1118	3	3	Fog, Alfo, DC, CO2	328	2	2	2	3	11	Pleasant odor. Keep sealed. Pleasant odor. TLV 50 ppm.
4-Methyl-2-Pentanone	108-10-1	2	3	3.5	.80	S	1245	FL	64	1.2-8.0	840	3	3	Fog, Alfo, DC, CO2	244	2	3	2	2	11	
3-Methyl-2-Penten-4-yn-1-ol	105-29-3			3.4	Liq							2	3	Fog,		2	22, 13, 14	2	2		Decomposes @ 311°.
trans-4-Methyl-2-Pentene	4461-48-7			2.9	.68	N			-20			2	3	Foam, Alfo, DC, CO2		2	2	1	2		
4-Methyl-2-Pentene		2	2	2.9	.67	N			<20			2	2	Fog, Foam, DC, CO2	136	2	1	2	2	11	
2-Methyl-2-Phenylpropane	98-06-6	2		4.6	.87	N	2709	CL	140	.7-5.7	842	2	2	Fog, Foam, DC, CO2	336	1	1	1	1		Skunk odor.
2-Methyl-2-Propanethiol	75-66-1	3		3.0	.80	N	2347	FL	-15			2	3	Fog, Alfo, DC, CO2	147	2	2, 11	1	2	2	Melts @ 78°. Camphor odor. TLV 100 ppm.
2-Methyl-2-Propanol	75-65-0	3		2.5	.79	Y	1120	FL	52	2.4-8.0	892	2	3	Fog, Alfo, DC, CO2	181	3	1	2	3		
2-Methyl-3,3,4,5-Tetrafluoro-2-Butanol	29553-26-2	3		5.6	Liq								3	Foam, DC, CO2		3	1	1	2		K2.
1-Methyl-3,5-Diethylbenzene				5.1	.86						851	3	2	Fog, Foam, DC, CO2	394	1	1	1	2		K2.
3-Methyl-3-Buten-1-Ynltriethyl lead				12.	Liq								4								Explodes w/fast heat.
2-Methyl-3-Butyn-2-ol	115-19-5	2	2	2.5	.87	Y			<70			3	3	Fog, Alfo, DC, CO2	219	6	17	2	3		
(Methyl-3-Cyclohexenyl)Methanol	17264-01-6		3	4.4	Liq							2	2	Foam, DC, CO2		3	1	2	3	9	
2-Methyl-3-Ethylpentane		2	1	3.9	.72				<70		860		2	Fog, Foam, DC, CO2	241	2	1	1	1		Fruity odor.
5-Methyl-3-Heptanone	541-85-5	3	3	4.5	.82	Y	2271	CL	138			2	3	Foam, DC, CO2	315	3	1	1	3	11	
5-Methyl-3-Hexen-2-One	5166-53-0	3	3	3.9	Liq							2	2	Foam, DC, CO2		2	1	1	2		
Methyl-3-Hydroxybutyrate	1487-49-6	2	2	4.1	1.1	Y			180			2	2	Fog, Alfo, DC, CO2	347	1	1	2	2	3	
4-Methyl-3-Methoxy Carbonylazocrotonate	63160-33-8			6.5	Liq							3	3			6	16	3	2		K9, K22.
1-Methyl-3-Nitrobenzene Sulfonic Acid	97-06-3			7.6	Sol							3	3			2	16	3	2		RVW heat @ 338°.
1-Methyl-3-Nitroguanidinium Nitrate				6.3	Sol							3	4			6	17	5	2		Impact-sensitive. Explodes.
1-Methyl-3-Nitroguanidinium Perchlorate				7.7	Sol							3	4			6	17	5	2		Impact-sensitive. Explodes.
4-Methyl-3-Penten-2-One	141-79-7	3	3	3.4	.85	S	1229	FL	87		652	2	3	Fog, Alfo, DC, CO2	266	2	11	2	3	11, 5, 3	Honey odor. TLV 15 ppm.
4-Methyl-4,6-Dinitrophenol	534-52-1	4	4	6.8	Sol	N	1598	PB				3	0	Fog, Foam, DC, CO2		3	1	4	4	5	K12, K24. Melt @ 187°. NCF.
Methyl-4-Bromobenzenediazoate	67880-26-6			7.5	Var							3	4			6	17	5	2		K3. Explodes.
3-Methyl-4-Ethylhexane		2	2	4.4	.73				75			2	2	Fog, Foam, DC, CO2	284	2	1	2	2		
2-Methyl-4-Ethylhexane		2	2	4.4	.74			FL	<70	.7	536	2	3	Fog, Foam, DC, CO2	273	2	1	2	2		
3-Methyl-4-Nitro-1-Buten-3-yl Acetate	61447-07-2			6.0	Var							3	3			2	16	2	2		RVW Heat >212°.
1-Methyl-4-tert-Butylpyridine	98-51-1	3	3	5.1	.86	N	2300	CO	155			2	2	Fog, Foam, DC, CO2	380	3	1	1	3	2	TLV 10 ppm. Gasoline odor.
Methyl-5-(2,4-Dichlorophenoxy)-2-Nitrobenzoate			3	>1.	Sol	N						3									K2, K12.
2-Methyl-5-Ethyl Piperidine		2	2	4.4	.80	S			126			3	3	Fog, Foam, DC, CO2	326	1	1	1	2		K2.
2-Methyl-5-Ethyl Pyridine	104-90-5	2	2	4.2	.92	N	2300	CO	155	1.1-6.6		2	2	Fog, Foam, DC, CO2	352	3	2	1	3	2	K2. Acrid odor.
2-Methyl-5-Hexen-3-Yn-2-Ol	690-94-8	4		3.8	Liq							2	2	Foam, DC, CO2		3		1	4		
2-Methyl-5-Vinylpyridine	140-76-1	4	3	4.2	Liq	N							3	Foam, DC, CO2		3		1	4		K24.

(199)

Chemical Name	CAS	Tox L	Tox S	Vap Den.	Spec Grav.	Wat Sol.	DOT Number	DOT Cl	Flash Point	Flamma. Limit	Ign. Temp.	Disa. Atm	Disa. Fire	Extinguishing Information	Boil Point	F	R	E	S	H	Remarks
4-Methyl-7-Hydroxycoumarin	299-45-6	3		11.	Cry	N							4	Foam, DC, CO2	410	3		1	2	9, 12	K2, K12. Melts @ 100°.
3-Methyl-Bis(2-Chloroethyl)-Amine Hydrochloride	63915-54-8	4		11.	Var								4	Foam, DC, CO2		3		1	4		K2.
Mercaptoethyl)Amine Hydrochloride																					
N-Methyl-N'-Nitro-N-Nitrosoguanidine	70-25-7			5.1	Cry			FS				4	4			6	17, 2	5	2	9	Heat and impact sensitive. Explosive.
N-Methyl-N-(1-Naphthyl)Fluoroacetamide	5903-13-9	4		7.6	Var							4		Foam, DC, CO2		3		1	4	9	K2.
N-Methyl-N-(β-Chloroethyl)-N-Nitrosocarbamate	13589-15-6	4		5.8	Var							4		Foam, DC, CO2		3		1	4	9, 2, 12	K2.
Methyl-N-n-Butanoate	623-42-7	2		3.3	.90	S	1237	FL	57			2	3	Fog, Alfo, DC, CO2	215	2	2	2	3	11	K2.
Methyl-n-Butyl Ketone	591-78-6	3		3.4	.83	S		FL	77	1.2-8.0	795	2	3	Fog, Alfo, DC, CO2		3	1	2	3		K2.
N-Methyl-N-Hydroxyethylaniline	93-90-3			5.3	Var							3		Foam, DC, CO2		3		1	3	2	K2.
N-Methyl-N-Nitrosoethyl Carbamate	615-53-2	3		4.6	Var							3	4			6	17	5	2	9, 12	K3, K22. Unstable >59°. Explosive.
N-Methyl-N-Nitrosourea	684-93-5			3.6	Var							3	4			6	17	4	2	9	K3. Explodes.
N-Methyl-N-Vinylacetamide	3195-78-6		3	3.5	Var							3		Foam, DC, CO2		3		1	1		K2.
N-Methyl-O,O-Dimethylthiolophosphoryl-5-Thia-3-Methyl-2-Valeramide	2275-23-2	4		10.	Cry	N						4		Foam, DC, CO2		3		1	4	9, 12	K12. Melts @ 104°.
Methyl-p-Cresol	104-93-8			4.2	.97				140			2	2	Fog, Foam, DC, CO2		1	1	1	2		Floral odor.
Methyl-p-Methylbenzenesulfonate	80-48-8	3		6.5	Cry	N			306			3	1	Foam, DC, CO2		3		1	3	3, 9	K2. Melts @ 82°.
Methyl-tert-Butyl Ether	1634-04-4			3.1	.74		2398	FL				2	3	Fog, Alfo, DC, CO2	131	2	2	2	2	9	K10.
Methyl-γ-Fluoro-β-Hydroxybutyrate	63904-99-4	4		4.8	Liq							3		Foam, DC, CO2		3		1	4		K2.
Methyl-γ-Fluoro-β-Hydroxythiolbutyrate	63732-23-0	4		5.3	Liq							3		Foam, DC, CO2		3		1	4		K2.
Methyl-γ-Fluorocrotonate	2367-25-1	4		4.1	Liq							3		Foam, DC, CO2		3		1	4		K2.
Methyl-β-Acetoxyethyl-β-Chloroethylamine	36375-30-1	3		6.3	Var							4		Foam, DC, CO2		3		1	4		K2.
Methylacetoxymalononitrile	7790-01-4	3	4	4.8	Var							3		Foam, DC, CO2		3		1	4	9	K5.
Methylacrylaldehyde	78-85-3	3		2.4	.83	Y	2396	FL	35			2	3	Fog, Alfo, DC, CO2	154	3	2	2	2	2, 9	K9.
Methylacrylaldehyde Oxime	28051-68-5			3.0	Liq							3		Foam, DC, CO2		3	16	2	4		K10, K22.
Methylacrylonitrile	126-98-7	4	4	2.3	.81	S	1060	FG	34	2.0-6.8		4	3	Fog, Foam, DC, CO2	194	3	2	2	4	9	K2, K24. TLV 1 ppm.
Methylactylene-propadiene Mixture (Stabilized)	59355-75-8	2	2	>1.	Gas	N						2		Stop Gas, Fog, DC, CO2	-38	2	2	4	2	1	TLV 1000 ppm. May be anesthetic.
Methylal	109-87-5	2		2.6	.86	Y	1234	FL	0		459	2	3	Fog, Alfo, DC, CO2	108	2	2	2	4	11	Pungent odor. TLV 1000 ppm.
Methylamine (Anhydrous)	74-89-5	3	4	1.1	Gas	Y	1061	FG	14	4.9-21.0	806	2	3	Alfo, CO2, DC, Stop Gas	21	2	2	4	4	2	K16, K2. Ammonia odor.
Methylamine (Aqueous Solution)		3	4	1.1	Liq	Y	1235	FL	34	4.9-21.0	806	3	3	Fog, Alfo, DC, CO2		2	2	2	4	2	K2. Fishy odor.
Methylamine Dinitramine				>1.	Var								4			6	17	5	2		
Methylamine Nitroform				>1.	Var								4			6	17	5	2		
Methylamine Perchlorate				>1.	Var								4			6	17	5	2		
4-Methylaminobenzene-1,3-Bis-(Sulfonyl Azide)	87425-02-3			11.	Var							3	4			6	17	5	2		K3. Explodes.
Methylammonium Chlorite				3.5	Liq							3				6		3	2		RXW concentrated in solution.
Methylammonium Nitrate	1941-24-8			3.3	Liq							3				3		3	2		RXW copper or rust.
Methylammonium Perchlorate	16875-44-2			4.6	Liq							3				6		3	2		RXW concentrated in solution.
4-Methylaniline	106-49-0	3		3.9	Sol	Y	1708	PB	188		900	4	2	Fog, Alfo, DC, CO2	393	3	2	1	3	9, 2	K2. Melts @ 112°. TLV 2 ppm (skin).

(200)

Chemical Name	CAS	Tox L S	Vap Den.	Spec Grav.	Wat Sol.	DOT Number	Flash Point	Flamma. Limit	Ign. Temp.	Disa. Atm Fire	Extinguishing Information	Boil Point	F	R	E	S	H	Remarks
p-Methylaniline	106-49-0	3	3.9	Sol	Y	1708 PB	188		900	4 2	Fog, Alfo, DC, CO2	393	3	2	1	3	9, 2	K2. Melts @ 112°. TLV 2 ppm (skin)
2-Methylaniline	95-53-4	3	3.7	1.0	S	1708 PB	185		900	4 2	Fog, Alfo, DC, CO2	392	3	1	1	3	9, 2	K2. RVW-RFNA. TLV 2 ppm (skin)
o-Methylaniline	95-53-4	3	3.7	1.0	S	1708 PB	185		900	4 2	Fog, Alfo, DC, CO2	392	3	1	1	3	9, 2	K2. RVW-RFNA. TLV 2 ppm (skin)
N-Methylaniline	100-61-8	4	3.9	.99	S	2294 PB	185		900	3 2	Fog, Alfo, DC, CO2	381	3	1	1	4	5, 9	K2. TLV 2 ppm (skin)
Methylanilline	100-61-8	4	3.9	.99	S	2294 PB	185		900	3 2	Fog, Alfo, DC, CO2	381	3	1	1	4	5, 9	K2. TLV 2 ppm (skin)
p-Methylanisole	104-93-8		4.2	.97		1556 PA	140			2 2	Fog, Foam, DC, CO2	273	1		2	2	8	K2. RXW chlorine.
Methylarsenic Dichloride	2533-82-6	3	4.3	Liq			>221			4	Foam, DC, CO2		3		1	3	9	Floral odor.
N-Methylarsenic Sulfide	100-61-8	4	3.9	.99	S	2294 PB	185		900	3 2	Fog, Alfo, DC, CO2	381	3	1	1	4	5, 9	K2. TLV 2 ppm (skin)
α-Methylbenzyl Acetate	589-18-4	2 2	4.2	1.0	S	2294 PB	178			3 2	Fog, Foam, DC, CO2	399	3		1	2	3	Floral odor.
o-Methylbenzyl Bromide	28258-59-5	4	5.2	1.4		2937	200			3 2	Foam, DC, CO2	414	3		1	3	3	K2. RVW Iron @ 131°.
4-Methylbenzyl Chloride	104-82-5	4	4.8	.90	S	1701 IR				3	Foam, DC, CO2	384	1		1	2	3	K2.
α-Methylbenzyl Dimethylamine	7700-17-6	3	11.	1.2	N		175			4 0	Fog, Foam, DC, CO2	275	3		1	3	12	K12. NCF.
α-Methylbenzyl-3-Hydroxy-Crotonate Dimethyl Phosphate			8.4	Var						3	DC, CO2		2	2	2	2		K11. Pyroforic.
Methylbismuth Oxide			3.0	.81	S		23			3 3	Fog, Alfo, DC, CO2	250	2	2	2	3		Apple odor.
3-Methylbutanal	590-86-3	2 3	2.5	.62	N	1265 FL	−70	1.4-7.6	788	2 3	Fog, Foam, DC, CO2	82	2	2	3	2	10	Volatile. Disagreeable odor.
2-Methylbutane	78-78-4	2 2	2.4	.63	N	2561 FL	19	1.5-9.1	689	2 3	Fog, Alfo, DC, CO2	88	2	1	2	4		K2.
Methylbutene	563-45-1	4	4.1	Liq						3	Foam, DC, CO2		3		2	4	9	Apple odor.
Methylbutylnitrosamine	7068-83-9	2 3	3.0	.81	S		23			2 3	Fog, Alfo, DC, CO2	250	2	2	2	3		Bad-cheese odor. Burnable.
2-Methylbutyraldehyde	590-86-3	2 4	3.5	.93	N	1760 CO			781	3 1	Fog, Foam, DC, CO2	361	3		1	4	2	K12. Melts @ 188°. NCF.
3-Methylbutyric Acid	503-74-2		7.2	Cry	S					3 0	Foam, DC, CO2		3		1	4	12	K12. K24. Melts @ 168°. NCF.
Methylcarbamic Acid-m-Cym-5-yl-Ester	2631-37-0	3	5.8	Sol	N					3	Foam, DC, CO2		3		1	4	9, 12	
Methylcarbamic Acid-m-Tolyl Ester	1129-41-5			Var						3	Foam, DC, CO2		3		1	4	2, 12	
Methylcarbamoylethyl Acrylate	59163-97-2	4	2.2	Liq						4 0	Foam, DC, CO2	69	3		2	2	13	K2. NCF.
Methylcarbonyl Fluoride	557-99-3	4	3.4	.79	N	2296 FL	25	1.2-6.7	482	3 3	Fog, Foam, DC, CO2	212	2	2	2	4	9, 3, 16	TLV 400 ppm.
Methylcyclohexane	108-87-2	2	4.0	.86	S					3	Stop Gas		6	17	5	1	2	K3. Explodes.
Methylcyclohexylamine	100-60-7	2 3	2.0	Gas						2 1	Fog, Foam, DC, CO2	252	3		1	3		Burnable.
3-Methyldiazirine	765-31-1		3.9	.72	Y					3 1	Fog, Foam, DC, CO2	252	2	2	1	2	9	K2. Melts @ 320°.
Methyldioxolane		3 3		1.0		FL				4	Foam, DC, CO2		3		1	4		K2.
Methyldipropylmethane	70-30-4	3	14.	Cry	N	2875 PB				4 1	Foam, DC, CO2		3		1	3	2	Melts @ 99°. TLV < 1 ppm.
2,2'-Methylene Bis(3,4,6-Trichlorophenol)	5124-30-1	4	9.2	Var	S	2489 PB				3 1	Fog, Alfo, DC, CO2		3		1	4	2	
Methylene Bis(4-Cyclohexylisocyanate)	101-68-8	4	8.6	Sol			396			3 4			6		5	5	2	Explodes @ 422°.
Methylene Bis(4-Phenylisocyanate)	14168-44-6		4.8	Cry						3 0	Fog, Foam, DC, CO2	205	3		1	3	9, 2	K2. NCF.
Methylene Bis(Nitramine)	74-95-3	2 2	6.0	2.5	S	2664 PB				3 0	Fog, Foam, DC, CO2	104	1	20	1	2	10, 2	K7. RW active metals. NCF @ ordinary temp. Ether odor. TLV 100 ppm.
Methylene Bromide	74-95-3	2 2	6.0	2.5	S	2664 PB				3 0	Fog, Foam, DC, CO2	205	3		1	3	9, 2	K2. NCF.
Methylene Chloride	75-09-2	2 1	2.9	1.3	N	1593 OM				4 1			1					
Methylene Chlorobromide	74-97-5	3 3	4.4	1.9	N	1887 OM				4 0		154	3		1	3	3, 11	Sweet odor. Halon 1011. TLV 200 ppm. NCF.

(201)

Chemical Name	CAS	Tox L	Tox S	Vap Den.	Spec Grav.	Wat Sol.	DOT Number	DOT Cl	Flash Point	Flamma. Limit	Ign. Temp.	Disa. Atm	Disa. Fire	Extinguishing Information	Boil Point	F	R	E	S	H	Remarks
Methylene Cyanide	109-77-3	4		2.3	Pdr	Y	2647	PB	266			4	1	Fog, Alfo, DC, CO2	428	3	22	2	4	2	K5, K22. Melts @ 87°. R22 w/Bases.
p,p'-Methylene Dianiline	101-77-7	4		6.8	Sol	S	2651	PB	428			4	1	Fog, Alfo, DC, CO2	748	3		1	3		Melts @ 198°. Amine odor. TLV <1ppm.
Methylene Dibromide	74-95-3	2	2	6.0	2.5	S	2664	PB				3	0	Fog, Foam, DC, CO2	205	3		1	3	9, 2	K2. NCF.
Methylene Diisocyanate	4747-90-4			3.4	Liq				185			3	2	Foam, DC, CO2		3	6	1	2		K2. RVW dimethyl formamide.
Methylene Dimethyl Ether	109-87-5	2	2	2.6	.86	Y	1234	FL	0		459	2	3	Fog, Alfo, DC, CO2	108	2	2	2	2	11	Pungent odor. TLV 1000 ppm.
Methylene Diphenylene Diisocyanate	101-68-8	4		8.6	Sol		2489	PB	396			3	1	Fog, Alfo, DC, CO2		3		2	4	2	Melts @ 99°. TLV <1 ppm.
Methylene Glycol Dinitrate				>1.	Var							4				3		5	2		K3.
Methylene Oxide	50-00-0	3	2	1.1	.82	Y	2209	CL	122		806	3	2	Fog, Alfo, DC, CO2	214	3	2	1	3	9	(15% methanol-free)
2,2'-Methylene-Bis(3,4,6-Trichlorophenol)	70-30-4	3	3	14.	Cry	N	2875	PB				4	1	Foam, DC, CO2		3		1	2	9	K2. Melts @ 320°.
N,N'-Methylenebis(2-Amino-1,3,4-Thiadiazole)	26907-37-9	3	3	7.5	Var							3		Foam, DC, CO2		3		1	3	9	K2.
4,4'-Methylenedianiline	101-77-9	4		6.8	Sol	S	2651	PB	428			4	1	Fog, Alfo, DC, CO2	748	3		1	3		Melts @ 198°. Amine odor. TLV <1ppm.
Methylenedianiline	101-77-9	4		6.8	Sol	S	2651	PB	428			4	1	Fog, Alfo, DC, CO2	748	3		2	3		Melts @ 198°. Amine odor. TLV <1ppm.
Methylenediithium	21473-42-1			1.0	Liq							3	3	DC, CO2		2	2	2	2		K11. Pyrofortic.
Methylenemagnesium	25382-52-9			1.3	Liq							3	3	DC, CO2		2	2	2	2		K2, K11. Pyrofortic.
sym-Methylethyl Ethylene				2.4	.65	N		FL	-4			2	2	Foam, DC, CO2							
Methylethyl Thiophos	2591-57-3	4		8.6	Liq							3		Foam, Foam, DC, CO2		3		1	4	9	K2.
3-(1-Methylethyl)-1H-2,1,3-Benzothiazain-4(3H)-One-2,2-Dioxide	25057-89-0	3		8.4	Sol							4		Foam, DC, CO2		3		1	3		K12. Melts @ 280°.
(E)-1-Methylethyl-3-((Ethylamino)-Methoxyphosphinothioyl)Oxy-2-Butenoate	31218-83-4	3		9.8	1.1							4		Foam, DC, CO2	189	3		1	3	9, 12	K2, K12.
1-Methylethylamine	75-31-0	2	3	2.0	.69	Y	1221	FL	-35	2.0-11.1	756	3	4	Fog, Alfo, DC, CO2	89	2	2	3	3	11	Ammonia odor. TLV 5 ppm.
Methylethylene	115-07-1	2	2	1.5	Gas	Y	1077	FG	-54	2.8-37.0	851	2	4	Stop Gas, Fog, DC, CO2	-54	2	2	4	2	1	K24. RVW nitrogen oxides.
Methylethylene Oxide	75-56-9	3	3	2.0	.83	Y	1280	FL	-35	1.1-6.0	840	3	3	Fog, Alfo, DC, CO2	93	2	2, 14	3	2	2	Ether odor. TLV 20 ppm.
2-Methylethylenimine	75-55-8	3	4	2.0	.65		1921	FL	14			3	3	Foam, DC, CO2		2	2	2	4	9, 2	K2, K9, K22, K24. RXW-acids. TLV 2 ppm (skin).
Methylethylenimine	75-55-8	3	4	2.0	Liq		1921	FL	14			3	3	Foam, DC, CO2		2	2	2	4	9, 2	K2, K9, K22, K24. RXW-acids. TLV 2 ppm (skin).
N-Methylformamide	123-39-7			2.1	Liq				<72			3	3	Foam, DC, CO2		2	1	2	2		K2.
Methylformamide	123-39-7			2.1	Liq				<72			3	3	Foam, DC, CO2		2	1	2	2		K2.
Methylfuran	534-22-5	3	3	2.8	.91	N	2301	FL	-22			2	3	Fog, Foam, DC, CO2	147	2	2	3	2	9	Ether odor.
α-Methylglucoside Tetranitrate				>1.	Var							4				6	17	5	2		K3.
α-Methylglyceryl Trinitrate				>1.	Var							4				6	17	5	2		K3.
4-Methylheptane		3	1	3.9	.72	N		FL				3	3	Fog, Foam, DC, CO2	252	2	2	2	2		
3-Methylheptane		3	1	3.9	.71	N		FL				3	3	Fog, Foam, DC, CO2	246	2	2	2	2		
2-Methylheptane	540-84-1	2	1	3.9	.69	N	1262	FL	10	1.1-6.0	779	2	3	Fog, Alfo, DC, CO2	210	2	3	2	2	11	Gasoline odor.
Methylheptenone	541-85-5	3	3	4.5	.82	Y	2271	FL	138			2	3	Fog, Alfo, DC, CO2	315	3	1	1	3	11	Fruity odor.
3-Methylhexane		2	1	3.5	.69							2	3	Fog, Foam, DC, CO2	198	2	2	2	2		
2-Methylhexane	591-76-4	2	1	3.4	.68	N	2287	FL	<0	1.0-6.0	536	2	3	Fog, Foam, DC, CO2	194	2	1	2	2		
Methylhexanone	110-12-3	2	2	3.9	.81	S	2302	FL	96	1.0-8.2	375	2	2	Fog, Alfo, DC, CO2	291	2	2	2	2		Pleasant odor.

Chemical Name	CAS	Tox L	Tox S	Vap Den.	Spec Grav.	Wat Sol.	DOT Number	Cl	Flash Point	Flamma. Limit	Ign. Temp.	Disa Atm	Disa Fire	Extinguishing Information	Boil Point	F	R	E	S	H	Remarks
DD-Methylisothiocyanate	8066-01-1	3		10.	Var								4	Foam, DC, CO2	248	3		1	2	9	K2.
2-Methyllactonitrile	75-86-5	4	4	2.9	.93	Y	1541	PB	165	2.2-12.0	1270	4	1	Fog, Alfo, DC, CO2	248	3	1	2	4		K1, K7, K22, K24.
Methyllactonitrile	75-86-5	4	4	2.9	.93	Y	1541	PB	165	2.2-12.0	1270	4	1	Fog, Alfo, DC, CO2	248	3	1	2	4		K1, K7, K22, K24.
Methyllithium (in Ether)	917-54-4			.8	Liq			FL					3	DC, CO2		3		2	2		K11. Pyrotoric.
Methylmagnesium Iodide	917-54-6			5.8	Liq								3	DC, CO2		2		2	2		K2. May be pyrotoric.
Methylmercuric Dicyandiamide	502-39-6			10.	Liq	N							4	Foam, DC, CO2		3		1	2	9	K2, K12, K24.
Methylmercury Acetate		3	3	>1.	Var								3	Foam, DC, CO2		3		1	2	9, 5	K2, K12.
Methylmercury Cyanide	2597-97-9	3	3	>1.	Cry	Y							3	Foam, DC, CO2		3		1	2	9, 5	K2, K12. Melts @ 203°.
Methylmercury Nitrile	2597-97-9	3	3	>1.	Cry	Y							3	Foam, DC, CO2		3		1	2	9, 5	K2, K12. Melts @ 203°.
Methylmercury Perchlorate				11.	Sol								3			6	17	5	2		Spark-sensitive. Explosive.
Methylmercury Quinolinolate	40661-97-0	3		>1.	Cry								3	Foam, DC, CO2		3		1	2		K2, K12. Melts @ 271°.
Methylmethane	86-85-1	1	1	1.	Gas	N	1035	FG		3.0-12.5	959	2	4	DC, CO2, Stop Gas	-127	2	2	4	4	1	Odorless gas. RVW chlorine.
Methylmorphine	74-84-0			10.	Pdr	S							2	Fog, Alfo, DC, CO2		1	1	1	2	10	
N-Methylmorpholine	76-57-3	2	3	3.5	.92	Y	2535	FL	75			3	3	Alfo, DC, CO2	239	2	2	2	3	2	K2. Ammonia odor.
Methylmorpholine	109-02-4	2	3	3.5	.92	Y	2535	FL	75			3	3	Alfo, DC, CO2	239	2	2	2	3	2	K2. Ammonia odor.
2-Methylnaphthalene	91-57-6			5.0	1.0	N							2	Fog, Foam, DC, CO2	466	1	1	1	2		Melts @ 93°.
1-Methylnaphthalene	90-12-0			5.0	1.0	N					984		2	Fog, Foam, DC, CO2	472	2	2	1	2		
p-Methylnitrobenzene	99-99-0		2	4.7	Cry	N							3	Fog, Foam, DC, CO2		3	14	2	2	9	K22. Melts @ 127°. TLV 2 ppm skin.
o-Methylnitrobenzene	88-72-2	3		4.7	1.2	N	1664	PB	223			3	1	Fog, Foam, DC, CO2	432	3	1	2	3	9	TLV 2 ppm (skin). RXW alkalies.
Methylnitronitrosoguanidine	70-25-7			5.1	Cry			FS					4			6	17, 2	5	2	9	Heat and impact sensitive. Explosive.
Methylnitrosocyanamide	33868-17-6			3.0	Liq								3	Foam, DC, CO2		3		1	2	9	K2, K24.
Methylnitrosourea	684-93-5			3.6	Var								3	4			6	17	4	2	9	K3. Explodes.
Methylnitrosourethane	615-53-2	3		4.6	Var								3	4			6	17	5	2	9, 12	K3, K22. Unstable >59°. Explosive.
4-Methyloctane	2216-34-4			4.4	.72	N					437		2	3	Fog, Foam, DC, CO2	288	2	2	2	2		Flammable.
3-Methyloctane	2216-33-3			4.4	.72	N					428		2	3	Fog, Foam, DC, CO2	291	2	2	2	2		Flammable.
2-Methyloctane	3221-61-2			4.4	.71	N					428		2	3	Fog, Alfo, DC, CO2	290	2	2	2	2		Flammable.
Methyloxirane	75-56-9	3	3	2.0	.83	Y	1280	FL	-35	2.8-37.0	840	2	3	Fog, Foam, DC, CO2	93	3	2, 14	3	2	2	Ether odor. TLV 20 ppm.
Methylpara-cresol	104-93-8			3.0	.97				140				2	3	Fog, Foam, DC, CO2	129	1	2	2	2		Floral odor.
Methylpentane	107-83-5		2	3.0	.67	N	2462	FL	20	1.0-7.0	583	2	3	Fog, Foam, DC, CO2	145	2	2	2	2	13	TLV 500 ppm.
3-Methylpentane	96-14-0			3.0	.67	N	2462	FL	19	1.2-7.0		2	3	Fog, Foam, DC, CO2	129	2	2	2	2		TLV 500 ppm.
2-Methylpentane	107-83-5			3.0	.67	N	2462	FL	20	1.0-7.0	583	2	3	Fog, Foam, DC, CO2	129	2	2	2	2		TLV 500 ppm.
Methylpentanol	108-11-2	2	2	3.5	.81	Y	2053	CL	106	1.0-5.5		2	3	Fog, Alfo, DC, CO2	269	3	1	2	3	13	TLV 25 ppm.
2-Methylpentene	763-29-1		2	2.9	.68	N			-18		572	2	3	Fog, Foam, DC, CO2	144	2	2	2	2	11	
4-Methylpentene				2.9	.66	N			19		572	2	3	Fog, Foam, DC, CO2	129	2	2	2	2	11	
2-Methylpentene-2				2.9	.69	N			<20		572	2	3	Fog, Foam, DC, CO2	153	2	2	2	2	11	
4-Methylpentyl-2-Acetate	108-84-9	2	2	5.0	.86	N	1233	CL	113			2	3	Fog, Foam, DC, CO2	295	1	1	1	3		Pleasant odor.
m-Methylphenol	108-39-4	3	3	3.7	1.0	N	2076	PB	187	1.1-	1038	4	2	Fog, Foam, DC, CO2	397	3	2	2	3	5	Phenolic odor. TLV 5 ppm.
p-Methylphenyl Acetate	140-39-6			5.2	1.0	N								3	Foam, DC, CO2		3		1	3		K2.
4-Methylphenyl Acetate	140-39-6			5.2	1.0	N								3	Foam, DC, CO2		3		1	3		K2.
Methylphenyl Acetate	101-41-7	3		5.2	1.1								2	Foam, DC, CO2		3		1	3		
Methylphenyldichlorosilane	149-74-6	3	3	6.7	1.2		2437	FL	83				3	Fog, Foam, DC, CO2	180	2	1	2	3	2	K2.

(203)

Chemical Name	CAS	Tox L	Tox S	Vap Den.	Spec Grav	Wat Sol	DOT Number	DOT Cl	Flash Point	Flamma. Limit	Ign. Temp.	Disa. Atm Fire	Extinguishing Information	Boil Point	F	R	E	S	H	Remarks
Methylphosphonothioic Acid-O-(4-Nitrophenyl)-O-Phenyl Ester	2665-30-7			11.	Var								Foam, DC, CO2		3		1	2	9	K24.
Methylphosphonothioic Acid-O-Ethyl-O-(p-Methylthio)Phenyl)Ester	2703-13-1			.92	Var							3	Foam, DC, CO2		3		1	2	9	K24.
4-Methylpiperidine	626-58-4			3.5	.80	Y	2399	FL	48			3	Fog, Alfo, DC, CO2		2	2	2	2		K2.
3-Methylpiperidine	626-56-2			3.5	.85	Y	2399	FL	36			3	Fog, Alfo, DC, CO2		2	2	2	2		K2.
2-Methylpiperidine	109-05-7			3.5	.86	Y	2399	FL	50			3	Fog, Alfo, DC, CO2		2	2	2	2		K2.
2-Methylpropanal	78-84-2	2	2	2.5	.79	N	2045	FL	-40	1.6-10.6	385	3	Fog, Foam, DC, CO2	244	2	3	2	2	2	Pungent odor.
2-Methylpropane	75-28-5	2	1	2.0	Gas	N	1969	FG		1.9-8.5	860	2	Stop Gas, Fog, DC, CO2	11	2	2	4	2	1	
2-Methylpropenenitrile	126-98-7	4	4	2.3	.81	S			34	2.0-6.8		4	Fog, Foam, DC, CO2	194	3	2	2	4	9	K2, K24. TLV 1 ppm.
2-Methylpropenyl Chloride	920-46-7			3.7	Liq							3	Foam, DC, CO2		3		1	4	6	K2, K24.
2-(1-Methylpropyl)Phenyl Methylcarbamate	3766-81-2			7.2	Liq	N						3	Foam, DC, CO2		3		1	4	9, 12	K2, K12.
2-Methylpyrazine	109-08-0	2	2	3.2	1.0				122			4	Fog, Foam, DC, CO2	271	3	1	1	2		K2. Pyridine odor.
3-Methylpyridine	108-99-6			3.3	.96	Y	2313	CL				3	Fog, Alfo, DC, CO2	289	2	2	2	2		K2.
4-Methylpyridine	108-89-4	2	3	3.2	.96	Y	2313	CL	134		1000	3	Fog, Alfo, DC, CO2	293	3	1	1	4	2	K2. Disagreeable odor.
α-Methylpyridine	109-06-8	2	3	3.2	.95	Y	2313	CL	102		1000	3	Fog, Alfo, DC, CO2	264	3	1	1	3	2	K2. Unpleasant odor.
2-Methylpyridine	109-06-8	2	3	3.2	.95	Y	2313	CL	102		1000	3	Fog, Alfo, DC, CO2	264	3	1	1	3	2	K2. Unpleasant odor.
1-Methylpyrrolidine	120-94-5	4		2.9	.81	S			37			4	Fog, Alfo, DC, CO2	180	2	2	2	3	2	K2. Amine odor.
2-Methyltetrahydrofuran	96-47-9	2	2	3.0	.85	S	2536	FL	12			2	Fog, Alfo, DC, CO2	176	3	2	2	2	16	Ether odor.
Methyltetrahydrofuran	96-47-9	2	2	3.0	.85	S	2536	FL	12			2	Fog, Alfo, DC, CO2	176	3	2	2	2		Ether odor.
Methyltetrahydrophthalic Anhydride	26590-20-5			5.8	Var							2	Foam, DC, CO2		3		1	4		
3-(Methylthio)-o-(Methylamino)Carbonyloxime-2-Butanone	34681-10-2	3		6.6	Var							4	Foam, DC, CO2		3		2	2	9	K12.
Methylthioacetaldehyde-o-(Carbamoyl)Oxime	16960-39-7	3		5.2	Var							4	Foam, DC, CO2		3		1	2	9	K2, K12.
2-Methylthioethyl Acrylate	4836-09-3	3		5.1	Var							3	Foam, DC, CO2		3		1	3	9	K2.
Methylthiomethane	75-18-3	4	3	2.1	.85	N	1164	FL	-29	2.2-19.7	403	3	Fog, Foam, DC, CO2	99	2	2	3	3	2	K1, K24. Volatile, foul odor.
2-Methylthiophene	554-14-3	2		3.4	1.0			FL	46			3	Foam, DC, CO2	239	2	2	3	2		K2. RW nitric acid.
2-Methylvaleric Acid	97-61-0			4.1	.89	N			225			2	Fog, Foam, DC, CO2		3	1	1	2	2	
Methylvinyldichlorosilane		3		>1.	1.1				40			4	DC, CO2, No Water		3		1	2	2	
Metmercapturon (Common name)	2032-65-7	3		7.9	Pdr	S	2757	OM				4	Foam, DC, CO2	198	2	8	2	3	12	K2.
Metolachlor	51218-45-2	3		10.	Liq	N						3	Foam, DC, CO2	212	3		1	3		K2, K12, K24. Melts @ 246°.
Metramine	100-97-0	2	2	4.9	Cry							2	Foam, DC, CO2		2	1	1	2		K2, K12.
Methyl Fluoroformate	421-20-5	4	3	3.9	1.4		1328	FS	482			3	Fog, Foam, DC, CO2	198	3	8, 12	4	2	9, 2	K2. Melts @ 536°.
4-Methylcyclohexene-1	591-47-9	2	3	3.3	.80	N		FL	30			3	Fog, Foam, DC, CO2	216	2	2	2	2	11	K2. Ether odor.
Mevinphos	7786-34-7	4		7.7	1.3	S		PB				4	Fog, Foam, DC, CO2		3		1	4	12	K2, K12, K24. NCF.
Mexacarbate	315-18-4			7.8	Cry		2757	PB	275			3	Foam, DC, CO2		3		1	3	12	K12. Melts @ 185°.
Mineral Seal Oil		2	1	>1.	.80	N			104	.8-	473	2	Fog, Foam, DC, CO2	480	1		1	2		
Mineral Spirits (360°)		2	2	3.9	.80	N			<0	1.1-5.9	550	2	Fog, Foam, DC, CO2	300	1		1	2		
Mineral Spirits (Thinner)		3		>1.	Liq	N	1115	FL				3	Fog, Foam, DC, CO2	100	2		1	2	2	ULC: 100 TLV 300 ppm.
Mining Reagent (Liquid)				>1.	1.0	Y	2022	CO	171		705		Fog, Foam, DC, CO2	320	3		2	3		
MIPA	78-96-6	3		2.6	1.0	N						3	Fog, Alfo, DC, CO2		3		1	3		K2.
MIPC (Common name)		3		>1.	Cry	N						3	Foam, DC, CO2		3		2	3	9, 12	K2, K12. Melts @ 190°.

(204)

Chemical Name	CAS	Tox L	Tox S	Vap Den.	Spec Grav.	Wat Sol.	DOT Number	DOT Cl	Flash Point	Flamma. Limit	Ign. Temp.	Disa. Atm	Disa. Fire	Extinguishing Information	Boil Point	F	R	E	S	H	Remarks
Mirbane Oil (Common name)	98-95-3	4	3	4.3	1.2	N	1662	PB	190	1.8-	900	3	2	Fog, Foam, DC, CO2	410	3	21	1	4	5	K2, K24. TLV 1 ppm. Almond odor.
Mirex		3	3		Cry									Fog, Foam, DC, CO2		3		1	3		K12. Melts @ 617°.
Misch Metal (Powder)	13560-89-9			>1	Pdr		1332	FS					2	Foam, DC, CO2		2	1	2	1	16	K2. Oxidizer. NCF.
Mixed Acid		3	4	1.	1.5	Y	1796	CO				4	0	Foam, DC, CO2		3	8, 3	1	4		K2. NCF.
Mixed Acid (Spent)		2	4	>1.	Liq	Y	1826	CO				4	0	Foam, DC, CO2		3	8	1	3		K2, K12, K24.
MOCAP (Trade name)	13194-48-4			8.5	Pdr	S						4		Foam, DC, CO2		3		1	4	9, 12	K2, K12.
Modown (Trade name)		3	3	>1.	Sol	N						4		Foam, DC, CO2		3		1	3	9	K2, K12.
Molinate (Common name)	2212-67-1	4		6.5	1.1	S						4		Foam, DC, CO2		3		1	4		Explosive.
Molybdenum Azide Pentachloride				11.	Sol							4	4			6	17	5	2		Explosive.
Molybdenum Azide Tribromide	68825-98-9			13.	Cry	N						3	4			6	17	5	2		K4.
Molybdenum Carbonyl		3		9.1	Cry							4	3	Fog, Foam		3		1	2		Explosive.
Molybdenum Diazide Tetrachloride	14259-66-6			11.	Sol	N						4	4			6	17	5	2		K4.
Molybdenum Hexacarbonyl		3		9.1	Cry							4	4	Fog, Foam	514	3		1	2		K2. Melts @ 381°.
Molybdenum Pentachloride	10241-05-1	3	3	9.4	Sol		2508	OM				4		DC, CO2		3	8	1	2	9	K2, K24.
Molybdenum Trioxide	1313-27-5	3		5.0	Pdr	N						3		Foam, DC, CO2		3		1	2		
Monacetin	106-61-6	3	3	4.6	1.2	Y						3	2	Foam, DC, CO2		3		1	1		Flammable & toxic.
Mond Gas		4	1	<1.	Gas			FG				4	1	Stop Gas, Fog, DC		2		4	2		K2, K12, K24. Melts @ 104°
Monitor (Trade name)	10265-92-6	4	4	4.8	Cry	Y						4	4			3		1	4	12	K2. Burnable.
Monkshood	8063-12-5	4	4	>1.	Sol	S								1	Fog, Foam, DC, CO2	268	3		1	4	5, 9	K2. ULC: 50. Blanket. TLV 75 ppm.
Mono-chlor-benzol	108-90-7	3	2	3.9	1.1	N	1134	FL	85	1.3-9.6	1099		3	Fog, Foam, DC, CO2	268	4	2	2	3	10	
Mono-n-Butylamine	109-73-9	3	4	2.5	.75	Y	1125	FL	10	1.7-9.8	594	3	3	Fog, Alfo, DC, CO2	171	2	2	2	4	9	TLV 5 ppm. Ammonia odor.
Mono-N-Propylamine	107-10-8	3	4	2.0	.72	Y	1277	FL	-35	2.0-10.4	604	4	3	Fog, Alfo, DC, CO2	118	3	1	3	3	2	K2. Ammonia odor.
Mono-sec-Amylamine	79-11-8	4	4	3.0	.74	Y		FL	20			3	3	Fog, Alfo, DC, CO2	198	3		2	3		K2.
Mono-sec-Butylamine	13952-84-6	3	3	2.5	.72	Y	1125	FL	15			3	3	Fog, Alfo, DC, CO2	145	2	2	2	3	9	K2.
Mono-sec-Hexylamine	108-09-8	2	2	3.5	.75	Y	2379	FL	55			3	1	Fog, Foam, DC, CO2	223	2		2	3		K2.
N-Monoamyl Aniline		3		5.6	.90	Y			225			3	0	Fog, Foam, DC, CO2	400	3		1	3		
Monobromotrifluoromethane	75-63-8	2	1	5.1	Gas		1009	CG				2	0	Fog, Foam, DC, CO2		1		1	2		Halon 1301. RW aluminum. TLV 1000 ppm. NCF.
Monobutylamine Oleate				12.	.89	Y			150				2	Fog, Foam, DC, CO2	246	3		2	3	3	K7
Monochlorated Acetone	78-95-5	3	3	3.3	1.2	Y	1695	CO				4	1	Fog, Alfo, DC, CO2	372	3	1	1	2	7	K2.
Monochloroacetic Acid	79-11-8	4	4	3.3	1.6	Y	1750	CO	259		>932	4	1	Fog, Alfo, DC, CO2	246	3		1	4	3	K7
Monochloroacetone-stabilized	78-95-5	3	3	3.2	1.2	Y	1695	CO				4	1	Fog, Foam, DC, CO2	268	4	2	2	3	10	K2. ULC: 50. Blanket. TLV 75 ppm.
Monochlorobenzene	108-90-7	3	2	3.9	1.1	N	1134	FL	85	1.3-9.6	1099	3	3	Fog, Foam, DC, CO2		3		2	3		
Monobromomethane	74-97-5	3		4.4	1.9	N	1887	OM				4	0		154	3		1	3	3, 11	Sweet odor. Halon 1011. TLV 200 ppm. NCF.
Monochlorodifluoromethane	75-45-6	2	2	3.9	Gas	S	1018	CG				3	0	Fog, Foam, Fog, DC, CO2	-41	1		1	2	1	K2. Refrigerant. NCF. TLV 1000 ppm.
Monochloroethane	75-01-4	3	3	2.1	Gas	N	1086	FG	18	3.6-33.0	882	4	4	Stop Gas, Fog, DC, CO2	7	2	2	4	3	3, 13	K9, K10. TLV 5 ppm.
Monochloroethene	75-01-4	3	3	2.1	Gas	N	1086	FG	18	3.6-33.0	882	4	4	Stop Gas, Fog, DC, CO2	7	2	2	4	3	3, 13	K9, K10. TLV 5 ppm.

(205)

Chemical Name	CAS	Tox L	Tox S	Vap Den.	Spec Grav.	Wat Sol.	DOT Number	DOT Cl	Flash Point	Flamma. Limit	Ign. Temp.	Disa. Atm	Disa. Fire	Extinguishing Information	Boil Point	F	R	E	S	H	Remarks
Monochloromethane	74-87-3	3	2	1.8	Gas	S	1063	FG	<32	8.1-17.4	1170	4	4	Stop Gas, Fog, DC, CO2	11	2	2	4	3	4	Ether odor. RVW active metals. TLV 50 ppm.
Monochloromonobromo Methane	74-97-5	3	3	4.4	1.9	N	1887	OM				4	0		154	3		1	3	3, 11	Sweet odor. Halon 1011. TLV 200 ppm. NCF.
Monochloromonofluoromethane	593-70-4			2.4	Gas		1020	CG				4	0	Fog, Foam, DC, CO2		3		1	2	1	K2. NCF.
Monochloropentafluoroethane	76-15-3	2	2	5.3	Gas	N	1020	CG				4	0	Fog, Foam, DC, CO2	-38	3		1	2	1	TLV 1000 ppm. NCF.
Monochlorotetrafluoroethane	63938-10-3	2	2	4.7	Gas		1021	CG				4	0	Fog, Foam, DC, CO2		1		1	2	1	K2. NCF.
Monochlorotoluene	95-49-8	3		4.4	1.1	S	2238	CL	126			4	2	Fog, Alfo, DC, CO2	318	3	1	1	2	1	K2. TLV 50 ppm.
Monochlorotrifluoroethylene	79-38-9	3		4.0	Gas		1082	FG		8.4-16.0		3	2	Stop Gas, Fog, DC, CO2	-18	2	2	4	3		K9. RVW oxygen. Ether odor.
Monochlorotrifluoromethane	75-72-9	2	2	3.6	Gas		1022	CG				4	0	Fog, Foam, DC, CO2	-112	1		1	2	11	Ether odor. RVW aluminum. NCF.
Monocrotophos	6923-22-4	4		7.8	Sol	Y	2783	PB	>200			2	2	Fog, Alfo, DC, CO2	257	3	1	2	4	12, 5, 9	K2, K12, K24. Keep cool.
Monoethanol Amine	141-43-5	3	3	2.1	1.0	Y	2491	CO	185		770	3	2	Fog, Alfo, DC, CO2	339	3	14	1	4	4	Ammonia odor. TLV 3 ppm.
Monoethanolamine	141-43-5	3	3	2.1	1.0	Y	2491	CO	185		770	3	2	Fog, Alfo, DC, CO2	339	3	14	1	4	4	Ammonia odor. TLV 3 ppm.
Monoethylamine	75-04-7	4		1.6	.71	Y	1036	FG	<0	3.5-14.0	725	3	4	Fog, Alfo, DC, CO2	62	2	1	4	4	2	Ammonia odor. TLV 10 ppm.
Monoethyldichlorothiophosphate	1498-64-2	4		6.3	Liq							4		Foam, DC, CO2		3		1	4	4	K2.
Monofluophosphoric Acid	13537-32-1	3	4	3.4	1.2	Y	1776	CO				4	0	Fog, Foam, DC, CO2		2		1	4	2	K2. NCF.
Monofluorophosphoric Acid	13537-32-1	3	4	3.4	1.2	Y	1776	CO				4	0	Fog, Foam, DC, CO2		2		1	4	2	K2. NCF.
Monofluorotrichloromethane	75-69-4	2	1	4.7	1.5	N		CG				4	0	Fog, Foam, DC, CO2	75	1		1	2	11	RVW Active metals, aluminum, zinc. TLV 1000 ppm.
Monogermane	7782-65-2	4		2.7	Gas	N	2192	PA				4		Stop Gas, DC, CO2	-130	3	2	4	4	6	TLV <1 ppm.
Monoisopropanolamine	78-96-6	3	3	2.6	1.0	Y			171		705	3	2	Fog, Alfo, DC, CO2	320	3	1	1	3		K2.
Monoisopropylamine	75-31-0	2	3	2.0	.69	Y	1221	FL	-35		756	3	4	Fog, Alfo, DC, CO2	89	2	2	3	2	11	Ammonia odor. TLV 5 ppm.
Monolithium Acetylide-Ammonia				1.7	Liq							3		DC, No Water, No CO2		5	10	2	2		Ignites w/CO2,SO2,Chlorine or Water.
Monomethyl Hydrazine	60-34-4	4	4	1.6	.87	S	1244	FL	17	2.5-92.0	382	3	3	Fog, Alfo, DC, CO2	190	2	2	4	4	16, 9	K24. RXW oxidizers. Ammonia odor. Reducer.
Monomethyl Hydrazine Nitrate	29674-96-2		4	3.8	Var							3	4			6	17	5	4	9	Impact sensitive. Explosive.
Monomethylamine (Anhydrous)	74-89-5	3	4	1.1	Gas	Y	1061	FG	14	4.9-21.0	806	3	4	Alfo, CO2, DC, Stop Gas	21	2	2	4	4	2	K16, K2. Ammonia odor.
Monomethylamine (Aqueous Solution)																					
Monomethylaminoethanol	109-83-1	3	3	1.1	.66	Y	1235	FL	32	2.9-21.0	806	3	2	Fog, Alfo, DC, CO2		3	1	2	3	2	K2.
N-Monomethylaniline	100-61-8	4	4	2.9	.94	Y	2294	PB	165		900	3	2	Fog, Alfo, DC, CO2	320	3	1	1	3	3	Fishy odor. Corrodes metals.
Monomethylaniline	100-61-8	4	4	3.9	.99	S	2294	PB	185		900	3	2	Fog, Alfo, DC, CO2	381	3		1	4	5, 9	K2. TLV 2 ppm (skin).
Monomethylhydrazine	60-34-4	4	4	1.6	.87	S	1244	FL	17	2.5-92.0	382	3	3	Fog, Alfo, DC, CO2	190	2	2	4	4	16, 9	K24. RXW oxidizers. Ammonia odor. Reducer.
Mononitrotoluene	99-99-0		2	4.7	Cry	N	1664	PB	223			3	1	Fog, Foam, DC, CO2		3	14	2	4	9	K22. Melts @ 127°. TLV 2 ppm skin.
Monoperoxy Succinic Acid	3504-13-0			4.7	Sol							2	4			6	17	4	2		High oxidizer. Explodes.
Monopotassium-aci-1-Dinitroethane	3454-11-3			5.0	Sol							4	4			6	17	5	2		K3. Explosive.
Monopropylamine	107-10-8	3	3	2.0	.72	Y	1277	FL	-35	2.0-10.4	604	3	3	Fog, Alfo, DC, CO2	118	2	2	3	3	2	K2. Ammonia odor.
Monosodium Acetylide	1066-26-8			1.7	Pdr							4	3	Foam, DC, CO2		3		1	2		K2. Pyrotonic @ 300°.
Morestan (Trade name)	2439-01-2	3		8.2	Pdr	N						4		Foam, DC, CO2		3		1	2	9	K2, K12. Melts @ 338°.
Morpholine	110-91-8	3	3	3.0	1.0	Y	2054	FL	98	1.4-11.2	555	4	3	Fog, Alfo, DC, CO2	264	3	1	2	3	2	K2. Amine odor. TLV 20 ppm.

(206)

Chemical Name	CAS	Tox L	Tox S	Vap Den.	Spec Grav.	Wat Sol.	DOT Number	DOT Cl	Flash Point	Flamma. Limit	Ign. Temp.	Disa. Atm	Disa. Fire	Extinguishing Information	Boil Point	F	R	E	S	H	Remarks
Morpholine (Aqueous Mixture)		3	3	3.0	Liq	Y	1760	CO	100			4	2	Fog, Alfo, DC, CO2		3	1	1	3		K2.
Morpholine Ethanol	622-40-2			4.5	1.1	Y			210			3	1	Fog, Alfo, DC, CO2	437	1	1	1	2	2	K2.
4-Morpholine Sulfenyl Chloride	2958-89-6			5.4	Var							3	4			6	17	5	1		Unstable. Explosive.
4-Morpholinenonylic Acid	5299-64-9	4		7.9	Liq							3		Foam, DC, CO2		1	1	1	1	2	K2.
Morpholinium Perchlorate	35175-75-8			6.6	Var							2	3			6	16	3	4		Decomposes @ 446°.
N-Morpholino Nonanamide	5299-64-9	4		7.9	Liq							3		Foam, DC, CO2		3	1	1	1	2	K2.
Morpholino (Common name)	144-41-2			9.8	Sol							3		Foam, DC, CO2		3	1	1	4	12, 9	K12. Melts @ 149°.
Moth Balls			4	4.4	Sol	N		OM	174	.9-5.9	979	2	2	Fog, Foam, DC, CO2	424	2	1	1	2	9	
Moth Flakes (Naphthalene base)		3	2	4.4	Sol	N		OM	174	.9-5.9	979	2	2	Fog, Foam, DC, CO2	424	2	1	1	2	9	
Motion Picture Film (Nitrocellulose base)		2	1	>1.	Sol	N						4	3	Fog, Flood		3	16	2	2		K2.
Motor Fuel Antiknock Compounds	75-74-1		3	9.2	2.0	N	1649	PB	100	1.8-		3	3	Fog, Foam, DC, CO2	230	3	2	2	3	5	K24. May explode >194°.
Motor Fuel, n.o.s. (Gasoline)	8006-61-9	2	1	>3.	.75	N	1203	FL	-45	1.4-7.6	536	3	3	Fog, Foam, DC, CO2	>200	2	2	2	2		ULC: 100. TLV 300 ppm. Values may vary.
Motor Spirit	8006-61-9	2	1	>3.	.75	N	1203	FL	-45	1.4-7.6	536	2	3	Fog, Foam, DC, CO2	>200	2	2	2	2		ULC: 100. TLV 300 ppm. Values may vary.
Mousebane	8063-12-5	4	4	>1.	Sol							4	1	Fog, Foam, DC, CO2		3	1	1	4	5, 9	K2. Burnable.
Muriatic Acid		3	4	1.3	1.2	Y	1789	CO				4	0	Fog, Foam	-121	3	21, 6, 14	2	4	3, 16	K16, K24. TLV 5 ppm. RVW aluminum. NCF.
Muriatic Ether	75-00-3	2	3	2.2	.92	N	1037	FL	-58	3.8-15.4	996	3	3	Fog, Foam, DC, CO2	54	3	2, 8		2		TLV 1000 ppm. RW active metals. Ether odor. Note: Boil pt.
Musk Xylene				>1.	Sol		2956	FS				2	2	Fog, Foam, DC, CO2		2	1	2	2		
Mustard Gas	505-60-2	4		5.4	1.3				221			4	1	Fog, Foam, DC, CO2	442	3	8, 2	4	4	3, 6, 8	K2. Vesicant.
Mustard Oil	57-06-7	3		3.4	1.0	S	1545	PB	115			3	2	Fog, Foam, DC, CO2	303	1	11	1	3		K2
Myxin	13925-12-7			>1.	Cry							2	2	Fog, Foam, DC, CO2		6	16	1	2		K3 at 302°.
Nabac (Trade name)	70-30-4	3		14.	Cry	N	2875	PB				4	1	Foam, Foam, CO2		3	1	1	2	9	K2. Melts @ 320°.
Nabam (Common name)	142-59-6	3	2	8.8	Cry	Y						4	4	Fog, Foam, CO2		3	1	1	2	9, 11, 12	K2, K12.
NaK (Sodium-Potassium Alloy)		3	3		Sol		1422	FS				3	2	Soda Ash, No Water		5	10	2	2		K2, K15. RXW halogens & acids. Pyroforic.
Naled (Common name)	300-76-5	4	3	13.	Cry	N	2783	PB		6-	1004	4	0	Fog, Foam, DC, CO2		3	1	1	4	12, 9	K2, K12. Melts @ 81°. NCF.
Naphtha (Hi-Flash) (Coal Tar)	8030-30-6	2	2	>1.	.89	N	2553	PB	>0	.9-5.9	979	3	3	Fog, Foam, DC, CO2	424	2	1	1	2	9, 5	TLV 10 ppm. Coal-tar odor.
Naphtha Distillate	8002-05-9	2	2	>1.	Liq	N	1268	CL	100	1-6.0	530	3	3	Fog, Foam, DC, CO2	100	2	1	1	2		TLV 300 ppm.
Naphtha Petroleum	8030-30-6	2	2	>1.	.89	N	2553	FL	>0	1-6.0	530	3	3	Fog, Foam, DC, CO2	100	2	1	1	2		
Naphtha Safety Solvent		2	1	>1.	Liq	N	1256	CL	>100	1.0-6.0	444	2	2	Fog, Foam, DC, CO2		1	1	2	2		TLV 300 ppm.
Naphtha, V.M. & P. (50° Flash)		2	2	4.1	<1.	N	1255	FL	50	.9-6.7	450	2	3	Fog, Foam, DC, CO2	240	2	1	2	2		Flammable values may vary.
Naphtha, V.M. & P. (High Flash)		2	2	4.3	<1.	N	1255	FL	85	1.0-6.0	450	2	3	Fog, Foam, DC, CO2	280	1	1	1	2		Flammable values may vary.
Naphtha, V.M. & P. (Regular)		2	2	4.1	.66	N	1255	FL	28	.9-6.0	450	2	3	Fog, Foam, DC, CO2	212	2	1	1	2		Flammable values may vary.
Naphthacene	92-24-0			7.9	Cry	N			250			2		Foam, DC, CO2		6	17, 2	5	2		Shock-sensitive explosive.
p-Naphthalene		2	2	6.2	Sol	N	1334	OM	174	.9-5.9	979	2	2	Fog, Foam, DC, CO2	424	3	1	1	2	9, 5	TLV 10 ppm. Coal-tar odor.
Naphthalene (Crude or Refined)	91-20-3	3	3	4.4	Sol	N	1334	OM	174	.9-5.9	979	2	3	Fog, Foam, DC, CO2	424	3	1	1	2	9, 5	TLV 10 ppm. Coal-tar odor.
Naphthalene (Molten)	86-87-3	2	2	6.4	Liq	N	2304	FS				2		Foam, DC, CO2		2	1	1	2		TLV 10 ppm.
α-Naphthalene Acetic Acid				>1.	Sol	N						2									
Naphthalene Diozonide													4				6	17	5	4		K12. Melts @ 273°.
Naphthalin	91-20-3	3	3	4.4	Sol	N	1334	OM	174	.9-5.9	979	2	2	Fog, Foam, DC, CO2	424	3	1	1	2	9, 5	
Naphthane	91-17-8	3	3	4.8	.90	N	1147	CL	136	.7-4.9	482	2	2	Fog, Foam, DC, CO2	382	3	1	1	2	2	

(207)

Chemical Name	CAS	Tox L	Tox	Vap Den.	Spec Grav.	Wat Sol.	DOT Number	DOT Cl	Flash Point	Flamma. Limit	Ign. Temp.	Disa. Atm Fire	Extinguishing Information	Boil Point	F	R	E	S	H	Remarks
Naphthenic Acid	1338-24-5	2	2	4.4	Liq	N	9137	OM				1	Fog, Foam, DC, CO2		1		1	2		
Naphthenic Acid, Cobalt Salt	61789-51-3		3	>1.	Pdr	N	2001	FS	120		529	2	Foam, DC, CO2		2	1	1	2		
Naphthenic Acid, Copper Salt	1338-02-9	3	3	7.7	Sol	N			100			3	Foam, DC, CO2		2		1	2	9	
Naphthenic Acid, Lead Salt	61790-14-5	3		55.	Sol	N						3	Foam, DC, CO2		3		1	2	9	K2.
Naphthite				9.0	Sol	N						4			6	17	5	2		
2-Naphthol	135-19-3		3	5.0	Cry	N			307			3	Fog, Foam, DC, CO2		3		1	2	2	K1. Melts @ 251°. Keep dark.
β-Naphthol	135-19-3		3	5.0	Cry	N			307			3	Fog, Foam, DC, CO2		3		1	2	2	K1. Melts @ 251°. Keep dark.
1-Naphthol	90-15-3		3	5.0	Cry	N			300			2	Fog, Foam, DC, CO2	540	3		1	2	5, 2	Phenol odor. Melts @ 205°.
α-Naphthol	90-15-3		3	5.0	Cry	N			300			2	Fog, Foam, DC, CO2	540	3		1	2	5, 2	Phenol odor. Melts @ 205°.
α-Naphthoquinone	130-15-4	2	2	>1.	Pdr	N						2	Fog, Alfo, DC, CO2		1		1	2	9	Melts @ 257°. Volatizes with steam.
1,4-Naphthoquinone	130-15-4	2	2	>1.	Pdr	N						2	Fog, Alfo, DC, CO2		1		1	2	9	Melts @ 257°. Volatizes with steam.
Naphthyl Acetic Acid	86-87-3	2	2	6.4	Cry	N						2	Foam, DC, CO2		1		1	2	2	K12. Melts @ 273°.
Naphthyl Amineperchlorate				>1.	Sol							4			6	17	5	4		
N-(Naphthyl) Thiocarbamide	86-88-4		4	7.1	Sol	N	1651	PB				1	Fog, Foam, DC, CO2		3		1	4		K12. TLV <1 ppm.
N-(1-Naphthyl)-2-Thiourea	86-88-4		4	7.1	Sol	N	1651	PB				1	Fog, Foam, DC, CO2		3		1	4		K12. TLV <1 ppm.
1-Naphthyl-N-Methyl Carbamate	63-25-2	3	3	6.9	Sol	N	2757	OM				4	Fog, Foam, DC, CO2		3		1	3	3	K12. Melts @ 288°. NCF.
2-Naphthylamine	91-59-8		3	4.9	Cry	N	1650	PB				0	Fog, Foam, DC, CO2	294	1		1	2		K2. Carcinogen. Burnable.
1-Naphthylamine	134-32-7	3	3	4.9	Cry	N	2077	PB	315			3	Fog, Foam, DC, CO2		1	15	1	2		Carcinogen. Unpleasant odor. Melts @ 122°.
Naphthylamine (alpha) (α-)	134-32-7	3	3	4.9	Cry	N	2077	PB	315			3	Fog, Foam, DC, CO2	294	1	15	1	2		Carcinogen. Unpleasant odor. Melts @ 122°.
Naphthylamine (Beta) (β-)	91-59-8	3	3	4.9	Cry	N	1650	PB				1	Fog, Foam, DC, CO2		1		1	2		K2. Carcinogen. Burnable.
Naphthylthiourea	86-88-4		4	7.1	Sol	N	1651	PB				1	Fog, Foam, DC, CO2		3		1	4		K12. TLV <1 ppm.
alpha-Naphthylthiourea	86-88-4		4	7.1	Sol	N	1651	PB				1	Fog, Foam, DC, CO2		3		1	4		K12. TLV <1 ppm.
α-Naphthylthiourea	86-88-4		4	7.1	Sol	N	1651	PB				1	Fog, Foam, DC, CO2		3		1	4		K12. TLV <1 ppm.
Naphthylurea				>1.	Sol	N	1652	PB				4	Fog, Foam, DC, CO2		3		1	4	9	
Naphtox (Tradename)	86-88-4		4	7.1	Sol	N	1651	PB				1	Fog, Foam, DC, CO2		3		1	4		K12. TLV <1 ppm.
Natrium	7440-23-5		2	.79	Sol	Y	1428	FS				3	Soda Ash, No Water, No Halon		5	10, 2, 9, 14, 21	1	2	2	K1, K15.
Natural Gas (Cryogenic (Refrigerated) Liquid w/high methane content)		2	2		Gas	N	1972	FG		3.8-17.0	>115	4	Stop Gas, Fog, DC, CO2		7	2	4	2	15	
Natural Gas (Compressed w/high methane content)		2	1	.70	Gas	N	1971	FG		3.8-17.0	>900	4	Stop Gas, Fog, DC, CO2		2	2	4	2	1	
Natural Gasoline	8006-61-9	2	1	>3.	Liq	N	1203	FL	-45	1.4-7.6	536	3	Fog, Foam, DC, CO2	>200	2	2	2	2		ULC: 100. TLV 300 ppm. Values may vary.
Navron (Trade name)	640-19-7		4	2.7	Liq	Y						4	Fog, Foam, DC, CO2		3		1	4	9	K2, K12, K24.
Nem-A-Tak (Trade name)	21548-32-3		4	8.4	Sol				102			4	DC, CO2		3		1	4	9, 12	K12.
Nemacur (Trade name)	22224-92-6		4	10.	Sol	S			170			4	Fog, DC, CO2		3		1	4	9, 12	K12, K24. Melts @ 120°
Nemafume (Trade name)	96-12-8		4	8.1	2.1	S	2872	PB	170			2	Fog, Alfo, DC, CO2	383	3		1	4	5, 11	TLV <1 ppm. RW Active metals.
Nemagon (Trade name)	96-12-8		4	8.1	2.1	S	2872	PB	170			2	Fog, Alfo, DC, CO2	383	3		1	4	5, 11	TLV <1 ppm. RW Active metals.
Nemanax (Trade name)	96-12-8		4	8.1	2.1	S	2872	PB	170			2	Fog, Alfo, DC, CO2	383	3		1	4	5, 11	TLV <1 ppm. RW Active metals.
Nemaphos (Trade name)	237-97-2		4	8.7	1.5	S						4	Foam, DC, CO2	176	3		1	4	3, 9, 12	K2, K12, K24.
Nemaset (Trade name)	96-12-8		4	8.1	2.1	S	2872	PB	170			2	Fog, Alfo, DC, CO2	383	3		1	4	5, 11	TLV <1 ppm. RW Active metals.

Chemical Name	CAS	Tox L S	Vap Den.	Spec Grav.	Wat Sol.	DOT Number	Flash Point	Flamma. Limit	Ign. Temp.	Disa. Atm Fire	Extinguishing Information	Boi Point	F	R	E	S	H	Remarks
Neodymium	7440-00-8		5.0	Sol	N	1208 FL				2 3	No Water, No Halon	122	5	9	2	2		K15. Dust is more hazardous.
Neohexane	75-83-2	2 2	3.0	.65	N	1208 FL	-54	1.2-7.0	761	2 3	Fog, Foam, DC, CO2	122	5	2	3	2	11	Volatile.
Neon (Compressed)	7440-01-9	1 1	.70	Gas	S	1065 CG				1 0	Fog, Foam, DC, CO2	-410	1		1	2	1	Inert gas. NCF.
Neon (Cryogenic liquid) (Refrigerated liquid)	7440-01-9	1 1	.70	Gas	S	1913 CG				1 0	Fog, Foam, DC, CO2	-410	7		1	2	15	Inert cryogenic gas. NCF.
Neonicotine	494-52-0	3 3	5.6	1.1						4	Foam, DC, CO2		3		1	3		K2.
Neonicotine Sulfate	494-52-0	3 3	5.6	1.1	Y					4	Foam, DC, CO2		3		1	3		
Neopentane	463-82-1	1 1	2.5	.59	N	2044 FG		1.4-7.5	842	2 4	Stop Gas, Fog, DC, CO2	49	2	2	4	2		K2.
Neoprene (Flammable liquid)	126-99-8	3 2	3.1	.96	S	1991 FL	-4	4.0-20.0		3 3	Fog, Foam, DC, CO2	138	2	2	2	2	9	K2, K10. RVW Fluorine. TLV 10 ppm. Ether odor.
Nepaline		4 4		Cry	N					4	Foam, DC, CO2		3		1	4	9	K2. Melts @ 417°.
Neptunium 239		3		Sol						4	DC, CO2		4		2	4	17	Half-life: 2.3 Days: Beta, Gamma
Nerve Gas		4 4	>1.	Gas						4	DC, CO2		3		1	4	5, 6, 8	K2.
Nessler Reagent	7783-33-7	4 3	27.	Cry	Y	1643 PB				4	Foam, DC, CO2		3		1	3	5, 9	K2.
Niax Catalyst ESN	62765-93-9	3 3	>1.	Liq						3	Foam, DC, CO2		3		1	2		K5.
Nicolite		3	4.6	Sol						4 2	Foam, DC, CO2				1	2		K2.
Nickel	7440-02-0		2.0	Sol						4 0	Fog, Foam, DC, CO2		1	11, 1, 7	1	2	9	K24. Dust flammable & toxic. NCF.
Nickel Ammonium Sulfate	15699-18-0	2	13.	Cry	Y	9138				4 0	Foam, DC, CO2		1	21	1	2		
Nickel Antimonide		3	6.2	Cry						4 2	Foam, DC, CO2		3	7, 1, 11	1	2		K2. NCF.
Nickel Arsenide		3	4.6	Cry						4 2	Foam, DC, CO2		3	11, 1, 7	1	2		K2.
Nickel Borofluoride	14708-14-6	3	8.1	Var						4	Foam, DC, CO2		3		1	2		K2.
Nickel Carbonyl	13463-39-3	4	5.9	1.3	N	1259 FL	<-4	2.-		4	Foam, DC, CO2	109	6	17	3	4		K24. Explodes @ 140°. Volatile.
Nickel Catalyst (Dry)			>1.	Pdr	N	2881 FS				3	Fog, Flood		2	1	1	2		K11. Pyrotoric.
Nickel Catalyst (Finely divided, activated or spent, Wet>40% water or suitable liquid)			>1.	Liq	N	1378 FS				2	Fog, Flood		2		1	2		
Nickel Chloride	7718-54-9		>1.	Sol	Y	9139 OM				4 0	Foam, DC, CO2		1		1	2	9	K2. NCF.
Nickel Compounds (General)		4	Var	Var						4	Foam, DC, CO2		3		1	2		K2.
Nickel Cyanide	557-19-7	4 3	3.8	Sol	N	1653 PB				4	Foam, DC, CO2		3		1	2	9	K5.
Nickel Fluoborate	14708-14-6	3	8.1	Var						4	Foam, DC, CO2		3		1	2		K2.
Nickel Fluoroborate	14708-14-6	3	8.1	Var						4	Foam, DC, CO2		3		1	2		K2. NCF.
Nickel Hydroxide	12054-48-7		3.2	Pdr	N	9140 OM				4 0	Foam, DC, CO2		3		1	2		K2. NCF.
Nickelocene		3 3	10.	Cry						4 4	Foam, DC, CO2		6	17	4	2	9	Explodes @ 212°.
Nickel Nitrate	13138-45-9		6.4	Cry	Y	2725 OX				4 2	Fog, Flood		2	23, 4	1	2	5, 9	K2. High oxidizer. NCF.
Nickel Nitrite			>1.	Cry		2726 OX				4	Fog, Flood		2	23, 4	1	2	9	K2. Oxidizer.
Nickel Sulfate	7786-81-4	2 2	>1.	Sol	Y	9141 OM				4 0	Foam, DC, CO2		3		1	2	9	K2. NCF.
Nickel Tetracarbonyl	13463-39-3	4	5.9	1.3	N	1259 FL	<-4	2.-		4 4	Foam, DC, CO2	109	6	17	3	4		K24. Explodes @ 140°. Volatile.
Nickel(2+)Salt Perchloric Acid Hexahydrate	13520-61-1	3	13.	Sol						3	Fog, Flood		2		1	3		K2. High oxidizer.
Nickelous Chloride	7718-54-9	3 3	>1.	Sol	Y	9139 OM				4 0	Foam, DC, CO2		1		1	2	9	Keep sealed.
Nicotine	54-11-5	4 4	5.6	1.0	Y	1654 PB		.7-4.0	471	4 2	Fog, Alto, DC, CO2	475	3	1	4	4	5, 9	K2, K24.
Nicotine (Compounds & Preparations, n.o.s.)	2820-51-1	4 4	>1.	Var	S	1656 PB				4 1	Fog, Alto		3		1	4	9	K2.
Nicotine Hydrochloride (and Solutions)		4 4	>1.	Var	Y	1656 PB				4 1	Fog, Alto, DC, CO2		3		1	4	9	K2.
Nicotine Salicylate	29790-52-1	3 3	>1.	Sol	Y	1657 PB				3 1	Fog, Alto, DC, CO2		3	1	2	4	5, 9	K2.

(209)

Chemical Name	CAS	Tox L	Tox S	Vap Den.	Spec Grav.	Wat Sol.	DOT Number	DOT Cl	Flash Point	Flamma. Limit	Ign. Temp.	Disa. Atm	Disa. Fire	Extinguishing Information	Boil Point	F	R	E	S	H	Remarks
Nicotine Sulfate (Liquid)	65-30-5	4		14.	Liq	Y	1658	PB				4	1	Fog, Alfo, DC, CO2		3	1	1	4	9	K2, K24.
Nicotine Sulfate (Solid)				14.	Sol	Y	1658	PB				4	1	Fog, Alfo, DC, CO2		3	1	1	2	9	K2.
Nicotine Tartrate	65-31-6	3	3	16.	Sol	Y	1659	PB				3	1	Fog, Alfo, DC, CO2		3		1	2	9	K2.
Niobe Oil	93-58-3		2	4.7	1.1	N	2938	PB	181			2	2	Fog, Foam, DC, CO2	392	3	1	1	2		Fragrant odor. Blanket.
Niobium 95		4			Sol			RA				4		DC, CO2		4		1	4	17	Half-life 35 Days Beta, Gamma. RW Chlorine & Fluorine.
Niran (Trade name)		4		10.	Liq	S		PB				4	0	Foam, DC, CO2		3		1	4	12	K2, K12. NCF.
Niter	7757-79-1			3.5	Pdr	Y		OX				4		Flood, Fog		2	4, 21, 23	2	2		K2. High oxidizer.
Nitol	55-86-7	4			Pdr	Y						4		DC, CO2		3		1	4	14	K2.
Nitramide	7782-94-7				Sol	Y						3		Alfo		2	16	2	2		Ammonia odor. Unstable. RXW conc. alkali or sulfuric acid.
Nitramine	479-45-8	2	2	10.	Cry	N		EX				3	4			6	17	5	2		K20. High explosive. Explodes @ 368°.
Nitramon				>1.	Sol	Y		EX				4	4			6	17	5	2		
Nitranilic Acid	479-22-1			>1.	Cry	Y						4	4			6	17	5	2		K3. Explodes @ 338°.
4-Nitraniline	100-01-6	4	4	4.7	1.4	Y	1661	PB	390			4	1	Fog, Foam, DC, CO2	637	3	1	1	4		K2. TLV 1 ppm.
p-Nitraniline	100-01-6	4	4	4.7	1.4	Y	1661	PB	390			4	1	Fog, Foam, DC, CO2	637	3	1	1	4		K2. TLV 1 ppm.
o-Nitraniline	88-74-4	2	3	4.7		N			335		970	3	1	Fog, Foam, DC, CO2	543	3	1	1	4		K2. Melts @ 156°.
m-Nitraniline	99-09-2	3	4	4.7	Cry	Y	1661	PB				3	1	Fog, Alfo, DC, CO2	583	3	1	1	4	5, 9	K2. Melts @ 233°.
Nitrate of Sodium and Potash Mixture		2	2		Sol	Y	1478	OX				4		Fog, Flood		2	4	2	2		K2. NCF.
Nitrate, n.o.s.		2		>1.	Var	Y	1477	OX				2		Fog, Flood		2	4, 3, 23	2	2		K2. Oxidizers.
Nitrates (General)		2		>1.	Var	Y	1477	OX				2		Fog, Flood		2	4, 3, 23	2	2		K2. Oxidizers.
Nitratine	7631-99-4	2	2	2.9	Cry	Y	1498	OX				3	3	Flood		2	4, 3, 23	2	2		K2, K20. Oxidizer. Explodes @ 1000°.
Nitrating Acid (Nitrating Acid Mixture)		3		>1.	1.5	Y	1796	OX				4		Fog, Alfo		3	5, 10, 13, 23	2	4	16	K2. Oxidizer. NCF.
Nitrating Acid Mixture (Spent)		3	3	>1.	Liq	Y	1826	CO				3		Fog, Flood		3	5, 4	2	3	3	K2. Oxidizer. NCF.
Nitre	7757-79-1			3.5	Pdr			OX				4		Flood, Fog		2	4, 21, 23	2	2		K2. High oxidizer.
Nitric Acid (Other than fuming, <40% Acid)		3	4	>1.	1.5	Y	1760	CO				4		Alfo, No Water		3	5, 4, 8	2	4		K2. Oxidizer. NCF.
Nitric Acid (Other than fuming, >40% Acid)		4	4	>1.	Liq	Y	2031	OX				4		Alfo, No Water		5	5, 3, 4, 8, 23	2	4		K2. High oxidizer. NCF.
Nitric Acid - Anhydrous	7697-37-2	4	2	2.2	1.5	Y	2031	CO				4	1	Fog, Alfo	187	3	21, 3, 4, 5, 6	3	4	3	K2, K16, K19. TLV 2 ppm. NCF but High Oxidizer.
Nitric Acid, Fuming (ALSO: Red Fuming)	7697-37-2	4	4	2.2	1.5		2032	OX				4		No Water		5	8, 3, 4, 5, 9	3	4	16, 3	K2, K16. High oxidizer. ALSO: R23.
Nitric Amide	7782-94-7			2.2	Sol	Y						3		Alfo		2	16	2	2		Ammonia odor. Unstable. RXW conc. alkali or sulfuric acid.
Nitric Ether	625-58-1	2		3.1	1.1	N	1993	FL	50	3.8-		3	3	Fog, Foam, DC, CO2	190	2	16, 2	3	2		Rocket fuel. Pleasant odor.
Nitric Oxide	10102-43-9	4		1.0	Gas	S	1660	PA				4		Flood, Alfo	-240	3	8, 3, 4, 5, 23	4	4	6, 4	K2, K24. Oxidizer. TLV 25 ppm. NCF.
Nitric Oxide and Nitrogen Tetroxide Mixture	63907-41-5	4	4	>1.	Gas	S	1975	PA				4	1	Fog, Alfo		3	8, 3, 4, 5, 23	3	4	6, 4	K2. Oxidizer. NCF.
Nitrite, n.o.s.			3	>1.	Var	Y	2627	OX				4		Fog, Flood		2	23, 4	2	2		K2. Oxidizer.

(210)

Chemical Name	CAS	Tox L S	Vap Den.	Spec Grav.	Wat Sol.	DOT Number	Cl	Flash Point	Flamma. Limit	Ign. Temp.	Disa. Atm Fire	Extinguishing Information	Boil Point	F	R	E	S	H	Remarks
Nitro Jute (Common name)							EX				4 4			6	17	5	2		Explosive.
1-Nitro-1-Oximinoethane	600-26-0		3.6	Sol							3 4			6	17	5	2		K2. Explosive.
2-Nitro-2-Butene	4812-23-1	3	3.5	.99							3	Fog, Flood	280	3		3	3	9, 2	K2. Unstable.
3-Nitro-2-Heptene	6065-13-0		5.0	Liq							3	Foam, DC, CO2		3		1	2	2	K2.
5-Nitro-2-Heptene	6065-14-1	3	5.0	Liq							3	Foam, DC, CO2		3		1	2	2	K2.
2-Nitro-2-Hexene	6065-17-4		4.4	Liq							3	Foam, DC, CO2		3		2	2	2	K2.
2-Nitro-2-Methyl-1,3-Propanediol	77-49-6		4.7	Cry							3 3	Fog, Foam, DC, CO2		2	2	2	2		K2.
2-Nitro-2-Methylpropanol Nitrate			>1.	Var							4			6	17	5	2		K2.
2-Nitro-2-Nonene	4812-25-3		5.9	Liq							3	Fog, DC, CO2		3		1	2	2, 9	K2.
3-Nitro-2-Octene	6065-10-7	3	5.5	Liq							3	Foam, DC, CO2		3		1	2	2	K2.
3-Nitro-2-Pentene	6065-11-8		5.5	Liq							3	Foam, DC, CO2		3		1	2	2	K2.
3-Nitro-2-Pentene	6065-18-5	3	4.0	Var							3	Foam, DC, CO2		3		1	2	2	K2.
2-Nitro-2-Pentene	6065-19-6	3	4.0	Var							3	Foam, DC, CO2		3		1	2	2	K2.
1-Nitro-3-(2,4-Dinitrophenyl)Urea	22751-18-4		9.5	Sol							3 4			6	17	5	2		K20 - Impact sensitive. Explosive.
1-Nitro-3-Butene			3.5	Liq							4			2		3	2		Unstable.
3-Nitro-3-Hexene	4812-22-0		4.4	Liq							3	Fog, Foam, DC, CO2		3		1	2	2	K2.
3-Nitro-3-Nonene	6065-04-9		5.9	Liq							3	Foam, DC, CO2		3		1	2	2, 9	K2.
3-Nitro-3-Octene	6065-09-4	3	5.5	Liq	N						3	Foam, DC, CO2		3		1	2	2	K2. Explodes >230°.
6-Nitro-4-Diazotoluene-3-Sulfonic Acid			5.4	Var							4			6	17	5	2		K2. Melts @ 176°.
5-Nitro-4-Nonene	6065-01-6	3	5.9	Liq							3	Foam, DC, CO2		3		1	2	9	K2.
5-Nitro-4-Toluidine	119-32-4	3	5.8	1.3							3 1	Fog, Foam, DC, CO2		6	17	1	3	9	K2.
N-Nitro-N-Methylglycolamide Nitrate	18558-16-4		>1.	Sol							4			6	17	5	2		Explodes @ 284°.
p-Nitro-o-Chlorophenyl Dimethyl Thionophosphate	2463-84-5	4	10.	Sol	N		PB				4 0	Foam, DC, CO2		3		1	2	12, 9	K2, K12. NCF.
5-Nitro-o-Toluidine	99-55-8	3		Sol							3	Foam, DC, CO2		3	20	1	3	9	Decomposes @ 302°.
2-Nitroacetaldehyde Oxime	5653-21-4		3.6	Liq							3 4	Foam, DC, CO2		3	17	4	2		K3. Explodes >230°.
3'-Nitroacetophenone	121-89-1	3	5.7	Sol	N		EX				3			3		1	2	2	K2. Melts @ 176°.
2-(N-Nitroamino)Pyridine-N-Oxide			5.4	Var							4			6	17	5	2		Explosive.
4-Nitroamino-1,2,4-Triazole	52096-16-9		4.5	Sol							4			6	17	5	2		Melts @ 162°. and explodes.
5-Nitroaminotetrazole	18558-16-4		4.5	Sol							4			6	1·7	5	2		Explodes @ 284°.
N-Nitroaniline			>1.	Var							4			6	17	5	2		
o-Nitroaniline	88-74-4	2	4.7	Cry	N			335			3 1	Fog, Foamm, DC, CO2	543	3	1	1	4	5	K2. Melts @ 156°.
m-Nitroaniline	99-09-2	3	4.4	Cry	Y	1661	PB				3 1	Fog, Alfo, DC, CO2	583	3	1	1	4	5, 9	K2. Melts @ 233°.
p-Nitroaniline (ALSO: 4-)	100-01-6	4	4.7	1.4	Y	1661	PB	390			4 1	Fog, Foam, DC, CO2	637	3		1	4	2	K2. TLV 1 ppm.
4-Nitroanilinium Perchlorate			8.4	Sol							3			3	17	5	2		Explosive.
p-Nitroanisole	100-17-4	4	5.3	Cry	Y	2730	PB				3	Foam, DC, CO2		3		1	4	2	K2. Melts @ 129°.
o-Nitroanisole	91-23-6	4	5.3	1.3	N	2730	PB				4 1	Fog, Foam, DC, CO2		3		1	4		K2.
Nitroanisole	91-23-6	4	5.3	1.3	N	2730	PB				4 1	Fog, Foam, DC, CO2		3		1	4		K2.
Nitrobenzaldehyde			5.3	Sol	N						3	Fog, Foam		2	16	1	2		Volatile with steam.
2-Nitrobenzaldehyde			5.3	Sol	N						3	Fog, Foam		2	16	1	2		Volatile with steam.
3-Nitrobenzaldehyde			5.3	Sol	N						3	Fog, Foam		2	16	1	2		Volatile with steam.
3-Nitrobenzendiazonium Perchlorate	22751-24-2		8.7	Sol							3 4			6	17	5	2		Shock & heat sensitive. Explosive.

Chemical Name	CAS	Tox L S	Vap Den.	Spec Grav	Wat Sol	DOT Number	DOT Cl	Flash Point	Flamma. Limit	Ign. Temp.	Disa. Atm Fire	Extinguishing Information	Boil Point	F	R	E	S	H	Remarks
Nitrobenzene	98-95-3	4 3	4.3	1.2		1662	PB	190	1.8-	900	3 2	Fog, Foam, DC, CO2	410	3	21	1	4	5	K2, K24. TLV 1 ppm. Almond odor.
m-Nitrobenzene Diazonium Perchlorate			>1.	Sol							4			6	17	5	2		Explosive when dry.
4-Nitrobenzenediazonium Azide	68560-64-3		6.7	Sol							3 4	Keep Wet		6	17	4	2		K3.
4-Nitrobenzenediazonium Nitrate	42238-29-9		7.4	Sol							3 4			6	17	4	2		
Nitrobenzenesulfonic Acid	98-47-5	4	7.0	Cry	Y	2305	CO				3 3	Fog, Foam		3	16	1	2	2	Melts @ 158°. RVW heat @ 392°.
Nitrobenzol	98-95-3	4 3	4.3	1.2		1662	PB	190	1.8-	900	3 2	Fog, Foam, DC, CO2	410	3	21	1	4	5	K2, K24. TLV 1 ppm. Almond odor.
5-Nitrobenzotriazole	2338-12-7		5.7	Sol		0385	EX				3 4			6	17	5	2		K3. Explosive.
m-Nitrobenzotrifluoride	98-46-4	3	6.6	1.4		2306	PB	214			4 1	Fog, Foam, DC, CO2	397	3	1	1	3	9	K2. Aromatic odor.
3-Nitrobenzotrifluoride	98-46-4	3	6.6	1.4		2306	PB	214			4 1	Fog, Foam, DC, CO2	397	3	1	1	3	9	K2. Aromatic odor.
Nitrobenzotrifluoride	98-46-4	3	6.6	1.4		2306	PB	214			4 4	Fog, Foam, DC, CO2	397	3	1	1	3	9	K2. Aromatic odor.
o-Nitrobenzoyl Chloride	610-14-0	3	6.5	Cry							4 4			6	17	4	2		May explode > 230°.
m-Nitrobenzoyl Chloride	121-90-4	3	6.4	Cry							4 3	Foam, DC, CO2		2	8	3	2		Melts @ 93°. Unstable
3-Nitrobenzoyl Nitrate			7.4	Sol							4 3			6	17	5	2		Explodes w/fast heat.
4-Nitrobenzyl Alcohol	619-37-8		5.3	Liq							3 3			2	16	3	2		RVW heat @ 457°.
2-Nitrobenzyl Alcohol	612-25-9		5.3	Liq							3 3			2	16	3	2		RVW heat @ 394°.
2-Nitrobenzyl Bromide	3958-60-9		8.1	Var							3 3			2	16	3	2		RVW heat @ 212°.
p-Nitrobenzyl Chloride	100-14-1	4	6.0	Var							3	Foam, DC, CO2		3	1	1	4	6	K2, K24.
2-Nitrobenzyl Chloride	612-23-7	3	5.9	Cry	N						4 3	Foam, DC, CO2		3	20	2	2		WHTD → much smoke & gas.
o-Nitrobenzyl Chloride	612-23-7	3	5.9	Cry	N						4 3	Foam, DC, CO2		3	20	2	2		WHTD → much smoke & gas.
Nitrobromobenzene	464-10-8	4	>1.	Liq		2732	PB				4 3			2	1	1	4	9	
Nitrobromoform	464-10-8	4	10.	Cry	S						4 4	Fog, Foam, DC, CO2	261	6	17	5	4	3	Explodes w/fast heat.
tert-Nitrobutane	594-70-7		3.5	Liq							3 4			6	17	4	2		Potential explosive.
Nitrocarbonitrate		2 2	>1.	Sol	S	2060	BA				4 3			6	2	2	2		Explosive and oxidizer.
Nitrocellulose (Solution in flammable liquid)		2 2	>1.	Liq	N	2060					4 3	Fog, Foam, DC, CO2		2	2	2	2		K2.
Nitrocellulose (Solution in flammable liquid)		2 2	>1.	Liq	N	2059					4 3	Fog, Foam, DC, CO2		2	2	2	2		K2.
Nitrocellulose (Wet with >20% Water)		2 2	>1.	Liq	N	2555	FS				4 3	Fog, Foam, DC, CO2		2	2	2	2		K2.
Nitrocellulose (Wet with >25% Alcohol)		2 2	>1.	Liq	N	2556	FS	55		338	4 3	Fog, Alfo, DC, CO2		2	2	2	2		Keep wet. If dry, see R17.
Nitrocellulose (with Plasticizer)		2 2	>1.	Sol	N	2557	FS				4 3	Fog, Alfo, DC, CO2		2	2	2	2		Keep wet. If dry, see R17.
Nitrocellulose (Wet, >40% Flammable liquid)		2 2	>1.	Liq	N	2059	FL				4 3	Fog, Foam, DC, CO2		2	2	2	2		K2.
Nitrocellulose - Dry		2 2	Pdr		N	2557	EX				4 3	Fog, Foam, Flood		6	16	3	2		K3. Ignites @ 320°.
p-Nitrochlorobenzene		4	5.4	Cry	N	1578	PB	261			4 2	Fog, Foam, DC, CO2	460	3	1	1	4		K2.
o-Nitrochlorobenzene (Liquid or Solid)		4	5.4	Var	N	1578	PB	>100			4 2	Fog, Foam, DC, CO2	460	3	1	1	4		K2.
m-Nitrochlorobenzene (Liquid or Solid)		4	5.4	Var	N	1578	PB	>100			4 2	Fog, Foam, DC, CO2	460	3	1	1	4		K2.
Nitrochlorobenzene (Liquid or Solid)		4	5.4	Var	N	1578	PB	>100			4 2	Fog, Foam, DC, CO2	460	3	1	1	4		K2.
p-Nitrochlorobenzol		4	5.4	Cry	N	1578	PB	261			4 2	Fog, Foam, DC, CO2		3	1	1	4		K2.
Nitrochlorobenzotrifluoride	121-17-5	3	7.8	1.5		2307	PB				3 2	Fog, Foam, DC, CO2		3		1	2	9	K2.
Nitrochloroform	76-06-2	4 4	6.7	1.7	S	1580	PB				4 0	Fog, Foam, DC, CO2	234	3	1	2	4	3	K12. TLV <1 ppm. Vomiting gas. NCF.
Nitrochloromethane	76-06-2	4 4	6.7	1.7	S	1580	PB				4 0	Fog, Foam, DC, CO2	234	3	1	2	4	3	K12. TLV <1 ppm. Vomiting gas. NCF.
p-Nitrochlorophenyl Dimethyl Thionophosphate	2463-84-5	4	4	10.	Sol	N		PB				4 0	Foam, DC, CO2		3		1	2	12, 9	K2, K12. NCF.

(212)

Chemical Name	CAS	Tox L	Tox S	Vap. Den.	Spec. Grav.	Wat. Sol.	DOT Number	DOT Cl	Flash Point	Flamma. Limit	Ign. Temp.	Disa. Atm	Disa. Fire	Extinguishing Information	Boil Point	F	R	E	S	H	Remarks
Nitrocotton	9004-70-0	2	1		17.		2060	FS	55			3	3	Fog, Flood	453	2	2	2	2	9	K2.
2-p-Nitrocresol	119-33-5	3	1		5.3	Cry	N	2446	PB				4	1	Fog, Alfo, DC, CO2	453	3	1	1	4	9	K2. Melts @ 95°.
Nitrocresol	119-33-5	4	2		5.3	Cry	N	2446	PB				4	4	Fog, Alfo, DC, CO2	453	3	1	2	4	9	K2. Melts @ 95°.
Nitrocyclohexane	1122-60-7	4			4.5	1.1				190			3	3	Fog, Foam, DC, CO2		3		2	4	9	K2, K24.
Nitrodiethanolamine Dinitrate	4185-47-1				8.4	Sol							3	4			6	17	5	2		Explosive
Nitroethane	79-24-3	2	2		2.6	1.1	S	2842	FL	82	3.4-	778	3	4	Fog, Foam, DC, CO2	237	2	17	3	2	2	K3. RVW Hydrocarbons. TLV 100 ppm.
2-Nitroethanol	625-48-9				3.2	Var							3	4			6	17	5	2		K2. RXW alkalies. Explosive.
Nitroethyl Nitrate					>1.	Sol								4			6	17	5	2		
Nitroethylene Polymer					>1.	Var								4			6	17	5	1		
Nitrofen (Common name)	1836-75-5	3	3		9.9	Sol							4		Fog, Foam, DC, CO2		3	17	1	3	2	K2, K12. Melts @ 144°.
Nitroform	517-25-9	3	2		5.2	Sol	Y						3	4			6		4	2	9	Melts @ 59°. Explodes w/fast heat.
Nitrogen (Compressed)	7727-37-9	1	1		.97	Gas	S	1066	CG				1	0	Fog, Foam, DC, CO2	-320	1		1		1	Inert gas. NCF.
Nitrogen (Pressurized Liq; Refrigerated Liq.) (Cryogenic Liquid)		1	3		.97	Gas	S	1977	CG				1	0		-320	7		1		15	Inert cryogenic gas. NCF.
Nitrogen Bromide					8.8	Sol							4	4			6	17	5	2		Explodes.
Nitrogen Chloride	10025-85-1	3	3		4.1	1.7	N						4	4		159	6	17, 4, 23	4	4		K3. Explodes in bright light. Explodes @ 199°.
Nitrogen Chloride Difluoride					3.0	Var											6	16	4	2		Unstable.
Nitrogen Dioxide	10102-44-0	4	4		1.6	Gas	Y	1067	PA			6	4	0	Fog, Flood	6	3	4, 23, 3	4	4	2, 3, 4	H16. K16. K24. TLV 3 ppm. Corrodes steel. Oxidizer. NCF.
Nitrogen Fertilizer Solution (>35% NH3)					<1.	Liq	Y	1043	CG				3	0	Fog, Foam, DC, CO2		3		1	2	2	NCF.
Nitrogen Fluoride	7783-54-2	3	3		3.6	Gas	N	2451	PA				4		Fog, Flood	-200	3	3, 4, 18, 23	3	4	9	K2. High oxidizer. TLV 10 ppm. RVW Ammonia. Mold odor.
Nitrogen Iodide	14696-82-3				5.8	Cry							4	4			6	17	5	2		K20. Shock-sensitive. Explosive.
Nitrogen Monoxide	10102-43-9	4			1.0	Gas	S	1660	PA				4	0	Flood, Alfo	-240	3	8, 3, 4, 5, 23	4	4	6, 4	K2, K24. Oxidizer. TLV 25 ppm. NCF.
Nitrogen Monoxide Mixed with Nitrogen Tetroxide	63907-41-5	4	4		>1.	Gas		1975	CG				4	1	Fog, Alfo		3	8, 3, 4, 5, 23	3	4	6, 4	K2. Oxidizer. NCF.
Nitrogen Mustard	51-75-2	4	4		5.9	1.1							4	3	DC, CO2		3	4	3	4	3, 6, 8	Melts @ 33°.
Nitrogen Oxide (Nitrous Oxide)	10024-97-2	3	1		1.	Gas	S	1070	CG			-126	3	2	Stop Gas, Fog, DC, CO2		2	4	3	2	1, 11, 13	Oxidizer. Can explode @ high temperature. NCF.
Nitrogen Oxides (General, except Nitrous)		4	4		1.	Gas	S		PB				4	0	Fog, Foam, DC, CO2		3	3, 5	2	4	3	K2. NCF.
Nitrogen Oxychloride	2696-92-6	4	4		2.3	Gas	S	1069	CG				4	0	Fog, Foam, DC, CO2	21	3		1	4	16, 9	K2. RVW hydrogen + oxygen. RVW aluminum. NCF.
Nitrogen Oxyfluoride	7789-25-5	4	4		1.7	Gas			OG				4	0	Fog, Foam, DC, CO2	76	3	18	1	4	2, 9	K2. NCF.
Nitrogen Pentoxide		4	4		3.7	Cry							4	3	Alfo		3	16	1	4	9	K2. RVW Heat @ 122°.
Nitrogen Peroxide	10102-44-0	4	4		1.6	Gas	Y	1067	PA				4	0	Fog, Flood	6	3	4, 23, 3	4	4	2, 3, 4	H16. K16, K24. TLV 3 ppm. Corrodes steel. Oxidizer. NCF.
Nitrogen Tetroxide	10544-72-6	4	4		1.6	Gas	Y	1067	PA				4	0	Fog, Alfo, DC, CO2		3	23	2	4	3, 2, 4	NCF. TLV 3 ppm. High oxidizer. ALSO: H16
Nitrogen Tribromide					8.8	Sol							4	4			6	17, 3	5	2		K2. Explodes.
Nitrogen Tribromide Hexaammoniate					12.	Sol							3	4			6	17	5	2		Explodes.

(213)

Chemical Name	CAS	Tox L	Tox S	Vap Den	Spec Grav	Wat Sol	DOT Number	DOT Cl	Flash Point	Flamma Limit	Ign. Temp	Disa Atm	Disa Fire	Extinguishing Information	Boil Point	F	R	E	S	H	Remarks
Nitrogen Trichloride	10025-85-1	3	3	4.1	1.7	N						4	4		159	6	17, 4, 23	4	2		K3. Explodes in bright light. Explodes @ 199°.
Nitrogen Trifluoride	7783-54-2	3	3	3.6	Gas	N	2451	PA					4	Fog, Flood	-200	3	3, 4, 18, 23	4	4	9	K2. High oxidizer. TLV 10 ppm. RVW Ammonia. Mold odor.
Nitrogen Triiodide	13444-85-4			13.	Cry	Y							4			6	17	5	2		Extremely sensitive if dry. Keep wet with ether. Explosive.
Nitrogen Triiodide Monoamine				14.	Cry								4			6	17	5	2		Keep wet. Extremely sensitive if dry. Explodes
Nitrogen Triiodide-Ammonia			4	14.	Cry							4	4	Keep wet		6	17	5	2		Keep wet.
Nitrogen Triiodide-Silver Amide				18.	Sol							4	4	Keep wet		6	17	5	2		High Oxidizer.
Nitrogen Trioxide	10544-73-7	4	4	2.6	1.5		2421	PB				4	4	Fog, Flood	38	2	23, 3, 4	3	4	3	K2, K24. Acrid odor. RXW organic materials.
Nitrogen Trioxyfluoride	7789-26-6	4	4	2.8	Gas							4	3	Foam, DC, CO2	-51	6	17, 3, 4, 21, 23	5	4	16	TLV <1 ppm (skin). Shock sensitive. Explodes @ 424°.
Nitroglycerin	55-63-0	3	3	7.8	1.6	N	0143	EX				3	4			6	17	5	2		Keep wet with alcohol.
Nitroglycerine (1-5%) Solution in Alcohol		3	2	>1.	Liq		3064	FL				3	3	Fog, Foam, DC, CO2		2	2	2	2		K3. Explosive.
Nitroglycerine Mixed with Ethylene Glycol Dinitrate (1:1)	53569-64-5			13.	Liq							4	4			6	17	5	2		
Nitroglycol	628-96-6	3	3	5.3	1.5	S						4	4			6	17	5	3	5	K3. TLV <1 ppm. Explodes @ 237°
Nitroguanidine (Wet >20% Water)				3.6	Liq	S	1336	FS				4	3	Fog, Flood		2	16	3	2		Keep wet. See R17 if dry.
Nitroguanidine (α-) (Dry)	556-88-7			3.6	Sol	S	0282	EX				4	4			6	17, 2	5	2		K2. Flashless powder. Explosive.
Nitroguanidine Nitrate				>1.	Sol							4	4			6	17	5	2		
1-Nitrohydantoin				>1.	Var							4	4			6	17	5	2		
Nitrohydrene	7436-07-9	3	3	>1.	Liq	N		EX				4	4			6	17, 2	5	2		K3. An explosive.
Nitrohydrochloric Acid	8007-56-5	4	4	3.5	Liq	Y	1798	CO				4	4	Fog, Alfo		3	13, 3, 4, 5, 6	3	4	3	K2, K16, K19. NCF but High Oxidizer.
5-Nitroindane				5.7	Var							3	3			6	17	5	2		K2. Explosive.
4-Nitroindane	34701-14-9			5.7	Var							3	3			6	17	5	2		K2. Explosive.
Nitroisobutanetriol Trinitrate				>1.	Var			EX				4	4			6	17	5	2		
Nitrolevulose (Common name)				>1.	Sol							4	4			6	17	5	2		Explosive.
Nitromannite	15825-70-4	3	1	15.	Cry	N	0133	EX				3	3			6	17	5	3		Keep wet. Explodes @ 248°.
Nitromannitol	15825-70-4	3	1	15.	Cry	N	0133	EX				3	3			6	17	5	3		Keep wet. Explodes @ 248°.
Nitromethane		2	2	2.1	1.1	S	1261	FL	95	7.3-	785	3	4	Fog, Alfo, DC, CO2	214	2	16	4	2	9	TLV 100 ppm. RVW contaminates.
Nitromolasses (Common name)				>1.	Liq							4	4			6	17	5	2		Explosive.
Nitromuriatic Acid	8007-56-5	4	4	3.5	Liq	Y	1798	CO				4	4	Fog, Alfo		3	13, 3, 4, 5, 6	3	4	3	K2, K16, K19. NCF but High Oxidizer.
2-Nitronaphthalene ALSO: (β-)	581-89-5	2	2	6.0	Cry	N						3	3	Fog, Foam, DC, CO2		2	1	2	2	2, 9	K2. Melts @ 174°.
1-Nitronaphthalene ALSO: (α-))	86-57-7	2	2	6.0	Cry	N	2538	FS	327			3	1	Fog, Foam, DC, CO2	579	2	2	2	2	9, 2	K2. Melts @ 138°.
Nitronium Perchlorate		2	2	5.0	Sol	Y						4		Fog, Flood		2	23, 7	2	2	2	RW moisture → nitric acid. High oxidizer.
Nitrooximinomethane	625-49-0			3.1	Sol			EX				3	4			6	17	5	3		Unstable. Explosive.
Nitroparaffins (General)		3	2	>1.	Var	S			>75			3	3	Fog, Alfo, DC, CO2		2	16	2	2		May RVW heat or shock.

(214)

Chemical Name	CAS	Tox L	Tox S	Vap Den	Spec Grav	Wat Sol	DOT Number	DOT Cl	Flash Point	Flamma. Limit	Ign. Temp.	Disa. Atm Fire	Extinguishing Information	Boil Point	F	R	E	S	H	Remarks
3-Nitroperchlorylbenzene	20731-44-6			7.2	Sol							3	4		6	17	5	2		Shock-sensitive. Explosive.
o-Nitrophenol ALSO: (2-)	88-75-5			4.8	Cry	Y	1663	PB				3		Fog, Alfo, DC, CO2	417	3		1	2	9	Melts @ 113°. Aromatic odor. Volatile with steam.
3-Nitrophenol ALSO: (m-)	554-84-7			3	4.8	Cry	S	1663	PB			3	1	Fog, Alfo, DC, CO2	381	3		1	2	9, 2	Melts @ 207°.
4-Nitrophenol ALSO: (p-)	100-02-7			3	4.8	Cry	S	1663	PB			3		Fog, Alfo, DC, CO2		3		1	2	9	Melts @ 235°. RVW high heat.
m-Nitrophenol Diazonium Perchlorate				>1.	Sol			EX				4	4			6	17	5	2		Explosive.
Nitrophenyl Acetylene				7.4	Var							3	4			6	17	5	2		
p-Nitrophenyl Diethylphosphate	311-45-5	4		>1.	1.3							3	1	Foam, DC, CO2	298	3		4	4	9, 5, 12	K2, K12. NCF.
2-Nitrophenyl Sulfonyl Diazomethane	49558-46-5			7.9	Var							3	4			6	17	4	2	9	Explodes @ room temperature.
2-Nitrophenylacetyl Chloride	22751-23-1			7.0	Sol							3	4			6	17	5	2		K3. Explodes.
m-Nitrophenyldinitro Methane				>1.	Var							3	4			6	17	5	2		
2-Nitropropane	79-46-9	3	2	3.1	1.0	S	2608	FL	75	2.6-11.0	802	3	3	Fog, Alfo, DC, CO2	248	2	16, 2	3	2	9	K2. May explode on heating. TLV 10 ppm.
sec-Nitropropane	79-46-9	3	2	3.1	1.0	S	2608	FL	75	2.6-11.0	802	3	3	Fog, Alfo, DC, CO2	248	2	16, 2	3	2	9	K2. May explode on heating. TLV 10 ppm.
Nitropropane ALSO: (1-)	108-03-2	2	2	3.1	1.0	S	2608	FL	93	2.2-	789	3	3	Fog, Alfo, DC, CO2	270	2	16	3	2	9	May explode on heating. TLV 25 ppm. RVW hydrocarbons.
2-Nitropropene	4749-28-4			3.0	Liq							3	3	Foam, DC, CO2		3		1	2	7	K2. RVW alkalies.
4-Nitropyridine-N-Oxide	1124-33-0			4.9	Liq							4	3	Foam, Alfo, DC, CO2		3		1	4	9	K2, K24.
Nitrosaccharose				>1.	Sol			EX				4	4			6	17	5	2		Explosive.
1-Nitroso-2-Napthnol	131-91-9			6.0	Var							3	3	Foam, DC, CO2		3		1	3	9	K2. Ignites @ 124°.
N-Nitrosodimethylamine	62-75-9	3		2.6	1.0	Y						3	2	Foam, DC, CO2	306	3	1	3	3	9	K24. Carcinogen.
Nitrosodimethylaniline ALSO: (p-)	138-89-6	3		5.2	Sol	N	1369	FS				3	4	Foam, Foam, DC, CO2		3	17	5	2		K2.
Nitrosoguanidine	674-81-7			3.0	Sol							3	4			6	17	4	2	9	Explodes.
Nitrosomethylurea	684-93-5			3.6	Var							3	4			6	17	5	2		K3. Explodes.
Nitrosomethylurethane	615-53-2	3		4.6	Var							3	4			6		5	2	9, 12	K3, K22. Unstable >59°. Explosive.
N-Nitrosomethylvinylamine	4549-40-0	4		3.0	Liq							3	4	Foam, DC, CO2		3	17	4	2	9	K2.
Nitrosomorpholine (4-)	59-89-2	3		4.1	Liq							3	4	Foam, DC, CO2		3	17	1	4	9, 14	K2.
2-Nitrosophenol	13168-78-0			4.2	Sol							3	4			6		5	2		K3. RXW concentrated acids. Explodes.
p-Nitrosophenol	104-91-6			3	4.2	Sol	S					3	4	Foam, DC, CO2		3	16, 14	3	2		K2, K21. RVW alkalies. Burns explosively.
Nitrosophenol	104-91-6			3	4.2	Sol	S					3	4	Foam, DC, CO2		3	16, 14	3	2		K2, K21. RVW alkalies. Burns explosively.
Nitrosophenol Dimethylpyrazole	9056-38-6				Sol							4	4			6	17	5	2		
Nitrostarch (Dry)				23.	Pdr	N	0146	EX				3	4			6	17	5	2		K2. Explosive.
Nitrostarch (Wet with not less than 20% Water)				>1.	Liq	N	1337	FS				3	3	Fog, Foam, Keep wet		2		2	2		Keep wet. R17 if dry.
Nitrostarch (Wet with not less than 30% Solvent)				>1.	Liq	N	1337	FL				3	3	Fog, Foam, Keep wet		2		2	2		Keep wet. R17 if dry.
Nitrosugar				>1.	Sol			EX				4				6	17	5	2		Explosive
Nitrosyl Azide	62316-46-5			2.5	Var							4				6	17	4	2		Unstable.
Nitrosyl Bromide		4	4	3.8	Gas			OG				4	0	Stop Gas, DC, CO2		3		1	4		K2. NCF.

(215)

Chemical Name	CAS	Tox L	Tox S	Vap Den.	Spec Grav.	Wat Sol.	DOT Number	DOT Cl	Flash Point	Flamma. Limit	Ign. Temp.	Disa. Atm	Disa. Fire	Extinguishing Information	Boil Point	F	R	E	S	H	Remarks
Nitrosyl Chloride	2696-92-6	4	4	2.3	Gas		1069	CG				4	0	Fog, Foam, DC, CO2	21	3			1	16, 9	K2. RVW hydrogen + oxygen. RVW aluminum. NCF.
Nitrosyl Cyanide	4343-68-4	4		2.0	Gas							3				3		1	4		K5. Do not contaminate.
Nitrosyl Fluoride	7789-25-5	4	3	1.7	Gas			CG				4	0	Fog, Foam, DC, CO2	76	3	18	1	4	2, 9	K2. NCF.
Nitrosyl Hydroxide	7782-77-6	3		1.6	Liq	S						4	2	Fog, Flood		2	23, 3, 4	1	2	4	High oxidizer.
Nitrosyl Perchlorate	15605-28-4			4.5	Var							4	4			6	17	4	2	4	High oxidizer. RXW organics. Explodes @ 239°.
Nitrosyl Sulfuric Acid	7782-78-7	4		4.4	Sol		2308	CO				3		Foam, DC, CO2		3		2	4	9	May be water reactive.
Nitrosyl Tribromide	13444-89-8	4		9.4	Var							4		Foam, DC, CO2		3		1	2	2	K2.
Nitrosylruthenium Trichloride	18902-42-6			8.3	Var							4	4			6	17	4	4		Explodes @ 752°.
mixo-Nitrotoluene	1321-12-6			4.8	Cry							3	4			6	17	5	2		May explode >374°.
p-Nitrotoluene	99-99-0	2		4.7	Cry	N	1664	PB	223			3	1	Fog, Foam, DC, CO2		3	14	2	2	9	K22. Melts @ 127°. TLV 2 ppm. skin.
o-Nitrotoluene	88-72-2	3		4.7	Cry	N	1664	PB	223			3	1	Fog, Foam, DC, CO2	432	3	1	2	3	9	TLV 2 ppm (skin). RXW alkalies.
m-Nitrotoluene ALSO: (3-)	99-08-1	3		4.7	Cry	N	1664	PB	233			3	1	Fog, Foam, DC, CO2	449	3	1	1	3	9	Melts @ 59°. TLV 2 ppm (skin).
Nitrotoluidine (Mono)	119-32-4	3		5.8	Cry	S	2660	PB	315			3	1	Fog, Foam, DC, CO2		3	1	2	2	9	K2
Nitrotoluol	99-08-1	3		4.7	Cry	N	1664	PB	233			3	1	Fog, Foam, DC, CO2	449	3	1	2	2	9	Melts @ 59°. TLV 2 ppm (skin).
Nitrotribromomethane	464-10-8	4	4	10.	Cry	S						4	4		261	6	17	5	2	3	Explodes w/fast heat.
Nitrotrichloromethane	76-06-2	4		6.7	Liq	S	1580	PB				4	0	Fog, Foam, DC, CO2	234	3		2	2	3	K12. TLV <1 ppm. Vomiting gas. NCF.
Nitrourea	556-89-8			3.6	Cry	S	0147	EX				4	4			6	17, 2	5	2		Explosive.
Nitrous Acid	7782-77-6	3		1.6	Liq	S						4	2	Fog, Flood		2	23, 3, 4	4	1		High oxidizer.
Nitrous Anhydride	10544-73-7	4		2.6	1.5		2421	PB				4	4	Fog, Flood	38	2	23, 3, 4	3	4	3	High oxidizer.
Nitrous Ether	109-95-5	3		2.6	.90	N	1194	FL	-31	3.0-50.0	194	3	4	Fog, Foam, DC, CO2	63	2	16, 2, 14	3	2	11	K2. Ether odor. Can RXW heat.
Nitrous Oxide (Cryogenic Liquid/Refrigerated Liquid)				1.5	Gas	S	2201	CG				3		Fog, Flood	-127	7	16, 4	4	2	15, 13	Self-explodes at high temperature. Oxidizer. NCF.
Nitrous Oxide (Compressed)	10024-97-2	3	1	1.5	Gas		1070	CG				3	2	Stop Gas, Fog, DC, CO2	-126	2	4	3	2	1, 11, 13	Oxidizer. Can explode @ high temperature. NCF.
Nitroxyl Chloride	13444-90-1	4	4	2.8	Gas							3	0	Foam, DC, CO2	7	3	23, 4, 8	2	4	16	K2. RVW ammonia. High oxidizer. NCF.
Nitroxylene	25168-04-1	3	3	5.2	1.1	N	1665	PB				3	2	Fog, Foam, DC, CO2	471	3		1	3	9	K2. Melts @ 36°.
Nitroxylol ALSO: (m-) (o-) (p-)	25168-04-1	3	3	5.2	1.1	N	1665	PB				3	2	Fog, Foam, DC, CO2	471	3		1	3	9	K2. Melts @ 36°.
Nitryl Chloride	13444-90-1	4	4	2.8	Gas							3	0	Foam, DC, CO2	7	3	23, 4, 8	2	4	16	K2. RVW ammonia. High oxidizer. NCF.
Nitryl Fluoride	10022-50-1	4		2.2	Gas							3		Foam, DC, CO2	-98	3	23, 4	3	4	16	K2. RW metals & some non-metals. High oxidizer. NCF.
Nitryl Hypofluorite	7789-26-6	4		2.8	Gas							4	3	Fog, Foam, DC, CO2	-51	6	17, 3, 4, 21, 23	5	4	16	K2, K24. Acrid odor. RXW organic materials.
Non-flammable Gas, n.o.s.				Var	Gas		1956	CG				0		Fog, Foam, DC, CO2		1		1	2		NCF.
Nonane (n)	111-84-2	2	1	4.4	.72	N	1920	FL	86	.8-2.9	401	2	3	Fog, Foam, DC, CO2	303	2	1	2	1	11	TLV 200 ppm.
2-Nonanone	821-55-6	2	1	4.9	.83	N			140	9.5-9.9	680	2	3	Fog, Foam, DC, CO2	361	1	1	1	1		
4-Nonanoylmorpholine	5299-64-9	4		7.9	Liq							3		Foam, DC, CO2		3		1	4	2	K2.
2-Nonen-4,6,8-Triyn-1-Al				4.5	Liq								4			6	17	5	2		Very unstable. Explodes.
2-Nonenal	2463-53-8	3	2	4.9	Liq							2		Foam, DC, CO2	3	3		1	2	2	

Chemical Name	CAS	Tox L	Tox S	Vap Den.	Spec Grav.	Wat Sol.	DOT Number	Flash Point	Flamma. Limit	Ign. Temp.	Disa. Atm	Fire	Extinguishing Information	Boil Point	F	R	E	S	H	Remarks
Nonene	27214-95-8	2	2	4.3	.74	N		FL 78			2	3	Fog, Foam, DC, CO2	378	2	2	2	2		
Nonyl Acetate	108-82-7	2	2	6.4	.85	N		155			2	2	Fog, Foam, DC, CO2	353	1	1	1	2	2	Floral odor.
Nonyl Alcohol (sec-)		2	2	5.0	.81	N		165			2	2	Fog, Foam, DC, CO2	444	1	1	1	3	2	Sweet odor.
Nonyl Carbinol	112-30-1	2	3	5.5	.83	N		180		550	4	2	Fog, Foam, DC, CO2	370	3	1	1	2		K2.
tert-Nonyl Mercaptan		3	3	5.5	.90	N		154			4	2	Fog, Foam, DC, CO2	626	3	1	1	2		K2.
Nonyl Naphthalene	25154-52-3			8.8	.94	N		<200			3	2	Fog, Foam, DC, CO2	559	3	1	1	2	2	
Nonyl Phenol	9016-45-9			7.6	.95	N		285			2	1	Fog, Alfo, DC, CO2		3	1	1	2	2	
Nonyl Phenyl Polyethylene Glycol Ether	5283-67-0	3	4		Liq	N	1799				2	2	Foam, DC, CO2		3	8	1	4	3	K2, K16.
Nonyl Trichlorosilane	27214-95-8	2	2	4.3	1.1						3	3	Fog, Foam, DC, CO2		2	2	2	2		
Nonylene	121-46-0	2	2	3.2	.74	N		FL -6			2	3	Fog, Foam, DC, CO2	193	2	2	2	2		
2,5-Norbornadiene	121-46-0			3.2	.9	N		FL -6			2	2	Foam, DC, CO2	193	2	2	2	2		
Norbornadiene	5240-72-2	3		4.4	.9						2	2	Foam, DC, CO2		3		1	2		
2-Norbornanemethanol					Liq								Foam, DC, CO2							
trans-5-Norbornene-2,3-Dicarbonyl Chloride		3	3		Var						3	2	Foam, DC, CO2		3	1	1	2		K2.
5-Norbornene-2-Methanol				>1.	1.0	N							Foam, DC, CO2	378	1		1	2		
Nordhausen Acid	7664-93-9	4	4	3.3	1.8	Y	1830				4	2	Foam, DC, CO2		3	5, 2, 3, 4, 20	2	4		R21, R23. NCF. No water on acid.
Nortron (Trade name)					Sol						3	1			3		1	2	3	K12. Melts @ 158°. Probably flammable in solvent.
NOx		4	4	>1.	Gas	S					4	0	Foam, DC, CO2		3	3, 5	2	4	3	K2. NCF.
NOx (Nitrogen Oxides)		4	4	>1.	Gas	S		PB			4	0	Foam, DC, CO2		3	3, 5	2	4	3	K2. NCF.
Nudrin (Trade name)	16752-77-5	4	3	5.6	Sol	S		PB			3	2	Foam, DC, CO2		3		1	4	9, 12	K12, K24. Melts @ 172°.
Octa-Klor	57-74-9	3	3	14.	1.6	N	2762	FL			4	2	Foam, DC, CO2	347	3	1	2	3		K12. Chlorine odor. Flammable.
Octachlor (Octa-Klor)	57-74-9	3	3	14.	1.6	N	2762	FL			4	2	Foam, DC, CO2	347	3	1	2	3		K12. Chlorine odor. Flammable.
1,3,4,5,6,7,8,8-Octachloro-1,3,3a,4,7,7a-Hexahydro-4,7-Menthano Isobenzofuran	297-78-9	4		14.	Cry						3		Foam, DC, CO2		3		1	3	9	K2, K12.
1-2-4-5-6-7-8-8-Octachloro-4-7-Methano-3α-4-7-7α-Tetrahydroindane	57-74-9	3	3	14.	1.6	N	2762	FL			4	2	Fog, Foam, DC, CO2	347	3	1	2	3		K12. Chlorine odor. Flammable.
Octachloronaphthalene	2234-13-1	4			Sol						4		Foam, Foam, DC, CO2		3		1	4	9	K2.
Octachlorotetrahydroindoalene	57-74-9	3	3	14.	1.6	N	2762	FL			4	2	Fog, Foam, DC, CO2	347	3	1	2	3		K12. Chlorine odor. Flammable.
Octadecanoic Acid, Cadmium Salt	2223-93-0	4			Sol						3	2	Foam, DC, CO2		3		1	2		K2, K24.
1-Octadecanol	112-92-5			9.5	Sol						2	2	DC, CO2, No Water	396	3		1	1	2	Melts @ 136°.
Octadecyltrichlorosilane	112-04-9	3		9.2	.98	Y	1800	CO 193			3	2	Fog, Alfo, DC, CO2	716	5	8	1	4	16	K2.
1,7-Octadiene	3710-30-3	2	2	3.8	Liq		2309	FL 77			2	3	Fog, Alfo, DC, CO2		2	2	2	2		
Octadiene	3710-30-3	2	2	3.8	Liq		2309	FL 77			2	3	Fog, Alfo, DC, CO2		2	2	2	2		
Octafluorobutene	360-89-4	2	1	>1.	Gas		2422	CG			3	0	Stop Gas, DC, CO2	34	1		1	2	1	Inert gas. NCF.
1,1,1,2,3,4,4,4-Octafluoro-2-Butene	360-89-4	2	1	>1.	Gas		2422	CG			3	0	Stop Gas, DC, CO2	34	1		1	2	1	Inert gas. NCF.
Octafluoro-but-2-ene	360-89-4	2	1	>1.	Gas		2422	CG			3	0	Stop Gas, DC, CO2	34	1		1	2	1	Inert gas. NCF.
Octafluoro-sec-Butene	382-21-8	4		6.9	Var						3		Foam, DC, CO2		3		1	2	2	K2.
Octafluorocyclobutane	115-25-3	2	1	7.0	Gas		1976				3	0	Stop Gas, DC, CO2	21	1		1	2	1	K2. Inert Gas. NCF.
Octafluoroisobutylene	382-21-8	4		6.9	Var						3		Foam, DC, CO2		3		1	2	2	K2.
Octafluoropropane	76-19-7	2	1	6.5	Gas		2424	CG			4	0	Stop Gas, DC, CO2	-34	1		1	2	1	K2. Inert gas. NCF.
Octahydrocoumarin	4430-31-3	3	4	5.4	Liq						2	1	Foam, DC, CO2		3		1	2		
Octalene (Trade name)	309-00-2	3	4	12.	Cry	N	2761	PB			4	1	Foam, DC, CO2		3		1	1	4	K2. TLV <1 ppm

(217)

Chemical Name	CAS	Tox L S	Vap Den	Spec Grav	Wat Sol	DOT Number	Cl	Flash Point	Flamma. Limit	Ign. Temp.	Disa. Atm Fire	Extinguishing Information	Boil Point	F	R	E	S	H	Remarks
Octalox* (Trade name)	60-57-1	3 3	13.	Cry	N	2761	OM				3 0	Fog, Foam, DC, CO2		3	11	1	3	9, 5	K12. NCF. Melts @302°.
Octamethyl Pyrophosphoramide	152-16-9	4 4	9.9	1.1	Y						3	Fog, Foam, DC, CO2	309	3		1	4	12, 9	K2, K12.
Octanal	124-13-0	2 2	4.4	.82	S	1191	FL	125			2	Fog, Foam, DC, CO2	335	1	1	1	2		Fruity odor.
1-Octanal	124-13-0	2 2	4.4	.82	S	1191	FL	125			2	Fog, Foam, DC, CO2	335	1	1	1	2		Fruity odor.
Octane	111-65-9	2 1	3.9	.70	N	1262	FL	56	1.0-6.5	403	3	Fog, DC, CO2	258	2	2	2	2	1, 11	TLV 300 ppm.
1-Octanethiol	63834-87-7	4 3	5.0	.85	N	3023	FL	115			4	Foam, DC, CO2	318	3		2	2		
1-Octanol	111-87-5	2 2	4.5	.83	Y						2	Fog, Foam, DC, CO2	382	1	1	2	2		Believed flammable.
2-Octanol		2 2	4.5	.82	N						2	Fog, Foam, DC, CO2	381	1	1	1	2		Aromatic odor.
Octanolic Acid (Mixed isomers)	124-07-2		5.1	Liq							2	Foam, DC, CO2		3		1	1	2	
3-Octanone	106-68-3		4.4	.82			CL	138			2	Fog, Foam, DC, CO2	315	1	1	1	2	11	Fruity odor.
2-Octanone	111-13-7	2 2	4.4	.82	N			125			2	Fog, Alfo, DC, CO2	344	1	1	1	2		Pleasant odor.
Octanoyl Chloride		3 3	5.6	.97				180			4	Alfo, DC, CO2	384	3		1	1	2	Decomposes in water. Pungent odor.
Octanoyl Peroxide	16607-77-5			Liq	N	2129	OP				3	Fog, Flood		2	16	2	2		Keep cool. Organic peroxide.
1,3,7-Octatrien-5-yne			3.6	Liq							2 4		309	6	17	4	2		K22. Explodes @ 313°.
1-Octen-3-ol	3391-86-4		4.5	Liq							2			3		1	2		
2-Octene		2 1	3.9	.72	N		FL	70		446	2	Foam, DC, CO2	250	2	2	2	2		
1-Octene		2 1	3.9	.72	N		FL	70		446	3	Foam, DC, CO2	250	2	2	2	2		
Octyl Acetate (1-)	103-09-3		6.0	.87	N			180			2	Fog, Foam, DC, CO2	410	1	1	1	2		Floral odor.
Octyl Acrylate	103-11-7	3 3	6.4	.89			CL	180			3	Fog, Alfo, DC, CO2	266	3	3	1	3	3	K2.
sec-Octyl Alcohol		2 2	4.5	.82	N						2	Fog, Foam, DC, CO2	381	1	1	1	2		Aromatic odor.
n-Octyl Alcohol	111-87-5		5.0	.85	Y						2	Fog, Foam, DC, CO2	382	1	1	2	2		Believed flammable.
Octyl Aldehyde	124-13-0	2 2	4.4	.82	S	1191	FL	125			2	Fog, Foam, DC, CO2	335	1	1	1	2		Fruity odor.
N-Octyl Bicycloheptene Dicarboximide	113-48-4		9.6	Liq							3	Foam, DC, CO2		3		2	3		K2, K12.
n-Octyl Chloride		2 2	5.1	.87	N			158			3	Fog, Foam, DC, CO2	359	1	1	1	2		K2.
Octyl Chloride		3 3	5.1	.87	N			158			3	Fog, Foam, DC, CO2	359	1	1	1	2		K2.
tert-Octyl Hydroperoxide			>1.	Liq	N	2160	OP				3	Fog, Flood		3	4	2	3		Organic peroxide.
tert-Octyl Mercaptan	63834-87-7	4 3	5.0	.85	N	3023	FL	115			4	Foam, DC, CO2	318	3	16	2	2		Keep cool. Organic peroxide.
Octyl Mercaptan	63834-87-7	4 3	5.0	.85	N	3023	FL	115			4	Foam, DC, CO2	318	3	8	1	4	16	K2, K16. NCF.
tert-Octyl Peroxy-2-Ethylhexanoate			>1.	Liq	N	2161	OP				3	Fog, Flood		3		1	3	2	K2.
Octyl Trichlorosilane	5283-66-9	3 4	8.5	Liq		1801	CO				3 1	No Water		5		2	3		
2-Octyl-4-Isothiazolin-3-one	26530-20-1	3	7.4	Var							4	Foam, DC, CO2		3		1	3		
tert-Octylamine		3 3	4.5	Liq	N			91			3	Fog, Foam, DC, CO2	284	3	2	1	1		Amine odor.
Octylamine	111-86-4	3 3	4.5	.78	S			140			3	Fog, Foam, DC, CO2	338	3		1	3		
1-Octylene	124-13-0	2 1	3.9	.72	N		FL	70		446	2	Foam, DC, CO2	250	2	2	2	2		
Octylperoxide	7530-07-6		5.0	Liq	N	2129	OP	175			3	Fog, Flood		2	11, 3, 23	2	2		May be inhibited. Organic peroxide.
Ododiborane	20436-27-5		5.4	Liq							2	DC, CO2		2	2	2	2		K11. Pyroforic.
Oil (Crude)		2 2	>1.	>.8	N	1270	FL	<90			3	Fog, Foam, DC, CO2		2	2	2	2		
Oil (Petroleum, n.o.s.)		2 2	>1.	>.8	N	1270	FL	<90			2	Fog, Foam, DC, CO2		2	2	2	2		
Oil Gas		4 1	.47	Gas	S	1071	FG		4.8-32.5	637	2 4	Stop Gas, Fog, DC, CO2		2	2	4	2		
Oil of Mirbane	98-95-3	4 3	4.3	1.2	N	1662	PB	190	1.8-	900	3	Fog, Foam, DC, CO2	410	3	21	1	4	5	K2, K24. TLV 1 ppm. Almond odor.

(218)

Chemical Name	CAS	Tox L	Tox S	Vap Den	Spec Grav	Wat Sol	DOT Number	Cl	Flash Point	Flamma. Limit	Ign. Temp.	Disa. Atm	Disa. Fire	Extinguishing Information	Boil Point	F	R	E	S	H	Remarks
Oil of Myrbane	98-95-3	4	3	4.3	1.2	N	1662	PB	190	1.8-	900	3	2	Fog, Foam, DC, CO2	410	3	21	1	4	5	K2, K24. TLV 1 ppm. Almond odor.
Oil of Vitriol	7664-93-9	4	4	3.3	1.8	Y	1830	CO				4	1			3	5, 2, 3, 4, 20	2	4		R21, R23. NCF. No water on acid.
Oil of Wintergreen	119-36-8	2	2	5.2	1.2	N	1831	CO	205		850	2	1	Fog, Foam, DC, CO2	433	1	1	1	2		ULC: 25. Wintergreen odor.
Oleum (Fuming Sulfuric Acid)	8014-95-7	3	4	6.0	Liq							4	1	DC, CO2, No Water		5	10, 3, 4, 8, 21	1	4	3	R23 also.
OMP-1 (Common name)	52684-23-8	4		>1.	Var							2		DC, CO2		3		1	4	9	
OMP-2 (Common name)	26354-18-7	4		>1.	Var							2		DC, CO2		3		1	4	9	
One-Shot (Trade name)			4	>1.	Liq							4		Foam, DC, CO2		3		1	4	9	K2, K12.
Organic Compound of Arsenic (Liquid, n.o.s.)		4		>1.	Liq		1556	PB				4				3		1	4		K2.
Organic Peroxide (Liquid or Solution, n.o.s.)				>1.	Var		9183						3	Fog, Flood		2	4, 23	2	2		Keep cool.
Organic Peroxide (Liquid or Solution, n.o.s.)				>1.	Var		1993						3	Fog, Foam		2	4, 23	2	2		Keep cool.
Organic Peroxide (Sample, n.o.s.)				>1.	Var		2255							Fog, Flood		2	4	1	2		Organic peroxide.
Organic Peroxide (Solid, n.o.s.)				>1.	Sol		9187						3	Fog, Flood		2	4, 23	2	2		Keep cool.
Organic Peroxide (Trial Quantity, n.o.s.)				>1.	Var		2899						4	Fog, Flood		2	4	1	2		Organic peroxide. Keep cool.
Organic Peroxide Mixture				>1.	Var		2756	OP					3	Fog, Flood		3	23, 4	2	2		Keep Cool. Organic peroxide.
Organic Phosphate Compound (Liquid or solid, Poison B)		4	4	>1.	Var		2783	PB				4		Fog, Alfo, DC, CO2		3		1	4	9, 12	K2.
Organic Phosphorous Compound (Mixed w/Compressed Gas)		4		>1.	Gas		1955	PB				4		Fog, Alfo, DC, CO2		3		1	4	9	K2.
Organo-etc. (Liquid, n.o.s.)		4	4	>1.	Liq		2783	PB	<100			4	1	Fog, Alfo, DC, CO2		3	2	1	4	9, 12	K2, K11.
Organochlorine Pesticide (Flammable liquid, n.o.s.)		4	4	>1.	Liq		2995	PB	<100			4	3	Fog, Alfo, DC, CO2		3	2	2	4	9	K2.
Organochlorine Pesticide (Flammable liquid, n.o.s.)		4	4	>1.	Liq		2762	FL	<100			4	3	Fog, Alfo, DC, CO2		2	2	2	4	9	K2.
Organochlorine Pesticide, n.o.s. (Liquid, n.o.s.)		4	4	>1.	Liq		2996	PB				4	1	Fog, Alfo, DC, CO2		3		1	4	9	K2.
Organochlorine Pesticide, n.o.s. (Liquid, n.o.s.)		4	4	>1.	Liq		2761	PB				4	1	Fog, Alfo, DC, CO2		3		1	4	9	K2.
Organometals (General)		3	4	Var	Var								3			2	2	2	3		May be K11. See specific type.
Organophosphorus Pesticide (Flammable Liquid, n.o.s.)		4	4	>1.	Liq		3017	PB	<100			4	3	Fog, Alfo, DC, CO2		3	2	1	4	9, 12	K2, K11.
Organophosphorus Pesticide (Flammable Liquid, n.o.s.)		4	4	>1.	Liq		2784	FL	<100			4	3	Fog, Alfo, DC, CO2		2	2	2	4	9	K2, K11.
Organophosphorus Pesticide, n.o.s.		4	4	>1.	Liq		3018	PB				4	1	Fog, Alfo, DC, CO2		3		1	4	9, 12	K2, K11.
Organotin Pesticide (Flammable liquid, n.o.s.)		4	4	>1.	Liq		3019	PB	<100			4	3	Fog, Alfo, DC, CO2		3	2	2	4	9	K2, K11.
Organotin Pesticide (Flammable liquid, n.o.s.)		4	4	>1.	Liq		2787	FL	<100			4	3	Fog, Alfo, DC, CO2		2	2	2	4	9	K2, K11.
Organotin Pesticide, n.o.s.		4	4	>1.	Liq		3020	PB				4	1	Fog, Alfo, DC, CO2		3		1	4	9	K2, K11.
Organotin-etc. (Liquid, n.o.s.)		4	4	>1.	Liq		2786	PB				4	1	Fog, Alfo, DC, CO2		3		1	4	9	K2.
Origanum Oil	8007-11-2		4	4	Var	Var	1693	OM					2	Foam, DC, CO2		3		1	3	2	K2.
ORM-A (Other Regulated Material)		2	3		Var		1693	OM					2	Foam, DC, CO2		3		1	3	2	K2.
ORM-B (Other Regulated Material)		2	3		Var		1760	OM						Foam, DC, CO2		1		1	2		

Chemical Name	CAS	Tox L S	Vap Den	Spec Grav.	Wat Sol.	DOT Number	Cl	Flash Point	Flamma. Limit	Ign. Temp.	Disa Atm	Fire	Extinguishing Information	Boil Point	F	R	E	S	H	Remarks
ORM-E, Liquid or Solid (Other Regulated Material)		2 2		Var			OM						Foam, Fog, CO2		1		1	2		K2.
Ortho Phosphate Defoliant (Trade name) Ortho-	78-48-8	3	11.	1.1 Var	N	9188		>200			3	1	Fog, Foam, DC, CO2	302	3		1	3	12	K12. See Also (o-) Plus compound name.
Osmic Acid	20816-12-0	4	8.8	Cry	Y	2471	PB				3	0	Foam, DC, CO2		3		1	4	9	K2. K24. Foul odor. NCF.
Osmium Hexafluoride	13768-38-2	4	10.	Sol		2471	PB				4		Foam, DC, CO2	115	3	23	1	4	3	Melts @ 90°. Volatile. RXW silicon.
Osmium Tetraoxide	20816-12-0	4	8.8	Cry	Y	2471	PB				3	0	Foam, DC, CO2		3		1	4	9	K2. K24. Foul odor. NCF.
Osmium Tetroxide	20816-12-0	4	8.8	Sol	Y	2471	PB				3	0	Foam, DC, CO2		3		1	4	9	K2. K24. Foul odor. NCF.
Oxal	107-22-2	3	2.0	Gas							2	2	DC, CO2, No Water		2	22, 2	2	3	3	K22. Melts@ 59°. Reducer. Green vapors; violet flame. May be pyroforic.
Oxalaldehyde (Oxal)	107-22-2	3	2.0	Sol							2	2	DC, CO2, No Water		2	22, 2	2	3	3	K22. Melts@ 59°. Reducer. Green vapors; violet flame. May be pyroforic.
Oxalates, n.o.s.		3	>1.	Cry		2449	PB				3		Foam, DC, CO2		3		1	3	9	K2.
Oxalic Acid	144-62-7	4	4.3	Cry	Y						2	0	Foam, DC, CO2		3		1	4	9, 2	Melts @ 214°. NCF.
Oxalic Ether	95-92-1	3	5.0	1.1	S	2525	PB	168			2	2	Fog, Foam, DC, CO2	365	3	1	1	3	9	
Oxalic Nitrile	460-19-5	4	1.8	Gas	Y	1026	PA		6.0-32.0		4	4	Stop Gas, Fog, DC, CO2	-6	3	2, 6, 11	4	4	3	K5. TLV 10 ppm.
Oxalonitrile	460-19-5	4	1.8	Gas	Y	1026	PA		6.0-32.0		4	4	Stop Gas, Fog, DC, CO2	-6	3	2, 6, 11	4	4	3	K5. TLV 10 ppm.
Oxalyl Chloride	79-37-8	4	4.4	1.5							4	0	No Water	145	3	8	1	4	3	K16. Avoid K or NaK. NCF.
Oxalyl Cyanide	460-19-5	4	1.8	Gas	Y	1026	PA		6.0-32.0		4	4	Stop Gas, Fog, DC, CO2	-6	3	2, 6, 11	4	4	3	K5. TLV 10 ppm.
Oxammonium	7803-49-8	2		Cry	Y						4				6	17	3	3		Melts @ 92°. Unstable when heated. Explodes @ 265°. Melts @ 350°. WH reacts w/alkalies.
Oxammonium Sulfate	10039-54-0	3	5.6	Cry							3	3			3		1	3	2	
Oxamyl (Common name)	23135-22-0	4	7.7	Sol	S						4		Foam, DC, CO2		3		1	4	12	K2, K12, K24. Melts @ 212°.
1,4-Oxathiane	15980-15-1	2	3.6	1.1				108			3		Fog, Foam, DC, CO2	300	1	1	1	2		K2.
1,2-Oxathiolane-2,2-Dioxide	1120-71-4	3	4.3	Liq							3		Foam, DC, CO2		3		1	2		K2.
2-Oxetanone	57-57-8	4	2.5	1.1	Y			165	2.9-		2	2	Fog, Alfo, DC, CO2	311	3	1	1	4	9, 2	K24. TLV <1 ppm (skin).
10,10'-Oxidiphenoxarsine	58-36-6	4	17.	Sol	N						3		Foam, DC, CO2		3		1	4	9, 2	K12. Melts @ 363°.
Oxidizer (Corrosive Liquid, n.o.s.)		3	>1.	Liq		9193	OX				4		Fog, Flood		2	23, 4	1	3	9, 2	
Oxidizer (Corrosive Solid, n.o.s.)		3	>1.	Sol		9194	OX				4		Fog, Flood		2	23, 4	1	3	9, 2	
Oxidizer (Poisonous Liquid, n.o.s.)		4	>1.	Liq		9199	OX				4		Fog, Flood		2	23, 4	1	4	9	K2. Oxidizer.
Oxidizer (Poisonous Solid, n.o.s.)		4	>1.	Sol		9200	OX				4		Fog, Flood		2	4, 23	1	3	9	K2. Oxidizer.
Oxidizer, n.o.s.		2	>1.	Var		1479	OX						Fog, Flood		2	23, 4	1	2		Oxidizer.
Oxidizing Material, n.o.s.		2	>1.	Var		1479	OX						Fog, Flood		2	23, 4	1	2		Oxidizer.
Oxidizing Substance (Solid, Corrosive, n.o.s.)		3		Sol		3085	OX				4		Fog, Flood		2	4, 23	1	2	9	K2. Oxidizer.
Oxidizing Substance (Solid, Poisonous, n.o.s.)			>1.	Sol		3087	OX				4		Fog, Flood		2	4, 23	1	2	9	K2. Oxidizer.
Oxidizing Substance, n.o.s.		2	>1.	Var	Y	1479	OX						Fog, Flood		2	23, 4	1	2		Oxidizer.

(220)

Chemical Name	CAS	Tox L S	Vap Den.	Spec Grav.	Wat Sol.	DOT Number Cl	Flash Point	Flamma. Limit	Ign. Temp.	Disa. Atm Fire	Extinguishing Information	Boil Point	F	R	E	S	H	Remarks
Oxirane	75-21-8	3 3	1.5	Gas	Y	1040 FG	-4	3.0-100.0	804	2 4	Stop Gas, Fog, DC, CO2	51	2	21, 13	4	4	4, 3	ULC: 100 TLV 1 ppm. Rocket fuel.
Oxodiperoxodipyridinechromium				Var						3 4	Keep Wet		2	16	3	2		Explosive if dry.
Oxodisilane			10.	Liq						3 3	DC, CO2		2	2	2	2		K2, K11. Pyroforic.
Oxole	110-00-9	3 3	2.7	.94	N	2389 FL	<32	2.3-14.3		2 3	Foam, DC, CO2	88	2	14, 2	2	3	10, 5	K10, K24. TLV 10 ppm.
Oxopropanedinitrile	115-12-4		2.8	Liq						3	DC, CO2, No Water		5	10	2	2		K2. RXW water.
Oxosilane	22755-01-7		1.6	Liq						3	DC, CO2		2	2	2	2		K11. Pyroforic.
Oxybis(N,N-Dimethylacetamidetriphenylstibonium) Diperchlorate			32.	Sol						4 4			6	17	5	2		Unstable explosive.
Oxybutanal	107-89-1	3 3	3.0	1.1	Y	2839 PB	150		482	4 2	Fog, Alfo, DC, CO2	174	3	12	2	3	2	K1
Oxybutanol	107-89-1	3 3	3.0	1.1	Y	2839 PB	150		482	4 2	Fog, Alfo, DC, CO2	174	3	12	2	3	2	K1
Oxybutyric Aldehyde	107-89-1	3 3	3.0	1.1	Y	2839 PB	150		482	4 2	Fog, Alfo, DC, CO2	174	3	12	2	3	2	K1
Oxybutyric Aldehyde	107-89-1	3 3	3.0	1.1	Y	2839 PB	150		482	4 2	Fog, Alfo, DC, CO2	174	3	12	2	3	2	K1
Oxybutyric Aldehyde	107-89-1	3 3	3.0	1.1	Y	2839 PB	150		482	4 0	Fog, Foam, DC, CO2	174	3	12	2	3	2	K1
Oxydemeton-Methyl		2 2	10.	1.3	Y					4			3		1	2	12	K2, K12. NCF.
2,2'-Oxydi(Ethyl Nitrate)	693-21-0	2 2	6.8	1.4	S	0075 EX				3 4		322	6	17	5	2		K3. Explosive.
Oxydiethylene Bis(Chloroformate)	106-75-2	3 3	8.1	Var						3	Foam, DC, CO2		3		1	3		K2.
Oxydisulfoton (Common name)	2497-07-6	4	10.	Sol						4	Foam, DC, CO2		3		1	4	9, 12	K2, K12.
Oxygen (Compressed)	7782-44-7	1 1	1.1	Gas	Y	1072 CG				1 0	Fog, Foam, DC, CO2	-297	1	21	1	2		Oxidizer. NCF.
Oxygen (Pressurized Liquid) (Cryogenic or Refrigerated Liquid)		1 1	1.1	Gas	Y	1073 CG				1 0	Fog, Foam	-297	7	23, 3, 4, 21	3	3	15	High oxidizer.
Oxygen Difluoride	7783-41-7	4	1.8	1.9		2190 PA				4 3	Fog, DC	-229	3	21, 3, 4	4	4	16, 3, 4	K2. High oxidizer. TLV <1ppm.
Oxygen Fluoride	7783-41-7	4	1.8	1.9		2190 PA				4 3	Fog, DC	-229	3	21, 3, 4	4	4	16, 3, 4	K2. High oxidizer. TLV <1ppm.
Oxyisobutyric Nitrile	75-86-5	4	2.9	.93	Y	1541 PB	165	2.2-12.0	1270	4	Foam, DC, CO2	248	3	1	2	1		K1, K7, K22, K24.
Oxythioquinox (Common name)	2439-10-1		3	Pdr	N					4	Foam, DC, CO2		3		1	2	9	K2, K12. Melts @ 338°.
Oxytoluene	108-39-4	3 3	3.7	1.0	N	2076 PB	187	1.1-	1038	4	Fog, Foam, DC, CO2	397	3	2	1	3	5	Phenolic odor. TLV 5 ppm.
Ozonate	12053-67-7		6.3	Var						4	No Water		5	10	2	2		
Ozone	10028-15-6	4	1.7	Gas	Y					0	Fog, Flood		3	3, 4, 19	1	4	2	TLV <1 ppm. High oxidizer. NCF.
Padan (Trade name)		3	>1.	Liq	S	3066				1	Fog, Foam, DC, CO2		3		2	3		K12. NCF.
Paint Related Material (Corrosive liquid)		2 3	>1.	Liq		1760 CO				1	Fog, Alfo, DC, CO2		3		2	3		
Paint Related Material (Corrosive liquid)		2 2	>1.	Liq	N	1263 FL	<100			3 3	Fog, Foam, DC, CO2		3	2	2	2		K2.
Paint Related Material (Flammable liquid)		2 1	>1.	Liq	N	FL	<100			2 3	Fog, Foam, DC, CO2		2	2	2	2		
Paint Thinner		2 1	>1.	Liq	N	FL	<80				Fog, Foam, DC, CO2		2	1	2	2		
Paint, (Oil base)		2 3	>1.	Liq		1760 CO				1	Fog, Foam, DC, CO2		3		2	3		
Paint, etc. (Corrosive liquid)		2 3	>1.	Liq		3066				1	Fog, Alfo, DC, CO2		3		1	3	2	
Paint, etc. (Corrosive liquid)		2 2	>1.	Liq	N	1263 FL	<100			3 3	Fog, Foam, DC, CO2		3	2	2	2		K2.
Painters Naphtha (Common name)	64475-85-0	2 2	2.5	.64	N	1115 FL	<0	1.1-5.9	550	2 2	Fog, Foam, DC, CO2	100	3	1	2	2		ULC: 100 TLV 300 ppm.
Panacid	19562-30-2		3	Var						3	Foam, DC, CO2		3	2	1	2		K2.
Panogen (M) (Trade name)	151-38-2	4 4		Liq		FL				4	Foam, DC, CO2		3	1	1	4	9	K2, K12.
Paper (Treated w/unsaturated oil)			>1.	Sol	Y	1379 FS				2	Fog, Foam, DC, CO2		2	1	2	2		K21.
Para-				Var														See Also (p-) plus compound name.

(221)

Chemical Name	CAS	Tox L	Tox S	Vap Den.	Spec Grav.	Wat Sol.	DOT Number	DOT Cl	Flash Point	Flamma. Limit	Ign. Temp.	Disa. Atm	Disa. Fire	Extinguishing Information	Boil Point	F	R	E	S	H	Remarks
Para-Acetaldehyde	123-63-7	3	1	4.5	.99	S	1264	FL	63	1.3-	460	4	3	Fog, Alfo, DC, CO2		2	12, 2	2	2	2	Melts @ 54°. RVW Nitric Acid
Para-oxon	311-45-5	4	4	>1.	1.3	S		PB				4	1	Foam, DC, CO2	298	3		1	4	9, 5, 12	K2, K12. NCF.
Paradiaminobenzene	95-54-5	4	3	3.7		Y	1673	PB	312	1.5-		4	3	Foam, Alfo, DC, CO2	512	3	1	1	3		K2, K12. Melts @ 297°.
Paradichlorobenzene	106-46-7	2	2	5.1		N	1592	OM	150			3	2	Fog, Foam, DC, CO2	343	3	2	1	3	2, 9	K2, K12. Melts @ 127°.
Paraffin Oil		1	1	>1.	.91	N			444			2	1	Fog, Foam, DC, CO2		1		1	2		ULC: 20
Paraform	30525-89-4	2	2	>1.		S	2213	OM	158	7.0-73.0	572	3	2	Fog, Alfo, DC, CO2		3	1	1	2	2	K2. Melts >248°.
Paraformaldehyde	30525-89-4	2	2	>1.		S	2213	OM	158	7.0-73.0	572	3	2	Fog, Alfo, DC, CO2		3	1	1	2	2	K2. Melts >248°.
Paraldehyde	123-63-7	3		4.5	.99	S	1264	FL	63	1.3-	460	2	2	Fog, Alfo, DC, CO2		2	12, 2	2	2	2	Melts @ 54°. RVW Nitric Acid
Paramenthane Hydroperoxide		3	3		.92		2125	OP				3	3	Fog, Flood		2	3	2	2	3	Organic peroxide.
Paranitraniline	100-01-6	4	4	4.7	1.4	Y	1661	PB	390			4	1	Fog, Foam, DC, CO2	637	3		1	4		K2. TLV 1 ppm.
Paranitroaniline	100-01-6	4	4	4.7	1.4	Y	1661	PB	390			4	1	Fog, Foam, DC, CO2	637	3		1	4		K2. TLV 1 ppm.
Paraplex RG-2 (Trade name)	62046-63-3	3		>1.	Liq							2		Foam, DC, CO2		3		1	2		
Paraquat	4685-14-7	4	3	6.5	Sol	Y						3		Foam, DC, CO2		3	1	4	4	9, 14, 5	K2, K12, K24.
Paraquat Dichloride	1910-42-5	4	3	14.	Sol	Y						3		Foam, DC, CO2		3	1	1	3	9, 4	K2, K12, K24.
Paraquat Dimethyl Sulphate	2074-50-2	4		14.	Sol							4		Foam, DC, CO2		3	1	1	3		K2, K12, K24.
Parathion	56-38-2	4	4	10.	Pdr	N	2783	PB				4	0	Foam, DC, CO2	707	3		1	4	12, 9	K2, K12, K24. RVW endrin. Melts @ 43°. NCF.
Parathion (in Flammable Liquid)		4	4	10.	1.2	N	2784	FL	<100			4	3	Fog, Alfo, DC, CO2		3	1	2	4	9, 12	K2, K12. Melts @ 43°.
Parathion and Compressed Gas Mixture		4	4	>1.	Gas	N	1967	PA				4	1	Stop Gas, Fog, DC, CO2		3		3	4	6, 12	K2, K12. NCF.
Parathion Mixture (Liquid or Dry)	56-38-2	4	4	10.	Pdr	N	2783	PB				4	0	Foam, DC, CO2	707	3		1	4	12, 9	K2, K12, K24. RVW Endrin. Melts @ 43°. NCF.
Parawet	56-38-2	4	4	10.	Pdr	N	2783	PB				4	0	Foam, DC, CO2	707	3		1	4	12, 9	K2, K12, K24. RVW Endrin. Melts @ 43°. NCF.
Patrole (Trade name)	10265-92-6	4	4	4.8	Cry	S						4		Foam, DC, CO2		3		1	4	12	K2, K12,K24. Melts @ 104°.
PCB's (General)	1336-36-3	3	3	4.7	Var	N	2315	OM	383			4	1	Fog, Foam, DC, CO2		3	1	1	3		K2. Some are NCF.
PCP	87-86-5	3	4	9.2	Cry	N	2020	OM				4	1	Fog, Foam, DC, CO2	590	3		1	3	9, 5	K2, K24. Melt @ 376°.
Pear Oil (Common name)	628-63-7	3	2	4.5	.88	S	1104	FL	60	1.1-7.5	680	2	3	Fog, Alfo, DC, CO2	300	2	1	2	3		K2. Banana odor. ULC: 60 TLV 100 ppm.
Pelargonic Morpholide	5299-64-9	4		7.9	Liq							3		Foam, DC, CO2		3		1	4	2	K2.
Pelargonyl Peroxide			3	>1.	.93	N	2130	OP				2	3	Fog, Flood		2	16	2	2		Keep cool. Organic peroxide.
Penacyl Fluoride		3	3	4.7	Liq							4	0	Foam, DC, CO2		3		1	3		K2. NCF.
Pent-Acetate (Trade name)	628-63-7	3	2	4.5	.88	S	1104	FL	60	1.1-7.5	680	2	3	Fog, Alfo, DC, CO2	300	2	1	2	3		K2. Banana odor. ULC: 60 TLV 100 ppm.
Penta (Common name)	87-86-5	3	4	9.2	Cry	N	2020	OM				4	1	Foam, Fog, DC, CO2	590	3		1	3	9, 5	K2, K24. Melt @ 376°.
Pentaammineaquacobalt(III)Chlorate	13820-81-0	3	4	14.	Sol							4	4			6	17	5	2		Impact-sensitive. Explodes @ 266°.
Pentaamminepyrazineruthenium(II)Perchlorate	41481-90-7			16.	Sol							4	4			6		5	2		Shock-sensitive. Explosive.
Pentaamminethiocyanatocobalt(III)Perchlorate	15663-42-0			14.	Sol							4	4			6	17	5	2		Explosive. Explodes @ 617°.
Pentaamminethiocyanatoruthenium(II)Perchlorate	38139-15-0			15.	Sol							4	4			6	17	5	2		Touch-sensitive if dry. Explosive.
Pentaborane	19624-22-7	4	4	2.2	.61		1380	FL				3	3	Soda Ash, No Halon	140	2	3	3	4		K2, K9, K24. Bad Odor. TLV <1ppm. Pyrotoric.

(222)

Chemical Name	CAS	Tox L	Tox S	Vap Den.	Spec Grav.	Wat Sol.	DOT Number	Cl	Flash Point	Flamma. Limit	Ign. Temp.	Disa. Atm	Disa. Fire	Extinguishing Information	Boil Point	F	R	E	S	H	Remarks
Pentaboron Enneahydride	19624-22-7	4	4	2.2	.61		1380	FL				3	3	Soda Ash, No Halon	140	2	2	3	4		K2, K9, K24. Bad Odor. TLV <1ppm. Pyroforic.
Pentachloroacetone	1768-31-6	4		8.0	Var							3		Foam, DC, CO2		3		1	2	9	K2.
Pentachloroacetophenone	25201-35-8	3		10.	Var							3		Foam, DC, CO2		3		1	4	9	K2.
Pentachloroethane	76-01-7	4	2	7.0	1.7		1669	PB				4	2	Fog, Foam, DC, CO2	322	3		1	4	9	K2, K24. Chloroform odor.
Pentachloronaphthalene	1321-64-8	4		10.	Sol							4	1	Foam, DC, CO2		3		1	4	9	K2.
Pentachloronitrobenzene	82-68-8	3		10.	Cry							4	1	Foam, DC, CO2	622	3		1	3	9	K24. Musty odor. Melts @ 295°.
Pentachlorophenol (PCP)	87-86-5	3	3	9.2	Cry	N	2020	OM				4	1	Foam, Fog, DC, CO2	590	3		1	3	9,5	K2, K24. Melt @ 376°.
1-Pentadecanamine	2570-26-5	4		7.9	Var							3		Foam, DC, CO2		3		1	4	9	K2, K24.
Pentadecylamine	2570-26-5	4		7.9	Var							3		Foam, DC, CO2		3		1	4	9	K2, K24.
1,3-Pentadiene	504-60-9	2		2.4	.69	N		FL	-45	2.0-8.3		2	4	Fog, Foam, DC, CO2	108	2	2	3	2		
1,3-Pentadiyn-1-yl-Copper				4.4	Var							2	4			6	17	5	2		K20 Impact-sensitive. Explosive.
1,3-Pentadiyn-1-yl-Silver				6.0	Var							2	4			6	17	5	2		K20. RXW sulfuric acid. Explosive.
1,3-Pentadiyne	4911-55-1			2.2	Liq							2	4			6	16	4	2		May explode.
Pentaerythritol Tetranitrate	78-11-5	2	2	11.	Cry	N	0411	EX				4	4			6	17, 2	5	2		High explosive. Explodes @ 401°.
Pentaerythritol Triacrylate			3	10.	Liq							2		Foam, DC, CO2		3		1	2	2	
1,2,3,4,5-Pentafluorobicyclo(2.2.0)Hexa-2,5-Diene	21892-31-9			5.9	Liq							3	4			6	17	4	2		Explosive.
Pentafluoroguanidine	10051-06-9			5.2	Var							3	4			6	16	4	2		Rocket fuel component.
Pentafluorophenol	771-61-9		3	6.4	Var							3		Foam, DC, CO2		3		2	2	9.	K2.
Pentafluorophenyllithium	1076-44-4			6.1	Var							4	4	No Water		5	10	3	2		Unstable @ 72° or pressure.
Pentafluoropropionyl Hypochlorite				6.9	Gas							3	4			6	17	3	2		RXW heat.
Pentafluoropropionyl Hypofluorite				6.4	Gas							3	4			6	17	5	2		Shock-sensitive. Explosive.
Pentafluorosulfur Peroxyacetate	60672-60-8			7.1	Var							3	4	No Water		5	10	2	2		RXW water. Pyroforic.
Pentafluorophenylaluminum Dibromide	4457-90-3	3		11.	Var	N						4	3	Fog, Foam, DC, CO2		2	2	2	4	9	K2, K24. Chloroform odor.
Pentalarm (Trade name)	76-01-7	4		3.6	.85	N	1669	FL				4	2	Fog, Foam, DC, CO2	322	2	2	2	4	9	
Pentalin				7.0	1.7		2286	PB				3	3	Alfo, DC, CO2		3	2	2	2		
Pentamethyl Heptane	3030-47-5	4		6.0	Var			FL				3		Foam, DC, CO2		3		1	2	9	
Pentamethyldiethylenetriamine(N,N,N',N',N"-)	287-92-3	2	2	3.5	.74	N	1146	FL	-35	1.5-	682	3	3	Foam, Fog, DC, CO2	121	2	1	2	2	11	TLV 600 ppm.
Pentamethylene	462-94-2	3		2	.87	Y						4	1	Foam, DC, CO2	352	3		1	2	2	K2. Melts @ 48°.
Pentamethylene Diamine	628-76-2	2		4.9	1.1	N	1152	FL	>80			4	3	Foam, Alfo, DC, CO2	352	2		1	2	2	K2.
Pentamethylene Dichloride		3		4.0	.88	Y		FL	-4			2	3	Foam, Alfo, DC, CO2	178	2		1	2	2	
Pentamethylene Oxide	53378-72-6			9.0	Var							2	4			6	17	4	2		Explodes @ room temperature.
Pentamethyltantalum	584-02-1	3	3	3.0	.82	S	2706	FL	66	1.2-9.0	650	3	3	Fog, Alfo, DC, CO2	280	2	2	2	4	3	Acetone odor. TLV 100 ppm.
Pentan-3-ol	110-62-3	2	2	3.0	.81	N	2058	FL	54		588	2	2	Fog, Foam, DC, CO2	216	2		1	2	2	
Pentanal	463-82-1	1	1	2.5	.59		2044	FG	<20	1.4-7.5	842	2	4	Stop Gas, Fog, DC, CO2	49	2		2	4	2	
tert-Pentane																					
n-Pentane	109-66-0	2	2	2.5	.63	Y	1265	FL	<-40	1.4-8.0	588	2	3	Fog, Alfo, DC, CO2	97	2	3	3	3	11	Blister agent. TLV 600 ppm.
n-Pentane	109-66-0	2	2	2.5	.63	Y	1265	FL	<-40	1.4-8.0	588	2	3	Fog, Alfo, DC, CO2	97	2	3	3	3	11	Blister agent. TLV 600 ppm.
Pentane-2,4-Dione	123-54-6	3		3.4	.98	Y	2310	FL	93		644	2	2	Fog, Foam, DC, CO2	282	2	3	2	3	3	
2-Pentanecarboxylic Acid	97-61-0	3		4.1	.89	N			225			2	1	Fog, Foam, DC, CO2		3	1	2	2	2	

(223)

Chemical Name	CAS	Tox L	Tox S	Vap Den	Spec Grav	Wat Sol	DOT Number	DOT Cl	Flash Point	Flamma. Limit	Ign. Temp.	Disa. Atm	Disa. Fire	Extinguishing Information	Boil Point	F	R	E	S	H	Remarks
1,5-Pentanediamine	462-94-2		3	3.5	.87	Y						4	1	Foam, DC, CO2	352	3		1	2		K2. Melts @ 48°.
Pentanedinitrile	544-13-8	3	2	3.2	.90	Y						4	1	Alfo, DC, CO2	547	3		1	3		K2. Can burn.
Pentanedione	123-54-6	3	2	3.4	.98	Y	2310	FL	93		644	2	2	Fog, Alfo, DC, CO2	282	2	3	2	3	3	
Pentanedione-2-4	123-54-6	3	2	3.4	.98	Y	2310	FL	93		644	2	2	Fog, Alfo, DC, CO2	282	2	3	2	3	3	
1-Pentanethiol	110-66-7	3	2	3.6	.86	N	1111	FL	65			3	3	Fog, Foam, DC, CO2	260	2	2	2	2	3	
Pentanitroaniline	21958-87-5			11.	Sol							3	4			6		5			Reacts vigorously w/nitric acid. Very sensitive. Explosive.
Pentanoic Acid	109-52-4	2	3	3.5	.94	Y	1760	CO	205		650	2	1	Fog, Alfo, DC, CO2	367	3	1	1	3	2	Acetone odor. TLV 100 ppm.
3-Pentanol	584-02-1	3	3	3.0	.82	S	2706	CL	66	1.2-9.0	650	2	3	Fog, Alfo, DC, CO2	280	2	2	2	3	3	ULC: 45
dl-Pentanol	6032-29-7			3.0	.82	S	1105	CL	105	1.2-9.0		2	3	Fog, Alfo, DC, CO2		1	1	2	2	10, 3	
1-Pentanol	71-41-0	3	2	3.0	.82	S	1105	FL	91	1.2-10.0	572	2	3	Fog, Alfo, DC, CO2	280	2	2	2	2	3	Fruity odor. TLV 125 ppm.
2-Pentanol Acetate	626-38-0	3	3	4.5	.86	S	1104	FL	73	1.1-7.5	680	2	3	Fog, Alfo, DC, CO2	249	2	1	2	2	2	
1-Pentanol Acetate	628-63-7	3	2	4.5	.88	S	1104	FL	60	1.1-7.5	680	2	3	Fog, Foam, DC, CO2	300	2	1	2	2	2	K2. Banana odor. ULC: 60 TLV 100 ppm.
Pentanol-2	6032-29-7			3.0	.82	S	1105	CL	105	1.2-9.0	650	2	3	Fog, Alfo, DC, CO2	280	1	1	2	2	10, 3	ULC: 45
Pentanol-3	584-02-1	2	3	3.0	.82	S	2706	FL	66	1.2-9.0	650	2	3	Fog, Alfo, DC, CO2	280	2	2	2	3	3	Acetone odor. TLV 100 ppm.
3-Pentanone	96-22-0	2	2	2.9	.82	S	1156	FL	55	1.6-8.0	842	2	1	Fog, Alfo, DC, CO2	214	2	2	2	2	2	TLV 200 ppm. Acetone odor.
2-Pentanone	107-87-9	2	2	3.0	.82	S	1249	FL	45	1.5-8.2	846	2	3	Fog, Alfo, DC, CO2	216	2	2	2	2	2	TLV 200 ppm.
Pentanone-2	107-87-9	2	2	3.0	.82	S	1249	FL	45	1.5-8.2	846	2	3	Fog, Alfo, DC, CO2	216	2	2	2	2	2	TLV 200 ppm.
Pentanone-3	96-22-0	2	2	2.9	.82	S	1156	FL	55	1.6-8.0	842	2	3	Fog, Alfo, DC, CO2	214	3	1	2	2	2	TLV 200 ppm. Acetone odor.
1,4,7,10,13-Pentaoxacyclopentadecane	33100-27-5			7.7	Var							2	2					1	2	9	
Pentaphen			3	5.6	Sol	N			232			3	1	Foam, DC, CO2	482	1	1	1	2		K2. Melts @ 195°.
Pentasilver Diamidophosphate				22.	Sol							3	4			6	17	5	2		K20. RXW sulfuric acid. Explosive.
Pentasilver Diimidotriphosphate				27.	Sol							4	4			6	17	5	2		K20. RXW sulfuric acid. Explosive.
Pentasilver Orthodiamidophosphate				21.	Sol							4	4			6	17	5	2		K20. RXW sulfuric acid. Explosive.
Pentasol (Trade name)	71-41-0		3	3.0	.82	S	1105	FL	91	1.2-10.0	572	2	3	Fog, Alfo, DC, CO2	280	2	2	2	3	3	ULC: 45
4-Penten-1-ol	821-09-0			3.0	Liq				<73			2	3	Fog, Foam, DC, CO2		2	2	2	2		
3-Penten-2-One	625-33-2	3		2.9	.86							2	1	Fog, Foam, DC, CO2	252	3	1	1	3	2	
2-Penten-4-yn-3-ol				2.9	Liq							2	4			6	17	4	2		K9. Believed combustible.
2-Pentene	646-04-8	2	2	2.4	.65	N		FL	0	1.5-8.7		2	3	Fog, Foam, DC, CO2	99	2	2	3	2		Can explode.
1-Pentene (ALSO: cis. & trans.)	109-76-1	2	2	2.4	.64	N		FL	0	1.5-8.7		2	3	Fog, Foam, DC, CO2	86	2	2	3	2		Note Boiling Point.
trans-2-Pentene Ozonide	16187-03-4			4.1	Liq							2	4			6	17	5	2		Explodes.
2-Pentene-3-Carboxylic Acid	623-70-1	3	2	3.9	Sol	N	1862	FL	36			2	3	Fog, Foam, DC, CO2	408	2	2	2	2	2	Melts @ 113°. Strong odor.
Pentol (1-)		4		>1.	Liq		2705	CO					4	Foam, DC, CO2		3		1	4	3	K2.
Pentolite, Dry				3.3	Sol		0151	EX				4				6	17	5	2		Explosive.
2-Pentyl Acetate	626-38-0	2		4.5	.86	S	1104	FL	73	1.1-7.5	680	2	3	Fog, Alfo, DC, CO2	249	2	1	2	2	2	Fruity odor. TLV 125 ppm.
Pentyl Acetate (1-) (n-)	628-63-7	3	3	4.5	.88	S	1104	FL	60	1.1-7.5	680	2	3	Fog, Foam, DC, CO2	300	2	1	2	3		K2. Banana odor. ULC: 60 TLV 100 ppm.
tert-Pentyl Alcohol	75-85-4	3	3	3.0	.81	S	1105	FL	67	1.2-9.0	819	2	3	Fog, Foam, DC, CO2	215	2	2	2	3	3	
Pentyl Alcohol	71-41-0	3	3	3.0	.82	S	1105	FL	91	1.2-10.0	572	2	3	Fog, Alfo, DC, CO2	280	2	2	2	2	3	ULC: 45
Pentyl Chloride	543-59-9	2	2	3.7	.88	N	1107	FL	38	1.4-8.6	500	4	3	Fog, Foam, DC, CO2	223	3	2	2	2	11	K2. Sweet odor.
Pentyl Ester Phosphoric Acid	12789-46-7		3	5.9	>1.	N	2819	CO				3	1	Foam, DC, CO2		3		1	3	2	K2.

(224)

Chemical Name	CAS	Tox L	Tox S	Vap Den.	Spec Grav	Wat Sol	DOT Number	Cl	Flash Point	Flamma. Limit	Ign. Temp.	Disa. Atm	Disa. Fire	Extinguishing Information	Boil Point	F	R	E	S	H	Remarks
Pentyl Ether	693-65-2	3		5.5	.78	N	1109		135		338	2	2	Fog, Foam, DC, CO2	374	3	1	1	3	11	K10.
Pentyl Formate	538-49-3	3		4.0	.89	N	1109	FL	79			2	3	Foam, DC, CO2	267	2	2	2	3		K2.
Pentyl Propanoate		3		5.0	.88	N			106		712	3	2	Fog, Foam, DC, CO2	275	1	1	1	3		K2.
Pentyl Propionate		3		5.0	.88	N			106		712	3	2	Fog, Foam, DC, CO2	275	1	1	1	3		K2.
Pentylamine (Mixed Isomers)		3	2	3.0	.76	Y	1106	FL	30	1.4-22.0		3	3	Fog, Alfo, DC, CO2	210	2	1	2	3	2	K2.
2-Pentylidenecyclohexanone	25677-40-1			5.8	Liq							2	2	Foam, DC, CO2		3		1	2	2	
Pentyloxypentane	693-65-2	3		5.5	.78	N			135		338	2	2	Fog, Foam, DC, CO2	374	3	1	1	3	11	K10.
Pentyltrichlorosilane	107-72-2	2	3	7.0	1.1		1728	CO	145			3	2	DC, CO2, No Water	334	5	10	2	3	2	K2.
2-Pentyne	627-21-4			2.4	.69			FL	-4			2	3	Fog, Foam, DC, CO2	>100	2	2	2	3		Note: Boiling Point.
1-Pentyne	627-19-0			2.4	.69			FL	-4			2	3	Fog, Foam, DC, CO2	104	2	2	2	3		Note: Boiling Point.
Peracetic Acid (Solution)	79-21-0	3	3	>1.	1.2	Y	2131	OP	105			2	4	Fog, Flood	221	6	9, 23, 4, 17	2	4	9	High Oxidizer. Explodes @ 176°.
Perbenzoic Acid				>1.	Cry			OP					4	Fog, Flood		2	16, 3, 4, 23	1	3		K20. Explodes @ 176°.
Perborate, n.o.s. (General)					Var								4	Foam, DC, CO2		2	4	2	2		Oxidizers.
Perbromyl Fluoride	25251-03-0	3		>1.	Liq								4	Fog, Flood		3	18	1	4	2	K2.
Perchlorate, n.o.s. (General)				>1.	Var		1481	OX					4	Fog, Flood		2	3, 4, 23	2	2		High oxidizers.
Perchlorethylene	127-18-4	3	2	5.8	1.6	N	1897	PB				3	0	Fog, Foam, DC, CO2	250	3	1	1	3	2	TLV 50 ppm (skin). Chloroform odor. NCF.
Perchloric Acid (<50% acid by weight)							1802	OX					3			2	21, 3, 4, 23	1	2	2	K2, K16. Oxidizer. Use water only!
Perchloric Acid (>50% but <72% acid by weight)	7601-90-3				1.8	Y	1873	OX					3			2	21, 3, 23	1	2	2	K2, K16. High oxidizer. RXW fuels. Use water only!
Perchloric Acid Monohydrate					Sol								4			6	17	5	2		Unstable. Explodes @ 230°.
Perchloric Acid, Ammonium Salt	7790-98-9	2	3	4.1	Cry	Y	1442	OX				4	4	Fog, Flood		2	3, 4, 23, 21	3	2		K20. K2. Rocket propellant. Do not contaminate. May explode @ 716°.
Perchloric Acid, Barium Salt	13465-95-7				Cry		1447	OX				3	3	Fog, Flood, DC, CO2		2	4	2	3		K2. Oxidizer.
Perchloric Acid, Magnesium Salt	10034-81-8	3	3		Cry	Y	1475	OX				2	2	Fog, Flood		2	23, 3, 4	2	2	2	K2. High oxidizer. Melts @ 900° & decomposes.
Perchloric Acid, Sodium Salt	7601-89-0				Cry		1502	OX				2	2	Fog, Flood		2	4	2	2	3	K2. High oxidizer.
Perchlorobenzene	118-74-1	2		9.8	Cry	N	2729	PB	468			4	1	Fog, Foam, DC, CO2	613	3		1	2		K12. Melts @ 448°.
Perchlorobutadiene	87-68-3	3	3	9.0	1.7	N	2279	PB			1130	4	1	Fog, Foam, DC, CO2	410	3	2	1	3	9	K2. TLV <1 ppm (skin).
Perchloroethylene	127-18-4	3	2	5.8	1.6	N	1897	PB				3	0	Fog, Foam, DC, CO2	250	3		1	3	2	TLV 50 ppm (skin). Chloroform odor. NCF.
Perchloromethyl Mercaptan	594-42-3	4	3	6.4	1.7	N	1670	PB				4	0	Foam, DC, CO2		3		4	4	9, 2	K2, K24. TLV <1 ppm. Foul odor. Mild oxidizer. NCF.
Perchloryl Fluoride (PF)	7616-94-6	3		3.0	Gas	N	1955					4	4	Fog, Flood		2	23, 3, 4	3	4	5	Oxidizer in rocket fuel. NCF.
Perchloryl Perchlorate	10294-48-1			6.4	Liq							3	4			6	17	5	5		Impact-sensitive. Explosive.
Perchlorylbenzene	5390-07-8			5.6	Var							3	4	Fog, Flood		2	23	2	2		K2. High oxidizer.
1-Perchlorylpiperidine	768-34-3			9.4	Var							3	4			6	17	4	5		Explosive oxidizer.
Perfluoro-tert-Butyl Peroxyhypofluorite	66793-67-7			8.8	Var							3	4			3		1	2		Explodes @ 72°.
Perfluoroadiponitrile	376-53-4	4										3	0	Foam, DC, CO2		3		1	1	1	K2.
Perfluorocyclobutane	115-25-3	2	1	7.0	Gas	N	1976	CG				1	0	Stop Gas, DC, CO2	21	1		4	2	1	K2. Inert Gas. NCF.
Perfluoroethylene	116-14-3	2		3.4	Gas	N	1081	FG		10.0-60.0	392	4	4	Stop Gas, Fog, Foam	-108	2	22	4	2		K9. RVW oxygen or SO3

(225)

Chemical Name	CAS	Tox L	Tox S	Vap Den	Spec Grav	Wat Sol	DOT Number	DOT Cl	Flash Point	Flamma. Limit	Ign. Temp.	Disa. Atm	Disa. Fire	Extinguishing Information	Boil Point	F	R	E	S	H	Remarks
Perfluoroformamidine	14362-70-0				Liq							3	4			6	17	4	2		Explodes by shock or phase change.
Perfluoropropane	76-19-7	2	1	6.5	Gas		2424	CG				4	0	Stop Gas, DC, CO2	-34	1		1	2	1	K2. Inert gas. NCF.
Performic Acid	107-32-4		4	2.1	Liq	Y						2	4			6	17, 3, 23	4	2		Shock-sensitive. Organic peroxide.
Perfumery Products (with Flammable Solvent)				>1.	Liq	S	1266	FL	<100			3	3	Fog, Alfo, DC, CO2		2	2	2	2		
Periodic Acid	10450-60-9		3	7.9	Cry	Y						3		Fog, Flood		2	23	2	1		Melts @ 252°. Oxidizer.
Permanganate (Inorganic, n.o.s.)			3	>1.	Var	Y	1482	OX						Fog, Flood		2	23, 3, 4	2	2		High oxidizer.
Permanganate of Potash	7722-64-7		3	5.5	Cry	Y	1490	OX				3		Fog, Flood		2	23, 4, 21	1	2	9	K2. High oxidizer.
Permanganate of Soda	10101-50-5		3	5.0	Cry	Y	1503	OX				3		Fog, Flood		2	23, 4	1	2		K2. High oxidizer. RXW acetic acid
Permanganic Acid, Ammonium Salt	13446-10-1			4.7	Sol	Y	9190	OX				3	4	Fog, Flood		6	17, 3	4	2		K20, K2. High oxidizer.
Permanganic Acid, Barium Salt	7787-36-2			13.	Cry	Y	1448	OX				2	3	Fog, Flood, DC, CO2		2	4	2	3		K2. Oxidizer.
Permethrin (Common Name)	52645-53-1	3		14.	Cry	N						3	0	CO2, DC	428	3		1	3		K12, K2. NCF. Melts @ 95°
Peroxide (Inorganic, n.o.s.)			3	>1.	Var		1483	OX				3				2	16, 3, 4, 5	1	2	2	Oxidizer.
Peroxy Disulfuric Acid			3	6.7	Cry							3		Fog, Flood		2	23, 4	3	3	3	K2. High oxidizer.
Peroxyacetic Acid	79-21-0	3	3	>1.	1.2	Y	2131	OP	105			2	4	Fog, Flood	221	6	9, 23, 4, 17	4	3	9	High Oxidizer. Explodes @ 230°.
Peroxyacetic Acid Solution			3	2.6	1.2	Y	3045	OP	>100			2	3	Fog, Flood		2	16, 4, 23	3	3	3	K9. Oxidizer. Organic peroxide.
Peroxyacetyl Nitrate	2278-22-0	4		4.2	Cry							3	4			6	17	5	2		Explosive.
Peroxyacetyl Perchlorate	66955-43-9			5.6	Sol							3	4			6	17	5	2		K20. Explosive.
Peroxybenzoic Acid	93-59-4	3	3	4.8	Cry	N						2	4			6	17, 3, 4, 23	4	3		K20. Keep wet. Explodes @ 176°.
Peroxydisulfuryl Difluoride	13709-32-5		3	6.9	Sol			OX				4		Fog, Flood		2	23, 4	2	3	3	K2. High oxidizer.
Peroxyformic Acid	107-32-4		4	2.1	Liq	Y						2	4			6	17, 3, 23	4	2		Shock-sensitive. Organic peroxide.
Peroxyfuroic Acid	5797-06-8			4.5	Var							2	4			6	17	4	2		Explodes @ 104°
Peroxyhexanoic Acid	5106-46-7			4.6	Var							3	4			6	17	5	2		Explodes w/fast heat.
Peroxymonophosphoric Acid	13598-52-5		3	3.0	Var							3	3			6	23, 3, 4	4	2	2	High oxidizer.
Peroxymonosulfuric Acid	7722-86-3			4.0	Var	N						3	4			6	17	4	2	2	RXW fuels. High oxidizer.
Peroxynitric Acid	26604-66-0	4		2.8	Liq							4				2	23, 4	2	3		Explosive.
Peroxypropionic Acid	4212-43-5			3.1	Var							2	3	Fog, Foam		6	17, 3	4	4	9	Deflagrates with heat.
Peroxypropionyl Nitrate	5796-89-4			4.7	Gas							3	4			2	16, 4	3	2		Explosive gas. Must be diluted.
Peroxypropionyl Perchlorate	66955-44-0			6.0	Var							3	4			6	17	5	2		K20. Explosive.
Peroxysulfuric Acid			3	6.7	Cry							3		Fog, Flood		2	23, 4	3	3		K2. High oxidizer.
Peroxytrifluoroacetic Acid	359-48-8		3	4.5	Var							3				2	23, 4	3	3	3	High oxidizer.
Persulfuric Acid			3	6.7	Cry							3		Fog, Flood		2	23, 4	3	3	9, 2	K2. High oxidizer.
Pesticide (Flammable liquid, poison, n.o.s.)		4	4	>1.	Liq		3021		<100			3	4	Fog, Alfo, DC, CO2		2	2	2	4	9, 4	K2, K11.
Pesticide (Liquid, Poisonous, n.o.s.)		4	4	>1.	Var	S	2902	PB				4	3	Fog, Alfo, DC, CO2		2		1	4	9, 4	K2.
Pesticide (Poison, Flammable Liquid, n.o.s.)		4	4	>1.	Liq	S	2903		<100			4	3	Fog, Alfo, DC, CO2		3	2	1	4	4, 9	K2, K11.
Pesticide (Solid, n.o.s.)		3	3	>1.	Sol		2588	PB				4	1	Fog, Alfo, DC, CO2		3		3	1	9	K2, K11.

Chemical Name	CAS	Tox L	Tox S	Vap Den	Spec Grav	Wat Sol	DOT Number	DOT Cl	Flash Point	Flamma Limit	Ign. Temp.	Disa. Atm	Disa. Fire	Extinguishing Information	Boil Point	F	R	E	S	H	Remarks
PETN (Common name)	78-11-5	2	2	11.	Cry	N	0411	EX				4	4			6	17, 2	5	2		High explosive. Explodes @ 401°.
Petrohol 91%		3	2	2.1	.78	Y		FL	66	2.0-12.0	895	2	3	Fog, Alfo, DC, CO2		2	2	2	2		
Petrohol 98%		3	2	2.1	.78	Y		FL	59	2.0-12.0	845	2	3	Fog, Alfo, DC, CO2		2	2	2	2		
Petrol (Gasoline)	8006-61-9	2	1	>3.	.75	N	1203	FL	-45	1.4-7.6	536	2	3	Fog, Foam, DC, CO2	>200	2	2	2	2		ULC: 100. TLV 300 ppm. Values may vary.
Petrolene (Trade name)		2	2	>1.	.70	N		FL	-16				3	Fog, Foam, DC, CO2	284	2	2	2	2		
Petroleum (Crude Oil)	8002-05-9	2	2	>1.	>.8	N	1270	FL	<90	1.-6.0	530	3	3	Fog, Foam, DC, CO2	100	2	1	2	2		TLV 300 ppm.
Petroleum Benzin	8030-30-6	2	2	>1.	.89	N	2553	FL	>0			3	3	Fog, Foam, DC, CO2		2	1	2	2		
Petroleum Distillate	8002-05-9	2	2	>1.	>.8	N	1270	FL	<90			3	3	Fog, Foam, DC, CO2		2	1	2	2		
Petroleum Ether	8030-30-6	2	2	>1.	.89	N	2553	FL	>0	1.-6.0	530	3	3	Fog, Foam, DC, CO2	100	2	1	2	2		TLV 300 ppm.
Petroleum Gas (Liquefied)	68476-85-7	1	2	1.6	Var	N	1075	FG		2.1-9.5	842	2	4	Stop Gas, Fog, DC, CO2		7	1	4	2	15, 1	TLV 1000 ppm. Flammable Gas.
Petroleum Naphtha		2	2	2.5	.64	N	1255	FL	<0	1.1-5.9	550	2	3	Fog, Foam, DC, CO2	100	2	1	2	2		ULC: 100. TLV 300 ppm.
Petroleum Oil		2	2	>1.	>.8	N	1270	FL	<90			2	3	Fog, Foam, DC, CO2		2	1	2	2		ULC: 100 TLV 300 ppm.
Petroleum Spirits	64475-85-0	2	2	2.5	.64	N	1115	FL	<0	1.1-5.9	550	2	3	Fog, Foam, DC, CO2	100	2	1	2	2		
Petryl			3	>1.	Cry	N		EX				4	4			6	17	5	2		Explosive.
β-Phellandrene	555-10-2	2	3	4.6	.85	N			120		340	2	3	Fog, Foam, DC, CO2		1	1	2	2		Pleasant odor.
α-Phellandrene	99-83-2		3	4.7	Var									DC, CO2		3		2	3		May react with air.
Phenaban 801 (Trade name)			3	6.9	Liq	Y										3		1	2	9	
Phenacyl Bromide	532-27-4	4	3	6.9	1.2	N	2645					4	1	Foam, Foam, DC, CO2	284	3		1	4	9	K2. Melts @ 122°.
Phenacyl Chloride		4	3	5.2	1.2	N	1697	IR	244			4	1	Foam, Foam, DC, CO2	477	3	1	1	3	7	TLV <1 ppm. CN Tear gas.
Phenalco	55-68-5	4	4	12.	Cry	N	1895	PB				4	1	Foam, Foam, DC, CO2		3		1	3	9	K2.
Phenarsazine Chloride	578-94-9	4	3	9.6	Cry	N	1698	PB				4	1	Foam, Foam, DC, CO2		3		1	3	3, 8	K2 (DM Poison)
Phenarsazine Oxide	4095-45-8	3	3	4.2	Sol	Y						4	0	Foam, DC, CO2		3		1	2	2, 9	K2.
Phenatox (Trade name)	8001-35-2	3	3	14.	Sol	N	2761	OM				4	1	Fog, Alfo, DC, CO2	>149	3		1	3	5	K2. Pine odor.
Phencapton (Common name)	2275-14-1	3	3	11.	Pdr	N	2783	OM				4	0	Fog, Foam, DC, CO2		3	1	1	3	12, 9	K2, K12. NCF.
Phenetidine	156-43-4	4	4	4.7	1.1	N	2311	PB	241			4	1	Fog, Foam, UC, CO2	378	3		1	4	5	K2, K12.
sec-Phenethyl Acetate		2	2	>1.	1.	N			178				2	Fog, Foam, DC, CO2	430	1		1	3		Rose odor.
Phenethyl Alcohol	60-12-8	3	3	4.2	1.0	N			205			3	2	Foam, DC, CO2		3		1	2	2	K2. Melts @ 422°.
β-Phenethylamine Hydrochloride	156-28-5	4	4	5.5	Sol	Y						4	1	Foam, Foam, DC, CO2	378	3		1	4	5	K2.
p-Phenetidine	156-43-4	4	3	4.7	1.1	N	2311	PB	241			4	1	Fog, Foam, DC, CO2	442	3		1	3		K2.
o-Phenetidine	94-70-2	4	3	4.7	1.1	N	2311	PB	239			4	1	Fog, Foam, DC, CO2	342	3		1	3		K10.
Phenetole	103-73-1	3	3	4.2	.97	N			145			2	2	Fog, Foam, DC, CO2		1	2	1	2		K2.
Phenic Acid		4	4	3.2	1.1	Y	2821	PB				4	1	Fog, Alfo, DC, CO2		3		1	4	9	K2.
Phenitol	55-68-5	4	4	12.	Cry	N	1895	PB				4	1	Foam, Foam, DC, CO2		3		1	4	5	K24. Melts @ 104°. TLV 5 ppm.
Phenol (Molten)		4	4	3.2	1.1	Y	2312	PB	172	1.8-	1319	4	2	Alfo, DC, CO2	358	3		1	4	5	K24. Melts @ 104°. TLV 5 ppm.
Phenol (Solid)	108-95-2	3	3	3.2	Sol	Y	1671	PB	174	1.7-8.6	1319	3	2	Fog, Alfo, DC, CO2	358	3		1	3	5	K1, K24. Melts @ 108°. TLV 5 ppm.
Phenol Acetate	122-79-2	2	2	4.7	1.1	N			176			3	2	Fog, Alfo, DC, CO2		1	12	1	2	2	K2.
Phenol Solution		4	4	3.2	1.1	Y	2821	PB				4	1	Fog, Foam, DC, CO2		3	1	1	4	5	K2, K24. TLV 5 ppm.
Phenolsulfonic Acid (Liquid)		4	3	6.0	1.2	Y	1803	CO				4	1	Alfo, DC, CO2		3		1	3	2	K2.
Phenoxarsine Oxide	58-36-6	4	4	17.	Sol	N						3	2	Foam, DC, CO2		3		1	4	9, 2	K12. Melts @ 363°.
Phenoxy Pesticide (Flammable Liquid, n.o.s.)		4	4	>1.	Liq	S	2999		<100			4	3	Fog, Alfo, DC, CO2		2	2	2	4	9, 5	K2.

(227)

Chemical Name	CAS	Tox L	Tox S	Vap Den.	Spec Grav.	Wat Sol.	DOT Number	DOT Cl	Flash Point	Flamma. Limit	Ign. Temp.	Disa. Atm	Disa. Fire	Extinguishing Information	Boil Point	F	R	E	S	H	Remarks
Phenoxy Pesticide (Flammable Liquid, n.o.s.)		4	4	>1.	Liq	S	2766		<100			4	3	Fog, Alfo, DC, CO2		2	2	2	4	9, 5	K2.
Phenoxy Pesticide (Liquid, n.o.s.)		4	4	>1.	Liq	S	3000					4	1	Foam, Alfo, DC, CO2		3		1	4	9, 5	K2.
Phenoxy Pesticide, n.o.s.		4	4	>1.	Liq	S	2765					4	1	Fog, Alfo, DC, CO2		3		1	4	9, 5	K2.
Phenoxyacetylene	4279-76-9			4.1	Var							2	4			6	17	5	2	9	Explodes w/fast heat.
m-Phenoxyphenol	713-68-8			6.5	Var							2				3		1	2		
Phenthoate (Common name)	2597-03-7	3		11.	Sol				329			4	1	Foam, DC, CO2		3		1	3	9, 12	K12. Melts @ 63°.
Phenyl Acetate	122-79-2	2	2	4.7	1.1	S			176			3	2	Fog, Alfo, DC, CO2		3	12	1	2	2	K2
Phenyl Arsenic Acid	98-05-5	4		7.0	Cry	Y						4		Fog, Foam, DC, CO2		3		1	4		K2. Melts @ 320°.
Phenyl Azoimide	622-37-7			4.1								4	4			6	17	5	2		Explodes @ 138°.
Phenyl Bromide	108-86-1	2	2	5.4	1.5	N	2514	CL	124		1049	3	2	Fog, Foam, DC, CO2	313	1		1	2	2	Blanket.
Phenyl Carbinol	100-51-6	3	3	3.7	1.1	S		CL	200		817	3	1	Foam, DC, CO2	403	3	1	2	3	3	Aromatic odor. RVW Sulfuric Acid.
Phenyl Carbitol	104-68-7			6.3	1.1							2		Foam, DC, CO2	405	3		1	2		
Phenyl Carbylamine Chloride	622-44-6	4		6.0	1.3	N	1672	PB				4	1	Foam, DC, CO2	406	3		1	4	8, 2	K2. Onion odor.
Phenyl Cellosolve (Trade name)	122-99-6	3		4.8	Liq	S			250			2	1	Fog, Foam, DC, CO2	468	3	2	1	2	2	Melts @ 57°.
Phenyl Cellosolve Acrylate	48145-04-6			6.7	Liq							2		Foam, DC, CO2		3		1	2		
Phenyl Chloride	108-90-7	3	2	3.9	1.1	N	1134	FL	85	1.3-9.6	1099	3		Fog, Foam, DC, CO2	268	4	2	2	3	10	K2. ULC: 50. Blanket. TLV 75 ppm.
Phenyl Cyanide	100-47-0	3		3.5	1.0	S			161			3		Fog, Foam, DC, CO2		2	1, 7	1	3		K5. Almond odor.
Phenyl Cyclohexyl Hydroperoxide				6.6	Liq				>212			3	3	Fog, Foam, DC, CO2		3	2, 3, 4, 23	2	2		Organic peroxide.
Phenyl Diazo Sulfide				8.3	Cry			EX				4	4	Keep Wet		6	17	5	2		Explosive.
Phenyl Dichloroarsine	696-28-6	4		7.7	1.7		1556	PB				4	2	Foam, DC, CO2	491	3	8, 20	1	4	7	K2.
Phenyl Dichlorophosphine	644-97-3	3	4	6.2	1.3		2798	CO				4	2	Foam, DC, No Water	435	3	8	1	4	3, 12	K2, K16.
Phenyl Dichlorophosphine Sulfide				7.4	1.3		2799	CO				4	2	Foam, DC, No Water	401	3	7	1	4	12	K2, K16. Flammable.
Phenyl Ether	101-84-8	3	2	5.8	Cry	N			234	.8-1.5	1144	2	1	Fog, Foam, DC, CO2	496	3	1	1	3	2	K10. Melts @ 81°. TLV 1 ppm. Geranium odor.
Phenyl Ethyl Ethanolamine		3		5.7	Cry	S			270		685	3	1	Fog, Alfo, DC, CO2	514	3		1	2		K2.
Phenyl Ethyl Ether	103-73-1			4.2	.97	N			145			2	2	Fog, Foam, DC, CO2	342	1	2	1	2		K10.
Phenyl Ethyl Methyl Ether	3558-60-9			4.8	Liq							2		Fog, Foam, DC, CO2		3		1	3		K10.
Phenyl Fluoride	462-06-6	2		3.3	1.0	N	2387	FL	5			3	3	Fog, Foam, DC, CO2	181	2	2	2	2		K2.
Phenyl Glycidyl Ether	122-60-1			5.2	1.1							3	2	Fog, Foam, DC, CO2	473	3		1	3	2, 4	K10. TLV 1 ppm.
Phenyl Isocyanate	103-71-9	4		4.1	1.1		2487	PB	132			3	1	Alfo, DC, CO2	316	3	2	1	4	7	K10. Acrid odor.
Phenyl Mercaptan	108-98-5	4	3	3.8	1.1		2337	PB				4		Fog, Foam, DC, CO2		3		1	4	3	K2. Foul odor.
Phenyl Mercuric Acetate (Liquid)	62-38-4	3	3	11.	Liq	S	1674	PB				3		Foam, DC, CO2		3		1	2	2, 9	K2, K24, Melts @ 300°.
Phenyl Mercury Acetate	62-38-4	3	3	11.	Cry	S	1674	PB				3		Foam, DC, CO2		3		1	2	2, 9	K2, K24, Melts @ 300°.
Phenyl Methyl Ether	100-66-3	3	2	3.7	1.	N	2222	FL	125		887	2	2	Fog, Foam, DC, CO2	309	3	1	1	3	11	K1. Melts @ 68°.
Phenyl Methyl Ketone	98-86-2	2		4.1	Sol	N	9207		170		1058	3	2	Fog, Foam, DC, CO2	396	1	12	1	2	3	K2. Strong odor.
Phenyl Methyl Mercaptan	100-53-8	2		4.3	1.1	N			158			4	2	Foam, DC, CO2	383	3	2	1	3		K2. Melts @ 135°.
Phenyl Morpholine (4-)	92-53-5		4	5.7	Cry	Y			220			3		Foam, DC, CO2	500	3		1	3	9	Sharp odor. Volatized by steam.
Phenyl Mustard Oil		3		4.6	1.1	N						4		Foam, DC, CO2		3		1	3		K2, K11. TLV <1 ppm. Pyroforic.
Phenyl Phosphine	638-21-1	4	3	3.8	1.0	N						3	3	Foam, DC, CO2		3	2	1	4	9	K2, K22.
Phenyl Phosphonyl Dichloride	824-72-6			63	Liq							3				6	2	2	2		K2, K16.
Phenyl Phosphorus Dichloride	644-97-3	3	4	6.2	1.3		2798	CO				4	2	Foam, DC, No Water	435	3	8	1	4	3, 12	

Chemical Name	CAS	Tox L S	Vap Den.	Spec Grav.	Wat Sol.	DOT Number	DOT Cl	Flash Point	Flamma. Limit	Ign. Temp.	Disa. Atm Fire	Extinguishing Information	Boil Point	F	R	E	S	H	Remarks
Phenyl Phosphorus Thiodichloride	14684-25-4	3 4	6.2	1.4		2799	CO				4 2	Foam, DC, No Water	401	3	7	1	4	12	
Phenyl Sodium	1623-99-0		3.5								3 3	DC, CO2		2	16	2	2		Pyrolytic in moist air.
Phenyl Urea Pesticide (Flammable Liquid, n.o.s.)		4 4		Liq	Y	3001	PB	<100			3 3	Fog, Alfo, DC, CO2		3	1	2	4	9	
Phenyl Urea Pesticide (Flammable Liquid, n.o.s.)			>1.	Liq	Y	2768	FL	<100			3	Fog, Alfo, DC, CO2		3		2	4	9	
Phenyl Urea Pesticide (Liquid, n.o.s.)		4 4	>1.	Liq	Y	3002	PB				3 1	Fog, Alfo, DC, CO2		3		1	4	9	K2.
Phenyl Urea Pesticide (n.o.s.)		4 4	>1.	Var		2767	PB				3 1	Fog, Alfo, DC, CO2		3		2	2	9	K2.
1-Phenyl-1,2-Propanedione	579-07-7		5.2	Liq				<70			2	Fog, Foam, DC, CO2		2	2	4	2		K2.
3-Phenyl-1-Tetrazolyl-1-Tetrazene			7.0	Var							3 4			3		4	2		Explodes.
1-Phenyl-2-Butene			4.6	.89	N			160			3 2	Fog, Foam, DC, CO2	346	1	1	1	2	11	K2.
1-Phenyl-3-Methyl-5-Pyrazolyldimethyl Carbamate	87-47-8	3 2	8.4	Cry	Y						3	Foam, DC, CO2	320	3		1	2	12, 9	K2, K12. Melts @ 122°.
9-Phenyl-9-Iodofluorene			12.	Sol							3 4			6	17	4	2		Explodes.
O-Phenyl-N,N'-Dimethyl Phosphorodiamidate	1754-58-1		7.0	Var						685	3 1	Foam, DC, CO2		3		1	2	9, 12	K2, K12.
N-Phenyl-N-Ethylethanolamine		3	5.7	Cry	S			270			3	Fog, Alfo, DC, CO2	514	3	1	1	2		K2.
Phenylacetaldehyde	122-78-1	2	4.2	1.0	N			160			2	Fog, Foam, DC, CO2	383	1	1	1	2		Lilac odor.
Phenylacetaldehyde Dimethyl Acetal	101-48-4	2	>1.	1.0	N			191			2	Fog, Foam, DC, CO2		3	1	1	2	9	
Phenylacetonitrile	140-29-4	4	4.0	1.0	N	2470	PB	235			4 1	Fog, Foam, DC, CO2	452	3	1	2	4	2	Aromatic odor.
Phenylacetyl Chloride	103-80-0	3	>1.	Liq		2577	CO				3	Foam, DC, CO2		3	1	1	3		K2.
1-Phenylalanine Mustard	148-82-3		10.	Var							3	Foam, DC, CO2		3	1	1	3	9, 8	K2.
Phenylamine	62-53-3	4 2	3.2	1.0	S	1547	PB	158	1.3-	1139	4 2	Fog, Foam, DC, CO2	363	3	2, 14	1	4	9	TLV 2 ppm.
Phenylaniline	122-39-4	3 3	5.8	Cry	N			307		1173	4 1	Fog, Foam, CO2, DC	575	3	1	1	3		K2, K12. Floral odor. Melts @ 127°.
Phenylbenzene	92-52-4	4	5.3	Sol	N			235	.6-5.8	1004	2 1	Fog, Foam, DC, CO2	489	3	1	1	4		TLV <1 ppm. Pleasant odor. Melts @ 158°.
2-Phenylbutane	135-98-8	3	4.6	.86	N	2709	CL	126	8-6.9	784	2 2	Fog, Foam, DC, CO2	344	1	1	1	2		
1-Phenylbutane	104-51-8		4.6	.86	N	2709	CL	160	.8-5.8	770	2 2	Fog, Foam, DC, CO2	356	1	1	1	2		K2.
1-Phenylbutene-2			4.6	.89	N			160			3 2	Fog, Foam, DC, CO2	346	3	1	1	2	11	K2.
Phenylchlorodiazirine	4460-46-2		5.3	Liq							4 4			6	17	5	2		Shock-sensitive explosive. Explodes @ 176°.
Phenylchloroform	98-07-7	4 4	6.8	1.4	N	2226	CO	260		412	4	Foam, DC, CO2		1	1	1	4	3	K2, K16. Piercing odor.
Phenylchloroformate	1885-14-9	4 4	5.5	Liq	N	2746	PB				3	Fog, Foam, DC, CO2		1	1	1	4	3	K2.
Phenylchloromethylketone	532-27-4	3 3	5.2	1.2	N	1697	IR	244			4 1	Fog, Foam, DC, CO2	477	3	1	1	3	7	TLV <1 ppm. CN Tear gas.
Phenylchlorophenyl Trichloroethane		3 3	5.2	>1	N			160			3	Fog, Foam, DC, CO2	346	3	1	1	2		K2, K11.
Phenylcyclohexane	827-52-1	2 2	5.2	.94	N			210			2 1	Fog, Foam, DC, CO2	459	3	1	1	2		Pleasant odor.
Phenyldibromoarsine	696-24-2	4 4	11.	Var							4	Foam, DC, CO2		3	1	1	4		K2.
Phenyldiethylamine	91-66-7	4	5.1	.93	S	9432	PB	185		1166	3 2	Fog, Alfo, DC, CO2	421	3	1	1	4		K2.
Phenyldifluoroarsine	368-97-8		6.6	Liq							4	DC, CO2		3		5	4		K2.
m-Phenylene Diaminediperchlorate			>1.	Var							4			6	17	1	2		
Phenylene Thiocyanate	4044-65-9		6.7	Cry							4	Foam, DC, CO2		3		1	2	9	K2, K24. Melts @ 270°.
m-Phenylenebis(Methylamine)	1477-55-0	2 2	4.8	Liq							3	Foam, DC, CO2		3		1	2	2	K2.
p-Phenylenediamine	95-54-5	4 3	3.7	Cry	Y	1673	PB	312			4 1	Fog, Alfo, DC, CO2	512	3	1	1	3	2, 9	K2, K12. Melts @ 297°.
o-Phenylenediamine	95-54-5	4 3	3.7	Cry	Y	1673	PB	312	1.5-		4 1	Fog, Alfo, DC, CO2	512	3	1	1	3	2, 9	K2, K12. Melts @ 297°.
m-Phenylenediamine	95-54-5	4 3	3.7	Cry	Y	1673	PB	312	1.5-		4 1	Fog, Alfo, DC, CO2	512	3	1	1	3	2, 9	K2, K12. Melts @ 297°.

Chemical Name	CAS	Tox L	Tox S	Vap Den.	Spec Grav.	Wat Sol.	DOT Number	DOT Cl	Flash Point	Flamma. Limit	Ign. Temp.	Disa. Atm	Disa. Fire	Extinguishing Information	Boil Point	F	R	E	S	H	Remarks
Phenylenediamine	95-54-5	4	3	3.7	Cry	Y	1673	PB	312	1.5-		4	4	Fog, DC, CO2	512	3	1	1	3	2, 9	K2, K12. Melts @ 297°.
1,4-Phenylenedisothiocyanic Acid	4044-65-9			6.7	Cry								4	Foam, DC, CO2		3		1	2	2	K2, K24. Melts @ 270°.
Phenylethane	100-41-4	2	3	3.7	.87	N	1175		59	1.0-6.7	810	2	3	Fog, Foam, DC, CO2	277	2	2	2	2	2	TLV 100 ppm. Aromatic odor.
Phenylethanolamine (N-)	122-98-5	3	3	4.7	1.1				305			4	1	Fog, Alfo, CO2, DC	547	3	1	1	3	3	Rose odor.
Phenylethyl Alcohol	60-12-8		3	4.2	1.0	N			205			3	1	Fog, Foam, DC, CO2	430	3	1	1	3		
2-Phenylethyl Hydroperoxide	27254-37-1			4.8	Var								2	Keep Cool		2	16	2	2		Decomposes violently @ room temperature.
(2-Phenylethyl)Trichlorosilane	940-41-0			8.4	Var								3	Foam, DC, CO2		3		1	2	9	K2.
1-Phenylethylamine	98-84-0		3	4.2	.95	S			175			3	2	Fog, Alfo, DC, CO2		3	1	1	3	2	K2. Amine odor.
α-Phenylethylamine	98-84-0		3	4.2	.95	S			175			3	2	Fog, Alfo, DC, CO2		3	1	1	3	2	K2. Amine odor.
2-Phenylethylaminoethanol	2842-37-7			5.8	Var								3	Foam, DC, CO2		3		1	2	2	K2.
Phenylethylene	100-42-5	3	3	3.6	.91	N	2055	FL	88	1.1-7.0	914	3	3	Fog, Foam, DC, CO2	295	3	2, 22	3	3	3	K9, K22. ULC: 50 TLV 50 ppm.
Phenylethylene Oxide	96-09-3	3	4.1	1.0					165		929	2	1	Fog, Foam, DC, CO2	382	3	1	1	3	2	
Phenylfluoroform	98-08-8	4		5.0	1.2	N	2338	FL	54			4	3	Fog, Foam, DC, CO2	216	3	2	2	4		K2. Blanket. Aromatic odor.
Phenylglyoxal				4.7	Var				<73			2	3	Foam, DC, CO2		3	2	2	2		
Phenylgold				9.6	Sol							2	4			6	17	5	2		Touch-sensitive explosive.
Phenylhydrazine	100-63-0	3		3.7	1.1	S	2572	PB	190		345	4	4	Alfo, DC, CO2		3	1	1	3	9	K2. Melts @ 66°. TLV 5 ppm.
Phenylhydrazine Hydrochloride	59-88-1			5.1	Cry	Y						4	1	Alfo, DC, CO2		3		1	2	9	K2, K24. Melts @ 473°.
Phenylhydride	71-43-2	3	3	2.8	.88	N	1114	FL	12	1.3-7.9	928	3	3	Fog, Foam, DC, CO2	176	3	2, 21	2	3	11	ULC:100 TLV 1 ppm
Phenylhydroxylaminium Chloride				5.1	Var								3	Foam, DC, CO2		6	16	4	2		K2, K22.
Phenylic Acid		4	4	3.2	1.1	Y	2821	PB				4	1	Fog, Foam, DC, CO2		3	1	1	4	5	K2, K24. TLV 5 ppm.
Phenyliminophosgene	622-44-6	4	4	6.0	1.3	N	1672	PB				4	1	Foam, DC, CO2	406	3		1	4	8, 2	K2. Onion odor.
Phenyliodine(III) Chromate				11.	Sol							3	4			6	17	4	2		Explodes @ 150°.
Phenyliodine(III) Nitrate	58776-08-2			11.	Sol							3	4			6	17	5	2		Explodes >212°.
Phenylisothiocyanate		3	3	4.6	1.1	N						4	4	Foam, DC, CO2		3	1	1	3	9	Sharp odor. Volatized by steam.
Phenyllithium	591-51-5			2.9	Liq							3	3	No Water		5	10	2	2		K2, K11. Pyrotoric.
Phenylmagnesium Bromide (in Ether)				6.2	Liq	Y			<100			4	3	DC, CO2		2	2	2	2		K2. RXW chlorine.
Phenylmagnesium Chloride (in Tetrahydrofuran)				4.7	Liq				<100			4	3	DC, CO2		2	2	2	2		K2, K11.
Phenylmercuric Compound (Solid, n.o.s.)		4	4	>1.	Sol		2026	PB				4		Foam, DC, CO2		3		1	2	9	K2.
Phenylmercuric Hydroxide	100-57-2	4	4	10.	Cry	S	1894	PB				4	1	Fog, Foam, DC, CO2		2	2	1	2	9	K2. Melts @ 386°.
Phenylmercuric Lactate		3	3	>1.	Var							3		Foam, DC, CO2		3		1	2	9	K2.
Phenylmercuric Naphthenate		3	3	>1.	Var							3		Foam, DC, CO2		3		1	2	9	K2.
Phenylmercuric Nitrate	55-68-5	4	4	12.	Cry	N	1895	PB				4		Fog, Foam, DC, CO2		3		1	4	9	K2.
Phenylmercuric Oleate		3	3	>1.	Pdr							3		Foam, DC, CO2		3		1	2	9	K2.
Phenylmercuric Propionate	103-27-5	3	3	>1.	Sol							3		Foam, DC, CO2		3		1	2	9	K2.
Phenylmercuriethanolammonium Acetate		3	3	>1.	Sol	Y						3		Foam, DC, CO2		3		1	2	9	K2.
Phenylmercuritriethanolammonium Lactate		3	3	>1.	Sol	Y						3		Foam, DC, CO2		3		1	2	9	K2.
Phenylmercury Formamide		3	3	>1.	Sol							3		Foam, DC, CO2		3		1	2	9	K2.
Phenylmercury Urea		3	3	>1.	Var							3		Foam, DC, CO2		3		1	2	9	K2.
Phenylmethane	108-88-3	2	2	3.1	.87	N	1294	FL	40	1.2-7.1	896	4	3	Fog, Foam, DC, CO2	230	2	2	2	2	2	ULC: 80. TLV 100 ppm.
Phenylmethane Thiol	100-53-8	3	3	4.3	1.1				158			3	2	Fog, Foam, DC, CO2	383	3	2	1	3	3	K2. Strong odor.
Phenylmethyl Carbinol	589-18-4	2	3	4.2	1.0	S	2937	PB	200			3	2	Fog, Alfo, DC, CO2	399	3		1	2		Floral odor.
Phenylmethyl Ethanol Amine (N-)		3	2	5.2	1.1	S			280			3		Alfo, DC, CO2	378	3		1	2		K2.

(230)

Chemical Name	CAS	Tox L	Tox S	Vap Den.	Spec Grav.	Wat Sol.	DOT Number	Cl	Flash Point	Flamma. Limit	Ign. Temp.	Disa. Atm	Disa. Fire	Extinguishing Information	Boil Point	F	R	E	S	H	Remarks
Phenylmethylamine	100-61-8	4	3	3.9	.99	S	2294	PB	185		900	3	2	Fog, Alfo, DC, CO2	381	3	1	1	4	5, 9	K2. TLV 2 ppm (skin).
Phenylpentane		3		3	.86	N			150			3	4	Fog, Foam, DC, CO2	365	3	1	1	3		K2.
Phenylphosphonic Diazide				7.3	Var							4	4			6	17	5	2		Heat and impact sensitive. Explosive.
Phenylphosphorodichloridothious	14684-25-4	3	4	6.2	1.4		2799	CO				4	2	Foam, DC, No Water	401	3	7	1	4	12	K2, K16.
1-Phenylpiperazine (N-)	92-54-6		4	5.7	1.1	N			285			3	1	Fog, Foam, DC, CO2	546	3	1	1	4	9, 2	K2.
2-Phenylpropane	98-82-8	3	3	4.1	.86	N	1918	FL	96	9-6.5	795	3	2	Fog, Foam, DC, CO2	306	2	1	2	3	11	TLV 50 ppm. Sharp odor.
1-Phenylpropane	103-65-1	2	2	4.1	.86	N			86	8-6.0	842	2	3	Foam, DC, CO2	318	2	2	1	2		TLV 50 ppm.
2-Phenylpropene	98-83-9	2	2	4.0	.91	N	2303	CL	129	1.9-6.1	1066	2	2	Fog, Foam, DC, CO2	306	2	2	1	2		
3-Phenylpropionyl Azide				6.1	Var							4	4			6	17	5	2		Heat-sensitive explosive.
Phenylselenonic Acid	39254-48-3			7.2	Sol							4	4			6	17	3	2		Explodes @ 356°. Weak explosive.
Phenylsilatrane	2097-19-0			8.8	Var							3		Foam, DC, CO2		3	1	1	2	9	K2, K24.
Phenylsilver	5274-48-6		4	6.5	Sol							2	4			6	17	5	4		K2. Explodes @ 392°.
Phenylthallium Diazide				13.	Sol							3	4			6	17	1	2	9	K2, K24. Melts @ 309°.
Phenylthiocarbamide	103-85-5	3	3	5.2	Cry	Y						4		Foam, DC, CO2		3	11	1	3	9	Sharp odor. Volatized by steam.
1-Phenylthiourea-2	103-85-5			4.6	1.1							3		Foam, DC, CO2		3	11	1	4	9	K2, K24. Melts @ 309°.
Phenyltrichlorosilane	98-13-5	4	3	7.4	1.3		1804	CO	185			3	2	Alfo, DC, CO2		3	1	1	4	2, 9	K2, K24.
Phenyltriethoxysilane	780-69-8			8.4	Var							3	2	Foam, DC, CO2		3	1	1	3	9	
Phenylvanadium Dichloride Oxide	28597-01-5			7.5	Var							4	4			6	17	5	2		May explode if heated
Phermernite	55-68-5	4		12.	Cry	N	1895	PB				3	0	Fog, Foam, DC, CO2		3	1	1	4	9	K2.
Phorate (Common name)	298-02-2	3	4	9.0	1.2	N		PB				4	1	Fog, Foam, DC, CO2	244	3	1	1	3	12	K2, K12, K24. NCF.
Phorazetim (Trade name)	4104-14-7			13.	Pdr	N						4	0	Fog, Foam, DC, CO2		3	1	1	2	12	K2, K12. Melts @ 219° NCF.
Phorone (Common name)	504-20-1	2	2	4.8	Sol	N	2783	PB	185			2	2	Foam, DC, CO2	210	1	1	1	2	9	Melts @ 82°.
Phos-kil (Trade name)	56-38-2	4	4	10.	Pdr							4	0	Foam, DC, CO2	707	3		1	4	12, 9	K2, K12, K24. RVW Endrin. Melts @ 43°. NCF.
Phosalon	2310-17-0	3	3	13	Pdr	N						4	0	Fog, Foam, DC, CO2		3	2	1	3	12	K2, K12. Melts @ 113°. NCF.
Phosdrin (Trade name)	7786-34-7	4	4	7.7	1.3	S						4	1	Fog, Foam, DC, CO2		3	2	1	3	12	K2, K12, K24. NCF.
Phostolan (Common name)	947-02-4	3	4	8.9	1.2							4	0	Fog, Foam, DC, CO2		3	2	1	2	9	K2, K12, K24.
Phosgene	75-44-5	4	4	3.4	Gas	S	1076	PA				4	0		47	3	8	3	4	6, 4, 8	TLV <1 ppm. New hay odor. NCF.
Phosmet (Common name)	732-11-6	3	3	11.	Pdr							4		Foam, DC, CO2		3	2	1	2	9, 2, 12	K2, K12, K24.
Phosphabicyclononane (9-)				>1.	Var		2940	FL				4	3	Soda Ash, DC, CO2		2	2	2	2		K2, K11. Pyroforic.
Phospham	33849-97-1			2.1	Liq			FL				4	3	DC, CO2		3	2	1	4		RXW chlorates or nitrates.
Phosphamidon (Common name)	13171-21-6	4	4	10.	1.0	Y		PB				3	3	Fog, Alfo, DC, CO2		3	2	1	4	12, 5	K2, K11. TLV <1 ppm. Pyroforic.
Phosphaniline	638-21-1	4	3	>1.	Liq							4	3	Foam, DC, CO2		3	2	2	1	9	K2.
Phosphates (Organic) (General)				3.8	Var							3	3	Fog, Alfo, DC, CO2		3	2	2	4	9	K2, K11. TLV <1 ppm. Pyroforic.
Phospheniline	638-21-1	3	4	1.	1.0	N						3	2	Foam, DC, CO2		3	8	1	1	9	K2, K16.
Phosphenyl Chloride	644-97-3	3	4	6.2	1.3		2798	CO				4	2	Foam, DC, No Water	435	5	7, 11, 24	1	2	3, 12	K2.
Phosphides (General)				>1.	Var							4	4	No Water		3	2			6	K24. Garlic odor. TLV <1ppm.
Phosphine	7803-51-2	4	3	1.2	Gas	S	2199	PA		1.0-	212	4	4	Stop Gas, Fog, DC, CO2	-125	3	2	4	4	6	

(231)

Chemical Name	CAS	Tox L	Tox S	Vap Den.	Spec Grav.	Wat Sol.	DOT Number	DOT Cl	Flash Point	Flamma. Limit	Ign. Temp.	Disa. Atm	Disa. Fire	Extinguishing Information	Boil Point	F	R	E	S	H	Remarks
Phosphinic Acid	6303-21-5	3	3	2.3	Cry	Y						4	4			3	16, 2	2	3	2	Melts @ 79°. May RXW heat. Sour odor.
Phosphinoethane	593-68-0			2.1	1.0							4	3	Foam, DC, CO2	77	2	2, 14	2	2		K11, K23. R14 + Halogens. Pyroforic.
Phosphonic Acid	13598-36-2			2.9	Liq							4	4	Foam, DC, CO2		3		1	4		K23.
Phosphonium Iodide	12125-09-6			5.6	Cry							4	4			6	17, 2	3	2	9	RXW last heat.
Phosphonium Perchlorate				4.7	Cry									Keep Wet		6	17	4		9	K20. Explosive. Explodes on drying.
Phosphoretted Hydrogen	7803-51-2	4	3	1.2	Gas	S	2199	PA		1.0-	212	4	4	Stop Gas, Fog, DC, CO2	-125	3	2	4	4	6	K24. Garlic odor. TLV <1ppm.
Phosphoric Acid	7664-38-2			3.4	1.9		1805	CO				3	0	Foam, DC, CO2		3		1	3	2	Can RW some metals → hydrogen. NCF.
Phosphoric Acid Anhydride	1314-56-3	4	4	4.9	Pdr		1807	CO				3		DC, CO2, No Water		5	5, 21	1	4	16	K2, K24.
Phosphoric Acid Dimethyl-p-(Methylthio)Phenylester	3254-63-5			8.7	Sol							4		Foam, DC, CO2		3		1	1	9	K2, K24.
Phosphoric Acid Triethylenelmine	545-55-1	3	4	6.0	Cry	Y	2501	PB			194	4	1	Fog, Alfo, DC, CO2		3		1	4	9, 2	K2. Amine odor. Melts @ 106°.
Phosphoric Acid, Aluminum Salt	7784-30-7			4.3	Liq	N	1760	CO				3	2	Fog, Foam, DC, CO2		3		1	2	3	K2. NCF.
Phosphoric Anhydride	1314-56-3	4	4	4.9	Pdr		1807	CO				3		DC, CO2, No Water		5	5, 21	1	4	16	K2, K24.
Phosphoric Sulfide	1314-80-3			7.6	Sol		1340	FS			287	4	3	DC, CO2, No Water		5	5, 2, 7, 11	2	4	9, 2	K21.
Phosphorodifluoridic Acid	13779-41-4	4	4	3.5	1.6		1768	CO				4	0	Fog, Foam, DC, CO2		3	8	2	4	16	K2, K16. NCF.
Phosphorodithioic Acid S-((tert-Butylthio)Methyl)-O-O-Diethyl Ester	13071-79-9			10.	Liq	S						4	0	Fog, Foam, DC, CO2		3		1	1	12	K2, K16, K12. Melts @ 84°. NCF.
Phosphorodithioic Acid, O,O-Dimethyl-S-(2-Ethylthio)Ethyl Ester	640-15-3	3	4	8.5	1.2	Y						4		Foam, DC, CO2		3		1	3	12, 2, 9	K2, K12, K24.
Phosphorofluoridic Acid	13537-32-1	3	4	3.4	1.2	Y	1776	CO				4	0	Fog, Foam, DC, CO2		2		1	4	6	K2. NCF.
Phosphorothioic Acid, O,O,O-Tris(2-Chloroethyl) Ester	10235-09-3			10.	Liq							4		Foam, DC, CO2		3		1	2	9	K2.
Phosphorothioic Acid, O-(2-Chloro-1-Isopropylimidazol-4-Yl))-O,O-Diethyl Ester	42509-80-8			11.	Sol							4		Foam, DC, CO2		3		1	1	9	K2, K12.
Phosphorous Acid (ortho-)				2.8	Cry	Y	2834	CO				4	3	Fog, Foam, DC, CO2		3	2	2	4	16	K2. Melts @ 164°
Phosphorous Acid, Tris(2-Chloroethyl) Ester	140-08-9			9.4	Liq	N						4		Foam, DC, CO2		3		1	2		K2. Pyroforic.
Phosphorous Acid, Tris(2-Fluoroethyl)Ester	63980-61-0	4		7.7	Liq	S	2447	FS				4		Foam, DC, CO2		3		1	4	9, 2	K2.
Phosphorous Bromide	7789-60-8	3	4	9.3	2.9		1808	CO				4		DC, CO2, No Water		3	10	1	4	17	K2. RVW sulfuric acid.
Phosphorus (Amorphous, Red)		1	2	4.7	Pdr	N	1338	FS			500	3	1	Fog, Foam, DC, CO2	347	2	23, 2, 3, 21	1	2	3, 2	K2, K24.
Phosphorus (White or Yellow, Dry or under water or in Solution)	7723-14-0	3	3	4.4	Sol	N	1381	FS			86	4	3	Fog, Flood		2	2	3	4	3, 9	K2, K13, K24. Keep wet. Pyroforic.
Phosphorus (White, molten)				4.4	Liq	N						4		Fog, Foam		2	2	3	4	3, 9	K2. Pyroforic.
Phosphorus 32 (In Solution)				4.0	Liq	S		RA				4				2		2	1		K2. Half-life 14 Days-Beta.
o-Phosphorus Acid				2.8	Cry	Y	2834	CO				4		Foam, DC, CO2		3		3	4	17	K2. Melts @ 164°.
Phosphorus Azide Difluoride			4	3.9	Liq							4				6	17	4	2		May explode @ 77°. Unstable. Pyroforic.
Phosphorus Azide Difluoride-Borane	38115-19-4	4		4.4	Liq							4	4			6	17	4	2		Unstable explosive.

(232)

Chemical Name	CAS	Tox L S	Vap Den.	Spec Grav.	Wat Sol.	DOT Number	Cl	Flash Point	Flamma. Limit	Ign. Temp.	Disa. Atm Fire	Extinguishing Information	Boil Point	F	R	E	S	H	Remarks
Phosphorus Chloride	7719-12-2	4 4	4.7	1.6		1809	CO				4 0	DC, CO2, No Water	169	5	10, 1, 5, 8	4	4	3, 4	K16. TLV <1 ppm. NCF.
Phosphorus Cyanide	1116-01-4		3.8	Sol							3 4	No Water		5	10	3	2		Explodes @ 212°. RXW water. Pyroforic.
Phosphorus Fluoride	7783-55-3	3	3.1	Gas							4	No Water, Stop Gas	-152	3	8	1	2	2, 3	RVW oxygen. K2.
Phosphorus Heptabromide Dichloride			23.	Sol		1339	FS				4	No Water		2	6	1	2		K2.
Phosphorus Heptasulfide (Free from Yellow or White Phosphorus)	12037-82-0		12.	Cry							4 3	Fog, Alfo, DC, CO2		2	2	2	2	9	K2.
Phosphorus Monobromide Tetrachloride			8.7	Cry							4	No Water		5	6	1	2		K2.
Phosphorus Oxide	1314-56-3	4	4.9	Sol		1807	CO				3	DC, CO2, No Water	374	5	5, 6	1	4	16	K2. Melts @ 133°.
Phosphorus Oxybromide (Molten)		4	9.9	Sol		2576	CO				4	DC, CO2, No Water	374	5	5, 6	1	4	9, 2	K2. Melts @ 133°.
Phosphorus Oxybromide (Solid)	7789-59-5	4 4	9.9	Sol		1939	CO				4	DC, CO2, No Water		5	5, 6	1	4	9, 2	K2. Melts @ 133°.
Phosphorus Oxychloride	10025-87-3	4 4	5.3	1.7		1810	CO				4 0	DC, CO2, No Water	221	5	10, 6, 8, 23	3	4	9, 16	K2, K16. NCF.
Phosphorus Oxyfluoride		4	3.6	Gas							4	DC, CO2, No Water	-40	5	10	2	4		K2.
Phosphorus Pentabromide	7789-69-7		15.	Cry		2691	CO				4	DC, CO2, No Water		5	10, 5, 8, 21	1	4	9	K2.
Phosphorus Pentachloride	10026-13-8	4 4	7.2	Cry		1806	CO				4	DC, CO2, No Water		5	10, 5, 8, 21	1	4	16	K2, K16, K24.
Phosphorus Pentafluoride	7641-19-0	4	4.3	Gas		2198	PA				4 0	DC, CO2, No Water	-121	3	8	4	4	16, 3, 6	K2, K16. NCF.
Phosphorus Pentasulfide (Free from Yellow or White Phosphorus)	1314-80-3	4	7.6	Sol		1340	FS				4 3	DC, CO2, No Water		5	5, 2, 7, 11	2	2	9, 2	K21.
Phosphorus Pentoxide	1314-56-3	4 4	4.9	Pdr		1807	CO				3	DC, CO2, No Water		5	5, 21	1	4	16	K2, K24.
Phosphorus Persulfide	1314-80-3	3	7.6	Sol		1340	FS				4 3	DC, CO2, No Water		5	5, 2, 7, 11	2	2	9, 2	K21.
Phosphorus Sesquisulfide (Free from Yellow or White Phosphorus)	1314-85-8	3 3	7.6	Sol	N	1341	FS			212	4 2	Soda Ash, No Water		5	9	2	4	9	K2, K20, K21.
Phosphorus Sulfochloride	3982-91-0	3	5.9	1.6		1837	CO				4 0	DC, CO2, No Water	257	3	8	1	3	2	K2. Pungent odor. NCF.
Phosphorus Thiocyanate			7.2	1.6							4 2	Foam, DC, CO2	509	3	2, 11	1	2		K2. Believed toxic.
Phosphorus Triazide	56280-76-3		5.5	Var							4			6	17	4	2		Explodes @ 70°.
Phosphorus Tribromide	7789-60-8	3 4	9.3	2.9		1808	CO				4 3	DC, CO2, No Water	347	5	10	1	4	3, 2	K2. RVW sulfuric acid.
Phosphorus Trichloride	7719-12-2	4 4	4.7	1.6		1809	CO				4 0	DC, CO2, No Water	169	5	10, 1, 5, 8	4	4	3, 4	K16. TLV <1 ppm. NCF.
Phosphorus Tricyanide	1116-01-4										3 4	No Water		5	10	3	2		Explodes @ 212°. RXW water. Pyroforic.
Phosphorus Trifluoride	7783-55-3	3 3	3.1	Gas							4	No Water, Stop Gas	-152	3	8	1	2	2, 3	RVW oxygen. K2.
Phosphorus Trihydride	7803-51-2	3 4	1.2	Gas	S	2199	PA		1.0-		4	Stop Gas, Fog, DC, CO2	-125	3	2	4	4	6	K24. Garlic odor. TLV <1ppm.
Phosphorus Trioxide	1314-24-5	3	3.8	2.1		2578	CO				3 3	Soda Ash, No Water	345	5	10	2	4	16	K2. No water or halons. Pyroforic.
Phosphorus Trisulfide (Free from Yellow or White Phosphorus)	12165-69-4	3	5.5	Cry		1343	FS				4 3	DC, CO2, No Water	914	5	7, 2	1	3		K2.
Phosphoryl Bromide	7789-59-5	4 4	9.9	Sol		1939	CO				4	DC, CO2, No Water	374	5	5, 6	1	4	9, 2	K2. Melts @ 133°.
Phosphoryl Chloride	10025-87-3	4 4	5.3	1.7		1810	CO				4 0	DC, CO2, No Water	221	5	10, 6, 8, 23	3	4	9, 16	K2, K16. NCF.
Phosphoryl Fluoride		4	3.6	Gas							4	DC, CO2, No Water	-40	5	10	2	4		K2.

(233)

Chemical Name	CAS	Tox L S	Vap Den	Spec Grav	Wat Sol	DOT Number	DOT Cl	Flash Point	Flamma. Limit	Ign. Temp.	Disa. Atm	Disa. Fire	Extinguishing Information	Boil Point	F	R	E	S	H	Remarks
Phosphotungstic Acid	12067-99-1	3	>1.	Cry	Y							3	DC, CO2, Keep Dry		1		1	1	2	K2.
Phostex	37333-40-7	3	27.	Sol								4	Fog, Foam, DC, CO2		3		1	3	9	K2.
Phostoxin (Trade name)		4		>1.								4	3	No Water			7	2	4		K12, K23. TLV <1 ppm.
Phosvel (Trade name)	21609-90-5	4	14.	Sol								4		Foam, DC, CO2		3		1	4	9	K12, K24.
Phthalic Anhydride	88-99-3	2 2	5.7	Cry	Y			334				4		Fog, DC, CO2	311	3	1	2	2	9	Dust can explode if heated.
Phthalic Acid	85-44-9		5.1	Cry	N	2214	CO	305	1.7-10.5	1058		2	1	Foam, DC, CO2	563	3	1	1	2	9	TLV 1 ppm.
Phthalimide Derivative Pesticide (Flammable Liquid, n.o.s.)		3 3	>1.	Liq		3007	PB					4	3	Foam, Alfo, DC, CO2		3	1	2	3	9	
Phthalimide Derivative Pesticide (Flammable Liquid, n.o.s.)			>1.	Liq		2774	FL	<100				4	1	Fog, Alfo, DC, CO2'		2	2	2	3	9	K2.
Phthalimide Derivative Pesticide (n.o.s.)		4 4	>1.	Liq		3008	PB					4	1	Fog, Alfo, DC, CO2		3	1	1	4	9	K2.
Phthalimide Derivative Pesticide (n.o.s.)		4 4	>1.	Liq		2773	PB					4	1	Fog, Alfo, DC, CO2		3	1	1	4	9	K2.
Phthalimidomethyl-O,O-Dimethyl Phosphorodithioate	732-11-6	3 3	11.	Pdr								4		Foam, DC, CO2		3		1	2	9, 2, 12	K2, K12, K24.
Phthalodinitrile	91-15-6	2	4.4	Cry	N							3	2	Fog, Alfo, DC, CO2	289	3	2	1	2	9	K2. Melts @ 280°.
γ-Phthalonitrile	91-15-6	2	4.4	Cry	N						1000	3	2	Fog, Alfo, DC, CO2	293	3	1	1	4	9	K2. Melts @ 280°.
Phthaloyl Diazide	50906-29-1		7.5	Var								3	4			1		1	4		Explodes.
Phthaloyl Peroxide		3	5.7	Var								2	4			6	17	4	2		Impact-sensitive. Explosive.
Physostigmine	57-47-6		9.6	Cry	S							3	1	Foam, Alfo, DC, CO2		6	17	5	2	9	K2, K24. Melts @ 187°.
Physostigmine Salicylate	57-64-7		14.	Sol								3		Foam, Alfo, DC, CO2		3		1	1	9	K2, K24.
Phyton-27 (Trade name)		3	>1.	Liq	Y							3		Foam, DC, CO2		1		1	2	9	K12. Sweet odor. NCF.
Pic-Clor (Trade name)	76-06-2	4 4	6.7	1.7	S	1580	PB					4	0	Fog, Foam, DC, CO2	234	3		2	4	3	K12. TLV <1 ppm. Vomiting gas. NCF.
β-Picoline	108-99-6		3.3	.96	Y	2313	CL	134				3	2	Fog, Alfo, DC, CO2	289	3	2	1	2		K2.
γ-Picoline	108-89-4	2 4	3.2	.96	Y	2313	CL	134		1000		3	2	Fog, Alfo, DC, CO2	293	3	1	1	4	2	K2. Disagreeable odor.
4-Picoline	108-89-4	2 4	3.2	.95	Y	2313	CL	102		1000		3	2	Fog, Alfo, DC, CO2	293	3	1	1	4	2	K2. Disagreeable odor.
2-Picoline	109-06-8	2 3	3.2	.95	Y	2313	CL	102		1000		3	2	Fog, Alfo, DC, CO2	264	3	1	1	3	2	K2. Unpleasant odor.
α-Picoline	109-06-8		3.3	.96	Y	2313	CL	102		1000		3	2	Foam, Alfo, DC, CO2	264	5	1	5	2	2	K2. Unpleasant odor.
Picoline (3-)	108-99-6		>1.		Y	2313	CL					3		Foam, Alfo, DC, CO2	289	2	1	1	2		K2.
Picoline-alpha	109-06-8	2 3	3.2	.95	Y	2313	CL	102		1000		3	2	Fog, Alfo, DC, CO2	264	3	1	1	3	2	K2.
Picramic Acid	96-91-3			Cry	N							3	4	Keep Wet		6	17, 3	3	3	2	An explosive when dry. Melts @ 334°.
Picramic Acid, Sodium Salt	831-52-7		7.7	Cry	Y	1349	FS					3	3	Fog, Flood		2	2	2	2		K2.
Picramic Acid, Zirconium Salt	63868-82-6		7.7	Cry								3	3	Fog, Flood		2	2	2	2		Keep wet - sensitive if dry.
Picramide	26952-42-1	3			N		EX					4	4	Keep Wet		6	17, 3	5	5		K20. Explodes.
Picramic Acid	96-91-3		6.9	Cry	N			410				3	4	Keep Wet	410	6	2	2	3		An explosive when dry. Melts @ 334°.
Picrates (General)		3		Cry			EX					4				6	17	5	2		K20. Can explode.
Picratol (Common name)	146-84-9	4	>1.	Cry	Y	1347	FS					4	4			6	17	5	2		Explodes.
Picric Acid (Wet with >10% water)	88-89-1	3 3	7.9	Cry	Y		EX	302				4	4	Keep Wet		6	17	5	3		K3. Explodes @ 572°.
Picrite (Wet with >20% water)		3 3	7.0	1.7	Liq	1344	FS	302				4	3	Flood, Keep Wet		2	2	2	2		Explosive if dry.
Picronitric Acid (Dry)	88-89-1	3 3	7.9	Cry	Y	1336	EX	302				4	4	Keep Wet		6	17	5	3		K3. Explodes @ 572°.

(234)

Chemical Name	CAS	Tox L S	Vap Den	Spec Grav.	Wat Sol.	DOT Number	Cl	Flash Point	Flamma. Limit	Ign. Temp.	Disa. Atm Fire	Extinguishing Information	Boil Point	F	R	E	S	H	Remarks
Picrotoxin	124-87-8	3		20.	Sol	N	1584	PB				2 0	Fog, Foam, DC, CO2		3		1	3	9	NCF.
Picryl Azide	1600-31-3			8.9	Sol							3 4			3	17	3	2		Weak explosive.
Picryl Chloride				8.5	Cry	S						4 4	Keep Wet		6	17	5	2		High explosive.
Picryl Sulfide	28930-30-5			15.	Cry							4 4			6	17	5	2		Military explosive.
2-Picryl-5-Nitrotetrazole	82177-75-1			11.	Sol							3 4			6	17	5	2		High explosive.
Pimelic Ketone	108-94-1	3	3	3.3	Liq				93			3 3	Fog, Alfo, DC, CO2	312	3	2	2	3	2	
Pinacolyl Methylfluorophosphonate	96-64-0	4	4	6.4	Liq							4	DC, CO2		3		4	4	6, 8, 12	Nerve gas.
Pinane Hydroperoxide (Technical Pure)				>1.	Liq	N	2162	OP				3	Fog, Flood		2	4	2	2	3, 2	Organic peroxide.
Pinanyl Hydroperoxide (Tehnical Pure)				>1.	Liq	N	2162	OP				3	Fog, Flood		2	4	2	2	3, 2	Organic peroxide.
Pindone	83-26-1	3		7.9	Pdr	N	2472	PB				2 1	Fog, Foam, DC, CO2		3		1	2	9	Melts @ 226°.
Pine Needle Oil	8000-26-8	2	2	>1.	Liq	N			172		392	2 2	Fog, Foam, DC, CO2	392	1	2	1	1	5	K21. Sharp odor.
Pine Oil	8002-09-3	2	2	>1.	Liq	N	1272	CL	172		367	2 2	Fog, Foam, DC, CO2	367	1	1	1	1	9	K21. Piny odor.
Pine Tar		2	2	>1.	Liq	N		CL	130		671	2 2	Fog, Foam, DC, CO2	208	1	1	1	1	9	K21. Piny odor.
Pine Tar Oil		2	2	>1.	Liq	N		CL	130		671	2 2	Fog, Foam, DC, CO2	208	1	1	1	1	9	K21. Piny odor.
β-Pinene	80-56-8	4	3	4.7	.86	N	2368	FL	90		491	2 3	Fog, Foam, DC, CO2	312	2	2	2	3	2	Terpene odor.
α-Pinene	80-56-8	4	3	4.7	.86	N	2368	FL	90		491	2 3	Fog, Foam, DC, CO2	312	2	2	2	3	2	Terpene odor.
Pinene (2-)	80-56-8	4	3	4.7	.86	N	2368	FL	90		491	2 3	Fog, Foam, DC, CO2	312	2	2	2	3	2	Terpene odor.
Pinene-alpha	80-56-8	4	3	4.7	.86	N	2368	FL	90		491	2 3	Fog, Foam, DC, CO2	312	2	2	2	3	2	Terpene odor.
Pintsch Gas		4		1	.47	Gas	S	1071	FG		4.8-32.5	637	2 4	Stop Gas, Fog, DC, CO2		2		4	2		
Piperazine	110-85-0	2	3	3.0	Cry	Y	2685	CO	178			4	Fog, Alfo, DC, CO2	294	3	2	1	2	5	K2. Melts @ 233°.
Piperidine	110-89-4	2	4	3.0	.86	Y	2401	FL	37			4 3	Fog, Alfo, DC, CO2	223	2	2	2	4	9	K2, K24. Amine odor.
Piperonyl Butoxide	51-03-6		3	11.	1.0	N			340			2 1	Fog, Foam, DC, CO2	356	3	1	1	2	9	K12.
Piperylene	504-60-9	2	2	2.4	.69	N		FL	-45	2.0-8.3		2 4	Fog, Foam, DC, CO2	108	2	2	3	2		
Pipram (Common name)	51940-44-4		3	10.	Var	N						3	Foam, DC, CO2		3		1	1	9	K24.
Piprotal	5281-13-0			16.	Sol							2	DC, CO2		1		1	3	12, 9	K2, K12.
Pirimiphos-Ethyl (Common name)	23505-41-1		3	11.	Pdr	N						4			3		1	1	12	K2, K12.
Primor (Trade name)			3	>1.	Liq	N	2472	PB				2 1	Foam, DC, CO2		3		1	2	9	Melts @ 226°.
Pival	83-26-1	3		3.5	Cry	S						2 1	Fog, Foam, DC, CO2	327	3	2	1	2		Melts @ 95°.
Pivalic Acid	75-98-9		3	3.5	Cry	S				70			Fog, Foam, DC, CO2	327	3	2	2	2		Melts @ 95°.
Pivalonitrile	630-18-2			2.9	Liq	N						4 3			6	17	4	2		K2.
Pivaloyl Azide	4981-48-0		3	4.4	Var							3 4								May explode @ room temperature.
Pivaloyl Chloride	3282-30-2	3	4	4.2	Liq		2438	CO				3 3	Fog, Foam, DC, CO2		3		2	4	3	K2, K16.
2-Pivaloyl-1,3-Indandione	83-26-1	3		7.9	Pdr	N	2472	PB				2 1	Fog, Foam, DC, CO2		3		1	2	9	Melts @ 226°.
2-Pivaloyl-1,3-Indandione	83-26-1	3		7.9	Pdr	N	2472	PB				2 1	Fog, Foam, DC, CO2		3		1	2	9	Melts @ 226°.
2-Pivalyl-1-3-Indandione	83-26-1	3		7.9	Pdr	N	2472	PB				2 1	Fog, Foam, DC, CO2		3		1	2	9	Melts @ 226°.
Planofix	86-87-3	2	3	6.4	Cry	N						2 2	Fog, Foam, DC, CO2		1		1	2	2	K12. Melts @ 273°.
Plantinum Chloride	13454-96-1		3	9.3	Pdr	N						3	Foam, DC, CO2		3		1	2	9, 2	K2, K24.
Plastic (Nitrocellulose-based, spontaneously combustible, n.o.s.)		2	2	>1.	Sol		2006	FS				4 3	Fog, Foam, Flood		2	2	2	2		May be pyroforic.
Plastic Moulding Material (Evolving flammable vapor)				>1.	Sol		2211	OM				3 3	Fog, Foam, DC, CO2		1		1	2		Ventilate.
Plastic Solvent				>1.	Liq		1993	FL	<100			3 3	Fog, Foam, DC, CO2		2	2	2	2		

(235)

Chemical Name	CAS	Tox L	Tox S	Vap Den	Spec Grav	Wat Sol	DOT Number	DOT Cl	Flash Point	Flamma. Limit	Ign. Temp.	Disa. Atm	Disa. Fire	Extinguishing Information	Boil Point	F	R	E	S	H	Remarks
Platinum Fulminate		2	2	12.	Sol			EX				4	4			6	17	5	2		Explosive.
Plutonium and Compounds		4	4		Var							4		Foam, DC, CO2		4		2	4	17	Radiotoxic. PU238-Half-life:86 Yrs: alpha. PU241-Half-life:13 Yrs:beta.
Plutonium Hydride	15457-77-9	4	4	8.6	Var			RA				4	3	No Water		5	10	3	4	17	RVW water. See also F-4 Pyrotoric.
PMA (Common name) (Phenyl Mercuryacetate)	62-38-4	3	3	11.	Cry	S	1674	PB				3		Foam, DC, CO2		3		1	2	2, 9	K2, K24, Melts @ 300°.
Podophyllin	9000-55-9				Pdr							2	1	Foam, DC, CO2		3		1	2	9, 2	
Podophyllin Resin	9000-55-9				Pdr							2	1	Foam, DC, CO2		3		1	2	9, 2	
Poison (Corrosive Liquid, n.o.s.)		4	4	>1.	Liq		2927	PB				4	1	Alfo, DC, CO2		3		1	4	9	K2.
Poison (Corrosive Solid, n.o.s.)		4	4	>1.	Sol		2928	PB				4	1	Alfo, DC, CO2		3		1	4	9	
Poison (Flammable Liquid, n.o.s.)		4	4	>1.	Liq		2929	PB				4	3	Fog, Alfo, DC, CO2		3	2	2	4	9	Flammable liquid.
Poison (Flammable Solid, n.o.s.)		4	4	>1.	Sol		2930	PB				4	2	Fog, Alfo, DC, CO2		3	1	2	4	9	Flammable solid.
Poison B Liquid, n.o.s.		4	4	>1.	Liq		2810	PB				4	1	Fog, Alfo, DC, CO2		3		1	4	9	
Poisonous Liquid or Gas (Flammable, n.o.s.)		4	4	>1.	Var		1953	PA				4	4	Fog, Alfo, DC, CO2		3		3	4	9	Flammable.
Poisonous Liquid or Gas, n.o.s.		4	4	>1.	Var		1955	PA				4	1	Fog, Alfo, DC, CO2		3	2	2	4	9	
Poisonous Liquid, n.o.s. (Poison B)		4	4	>1.	Liq		2810	PB				4	1	Fog, Alfo, DC, CO2		3		1	4	9	
Poisonous Solid, n.o.s.		4	4	>1.	Sol		2811	PB				4	1	Fog, Alfo, DC, CO2		3		1	4	9	
Poisonous Solid, oxidizing, n.o.s.		4	4	>1.	Sol		3086	PB				4		Fog, Foam, DC, CO2		3	23, 4	2	4	9	K2. Oxidizer.
Polish (Liquid)				>1.	Liq		1263	FL	<100				3	Fog, Alfo, DC, CO2		2	1	2	2		
Polish (Metal Stove and Furniture)				>1.	Liq		1142	FL	<100				3	Fog, Alfo, DC, CO2		2	1	2	2		
Polonium		4	4	7.0	Sol			RA				4		Foam, DC, CO2		4		2	4	17	K2. PO210-Half-life:138 Days:alpha
Polonium Carbonyl		4	4	8.2	Sol			RA				4	3	Foam, DC, CO2		4		2	4	9	K2. Radiotoxic.
Poly(1,3-Butadiene Peroxide)				>1.	Var							2	4			6	17	5	2		Explosive.
cis-Poly(Butadiene)	9003-17-2			>1.	Gas							2	4			6	17	4	2		May explode >638°.
Poly(Carbon Monofluoride)	25136-85-0			>1.	Var							3	4			6	17	4	2		Explodes @ 932°.
Poly(Dimercuryimmonium Acetylide)				>1.	Var							3	4			6	17	5	2		
Poly(Dimercuryimmonium Bromate)				>1.	Sol							3	4			6	17	5	2		
Poly(Ethylidene Peroxide)				>1.	Sol							2		Fog, Foam, DC, CO2		6	17	2	2		Diethyl Ether Peroxide. Explodes.
Poly(Methylenemagnesium)				>1.	Sol							2	3			2	2	2	2		Unstable. Pyrotoric.
Poly(Peroxyisobutylolactone)				>1.	Sol							2	4			2	2	2	2		Unstable. Explosive.
Polyalkylamine (Corrosive, n.o.s.)				>1.	Var		2735	CO				3	1	Alfo, DC, CO2		3	8	4	2		Explosive.
Polyalkylamine, n.o.s.		3	3	>1.	Var		2734					3	2	Alfo, DC, CO2		2		6	2	2	Flammable or combustible.
Polyalkylamine, n.o.s.		3	3	>1.	Var		2733					3	2	Alfo, DC, CO2		2		6	2	2	Flammable or combustible.
Polyamine D	68822-50-4			>1.	Liq							3		Foam, DC, CO2		3		1	2	2	K2.
Polyamine H Special	37268-68-1	3	3	>1.	Liq							3		Foam, DC, CO2		3		1	2	2	
Polychlorinated Biphenyls	1336-36-3	3	3	>1.	Var	N	2315	OM	383			4	1	Fog, Alfo, DC, CO2		3	1	1	3		K2. Some are NCF.
Polychlorinated Triphenyl	12642-23-8	3	3	>1.	Liq							3	0	Fog, Alfo, DC, CO2		3		1	2		K2. NCF.
Polychlorobiphenyls	1336-36-3	3	3	>1.	Var	N	2315	OM	383			4	1	Fog, Alfo, DC, CO2		3	1	1	3		K2. Some are NCF.
Polycron (Trade name)	41198-08-7	3	3	>1.	Liq	S						4	0	Fog, Foam, DC, CO2		3		1	3	12	K12. NCF.
Polycyclopentadienyltitanium Dichloride	35398-20-0			>1.	Liq							3	3	DC, CO2		2	2	2	2		K2. Pyrotoric.
Polydibromosilane	14877-32-9			>1.	Sol							3	4			6	-17	5	2		K3. RXW oxidizer. Explosive.

(236)

Chemical Name	CAS	Tox L	Tox S	Vap Den	Spec Grav	Wat Sol	DOT Number	DOT Cl	Flash Point	Flamma. Limit	Ign. Temp.	Disa. Atm	Disa. Fire	Extinguishing Information	Boil Point	F	R	E	S	H	Remarks
Polyester Resin kits			4	>1.	Sol		2255	OM					3	Fog, Foam, DC, CO2		1		1	2	2, 9	K10.
Polyether Diamine L-1000		3	4	>1.	Var				225			4	1	Foam, DC, CO2	390	3	2	1	4		K2.
Polyethylene Glycol Chloride 210	52137-03-8	3	3	4.3	1.2				158	7.0-73.0		3	2	Fog, Alfo, DC, CO2		3	1	1	2		
Polyformaldehyde		2	2	>1.	Pdr	S		FS	97			3	2	Fog, Foam, DC, CO2		1	1	1	2		K2, Sublimes @ 122°.
Polymerized Acetaldehyde	9002-91-9	2	3	6.1	Cry	N	1332	FS			572	3	3	Fog, Foam, DC, CO2		3	12	2	2	2	
Polyoxyethylene(9)Nonyl Phenyl Ether	9016-45-9	2	2	>1.	Pdr	S						2	2	Fog, Alfo, DC, CO2		1		1	2	2	
Polyoxymethylene Glycol				>1.	1.9							2	2	Fog, Foam, DC, CO2		1	1	1	3		K2. NCF.
Polyphosphoric Acid			3		Liq	Y						4	0	Foam, DC, CO2		3		2	2		RXW sulfuric acid. Pyrotoric.
Polysilylene	32078-95-8			>1.	Sol				158	7.0-73.0	572	3	3	DC, CO2		2	2	2	2		
Polystyrene Beads (Expanded, mixture w/Flammable liquid)				>1.	Sol		2211	OM				3	3	Fog, Alfo, DC, CO2		1		1	2		Ventilate.
Polyvinyl Alcohol	9002-89-5	2	1	>1.	Pdr	Y			175			2	2	Fog, Alfo, DC, CO2		1	1	1	2		K2. RVW Fluorine. NCF.
Polyvinyl Chloride	13766-26-2	1	1	>1.	Var	N						3	0	Fog, Foam, DC, CO2		1		1	2		K2. Pyrotoric.
Poly[Borane(1)]	299-45-6		3	11.	Cry	N						3	3	DC, CO2		2	2	2	2		K2, K12. Melts @ 100°.
Potasan			4	>1.	Liq	Y	1814	CO				3	4	Foam, DC, CO2	410	3		1	2	9, 12	NCF.
Potash Liquor		4	4	>1.	Liq	Y	1814	CO				0	0	Foam, DC, CO2		3		1	4		
Potassium (Metal)	7440-09-7	2	2	>1.	Sol		2257	FS				3	3	Soda Ash, No Water		5	10, 5	2	2		K2, K15, K21. Pyrotoric.
Potassium (Metal liquid alloy)		3	3	>1.	Liq		1420	FS				3	3	Soda Ash, No Water		5	10, 5	2	2		K2, K15, K21. May be pyrotoric.
Potassium Acetylene-1,2-Dioxide	38579-11-5			4.7	Pdr							3	3	No Water, No Halon		5	10	2	2		RXW hydrogen. Pyrotoric.
Potassium Acetylide	111-63-3			2.2	Var							3	3	No Water, No CO2		5	9	2	2		RW water → acetylene.
Potassium Acid Fluoride	7789-29-9	3	4	>1.	Cry	Y	1811	CO				3	1	Fog, Flood, Foam		3		1	4	16	K2. NCF.
Potassium Amalgam		4	4		Sol							4	3	No Water		5	9, 2, 24	2	4	9	K2.
Potassium Amide (Potassamide)	17242-52-3			1.9	Cry							4	1	DC, CO2, No Water		5	10	2	2	9	K2.
Potassium Arsenate		3	3	6.2	Cry	Y	1677	PB				3	1	Fog, Alfo, DC, CO2		3		1	2	9	K2.
Potassium Arsenite	10124-50-2	3	4	14.	Cry	Y	1678	PB				3	1	Fog, Alfo, DC, CO2		3		1	2	9	K2, K24.
Potassium Azide	20762-60-1			2.8	Sol							4	4	No Water		6	17, 8	3	2		RXW sulfur dioxide. Explodes.
Potassium Azidodisulfate				8.4	Sol							4	4	No Water		6	17	5	2		RXW water. Explosive.
Potassium Aziodosulfate	67880-14-2			5.6	Sol							4	4			6	17	5	2		RXW water. RVW oxygen.
Potassium Benzenehexoxide				14.	Sol							4	4	No Water		6	17	5	2		Explodes.
Potassium Benzenesulfonyl Peroxysulfate				10.	Sol							4	4			6	17	5	2		Explosive.
Potassium Benzoylperoxysulfate				9.0	Sol							4	4			6	17	5	2		Explosive.
Potassium Bichromate	7778-50-9	2	2	10.	Cry	Y	1479	OM				3	0	Fog, Flood		2	4	1	2	9	K20. Oxidizer. NCF.
Potassium Bifluoride	7789-29-9	3	4	2.7	Cry	Y	1811	CO				3	1	Fog, Flood, Foam		3		1	4	16	K2. NCF.
Potassium Bifluoride (Solution)		3	3	2.7	Liq	Y	1811	CO				3	1	Fog, Flood		3		1	4	16	K2.
Potassium Bis(Propynyl)Palladate				9.2	Var							3	3	No Water		5	10	3	2		RXW water. Pyrotoric.
Potassium Bis(Propynyl)Platinate				12.	Var							3	3	No Water		5	10	3	2		RXW water. Pyrotoric.
Potassium Bisulfate	7646-93-7	2	3	4.7	Cry	Y	2509	OM				3	0	Foam, DC, CO2		3		1	2	2	K2. Sulfur odor. NCF.
Potassium Bisulfite Solution		2	3	4.0	Liq	Y	2693	CO				3	0	Foam, DC, CO2		3		1	2		K2. NCF.
Potassium Borohydrate	13762-51-1	3		1.8	Cry		1870	FS				3	3	Soda Ash, DC, No Water		2		2	2	9	K2.
Potassium Borohydride	13762-51-1	3		1.8	Cry		1870	FS				3	3	Soda Ash, DC, No Water		2	1	2	2	9	K2.

(237)

Chemical Name	CAS	Tox L	Tox S	Vap Den.	Spec Grav.	Wat Sol.	DOT Number	DOT Cl	Flash Point	Flamma. Limit	Ign. Temp.	Disa. Atm	Disa. Fire	Extinguishing Information	Boil Point	F	R	E	S	H	Remarks
Potassium Bromate	7758-01-2	2	2	5.2		Pdr	1484	OX				4	3	Fog, Flood		2	4	2	2	2	K2. RVW Aluminum. High oxidizer.
Potassium Carbonyl				14.		Sol						3	4	No Water		6	17	5	2		RXW water. RVW oxygen. Explodes.
Potassium Chlorate	3811-04-9	2	2	4.2		Pdr	1485	OX				4	2	Fog, Flood		2	4, 21, 23	2	2		K2. High oxidizer.
Potassium Chlorate Solution		2	2	4.0		Liq	2427	OX				3	0	Keep Wet		2	4	2	2		K2. Oxidizer. NCF.
Potassium Chlorite	14314-27-3			3.7		Sol						3	3	Foam, DC, CO2		1		1	2		K2. RVW sulfur.
Potassium Chromate	7789-00-6	2	2	6.7		Sol						3	0	Foam, DC, CO2		2		1	2		Oxidizer. NCF.
Potassium Citrate Tri(Hydrogen Peroxidate)	31266-90-1			14.		Sol	9142	OM				3	4			6	17	5	2		Touch-sensitive. Explosive.
Potassium Copper Cyanide	13682-73-0	4		>1.		Cry	1679	PB				4	0	Fog, Foam, DC, CO2		3	11	1	2	9	K2. NCF.
Potassium Cuprocyanide	13682-73-0	4		>1.		Cry	1679	PB				4	0	Fog, Foam, DC, CO2		3		1	2	9	K2. NCF.
Potassium Cyanide (Solid or Solution)	151-50-8	4	4	2.2		Var	1680	PB				4	0	Fog, Foam, DC, CO2		3	11	1	4	9, 5	K5, K24. Almond odor. NCF.
Potassium Cyanide-Potassium Nitrite				5.2		Cry						3	4			6	17	5	2		Explosive salt.
Potassium Cyclohexanehexone-1,3,5-Trioxinate				11.		Sol						3	4			6	17	5	2		RXW sulfuric or nitric acids. Explodes @ 266°.
Potassium Cyclopentadienide	30994-24-2			3.6		Pdr						3	3	Fog, DC, CO2		2	2	2	2		K2. Pyrotoric.
Potassium Dichloro-Isocyanurate		3	3	8.2		Pdr						4		Fog, Flood		2	4, 23	2	2	2	Chlorine odor. High oxidizer. NCF.
Potassium Dichloro-s-Triazinetrione (>39% Cl)		3	3	8.2		Pdr	2465	OX				4		Fog, Flood		2	4, 23	2	2	2	Chlorine odor. High oxidizer. NCF.
Potassium Dichromate	7778-50-9	2	2	10.	Y	Cry	1479	OM				3	0	Fog, Flood		2	4	1	2	9	K2. Oxidizer. NCF.
Potassium Diethynylpalladate				8.2		Var						3	3	No Water		5	10	2	2		K2. Pyrotoric.
Potassium Diethynylplatinate				11.		Var						3	3	No Water		5	10	2	2		K2. Pyrotoric.
Potassium Dinitromethanide	32617-22-4			5.0		Sol						3	4			6	17	5	2	9	Impact-sensitive. Explosive.
Potassium Dinitrooxalatoplatinate	15213-49-7			16.		Sol						3	3			6	16	3	2		RVW heat @ 464°.
Potassium Dinitrososulfite	26241-10-1			7.6		Var						4	4			5	17	5	2		Heat-sensitive. Explosive.
Potassium Dioxide	12030-88-5			2.5		Liq						4	3	Foam, DC, CO2		3	23	2	2		RVW hydrocarbons.
Potassium Diperoxy Orthovanadate				7.9		Var						3	4			6	17	4	2		K3. Explodes.
Potassium Dithionate				>1.	Y	Cry	1929	FS				4	2	Fog, Alto, DC, CO2		2		2	2		K2.
Potassium Ethoxide	917-58-8			2.9		Var						3		DC, CO2		3	5	2	2		May ignite in moist air.
Potassium Fluoride (Solution)	7789-23-3	3	3	2.0	Y	Liq	1812	CO				3	0	Fog, Foam, DC, CO2		3		1	2	9	K2. NCF.
Potassium Fluoroacetate	23745-86-0	3		4.0		Sol	2628	PB				3	3	Fog, Foam, DC, CO2		3	10	2	2	9	K2.
Potassium Fluorosilicate (Solid)	16871-90-2	3	3	7.6	S	Cry	2655	PB				3	3	Fog, Foam, DC, CO2		3	10	2	2	9	K2.
Potassium Fluosilicate	16871-90-2	3	3	7.6	S	Cry	2655	PB				3	3	Fog, Foam, DC, CO2		3	17	1	2	9	K2.
Potassium Graphite	12081-88-8			4.7		Var						3	3			5		5	2		K2.
Potassium Hexaethynylcobaltate				12.		Sol						3	4	No Water		5	10	4	2		K20. Explodes.
Potassium Hexafluorosilicate	16871-90-2	3	3	7.6		Cry	2655	PB				3	4	No Water		3	10	3	2	9	K2.
Potassium Hexahydrate Aluminate	17083-63-5			5.2		Sol						4	4	Fog, Foam, DC, CO2		6	17	3	2		K22.
Potassium Hexanitrocobaltate				15.		Sol						4	4			6	17	5	2		Explosive.
Potassium Hexaoxyxenonate(4-)Xenon Trioxide	12273-50-6			21.		Sol						3	3			6	17	5	2		Shock sensitive. Explosive.
Potassium Hydrate (Dry, solid)	7693-26-7	3	4	1.9		Sol	1813	CO				3	0	DC, CO2, No Water		3	5	2	4	9, 3, 16	K2. NCF.
Potassium Hydride		3		1.4		Cry						4	2	DC, CO2, No Water		5	9, 2, 21	2	2		K2. Pyrotoric.
Potassium Hydrogen Fluoride	7789-29-9	3	4	2.7	Y	Cry	1811	CO				3	1	Fog, Flood, Foam		3	1	4	2	16	K2. NCF.

(238)

Chemical Name	CAS	Tox L	Tox S	Vap Den.	Spec Grav.	Wat Sol.	DOT Number	DOT Cl	Flash Point	Flamma. Limit	Ign. Temp.	Disa. Atm	Disa. Fire	Extinguishing Information	Boil Point	F	R	E	S	H	Remarks
Potassium Hydrogen Sulfate	7646-93-7	2		4.7		Cry	2509	OM				3	0	Foam, DC, CO2		3			1	2	K2. Sulfur odor. NCF.
Potassium Hydrosulfite	10294-66-3			6.6		Cry	1929	FS				3	0	Fog, Alco, DC, CO2		2			2	2	K2.
Potassium Hydroxide (Solution)	1310-58-3	3		1.9	2.0	Y	1814	CO				3	0	DC, Foam, DC, CO2		3	21	1	4	3, 9, 16	K2. NCF.
Potassium Hydroxide (Dry, Solid)	1310-58-3	3		1.9		Sol	1813	CO				3	0	DC, CO2, No Water		3	5	2	4	9, 3, 16	K2. NCF.
Potassium Hyperchloride	7778-74-7			4.8		Cry	1489	OX				4		Fog, Flood		2	23, 3, 4	2	2	5	K2. High oxidizer.
Potassium Hypoborate		3		4.8		Var						3		Foam, DC, CO2		1	2	1	2		K2. Strong reducer.
Potassium Hypochlorite Solution	7778-66-7	3		3.2		Var	1791	CO				3	1	Foam, DC, CO2		3	5, 11, 20	1	3	16	K2. Oxidizer.
Potassium m-Periodate	7790-21-8	3		7.9		Cry						4	4	Fog, Flood		2	17	3	2	2	K2. Explodes @ 1076°.
Potassium Metal (Liquid Alloy)		3	3	>1.		Liq	2257	FS				4	3	Soda Ash, No Water		5	10, 5	2	2		K2, K15, K21. May be pyroforic.
Potassium Metal (Liquid Alloy)		3	3	>1.		Liq	1420	FS				4	3	Soda Ash, No Water		5	10, 5	2	2		K2, K15, K21. May be pyroforic.
Potassium Metavanadate		3		4.8		Cry	2864	PB				3		Fog, Foam, DC, CO2		3		1	2		K2.
Potassium Methanedizoate	19416-93-4			3.4		Liq						3		No Water		5	10	2	2		K2. RXW water.
Potassium Methazonate				>1.		Sol							4			6	17	5	2		Explosive.
Potassium Methoxide	865-33-8			2.4		Var						3		No Water		5	5	2	2		Ignites in moist air.
Potassium Methylamide	54448-39-4			2.4		Liq						3		No Water		5	10	2	2		Pyroforic.
Potassium Monoxide		3		3.2		Pdr	2033	CO				3	0	DC, CO2, No Water		3	8	1	2		RW water → potassium hydroxide. NCF.
Potassium Nitrate	7757-79-1			3.5		Pdr		OX				4		Flood, Fog		2	4, 21, 23	2	2		K2. High oxidizer.
Potassium Nitrate & Sodium Nitrite Mixture		2	2	3.0		Cry	1487	OX				3		Fog, Flood		2	4	2	2		K2. Oxidizer. NCF.
Potassium Nitride	29285-24-3			4.6		Cry						3	3	DC, CO2		2	17	2	2		K2. Pyroforic.
Potassium Nitrite	7758-09-0			2.9		Cry	Y 1488	OX				3	4	Fog, Flood		2	17, 4, 23	3	2	9	K2. Oxidizer. Explodes @ 1000°.
Potassium Nitrocyanide		4		>1.		Sol						4	4			6	17	5	2		Explodes @ 752°.
Potassium Nitromethane				3.4		Liq						4	4			6	17, 2	4	2		Explodes.
Potassium Nitrophenoxide				6.2		Cry						4	4			6	17	4	2		K22.
Potassium Nitroprusside	1124-31-8	4		11.		Cry						3	4			6	17	4	2		
Potassium Nitrosodisulfate	14293-70-0			9.4		Sol						3	4			6	17	5	2		K22.
Potassium Nitrosoosmate				5.2		Var						4	4			6	17	2	2		Explodes.
Potassium Octacyanodicobaltate	23705-25-1	4		22.		Sol						4	3			6	16	1	2		Unstable. Pyroforic.
Potassium Oxide		3		3.2		Pdr	Y 2033	CO				3	0	DC, CO2, No Water		3	8		1	9	RW water → potassium hydroxide. NCF.
Potassium Pentacarbonyl Vanadate	78937-14-1			10.		Var						3	4			6	17	5	2		Very shock sensitive. Pyroforic.
Potassium Pentacyanodiperoxochromate				15.		Sol						3	4			6	17	5	2		Explosive.
Potassium Pentaperoxydichromate				9.6		Cry						3	4			6	17	4	2		Oxidizer and explosive. Explodes >32°.
Potassium Percarbonate	589-97-9			7.4		Sol								Fog, Flood		2	23	2	2		High oxidizer.
Potassium Perchlorate	7778-74-7	3		4.8		Cry	1489	OX				4	4	Fog, Flood		2	23, 3, 4	2	2	5	K2. High oxidizer.
Potassium Periodate	7790-21-8	3		7.9		Sol						4		Fog, Flood		2	17	3	2	2	K2. Explodes @ 1076°.
Potassium Permanganate	7722-64-7	3		5.5		Cry	1490	OX				3		Fog, Flood		2	23, 4, 21	1	2	9	K2. High oxidizer.
Potassium Peroxide	17014-71-0	3		3.8		Cry	1491	OX				3		Soda Ash, No Water		5	10, 3, 4, 11, 23	3	2	9	K2. RXW water. High oxidizer.

(239)

Chemical Name	CAS	Tox L	Tox S	Vap Den	Spec Grav	Wat Sol	DOT Number	DOT Cl	Flash Point	Flamma. Limit	Ign. Temp.	Disa. Atm	Disa. Fire	Extinguishing Information	Boil Point	F	R	E	S	H	Remarks
Potassium Peroxydisulfate	7727-21-1	3		9.3	Cry	Y	1492	OX				4	3	Fog, Flood		2	3	1	3	2	Decomposes @ 212°. Liberates oxygen.
Potassium Peroxyferrate				7.5	Var							3	4			6	17	5	2		RXW Charcoal. Impact-sensitive. Explosive.
Potassium Peroxysulfate	10361-76-9	3		5.3	Var							3	3	Fog, Foam, DC, CO2		3		1	2	2	K2. Oxidizer.
Potassium Perrhenate	10466-65-6			10.	Cry							3	3	Fog, Foam, DC, CO2		2	23, 4	2	2		High oxidizer.
Potassium Persulfate	7727-21-1	3		9.3	Cry	Y	1492	OX				4	3	Fog, Flood		2	3	1	3	2	Decomposes @ 212°. Liberates oxygen.
Potassium Phenyl Dinitromethanide	2918-51-8			7.7	Var							3	4			6	17	5	2		Explosive.
Potassium Phosphide	20770-41-6	3		5.1	Sol		2012	FS				3	3	Soda Ash, No Water		5	7	2	3		K23.
Potassium Phosphinate	7782-87-8			3.6	Cry							4	4	Foam, DC, CO2		2	20	1	2		K23. RVW Nitric Acid.
Potassium Picrate	573-83-1	3		9.2	Cry							3	4			6	17	5	2		Explosive. Explodes @ 590°.
Potassium Selenate	7790-59-2	3		7.0	Cry	Y	2630	PB				3	3	Fog, Foam, DC, CO2		3		1	2	9	K2.
Potassium Selenite		3		7.0	Cry		2630	PB				3	3	Fog, Foam, DC, CO2		3		1	2	9	K2.
Potassium Silicofluoride (Solid)	16871-90-2	3		7.6	Cry	S	2655	PB				3	3	Fog, Foam, DC, CO2		3		1	2	9	K2.
Potassium Silver Cyanide	506-61-6	3		7.0	Cry	Y						3	3	Fog, Foam, DC, CO2		3		1	2	9, 2	K5, K24.
Potassium Styphnate				10.	Cry							4	4			6	17	5	2		High explosive.
Potassium Sulfide (Anhydrous or <30% Water of Hydration)	1312-73-8	3		3.8	Pdr	Y	1382	FS				4	3	Fog, Alfo, DC, CO2		2	16, 4	1	2	, 9	K2. Can explode w/fast heat.
Potassium Sulfide (Hydrated >30% Water of Hydration)				3.0	Liq	Y	1847	CO				3	1	Fog, Alfo, DC, CO2		3			3		K2.
Potassium Sulfocarbonate		3		6.4	Cry	Y						4	0	Fog, Foam, DC, CO2		3	11	1	3	9	K2. NCF.
Potassium Sulfur Diimide	79796-14-8			4.8	Liq							4		No Water, No Halon		5	10	2	2		K2. Pyroforic.
Potassium Superoxide		3		2.4	Cry		2466	OX						Soda Ash, No Water		5	5, 3, 4, 23	2	2		High Oxidizer.
Potassium Tetracyanotitanate	75038-71-0			16.	Sol							3		DC, CO2, No Water		5	10	1	2		K5. May be toxic.
Potassium Tetraethynyl Nickelate (4-)				11.	Var							3	4			6	17	5			K20. Impact-sensitive. Explosive.
Potassium Tetraethynyl Nickelate(2)	65664-23-5			8.3	Var							3	3	DC, CO2, No Water		5	10	2	2		K2. Pyroforic.
Potassium Tetraperoxychromate	12331-76-9			10.	Cry							3	4			6	17	5	2		Oxidizer. May be toxic. Explodes @ 352°
Potassium Tetraperoxymolybdate	42489-15-6			11.	Var							3	4			6	17	5	2		Explosive.
Potassium Tetraperoxytungstate	37346-96-6			13.	Var							3	4			6	17	5	2		K20. Explodes w/fast heat.
Potassium Thiocarbonate		3	3	6.4	Cry	Y						4	0	Fog, Foam, DC, CO2		3	11	1	3	9	K2. NCF.
Potassium Thiosulfate	10294-66-3			6.6	Cry	Y	1929	FS				3	2	Fog, Alfo, DC, CO2		2		1	2		K2.
Potassium Triazidocobaltate				7.8	Var							4	4			6	17	5	2		May be toxic. Explosive.
Potassium Trinitromethanide	14268-23-6			6.6	Sol							4	4	Keep Damp		6	17	5	2		K22. Do not store.
Potassium Trinitroresorcinate				10.	Cry							4	4			6	17	5	2		High explosive.
Potassium Xanthate			3	5.5	1.6	Y			205	-9.6		4	1	Fog, Alfo, DC, CO2	392	3	1	1	2	9	K12.
Potassium-1,1,2,2-Tetranitroethandiide	32607-31-1			10.	Var							3	4			6	17	5	2		Impact-sensitive. Explosive.
Potassium-1,1-Dinitropropanide	30533-63-2			6.0	Var							3	4			6	17	5	2		Explosive.
Potassium-1-Nitroethane-1-Oximate	3454-11-3		3	5.0	Sol							3	4			2	11	2	3	9	K3. Explosive.
Potassium-1-Nitroethoxide				3.1	Sol							3	4			6	17	5	2		K3. Explodes.
Potassium-1-Tetrazolacetate	51286-83-0			5.8	Var							3	4			6	17	5	2		Spark-sensitive. Explodes >392°

Chemical Name	CAS	Tox L	Tox S	Vap Den.	Spec Grav.	Wat Sol.	DOT Number	DOT Cl	Flash Point	Flamma. Limit	Ign. Temp.	Disa. Atm	Disa. Fire	Extinguishing Information	Boil Point	F	R	E	S	H	Remarks
Potassium-2,5-Dinitrocyclopentanonide	26717-79-3			7.4	Sol							3	4			6	17	4	2		Explodes @ 309°.
Potassium-3,5-Dinitro-2(1-Tetrazenyl)Phenolate	70324-35-5			9.8	Var							4	4			6	17	5	2		Explosive.
Potassium-4-Hydroxy-5,7-Dinitro-4,5-Dihydrobenzofurazanide	57891-85-7			10.	Sol							3	4			6	17	5	2		Explosive.
Potassium-4-Hydroxyamine-5,7-Dinitro-4,5-Dihydrobenzofurazanide-3-Oxide	86341-95-9			10.	Sol							3	4			6	17	5	2		Primary explosive. Shock sensitive. Explosive.
Potassium-4-Methoxy-1-aci-Nitro-3,5-Dinitro-2,5-Cyclohexadienone	1270-21-9			10.	Sol							3	4			6	17	5	2		Explosive.
Potassium-4-Methylfurazan-5-Carboxylate-2-Oxide	27895-51-5			6.4	Cry							3	4	Keep Wet		6	17	5	2		K20. Explosive.
Potassium-4-Nitrobenzeneazosulfonate				9.4	Sol							3	4			6	17	5	2		Unstable explosive.
Potassium-6-aci-Nitro-2,4-Dinitro-2,4-Cyclohexadienimidine	12244-59-6			9.3	Var							3	4			6	17	5	2		Explodes @ 230°.
Potassium-m-Vanadate		3					2864	PB				3	4	Fog, Foam, DC, CO2		3		1	2		K2.
Potassium-O-O-Benzoylmonoperoxosulfate				4.8	Cry							3	4			6	17	5	2		K20. Explodes.
Potassium-O-Propionohydroxamate	71939-10-1			8.4	Cry							3	4			6	17	5	2		Explodes when dry.
Potassium-Sodium Alloy			3	4.4	Sol		1422	FS				4	3	Soda Ash, No Water		5	10	2	2	2	RVW water, CO2, halons, graphite. Pyrotoric.
Potassium-tert-Butoxide	865-47-4			3.9	Liq							3	3	Fog, Foam, DC, CO2		2	4	2	2	2	RW acids or solvents.
Pounce (Trade name)	52645-53-1	3		14.	Cry	N					428	3	0	CO2, DC	428	3		1	3		K12, K2. NCF.
Pramitol (Trade name)	1610-18-0	4	4	7.9	Cry							3	3	Foam, DC, CO2		3		1	4	9	K2, K12. Melts @ 196°.
Primacord (Common name)	78-11-5	2	2	11.	Cry	N	0411	EX				4	4			6	17, 2	5	2		High explosive. Explodes @ 401°.
Primicid (Trade name)	23505-41-1			11.	Pdr							4	4	DC, CO2		3		1	3	12, 9	K2, K12.
Primotec (Trade name)	23505-41-1			11.	Pdr							4	4	DC, CO2		3		1	2	12, 9	K2, K12.
Prismane (Common name)	650-42-0			2.7	Liq							2	4			6	17	5	2		Explosive.
Prodan (Trade name)	16893-85-9	3	3	6.6	Pdr		2674	PB				3	3	Foam, DC, CO2		3		1	2	9	K2, K12.
Prodiamine (Trade name)		2	3	>1.	Sol	N						3	3	Foam, DC, CO2		3		1	2	9, 5	Melts @ 255°.
Producer Gas (Common name)			3	.86	Gas			FG		20.7-73.7		2	4	Stop Gas, Fog, DC, CO2		2	2	2	2		
Profenofos (Common name)	41198-08-7	3		13.	Liq	S						4	0	Fog, Foam, DC, CO2		3		1	3	12	K12. NCF.
Promethium		4		5.0	Sol			RA				3	4			2		2	4	17	Pm147-Half-life 2.6 Yrs. Beta
Prop-2-Enyl Trifluoromethane Sulfonate	41029-45-2			6.6	Var							3	4			6	17	4	2		Explodes >68°.
Propaclor (Common name)	1918-16-7		3	7.4	Sol		2200	FG				3	4	DC, CO2		3		1	3	2	K12. Melts @ 152°.
Propadiene (ALSO: Inhibited)		4		1.8	Gas					2.1-	780	3	4	Fog, Alfo, DC, CO2		2	14	4	4	4	K2.
Propanal	123-38-6	2	2	2.0	.81	S	1275	FL	-22	2.6-17.0	405	2	3	Fog, Alfo, DC, CO2	118	2		3	2	2	Suffocating odor.
Propane	74-98-6	2	2	1.6	Gas		1978	FG		2.1-9.5	842	2	3	Stop Gas, Fog, DC, CO2	-44	2	2	4	2	1	
1-2-Propane Diamine	78-90-0			2.6	.90	Y	2258	FL	92			3	3	Fog, Alfo, DC, CO2	246	2	1	2	3	2	Amine odor.
Propane Dinitrile	109-77-3	4		2.3	Pdr	Y	2647	PB	266			4	1	Fog, Alfo, DC, CO2	428	3	22	4	2	2	K5, K22. Melts @ 87°. R22 w/Bases.
Propane-2-Thiol	75-33-2	2		2.7	.81	S	2402	FL	-30			4	3	Fog, Alfo, DC, CO2	124	2	2	2	2	2	K2. Foul odor.
1-3-Propanediamine	109-76-2	3	4	2.6	.89	Y		FL	75			3	3	Fog, Alfo, DC, CO2	276	2	1	2	2	2	Amine odor.

(241)

Chemical Name	CAS	Tox L	Tox S	Vap Den.	Spec Grav.	Wat Sol.	DOT Number	DOT Cl	Flash Point	Flamma. Limit	Ign. Temp.	Disa Atm	Disa Fire	Extinguishing Information	Boil Point	F	R	E	S	H	Remarks
Propanethiol (ALSO: 1-)	107-03-9	2	2	2.6	.84	N	2402	FL	-5			3	3	Fog, Foam, DC, CO2		2	2	2	2	2	RXW Calcium Hypochlorite
Propanil (Common name)	709-98-8	2	3	7.6	Cry	N			212			3	1	Fog, Foam, DC, CO2		3		2	1	2	K12. Melts @ 198°.
Propanoic Acid	79-09-4	3	3	2.6	1.0	Y	1848	FL	126	2.9-12.1	870	3	2	Fog, Alfo, DC, CO2	286	3	1	1	3	2	TLV 10 ppm. Pungent odor.
Propanoic Anhydride	123-62-6	2	3	4.5	1.0	N	2496	CO	145	1.3-9.5	545	2	2	Foam, DC, CO2	333	3		1	2	16	Decomposed by water. Rancid odor.
2-Propanol	67-63-0	2	2	2.1	.79	Y	1219	FL	53	2.0-12.0	750	2	3	Fog, Alfo, DC, CO2	180	2	2	2	2	11, 9	K10. ULC: 70 TLV 400 ppm.
Propanol (ALSO: 1-)	71-23-8	3	2	2.1	.80	Y	1274	FL	74	2.1-13.5	700	3	3	Fog, Alfo, DC, CO2	207	2	2	2	2	16	TLV 200 ppm. Alcohol odor. ULC: 60
3-Propanolamine	156-87-6	2	3	2.6	.98	Y			175			3	3	Fog, Alfo, DC, CO2	363	3	1	1	3	2	K2. Fishy odor
Propanone (ALSO: 2-)	67-64-1	2	3	2.0	.80	Y	1090	FL	-4	2.6-12.8	869	3	3	Fog, Alfo, DC, CO2	133	3	3, 11	2	2	11	Mint Odor, TLV 750 ppm
Propanoyl Chloride	79-03-8	3	3	3.2	1.1	Y	1815	FL	54			4	3	DC, CO2, No Water	176	5	8, 2	2	3	2	K2. Pungent odor.
Propargite (Common name)	2312-35-8	3	4	12.	Liq	Y	2765	OM				3	1	Fog, Alfo, DC, CO2		3		1	1	5	K2, K12.
Propargyl Alcohol	107-19-7	3	3	1.9	.97	Y	1986	FL	97			2	3	Fog, Alfo, DC, CO2	237	3	2, 14	2	4	9	TLV 1 ppm. Geranium odor.
Propargyl Bromide	106-96-7	4	3	6.9	1.6		2345	FL	50	3.0-	615	4	4	Fog, Foam, DC, CO2	190	3	16, 2	3	4	3	Sharp odor. May explode by shock.
Propargyl Chloride	624-65-7	3	3	2.6	1.0	N		FL	<60			4	3	Fog, Alfo, DC, CO2	135	3	2	2	4	3	Pressure-sensitive.
2-Propen-1-ol	107-18-6	4	4	2.0	.85	Y	1098	FL	70	2.5-18.0	713	3	3	Fog, Alfo, DC, CO2	206	2	2, 14	2	4	4, 3	Mustard Odor. TLV 2 ppm.
Propen-1-ol-3	107-18-6	4	4	2.0	.85	Y	1098	FL	70	2.5-18.0	713	3	3	Fog, Alfo, DC, CO2	206	2	2, 14	2	4	4, 3	Mustard Odor. TLV 2 ppm.
2-Propen-1-One	107-02-8	4	4	1.9	.84	Y	1092	FL	-15	2.8-31.0	428	3	3	Fog, Alfo, DC, CO2	125	3	2	3	4	3, 4, 5	K2. Foul Odor. TLV <1ppm
2-Propen-1-Thiol	107-18-6	3	2	2.5	.92	N		FL	14			3	3	Fog, Alfo, DC, CO2	154	3	2	2	4	3	K2. Strong garlic odor.
1-Propen-3-ol	107-18-6	4	4	2.0	.85	Y	1098	FL	70	2.5-18.0	713	3	3	Fog, Alfo, DC, CO2	206	2	2, 14	2	4	4, 3	Mustard Odor. TLV 2 ppm.
2-Propenal	107-02-8	4	4	1.9	.84	Y	1092	FL	-15	2.8-31.0	428	3	3	Fog, Alfo, DC, CO2	125	3	2	3	4	3, 4, 5	K2. Foul Odor. TLV <1ppm
Propenamide	79-06-1	4	3	2.4	Sol	Y	2074	PB				3	3	Fog, Foam, DC, CO2		3	2	1	4	2, 5	K2. TLV<1ppm.
Propene (1-)	115-07-1	2	2	1.5	Gas	Y	1077	FG		2.0-11.1	851	2	4	Stop Gas, Fog, DC, CO2	-54	3	2	4	2	1	K24. RVW nitrogen oxides.
Propene Acid	79-10-7	3	4	2.5	1.1	Y	2218	CO	130	2.4-8.0	820	4	3	Fog, Alfo, DC, CO2	286	3	2	2	4	16	K2. Can polymerize. TLV 10 ppm
Propene Nitrile	107-13-1	4	4	1.8	.81	Y	1093	FL	30	3.0-17.0	898	3	3	Fog, Alfo, DC, CO2	171	2	3, 14	3	4	5	K5. TLV 2 ppm.
Propene Oxide	75-56-9	3	3	2.0	.83	Y	1280	FL	-35	2.8-37.0	840	4	3	Fog, Alfo, DC, CO2	93	2	2, 14	3	3	2	Ether odor. TLV 20 ppm.
Propene Ozonide	38787-96-1			3.1	Liq							2	4			6	17	4	2		May explode. High oxidizer.
Propene Tetramer	6842-15-5	2	2	5.8	.76	N	2850	CL	<212		491	2	1	Fog, Foam, DC, CO2	415	1	1	2	2	11	
2-Propenoic Acid	79-10-7	3	4	2.5	1.1	Y	2218	CO	130	2.4-8.0	820	4	3	Fog, Alfo, DC, CO2	286	3	2	2	4	16	K2. Can polymerize. TLV 10 ppm
Propenol	107-18-6	4	4	2.0	.85	Y	1098	FL	70	2.5-18.0	713	3	3	Fog, Alfo, DC, CO2	206	2	2, 14	2	4	4, 3	Mustard Odor. TLV 2 ppm.
2-Propenoyl Chloride	814-68-6	4	3	3.2	Liq							3	3	Foam, DC, CO2		2	1	1	4		
Propenyl Acetate	108-22-5	2	2	3.5	.92	S	2403	FL	60		808	2	3	Fog, Alfo, DC, CO2	206	2	2	2	2		
Propenyl Alcohol	107-18-6	4	4	2.0	.85	Y	1098	FL	70	2.5-18.0	713	3	3	Fog, Alfo, DC, CO2	206	2	2, 14	2	4	4, 3	Mustard Odor. TLV 2 ppm.
2-Propenyl Chloride	107-05-1	3	3	2.6	.94	Y	1100	FL	-25	2.9-11.1	905	4	3	Fog, Alfo, DC, CO2	113	2	14	3	3	3	K2. TLV 2 ppm
2-Propenyl Ethanoate	590-21-6	2	2	2.6	.92	N		FL	-21	4.5-16.0		4	3	Fog, Foam, DC, CO2	73	2	2	3	3		NOTE: Boiling point.
Propenyl Ethyl Ether	591-87-7	3	3	3.4	.93	N	2333	FL	72		705	3	3	Fog, Foam, DC, CO2	219	2	2	1	2	9	
2-Propenylamine	107-11-9	4	4	2.0	.76	Y	2334	FL	-20	2.2-22.0	705	4	3	Fog, Alfo, DC, CO2	158	2	2	2	4	3	K10
((2-Propenyloxy)Methyl)Oxirane	106-92-3	3	3	3.9	.97				135			2	2	Fog, Foam, DC, CO2	128	3	12, 1	1	3	9, 2	K2. Sharp Odor.
Propetamphos (Common name)	31218-83-4	3	3		1.1		2219	CL				4		Foam, DC, CO2	189	3		1	3		K19. TLV 5 ppm
β-Propiolactone	57-57-8	4	2	2.5	1.1	Y			165	2.9-		2		Fog, Alfo, DC, CO2	311	3	1	1	4	9, 12	K24. TLV <1 ppm (skin).

Chemical Name	CAS	Tox L	Tox S	Vap Den	Spec Grav	Wat Sol	DOT Number	DOT Cl	Flash Point	Flamma Limit	Ign. Temp.	Disa Atm	Disa Fire	Extinguishing Information	Boil Point	F	R	E	S	R	Remarks
Propioaldehyde	624-67-9			1.9	.81	Liq						2	3	Fog, Foam, DC, CO2	118	2	2	2	2	2	K22. RVW alkalies.
Propionaldehyde	123-38-6	2	2	2.0	.82	Liq	1275	FL	-22	2.6-17.0	405	2	3	Fog, Foam, DC, CO2	118	2	2	3	2	2	Suffocating odor.
Propione	96-22-0	2	2	2.9	.82	Y	1156	FL	55	1.6-8.0	842	2	3	Fog, Alfo, DC, CO2	214	2	2	2	2	2	TLV 200 ppm. Acetone odor.
Propionic Acid Solution (>80% Acid)	79-09-4	3	3	2.6	1.0	Y	1848	CO	126	2.9-12.1	870	2	3	Fog, Alfo, DC, CO2	286	3	1	1	3	2	TLV 10 ppm. Pungent odor.
Propionic Acid, Isobutyl Ester	540-42-1	2	2	4.5	.86	N	2394	FL	<100			2	3	Fog, Foam, DC, CO2	280	2	2	1	2	2	
Propionic Anhydride	123-62-6	2	3	4.5	1.0	N	2496	CO	145	1.3-9.5	545	2	2	Foam, DC, CO2	333	3	1	1	2	16	Decomposed by water. Rancid odor.
Propionic Ether	105-37-3	2	2	3.5	.90	N	1195	FL	54	1.9-11.0	824	2	3	Fog, Foam, DC, CO2	210	2	2	2	2		Pineapple odor.
Propionic Nitrile	107-12-0	3	4	1.9	.78	Y	2404	FL	36	3.1-		2	3	Fog, Alfo, DC, CO2	207	2	2	2	4	9	K5, K24. Ether odor.
Propionitrile	107-12-0	3	4	1.9	.78	Y	2404	FL	36	3.1-		4	3	Fog, Alfo, DC, CO2	207	2	2	2	4	9	K5, K24. Ether odor.
Propionyl Chloride	79-03-8	3	3	3.2	1.1		1815	FL	54			3	3	DC, CO2, No Water	176	5	8,2	2	3	2	K2. Pungent odor.
Propionyl Hypobromite	82198-80-9			5.3		Sol						3	4			6	17	5			Unpredictable. Explosive.
Propionyl Peroxide	3248-28-0			5.1		Liq	2132	OP				2	4	Keep Cool, Fog, Flood		2	16	3	2		SADT: 68° and can explode. Organic peroxide.
Propoxur (Common name)	114-26-1	3		7.2		Pdr						4	1	Fog, Foam, DC, CO2		3	13	1	3	12	K2, K12. Melts @ 195°.
1-Propoxy-2-Propanol	1569-01-3			3	4.1	Liq						2	2	Foam, DC, CO2		3	1	1	2	9	
Propoxypropanol (n-)	30136-13-1			4.1	.89	Y			128			2	2	Fog, Alfo, DC, CO2	302	3	1	1	2	9	
2-Propyl Acetate	109-60-4	2	1	3.5	.87	S	1220	FL	35	1.8-7.8	860	2	3	Alfo, DC, CO2	194	2	2	12, 2	2	11	Aromatic, TLV 250 ppm
Propyl Acetate (n-) (1-)	109-60-4	2	1	3.5	.89	S	1276	FL	55	1.7-8.0	842	3	3	Fog, Foam, DC, CO2	215	2	2	2	2	11	K2, Pleasant Odor. TLV200 ppm
n-Propyl Acetylene				2.4	.69				<4			3	2	Foam, DC, CO2	104	3	1	1	2		Note: Boiling Point
β-Propyl Acrolein	6728-26-3			3	3.4	Liq						2	2	Foam, DC, CO2		3	2	2	1	2	K10. RW nitric acid.
sec-Propyl Alcohol	67-63-0	2	2	2.1	.79	Y	1219	FL	53	2.0-12.0	750	2	3	Fog, Alfo, DC, CO2	180	2	2	2	2	11, 9	K10. ULC: 70 TLV 400 ppm.
Propyl Alcohol (n-) (1-)	71-23-8	3	2	2.1	.80	Y	1274	FL	74	2.1-13.5	700	3	3	Fog, Alfo, DC, CO2	207	2	2	2	2	2	TLV 200 ppm. Alcohol odor. ULC: 60
Propyl Aldehyde	123-38-6	2	3	2.0	.81	S	1275	FL	-22	2.6-17.0	405	2	3	Fog, Alfo, DC, CO2	118	2	2	3	2	2	Suffocating odor.
Propyl Benzene (n-)	103-65-1	2		4.1	.86	N			86	8-6.0	842	2	3	Foam, DC, CO2	318	3	1	1	2		
Propyl Borate	688-71-1			6.5	.86				155			3	3	Fog, Alfo, DC, CO2	349	3	1	1	2		Propanol odor.
Propyl Bromide	106-94-5	2	2	4.3	1.4		2344		<72	4.6-	914	4	3	Alfo, DC, CO2	160	2	2	2	2		K2.
Propyl Butyrate (n-)	105-66-8			4.5	.88	S			99			2	3	Fog, Foam, DC, CO2	289	3	1	2	3	11	
Propyl Carbinol	71-36-3	3	3	2.6	.81	Y	1120	FL	95	1.4-11.2	650	2	3	Fog, Alfo, DC, CO2	244	3	1	2	3	3	ULC: 40 TLV 50 ppm (skin).
Propyl Cellosolve	2807-30-9			3.6	Liq							2	2	Foam, DC, CO2		2	1	1	2	2	
Propyl Chloride (n-)	540-54-5	2	3	2.7	.89	N	1278	FL	<0	2.6-11.1	968	3	3	Fog, Foam, DC, CO2	117	2	2	2	3	11, 3	Chlorofrom odor.
Propyl Chlorocarbonate	109-61-5	3	4	4.3	1.1	N	2740	FL				3	3	Fog, Alfo, DC, CO2	237	2	2	2	4	2	K2, K24.
Propyl Chlorosulfonate				4	5.5	Liq		PB				4	3	Fog, Alfo, DC, CO2	158	3	1	1	4	7	K2.
S-Propyl Chlorothiolformate	13889-92-4	3	2	4.8	1.1	N			145			3	3	Fog, Foam, DC, CO2	311	3	1	1	2	2	K2.
Propyl Cyanide	109-74-0	3		2.4	.80	S	2411	FL	76	1.6-	935	4	3	Alfo, DC, CO2	243	3	2	2	3	9	K5.
Propyl Ether	111-43-3	3		3.5	.74	N	2384	FL	70	1.3-7.0	370	2	3	Fog, Alfo, DC, CO2	194	2	2	2	2	10	K10.
Propyl Ethyl Ether	628-32-0	2	2	3.0	.80	Y	2615	FL	<4	1.7-9.0		2	3	Alfo, DC, CO2	147	2	2	1	2		K2.
Propyl Formate (n-)	110-74-7			3.0	.90	S	1281	FL	27	2.3-	851	3	3	Fog, Foam, DC, CO2		3	2	2	2	11	Pleasant odor.
Propyl Isocyanate (n-)	110-78-1	4		4.0			2482	FL				2	3	Fog, Alfo, DC, CO2		2	2	2	4	5	K12.
Propyl Isomer (n-)	83-59-0	3		4.	12.	Liq						2	2	Foam, DC, CO2		3	1	1	4	9	K2.
Propyl Ketone	123-19-3	3	3	3.9	.82	N	2710	CL	120			2	2	Fog, Foam, DC, CO2	291	3	1	2	3		TLV 50 ppm.
Propyl Lithium	2417-93-8			1.7		Liq							3	DC, CO2			2	2	2		K11. Pyroforic.

(243)

Chemical Name	CAS	Tox L S	Vap Den.	Spec Grav.	Wat Sol	DOT Number	Cl	Flash Point	Flamma. Limit	Ign. Temp.	Disa Atm Fire	Extinguishing Information	Boil Point	F	R	E	S	H	Remarks
Propyl Mercaptan (n-)	75-33-2	3 3	2.7	.81	S	2402	FL	-30			4 3	Fog, Alfo, DC, CO2	124	2	2	2	2		K2. Foul odor.
Propyl Methanoate	110-74-7	3 3	3.0	.90	S	1281	FL	27	2.3-	851	3 3	Fog, Alfo, DC, CO2	81	2	2	2	3	11	Pleasant odor.
Propyl Methanol	71-36-3	3 3	2.6	.81	Y	1120	FL	95	1.4-11.2	650	2 3	Fog, Alfo, DC, CO2	244	3	1	2	3	3	ULC: 40 TLV 50 ppm (skin).
Propyl Nitrate (n-)	627-13-4	3 3	3.6	1.1	N	1865	FL	68	2.0-100.0	347	3 3	Fog, Foam, DC, CO2	230	2	22, 16	3	4	5	K9. A rocket fuel. TLV 25 ppm.
Propyl Nitrite	543-67-9	3	3.1	.89							3	Fog, Foam	115	2		3	2		
Propyl Peroxydicarbonate			>1.	Liq		2133	OP				3	Keep Cool		2	16, 4	3	2		Organic peroxide.
Propyl Propionate (n-)	106-36-5	1	4.0	.89	N			175			2 3	Fog, Foam, DC, CO2	252	1	1	1	2		
Propyl Silane	13154-66-0		2.6	Liq							3 3	DC, CO2		2	2	2	2		K11. Pyrotoric.
Propyl Sodium	15790-54-2		2.3	Pdr							3 3	DC, CO2		2	2	2	2		K11. Pyrotoric.
Propyl Trichlorosilane	141-57-1	3	6.1	1.2	Y	1816	CO	98			3	DC, CO2, No Water		3	8, 1	2	4	2	K2.
Propyl-2-Propynylphenylphosph.nate	18705-22-1		4	8.3	Var						3	Foam, DC, CO2		3		1	1	9	
Propylamine (N-)	107-10-8	3 3	2.0	.72	Y	1277	FL	-35	2.0-10.4	604	4 3	Fog, Alfo, DC, CO2	118	2	2	3	3	2	K2. Ammonia odor.
secPopylamine (also: 2-)	75-31-0	2 2	2.4	.69	Y	1221	FL	-35		756	3 3	Fog, Foam, DC, CO2	89	2	2	3	3	11	Ammonia odor. TLV 5 ppm.
Propylchloroformate (n-)	109-61-5	3 4	4.3	1.1	N	2740	FL				3 3	Fog, Alfo, DC, CO2	237	2	2	2	4	2	K2, K24.
Propylcopper(I)	18365-12-3		3.7	Var							2 4			6	17	4	2		Explosive.
3-Propyldiazirine	70348-66-2		2.9	Var							2 4			6	17	4	2		May explode @ 167°.
Propylene	115-07-1	2 2	1.5	Gas	Y	1077	FG		2.0-11.1	851	2 4	Stop Gas, Fog, DC, CO2	-54	2	2	4	2	1	K24. RVW nitrogen oxides.
Propylene Aldehyde	4170-30-3	4 4	2.4	.85	S	1143	FL	55	2.1-15.5	450	2 3	Fog, Alfo, DC, CO2	219	3	1	3	4	3	K9. Pungent odor. TLV 2 ppm.
Propylene Aldehyde	107-02-8	4 4	1.9	.84	Y	1092	FL	-15	2.8-31.0	428	4 3	Fog, Alfo, DC, CO2	125	2	3	3	3	3, 4, 5	K2. Foul Odor. TLV <1ppm
Propylene Chlorohydrin	78-89-7	3 3	3.3	1.1	Y	2611	PB	125			3 2	Fog, Foam, DC, CO2	261	3	1	2	3	2	K2.
Propylene Dichloride	78-87-5	3 3	3.9	1.2	N	1279	FL	60	3.4-14.5	1035	3 3	Fog, Alfo, DC, CO2	207	2	2	3	3	2	K2. RW aluminum. TLV 75 ppm.
Propylene Formal	21962-24-3	3	4.1	Liq							3	Foam, DC, CO2		3		1	2		
Propylene Glycol	57-55-6	1	2.6	1.0	Y			210	2.6-12.6	700	2 1	Fog, Foam, DC, CO2	370	1	1	1	1		
Propylene Glycol Acetate	110-49-6	2 2	4.1	1.0	Y	1189	CL	111	1.5-12.3	740	2 2	Fog, Foam, DC, CO2	293	1	1	1	1		TLV 5 ppm (skin).
Propylene Glycol Methyl Ether	107-98-2	2 2	3.1	.92	S			100			2 2	Fog, Foam, DC, CO2	248	1	1	1	1		TLV 100 ppm.
Propylene Glycol Monomethyl Ether	107-98-2	2 2	3.1	.92	S			100			2 2	Fog, Foam, DC, CO2	248	1	1	1	1		TLV 100 ppm.
Propylene Glycol, Allyl Ether	1331-17-5	3	4.0	Liq							2	Foam, DC, CO2		3		1	2	9, 2	K24.
Propylene Imine (Inhibited)	75-55-8	3 4	2.0	Liq	Y	1921	FL	14			3 3	Fog, Foam, DC, CO2		2	2	1	2	9, 2	K2, K9, K22, K24. RXW-acids. TLV 2 ppm (skin).
Propylene Oxide (Inhibited)	75-56-9	3 3	2.0	.83	Y	1280	FL	-35	2.8-37.0	840	3 3	Fog, Alfo, DC, CO2	93	3	2, 14	3	2	2	Ether odor. TLV 20 ppm.
Propylene Sulfide	1072-43-1	3	2.5	Liq							3 3	Foam, DC, CO2		3		1	2	9	K2.
Propylenediamine	6842-15-5	3 2	5.8	.76	Y	2850	CL	<212		491	2 1	Fog, Foam, DC, CO2	415	1	1	1	2	11	Amine odor. TLV 20 ppm.
Propylethylene	78-90-0	2	2.6	.90	Y	2258	FL	92		780	3 3	Fog, Foam, DC, CO2	246	2	2	1	2	3	
Propyliformic Acid	513-35-9	3 3	2.4	.64	Y	1108	FL	0	1.5-8.7	527	3 3	Fog, Foam, DC, CO2	86	2	2	3	3	11	K2. Foul odor.
Propylic Aldehyde	107-92-6	3 3	3.0	.96	Y	2820	CO	161	2.0-10.0	830	2 2	Fog, Foam, DC, CO2	326	3	1	3	3	3	
Propylphenol (p-)	123-38-6	2 3	2.0	.81	S	1275	FL	-22	2.6-17.0	405	2 2	Fog, Foam, DC, CO2	118	2	2	2	2	3	Suffocating odor.
2-Propyn-1-ol	645-56-7	3	4.8	Cry							2	Foam, DC, CO2	446	3		3	2	9	Melts @ 70°.
2-Propyn-1-Thiol	107-19-7	3 4	1.9	.97	Y	1986	FL	97			3 3	Fog, Alfo, DC, CO2	237	3	2, 14	2	4	9	TLV 1 ppm. Geranium odor.
Propyne	74-99-7	2 1	1.4	Gas	N				1.7-		3 4	Fog, DC, Stop Gas	-9	6	22	3	2	1	Can polymerize explosively. TLV 1000 ppm. Stop Gas!
Propyne Mixed with Propadiene	59355-75-8	2 2	>1.	Gas	N	1060	FG				2 4	Stop Gas, Fog, DC, CO2	-38	2	2	2	2	1	TLV 1000 ppm. May be anesthetic.
3-Propynethiol	27846-30-6		2.5	Liq							3 4	DC, CO2		6	17	3	2		R22 (Explosively w/heat)

(244)

Chemical Name	CAS	Tox L	Tox S	Vap Den	Spec Grav	Wat Sol	DOT Number	Cl	Flash Point	Flamm. Limit	Ign. Temp	Dsb. Atm	Fire	Extinguishing Information	Boil Point	F	R	L	S	H	Remarks
1-Propynyl Copper (I)	30645-13-7			3.6	Var								4			6	17	5	2		Explodes.
2-Propynyl Ether	6921-27-3			3.3	Liq							2				2	2	4	2	9	K10. Unstable peroxides.
2-Propynyl Vinyl Sulfide	21916-66-5			3.4	Var							3	4			6	17	4	2		Explodes >185°.
2-Propynylamine	2450-71-7	2	4	1.9	Liq								3	Foam, DC, CO2		3		1	4	17	K2.
Protactinium		4	4		>1.	Sol		RA					4			4		2	4		Pa 233-Half-life:27 Days:Beta, Gamma
Prothoate (Common name)	2275-18-5	4	4	10.	Cry	N			320				4	Foam, DC, CO2		3	1	1	4	12	K2, K12, K24. Melts @ 73°.
Prowl (Trade name)		3		>1.	Sol	N			92				2	Foam, DC, CO2		2	1	2	2		K12. Melts @ 129°.
Prussic Acid	74-90-8	4	4	.93	.69	Y	1051	PA	0	5.6-40.0	1000	4	3	Fog, Alfo, DC, CO2	78	3	22, 6, 11	4	4	6	K2, K9, K24. TLV 10 ppm. RVW alkalies.
Prussite	460-19-5	4	3	1.8	Gas	Y	1026	PA		6.0-32.0			4	Stop Gas, Fog, DC, CO2	-6	3	2, 6, 11	4	4	3	K5. TLV 10 ppm.
Pryfon (Trade name)	25311-71-1		4	12.	1.1	N			248				4	Foam, DC, CO2	248	3		1	4	9	K2, K12.
Pryfon			4	24.	Cry	N							4	Foam, DC, CO2		3		1	4	9	K2. Melts @ 417°.
Pseudoaconitine		2	1	1.9	Gas	N		FG		1.7-9.0	615	2	4	Stop Gas, DC, CO2	34	2		4	2	1	
Pseudobutylene	513-85-9	2	2	3.1	1.0	Y			185		756	2	2	Alfo, DC, CO2	363	1		2	2		K24. TLV 25 ppm.
Pseudobutylene Glycol	95-63-6	2	2	4.1	.89	N			112	.9-6.4	932	2	2	Foam, Foam, DC, CO2	336	2	1	1	2		K24. TLV 25 ppm.
Pseudocumene	95-63-6	2	2	4.1	.89	N			112	.9-6.4	932	2	2	Foam, Foam, DC, CO2	336	2	1	1	2		K2, K12. NCF.
Pseudocumol	51630-58-1		3	14.	1.2	N							3	Foam, DC, CO2	302	3		1	2	3, 9	K2, K12. Melts @ 77°.
Pydrin (Trade name)	2303-16-4		3	9.3	Liq	N							4	Fog, Foam, DC, CO2	367	3		1	2	9	K2, K12. Melts @ 158°. Pyridine odor.
Pyradex (Trade name)		3	2	2.4	Sol	Y							3	Fog, Alfo, DC, CO2	759	3		1	2	5	K2, K24. Melts @ 313°.
Pyrazole	129-00-0		4	7.1	Sol								4	Foam, DC, CO2	338	3		1	2	9	K12.
Pyrene	8003-34-7	2	2	11.	Liq	N	9184	OM	160				2	Fog, Foam, DC, CO2	338	1		1	2	9	K12.
Pyrethrins (Common name)	8003-34-7	2	2	11.	Liq	N	9184	OM	160				2	Foam, DC, CO2		3		1	2		K2, K12.
Pyrethrum (Common name)	119-12-0		3	12.	Sol	Y	1282	FL	68	1.8-12.4	900	4	3	Fog, Alfo, DC, CO2	239	3	14, 2	2	3	2	K2. Sharp odor. TLV 5 ppm.
Pyridaphenthion	110-86-1	2	3	2.7	.98	Y	1282	FL	68	1.8-12.4	900	4	3	Foam, DC, CO2		3		1	4	9	K2.
Pyridine	110-51-0		2	3.3	Liq								3	Foam, DC, CO2	424	3		1	2	9	Melts @ 180°.
Pyridine Borane	628-13-7		3	4.0	Sol								3	Alfo, DC, CO2	216	3	1	2	2		May be toxic.
Pyridine Hydrochloride	694-59-7			3.3	Cry	Y							2	Keep Wet		6	17	5	2		Explodes >59°.
Pyridine-1-Oxide	586-92-5			6.7	Sol								4			6	17	5	2		K3. Explodes.
3-Pyridinediazonium Tetrafluoroborate	543-53-3			5.0	Sol								4			6	17	5	2		Impact-sensitive. Explosive.
Pyridinium Nitrate	155598-34-2			6.3	Sol								3	4			3		1	4	5, 9	K2, K24.
Pyridinium Perchlorate	54-11-5	4		5.6	1.0	Y	1654	PB		.7-4.0	471	4	2	Fog, Alfo, DC, CO2	475	3	1	2	2	9	K2, K24.
β-Pyridyl-α-Methylpyrrolidine	53558-25-1			9.5	Sol								2	Foam, DC, CO2		2		2	2		TLV 5 ppm.
Pyriminyl	120-80-9		3	3.8	Cry	Y			261	1.4-	1126	3	1	Fog, Alfo, DC, CO2	475	3	2	1	3	3	TLV 5 ppm.
Pyrocatechin	120-80-9		3	3.8	Cry	Y			261	1.4-	1126	3	1	Fog, Alfo, DC, CO2	475	3	2	1	3	3	K2.
Pyrocatechol	9004-70-0	2	2	17.	Sol		2060	FS	55			3	3	Fog, Flood		2	2	1	2		
Pyrocellulose	9004-70-0	2	2	17.	Sol		2060	FS	55			3	3	Fog, Flood		2	2	1	2		
Pyrocotton	87-66-1		3	4.3	Cry	Y							2	Alfo, DC, CO2	588	3		1	2	2, 9, 5	Melts @ 268°.
Pyrogallic Acid	87-66-1		3	4.3	Cry	Y							2	Alfo, DC, CO2	588	3		1	2	2, 9, 5	Melts @ 268°.
Pyrogallol	87-47-8	3	2	8.4	Liq	Y							3	Fog, Alfo, DC, CO2	320	3		1	2	12, 9	K2, K12. Melts @ 122°.
Pyrolan	98-01-1	3	3	3.3	1.2	S	1199	CL	140	2.1-19.3	600	3	2	Fog, Alfo, DC, CO2	322	3	14, 1	1	3	3	Almond odor. TLV 2 ppm.
Pyromucic Aldehyde			3	>1.	Sol	Y	1375	FS					3	DC, CO2		2	2	1	2		K11. Pyroforic.
Pyrophoric Fuel, n.o.s.				>1.	Liq		2845	FL					3	DC, CO2		2	2	1	2		K11. Pyroforic.
Pyrophoric Liquid, n.o.s.																					

(245)

Chemical Name	CAS	Tox L S	Vap Den	Spec Grav	Wat Sol	DOT Number	Cl	Flash Point	Flamma. Limit	Ign. Temp.	Disa. Atm Fire	Extinguishing Information	Boil Point	F	R	E	S	H	Remarks
Pyrophoric Metal and Alloy, n.o.s.			>1.	Sol		1383					3	Soda Ash		2	2	2	2		K11. Pyroforic.
Pyrophoric Solid, n.o.s.			>1.	Sol		2846					3	Soda Ash		2	2	2	2		K11. Pyroforic.
Pyrosulfuric Acid	8014-95-7	3 4	6.0	Liq		1831	CO				4 1	DC, CO2, No Water		5	10, 3, 4, 8, 21	1	4	3	R23 also.
Pyrosulfuryl Chloride	7791-27-7	4 4	7.4	1.8		1817	CO				4 1	DC, CO2, No Water	304	5	10	1	4	3	K16.
Pyroxylin (Rod, Sheet, Roll, Tube, Scrap)		2 2	>1.	Sol	N	1325	FS				4 3	Fog, Flood		2	2, 16	2	2		Ignites @ 320°.
Pyroxylin Plastic		2 2	>1.	Sol	N	1325	FS				4 3	Fog, Flood		2	2, 16	2	2		Ignites @ 320°.
Pyroxylin Solution		2 2	>1.	Liq	N	2059	FL	<80			4 3	Fog, Foam, DC, CO2		2	2	2	2		K2.
Pyroxylin Solvent		2 2	>1.	Liq	N	2059	FL	<80			4 3	Fog, Foam, DC, CO2		2	2	2	2		K2.
Pyrrole	109-97-7	3	2.3	.97	N			102			4 3	Fog, Foam, DC, CO2	268	3	1	1	3		K2. Chloroform odor.
Pyrrolidine	123-75-1	3	2.5	.86	Y	1922	FL	37			4 3	Fog, Alfo, DC, CO2	192	4	2	2	3	9	K2, K16. Sharp amine odor.
2-Pyrrolidinone	616-45-5	2 2	2.9	Sol	Y			265			3 1	Fog, Alfo, DC, CO2	473	1	1	1	2		K2. Melts @ 77°.
2-Pyrrolidone	616-45-5	2 2	2.9	Sol	Y			265			3 1	Fog, Alfo, DC, CO2	473	1	1	1	2		K2. Melts @ 77°.
Pyrromellitic Acid Dianhydride	4435-60-3	4	7.6	Var							2	Foam, DC, CO2		3		1	4		K22.
Pyruvic Acid	127-17-3		3.1	Liq							2	Foam, DC, CO2		1		1	2		
Quebrachine	146-48-5		12.	Sol	S						2	Foam, CO2, DC		3		1	4	9	K2. NCF.
Quick Lime	1305-78-8	3	2.0	Cry		1910	CO				2 1	Flood		3	5, 23	1	3		
Quicklime	1305-78-8	3	2.0	Cry		1910	CO				2 1	Flood		3	5, 23	1	3		
Quickphos (Trade name)	20859-73-8	4	2.0	Cry		1397	FS	212			4 0	No Water	189	5	7, 11	2	4		K23. TLV <1 ppm.
Quicksilver	7439-97-6	4	7.0	Liq	N	2809	OM				4 0	Foam, Foam, DC, CO2	675	3	21	1	4	9	K2. NCF.
Quinaldine	91-63-4	2 3	4.9	1.1	N			175			3 2	Fog, Foam, DC, CO2	475	3		1	2	2	K2.
Quinalphos (Common name)	13593-03-8	4 4	10.	Sol							4	DC, CO2	288	3		1	4	12	K2, K12. Melts @ 88°.
β-Quinol	123-31-9	3 3	3.8	Sol		2662	PB	329				Fog, DC, CO2	547	3	1	1	3	5	K24. Melts @ 338°. Keep dark.
Quinoline	91-22-5	3	4.5	1.1	S	2656	PB			896	4 1	Fog, Foam, DC, CO2	460	3	1	1	3	3	RXW some oxidizers. Can burn.
6-Quinoline Carbonyl Azide			6.9	Var							3 4			6	17	4	2		K3. Explodes >190°.
8-Quinolinol (Trade name)	148-24-3	3	5.0	Pdr	N					1040	4 1	Foam, DC, CO2	512	3		1	2		K2, K12. Phenol odor. Melts @ 169°.
Quinone	106-51-4	4 4	3.7	Cry	N	2587	PB	>100			3 2	DC, CO2		3	6	1	4		TLV <1 ppm. Melts @ 240°
Quinone Monoxime	104-91-6	3	4.2	Sol	S						3 4			6	16, 14	3	2		K2, K21. RVW alkalies. Burns explosively.
Quinone Oxime	104-91-6	3	4.2	Sol	S						3 4			6	16, 14	3	2		K2, K21. RVW alkalies. Burns explosively.
Racumin (Trade name)	5836-29-3	3	10.	Cry	N						2	Foam, DC, CO2		3		1	3	9	K12, K24.
Radioactive Material (Empty Packages)				Sol		2908	RA				4 0	Foam, DC, CO2		4		2	4	17, 9	K2. NCF.
Radioactive Material (Fissile, n.o.s.)		4 4		Sol		2918	RA				4 0	Foam, Foam, DC, CO2		4		2	4	17, 9	K2. NCF.
Radioactive Material (Instruments & Articles)		3		Sol		2911	RA				4 0	Foam, DC, CO2		4		1	3	17	K2. NCF.
Radioactive Material (Limited Quantity, n.o.s.)		3		Sol		2910	RA				4 0	Foam, DC, CO2		4		2	4	17	K2. NCF.
Radioactive Material (Low Specific Activity (LSA) n.o.s.)		3		Sol		2912	RA				4 0	Foam, DC, CO2		4		1	3	17	K2. NCF.
Radioactive Material (Special Form, n.o.s.)		4 4		Sol		2974	RA				4 0	Fog, Foam, DC, CO2		4	2	2	4	17, 9	K2. NCF.
Radioactive Material (Articles manufactured from natural or depleted Uranium or Natural Thorium)		3		Sol		2909	RA				4 0	Fog, Foam, DC, CO2		4	1	1	3	17, 9	K2. NCF.
Radioactive Material, n.o.s.		4 4		Sol		2982	RA				4 0	Fog, Foam, DC, CO2		4		2	4	17, 9	K2. NCF.

Chemical Name	CAS	Tox L	Tox S	Vap. Den.	Spec. Grav.	Wat. Sol.	DOT Number	DOT Cl	Flash Point	Flamma. Limit	Ign. Temp.	Dist. Atm	Dist. Fire	Extinguishing Information	Boil Point	F	R	E	S	H	Remarks
Radium and Compounds		4			Sol			RA				4	0	Foam, DC, CO2		4		2	4	17	RW water → hydrogen. Ra226-Half-life:1620 Yrs:alpha.
Radon		4		7.6	Gas	Y		RA				4	0			4		1	4	17	NCF. Rn222-Half-life:3.8 Days:alpha
Rags (Oily)				>1.	Sol	N	1856	FS				3	3	Fog, Foam		2		1	2		K21.
Ramrod (Trade name)			3	7.3	Pdr	S						3	1	Foam, DC, CO2		3		1	2	9	K2. Melts @ 153°.
Ramrod (Trade name)	1918-16-7		3	7.4	Sol							4		DC, CO2		3		1	3		K12. Melts @ 152°.
Range Oil	8008-20-6	2	1	4.5	<1.	N	1223	CL	120	.7-5.0	410	2	2	Fog, Foam, DC, CO2		1		1	2		ULC: 40
Rare Gas - Oxygen Mixture		1		Var	Gas	S	1980	CG				1	0	Fog, Foam, DC, CO2		2	1	1	2	1	NCF.
Rare Gas Mixture		1		Var	Gas	S	1979	CG				1	0	Fog, Foam, DC, CO2		1		1	2	1	Inert gas. NCF.
Rare Gas-Nitrogen Mixture		1		Var	Gas	S	1981	CG				1	0	Fog, Foam, DC, CO2		1		1	2	1	Inert gas. NCF.
Ratak Plus (Trade name)	56073-10-0		4	18.	Pdr	N								Foam, DC, CO2		3		1	2	9	K2, K12. Melts @ 442°.
RDX (Common name)	121-82-4	3	3	7.6	Sol	N		EX				4				6	17	5	2		Explosive. More powerful than TNT.
Receptacles (Small, w/Flammable compressed gas)				Var	Sol		2037	FG				4		Stop Gas, Fog, DC, CO2		2	2	3	2		Flammable.
Red Fuming Nitric Acid (RFNA)	7697-37-2	4	4	2.2	1.5		2032	OX				4		No Water		5	8,3,4,5,9	3	4	16, 3	K2, K16. High oxidizer. ALSO: R23.
Red Phosphorous	7723-14-0	3	3	4.4	Sol	N	1381	FS			86	4	3	Fog, Flood		2	2	3	4	3, 9	K2, K13, K24. Keep wet. Pyroforic.
Reducing Liquid				>1.	Liq		1142	FL				3		Fog, Alfo, DC, CO2		2	2	2	2		Flammable.
Refrigerant Gas (Flammable, n.o.s.)				>1.	Gas		1954	FG				4		Stop Gas, Fog, DC, CO2		2	2	2	2		
Refrigerant Gas, n.o.s.				>1.	Gas		1078	CG				0	0	Fog, Foam, DC, CO2		1		1	2	1	NCF.
Refrigerating Machine (containing Nonflammable, Nonpoisonous, Liquefield Gas)		1	2	>1.	Gas		2857	CG				0	0	Fog, Foam, DC, CO2		1		1	2	1	NCF.
Refrigerating Machine, containing Flammable, Nonpoisonous, Liquefield Gas)		1	2	Var	Sol		1954	FG				4		Stop Gas, Fog, DC, CO2		2	2	2	2	1	
Removing Liquid				>1.	Liq		1142	FL				3	3	Fog, Alfo, DC, CO2		2	2	2	2		
Resin Compound (Liquid, flammable)				>1.	Var		1866	FL						Fog, Foam, DC, CO2		2	2	2	2		
Resin Solution (Flammable)				>1.	Liq		1866	FL						Fog, Foam, DC, CO2		2	2	2	2		
Resin Solution (Poisonous)		4	4	>1.	Liq		1896	PB				4	1	Fog, Foam, DC, CO2		2	2	1	4	9	K2.
Resin Solution (Resin Compound) Liquid				>1.	Liq		1866	FL	<80			3	3	Fog, Alfo, DC, CO2		2	2	2	2		
Resorcin	108-46-3	3	3	3.8	1.3	Y	2876	PB	261	1.4-	1126	2	1	Fog, Alfo, DC, CO2	531	3	1	1	3	9	Melts @ 232°. TLV 10 ppm. RXW-nitric acid.
Resorcinol	108-46-3	3	3	3.8	1.3	Y	2876	PB	261	1.4-	1126	2	1	Fog, Alfo, DC, CO2	531	3	1	1	3	9	Melts @ 232°. TLV 10 ppm. RXW-nitric acid.
Resorcinol Monomethyl Ether	150-19-6		3	4.3	Liq							2		Foam, DC, CO2		3		1	2	9, 2	K10.
RFNA	7697-37-2	4	4	2.2	1.5		2032	OX				4		No Water		5	8,3,4,5,9	3	4	16, 3	K2, K16. High oxidizer. ALSO: R23.
Rhenium Sulfide	12038-67-4			20.	Sol							3		DC, CO2		2	2	2	2		K2, K11. Pyroforic.
Ricin		3	3	>1.	Pdr		1999	FL				3		Foam, DC, CO2		3		1	2	9, 8, 14	K2.
Road Asphalt (Liquid)				>1.	Liq	N	1681	PB						Fog, Alfo, DC, CO2		2	2	2	2		
Rodenticides, n.o.s.			3	>1.	Var							4	1	Fog, Alfo, DC, CO2		3		1	3	9	K2.

(247)

Chemical Name	CAS	Tox L	Tox S	Vap Den.	Spec Grav.	Wat Sol.	DOT Number	DOT Cl	Flash Point	Flamma. Limit	Ign. Temp.	Disa. Atm	Disa. Fire	Extinguishing Information	Boil Point	F	R	E	S	H	Remarks
Rodex (Trade name)	640-19-7	4	3	2.7	Liq	Y	2512	PB				4	0	Fog, Foam, DC, CO2		3		1	4	9	K2, K12, K24.
Rodinol	591-27-5	3	3	3.7	Cry	S						4	0	DC, CO2		3		1	3	2	K2. NCF.
Ronnel (Common name)	299-84-3	4	3	11.	Pdr	N						4		Foam, DC, CO2		3		1	2	12, 9	K2, K12. Melts @ 106°.
Rosanomycin A	52934-83-5	4	4	10.	Sol							2		Foam, DC, CO2		3		1	1		
Rosin Oil		1	2	>1.	.98	N	1286	FL	266		648	2	1	Fog, Foam, DC, CO2	680	1		1	1		K21.
Rotenone	83-79-4	2	2	13.	Sol	N						2	0	Foam, DC, CO2		1		1	1	9	K12. Melts @ 365°. Toxic to fish. NCF.
Roundup (Trade name)			3	>1.	1.2				>200			1		Fog, Foam, DC, CO2		3	1	1	3		K12.
Rubber Cement		2	2	>1.	Liq	N		FL	50			3	3	Fog, DC, CO2		2		2	2		K2.
Rubber Scrap (Powdered or Granulated)		2	1	>1.	Sol	N	1345	FS				3	2	Fog, DC, CO2		2		2	2		K2.
Rubber Solution		2	2	>1.	<1.	N	1287	FL	-40	1.0-7.0	450	2	3	Fog, Foam, DC, CO2	>100	2	2	2	2	2	
Rubber Solvent		2	2	>1.	<1.	N	1287	FL	-40	1.0-7.0	450	2	3	Fog, Foam, DC, CO2	>100	2	2	2	2	2	
Rubber-Regenerated		2	1	>1.	Sol	N	1345	FS				3	2	Fog, DC, CO2		2		1	2		K2.
Rubidium (Metal)	7440-17-7	2	3	>1.	Sol	N	1423	FS				3	3	Soda Ash, No Water		2	9, 2, 14	2	2	2	K2, K15. RW Halogens. Melts @ 102°. Pyroforic.
Rubidium Acetylide	22754-97-8			6.8	Var								3				1	14	1	1		RW Halogens.
Rubidium Dichromate	13446-73-6	4		13.	Cry							3		Foam, DC, CO2		2	4, 23	1	2	9	High oxidizer.
Rubidium Hydride	13446-75-8			3.0	Liq	Y	2677	CO				3	0	DC, CO2, No Water		5	10	1	1	2	K2. Pyroforic in moist air.
Rubidium Hydroxide and Solution	1310-82-3	2	2	3.5	Sol		2678	CO				3	0	Foam, DC, CO2		3		1	1	2	K2. NCF.
Rubidium Hydroxide, Solid	12136-85-5			3.5	Var							4		DC, CO2		2		2	2		K2. NCF.
Rubidium Nitride		2	2	>1.	Liq	Y		FL	77			2	3	Fog, Alfo, DC, CO2		2	2	2	2		K2, K11. Pyroforic.
Rum - Denatured	16845-29-7	4		7.8	Sol							3		DC, CO2		3		1	2	9	K2.
Ruthenium Chloride Hydroxide	12036-10-1	4		4.6	Sol							3		DC, CO2		3		2	2		K2.
Ruthenium Oxide	20427-56-9	3	4	5.7	Cry	N		OX				3		Fog, Flood		2	23, 4, 3	2	4	3	K2. High oxidizer. Volatile. Melts @ 77°.
Ruthenium Tetroxide																						
Ryania	15662-33-6		3	17.	Pdr							3		Fog, Foam, DC, CO2		3		1	2	9	K2, K12.
Safety Solvent	8052-41-3	2	2	>1.	1.0	N	1256	FL	>100	1.0-6.0	444	2	2	Fog, Foam, DC, CO2	>400	1		1	2		TLV 100 ppm.
Salicyl Aldehyde	90-02-8	1	3	4.2	1.2	S			172			2	2	Fog, Alfo, DC, CO2	385	3		1	3		Almond odor.
Salicylic Aldehyde	90-02-8	1	3	4.2	1.2	S			172			2	2	Fog, Alfo, DC, CO2	385	3		1	3		Almond odor.
Salithion			3	6.9	Pdr	N						4		Foam, DC, CO2		3		1	2	9	K12. Melts @ 126°.
Saltpeter (Common name)	7757-79-1			3.5	Pdr			OX				4		Flood, Fog		2	4, 21, 23	2	2		K2. High oxidizer.
Salts Bath (Nitrate or Nitrite)		3	3	>1.	Liq	Y						4		DC, No Water		5	10, 3, 8, 11, 24	1	3		Oxidizer. NCF.
Salute (Trade name)			3	>1.	Liq				127			2		Foam, DC, CO2		1		1	2		K12.
Samarium	102-44-8	2	2	>1.	Pdr	N		FS			302	3	3	No Halons, No Water		5	9, 2	1	2		
Sarin		4	4	9.9	1.1	Y						3			309	3		1	4	12, 9	K2, K12.
Schradan	152-16-9		3	35.	Pdr	N	1585	PB				4	0	Foam, DC, CO2		1		1	2	9	K2, K12. NCF.
Schweinfurt Green (Common name)		3		>1.	.90	N			79			2	3	Fog, Foam, DC, CO2	280	2	1	2	2	9	K12.
Scout (Trade name)				>1.	Pdr		1361	FS				3	3	Fog, Foam, DC		2		2	2		K12.
Sea Coal		2	2	>1.	Sol	N	2217	FS				3	1	Fog, Foam, DC		2		1	2		K2.
Seed Cake (with <1.5% Oil and <11% Moisture)																						

(248)

Chemical Name	CAS	Tox L	Tox S	Vap Den	Spec Grav	Wat Sol	DOT Number	Cl	Flash Point	Flamma Limit	Ign. Temp.	USA Atm	Fire	Extinguishing Information	Boil Point	F	R	E	S	H	Remarks
Seed Cake (with >1.5% Oil and <11% Moisture)				>1.	Sol	N	1386	FS				3	2	Fog, Foam, DC		2		1	2		K2.
Selenates (General)		4		>1.	Sol		2630	PB				3	1	Fog, Foam, DC, CO2		3		1	2	9	K2. Melts @ 136°.
Selenic Acid	7783-08-6	3	4	5.0	Cry	Y	1905	CO				3	1	Fog, Alto		3		1	4	9	May explode >122°.
Seleninyl Bis(Dimethylamide)	2424-09-1			6.4	Var							3	4			6	17	4	2	9	Melts @ 338°. Resembles arsenic.
Selenium (Metal) (powder)	7782-49-2	4	2	21.	Pdr	N	2658	PB				3	1	Fog, Foam, DC, CO2		3		1	1	9	
Selenium Diethyldithiocarbamate	5456-28-0	3	3	>1.	Pdr	N						3		Foam, DC, CO2		3		1	2	9	K2.
Selenium Dioxide	7446-08-4	2	3	3.8	Pdr	Y	2811	PB				3		Fog, Foam, DC, CO2		3		1	2	9	K2.
Selenium Disulfide	7488-56-4		4	4.9	Cry	N	2657	PB				4		Fog, Foam, DC, CO2		3		1	4	9	K2.
Selenium Fluoride	7783-79-1	4		6.6	Gas		2194	PA				4		Stop Gas, DC, CO2		3		1	4	9	K2.
Selenium Hexafluoride	7783-79-1	4		6.6	Gas		2194	PA				4		Stop Gas, DC, CO2		3		1	4	9	K2.
Selenium Hydride	7783-07-5	4	4	2.8	Gas	Y	2202	PA				4	4	Stop Gas, DC, CO2	-43	2	8, 2	4	4	6	K24. Foul odor. TLV <1ppm. Flammable.
Selenium Nitride		4		13.	Cry							4				6	17	5	2		Explodes @ 320°.
Selenium Oxide	7446-08-4	2	3	3.8	Pdr	Y	2811	PB				3		Fog, Foam, DC, DC		3		1	2	9	K2.
Selenium Oxychloride	7791-23-3	4	4	5.7	2.4		2879	PB				4	1	Foam, DC, CO2	349	3		1	4	6, 9	K2, K24. RVW metal oxides.
Selenium Sulfide	7488-56-4		4	8.1	Cry	N	2657	PB				4		Fog, Foam, DC, CO2		3		1	4	9	K21.
Self-heating Substances (Solid, n.o.s.)				>1.	Sol	S	3088					4	2	Soda Ash, DC		2		1	2		
Self-Reactive Substances (Samples n.o.s.)				>1.	Var		3031					4	3	Fog, Foam, DC, CO2		2		1	1		
Self-Reactive Substances (Trial quantities, n.o.s.)				>1.	Var		3032					4	3	Fog, Foam, DC, CO2		2		1	1		
Semicarbazide Hydrochloride	563-41-7			3.9	Sol	Y						4		Fog, Foam, DC, CO2		3		1	2	9	K2, K24.
Semtex (Common name)		4		>1.	Sol			EX					4				6	17	5	2		
Senenites (General)				>1.	Sol		2630	PB				3	1	Fog, Foam, DC, CO2		3		1	2	9	K2. Melts @ 320°.
Serbak (Trade name)	70-30-4	3	3	14.	Cry	N	2875	PB				4	1	Foam, DC, CO2		3		1	4	9	K2. NCF.
N-Serve Nitrogen Stabilizer	1929-82-4	3	3	8.1	Sol							4	0	Fog, Foam, DC, CO2		3		1	3	9, 2	K12. NCF. Melts @ 338°.
Sesone (Trade name)	136-78-7	3	3	10.	Sol	S						4	0	Fog, Foam, DC, CO2		3	1	1	3	2	K12. NCF.
Sesquimustard	3563-36-8	4		7.7	Var							4		Fog, Foam, DC, CO2		3		1	4		K12. NCF.
Sevin (Trade name)		3	3	6.9	Cry	N						4	0	Fog, Foam, DC, CO2		3	1	1	2	3	K2.
Shale Oil		2	1	>1.	>.8	N	1288	FL	100			3	3	Fog, Foam, DC, CO2	6	2	2	1	2		
Shellac (Liquid)		1	1	>1.	Liq	N	1263	FL	40			2	2	Fog, Foam, DC, CO2		2	2	2	2		
Signal Oil		2	1	>1.	.80	N			275				2	Fog, Foam, DC, CO2	480	1	1	1	2		
Silane	7803-62-5	2	3	1.1	Gas	N	2203	FG					4	No Halons, Stop Gas	-169	2	1	4	4		K11. WHTD explodes. Foul odor. TLV 5 ppm. Pyroforic.
Silicane	7803-62-5	2	3	1.1	Gas	N	2203	FG					4	No Halons, Stop Gas	-169	2	1	4	4	2	K11. WHTD explodes. Foul odor. TLV 5 ppm. Pyroforic.
Silicobromoform	7789-57-3	3	3	9.3	2.7	N						3	3	DC, CO2, No Water	234	2	8	2	2		K2, K11. Pyroforic.
Silicochloroform	10025-78-2	3	3	4.7	1.4			FL	-18		219	3	3	DC, CO2, No Water	90	2	8, 2, 5	3	2		K2, K11, K16. Volatile. Pyroforic.
Silicoethane		4		2.1	Gas	N						4	4	No Halons, Stop Gas, DC, CO2		2		2	4	4	K2., K11. No Halons. Foul odor. Pyroforic.
Silicofluoric Acid	16961-83-4	4	4	5.0	Liq	Y	1778	CO				3	3	Foam, DC, CO2		3	8	1	2	3	K2, K16. NCF.
Silicofluoride (Solid, n.o.s.)		4		>1.	Sol	Y	2856	PB				4	2	DC, CO2		3		1	2	9	K2. NCF.
Silicon Bromide		3	3	2.8	2.8			CO				4	0	No Water	307	3	8, 5	1	3		K2, K16. Foul odor. NCF.

(249)

Chemical Name	CAS	Tox L	Tox S	Vap Den.	Spec Grav.	Wat Sol.	DOT Number	DOT Cl	Flash Point	Flamma. Limit	Ign. Temp.	Disa. Atm	Disa. Fire	Extinguishing Information	Boil Point	F	R	E	S	H	Remarks
Silicon Chloride	10026-04-7	2	4	5.8	1.5		1818	CO				3	0	No Water, DC, CO2	136	3	8	1	4		K2, K16. Suffocating odor. NCF.
Silicon Dibromide Sulfide	13520-74-6			7.7	Cry							3	0	No Water		5	10	1	2		K2.
Silicon Fluoride	7783-61-1	3	3	4.7	Gas	Y	1859	CG				3	0	No Water, DC, CO2	-85	3	2	1	3		K16. Pungent odor. NCF.
Silicon Hydrides (General)		4	4	>1.	Var	N						3	3	DC, CO2		2	2	2	4		K11. Pyroforic.
Silicon Oxide	10097-28-6			1.5	Var											2	2	2	2		
Silicon Powder (Amorphous)	7440-21-3	2	2	1.0	Pdr	N	1346	FS				3	3	Fog, Foam		2	1	2	2		RW Water (WH) → Hydrogen.
Silicon Tetraacetate				9.1	Cry							3		No Water		5	10	1	2		
Silicon Tetraazide	27890-58-0			6.9	Sol								4			6	17	5	2		Unstable. Explodes.
Silicon Tetrabromide		3	3	2.8	2.8							4	0	DC, CO2, No Water	307	3	8.5	1	4		K2, K16. Foul odor. NCF.
Silicon Tetrachloride	10026-04-7	2	4	5.8	1.5		1818	CO				3	0	No Water, DC, CO2	136	3	8	1	4		K2, K16. Suffocating odor. NCF.
Silicon Tetrafluoride	7783-61-1	3	3	4.7	Gas	Y	1859	CG				3	0	No Water, DC, CO2	-85	3	2	1	3		K16. Pungent odor. NCF.
Silicon Tetrahydride	7803-62-5	2	3	1.1	Gas	N	2203	FG				3	4	No Halons, Stop Gas	-169	2	1	4	2		K11. WHTD explodes. Foul odor. TLV 5 ppm. Pyrotic.
Silicon Tetraiodide		4	3	18.	Cry							4	0	No Water		3	8	1	2	9	K2. NCF.
Silo Gas		4	2	1.5	Gas							3		Foam, Fog		2	1	2	2	4	K2. Flammable and toxic gas.
Silver 1,3,5-Hexatrienide				10.	Sol								4	Keep Wet		6	17	5	2		Explodes by touch if dry.
Silver 3,5-Dinitroanthranilate	58302-42-4			11.	Sol							3	4			6	17	5	2		Explodes @ 741°.
Silver 3-Cyano-1-Phenyltriazen-3-ide	70324-20-8			8.8	Sol							3	4			6	17	5	2		Explosive.
Silver 3-Hydroxypropynide				5.7	Var								4			6	17	5	2		Explosive.
Silver 3-Methylisoxazolin-4,5-Dione-4-Oximate	70247-51-7			8.2	Sol							3	4			6	17	5	2		Silver fulminate w/slow heat. Explodes.
Silver 4-Nitrophenoxide	86255-25-6			8.6	Sol							3	4			6	17	5	2		Explodes @ 230°.
Silver 5-Aminotetrazolide	50577-64-5			6.7	Sol							3	4			6	17	5	2		Explodes.
Silver Acetylide				8.3	Sol			EX				2	4			6	17	5	2		Explodes.
Silver Acetylide-Silver Nitrate	15336-58-0			14.	Sol							3	4	Keep Wet		6	17	5	2		Dry material can explode.
Silver Amide	65235-79-2			4.3	Var							3	4	Keep Wet		6	17	5	2		Explosive if dry.
Silver Ammonium Compounds (General)		1	2	>1.	Var							3	4			6	17	5	2		Can explode.
Silver Arsenite		4		>1.	Pdr	N	1683	PB				4	1	Foam, DC, CO2		3	1	1	2		K2.
Silver Azide	13863-88-2	1	2	5.2	Cry			EX				3	4			6	17	5	2		Impact-sensitive. Explodes @ 482°.
Silver Azidodithioformate	74093-43-9			7.9	Sol							3	4			6	17	5	2		K20. Explosive.
Silver Benzo-1,2,3-Triazole-1-Oxide				8.5	Sol							3	4			6	17	5	2		Explodes.
Silver Buten-3-Ynide	15383-68-3			5.6	Var								4	Fog, Foam, DC, CO2		6	17	4	2		RXW ammonia or nitric acid. Deflagrates.
Silver Chlorate	7783-92-8			6.5	Sol							3	4			6	17	5	2		Explosive.
Silver Chlorite (Dry)	7783-91-7			6.2	Sol							3	4			6	17	5	2		K20. Impact-sensitive. Explodes @ 221°.
Silver Chloroacetylide				5.8	Sol								4			6	17	5	2		Sensitive if wet. Explosive.
Silver Cyanate	3315-16-0			5.2	Var							3	4			6	17	5	2		K3. Explodes.
Silver Cyanide	506-64-9	3	3	4.6	Pdr	N	1684	PB				4	1	Fog, Foam, DC, CO2		3	1	2	2	9, 2	K5.
Silver Cyclopropylacetylide				6.0	Var								4			6	17	4	2		Explodes @ 266°.
Silver Dinitroacetamide	26163-27-9			9.0	Var							3	4			6	17	5	2		K20 if dry.
Silver Dinitrotodioxysulfate				18.	Cry							4	4	Keep Wet		6	17	5	2		
Silver Fluoride	7783-95-1			5.1	Sol							3		Fog, Flood		2	1	2	2		High oxidizer.

(250)

Chemical Name	CAS	Tox L S	Vap Den.	Spec Grav.	Wat Sol	DOT Number	Cl	Flash Point	Flamma. Limit	Ign. Temp.	Disa. Atm	Fire	Extinguishing Information	Boil Point	F	R	E	S	H	Remarks
Silver Fulminate (Dry)	5610-59-3		10.	Cry			EX				3	4	Keep Wet		6	17	5	2		Explodes @ 347°.
Silver Malonate	57421-56-4		11.	Sol							2	4			6	17	5	2		K3. Explodes.
Silver Monoacetylide			4.6	Sol							4				6	17	5	2		Explosive.
Silver N-Perchloryl Benzylamide	13092-75-6		10.	Sol							4				6	17	5	2		Impact-sensitive explosive.
											4				6	17	5	2		Explodes @ 221°.
Silver Nitrate	7761-88-8	3 4	5.8	Cry	Y	1493	OX				3	4	Fog, Flood		2	21, 4	2	4	2	K2. High oxidizer.
Silver Nitride	20737-02-4		11.	Sol			EX				3	4	Keep Dry		6	17	5	2		K20. Impact-sensitive if wet. Explode >212°.
Silver Nitridoosmite			12.	Sol											6	17	5	2		Shock-sensitive. Explodes @ 176°.
Silver Nitroprusside		4	15.	Cry							4	1	Foam, DC, CO2		3	17	1	4	9	K5.
Silver Osmate	533-51-7	4	16.	Sol							4				6	17	5	2		Impact-sensitive. Explosive
Silver Oxalate (Dry)			10.	Cry							3	4	Keep Wet		6	17	5	2		Impact-sensitive. Explodes @ 284°.
Silver Oxide	20667-12-3		8.0	Pdr	S						2		Fog, Flood		2		1	2	9	Oxidizer. RXW Ammonia.
Silver Perchlorate	7783-93-9		7.2	Cry							3	4			6	17	5	2		Explosive.
Silver Perchloryl Amide	25870-02-4		7.2	Sol							4				6	17	5	2		Shock-sensitive if dry.
Silver Phenoxide	61514-68-9		7.0	Sol							4	3	Keep Wet		6	17	5	2		Heat-sensitive if dry. Explodes.
Silver Picrate (Wet with >30% Water)	146-84-9	4	>1.	Cry	Y	1347	FS				4	3			2	16	2	2		An explosive if dry.
Silver Tetrazolide	13086-63-0		6.2	Cry							3	4			6	17	5	2		Unstable. Explodes w/heat.
Silver Trichloromethane Phosphonate			14.	Sol							3	4			6	17	5	2		Explodes when heated.
Silver Trifluoromethyl Acetylide			7.0	Sol							3	4			6	17	5	2		Explodes when heated.
Silver Trifluoropropynide			7.0	Sol							3	4			6	17	5	2		Explosive.
Silver Trinitromethanide	25987-94-4		9.0	Sol							4				6	17	5	2		K2.
Sludge Acid		2 3	>1.	Liq	Y	1906	CO				4	1	Fog, Alfo, DC, CO2		3		1	3		Class C Explosive.
Small Arms Ammunition		1 1	>1.	Pdr	N						3	3	Fog, Flood		2		1	2		Can deflagrate @ 320°.
Smokeless Powder (Small Arms)		2 1	>1.	Cry	Y	1325	FS				4	3	Fog, Flood		2		1	2		Explosive
Soda Amatol			>1.	Sol			EX				3				6	17	5	2		K12. High oxidizer.
Soda Chlorate	7775-09-9	2	3.6	Cry	Y	1495	OX				3	0	Foam, DC, CO2		3	4, 23, 2	2	2		NCF.
Soda Lime	8006-28-8	3	>1.	Cry	Y	1907	CO				3	3	Fog, Flood		2	4, 3, 23	2	2		K2, K20. Oxidizer. Explodes @ 1000°.
Soda Niter	7631-99-4	2	2.9	Cry	Y	1498	OX						Flood							
Sodamide	7782-92-5		3	1.3	Pdr		1425	FS				4	3	Soda Ash, No Water	752	5	8, 2	3	2	2	K2. May burn violently. Melts @ 410° May be pyrotoric.
Sodanit (Trade name)	7784-46-5	4	3	4.5	Pdr	Y	2027	PB			4	0	Fog, Alfo, DC, CO2		3	10, 2, 9, 14, 21	1	2	9, 9	K2, K12, K24. NCF.
Sodium	7440-23-5	2	3	.79	Sol	Y	1428	FS			3	3	Soda Ash, No Water, No Halon	>115	5		2	2	2	K1, K15.
Sodium (Metal, Liquid alloy)				.8	Liq		1429					3	3	Soda Ash, No Water		5	10, 2, 11	2	2		K2, K15. No Halons. Pyroforic >240°.
Sodium (Metal, Dispersion in organic liquid)		3 3		.8	Liq		1421	FS			3	3	Soda Ash, No Water		5	10, 2	2	2		K2. No Halons. Pyroforic >240°
Sodium 2,4,5-Trichlorophenoxyethyl Sulfate	3570-61-4	4		12.	Sol						4				3		1	2	9	K2.
Sodium 2,4-Dinitrophenoxide				7.2	Sol						3	4			6	17	5	2		Explosive.
Sodium 2-Diazo-1-Naphthol-4-Sulfonate	38892-09-0			8.6	Sol	S	3040				4	4			6	17	3	2		K3 @ 212°.
Sodium 2-Diazo-1-Naphthol-5-Sulfonate				8.6	Sol	S	3041				4	4			6	17	3	2		K3 @ 212°.
Sodium 2-Nitrothiophenoxide	22755-25-5			6.2	Sol						3	4			6	17	5	2		Explodes.

(251)

Chemical Name	CAS	Tox L	Tox S	Vap Den.	Spec Grav.	Wat Sol.	DOT Number	DOT Cl	Flash Point	Flamma. Limit	Ign. Temp.	Disa Atm	Disa Fire	Extinguishing Information	Boil Point	F	R	E	S	H	Remarks
Sodium 3-Methylisoxazolin-4,5-Dione-4-Oximate	70247-50-6			5.2	Var							3	4			6	17	5	2		Explodes with fast heat.
Sodium 4,4-Dimethoxy-1-aci-Nitro-3,5-Dinitro-2,5-Cyclohexadiene	12275-58-0			10.	Sol							3	4			6	17	5	2		Heat-sensitive. Explodes.
Sodium 4-Nitrophenoxide	824-78-2			5.6	Var							3	4			6	17	5	2		Explodes.
Sodium 4-Nitrosophenoxide	823-87-0			5.1	Sol							3	4	Keep Wet		2	2	2	2		Pyroforic when dry.
Sodium 5-(5'-Hydroxytetrazol-3'-Ylazo) Tetrazolide				7.1	Sol							3	4			6	17	5	2		Explodes.
Sodium 5-Azidotetrazolide	35038-45-0			4.7	Sol							3	4			6	17	5	2		K20. Pressure-sensitive explosive
Sodium 5-Dinitromethyltetrazolide	2783-96-2			6.9	Sol							4	4			6	17	5	2		Explodes @ 320°.
Sodium 5-Nitrotetrazolide	67312-43-0			4.8	Sol							3	4			6	17	5	2		Pressure and friction-sensitive.
Sodium aci-Nitromethane				2.9	Var							4	4	No Water		6	17	5	2		RXW water.
Sodium Acid Sulfate (Solid)	7681-38-1	2	3	4.2	Sol	Y	1821	OM				3	0	Foam, DC, CO2		3	8	1	2		K2. RW water → Sulfuric Acid. NCF.
Sodium Acid Sulfate (Solution)		2	4	4.2	Liq	Y	2837	CO				3	0	Foam, DC, CO2		3	6	1	4	16	K2. NCF.
Sodium Aluminate (Solid)	11138-49-1	3		2.9	Sol		2812	CO				3	0	Fog, Foam, DC, CO2		3		1	3	2	K2. NCF.
Sodium Aluminate Solution		3		2.9	Liq	Y	1819	CO				3	0	Fog, Foam, DC, CO2		3		2	3	2	K2. NCF.
Sodium Aluminum Hydride	13770-96-2	3		1.9	Sol		2835	FS				3	3	Soda Ash, No Water		5	10	2	2		May RXW water.
Sodium Aluminum Tetrahydride	13770-96-2	3		1.9	Sol		2835	FS				3	3	Soda Ash, No Water		5	10	2	2		May RXW water.
Sodium Amalgam	11110-52-4	3	3	>1.	Sol		1424	FS				4	3	Soda Ash, No Water		3	10	2	2		Flammable.
Sodium Amide (Sodamide)	7782-92-5		3	1.3	Pdr		1425	FS				4	3	Soda Ash, No Water	752	5	8, 2	3	2	2	K2. May burn violently. Melts @ 410°. May be pyrofonic.
Sodium Ammonium Vanadate		4		>1.	Sol		2863	PB				4	1	Fog, Alfo, DC, CO2		3		1	2		K2.
Sodium Aniline Arsonate	127-85-5			11.	Pdr	Y	2473	PB				4		Foam, Foam, DC, CO2		3		1	4	3, 9	K2.
Sodium Arsaniliate	127-85-5			11.	Pdr	Y	2473	PB				4		Foam, Foam, DC, CO2		3		1	4	3, 9	K2.
Sodium Arsenate	7778-43-0	4		>1.	Cry		1685	PB				4	0	Fog, Alfo, DC, CO2		3		1	2		K2. Melts @ 187°. NCF.
Sodium Arsenite (Solid)	7784-46-5	4	3	4.5	Pdr	Y	2027	PB				4	0	Fog, Alfo, DC, CO2		3		1	2	9, 9	K2, K12, K24. NCF.
Sodium Arsenite Solution		4	4	4.0	Liq	Y	1686	PB				4	0	Fog, Alfo, DC, CO2	212	3		1	2	9	K2, K12. NCF.
Sodium Azide	26628-22-8	3	4	2.2	Cry	Y	1687	PB				4	4	Fog, Alfo, DC, CO2		6	17	3	4	9	K24. TLV <1 ppm. Can explode @ 572° or impact.
Sodium Benzene Hexoide				10.	Sol							3	4	No Water		6	17	5	2		Water-sensitive explosive. Explodes @ 194°.
Sodium Bifluoride (Solid)				2.1	Pdr	S	2439					3	0	Fog, Foam, DC, CO2		3		1	2	9, 2	K2. NCF.
Sodium Bifluoride Solution				2.1	Liq	S						3	0	Fog, Foam, DC, CO2		3		1	4	9, 2	K2. NCF.
Sodium Binoxide		3	4	2.7	Pdr			OX				4	0	Soda Ash, No Water		2	23, 4	2	2		High oxidizer.
Sodium Bisulfate (Solid)	7681-38-1	2	3	4.2	Sol	Y	1821	OM				3	0	Foam, DC, CO2		3	8	1	2		K2. RW water→Sulfuric Acid. NCF.
Sodium Bisulfate Solution		2	4	4.2	Liq	Y	2837	CO				3	0	Foam, DC, CO2		3	6	1	4	16	K2. NCF.
Sodium Bisulfite Solution		2	3	3.6	Liq	Y	2693	CO				3	0	Fog, Flood		3		1	3	2	K2. NCF.
Sodium Borohydride	16940-66-2	3		1.3	Pdr		1426	FS				3	3	DC, CO2, No Water		5	7, 11, 24	1	2	2, 9	K2.
Sodium Bromate	7789-38-0	2		5.2	Cry	Y	1494	OX				3	0	Fog, Flood		3	23, 4	2	2	9	High Oxidizer.
Sodium Bromoacetylide				4.4	Sol							3	4			6	17	5	2		Shock-sensitive. Explosive.
Sodium Cacodylate	124-65-2		3	5.6	Pdr	Y	1688	PB				3		Foam, DC, CO2		3	17	1	2	9	K2, K24.

(252)

Chemical Name	CAS	Tox L	Tox S	Vap Den.	Spec Grav.	Wat Sol.	DOT Number	Cl	Flash Point	Flamma. Limit	Ign. Temp.	Disa Atm	Disa Fire	Extinguishing Information	Boil Point	F	R	E	S	H	Remarks
Sodium Carbonate Peroxide		2	2	11.	Pdr	Y								Fog, Flood		2	23, 4	2	2		Oxidizer. K12. High oxidizer.
Sodium Chlorate	7775-09-9			3.6	Cry		1495	OX				3		Fog, Flood		2	4, 23, 2	2	2		K2. High oxidizer.
Sodium Chlorate Borate	52623-84-4			6.0	Sol		2428	OX				3		Fog, Flood		2	23, 4	2	2		K2. NCF.
Sodium Chlorate Solution		2	2	3.0	Liq	Y	2428	OX				3	0	Keep Wet		2	4	1	2	9	K2. High oxidizer. Explodes @ 392°.
Sodium Chlorite	7758-19-2	2	3	3.1	Pdr	Y	1496	OX				4	4	Fog, Flood		2	23, 3, 4	3	2	9	K2. NCF.
Sodium Chlorite Solution (>5% Available Chlorine)		3	4	3.0	Liq	Y	1908	CO				3	0	Fog, Flood		3		1	4	9	K12. NCF.
Sodium Chloroacetate	3926-62-3	3	2	4.0	Pdr	Y	2659	PB				4	0			3		1	2	9	Explosive when solid.
Sodium Chloroacetylide				2.9	Var		9145							Fog, Foam, DC, CO2		6	17	4	2		Oxidizer.
Sodium Chromate	7775-11-3	3	3	5.6	Sol			OM						Foam, DC, CO2		2	23	1	2	9	K2.
Sodium cis-β-Chloroacrylate	4312-97-4		4	4.5	Sol		2316					3		Foam, DC, CO2		3	11	1	2	9	K2. NCF.
Sodium Cuprocyanide (Solid)			4	>1.	Sol		2317	PB				4	0	Foam, DC, CO2		3	11	1	3	9	K2. NCF.
Sodium Cuprocyanide Solurtion				>1.	Liq		2317	PB				4	0	Foam, DC, CO2		3	11	1	3	9	K2. NCF.
Sodium Cyanide	143-33-9	3	3	1.7	Pdr	Y	1689	PB				4	1			3	7, 11, 20	1	4	9	K5.
Sodium Dichloro-5-Triazinetrione	2893-78-9	3	3	7.6	Cry	Y	2465	OX				4		Fog, Flood		2	23, 4	2	2	2	K2. High oxidizer. Chlorine odor. Melts @ 446°.
Sodium Dichlorocyanurate	2893-78-9	3	3	7.6	Cry	Y	2465	OX				4		Fog, Flood		2	23, 4	2	2	2	K2. High oxidizer. Chlorine odor. Melts @ 446°.
Sodium Dichloroisocyanate	2893-78-9	3	3	7.6	Cry	Y	2465	OX				4		Fog, Flood		2	23, 4	2	2	2	K2. High oxidizer. Chlorine odor. Melts @ 446°.
Sodium Dichromate	10588-01-9	3	3	10.	Cry	Y	1479	OM				3	0	Fog, Flood		2	4, 23	1	2	9	K2. High oxidizer. NCF.
Sodium Diformylnitromethanide Hydrate	34461-00-2			5.5	Sol							3	4			6	17	5	2	2	Impact sensitive. Explosive.
Sodium Dihydrogenphosphide	24167-76-8			2.0	Liq							4	0	DC, CO2		2	2	1	2	2	K2, K11. Pyroforic.
Sodium Difluoride			3	2.1	Pdr	S	2439					3	0	Fog, Foam, DC, CO2		3		1	1	9, 2	K2. NCF.
Sodium Dimethyl Arsenate	124-65-2		3	5.6	Pdr	Y	1688	PB				3	4	Foam, DC, CO2		3	17	1	2	9	K2, K24.
Sodium Dinitro-o-Cresylate	25641-53-6	4		7.6	Liq	Y	0234	EX				3	4	Keep Wet		6		4	5	9	K3. Explosive if dry.
Sodium Dinitro-ortho-Cresolate (>15% Water)		4		7.6	Liq	Y	1348	FS				3	3	Keep Wet		6	17	5	2	2	Impact-sensitive. Explosive.
Sodium Dinitromethanide	25854-41-5			4.0	Sol							4	4			6	17	5	2	2	Explodes @ 698°.
Sodium Dinitrophenol				7.1	Cry											5	10	2	2		High oxidizer.
Sodium Dioxide		3	3	2.7	Pdr			OX						Soda Ash, No Water		5	16	2	2		Use soda ash on small fires. Pyroforic.
Sodium Dithionite	7775-14-6	2	3	6.1	Cry	S	1384	FS			374	3	3	Flood							
Sodium Dodecylbenzene Sulfonate	25155-30-0	2	2	12.	Sol		9146	OM				3	1	Fog, DC, CO2		1		1	2	2	K2.
Sodium Ethoxide	141-52-6			2.4	Var							3	3	DC, CO2		2	2	2	2		Pyroforic in moist air.
Sodium Ethoxyacetylide	73506-39-5			3.2	Var							3	4			6	17	4	2		K11. Unstable. May explode. Pyroforic.
Sodium Fluoride (Solid)	7681-49-4	3	3	1.4	Sol	Y	1690	OM				3	0	Fog, Foam, DC, CO2		3		1	2	9, 2	K2. NCF.
Sodium Fluoride Solution		3	3	1.4	Liq	Y	1690	CO				3	0	DC, CO2		3		1	3	2, 9	K2. NCF.
Sodium Fluoroacetate	62-74-8	4		3.4	Pdr	Y	2629	PB				4	0	Fog, Foam, DC, CO2		3		1	1	9	K2, K11, K24. NCF.
Sodium Fluorosilicate	16893-85-9	3	3	6.6	Pdr		2674	PB				4		Foam, DC, CO2		3		1	2		K2, K12.
Sodium Fulminate	15736-98-8			2.3	Var							4	4			6	17	5	2		Touch-sensitive. Explosive.
Sodium Germanide	12265-93-9			3.4	Var									DC, CO2, No Water		5	10	2	2		K2, K11. Pyroforic.
Sodium Hydrate	1310-73-2	3	4	1.4	Sol	Y	1823	CO				3	0	DC, CO2		3	21	1	4	3	K2. May RW water. NCF.

(253)

Chemical Name	CAS	Tox L	Tox S	Vap Den.	Spec Grav.	Wat Sol.	DOT Number	DOT Cl	Flash Point	Flamma. Limit	Ign. Temp.	Disa. Atm	Disa. Fire	Extinguishing Information	Boil Point	F	R	E	S	H	Remarks
Sodium Hydrazide	13598-47-5			1.9	Liq							4	4	Soda Ash, No Water		6	17	5	2		RXW air, ethanol or water. Explodes @ 212°.
Sodium Hydride	7646-69-7	3	3		.8	Pdr	1427	FS				3	3	Soda Ash, No Water		5	10	2	2		K11. RXW halogens. RXW sulfur dioxide. Pyrotoric.
Sodium Hydrogen Fluoride	1333-83-1			3	2.1	Pdr	2439	CO				3	0	Fog, Foam, DC, CO2		3	8	1	2	9, 2	K2. NCF.
Sodium Hydrogen Sulfate (Solid)	7681-38-1	2	3	3	4.2	Sol	1821	OM				3	0	Foam, DC, CO2		3	8	1	2		K2. RW water → Sulfuric Acid. NCF.
Sodium Hydrogen Sulfate Solution		2	4	4	4.0	Liq	2837	CO				3	0	Foam, DC, CO2		3	6	1	4	16	K2. NCF.
Sodium Hydrosulfide (Solid or Solution, with >25% water of crystallization		4	4	4	2.0	Liq	2923	CO				3	1	Fog, Alfo, DC, CO2		3	11	2	4	9, 2	K2.
Sodium Hydrosulfide (Solid or Solution, with >25% water of crystallization		4	4	4	2.0	Liq	2949	CO				3	1	Fog, Alfo, DC, CO2		3	11	2	4	9, 2	K2.
Sodium Hydrosulfide (Solid with <25% water of crystallization	16721-80-5	3	3	3	2.0	Pdr	2318	FS				3	3	Fog, Foam, DC, CO2		2	11	2	2	2	Readily yields hydrogen sulfide.
Sodium Hydrosulfide Solution		4	4	4	2.0	Liq	2949	CO				3	1	Fog, Alfo, DC, CO2		3	11	2	4	9, 2	K2.
Sodium Hydrosulfide Solution		4	4	4	2.0	Liq	2922	CO				3	1	Fog, Alfo, DC, CO2		3	11	2	4	9, 2	K2.
Sodium Hydrosulfite	7775-14-6	2	3	3	6.1	Cry	1384	FS			374	3	3	Flood		5	16	2	2	2	Use soda ash on small fires. Pyrotoric.
Sodium Hydrosulphite	7775-14-6	2	3	3	6.1	Cry	1384	FS			374	3	3	Flood		5	16	2	2	2	Use soda ash on small fires. Pyrotoric.
Sodium Hydroxide (Dry, Solid)		3	4	4	1.4	Sol	1823	CO				3	0	Foam, DC, CO2		3	5, 8, 21	2	3	3, 16	K2. Very caustic. NCF.
Sodium Hydroxide Solution	1310-73-2	3	4	4	1.4	Sol	1823	CO				3	0	DC, CO2		3	21	1	4	3	K2. May RW water. NCF.
Sodium Hypoborate				3	3.7	Var						3	3	Foam, DC, CO2		1	2	1	2	2	K2. Strong reducer
Sodium Hypochlorite Solution	7681-52-9	3	3	3	2.5	Liq	1791	OM				3	0	Fog, Flood		3		1	2	2	Keep wet. Oxidizer. NCF.
Sodium Hypophosphite				3	3.6	Pdr		Y				3	3	Foam, Flood		2	2	2	2		K2. K23.
Sodium Metal	7440-23-5	2	3	3	.79	Sol	1428	FS			>115	3	3	Soda Ash, No Water, No Halon		5	10, 2, 9, 14, 21	1	2	2	K1, K15.
Sodium Methoxide	124-41-4			3	1.9	Pdr	1431	FS				3	3	DC, CO2, No Water		5	9	2	2		Pyrotoric in moist air.
Sodium Methoxyacetylide				3	2.7	Liq						3	3			5	2	2	2		K2, K11. Pyrotoric.
Sodium Methylate (Dry)	124-41-4			3	1.9	Pdr	1431	FS				3	3	DC, CO2, No Water		5	9	2	2		Pyrotoric in moist air.
Sodium Methylate (Solutions in Alcohol)		2	3	3	1.9	Liq	1289	FL				3	3	Fog, Foam, DC, CO2		2	2	1	2		K2.
Sodium Monoxide	12401-86-4			3	2.1	Cry	1825	CO				3	0	DC, CO2, No Water		6	10	2	2	16	K2. NCF.
Sodium N-Chloro-4-Toluene Sulfonamide	127-65-1				8.0	Var						3	4			6	17	5	2		Explodes @ 347°
Sodium N-Chlorobenzenesulfonamide	127-52-6				7.5	Sol						3	4			6	17	5	2		Explodes @ 365°
Sodium Nitrate	7631-99-4	2	2	2	2.9	Cry	1498	OX				3	3	Flood		2	4, 3, 23	2	2		K2, K20. Oxidizer. Explodes @ 1000°
Sodium Nitrate and Potash Mixture		2	2	2	>1.	Sol	1478	OX				4		Fog, Flood		2	4, 23	2	2		K2. Oxidizer.
Sodium Nitrate and Potassium Nitrate Mixture		2	2	2	>1.	Sol	1499	OX				4		Fog, Flood		2	4, 23	2	2		K2. Oxidizer.
Sodium Nitride	12136-83-3	3	4	4	2.8	Cry						4	4	No Water		6	17	5	2		Heat-sensitive. Explodes.
Sodium Nitrite	7632-00-0	2	2	2	2.4	Cry	1500	OX				3	3	Fog, Flood		2	23, 3, 4	2	2	9	K2. Oxidizer. Explodes @ 1000°
Sodium Nitrite & Potassium Nitrate Mixture		2	2	2	>1.	Sol	1487	OX				4		Fog, Flood		2	23, 3, 4	2	2	9	K2. Oxidizer.
Sodium Nitroferricyanide	14402-89-2	3			9.2	Cry		Y				3	1	Fog, Flood			17	5	2		RXW sodium nitrite plus heat.
Sodium Nitromalonaldehyde					4.9	Sol						4	4			6	17	5	2		Impact-sensitive.
Sodium Nitromethane					2.9	Liq		FL				4	3	Soda Ash, No Water		2	10, 2	2	2		K2.

(254)

Chemical Name	CAS	Tox L S	Vap Den	Spec Grav	Wat Sol	DOT Number	Cl	Flash Point	Flamma. Limit	Ign. Temp.	Disa. Atm Fire	Extinguishing Information	Boil Point	F	R	E	S	H	Remarks
Sodium Nitroprusside	14402-89-2	3		9.2	Cry	Y						3 1	Fog, Flood		3		1	2		RXW sodium nitrite plus heat.
Sodium Nitroxylate	13968-14-4			3.2	Var							4	No Water, No CO2		6	17	5	2		Super-sensitive explosive.
Sodium Octahydrotriborate	12007-46-4			2.2	Liq							3 3	DC, CO2		2	2	2	2		K2, K11. Pyrotoric.
Sodium Oxide	12401-86-4		4	2.1	Cry		1825	CO				3 0	DC, CO2, No Water		5	10	2	2	16	K2. NCF.
Sodium Oxydiacetate	35249-69-5		3	6.2	Sol							3 3	DC, CO2		3		1	2		K2.
Sodium Pentacarbonyl Rhenate	33634-75-2			12.	Sol							3			3		1	2		K2, K11. Pyrotoric.
Sodium Pentachlorophenate	131-52-2	4	4	10.	Pdr		2567	OM				3 1	Foam, DC, CO2		3	2	1	2	9	K2, K12, K24.
Sodium Peracetate	64057-57-4			3.4	Var							3 4			6	17	4	2		Explosive if dry. Oxidizer.
Sodium Percarbonate		2	3	3.4	Pdr	Y	2467	OX				2	Fog, Flood		2	4	2	2		Oxidizer.
Sodium Perchlorate	7601-89-0			4.3	Cry		1502	OX				3	Fog, Flood		2	4	2	2	3	K2. High oxidizer. Melts @ 900° & decomposes.
Sodium Permanganate	10101-50-5		3	5.0	Cry	Y	1503	OX				3	Soda Ash, No Water		2	23, 4	1	2		K2. High oxidizer. RXW acetic acid
Sodium Peroxide	1313-60-6	3	4	2.7	Pdr		1504	OX				3			5	10, 3, 4, 14, 21	2	2		K2. High oxidizer.
Sodium Peroxyacetate	64057-57-4			3.4	Var							3 4			6	17	4	2		Explosive if dry. Oxidizer.
Sodium Peroxyborate				2.9	Cry							3	Fog, Flood		6	4	3	2		K2, K20. High oxidizer.
Sodium Peroxydisulfate	7775-27-1		3	8.0	Pdr	Y	1505	OX				3	Fog, Flood		2	23, 2, 4	2	2		High oxidizer.
Sodium Persulfate	7775-27-1		3	4.0	Cry	Y	1505	OX				3	Fog, Flood		3	23, 2, 4	2	2		High oxidizer.
Sodium Phenate	139-02-6		3	4.0	Cry	Y	2497	CO				3 0	Foam, DC, CO2		3		1	2	2	K2. NCF.
Sodium Phenolate (Solid)	139-02-6		3	4.0	Cry	Y	2497	CO				3 0	Foam, DC, CO2		3		1	2	2	K2. NCF.
Sodium Phenoxide	139-02-6		3	4.9	Cry	Y	2497	CO				3 0	Foam, DC, CO2		3		1	2	2	K2. NCF.
Sodium Phosphate (Dibasic)	7558-79-4	2	2	3.4	Cry		9147					3 0	Foam, DC, CO2		1		1	2	2	K2. NCF.
Sodium Phosphide	12058-85-4		3	7.7	Cry	Y	1432	FS				3 3	DC, CO2, No Water		5	10, 7	2	2		Keep wet - sensitive if dry.
Sodium Picramate (Wet with >20% water)	831-52-7			9.3	Cry	Y	1349	FS				3 3	Fog, Flood		2	2	2	2		Impact-sensitive explosive.
Sodium Picrate	73771-13-8				Cry	Y		EX				3 4			6	17	5	2		Explodes @ 590°.
Sodium Picryl Peroxide				>1.	Var			EX				4			6	17	5	2		K2.
Sodium Polonide		4		8.8	Sol			RA				4	Foam, DC, CO2		4		1	17		K2.
Sodium Propionate	137-40-6		3	3.4	Cry	Y						3 1	Foam, DC, CO2		1		1	2	9	K2, K12.
Sodium Selenate	13410-01-0			6.5	Cry	Y	2630	PB				3 3	Fog, Alfo, DC, CO2		3	11	1	2	9	K2, K24.
Sodium Selenite	10102-18-8			6.0	Cry	Y	2630	PB				3 3	Fog, Alfo, DC, CO2		3		1	2		
Sodium Silicide	12164-12-4			1.8	Liq							3 4	No Water		5	10	2	2		K11. RXW water or acids. Pyrotoric.
Sodium Silicofluoride (Solid)	16893-85-9	3	3	6.6	Pdr		2674	PB				4	Foam, DC, CO2		3		1	3	9	K2. RVW aluminum. NCF.
Sodium Sulfate (Acid Solution)	7757-82-6			5.0	Liq	Y		CO				3 0	Foam, DC, CO2		3	17, 11, 24	2	2	9	K2. RVW carbon. RW water.
Sodium Sulfide (Anhydrous or <30% water)	1313-82-2		3	2.7	Cry		1385	FS				3 4	Flood		6		2	2		K2. RVW water.
Sodium Sulfide (Hydrated, with >30% water)			3	2.7	Liq	Y	1849	CO				3 1	Flood, Keep Wet		3	11	1	2	9	K2.
Sodium Sulfide (Sodium Monosulfide)			3	2.7	Liq	Y	1849	CO				3 1	Flood, Keep Wet		3		1	2		K2.
Sodium Sulfuret	1313-82-2		3	2.7	Cry	Y	1385	FS				3 4	Flood		6	17, 11, 24	2	2	9	K2. RVW carbon. RW water.
Sodium Superoxide		3	4	1.9	Pdr		2547	OX				3	Soda Ash, No Water		5	10, 3, 4, 14, 21	2	2		K2. High oxidizer.
Sodium Tellurite	10102-20-2			7.8	Cry							3	Foam, DC, CO2		3		1	2	9	K2, K24.

(255)

Chemical Name	CAS	Tox L	Tox S	Vap Den.	Spec Grav.	Wat Sol.	DOT Number	DOT Cl	Flash Point	Flamma. Limit	Ign. Temp.	Disa. Atm	Disa. Fire	Extinguishing Information	Boil Point	F	R	E	S	H	Remarks
Sodium Tetracyanatopalladate					Sol							3	4			6	17	5	2		Impact-sensitive. Explosive.
Sodium Tetrahydroborate	16940-66-2	3	3	1.3	Pdr		1426	FS				3	3	DC, CO2, No Water		5	7, 11, 24	1	2	2, 9	K2.
Sodium Tetrahydrogallate	32106-51-7			3.4	Var							3		No Water		5	10	2	2		K2. RXW moisture.
Sodium Tetranitride				>1.	Var			EX					4			6	17	5	2		
Sodium Tetraperoxychromate	12206-14-3			8.7	Sol							3	4			6	17	5	2		Explodes @ 239°.
Sodium Thioglycolate	367-51-1		2	4.0	Cry	Y						4	1	Fog, Foam, DC, CO2		3		1	2	9	WHTD → hydrogen sulfide.
Sodium Triazidoaurate				12.	Sol							3	4			6	17	5	2		Explodes @ 266°.
Sodium Vanadate	13718-26-8	2	2	6.3	Pdr	Y	2811	PB				3	0	Fog, Foam, DC, CO2		6	17	1	2	9	K2. NCF.
Sodium-2-Hydroxymercurio-4-aci-Nitro-2,5-Cyclohexadienonide				13.	Sol							3	4			3		5	2		K3. Explodes.
Sodium-2-Hydroxymercurio-6-Nitro-4-aci-Nitro-2,5-Cyclohexadienonide				14.	Sol							3	4			6	17	5	2		Explodes.
Sodium-3-Hydroxymercurio-2,6-Dinitro-4-aci-Nitro-2,5-Cyclohexadienonide				14.	Sol							3	4			6	17	5	2		Explodes with fast heat.
Sodium-4-Chloroacetophenone Oximate				6.7	Sol							3	4			6	17	4	2		RXW air.
Sodium-m-Aluminate Solution			3	2.9	Liq	Y	1819	CO				3	0	Fog, Foam, DC, CO2		3	1	2	3	2	K2. NCF.
Sodium-o-Phosphate (Tribasic)	7601-54-9	2	2	4.9	Cry	Y	9148					3	0	Fog, Foam, DC, CO2		3		2	2		K2. NCF.
Sodium-p-Cresylate	22113-51-5			4.5	Sol							3	3	Keep Wet		1	16	2	2		K2.
Sodium-Potassium Alloy		3	3		Sol		1422	FS				3	3	Soda Ash, No Water		5	10	2	2		K2, K15, RXW halogens and acids. Pyroloric.
Sodium2(2,4-Dichlorphenoxy)Ethyl Sulfate	136-78-7	3	3	10.	Sol	S						4	0	Fog, Foam, DC, CO2		3	1	1	3	2	K12. NCF. Melts @ 338°.
Solvent, n.o.s.		2	2	>1.	Liq	N	1993	FL				3	3	Fog, Foam, DC, CO2		2	1	2	2		Flammable or combustible.
Soman (Common name)	96-64-0	4	4	6.4	Liq							4	4	DC, CO2		3		4	4	6, 8, 12	Nerve gas.
Sorbaldehyde	142-83-6	3	4	3.3	Liq	N			154	1.3-8.1		2	2	Fog, Foam, DC, CO2	339	3	1	1	3	2	
Spent Acid (Spent Mixed Acid)		3	4	>1.	1.5		1826	CO				4	0	Foam, DC, CO2		3		2	3		K2. Oxidizer. NCF.
Spindle Oil		1	1	>1.	<1.	N			169		478	2	2	Fog, Foam, DC, CO2		1		1	2		
Spirit of Glyceryl Trinitrate	55-63-0	3		>1.	.82	S	1204	FL	<100			4	3	Keep Wet, Fog, DC, CO2		2	2	2	2		K2, K15.
Spirit of Nitroglycerin	55-63-0	3		>1.	.82	S	1204	FL	<100			4	3	Keep Wet, Fog, DC, CO2		2	2	2	2		K2, K15.
Spirit of Turpentine	8006-64-2	2	2	4.8	.86	N	1299	FL	95	.8-	488	2	2	Fog, Foam, DC, CO2	309	2	2	2	2		K21. ULC: 50. Terpene odor. TLV 100 ppm.
Sprengel Explosives		3	3	>1.	Liq	Y		EX				4	4	Flood		6	17	4	2		Nitrobenzene/RFNA Mixture.
Squibs				>1.	Var	N		EX				4	4			6	17	4	2		
Stain		2	2	>1.	Liq	N	1263	FL	<100			3	3	Fog, Foam, DC, CO2		2	1	2	2		
Stannane				4.2	Gas							4	4	Stop Gas		2		4	4		K3.
Stannic Chloride (Anhydrous)	7646-78-8	2	4	9.0	2.2	Y	1827	CO				3	1	No Water	237	5	8, 5	2	4	16	K2, K16. NCF.
Stannic Chloride (Hydrated)	10026-06-9	3	4	9.0	Liq	Y	2440	CO				3	0	Foam, DC, CO2		3	1	1	2		K2. NCF.
Stannic Phosphide	25324-56-5			5.2	Cry		1433	FS				4	3	DC, CO2, No Water		4		2	2		K23.
Stannous Chloride (Solid)	7772-99-8	2	2	9.0	Cry	Y	1759	OM				3	0	Foam, DC, CO2		3	7, 11	2	2		K2.
Stearyl Alcohol	112-92-5		1	9.5	Sol	N						2	2	Foam, DC, CO2	396	1	1	1	1	9	K2. Melts @ 99°. NCF.
Steel Swarf			2	>1.	Sol	N	2793					2	2	DC, CO2		1		1	2		Melts @ 136°.
Stibine	7803-52-3	4		4.3	Gas	S	2676	PA				4	4	Stop Gas, Fog, Foam	-1	3	3	4	4	6	Flammable & toxic gas. TLV <1 ppm.

(256)

Chemical Name	CAS	Tox L	Tox S	Vap Den	Spec Grav	Wat Sol	DOT Number	DOT Cl	Flash Point	Flamma. Limit	Ign. Temp	Disa Atm Fire	Extinguishing Information	Boil Point	F	R	E	S	H	Remarks
Stibium	7440-36-0	4	2	4.2	Pdr	N	2871	PB				4	2	Fog, Foam, DC, CO2		3	14, 11	1	4		K12.
Sticky Stakes (Trade name)		1	1	>1.	Sol	N			55					Fog, Foam, DC, CO2		2	1	2	2		ULC: 100 TLV 300 ppm.
Stoddard Solvent	64475-85-0	2	2	2.5	.64	N	1115	FL	<0	1.1-5.9		2	3	Fog, Foam, DC, CO2	100	2		1	2		K12. NCF.
Storm (Trade name)			3										0	Foam, DC, CO2		1			1		
Straw		1	1	>1.	Sol	N	1327	FS				2	2	Fog, Flood		1		1	2		K2. TLV 350 ppm. RW active metals. NCF.
Strobane	71-55-6	3	3	4.6	1.3	N	2831	OM					3	Fog, Foam, DC, CO2	165	3		1	3	11	K2. TLV 350 ppm. RW active metals. NCF.
Strontium	7440-24-6	2	2		Sol			RA				3	3	Soda Ash, No Water		5	9, 2	2	2		K11, K15. Pyroforic.
Strontium 90		4	4	>1.	Sol							4	3	Soda Ash, No Water		4	9	2	3	17	Half-life 38 Yrs. Beta
Strontium Alloy		3	3	>1.	Sol		1434	FS				3	3	Soda Ash, No Water		5	9, 2	2	2		K15. May be pyroforic.
Strontium Arsenite	10378-48-0	4		20.	Pdr		1691	PB				4	0	Foam, DC, CO2		3		1	2	9	K2. NCF.
Strontium Chlorate	7791-10-8	2		8.8	Pdr	Y	1506	OX				3	3	Fog, Flood		2	23, 4	1	1	9	High oxidizer.
Strontium Chromate	7789-06-2	2	2	7.0	Cry	N	9149	OM				3	0	Fog, Flood		1		1	1	9	K2. NCF.
Strontium Dioxide	1314-18-7	3	4	4.1	Pdr	N	1509	OX				3	3	Fog, Flood		2	23, 3, 4	2	2	2	High oxidizer.
Strontium Fluoborate	13814-98-7	3		4.6	Sol							3	0	Foam, DC, CO2		3		1	2	9	K2. NCF.
Strontium Nitrate	10042-76-9	3	2	7.3	Pdr	Y	1507	OX				3	3	Fog, Flood		2	23, 4	1	2		Maybe heat/shock sensitive. Oxidizer.
Strontium Perchlorate	13450-97-0	2	3	10.	Cry	Y	1508	OX				2	3	Fog, Flood		2	23, 4	2	2	2	K2. Oxidizer.
Strontium Peroxide	1314-18-7	2	4	4.1	Pdr	N	1509	OX				3	3	Fog, Flood		2	23, 3, 4	2	2	2	High oxidizer.
Strontium Phosphide	12504-13-1	3		4.2	Sol		2013	FS				3	3	Soda Ash, No Water		5	7	2	3		K2. Yields hydrogen sulfide.
Strontium Sulfide	1314-96-1	4		4.2	Cry							3	3	DC, CO2, No Water	518	3	7	2	2	9	K2, K12, K24. Melts @ 514°. NCF.
Strychnine (and Salts)	57-24-9	3		11.	Cry	N	1692	PB				3	0			3		1	2	9	K2, K24.
Strychnine Sulfate	60-41-3			13.	Sol							4		Foam, DC, CO2		3		1	2	9	K2, K24.
Styphnic Acid	82-71-3			7.0	Cry		0129	EX				3	4			6	17	5	2		Explosive.
Styralyl Acetate	589-18-4	2	2	4.2	1.0	S	2937	PB	200			3	2	Fog, Alfo, DC, CO2	399	3		3	2		Floral odor.
Styrene Monomer (Inhibited)	100-42-5	3	3	3.6	.91	N	2055	FL	88	1.1-7.0	914	3	1	Fog, Foam, DC, CO2	295	3	2, 22	3	3	3	K9, K22. ULC: 50 TLV 50 ppm
Styrene Oxide	96-09-3	3	3	4.1	1.0		3014	OM	165	1.6-6.7	929	3	2	Fog, Foam, DC, CO2	382	3	1	1	2	2	
Suberane	291-64-5	2		3.3	.81	N	2241	FL	59			3	3	Fog, Foam, DC, CO2	246	2		2	2	10	
Substances which, when in contact w/water, emit flammable gases, n.o.s.		3		>1.	Var		2813	FS				3	3	Soda Ash, No Water		2		2	2	9	May be pyroforic. Keep dry.
Substances, explosive				>1.	Var		0359	EX					4			6	17	5	2		Explosive.
Substances, explosive				>1.	Var		0358	EX					4			6	17	5	2		Explosive.
Substances, explosive				>1.	Var		0357	EX					4			6	17	5	2		Explosive.
Substituted Nitrophenol Pesticide		2	3	>1.	Liq	S	2780	FL	<100			3	3	Alfo, DC, CO2		2	1	2	3	9	K2, K12.
Substituted Nitrophenol Pesticide, n.o.s.		3	3	>1.	Liq	S	3014	PB				3	1	Alfo, DC, CO2		3		2	3	9	K2, K12.
Substituted Nitrophenol Pesticide, Solid, n.o.s.		3			Sol		2779	PB				3	1			3		1	2	9	K2, K12.
Subtituted Nitrophenol Pesticide		3	3	>1.	Liq	S	3013	PB				3	3	Alfo, DC, CO2		3	1	2	3	9	K2, K12
Succinic Acid	108-30-5	2	2	3.5	Cry	N						2	1	Fog, Flood	502	1	1	1	2	3	Melts @ 248°.
Succinic Acid Peroxide	123-23-9			8.2	Pdr	S	2135	OP				2	2			3	16, 3, 4	2	2		Organic Peroxide. Used in Explosives.
Succinic Anhydride	108-30-5	2	2	3.5	Cry	N						2	1	Fog, Alfo, DC, CO2	502	1		1	2	3	Melts @ 248°.

(257)

Chemical Name	CAS	Tox L S	Vap Den	Spec Grav	Wat Sol	DOT Number Cl	Flash Point	Flamma. Limit	Ign. Temp	Disa. Atm Fire	Extinguishing Information	Boil Point	F	R	E	S	H	Remarks
Succinic Peroxide	123-23-9		8.2	Pdr	S	2135 OP				2 3	Fog, Flood		2	16, 3, 4	2	2		Organic Peroxide. Used in Explosives.
Succinodinitrile	110-61-2	3	2.1	Sol	S		270			4 1	Fog, Alfo, DC, CO2	513	3	1, 12, 16	1	3	9	K2. Melts @ 136°.
Succinonitrile	110-61-2	3	2.1	Sol	S		270			4 1	Fog, Alfo, DC, CO2	513	3	1, 12, 16	1	3	9	K2. Melts @ 136°.
Succinoyl Diazide	40428-75-9		5.9	Sol	Y					3 4			6	17	5	2		Explosive.
Succinyl Peroxide	123-23-9		8.2	Pdr	S	2135 OP				2 3	Fog, Flood		2	16, 3, 4	2	2		Organic Peroxide. Used in Explosives.
Sucker Plucker Concentrate (Trade name)			>1.	.86			184						1		1	2		K5.
Sulfinyl Cyanamide	16438-87-3	2 2	3.1	Var						2	No Water		5	10	2	2		
Sulfamic Acid	5329-14-6	3	3.3	Sol	S	2967 CO				4 1	Alfo, DC, CO2		5		1	2	2	Melts @ 392°. RXW chlorine.
Sulfanilic Acid Diazide	507-16-4		6.3	Cry	Y					4 4			6	17	5	2		Explodes.
Sulfinyl Bromide			7.3	2.7						3			2			1	2	Keep refrigerated.
Sulfoacetic Acid	123-43-3	3	4.9	Cry	Y					3	Alfo, DC, CO2		3		1	2	9	K2. Melts @ 183°.
Sulfocarbolic Acid		3	6.0	1.2	Y	1803 CO				3	Alfo, DC, CO2		3		1	3	2	K2.
Sulfonyl Chloride	7791-25-5	3	4.6	1.7		1834 CO				4 0	DC, No Water	156	3	8	1	4	2, 9	K2. Pungent odor. NCF.
4,4'-Sulfonylbis(4-Phenyleneoxy)Dianiline	13080-89-2	3	15.	Sol						4			5		1	3	9	K2. K12.
Sulfotepp (Common name)	3689-24-5	4 4	11.	Liq	N	1704 PB			450	4 1	Foam, DC, CO2		3	1, 21	1	4	9, 12	K2. Melts @ 234°.
Sulfur (Molten)	7704-34-9	2 2	8.8	Pdr	N	1350 FS	405		450	4 2	Fog		2	1	2	2	2	K2.
Sulfur 35		4	>1.	Var						4	Foam		4		1	4	17	Half-life 87 Days:Beta
Sulfur Bromide		3	7.7	2.6						4 1	DC, CO2, No Water	129	5	8	1	4	2	K2.
Sulfur Chloride	10025-67-9	3 4	4.7	1.7	N	1828 CO	245		453	4 1	DC, CO2, No Water	280	5	8, 1, 23	4	4	3, 9, 16	K2, K16. TLV 1 ppm.
Sulfur Chloride Pentafluoride	13780-57-9	4	5.7	Var						3	DC, CO2		3		1	2		K2.
Sulfur Decafluoride	5714-22-7	3	8.9	Var						3	DC, CO2		3		1	2		TLV <1 ppm.
Sulfur Dichloride	10545-99-0	4	3.6	1.7		1828 CO	245		453	4 1	No Water	138	5	10, 2, 23	2	4	3	K16. TLV 1 ppm. RVW active metals. Pungent odor.
Sulfur Dinitride			5.5	1.9						4 4			6	17	4	2		K2. Explodes @ 212°.
Sulfur Dioxide	7446-09-5	4 3	2.3	Gas	Y	1079 PA				3 0	No Water, No Halon		3	8	4	3	2	K2, K24. TLV 2ppm. NCF
Sulfur Fluoride	2551-62-4	2 2	6.6	Gas	S	1080 CG				4 0	No Water	14	1		1	2	1	K2. TLV 1000 ppm. NCF.
Sulfur Hexafluoride	2551-62-4	2	6.6	Gas	S	1080 CG				4 0	No Water		1		1	2	1	K2. TLV 1000 ppm. NCF.
Sulfur Monobromide		3	7.7	2.6						4 1	DC, CO2, No Water	129	5	8	1	4	1	K2.
Sulfur Monochloride	10025-67-9	3 4	4.7	1.7	N	1828 CO	245		453	4 1	DC, CO2, No Water	280	5	8, 1, 23	2	4	3, 9, 16	K2, K16. TLV 1 ppm.
Sulfur Nitride			6.4	Cry						4 4			6	17	5	2		Impact-sensitive. Explodes @ 320°.
Sulfur Oxide (N-Fluorosulphonyl)imide			5.1	Liq						4	No Water		5	10	1	2		K2. RXW water.
Sulfur Subchloride	10545-99-0	4	3.6	1.7		1828 CO	245		453	4 1	No Water	138	5	10, 2, 23	2	4	3	K16. TLV 1 ppm. RVW active metals. Pungent odor.
Sulfur Tetrachloride		4	6.1	Gas		2418 PA				4 0	DC, CO2, No Water		5	8	1	4	3	K2. NCF.
Sulfur Tetrafluoride	7783-60-0	4	3.7	Gas		2418 PA				4 0	No Water		5	8	1	4	16	K2, K24. TLV <1 ppm. NCF.
Sulfur Thiocyanate	57670-85-6		5.2	Var						3		-40	6	17	2	2		K22. Can explode.
Sulfur Trioxide (Stabilized)	7446-11-9	4 4	2.8	2.0		1829 CO				3 0	DC, CO2, No Water		3	8	4	4	16	K2, K24. Oxidizer. NCF.
Sulfuretted Hydrogen	7783-06-4	4 3	1.2	Gas	Y	1053 PA		4.0-46.0	500	4 4	Stop Gas, Fog, DC, CO2	-76	3	21	4	4	6	K2, K24. Rotten egg odor. TLV 10 ppm.

(258)

Chemical Name	CAS	Tox L	Tox S	Vap Den.	Spec Grav.	Wat Sol.	DOT Number	Cl	Flash Point	Flamma. Limit	Ign. Temp.	Disa. Atm	Disa. Fire	Extinguishing Information	Boil Point	F	R	E	S	H	Remarks
Sulfuric Acid (>51% but <95% acid)	7664-93-9	4	4	3.3	1.8	Y	1830	CO				4	1			3	5, 2, 3, 4, 20	2	4		R21, R23. NCF. No water on acid.
Sulfuric Acid (Fuming)	8014-95-7	3	4	6.0	Liq		1831	CO				4	1	DC, CO2, No Water		5	10, 3, 4, 8, 21	1	4	3	R23 also.
Sulfuric Acid (Spent)	7664-93-9	4	4	3.3	1.8	Y	1830	CO				4	1			3	5, 2, 3, 4, 20	2	4		R21, R23. NCF. No water on acid.
Sulfuric Acid (with <51% acid)	7664-93-9	4	4	3.3	1.8	Y	1830	CO				4	1			3	5, 2, 3, 4, 20	2	4		R21, R23. NCF. No water on acid.
Sulfuric Anhydride	7446-11-9	4	4	2.8	2.0		1829	CO				3	0	DC, CO2, No Water		3	8	4	4	16	K2, K24. Oxidizer. NCF.
Sulfuric Acid, Dimethyl Ester	77-78-1	4	4	4.3	1.3	N	1595	PB	182		370	3	2	Fog, Foam, DC, CO2	370	3	1	4	4	5, 4	K24. TLV 1 ppm. Onion odor.
Sulfuric and Hydrofluoric Acid Mixture		4	4	>1.	Liq		1786	CO				4	0	DC, CO2, No Water		3	10, 18	3	4	16	K2. NCF.
Sulfuric Anhydride	7446-11-9	4	4	2.8	2.0		1829	CO				3	0	DC, No Water		3	8	4	4	16	K2, K24. Oxidizer. NCF.
Sulfuric Chloride	7791-25-5	4	4	4.6	1.7		1834	CO				4	0	DC, No Water	156	5	8	1	4	2, 9	K2. Pungent odor. NCF.
Sulfuric Chlorohydrin	7790-94-5	4	4	4.0	1.8		1754	CO				4	0	DC, No Water	304	5	10, 14, 21, 23	2	4	16	K2, K16. NCF.
Sulfurous Oxyfluoride		3	3	3.5	Gas		2191	OG				4	0	DC, CO2, No Water		3		1	4	11, 9	K2. TLV 5 ppm. NCF.
Sulfurous Acid	7782-99-2	4	4	2.8	1.0	Y	1833	CO				4	0	Foam, DC, CO2		3	8	3	4	9, 16	K2. Suffocating odor. NCF.
Sulfuryl Chloride Fluoride	7446-09-5	4	4	2.3	Gas		1079	PA				3	0	No Water, No Halon	14	3		4	3	5	K2. NCF. TLV 2ppm. NCF
Sulfurous Acid, 2-(p-tert-Butylphenoxy) Cyclohexyl-2-Propynyl Ester	2312-35-8	3	4	12.	Liq	N	2765	OM				3	1	Fog, Foam, DC, CO2		3		1	3		K2, K12.
Sulfurous Oxychloride	7719-09-7	4	4	4.1	1.6		1836	CO				3	0	DC, CO2, No Water	174	5	10	2	4	16, 3	K2, K16. Suffocating odor. TLV 1 ppm. NCF.
Sulfuryl Azide Chloride		4	4	5.0	Var							4	4			6		3	4		K2. Explodes.
Sulfuryl Chloride	7791-25-5	3	4	4.6	1.7		1834	CO				4	0	DC, No Water	156	5	17	1	4	2, 9	K2. Pungent odor. NCF.
Sulfuryl Chloride Fluoride	13637-84-8	4	4	4.2	Gas							4	0	DC, CO2	45	3	8	1	2		K2.
Sulfuryl Diazide		4	4	5.2	Var							4	4			6	17	5	2		K3. Explodes.
Sulfuryl Fluoride	2699-79-8	3	3	3.5	Gas		2191	OG				4	0	DC, CO2, No Water	-67	3	8	1	4	11, 9	K2. TLV 5 ppm. NCF.
Sulphur	7704-34-9	2	2	8.8	Pdr		1350	FS	405		450	4	2	Fog	156	1	1, 21	1	2	2	K2. Melts @ 234°.
Sulprotos (Common name)	35400-43-2	3	3	11.	1.2	S	2765	PB				4	1	Foam, DC, CO2	257	3		1	3	9, 12	K2, K12. Sulfur odor.
Superpalite	75-44-5	4	4	3.4	Gas		1076	PA				4	0		47	3	8	3	3	6, 4, 8	TLV <1 ppm. New hay odor. NCF.
Swat (Trade name)	122-10-1	3	4	10.	Liq	N						4	0	Fog, Foam, DC, CO2	311	3		1	3	9, 5, 12	K2, K12.
Sylvan	534-22-5	3	2	2.8	.91		2301	FL	-22			2	3	Fog, Foam, DC, CO2	147	3	2	2	3	9	Ether odor.
Systox (Trade name)	298-03-3	3	4	>1.	1.1	S		PB				4	0	Fog, Foam, DC, CO2	273	3	1	1	3	12, 9	K2, K12. NCF.
Systox (Trade name)	8065-48-3	4	4	18.	Liq							4	1	Fog, Foam, DC, CO2		3		1	3	12, 9	K2, K12. TLV <1 ppm.
2-4-5-T		3	3	8.8	Cry		2765	PB				4	1	Fog, Foam, DC, CO2		3		1	3	5	K2, K12.
2-4-5-T Amine (Ester or Salt)		3	3	8.8	Cry		2765	PB				4	1	Fog, Foam, DC, CO2		3		1	3	5	K2, K12.
T-Stuff (90%) (Common name)	7722-84-1	3	3	1.2	1.5	Y	2015	OX				1	1	Fog, Flood, No Chem.	306	2	21, 22, 23	3	3	5	K24. Powerful Oxidizer. TLV 1ppm.
T.C.D.D. (Dioxin)	1746-01-6	4	4	11.	Sol	S						4	1	DC, CO2		3		1	4		Melts @ 581°. Carcinogen. NCF.
T.D.E.	72-54-8	3	3	11.	Cry		2761	OM				4	1	Fog, Foam, DC, CO2		3	2	1	4		K12. Melts @ 230°. Can burn.
T.D.I.	584-84-9	4	4	6.0	1.2	N	2078	PB	260	.9-9.5		4	1	Fog, Foam, DC, CO2	484	3	13	2	4	3	K2. RW water → CO2. Pungent odor. TLV <1 ppm.
T.E.A. (Triethyl Aluminum)	97-93-8	3	3	3.9	.84	N	1103	FL	-63		-63	4	4	DC, Soda Ash, CO2	381	2	10	3	4	3	No water or halons. Pyrotoric.
T.M.L. Compound	75-74-1	3	3	9.2	2.0	N	1649	PB	100	1.8-		3	3	Fog, Foam, DC, CO2	230	3	2	2	3	5	K24. May explode >194°.

(259)

Chemical Name	CAS	Tox L	Tox S	Vap Den.	Spec Grav.	Wat Sol.	DOT Number	Cl	Flash Point	Flamma. Limit	Ign. Temp.	Disa. Atm	Disa. Fire	Extinguishing Information	Boil Point	F	R	E	S	H	Remarks
T.N.A.				9.0	Sol			EX				4	4			6	17	5	2		High explosive.
T.N.B.			3	9.5	Cry			EX				4	4			6	17	5	2		High explosive.
T.N.T.		3	3	7.8	Cry	N		EX				4	4			6	17	5	2		Explodes @ 450°.
Tabun	77-81-6	4	4	5.6	1.4	Y		PB	172			4	2		464	3	1	4	2	12, 5, 8	H6. Nerve Gas.
Talan (Trade name)	973-21-7	3	3	11.	Pdr	N						3		Fog, Foam, DC, CO2		3		1	3		K12.
Talon (Rodenticide) (Trade name)	56073-10-0	4	4	18.	Cry	S						4		Foam, DC, CO2		3		1	4	9	K2, K12. Melts @ 442°.
Tamanox (Trade name)	10265-92-6	4	4	4.8	Cry	S						4				3		1	4	12	K2, K12, K24. Melts @ 104°.
Tamaron (Trade name)	10265-92-6	4	4	4.8	Cry	S						4				3		1	4	12	K2, K12, K24. Melts @ 104°.
Tar Camphor	91-20-3	3		4.4	Sol	N	1334	OM	174	9-5.9	979	2	2	Fog, Foam, DC, CO2	424	3	1	1	2	9,5	TLV 10 ppm. Coal-tar odor.
Tar Liquid		2		>1.	Liq	S	1999	FL				3	2	Fog, Foam, DC, CO2		2	1	1	2		K2.
Tar, Liquid (including Road Asphalt)		2	1	>1.	Liq	N	1993	FL				3	3	Fog, Foam, DC, CO2		2	1	1	2		K2.
Tattoo (Trade name)	22781-23-3			7.8	Sol	S						3	3	Foam, DC, CO2		3		1	3	5, 12	K12. Melts @ 262°.
Tear Gas		2	3	>1.	Gas	S	1693	IR				3	1	Fog, Foam, DC, CO2		3		1	3	2, 7	K2.
Tear Gas Candle		2	3	>1.	Sol	S	1700	IR				3	1	Fog, Foam, DC, CO2		3		1	3	2, 7	K2.
Tear Gas Device (>2% Gas)		2	3	>1.	Gas	S	1693	IR				3	1	Fog, Foam, DC, CO2		3		1	3	2, 7	K2.
TEDP (Tetraethyl Dithiopyrophosphate)	3689-24-5	4	4	11.	Liq	Y	1704	PB				4	1	Foam, DC, CO2		3		1	4	9, 12	K2, K12.
Teflon (Common name)	9002-84-0	1	1	>1	Sol	N						4	0	Fog, Foam, DC, CO2		1		1	2		K2. RVW fluorine: NaK. NCF.
Tel Compound (Common name)	78-00-2	3	3	11.	Liq	S	1649	PB	200			3	2	Fog, Foam, DC, CO2	388	3	2	2	3	5	K24, K22, K2.
Tellurane-1,1-Dioxide				8.0	Var							3	4	Soda Ash		6	17, 11	3	2		K2. Explodes with fast heat.
Tellurium Hexafluoride	13494-80-9	2	2	>1.	Pdr	N						4	0	Fog, Foam, DC, CO2		2		1	4	9	K2, K24.
Tellurium Nitride	7783-80-4			8.3	Gas		2195	PA				4		No Water	-38	6	17, 6, 11	3	4		K2, K24. Foul odor. NCF.
		3		>1.	Sol							4	4			6		3	4	9	Explodes.
Telone (Trade name)	542-75-6	2	4	3.8	1.2				95			3	3	Fog, Foam, DC, CO2	217	2	2	1	3		K12.
Temephos (Trade name)	3383-96-8	3	3	16.	Var							3	1	Fog, Alfo, DC, CO2		1		1	2	12, 9	K12, K2.
Temik (Trade name)	116-06-3	3	4	>1.	Sol	S	2757	PB				4	0	DC, CO2		3		2	4		K12, K2. NCF.
TEPP (Common name)	107-49-3	4	4	4.7	.86	Y	2783	PB				3	1	Fog, Alfo, DC, CO2		3		1	4	5, 9, 12	K2, K12, K24.
Terbufos (Common name)	13071-79-9	4	4	10.	Liq	S						4	0	Fog, Foam, DC, CO2		3		1	4	12	K2, K12. Melts @ 84°. NCF.
Tercyl (Trade name)	63-25-2	3	3	6.9	Cry	N	2757	OM				3	3	Fog, Foam, DC, CO2	309	3	1	1	3	3	K12. Melts @ 288°. NCF.
Terpene Hydrocarbons, n.o.s.		2	2	4.8	.86	N	2319	FL	95	8-	488	2	3	Fog, Foam, DC, CO2	309	2	2	2	2		K21. ULC: 50. Terpene odor. TLV 100 ppm.
Terpenes		2	2	4.8	.86	N	2319	FL	95	8-	488	2	3	Fog, Foam, DC, CO2	309	2	2	2	2		K21. ULC: 50. Terpene odor. TLV 100 ppm.
Terpilenol	8006-39-1	1	1	5.4	.94	N			195			2	2	Foam, DC, CO2	417	1		1	2		
Terpineol	8006-39-1	1	1	5.4	.94	N			195			2	2	Foam, DC, CO2	417	1		1	2		
Terpinolene	586-62-9	1	1	4.7	.86	N	2541	FL	99			2	3	Foam, DC, CO2	365	2		1	2		
Terpinyl Acetate	80-26-2	1	1	6.8	.97	N			200			2	2	Fog, Alfo, DC, CO2	428	1		1	2		
Tetra(Boron Nitride)Fluorosulfate	68436-99-7			6.9	Sol							3	4			6	17	4	2		K2. Explodes >104°.
Tetra-butytin	1461-25-2	3		12.	1.1	N						2	1	Foam, DC, CO2		3		1	2		
Tetra-n-Propyl Dithionopyrophosphate	3244-90-4	3	3	13.	Liq	N						4	4	Foam, DC, CO2		3		1	2	9	K2, K12.
Tetra-n-Propyl Dithiopyrophosphate	3244-90-4	3	3	13.	Liq	N						4	4	Foam, DC, CO2		3		1	2	9	K2, K12.
Tetraacrylonitrilecopper Perchlorate				13.	Sol							4	4			6	17	5	2		Explodes.
Tetraamine-2,3-Butanediimine Ruthenium Perchlorate	56370-81-1			19.	Sol							3	4			6	17	5	2		Explosive.

(260)

Chemical Name	CAS	Tox L	Tox S	Vap Den	Spec Grav.	Wat Sol	DOT Number	DOT Cl	Flash Point	Flamma. Limit	Ign. Temp.	Disa. Atm Fire	Extinguishing Information	Boil Point	F	R	E	S	H	Remarks
Tetraaminecopper Azide	70992-03-9			7.6	Sol							3	4			6	17	5	2		Heat and impact sensitive. Explosive.
Tetraaminecopper Nitrate	31058-64-7			9.0	Sol							3	4			6	17	5	2		Impact-sensitive explosive. Explodes @ 626°.
Tetraaminecopper Nitrite	39729-81-2			7.8	Sol							3	4			6	17	5	2		Shock-sensitive. Explosive.
Tetraaminedithiocyanato Cobalt Perchlorate	36294-69-6			12.	Sol							3	4			6	17	5	2		Impact-sensitive explosive. Explodes @ 635°.
Tetraaminehydroxynitratoplatinum Nitrate				16.	Sol							3	4			6	17	5	2		Explosive.
Tetraaminelithium Dihydrogenphosphide	44023-01-6			3.8	Liq							4	3	No Water		5	7	1	2		K23.
Tetraaminepalladium Nitrate	13601-08-6			10.	Sol							3	3	Foam, DC, CO2		2	16	2	2		K2.
4α,8α,9α,10α-Tetraaza-2,3,6,7-Tetraoxaperhydroanthracene	262-38-4			7.1	Sol							3	4			6	17	5	2		Explosive. Explodes @ 248°.
Tetraazido-p-Benzoquinone	22826-61-5			9.5	Sol							3	4			6	17	5	2		Impact and friction sensitive. Explodes @ 248°.
Tetraazidobenzene Quinone				>1.	Var								4	Stop Gas, No Water		6	17	5	2		K2, K11. RXW nitric acid. Pyrotoric.
Tetraborane (10)	18283-93-7			1.8	Gas			FG				4	4			5	10	2	2		K2, K11. Pyrotoric.
Tetraboron Tetrachloride	17156-85-3			6.5	Var							3	3	DC, CO2		2	2	2	2		K1, TLV 1ppm
Tetrabromoacetylene	79-27-6	4	4	12.	3.0	N	2504	PB			635	4	1	Fog, Foam, DC, CO2	304	3	2	1	4	10	K1, TLV 1ppm
Tetrabromoethane (1,1,2,2-)	79-27-6	4	3	12.	3.0	N	2504	PB			635	4	1	Fog, Foam, DC, CO2	304	3	2	1	4	10	TLV <1 ppm. NCF.
Tetrabromomethane	558-13-4	3		11.	Sol		2516	PB				4	0	Fog, Foam, DC, CO2	373	3	3	1	3	11	K2, K16. Foul odor. NCF.
Tetrabromosilane		3	3	2.8	2.8			CO				4	0	No Water	307	3	8, 5	1	3		K2, K16. Foul odor. NCF.
Tetrabromosilicane		2	2	2.8	2.8			CO				4	0	No Water	307	3	8, 5	1	3		K2.
Tetrabutyl Urea	1461-25-2		3	9.8	.88							3	1	Foam, DC, CO2		2	2	1	2		
Tetrabutylstannane	5593-70-4	2		12.	1.1	N						2	2	Fog, Alfo, DC, CO2	593	1	1, 5	2	2		Wine odor.
Tetrabutyltitanate	12774-81-1			11.	1.				170			3	4			3	17	1	2		Deflagrates with fast heat.
Tetracarbonylmolybdenum Dichloride	15712-13-7			9.8	Var							3	3			2		1	2		K2, K20.
Tetracene	92-24-0			7.9	Cry	N						2	2	Fog, Alfo, DC, CO2		6	17, 2	5	4	9, 5	Shock-sensitive explosive.
1,2,3,4-Tetrachloro-1,2,3,4-Tetrahydronaphthalene	1335-87-1	4	4	11.	Sol							2	1			3		1			K2, K24.
1,1,2,3-Tetrachloro-1,3-Butadiene	921-09-5	3		6.7	Var							3	3	DC, CO2		3		2	2		K2.
3,3,4,5-Tetrachloro-3,6-Dihydro-1,2-Dioxin				7.9	Var							3	4			6	17	5	2		Unstable explosive.
1,1,3,3-Tetrachloroacetone	632-21-3	4		6.9	Var							3		Foam, DC, CO2		3		1	4	9	K2.
N,N,N',N'-Tetrachloroadipamide				9.9	Var							3		No Water		5		2	2		RW water & forms explosive material.
1,2,4,5-Tetrachlorobenzene	95-94-3			7.4	Sol				311			4	4	DC, CO2		3	2	1	2		Melts @ 280°. Can form dioxin.
Tetrachlorodiazocyclopentadiene	21572-61-2			8.0	Sol							3	4			6	17	5	2		Explodes @ 302°.
2,3,7,8-Tetrachlorodibenzodioxin		4	4	>1.	Var							4				4		2	4	6	K2.
1,1,2,2-Tetrachlorodifluoroethane	76-12-0	2	2	7.0	1.6							3	0	Fog, Foam, DC, CO2	199	1		1	2	9	K2. TLV 500 ppm. NCF.
Tetrachlorodinitroethane		3	3	8.9	Cry							4	1	DC, CO2		3		1	2	2, 9	K2.
Tetrachlorodiphosphane	13497-91-1			7.1	Var							4	3	DC, CO2		3		1	2		K2. May be pyrotoric.
1,1,1,2-Tetrachloroethane	630-20-6	3		5.8	1.6	S	1702	OM				4	0	Foam, DC, CO2	264	3	4	1	4	3	K2. RW alkali metals. NCF.
Tetrachloroethane	79-34-5	4	4	5.8	1.6	S	1702	PB				4	0	DC, CO2	295	3		1	4	3	K2. Chloroform Odor. NCF.
Tetrachloroethane (1,1,2,2)	25322-20-7	4	2	5.8	1.6	S	1702	OM				3	0	Foam, DC, CO2		3		1	4	9	K2. NCF.

(261)

Chemical Name	CAS	Tox L	Tox S	Vap Den	Spec Grav	Wat Sol	DOT Number	DOT Cl	Flash Point	Flamma. Limit	Ign. Temp.	Disa Atm	Disa Fire	Extinguishing Information	Boil Point	F	R	E	S	H	Remarks
Tetrachloroethene	127-18-4	3	2	5.8	1.6	N	1897	PB				3	0	Fog, Foam, DC, CO2	250	3		1	3	2	TLV 50 ppm (skin). Chloroform odor. NCF.
Tetrachloroethylene (1,1,2,2-)	127-18-4	3	2	5.8	1.6	N	1897	PB				3	0	DC, Foam, DC, CO2	250	3		1	3	2	TLV 50 ppm (skin). Chloroform odor. NCF.
2,3,4,5-Tetrachlorohexatriene		4		7.6	Var									DC, CO2		3		1	4	9	K2.
Tetrachloroisophthalonitrile	1897-45-6			9.3	Sol	N						4		DC, CO2		3		1	2	9	K2, K12. Melts @ 482°
Tetrachloromethane	56-23-5	2	2	5.3	1.6		1846	OM				4	0	Fog, Foam, DC, CO2	170	1	21	1	3	10	K7. TLV 5 ppm. Ether odor. NCF.
Tetrachloronaphthalene	1335-87-1	4	4	11.	Sol							3	1	Fog, Alfo, DC, CO2		3		1	4	9, 5	K2, K24.
2,4,6-Tetrachlorophenol	58-90-2	3	3	8.0	Sol							3	0	Foam, DC, CO2	327	3		1	2	9	K12. Strong odor. Melts @ 156°. NCF.
2-3-4-6-Tetrachlorophenol	58-90-2	3	3	8.0	Sol	N						3	0	Foam, DC, CO2	327	3		1	2	9	K12. Strong odor. Melts @ 156°. NCF.
1,1,2,3-Tetrachloropropene	10436-39-2	3	3	6.3	Var							3		Foam, DC, CO2		3		1	4	9	K2.
Tetrachlorosilane	10026-04-7	2	2	5.8	1.5		1818	CO				3	0	No Water, DC, CO2	136	3	8	1	4	9	K2, K16. Suffocating odor. NCF.
Tetrachlorothiophene (2,3,4,5-)	6012-97-1	3	3	7.7	Liq							4		DC, CO2	219	3		1	4	9	K2, K12.
Tetrachlorovinphos (Common name)	961-11-5	2	2	12.	Sol							3	0	Foam, DC, CO2		3		1	2	9, 12	K2, K12. Melts @ 201°. NCF.
Tetracobalt Dodecacarbonyl	10210-68-1	4		12.	Cry	N						2	2	DC, CO2		3		1	4		K11. Pyroforic.
Tetracyanoethylene	670-54-2			>1.	Cry									No Water		5	6	1		9	RW Moist air → Hydrogen Cyanide.
Tetracyanooctaethyltetragold				39.	Sol							4	4			6	17	5	2		K20. Explosive. Explodes @ 176°.
Tetradecylheptaethoylate	40036-79-1	3		>1.	Var							2	2	DC, CO2		1		1	2		
Tetraethoxypropane (1,1,3,3-)	122-31-6	4		7.6	.92				190			2	2	Fog, Foam, DC, CO2	428	1	1	1	2	2	
Tetraethyl Diarsane	612-08-8	4		9.2	1.1	N	1703	PA				3	3	DC, CO2		2	2	2	2		K2, K11. Pyroforic.
Tetraethyl Dithionopyrophosphate		4	4	11.	Gas							4		Stop Gas, Fog, DC, CO2		3		2	4	8, 6, 12	K2, K12.
Tetraethyl Dithiopyrophosphate	3689-24-5	4	4	11.	Liq	N	1704	PB				4	1	Foam, DC, CO2		3		1	4	9, 12	K2, K12.
Tetraethyl Dithiopyrophosphate (Compressed Gas Mixture)	3689-24-5	4	4	11.	Gas		1703	PA				4		Stop Gas, Fog, DC, CO2		3		2	4	9, 6, 12	K2, K12.
Tetraethyl Dithiopyrophosphate (Dry, Liquid or Mixture)	3689-24-5	4	4	11.	Liq	N	1704	PB				4	1	Foam, DC, CO2		3		1	4	9, 12	K2, K12.
Tetraethyl Lead	78-00-2	4	3	11.	1.7		1649	PB	200			3	2	Fog, Foam, DC, CO2	388	3	2	2	3	5	K24, K22, K2.
Tetraethyl Pyrophosphate (Flammable Liquid)		4	4	10.	1.2	Y	2784	FL	<100			3	3	Fog, Alfo, DC, CO2		3	2	2	4	9, 5, 12	K2, K12, K24.
Tetraethyl Pyrophosphate (and Compressed Gas Mixture)		4	4	10.	Gas	Y	1705	PA				4	1	Stop Gas, Fog, DC, CO2		3		2	4	9, 5, 12	K2, K12, K24.
Tetraethyl Pyrophosphate Mixture (Dry)	107-49-3	3	3	10.	1.2	Y	2783	PB				3	1	Fog, Alfo, DC, CO2		3		1	4	5, 9, 12	K2, K12, K24.
Tetraethyl Silicate	78-10-4	2	3	7.2	.93		1292	CL	125			1	2	Foam, Foam, DC, CO2	329	3	2	1	3	11, 2	K2, K12.
Tetraethyl-o-Silicate	78-10-4	2	3	7.2	.93		1292	CL	125			1	1	Foam, Foam, DC, CO2	329	3	2	1	3	11, 2	K2, K12.
O,O,O',O'-Tetraethyl-S,S-Methylene Diphosphorodithioate	563-12-2	4	4	13.	1.2	S	2783	PB				4	0	Foam, DC, CO2		3	11	1	4	12	K2, K12. NCF.
Tetraethyldiarsyl	612-08-8	4	3	9.2	1.1							3	3	DC, CO2		2	2	2	2		K2, K11. Pyroforic.
Tetraethylenepentamine	112-57-2	3		6.5	1.0	Y	2320	CO	325		610	3	1	Fog, Alfo, DC, CO2	631	1	1	1	2	2, 9	K2.
Tetraethylgermanium	4531-35-5			6.0	Var							3	4			6	17	5	2		K20 or fast heat. Explodes.

Chemical Name	CAS	Tox L	Tox S	Vap Den.	Spec Grav.	Wat Sol.	DOT Number	Cl	Flash Point	Flamma. Limit	Ign. Temp.	Disa. Atm	Disa. Fire	Extinguishing Information	Boil Point	F	R	E	S	H	Remarks
Tetraethynyltin	16413-88-0			7.7	Var							2	4			6	17	5	2		Explodes w/fast heat.
Tetrafluoroborate Compound with p-Aminobenzoic Acid 2-(Diethylamino)Ethyl Ester			4	>1.	Liq			CO				3		DC, CO2		3		1	4	16	K2.
1,1,4,4-Tetrafluorobutatriene	2252-95-1			4.0	Liq							3	4			6	17	5	2		Explodes.
Tetrafluorodiazridine	17224-09-8			4.0	Var							4	4			6	17	5	2		High explosive and oxidizer. RVW Aluminum. NCF.
Tetrafluorodichloroethane	1320-37-2	2	2	4.0	Gas	N	1958	CG				3	0	Fog, Foam, DC, CO2	38	1	11	1	2	1	K2. TLV 1000 ppm. RVW Aluminum. NCF.
Tetrafluoroethylene (Inhibited)	116-14-3	2	4	3.4	Gas	N	1081	FG		10.0-60.0	392	4	4	Stop Gas, Fog, Foam	-108	2	22	4	2	1	K9. RVW oxygen or SO3
Tetrafluorohydrazine	10036-47-2	4	4	3.6	Gas		1955	PA				4	4			3	3	4	4	2	Rocket fuel oxidizer. RXW fuels and oxidizer. Explodes
Tetrafluoromethane	75-73-0	2	1	3.0	Gas	S	1982	CG				3	0	Fog, Foam, DC, CO2		1		1	2		RVW Aluminum. NCF.
Tetrafluorosilane	7783-61-1	3	3	4.7	Gas	Y	1859	CG				3	0	No Water, DC, CO2	-85			1	3		K16. Pungent odor. NCF.
Tetrahydro-1-4-Oxazine	110-91-8	3	3	3.0	1.0	Y	2054	FL	98	1.4-11.2	555	3	3	Fog, Alfo, DC, CO2	264	3	1	2	3	2	K2. Amine odor. TLV 20 ppm.
5,6,7,8-Tetrahydro-1-Naphthyl Methylcarbamate	1136-84-1		3	7.2	Var							3		DC, CO2		3		1	1	9	K2.
Tetrahydro-2-Furylmethanol	97-99-4	2	3	3.5	1.1	Y			167	1.5-9.7	540	3	2	Fog, Alfo, DC, CO2	352	1	1	1	2		K12. NCF. Melts @ 338°.
Tetrahydro-3,5-Dimethyl-2H-1,3,5-Thiadiazine-2-Thione	136-78-7	3		10.	Sol	S						4	0	Fog, Foam, DC, CO2		3	1	1	3	2	K2.
Tetrahydro-p-Oxazine	110-91-8	3	3	3.0	1.0	Y	2054	FL	98	1.4-11.2	555	4	3	Fog, Alfo, DC, CO2	264	3	1	2	3	2	K2. Amine odor. TLV 20 ppm.
1-2-3-6-Tetrahydrobenzaldehyde	100-50-5	3	3	3.8	.97	S	2498	CO	135			2	2	Fog, Alfo, DC, CO2	327	3	1	1	2	2	
1-2-3-6-Tetrahydrobenzaldehyde	100-50-5	3	3	3.8	.97	S	2498	CO	135			2	2	Fog, Alfo, DC, CO2	327	3	1	1	2	2	
1-2-3-4-Tetrahydrobenzene	110-83-8	3		2.8	.81	N	2256	FL	10	1.2-5.0	471	3	3	Fog, Foam, DC, CO2	181	2	1	1	2	3	TLV 300 ppm. Sweet odor.
Tetrahydrodimethylfuran	1320-94-1	3	3	3.4	Liq							2	2	Fog, Alfo, DC, CO2		3	1	1	2	3	
Tetrahydrofuran (THF)	109-99-9	2	3	2.5	.83	Y	2056	FL	1	1.8-11.8	610	3	2	Fog, Alfo, DC, CO2	149	2	1	2	1	11	K10. Ether odor. TLV 200 ppm.
2,5-Tetrahydrofuran Dimethanol	104-80-3	3	3	4.5	1.2	Y						3	3	Fog, Alfo, DC, CO2	509	3	1	1	3		K2.
Tetrahydrofurfuryl Alcohol (THFA)	97-99-4	2	3	3.5	1.1	Y			167	1.5-9.7	540	3	2	Fog, Alfo, DC, CO2	352	1	1	1	2	2	K2.
Tetrahydrofurfurylamine	4795-29-3		2	3.6	Liq		2943	FL				3	3	Fog, Flood		2	1	2	2		High oxidizer.
2-Tetrahydrofuryl Hydroperoxide	4676-82-8	2		4.6	.98	N			160	.8-5.0	725	2	2	Fog, Foam, DC, CO2	405	1	16	1	2	11	Menthol odor.
Tetrahydronaphthalene (1,2,3,4-)	119-64-2	2	3	5.2	Pdr	Y	2698	CO	315			2	1	Fog, Alfo, DC, CO2	383	3	5,1	1	2	2	Melts @ 215°.
Tetrahydrophthalic Acid Anhydride	85-43-8	3	3	5.2	Pdr	Y	2698	CO	315			3	3	Fog, Alfo, DC, CO2	383	3	5,1	1	2	2	Melts @ 215°.
Tetrahydrophthalic Anhydride	85-43-8		3									2	2			3		1	2		
Tetrahydropyran	100-72-1	3		4.0	.88	Y		FL	-4			2	2	Fog, Foam, DC, CO2	369	3	1	1	3	2	
Tetrahydropyran-2-Methanol	100-72-1			4.1	1.0	Y			200			2	3	Fog, Foam, DC, CO2	239	3	3	1	2		K20. Explosive.
1,2,5,6-Tetrahydropyridine	694-05-3			2.9	.91		2410	FL	61			3	3	Fog, Foam, DC, CO2	239	3	2	1	2		K2.
Tetrahydropyridine	694-05-3			2.9	.91		2410	FL	61			3	3	Fog, Alfo, DC, CO2	239	3	2	1	2	9	K2, K16. Sharp amine odor.
Tetrahydropyrrole	123-75-1	3		2.5	.86	Y	1922	FL	37			4	3	Fog, Alfo, DC, CO2	192	2	2	1	2		K2. Gas odorant.
Tetrahydrothiophene	110-01-0			3.0	1.0		2412	FL				3	3	Fog, Alfo, DC, CO2	239	3	1	2	2	9	
1,1,2,2-Tetrakis (Allyloxy)Ethane	16646-44-9	3		8.9	Var									DC, CO2		3		2	2		
1,3,4,6-Tetrakis(2-Methyltetrazol-5-yl)Hexaaza-1,5-Diene	83195-98-6			14.	Sol							3	4			6	17	5	2		Impact-sensitive explosive.
Tetrakis(Chloroethynyl)Silane				9.3	Sol							3	4			6	17	5	2	May explode >221°.
Tetrakis(Hydroxymethyl)Phosphonium Nitrate	24748-25-2			7.6	Var							3	4			6	17	5	2	Explodes @ 495°.
Tetrakis(Thiourea)Manganese Perchlorate	50831-29-3			19.	Sol							4	4			6	17	5	2	K20. High explosive.
Tetrakis-(N,N-Dichloroaminomethyl) Methane				14.	Sol							4	4								

(263)

Chemical Name	CAS	Tox L S	Vap Den.	Spec Grav.	Wat Sol	DOT Number	DOT Cl	Flash Point	Flamma. Limit	Ign. Temp.	Disa Atm	Fire	Extinguishing Information	Boil Point	F	R	E	S	H	Remarks
Tetralin	119-64-2	2 3	4.6	.98				160	.8-5.0	725	2	2	Fog, Foam, DC, CO2	405	1	1	1	2	11	Menthol odor.
Tetralin Hydroperoxide (Technical Pure)			>1.	Liq		2136	OP					3	Fog, Flood		2	4	2	2		Organic peroxide.
Tetralite	479-45-8	2 2	10.	Cry	N		EX				3	4			6	17	5	2		High explosive. Explodes @ 368°.
Tetram (Trade name)	78-53-5	4	9.3	Liq	S		PB				4	0	DC, CO2		3		1	4	12	K2, K12. NCF.
Tetramethoxy Silane	3734-97-2	3	13.	Cry		2606	PB				4	4	Fog, Foam, DC, CO2		3		1	3	12	K12, K2. Combustible.
1,1,3,3-Tetramethoxypropane		4 4	>1.	Var				170			3	2	Fog, Foam, DC, CO2	361	3	1	2	4	9, 3, 8	K2. Vesicant.
Tetramethyl Ammonium Hydroxide	75-59-2	3 4	3.1	1.0	Y	1835	CO				2	2	Fog, Alfo, DC, CO2		1		1	2		
Tetramethyl Diarsine	144-21-8	4	7.2	1.2	S						4	3	Foam, DC, CO2, CO2	93	3	2, 14	4	4	16	K2. NCF.
Tetramethyl Diarsyl	144-21-8	4	7.2	1.2	S						4	3	DC, CO2	329	2	2	2	4		K2, K11. Pyroforic.
Tetramethyl Lead	75-74-1	3	9.2	2.0	N	1649	PB	100	1.8-		4	3	Fog, Foam, DC, CO2	329	2	2	2	4		K2, K11. Pyroforic.
2,2,3,3-Tetramethyl Pentane			4.4	.74	N			<70	.8-4.9	806	2	3	Fog, Foam, DC, CO2	230	3	2	2	3	5	K24. May explode >194°
2,2,3,4-Tetramethyl Pentane			4.4	.74	N			<70	.8-4.9	806	2	3	Fog, Foam, DC, CO2	270	2	1	2	2		K11. Volatile. Pyroforic.
Tetramethyl Silane	75-76-3	2 2	3.0	.65	N	2749	FL	0			2	3	Foam, DC, CO2	270	2	2	2	2		K11. Volatile.
Tetramethyl Silicane		2 2	3.0	.65	N	2749	FL	0			2	4	Foam, DC, CO2	80	2	2	2	2		K20. Impact-sensitive explosive.
3,3,6,6-Tetramethyl-1,2,4,5-Tetraoxane	1073-91-2		5.2	Sol							2	4		80	6	17	5	2		Unstable explosive.
Tetramethyl-1,2-Dioxetane	35856-82-7		4.0	Var							2	3	Foam, DC, CO2		6	17	5	2		K12
2,4,6,8-Tetramethyl-1,3,5,7-Tetroxocane	108-62-3		6.1	Cry	N	1332	FS				2	2	Fog, Alfo, DC, CO2	329	2	1	1	4	9	K2.
2,2,4,4-Tetramethyl-1,3-Cyclobutanediol	97-84-7	4	5.0	.80	Y			114		125	3	2	Fog, Alfo, DC, CO2	428	3	1	1	2	2	Melts @ 255°
N,N,N',N'-Tetramethyl-1,3-Butane-Diamine		2 2	5.0	Sol	S						3	3	DC, CO2		1		1	4		K2.
N,N,N',N'-Tetramethyl-1,3-Propane-diamine	110-95-2	3 4	4.5	Var							3	3	DC, CO2		2		1	4		K2.
Tetramethyl-2-Tetrazene	6130-87-6		4.0	Liq							3	4			6	17	3	5		Explodes @ 266°
N,N,N',N'-Tetramethyl-Dipropyl-Enetriamine	6711-48-7	4	>1.	Var							4	4			3	2	2	2		K2.
Tetramethylammonium Azido-cyanoiodate	68574-17-4		9.4	Sol							3	4			6	17	5	2		Extremely light-sensitive
Tetramethylammonium Azidocyanatoiodate	68574-15-2		10.	Sol							3	4			6	17	5	2		Extremely light-sensitive
Tetramethylammonium Azidoselenocyanatoiodate			12.	Sol							3	4			6	17	5	2		Extremely light-sensitive
Tetramethylammonium Borohydrate	16883-45-7	4	3.1	Var							4	4	DC, CO2		3	2	3	4	9, 2	K2.
Tetramethylammonium Chlorite			5.0	Sol							4	4			6	17	5	2		Impact-sensitive explosive.
Tetramethylammonium Diazidoiodate			10.	Cry							3	4			6	17	5	2		High explosive.
1-2-4-5-Tetramethylbenzene	68574-13-0	2 2	4.6	Sol	N			130		800	2	2	Fog, Foam, DC, CO2	385	1	1	1	2		Melts @ 174°
1,2,3,4-Tetramethylbenzene	488-23-3	2 2	4.7	.90	N			160		800	2	2	Fog, Foam, DC, CO2	390	1	1	1	2		
1,2,3,5-Tetramethylbenzene	527-53-7	2	4.7	.90	N			160			2	2	Fog, Foam, DC, CO2	390	1	1	1	2		
1,1,3,3-Tetramethylbutyl Hydroperoxide (Technical Pure)			>1.	Liq	N	2160	OP					3	Fog, Flood		2	4	2	2		Organic peroxide.
1,1,3,3-Tetramethylbutylamine	107-45-9	3	4.5	Liq								3	Foam, DC, CO2		3	1	1	2	9	K2.
1,1,3,3-Tetramethylbutylperoxy-2-Ethyl Hexanoate (Technical Pure)			>1.	Liq	N	2161	OP					3	Fog, Flood		2	16, 4	2	2		Keep cool. SADT: 25°. Organic peroxide.
Tetramethyldialuminum Dihydride	33196-65-5		4.1	Var							2	3			2	16	2	2		K11. Burns explosively. Pyrotoric.
Tetramethyldiarsane	471-35-2		7.3	Var							3	3	DC, CO2		3	2	2	2		K2, K11. RVW Chlorine. Pyroforic.
Tetramethyldiborane	21482-59-7		2.9	Liq							2	3	DC, CO2		2	2	2	2		K11. Pyroforic.
Tetramethyldigallane	65313-37-3		7.0	Var							2	3	DC, CO2		2	2	2	2		K11. Pyroforic.

Chemical Name	CAS	Tox L	Tox S	Vap Den.	Spec Grav.	Wat Sol.	DOT Number	Cl	Flash Point	Flamma. Limit	Ign. Temp.	Disa. Atm	Fire	Extinguishing Information	Boil Point	F	R	E	S	H	Remarks
Tetramethyldigold Diazide	22653-19-6				Sol							3	4	DC, CO2		6	17	5	2		Extremely sensitive explosive.
Tetramethyldiphosphane	3676-91-3			4.3	Var							3	3	DC, CO2		2	2	2	2		K2. K11. Pyroforic.
Tetramethyldistibine	41422-43-9			10.	Var							3	3	DC, CO2		2	2	2	2		K2. K11. Pyroforic.
Tetramethylene	287-23-0	2		1.9	Gas		2601	FG	<50	1.8-		2	4	Stop Gas, Fog, DC, CO2	55	2	1	4	2		
Tetramethylene Cyanide	111-69-3	4	4	3.7	.97	N	2205	PB	199			4	2	Fog, Foam, DC, CO2	563	3	12	1	4		K5, TLV <10 ppm
Tetramethylene Diperoxide Dicarbamide				>1.	Var								4			6	17	5	2		
Tetramethylene Oxide	109-99-9	2	3	2.5	.83	Y	2056	FL	1	1.8-11.8	610	2	3	Fog, Alfo, DC, CO2	149	2	1	2	2	11	K10. Ether odor. TLV 200 ppm.
N,N,N',N'-Tetramethylmethylenediamine	110-18-9	2	3	4.0	.78	Y	2372	FL				3	3	Fog, Alfo, DC, CO2		2	1	2	3	2	K2.
	51-80-9	3	3	3.5	Liq		9069	OM				3	3	Alfo, DC, CO2		3	2	2	3	2,7	K2.
Tetramethylmethylenediamine	51-80-9	3	3	3.5	Liq		9069	OM				3	3	Alfo, DC, CO2		3	2	2	3	2,7	K2.
Tetramethylplatinum	22295-11-0			8.9	Sol							2	4			6	17	3	2		K20. Weak explosive.
Tetramethylstannane	594-27-4	3		6.2	1.3	N						2	3	Fog, Foam, DC, CO2	172	3	2	3	2		RXW Dinitrogen Tetroxide.
Tetramethylsuccinonitrile	3333-52-6	4	4	4.7	Cry					1.9-		3	4	DC, CO2		3		1	2	5, 4, 9	K5. Melts @ 336°. TLV <1 ppm (skin)
Tetramethyltin	594-27-4	3		6.2	1.3	N			<70			2	3	Fog, Foam, DC, CO2	172	2	2	2	3		RXW Dinitrogen Tetroxide.
1,1,3,3-Tetramethylurea	632-22-4			4.0	.97	Y			167			3	2	Fog, Foam, DC, CO2	350	1	1	1	2	9	K2. Fat odor.
trans-1,4,5,8-Tetranitro-1,4,5,8-Tetraazadecahydronaphthalene	83678-81-8			11.	Sol							3	4			6	17	5	2		Explosive.
N,2,4,6-Tetranitroaniline	4591-46-2			9.5	Sol							3	4			6	17	4	2		Can deflagrate.
N,2,3,5-Tetranitroaniline	57284-58-7			9.5	Sol							3	4			6	17,3	5	2		Can explode spontaneously.
Tetranitroaniline	3698-54-2			9.4	Sol			EX				3	4			6	17	5	2		High explosive. Explodes @ 459°.
Tetranitrodiglycerin				>1.	Liq							4	4			6	17	5	2		Explodes.
Tetranitromethane		4	4	6.8	1.7	N	1510	OX				4	4		257	6	17	4	2		K24. TLV 1 ppm. High oxidizer. Potentially explosive. RXW fuels.
Tetranitronaphthalene (1,3,6,8-)	28995-89-3			11.	Cry							4	4			6	17	5	2		K20. High explosive. Explodes.
2,3,4,6-Tetranitrophenol	641-16-7			8.7	Sol			EX				3	4			6	17	5	2		Explosive.
2,3,4,6-Tetranitrophenyl Methyl Nitramine				>1.	Sol								4			6	17	5	2		
2,3,4,6-Tetranitrophenylnitramine				>1.	Sol								4			6	17	5	2		
Tetranitroresorcinol				>1.	Sol								4			6	17	5	2		
2,3,5,6-Tetranitroso Nitrobenzene (Dry)				>1.	Var								4			6	17	5	2		
2,3,5,6-Tetranitroso-1,4-Dinitrobenzene				>1.	Cry	N							4			6	17	4	2		
Tetraphenyltin	757-58-4		3	18.	1.3		2783	PB	450			3	1	Fog, Foam, DC, CO2		3	1	1	2		K2. Melts @ 439°
Tetraphosphoric Acid, Hexaethyl Ester		4	4	14.	Cry							4	1	Foam, DC, CO2		3	2	4	2	9	K2. K12.
Tetraphosphorus Iodide	1314-86-9		3	8.8	Var							3	4	DC, CO2		2	2	3	2	9	K2. RVW nitric acid. Ignites when heated.
Tetraphosphorus Triselenide				9.1	Var							4	3	Fog, Foam, DC, CO2		2	2	1	2		
Tetrapropyl-ortho-Titanate				>1.	Liq		2413	FL				4	4			2	2	2	2		Explodes >−266°. RXW halogens.
Tetraselenium Tetranitride	12033-88-6			13.	Sol							4	4		228	6	17	5	2		K2. Explosive.
Tetrasilane	7783-29-1			4.2	.83							3	4	No Water		2	2	2	2		Heat-sensitive explosive.
Tetrasilver Diimidotriphosphate				23.	Sol							3	4			6	17	5	2		K20. Explosive.
Tetrasilver Orthodiamidophosphate	32607-15-1			22.	Var							4	4			6	17	5	2		Explodes @ 212°.
Tetrasulfur Dinitride				5.4	Var							4	4			6	17	5	2		Explodes @ 212°.
Tetrasulfur Tetranitride	28950-34-7			6.4	Var							4	4			6	17	5	2		

Chemical Name	CAS	Tox L	Tox S	Vap Den.	Spec Grav.	Wat Sol.	DOT Number	DOT Cl	Flash Point	Flamma. Limit	Ign. Temp.	Disa. Atm	Disa. Fire	Extinguishing Information	Boil Point	F	R	E	S	H	Remarks
Tetrazene	109-27-3			6.6		Cry	0114	EX				4	4			6	17	5	2		K20. High explosive.
Tetrazene Guanyl Nitrosamino Guanyltetrazene				>1.		Var						4	4			6	17	5	2		RVW sulfuric acid.
1,2,4,5-Tetrazine	290-96-0			2.9		Sol						3				2	16	4	2		K20. High explosive.
Tetrazine (Dry)	109-27-3			6.6		Cry	0114	EX				4	4			6	17	5	2		K20. High explosive.
Tetrazol	288-94-8			2.4		Var						3	4			6	17	5	2		Explodes >311°.
Tetrazol-1-Acetic Acid				>1.		Var	0407	EX				4				6	17	5	2		
Tetrazole-5-Diazonium Chloride	27275-90-7			4.6		Cry						3	4			6	17	5	2		K20.Extremely sensitive.
Tetrazolyl Azide (Dry)				>1.		Sol						3				6	17	5	2		
Tetrole	110-00-9	3	3	2.3	.94	N	2389	FL	<32	2.3-14.3		2	3	Foam, DC, CO2		2	14, 2	2	3	10, 5	K10, K24. TLV 10 ppm.
Tetron (Trade name)	107-49-3	3	4	10.	1.2	Y	2783	PB				3	1	Fog, Alfo, DC, CO2	88	3	1	4	2	5, 9, 12	K2, K12, K24.
Tetryl	479-45-8	2	2	10.		N		EX				3	4			3	17	5	2		K20. High explosive. Explodes @ 368°.
Textile Treating Compound		3		>1.		Liq	1760	CO				1	2	Fog, Alfo, DC, CO2		3		1	2		
Textile Waste (Wet, n.o.s.)				>1.		Sol	1857	FS				2	2	Fog, Flood		2		5	2		K21.
Thallic Oxide	1314-32-5			14.		Cry	Y					3	2	Fog, Flood		3		2	2	9	K24. Evolves oxygen @ 1607°.
Thallium aci-Phenylnitromethanide	53847-48-6			12.		Sol						3	4			3	17	5	2		Unstable explosive.
Thallium Azide	13847-66-0			8.6		Sol						3	4			6	17	5	2	9	Explodes >662°.
Thallium Azidodithiocarbonate				11.		Sol						3	4			3	17	5	2		Explosive salt. RXW sulfuric acid.
Thallium Bromate	14550-84-6			11.		Sol						3	4			6	17	5	2	9	Explodes @ 284°.
Thallium Bromide	7789-40-4			10.		Pdr						4		DC, CO2		3		1	2	9	K2. RVW sodium; potassium.
Thallium Carbonate	6533-73-9			4	16.	Cry						3		DC, CO2		3		1	2	9	K2, K24.
Thallium Chlorate				4	8.4	Pdr	2573	OX				4		Fog, Flood		3	2, 4, 23	2	2	9	K2, K24. Oxidizer.
Thallium Compounds	28625-02-7			4	Var	Var	1707	PB				4		Foam, DC, CO2		3		1	2	9	K2.
Thallium Fluoborate	20991-79-1		3	10.		Sol						3	4	DC, CO2		3		1	2	9	K2.
Thallium Fulminate				8.6		Sol						3	4			6	17	5	2	9	Very shock/heat sensitive explosive.
Thallium Iodoacetylide				12.		Sol						3	4			6	17	5	2		K20. Shock-sensitive explosive.
Thallium Nitrate	10102-45-1		4	9.2		Cry	2727	OX				4		Fog, Flood	806	6	2, 4, 23	2	2	9	K2. Oxidizer.
Thallium Nitride				21.		Sol						3	4	No Water		2	17	5	2		RXW water; dilute acids.
Thallium Oxide	1314-32-5			14.		Cry						3	2	Fog, Flood		3		2	2	9	K24. Evolves oxygen @ 1607°.
Thallium Peroxodiborate				19.		Sol						3	4			3		3	2		Explodes when warmed.
Thallium Picrate				4	15.	Cry		EX				4	4			6	17	5	2	9	Explodes @ 523°.
Thallium Salt, n.o.s.	7440-28-0		4	17.		Cry	1707	PB				4		Foam, DC, CO2		3	17	1	2	9	K2.
Thallium Sulfate (Solid)	10031-59-1		4	17.		Cry	1707	PB				4		Foam, DC, CO2		3		1	2	9	K2, K12, K24.
Thallous Chlorate				4	8.4	Pdr	2573	OX				4		Fog, Flood		2	2, 4, 23	1	2	9	K2, K24. Oxidizer.
Thallous Malonate	2757-18-8			4	17.	Sol						2		Fog, Flood		3		1	2	9	K24
Thallous Nitrate	10102-45-1		4	9.2		Cry	2727	OX				4		Fog, Flood	806	6	2, 4, 23	2	2	9	K2. Oxidizer.
Thermit			1	1	>1.		Pdr						3		No Water, Let Burn		2		2	2		Burns @ 4500°.
Thermite			1	1	>1.		Pdr						3		No Water, Let Burn		2		2	2		Burns @ 4500°.
Thiacetic Acid	507-09-5	3	2	2.6	1.1	Y	2436	FL	<73			4	2	Fog, Alfo, DC, CO2	199	2	2	2	3	2	K2. Foul odor.
Thialdine				3	5.6	Pdr	S			200			4	2			1		1	2		K2. Melts @ 112°.
Thiamine Nitrate	532-43-4			11.		Pdr						3		Fog, Flood		2	4	2	2		K2. High oxidizer.
Thiapentanal			4	>1.		Liq	2785	PB				4		Foam, DC, CO2		3		1	4	9	K2.

Chemical Name	CAS	Tox L	Tox S	Vap Den.	Spec Grav.	Wat Sol.	DOT Number	DOT Cl	Flash Point	Flamma. Limit	Ign. Temp.	Disa Atm	Disa Fire	Extinguishing Information	Boil Point	F	R	E	S	H	Remarks
2-Thiepanone	17689-16-6	3		4.5	Var							3		DC, CO2	244	3		1	2	9	K2.
Thimet (Trade name)	298-02-2	3	4	9.0	1.2	N		PB				3	0	Fog, Foam, DC, CO2		3		1	4	12	K2, K12, K24. NCF.
Thinner (Paint)		2	2	>1.			1263	FL	<100			3		Fog, Foam, DC, CO2		2	1	2	2		
Thioacetamide	62-55-5	3		2.6	Sol	Y						4	1	Fog, Alfo, DC, CO2		3		2	3	9	K2. Strong odor.
Thioacetic Acid	507-09-5	3	2	2.6	1.1	Y	2436	FL	<73			4	3	Fog, Alfo, DC, CO2	199	2		2	3	9	K2. Foul odor.
2,2'-Thiobis(4,6-Dichlorophenol)	97-18-7	3		12.	Pdr							4	1	Foam, DC, CO2		3		1	3	9	K2, K24. Faint phenol odor.
Thiocarbanil	2231-57-4	3	3	4.6	1.1	N						4		Foam, DC, CO2		3		1	1	9	Sharp odor. Volatized by steam.
Thiocarbazide	2231-57-4			3.7	Liq							4		DC, CO2		3		1	1	9	K2, K24.
Thiocarbohydrazide				3.7	Liq							4		DC, CO2		3		1	2	9	K2, K24.
Thiocarbonyl Azide Thiocyanate				5.0	Var							3	4			6	17	5	2		Unstable. RXW ammonia.
Thiocarbonyl Chloride	463-71-8	3	3	4.0	1.5		2474	PB				4	0	DC, CO2, No Water	163	3		1	3	9, 2	K2. NCF.
Thiocarbonyl Dichloride	463-71-8	3	3	4.0	1.5		2474	PB				4	0	DC, CO2, No Water	163	3		1	3	9, 2	K2. NCF.
Thiocarbonyl Tetrachloride	594-42-3	4	3	6.4	1.7	N	1670	PB				4	0	Foam, DC, CO2		3		4	4	9, 2	K2, K24. TLV <1 ppm. Foul odor. Mild oxidizer. NCF.
4-Thiocyano-N,N-Dimethylaniline	7152-80-9	3		6.2	Var							4		Foam, DC, CO2		3		1	3	9	K5.
Thiocyanogen	505-14-6			4.0	Sol							4	4			6	17	3	2		Can RXW heat @ 28°.
Thiocyclam Hydrogen Oxalate	31895-22-4	3	3	9.5	Sol							4		Foam, DC, CO2		3		1	2	9	K2.
Thiodan	115-29-7	4	4	14.	Cry	N	2761	PB				4	0	Fog, Foam, DC, CO2		3		1	3	9, 2	K2, K12. NCF.
Thiodemeton (Trade name)	298-04-4	4	4	9.6	1.1	Y	2783	PB				4		Foam, DC, CO2	144	3		1	3	12	K2, K12. NCF.
Thiodicarb (Common name)		3	3	>1.	Pdr	N						3		Foam, DC, CO2		3		1	2	12	K2, K12. Melts @ 334°.
Thioethyl Ether	352-93-2	3	3	3.1	.84	S	2375	FL	14			4	3	Foam, DC, CO2	198	2	7, 2, 11, 24	2	3	2	K2. Garlic odor.
Thiofanox (Common name)	39196-18-4	3		7.6	Cry							4		Fog, Foam, DC, CO2		3		1	3	9	K2, K12.
Thiofuran	110-02-1	2	2	2.9	1.1	N	2414	FL	21			4	3	Fog, Foam, DC, CO2	183	2	2	1	2		K2. RXW nitric acid.
Thioglycol	60-24-2	3	3	2.7	1.1	Y	2966	PB	165			4		Fog, Alfo, DC, CO2	315	3	1	1	3		K2. Foul odor.
Thioglycolic Acid (2-)	68-11-1	3	3	3.2	1.3	Y	1940	CO				3	1	Fog, Alfo, DC, CO2	226	3	20	1	4	9, 3	Foul odor. TLV 1 ppm.
Thiolactic Acid (2-)	79-42-5	3	3	3.7	Liq		2936	CO				3		DC, CO2		3		1	4	9	K2.
Thiometon (Common name)	640-15-3	3	4	8.5	1.2	Y						4		Foam, DC, CO2		3		1	3	12, 2, 9	K2, K12, K24.
Thionazin (Common name)	237-97-2	4		8.2	1.5	S						4		Foam, DC, CO2		3		1	4	3, 9, 12	K2, K12, K24.
Thionyl Bromide	507-16-4			7.3	2.7							3			176	3		1	1		Keep refrigerated
Thionyl Chloride	7719-09-7	4	4	4.1	1.6		1836	CO				3	0	DC, CO2, No Water	174	5	10	2	4	16, 3	K2, K16. Suffocating odor. TLV 1 ppm. NCF.
Thionyl Difluoride	7783-42-8	3	3	3.0	Gas							4	0	DC, CO2, No Water	-47	3	8	1	3	2	K2. Suffocating odor. NCF.
Thionyl Fluoride	7783-42-8	3	3	3.0	Gas							4	0	DC, CO2, No Water	-47	3	8	1	3	2	K2. Suffocating odor. NCF.
Thiophene	110-02-1	2	2	2.9	1.1	N	2414	FL	21			4	3	Fog, Foam, DC, CO2	183	2	2	2	2		K2. RXW nitric acid.
Thiophenol	108-98-5	4	4	3.8	1.1	N	2337	PB				4		Foam, DC, CO2		3		1	3		K2. Foul odor.
Thiophos (Trade name)	56-38-2	4	4	10.	Pdr	N	2783	PB				4	0	Foam, DC, CO2	707	3		1	4	12, 9	K2, K12, K24. RVW Endrin. Melts @ 43°. NCF.
Thiophosgene	463-71-8	3	3	4.0	1.5		2474	PB				4	0	DC, CO2, No Water	163	3		1	3	9, 2	K2. NCF.
Thiophosphoryl Bromide	3931-89-3	3		10.	Cry							4	0	DC, CO2, No Water		3	8	1	2		K2. Melts @ 100°. NCF.
Thiophosphoryl Chloride	3982-91-0	3	3	5.9	1.6		1837	CO				4	0	DC, CO2, No Water	257	3	8	1	3	2	K2. Pungent odor. NCF.
Thiophosphoryl Dibromide Monofluoride	13706-10-0	3		8.5	Var							4		DC, CO2		3		1	2		K2.
Thiophosphoryl Difluoridemonobromide	13706-09-7	3		6.3	Var							4		DC, CO2		3		1	2		K2.
Thiophosphoryl Fluoride	2404-52-6	4	4	4.1	Gas							4	3	Stop Gas, No Water		2	8	3	4	3	K11. Pyroforic. Melts @ 39°.

(267)

Chemical Name	CAS	Tox L	Tox S	Vap Den.	Spec Grav.	Wat Sol.	DOT Number	DOT Cl	Flash Point	Flamma. Limit	Ign. Temp.	Disa. Atm	Disa. Fire	Extinguishing Information	Boil Point	F	R	E	S	H	Remarks
2-Thiopropane	75-18-3	4		2.1	.85	N	1164	FL	-29	2.2-19.7	403	3	3	Fog, Foam, DC, CO2	99	2	2	3	3	2	K1, K24. Volatile, foul odor.
Thiosemicarbazide	79-19-6			3.2	Sol	Y						4		Foam, DC, CO2		3		1	2	9	K2, K24. Melts @ 360°.
Thiosemicarbazone Acetone	1752-30-3			4.6	Cry	Y						4		Alfo, DC, CO2		3		1	2	9	K2, K24.
Thiotrithiazylnitrate	79796-40-0			8.1	Var							4	4			6	17	5	2		K20. Explosive. Impact-sensitive.
Thiourea	62-56-6			2.6	Pdr		2877	PB				4		Foam, DC, CO2		3		1	3	9	Melts @ 350°. RVW Acrolein.
Thiovanic Acid	68-11-1	3	4	3.2	1.3	Y	1940	CO				3	1	Fog, Alfo, DC, CO2	226	3	20	1	4	9, 3	Foul odor. TLV 1 ppm.
1,4-Thioxane	15980-15-1			3.6	1.1				108			3		Fog, Foam, DC, CO2	300	1	1	1	2		K2.
Thiram (Trade name)	137-26-8	2	2	10.	Cry	N	2771	OM				4	0	Fog, Foam, DC, CO2		1		1	2		K2. NCF.
Thiuramin (Trade name)	137-26-8	2	2	10.	Cry	N	2771	OM				4	0	Fog, Foam, DC, CO2		1		1	2		K2. NCF.
Thorium Chloride	10026-08-1			13.	Cry	Y						4		DC, CO2		3		1	2		K2.
Thorium Hydride	15457-87-1	3		8.0	Cry		2975	RA				4	4	No Water		6	17	3	2		K11. Can RXW heat. Pyroforic.
Thorium Metal (Pyroforic)		3		8.0	Pdr		2975	RA				4	2	Soda Ash, No Water		5	8	1	2	17	K11. RVW halogens. Low-level radiotoxic. Pyroforic.
Thorium Metal (Pyroforic)			3	8.0	Pdr		9170	RA				4	2	Soda Ash, No Water		5	8	1	2	17	K11. RVW halogens. Low-level radiotoxic. Pyroforic.
Thorium Nitrate (Solid)	13823-29-5	3		19.	Sol	Y	9171	RA				3		Flood		2	23, 4	2	2	17	Oxidizer. Low level radiotoxic.
Thorium Nitrate (Solid)	13823-29-5	3		19.	Sol	Y	2976	RA				3		Flood		2	23, 4	2	2	17	Oxidizer. Low level radiotoxic.
Thorium Oxide Sulfide	12218-77-8			10.	Sol							3	3	DC, CO2		2	2	2	2		K2, K11. Pyroforic.
Thorium Tetrachloride	10026-08-1	3	3	13.	Cry	Y						4	3	DC, CO2		3		1	2		K2.
Thulium		3	2	5.8	Sol							4		Foam, DC, CO2		2		1	1		Dust can be flammable.
Thymol		3	2	5.2	Cry	S						2	1	Fog, Alfo, DC, CO2		1		1	2	9	
Thyme Camphor		2	2	5.2	Cry	S						2	1	Fog, Alfo, DC, CO2		1		1	2	9	
Tibal (Common name)	100-99-2	4	4	6.8	.79	N	1930	FL	<4		39	2	3	No Halons, No Water		3	10, 11	3	4	9	K11. Pyroforic.
Tiglium Oil	8001-28-3	2		>1.	.94							3	1	Fog, Alfo, DC, CO2		3	1	1	2	9	Foul odor.
Tin Azide Trichloride				9.3	Sol							4	4			6	17	5	2		Explosive.
Tin Chloride (Fuming)	7646-78-8	2	4	9.0	2.2	Y	1827	CO				3	1	No Water		5	8, 5	2	4	16	K2, K16. NCF.
Tin Dichloride	7772-99-8			9.0	Cry	Y	1759	OM				3	0	Foam, DC, CO2	237	5	2	1	2	9	K2. Melts @ 99°. NCF.
Tin Monophosphide	25324-56-5			5.2	Cry		1433	FS				4	3	DC, CO2, No Water		3	7, 11	2	2		K23.
Tin Nitrate Oxide				13.	Sol							4	4			6	17	4	2		K22.
Tin Perchloride	7646-78-8	2		9.0	2.2	Y	1827	CO				3	1	No Water	237	5	8, 5	2	4	16	K2, K16. NCF.
Tin Phosphide	25324-56-5			5.2	Cry		1433	FS				4	3	DC, CO2, No Water		3	7, 11	2	2		K23.
Tin Tetrachloride	7646-78-8	2	4	9.0	2.2	Y	1827	CO				3	1	No Water	237	5	8, 5	2	4	16	K2, K16. NCF.
Tin Tetrahydride				4.2	Gas							4	4	Stop Gas		2		4	4		K3.
Tin Tetramethyl	594-27-4	3		6.2	1.3	N			<70	1.9-		2	2	Fog, Foam, DC, CO2	172	2	2	2	3		Fog, Foam, DC, CO2.
Tin Tetraphenyl			3	14.	Cry	N	1293	FL	450			3	1	Fog, Foam, DC, CO2		3		1	2		
Tincture (Medicinal)		2	1	>1.	Liq	Y	1352	FS				3		Fog, Alfo, DC, CO2		2	1	2	2		
Titanium (Metal powder, Wet with >20% Water)				1.6	Pdr	N						3	2	Keep Wet		1		1	1		
Titanium (Metal, Powder, Dry)	7440-32-6	2	1	1.6	Pdr	N	2546	FS			482	3	3	Soda Ash, No Water		5	10	1	2		K11. Can burn in CO2; nitrogen. Pyroforic.
Titanium Azide Trichloride					Sol							4	4					5	2		Explosive.
Titanium Butylate	5593-70-4	2		11.	1.				170			2	2	Fog, Alfo, DC, CO2	593	6	17	1, 5	3		RXW Dinitrogen Tetroxide. K2. Melts @ 439°.
Titanium Chloride	7550-45-0	4	4	6.5	1.8	Y	1838	CO				3	0	DC, CO2, No Water		5	5	2	4	16, 3	Wine odor. K2, K16, K24. NCF.

Chemical Name	CAS	Tox L S	Vap Den	Spec Grav.	Wat Sol.	DOT Number	Cl	Flash Point	Flamma. Limit	Ign. Temp.	Disa. Atm	Disa. Fire	Extinguishing Information	Boil Point	F	R	E	S	H	Remarks
Titanium Diazide Dibromide	32006-07-8			Sol								4			6	17	5	2		High explosive.
Titanium Dibromide	13783-04-5		7.3	Var								3	DC, CO2		2	2	2	2		K11 in moist air.
Titanium Dichloride	10049-06-6	3	4.1	Cry								3	DC, CO2, No Water		5	10	2	2		K2, K11. RW water→hydrogen. Pyroforic.
Titanium Hydride	7704-98-5	2	1.7	Pdr		1871	FS					3	Fog, Foam, DC, CO2, DC		2	2	2	2		WH → hydrogen.
Titanium Methoxide	7245-18-3		4.9	Var							2	3	DC, CO2		2	2	2	2		K11. Pyroforic.
Titanium Sponge (Granules or Powder)		2	1.6	Sol	N	2878	FS				3	0	DC, CO2, No Water		3		1	4		K2. NCF.
Titanium Sulfate Solution	13825-74-6	4	>1.	1.5	Y	1760	CO				3	0	Foam, DC, CO2		5	5	2	4	16, 3	K2, K16, K24. NCF.
Titanium Tetrachloride	7550-45-0	4	6.5	1.8		1838	CO				3	3	DC, CO2, No Water		5	8	2	4	16, 3	K2, K11, K16. Pyroforic.
Titanium Trichloride (Pyroforic)	7705-07-9	2	3.6	1.8		2441	FL				3		Soda Ash, DC, No Water		5		1	4		K2, K11, K16. Pyroforic.
Titanium Trichloride Mixture		2	3.6	>1.	Y	2869	CO				3	1	DC, CO2		3		1	4		K2.
Titanium Trichloride Mixture (Pyroforic)	7705-07-9	2	3.6	1.8		2441	FL				3	3	Soda Ash, DC, No Water		5	8	2	4	16, 3	K2, K11, K16.
TNT	118-96-7	3	7.8	Cry	N	0209	EX				4	4			6	17, 3	5	2	5	K2. Explodes @ 464°.
Toe Puffs (Nitrocellulose Base)		2	>1.	Sol							4	4	Fog, Flood		2		1	2		K2.
TOK (Trade name)	1836-75-5	3	9.9	Sol	N	1353	FS				4	2	Fog, Foam, DC, CO2	383	3	2	2	3	2	K2, K12. Melts @ 144°.
Toluene	108-88-3	2	3.1	.87	N	1294	FL	40	1.2-7.1	896	2	3	Fog, Foam, DC, CO2	230	3	2	2	2	2	ULC: 80. TLV 100 ppm.
Toluene Diisocyanate	584-84-9	4	6.0	1.2	N	2078	PB	260	9-9.5		4	1	Fog, Foam, DC, CO2	484	3	13	2	4	3	K2. RW water → CO2. Pungent odor. TLV <1 ppm.
Toluene Substitute		2	>1.	.74	N						3	3	Fog, Foam, Alfo, DC, CO2		2	2	2	2		K2.
Toluene Sulfonic Acid (Solid)		3	4	5.9	Sol	Y	2585				4	1	Fog, Alfo, DC, CO2		3		1	4	3	K2.
o-Toluene Sulfonic Acid (Liquid)	25231-46-3		4	>1.	Liq	Y	2586	CO	363			4	1	Fog, Alfo, DC, CO2		3		1	4	3	K2.
p-Toluene Sulfonyl Chloride	98-59-9		3	6.7	Cry	N			230			4	1	Foam, DC, CO2	306	3		1	3		K2. Pungent odor. Melts @ 156°.
o-4-Toluene Sulfonyl Hydroxylamine	52913-14-1			6.5	Sol							3	3	DC, CO2		2	2	2	2		Pyroforic if dry.
α-Toluene Thiol	100-53-8	2	3	4.3	1.1	N						4	2	Fog, Foam, DC, CO2	383	3	1	1	4	3	K2. Strong odor.
Toluene Trichloride	98-07-7	4	4	6.8	1.4	N	2226	CO	260		412	4	3	Fog, Foam, DC, CO2	216	3		1	4	3	K2, K16. Piercing odor.
Toluene Trifluoride	98-08-8	4	4	5.0	1.2	N	2338	FL	54			3	3	Fog, Foam, DC, CO2		3	2	1	1		K2. Blanket. Aromatic odor.
Toluene-2,4-Diisocyanate	584-84-9	4	3	6.0	1.2	N	2078	PB	260	9-9.5		4	1	Fog, Foam, DC, CO2	484	3	13	2	4	3	K2. RW water → CO2. Pungent odor. TLV <1 ppm.
Toluene-2,6-Diisocyanate	91-08-7		4	6.1	Liq							3		Foam, DC, CO2		3		1	4	9	TLV <1 ppm.
Toluenediamine (2,4-)	95-80-7		3	4.2	Cry	Y	1709	PB				3	0		536	1		1	2	3	Melts @ 210°. NCF.
2-Tolueendiazonium Perchlorate	69597-04-6			7.7	Sol							3	4			6	17	5	2		Very sensitive explosive.
4-Toluenesulfinyl Azide	40560-76-7			6.3	Var							3	4			6	17	5	2		Explodes @ 46°.
Toluenesulfonic Acid (Solid)	104-15-4	2	3	5.9	Cry	Y	2583	CO	363			3	1	Fog, Alfo, DC, CO2	284	3	2	1	2	9, 2	K2. Melts @ 225°.
m-Toluidine	108-44-1	3	3	3.7	.98	Y	1708	PB	>180			4	2	Fog, Alfo, DC, CO2	365	3	2	1	3	2	K2. TLV 2 ppm
p-Toluidine	106-49-0		3	3.9	Sol	Y	1708	PB	188		900	4	2	Fog, Alfo, DC, CO2	393	3		1	3	9, 2	K2. Melts @ 112°. TLV 2 ppm (skin).
o-Toluidine	95-53-4		3	3.7	1.0	S	1708	PB	185		900	4	2	Fog, Alfo, DC, CO2	392	3	1	1	3	9, 2	K2. RVW-RFNA. TLV 2 ppm (skin).
2-o-Toluidinoethanol	136-80-1		3	5.3	1.1				290			3	1	Fog, Foam, DC, CO2	567	3	1	1	3	9	K2.
Toluol	108-88-3	2	2	3.1	.87	N	1294	FL	40	1.2-7.1	896	2	3	Fog, Foam, DC, CO2	230	3	2	2	2	2	ULC: 80. TLV 100 ppm.
α-Toluolthiol	100-53-8	2	3	4.3	1.1	N			158			4	2	Fog, Foam, DC, CO2	383	3	2	1	3	3	K2. Strong odor.

(269)

Chemical Name	CAS	Tox L S	Vap Den	Spec Grav	Wat Sol	DOT Number	DOT Cl	Flash Point	Flamma Limit	Ign. Temp.	Disa Atm	Disa Fire	Extinguishing Information	Boil Point	F	R	E	S	H	Remarks
2-4-Toluylenediamine	95-80-7	3	4.2	Cry	Y	1709	PB	536			3	0		536	1		1	2	3	Melts @ 210°. NCF.
Toluylenediamine	95-80-7	3	4.2	Cry	Y	1709	PB	536			3	0		536	1		1	2	3	Melts @ 210°. NCF.
p-Tolyl Acetate	140-39-6	3	5.2	1.0	N						3		Foam, DC, CO2		3		1	2		K2.
p-Tolyl Bromide	106-43-4	3	5.9	1.4	N	2238	CL	185			4	2	Fog, Foam, DC, CO2	324	3	1	1	2	9	K2.
p-Tolyl Chloride	106-43-4	2	4.4	1.1	N	2238	CL	126			3	2	Fog, Foam, DC, CO2	324	3	1	1	2	9	K2.
Tolyl Chloride	100-44-7	3	4.4	1.1	N	1738	CO	153	1.1-	1085	4	2	Fog, Foam, DC, CO2	354	3	2, 6	2	3	3	K2. RVW some metals. TLV 10 ppm.
p-Tolyl Ethanoate	140-39-6		5.2	1.0	N						3		Foam, DC, CO2		3		1	2		K2.
o-Tolyl Ethanolamine	136-80-1	3	5.3	1.1				290			3	1	Fog, Foam, DC, CO2	567	3	1	1	3	9	K2.
p-Tolyl Glycidyl Ether	26447-14-3	4									2		Foam, DC, CO2		3		1	3		
p-Tolyl Isobutyrate	103-93-5		5.7	Liq							2		Foam, DC, CO2		3		1	2		
o-Tolyl Phosphate	78-30-8	2	6.2	Liq	N	2574	PB	437			4	1	Fog, Foam, DC, CO2	788	3		1	3	5, 9	K2.
1-o-Tolyl-2-Thiourea	614-78-8		5.8	Cry	S						4		Foam, DC, CO2		3		1	2	9	K2.
m-Tolyl-N-Methylcarbamate	1129-41-5	3	5.8	Sol	N						3		Foam, DC, CO2		3		1	4	9, 12	K12. K24. Melts @ 168°. NCF.
2,4-Tolylene Diisocyanate	584-84-9	4	6.0	1.2	N	2078	PB	260	.9-9.5		4	1	Fog, Foam, DC, CO2	484	3	13	2	4	3	K2. RW water → CO2. Pungent odor. TLV <1 ppm.
Tolylene Diisocyanate	584-84-9	4	6.0	1.2	N	2078	PB	260	.9-9.5		4	1	Fog, Foam, DC, CO2	484	3	13	2	4	3	K2. RW water → CO2. Pungent odor. TLV <1 ppm.
Toxakil (Trade name)	8001-35-2	3	14.	Sol	N	2761					4	1	Fog, Alfo, DC, CO2	>149	3		3	3	5	K2. Pine odor.
Toxalbumin	1393-62-0	3	>1.	Pdr							4	0			3		1	3	14, 9	K2. NCF.
Toxaphene (Common name)	8001-35-2	3	14.	Cry	N	2761					4	1	Fog, Alfo, DC, CO2	>149	3		3	3	5	K2. Pine odor.
Toxilic Acid	110-16-7	3	4.0	Cry	Y	2215	OM	275			2	1	Fog, Foam, DC, CO2	275	1		1	3	9, 2	Melts @ 266°.
Toxilic Anhydride	108-31-6	3	3.4	Cry	S	2215	OM	215	1.4-7.1	890	2	2	Fog, Alfo, CO2, DC	396	3	2	2	3	9	K12. Melts @ 127°. TLV <1 ppm.
2,4-5-TP	93-76-5	3	9.0	Liq	N	2765	OM				4	1	Fog, Foam, DC, CO2	788	3		1	3	9	K2. Melts @ 304°.
2,4-5-TP Ester		3	>1.	Liq	N	2765	OM				4		Foam, DC, CO2		3		1	3	9	K2.
Tralomethrin (Common name)		3	>1.	.90	N						3	3	Foam, DC, CO2		2	1	2	2	9	K12.
Transformer Oil		2	1	.90	N			79			3	1	Fog, Foam, DC, CO2	280	1		1	2		Old units may contain PCB's.
Transil Oil		2	>1.	.90	N			295			3	1	Fog, Foam, DC, CO2		3		1	2		Old units may contain PCB's.
Transite (Trade name)								295			3		Foam, DC, CO2		1		1	3		K2. Coal tar odor.
Treflan (Trade name)	1582-09-8	3	11.	Cry	N	1993	CL	165		637	3	3	Fog, Foam, DC, CO2	382	3		1	3	5	K2. K12. Melts @ 120°.
Tri(1-Aziridinyl)Phosphine Oxide	545-55-1	3	4	6.0	Cry	Y	2501	PB	190			4	1	Fog, Alfo, DC, CO2	194	3		1	4	9, 2	K2. Amine odor. Melts @ 106°.
Tri(1-Ethynylcyclohexyl) Borate		3	13.	1.0	N						3		Foam, DC, CO2		3	1	1	3		K2.
Tri-2-Tolyl Phosphate	78-30-8	2	3	12.	1.2	N	2574	PB	437			4	1	Fog, Foam, DC, CO2	788	3		1	3	5, 9	K2.
Tri-n-Butyl Borane	122-56-5	3	3	6.3	.75	N			-32			2	3	No Halons, No Water, Soda Ash	338	2	2	2	2		Use soda ash. Pyrotoric.
Tri-n-Butyl Borate	688-74-4	2	3	8.0	.85				200			2		Foam, DC, CO2	446	1	2, 11	1	2		Butanol odor.
Tri-n-Butylborine	122-56-5	3	3	6.3	.75	N			-32			2	3	No Halons, No Water, Soda Ash	338	2		2	2		Use soda ash. Pyrotoric.
Tri-n-Butylstannane Hydride	688-73-3	3		10.	Var							2		Foam, DC, CO2		3		1	2		K2.
Tri-n-Butyltin Bromide	1461-23-0	3		12.	Var							3	3	Foam, DC, CO2		3		1	3	9	
Tri-n-Hexylaluminum			>1.	Liq							3	3	Soda Ash, DC, CO2	221	3		2	2		
Tri-n-Propyl Borate	688-71-1	2	2	6.5	.86			155			2	2	Fog, Foam, DC, CO2	349	1		1	2		Propanol odor.
Tri-o-Cresyl Phosphate	78-30-8	2	3	12.	1.2	N	2574	PB	437		725	4	1	Fog, Foam, DC, CO2	788	3	2	1	3	5, 9	K2.
Tri-o-Tolyl Phosphate	78-30-8	2	3	12.	1.2	N	2574	PB	437		725	4	1	Fog, Foam, DC, CO2	788	3	1	1	3	5, 9	K2.

Chemical Name	CAS	Tox L	Tox S	Vap Den	Spec Grav.	Wat Sol.	DOT Number	DOT Cl	Flash Point	Flamma. Limit	Ign. Temp.	Disa. Atm	Disa. Fire	Extinguishing Information	Boil Point	F	R	E	S	H	Remarks
Tri-sec-Butyl Borate	22238-17-1	2	3	7.9	.83				165			2	2	Foam, DC, CO2	363	1	2, 11	1	2		Butanol odor.
Triadimenol	123-88-6			10.	Pdr							4		Foam, Foam, DC, CO2		3		1	3	9	K2, K12.
Triallate (Trade name)	2303-17-5	4	4	10.	Liq							4		Foam, DC, CO2		3		1	4	12	K12.
Triallyl Borate	1693-71-6	3	3	>1.	Liq		2609	PB				2		Fog, Foam, DC, CO2		3		1	4	9	K2.
Triallyl Cyanurate	101-37-1	3		8.6	1.1	S			>176			4	2	Fog, Alfo, DC, CO2		3	11	1	3	9	K2.
Triallylamine	102-70-5	3	4	4.7	.80		2610	CL	103			3	2	Fog, Foam, DC, CO2	302	3	1	1	4	2	K2. RVW heat @ 446°
Triaminoguanidine Nitrate	4000-16-2			5.8	Var							3	3	Fog, Foam, DC, CO2		6	16	2	2		K2. RVW heat @ 446°
Triaminoguanidinium Nitrate	4000-16-2			5.8	Var							3	3	Fog, Foam, DC, CO2		6	16	2	2		K2. RVW heat @ 446°
Triaminoguanidinium Perchlorate	4104-85-2			7.2	Var							4	3	Fog, Foam, DC, CO2		6	16	2	2		K2. RVW heat @ 422°
Triamminediperoxochromium	17168-85-3			5.8	Sol							3	4			6	17	5	2		May explode @ 248°
Triamminenitratoplatinum Nitrate	17524-18-4			12.	Sol							3	4			6	16	2	2		K2. RVW heat.
Triamminetrinitrocobalt	13600-88-9			8.7	Sol							3	4			6	17	5	2		Impact-sensitive. Explodes @ 581°.
Triamyl Borate		2	2	9.4	.85				180			3	2	Fog, Foam, DC, CO2	392	1	1	1	2		K2. Alcohol odor.
Triamylamine		3	3	7.8	.80	N			215			3	1	Fog, Foam, DC, CO2	453	3	17	5	3	2	K2. Ammonia odor.
3,6,9-Triazatetracyclo[6.1.0.0(2,4)0(5,7)] Nonane	52851-26-0			4.3	Var							3	4			6	17	5	2		Explodes @ 392°.
2,4,6-Triazido-1,3,5-Triazine	5637-83-2			7.1	Sol							3	4			6		5	2		Impact/shock-sensitive explosive. Explodes w/fast heat.
Triazidoborane	21844-15-1			4.8	Sol							3	4	No Water		5	10	4	2		RXW Ether or water.
Triazidomethylium Hexachloroantimonate	19708-47-5			16.	Sol							3	4			6	17	5	2		Heat-sensitive explosive.
Triazine Pesticide (Flammable liquid, n.o.s.)		4	4	>1.	Liq	S	2997	PB	<100			4	3	Fog, Alfo, DC, CO2		3	1	2	4		K2, K12.
Triazine Pesticide (Flammable liquid, n.o.s.)		4	4	>1.	Liq	S	2764	FL	<100			4	3	Fog, Alfo, DC, CO2		3	1	2	4		K2, K12.
Triazine Pesticide (Liquid, n.o.s.)		4	4	>1.	Liq	S	2998	PB				4	1	Fog, Alfo, DC, CO2		3	1	1	4		K2, K12.
Triazine Pesticide (Solid, n.o.s.)		3	3	>1.	Sol	S	2763	PB				4	1	Foam, DC, CO2		3		1	2		K2, K12.
s-Triazine-2,4,6-Triol	108-80-5	2	3	4.4	Cry	Y						4	1			3		1	2	9	Melts @ 680°. RVW chlorine; ethanol.
sym-Triazinetriol	108-80-5	2	3	4.4	Cry	Y						4	1	Foam, DC, CO2		3		1	2	9	Melts @ 680°. RVW chlorine; ethanol.
Triazobenzene				4.1	1.1							4				6	17	5	2		Explodes @ 138°.
s-Triazoborane	6569-51-3	3	3	2.8	.82				127			4	3	DC, CO2, No Water	127	2	7	2	4	3	Keep dark. Flammable.
1,2,3-Triazole	27070-49-1			2.4	Liq							3	4			6	17	4	2		Vapor explodes >392°.
1,2,4-Triazolo[4,3-α]Pyridine-Silver Nitrate				10.	Sol							3		DC, CO2		6	17	5	2		Explodes @ 442°.
(1H-1,2,4-Triazolyl-1-Yl)Tricyclohexylstannane	41083-11-8		3	15.	Var							3		Foam, DC, CO2		3		1	2	9	K2.
Triazophos (Common name)	24017-47-8	4		10.	Liq							4		Foam, DC, CO2		3	1	1	4	9, 12	K2, K12.
Tribenzylarsine	5888-61-9	3		12.	Var							2		Foam, DC, CO2		2		1	2		K2, K22.
Triboromethane	75-25-2	3	3	8.7	2.9	S	2515	PB				4	0	Fog, Foam, DC, CO2	301	3	13	1	3	3	Melts @ 43°. NCF. TLV 1 ppm (skin).
Triboron Pentafluoride	15538-67-7			4.4	Var							3	4	No Water		6	17	2	2		RXW air, water
Triboron Silicide	464-10-8	3	3	2.1	Cry	S						4	4			5	9, 5	1	2		Explodes w/fast heat.
Tribromonitromethane	118-79-6	4		10.	Cry	N						4	1	DC, CO2	261	6	17	5	4	3	K2. Melts @ 201°.
2,4,6-Tribromophenol	7789-57-3	3		9.3	2.7	N						3		DC, CO2, No Water	471	3		2	2	5, 3	K2, K11. Pyroforic.
Tribromosilane	1116-70-7	3	3	6.8	.82	N	1930	FL				3	3	No Halons, No Water, Soda Ash	234	2	8	2	2	2	Use soda ash. Pyroforic.
Tributyl Aluminum																					

(271)

Chemical Name	CAS	Tox L	Tox S	Vap Den.	Spec Grav.	Wat Sol.	DOT Number	DOT Cl	Flash Point	Flamma. Limit	Ign. Temp.	Disa Atm	Disa Fire	Extinguishing Information	Boil Point	F	R	E	S	H	Remarks
Tributyl Phosphate	126-73-8	3	2	9.2	.98	Y			295			3		Fog, Alfo, DC, CO2		3	1	1	3	9	K2. TLV <1 ppm.
Tributyl Phosphine		2	1	7.0	.81	N			104			4	2	Fog, Foam, DC, CO2	464	2	1	1	2		K2. Garlic odor.
Tributyl Phosphite	102-85-2	2	2	7.0	.90	N			248			3	1	DC, CO2	248	3		1	1	3	Decomposes in water.
O,O,O-Tributyl Phosphorothioate		3	4	9.7	.99	N			295			4	1	Fog, Foam, DC, CO2	288	3		1	4	12, 9	K2.
S,S,S-Tributyl Phosphorotrithioate	78-48-8	3	3	11.	1.1	N			>200			3	1	Fog, Foam, DC, CO2	302	3		1	3	12	K12.
Tributyl Thiophosphate		4	4	9.7	.99	N			295			4	1	Fog, Foam, DC, CO2	288	3		1	4	12, 9	K2.
Tributylamine	102-82-9	3	3	6.4	.79	N	2542	CO	187			3	2	Fog, Foam, DC, CO2	415	3	1	1	4	9	K2. Amine odor.
Tributylchlorostannane	1461-22-9		3	11.	Var							3		DC, CO2		3		1	3	2	K2.
Tricadmium Dinitride	12380-95-9			12.	Var							4	4	No Water		6	10, 13, 14, 17	5	2		K3. RXW water, acids, bases. Explodes.
Tricalcium Dinitride	12013-82-0			5.2	Liq							3		No Halons		2	2	2	2		K2. K11. RXW halogens. Pyrotoric.
Tricalcium Diphosphide	1305-99-3	3	2	6.3	Cry		1360	FS				4	3	Soda Ash, No Water		5	24, 11	2	3		K2. K23 + water. Flammable.
Tricalcium-o-Arsenate		3	4	14.	Pdr	S	1573	PB				4	0	DC, CO2		3		1	4	9	K2. K12.
Tricamba (Common name)	2307-49-5	3		7.8	Pdr	N						3		Foam, DC, CO2		3		1	2	9	K2. K12.
Tricesium Nitride	12134-29-1			14.	Var							3	3			2		2	2		RVW chlorine. Pyrotoric.
Trichloramine	10025-85-1	3	3	4.1	1.7	N						4	4		159	6	17, 4, 23	4	2		K3. Explodes in bright light. Explodes @ 199°.
Trichlorfon																					
Trichlorine Nitride	10025-85-1	3	3	4.1	1.7	N						4	4		159	6	17, 4, 23	4	2		K3. Explodes in bright light. Explodes @ 199°.
((2,2,2-Trichloro-1-Hydroxy-ethyl)Dimethylphosphonate	52-68-6	4	3	8.9	Cry							4	0	Foam, DC, CO2		3		1	4	12, 9	K2. K12, K24. NCF.
1,3,5-Trichloro-2,4,6-Trifluoroborazine	56943-26-1			8.3	Sol							3		No Water		5	10	1	2		K2. RXW water.
1,2,4-Trichloro-3,5-Dinitrobenzene		3	4	9.4	Liq							3		Fog, Flood		3		2	4		K2.
3,5,6-Trichloro-o-Anisic Acid	2307-49-5	3		7.8	Pdr	N						3		Foam, DC, CO2		3		1	2	9	K2. K12.
Trichloro-s-Triazine (2,4,6)	108-77-0	4	4	6.3	Cry	S	2670	CO				3	1	No Water	374	5	8	2	3	9	K2. Pungent odor. Melts @ 295°.
Trichloro-s-Triazinetrione	87-90-1	3	2	8.0	Cry	S	2468	OX				4		Flood		2	23, 4	1	2	2	High oxidizer. Chlorine odor. Melts @ 437°.
Trichloroacetaldehyde	75-87-6		3	5.1	1.5	Y	2075	PB	167			4	2	Fog, Alfo, DC, CO2	208	3	1	2	3	9	K9. Sharp odor.
Trichloroacetaldehyde Oxime	1117-99-3			5.7	Var							3		Fog, DC, CO2		1		1	1		RXW alkalies → hydrogen cyanide.
Trichloroacetic Acid	76-03-9	3	4	5.6	Cry	Y	1839					3	0	Foam, DC, CO2	387	3		1	4	9	K12. TLV 1 ppm. NCF.
Trichloroacetic Acid (Solution)	76-03-9	3	4	5.6	Liq	Y	2564					3	0	Foam, DC, CO2	387	3		1	4	9	K12. TLV 1 ppm. NCF.
Trichloroacetic Acid Sodium Salt	650-51-1	2		6.5	Cry	Y						3		DC, CO2		3		1	2		K2. K12, K21.
1,1,3-Trichloroacetone	921-03-9	3		5.6	Var							4		DC, CO2		3		1			K2.
Trichloroacetonitrile	545-06-2	3	3	6.0	Cry							4	0	No Water	428	5	6, 11	1	3	2	K2. Melts @ 142°.
Trichloroacetyl Chloride	76-02-8	3	4	6.3	1.6		2442	CO				3		DC, CO2	244	3		1	4	9	K16, K24. Decomposed by water. NCF.
Trichloroacryloyl Chloride	815-58-7	4		6.8	Var							3		DC, CO2		3		1	2		K2.
Trichloroallylsilane	107-37-9		3	6.0	1.2		1724	FC	95			4	3	Soda Ash, DC, No Water	243	5	10	2	3	3	K2. Pungent Odor.
unsym-Trichlorobenzene (Liquid) ALSO: (1,2,3-) (1,2,4-) (1,3,5-) (sym-)	120-82-1	3	3	6.2	N	2321	PB	210		2.5-6.6	1060	3	1	Fog, Foam, DC, CO2	415	3	2	1	3	9	Melts @ 62°. TLV 5 ppm.

(272)

Chemical Name	CAS	Tox L	Tox S	Vap Den.	Spec Grav.	Wat Sol.	DOT Number	DOT Cl	Flash Point	Flamma. Limit	Ign. Temp.	Disa. Atm	Disa. Fire	Extinguishing Information	Boil Point	F	R	E	S	H	Remarks
β-1,3,5-Trichloroborazine	26445-82-9			6.4	Var							3		No Water		5	10	1	2		K2.
1,1,2-Trichlorobutadiene	2852-07-5	3		5.5	Var							3		DC, CO2		3		1	2		K2.
Trichlorobutane				5.3	Liq		2322	PB	195			3	2	Fog, Foam, DC, CO2		1		1	2	9	K2.
Trichlorobutene		3		>1	Liq							3	1	Fog, Foam, DC, CO2		3		1	2	9	K2.
Trichlorochromium	10025-73-7	3	3	5.5	Sol							3	0	Foam, DC, CO2		3		1	3		NCF.
Trichlorocyanidine	108-77-0	4	3	6.3	Cry	S	2670	CO				3	1	No Water	374	5	8	2	3	9	K2. Pungent odor. Melts @ 295°.
β-Trichloroethane	79-00-5	3		4.6	1.4							3	0	Fog, Foam, DC, CO2	237	3		1	3	9, 4, 10	K2. RVW potassium. Pleasant odor. TLV 10 ppm. NCF.
1,1,2-Trichloroethane	79-00-5	3		4.6	1.4							3	0	Fog, Foam, DC, CO2	237	3		1	3	9, 4, 10	K2. RVW potassium. Pleasant odor. TLV 10 ppm. NCF.
1,1,1-Trichloroethane ALSO: (α-)	71-55-6	3		4.6	1.3	N	2831	OM				3		Fog, Foam, DC, CO2	165	3		1	3	11	K2. TLV 350 ppm. RW active metals. NCF.
Trichloroethanol (2,2,2-)	115-20-8	3	2	5.2	1.5	S						3	2	Fog, Alfo, DC, CO2	302	3		1	2	13	Ether odor. RXW sodium hydroxide.
Trichloroethenylsilane	75-94-5	3		5.6	1.3		1305	FL	16			3	3	DC, CO2, No Water	195	5	10	3	3	16, 9	K2. K16.
Trichloroethylene	79-01-6	2	2	4.5	1.5	N	1710	OM	90	12.5-90.0	788	3	1	Fog, Foam, DC, CO2	188	1	21	1	3	11	K2. Chloroform odor. TLV 50 ppm.
Trichloroethylsilane	115-21-9	4		5.6	1.2		1196	FL	72			4	3	Foam, DC, CO2	212	5	8, 2, 5	2	4	2	K7. K24.
Trichlorofluoromethane	75-69-4	2	1	4.7	1.5	N		CG				4	0	Fog, Foam, DC, CO2	75	1		1	2	11	RVW Active metals, aluminum, zinc. TLV 1000 ppm. NCF.
Trichlorohydrin	96-18-4	3	4	5.1	1.4	N			180	3.2-12.6	579	4	2	Fog, Foam, DC, CO2	288	3	1	1	4	2	K2. TLV 10 ppm (skin)
Trichloroisocyanuric Acid (N,N',N"-) (Dry)	87-90-1	3	2	8.0	Cry	S	2468	OX				4		Flood		2	23, 4	1	4	2	K2. High oxidizer. Chlorine odor. Melts @ 437°.
Trichloromelamine (TCM)		2	2	7.9	Pdr	S					320	4	3	Fog, Flood		2	4, 23	1	2		Oxidizer.
Trichlorometatos	299-84-3	4	3	11.	Pdr	N						4		Foam, DC, CO2		3		1	4	12, 9	K2, K12. Melts @ 106°
Trichloromethane	67-66-3	3	2	4.1	1.5	S	1888	OM				4	1	Fog, Foam, DC, CO2	142	3		1	3	13	RVW active metals. Ether odor. TLV-50 ppm. NCF.
Trichloromethane Sulfenyl Chloride	594-42-3	4	3	6.4	1.7	N	1670	PB				4	0	Foam, DC, CO2		3		4	4	9, 2	K2, K24. TLV <1 ppm. Foul odor. Mild oxidizer. NCF.
Trichloromethyl Allyl Perthioxanthate	64057-58-5	3		9.4	Var							4		Foam, DC, CO2		3		1	2	9	K2.
Trichloromethyl Ether		3		5.1	1.5	N						4		Foam, DC, CO2		3		1	3	2, 7	Pungent odor.
Trichloromethyl Methyl Perthioxanthate	25991-93-9			8.5	Var							4		Foam, DC, CO2		3		1	2	9	K2.
Trichloromethyl Perchlorate				7.6	Var							3	4			6	17	5	2		Self-reactive explosive.
5-Trichloromethyl-1-Trimethyl-Silyltetrazole	72385-44-5			9.1	Sol							3	4			6	17	5	2		Explodes @ 176°.
Trichloromethylchloroformate	75-44-5	4	4	3.4	Gas	S	1076	PA				4	0		47	3	8	3	4	6, 4, 8	TLV <1 ppm. New hay odor. NCF
Trichloromethylsilane	75-79-6	4	3	5.2	1.3		1250	FL	15	7.6-20.0	760	3	3	DC, CO2, No Water	151	2	8, 2	2	4		K2, K24.
Trichloromonosilane	10025-78-2	3	3	4.7	1.4		1295	FL	-18		219	3	4	DC, CO2, No Water	90	2	8, 2, 5	3	2		K2, K11, K16. Volatile. Pyroforic.
Trichloronaphthalene	1321-65-9	3	4	8.0	Sol	N						4		Foam, DC, CO2		3		1	2	9	K2.
Trichloronate (Trade name)	327-98-0	3	4	12.	1.4							4		Foam, DC, CO2		3		1	4	9	K2, K12, K24.
Trichloronitromethane	76-06-2	4	4	6.7	1.7	S	1580	PB				4	0	Fog, Foam, DC, CO2	234	3		2	4	3	K12. TLV <1 ppm. Vomiting gas. NCF
Trichloronitrosomethane		3	4	5.1	1.5	N		PB				4	0	Foam, DC, CO2	41	3		1	3	7, 2	K2. Foul odor. NCF.

(273)

Chemical Name	CAS	Tox L	Tox S	Vap Den	Spec Grav	Spec Sol	Wat Sol	DOT Number	DOT Cl	Flash Point	Flamma Limit	Ign. Temp	Disa Atm	Disa Fire	Extinguishing Information	Boil Point	F	R	E	S	H	Remarks
2,4,6-Trichlorophenol	88-06-2		3	6.9		Y	2765	OM				3	0	Fog, Foam, DC, CO2	471	3			1	2	9, 2	K2. Phenol odor. Melts @ 154°. NCF.
2,4,5-Trichlorophenol (ALSO: 2,3,5-)	95-95-4	2	2	6.8		N	2020	OM				3	0	Fog, Foam, DC, CO2	485	1		1	2	9	K2. May RVW high heat. NCF.
Trichlorophenoxyacetic Acid Amine		4	4	>1.			2765					3	1	Fog, Foam, DC, CO2		3		1	4		K2.
2,4,5-Trichlorophenoxyacetic Acid, Ester or Salt	93-76-5	3	2	9.0	Cry	N	2765	OM				4	1	Fog, Foam, DC, CO2		3		1	3	9	K2. Melts @ 304°.
2,4,5-Trichlorophenoxypropionic Acid			3	9.3	Cry	N	2765					3	0	Foam, Foam, DC, CO2		3		1	3	9	K2, K12. NCF.
Trichlorophenoxypropionic Acid Ester			3	9.3	Cry		2765					3	0	Foam, DC, CO2		3		1	3	9	K2, K12. NCF.
Trichlorophenylsilane	98-13-5	4	3	7.4	1.3		1804	CO				3	2	Alfo, DC, CO2		3		1	4	2, 9	K2, K24.
1,2,3-Trichloropropane	96-18-4	3	3	5.1	1.4	N					3.2-12.6	579	4	2	Fog, Foam, DC, CO2	288	3	1	1	4	2	K2. TLV 10 ppm (skin)
1,2,3-Trichloropropene	96-19-5	3	3	5.1	1.4				180			3	0	Fog, Foam, DC, CO2	288	3	1	1	3	2	K2.
2,2,3-Trichloropropionaldehyde	7789-90-4		3	5.6	Var							3		Foam, DC, CO2		3		1	3	9	K2.
Trichlorosilane	10025-78-2	3	3	4.7	1.4		1295	FL	-18		219	3	4	DC, CO2, No Water	90	2	8, 2, 5	3	2		K2, K11, K16. Volatile. Pyrofroric.
α-Trichlorotoluene	98-07-7	4		6.8	1.4	N	2226	CO	260		412	4	1	Foam, DC, CO2	374	3	1	1	4	3	K2, K16. Piercing odor.
Trichlorotriazinetrione (and Salts, Dry)	87-90-1	3	2	8.0	Cry	S	2468	OX				4		Flood		2	23, 4	1	2	2	High oxidizer. Chlorine odor. Melts @ 437°.
Trichlorotrifluoroacetone			3	>1.	Liq							3	0	Foam, DC, CO2	184	3		1	3	2	K2. NCF.
Trichlorotrifluoroethane	76-13-1	2	1	6.4	1.6						1256	4	0	Fog, Foam, DC, CO2	115	1		1	2	1	K2. Volatile. TLV 1000 ppm. RVW active metals. NCF.
Trichlorovinylsilane	74-94-5		4	5.6	Liq							3	3	No Water		5	8	1	3	3	K11.
Trichloro(vinyl)silane	75-94-5	3	3	5.6	1.3		1305	FL	16			3	3	DC, CO2, No Water	195	5		3	3	16, 9	K2, K16.
Trichlorphon	52-68-6	4	3	8.9	Cry	Y	2783	OM				4	0	Foam, DC, CO2		3	10	3	3	12, 9	K2, K12, K24. NCF.
Tricresyl Phosphate	78-30-8	2	3	12.	1.2	N	2574	PB	437		725	3	1	Fog, Foam, DC, CO2	788	3	1	1	3	5, 9	K2.
Tricyanic Acid	108-80-5		3	4.4	Cry	Y						4	1	Foam, DC, CO2		3		1	2	9	K2. Melts @ 680°. RVW chlorine; ethanol.
Tricyanogen Chloride	108-77-0	4	3	6.3	Cry	S	2670	CO				3	1	No Water		5	8	2	3	9	K2. Pungent odor. Melts @ 295°.
Tricyclodecane(5.2.1.0(2,6)-3,10-Diisocyanate	4247-82-4		3	7.4	Var							3		Foam, DC, CO2		3		1	2	9	K2.
Tricyclohexylhydroxystannane	13121-70-5	3	3	13.	Pdr							3		Fog, Foam, DC, CO2		3		1	3		K12.
Tridecanitrile	1070-01-5		3	15.	Var							3		Foam, DC, CO2		3		1	2	9	K2.
Tridecyl Alcohol (1-)		2	2	6.9	Sol				180			2	2	Fog, Foam, DC, CO2	525	1		1	2		Pleasant odor. Melts @ 88°.
Tridecyl Alcohol		2	2	6.9	Sol				180			2	2	Fog, Foam, DC, CO2	525	1		1	2		Pleasant odor. Melts @ 88°.
Triethanolamine Dodecylbenzenesulfonate	65232-69-1	2	3	>1.	Var	Y	9151					3	1	Fog, Alfo, DC, CO2		1		1	2		K2. NCF.
Triethoxydialuminum Tribromide				15.	Sol							3	3	No Water		5	10	2	2		K2, K11. RXW water. Pyrofroric.
Triethoxymethane	122-51-0	2	2	5.1	.90	S	2524	FL	85			2	2	Fog, Alfo, DC, CO2	295	3		2	2		Pungent odor.
1,3,3-Triethoxypropene(-1)	5444-80-4	3	4	6.0	Liq							2	2	DC, CO2		3		1	4	2	K24.
Triethoxysilane	998-30-1	3		5.7	Var							2		Foam, DC, CO2		3		1	3		K2.
3-(Triethoxysilyl)-1-Propanamine	919-30-2		3	7.7	Liq							3		DC, Soda Ash, CO2	381	2	10	1	2	2	No water or halons. Pyrofroric.
Triethyl Aluminum	97-93-8	4	4	3.9	.84	N	1103	FL	-63		-63	4	4	DC, CO2, No Water		5	10	3	4	3	K2, K10, K11. RXW water. Pyrofroric.
Triethyl Aluminum Etherate		4	4	23.	Liq							3	3	DC, CO2, No Water		5	10	2	4		K11.
Triethyl Antimonite				8.9	1.5																
Triethyl Borate	150-46-9	4	3	5.0	.86			FL	52			2	3	Alfo, DC, CO2	248	2	2	1	2	2	Decomposed by water.

(274)

Chemical Name	CAS	Tox L S	Vap Den	Spec Grav	Wat Sol	DOT Number	Cl	Flash Point	Flamma Limit	Ign. Temp.	Disa Atm Fire	Extinguishing Information	Boil Point	F	R	E	S	H	Remarks
Triethyl Indium	923-34-2		7.0	Liq							3	DC, CO2		2	2	2	2		K11. Pyroforic.
Triethyl Phosphate	78-40-0	3	6.3	1.1	Y			240		850	3 1	Fog, Alfo, DC, CO2	419	3	2	1	2	12, 9	K2.
Triethyl Phosphine	554-70-1		4.1	.80							3	DC, CO2		3		1	2		K23. Can RW oxygen.
Triethyl Phosphite	122-52-1		5.8	.97	N	2323	CL	130			3 2	Fog, Foam, DC, CO2		3		1	2		K2.
Triethyl Phosphonoacetate	867-13-0		7.8	Liq							3	Foam, DC, CO2		3		1	3		K2.
Triethyl Phosphorothioate (ALSO: O-O-O-)	126-68-1	3 4	6.8	1.1				225			3	Fog, Alfo, DC, CO2	199	3	1	1	4	12	K2.
Triethyl Stibine		4 4	7.2	1.3							4	No Water		4	2.8	2	4		K2. Pyroforic.
Triethyl Thiophosphate	126-68-1	4 4	6.8	1.1				225			4 1	Fog, Alfo, DC, CO2	199	3	1	1	4	12	K2.
Triethyl-o-Formate	122-51-0	2 2	5.1	.90	S	2524	FL	85			3 3	Fog, Alfo, DC, CO2	295	2	2	2	3	2	Pungent odor.
Triethylamine	121-44-8	3	3.5	.73	N	1296	FL	16	1.2-8.0	480	3 3	Fog, Foam, DC, CO2	194	3	2	2	2	2	K2. Ammonia odor. TLV 10 ppm.
Triethylantimony	617-85-6		7.3	Liq							3	DC, CO2		2		1	2		K2, K11. Pyroforic.
Triethylarsine			5.7	Liq							3	DC, CO2		2		1	2		K2, K11. Pyroforic.
Triethylbenzene (ALSO: 1,2,4-)	25340-18-5		5.6	.87	N			181			2 2	Fog, Foam, DC, CO2	424	1	1	1	2		K2.
Triethylbismuth	617-77-6		10.	1.8							3 4			3	17	5	2		Explodes @ 302°. Pyroforic.
Triethylborane	97-94-9	2 3	3.4	.70	N						3 3	No Halons		2	2, 7	2	2	9	K11. RXW Oxygen. RW Halogen. Pyroforic.
Triethylborine	97-94-9	2 3	3.4	.70							3 3	No Halons		2	2, 7	2	2	9	K11. RXW Oxygen. RW Halogen. Pyroforic.
Triethylboron	97-94-9	2 3	3.4	.70							3 3	No Halons		2	2, 7	2	2	9	K11. RXW Oxygen. RW Halogen. Pyroforic.
Triethyldiborane	62133-36-2		3.8	Liq							2 3	DC, CO2		2	2	2	2		K11. Pyroforic.
Triethylene Phosphoramide	545-55-1	3 3	6.0	Cry	Y	2501	PB				4 1	Fog, Alfo, DC, CO2	194	3		1	4	9, 2	K2. Amine odor. Melts @ 106°.
Triethylene Phosphorotriamide	545-55-1	3 3	6.0	Cry	Y	2501	PB				4 1	Fog, Alfo, DC, CO2	194	3		1	4	9, 2	K2. Amine odor. Melts @ 106°.
Triethylene Tetramine	112-24-3		5.0	.98	Y	2259	CO	275		640	3 1	Fog, Alfo, DC, CO2	532	3	1	1	3	2	K2.
Triethylgallium	1115-99-7		5.5	Liq							3 3	DC, CO2, No Water		5	10	2	2		K11. RXW water. Pyroforic.
Triethyllead			20.	1.5	N						3	Foam, DC, CO2		3		1	2		K2.
Triethylorthoformate	122-51-0	2 2	5.1	.90	S	2524	FL	85			2 3	Fog, Alfo, DC, CO2	295	2	2	2	3	9	Pungent odor.
Triethylphosphine Gold Nitrate	18244-91-2		13.	Sol							4			6	2	4	2		K21. Can explode when dry.
Triethylsilyl Perchlorate	687-81-0		7.5	Var							3 4			6	17	5	2		K3.
Triethynyl Antimony	687-78-5		6.9	Sol							3 4			6	17	5	2		K20. Explosive.
Triethynylarsine	687-80-9		5.2	Sol							3 4			6	17	5	2		K20. Explosive.
Triethynylphosphine			3.7	Sol							3 4			6	17	5	2		K20, K22. Explosive.
Trifluoro Selenium Hexafluoro Arsenate	59544-89-7		11.	Sol							4	No Water		5	10	2	2		K2.
1,1,2-Trifluoro-1,2-Dichloroethane	354-23-4	4	5.3	Var							4	Foam, DC, CO2		3		1	2		K2.
1,1,1-Trifluoro-2,2-Dichloroethane	306-83-2	4	5.3	Var							4	Foam, DC, CO2		3		1	2		K2.
1,3,3-Trifluoro-2-Methoxycyclopropene	59034-32-1		4.3	Gas							3 0	Foam, DC, CO2		3		1	2		RXW water; methanol.
1,1,1-Trifluoro-3-Chloropropane	329-01-1	3	6.5	Var							3	Foam, DC, CO2		3		1	2		K2. NCF.
(α,α,α-Trifluoro-m-Tolyl) Isocyanate	675-14-9	4 4	4.7	1.5							4	No Water		3		1	2	9	K2, K24.
2,4,6-Trifluoro-s-Triazine	76-05-1	4	3.9	1.5	Y	2699	CO				3 0	DC, CO2	162	3		1	4	16	K2, K16. Pungent odor. NCF.
Trifluoroacetic Acid	407-25-0		7.3	Liq							3	Foam, DC, CO2		3		1	4	16	K2.
Trifluoroacetic Acid Anhydride	407-25-0		7.3	Liq							3	Foam, DC, CO2		3		1	4	16	K2.
Trifluoroacetyl Azide	23292-52-6		4.9	Sol			3057				3 4			6	17	5	2		K20. Explosive.
Trifluoroacetyl Chloride	354-32-5	2	>1.	Liq							4 1	Fog, Foam, DC, CO2		1		1	2	2	K2.

(275)

Chemical Name	CAS	Tox L	Tox S	Vap Den	Spec Grav	Wat Sol	DOT Number	DOT Cl	Flash Point	Flamma. Limit	Ign. Temp	Disa Atm	Disa Fire	Extinguishing Information	Boil Point	F	R	E	S	H	Remarks
Trifluoroacetyl Hypochlorite	65597-25-3			5.2	Gas							3	4			6	17	4	2		Thermally unstable.
Trifluoroacetyl Hypofluorite	359-46-6			4.6	Var							3	4	No Water		6	17	4	2		Spark-sensitive explosive.
Trifluoroacetyl Nitrite	667-29-8			5.0	Gas							3	4			6	17	4	2		Explodes >320°.
Trifluoroacetyl Trifluoromethane Sulfonate	68602-57-3			4.8	Var							3	4	No Water		5	10	5	2		K2. RVW water.
2-Trifluoroacetyl-1-3,4-Dioxazalone	87050-94-0			5.4	Var							3	4			6	17	5	2		K3.
O-Trifluoroacetyl-S-Fluoro-Formyl Thioperoxide	27961-70-2			6.7	Var							3	4			6	17	5	2		May explode spontaneously.
Trifluoroacetyliminoiodobenzene				11.	Sol							3	4			6	17	5	2		Explodes @ 212°.
Trifluorobromomethane	75-63-8	2	1	5.1	Gas		1009	CG				3	0	Fog, Foam, DC, CO2		1		1	2		Halon 1301. RW aluminum. TLV 1000 ppm. NCF.
Trifluorochloroethane	79-38-9	1		>1.	Gas		1983	CG				4	0	Fog, Foam, DC, CO2		1		1	2		K2. NCF.
Trifluorochloroethene	79-38-9	3		4.0	Gas		1082	FG		8.4-16.0		3	4	Stop Gas, Fog, DC, CO2	-18	2	2	4	3		K9. RVW oxygen. Ether odor.
Trifluorochloroethylene	79-38-9	3		4.0	Gas		1082	FG		8.4-16.0		3	4	Stop Gas, Fog, DC, CO2	-18	2	2	4	3		K9. RVW oxygen. Ether odor.
Trifluorochloromethane	75-72-2	2	2	3.6	Gas		1022	CG				4	0	Fog, Foam, DC, CO2	-112	1		1	2	11	K2. Ether odor. RVW aluminum. NCF.
2,2,2-Trifluorodiazoethane	371-67-5			3.8	Sol							3	4			6	17	5	2		Unstable high explosive.
Trifluoroethane				>1.	Gas		2035	FG				4	4	Stop Gas, DC, CO2		2	2	4	2		K2. Flammable.
2,2-Trifluoroethanoic Acid	76-05-1		4	3.9	1.5	Y	2699	CO				3	0	DC, CO2	162	3		1	4	16	K2. K16. Pungent odor. NCF.
2,2,2-Trifluoroethanol	75-89-8	3	3	3.5	Liq							3	4	Foam, DC, CO2		3		1	3	9, 2	K2.
2,2,2-Trifluoroethylamine	753-90-2	3		3.5	Liq							4	4	Foam, DC, CO2		3		1	2		K2.
N,N,N'-Trifluorohexanamidine	31330-22-0			5.9	Sol							3	4			6	17	5	2		Shock-sensitive explosive.
Trifluoromethane	75-46-7	2	1	2.4	Gas		1984	CG				3	0	Fog, Foam, DC, CO2	-115	1		1	2	11	NCF.
Trifluoromethane and Chlorotrifluoromethane		2	1	>1.	Gas		2599					4	0	Fog, Foam, DC, CO2		1		1	2	1	K2. NCF.
Trifluoromethane and Chlorotrifluoromethane Mixture		2	1	>1.	Gas		1078					4	0	Fog, Foam, DC, CO2		1		1	2	1	K2. NCF.
Trifluoromethane Sulfonic Acid	1493-13-6		4	5.2	Liq							3	4	Foam, DC, CO2		3		1	4	16	K2. Strong acid.
Trifluoromethyl Peroxonitrite	50311-48-3			5.1	Sol							3	4			6	17	5	2		Shock-sensitive explosive.
Trifluoromethyl Peroxyacetate	33017-08-2			5.0	Var							3	4			6	17	5	2		Explodes @ 72°.
Trifluoromethyl Phosphine	420-52-0			3.6	Liq							3	3	DC, CO2		2	2	2	2		K2, K11. Pyroforic.
Trifluoromethyl-3-Fluorocarbonyl Hexafluoro-peroxybutyrate	32750-98-4			11.	Sol							3	4			6	17	4	2		Explodes @ 158°.
3-Trifluoromethylaniline		4	3	>1.	Liq		2942	PB				4		Foam, DC, CO2		3		1	4	9	K2.
2-Trifluoromethylaniline		4	4	>1.	Liq		2942	PB				4		Foam, DC, CO2		3		1	4		K2.
Trifluoromethylbenzene	98-08-8		4	5.0	1.2	N	2338	FL	54			4	3	Fog, Foam, DC, CO2	216	3	2	2	4		K2. Blanket. Aromatic odor.
Trifluoromethylhypofluorite	373-91-1			3.6	Gas							3	0	Stop Gas, DC, CO2		3	4, 19, 23	3	2		K2. High oxidizer. NCF.
N-(Trifluoromethylsulfinyl)Tri-fluromethyl Imidosulfinyl Azide				10.	Liq							3	4			6	17	4	2		Explosive.
Trifluoromethylsulfonyl Azide	3855-45-6			6.1	Var							3	4			6	17	5	2		Explosive.
Trifluoronitrosomethane		4	3	3.4	Gas							3	0	Foam, DC, CO2		3		1	4		Foul odor. NCF.
N,N,N'-Trifluoropropionamidine	21372-60-1			4.4	Sol							3	4			6	17	5	2	2	Shock-sensitive explosive.
3,3,3-Trifluoropropyne	661-54-1			3.3	Liq							3	4			6	17	4	2		K3.

Chemical Name	CAS	Tox L	Tox S	Vap Den.	Spec Grav.	Wat Sol.	DOT Number	DOT Cl	Flash Point	Flamma. Limit	Ign. Temp.	Disa. Atm	Disa. Fire	Extinguishing Information	Boil Point	F	R	E	S	H	Remarks
Trifluorotoluene	98-08-8	4	3	5.0	1.2	N	2338	FL	54			4	3	Fog, Foam, DC, CO2	216	3	2	2	4		K2. Blanket. Aromatic odor.
Trifluorotrichloroethane	76-13-1	2	1	6.4	1.6						1256	4	0	Fog, Foam, DC, CO2	115	1		1	2	1	K2. Volatile. TLV 1000 ppm. RVW active metals. NCF.
Trifluralin (Common name)	1582-09-8		3	11.	Cry							4		Foam, DC, CO2		3			3	5	
Triformoxime Trinitrate				>1.	Var			EX	250			4				6	17	5	2		Explosive if dry.
Triglycol Dichloride	112-26-5	2	3	6.4	1.2	N			290			2	1	Fog, Foam, DC, CO2	464	3	1	1	3	9	K2.
Triglycol Monobutyl Ether	143-22-6		3	7.2	1.0	Y			111			2	2	Fog, Alfo, DC, CO2	421	1	1	1	2		
Triglyme	112-49-2			6.2	.99	Y						2	2	Fog, Alfo, DC, CO2		1		1	2		
Trihydrazinecobalt Nitrate				9.8	Sol							3	4			6	17	5	2		Explosive.
Trihydrazinenickel Nitrate				9.8	Sol							3	4			6	17	5	2		Explodes if dry.
Trihydroxybenzene (1,2,3-)	87-66-1	3	3	4.3	Cry	Y						2		Alfo, CO2	588	3		1	2	2, 9, 5	Melts @ 268°.
Triiodomethane	74-88-4		3	4.9	2.3	S	2644	PB				3	0	Fog, Foam, DC, CO2	108	3		1	3	13, 10	K2. TLV 2 ppm. NCF.
3,4,5-Triiodobenzenediazonium Nitrate	68596-99-6			19.	Sol							4	4			6	17	5	2		K20. Unstable explosive.
Triisobutoxyborine				7.9	.84				185			2	2	Fog, Foam, DC, CO2	414	1		1	2	9	
Triisobutyl Aluminum	100-99-2		4	6.8	.79	N	1930	FL	<4		39	2	3	No Halons, No Water		3	10, 11	3	4	6, 9	K11. Pyrotoric.
Triisobutyl Borate				7.9	.84				185			2	2	Fog, Foam, DC, CO2	414	1	1	1	2	9	
Triisobutylene		2	2	>1.	.76	N	2324	CL				2	2	Fog, Foam, DC, CO2		2	1	1	2		
Triisocyanatoisocyanurate of Isophoronediisocyanate (70% Solution)				>1.	Liq		2906	CL				4	2	Alfo, DC, CO2		2		1	2		
Triisooctyl Phosphite	25103-12-2		3	14.	Sol							3		Foam, DC, CO2		3	1	1	2		K2.
O,O,O-Triisooctyl Phosphorothioate		4	4	15.	.93	N						2	1	Fog, Foam, DC, CO2	320	3	1	1	4	12	
Triisooctyl Thiophosphate		4	4	15.	.93	N		PB	410			4	1	Fog, Foam, DC, CO2	320	3	1	1	4	12	K2.
Triisooctylamine	2757-28-0		3	12.	Var							3		Fog, Foam, DC, CO2		3		1	2		K2.
Triisopropanolamine		2	3	6.6	1.0	Y			320		608	3	1	Fog, Alfo, DC, CO2	414	1	1	1	2	2	
Triisopropyl Borate	5419-55-6			6.6	.81				82				3	Fog, Foam, DC, CO2	286	2	2	2	2		K2. Unstable.
Trilead Dinitride				22.	Sol							3	4			6	17	4	2		RXW air.
N,N,4-Trilithioaniline			3	3.9	Var							3				6	17	4	2		
Trimec Broadleaf Herbicide (Trade name)			3	>1.	Liq							0		Foam, DC, CO2		3	1	1	2	2	Ammonia odor. NCF.
Trimercury Dinitride	12136-15-1	4	4	21.	Pdr							4	4		259	6	17	5	2	9	K2. RVW Sulfuric acid.
Trimethoxy Silane	2487-90-3	3	3	4.3	Liq							3	3	Foam, DC, CO2		3	2	2	3		
Trimethoxyborine	121-43-7	2	3	3.6	.92		2416	FL	<73			4	3	Foam, DC, CO2	154	2	7	2	4		K2. K11. Pyrotoric.
Trimethoxyvinylsilane	2768-02-7		3	5.2	Var							2	2	Foam, DC, CO2		3		1	3		May explode @ 230°. Pyrotoric.
Trimethyl Acetyl Azide	4981-48-0			4.4	Var							3	4			6	17	4	2		May explode @ room temperature.
Trimethyl Acetyl Chloride	3282-30-2	3	4	4.2	Liq		2438	CO				3	3	Foam, DC, CO2		3	2	2	4	3	K2. K16.
Trimethyl Aluminum	75-24-1	3	3	2.5	.75	N	1103	FL				3	3	No Water		5	10	3	3		No water or halons. RXW water. Pyrotoric.
Trimethyl Antimony	594-10-5			5.8	Liq							3	3	No Halons		2	2	2	2		K11. Probably toxic. Pyrotoric.
Trimethyl Arsine	593-88-4	4	4	4.2	Liq							4	4	No Halons		2	2	2	4		K2. K11. Pyrotoric.
Trimethyl Bismuth	593-91-9	4	4	8.7	2.3							4	4			6	17	4	2	9	May explode @ 230°. Pyrotoric.
Trimethyl Borate	121-43-7	3	3	3.6	.92		2416	FL	<73			2	3	Foam, DC, CO2	154	2	1	2	3		K11. Pyrotoric.
Trimethyl Carbinol	75-65-0	3	3	2.5	.79	Y	1120	FL	52	2.4-8.0	892	2	3	Fog, Alfo, DC, CO2	181	3	1	2	3		Melts @ 78°. Camphor odor. TLV 100 ppm.
Trimethyl Indium	3385-78-2			5.6	Liq							2	3	DC, CO2		2	2	2	2		K11. Pyrotoric.

(277)

Chemical Name	CAS	Tox L	Tox S	Vap Den	Spec Grav	Wat Sol	DOT Number	DOT Cl	Flash Point	Flamma Limit	Ign. Temp.	Dis. Atm Fire	Extinguishing Information	Boil Point	F	R	E	S	H	Remarks
Trimethyl Norpinanyl Hydroperoxide (Technical Pure)				>1.	Liq		2162	OP				3	Fog, Flood		2	4	2	2	2, 3, 9	Organic peroxide.
Trimethyl Orthoformate	149-73-5	2	2	3.7	.97				59			3	Fog, Foam, DC, CO2		2		2	2		Pungent odor.
2,2,3-Trimethyl Pentane	512-56-1	2	2	3.9	.73				<70		745	3	Fog, Foam, DC, CO2	230	2	1	2	2		
Trimethyl Phosphate		3	3	4.8	1.2	Y			>300			1	Fog, Alfo, DC, CO2	387	3	1	2	3	2	K2.
Trimethyl Phosphite	594-09-2			2.6	Liq							3	DC, CO2		2	2	2	2		K2, K11. Pyrotoric.
Trimethyl Silyl Hydroperoxide	121-45-9	2	3	4.3	1.1	N	2329	CL	130			3	Fog, Foam, DC, CO2	232	1	1	2	2	2	K2. TLV 2 ppm.
Trimethyl Stibine	18230-75-6			3.7	Var							2			6	17	2	2		May explode ≥95°.
Trimethyl Thiophosphate	152-18-1	4	4	5.8	1.5	N						4	No Halons, No Water		5	10, 14	2	4		K2, K11. Pyrotoric.
α,α,α-Trimethyl Trimethylene Glycol	107-41-5			5.5	Liq							3	Foam, DC, CO2		1		1	2		RXW chlorine.
2,4,6-Trimethyl-1,3,5-Trioxane	123-63-7	2	1	4.1	.92	Y			205			2	Fog, Foam, DC, CO2	387	1	1	2	2	11	TLV 25 ppm.
2,3,4-Trimethyl-1-Butene		3	1	4.5	.99	S	1264	FL	63	1.3-	460	2	Fog, Alfo, DC, CO2		2	12, 2	2	2	2	Melts @ 54°. RVW Nitric Acid
2,3-Trimethyl-1-Pentene		3		3.4	.71	N		FL	<32		707	3	Fog, Foam, DC, CO2	172	2	2	2	2		
1,3,5-Trimethyl-2,4,6-Trinitrobenzene		2	2	3.9	.72			EX	<70		495	3	Fog, Foam, DC, CO2	214	2		2	2		
3,4,4-Trimethyl-2-Pentene				>1.	Var							4			6	17	5	2		
2,6,8-Trimethyl-4-Nonane	1331-50-6	2	2	3.9	.74				<70		617	3	Fog, Foam, DC, CO2	234	2	1	1	2		
2,6,8-Trimethyl-4-Nonanol	123-17-1	2	2	6.4	.82	N			195			3	Fog, Foam, DC, CO2	425	1	1	1	2		
2,4,8-Trimethyl-6-Nonanol		2	2	6.4	.82	N			195		770	2	Fog, Foam, DC, CO2	412	1	2	1	2		Pleasant odor.
Trimethylamine (Anhydrous)	75-50-3	2	3	6.4	.82	N			199			3	Fog, Foam, DC, CO2	491	1	1	1	2		
		2	3	2.0	Gas	Y	1083	FG	20	2.0-11.6	374	4	Stop Gas, Fog, Alfo	37	2	1	4	2	2	RVW bromine. Fishy odor. TLV 10 ppm.
Trimethylamine (Aqueous Solution)		3	3	2.0	.66	Y	1297	FL	20	2.0-11.6	374	3	Fog, Alfo, DC, CO2		2	1	2	2		K2 Amine odor.
Trimethylamine Oxide	1184-78-7			2.6	Var							4			6	17	5	2		Unstab e explosive.
Trimethylamine-N-Oxide Perchlorate	22755-36-8			6.1	Sol							4			6	17	5	3		RXW heat or impact.
Trimethylaminomethane	75-64-9	3	3	2.5	.70	Y	1125	FL		1.7-8.9	716	3	Fog, Alfo, DC, CO2	113	2	2	3	3	9	Note Boiling Point.
Trimethylammonium Perchlorate				5.6	Sol							4			6	16	5	3		Rocket propellant.
2,4,6-Trimethylaniline	88-05-1	4		4.7	Var							3	Foam, DC, CO2		3	2	1	4	2	K2, K24.
1,3,5-Trimethylbenzene	108-67-8	3	2	4.1	.86	N	2325	CL	122	9-6.1	1039	2	Fog, Foam, DC, CO2	327	3	2	1	4		TLV 25 ppm. RVW nitric acid.
1,2,3-Trimethylbenzene	526-73-8	2	2	4.2	.89	N		CL	>100		878	2	Fog, Foam, DC, CO2	349	2	1	2	4		TLV 25 ppm.
1,2,4-Trimethylbenzene	95-63-6	2	2	4.1	.89	N			112	9-6.4	932	2	Fog, Foam, DC, CO2	336	2	1	2	2		K24. TLV 25 ppm.
Trimethylbenzene (Mixed Isomers)	25551-13-7	2	2	4.2	.9	N		CL	>100		900	2	Fog, Foam, DC, CO2		3	2	1	3		TLV 25 ppm.
Trimethylbenzol	108-67-8	3	2	4.1	.86	N	2325	CL	122	9-6.1	1039	2	Fog, Foam, DC, CO2	327	3	2	1	4		TLV 25 ppm. RVW nitric acid.
2,6,6-Trimethylbicyclo-(3,1,1)-2-Hept-2-ene	80-56-8	4		4.7	.86	N	2368	FL	90		491	2	Fog, Foam, DC, CO2	312	3	2	1	3	2	Terpene odor.
Trimethylborane	593-90-8			2.0	Gas							2	DC, CO2		2	2	2	2		K11. RW chlorine. Pyrotoric.
Trimethylbromomethane	507-19-7			4.8	1.2	N	2342	FL				3	Fog, Foam, DC, CO2	163	2	1	2	2		
2,3,3-Trimethylbutane		2	1	3.4	.69	Y		FL	<32		774	3	DC, CO2, No Water	178	5	10	2	3	2	
Trimethylchlorosilane	75-77-4	3	3	3.7	.85	Y	1298	FL	-18			2	Fog, Foam, DC, CO2	135	2	1	1	3	2	K24.
Trimethylcyclohexanol	116-02-9	3	3	4.9	.88	N			165			2	Fog, Foam, DC, CO2	388	3	1	2	3	2	
3,3,5-Trimethylcyclohexanol (ALSO: 3,5,5-)	116-02-9	3	3	4.9	.88	N			165			2	Fog, Foam, DC, CO2	388	3	1	2	3	2	
Trimethylcyclohexylamine		3	3	>1.	Liq		2326	CO				3	Alfo, DC, CO2		3	1	2	3		
Trimethyldiborane	21107-27-7			2.4	Liq							2	DC, CO2		2	2	2	2		K11 Pyrotoric.
Trimethylene	75-19-4	3		1.5	Gas	N	1027	FG		2.4-10.4	928	2	Stop Gas, Fog, DC, CO2	-29	2	1	4	2	11	
Trimethylene Dichloride	142-28-9			3.9	1.2				70			4	Fog, Foam, DC, CO2	257	2	2	2	2		K2.

(278)

Chemical Name	CAS	Tox L S	Vap Den	Spec Grav.	Wat Sol.	DOT Number	DOT Cl	Flash Point	Flamma. Limit	Ign. Temp.	Disa. Atm Fire	Extinguishing Information	Boil Point	F	R	E	S	H	Remarks
Trimethylene Glycol Diperchlorate		3	>1.	Sol			EX				4			6	17	5	2		Explosive. More powerful than TNT.
Trimethylene Trinitramine (sym-)	121-82-4	3	7.6	Sol			EX				4			6	17	5	2		
Trimethylenechlorohydrin		4		>1.	1.2	Y	2849	PB			3 2	Fog, Alfo, DC, CO2	276	3	1	1	3	9	K2.
Trimethylenediamine	109-76-2	3 4	2.6	.89	Y		FL	75			3 3	Fog, Alfo, DC, CO2	276	2	1	2	2	2	Amine odor.
1,3-Trimethylenedinitrile	544-13-8	3 2	3.2	.90	Y						4 1	Alfo, DC, CO2	547	3		1	3		K2. Can burn.
Trimethylethane	68476-85-7	1 2	1.6	Var	N	1075	FG		2.1-9.5	842	2 4	Stop Gas, Fog, DC, CO2		7		4	2	15, 1	TLV 1000 ppm. Flammable Gas.
Trimethylethylene	513-35-9	3	2.4	.64	N	1108	FL	0	1.5-8.7	527	3 3	Fog, Foam, DC, CO2	86	2	2	3	3	11	K2. Foul odor.
Trimethylgallium	1445-79-0		4.0		Liq						2 4	No Water		5	10	2	2		K11. Pyroforic.
2,5,5-Trimethylheptane		2 2	4.9	.73	N			<131			2 2	Fog, Alfo, DC, CO2	304	3	1	1	2	9	K2.
Trimethylhexamethylenedi-Isocyanate		4	>1.	Liq		2328	PB				4	Foam, DC, CO2		3		1	3	2	
Trimethylhexamethylenediamine		4				2327	CO				1	Alfo, DC, CO2		3		1	3		
2,2,5-Trimethylhexane		3 2	4.7	.71	N		FL	55			2 3	Fog, Foam, DC, CO2	255	2	1	2	2		
Trimethylhexane (2,3,4-)(3,3,4-)(2,3,3-)		2 2	4.4	.73	N		FL	79			2 3	Fog, Foam, DC, CO2	210	2	1	2	2		
3,5,5-Trimethylhexanol		2 2	5.0	.82	N		FL	200			2 2	Fog, Foam, DC, CO2	381	1		1	2		
Trimethylhydroxylammonium Perchlorate	22755-36-8		6.1	Sol							3 4			6	17	5	2		RXW heat or impact.
Trimethylmethane	75-28-5	2 1	2.0	Gas	N	1969	FG		1.9-8.5	860	2 2	Stop Gas, Fog, DC, CO2	11	2	2	4	2	1	
Trimethylnonanol			6.4	.89	N			200			2 2	Fog, Foam, DC, CO2	437	1	1	1	2		
2,6,8-Trimethylnonanone-4	1331-50-6	2 2	6.4	.82	N			195			2 2	Fog, Foam, DC, CO2	425	1	1	1	2		
Trimethylnonyl Alcohol		2 2	6.4	.89	N			200			2 2	Fog, Foam, DC, CO2	437	1	1	1	2		
Trimethylol Nitromethane Trinitrate			>1.	Sol			EX				4 4			6	17	5	2		
2,2,4-Trimethylpentane	540-84-1	2 1	3.9	.69	N	1262	FL	10	1.1-6.0	779	2 3	Fog, Foam, DC, CO2	210	2	3	2	2	11	Gasoline odor.
2,3,3-Trimethylpentane		2	3.9	.72				<70		797	3 3	Fog, Foam, DC, CO2	239	2	1	2	2		
2-4-4-Trimethylpentene-1	11071-47-9		3.9	.73	N	1216	FL	20			2 3	Fog, Foam, DC, CO2	194	2	2	2	2		
2-4-4-Trimethylpentene-2	25167-70-8	3 2	4.0	.72	N	2050	FL	20	8-4.8	581	2 3	Fog, Foam, DC, CO2	214	2	2	2	3	11	
2,4,4-Trimethylpentyl-2-Peroxy-Phenoxyacetate			>1.	Liq		2961	OP				3	Fog, Flood		2	16, 4	4	2		Keep cool. SADT: 32°. Organic peroxide.
Trimethylplatinum Hydroxide	14477-33-9		9.0	Var							4			6	17	2	2		RXW heat
2,4,6-Trimethylpyrilium Perchlorate	940-93-2		7.4	Sol							3 4			6	17	5	2		K20. Explosive.
Trimethylsilyl Perchlorate	18204-79-0		6.0	Sol							3 4			6	17	4	2		RXW heat.
Trimethylsulfoxonium Bromide	25596-24-1		6.0	Sol							3 3	Foam, DC, CO2		2		1	2		RVW heat → toxic fumes.
Trimethylthallium	3003-15-4		9.3	Liq							3 4	DC, CO2		6	2	2	2	9	K11. Explodes >194°. Pyroforic.
2,4,6-Trinitro-1,3,5-Triazido Benzene (Dry)			>1.	Sol							3 4			6	17	5	2		
2,4,6-Trinitro-1,3-Diazobenzene			>1.	Var							3 4			6	17	5	2		
2,4,6-Trinitro-m-Cresol	602-99-3		8.4	Cry		0216	EX				4 4			6	17, 2	5	2		K3. Explodes @ 302°.
Trinitroacetic Acid			>1.	Var							3 4			6	17	5	2		
Trinitroacetonitrile	630-72-8	4	6.1	Liq							3 4			6	17	5	2		K5, K20. Explodes @ 392°.
Trinitroamine Cobalt			>1.	Var							4 4	Keep Wet		6	17	5	2		
Trinitroaniline	26952-42-1	3	7.9	Cry			EX				4 4			6	17, 3	5	2		K20. Explodes.
Trinitroanisole		3	8.4	Cry		0213	EX				4 4			6	17	5	2		Explosive.
Trinitrobenzene (Dry) (1,3,5-)	99-35-4	3	7.3	Cry	N	0214	EX				4 4			6	17, 3	5	2		K3.
Trinitrobenzene (Wet)		3	7.3	Liq	N	1354	FS				4 4			2	3	2	2		K2. An explosive if dry.

Chemical Name	CAS	Tox L	Tox S	Vap Den.	Spec Grav.	Wat Sol.	DOT Number	DOT Cl	Flash Point	Flamma. Limit	Ign. Temp.	Dis Atm	Dis Fire	Extinguishing Information	Boil Point	F	R	E	S	H	Remarks
Trinitrobenzene Sulfonic Acid				>1.	Var		0386	EX				3	4			6	17	5	2		Explosive.
2,3,5-Trinitrobenzenediazonium-4-Oxide				8.9	Sol							3	4			6	17	5	2		Explosive.
Trinitrobenzoic Acid (Dry) (2,4,6-)	129-66-8			8.9	Cry	S	0215	EX				3	4			6	2	2	2		K2. An explosive if dry.
Trinitrobenzoic Acid (Wet)				8.9	Liq	S	1355	FS				3	4			6	2	2	2		Explosive.
Trinitrochlorbenzene	28260-61-9			10.	Sol		0155	EX				3	4			6	17	5	2		Explosive.
Trinitrochlorobenzene	28260-61-9			10.	Sol		0155	EX				3	4			6	17	5	2		Explosive.
2,2,2-Trinitroethanol	918-54-7			6.3	Var							3	4			6	17	5	2		Shock-sensitive explosive.
Trinitroethylnitrate				>1.	Var							3	4			6	17	5	2		
Trinitrofluorenone				>1.	Var		0387	EX				3	4			6	17	5	2		
Trinitroglycerin	55-63-0	3	3	7.8	1.6	N	0143	EX				3	4			6	17	5	2		TLV <1 ppm (skin). Shock sensitive. Explodes @ 424°.
Trinitromethane	517-25-9	3	2	5.2	Sol	Y						3	4			6	17	4	2	9	Melts @ 59°. Explodes w/fast heat.
Trinitronaphthalene (1,3,5-)				9.0	Cry	N	0217	EX				4	4			6	17	5	2		Explosive.
Trinitrophenetole				>1.	Var		0218	EX				4	4			6	17	5	2		
Trinitrophenol (Dry)	88-89-1	3	3	7.9	Cry	Y		EX	302			4	4	Keep Wet		6	17	5	3	2	K3. Explodes @ 572°.
Trinitrophenol (Wet)	88-89-1	3	3	7.9	1.7	Y	1344	FS	302			4	3	Keep Wet		2	2	2	2	2	K2. An explosive if dry.
2,4,6-Trinitrophenyl Guanidine				>1.	Sol							3	4			6	17	5	2		
2,4,6-Trinitrophenyl Nitramine				>1.	Var							3	4			6	17	5	2		
2,4,6-Trinitrophenyl Trimethylol Methyl Nitramine Trinitrate (Dry)				>1.	Var							3	4			6	17	5	2		
Trinitrophenylmethylnitramine	479-45-8	2	2	10.	Cry	N		EX				3	4			6	17	5	2		K20. High explosive. Explodes @ 368°.
Trinitrophenylnitramine Ethyl Nitrate			3	>1.	Cry	N						4	4			6	17	5	2		
Trinitrophloroglucin	4328-17-0			9.0	Pdr							3	4			6	17	4	2	2	K3. High oxidizer.
Trinitrophloroglucinol	4328-17-0			9.0	Pdr							3	4			6	17	4	2	2	K3. High oxidizer.
Trinitroresorcinol	82-71-3			7.0	Cry	S	0129	EX				3	4			6	17	5	2		Explosive.
2,4,6-Trinitroso-3-Methyl Nitraminoanisole				>1.	Var							3	4			6	17	5	2		
Trinitrotetramine Cobalt Nitrate				>1.	Var							3	4			6	17	5	2		
Trinitrotoluene (sym-)	118-96-7	3	3	7.8	Cry	N	0209	EX				4	4			2	17, 3	5	2	5	K2. Explodes @ 464°.
Trinitrotoluene (Wet)	118-96-7	3	3	7.8	Liq	N	1356	FS				4	4	Keep Wet		2	3	2	2	5	K2. An explosive if dry.
Trinitrotoluol	118-96-7	3	3	7.8	Cry	N	0209	EX				4	4			6	17, 3	5	2	5	K2. Explodes @ 464°.
Trinitrotrimethylene Triamine	121-82-4	3	3	7.6	Sol	N		EX				4	4			6	17	5	2		Explosive. More powerful than TNT.
sym-Trioxane	110-83-3	2	3	3.1	Cry	Y			113	3.6-29.0	777	2	3	Fog, Alfo, DC, CO2	229	2	2, 11	2	2	2	K1. Melts @ 147°. May be impact-sensitive.
Trioxane (s-)	110-83-3	2	3	3.1	Cry	Y			113	3.6-29.0	777	2	3	Fog, Alfo, DC, CO2	229	2	2, 11	2	2	2	K1. Melts @ 147°. May be impact-sensitive.
Trioxide	12053-67-7			6.3	Var									No Water		5	10	2	2		
Trioxymethylene	110-83-3	2	3	3.1	Cry	Y			113	3.6-29.0	777	2	3	Fog, Alfo, DC, CO2	229	2	2, 11	2	2	2	K1. Melts @ 147°. May be impact-sensitive.
Triphenyl Borate	1095-03-3		3	10.	Sol	N			428			2	2	Foam, DC, CO2		3	2, 8	1	2	3, 9	K2. Phenol odor.
Triphenyl Phosphate	115-86-6		3	11.	Sol	N			356			3	1	Fog, Foam, DC, CO2	680	3		1	2	12	K2. Melts @ 120°.
Triphenylphosphine	603-35-0	2	3	9.0	Cry	N			425			4	1	Fog, Foam, DC, CO2	311		2	2	2		K2. Melts @ 174°.
Triphenylphosphite	101-02-0		3	10.	Sol	N						3	1	Fog, Foam, DC, CO2				2	2	9, 2	Pleasant odor. Melts @ 72°.

Chemical Name	CAS	Tox L	Tox S	Vap Den.	Spec Grav.	Wat Sol.	DOT Number	DOT Cl	Flash Point	Flamma. Limit	Ign. Temp.	Disa. Atm	Disa. Fire	Extinguishing Information	Boil Point	F	R	E	S	H	Remarks
Triphenylphosphorus	603-35-0	2	3	9.0	Cry	N			356			4	1	Fog, Foam, DC, CO2	680		2	4	2		K23. Melts @ 174°.
Triphenyltin Hydroperoxide	4150-34-9				Sol							2	4			6	17	1	2		High oxidizer. Explodes @ 167°.
Triphenyltin Hydroxide			3	>1.	Pdr	N						3		Foam, DC, CO2	401	3		1	2	9	K2, K12. Melts @ 244°.
Triphosgene			3		Cry	S						4	1	Foam, DC, CO2	349	3		1	2	7, 2	Melts @ 172°. Phosgene odor.
Tripropoxyboron	688-71-1	2	2	6.5	.86				155			2	2	Fog, Foam, DC, CO2		1	1	1	2		Propanol odor.
Tripropyl Indium	3015-98-3			8.5	Var							2	3	DC, CO2		2	2	2	2		K11. Pyrofroic.
Tripropyl Lead	6618-03-7			11.	Var							3	3	Foam, DC, CO2		2	1	2	2		K2. Flammable.
Tripropylaluminum		3	3	5.4	.82		2718	FL				3	3	No Halons, No Water		5	10	2	3		Use soda ash. Pyrofroic.
Tripropylamine	102-69-2	3	3	4.9	.75	N	2260	CL	105			3	2	Fog, Foam, DC, CO2	313	3	1	1	3	2, 9	K2.
Tripropylene		2	2	4.3	.74		2057	FL	75			2	3	Fog, Foam, DC, CO2	271	2	1	2	2		K2.
Tris (Common name)	126-72-7	2	2	24.	Cry							4	4	Foam, DC, CO2		1	1	2	2	2	
Tris(1,2-Diaminoethane)Chromium Perchlorate	15246-55-6			18.	Cry				>112			3	4			6	17	5	2		High explosive.
Tris(1,2-Diaminoethane)Cobalt Nitrate	6865-68-5			14.	Sol							3	4			6	17	5	2		Impact-sensitive explosive.
Tris(1-Aziridinyl) Phosphine Oxide	545-55-1	3	4	6.0	Cry	Y	2501	PB				4	1	Fog, Alfo, DC, CO2	194	3		1	4	9, 2	K2. Amine odor. Melts @ 106°.
Tris(1-Methylethylene)Phosphoric Triamide	57-30-7	3	4	6.0	Cry	Y						4	1	Fog, Foam, DC, CO2	244	3		1	3	3, 9	K2, K12. Amine odor.
Tris(2-Azidoethyl) Amine	84928-99-4			7.8	Sol							3	4			6	17	5	2		Impact-sensitive. Explosive.
Tris(2-Bromoethyl)Phosphate	27568-90-7	4		14.	Var							3	3	DC, CO2		3		1	2	2	K2.
Tris(2-Chloroethoxy)Silane	10138-79-1		4	9.4	Var							3	3	DC, CO2		3		1	2	2	K2.
Tris(2-Chloroethyl) Amine	555-77-1	3	4	7.1	Cry							3	3	DC, CO2		3		1	2	2, 9	K2.
2,4,6-Tris(Bromoamino)-1,3,5-Triazine	22755-34-6			12.	Var							3	4	Foam, DC, CO2		3		2	2	9	K2, K24.
2,4,6-Tris(Dichloroamino)-1,3,5-Triazine	2428-04-8		3	11.	Var							3	3	Fog, Flood		2	3, 4	2	2	2	RVW allyl alcohol. High oxidizer.
Tris(Difluoroamine)Fluoromethane	14362-68-6			6.5	Liq							3	3	Fog, Flood		6	17	5	2		K2. Pyrofroic.
2,4,6-Tris(Dimethylaminomethyl)Phenol	90-72-2			9.3	Liq							3	4	Foam, DC, CO2		3		1	2	2	Shock-sensitive explosive.
N,N',N''-Tris(Dimethylaminopropyl)-s-Hexahydrotriazine	15875-13-5		3	12.	Var							3	3	DC, CO2		3		1	2	9	K2.
Tris(Methoxyethoxy)Vinylsilane	1067-53-4		3	9.8	Var							2	2	DC, CO2		3		1	2	9	
Tris(o-Cresyl)Phosphate	78-30-8	2	3	12.	1.2	N	2574	PB	437		725	4	1	Fog, Foam, DC, CO2	788	3	1	1	3	5, 9	K2.
Tris(β-Chloroethyl) Phosphite	140-08-9		3	9.4	Liq							4	4	Foam, DC, CO2		3		1	2	9, 2	K2.
Tris.Bis(Bifluoroamino)Diethoxy Propane				>1.	Var							3	3	DC, CO2		6	17	5	2		Ignites w/oxygen.
Tris-(Trifluoromethyl)Phosphine	432-04-2			8.3	Var							3	3	DC, CO2		2		1	2		K2, K11. Pyrofroic.
Tris-2,2'-Bipyridine Chromium	14751-89-4			18.	Liq							3	3	DC, CO2		2	1	1	2		Explodes @ 482°. Spark-sensitive.
Tris-2,2'-Bipyridine Chromium Perchlorate	15388-46-2			24.	Var							4	4			6	17	5	2		RXW heat.
Tris-2,2'-Bipyridinesilver Perchlorate	1067-53-4			27.	Var							4	4	DC, CO2		6	17	1	2	9	K2.
1,2-(Trisdimethylaminosilyl)-Ethane	20248-45-7		3	12.	Var							3	3	DC, CO2		3		1	2	9	K2, K24.
1,1,1-Trishydroxymethylpropane Bicyclic Phosphite	824-11-3	4	4	5.7	Liq							3	3	Foam, DC, CO2		3		1	4	9	
Trisilane			4	3.2	.74	N						4	3	No Halons, No Water		5	10	2	2		K11. Pyrofroic.
Trisilicon Octahydride			4	3.2	.74	N						4	3	No Halons, No Water		5	10	2	2		K11. Pyrofroic.
Trisilicopropane			4	3.2	.74	N						4	3	No Halons, No Water		5	10	2	2		K11. Pyrofroic.
Trisilver Nitride	20737-02-4		4	11.	Sol			EX				3	4	Keep Dry		6	17	5	2		K20. Impact-sensitive if wet. Explode >212°.
Trisilyl Arsine	15100-34-6	4		5.9	Liq							3	3	DC, CO2		2	2	2	2		K2. Pyrofroic.

Chemical Name	CAS	Tox L S	Vap Den.	Spec Grav.	Wet Sol.	DOT Number	Cl	Flash Point	Flamma. Limit	Ign. Temp.	Disa. Atm Fire	Extinguishing Information	Boil Point	F	R	E	S	H	Remarks
Trisilyl Phosphine		4	4.3	Liq							3 3	DC, CO2		5	2	2	2		K2. Pyrotoric.
Trisilylamine	13862-16-3		3.7	Liq							3 3	No Water		5	7	2	2		K2, K11. Pyrotoric.
Trisodium Phosphate (Chlorinated)		2 3	13.	Cry	Y		OM				3 0	Fog, Foam, DC, CO2		3	2	1	2	2	K2. NCF.
Tristate Special No. 1 (Brand name)			>1.	Var							4			6	17	5	2	9	
Tris[1-(2-Methyl) Aziridinyl]Phosphine Oxide		4	6.0	Cry			PB				4 4	Alfo, DC, CO2		3	2	1	2	2	K2.
Tritellurium Tetranitride	12164-01-1		15.	Sol							4 4			6	17	5	2		Explodes by impact or heat >392°.
Trithion (Trade name)	786-19-6	4 4	12.	Liq	N		PB				4 0	Fog, Foam, DC, CO2	180	3	2	1	4	12	K2, K12. NCF.
Tritium		3	.21	Gas			RA				3 4	Stop Gas		4	2	3	4	17	K2. Half-life:12.5 Yrs: Beta. Flammable.
Tritolyl Phosphate	1330-78-5		12.	Sol			PB				3	Foam, DC, CO2		3	2	1	2	9	K2.
Trivinyl Bismuth	65313-35-1		10.	Var							3 3	DC, CO2		2	2	2	2		K2, K11. Pyrotoric.
Trivinylantimony	5613-68-3		7.1	Liq							3 3	DC, CO2		3	2	2	2	9	K2, K11. Pyrotoric.
Trojan Coal Powders (Brand name)			>1.	Var							4			6	17	5	2		
Troluoil (Trade name)		2 1	>1.	.74	N			25			2 3	Fog, Foam, DC, CO2		2	2	2	2	9	K2. Melts @ 520°.
Tropacocaine Hydrochloride		3 3	9.7	Cry	Y						3	DC, CO2		3	2	1	2	9, 12	K12, K24. Melts @ 168°. NCF.
Tsumacide	1129-41-5	3 4	5.8	Sol	N						3 0	Foam, DC, CO2		3	2	1	4		K12. Melts @ 365°. Toxic to fish. NCF.
Tubatoxin	83-79-4	2 2	13.	Sol	N						2 0	Foam, DC, CO2		1	2	1	2	9	
Tungsten	7440-33-7	2	>1.	Pdr	N						2	Soda Ash, DC, CO2		1	1	1	2	2	Very fine powder is pyrotoric.
Tungsten Azide Pentabromide			21.	Sol							4 4			6	17	5	2		Explosive.
Tungsten Azide Pentachloride			14.	Sol							4 4			6	17	5	2		Explosive.
Tungsten Hexafluoride	7783-82-6	4 3	10.	3.4		2196	CO				4 0	Foam, DC, CO2	67	3	8	1	4		No water on spill. NCF.
Tungsten Oxychloride		3 3	12.	Cry							4 0	DC, CO2, No Water		5	8	1	2	2	K2. NCF.
Tungsten Oxytetrachloride		3 3	12.	Cry							4 0	DC, CO2, No Water		3	8	1	2	2	K2. NCF.
Turbine Fuels		2 2	>3.	<1.	N						2 3	Fog, Foam, DC, CO2		2	1	2	2		Flammable or combustible.
Turbo Fuels		2 1	>3.	<1.	N						2 3	Fog, Foam, DC, CO2		2	1	2	2		Flammable or combustible.
Turpentine	8006-64-2	2 2	4.8	.86	N	1299	FL	95	.8-	488	2 3	Fog, Foam, DC, CO2	309	2	2	2	2		K21. ULC: 50 Terpene odor. TLV 100 ppm.
Turpentine Oil	8006-64-2	2 2	4.8	.86	N	1299	FL	95	.8-	488	2 3	Fog, Foam, DC, CO2	309	2	2	2	2		K21. ULC: 50 Terpene odor. TLV 100 ppm.
Turpentine Substitute		2 2	3.9	.80	N	1300	CL	104	.8-	473	2 2	Fog, Foam, DC, CO2	145	2	1	1	2		K2.
Tutane	13952-84-6	3 3	2.5	.72	Y	1125	FL	15			3 3	Fog, Alfo, DC, CO2	145	3	2	2	3	9	TLV <1 ppm (skin). Ammonia odor. Rocket fuel & reducer.
UDMH	57-14-7	3 3	1.9	.78	Y	1163	FL	0	2.9-95.0	480	4 3	Fog, Alfo, DC, CO2	145	2	2	4	3	3	Deodeorized kerosene. ULC: 40
Ultrasene	8044-51-7	2 2	4.5	<1.	N	1223	CL	120	7.5-5.0	410	2 2	Fog, Foam, DC, CO2		1	1	1	2		
Undecanal (1-)	112-44-7	2 3	5.9	.83	N			235			2 1	Fog, Foam, DC, CO2	243	1	1	2	2		
Undecanaldehyde	112-44-7	2 2	5.9	.83	N			235			2 1	Fog, Foam, DC, CO2	243	1	1	2	2		
Undecane	1120-21-4	3 3	5.4	.74	N	2330	CL	149			2 2	Fog, Foam, DC, CO2	384	1	1	1	2		
Unite (Trade name)		3 3	>1.	Liq	N						3 3	Alfo, DC, CO2		3	2	2	3	9	K2, K12. Fruity odor. Flammable.
Unslaked Lime		1 2	1.9	Cry			CO				2 1	Flood		1	5	1	2		NCF.
Unsymmetrical Dimethyl Hydrazine	57-14-7	3 3	1.9	.78	Y	1163	FL	0	2.9-95.0	480	4 3	Fog, Alfo, DC, CO2	145	2	2	4	3	3	TLV <1 ppm (skin). Ammonia odor. Rocket fuel & reducer.
Uranium Metal (Pyrotoric)	7440-61-1	3	>1.	Pdr	N	2979	RA				4 3	Soda Ash, No Water		5	10	2	4	17	K2. Low-level radioactive. Pyrotoric.

Chemical Name	CAS	Tox L S	Vap Den	Spec Grav.	Spec Sol.	Wat Sol.	DOT Number	Cl	Flash Point	Flamma. Limit	Ign. Temp.	Disa Atm	Fire	Extinguishing Information	Boil Point	F	R	E	S	H	Remarks
Uranium Acetate	541-09-3	3 3	14.	Sol			9180	RA				4	0	Fog, Foam, DC, CO2		4	2	2	3	17	K2. NCF.
Uranium Azide Pentachloride	55042-15-4		16.	Sol								4	4			4	17	5	2	17	Explosive.
Uranium Boride		4	8.6	Cry								4	2	Soda Ash, No Water		4		2	3	17	K2.
Uranium Carbide	12070-09-6	3 3	8.7	Pdr								4	3	Soda Ash		4	2	2	3	17	K2, K11. Pyroforic.
Uranium Compounds		4	Var	Var								4	2			4		1	3	17	K2. See specific entry.
Uranium Diboride		4	8.6	Cry								4	2	Soda Ash, No Water		4		2	3	17	K2.
Uranium Dicarbide	12071-33-9	3 3	9.2	Sol							752	4	2	Soda Ash, No Water		4	10	2	3	17	K2. RVW warm water.
Uranium Fluoride (Fissile)	7783-81-5	3 4	12.	Sol			2977	RA				4	4	Soda Ash, No Water		4	10	2	4	17	K2. Melts @ 156°.
Uranium Fluoride (LSA)		3 4	12.	Sol			2978	RA				4	4	Soda Ash		4	10	2	4	17	K2.
Uranium Hexafluoride (Fissile, >7% U-235)	7783-81-5	4 3	12.	Sol			9173	RA				4	4	Soda Ash, No Water		4	10	2	4	17	K2. Melts @ 156°.
Uranium Hexafluoride (Fissile, >7% U-235)	7783-81-5	4 3	12.	Sol			2977	RA				4	4	Soda Ash, No Water		4	10	2	4	17	K2. Melts @ 156°.
Uranium Hexafluoride (Low specific activity, <.7% U-235)		4 3	12.	Sol			2978	RA				4	4	Soda Ash, No Water		4		2	4	17	K2.
Uranium Hexafluoride (Low specific activity, <.7% U-235)	13598-56-6	4 3	12.	Cry			9174	RA				4	3	Soda Ash, No Water		4	10	2	3	17	K2.
Uranium Hydride		3 3	8.4	Pdr								4	3	Soda Ash, No Water		4	10	2	4	17	K2. Pyroforic.
Uranium Metal (Pyroforic)		3 3	>1.	Pdr		N	9175	RA				4	3			5		2	4	17	K2. Low-level radioactive. Pyroforic.
Uranium Nitrate	10102-06-4	3 3	13.	Cry		Y	2981	RA				4	3	Fog, Flood		4	23	2	3	17	K2. Oxidizer. Low-level radioactive.
Uranium Nitrate Hexahydrate Solution	13520-83-7	3 3	17.	Liq		Y	2980	RA				4	0	Fog, Flood		4		2	3	17	K2. Low-level radioactive.
Uranium Oxyacetate	541-09-3	3 3	14.	Sol		Y	9180	RA				4	4	Fog, Foam, DC, CO2		4	2	2	3	17	K2. NCF.
Uranium Tetrahydroborate		4	10.	Var		N						4	4			4	17	3	4	17	RXW heat. Pyroforic.
Uranium-234		4 4	>1.	Sol		N		RA				4	3	Soda Ash, No Water		4	10	2	4	17	Half-life 2.48x10.5 Yrs: Alpha
Uranium-238		4 4	>1.	Sol		N		RA				4	3	Soda Ash, No Water		4	10	2	4	17	Half-life 4.51x10.9 Yrs: Alpha
Uranyl Acetate	541-09-3	3 3	14.	Sol		Y	9180	RA				4	0	Fog, Foam, DC, CO2		4	2	2	3	17	K2. NCF.
Uranyl Compounds		4	Var	Var								4	4			4		1	3	17	K2. See specific entry
Uranyl Nitrate	10102-06-4	3 3	13.	Cry		Y	9177	RA				4	3	Fog, Flood		4	23	2	3	17	K2. Oxidizer. Low-level radioactive.
Uranyl Nitrate Hexahydrate Solution		3 3	17.	Liq		Y	9178	RA				4	3	Fog, Flood		4		2	3	17	K2. Low-level radioactive.
Urbacide	2445-07-0	3	11.	Sol								3	0	Foam, DC, CO2		3		1	2	9	K2.
Urea	57-13-6	2 1	2.1	Cry		Y						3	0	Fog, Foam, DC, CO2		1		1	2		K2. Melts @ 270°. NCF.
Urea Crystal	57-13-6	2 1	2.1	Cry		Y						3	0	Fog, Foam, DC, CO2		1		1	2		K2. Melts @ 270°. NCF.
Urea Hydrogen Peroxide	124-43-6	2 2	3.2	Cry		Y	1511	OP				3	2	Fog, Foam, DC, CO2		2	23,4	1	2		Melts @ 167°. Organic peroxide.
Urea Nitrate (Dry)		2 2	4.2	Cry		S	0220	EX				3	4	Keep Wet		6	17	5	2		K2. Explosive.
Urea Nitrate (Wet)	124-47-0	2 2	4.2	Liq		Y	1357	FS				3	3	Fog, Flood		2	16	1	2		K2. An explosive if dry.
Urea Peroxide	124-43-6	2 2	3.2	Cry		Y	1511	OP				3	2	Fog, Foam, DC, CO2		2	23,4	1	2		Melts @ 167°. Organic peroxide.
Ureabor (Trade name)		3	>1.	Liq		N						4	0	Foam, DC, CO2		3		1	1		K12. NCF.
Uric Acid		2 2	5.8	Cry		N						4	1	Fog, Foam, DC, CO2		1		1	1		K1, K5. NCF.
Uric Oxide		2 2	5.8	Cry								4	1	Fog, Foam, DC, CO2		1		1	1		K1, K5. NCF.
Uritone	100-97-0	2 2	4.9	Cry		Y	1328	FS	482			3	2	Fog, Foam, DC, CO2		2	1	1	2		K2. Melts @ 536°.
Uritone	100-97-0	2 2	4.9	Cry		Y	1328	FS	482			3	2	Fog, Foam, DC, CO2		2	1	1	2		K2. Melts @ 536°.
Ursol D (Trade name)	95-54-5	4 3	3.7	Cry		Y	1673	PB	312			4	1	Fog, Alfo, DC, CO2	512	3	1	1	3	2, 9	K2, K12. Melts @ 297°.
Urushiol		3	>1.	.97		Y				1.5-		4	1	Fog, Alfo, DC, CO2		3	1	1	3		K2.

(283)

Chemical Name	CAS	Tox L	Tox S	Vap Den	Spec Grav	Wat Sol	DOT Number	DOT Cl	Flash Point	Flamma. Limit	Ign. Temp.	Disa Atm	Fire	Extinguishing Information	Boil Point	F	R	E	S	H	Remarks
V M & P Naphtha	64475-85-0	2	2	2.5	.64	N	1115	FL	<0	1.1-5.9	550	3	3	Fog, Foam, DC, CO2	100	2	1	2	2		ULC: 100 TLV 300 ppm.
V-C 13 Nemacide (Trade name)	97-17-6	3	3	>1.		N						3	3	Fog, Foam, DC, CO2		3		1	3	12	K12.
Valeral	110-62-3	2	2	3.0	.81	N	2058	FL	54			2	3	Fog, Foam, DC, CO2	216	2	1	2	2	2	
Valeraldehyde (n-)	110-62-3	2	2	3.0	.81	N	2058	FL	54			2	3	Fog, Foam, DC, CO2	216	3	1	2	2	2	
Valeric Acid	109-52-4	2	3	3.5	.94	Y	1760	CO	205			2	1	Fog, Alfo, DC, CO2	367	3	1	1	3	2	
Valeric Aldehyde	110-62-3	2	2	3.0	.81	N	2058	FL	54			2	3	Fog, Foam, DC, CO2	216	3	1	2	2	2	
Valeryl Chloride	638-29-9	4		>1.	Liq		2502	CO	74			3	3	DC, CO2, No Water		3	8	1	4	2	K2.
Valeryaldehyde	110-62-3	2	2	3.0	.81	N	2058	FL	54			2	3	Fog, Foam, DC, CO2	216	2	1	2	2	2	
Valinomycin	2001-95-8											3		Foam, DC, CO2		3		1	4	9	K2, K12, K24. Melts @ 374°
Varnidoate (Trade name)	2275-23-2	4		38.	Cry							4		Foam, DC, CO2		3		1	4	9, 12	K12. Melts @ 104°
Varnidothion (Common name)	2275-23-2	4		10.	Cry	N						4		Foam, DC, CO2		3		1	4	9, 12	K12. Melts @ 104°
Vanadic Sulfate	27774-13-6	4	3	5.6	Cry	Y	2931	PB				3	1	Fog, Alfo, DC, CO2		3		1	3		K2.
Vanadium Azide Tetrachloride				8.2	Sol							4	4			6	17	5	4		Explosive.
Vanadium Carbonyl				3	10.	Pdr						3	2	DC, CO2		3		1	2		K2, K14.
Vanadium Dichloride	10580-52-6	3		4.3	Sol							3	0	DC, CO2, No Water		5	8, 9	1	2	9	K2.
Vanadium Dichloride	10213-09-9	3		4.2	Cry							4	0	DC, CO2, No Water		3	8	1	4		Reducing agent. NCF.
Vanadium Hexacarbonyl				3	10.	Pdr						3	2	DC, CO2		3		1	2		K2, K14.
Vanadium Oxide	1314-62-1	4		6.3	Pdr							3	0	Fog, Foam, DC, CO2		3		1	2	9	K2, K24. NCF.
Vanadium Oxide Triisobutoxide	19120-62-8	3		10.	Sol		2862	PB				2		Foam, DC, CO2		3		1	2	2, 9	
Vanadium Oxytrichloride	7727-18-6	4	4	6.5	1.8	Y	2443	CO				3	0	DC, CO2, No Water		5	10	2	4	3	K2. RVW alkali metals. NCF.
Vanadium Oxytrichloride and Titanium Tetrachloride Mixture	7727-18-6	4	4	6.5	1.8	Y	2443	CO				3	0	DC, CO2, No Water		5	10	2	4	3	K2. RVW alkali metals. NCF.
Vanadium Pentoxide	1314-62-1	4		6.3	Pdr	S	2862	PB				3	0	Fog, Foam, DC, CO2		3		1	2	9	K2, K24. NCF.
Vanadium Sulfate	27774-13-6	4	3	5.6	Cry	Y	2931	PB				3	1	Fog, Alfo, DC, CO2		3		1	3		K2.
Vanadium Tetrachloride	7632-51-1	3	4	6.6	1.8		2444	CO				3	0	DC, CO2, No Water	299	5	10	1	4	9, 2	K2. NCF.
Vanadium Tribromide Oxide	13520-90-6			10.	Var							3	0	DC, CO2, No Water		5	10	1	4		K2. NCF.
Vanadium Trichloride	7718-98-1	3	4	5.4	Cry		2475	CO				3	0	DC, CO2, No Water		3	8	1	4	9, 2	K2. NCF.
Vanadium Trioxide	1314-34-7	4	4	5.2	Cry	S	2860	PB				3	2	Fog, Foam, DC, CO2		3		1	3		K2. NCF.
Vanadyl Azide Dichloride					6.3	Sol						4	4			6	17	5	4		Explosive.
Vanadyl Sulfate	27774-13-6	4	3	5.6	Cry	Y	9152	PB				3	1	Fog, Alfo, DC, CO2		3		1	3		K2.
Vandium Sesquioxide	1314-34-7	4	4	5.2	Cry	S	2860	PB				3	2	Fog, Foam, DC, CO2		3		1	3		
Vandous Chloride	10213-09-9	3		4.2	Cry							2	0	DC, CO2, No Water		3	8	1	2		Reducing agent. NCF.
Vapam	137-42-8	2	4	4.5	Cry	Y						4	4	Alfo, DC, CO2		3		1	2	9	
Vaponite (Trade name)	62-73-7	4	4	7.6	1.4	S	2783	PB	175			4	2	Foam, DC, CO2	248	3	6	1	4	12	K2, K12.
Vapotone (Trade name)	107-49-3	3	4	10.	1.2	Y	2783	PB				3	1	Fog, Alfo, DC, CO2		3		1	4	5, 9, 12	K2, K12, K24.
Varnish				>1.	Liq	N	1263	FL				2	3	Fog, Foam, DC, CO2		3	1	2	2		Flammable or combustible.
Varnish Shellac				>1.	Liq	N	1263	FL				2	3	Fog, Foam, DC, CO2		2	1	2	2		Flammable or combustible.
Vermoline	64475-85-0	2	2	2.5	.64	N	1115	FL	<0	1.1-5.9	550	3	3	Fog, Foam, DC, CO2	100	2	1	2	2		ULC: 100 TLV 300 ppm.
Vermouth				1	>1.	Liq	Y		<100			1	2	Fog, Alfo, DC, CO2		2	1	2	2		
Vigorite No. 5 L. F. (Trade name)				>1.	Sol			EX				4	4			6	17	5	4		
Vikane Gas Fumigant (Trade name)	2699-79-8	3		3.5	Gas		2191	CG				4	0	DC, CO2, No Water	-67	3		1	4	11, 9	K2. TLV 5 ppm. NCF.
Vinegar Acid	64-19-7	3	3	2.1	1.1	Y	2789	CO	103	5.4-16.0	867	3	2	Fog, Foam, DC, CO2	245	3	11, 12	2	4	3	K2, Pungent Odor. TLV 10 ppm.
Vinethene	109-93-3	3	2	2.4	.77	N	1167	FL	-22	1.9-27.0	680	2	3	Fog, Foam, DC, CO2	102	2		2	3	13	K10. Keep dark.
Vinol				1.5	Liq			FL				2	3	DC, CO2		2	2	2	2		Unstable.

(284)

Chemical Name	CAS	Tox L	Tox S	Vap Den.	Spec Grav.	Wat Sol	DOT Number	Cl	Flash Point	Flamma. Limit	Ign. Temp.	Disa. Atm	Disa. Fire	Extinguishing Information	Boil Point	F	R	E	S	H	Remarks
Vinyl 2-(Butylmercaptoethyl) Ether	6607-49-4		4	5.6	Var				80			3	2	Foam, DC, CO2	228	3		1	2	2	K2.
Vinyl 2-Chloroethyl Ether	110-75-8	3	3	3.7	1.1	S		FL	135			4	3	Fog, Alfo, DC, CO2	228	3	1	2	3	3	K7, K10.
Vinyl 2-Ethylhexyl Ether	103-44-6	2	3	5.4	.81	N			135			2	2	Fog, Alfo, DC, CO2	352	3	1	1	3	2	K10.
Vinyl 2-Methoxyethyl Ether	1663-35-0	2	2	3.5	.90			FL	64			2	3	Fog, Foam, DC, CO2	228	3	1	2	2		K10.
Vinyl Acetate	108-05-4	3	2	3.0	.93	S	1301	FL	18	2.6-13.4	756	3	3	Fog, Alfo, DC, CO2	163	2	14, 11	2	2	3	Inhibited.
Vinyl Acetate Ozonide				4.7	Sol							2	4			6	17	3	2		Dry material is explosive.
Vinyl Acetonitrile	109-75-1	3	4	2.3	.83	S						4	3	Fog, Alfo, DC, CO2	241	3	11	1	4	9, 2	K2. Onion Odor.
Vinyl Acetylene	689-97-4			1.8	.68				<-5	2.0-100.0		2	4	Stop Gas, Fog, Foam	52	2	2, 16	4	2		K10, K22.
Vinyl Alcohol				1.5	Liq			FL				2	3	DC, CO2		2		2	2		Unstable.
Vinyl Allyl Ether	3917-15-5	3		5.0	.80	S		FL	<68			2	3	Fog, Alfo, DC, CO2	153	2	2, 16	2	3		K22.
Vinyl Azide	7570-25-4			2.4	Sol							3	4			6	17	5	2		Shock-sensitive explosive.
1-Vinyl Aziridine	5628-99-9	4	4	2.4	Var								3	Foam, DC, CO2		3		1	4	9	K2.
Vinyl Benzene	100-42-5	3	3	3.6	.91	N	2055	FL	88	1.1-7.0	914	3	3	Fog, Foam, DC, CO2	295	3	2, 22	3	3	3	K9, K22. ULC: 50 TLV 50 ppm.
Vinyl Bromide	593-60-2	3	3	1.5	Gas	N	1085	FL		4.4-18.8		4	4	Fog, DC, Stop Gas	60	2	2, 22	4	3	3	K9. TLV 5 ppm.
Vinyl Butyl Ether	111-34-2	2	2	3.4	.77	S	2352	FL	-9	1.4-8.8		2	3	Fog, Alfo, DC, CO2	201	2	2	2	2	2, 11	K9, K10.
Vinyl Butyrate	123-20-6	2	2	4.0	.90	S	2838	FL	68			3	3	Fog, Alfo, DC, CO2	241	3	2	2	2		
Vinyl Carbinol	107-18-6	4	4	2.0	.85	Y	1098	FL	70	2.5-18.0	713	3	3	Fog, Alfo, DC, CO2	206	2	2, 14	2	4	4, 3	Mustard Odor. TLV 2 ppm.
Vinyl Chloride	75-01-4	3	3	2.1	Gas	N	1086	FG	18	3.6-33.0	882	4	4	Stop Gas, Fog, DC, CO2	7	2	2	4	3	3, 13	K9, K10. TLV 5 ppm.
Vinyl Chloroacetate		4	4	>1.	Liq.		2589	PB				4	2	Fog, Alfo, DC, CO2	273	3		1	4		K2.
Vinyl Crotonate	14861-06-4	2	2	4.0	.90	S			78			4	3	Fog, Alfo, DC, CO2	171	2	1	3	4		
Vinyl Cyanide	107-13-1	4	4	1.8	.81	Y	1093	FL	30	3.0-17.0	898	2	3	Fog, Alfo, DC, CO2	171	2	3, 14	3	4	5	K5. TLV 2 ppm
Vinyl Cyclohexane Diepoxide	106-87-6	2	3	4.8	1.1				230			2	1	Fog, Foam, DC, CO2	441	4		1	3	2	
Vinyl Cyclohexene Dioxide (4-)	106-87-6	2	3	4.8	1.1				230			2	1	Fog, Foam, DC, CO2	441	4		1	3	2	
Vinyl Cyclohexene Monoxide	106-86-5			4.3	.96	N			136			2	2	Fog, Foam, DC, CO2	336	3	1	2	3	9	
Vinyl Ether	109-93-3	3	2	2.5	.77	S	1167	FL	-22	1.9-27.0	680	2	3	Fog, Foam, DC, CO2	102	2	2	3	2	13	K10. Keep dark.
Vinyl Ethyl Alcohol				2.5	.84	Y			100	4.7-34.0		2	3	Fog, Alfo, DC, CO2	233	1	22	1	2		
Vinyl Ethyl Ether	109-92-2	2	3	2.5	.76	S	1302	FL	<-50	1.7-28.0	395	2	4	Alfo, DC, CO2	97	2	22	3	2	2	K9, K10.
Vinyl Fluoride	75-02-5	4		1.6	Gas	N	1860	FG		2.6-21.7		3	4	Stop Gas, Fog, DC, CO2		2	1	4	4		K2.
Vinyl Formate	692-45-5	3	3	2.5	1.1	Y			<-32	3.0-	820	2	3	Fog, Foam, DC, CO2	181	2	2	2	2	2	
Vinyl Isobutyl Ether	109-53-5	2	1	3.5	.76	S	1304	FL	15			2	3	Fog, Alfo, DC, CO2	15	2	1	1	2		K10.
Vinyl Isoctyl Ether				5.4	.80	N			140					Fog, Alfo, DC, CO2	347	2	1	1	2		K10.
Vinyl Isopropyl Ether	926-65-8	2	2	3.0	Liq	S		FL	-26		522	2	3	Fog, Foam, DC, CO2	133	2	2	2	2	13	K10.
Vinyl Methyl Ether	107-25-5	3	3	2.0	Gas	S	1087	FG	-60	2.6-39.0	549	2	4	Stop Gas, Fog, DC, CO2	43	2	22, 2	4	2	1	K9, K10 (uninhibited).
Vinyl Methyl Ketone	78-94-4	4	3	2.4	.84	Y	1251		20	2.1-15.6	915	2	3	Fog, Alfo, CO2, DC	178	3	22	2	4	3	K9. Strong odor.
Vinyl Methyl Pyridine	1337-81-1			3.6	.98	S						3	3	Fog, Alfo, DC, CO2		3	22	2	3		K9.
Vinyl Nitrate Polymer				>1.	Var								4			6	17	5	2		
Vinyl Propionate	105-38-4			3.3	.92	N			34			2	3	Fog, Foam, DC, CO2	203	2	2	2	2	2	K10.
Vinyl Pyridine	1337-81-1	2	2	3.6	.98	S						2	3	Fog, Foam, DC, CO2		2	1	5	2		
Vinyl Trichloride	79-00-5	3	3	4.6	1.4				200			3	0	Fog, Foam, DC, CO2	237	3	22	2	3	9, 4, 10	K2. RVW potassium. Pleasant odor. TLV 10 ppm. NCF.
Vinyl-2,6,8-Trimethylnonyl Ether	10141-19-2			7.3	.81							2	1		433	1	1	1	2		

(285)

Chemical Name	CAS	Tox L	Tox S	Vap Den.	Spec Grav.	Wat Sol.	DOT Number	DOT Cl	Flash Point	Flamma. Limit	Ign. Temp.	Disa. Atm	Disa. Fire	Extinguishing Information	Boil Point	F	R	E	S	H	Remarks
Vinyl-2-(Butoxyethyl) Ether	4223-11-4	2	3	5.0	Liq								3	Foam, DC, CO2		3		1	2	2, 9	K10.
Vinyl-2-(N,N-Dimethylamino) Ethyl Ether	3622-76-2	3	3	4.0	Liq								3	Foam, DC, CO2		3		1	3	9	K2, K10.
Vinyl-2-Ethyl Hexoate	94-04-2	2	2	6.0	.88	N			165			2	2	Fog, Foam, DC, CO2	365	1	1	1	2	2	K24.
5-Vinyl-2-Norbornene	3048-64-4	2	2	4.2	Liq							2		Foam, DC, CO2		1		1	1		K24.
5-Vinyl-2-Picoline	140-76-1	4	3	4.2	Liq	N						3		Fog, Foam, DC, CO2	280	3		1	4		K2.
2-Vinyl-5-Ethyl Pyridine		3		4.6	.95	N			200			4	2	Fog, Foam, DC, CO2		3		1	2	2, 9	
Vinylamine	593-67-9			1.5	Liq							3		Fog, Foam, DC, CO2		3		1	3	9	K2. RXW isoprene.
Vinylcyclohexane Monoxide	106-86-5	3		4.3	.96	N			136			2	2	Fog, Foam, DC, CO2	336	3	1	1	2	11	
Vinylcyclohexene	100-40-3	3	2	3.8	.83				60		517			Fog, Foam, DC, CO2	262	2	1	2	3	11	
4-Vinylcyclohexene-1	100-40-3	3	2	3.8	.83				60		517			Fog, Foam, DC, CO2	262	2		2	3		
Vinylethylene	106-99-0	3		1.9	Gas	N	1010	FG		2.0-12.0	788	3	4	Fog, DC, CO2, Stop Gas	24	2	22	4	3	3	K10. Aromatic.
Vinylethylene Oxide	930-22-3	3	2	2.4	.87			FL	<-58		806	2	3	Fog, Alfo, DC, CO2	151	2	2	2	2		
Vinylidene Chloride	75-35-4	3		3.4	1.2	N		FL	0	7.3-16.0	1058	3	3	Fog, Foam, DC, CO2	89	2	2	2	3		K2, K9, K10, K21. TLV 5 ppm.
Vinylidene Fluoride	75-38-7	3		2.2	Gas	S	1959	FG		5.5-21.3		4		Stop Gas, Fog, DC, CO2		2	2	4	2		K2, K9.
Vinyllithium	917-57-7			1.2	Var								3	DC, CO2		2	16	2	2		K11. Pyroforic.
Vinylnorbornene	3048-64-4	2	2	4.2	Liq							2		Foam, DC, CO2		1		1	1		K24.
Vinylstyrene	108-57-6	3		4.5	.93	N			165			3	2	Fog, Foam, DC, CO2	392	3	22	2	3		K21. TLV 10 ppm.
Vinyltoluene	25013-15-4	3	2	4.1	.91	N	2618	CL	120	.7-11.0	921	2	2	Fog, Foam, DC, CO2	334	3	2	1	2	2	TLV 50 ppm.
Vinyltrichlorosilane	75-94-5	3	2	5.6	1.3	N	1305	FL	16			2		DC, CO2, No Water	195	5	10	3	3	16, 9	K2, K16.
Vinyzene	58-36-6	4		17.	Sol	N						3		Foam, DC, CO2		3		1	4	9, 2	K12. Melts @ 363°.
Vitamin K1	84-80-0			15.	Sol							3		Foam, DC, CO2		3		1	2		K24. NCF.
Vortex (Trade name)		3		>1.	1.2							3		Foam, DC, CO2		3	19	1	2		K2, K12.
Vulcan Coal Powders (Trade name)				>1.	Pdr			EX				4				6	17	5	2		Explosive.
VX (Common name)	50782-69-9	4		8.3	Var							4				3		2	4	6, 8, 9	K2, K24.
Warfarin	81-81-2	3	2	10.	Cry	N						2	0	Foam, DC, CO2		3		1	2	9	Melts @ 322°. NCF.
Warfarin Plus	81-81-2	3	2	10.	Cry	N						2	0	Foam, DC, CO2		3		1	2	9	Melts @ 322°. NCF.
Waste Paper (Wet)		2	2	>1.	Sol	N		FS				3	1	Fog, Foam, DC, CO2		1		1	1		K21.
Waste Textile (Wet)		2	2	>1.	Sol	N		FS				3	1	Fog, Foam, DC, CO2		1		1	1		K21.
Water Gas		3	1	.57	Gas			FG		7.0-72.0		2	4	Stop Gas, Fog, DC, CO2		2	1	4	2		
Water of Ammonia (Common name)		3	4	>1.	Liq	Y	2672	CO				3		Fog, Foam, DC, CO2		1		2	4		K1. Pungent odor. NCF.
Water Reactive Solid, n.o.s.				<1.	Sol		2813	FS				3		Soda Ash, No Water		5	10	1	2		
Water Treatment Compounds			4	>1.	Liq	Y		CO				3	0	Foam, DC, CO2		3		1	3		NCF.
Wax (Liquid)		2		2	>1.	S	1993	CL				2	2	Fog, Alfo, DC, CO2		3		1	1		
Whip (Trade name)		3	3	>1.	Sol	N			93			3		Fog, Foam, DC, CO2		3	1	2	2	5	K2. Melts @ 185°.
Whiskey (General)		1	1	>1.	.93	Y			82			2	1	Fog, Foam, DC, CO2		2		1	2		
White Acid (Common name)		3	3	>1.	Liq	Y	1760	CO				4	0	Fog, Foam, DC, CO2		1	6	2	3	3, 16	K2, K16. NCF.
White Asbestos (Common name)		2	1		Pdr	N	2590	OM				2	0	Fog, Foam, DC, CO2		1		1	2		NCF.
White Caustic (Common name)	1310-73-2	3	4	1.4	Sol	Y	1823	CO				3	0	DC, CO2		3	21	4	2		K2. May RW water. NCF.
White Gas (Common name)	8006-61-9	2	1	>3.	.75	N	1203	FL	-45	1.4-7.6	536	2	3	Fog, Foam, DC, CO2	>200	2	2	2	2	3	ULC: 100. TLV 300 ppm. Values may vary.

Chemical Name	CAS	Tox L	Tox S	Vap Den	Spec Grav	Wat Sol	DOT Number	DOT Cl	Flash Point	Flamma. Limit	Ign. Temp	Disa. Atm	Disa. Fire	Extinguishing Information	Boil Point	F	R	E	S	H	Remarks
White Phosphorus (Dry) (Wet)	7723-14-0	3	3	4.4	Sol	N	1381	FS			86	4	3	Fog, Flood	100	2	2	3	4	3, 9	K2, K13, K24. Keep wet. Pyrotoric.
White Spirits (Common name)	64475-85-0	2	2	2.5	.64	N	1115	FL	<0	1.1-5.9	550	2	3	Fog, Foam, DC, CO2		2	1	2	2		ULC: 100 TLV 300 ppm.
White Tar (Common name)	91-20-3	3	2	4.4	Sol	N	1334	OM	174	9.5-9.9	979	3	2	Fog, Foam, DC, CO2	424	3	1	1	2	9, 5	TLV 10 ppm. Coal-tar odor.
Wines, High		1	1	>1.	Liq	Y			<80			2	3	Fog, Alfo, DC, CO2		2		2	2		
Wines, Sherry & Port		1	1	>1.	Liq	Y			129			2	2	Fog, Foam, DC, CO2		1		2	2		
Wintergreen Oil		2	2	5.2	1.2	N			205		850	2	2	Fog, Foam, DC, CO2		3		1	2	5, 9	K2. Burnable.
Wolfsbane	8063-12-5	4	4	>1.	Sol							4	1	Fog, Foam, DC, CO2				1	4	10	
Wood Alcohol	67-56-1	2	2	1.1	.79	Y	1230	FL	52	6.0-36.0	725	2	3	Fog, Alfo, DC, CO2	147	3	2	2	2		ULC: 70 TLV 200 ppm.
Wood Filler (Liquid)		3	1	>1.	Liq	N	1263	FL	<100			2	2	Fog, Foam, DC, CO2		2	1	2	2		
Wood Gas (Common name)	630-08-0	3	1	.96	Gas	S	1016	PA		12.5-74.2	1128	2	4	Stop Gas, Fog, DC, CO2	-313	3		4	3		TLV 35 ppm. RVW active metals.
Wood Preservative (Liquid)		3	2	>1.	Liq	N	1306	FL				3	2	Fog, Foam, DC, CO2		2	1	2	3		K2.
Wood Tar Oil		2	2	>1.	.99	N		CL	130		671	2	2	Fog, Foam, DC, CO2	208	1	1	1	2		K21. Piny odor.
Wool Waste (Wet)		2	2	>1.	Sol	N	1387	FS				3	2	Fog, Flood		2		1	2		K21.
Xenene	92-52-4	4		5.3	Sol				235	.6-5.8	1004	2	1	Fog, Foam, DC, CO2	489	3	1	1	4		TLV <1 ppm. Pleasant odor. Melts @ 158°.
Xenon	7440-63-3	1	1	4.4	Gas		2036	CG						Fog, Foam, DC, CO2	-161	1		1	2	1	Inert gas. NCF.
Xenon (Cryogenic liquid) (Liquid, Refrigerated)		1	3	4.4	Gas		2591	CG				1	0	Fog, Foam, DC, CO2	-161	7		2	2	15	NCF.
Xenon Difluoride		4	4	5.8	Sol	Y						4	4	No Water		2	4	2	4		Keep dry. Oxidizer.
Xenon Fluoride Methanesulfonate	25710-89-8			8.6	Liq							4	4			6	17	4	2		Explodes @ 32°.
Xenon Fluoride Trifluoroacetate	39274-39-0			8.8	Var							3	4			6	17	5	2		Shock-sensitive explosive.
Xenon Fluoride Trifluoromethane-sulfonate	13693-09-9			10.	Var							3	4	No Water		5	17	5	2		Explodes @ room temperature.
Xenon Hexafluoride	13693-09-9			8.6	Var							3	3			5	10	2	2		K2.
Xenon Perchlorate	25523-79-9			11.	Var							3	4			6	17	5	2		RW water to form an explosive material.
Xenon Tetrafluoride	13709-61-0			7.2	Var							3	3	No Water		5	23	2	2		
Xenon Trifluoroacetate				11.	Var							3	4			6	17	5	2		Shock-sensitive explosive.
Xenon Trioxide	13776-58-4			6.3	Var								4			6	17	5	2		Explosive.
XMC (Common name)		3	2	>1.	Sol	N						3		Foam, DC, CO2		2		1	3	12, 9	K2, K12. Melts @ 212°.
1,4-Xylene	106-42-3	2	2	3.7	Sol	N	1307	FL	77	1.1-7.0	984	2	3	Fog, Foam, DC, CO2	280	2	1	2	2	11	TLV 100 ppm. Melts @ 55°.
p-Xylene	106-42-3	2	2	3.7	Sol	N	1307	FL	77	1.1-7.0	984	2	3	Fog, Foam, DC, CO2	280	2	1	2	2	11	TLV 100 ppm. Melts @ 55°.
1,2-Xylene	95-47-6	2	2	3.7	.88	N	1307	FL	63	1.0-6.0	867	2	3	Fog, Foam, DC, CO2	291	2	1	2	2		TLV 100 ppm.
o-Xylene	95-47-6	2	2	3.7	.88	N	1307	FL	63	1.0-6.0	867	2	3	Fog, Foam, DC, CO2	291	2	1	2	2		TLV 100 ppm.
m-Xylene	108-38-3	2	2	3.7	.86	N	1307	FL	77	1.1-7.0	986	2	3	Fog, Foam, DC, CO2	282	2	1	2	2		TLV 100 ppm.
Xylene (1,3-)	1330-20-7	2	2	3.7	.86	N	1307	FL	81	1.1-7.0	982	2	3	Fog, Foam, DC, CO2	281	2	1	2	2	2	TLV 100 ppm.
Xylene Substitutes				>1.	.76			FL	45			3	3	Fog, Foam, DC, CO2		2	1	2	2		
Xylenes (Mixed m-& p-isomers)		2		3.0	.86	N			100	1.1-7.0	900	3	2	Foam, DC, CO2		3	2	1	2		
3,5-Xylenol	108-68-9			4.2	Cry		2261	PB				2	2	Foam, DC, CO2	428	3		2	2	9	Melts @ 147°.
3,4-Xylenol	95-65-8	2		4.2	Sol		2261	PB					2	Foam, DC, CO2	437	3		1	2	9	Melts @ 144°.
2,6-Xylenol	576-26-1		3	4.2	.88		2261	PB					2	Foam, DC, CO2	397	2		2	2	9	Melts @ 118°.
2,5-Xylenol	95-87-4			4.2	Cry		2261	PB					2	Foam, DC, CO2	414	3		1	2	9	Melts @ 167°.
2,4-Xylenol	105-67-9	3		4.2	Sol		2261	PB					2	Foam, DC, CO2		3		1	2	9	

(287)

Chemical Name	CAS	Tox L S	Vap Den	Spec Grav	Wat Sol	DOT Number	Cl	Flash Point	Flamma Limit	Ign. Temp.	Disa Atm/Fire	Extinguishing Information	Boil Point	F	R	E	S	H	Remarks
2,3-Xylenol	526-75-0		4.2	Sol	Y	2261	PB				2	Foam, DC, CO2	424	3		1	2		Melts @ 167°.
Xylenol	1300-71-6	4	4.2	Cry	S	2261	PB				2	Fog, Alto, DC, CO2		3		1	4		
Xylidine	1300-73-8	4	4.2	.98	Y	1711	PB	206			3	Fog, Foam, DC, CO2	435	3	2	2	4	5, 9	K2. TLV 2 ppm (skin)
Xyloidin	9004-70-0	2	17.	Sol		2060	FS	55			3	Fog, Flood		2	2	2	2		K2.
p-Xylol	106-42-3	2	3.7	.88	N	1307	FL	77	1.1-7.0	984	2	Fog, Foam, DC, CO2	280	3	1	2	2	11	TLV 100 ppm. Melts @ 55°
o-Xylol	95-47-6	2	3.7	.88	N	1307	FL	63	1.0-6.0	867	3	Fog, Foam, DC, CO2	291	2	2	2	2		TLV 100 ppm.
m-Xylol	108-38-3	2	3.7	.86	N	1307	FL	77		986	2	Fog, Foam, DC, CO2	282	2	1	2	2		TLV 100 ppm
Xylol	1330-20-7	2	3.7	.86	N	1307	FL	81	1.1-7.0	982	3	Fog, Foam, DC, CO2	281	2		2	2	2	K2.
Xylyl Bromide (ALSO: (m-) (o-) (p-))	28258-59-5	2	4.8	1.4	N	1701	IR				3	Foam, DC, CO2	414	3		1	4		K2.
Xylyl Chloride (m-) (o-) (p-)		4	4.4	1.1							4	Fog, Alto, DC, CO2		3		1	2		
p-Xylyl Diazide			>1.	Sol							4			6	17	5	2		
Xylylene Chloride	28347-13-9	4	6.1	Var							3	Foam, DC, CO2		3		1	4	9	K2, K24.
Xylylene Dichloride	28347-13-9	4	6.1	Var							3	Foam, DC, CO2		3		1	4	9	K2, K24.
Yanock (Trade name)	640-19-7		2.7	Liq	Y						4	Foam, DC, CO2		3		1	4	9	K2, K12, K24.
Yellow Phosphorus	7723-14-0	3	4.4	Sol	N	1381	FS			86	4	Fog, Foam, DC, CO2	442	3	2	3	4	3, 6	K2, K13, K24. Keep wet. Pyrotoric.
Yohimbene	146-48-5		12.	Sol	S						4	Foam, CO2, DC		3		1	4	9	K2. NCF.
Yohimbine	146-48-5	4	12.	Sol	S						4	Foam, CO2, DC		3		1	4	9	K2. NCF.
Yohimbine Hydrochloride	146-48-5		12.	Sol	S						4	Foam, CO2, DC		3		1	4	9	K2. NCF.
Yperite	505-60-2	4	5.4	1.3	Y			221			4	Fog, Foam, DC, CO2		3	8, 2	4	4	3, 6, 8	K2. Vesicant.
Ytterbium Fluoride		3	>1.	Sol	N						4	No Halons		3		1	3		K2. NCF.
Yttrium		4	3.0	Sol							3			3		1	2		K2. Dust is flammable.
Yttrium Nitrate			13.	Cry	Y						3	Flood, Fog		2		1	2		K2. Oxidizer.
Zectran (Trade name)	315-18-4	3	7.8	Cry		2757	PB				3	Foam, DC, CO2		3		1	3	12	K12. Melts @ 185°
Zinc 65		4	2.2	Sol	N		RA				4	Foam, DC, CO2		4		1	3	17	Half-life 245 Days Gamma
Zinc Acetate	557-34-6	2	6.3	Sol	Y	9153	OM				3	Foam, DC, CO2		1		1	1		K2. NCF.
Zinc Ammonium Chloride		2	>1.	Sol	Y	9154	OM				4	Foam, DC, CO2		1		1	1		K2. NCF.
Zinc Ammonium Nitrite	63885-01-8		7.6	Sol	Y	1512	OX				4	Fog, Flood		2		1	2		High oxidizer.
Zinc Arsenate (Solid)	1303-39-5	4	21.	Pdr	N	1712	PB				4	Fog, Foam, DC, CO2		3	23, 4	1	2	9	K2. NCF.
Zinc Arsenate & Zinc Arsenite Mixture		4	21.	Pdr	N	1712	PB				4	Fog, Foam, DC, CO2		3		1	2	9	K2. NCF.
Zinc Arsenide		4	12.	Cry							4	Foam, DC, CO2		3		1	2	9	K2. NCF.
Zinc Arsenite (Solid)	10326-24-6	4	9.6	Pdr	N	1712	PB				4	Foam, DC, CO2		3		1	2	9	K2. NCF.
Zinc Ashes		2	2.2	Pdr		1435	FS				3	Soda Ash, No Water		5	9	2	4		K2.
Zinc Bisulfite Solution		4	>1.	Liq	Y	2693	CO				3	Foam, DC, CO2		3		1	2		K2.
Zinc Bromate	7699-45-8		15.	Pdr	Y	2469	OX				0	Fog, Flood		2	23, 4	2	2	2	Oxidizer.
Zinc Bromide	3486-35-9	2	7.8	Cry	N	9156	IR				0	Foam, DC, CO2		1		1	2		NCF.
Zinc Carbonate		2	4.3	Pdr	N	9157	OM				3	Foam, DC, CO2		1		1	1		NCF.
Zinc Chlorate	10361-95-2		10.	Cry	Y	1513	OX				3	Fog, Flood		2	23, 4	2	3		K2. High oxidizer.
Zinc Chloride (Anhydrous)	7646-85-7	3	4.7	Cry	Y	2331	CO				3	Foam, DC, CO2		3		1	3	9	K2. Melts @ 554°. NCF.
Zinc Chloride Solution		4	4.7	Liq	Y	1840	CO				3	Foam, DC, CO2		3		1	4	9	K2. NCF.
Zinc Cyanide	557-21-1	4	4.0	Cry	Y	1713	PB				3	Foam, DC, CO2		3		1	2	9	RVW magnesium.
Zinc Diethyl	557-20-0		4.3	1.2		1366	FL				3	Graphite, No Halon, No Water		5	10, 2	2	4		Believed Toxic. Pyrotoric.
Zinc Diethyldithiocarbamate	14324-55-1	2	3	>1.	Pdr	N					4	Foam, DC, CO2		3		1	2		K2. NCF.

Chemical Name	CAS	Tox L	Tox S	Vap Den	Spec Grav.	Wat Sol.	DOT Number	DOT Cl	Flash Point	Flamma. Limit	Ign. Temp.	Disa. Atm	Disa. Fire	Extinguishing Information	Boil Point	F	R	E	S	H	Remarks
Zinc Dihydrazide				4.4	Var							3	4	DC, CO2, No Water		6	17	5	2		Explodes @ 158°.
Zinc Dimethyl	544-97-8	4		3.3	Sol		1370	FS				3	3			5	10	2	4		RXW oxygen. Pyroforic.
Zinc Dimethyldithiocarbamate	137-30-4	3	3	10.	Pdr							4	1	Fog, Foam, DC, CO2		3		1	3	3, 9	Melts @ 478°. NCF.
Zinc Dithionite	7779-86-4			6.6	Sol	Y	1931	OM				3	2	Soda Ash, DC, CO2		3		1	2		K2.
Zinc Ethide	557-20-0			4.3	1.2		1366	FL				3	3	Graphite, No Halon, No Water		5	10, 2	2	4		Believed Toxic. Pyroforic.
Zinc Ethyl	557-20-0			4.3	1.2		1366	FL				3	3	Graphite, No Halon, No Water		5	10, 2	2	4		Believed Toxic. Pyroforic.
Zinc Ethylenebis(dithiocarbamate)	12122-67-7	3	2	9.5	Pdr	N			>212			3	1	Foam, DC, CO2		3		1	2	12	K2, K12.
Zinc Fluoride	7783-49-5	3	1	3.5	Pdr	S	9158	OM				3	0	Foam, DC, CO2		3		1	2		K2. RVW Potassium. NCF.
Zinc Fluorosilicate	16871-71-9	3		11.	Cry	Y	2855	PB				3	0	Foam, DC, CO2		3		1	2	9	K2. NCF.
Zinc Fuosilicate	16871-71-9	3		11.	Cry	Y	2855	PB				3	0	Foam, DC, CO2		3		1	1	9	K2. NCF.
Zinc Formate	557-41-5			5.3	Cry	Y	9159	OM				3	0	Foam, DC, CO2		3		1	2	9	NCF.
Zinc Hydride	14018-82-7			2.3	Liq							3	3	DC, CO2, No Water		2	14	2	2		Slow reaction with water. Pyroforic.
Zinc Hydrosulfite	7779-86-4			6.6	Sol	Y	1931	OM				3	2	Soda Ash, DC, CO2		1		1	2		K2.
Zinc m-Arsenite	10326-24-6	4		9.6	Pdr	N	1712	PB				4	0	Foam, DC, CO2		3		1	2	9	K2. NCF.
Zinc Metal (Powder or Dust)		2	2	2.2	Pdr	N	1436	FS				3	0	Soda Ash, No Water		5	10	2	2		K2.
Zinc Nitrate Solution				4.7	Liq	Y	1840	CO				3		Foam, DC, CO2		3		1	4	9	High oxidizer.
Zinc Nitrate	7779-88-6			4.7	Cry	Y	1514	OX				3		Fog, Flood		2	23, 3, 4	2	2		R23 (when wet).
Zinc Perborate				>1.	Pdr	N								No Water		5		1	2		High oxidizer.
Zinc Permanganate	23414-72-4	3		11.	Cry	Y	1515	OX				3	3	Fog, Flood		2	23, 3, 4	2	2		K2. High oxidizer. Flood Only! Explodes @ 414°.
Zinc Peroxide	1314-22-3			3.3	Pdr	N	1516	OX				3	4	Flood		6	23, 3, 4, 5	3	2		NCF.
Zinc Phenolsulfonate	127-82-2	2	2	>1.	Cry	Y	9160	OM					0	Foam, DC, CO2		1		1	2	9	K2.
Zinc Phosphide	1314-84-7	4		8.9	Pdr		1714	FS				3	3	Soda Ash, No Water		5	6, 11, 14	1	4	9	K2. Keep dry.
Zinc Picrate				23.	Pdr			EX				4	4			6	17	5	2		
Zinc Powder			2	2.2	Pdr	N	1435	FS				3	0	Soda Ash, No Water		5	9	2	2		K2.
Zinc Powder or Dust (Non-pyroforic)		2	2	2.2	Pdr	N	1436	FS				3	0	Soda Ash, No Water		5	10	2	2		K2.
Zinc Powder or Dust (Pyroforic)		2	2	2.2	Pdr	N	1383	FS				3	2	Fog, Foam, DC, CO2		5	10	2	2		K2. Pyroforic.
Zinc Resinate				>1.	Sol	N	2714	FS				3	2	Fog, Foam, DC, CO2		2	1	2	2	2	K2.
Zinc Selenate			3	10.	Cry		2630	PB				3	0	Foam, DC, CO2		3		1	2		K2. NCF.
Zinc Selenite				10.	Cry		2630	PB				3	0	Foam, DC, CO2		3		1	2		K2. NCF.
Zinc Silicofluoride (Solid)	16871-71-9	3		11.	Cry	Y	2855	PB				3	0	Foam, DC, CO2		3		1	2	9	K2. NCF.
Zinc Sulfate	7733-02-0	2	2	6.6	Cry	Y	9161	OM				3		Soda Ash, No Water		3	6	1	2		K2. Keep dry
Zinc Telluride					Pdr							3	1	Foam, DC, CO2		3		1	1	12	K2, K12.
Zineb (Common name)	12122-67-7	3	2	9.5	Pdr	N			>212			3	1	Foam, DC, CO2		3		1	2		K2. NCF.
Zinkosite	7733-02-0	2	2	5.5	Pdr		9161	OM				3	0	Foam, DC, CO2		3		1	3	3, 9	Melts @ 478°. NCF.
Ziram (Common name)	137-30-4			10.	Pdr							4	1	Fog, Foam, DC, CO2		3		1	3	3, 9	Melts @ 478°. NCF.
Zirconium (Metal, Liquid Suspension)		2		3.0	Liq		1308	FL				3	3	Soda Ash, No Water		2		2	2	2	K11. Keep dry. Pyroforic.
Zirconium (Metal, Powder, Dry)	7440-67-7			3.0	Pdr	N	2008	FS				3	3	Soda Ash, No Water		2		2	2		K11. Keep dry. Pyroforic.
Zirconium (Metal, Wire, Sheet or Strips thinner than 18 microns)				3.0	Pdr		2009	FS				3	3			2		2	2		
Zirconium (Metal, Powder, Wet)				3.0	Liq	N	1358	FS				3	2	Fog, Foam		2		1	2		

Chemical Name	CAS	Tox L	Tox S	Vap Den.	Spec Grav	Wat Sol	DOT Number	DOT Cl	Flash Point	Flamma. Limit	Ign. Temp.	Disa. Atm	Disa. Fire	Extinguishing Information	Boil Point	F	R	E	S	H	Remarks
Zirconium (Metal, Wire, Sheet or Strips thinner than 254 microns but not thinner than 18 microns)				3.0	Pdr		2858	FS				3	2	Fog, Foam, DC, CO_2		2			1	2	
Zirconium 95		4						RA					4				4		2	4	17	Half-life 63 Days;Beta;Gamma
Zirconium Chloride	10026-11-6	4	4	3.0	Cry		2503	CO					3	Soda Ash, No Water		5	10, 4, 23	2	4	2	K2. Pyroforic.
Zirconium Dibromide	24621-17-8			8.6	Pdr	N		FS				3	3	DC, CO_2, No Water		5	10	2	2		K2. Pyroforic.
Zirconium Dichloride	13762-26-0			5.7	Var							3	3	DC, CO_2		2		1	2		K2. Pyroforic if warm.
Zirconium Hydride	7704-99-6			3.2	Pdr	N	1437	FS					3	Keep Dry, No Water		5	9	1	2		Strong reducer. Pyroforic. @ 518°.
Zirconium Nitrate	13746-89-9	3		15.	Cry	Y	2728	OX					3	Flood		2	23, 4	2	2	9	K2. High oxidizer.
Zirconium Picramate (Dry)				>1.	Sol	N	0236	EX					4			6	17	5	2		
Zirconium Picramate (Wet)	63868-82-6			7.7	Cry							3	3	Fog, Flood		2	2	2	2		Keep wet - explosive if dry.
Zirconium Potassium Fluoride	16923-95-8	2	2	>1.	Cry	Y	9162	OM				3	0	Foam, DC, CO_2		1		1	2		K2. NCF.
Zirconium Scrap		2	2	3.0	Sol	N	1932	FS				3	2	Soda Ash, No Water		2		2	2		K2.
Zirconium Sulfate	14644-61-2	3	3	10.	Sol	Y	9163	OM				3	0	Foam, DC, CO_2		1		1	2		K2. NCF.
Zirconium Tetrachloride	23840-95-1			5.3	Liq								3	DC, CO_2		2	2	2	2		K11. Pyroforic.
Zolone (Trade name)	2310-17-0	3	3	1.3	Pdr	N							4	0	Fog, Foam, DC, CO_2		3		1	3	12	K2. K12. Melts @ 113°. NCF.

DOT	NAME OF HAZARDOUS MATERIAL	DOT	NAME OF HAZARDOUS MATERIAL
0004	Ammonium Carbazotate	1005	Ammonia (Anhydrous) (Liquefied)
0004	Ammonium Picrate (dry or <10% water)	1005	Anhydrous Ammonia
0004	Ammonium Picronitrate	1005	Liquid Ammonia (Anhydrous)
0027	Black Powder (ALSO: Blasting Caps containing Black Powder	1006	Argon
0028	Blasting Caps	1008	Boron Fluoride
0028	Blasting Powder	1008	Boron Trifluoride
0074	Diazodinitrophenol	1009	Bromotrifluoromethane
0074	Dinol	1009	Monobromotrifluoromethane
0074	5,7-Dinitro-1,2,3-Benzoxadiazole	1009	Trifluorobromomethane
0075	Diethylene Glycol Dinitrate	1010	Butadiene (Inhibited)
0075	2,2'-Oxydi(Ethyl Nitrate)	1010	Butadiene-1-3
0076	2,3-Dinitrophenol	1010	Divinyl (-b)
0076	2,4-Dinitrophenol	1010	Erythrene
0076	2,5-Dinitrophenol	1010	Methyl Allene
0076	2,6-Dinitrophenol	1010	Vinylethylene
0076	3,4-Dinitrophenol	1011	Bottle Gas (Butane)
0076	3,5-Dinitrophenol	1011	Butane
0076	Dinitrophenol	1011	Butane Mixture
0078	Dinitroresorcinol	1011	n-Butane
0078	2,4-Dinitroresorcinol	1011	Butyl Hydride
0113	Guanyl Nitrosamino Guanylidene Hydrazine	1011	Methyl Ethyl Methane
0114	Guanyl Nitrosoamino Guanyl Tetrazene	1012	Butene
0114	Tetrazene	1012	1-Butene
0114	Tetrazine (Dry)	1012	trans-2-Butene
0118	Hexolite (Common name)	1012	2-Butene-trans
0121	Igniters	1012	Butylene
0129	Styphnic Acid	1012	α-Butylene
0129	Trinitroresorcinol	1012	β-Butylene
0133	Hexanitromannite (Common name)	1013	Carbon Dioxide (CO2 Gas)
0133	Hexanitromannitol (Common name)	1014	Carbon Dioxide-Oxygen Mixture
0133	Mannitol Hexanitrate	1015	Carbon Dioxide-Nitrous Oxide Mixture
0133	Mannitol Nitrate	1016	Carbon Monoxide
0133	Nitromannite	1016	Illuminating Gas
0133	Nitromannitol	1016	Wood Gas (Common name)
0143	Glycerol Trinitrate	1017	Chlorine
0143	Glyceryl Trinitrate	1017	Liquid Chlorine
0143	Nitroglycerin	1018	Chlorodifluoromethane (Freon 22)
0143	Trinitroglycerin	1018	Difluoromonochloromethane
0146	Nitrostarch (Dry)	1018	Freon-22
0147	Nitrourea	1018	Monochlorodifluoromethane
0151	Pentolite, Dry	1020	Chloropentafluoroethane
0155	Trinitrochlorobenzene	1020	Freon-115
0155	Trinitrochlorbenzene	1020	Monochloropentafluoroethane
0209	Trinitrotoluene (sym-)	1021	Chlorotetrafluoroethane
0209	Trinitrotoluol	1021	Monochlorotetrafluoroethane
0209	TNT	1022	Chlorotrifluoromethane
0213	Trinitroanisole	1022	Freon-13
0214	Trinitrobenzene (Dry) (1,3,5-)	1022	Monochlorotrifluoromethane
0215	Trinitrobenzoic Acid (Dry) (2,4,6-)	1022	Trifluorochloromethane
0216	2,4,6-Trinitro-m-Cresol	1023	Coal Gas
0217	Trinitronaphthalene (1,3,5-)	1023	Gas (aka - Manufactured)
0218	Trinitrophenetole	1023	Coal Gas
0220	Urea Nitrate (Dry)	1026	Carbon Nitride
0222	Ammonium Nitrate Fertilizer (with <2% combustible material)	1026	Cyanogen
0223	Ammonium Nitrate Fertilizer (which is more likely to explode than UN 0222)	1026	Cyanogen (liquefied)
		1026	Dicyan (Tradename)
0224	Barium Azide (Dry or <50% Water)	1026	Dicyanogen
0234	Sodium Dinitro-o-Cresylate	1026	Ethanedinitrile
0236	Zirconium Picramate (Dry)	1026	Oxalonitrile
0282	Nitroguanidine (α-) (Dry)	1026	Oxalic Nitrile
0357	Substances, explosive	1026	Oxalyl Cyanide
0358	Substances, explosive	1026	Prussite
0359	Substances, explosive	1027	Cyclopropane
0385	5-Nitrobenzotriazole	1027	Cyclopropane (Liquefied)
0386	Trinitrobenzene Sulfonic Acid	1027	Trimethylene
0387	Trinitrofluorenone	1028	Dichlorodifluoromethane
0392	Hexanitrostilbene	1028	Freon-12
0393	Hexatonal (Cast)	1029	Dichlorfluoromethane
0401	Dipicryl Sulfide	1029	Dichlorofluoromethane
0402	Ammonium Perchlorate (Average particle size of less than 45 microns)	1029	Dichloromonofluoromethane
		1029	Fluorodichloromethane
0407	Tetrazol-1-Acetic Acid	1029	Freon-21
0411	Pentaerythritol Tetranitrate	1030	Difluoroethane
0411	PETN (Common name)	1030	1-1-Difluoroethane
0411	Primacord (Common name)	1030	Ethylene Difluoride
1001	Acetylene	1030	Ethylene Fluoride
1001	Acetylene (Dissolved)	1030	Ethylidene Difluoride
1001	Ethine	1030	Freon-152
1001	Ethyne	1032	Dimethylamine, Anhydrous
1002	Air, Compressed	1033	Dimethyl Ether
1003	Air, Refrigerated Liquid (Cryogenic Liquid)	1033	Methyl Ether
		1033	Methyl Oxide
		1035	Bimethyl

DOT	NAME OF HAZARDOUS MATERIAL	DOT	NAME OF HAZARDOUS MATERIAL
1035	Dimethyl	1067	Nitrogen Peroxide
1035	Ethane (Compressed)	1067	Nitrogen Tetroxide
1035	Ethyl Hydride	1069	Nitrogen Oxychloride
1035	Methylmethane	1069	Nitrosyl Chloride
1036	Amidoethane	1070	Laughing Gas
1036	Aminoethane (1-)	1070	Nitrogen Oxide (Nitrous Oxide)
1036	Ethanamine	1070	Nitrous Oxide (Compressed)
1036	Ethylamine	1071	Oil Gas
1036	Monoethylamine	1071	Pintsch Gas
1037	Chloroethane	1072	Oxygen (Compressed)
1037	Ethyl Chloride	1073	Liquid Oxygen (LOX)
1037	Hydrochloric Ether	1073	LOX (Liquid Oxygen)
1037	Muriatic Ether	1073	Oxygen (Pressurized Liquid) (Cryogenic or Refrigerated Liquid)
1038	Ethylene (Cryogenic liquid) (Liquid, Refrigerated)	1075	Cymogene
1039	Ethoxymethane	1075	Liquefied Hydrocarbon Gas
1039	Ethyl Methyl Ether	1075	Liquefied Petroleum Gas (LPG)
1039	Methoxyethane	1075	LPG (Liquefied Petroleum Gas)
1039	Methyl Ethyl Ether	1075	L. P. Gas (Propane)
1040	Dimethylene Oxide	1075	Petroleum Gas (Liquefied)
1040	Epoxyethane	1075	Trimethylethane
1040	1-2-Epoxyethane	1076	Carbon Oxychloride
1040	Ethylene Oxide	1076	Carbonyl Chloride
1040	Oxirane	1076	CG (Phosgene)
1041	Carbon Dioxide-Ethylene Oxide Mixture (>6% Ethylene Oxide)	1076	Diphosgene
1041	Carboxide	1076	Phosgene
1041	Ethylene Oxide-Carbon Dioxide Mixture (>6% Ethylene Oxide)	1076	Superpalite
		1076	Trichloromethylchloroformate
1043	Fertilizer Ammoniating Solution (With >35% Free Ammonia)	1077	Methylethylene
		1077	Propene (1-)
1043	Nitrogen Fertilizer Solution (>35% NH3)	1077	Propylene
1044	Fire Extinguisher (w/Compressed or Liquefied Gas)	1078	Chlorodifluoromethane and Chloropentafluoroethane Mixture
1045	Fluorine (Compressed)	1078	Chlorotrifluoromethane and Trifluoromethane Mixture
1046	Helium (Compressed gas)	1078	Dichlorodifluoromethane & 1,1-Difluoroethane Mixture
1048	Hydrogen Bromide (Anhydrous)		
1049	Hydrogen (Compressed)	1078	Dichlorodifluoromethane & Chlorodifluoromethane Mixture
1050	Hydrochloric Acid (Anhydrous) (38%)	1078	Dichlorodifluoromethane & Trichlorofluoromethane Mixture
1050	Hydrogen Chloride (Anhydrous)		
1050	Muriatic Acid	1078	Dichlorodifluoromethane & Trichlorotrifluoroethane Mixture
1051	Hydrocyanic Acid		
1051	Hydrogen Cyanide (Anhydrous: Stabilized)	1078	Dichlorodifluoromethane, Trichlorofluoromethane & Chlorodifluoromethane Mixture
1051	Prussic Acid		
1052	Ethylene Oxide-Carbon Dioxide Mixture (<6% Ethylene Oxide)	1078	Dichlorodifluoromethane & Dichlorotetrafluoroethane Mixture
1052	Hydrogen Fluoride (Anhydrous)	1078	Dispersant Gas, n.o.s.
1053	Hydrogen Sulfide	1078	Refrigerant Gas, n.o.s.
1053	Sulfuretted Hydrogen	1078	Trifluoromethane and Chlorotrifluoromethane Mixture
1055	γ-Butylene		
1055	Isobutene	1079	Sulfur Dioxide
1055	Isobutylene	1079	Sulfurous Acid Anhydride
1055	2-Methyl Propene	1080	Sulfur Hexafluoride
1056	Krypton (Compressed)	1080	Sulfur Fluoride
1057	Cigarette Lighter (w/flammable gas)	1081	Perfluoroethylene
1057	Flammable Gas in lighter (for cigars, etc.)	1081	Tetrafluoroethylene (Inhibited)
1057	Lighter (For cigars, etc. w/Flammable Gas)	1082	Chlorotrifluoroethylene
1058	Liquefied Gas (Nonflammable: Charged w/Nitrogen, Carbon Dioxide or Air)	1082	Monochlorotrifluorethylene
		1082	Trifluorochloroethene
1058	Liquefied Nonflammable Gas (Charged w/Nitrogen, Carbon Dioxide or Air)	1082	Trifluorochloroethylene
		1083	Trimethylamine (Anhydrous)
1060	Mapp	1085	Bromoethene
1060	Mapp Gas	1085	Bromoethylene
1060	Methylactylene-propadiene Mixture (Stabilized)	1085	Vinyl Bromide
		1086	Chloroethene
1060	Propyne Mixed with Propadiene	1086	Chloroethylene
1061	Aminomethane (Anhydrous)	1086	Ethylene Monochloride
1061	Methylamine (Anhydrous)	1086	Monochloroethene
1061	Monomethylamine (Anhydrous)	1086	Monochloroethylene
1062	Bromomethane	1086	Vinyl Chloride
1062	Dowfume MC-2	1087	Methoxyethylene
1062	Methyl Bromide	1087	Methoxyethene
1063	Chloromethane	1087	Methyl Vinyl Ether
1063	Methyl Chloride	1087	Vinyl Methyl Ether
1063	Monochloromethane	1088	Acetal
1064	Methanethiol	1088	Ethylidene Diethyl Ether
1064	Methyl Mercaptan	1088	Diethyl Acetal
1065	Neon (Compressed)	1089	Acetaldehyde
1066	Nitrogen (Compressed)	1089	Acetic Aldehyde
1067	Dinitrogen Tetroxide	1089	Ethanal
1067	Liquid Nitrogen Dioxide	1089	Ethyl Aldehyde
1067	Nitrogen Dioxide		

DOT	NAME OF HAZARDOUS MATERIAL	DOT	NAME OF HAZARDOUS MATERIAL
1090	Acetone	1106	1-Aminopentane
1090	Dimethyl Ketone	1106	2-Aminopentane
1090	Ketone Propane	1106	Almylamine (Mixed isomers)
1090	Keto Propane	1106	Pentylamine (Mixed Isomers)
1090	Propanone (ALSO: 2-)	1107	Amyl Chloride (n)
1091	Acetone Oil (3 Grades)	1107	tert-Amyl Chloride
1092	Acrolein (Inhibited)	1107	1-Chloropentane
1092	Acrylaldehyde	1107	Pentyl Chloride
1092	Acrylic Aldehyde	1108	Amylene
1092	Allyl Aldehyde	1108	α-n-Amylene
1092	Biocide	1108	β-Isoamylene
1092	Ethylene Aldehyde	1108	2-Methyl-2-Butene
1092	2-Propen-1-One	1108	Propylethylene
1092	Propylene Aldehyde	1108	Trimethylethylene
1092	Allyl Aldehyde	1109	Amyl Formate (also: n-)
1092	2-Propenal	1109	Pentyl Formate
1093	Acrylonitrile (Inhibited)	1109	Isoamyl Formate
1093	Propene Nitrile	1110	Amyl Methyl Ketone (n-)
1093	Vinyl Cyanide	1110	2-Heptanone
1098	Allyl Alcohol	1110	Methyl Amyl Ketone
1098	Propenol	1110	Methyl n-Amyl Ketone
1098	Propen-1-ol-3	1111	Amyl Mercaptan (Also: mixed-
1098	1-Propen-3-ol	1111	1-Pentanethiol
1098	2-Propen-1-ol	1112	Amyl Nitrate (Also: Mixed Isomers)
1098	Propenyl Alcohol	1113	Amyl Nitrite
1098	Vinyl Carbinol	1113	Isoamyl Nitrite
1099	Allyl Bromide	1114	Benzene
1099	3-Bromopropylene	1114	Benzol (Benzene)
1099	3-Bromopropene	1114	Coal Naphtha
1100	Allyl Chloride	1114	Phenylhydride
1100	3-Chloropropene (-1)	1115	Benzine
1100	α-Chloropropene	1115	Lactol Spirits
1100	2-Propenyl Chloride	1115	Light Ligroin
1101	Aluminum Diethyl Monochloride	1115	Mineral Spirits (Thinner)
1101	Chlorodiethylaluminum	1115	Painters Naphtha (Common name)
1101	DEAC	1115	Petroleum Spirits
1101	DEAK	1115	Stoddard Solvent
1101	Diethyl Aluminum Chloride	1115	Varnoline
1103	Aluminum Methyl	1115	V M & P Naphtha
1103	Aluminum Triethyl	1115	White Spirits (Common name)
1103	Aluminum Trimethyl	1118	Brake Fluid: Hydraulic
1103	Aluminum Tripropyl	1120	Butanol
1103	T.E.A. (Triethyl Aluminum)	1120	Butanol-1
1103	Triethyl Aluminum	1120	n-Butanol
1103	Trimethyl Aluminum	1120	2-Butanol (sec-)
1104	Amyl Acetate	1120	Butyl Alcohol
1104	Amyl Acetic Ester	1120	n-Butyl Alcohol
1104	sec-Amyl Acetate	1120	sec-Butyl Alcohol
1104	Pear Oil (Common name)	1120	Butanol-2
1104	Pent-Acetate (Trade name)	1120	tert-Butyl Alcohol
1104	1-Pentanol Acetate	1120	Ethyl Methyl Carbinol
1104	2-Pentanol Acetate	1120	Methyl Ethyl Carbinol
1104	Pentyl Acetate (1-) (n-)	1120	2-Methyl-2-Propanol
1104	2-Pentyl Acetate	1120	Propyl Carbinol
1105	Amyl Alcohol (Also: sec-Amyl Alcohol & other Amyl Alcohols)	1120	Propyl Methanol
1105	sec-Amyl Alcohol	1120	Trimethyl Carbinol
1105	tert-N-Amyl Alcohol-Refined	1123	2-Butanol Acetate
1105	tert-Amyl Alcohol	1123	Butyl Acetate (1-)
1105	Amyl Hydrate	1123	sec-Butyl Acetate (ALSO: tert-)
1105	Butyl Carbinol	1123	Butyl Ethanoate
1105	n-Butyl Carbinol	1123	tert-Butyl Acetate
1105	tert-Butyl Carbinol	1125	1-Aminobutane
1105	sec-Butyl Carbinol	1125	2-Aminobutane
1105	Dimethyl Ethyl Carbinol	1125	Butylamine
1105	2,2-Dimethyl-1-Propanol	1125	n-Butylamine
1105	Isoamyl Alcohol - Primary	1125	sec-Butylamine
1105	Isobutyl Carbinol	1125	tert-Butylamine
1105	Isoamyl Alcohol - Secondary	1125	Mono-n-Butylamine
1105	tert-Isoamyl Alcohol	1125	Mono-sec-Butylamine
1105	Isoamyl Alcohol - Tertiary	1125	Trimethylaminomethane
1105	Isopentyl Alcohol	1125	Tutane
1105	2-Methyl Butanol	1126	Bromobutane
1105	Methyl Butanol-1	1126	1-Bromobutane
1105	2-Methyl-2-Butanol	1126	Butyl Bromide
1105	3-Methyl-1-Butanol	1126	normal-Butyl Bromide
1105	Methyl Propyl Carbinol	1126	1-Butyl Bromide
1105	1-Pentanol	1127	Butyl Chloride
1105	Pentanol-2	1127	n-Butyl Chloride
1105	dl-Pentanol	1127	sec-Butyl Chloride
1105	Pentasol (Trade name)	1127	tert-Butyl Chloride
1105	Pentyl Alcohol	1127	2-Chloro-2-Methylpropane
1105	tert-Pentyl Alcohol	1127	1-Chlorobutane
		1127	2-Chlorobutane

DOT	NAME OF HAZARDOUS MATERIAL	DOT	NAME OF HAZARDOUS MATERIAL
1128	Butyl Formate	1152	Dichloropentanes (Mixed)
1128	n-Butyl Formate	1152	Pentamethylene Dichloride
1128	Butyl Methanoate	1153	Diethoxyethane
1128	Formic Acid-Butyl Ester	1153	1,2-Diethoxyethane
1129	Butanal	1153	1,2-Diethoxyethylene
1129	Butaldehyde	1153	Diethyl Cellosolve (Trade name)
1129	Butyraldehyde	1153	Ethylene Glycol Diethyl Ether
1129	Butyric Aldehyde	1154	Diethylamine
1130	Camphor Oil (Light)	1154	N,N-Diethylamine
1130	Liquid Camphor	1155	Anesthesia Ether
1130	Liquid Camphor	1155	Ethyl Ether
1131	Carbon Bisulfide	1155	Diethyl Ether
1131	Carbon Disulfide	1155	Diethyl Oxide
1132	Carbon Remover, Liquid	1155	Ether
1133	Adhesives (Containing Flammable Liquids)	1155	Ethyl Oxide
1133	Adhesive	1156	Diethyl Ketone
1133	Cement (Adhesive)(Liquid)(Rubber)(Pyroxylin)(Containing Flammable Liquid)	1156	Ethyl Propionyl
		1156	Metacetone
		1156	3-Pentanone
1134	Benzene Chloride	1156	Pentanone-3
1134	Chlorobenzene	1156	Propione
1134	Chlorobenzol	1157	Diisoobutyl Ketone
1134	Mono-chlor-benzol	1157	2-6-Dimethyl-4-Heptanone
1134	Monochlorobenzene	1157	Isovalerone
1134	Phenyl Chloride	1158	Diisopropylamine
1135	2-Chloroethanol	1159	Diisopropyl Ether
1135	2-Chloroethyl Alcohol	1159	Diisopropyl Oxide
1135	β-Chloroethyl Alcohol	1159	2-Isopropoxypropane
1135	Ethylene Chlorohydrin	1159	Isopropyl Ether
1135	Glycol Chlorohydrin	1160	Dimethylamine, Aqueous (Solution)
1136	Coal Tar Distillate	1161	Dimethylcarbonate
1136	Coal Tar Oil	1161	Methyl Carbonate
1136	Coal Tar Creosote	1162	Dichlorodimethylsilane
1137	Coal Tar Distillate	1162	Dimethyldichlorosilane
1137	Coal Tar Oil	1163	Dimazine (Trade name)
1139	Coating Solution	1163	Dimethylhydrazine (unsymmetrical)
1142	Anti-freeze (Alcohol type)	1163	1,1-Dimethylhydrazine
1142	Cleaning Compound	1163	UDMH
1142	Compound, Polishing (Liquid, etc.) Combustible or Flammable	1163	Unsymmetrical Dimethyl Hydrazine
		1164	Dimethyl Sulfide
1142	Flammable Liquid Preparations, n.o.s.	1164	Methanethiomethane
1142	Polish (Metal Stove and Furniture)	1164	Methyl Sulfide
1142	Reducing Liquid	1164	Methylthiomethane
1142	Removing Liquid	1164	2-Thiopropane
1142	Cleaning Fluid	1165	Diethylene Dioxide
1143	2-Butenal	1165	1,4-Diethylene Dioxide
1143	trans-2-Butenal	1165	Diethylene Ether
1143	Crotonaldehyde (Inhibited)	1165	Dioxane
1143	Crotonic Aldehyde	1165	1,4-Dioxane
1143	β-Methyl Acrolein	1165	p-Dioxane
1143	Propylene Aldehyde	1166	Dioxolane
1144	2-Butyne	1166	Dioxolan
1144	Crotonylene	1166	1,3-Dioxolane
1144	Dimethylacetylene	1167	Divinyl Ether (Inhibited)
1145	Cyclohexane	1167	Divinyl Oxide
1145	Hexanaphthalene	1167	Ethenyloxyethene
1145	Hexahydrobenzene	1167	Vinethene
1145	Hexamethylene	1167	Vinyl Ether
1146	Cyclopentane	1168	Drier (Paint or Varnish, Liquid, n.o.s.)
1146	Pentamethylene	1168	Drier (Paint or Varnish, Liquid, n.o.s.)
1147	Decahydronaphthalene	1169	Extract (Aromatic, liquid)
1147	Decalin	1170	Alcohol (Ethyl) (Grain) (Beverage)
1147	Decahydronaphthalene-trans	1170	Alcoholic Beverage
1147	Naphthane	1170	Cologne Spirits
1148	Diacetone	1170	Ethanol (and Solutions)
1148	Diacetone Alcohol (Technical)	1170	Ethyl Alcohol (100%)
1148	4-Hydroxy-4-Methyl-2-Pentanone	1170	Ethyl Alcohol (80% in water)
1148	2-Methyl-2-Pentanol-4-One	1170	Ethyl Alcohol (50% in water)
1149	1-Butoxybutane	1170	Ethyl Alcohol (20% in water)
1149	Butyl ether	1170	Grain Alcohol (100%)
1149	n-Butyl ether	1170	Methyl Carbinol
1149	Dibutyl Oxide	1171	Cellosolve
1149	Dibutyl Ether	1171	Cellosolve Solvent
1149	N-Dibutyl Ether	1171	Ethoxyethanol
1150	Acetylene Dichloride	1171	2-Ethoxyethanol
1150	1,2-Dichloroethylene	1171	Ethylene Glycol Ethyl Ether
1150	sym-Dichloroethylene	1171	Ethylene Glycol Monoethyl Ether
1150	Dichlorethylene	1172	Cellosolve Acetate
1150	1,2-Dichloroethylene (ALSO: cis-)	1172	Ethoxyethyl Acetate
1150	Dichloracetylene	1172	2-Ethoxyethyl actate
1152	Amylene Chloride	1172	β-Ethoxyethyl Acetate
1152	Dichloropentane	1172	Ethylene Glycol Monoethyl Ether Acetate
1152	1,5-Dichloropentane	1172	Ethyl Glycol Acetate

DOT	NAME OF HAZARDOUS MATERIAL	DOT	NAME OF HAZARDOUS MATERIAL
1173	Acetic Ester	1195	Propionic Ether
1173	Acetic Ether	1196	Ethyl Trichlorosilane
1173	Ethyl Acetate	1196	Trichloroethylsilane
1173	Ethyl Ethanoate	1197	Extract (Flavoring, liquid)
1173	Ethyl Ethaneoate	1198	Formalin
1175	Ethylbenzene	1198	Formaldehyde (Commercial Solution)
1175	Ethylbenzol	1199	Fural
1175	Phenylethane	1199	Furale
1176	Boric Acid, Ethyl Ester	1199	Furfural
1176	Ethyl Borate	1199	Furfuraldehyde
1177	Ethylbutyl Acetate	1199	2-Furaldehyde
1177	2-Ethylbutyl Acetate	1199	2-Furancarbonal
1177	Ethyl Caproate	1199	Furole
1177	Ethyl Hexanoate	1199	Furol
1178	Diethylacetaldehyde	1199	Furfurol
1178	2-Ethylbutanal	1199	Pyromucic Aldehyde
1178	Ethylbutyraldehyde	1201	Fusel Oil
1178	2-Ethylbutyraldehyde	1202	Gas Oil
1178	2-Ethylbutyric Aldehyde	1203	Gasohol (<20% Alcohol)
1179	Butyl Ethyl Ether	1203	Gasoline (Automotive)
1179	Ethyl Butyl Ether	1203	Gasoline (Aviation Grade 100-130)
1179	Ethyl-n-Butyl Ether	1203	Gasoline (Aviation Grade 115-145)
1180	Butyric Acid - Ethyl Ester	1203	Motor Fuel, n.o.s. (Gasoline)
1180	Butyric Ester	1203	Motor Spirit
1180	Ethyl Butanoate	1203	Natural Gasoline
1180	Ethylbutyrate	1203	Petrol (Gasoline)
1180	n-Ethylbutyrate	1203	White Gas (Common name)
1181	Chloroethyl Acetate	1204	Glyceryl Trinitrate Solution
1181	2-Chloroethyl Acetate	1204	Spirit of Glyceryl Trinitrate
1181	Ethyl Chloroacetate	1204	Spirit of Nitroglycerin
1181	Ethyl Chloroethanoate	1205	Gutta-Percha Solution
1181	Ethylmonochloroacetate	1206	Dipropyl Methane
1182	Ethyl Chlorocarbonate	1206	Heptane (n-)
1182	Ethyl Chloromethanoate	1206	Heptyl Hydride
1182	Ethyl Chloroformate	1207	Caproaldehyde
1183	Dichloroethylsilane	1207	Caproic Aldehyde
1183	Ethyldichlorosilane	1207	Hexaldehyde
1184	1-2-Dichloroethane	1207	n-Hexaldehyde
1184	Ethylene Chloride	1207	Hexanal
1184	Ethylene Dichloride	1207	1-Hexanal
1184	Glycol Dichloride	1208	2-2-Dimethyl Butane
1185	Aziridine	1208	Hexane
1185	Dimethyleneimine	1208	n-Hexane
1185	Ethylenimine (Inhibited)	1208	Hexyl Hydride
1185	Ethyleneimine	1208	Neohexane
1188	Ethylene Glycol Methyl Ether	1210	Ink (Printer's Ink)
1188	Ethylene Glycol Monomethyl Ether	1212	Isobutanol
1188	2-Methoxyethanol	1212	Isobutyl Alcohol
1188	Methyl Cellosolve (Trade name)	1212	Isopropylcarbinol
1189	Ethylene Glycol Monomethyl Ether Acetate	1212	2-Methyl-1-Propanol
1189	2-Methoxyethyl Acetate	1213	Isobutyl Acetate
1189	Methyl Cellosolve Acetate	1214	1-Amino-2-Methylpropane
1189	Methyl Cellosolve Acetate (Trade name)	1214	Isobutylamine
1189	Methyl Glycol Acetate	1216	Isoctene
1189	Propylene Glycol Acetate	1216	Isooctene
1190	Ethyl Formate	1216	Isooctenes
1190	Ethyl-o-Formate	1216	2-4-4-Trimethylpentene-1
1190	Ethyl Formate (ortho)	1218	Isoprene (Inhibited)
1190	Ethyl Methanoate	1218	2-Methyl Butadiene1-3
1190	Formic Acid-Ethyl Ester	1219	Dimethyl Carbinol
1190	Formic Ether	1219	Isopropanol
1191	Butyl Ethyl Aetaldehyde	1219	Isopropyl Alcohol
1191	Caprylaldehyde	1219	2-Propanol
1191	Caprylic Aldehyde	1219	sec-Propyl Alcohol
1191	2-Ethylcaproaldehyde	1220	Acetic Acid - Isopropyl Ester
1191	Ethylhexaldehyde	1220	2-Acetoxypropane
1191	2-Ethylhexaldehyde	1220	Isopropyl Acetate
1191	1-Octanal	1220	2-Propyl Acetate
1191	Octanal	1221	2-Aminopropane~
1191	Octyl Aldehyde	1221	1-Methylethylamine
1192	Ethyl-2-Hydroxypropionate	1221	Monoisopropylamine
1192	Ethyl Lactate	1221	secPropylamine (also: 2-)
1192	Lactic Acid, Ethyl Ester	1221	Isopropylamine
1193	Butanone	1222	Isopropyl Nitrate
1193	2-Butanone	1223	Coal Oil
1193	Ethyl Methyl Ketone	1223	Deobase (Common name)
1193	Methyl Acetone	1223	Deodorized Kerosene
1193	Methyl Ethyl Ketone	1223	Fuel Oil No. 1
1193	MEK	1223	Kerosene
1194	Ethyl Nitrite	1223	Kerosine
1194	Hyponitrous Ether	1223	Kerosene (Deodorized)
1194	Nitrous Ether	1223	Range Oil
1195	Ethyl Propionate	1223	Ultrasene

DOT	NAME OF HAZARDOUS MATERIAL	DOT	NAME OF HAZARDOUS MATERIAL
1224	Ketone (Liquid, n.o.s.)	1263	Lacquer
1224	Ketone Oils	1263	Lacquer Base or Chips (Liquid)
1226	Cigarette Lighter (w/flammable liquid)	1263	Paint, etc. (Flammable liquid)
1226	Lighter (For cigars, etc. w/Flammable Liquid)	1263	Paint Related Material (Flammable liquid)
1226	Lighter Fluid	1263	Polish (Liquid)
1228	Mercaptan Mixture (Aliphatic)	1263	Shellac (Liquid)
1228	Mercaptans and Mixtures (Liquid, n.o.s.)	1263	Stain
1229	1-Isobutenyl Methyl Ketone	1263	Thinner (Paint)
1229	Isopropylideneacetone	1263	Varnish
1229	Mesityl Oxide	1263	Varnish Shellac
1229	4-Methyl-3-Penten-2-One	1263	Wood Filler (Liquid)
1230	Colonial Spirits	1264	p-Acetaldehyde
1230	Columbian Spirits	1264	Paraldehyde
1230	Methanol	1264	Para-Acetaldehyde
1230	Methyl Alcohol	1264	2,4,6-Trimethyl-1,3,5-Trioxane
1230	Wood Alcohol	1265	Amyl Hydride
1231	Acetic Acid Methyl Ester	1265	Ethyl Dimethyl Methane
1231	Methyl Ethanoate	1265	Isoamyl Hydride
1231	Methyl Acetate	1265	Isopentane
1231	Methyl Acetic Ester	1265	2-Methylbutane
1233	Hexyl Acetate	1265	Pentane
1233	sec-Hexyl Acetate	1265	n-Pentane
1233	Methyl Amylacetate	1266	Perfumery Products (with Flammable Solvent)
1233	Methyl Isobutyl Carbinol Acetate	1268	Naphtha Distillate
1233	4-Methyl-2-Pentanol Acetate	1270	Crude Oil
1233	4-Methylpentyl-2-Acetate	1270	Oil (Petroleum, n.o.s.)
1234	Dimethoxy Methane	1270	Oil (Crude)
1234	Formal	1270	Petroleum (Crude Oil)
1234	Formaldehyde Dimethyl Acetal	1270	Petroleum Distillate
1234	Methylal	1270	Petroleum Oil
1234	Methylene Dimethyl Ether	1272	Pine Oil
1235	Methylamine (Aqueous Solution)	1274	Ethyl Carbinol
1235	Monomethylamine (Aqueous Solution)	1274	Propanol (ALSO: 1-)
1237	Methyl Butyrate	1274	Propyl Alcohol (n-) (1-)
1237	Methyl-n-Butanoate	1275	Propanal
1238	Methyl Chlorocarbonate	1275	Propionaldehyde
1238	Methyl Chloroformate	1275	Propyl Aldehyde
1239	Chloromethyl Methyl Ether	1275	Propylic Aldehyde
1239	Methyl Chloromethyl Ether (Anhydrous)	1276	Acetic Acid-n-Propyl Ester
1242	Dichloromethylsilane	1276	Propyl Acetate (n-) (1-)
1242	Methyl Dichlorosilane	1277	1-Aminopropane
1243	Formic Acid-Methyl Ester	1277	Monopropylamine
1243	Methyl Formate	1277	Mono-N-Propylamine
1243	Methyl Methanoate	1277	Propylamine (N-)
1244	Methyl Hydrazine	1278	Chloropropane
1244	Monomethylhydrazine	1278	1-Chloropropane
1244	Monomethyl Hydrazine	1278	Propyl Chloride (n-)
1245	Hexone	1279	Dichloropropane
1245	Isobutyl Methyl Ketone	1279	1-2-Dichloropropane
1245	Isopropyl Acetone	1279	Propylene Dichloride
1245	Methyl Isobutyl Ketone	1280	Epoxypropane
1245	4-Methyl-2-Pentanone	1280	1,2-Epoxypropane
1246	Isopropenyl Methyl Ketone	1280	2,3-Epoxypropane
1246	Methyl Isopropenyl Ketone (Inhibited)	1280	Methylethylene Oxide
1247	Methyl Methacrylate (Monomer: Inhibited)	1280	Methyloxirane
1248	Methyl Propionate	1280	Propene Oxide
1249	Ethyl Acetone	1280	Propylene Oxide (Inhibited)
1249	Methyl Propyl Ketone	1281	Propyl Formate (n-)
1249	2-Pentanone	1281	Propyl Methanoate
1249	Pentanone-2	1282	Pyridine
1250	Methyl Trichlorosilane	1286	Rosin Oil
1250	Trichloromethylsilane	1287	Rubber Solution
1251	3-Butene-2-one	1287	Rubber Solvent
1251	3-Buten-2-one	1288	Crude Shale Oils
1251	Methyl Vinyl Ketone	1288	Shale Oil
1251	Vinyl Methyl Ketone	1289	Sodium Methylate (Solutions in Alcohol)
1255	Naphtha, V.M. & P. (Regular)	1292	Ethylorthosilicate
1255	Naphtha, V.M. & P. (50 Deg. Flash)	1292	Ethyl Silicate
1255	Naphtha, V.M. & P. (High Flash)	1292	Tetraethyl Silicate
1255	Petroleum Naphtha	1292	Tetraethyl-o-Silicate
1256	Naphtha Safety Solvent	1293	Tincture (Medicinal)
1256	Safety Solvent	1294	Methyl Benzene
1257	Casinghead Gasoline	1294	Phenylmethane
1257	Gasoline (Casing Head)	1294	Toluene
1259	Nickel Carbonyl	1294	Toluol
1259	Nickel Tetracarbonyl	1295	Silicochloroform
1261	Nitromethane	1295	Trichloromonosilane
1262	Isooctane	1295	Trichlorosilane
1262	2-Methylheptane	1296	Triethylamine
1262	Octane	1297	Trimethylamine (Aqueous Solution)
1262	2,2,4-Trimethylpentane	1298	Trimethylchlorosilane
1263	Enamel (Common name)	1299	Spirit of Turpentine

(296)

DOT	NAME OF HAZARDOUS MATERIAL	DOT	NAME OF HAZARDOUS MATERIAL
1299	Turpentine		Water)
1299	Turpentine Oil	1338	Phosphorus (Amorphous, Red)
1300	Turpentine Substitute	1339	Phosphorus Heptasulfide (Free from Yellow or White Phosphorus)
1301	Acetic Acid Vinyl Ester		
1301	Vinyl Acetate	1340	Phosphoric Sulfide
1302	Ethoxy Ethene	1340	Phosphorus Pentasulfide (Free from Yellow or White Phosphorus)
1302	Ethyl Vinyl Ether		
1302	Vinyl Ethyl Ether	1340	Phosphorus Persulfide
1304	Isobutyl Vinyl Ether	1341	Phosphorus Sesquisulfide (Free from Yellow or White Phosphorus)
1304	Vinyl Isobutyl Ether		
1305	Trichloroethenylsilane	1343	Phosphorus Trisulfide (Free from Yellow or White Phosphorus)
1305	Trichlorovinylsilane		
1305	Vinyltrichlorosilane	1344	Picric Acid (Wet with >10% water)
1306	Wood Preservative (Liquid)	1344	Trinitrophenol (Wet)
1307	1-2-Dimethylbenzene	1345	Rubber Scrap (Powdered or Granulated)
1307	o-Dimethylbenzene	1345	Rubber-Regenerated
1307	1-3-Dimethylbenzene	1346	Silicon Powder (Amorphous)
1307	m-Dimethylbenzene	1347	Picratol (Common name)
1307	1-4-Dimethybenzene	1347	Silver Picrate (Wet with >30% Water)
1307	p-Dimethylbenzene	1348	Sodium Dinitro-ortho-Cresolate (>15% Water)
1307	Xylene (1,3-)		
1307	Xylol	1349	Picramic Acid, Sodium Salt
1307	m-Xylene	1349	Sodium Picramate (Wet with >20% water)
1307	m-Xylol	1350	Brimstone (Sulfur)
1307	o-Xylene	1350	Flowers of Sulfur
1307	1,2-Xylene	1350	Sulfur
1307	o-Xylol	1350	Sulphur
1307	p-Xylene	1352	Titanium (Metal powder, Wet with >20% Water)
1307	1,4-Xylene		
1307	p-Xylol	1353	Toe Puffs (Nitrocellulose Base)
1308	Zirconium (Metal, Liquid Suspension)	1354	Trinitrobenzene (Wet)
1309	Aluminum Powder (coated)	1355	Trinitrobenzoic Acid (Wet)
1310	Ammonium Picrate (wet >10% water)	1356	Trinitrotoluene (Wet)
1312	Borneol	1357	Urea Nitrate (Wet)
1312	d-Borneol	1358	Zirconium (Metal, Powder, Wet)
1312	Borneo Camphor	1359	Bags (Empty: Having contained Sodium Nitrate)
1312	α-Camphanol		
1313	Calcium Resinate	1360	Calcium Phosphide
1314	Calcium Resinate, Fused	1360	Tricalcium Diphosphide
1318	Cobalt Resinate	1361	Carbon (Animal or Vegetable origin)
1318	Cobaltous Resinate	1361	Charcoal
1318	Cobalt Resinate-Precipitated	1361	Coal (Ground Bituminous, Sea Coal, etc.)
1320	Dinitrophenol (Wet with >15% water)	1361	Coal Facings
1321	Dinitrophenolate (>15% water)	1361	Sea Coal
1322	Dinitroresorcinol (Wet with >15% water)	1362	Activated Carbon
1323	Ferrocerium	1362	Carbon (Activated)
1324	Film (Nitrocellulose Base; Motion picture)	1362	Charcoal
1325	Collodion Cotton	1363	Copra (Oil)
1325	Collodion Wool	1364	Cotton Waste (Oily)
1325	Cosmetics (Flammable Solid, n.o.s.)	1365	Cotton (Wet)
1325	Flammable Solid, n.o.s.	1366	Diethyl Zinc
1325	Fusees (Highway)	1366	Ethyl Zinc
1325	Pyroxylin (Rod, Sheet, Roll, Tube, Scrap)	1366	Zinc Diethyl
1325	Pyroxylin Plastic	1366	Zinc Ethyl
1325	Smokeless Powder (Small Arms)	1366	Zinc Ethide
1326	Hafnium Metal (Powder: Wet)	1367	Diethylmagnesium
1327	BHUSA	1367	Magnesium Diethyl
1327	Hay (wet or uncured)	1368	Dimethyl Magnesium
1327	Straw	1369	Dimethyl-p-Nitrosoaniline
1328	Hexamine	1369	N-N-Dimethyl-p-Nitrosoaniline
1328	Hexamethylenetetramine	1369	Nitrosodimethylaniline ALSO: (p-)
1328	Methenamine	1370	Dimethylzinc
1328	Metramine	1370	Zinc Dimethyl
1328	Uritone	1371	Drier (Paint, Solid, n.o.s.)
1328	Urotropine	1371	Drier (Paint or Varnish, Solid, n.o.s.)
1330	Manganese Resinate	1372	Fiber (Animal or Vegetable, burnt, wet or damp, n.o.s.)
1331	Matches (Strike Anywhere)		
1332	m-Acetaldehyde	1373	Fabric (Animal or vegetable with oil, n.o.s.)
1332	Metaldehyde	1373	Fiber (Animal or Vegetable, w/oil, n.o.s.)
1332	Misch Metal (Powder)	1374	Fish Meal and Scrap (Unstabilized)
1332	Polymerized Acetaldehyde	1375	Fuel (Pyroforic, n.o.s.)
1332	2,4,6,8-Tetramethyl-1,3,5,7-Tetroxocane	1375	Pyrophoric Fuel, n.o.s.
1333	Cerium (Crude)(Powder)	1376	Iron Oxide (Spent)
1334	Creosote Salts	1376	Iron Mass (Not properly oxidized)
1334	Naphthalene (Crude or Refined)	1376	Iron Sponge (Spent)
1334	Naphthalin	1378	Nickel Catalyst (Finely divided, activated or spent, Wet>40% water or suitable liquid)
1334	Tar Camphor		
1334	White Tar (Common name)	1379	Paper (Treated w/unsaturated oil)
1336	Nitroguanidine (Wet >20% Water)	1380	Pentaborane
1336	Picrite (Wet with >20% water)	1380	Pentaboron Enneahydride
1337	Nitrostarch (Wet with not less than 30% Solvent)	1381	Phosphorus (White or Yellow, Dry or under water or in Solution)
1337	Nitrostarch (Wet with not less than 20%	1381	Red Phosphorous

DOT	NAME OF HAZARDOUS MATERIAL	DOT	NAME OF HAZARDOUS MATERIAL
1381	White Phosphorus (Dry) (Wet)	1429	Sodium (Metal, Dispersion in organic liquid)
1381	Yellow Phosphorus	1431	Sodium Methoxide
1382	Hepar Sulfurous	1431	Sodium Methylate (Dry)
1382	Potassium Sulfide (Anhydrous or <30% Water of Hydration)	1432	Sodium Phosphide
		1433	Stannic Phosphide
1383	Aluminum (Powder) (Pyrophoric)	1433	Tin Monophosphide
1383	Pyrophoric Metal and Alloy, n.o.s.	1433	Tin Phosphide
1383	Zinc Powder or Dust (Pyrophoric)	1434	Strontium Alloy
1384	Sodium Dithionite	1435	Zinc Ashes
1384	Sodium Hydrosulfite	1435	Zinc Powder
1384	Sodium Hydrosulphite	1436	Zinc Metal (Powder or Dust)
1385	Sodium Sulfide (Anhydrous or <30% water)	1436	Zinc Powder or Dust (Non-pyroforic)
1385	Sodium Sulfuret (Sodium Monosulfide)	1437	Zirconium Hydride
1386	Seed Cake (with >1.5% Oil and <11% Moisture)	1438	Aluminum Nitrate
		1439	Ammonium Bichromate
1387	Wool Waste (Wet)	1439	Ammonium Dichromate
1390	Alkali Metal Amide	1442	Ammonium Perchlorate
1390	Alkali Metal Amalgam, n.o.s.	1442	Perchloric Acid, Ammonium Salt
1391	Alkali Metal Dispersion, n.o.s.	1444	Ammonium Peroxydisulfate
1392	Alkaline Earth Metal Amalgam, n.o.s.	1444	Ammonium Persulfate
1392	Alkaline Earth Metal Dispersion, n.o.s.	1445	Barium Chlorate
1393	Alkaline Earth Metal Alloy	1446	Barium Nitrate
1394	Aluminum Carbide	1446	Barium Dinitrate
1395	Aluminum Ferrosilicon (powder)	1447	Barium Perchlorate
1396	Aluminum Powder (uncoated)	1447	Perchloric Acid, Barium Salt
1397	Aluminum Phosphide	1448	Barium Permanganate
1397	Fumitoxin (Trade name)	1448	Permanganic Acid, Barium Salt
1397	Gastoxin (Trade name)	1449	Barium Binoxide
1397	Degesch Phostoxin (Trade name)	1449	Barium Dioxide
1397	Quickphos (Trade name)	1449	Barium Peroxide
1398	Aluminum Silicon Powder	1449	Barium Superoxide
1399	Barium Alloy	1450	Bromate (n.o.s.)
1400	Barium	1450	Bromates (General)
1400	Barium Metal	1451	Caesium Nitrate
1401	Calcium (Metal and Alloys)	1451	Cesium Nitrate
1402	Calcium Carbide	1452	Calcium Chlorate
1402	Calcium Acetylide	1453	Calcium Chlorite
1403	Calcium Carbimide	1454	Calcium Nitrate
1403	Calcium Cyanamide (>.1% Calcium Carbide)	1455	Calcium Perchlorate
		1456	Calcium Permanganate
1404	Calcium Hydride	1457	Calcium Peroxide
1405	Calcium Silicide	1457	Calcium Superoxide
1406	Calcium Silicon	1458	Borate and Chlorate Mixture
1407	Caesium (Metal)	1458	Chlorate and Borate Mixture
1407	Cesium	1459	Chlorate and Magnesium Chloride Mixture
1407	Cesium Metal (Powdered)	1461	Chlorate (ALSO: Chlorates) (Inorganic, n.o.s.)
1408	Ferrosilicon (30-90% Silicon)		
1408	Iron-Silicon	1462	Chlorite (Inorganic)
1409	Hydride (Metal, n.o.s.)	1463	Chromium (VI)Oxide
1410	Lithium Aluminum Hydride	1463	Chromic Acid, Solid
1410	Lithium Tetrahydroaluminate	1463	Chromic Anhydride
1411	Lithium Aluminum Hydride (Ether solution)	1463	Chromium Trioxide (Anhydrous)
1412	Lithium Amide	1465	Didymium Nitrate
1412	Lithamide	1466	Ferric Nitrate
1413	Lithium Borohydride	1467	Guanidine Nitrate
1413	Lithium Tetrahydroborate	1467	Guanidine Mononitrate
1414	Lithium Hydride	1469	Lead Nitrate
1415	Lithium	1470	Lead Perchlorate
1415	Lithium Metal	1471	Lithium Hypochlorite (Dry, >39% Available Chlorine)
1417	Lithium Silicon		
1418	Magnesium Alloy (>50% Magnesium, powder)	1472	Lithium Peroxide
		1473	Magnesium Bromate
1418	Magnesium Powder	1474	Magnesium Nitrate
1419	Aluminum Magnesium Phosphide	1475	Dehydrite (Trade name)
1419	Magnesium Aluminum Phosphide	1475	Magnesium Perchlorate
1420	Potassium (Metal, liquid alloy)	1475	Perchloric Acid, Magnesium Salt
1420	Potassium Metal (Liquid Alloy)	1476	Magnesium Dioxide
1421	Alkali Metal (Liquid Alloy)	1476	Magnesium Peroxide
1421	Alkali Metal Alloy (Liquid, n.o.s.)	1477	Nitrate, n.o.s.
1421	Sodium (Metal, Liquid alloy)	1477	Nitrates (General)
1422	NaK (Sodium-Potassium Alloy)	1478	Nitrate of Sodium and Potash Mixture
1422	Potassium-Sodium Alloy	1478	Sodium Nitrate and Potash Mixture
1422	Sodium-Potassium Alloy	1479	Copper Nitrate
1423	Rubidium (Metal)	1479	Cosmetics (Oxidizer, n.o.s.)
1424	Sodium Amalgam	1479	Cupric Nitrate
1425	Sodamide	1479	Manganese Dioxide
1425	Sodium Amide (Sodamide)	1479	Oxidizer, n.o.s.
1426	Sodium Borohydride	1479	Oxidizing Material, n.o.s.
1426	Sodium Tetrahydroborate	1479	Oxidizing Substance, n.o.s.
1427	Sodium Hydride	1479	Potassium Bichromate
1428	Natrium	1479	Potassium Dichromate
1428	Sodium	1479	Sodium Dichromate
1428	Sodium Metal	1480	Perborate, n.o.s. (General)

DOT	NAME OF HAZARDOUS MATERIAL	DOT	NAME OF HAZARDOUS MATERIAL
1481	Perchlorate, n.o.s. (General)	1555	Arsenous Tribromide
1482	Permanganate (Inorganic, n.o.s.)	1556	Arsenic Compound, Liquid
1483	Peroxide (Inorganic, n.o.s.)	1556	Dichloromethylarsine
1484	Bromic Acid, Potassium Salt	1556	Dichlorophenylarsine
1484	Potassium Bromate	1556	Methylarsenic Dichloride
1485	Chlorate of Potash	1556	Methyl Dichloroarsine
1485	Potassium Chlorate	1556	Organic Compound of Arsenic (Liquid, n.o.s.)
1487	Potassium Nitrate & Sodium Nitrite Mixture		
1487	Sodium Nitrite & Potassium Nitrate Mixture	1556	Phenyl Dichloroarsine
1488	Potassium Nitrite	1557	Arsenic Bisulfide
1489	Potassium Hyperchloride	1557	Arsenic Disulfide
1489	Potassium Perchlorate	1557	Arsenic Iodide
1490	Permanganate of Potash	1557	Arsenic Sulfide
1490	Potassium Permanganate	1557	Arsenic Compound, Solid
1491	Potassium Peroxide	1557	Arsenic Sulfide
1492	Anthion	1557	Arsenic Trisulfide
1492	Dipotassium Persulfate	1557	Arsenic Iodide
1492	Potassium Peroxydisulfate	1557	Arsenic Triiodide
1492	Potassium Persulfate	1558	Arsenic Metal
1493	Silver Nitrate	1559	Arsenic Pentoxide
1494	Sodium Bromate	1559	Arsenic Pentaoxide
1495	Chlorate of Soda	1559	Arsenic Acid Anhydride
1495	Sodium Chlorate	1559	Arsenic Anhydride
1495	Soda Chlorate	1559	Arsenic Oxide
1496	Sodium Chlorite	1560	Arsenic Chloride
1498	Nitratine	1560	Arsenic Trichloride
1498	Soda Niter	1560	Arsenous Trichloride
1498	Sodium Nitrate	1560	Arsenous Chloride
1499	Sodium Nitrate and Potassium Nitrate Mixture	1560	Arsenious Chloride
		1561	Arsenic (ALSO: White, Solid)
1500	Sodium Nitrite	1561	Arsenic Trioxide
1502	Perchloric Acid, Sodium Salt	1561	Arsenic Oxide
1502	Sodium Perchlorate	1562	Arsenical Dust
1503	Permanganate of Soda	1562	Arsenical Flue Dust
1503	Sodium Permanganate	1564	Barium Compounds, n.o.s. (Other than those listed)
1504	Sodium Peroxide		
1505	Sodium Peroxydisulfate	1565	Barium Cyanide
1505	Sodium Persulfate	1565	Barium Dicyanide
1506	Strontium Chlorate	1566	Beryllium Chloride
1507	Strontium Nitrate	1566	Beryllium Fluoride
1508	Strontium Perchlorate	1566	Beryllium Compounds
1509	Strontium Peroxide	1567	Beryllium
1509	Strontium Dioxide	1567	Glucinum
1510	Tetranitromethane	1569	Bromoacetone
1511	Urea Hydrogen Peroxide	1569	Bromo-2-Propanone
1511	Urea Peroxide	1570	Brucine
1512	Zinc Ammonium Nitrite	1570	Brucine Compounds
1513	Zinc Chlorate	1570	Dimethoxy Strychnine
1514	Zinc Nitrate	1571	Barium Azide (With not less than 50% Liquid)
1515	Zinc Permanganate		
1516	Zinc Peroxide	1572	Cacodylic Acid
1541	Acetone Cyanhydrin	1572	Dimethylarsenic Acid
1541	Acetone Cyanohydrin	1572	Dimethylarsinic Acid
1541	α-Hydroxyisobutyronitrile	1572	Hydroxydimethylarsine Oxide
1541	2-Hydroxy-2-Methylpropionitrile	1573	Calcium Arsenate
1541	Methyllactonitrile	1573	Tricalcium-o-Arsenate
1541	2-Methyllactonitrile	1574	Calcium Arsenite (ALSO: Mixtures)
1541	Oxyisobutyric Nitrile	1575	Calcium Cyanide (ALSO: Mixture)
1544	Alkaloids, n.o.s.	1577	1-Chloro-2-4-Dinitrobenzene
1544	Alkaloid Salt, n.o.s.	1577	2-1-4-Chlorodinitrobenzene
1545	Allyl Isothiocyanate (Inhibited)	1577	Chlorodinitrobenzene
1545	Allyl Isothiocyanate (stabilized)	1577	Chlorodinitrobenzol
1545	Allyl Mustard Oil	1577	Dinitrochlorbenzol
1545	Mustard Oil	1577	Dinitrochlorobenzene (2,4-)
1546	Ammonium Arsenate	1578	Chloronitrobenzene Compounds
1546	Diammonium Hydrogen Arsenate	1578	Nitrochlorobenzene (Liquid or Solid)
1547	Aminobenzene	1578	m-Nitrochlorobenzene (Liquid or Solid)
1547	Aniline Oil	1578	o-Nitrochlorobenzene (Liquid or Solid)
1547	Aniline	1578	p-Nitrochlorobenzene
1547	Phenylamine	1578	p-Nitrochlorobenzol
1548	Aniline Chloride	1579	4-Chloro-o-Toluidine Hydrochloride
1548	Aniline Hydrochloride (Anhydrous)	1580	Chlorpicrin
1548	Benzenamine Hydrochloride	1580	Chloropicrin
1549	Antimony Compound, n.o.s.	1580	Nitrochloroform
1549	Antimony Tribromide	1580	Nitrochloromethane
1549	Antimony Tribromide Solution	1580	Nitrotrichloromethane
1549	Antimony Trifluoride	1580	Pic-Clor (Trade name)
1549	Antimony Trifluoride Solution	1580	Trichloronitromethane
1550	Antimony Lactate	1581	Chloropicrin and Methyl Bromide Mixture
1551	Antimony Potassium Tartrate	1581	Methyl Bromide and Chloropicrin Mixture
1553	Arsenic Acid (Liquid)	1582	Chloropicrin and Methyl Chloride Mixture
1554	Arsenic Acid (Solid)	1582	Methyl Chloride and Chloropicrin Mixture
1555	Arsenic Bromide	1583	Chloropicrin Mixture, n.o.s.

DOT	NAME OF HAZARDOUS MATERIAL	DOT	NAME OF HAZARDOUS MATERIAL
1584	Cocculus Solid	1621	London Purple (Solid)
1584	Picrotoxin	1622	Magnesium Arsenate
1585	Copper Acetoarsenite	1622	Magnesium-o-Arsenate
1585	Cupric Acetate-m-Arsenate	1623	Mercuric Arsenate
1585	Schweinfurt Green (Common name)	1623	Mercury Orthoarsenate
1586	Copper Arsenite	1624	Corrosive Sublimate
1586	Copper Orthoarsenite	1624	Mercuric Chloride
1587	Copper Cyanide	1624	Mercury Chloride
1587	Cupric Cyanide	1625	Mercuric Nitrate
1588	Cyanide or Cyanide Mixture (Dry)	1626	Mercuric Potassium Cyanide
1588	Cyanide, Inorganic, n.o.s.	1627	Mercurous Nitrate
1589	Chlorine Cyanide	1627	Mercury Nitrate
1589	CK (Cyanogen Chloride)	1628	Mercurous Sulfate
1589	Cyanogen Chloride (Inhibited)	1628	Mercury Sulfate
1590	Dichloroaniline ALSO: (4,5-)	1629	Mercuric Acetate
1590	3-4-Dichloroaniline	1629	Mercurous Acetate
1591	o-Dichlorobenzene	1629	Mercury Acetate
1591	o-Dichlorobenzol	1629	Mercury Monoacetate
1592	p-Dichlorobenzene	1630	Mercuric Ammonium Chloride
1592	Paradichlorobenzene	1630	Mercury Ammonium Chloride
1593	Dichlormethane	1630	Mercury Amide Chloride
1593	Dichloromethane	1630	Mercury Amine Chloride
1593	Freon-30	1630	Mercury Ammoniated
1593	Methane Dichloride	1631	Mercuric Benzoiate
1593	Methylene Chloride	1631	Mercury Benzoate
1594	Diethyl Ester Sulfuric Acid	1634	Mercuric Bromide
1594	Diethyl Sulfate	1634	Mercurous Bromide
1594	Ethyl Sulfate	1634	Mercury Bromide
1595	Dimethyl Sulfate	1636	Mercuric Cyanide
1595	Methyl Sulfate	1636	Mercury Cyanide
1595	Sulfuric Acid, Dimethyl Ester	1637	Mercurous Gluconate
1596	Dinitroaniline	1637	Mercury Gluconate
1596	2,4-Dinitroaniline	1638	Mercuric Iodide
1596	Dinitrophenylamine	1638	Mercurous Iodide
1597	o-Dinitrobenzene	1638	Mercury Iodide
1597	o-Dinitrobenzol	1639	Mercury Nucleate
1597	Dinitrobenzene Solution	1639	Mercurol
1597	m-Dinitrobenzene (1,3-) (2,4-)	1640	Mercuric Oleate
1597	1,3-Dinitrobenzol	1640	Mercury Oleate
1597	p-Dinitrobenzene	1641	Mercuric Oxide (Red or Yellow)
1598	Dinitro-o-Cresol	1642	Mercuric Oxycyanide (Desensitized)
1598	4,6-Dinitro-o-Cresol	1642	Mercury Oxycyanide
1598	2-Methyl-4-6-Dinitrophenol	1643	Mercuric Potassium Iodide
1599	Dinitrophenol Solutions (In water or flammable liquid)	1643	Mercury Potassium Iodide
		1643	Nessler Reagent
1600	Dinitrotoluene (Liquid)	1644	Mercuric Salicylate
1601	Disinfectant (Poisonous)	1644	Mercuric Subsalicylate
1602	Dye (n.o.s. Poisonous)	1644	Mercury Salicylate
1602	Dye Intermediate (n.o.s. Poisonous)	1645	Mercuric Sulfate
1603	Ethyl Bromoacetate	1645	Mercury Bisulfate
1603	Ethyl Bromoethanoate	1645	Mercury (II) Sulfate
1603	Ethylmonobromoacetate	1645	Mercury Persulfate
1604	1,2-Diaminoethane	1646	Mercuric Sulfocyanate
1604	1,2-Ethanediamine	1646	Mercuric Thiocyanate
1604	Ethylene Diamine	1646	Mercury Sulfocyanide
1605	Dibromoethane	1646	Mercury Thiocyanate
1605	1-2-Dibromoethane	1647	Methyl Bromide and Ethylene Dibromide Mixture (Liquid)
1605	EDB (Ethylene Dibromide)		
1605	E-D-Bee	1648	Acetonitrile
1605	Ethylene Bromide	1648	Methanecarbonitrile
1605	Ethylene Dibromide	1648	Ethyl Nitrile
1605	Glycol Dibromide	1648	Cyanomethane
1606	Ferric Arsenate	1648	Ethanenitrile
1606	Iron(III) Arsenate	1648	Methyl Cyanide
1607	Ferric Arsenite	1649	Anti-knock Compound
1607	Iron(III)-o-Arsenite Pentahydrate	1649	Ethyl Fluid
1608	Ferrous Arsenate	1649	Tetraethyl Lead
1608	Ferrous-o-Arsenate	1649	Lead Tetraethyl
1608	Iron(II) Arsenate	1649	Lead Tetramethyl
1610	Halogenated Irritating Liquid, n.o.s.	1649	Motor Fuel Antiknock Compounds
1611	Ethyl Tetraphosphate	1649	Tel Compound (Common name)
1611	Bladan (Trade name)	1649	Tetramethyl Lead
1611	Hexaethyl Tetraphosphate	1649	T.M.L. Compound
1611	HETP (Common name)	1650	2-Naphthylamine
1612	Hexaethyl Tetraphosphate and Compressed Gas Mixture	1650	Naphthylamine (Beta) (β-)
		1651	ANTU
1613	Hydrocyanic Acid (Aqueous Solution w/>5% Hydrocyanic Acid)	1651	α-Naphthylthiourea
		1651	alpha-Naphthylthiourea
1614	Hydrogen Cyanide (Absorbed)	1651	N-(1-Naphthyl)-2-Thiourea
1616	Lead Acetate	1651	Naphtox (Tradename)
1617	Lead Arsenate	1651	Naphthylthiourea
1618	Lead Arsenite	1651	α-Naphthyl Thiocarbamide
1620	Lead Cyanide	1652	Naphthylurea

(300)

DOT	NAME OF HAZARDOUS MATERIAL	DOT	NAME OF HAZARDOUS MATERIAL
1653	Nickel Cyanide	1693	Tear Gas
1654	1-Methyl-2-(3-Pyridyl)Pyrrolidine	1693	Tear Gas Device (>2% Gas)
1654	β-Pyridyl-α-Methylpyrrolidine	1694	BBC
1654	Nicotine	1694	BBN
1655	Nicotine (Compounds & Preparations, n.o.s.)	1694	α-Bromobenzyl Cyanide
1656	Nicotine Hydrochloride (and Solutions)	1694	Bromobenzyl Cyanide
1657	Nicotine Salicylate	1694	Bromobenzyl Nitrile
1658	Nicotine Sulfate (Liquid)	1694	o-Bromobenzyl Cyanide
1658	Nicotine Sulfate (Solid)	1694	α-Bromo-Phenyl Acetonitrile
1659	Nicotine Tartrate	1694	4-Bromophenylacetonitrile
1660	Nitric Oxide	1694	4-Bromobenzeneacetonitrile
1660	Nitrogen Monoxide	1694	p-Bromobenzyl Cyanide
1661	1-Amino-4-Nitrobenzene	1694	4-Bromobenzyl Cyanide
1661	m-Nitraniline	1694	p-Bromophenylacetonitrile
1661	m-Nitroaniline	1694	2-(4-Bromophenyl)Acetonitrile
1661	p-Nitroaniline (ALSO: 4-)	1695	Acetonyl Chloride
1661	p-Nitraniline	1695	Chlorinated Acetone
1661	4-Nitraniline	1695	Chloroacetone (Stabilized)
1661	Paranitraniline	1695	1-Chloro-2-Propanone
1661	Paranitroaniline	1695	Monochlorated Acetone
1662	Mirbane Oil (Common name)	1695	Monochloroacetone-stabilized
1662	Nitrobenzene	1697	Chloracetophenone
1662	Nitrobenzol	1697	Chloroacetophenone
1662	Oil of Mirbane	1697	α-Chloroacetophenone
1662	Oil of Myrbane	1697	1-Chloroacetophenone
1663	3-Nitrophenol ALSO: (m-)	1697	Omega-Chloroacetophenone
1663	o-Nitrophenol ALSO: (2-)	1697	2-Chloroacetophenone
1663	4-Nitrophenol ALSO: (p-)	1697	Mace
1664	m-Methyl Nitrobenzene (ALSO: 3-)	1697	Phenacyl Chloride
1664	o-Methylnitrobenzene	1697	Phenylchloromethylketone
1664	p-Methylnitrobenzene	1698	Adamsite
1664	Mononitrotoluene	1698	Diphenylaminechloroarsine
1664	m-Nitrotoluene ALSO: (3-)	1698	DM (Diphenylamine Chloroarsine)
1664	o-Nitrotoluene	1698	Diphenylamine Chloroarsine (DM)
1664	p-Nitrotoluene	1698	Phenarsazine Chloride
1664	Nitrotoluol	1699	Chlorodiphenyl Arsine
1665	Nitroxylene	1699	Diphenylchlorarsine
1665	Nitroxylol ALSO: (m-) (o-) (p-)	1699	Diphenylchloroarsine
1669	Pentachloroethane	1700	Tear Gas Candle
1669	Pentalin	1701	o-Methylbenzyl Bromide
1670	Perchloromethyl Mercaptan	1701	Xylyl Bromide (ALSO: (m-) (o-) (p-))
1670	Thiocarbonyl Tetrachloride	1702	Acetylene Tetrachloride
1670	Trichloromethane Sulfenyl Chloride	1702	Tetrachloroethane
1671	Carbolic Acid	1702	Tetrachloroethane (1,1,2,2-)
1671	Hydroxybenzene	1702	1,1,1,2-Tetrachloroethane
1671	Phenol (Solid)	1703	Tetraethyl Dithiopyrophosphate (Compressed Gas Mixture)
1672	Phenyl Carbylamine Chloride	1703	Tetraethyl Dithionopyrophosphate
1672	Phenyliminophosgene	1704	Ethyl Thiopyrophosphate
1673	p-Diaminobenzene (ALSO: (o-) (p-))	1704	Bladafume (Trade name)
1673	Paradiaminobenzene	1704	Sulfotepp (Common name)
1673	Phenylenediamine	1704	TEDP (Tetraethyl Dithiopyrophosphate)
1673	m-Phenylenediamine	1704	Tetraethyl Dithiopyrophosphate
1673	o-Phenylenediamine	1704	Tetraethyl Dithiopyrophosphate (Dry, Liquid or Mixture)
1673	p-Phenylenediamine		
1673	Ursol D (Trade name)	1705	Tetraethyl Pyrophosphate (and Compressed Gas Mixture)
1674	Acetoxyphenylmercury		
1674	Phenyl Mercuric Acetate (Liquid)	1707	Thallium Compounds
1674	PMA (Common name) (Phenyl Mercuryacetate)	1707	Thallium Salt, n.o.s.
		1707	Thallium Sulfate (Solid)
1674	Phenyl Mercury Acetate	1708	m-Aminotoluene (3-)
1677	Potassium Arsenate	1708	o-Aminotoluene(2)
1678	Potassium Arsenite	1708	p-Aminotoluene (4-)
1679	Potassium Copper Cyanide	1708	o-Methylaniline
1679	Potassium Cuprocyanide	1708	2-Methylaniline
1680	Potassium Cyanide (Solid or Solution)	1708	p-Methylaniline
1681	Rodenticides, n.o.s.	1708	4-Methylaniline
1683	Silver Arsenite	1708	o-Toluidine
1684	Silver Cyanide	1708	p-Toluidine
1685	Sodium Arsenate	1708	m-Toluidine
1686	Sodium Arsenite Solution	1709	Diaminotoluene
1687	Sodium Azide	1709	Toluenediamine (2,4-)
1688	Hydroxydimethylarsine Oxide, Sodium Salt	1709	Toluylenediamine
1688	Sodium Cacodylate	1709	2-4-Toluylenediamine
1688	Sodium Dimethyl Arsenate	1710	Ethinyl Trichloride
1689	Cymag (Trade name)	1710	Ethylene Trichloride
1689	Sodium Cyanide	1710	Trichloroethylene
1690	Sodium Fluoride (Solid)	1711	Aminodimethyl Benzene
1690	Sodium Fluoride Solution	1711	Dimethylaniline (o-)
1691	Strontium Arsenite	1711	Xylidine
1692	Strychnine (and Salts)	1712	Zinc Arsenate (Solid)
1693	Irritating Agent, n.o.s.	1712	Zinc Arsenate & Zinc Arsenite Mixture
1693	ORM-A (Other Regulated Material)	1712	Zinc Arsenite (Solid)

(301)

DOT	NAME OF HAZARDOUS MATERIAL	DOT	NAME OF HAZARDOUS MATERIAL
1712	Zinc m-Arsenite	1751	Chloroacetic Acid (Solid)
1713	Zinc Cyanide	1752	Chloracetyl Chloride
1714	Zinc Phosphide	1752	Chloroacetyl Chloride
1715	Acetic Acid Anhydride	1753	Chlorophenyltrichlorosilane
1715	Acetic Anhydride	1754	Chlorsulfonic Acid
1715	Acetic Oxide	1754	Chlorosulfonic Acid and Sulfur Trioxide Mixture
1715	Acetyl Anhydride		
1715	Acetyl Ether	1754	Chlorosulfuric Acid
1715	Acetyl Oxide	1754	Sulfuric Chlorohydrin
1715	Acetyl Oxid	1755	Chromic Acid - Solution
1715	Ethanoic Anhydride	1756	Chromic Fluoride, Solid
1716	Acetyl Bromide	1757	Chromic Fluoride Solution
1716	Ethanoyl Bromide	1758	Chromium Oxychloride
1717	Acetyl Chloride	1759	Corrosive Solid, n.o.s.
1717	Acetic Acid Chloride	1759	Cosmetics (Corrosive Solid, n.o.s.)
1717	Acetic Chloride	1759	Ferrous Chloride (Solid)
1717	Ethanoyl Chloride	1759	Fungicide (Corrosive, n.o.s.)
1718	Acid Butyl Phosphate	1759	Stannous Chloride (Solid)
1718	Butylacid Phosphate	1759	Tin Dichloride
1718	n-Butylacid Phosphate	1760	Acid (Liquid, N.O.S.) (General)
1718	Butyl Phosphoric Acid	1760	Alkaline Boiler Treatment Compound
1718	n-Butyl Phosphoric Acid	1760	Aluminum Phosphate Solution
1719	Alkaline Corrosive Liquid, n.o.s.	1760	Aluminum Sulfate Solution
1719	Caustic Alkali Liquids, n.o.s.	1760	2-(2-Aminoethoxy)Ethanol
1722	Allyl Chlorocarbonate	1760	N-Aminoethylethanolamine
1722	Allyl Chlorcarbonate	1760	2-Amino Ethyl Ethanol Amine
1722	Allyl Chloroformate	1760	2-Aminoethoxyethanol
1722	Allyl Chlorformate	1760	Aminopropyldiethanolamine
1723	Allyl Iodide	1760	N-Aminopropyl Morpholine
1723	Iodopropene	1760	Aminopropylmorpholine (Also: 4-)
1724	Allyl Trichlorosilane	1760	Aminopropylpiperazine
1724	Trichloroallylsilane	1760	bis-(Aminopropyl)Piperazine
1725	Aluminum Bromide (anhydrous)	1760	Ammonium Difluoride mixed w/Hydrochloric Acid
1725	Aluminum Tribromide		
1726	Aluminum Chloride (anhydrous)	1760	Bis(Aminopropyl)Amine
1726	Aluminum Trichloride	1760	Bis(3-Aminopropyl)Amine
1727	Ammonium Bifluoride, Solid	1760	1,4-Bis(Aminopropyl)Piperazine
1727	Ammonium Hydrogen Fluoride, Solid	1760	Boiler Compound - Liquid
1728	Amyl Trichlorosilane	1760	Chemical Kit
1728	Pentyltrichlorosilane	1760	Cleaning Compound (Corrosive liquid)
1729	Anisoyl Chloride	1760	Compound, Tree or Weed Killing (Corrosive Liquid)
1729	Methoxybenzoyl Chloride		
1729	p-Anisyl Chloride	1760	Compound, Cleaning, Liquid
1730	Antimony Pentachloride, Liquid	1760	Corrosive Liquid, n.o.s.
1730	Antimony Perchloride	1760	Cosmetics (Corrosive Liquid, n.o.s.)
1731	Antimony Pentachloride, Solution	1760	Dichloropropionic Acid
1732	Antimony Pentaflouride	1760	2-2-Dichloropropionic Acid (ALSO: 2-3-)
1733	Antimony Chloride	1760	Ethyl Phosphonothioic Dichloride (Anhydrous)
1733	Antimony Chloride Solution		
1733	Antimony Trichloride Solution	1760	Ethyl Phosphorothioic Dichloride
1733	Antimony Trichloride	1760	Ethyl Phosphoro Dichloridate
1733	Antimonous Chloride	1760	Ferrous Chloride Solution
1733	Butter of Antimony	1760	Isopentanoic Acid
1736	Benzene Carbonyl Chloride	1760	3-Methylbutyric Acid
1736	Benzoyl Chloride	1760	Isovaleric Acid
1737	Benzyl Bromide	1760	Methyl Phosphonothioic Dichloride
1737	α-Bromotoluene	1760	Morpholine (Aqueous Mixture)
1738	Benzyl Chloride	1760	Nitric Acid (Other than fuming, <40% Acid)
1738	α-Chlorotoluene	1760	ORM-B (Other Regulated Material)
1738	Chlorotoluol	1760	Paint, etc. (Corrosive liquid)
1738	Tolyl Chloride	1760	Paint Related Material (Corrosive liquid)
1739	Benzyl Chlorocarbonate	1760	Pentanoic Acid
1739	Benzyl Chloroformate	1760	Phosphoric Acid, Aluminum Salt
1740	Bifluoride, n.o.s.	1760	Textile Treating Compound
1741	Boron Chloride	1760	Titanium Sulfate Solution
1741	Boron Trichloride	1760	Valeric Acid
1742	Boron Trifluoride-Acetic Acid Complex	1760	White Acid (Common name)
1743	Boron Trifluoride Propionic Acid Complex	1761	Cupriethylene-Diamine Solution
1744	Bromine	1762	Cyclohexenyl Trichlorosilane
1744	Bromine Solution	1763	Cyclohexyltrichlorosilane
1745	Bromine Pentafluoride	1764	Dichloracetic Acid
1746	Bromine Trifluoride	1764	Dichloroacetic Acid
1747	Butyl Trichlorosilane	1765	Dichloroacetyl Chloride
1748	Bleaching Powder (>39% Cl)	1765	2,2-Dichloroacetyl Chloride
1748	Calcium Hypochlorite (Dry, includes mixtures >39% Cl and 8.8% O2)	1765	Dichloroethanoyl Chloride
		1766	Dichlorophenyl Trichlorosilane
1748	Chloride of Lime (>39% Cl)	1767	Dichlorodiethyl Silane
1748	Chlorinated Lime (>39% Cl)	1767	Diethyl Dichlorosilane
1748	Hypochlorous Acid, Calcium Salt	1768	Difluorophosphoric Acid - Anhydrous
1749	Chlorine Trifluoride (CTF)	1768	Phosphorodifluoridic Acid
1750	Chloroacetic Acid (Liquid)	1769	Dichlorodiphenylsilane
1750	Chloroethanoic Acid	1769	Diphenyldichlorosilane
1750	Monochloroacetic Acid	1770	Bromodiphenylmethane

DOT	NAME OF HAZARDOUS MATERIAL	DOT	NAME OF HAZARDOUS MATERIAL
1770	Diphenyl Methyl Bromide	1811	Potassium Acid Fluoride
1771	Dodecyl Trichlorosilane	1811	Potassium Hydrogen Fluoride
1773	Ferric Chloride (Anhydrous)	1812	Potassium Fluoride (Solution)
1773	Iron Chloride (Solid)	1813	Battery (Containing Alkali)
1774	Fire Extinguisher Charge (Corrosive Liquid)	1813	Caustic Potash (Dry, solid)
1775	Fluoboric Acid	1813	Potassium Hydrate (Dry, solid)
1776	Fluorophosphoric Acid (Anhydrous)	1813	Potassium Hydroxide (Dry, Solid)
1776	Monofluophosphoric Acid	1814	Caustic Potash Solution
1776	Monofluorophosphoric Acid	1814	Potash Liquor
1776	Phosphorofluoridic Acid	1814	Potassium Hydroxide (Solution)
1777	Fluosulfonic Acid	1815	Propanoyl Chloride
1777	Fluorosulphonic Acid	1815	Propionyl Chloride
1777	Fluosulfuric Acid	1816	Propyl Trichlorosilane (n-)
1777	Fluorosulfonic Acid	1817	Disulfuryl Chloride
1778	Fluorosilicic Acid	1817	Pyrosulfuryl Chloride
1778	Fluosilicic Acid	1818	Silicon Chloride
1778	Hydrofluorosilicic Acid	1818	Silicon Tetrachloride
1778	Hydrofluosilicic Acid	1818	Tetrachlorosilane
1778	Hydrosilicofluoric Acid	1819	Aluminum Sodium Oxide
1778	Silicofluoric Acid	1819	Sodium Aluminate Solution
1779	Formic Acid	1819	Sodium-m-Aluminate Solution
1779	Formic Acid (90% Solution)	1821	Sodium Acid Sulfate (Solid)
1779	Hydrogen Carboxylic Acid	1821	Sodium Bisulfate (Solid)
1779	Methanoic Acid	1821	Sodium Hydrogen Sulfate (Solid)
1780	Fumaryl Chloride	1823	Caustic Soda (Dry, Solid)
1781	Hexadecyl Trichlorosilane	1823	Lye (Dry, Solid) (Common name)
1782	Hexafluorophosphoric Acid	1823	Sodium Hydrate
1783	Hexamethylene Diamine Solution	1823	Sodium Hydroxide Solution
1784	Hexyl Trichlorosilane	1823	Sodium Hydroxide (Dry, Solid)
1786	Acid Mixture (Hydrofluoric & Sulfuric)	1823	White Caustic (Common name)
1786	Hydrofluoric and Sulfuric Acid Mixture	1824	Caustic Soda Solution
1786	Sulfuric and Hydrofluoric Acid Mixture	1824	Lye Solution
1787	Hydriodic Acid (57%)	1824	Lye (Sodium Hydroxide)
1787	Hydrogen Iodide Solution	1825	Sodium Monoxide
1788	Hydrobromic Acid (48%)	1825	Sodium Oxide
1788	Hydrogen Bromide Solution	1826	Acid Mixture (Spent: Nitrating)
1789	Hydrochloric Acid Solution (Muriatic Acid)	1826	Mixed Acid (Spent)
1789	Hydrogen Chloride Solution	1826	Nitrating Acid Mixture (Spent)
1790	Etching Acid (Liquid)	1826	Spent Acid (Spent Mixed Acid)
1790	Fluoric Acid	1827	Stannic Chloride (Anhydrous)
1790	Hydrofluoric Acid (Anhydrous)	1827	Tin Chloride (Fuming)
1790	Hydrofluoric Acid Solution	1827	Tin Tetrachloride
1790	Hydrogen Fluoride Solution	1827	Tin Perchloride
1791	Hypochlorite Solutions (>5% Chlorine)	1828	Chloride of Sulfur
1791	Potassium Hypochlorite Solution	1828	Sulfur Subchloride
1791	Sodium Hypochlorite Solution	1828	Sulfur Chloride
1792	Iodine Monochloride	1828	Sulfur Dichloride
1792	β-Iodine Monochloride	1828	Sulfur Monochloride
1792	α-Iodine Monochloride	1829	Sulfuric Acid Anhydride
1792	Iodine Chloride	1829	Sulfuric Anhydride
1793	Isopropyl Acid Phosphate	1829	Sulfur Trioxide (Stabilized)
1793	Isopropyl Phosphoric Acid	1830	Dipping Acid
1794	Lead Dross	1830	Hydrogen Sulfate
1794	Lead Sulfate (with >3% Free Acid)	1830	Nordhausen Acid
1796	Acid Mixture (Nitrating)	1830	Oil of Vitriol
1796	Mixed Acid	1830	Sulfuric Acid (Spent)
1796	Nitrating Acid (Nitrating Acid Mixture)	1830	Sulfuric Acid (>51% but <95% acid)
1798	Aqua Regia	1830	Sulfuric Acid (with <51% acid)
1798	Nitrohydrochloric Acid	1831	Disulfuric Acid
1798	Nitromuriatic Acid	1831	Fuming Sulfuric Acid
1799	Nonyl Trichlorosilane	1831	Oleum (Fuming Sulfuric Acid)
1800	Octadecyltrichlorosilane	1831	Fuming Sulfuric Acid (Oleum)
1801	Octyl Trichlorosilane	1831	Pyrosulfuric Acid
1802	Perchloric Acid (<50% acid by weight)	1831	Sulfuric Acid (Fuming)
1803	Phenolsulfonic Acid (Liquid)	1833	Sulfurous Acid
1803	Sulfocarbolic Acid	1834	Sulfonyl Chloride
1804	Phenyltrichlorosilane	1834	Sulfuric Chloride
1804	Trichlorophenylsilane	1834	Sulfuryl Chloride
1805	Phosphoric Acid	1835	Tetramethyl Ammonium Hydroxide
1806	Phosphorus Pentachloride	1836	Sulfurous Oxychloride
1807	Phosphoric Acid Anhydride	1836	Thionyl Chloride
1807	Phosphoric Anhydride	1837	Phosphorus Sulfochloride
1807	Phosphorus Oxide	1837	Thiophosphoryl Chloride
1807	Phosphorus Pentoxide	1838	Titanium Tetrachloride
1808	Phosphorous Bromide	1838	Titanium Chloride
1808	Phosphorus Tribromide	1839	Trichloroacetic Acid
1809	Chloride of Phosphorus	1840	Zinc Chloride Solution
1809	Phosphorus Chloride	1840	Zinc Muriate Solution
1809	Phosphorus Trichloride	1841	Acetaldehyde Ammonia
1810	Phosphorus Oxychloride	1841	Aldehyde Ammonia
1810	Phosphoryl Chloride	1841	1-Aminoethanol
1811	Potassium Bifluoride	1841	Aldehyde Ammonia
1811	Potassium Bifluoride (Solution)	1842	Acetic Acid Solution

DOT	NAME OF HAZARDOUS MATERIAL	DOT	NAME OF HAZARDOUS MATERIAL
1843	Ammonium Dinitro-o-Cresolate	1895	Phenylmercuric Nitrate
1845	Carbon Dioxide (CO2 Solid)	1895	Phermernite
1845	Dry Ice	1896	Resin Solution (Poisonous)
1846	Benzinoform	1897	Carbon Dichloride
1846	Carbon Chloride	1897	Ethylene Tetrachloride
1846	Carbon TET	1897	Perchlorethylene
1846	Carbon Tetrachloride	1897	Perchloroethylene
1846	Tetrachloromethane	1897	Tetrachloroethylene (1,1,2,2-)
1847	Potassium Sulfide (Hydrated >30% Water of Hydration)	1897	Tetrachloroethene
		1898	Acetyl Iodide
1848	Methyl Acetic Acid	1898	Ethanoyl Iodide
1848	Propanoic Acid	1902	Bis(2-Ethylhexyl)Phosphate
1848	Propionic Acid Solution (>80% Acid)	1902	Di(2-Ethylhexyl)Phosphoric Acid
1849	Sodium Sulfide (Hydrated, with >30% water)	1902	Diisooctyl phosphate
		1902	Diisooctyl Acid Phosphate
1849	Sodium Sulfide Solution	1903	Disinfectant (Corrosive Liquid)
1850	Eradicator (Paint or Grease: Flammable liquid)	1905	Selenic Acid
		1906	Acid Sludge
1851	Medicines, n.o.s.	1906	Sludge Acid
1854	Barium Alloy (Pyroforic)	1907	Soda Lime
1855	Calcium (Metal and Alloys: Pyroforic)	1908	Sodium Chlorite Solution (>5% Available Chlorine)
1856	Rags (Oily)		
1857	Textile Waste (Wet, n.o.s.)	1910	Burnt Lime
1858	Hexafluoropropylene	1910	Calcium Oxide
1858	Hexafluoropropene	1910	Calx
1859	Silicon Fluoride	1910	Quick Lime
1859	Silicon Tetrafluoride	1910	Lime (Quicklime) (Unslaked)
1859	Tetrafluorosilane	1910	Quicklime
1860	Fluoroethylene	1911	Boroethane
1860	Vinyl Fluoride	1911	Boron Hydride
1862	α-Crotonic Acid Ethyl Ester	1911	Diborane or Diborane Mixture
1862	Ethyl Crotonate	1911	Diboron Hexahydride
1862	2-Pentene-3-Carboxylic Acid	1912	Methyl Chloride and Methylene Chloride Mixture
1863	Fuel, Aviation (Turbine engine)		
1864	Gas Drips (Hydrocarbon)	1913	Neon (Cryogenic liquid) (Refrigerated liquid)
1865	Propyl Nitrate (n-)	1914	Butyl Propanoate
1866	Resin Compound (Liquid, flammable)	1914	Butyl Propionate
1866	Resin Solution (Flammable)	1914	n-Butyl Propionate
1866	Resin Solution (Resin Comound) Liquid	1915	2-Cyclohexen-1-One
1867	Cigarette (Self-lighting)	1916	Bis-2-Chloroethyl Ether
1868	Decaborane	1916	Bis-β-Chloroethyl Ether
1868	Decaboron Tetradecahydride	1916	Chlorex
1869	Magnesium (Pellets, turnings, ribbons, shavings, etc.)	1916	1-Chloro-2-(β-Chloroethoxy) Ethane
		1916	Dichloroethyl Ether
1869	Magnesium Alloy (>50% Magnesium, pellets, turnings or ribbon)	1916	2-2'-Dichloroethyl Ether
		1916	Dichloroethyl Oxide
1870	Potassium Borohydride	1917	Acrylic Acid Ethyl Ester (Inhibited)
1870	Potassium Borohydrate	1917	Ethyl Acrylate (Inhibited)
1871	Titanium Hydride	1917	Ethyl Propenoate
1872	Lead Dioxide	1918	Benzene Isopropyl
1872	Lead Peroxide	1918	Cumene
1873	Perchloric Acid (>50% but <72% acid by weight)	1918	Cumol
		1918	Isopropyl Benzene
1884	Barium Oxide	1918	Isopropyl Benzol
1885	Benzidine	1918	2-Phenylpropane
1885	Benzidine Base	1919	Methyl Acrylate (Inhibited)
1885	p-Diaminodiphenyl	1919	Methyl Propenoate
1886	Benzal Chloride	1920	Nonane (n)
1886	Benzyl Dichloride	1921	2-Methyl Aziridine
1886	Benzylidine Chloride	1921	Methylethylenimine
1886	α-α-Dichlorotoluene	1921	2-Methylethylenimine
1887	Bromochloromethane	1921	Propylene Imine (Inhibited)
1887	Chlorobromomethane	1922	Pyrrolidine
1887	Methylene Chlorobromide	1922	Tetrahydropyrrole
1887	Monochlorobromomethane	1923	Calcium Dithionite
1887	Monochloromonobromo Methane	1923	Calcium Hydrosulfite
1888	Chloroform	1924	EADC (Ethyl Aluminum Dichloride)
1888	Formyl Trichloride	1924	Ethyl Aluminum Dichloride
1888	Trichloromethane	1925	Ethyl Aluminum Sesquichloride
1889	Bromine Cyanide	1926	Methyl Aluminum Sesquibromide
1889	Bromocyanogen (Bromocyan)	1927	Methyl Aluminum Sesquichloride
1889	Cyanobromide	1928	Methyl Magenesium Bromide (in Ethyl Ether)
1889	Cyanogen Bromide		
1891	Bromic Ether	1929	Potassium Dithionate
1891	Bromoethane	1929	Potassium Hydrosulfite
1891	Ethyl Bromide	1929	Potassium Thiosulfate
1891	Hydrobromic Ether	1930	Tibal (Common name)
1892	Dichloroethylarsine	1930	Tributyl Aluminum
1892	Ethyldichloroarsine	1930	Triisobutyl Aluminum
1894	Phenylmercuric Hydroxide	1931	Zinc Dithionite
1895	Mercuriphenyl Nitrate	1931	Zinc Hydrosulfite
1895	Phenalco	1932	Zirconium Scrap
1895	Phenitol	1935	Cyanide Solution, n.o.s.

DOT	NAME OF HAZARDOUS MATERIAL	DOT	NAME OF HAZARDOUS MATERIAL
1938	Bromoacetic Acid (α-) (Solid or Solution)		content)
1939	Phosphorus Oxybromide (Solid)	1972	LNG (Liquefield Natural Gas)
1939	Phosphoryl Bromide	1972	Methane (Cryogenic Liquid)
1940	Mercaptoacetic acid (2-)	1972	Methane (Liquid, Refrigerated)
1940	2-Mercaptoethanoic Acid	1972	Natural Gas (Cryogenic (Refrigerated)
1940	Mercaptoacetate		Liquid w/high methane content)
1940	Thioglycolic Acid (2-)	1973	Chlorodifluoromethane and
1940	Thiovanic Acid		Chloropentafluoroethane Mixture
1941	Dibromodifluoromethane	1974	Bromochlorodifluoromethane
1941	Difluorodibromomethane	1974	Chlorodifluorobromomethane
1942	Ammonium Nitrate (with organic coating)	1975	Nitric Oxide and Nitrogen Tetroxide Mixture
1942	Ammonium Nitrate (with <.2% combustible material)	1975	Nitrogen Monoxide Mixed with Nitrogen Tetroxide
1944	Matches (Safety)	1976	Cyclooctafluorobutane
1945	Matches (Wax: Vesta)	1976	Freon C-318
1950	Aerosols	1976	Perfluorocyclobutane
1951	Argon (Cryogenic, refrigerated or pressurized liquid)	1976	Octafluorocyclobutane
1951	Liquid Argon	1977	Liquid Nitrogen
1952	Carbon Dioxide-Ethylene Oxide Mixture (<6% Ethylene Oxide)	1977	Nitrogen (Pressurized Liq: Refrigerated Liq.) (Cryogenic Liquid)
1953	Compressed Gas (Flammable, Poisonous, n.o.s.)	1978	Bottle Gas (Propane)
		1978	Dimethyl Methane (Propane)
1953	Poisonous Liquid or Gas (Flammable, n.o.s.)	1978	Propane
		1979	Rare Gas Mixture
1954	Compressed Gas (Flammable, n.o.s.)	1980	Helium-Oxygen Mixture
1954	Dispersant Gas, (Flammable, n.o.s.)	1980	Rare Gas - Oxygen Mixture
1954	Flammable Gas, n.o.s.	1981	Rare Gas-Nitrogen Mixture
1954	Refrigerant Gas (Flammable, n.o.s.)	1982	Carbon Tetrafluoride
1954	Refrigerating Machine, containing Flammable, Nonpoisonous, Liquefield Gas)	1982	Freon-14
		1982	Tetrafluoromethane
1955	Chloropicrin and Non-Flammable Gas Mixture	1983	Chlorotrifluoroethane
		1983	Trifluorochloroethane
1955	Compressed Gas (Poisonous, n.o.s.)	1984	Carbon Trifluoride
1955	Methyl Bromide and Nonflammable Compressed Gas Mixture	1984	Fluoroform
		1984	Freon-23
1955	Organic Phosphorous Compound (Mixed w/Compressed Gas)	1984	Trifluoromethane
		1986	Alcohol (Denatured) (Toxic n.o.s.) (Poisonous n.o.s.)
1955	Perchloryl Fluoride (PF)	1986	Propargyl Alcohol
1955	Poisonous Liquid or Gas, n.o.s.	1986	2-Propyn-1-ol
1955	Tetrafluorohydrazine	1987	Alcohol (Denatured) (Non-toxic n.o.s.) (n.o.s.)
1956	Accumulators, Pressurized		
1956	Accumulators (Pressurized)	1988	Aldehyde (Poisonous, n.o.s.) (Toxic, n.o.s.)
1956	Compressed Gas, n.o.s.	1989	Aldehyde, n.o.s.
1956	Hexafluoropropylene Oxide	1989	Artificial Almond Oil
1956	Non-flammable Gas, n.o.s.	1989	Benzaldehyde
1957	Deuterium (Heavy hydrogen)	1989	Benzenecarbanal
1957	Heavy Hydrogen	1989	Benzenecarbonal
1958	Dichlorotetrafluoroethane	1989	Benzoic Aldehyde
1958	1-2-Dichloro-1-1-2-2-Tetrafluoroethane	1991	1-Chlorobutadiene
1958	Tetrafluorodichloroethane	1991	2-Chloro-1-3-Butadiene
1958	Freon-114	1991	1-Chloro-1-3-Butadiene
1959	Difluoroethylene	1991	Chlorobutadiene
1959	1-1-Difluoroethylene	1991	Chloroprene (Inhibited)
1959	Vinylidene Fluoride	1991	Neoprene (Flammable liquid)
1960	Engine Starting Fluid	1992	Flammable Liquid (Poisonous, n.o.s.)
1961	Ethane (Liquid: Refrigerated)	1993	Asana (Trade name)
1961	Ethane-Propane Mixture (Liquid: Refrigerated)	1993	Asana 19 EC
		1993	Combustible Liquid, n.o.s.
1962	Elayl	1993	Compound, Tree or Weed Killing (Combustible or Flammable Liquid)
1962	Ethene (Also: Etherin)		
1962	Ethylene (Compressed)	1993	Compound, Cleaning, Liquid
1963	Helium (Cryogenic liquid)	1993	Compound, Cleaning, Liquid
1963	Helium (Refrigerated liquid)	1993	Cosmetics (Flammable Liquid, n.o.s.)
1963	Liquid Helium	1993	Creosote
1964	Hydrocarbon Gas (Compressed, n.o.s.)	1993	Creosote Oil
1965	Hydrocarbon Gas (Liquefied, n.o.s.)	1993	Creosote, coal tar
1966	Hydrogen (Cryogenic liquid)(Liquefield)(Liquid: Refrigerated)	1993	Diesel Fuel Oil No. 1-D
		1993	Diesel Fuel Oil No. 2-D (Diesel Fuel Marine)
1966	Liquid Hydrogen	1993	Diesel Fuel Oil No. 4-D
1967	Insecticide Gas (Poisonous, n.o.s.)	1993	Ethyl Nitrate
1967	Parathion and Compressed Gas Mixture	1993	Flammable Liquid, n.o.s.
1968	Insecticide Gas, n.o.s.	1993	Fuel Oil No. 2
1969	Isobutane	1993	Fuel Oil No. 3
1969	Isobutane Mixture	1993	Fuel Oil No. 4
1969	2-Methylpropane	1993	Fuel Oil No. 5
1969	Trimethylmethane	1993	Fuel Oil No. 6 (Bunker Oil)
1970	Krypton (Cryogenic Liquid)	1993	Bunker Oil
1970	Krypton (Liquid, Refrigerated)	1993	Insecticide (Liquid, n.o.s.)
1971	Marsh Gas	1993	Nitric Ether
1971	Methane (Compressed)	1993	Organic Peroxide (Liquid or Solution, n.o.s.)
1971	Methyl Hydride	1993	Plastic Solvent
1971	Natural Gas (Compressed w/high methane	1993	Solvent, n.o.s.

DOT	NAME OF HAZARDOUS MATERIAL	DOT	NAME OF HAZARDOUS MATERIAL
1993	Tar, Liquid (including Road Asphalt)	2029	Hydrazine (Anhydrous)
1993	Transote (Trade name)	2029	Hydrazine Base
1993	Wax (Liquid)	2029	Hydrazine (Aqueous Solution, >64% Hydrazine)
1994	Iron Carbonyl		
1994	Iron Pentacarbonyl	2030	Hydrazine Solution
1999	Asphalt (Cutback)	2030	Hydrazine (Aqueous Solution <64%)
1999	Lavatar	2030	Hydrazine Hydrate
1999	Road Asphalt (Liquid)	2031	Aqua Fortis
1999	Tar Liquid	2031	Azotic Acid
2001	Cobalt Naphtha	2031	Hydrogen Nitrate
2001	Cobalt Naphthenate, Powder	2031	Nitric Acid - Anhydrous
2001	Cobaltous Naphthenate	2031	Nitric Acid (Other than fuming, >40% Acid)
2001	Naphthenic Acid, Cobalt Salt	2032	Nitric Acid, Fuming (ALSO: Red Fuming-)
2002	Celluloid Scrap	2032	Red Fuming Nitric Acid (RFNA)
2003	Aluminum Aklyl	2032	RFNA
2003	Aluminum Tributyl	2033	Potassium Monoxide
2003	Aluminum Tributyl	2033	Potassium Oxide
2003	Metal Alkyl, n.o.s.	2034	Hydrogen and Methane Mixture
2004	Magnesium Diamide	2035	Trifluoroethane
2005	Magnesium Diphenyl	2036	Xenon
2006	Plastic (Nitrocellulose-based, spontaneously combustible, n.o.s.)	2037	Receptacles (Small, w/Flammable compressed gas)
2008	Zirconium (Metal, Powder, Dry)	2038	Dinitrotoluene (Solid)
2009	Zirconium (Metal, Wire, Sheet or Strips thinner than 18 microns)	2038	2,4-Dinitrotoluene
		2038	3,5-Dinitrotoluene
2010	Magnesium Hydride	2038	2,4-Dinitrotoluol
2011	Magnesium Phosphide	2044	Dimethylpropane
2012	Potassium Phosphide	2044	Neopentane
2013	Strontium Phosphide	2044	tert-Pentane
2014	Hydrogen Peroxide Solution (Between 20 and 52% Peroxide)	2044	2,2-Dimethyl Propane
		2045	Butyl Aldehyde
2015	Hydrogen Dioxide (>52%)	2045	Isobutyl Aldehyde
2015	Hydrogen Peroxide Solution (Stabilized, >52% Peroxide)	2045	Isobutanal
		2045	Isobutylraldehyde
2015	T-Stuff (90%) (Common name)	2045	2-Methylpropanal
2016	Ammunition (Toxic: Non-explosive)	2046	Cymene (Mixed Isomers)
2016	Chemical Ammunition (Non-explosive, with poisonous material)	2046	p-Cymene
		2046	Cymol
2016	Grenade (without Bursting Charge: with Poisonous Gas)	2046	4-Isopropyl-1-Methyl Benzene
		2046	Isopropyltoluene
2017	Ammunition (Non-Explosive: Tear-Producing)	2046	Methyl Propyl Benzene
		2047	Dichloropropene & Propylene Dichloride Mixture
2017	Chemical Ammunition (Non-explosive, with Irritant)	2048	Bicyclopentadiene
2018	Chloroaniline (Solid)	2048	Dicyclopentadiene
2018	3-Chloroaniline	2048	Biscyclopentadiene
2018	m-Chloroaniline	2049	Diethyl Benzene (ALSO: (m-) (o-) (p-))
2019	Chloroaniline (Liquid)	2050	Diisobutylene
2019	2-Chloroaniline	2050	2-4-4-Trimethylpentene-2
2019	o-Chloroaniline	2051	Dimethylaminoethanol
2020	m-Chlorophenol	2051	2-Dimethylaminoethanol
2020	3-Chlorophenol	2051	β-Dimethylaminoethanol
2020	p-Chlorophenol	2051	Dimethylethanolamine
2020	4-Chlorophenol	2051	2-Dimethylethanolamine
2020	Pentachlorophenol (PCP)	2051	N,N-Dimethylethanolamine
2020	PCP	2052	Cinene
2020	Penta (Common name)	2052	Limonene
2020	2,4,5-Trichlorophenol (ALSO: 2,3,5-)	2052	p-Mentha-1,8-Diene
2021	o-Chlorophenol	2052	Dipentene
2021	2-Chlorophenol	2053	Amyl Methyl Alcohol
2022	Cresol	2053	1-3-Dimethyl Butanol
2022	Cresylic Acid	2053	Isobutyl Methyl Carbinol
2022	2-Methoxy-4-Methyl Phenol	2053	Methyl Amyl Alcohol
2022	Mining Reagent (Liquid)	2053	Methyl Isobutyl Carbinol
2023	1-Chloro-2-3-Epoxypropane	2053	2-Methyl Pentanol-1
2023	Chloromethyl Oxirane	2053	Methylpentanol
2023	2-Chloropropylene Oxide	2053	4-Methyl Pentanol-2
2023	γ-Chloropropylene Oxide	2054	Diethylene Oximide
2023	3-Chloropropylene1-2-Oxide	2054	Diethylenimide Oxide
2023	Epichlorohydrin	2054	Morpholine
2024	Mercury Compound (Liquid, n.o.s.)	2054	Tetrahydro-p-Oxazine
2025	Mercury Compound (Solid, n.o.s.)	2054	Tetrahydro-1-4-Oxazine
2025	Mercury Oxide Sulfate	2055	Cinnamene
2025	Mercuric Subsulfate (Solid)	2055	Phenylethylene
2026	Phenylmercuric Compound (Solid, n.o.s.)	2055	Styrene Monomer (Inhibited)
2027	Grenade (Tear gas)	2055	Vinyl Benzene
2027	Sodium Arsenite (Solid)	2056	Cyclotetramethylene Oxide
2027	Sodanit (Trade name)	2056	Diethylene Oxide
2028	Bomb (Smoke: non-explosive w/corrosive liquid: no initiator)	2056	1,4-Epoxybutane
		2056	Tetrahydrofuran (THF)
2029	Anhydrous Hydrazine (>64%)	2056	Tetramethylene Oxide
2029	Diamide	2057	Tripropylene
2029	Diamine	2058	Amyl Aldehyde

DOT	NAME OF HAZARDOUS MATERIAL	DOT	NAME OF HAZARDOUS MATERIAL
2058	Pentanal	2091	tert-Butyl Isopropyl Benzene Hydroperoxide
2058	Valeraldehyde (n-)	2092	tert-Butyl Hydroperoxide
2058	Valeral	2093	tert-Butyl Hydroperoxide
2058	Valeric Aldehyde	2094	tert-Butyl Hydroperoxide
2058	Valerylaldehyde	2095	tert-Butyl Peracetate
2059	Collodion	2095	tert-Butyl Peroxyacetate (<76%)
2059	Nitrocellulose (Solution in flammable liquid)	2096	tert-Butyl Peroxyacetate (<52%)
2059	Nitrocellulose (Wet, >40% Flammable liquid)	2097	tert-Butyl Perbenzoate
2059	Pyroxylin Solution	2098	tert-Butyl Perbenzoate
2059	Pyroxylin Solvent	2099	tert-Butyl Monoperoxymaleate (Technical)
2060	Box Toe Gum	2099	tert-Butyl Peroxymaleate
2060	Celloidin	2100	tert-Butyl Monoperoxymaleate
2060	Celluloid (except Scrap)	2100	tert-Butyl Monoperoxymaleate (Technical)
2060	Cellulose Nitrate	2100	tert-Butyl Peroxymaleate
2060	Cellulose Pentanitrate	2101	tert-Butyl Monoperoxymaleate
2060	Cellulose Tetranitrate	2101	tert-Butyl Peroxymaleate
2060	Cellulose Trinitrate	2102	tert-Butyl Peroxide
2060	Gun Cotton	2102	Dibutyl Peroxide-tert.
2060	Nitrocellulose (Solution in flammable liquid)	2102	t-Dibutyl Peroxide
2060	Nitrocotton	2102	Di-tert-Butyl Peroxide
2060	Pyrocellulose	2103	tert-Butyl Peroxyisopropyl Carbonate (technical)
2060	Pyrocotton		
2060	Xyloidin	2104	tert-Butyl Peroxyisononanoate
2067	Ammonium Nitrate Fertilizer	2104	tert-Butyl Peroxy-3,5,5-Trimethylhexanoate
2068	Ammonium Nitrate Fertilizer (with Calcium Carbonate)	2105	tert-Butyl Monoperoxyphthalate
		2105	tert-Butyl Peroxyphthalate
2069	Ammonium Nitrate Fertilizer (w/Ammonium Sulfate)	2106	Di-tert-Butylperoxyphthalate
		2107	Di-tert-Butylperoxyphthalate
2069	Ammonium Nitrate - Sulfate Mixture	2108	Di-tert-Butylperoxyphthalate
2070	Ammonium Nitrate Fertilizer (w/Phosphate or Potash)	2110	tert-Butyl Peroxypivalate
		2111	2-2-Di(tert-Butylperoxy)Butane
2071	Ammonium Nitrate Fertilizer (w/<45% Ammonium Nitrate)	2112	1-4-Di(2-tert-Butylperoxyisopropyl)Benzene & 1-3-Di(2-tert-Butylperoxyisopropyl)Benzene
2071	Ammonium Nitrate Fertilizer (with <.4% combustible material)		
		2113	Bis(p-Chlorobenzoyl)Peroxide
2072	Ammonium Nitrate Fertilizer, n.o.s.	2113	p-Chlorobenzoyl Peroxide
2073	Ammonia (Solution, >44%)	2113	Di-(4-Chlorobenzoyl)Peroxide
2074	Acrylamide	2114	p-Chlorobenzoyl Peroxide
2074	Acrylic Amide	2114	Di-(4-Chlorobenzoyl)Peroxide
2074	Ethylenecarboxamide	2115	p-Chlorobenzoyl Peroxide
2074	Propenamide	2115	Di-(4-Chlorobenzoyl)Peroxide
2075	Chloral (Anhydrous: Inhibited)	2116	Cumene Hydroperoxide (Technical Pure)
2075	Trichloroacetaldehyde	2116	α-α-Dimethylbenzyl Hydroperoxide
2076	`Cresol	2116	Cumyl Hydroperoxide
2076	m-Cresol	2116	α,α-Dimethyl Benzyl Hydroperoxide
2076	p-Cresol	2116	Isopropylbenzene Hydroperoxide
2076	3-Cresol	2117	Cyclohexanone Peroxide (>90%, with <10% Water)
2076	Cresol		
2076	o-Cresol	2117	1-Hydroxy-1'-Hydroperoxy Dicyclohexyl Peroxide (>90% with <10% water)
2076	2-Cresol		
2076	o-Hydroxytoluene	2118	Cyclohexanone Peroxide (<72% in solution)
2076	Methyl Phenol	2118	1-Hydroxy-1'-Hydroperoxy Dicyclohexyl Peroxide
2076	m-Methylphenol		
2076	Oxytoluene	2119	Cyclohexanone Peroxide (<90%:>10% Water)
2077	Naphthylamine (alpha) (α-)		
2077	1-Naphthylamine	2119	1-Hydroxy-1'-Hydroperoxy Dicyclohexyl Peroxide
2078	2,4-Diisocyanatotoluene		
2078	Toluene Diisocyanate	2120	Decanoyl Peroxide (Technical pure)
2078	T.D.I.	2120	Didecanoyl Peroxide (Technical Pure)
2078	Toluene-2,4-Diisocyanate	2121	Dicumyl Peroxide (Di-α-Cumyl-Peroxide)
2078	Tolylene Diisocyanate		
2078	2,4-Tolylene Diisocyanate	2121	Luperox 500 (Trade name)
2079	Diethylenetriamine	2121	Cumene Peroxide
2080	Acetyl Acetone Peroxide	2121	Cumyl Peroxide
2081	Acetozone	2122	Di(2-Ethylhexyl)Peroxydicarbonate (Technical)
2081	Acetyl Benzoyl Peroxide (Solution)		
2081	Acetyl Benzoyl Peroxide (Solid)	2123	Di(2-Ethylhexyl)Peroxydicarbonate
2082	Acetyl Cyclohexane Sulfonyl Peroxide	2124	Alperox C. (Trade name)
2083	Acetyl Cyclohexane Sulfonyl Peroxide	2124	Dilauroyl Peroxide (Technical Pure)
2084	Acetyl Peroxide	2124	Dodecanoyl Peroxide
2084	Acetyl Peroxide 25% Solution	2124	Lauroyl Peroxide (Technical)
2084	Diacetyl Peroxide	2125	1-Isopropyl-4-Methylcyclohane Hydroperoxide
2084	Ethanoyl Peroxide		
2085	Benzoyl Peroxide (Technical)	2125	Methane Hydroperoxide (Technical Pure)
2085	Lucidol	2125	para-Methane Hydroperoxide
2085	Luperco	2125	Paramenthane Hydroperoxide
2086	Benzoyl Peroxide (with Water or Inert Solid)	2126	Isobutyl Methyl Ketone Peroxide
2087	Benzoyl Peroxide (with Water or Inert Solid)	2126	Methyl Isobutyl Ketone Peroxide
2088	Benzoyl Peroxide (with Water or Inert Solid)	2127	Ethyl Methyl Ketone Peroxide (<60% in solution)
2089	Benzoyl Peroxide (with Water or Inert Solid)		
2090	Benzoyl Peroxide (with Water or Inert Solid)	2127	Methyl Ethyl Ketone Peroxide (<60% Peroxide)
2091	tert-Butyl Cumene Peroxide		
2091	tert-Butyl Cumyl Peroxide	2128	Di(3,5,5-Trimethylhexanoyl)Peroxide

DOT	NAME OF HAZARDOUS MATERIAL	DOT	NAME OF HAZARDOUS MATERIAL
2128	Isononanoyl Peroxide (Technical Pure or in Solution)	2163	Diacetone Alcohol Peroxide
2128	Isononanyl Peroxide (Technical Pure or in Solution)	2164	Dicetyl Peroxydicarbonate (Technical Pure)
		2165	3,3,6,6,9,9-Hexamethyl-1,2,4,5-Tetraoxocyclononane (Technical pure)
2129	Caprylyl Peroxide	2166	3,3,6,6,9,9-Hexamethyl-1,2,4,5-Tetraoxocyclononane
2129	Caprylyl Peroxide Solution		
2129	Di-n-Octanoyl Peroxide	2167	3,3,6,6,9,9-Hexamethyl-1,2,4,5-Tetraoxocyclononane
2129	Octanoyl Peroxide		
2129	Octylperoxide	2168	2,2-Di(4,4-Di-tert-Butylperoxy Cyclohexyl) Propane (42%)
2130	Di-n-Nonanoyl Peroxide		
2130	Pelargonyl Peroxide	2169	tert-Butyl Peroxydicarbonate (>27%: <52%)
2131	Acetyl Hydroperoxide	2169	Di-n-Butyl Peroxydicarbonate
2131	Peracetic Acid (Solution)	2170	tert-Butyl Peroxydicarbonate (<27%)
2131	Peroxyacetic Acid	2170	Di-n-Butyl Peroxydicarbonate
2132	Dipropionyl Peroxide	2171	Diisopropylbenzene Hydroperoxide
2132	Propionyl Peroxide	2171	Diisopropylphenylhydroperoxide
2133	Diisopropyl Perdicarbonate	2171	Isopropylcumyl Hydroperoxide
2133	Diisopropyl Peroxydicarbonate (Technical)	2172	2,5-Dimethyl-2,5-Di-(Benzoyl Peroxy)Hexane
2133	Isopropyl Peroxydicarbonate (Technical)		
2133	Isopropyl Percarbonate (Technical)	2173	2,5-Dimethyl-2,5-Di-(Benzoyl Peroxy)Hexane
2133	Propyl Peroxydicarbonate		
2134	Diisopropyl Peroxydicarbonate (<52%)	2174	2-5-Dimethyl-2-5-Dihydroperoxyhexane
2134	Isopropyl Peroxydicarbonate (<52%)	2174	Dimethylhexane Dihydroperoxide
2134	Isopropyl Percarbonate (<52%)	2174	2,5-Dimethylhexane-2,5-Dihydroperoxide
2135	Bis(3-Carboxypropionyl)Peroxide	2175	Diethyl Peroxydicarbonate
2135	3,3'-(Dioxydicarbonyl)Dipropionic Acid	2176	Di-n-Propyl Peroxydicarbonate (Technical)
2135	Disuccinic Acid Peroxide (Technical pure)	2177	tert-Butyl Peroxyneodecanoate (<77%)
2135	Succinic Acid Peroxide	2178	2,2-Dihydroperoxy Propane
2135	Succinyl Peroxide	2179	1-1-Di(tert-Butylperoxy)Cyclohexane
2135	Succinic Peroxide	2180	1-1-Di(tert-Butylperoxy)Cyclohexane
2136	Tetralin Hydroperoxide (Technical Pure)	2182	Diisobutyryl Peroxide
2137	2-4-Dichlorobenzoyl Peroxide	2183	tert-Butyl Peroxycrotonate (<76%)
2137	Di-2,4-Dichlorobenzoyl Peroxide (<75% in Water)	2184	Ethyl-3,3-Di(tert-Butylperoxy)Butyrate (Technical)
2138	2-4-Dichlorobenzoyl Peroxide	2185	1-1-Di(tert-Butylperoxy)Cyclohexane
2138	Di-2,4-Dichlorobenzoyl Peroxide (<52% as Paste)	2185	Ethyl-3-3-Di(tert-Butylperoxy)Butyrate (<77%)
2139	2-4-Dichlorobenzoyl Peroxide	2186	Hydrogen Chloride (Liquid: Refrigerated)
2139	Di-2,4-Diclorobenzoyl Peroxide (<52% in Solution)	2187	Carbon Dioxide (CO2, Liquefied)
		2187	Carbon Dioxide (CO2, Refrigerated)
2140	n-Butyl-4-4-DI(tert-Butyl Peroxy)Valerate	2187	Liquid Carbon Dioxide
2141	n-Butyl-4-4-Di(tert-Butyl Peroxy)Valerate	2188	Arsine
2142	tert-Butyl Peroxyisobutyrate	2188	Arsenic Hydride
2143	tert-Butyl Peroxy-2-Ethylhexanoate (Technical)	2188	Arseniuretted Hydrogen
		2188	Arsenic Trihydride
2144	tert-Butyl Peroxydiethylacetate (Technical)	2188	Hydrogen Arsenide (Gas)
2145	1-1-Di(tert-Butylperoxy)3-3-5-Trimethylcyclohexane	2188	Hydrogen Arsenide (Solid)
		2189	Dichlorosilane
2146	1-1-Di(tert-Butylperoxy)3-3-5-Trimethylcyclohexane	2190	Fluorine Monoxide
		2190	Fluorine Oxide
2147	1-1-Di(tert-Butylperoxy)3-3-5-Trimethylcyclohexane	2190	Oxygen Difluoride
		2190	Oxygen Fluoride
2148	Di(1-Hydroxycyclohexyl)peroxide	2191	Sulfuryl Fluoride
2149	Dibenzyl Peroxydicarbonate	2191	Sulfuric Oxyfluoride
2150	sec-Butyl Peroxydicarbonate (Technical)	2191	Vikane Gas Fumigant (Trade name)
2151	sec-Butyl Peroxydicarbonate	2192	Germane (Germanium hydride)
2151	Di-sec-Butyl Peroxydicarbonate	2192	Germanium Tetrahydride
2152	Dicyclohexyl Peroxycarbonate (Technical)	2192	Monogermane
		2193	Freon-116
2153	Dicyclohexyl Peroxydicarbonate (91% w/Water)	2193	Hexafluoroethane
		2194	Selenium Fluoride
2154	Di(4-tert-Butylcyclohexyl)Peroxydicarbonate	2194	Selenium Hexafluoride
2155	2,5-Dimethyl-2,5-Di-(tert-Butyl Peroxy)Hexane	2195	Tellurium Hexafluoride
		2196	Tungsten Hexafluoride
2156	2,5-Dimethyl-2,5-Di-(tert-Butyl Peroxy)Hexane	2197	Hydrogen Iodide (Anhydrous)
		2198	Phosphorus Pentafluoride
2157	2,5-Dimethyl-2,5-Di(2-Ethylhexanoylperoxy) Hexane: Technical Pure	2199	Hydrogen Phosphide
		2199	Phosphine
2158	2,5-Dimethyl-2,5-Di(tert-Butyl Peroxy)Hexyne-3	2199	Phosphoretted Hydrogen
		2199	Phosphorus Trihydride
2159	2,5-Diemethyl-2,5-Di(tert-Butyl Peroxy)Hexyne-3 (<52% peroxide in inert solid).	2200	Allene
		2200	Dimethylene Methane
		2200	Propadiene (ALSO: Inhibited)
2160	tert-Octyl Hydroperoxide	2201	Nitrous Oxide (Cryogenic Liquid) (Refrigerated Liquid)
2160	1,1,3,3-Tetramethylbutyl Hydroperoxide (Technical Pure)		
		2202	Hydrogen Selenide (Anhydrous)
2161	tert-Octyl Peroxy-2-Ethylhexanoate	2202	Hydroselenic Acid
2161	1,1,3,3-Tetramethylbutylperoxy-2-Ethyl Hexanoate (Technical Pure)	2202	Selenium Hydride
		2203	Silane
2162	Pinane Hydroperoxide (Technical Pure)	2203	Silicon Tetrahydride
2162	Pinanyl Hydroperoxide (Tehnical Pure)	2203	Silicane
2162	Trimethyl Norpinanyl Hydroperoxide (Technical Pure)	2204	Carbon Oxysulfide
		2204	Carbonyl Sulfide

DOT	NAME OF HAZARDOUS MATERIAL	DOT	NAME OF HAZARDOUS MATERIAL
2205	Adiponitrile	2234	Chlorotrifluoromethylbenzene
2205	Adipyldinitrile	2234	m-Chlorotrifluoromethylbenzene
2205	Adipic Acid Dinitrile	2234	o-Chlorotrifluoromethylbenzene
2205	Adipic Acid Nitrile	2234	p-Chlorotrifluoromethylbenzene
2205	Adipodinitrile	2234	o-Chloro-2-α-Trifluoro Toluene
2205	1-4-Dicyanobutane	2234	o-Chloro-α-α-α-Trifluorotoluene
2205	Tetramethylene Cyanide	2235	p-Chlorobenzyl Chloride
2206	Isocyanates and Solutions (n.o.s. Flammable, Poisonous)	2235	o-Chlorobenzyl Chloride
2207	Isocyanates (n.o.s. BP>300 Deg. C (572 Deg. F.)	2235	Dichlorotoluene
		2236	Chloromethylphenylisocyanate
2208	Calcium Hypochlorite Mixture (Dry, from 10 to 39% Chlorine)	2237	Chloronitroaniline Compounds
		2238	1-Chloro-2-Methylbenzene
2209	Formalin	2238	2-Chloro-1-Methylbenzene
2209	Formaldehyde (Commercial Solution)	2238	4-Chloro-1-Methylbenzene
2209	Formic Aldehyde (37-50%)	2238	o-Chlorotoluene
2209	Methanal	2238	2-Chlorotoluene
2209	Methyl Aldehyde	2238	Monochlorotoluene
2209	Methylene Oxide	2238	p-Tolyl Chloride
2210	Maneb (or preparation, >60% Maneb)	2239	Chlorotoluidine (Liquid or Solid)
2210	Manganese Ethylenebis(Dithiocarbamate)	2240	Chromosulfuric Acid
2210	Manganous Ethylene Bis-Dithio Carbamate	2241	Cycloheptane
2210	Manpower (Trade name)	2241	Heptamethylene
2211	Plastic Moulding Material (Evolving flammable vapor)	2241	Suberane
		2242	Cycloheptene
2211	Polystyrene Beads (Expanded, mixture w/Flammable liquid)	2243	Cyclohexanol Acetate
		2243	Cyclohexanyl Acetate
2212	Asbestos (Blue)	2243	Cyclohexyl Acetate
2212	Blue Asbestos	2243	Cyclohexanyl Acetate
2213	Paraform	2243	Hexalin Acetate
2213	Paraformaldehyde	2244	Cyclopentanol
2214	Phthalic Anhydride	2244	Cyclopentyl Alcohol
2215	cis-Butanedioic Acid	2245	Adipic Ketone
2215	cis-Butenedioic Anhydride	2245	Cyclopentanone
2215	Maleic Acid	2245	Dumasin
2215	Maleic Anhydride	2245	Ketocyclopentane
2215	Toxilic Acid	2246	Cyclopentene
2215	Toxilic Anhydride	2247	Decane
2215	Maleinic Acid	2247	Decyl Hydride
2216	Fish Meal and Scrap (Stabilized)	2248	Dibutylamine
2217	Seed Cake (with <1.5% Oil and <11% Moisture)	2248	n-Dibutylamine
		2248	Di-sec-Butylamine
2218	Acrylic Acid	2249	Bis(Chloromethyl) Ether
2218	Acrylic Acid, Glacial	2249	Dichlorodimethyl Ether
2218	Acrylic Acid, Inhibited	2249	syn-Dichlorodimethyl Ether
2218	Acroleic Acid	2249	Dichloromethyl Ether
2218	2-Propenoic Acid	2249	α-α-Dichloromethyl Ether
2218	Propene Acid	2250	Dichlorophenyl Isocyanate (ALSO: (2-5-) (3-4-))
2219	A.G.E. (Allyl Glycidyl Ether)		
2219	Allyl Glycidyl Ether (A.G.E.)	2251	Dicycloheptadiene
2219	Allyl Glycidyl Ether	2252	Dimethoxyethane
2219	((2-Propenyloxy)Methyl)Oxirane	2252	1,2-Dimethoxyethane
2220	Aluminum Alkyl Halide Solution	2252	Ethylene Glycol Dimethyl Ether
2221	Aluminum Aklyl Chloride	2253	(Dimethylamino)Benzene
2221	Aluminum Alkyl Halide	2253	Dimethyl Aniline
2222	Anisole	2253	N-N-Dimethyl Aniline
2222	Methoxybenzene	2254	Matches (Fusee)
2222	Methyl Phenyl Ether	2255	Organic Peroxide (Sample, n.o.s.)
2222	Phenyl Methyl Ether	2255	Polyester Resin kits
2224	Benzonitrile	2256	Benzene Tetrahydride
2224	Benzenenitrile	2256	Cyclohexene
2224	Benzoic Acid Nitrile	2256	1-2-3-4-Tetrahydrobenzene
2224	Phenyl Cyanide	2257	Potassium (Metal)
2225	Benzene Sulfonyl Chloride	2257	Potassium Metal (Liquid Alloy)
2226	Benzotrichloride	2258	1,2-Diaminopropane
2226	Benzyl Trichloride	2258	1-2-Propane Diamine
2226	Phenylchloroform	2258	Propylenediamine
2226	Toluene Trichloride	2259	Triethylene Tetramine
2226	α-Trichlorotoluene	2260	Tripropylamine
2227	Butyl Methacrylate, Monomer	2261	Xylenol
2227	2-Methyl Butylacrylate	2261	2,3-Xylenol
2228	Butyl Phenol (Liquid)	2261	2,4-Xylenol
2228	o-Butyl Phenol	2261	2,5-Xylenol
2228	2-n-Butyl Phenol	2261	2,6-Xylenol
2229	Butylphenol (Solid)	2261	3,4-Xylenol
2232	Chloroacetaldehyde (2-)	2261	3,5-Xylenol
2232	2-Chloro-1-Ethanal	2262	Dimethylaminocarbonyl Chloride
2233	Chloroanisidine	2262	Dimethyl Carbamoyl Chloride
2233	3-Chloroanisidine	2262	Dimethyl Carbamyl Chloride
2233	p-Chloro-o-Anisidine	2262	N-N-Dimethyl Carbamyl Chloride
2234	Chlorobenzotrifluoride	2263	1,2-Dimethyl Cyclohexane
2234	p-Chlorobenzotrifluoride	2263	1,3-Dimethylcyclohexane
2234	m-Chlorobenzotrifluoride	2263	m-Dimethylcyclohexane
		2263	1,4-Dimethylcyclohexane

DOT	NAME OF HAZARDOUS MATERIAL	DOT	NAME OF HAZARDOUS MATERIAL
2263	trans-1,2-Dimethylcyclohexane	2294	Methyl Phenylamine
2263	trans-1,4-Dimethylcyclohexane	2294	N-Methyl Phenylamine
2263	Hexahydroxyl	2294	Monomethylaniline
2263	Hexahydroxylol	2294	N-Monomethylaniline
2263	Hexahydroxylene	2294	Phenylmethylamine
2264	2-3-Dimethylcyclohexyl Amine	2295	Methyl Chloroacetate
2264	N,N-Dimethylcyclohexanamine	2295	Methyl Chloroethanoate
2265	Dimethyl Formamide	2295	Methyl Monochlor Acetate
2265	N,N-Dimethyl Formamide	2295	Methyl Monochloroacetate
2265	N-N-Dimethyl Formamide	2296	Cyclohexylmethane
2266	Dimethyl-N-Propylamine	2296	Hexahydrotoluene
2267	Dimethyl Thiophosphoryl Chloride	2296	Methylcyclohexane
2269	Aminobis(propylamine)	2297	Methyl Cyclohexanone (Also: (2-) (3-))
2269	Dipropylene Triamine	2298	Methyl Cyclopentane
2269	Imino-bis-Propylamine (ALSO: 3,3'-)	2299	Dichloroacetic Acid Methyl Ester
2270	Ethanamine (Aqueous Solution)	2299	Methyl Dichloroacetate
2270	Ethylamine Solution	2299	Methyl Dichloroethanoate
2271	Amyl Ethyl Ketone	2300	5-Ethyl-2-Methyl Pyridine
2271	Ethyl Amyl Ketone	2300	5-Ethyl-α-Picoline
2271	Methylheptenone	2300	Methyl Ethyl Pyridine
2271	5-Methyl-3-Heptanone	2300	2-Methyl-5-Ethyl Pyridine
2272	Ethylaniline	2301	Methylfuran
2272	N-Ethylaniline	2301	2-Methyl Furan
2272	Ethyl Phenylamine	2301	Sylvan
2272	N-Ethylaniline	2302	Isoamyl Methyl Ketone
2273	o-Aminoethylbenzene	2302	Isopentyl Methyl Ketone
2273	2-Ethylbenzenamine	2302	Methylhexanone
2273	2-Ethylaniline (Also: o-)	2302	5-Methyl-2-Hexanone
2274	Ethyl Benzyl Aniline	2302	Methyl Isoamyl Ketone
2275	2-Ethylbutanol	2303	Isopropenyl Benzene
2275	Ethylbutanol	2303	as-Methyl Phenyl Ethylene
2275	2-Ethylbutyl Alcohol	2303	α-Methyl Styrene
2275	2-Ethyl-1-Butanol	2303	2-Phenylpropene
2275	2-Hexanol	2304	Naphthalene (Molten)
2275	sec-Hexyl Alcohol	2305	Nitrobenzenesulfonic Acid
2276	Ethylhexylamine	2306	Nitrobenzotrifluoride
2276	2-Ethylhexylamine	2306	3-Nitrobenzotrifluoride
2277	Ethyl Methacrylate	2306	m-Nitrobenzotrifluoride
2277	Ethyl Methyl Acrylate	2307	Nitrochlorobenzotrifluoride
2278	Heptene (n-)	2308	Nitrosyl Sulfuric Acid
2278	α-Heptylene	2309	Octadiene
2278	1-Heptene	2309	1,7-Octadiene
2278	1-Heptylene	2310	Acetylacetone
2278	2-Heptene	2310	Acetoacetone
2278	Heptylene-2-trans	2310	Diacetylmethane
2278	2-Heptylene	2310	Pentanedione
2278	3-Heptene	2310	Pentane-2,4-Dione
2278	3-Heptylene	2310	Pentanedione-2-4
2279	Hexachlorobutadiene	2311	2-Aminophenetole
2279	Perchlorobutadiene	2311	4-Aminophenetole
2280	1,6-Diaminohexane	2311	Phenethidine
2280	1,6-Hexanediamine	2311	o-Phenetidine
2280	Hexamethylenediamine (Solid)	2311	p-Phenetidine
2281	1,6-Diisocyanatohexane	2312	Phenol (Molten)
2281	Hexamethylene Di-isocyanate	2313	2-Methylpyridine
2282	Amyl Carbinol	2313	α-Methylpyridine
2282	Hexanol	2313	4-Methylpyridine
2282	1-Hexanol	2313	3-Methylpyridine
2282	Hexyl Alcohol	2313	α-Picoline
2282	n-Hexyl Alcohol	2313	2-Picoline
2282	tert-Hexyl Alcohol	2313	Picoline-alpha
2282	tert-Hexanol	2313	4-Picoline
2283	Isobutyl Methacrylate	2313	γ-Picoline
2284	Isobutyronitrile	2313	Picoline (3-)
2284	Isopropyl Cyanide	2313	β-Picoline
2285	Isocyanatobenzotrifluoride	2315	Arochlor (Tradename)
2286	Isododecane	2315	Chlorinated Biphenyls
2286	Pentamethyl Heptane	2315	Chlorinated Diphenyls (General)
2287	Ethylisobutylmethane	2315	Chlorobiphenyl
2287	Isoheptane (ALSO: Mixed Isomers)	2315	PCB's (General)
2287	Isoheptane	2315	Polychlorinated Biphenyls
2287	2-Methylhexane	2315	Polychlorobiphenyls
2289	Isophoronediamine	2316	Sodium Cuprocyanide (Solid)
2290	Isophorone Diisocyanate	2317	Sodium Cuprocyanide Solutrion
2291	Lead Chloride	2318	Sodium Hydrosulfide (Solid with <25% water of crystallization)
2291	Lead Compound (Soluble, n.o.s.)		
2291	Lead Fluoborate	2319	Terpenes
2291	Lead Sulfide	2319	Terpene Hydrocarbons, n.o.s.
2293	Methoxymethylpentanone	2320	Tetraethylenepentamine
2293	4-Methoxy-4-Methylpentanone-2	2321	unsym-Trichlorobenzene (Liquid) ALSO: (1,2,3-) (1,2,4-) (1,3,5-) (sym-)
2294	Methylaniline		
2294	N-Methylaniline	2322	Trichlorobutene
2294	N-Methylbenzenamine	2323	Triethyl Phosphite

DOT	NAME OF HAZARDOUS MATERIAL	DOT	NAME OF HAZARDOUS MATERIAL
2324	Triisobutylene	2353	Butyroyl Chloride
2325	Mesitylene	2353	Butyryl Chloride
2325	1,3,5-Trimethylbenzene	2354	Chloromethyl Ethyl Ether
2325	Trimethylbenzol	2354	Chloromethoxy Ethane
2326	Trimethylcyclohexylamine	2354	Ethoxy Chloromethane
2327	Trimethylhexamethylenediamine	2354	Ethoxy Methylchloride
2328	Trimethylhexamethylenedi-Isocyanate	2356	2-Chloropropane
2329	Trimethyl Phosphite	2356	Isopropyl Chloride
2330	Hendecane	2357	Aminocyclohexane
2330	Undecane	2357	Hexahydrobenzenamine
2331	Zinc Chloride (Anhydrous)	2357	Cyclohexylamine
2332	Acetaldehyde Oxime	2357	Hexahydroaniline
2332	Acetaldoxime	2358	Cyclooctatetraene
2332	Acetaldoxime	2358	1,3,5,7-Cyclooctatetraene
2332	Aldoxime	2359	Diallylamine
2332	Ethanal Oxime	2359	Di-2-Propenylamine
2332	Ethylidenehydroxylamine	2361	Bis(β-Methylpropyl)Amine
2333	Allyl Acetate	2361	Diisobutylamine
2333	2-Propenyl Ethanoate	2362	Chlorinated Hydrochloric Ether
2334	Allyl Amine (Also: Allyl Amine, Anhydrous)	2362	1-1-Dichloroethane
2334	Allyl Amine Anhydrous	2362	Ethylidene Chloride
2334	2-Propenylamine	2362	Ethylidene Dichloride
2335	Allyl Ether	2362	1-1-Ethylidene Dichloride
2335	Allyl Ethyl Ether	2363	Ethanethiol
2335	Diallyl Ether	2363	Ethyl Hydrosulfide
2336	Allyl Formate	2363	Ethyl Mercaptan
2337	Benzenethiol	2363	Ethyl Sulfhydrate
2337	Phenyl Mercaptan	2363	Ethyl Thioalcohol
2337	Thiophenol	2366	Diethyl Carbonate
2338	Benzotrifluoride	2366	Ethyl Carbonate
2338	Trifluorotoluene	2367	2-Methyl Valeraldehyde
2338	Phenylfluoroform	2368	Pinene (2-)
2338	Toluene Trifluoride	2368	α-Pinene
2338	Trifluoromethylbenzene	2368	β-Pinene
2339	2-Bromobutane	2368	2,6,6-Trimethylbicyclo-(3,1,1)-2-Hept-2-ene
2339	sec-Butyl Bromide	2368	Pinene-alpha
2340	Bromoethyl Ethyl Ether (2-)	2369	Butoxyethanol
2341	Bromomethylbutane	2369	2-Butoxyethanol
2341	1-Bromo-3-Methyl Butane	2369	Butyl Cellosolve
2341	Isoamyl Bromide	2369	Ethylene Glycol-n-Butyl Ether
2342	Bromomethylpropane	2369	Ethylene Glycol Monobutyl Ether
2342	1-Bromo-2-Methyl Propane	2369	Glycol Monobutyl Ether
2342	1-Butyl Bromide	2370	Butyl Ethylene
2342	2-Bromo-2-Methyl Propane	2370	Hexene
2342	tert-Butyl Bromide	2370	Hexene-1
2342	Trimethylbromomethane	2370	1-Hexene
2342	Isobutyl Bromide	2370	Hexene-2 (cis and trans isomers)
2343	Amyl Bromide	2370	2-Hexene
2343	d-Amyl Bromide	2370	Hexylene
2343	Bromopentane	2371	Isopentene
2343	2-Bromopentane	2372	Bis(Dimethylamino)Ethane
2344	Bromopropane	2372	1,2-Di(Dimethylamino)-Ethane
2344	1-Bromopropane	2372	Tetramethylethylenediamine
2344	2-Bromopropane	2373	Diethoxymethane
2344	Propyl Bromide	2374	Diethoxypropene
2345	Bromopropyne (3-)	2374	3,3-Diethoxypropene
2345	3-Bromo-1-Propyne	2375	Diethyl Sulfide
2345	Propargyl Bromide	2375	Ethyl Sulfide
2346	Butanedione	2375	Thioethyl Ether
2346	2-3-Butanedione	2376	Dihydropyran
2346	Diactyl	2376	2-3-Dihydropyran
2347	Butanethiol	2377	Dimethylacetal
2347	1-Butanethiol	2377	Dimethylacetal Aldehyde
2347	tert-Butanethiol	2377	Dimethoxyethane
2347	Butyl Mercaptan	2377	1,1-Dimethoxyethane
2347	sec-Butyl Mercaptan	2377	Ethylidene Dimethyl Ether
2347	tert-Butyl Mercaptan	2378	Dimethylaminoacetonitrile
2347	2-Methyl-2-Propanethiol	2379	2-Amino-4-Methylpentane
2348	Acrylic Acid, Butyl Ester	2379	1-3-Dimethyl Butylamine
2348	Butyl Acrylate	2379	Mono-sec-Hexylamine
2348	n-Butyl Acrylate	2380	Diethoxydimethylsilane
2348	Butylacrylate, Inhibited	2380	Dimethyldiethoxysilane
2348	Butyl-2-Propenoate	2381	Dimethyldisulfide
2350	Butyl Methyl Ether	2381	2,3-Dithiabutane
2351	Butyl Nitrite	2382	Dimethylhydrazine(symmetrical)
2351	n-Butyl Nitrite	2382	1,2-Dimethylhydrazine
2351	sec-Butyl Nitrite	2383	Dipropylamine
2351	tert-Butyl Nitrite	2383	Di-n-Propylamine
2351	α,α-Dimethylethyl Nitrite	2384	Dipropyl Ether
2351	α-Methyl Propyl Nitrite	2384	n-Dipropyl Ether
2352	Butyl Vinyl Ether	2384	Dipropyl Oxide
2352	Vinyl Butyl Ether	2384	Propyl Ether
2353	Butanoyl Chloride	2385	Ethyl Isobutanoate

DOT	NAME OF HAZARDOUS MATERIAL	DOT	NAME OF HAZARDOUS MATERIAL
2385	Ethyl Isobutyrate	2420	Hexafluoroacetone
2385	Ethyl-2-Methyl Propionate	2421	Dinitrogen Trioxide
2385	Ethyl-2-Methylpropanoate	2421	Nitrogen Trioxide
2385	Isobutyric Ether	2421	Nitrous Anhydride
2386	Ethyl Piperidine	2422	Octafluoro-but-2-ene
2386	1-Ethyl Piperidine	2422	Octaflorobutene
2387	Fluorobenzene	2422	1,1,1,2,3,4,4,4-Octafluoro-2-Butene
2387	Phenyl Fluoride	2424	Octafluoropropane
2388	Fluorotoluene	2425	Perfluoropropane
2388	p-Fluorotoluene	2426	Ammonium Nitrate (hot concentrated solution)
2389	Furan		
2389	Furfurane	2426	Ammonium Nitrate Solution (>15% Water)
2389	Furfuran	2427	Potassium Chlorate Solution
2389	Oxole	2428	Sodium Chlorate Solution
2389	Tetrole	2429	Calcium Chlorate Solution
2390	Iodobutane (2-)	2430	Alkyl Phenol, n.o.s.
2390	2-Iodobutane	2431	o-Anisidine
2391	Iodomethylpropane	2431	2-Anisidine
2392	Idopropane	2431	p-Anisidine
2393	Isobutyl Formate	2431	4-Anisidine
2394	Isobutyl Propionate	2431	o-Methoxy Aniline
2394	Propionic Acid, Isobutyl Ester	2431	p-Methoxy Aniline
2395	Isobutyryl Chloride	2433	Chloronitrotoluene
2395	Isobutyroyl Chloride	2433	2-Chloro-6-Nitrotoluene
2396	Isobutenal	2433	4-2-Chloro-6-Nitrotoluene
2396	Methacrolein (2-)	2434	Dibenzyldichlorosilane
2396	α-Methacrolein	2435	Dichloroethylphenylsilane
2396	Methacrylaldehyde	2435	Ethyl Phenyl Dichlorosilane
2396	Methacrylic Aldehyde	2436	Ethanethioic Acid
2396	α-Methyl Acrolein	2436	Ethanethiolic Acid
2396	Methylacrylaldehyde	2436	Methane Carbothiolic Acid
2396	2-Methyl Propenal	2436	Thiacetic Acid
2397	Isopropyl Methyl Ketone	2436	Thioacetic Acid
2397	Methyl Butanone	2437	Dichloromethylphenylsilane
2397	Methyl Isopropyl Ketone	2437	Methylphenyldichlorosilane
2398	Methyl Butyl Ether	2438	2,2-Dimethylpropanoyl Chloride
2398	Methyl-tert-Butyl Ether	2438	2,2-Dimethylpropionyl Chloride
2399	Methyl Piperidine	2438	Pivaloyl Chloride
2399	N-Methyl Piperidine	2438	Trimethyl Acetyl Chloride
2399	2-Methylpiperidine	2439	Sodium Bifluoride (Solid)
2399	3-Methylpiperidine	2439	Sodium Difluoride
2399	4-Methylpiperidine	2439	Sodium Hydrogen Fluoride
2400	Isovaleric Acid, Methyl Ester	2440	Stannic Chloride (Hydrated)
2400	Methyl Isovalerate	2441	Titanium Trichloride (Pyroforic)
2401	Hexahydropyridine	2441	Titanium Trichloride Mixture (Pyroforic)
2401	Piperidine	2442	Trichloroacetyl Chloride
2402	Isopropyl Mercaptan	2443	Vanadium Oxytrichloride
2402	Propanethiol (ALSO: 1-)	2443	Vanadium Oxytrichloride and Titanium Tetrachloride Mixture
2402	Propane-2-Thiol		
2402	Propyl Mercaptan (n-)	2444	Vanadium Tetrachloride
2403	Isopropenyl Acetate	2445	Butyllithium
2403	Methyl Vinyl Acetate	2445	tert-Butyllithium
2403	Propenyl Acetate	2445	Lithium Alkyl
2404	Ethyl Cyanide	2446	Nitrocresol
2404	Propionic Nitrile	2446	2-p-Nitrocresol
2404	Propionitrile	2447	Phosphorus (White, molten)
2405	Isopropyl Butyrate	2448	Sulfur (Molten)
2406	Isopropyl Isobutyrate	2449	Ammonium Oxalate
2407	Isopropyl Chloroformate	2449	Oxalates, n.o.s.
2407	Isopropyl Chlorocarbonate	2451	Nitrogen Fluoride
2408	Isopropyl Formate	2451	Nitrogen Trifluoride
2408	Isopropyl Methanoate	2452	1-Butyne
2409	Isopropyl Propionate	2452	Ethylethyne
2410	Tetrahydropyridine	2452	Ethylacetylene (Inhibited)
2410	1,2,5,6-Tetrahydropyridine	2453	Ethyl Fluoride
2411	Butanenitrile	2453	Fluoroethane
2411	Butyronitrile	2454	Fluoromethane
2411	n-Butyronitrile	2454	Freon-41
2411	Propyl Cyanide	2454	Methyl Fluoride
2412	Tetrahydrothiophene	2455	Methyl Nitrite
2413	Tetrapropyl-ortho-Titanate	2456	Chloropropene
2414	Thiophene	2456	2-Chloropropene (-1)
2414	Thiofuran	2456	2-Chloropropylene
2416	Methyl Borate	2456	β-Chloropropylene
2416	Trimethoxyborine	2456	Isopropenyl Chloride
2416	Trimethyl Borate	2457	Diisopropyl
2417	Carbonyl Fluoride	2457	Dimethyl Butane
2417	Carbonyl Difluoride	2457	2-3-Dimethyl Butane
2417	Fluoroformyl Fluoride	2457	Isohexene
2418	Sulfur Tetrafluoride	2458	Allyl Propenyl
2418	Sulfur Tetrachloride	2458	Diallyl
2419	BFE (Bromotrifluoroethylene)	2458	Hexadiene
2419	Bromotrifluoroethylene	2458	1,4-Hexadiene

DOT	NAME OF HAZARDOUS MATERIAL	DOT	NAME OF HAZARDOUS MATERIAL
2458	1,5-Hexadiene	2496	Propionic Anhydride
2459	2-Methyl-1-Butene	2497	Sodium Phenate
2460	3-Methyl-2-Butene	2497	Sodium Phenolate (Solid)
2461	Methyl Pentadiene	2497	Sodium Phenoxide
2461	2-Methyl-1,3-Pentadiene	2498	3-Cyclohexene-1-Carboxaldehyde
2461	4-Methyl-1,3-Pendadiene	2498	4-Cyclohexene-1-Carboxaldehyde
2462	Diethylmethylmethane	2498	4-Formylcyclohexene
2462	Isohexane	2498	Tetrahydrobenzaldehyde
2462	2-Methylpentane	2498	1-2-3-6-Tetrahydrobenzaldehyde
2462	3-Methylpentane	2501	1-Azridinyl Phosphine Oxide (Tris)
2462	Methylpentane	2501	Mapo
2463	Aluminum Hydride	2501	Phosphoric Acid Triethyleneimine
2463	Aluminum Trihydride	2501	Tri(1-Aziridinyl)Phosphine Oxide
2464	Beryllium Nitrate	2501	Triethylene Phosphoramide
2465	Dichloroisocyanuric Acid (ALSO: Salts, dry)	2501	Triethylene Phosphorotriamide
2465	Dichlorotriazinetrione (And Salts)	2501	Tris(1-Aziridinyl)Phosphine Oxide
2465	Dichloro-s-Triazinetrione	2502	Valeryl Chloride
2465	Potassium Dichloro-Isocyanurate	2503	Zirconium Chloride
2465	Potassium Dichloro-s-Triazinetrione (>39% Cl)	2504	Acetylene Tetrabromide
		2504	Tetrabromoacetylene
2465	Sodium Dichloroisocyanate	2504	Tetrabromoethane (1,1,2,2-)
2465	Sodium Dichloro-5-Triazinetrione	2505	Ammonium Fluoride
2465	Sodium Dichlorocyanurate	2506	Ammonium Hydrogen Sulfate
2466	Potassium Superoxide	2506	Ammonium Bisulfate
2467	Sodium Percarbonate	2507	Chloroplatinic Acid, Solid
2468	Trichloroisocyanuric Acid (N,N',N"-) (Dry)	2508	Molybdenum Pentachloride
		2509	Potassium Bisulfate
2468	Trichlorotriazinetrione (and Salts, Dry)	2509	Potassium Hydrogen Sulfate
2468	Trichloro-s-Triazinetrione	2511	Chloropropionic Acid
2469	Zinc Bromate	2511	α-Chloropropionic Acid
2470	Benzyl Cyanide	2511	3-Chloropropionitrile
2470	Benzyl Nitrile	2511	3-Chloropropionic Acid
2470	Phenylacetonitrile	2511	β-Chloropropionic Acid
2471	Osmic Acid	2511	3-Chloropropanenitrile
2471	Osmium Tetraoxide	2511	3-Chloropropanonitrile
2471	Osmium Tetroxide	2511	β-Chloropropionitrile
2472	Pindone	2512	Aminophenol (Aminophenols, m-, o-, p-)
2472	Pival	2512	p-Hydroxyaniline
2472	2-Pivalyl-1-3-Indandione	2512	Rodinol
2472	2-Pivaloyl-1,3-Indadione	2513	Bromoacetyl Bromide
2472	2-Pivaloyl-1,3-Indandione	2514	Bromobenzene
2473	Arsanilic Acid, Monosodium Salt	2514	Phenyl Bromide
2473	Sodium Aniline Arsonate	2515	Bromoform
2473	Sodium Arsanilate	2515	Tribromomethane
2474	Thiocarbonyl Chloride	2516	Carbon Tetrabromide
2474	Thiophosgene	2516	Tetrabromomethane
2474	Thiocarbonyl Dichloride	2517	Chlorodifluoroethane
2475	Vanadium Trichloride	2517	1-Chloro-1,1-Difluoroethane
2477	Isothiocyanatomethane	2517	Difluoromonochloroethane
2477	Methyl Isothiocyanate	2517	1-1-1-Difluorochloroethane
2477	Methyl Mustard Oil	2517	Difluorochloromethylmethane
2478	Isocyanates and Solutions (n.o.s. Flammable)	2517	Difluoromonochloroethane
		2517	Freon-142
2480	Methyl Isocyanate (and Solutions)	2518	Cyclododecatriene (1,5,9-)
2481	Ethyl Isocyanate	2520	Cyclooctadiene
2482	Propyl Isocyanate (n-)	2520	1-5-Cyclooctadiene
2483	Isopropyl Isocyanate	2521	Acetyl Ketene
2484	Butyl Isocyanate	2521	Diketene
2484	N-Butyl Isocyanate	2521	Ketene Dimer
2484	tert-Butyl Isocyanate	2522	Dimethylaminoethyl Methacrylate
2486	Isobutyl Isocyanate	2522	2-Dimethylaminoethyl Methacrylate
2487	Phenyl Isocyanate	2522	β-Dimethylaminoethyl Methacrylate
2488	Cyclohexyl Isocyanate	2524	Ethyl Ortho Formate
2489	Diphenylmethane Diisocyanate	2524	Triethoxymethane
2489	Diphenylmethyl Diisocyanate (MDI)	2524	Triethyl-o-Formate
2489	Methylene Bis(4-Phenylisocyanate)	2524	Triethylorthoformate
2489	Methylene Diphenylene Diisocyanate	2525	Diethyl Ethanedioate
2490	Bis(β-Chloroisopropyl) Ether	2525	Diethyl Oxalate
2490	Dichloroisopropyl Ether (ALSO: 2-2-)	2525	Ethyl Ethanedioate
2491	2-Aminoethanol	2525	Ethyl Oxalate
2491	β-Aminoethyl Alcohol	2525	Oxalic Ether
2491	Monoethanolamine	2526	Furfurylamine
2491	Ethylolamine	2526	2-Furanmethylamine
2491	2-Hydroxyethylamine	2527	Isobutyl Acrylate
2491	β-Hydroxyethylamine	2528	Isobutyl Isobutyrate
2491	Ethanolamine (and Solutions)	2529	Isobutyric Acid
2491	2-Hydroxyethylamine	2529	2-Methyl Propanoic Acid
2491	Monoethanol Amine	2529	2-Methyl Propionic Acid
2493	Hexahydro-1H-Azepine	2530	Isobutyric Anhydride
2493	Hexamethylene Imine	2531	Methacrylic Acid
2493	Hexamethylenimine	2531	α-Methacrylic Acid
2495	Iodine Pentafluoride	2531	Methyl Acrylic Acid
2496	Propanoic Anhydride	2533	Methyl Trichloroacetate

(313)

DOT	NAME OF HAZARDOUS MATERIAL	DOT	NAME OF HAZARDOUS MATERIAL
2534	Methyl Chlorosilane		2586)
2535	Methylmorpholine	2584	Aryl Sulfonic Acid (Liquid)
2535	N-Methylmorpholine	2584	Dodecylbenzenesulfonic Acid
2535	4-Methyl Morpholine	2585	Aryl Sulfonic Acid (Solid)
2536	Methyltetrahydrofuran	2585	Toluene Sulfonic Acid (Solid)
2536	2-Methyltetrahydrofuran	2585	Alkyl Sulfonic Acid, Solid
2538	1-Nitronaphthalene (ALSO: (α-))	2586	Alkyl Sulfonic Acid, Liquid (D.O.T 2584 &
2541	Terpinolene		2586)
2542	Tributylamine	2586	Aryl Sulfonic Acid (Liquid)
2545	Hafnium Metal (Powder: Dry)	2586	Toluene Sulfonic Acid (Liquid)
2546	Titanium (Metal, Powder, Dry)	2587	Benzoquinone
2547	Sodium Superoxide	2587	p-Benzoquinone
2548	Chlorine Pentafluoride	2587	1-4-Benzoquinone
2550	Ethyl Methyl Ketone Peroxide	2587	Chinone
2550	Lupersol (Trade name)	2587	Quinone
2550	Methyl Ethyl Ketone Peroxide	2588	Insecticide (Dry, n.o.s.)
2550	MEK Peroxide (Common name)	2588	Pesticide (Solid, n.o.s.)
2551	tert-Butyl Peroxydiethylacetate with tert-	2589	Vinyl Chloroacetate
	Butyl Peroxybenzoate	2590	Asbestos (White)
2552	Hexafluoroacetone Hydrate	2590	White Asbestos (Common name)
2553	Benzin	2591	Xenon (Cryogenic liquid) (Liquid,
2553	Coal Tar Naphtha		Refrigerated)
2553	Hi-Flash Naphtha (Coal tar type)	2592	Distearyl Peroxdicarbonate
2553	Naphtha (Hi-Flash) (Coal Tar)	2593	Di(2-Methylbenzoyl) Peroxide
2553	Coal Tar	2594	tert-Butyl Peroxyneodecanoate (Technical)
2553	Naphtha Petroleum	2595	Dimyristyl Peroxydicarbonate (Technical)
2553	Petroleum Benzin	2596	tert-Butyl Peroxy-3-Phenylphthalide
2553	Petroleum Ether	2597	Di(3,5,5-Trimethyl-1-,2-Dioxolanyl-
2554	3-Chloro-2-Methylpropene		3)Peroxide
2554	Methallyl Chloride	2598	Ethyl-3-3-Di(tert-Butylperoxy)Butyrate
2554	α-Methallyl Chloride	2599	Chlorotrifluoromethane and
2554	Methyl Allyl Chloride		Trifluoromethane Mixture
2555	Nitrocellulose (Wet with >20% Water)	2599	Trifluoromethane and
2556	Nitrocellulose (Wet with >25% Alcohol)		Chlorotrifluoromethane Mixture
2557	Lacquer Base or Chips (Dry)	2600	Carbon Monoxide-Hydrogen Mixture
2557	Nitrocellulose (with Plasticizer)	2601	Cyclobutane
2558	Epibromohydrin	2601	Tetramethylene
2561	α-Isoamylene	2602	Dichlorodifluoromethane & Difluoroethane
2561	Isopropyl Ethylene		Azeotropic Mixture
2561	Methylbutene	2603	Cycloheptatriene (1,3,5-)
2561	3-Methyl-1-Butene	2604	Boron Trifluoride Diethyl Etherate
2562	tert-Butyl Peroxyisobutyrate (<52%)	2604	Boron Fluoride Etherate
2563	Methyl Ethyl Ketone Peroxide (<50%	2604	Boron Trifluoride Etherate
	Peroxide)	2605	Methoxymethyl Isocyanate
2564	Trichloroacetic Acid (Solution)	2606	Methyl Orthosilicate
2565	Bicyclohexyl	2606	Methyl Silicate
2565	Dicyclohexyl	2606	o-Methyl Silicate
2565	Dicyclohexylamine	2606	Tetramethoxy Silane
2567	Sodium Pentachlorophenate	2607	Acrolein Dimer (Stabilized)
2570	Cadmium Acetate	2608	Nitropropane ALSO: (1-)
2570	Cadmium Bromide	2608	sec-Nitropropane
2570	Cadmium Arsenide	2608	2-Nitropropane
2570	Cadmium Chloride	2609	Triallyl Borate
2570	Cadmium Dichloride	2610	Triallylamine
2570	Cadmium Amide	2611	Chloroisopropyl Alcohol
2570	Cadmium Diamide	2611	1-Chloro-2-Propanol
2570	Cadmium Azide	2611	2-Chloro-1-Propanol
2570	Cadmium Diazide	2611	Chloropropanol
2570	Cadmium Bromate	2611	β-Chloropropyl Alcohol
2570	Cadmium Compounds (General)	2611	2-Chloropropyl Alcohol
2571	Acid Ethyl Sulfate	2611	Propylene Chlorohydrin
2571	Ethyl Hydrogen Sulfate	2612	Methyl Propyl Ether
2571	Ethylsulfuric Acid	2614	2-Buten-1-ol
2572	Phenylhydrazine	2614	Crotonyl Alcohol
2573	Thallium Chlorate	2614	Crotyl Alcohol
2573	Thallous Chlorate	2614	Isopropenyl Carbinol
2574	o-Tolyl Phosphate	2614	Methallyl Alcohol
2574	Tricresyl Phosphate	2614	1-Methallyl Alcohol
2574	Tri-o-Cresyl Phosphate	2615	Ethoxypropane
2574	Tri-o-Tolyl Phosphate	2615	1-Ethoxypropane
2574	Tris(o-Cresyl)Phosphate	2615	Propyl Ethyl Ether
2574	Tri-2-Tolyl Phosphate	2615	Ethyl Propyl Ether
2576	Phosphorus Oxybromide (Molten)	2617	Hexahydrocresol
2577	Phenylacetyl Chloride	2617	Hexahydromethyl Phenol
2578	Phosphorus Trioxide	2617	Methyl Cyclohexanol (Also: 2-)
2580	Aluminum Bromide Solution	2617	3-Methyl Cyclohexanol
2581	Aluminum Chloride Solution	2617	4-Methyl Cyclohexanol
2582	Ferric Chloride Solution	2618	Methyl Styrene
2583	Alkyl Sulfonic Acid, Solid	2618	Vinyltoluene
2583	Aryl Sulfonic Acid (Solid)	2619	Benzyl Dimethylamine
2583	Methyl Benzene Sulfonic Acid	2619	N,N-Dimethylbenzylamine
2583	Toluenesulfonic Acid (Solid)	2620	Amyl Butyrate
2584	Alkyl Sulfonic Acid, Liquid (D.O.T 2584 &	2621	Acetyl Methyl Carbinol

(314)

DOT	NAME OF HAZARDOUS MATERIAL	DOT	NAME OF HAZARDOUS MATERIAL
2622	2,3-Epoxypropanal	2667	Butyl Toluene
2622	2,3-Epoxy-1-Propanal	2667	p-tert-Butyltoluene
2622	2,3-Epoxypropionaldehyde	2667	1-Methyl-4-tert-Butylbenzene
2622	Glycidaldehyde	2668	Chloracetonitrile
2622	Glycidyl Aldehyde	2668	Chloroacetonitrile
2623	Fire Lighter (Solid w/Flammable Liquid)	2668	α-Chloroacetonitrile
2624	Magnesium Silicide	2668	2-Chloroacetonitrile
2626	Chloric Acid	2669	Chlorocresol
2626	Chloric Acid Solution	2669	p-Chloro-m-Cresol
2627	Nitrite, n.o.s.	2669	4-Chloro-3-Hydroxytoluene
2628	Potassium Fluoroacetate	2670	Cyanuric Chloride
2629	Sodium Fluoroacetate	2670	Trichlorocyanidine
2630	Barium Selenate	2670	Trichloro-s-Triazine (2,4,6-)
2630	Barium Selenite	2670	Tricyanogen Chloride
2630	Calcium Selenate	2671	Aminopyridine
2630	Copper Selenate	2671	2-Aminopyridine (Also: α- 3- 4- o-)
2630	Copper Selenite	2671	Avitrol (Trade name)
2630	Potassium Selenate	2672	Ammonia Aqua
2630	Potassium Selenite	2672	Ammonia (Aqueous Solution, 12-44%)
2630	Selenates (General)	2672	Ammonium Hydroxide
2630	Senenites (General)	2672	Ammonium Hydrate
2630	Sodium Selenate	2672	Aqua Ammonia
2630	Sodium Selenite	2672	Aqua Ammonium
2630	Zinc Selenate	2672	Aqueous Ammonia
2630	Zinc Selenite	2672	Water of Ammonia (Common name)
2642	Fluoroacetic Acid	2673	Aminochlorophenol
2642	Fluoroethanoic Acid	2674	Disodium Hexafluorosilicate
2643	Methyl Bromoacetate	2674	Disodium Silicofluoride
2644	Iodomethane	2674	Prodan (Trade name)
2644	Methyl Iodide	2674	Sodium Fluorosilicate
2644	Triidomethane	2674	Sodium Silicofluoride (Solid)
2645	Phenacyl Bromide	2676	Antimony Hydride
2646	Hexachlorocyclopentadiene	2676	Antimony Trihydride
2647	Cyanoacetonitrile	2676	Hydrogen Antimonide
2647	Methylene Cyanide	2676	Stibine
2647	Propane Dinitrile	2677	Rubidium Hydroxide and Solution
2647	Malonic Dinitrile	2678	Rubidium Hydroxide, Solid
2647	Malononitrile	2679	Lithium Hydroxide Solution
2648	Dibromobutanone	2680	Lithium Hydroxide
2648	1,3-Dibromobutan-3-One	2680	Lithium Hydroxide Monohydrate
2649	Bis(Chloromethyl)Ketone	2681	Caesium Hydroxide Solution
2649	1-1-Dichloroacetone (ALSO: sym-) ($\alpha'\alpha$-))	2681	Cesium Hydroxide Solution
2649	1-3-Dichloroacetone	2682	Caesium Hydroxide
2649	Dichloropropanone	2682	Cesium Hydroxide
2649	1-1-Dichloro-2-Propanone	2683	Ammonium Hydrosulfide Solution
2649	1-3-Dichloro-2-Propanone	2683	Ammonium Sulfide Solution
2650	Dichloronitroethane	2684	Diethylaminopropylamine
2650	1,1-Dichloro-1-Nitroethane	2684	3-Diethylaminopropylamine
2650	Ethide	2684	N,N-Diethyl-1,3-Diaminopropane
2651	Diaminodiphenyl Methane	2684	N-N-Diethyl-1-3-Propanediamine
2651	4,4'-Diaminodiphenyl Methane	2685	Diethylene Diamine
2651	Methylenedianiline	2685	N,N-Diethylene Diamine
2651	4,4'-Methylenedianiline	2685	Diethylethylene Diamine
2651	p,p'-Methylene Dianiline	2685	N-N'-Diethyl Ethylene Diamine
2653	Benzyl Iodide	2685	Hexahydropyrazine
2653	α-Iodotoluene	2685	Piperazine
2655	Potassium Fluosilicate	2686	Diethylaminoethanol (ALSO: 2-)
2655	Potassium Fluorosilicate (Solid)	2686	Diethylethanolamine
2655	Potassium Hexafluorosilicate	2686	N,N-Diethylethanolamine
2655	Potassium Silicofluoride (Solid)	2687	Dicyclohexylamine Nitrite
2656	Chinoline	2687	Dicyclohexylammonium nitrite
2656	Chinoleine	2687	Dicyclohexylaminonitrite
2656	Quinoline	2688	1-Bromo-3-Chloropropane
2657	Selenium Disulfide	2688	Chlorobromopropane (ALSO: omega-)
2657	Selenium Sulfide	2689	Chlorhydrin (α-)
2658	Selenium (Metal) (powder)	2689	Chlorohydrin (α-)
2659	Sodium Chloroacetate	2689	Glycerol-alpha-Monochlorohydrin
2660	Nitrotoluidine (Mono)	2690	Butyl Imidazole
2660	5-Nitro-4-Toluidine	2691	Phosphorus Pentabromide
2661	Hexachloroacetone (Common name)	2692	Boron Bromide
2661	Hexachloro-2-Propanone	2692	Boron Tribromide
2662	1-4-Benzene-diol	2693	Ammonium Bisulfite, Solid
2662	p-Dihydroxybenzene	2693	Ammonium Bisulfite, Solution
2662	Hydroquinol	2693	Bisulfite (Aqueous solution, n.o.s.)
2662	p-Hydroquinone	2693	Calcium Bisulfite Solution
2662	β-Quinol	2693	Calcium Hydrogen Sulfite Solution
2662	Hydroquinone	2693	Magnesium Bisulfite Solution
2664	Dibromomethane	2693	Potassium Bisulfite Solution
2664	Methylene Bromide	2693	Sodium Bisulfite Solution
2664	Methylene Dibromide	2693	Zinc Bisulfite Solution
2666	Ethyl Cyanoacetate	2698	Methyl Norbornene Dicarboxylic Anhydride
2666	Ethyl Cyanoethanoate	2698	Tetrahydrophthalic Anhydride
2666	Malonic Ethyl Esternitrile	2698	Tetrahydrophthalic Acid Anhydride

DOT	NAME OF HAZARDOUS MATERIAL	DOT	NAME OF HAZARDOUS MATERIAL
2699	Trifluoroacetic Acid	2747	tert-Butylcyclohexylchloroformate
2699	Trifluoroethanoic Acid	2748	Ethyl Hexylchloroformate
2703	Isopropanethiol	2749	Tetramethyl Silane
2703	Isopropyl Mercaptan	2749	Tetramethyl Silicane
2705	Pentol (1-)	2750	Dichlorohydrin
2706	Diethyl Carbinol	2750	α-Dichlorohydrin
2706	Pentanol-3	2750	Dichloroisopropyl Alcohol
2706	Pentan-3-ol	2750	sym-Dichloroisopropyl Alcohol
2706	3-Pentanol	2750	Dichloropropanol
2707	Dimethyldioxane	2750	1-3-Dichloro-2-Propanol
2708	Butoxyl	2750	1-3-Dichloropropanol-2
2708	Methoxy Butyl Acetate	2750	Glycerin Dichlorohydrin
2708	3-Methoxy Butyl Acetate	2750	α-β-Glycerin Dichlorohydrin
2708	Methyl-1,3-Butylene Glycol Acetate	2751	O-O-Diethyl Phosphorochlorodithioate
2709	Butyl Benzene	2751	Diethylthiophosphoryl Chloride
2709	n-Butyl Benzene	2752	Epoxyethoxypropane
2709	sec-Butyl Benzene	2752	1-2-Epoxy-3-Ethyloxypropane
2709	tert-Butyl Benzene	2753	Ethylbenzyl Toluidine
2709	Isobutyl Benzene	2754	Ethyl Toluidine
2709	2-Methyl-2-Phenylpropane	2754	m-Ethyl Toluidine
2709	1-Phenylbutane	2754	o-Ethyl Toluidine
2709	2-Phenylbutane	2754	p-Ethyl Toluidine
2710	Butyrone	2755	3-Chloroperoxybenzoic Acid
2710	Propyl Ketone	2756	Organic Peroxide Mixture
2710	Dipropyl Ketone	2757	Aldicarb (Common name)
2710	4-Heptanone	2757	Carbamate Pesticide (Solid) n.o.s.
2711	Dibromobenzene	2757	Carbaryl (Common name)
2713	Acridine	2757	Carbofuran (Common name)
2714	Zinc Resinate	2757	Carbanolate
2715	Aluminum Resinate	2757	4-(Dimethylamine)-3,5-XYLYL-N-Methylcarbamate
2716	Butynediol		
2716	2-Butyne 1-4-Diol	2757	3,5-Dimethyl-4-Methylthiophenyl-N-Methylcarbamate
2717	Camphor (Synthetic)		
2717	2-Camphanone	2757	Furadan
2717	2-Camphonone	2757	Mercaptodimethur (Common name)
2717	Gum Camphor	2757	Methiocarb (Common name)
2717	Laurel Camphor	2757	Metmercapturon (Common name)
2718	Tripropylaluminum	2757	Mexacarbate
2719	Barium Bromate	2757	1-Naphthyl-N-Methyl Carbamate
2720	Chromic Nitrate	2757	Temik (Trade name)
2720	Chromium Nitrate	2757	Tercyl (Trade name)
2721	Copper Chlorate	2757	Zectran (Trade name)
2722	Lithium Nitrate	2758	Carbamate Pesticide, (Liquid), n.o.s.
2723	Magnesium Chlorate	2759	Arsenical Pesticide, n.o.s.
2724	Manganese Nitrate	2759	Boreaux Arsenite (liquid or solid)
2725	Nickel Nitrate	2760	Arsenical Pesticide (Flammable Liquid)
2726	Nickel Nitrite	2761	Aldrin (and its mixtures)
2727	Thallium Nitrate	2761	Benzahex
2727	Thallous Nitrate	2761	Benzoepin
2728	Zirconium Nitrate	2761	BHC (Benzene Hexachloride)
2729	Hexachlorobenzene (Common name)	2761	2-2-Bis(p-Chlorophenyl)1-1-Dichloroethane
2729	Perchlorobenzene	2761	1-1-Bis(p-Chlorophenyl)2-2-2-Trichloroethanol
2730	1-Methoxy-4-Nitrobenzene		
2730	Nitroanisole	2761	1,1-Bis(4-Chlorophenyl)-2,2-Dichloroethane
2730	o-Nitroanisole	2761	Chlorinated Camphene
2730	p-Nitroanisole	2761	Chlorophenothane
2732	Nitrobromobenzene	2761	DDT (Common name)
2733	Alkylamine, n.o.s. (Also: Alkylamines or Polyalkylamines, n.o.s.)	2761	Dichlone (Common name)
		2761	Dichlorodiphenyltrichloroethane (D.D.T.)
2733	Polyalkylamine, n.o.s.	2761	D.D.T.
2734	Alkylamine, n.o.s. (Also: Alkylamines or Polyalkylamines, n.o.s.)	2761	2-3-Dichloro-1-4-Naphthoquinone
		2761	Dicophane
2734	Polyalkylamine, n.o.s.	2761	Dieldrin (Common name)
2735	Alkylamine, n.o.s. (corrosive)	2761	Dimethoxy-DDT
2735	Alkylamines or Polyalkylamines, n.o.s. (corrosive)	2761	p,p'-Dimethoxydiphenyl Trichloroethane
		2761	Endosulfan (Common name)
2735	Polyalkylamine (Corrosive, n.o.s.)	2761	Endrin (Common name)
2738	Butylaniline	2761	Endrin Mixture (Dry or Liquid)
2738	N-n-Butylaniline	2761	Heptachlor (Common name)
2738	N-Butyl Aniline	2761	1,4,5,6,7,8,8-Heptachloro-3α,4,7,7α,Tetrahydro-4,7-Methanoindene (Technical)
2738	N-Butylbenzenamine		
2739	Butanoic Anhydride		
2739	Butyric Anhydride	2761	Heptox (Trade name)
2740	Propylchloroformate (n-)	2761	Kepone (Trade name)
2740	Propyl Chlorocarbonate	2761	Kelthane
2741	Barium Hypochlorite	2761	Methoxychlor
2742	Chloroformate, n.o.s.	2761	Octalene (Trade name)
2743	Butylchloroformate	2761	Octalox (Trade name)
2744	Cyclobutylchloroformate	2761	Organochlorine Pesticide, n.o.s. (Liquid, n.o.s.)
2745	Chloromethyl Chloroformate		
2745	Chloromethyl Chlorosulfonate	2761	Phenatox (Trade name)
2746	Carbonochloridic Acid Phenyl Ester	2761	T.D.E.
2746	Phenylchloroformate	2761	1-1-Dichloro-2-2-Bis(p-

DOT	NAME OF HAZARDOUS MATERIAL	DOT	NAME OF HAZARDOUS MATERIAL
	Chlorophenyl)Ethane)	2783	Carbethoxy Malathion
2761	Thiodan	2783	Chlorpyrifos (ALSO: -Methyl)
2761	Toxakil (Trade name)	2783	O,O-Dimethyl-O-(3,5,6-Trichloro-2-Pyridyl)Phosphorothioate
2761	Toxaphene (Common name)		
2762	Chlordan	2783	Coumphos
2762	Chlordane (Flammable liquid)	2783	3-Chloro-7-Hydroxy-4-Methyl-Coumarin-O-O-Diethyl Phosphorothioate
2762	Methano Indane		
2762	1-2-4-5-6-7-8-8-Octachloro-4-7-Methano-3α-4-7-7α-Tetrahydroindane	2783	O,O-Diethyl-O-(3-Chloro-4-Methyl-2-Oxo-2H-1-Benzopyran-7-Yl)
2762	Octachlorotetrahydroindane	2783	DDVP (Common name)
2762	Octachlor (Octa-Klor)	2783	Dichlorovos (Common name)
2762	Octa-Klor	2783	Vaponite (Trade name)
2762	Organochlorine Pesticide (Flammable liquid, n.o.s.)	2783	Diazide
		2783	Diazinon (Common name)
2763	Triazine Pesticide (Solid, n.o.s.)	2783	Dichlorvos
2764	Triazine Pesticide (Flammable liquid, n.o.s.)	2783	2,2-Dichlorovinyl Dimethyl Phosphate
		2783	Dicrotophos (Common name)
2765	2-4-D	2783	O-O-Diethyl-S-(2-5-Dichlorophenyl Thiomethyl) Phosphorodithioate
2765	2-4-D Ester		
2765	Dichlorophenoxyacetic Acid (ALSO: Ester)	2783	O,O-Diethyl-O-2-Isopropyl-4-Methyl-6-Pyrimidyl Thiophosphate
2765	2,4-Dichlorophenoxyacetic Acid Salt		
2765	Phenoxy Pesticide, n.o.s.	2783	O,O-Diethyl S-(2-(Ethylthio)Ethyl) Phosphorodithioate
2765	Propargite (Common name)		
2765	Sulfurous Acid, 2-(p-tert-Butylphenoxy) Cyclohexyl-2-Propynyl Ester	2783	O-S-Diethyl-O-(4-Nitrophenyl) Thioophosphate
2765	2-4-5-T	2783	O,O-Diethyl-O-(p-Nitrophenyl) Ester Phosphorothionic Acid (Mixture)
2765	2-4-5-T Amine (Ester or Salt)		
2765	2-4-5-TP	2783	3-(Dimethoxyphosphinyloxy)N-Methyl-cis-Crotonamide
2765	2-4-5-TP Ester		
2765	2,4,5-Trichlorophenoxyacetic Acid, Ester or Salt	2783	O,O-Dimethyl-O-(2-N-Methylcarbamoyl-1-Methyl-Vinyl) Phosphate
2765	2,4,5-Trichlorophenoxypropionic Acid	2783	Azodrin (Trade name)
2765	Trichlorophenoxypropionic Acid Ester	2783	Dimethyl Analog of Parathion
2765	2,4,6-Trichlorophenol	2783	O,O-Dimethyl-ol-2-(1,2-Dibromo-2,2-Dichloroethyl)Phosphate
2765	Trichlorophenoxyacetic Acid Amine		
2766	Phenoxy Pesticide (Flammable Liquid, n.o.s.)	2783	O,O-Dimethyl-O,2,2-Dichlorovinyl Phosphate (Technical)
2767	Diuron (Common name)	2783	Dimethyldichlorovinyl Phosphate
2767	Phenyl Urea Pesticide (n.o.s.)	2783	O,O-Dimethyl Phosphorodithioate of Diethyl Mercaptosuccinate
2768	Phenyl Urea Pesticide (Flammable Liquid, n.o.s.)		
		2783	O,O-Dimethyl-O-Nitrophenyl Thiophosphate
2769	Banvel (Trade name)	2783	O,O-Dimethyl S-(4-Oxobenzotriazino-3-Methyl)Phosphorodithioate
2769	Benzoic Derivative Pesticide, Solid, n.o.s.		
2769	Dicamba (Common name)	2783	Dimethylphosphate Ester with 3-Hydroxy-N,N-Dimethyl-cis-Crotonamide
2769	Dichlobenil (Common name)		
2769	2-6-Dichlorobenzonitrile	2783	Dimethyl(2,2,2-Trichloro-1-Hydroxy Ethyl) Phosphonate
2769	2,6-Dichlorobenzonitrile		
2769	Dichlobenil	2783	Chlorpyrifos-methyl (Common name)
2770	Benzoic Derivative Pesticide, Flammable Liquid, n.o.s.	2783	Disulfoton (Common name)
		2783	Dowco 179 (Trade name)
2771	Bis(Dimethylthiocarbamyl)Disulfide	2783	Dursban (Trade name)
2771	Dithiocarbamate Pesticide (n.o.s.)	2783	Dylox (Trade name)
2771	Thiram (Trade name)	2783	E-605 (Parathion)
2771	Thiuramin (Trade name)	2783	Emmatos (Trade name)
2772	Dithiocarbamate Pesticide (Flammable Liquid, n.o.s.)	2783	Ethion (Common name)
		2783	Ethiol (Trade name)
2773	Phthalimide Derivative Pesticide (n.o.s.) (Liquid, n.o.s.)	2783	O,O-Ethyl-S-2(Ethylthio)Ethyl Phosphorothioate
2774	Phthalimide Derivative Pesticide (Flammable Liquid, n.o.s.)	2783	Ethyl Guthion
		2783	Ethyl Methylene Phosphorodithioate
2775	Copper-based Pesticide, Solid, n.o.s.	2783	Guthion
2776	Copper-Based Pesticide (Flammable liquid, Poison, n.o.s.)	2783	Hexaethyl Tetraphosphate Mixture
		2783	Lorsban (Trade name)
2776	Copper-based Pesticide (Poison, Flammable liquid, n.o.s.)	2783	Malathion (Common name)
		2783	Malatol (Trade name)
2777	Mercury-Based Pesticide (Liquid, n.o.s.)	2783	Malatox (Trade name)
2778	Mercury-Based Pesticide (Flammable liquid, n.o.s.)	2783	Metacide (Trade name)
		2783	Methyl Azinphos
2779	Substituted Nitrophenol Pesticide, Solid, n.o.s.	2783	Methyl Guthion
		2783	Methyl Parathion (Liquid)
2780	Substituted Nitrophenol Pesticide	2783	Methyl Parathion Mixture (Dry)
2781	Bipyridilium Pesticide (Dry)	2783	Monocrotophos
2781	Diquat (Common name)	2783	Naled (Common name)
2781	Diquat Dibromide	2783	Organic Phosphate Compound (Liquid or solid, Poison B)
2781	Aquacide (Trade name)		
2781	Dextrone (Trade name)	2783	Organo-etc. (Liquid, n.o.s.)
2782	Bipyridilium Pesticide (Flammable liquid)	2783	Parathion
2783	Azinphos Methyl (Guthion)	2783	Parawet
2783	Azinphos-Ethyl (Common name)	2783	Parathion Mixture (Liquid or Dry)
2783	Gustathion-A (Trade name)	2783	Phencapton (Common name)
2783	Azinos (Trade name)	2783	Phos-kil (Trade name)
2783	Azodrin (Trade name)	2783	TEPP (Common name)
2783	Bidrin (Trade name)	2783	Tetron (Trade name)

DOT	NAME OF HAZARDOUS MATERIAL	DOT	NAME OF HAZARDOUS MATERIAL
2783	Tetraethyl Pyrophosphate Mixture (Dry)	2817	Aluminum Hydrogen Fluoride, Solution
2783	O,O,O',O'-Tetraethyl-S,S-Methylene Diphosphorodithioate	2818	Ammonium Polysulfide Solution
		2819	Amyl Acid Phosphate
2783	Tetraphosphoric Acid, Hexaethyl Ester	2819	Pentyl Ester Phosphoric Acid
2783	Thiophos (Trade name)	2820	Butanoic Acid
2783	Thiodemeton (Trade name)	2820	Butyric Acid
2783	((2,2,2-Trichloro-1-Hydroxy-ethyl)Dimethylphosphonate	2820	n-Butyric Acid
		2820	Ethyl Acetic Acid
2783	Trichlorphon	2820	Propylformic Acid
2783	Vapotone (Trade name)	2821	Phenol Solution
2783	Methyl Parathion	2821	Phenic Acid
2783	Dimethyl Parathion	2821	Phenylic Acid
2784	Organophosphorus Pesticide (Flammable Liquid, n.o.s.)	2822	Chloropyridine
		2822	2-Chloropyridine
2784	Parathion (in Flammable Liquid)	2822	o-Chloropyridine
2784	Tetraethyl Pyrophosphate (Flammable Liquid)	2822	α-Chloropyridine
		2823	α-Butenoic Acid (2-)
2785	Thiapentanal	2823	Crotonic Acid
2786	Organotin-etc. (Liquid, n.o.s.)	2823	α-Crotonic Acid
2787	Organotin Pesticide (Flammable liquid, n.o.s.)	2823	Isocrotonic Acid
		2823	β-Methacrylic Acid
2789	Acetic Acid (Glacial) (Over 80% Acid)	2823	3-Methacrylic Acid
2789	Glacial Acetic Acid	2825	Diisopropylethanolamine
2789	Ethanoic Acid	2825	N-N-Diisopropyl Ethanolamine
2789	Methane Carboxylic Acid	2826	Chlorothioformic Acid Ethyl Ester
2789	Vinegar Acid	2826	Ethyl Chlorothioformate
2790	Acetic Acid Solution (10-80% Acid)	2826	Ethyl Chlorothiolformate
2792	Igniter for Aircraft (Thrust device)	2829	Caproic Acid
2793	Ferrous Metal (Boring, cutting, shaving, or turnings)	2829	n-Caproic Acid (Hexanoic Acid)
		2829	Capronic Acid
2793	Ferrous Ion	2829	Hexanoic Acid (n-)
2793	Iron Swarf	2829	Hexoic Acid
2793	Steel Swarf	2829	Butylacetic Acid
2794	Battery, Electric Storage, w/Acid	2830	Lithium Ferrosilicon
2795	Battery (Containing Alkali)	2830	Lithium Iron Silicon
2796	Battery Fluid (Acid)	2831	Methyl Chloroform
2796	Electrolyte (Battery acid: fluid)	2831	Strobane
2796	Electrolyte (Elixir of Vitriol)	2831	1,1,1-Trichloroethane ALSO: (α-)
2797	Battery (Containing Alkali)	2834	Phosphorous Acid (ortho-)
2797	Battery Fluid (Alkali)	2834	o-Phosphorus Acid
2798	Benzene Phosphorus Dichloride	2835	Sodium Aluminum Hydride
2798	Dichlorophenyl Phosphine	2835	Sodium Aluminum Tetrahydride
2798	Phenyl Dichlorophosphine	2837	Sodium Acid Sulfate (Solution)
2798	Phenyl Phosphorus Dichloride	2837	Sodium Bisulfate Solution
2798	Phosphenyl Chloride	2837	Sodium Hydrogen Sulfate Solution
2799	Benzene Phosphorus Thiodichloride	2838	Vinyl Butyrate
2799	Phenyl Dichlorophosphine Sulfide	2839	Acetaldol
2799	Phenyl Phosphorus Thiodichloride	2839	Oxybutanol
2799	Phenylphosphorodichloridothious	2839	Aldol
2800	Battery (Containing Alkali)	2839	3-Butanolal
2801	Dye (n.o.s. Corrosive)	2839	3-Hydroxybutanal
2801	Dye Intermediate (n.o.s. Corrosive)	2839	Oxybutanal
2802	Copper Chloride	2839	Oxybutyric Aldehyde
2803	Gallium (Metal)	2839	Aldol
2805	Lithium Hydride (Fused, solid)	2839	Butanolal (3-)
2806	Lithium Nitride	2839	3-Hydroxybutanal
2809	Mercury (Metal)	2839	β-Hydroxybutyraldehyde
2809	Mercury Coloidal	2839	Oxybutyric Aldehyde
2809	Quicksilver	2840	Butanaloxime
2810	3,5-Dichloro-2,4,6-Trifluoropyridine	2840	m-Butyraldehyde Oxime
2810	Poison B Liquid, n.o.s.	2840	Butyraldoxime
2810	Poisonous Liquid, n.o.s. (Poison B)	2840	N-Butyraldoxime
2811	Flue Dust (Poisonous)	2841	Diamylamine
2811	Lead Fluoride	2841	Di-n-Amylamine
2811	Lead Stearate	2842	Nitroethane
2811	Lead Iodide	2844	Calcium Manganese Silicon
2811	Poisonous Solid, n.o.s.	2845	Ethyl Phosphonous Dichloride (Anhydrous)
2811	Selenium Dioxide	2845	Methyl Phosphonous Dichloride
2811	Selenium Oxide	2845	Pyrophoric Liquid, n.o.s.
2811	Sodium Vanadate	2846	Pyrophoric Solid, n.o.s.
2812	Aluminum Sodium Oxide	2849	3-Chloropropanol (-1)
2812	Sodium Aluminate (Solid)	2849	Trimethylenechlorohydrin
2813	Lithium Acetylide-Ethylene Diamine Complex	2850	Propene Tetramer
		2850	Propylene Tetramer
2813	Substances which, when in contact w/water, emit flammable gases, n.o.s.	2851	Boron Trifluoride Dihydrate
		2852	Dipicryl Sulfide (Wet with >10% water)
2813	Water Reactive Solid, n.o.s.	2853	Magnesium Fluosilicate
2814	Etiologic Agent, n.o.s.	2853	Magnesium Fluorosilicate
2814	Infectious Substance (Human, n.o.s.)	2853	Magnesium Silicofluride (Solid)
2815	Aminoethyl Piperazine	2853	Magnesium Hexafluorosilicate
2815	1-(2-Aminoethyl)-Piperazine	2854	Ammonium Fluorosilicate
2815	N-Aminoethyl Piperazine	2854	Ammonium Silicofluoride (solid)
2817	Ammonium Bifluoride, Solution	2854	Cryptohalite

DOT	NAME OF HAZARDOUS MATERIAL	DOT	NAME OF HAZARDOUS MATERIAL
2855	Zinc Fluorosilicate	2900	Infectious Substance (Non-human, n.o.s.)
2855	Zinc Fluosilicate	2901	Bromine Chloride
2855	Zinc Silicofluoride (Solid)	2902	Allethrin
2856	Fluosilicates, n.o.s. (General)	2902	Fungicide (Poisonous, n.o.s.)
2856	Silicofluoride (Solid, n.o.s.)	2902	Insecticide (Poisonous Liquid, n.o.s.)
2857	Refrigerating Machine (containing Nonflammable, Nonpoisonous, Liquefield Gas)	2902	Pesticide (Liquid, Poisonous, n.o.s.)
		2903	Pesticide (Poison, Flammable Liquid, n.o.s.)
		2904	Chlorophenate (Liquid)
2858	Zirconium (Metal, Wire, Sheet or Strips thinner than 254 microns but not thinner than 18 microns)	2905	Chlorophenate (Solid)
		2906	Triisocyanatoisocyanurate of Isophoronediisocyanate (70% Solution)
2859	Ammonium-m-Vanadate	2907	Isosorbide Dinitrate Mixture
2859	Ammonium Meta Vanadate	2908	Radioactive Material (Empty Packages)
2859	Ammonium Vanadate	2909	Radioactive Material (Articles manufactured from natural or depleted Uranium or Natural Thorium)
2859	Ammonium Vanadate		
2860	Vandium Sesquioxide		
2860	Vanadium Trioxide	2910	Radioactive Material (Limited Quantity, n.o.s.)
2861	Ammonium Polyvanadate		
2862	Vanadium Oxide	2911	Radioactive Material (Instruments & Articles)
2862	Vanadium Pentoxide		
2863	Sodium Ammonium Vanadate	2912	Radioactive Material (Low Specific Activity (LSA) n.o.s.)
2864	Potassium-m-Vanadate		
2864	Potassium Metavanadate	2918	Radioactive Material (Fissile, n.o.s.)
2867	Ink (Printer's Ink)	2920	Corrosive Liquid (Flammable, n.o.s.)
2869	Titanium Trichloride Mixture	2921	Corrosive Solid (Flammable, n.o.s.)
2870	Aluminum Borohydride	2922	Corrosive Liquid (Poisonous, n.o.s.)
2870	Aluminum Borohydride in devices	2922	Dimethyl Chlorothiophosphate
2870	Aluminum Tetrahydroborate	2922	Dimethyl Phosphorochloridothioate
2871	Antimony (Powder)	2922	Sodium Hydrosulfide Solution
2871	Stibium	2923	Corrosive Solid (Poisonous, n.o.s.)
2871	Antimony Powder	2923	Sodium Hydrosulfide (Solid or Solution, with >25% water of crystallization
2872	Dibromochloropropane		
2872	1-2-Dibromo-3-Chloropropane	2924	Dichlorobutene
2872	Nemagon (Trade name)	2924	Flammable Liquid (Corrosive, n.o.s.)
2872	Nemafume (Trade name)	2925	Flammable Solid (Corrosive, n.o.s.)
2872	Nemanax (Trade name)	2926	Flammable Solid (Poisonous, n.o.s.)
2872	Nemaset (Trade name)	2927	Poison (Corrosive Liquid, n.o.s.)
2873	2-N-Dibutylaminoethanol	2928	Poison (Corrosive Solid, n.o.s.)
2873	N-N-Dibutylaminoethanol	2929	Chloropicrin Mixture, Flammable
2873	Dibutylaminoethanol	2929	Poison (Flammable Liquid, n.o.s.)
2873	N-N-Dibutyl Ethanolamine	2930	Poison (Flammable Solid, n.o.s.)
2874	Furfuryl Alcohol	2931	Vanadium Sulfate
2874	Furyl Alcohol	2931	Vanadic Sulfate
2874	2-Furyl Carbinol	2933	2-Chloropropionic Acid Methyl Ester
2875	Hexachlorophene (Common name)	2933	Methyl Chloropropionate
2875	Nabac (Trade name)	2934	Isopropyl Chloropropionate
2875	2,2'-Methylene Bis(3,4,6-Trichlorophenol)	2935	Ethyl Chloropropionate
2875	2,2'-Methylene-Bis(3,4,6-Trichlorophenol)	2935	Ethyl-2-Chloropropionate
2875	Seribak (Trade name)	2936	Thiolactic Acid (2-)
2876	m-Dihydroxybenzene	2937	Methylbenzyl Alcohol (alpha)
2876	Dihydroxybenzol	2937	Methyl Phenyl Carbinol
2876	Resorcin	2937	Phenylmethyl Carbinol
2876	Resorcinol	2937	Styralyl Acetate
2877	Isothiourea	2938	Methyl Benzoate
2877	Thiourea	2938	Methyl Benzenecarboxylate
2878	Titanium Sponge (Granules or Powder)	2938	Niobe Oil
2879	Selenium Oxychloride	2940	Cyclooctadiene Phosphine
2880	Calcium Hypochlorite (Hydrated, includes mixtures from 5.5 to 10% water)	2940	Phosphabicyclononane (9-)
		2941	Fluoroaniline
2881	Nickel Catalyst (Dry)	2941	2-Fluoroaniline
2883	2-2-Di(tert-Butylperoxy)Propane	2942	2-Trifluoromethylaniline
2884	2-2-Di(tert-Butylperoxy)Propane	2942	3-Trifluoromethylaniline
2886	tert-Butyl Peroxy-2-Ethylhexanoate with 2-2-Di-(t-Butylperoxy)-Butane	2943	Tetrahydrofurfurylamine
		2944	Fluoroaniline
2887	tert-Butyl Peroxy-2-Ethylhexanoate with 2-2-Di-(t-Butylperoxy)-Butane	2944	4-Fluoroaniline
		2944	p-Fluoroaniline
2888	tert-Butyl Peroxy-02-Ethylhexanoate (>50% w/Phlegmatizer)	2945	Methyl Buty`amine
		2945	N-Methyl Butylamine
2889	Diisotridecylperoxydicarbonate (Technical)	2946	2-Amino-5-Diethylaminopentane
2890	tert-Butyl Perbenzoate	2947	Isopropyl Chloroacetate
2890	tert-Butyl Peroxybenzoate	2948	m-Aminobenzal Fluoride
2891	tert-Amylperoxy-neodecanoate	2949	Sodium Hydrosulfide (Solid or Solution, with >25% water of crystallization
2892	Dimyristyl Peroxydicarbonate (22% in water)		
		2949	Sodium Hydrosulfide Solution
2893	Dilauroyl Peroxide (<42% in Water)	2950	Magnesium Granules (Coated)
2893	Lauroyl Peroxide (<42% in water)	2951	Diphenyloxide-4,4'-Disulfohydrazide
2894	Di(4-tert-Butylcyclohexyl)Peroxydicarbonate	2952	Azo-Bis-Isobutyronitrile
2895	Dicetyl Peroxydicarbonate (<42%)	2952	2-2-Azo-Bis-Isobutyronitrile
2896	Cyclohexanone Peroxide (Not more than 72% as Paste)	2952	Azodi-Isobutyronitrile
		2953	2-2-Azodi(2-4-Dimethylvaleronitrile)
2897	1-1-Di(tert-Butylperoxy)Cyclohexane	2954	Azodi(1-1-Hexahydrobenzonitrile)
2898	tert-Amylperoxy-2-Ethylhexanoate	2955	2-2-Azodi(2-4-Dimethyl-4-Methoxyvaleronitrile)
2899	Organic Peroxide (Trial Quantity, n.o.s.)		

DOT	NAME OF HAZARDOUS MATERIAL	DOT	NAME OF HAZARDOUS MATERIAL
2956	tert-Butyl-2,4,6-Trinitro-m-Xylene	3014	Substituted Nitrophenol Pesticide, n.o.s. (Liquid, n.o.s.)
2956	Musk Xylene		
2957	tert-Amylperoxypivalate	3015	Bipyridilium Pesticide (Flammable liquid)
2958	Diperoxy Azelaic Acid	3016	Bipyridilium Pesticide (Liquid)
2959	2,5-Dimethyl-2,5-Di-(Benzoyl Peroxy)Hexane	3017	Organophosphorus Pesticide (Flammable Liquid, n.o.s.)
2960	Di(2-Ethylhexyl)Peroxydicarbonate	3018	Organophosphorus Pesticide, n.o.s.
2961	2,4,4-Trimethylpentyl-2-Peroxy-Phenoxyacetate	3019	Organotin Pesticide (Flammable liquid, n.o.s.)
2962	Disuccinic Acid, Peroxide (<72% in water)	3020	Organotin Pesticide, n.o.s.
2963	Cumyl Peroxy-Neodecanoate	3021	Pesticide (Flammable liquid, poison, n.o.s.)
2964	Cumyl Peroxypivalate	3022	1-Butene Oxide
2965	Boron Trifluoride-dimethyl Ether	3022	Butylene Oxide, Stabilized
2965	Hydroxylamine Sulfate	3022	1,2-Butylene Oxide, Stabilized
2965	Hydroxylammonium Sulfate	3022	1-2-Epoxybutane
2965	Oxammonium Sulfate	3023	Methyl Heptanethiol
2966	Mercaptoethanol (2-)	3023	Octyl Mercaptan
2966	Thioglycol	3023	1-Octanethiol
2967	Sulfamic Acid	3023	tert-Octyl Mercaptan
2968	Maneb or Maneb Preparations (Stabilized against self-heating)	3024	Coumarin Derivative Pesticide (Flammable Liquid, n.o.s.)
2969	Castor Beans, Meal, Pomace or Flake	3025	Coumarin Derivative Pesticide, (Flammable Liquid, n.o.s.)
2970	Benzene Sulfohydrazide		
2971	Benzene-1-3-Disulfohydrazide	3026	Coumarin Derivative Pesticide (Liquid, n.o.s.)
2972	Dinitrosopentamethylene Tetramine		
2973	Dinitroso-Dimethyl Terephthalamide	3027	Coumarin Derivative Pesticide (Solid, n.o.s.)
2974	Radioactive Material (Special Form, n.o.s.)	3028	Battery (Containing Alkali)
2975	Thorium Metal (Pyroforic)	3030	Azodi(2-Methylbutyronitrile)
2976	Thorium Nitrate (Solid)	3031	Self-Reactive Substances (Samples n.o.s.)
2977	Uranium Hexafluoride (Fissile, >.7% U-235)	3032	Self-Reactive Substances (Trial quantities, n.o.s.)
2977	Uranium Fluoride (Fissile)		
2978	Uranium Hexafluoride (Low specific activity, <.7% U-235)	3033	3-Chloro-4-Diethylaminobenzenediazonium Zinc Chloride
2978	Uranium Fluoride (LSA)	3034	4-Dipropylaminobenzenediazonium Zinc Chloride
2979	Uranium Metal (Pyroforic)		
2980	Uranium Nitrate Hexahydrate Solution	3035	3-(2-Hydroxyethoxy)-4-Pyrrolidin-1-ylbenzene-diazonium Zinc Chloride
2981	Uranium Nitrate		
2982	Radioactive Material, n.o.s.	3036	2,5-Diethoxy-4-Morpholinobenzenediazonium Zinc Chloride
2983	Ethylene Oxide-Propylene Oxide Mixture		
2984	Hydrogen Peroxide Solution (Between 8 and 20% Peroxide)	3037	4-(Benzyl(ethyl)amino)-3-Ethoxy-Benzenediazonium Zinc Chloride
2985	Chlorosilane, n.o.s. (Flammable: Corrosive)	3038	4-(Benzyl(methyl)amino)-3-Ethoxy-Benzenediazonium Zinc Chloride
2986	Chlorosilane, n.o.s. (Flammable: Corrosive)		
2987	Chlorosilane, n.o.s. (Corrosive)	3039	4-Dimethylamino-6-(2-Dimethylaminoethoxy)Toluene-2-Diazonium Zinc Chloride
2988	Chlorosilane, n.o.s. (Emits Flammable Gas when wet: Corrosive)		
2989	Lead Phosphite, Dibasic	3040	Sodium 2-Diazo-1-Naphthol-4-Sulfonate
2990	Aircraft Evacuation Slide	3041	Sodium 2-Diazo-1-Naphthol-5-Sulfonate
2990	Aircraft Survival Kit	3042	2-Diazo-1-Naphthol-4-Sulfochloride
2990	Life Raft	3043	2-Diazo-1-Naphthol-5-Sulfochloride
2990	Life Saving Appliances (Self-inflating)	3044	tert-Amylperoxybenzoate
2991	Carbamate Pesticide (Flammable liquid)	3045	Peroxyacetic Acid Solution
2992	Carbamate Pesticide (Liquid) (Toxic) n.o.s.	3046	Methyl Cyclohexanone Peroxide
2993	Arsenical Pesticide, Flammable Liquid, n.o.s.	3047	tert-Butyl Peroxypivalate
		3048	Auminum Phosphide Pesticide
2994	Arsenical Pesticide (Liquid, n.o.s.)	3049	Metal Alkyl Halide, n.o.s.
2995	Organochlorine Pesticide (Flammable liquid, n.o.s.)	3050	Metal Alkyl Hydride, n.o.s.
		3051	Aluminum Alkyl
2996	Organochlorine Pesticide, n.o.s. (Liquid, n.o.s.)	3052	Aluminum Alkyl Halide
		3053	Magnesium Alkyl
2997	Triazine Pesticide (Flammable liquid, n.o.s.)	3054	Cyclohexyl Mercaptan
		3055	Aminoethoxyethanol
2998	Triazine Pesticide (Liquid, n.o.s.)	3056	Heptaldehyde (n-)
2999	Phenoxy Pesticide (Flammable Liquid, n.o.s.)	3056	Heptanal
		3057	Trifluoroacetyl Chloride
3000	Phenoxy Pesticide (Liquid, n.o.s.)	3058	Di-(2-Phenoxyethyl)Peroxydicarbonate (Technical)
3001	Phenyl Urea Pesticide (Flammable Liquid, n.o.s.)		
		3059	Di-(2-Phenoxyethyl)Peroxydicarbonate
3002	Phenyl Urea Pesticide (Liquid, n.o.s.)	3060	2,5-Dimethyl-2,5-Di-(Isononanoyl-Peroxy)Hexane (<77%)
3003	Benzoic Derivative Pesticide (Flammable Liquid n.o.s.)		
		3060	2,5-Dimethyl-2,5-Di-(3,5,5-Trimethylhexanoylperoxy)Hexane (<77%)
3004	Benzoic Derivative Pesticide, Liquid, n.o.s.		
3005	Dithiocarbamate Pesticide	3061	Acetyl Acetone Peroxide (not more than 32% as a Paste)
3006	Dithiocarbamate Pesticide (Liquid, n.o.s.)		
3007	Phthalimide Derivative Pesticide (Flammable Liquid, n.o.s.)	3062	tert-Butyl Peroxystearyl Carbonate
		3063	Diperoxydodecane Diacid
3008	Phthalimide Derivative Pesticide (n.o.s.) (Liquid, n.o.s.)	3064	Nitroglycerine (1-5% Solution in Alcohol)
		3065	Alcoholic Beverage
3010	Copper-Based Pesticide, Liquid, n.o.s.	3066	Paint, etc. (Corrosive liquid)
3011	Mercury-Based Pesticide (Flammable liquid, n.o.s.)	3066	Paint Related Material (Corrosive liquid)
		3067	tert-Amyl Hydroperoxide (<88%)
3012	Mercury-Based Pesticide, n.o.s.	3068	Methyl Ethyl Ketone Peroxide (<40% Peroxide)
3013	Substituted Nitrophenol Pesticide		

DOT	NAME OF HAZARDOUS MATERIAL	DOT	NAME OF HAZARDOUS MATERIAL
3069	1-1-Di(tert-Butylperoxy)Cyclohexane	9127	Isopropanolamine Dodecylbenzenesulfonate
3070	Dichlorodifluoromethane & Ethylene Oxide Mixture	9134	Lithium Chromate
		9137	Naphthenic Acid
3070	Ethylene Oxide-Dichlorodifluoromethane Mixture (<12% E.Oxide)	9138	Nickel Ammonium Sulfate
		9139	Nickel Chloride
3071	Mercaptan (Liquid, n.o.s.)	9139	Nickelous Chloride
3072	Life Saving Appliances (Not self-inflating)	9140	Nickel Hydroxide
3074	Benzoyl Peroxide (with Water or Inert Solid)	9141	Nickel Sulfate
3075	tert-Butyl Hydroperoxide	9142	Potassium Chromate
3076	Aluminum Alkyl Hydride	9145	Disodium Chromate
3077	Environmentally Hazardous Substance, Solid, n.o.s.	9145	Sodium Chromate
		9146	Sodium Dodecylbenzene Sulfonate
3080	Isocyanates or Solution (Flash Point >73 Deg.<141 Deg.)	9147	Sodium Phosphate (Dibasic)
		9148	Sodium-o-Phosphate (Tribasic)
3081	3-Chloroperoxybenzoic Acid (<57% w/Water & 3-Chlorobenzoic Acid)	9149	Strontium Chromate
		9151	Triethanolamine Dodecylbenzenesulfonate
3082	Environmentally Hazardous Substance, Liquid, n.o.s.	9152	Vanadyl Sulfate
		9153	Zinc Acetate
3084	Corrosive Solid (Oxidizing, n.o.s.)	9154	Zinc Ammonium Chloride
3085	Oxidizing Substance (Solid, Corrosive, n.o.s.)	9156	Zinc Bromide
		9157	Zinc Carbonate
3086	Poisonous Solid, oxidizing, n.o.s.	9158	Zinc Fluoride
3087	Oxidizing Substance (Solid, Poisonous, n.o.s.)	9159	Zinc Formate
		9160	Zinc Phenolsulfonate
3088	Self-heating Substances (Solid, n.o.s.)	9161	Zinc Sulfate
9011	Camphene	9161	Zinkosite
9018	Dichlorodifluoroethylene	9162	Zirconium Potassium Fluoride
9018	1-1-Dichloro2,2-difluoroethylene	9163	Zirconium Sulfate
9026	2-Cyclohexyl-4-6-Dinitrophenol	9170	Thorium Metal (Pyroforic)
9026	Dinitrocyclohexylphenol	9171	Thorium Nitrate (Solid)
9026	2,4-Dinitro-6-Cyclohexyl Phenol	9173	Uranium Hexafluoride (Fissile, >.7% U-235)
9035	Gas Identification Set	9174	Uranium Hexafluoride (Low specific activity, <.7% U-235)
9037	Carbon Hexachloride		
9037	Carbon Trichloride	9175	Uranium Metal (Pyroforic)
9037	Dicarbon Hexachloride	9177	Uranyl Nitrate
9037	Hexachloroethane	9178	Uranyl Nitrate Hexahydrate Solution
9037	1,1,1,2,2,2-Hexachloroethane	9180	Uranium Acetate
9037	Hexachloroethylene	9180	Uranyl Acetate
9069	Tetramethylmethylenediamine	9180	Uranium Oxyacetate
9069	N,N,N',N'-Tetramethylmethylenediamine	9183	Organic Peroxide (Liquid or Solution, n.o.s.)
9070	Ammonium Acetate	9184	Pyrethrum (Common name)
9077	Adipic Acid	9184	Pyrethrins (Common name)
9078	Aluminum Sulfate Solid	9187	Organic Peroxide (Solid, n.o.s.)
9080	Ammonium Benzoate	9188	Hazardous Substance, n.o.s.
9081	Ammonium Bicarbonate	9188	ORM-E, Liquid or Solid (Other Regulated Material)
9083	Ammonium Carbamate		
9084	Ammonium Carbonate	9189	Hazardous Waste, n.o.s.
9085	Ammonium Chloride	9190	Ammonium Permanganate
9086	Ammonium Chromate	9190	Permanganic Acid, Ammonium Salt
9087	Ammonium Citrate	9191	Chlorine Dioxide Hydrate (Frozen)
9088	Ammonium Fluoborate	9192	Fluorine (Cryogenic Liquid)
9088	Ammonium Fluoroborate	9192	Liquid Fluorine
9089	Ammonium Sulfamate	9193	Oxidizer (Corrosive Liquid, n.o.s.)
9090	Ammonium Sulfite	9194	Oxidizer (Corrosive Solid, n.o.s.)
9091	Ammonium Tartrate	9195	Metal Alkyl Solution, n.o.s.
9092	Ammonium Thiocyanate	9199	Oxidizer (Poisonous Liquid, n.o.s.)
9093	Ammonium Thiosulfate	9200	Oxidizer (Poisonous Solid, n.o.s.)
9094	Benzoic Acid	9201	Antimony Trioxide
9095	Butyl Phthalate	9202	Carbon Monoxide (Cryogenic liquid)
9095	Di-n-Butyl Phthalate	9205	Lithium Battery
9096	Calcium Chromate	9206	Methyl Phosphonic Dichloride
9097	Calcium Dodecyl-Benzene Sulfonate	9207	Acetophenone
9099	Captan	9207	Acetyl Benzene
9100	Chromic Sulfate	9207	Hypnone
9101	Chromic Acetate	9207	Methyl Phenyl Ketone
9102	Chromous Chloride	9207	Phenyl Methyl Ketone
9103	Cobaltous Bromide	9255	m-Dichlorobenzene
9104	Cobaltous Formate	9255	1-3-Dichlorobenzene
9105	Cobaltous Sulfamate	9432	Diethylaniline
9106	Cupric Acetate	9432	N-N-Diethylaniline
9109	Cupric Sulfate	9432	Phenyldiethylamine
9110	Cupric Sulfate (Ammoniated)		
9111	Cupric Tartrate		
9117	EDTA (Ethylenediamine Tetraacetic Acid)		
9117	Ethylenediamine Tetraacetic Acid		
9117	Ethylenedinitrilotetraacetic Acid		
9118	Ferric Ammonium Citrate		
9119	Ferric Ammonium Oxalate		
9120	Ferric Fluoride		
9121	Ferric Sulfate		
9122	Ferrous Ammonium Sulfate		
9125	Ferrous Sulfate		
9126	Fumaric Acid		

PROCEDURES

- Establish Incident Command System.
- Identify material(s) involved. Check data for health, fire, reactivity characteristics.
- Insure that all personnel have protective equipment against hazard.
- Instigate local emergency response plan.
- Stay upwind.
- If evacuation is necessary, follow Column E. Set up zones and checkpoints.
- Seek technical advice if unable to contend with hazard.
- Document all personnel, phases and procedures.
- Protect against contamination of personnel, tools and equipment.

REMINDERS

- Verify data.
- If conditions permit, dike or dam spilled material.
- Do not walk or drive through spills, leaks, mists or vapor clouds.
- Stay away from ends of tanks, cylinders or vessels exposed to high heat.
- Do not put water into tanks or vessels unless instructed to do so.
- Do not flush products into lakes, streams or ponds.
- If product flows into streams, notify health, water and sanitation districts downstream and provide details.
- Cease water stream application if material reacts strongly.
- Do not attempt to clean up material unless trained and authorized to do so.

EMERGENCY PHONE NUMBERS

CHEMTREC (Toll Free Day or Night)   1-800-424-9300

NATIONAL PESTICIDE TELECOM NETWORK   1-800-858-7378

EMERGENCY PHONE NUMBERS

NOTES

NOTES

ORDER FORM

Mail to: Maltese Enterprises, Inc.
P.O. Box 31009
Indianapolis, IN 46231

Telephone: (317) 243-2211   FAX: (317) 241-9755

Sold to: Ship to:

_____   _____
_____   _____
_____   _____
_____   _____
_____   _____

Product	Price	Quantity
"The Firefighter's Handbook of Hazardous Materials," Charles J. Baker, 5th Ed.	$39.95	
Hazmat Database *Demo* Diskette–IBM PC and compatibles (5 1/4 Diskette)	$3.00	
Hazmat Database *Demo* Diskette–IBM PC and compatibles (3 1/2 Diskette)	$3.00	
Hazmat Database *Demo* Diskette–Mac	$3.00	
Hazmat Database Program–IBM PC and compatibles (5 1/4 Diskette)	$595.00	
Hazmat Database Program–IBM PC and compatibles (3 1/2 Diskette)	$595.00	
Hazmat Database Program–Mac	$595.00	

All USA orders shipped prepaid. Freight paid and charged.

All foreign orders in US Currency. At-sight Drafts or Letters of Credit accepted.

Prices subject to change without notice.